Umweltgeschichte Deutschlands

Das Grundgesetz ist die Verfassung der Bundesrepublik Deutschland. Es gilt für alle Menschen, die in Deutschland leben. Die nachstehend zitierten Artikel betreffen den Schutz der Menschen, ihrer Gesundheit und ihrer Umwelt.[i]

*„1. Die Grundrechte*

*Artikel 1*

*(1) Die Würde des Menschen ist unantastbar. Sie zu achten und zu schützen ist die Verpflichtung aller staatlichen Gewalt.*

*Artikel 2*

*(1) Jeder hat das Recht auf die freie Entfaltung seiner Persönlichkeit, soweit er nicht die Rechte anderer verletzt und nicht gegen die verfassungsmäßige Ordnung oder das Sittengesetz verstößt.*

*(2) Jeder hat das Recht auf Leben und körperliche Unversehrtheit. Die Freiheit der Person ist unverletzlich. In diese Rechte darf nur auf Grund eines Gesetzes eingegriffen werden.*

*Artikel 20a*

*Der Staat schützt auch in Verantwortung für die künftigen Generationen die natürlichen Lebensgrundlagen und die Tiere im Rahmen der verfassungsmäßigen Ordnung durch die Gesetzgebung und nach Maßgabe von Gesetz und Recht durch die vollziehende Gewalt und die Rechtsprechung.“*

Schon aus der Unantastbarkeit der Würde des Menschen, aus seiner Achtung und seinem Schutz durch alle staatliche Gewalt (Art 1 (1)) sowie dem Recht auf körperliche Unversehrtheit (Art 2 (2)) ist zu folgern, dass eine Belastung der Gesundheit von Menschen durch Dritte oder über eine Schädigung der Umwelt durch Gesetze und Verordnungen zu verhindern ist. Zudem enthält Art 20a die Verpflichtung zu einem langfristigen Schutz unserer Umwelt und der Tiere.

---

[i] https://www.gesetze-im-internet.de/gg/BJNR000010949.html. **Zugegriffen:** 2.1.2020

Hans-Rudolf Bork

# Umweltgeschichte Deutschlands

Hans-Rudolf Bork
Institut für Ökosystemforschung, Universität Kiel
Kiel, Deutschland

ISBN 978-3-662-61131-9     ISBN 978-3-662-61132-6   (eBook)
https://doi.org/10.1007/978-3-662-61132-6

Die Deutsche Nationalbibliothek verzeichnet diese Publikation in der Deutschen Nationalbibliografie; detaillierte bibliografische Daten sind im Internet über http://dnb.d-nb.de abrufbar.



Einbandabbildung: © todor/stock.adobe.com

Planung/Lektorat: Stefanie Wolf
Springer ist ein Imprint der eingetragenen Gesellschaft Springer-Verlag GmbH, DE und ist ein Teil von Springer Nature.
Die Anschrift der Gesellschaft ist: Heidelberger Platz 3, 14197 Berlin, Germany

Gefördert durch die Deutsche Forschungsgemeinschaft (DFG) im Rahmen der Exzellenzstrategie des Bundes und der Länder – GSC 208 – Projektnummer 39071778 (Graduiertenschule 208: Integrierte Studien zur menschlichen Entwicklung in Landschaften).

Gefördert durch die Deutsche Forschungsgemeinschaft (DFG) im Rahmen der Exzellenzstrategie des Bundes und der Länder – EXC 2150 – Projektnummer 390870439 (Exzellenzcluster 2150: ROOTS – Social, Environmental and Cultural Connectivity in Past Societies).

Gefördert durch die Deutsche Forschungsgemeinschaft (DFG), Projektnummer 2901391021 – SFB 1266.

Ich danke ganz herzlich meinen lieben Kolleginnen und Kollegen

- Frau Prof. Dr. Verena Winiwarter, Umwelthistorikerin aus Wien, für Anregungen in der Vorbereitungsphase, die konstruktiv-kritische Durchsicht und die überaus hilfreiche Kommentierung ganz früher Gliederungs- und Textentwürfe, für intensive Fachgespräche in Wien, Kiel und München sowie die Arbeiten am Buch „Geschichte unserer Umwelt",[1] die auch für die Umweltgeschichte Deutschlands wichtig sind,
- Herrn Dipl.-Math. Hartwig Bünning, Kiel, für die sorgfältige und konstruktiv-kritische Durchsicht des gesamten Manuskriptes, viele intensive Fachgespräche und zahlreiche wertvolle Anregungen zu Korrekturen und Umstellungen, für das Auffinden unklarer oder fehlerhafter Aussagen und für vorzügliche Formulierungsvorschläge,
- Herrn Prof. Dr. Karl-Heinz Erdmann, Geograph und Ökologe aus Bonn, für intensive fachliche Diskussionen, für den Vorschlag vieler weiterer Umweltgeschichten, die in das Buch Eingang gefunden haben, für wichtige Hinweise und Quellenangaben sowie für die sorgfältige Korrektur des größten Teils des Manuskriptes,
- Herr Dr. Berno Faust, Geograph aus Aschaffenburg, für zahlreiche intensive fachliche Diskussionen, die sorgfältige Korrektur des gesamten Manuskriptes, substanzielle Änderungsvorschläge, die Beseitigung unklarer oder fehlerhafter Formulierungen, die Bereitstellung und Bearbeitung von Fotos und für die Fahrten zu den Aufnahmestandorten in der Eifel
- Frau OStR`in Jutta Kristensson, Germanistin aus Raisdorf, für die sorgfältige und konstruktiv-kritische Korrektur des größten Teils des Manuskriptes, für Kürzungsvorschläge und konkrete Anregungen zur Aufnahme von Zitaten aus der deutschen Literatur,
- Frau OStR`in Dörte Zorn, Geographin aus Stoltenberg, für die sorgfältige Korrektur des größten Teils des Manuskriptes und für Anregungen zu weiteren Umweltgeschichten,
- Herrn OStR Bernd Hartmann, Historiker aus Einhaus bei Ratzeburg, für die sorgfältige und konstruktiv-kritische Korrektur des Manuskriptes, die erfolgreiche gemeinsame Suche nach Nandus in Mecklenburg und die Abdruckgenehmigung für einen Text aus seinem Buch „Schaden Freude. Aus dem Programm Autosuggestion" der Kabarettiche,
- Frau Britta Witt, Kiel, für die sorgfältige Korrektur des Manuskriptes und ihre immerwährende großartige Unterstützung,
- Frau Dipl.-Des. Doris Kramer, Kiel, für das Scannen und Bearbeiten sämtlicher historischer Postkarten und weiterer Abbildungen sowie für das Zeichnen von Abb. 14,

---

[1] Winiwarter und Bork (2019).

- Frau Dipl.-Geogr. Sophia Dazert, Geographin aus Kiel, für Feld- und Laborarbeiten, das Scannen von Abbildungen und die umfangreichen gemeinsamen Forschungen auf Pellworm und Amrum,
- Herrn Prof. Dr. Ingmar Unkel, Umwelthistoriker und Paläoklimatologe aus Kiel, für gemeinsame Forschungsarbeiten, wissenschaftliche Diskussionen und die Überlassung von Fotos zu Usambaraveilchen,
- Frau Dr. Svetlana Khamnueva-Wendt, Bodenkundlerin und Umweltwissenschaftlerin aus Kiel, für die Konzipierung und Realisierung von Abb. 8, die sorgfältige Durchsicht der Haithabu-Geschichte und die umfangreichen gemeinsamen Forschungen auf Pellworm und Amrum, in Haithabu und in der Altmark,
- Herrn M. Sc. Jann Wendt, Geograph aus Kiel, für Informationen zu Kampfmitteln in der Ostsee, die Vermittlung von Fotos zu diesem Thema und die umfangreichen gemeinsamen Forschungen in Haithabu,
- Herrn Béla Bork, Kiel, für Luftaufnahmen während zeitaufwändiger gemeinsamer Kampagnen,
- Herrn Dr. Günter Seidenschwann, Geograph aus Erlensee, für die Überlassung von Fotos zu den Folgen des Orkans Kyrill,
- Herrn Prof. Dr. Joachim Schrautzer, Ökologe aus Kiel, für die Bereitstellung von Material zum Eschentriebsterben, für die sorgfältige Durchsicht der entsprechenden Umweltgeschichte und für gemeinsame Exkursionen zur Aufnahme von geschädigten Eschen und des Riesen-Bärenklaus,
- Herrn Dr. Christian Russok, Geograph aus Kiel, für das Zeichnen der beiden Karten von Nord- und Süddeutschland mit den im Buch erwähnten Orten,
- Herrn Jens Monath und Frau Heike Schmidt von der Redaktion Terra X des ZDF in Mainz für wichtige Hinweise zu Literatur und Dokumentationen,
- Herrn Hans Zorn, Stoltenberg, für die Überlassung von Fotos zum Hambacher Forst,
- Frau Dr. Frigga Kruse, Arktisforscherin aus Kiel, für die sorgfältige Durchsicht der Geschichte zur Grönlandfahrt,
- Herrn Dr. Arno Beyer, Herrn Prof. Dr. Claus von Carnap-Bornheim, Frau Dr. Sarah Diers, Herrn Dr. Walter Dörfler, Herrn PD Dr. Stefan Dreibrodt, Herrn Prof. Dr. Rainer Duttmann, Frau Prof. Dr. Alexandra Erfmeier, Herrn Dr. Ingo Feeser, Frau Dr. Barbara Fritsch, Herrn Prof. Dr. Pieter M. Grootes, Herrn Prof. Dr. Wilfried Hoppe, Frau Dr. Doris Jansen, Frau Prof. Dr. Wiebke Kirleis, Frau Dr. Carolin Langan, Frau Dr. Annegret Larsen, Herrn Prof. Dr. Harald Meller, Herrn Dr. Andreas Mieth, Herrn Dr. Andrey Mitusov, Herrn Prof. Dr. Johannes Müller, Herrn Prof. Dr. Ulrich Müller, Herrn PD Dr. Oliver Nelle, Herrn Dr. Vincent Robin, Frau Dr. Christiane Schulz-Zunkel, Herrn PD Dr. Donat Wehner für gemeinsame Forschungsarbeiten, Publikationen und wissenschaftliche Diskussionen,
- Herrn Kay Adam, Herrn Mathias Bahns, Herrn Florian Bauer, Herrn Manfred Beckers, Frau Imke Meyer, Herrn Marcus Schütz und Herrn Thomas Zakel für die tatkräftige technische Unterstützung im Gelände, im Labor und im Bereich EDV,
- Frau Alessandra Kreibaum, Frau Martina Mechler und Frau Stefanie Wolf für das sorgfältige Lektorat, die engagierte Betreuung und die Aufnahme des Titels in das Verlagsprogramm von Springer-Spektrum.

Teilnehmerinnen und Teilnehmern der Vorlesung für ältere Erwachsene zum Thema „Umweltgeschichte Deutschlands" verdanke ich die Anregung weiterer Umweltgeschichten.

Meiner lieben Frau Helga danke ich für ihre immerwährende großartige Unterstützung, darunter die gemeinsamen Feldarbeiten seit 1976, unzählige konstruktiv-kritische Fachdiskussionen, für die sorgfältige Korrektur des Manuskriptes, für viele Formulierungsvorschläge und vor allem für ihre unendliche Geduld.

Ich widme dieses Buch meinen Enkelkindern Béla, Mara, Elea und Emilian. Mögen sie einmal in einer weltweit gesünderen, vielfältigeren und friedlicheren Umwelt gut leben dürfen und diese mitgestalten!

Abb. 1.2 und 1.3: Dr. Christian Russok, Kiel
Abb. 2.6, 2.152: Fotos von Dr. Berno Faust, Aschaffenburg
Abb. 2.12, 2.26, 2.37, 2.54, 2.58, 2.81, 2.140, 2.164: Fotos von Béla Bork, Kiel
Abb. 2.13: Entwurf und Zeichnung von Dr. Svetlana Khamnueva-Wendt, Kiel
Abb. 2.19: Entwurf von Hans-Rudolf Bork, Zeichnung von Doris Kramer, Kiel
Abb. 2.20: Foto von Sophia Dazert, Kiel
Abb. 2.34: Foto von Jens Quedens, Amrum
Abb. 2.42: Selbstbildnis von Albrecht Dürer, Kunsthalle Bremen – Der Kunstverein in Bremen. Kupferstichkabinett. Bremen. Foto: Lars Lohrisch. Inv.-Nr. KL 50
Abb. 2.79: Deutsches Patent- und Markenamt. https://de.wikipedia.org/w/index.php?titl e=Datei:Patentschrift_37435_Benz_Patent-Motorwagen.pdf&page=3. Zugegriffen: 31.12.2019; PD-US-expired
Abb. 2.80: Holzstich und Zeitschriftenillustration von Fritz Stoltenberg. Bildautor Frank Schwichtenberg. https://commons.wikimedia.org/wiki/Category:Fritz_Stoltenberg#/media/ File:Levensauer_Hochbrücke_02.jpg. Zugegriffen: 31.12.2019; PD-US-expired
Abb. 2.90: Foto von Prof. Dr. Ingmar Unkel, Kiel
Abb. 2.101: https://commons.wikimedia.org/wiki/File:Hier_wütete_die_moderne_Material- schlacht.jpg. Zugegriffen: 31.12.2019; Wikipediaautor: Picasa; PD-US-expired
Abb. 2.103: Rex, H. (1926): Der Weltkrieg in seiner rauhen Wirklichkeit. Das Front- kämpferwerk. S. 85. Oberammergau (Rutz). https://de.wikipedia.org/wiki/Datei:Nach_Gas- angriff_1917.jpg. Zugegriffen: 31.12.2019
Abb. 2.104: https://de.wikipedia.org/wiki/Clara_Immerwahr#/media/Datei:Clara_Immerwahr. jpg. Zugegriffen: 31.12.2019; PD-US-expired
Abb. 2.114: Autoren: W. Gorden Whaley and John S. Bowen. Image courtesy of Ford Motor Co. – Russian Dandelion (kok-saghyz) An Emergency Source of Natural Rubber; permission: https://books.google.de/books?hl=en&lr=&id=jysuAAAAYAAJ&oi=fnd&pg =PA1&dq=russian+dandelion&ots=X9OxXoYBEH&sig=x2ldx3UDiaO7RC5yX9GLzyn sJZ4&redir_esc=y#v=onepage&q&f=false. USDA property; PD-US. https://de.wikipedia. org/wiki/Russischer_Löwenzahn#/media/Datei:Taraxacum_kok-saghyz.png. Zugegriffen: 31.12.2019
Abb. 2.121: Deutsche Fotothek, Foto von Richard Peter sen
Abb. 2.122, 2.123, 2.146, 2.157, 2.171: Foto von Helga Bork, Kiel
Abb. 2.124: © Archive Wismut
Abb. 2.144: Foto von Merle Resow (2018), Innogy SE
Abb. 2.158: Foto von Dr. Günter Seidenschwann, Erlensee
Abb. 2.161: Berechnungen und Graphik von PD Dr. Stefan Harnischmacher (Universität Marburg, 2019)
Abb. 2.166 und 2.167: Fotos von Hans Zorn, Stoltenberg
Die übrigen Fotos wurden von Hans-Rudolf Bork aufgenommen. Die historischen Postkarten befinden sich im Eigentum von Hans-Rudolf Bork.

# Inhaltsverzeichnis

> *„Der Mensch hat dreierlei Wege, klug zu handeln:*
>
> | *Erstens:* | *Durch Nachdenken* | *Das ist der edelste* |
> | *Zweitens:* | *Durch Nachahmen* | *Das ist der leichteste* |
> | *Drittens:* | *Durch Erfahrung* | *Das ist der bitterste.“* |
>
> Kong Fuzi, ‚Konfuzius‘, chinesischer Philosoph [1].

Menschen, die erfolgreich nachdenken und konsequent forschen, beginnen Prozesse und Zusammenhänge zu verstehen. Einige entdecken dabei grundlegend Neues. Wie etwa Robert Koch.

Manche erfinden Bedeutendes. So Karl Freiherr von Drais, Carl Benz und Fritz Haber.

Andere ahmen Erfindungen nach und entwickeln sie auf der Grundlage eigener Ideen und Erfahrungen entscheidend weiter. Unter ihnen sind August Borsig, Alfred Krupp und Carl Bosch.

Weitere fügen umfängliches Wissen zusammen und begründen neue Disziplinen. Wie zum Beispiel Georgius Agricola, Alexander von Humboldt, Hans Carl von Carlowitz, Albrecht Daniel Thaer, Carl Sprengel und Justus von Liebig.

Diejenigen, die forschen, Neues entdecken, entwickeln oder nachahmen, verändern mit ihren Erkenntnissen und Produkten die Umwelt – mal in erwarteter, mal in unerwarteter Weise. Mal ein wenig, mal ungeheuer stark. Mal zum Guten, mal zum Schlechten.

Die Wirkungen von Menschen auf ihre Umwelt sind bisweilen offensichtlich, häufig indes schleichend und nur schwer erkennbar. Mit Erfahrung und Wissen können wir jedoch richtig auf Umweltveränderungen reagieren.

Dieses Kapitel gibt einen Überblick zur Vielfalt der Umweltereignisse, die Deutschland während der vergangenen zwei Jahrtausende mehr oder minder prägten. Sie werden im zweiten Kapitel chronologisch von der Römerzeit bis heute erläutert.

In dieser langen Zeit suchen kurze lokale Naturereignisse wie Hagel oder Heuschreckenplagen und großräumige wie extreme Überschwemmungen Menschen zwischen Alpen und Flensburger Förde heim. Es vollzieht sich ein beständiger Wandel. Konstanz gibt es nicht.

So nimmt die Intensität der Umweltveränderungen vom frühen Mittelalter bis in das frühe 14. Jahrhundert zu. Die kombinierte Wirkung von menschlichen Eingriffen in die Natur und Extremereignissen führt dann zu einer Folge von Katastrophen, die in der großen Pestpandemie Mitte des 14. Jh. kulminieren. Nach einer kurzen Phase, in der sich die Natur teilweise erholt, wachsen die Eingriffe von Menschen wieder. Sie erreichen im 20. und im 21. Jh. geradezu beängstigende Ausmaße. Der massive Klimawandel [2], die Zerstörung von Lebensräumen und das dramatische Artensterben resultieren.

Anhaltende außergewöhnliche Witterung, Naturkatastrophen, Schädlinge oder Seuchen lösen über Jahrhunderte bei vielen Menschen große Sorgen und Hilflosigkeit aus. Nicht selten führen derartige Ereignisse während Mittelalter und früher Neuzeit zu Hass, Hysterie und fatalen Handlungen wie der Ermordung von Menschen jüdischen Glaubens in Pogromen oder der Denunzierung und Verbrennung von Frauen als Hexen.

Gesundheitliche Belastungen durch Schadstoffe in Bergbau, Handwerk und aufkommender Industrie nehmen Beschäftigte oftmals hin – auch aus Angst um ihre Arbeitsplätze. Der Widerstand von Anliegern gegen Betriebe, die die Luft verschmutzen, läuft meist ins Leere – aufgrund unzureichender Gesetze und Verordnungen, der Rechtsprechung, ökonomischer oder politischer Interessen und Entwicklungen. So auch bei der Errichtung einer Glashütte am Stadtrand von Bamberg im Jahr 1802. Hingegen rettet Kronprinz Friedrich Wilhelm IV. von Preußen den Drachenfels im Siebengebirge mitsamt der romantischen Burgruine. Er wird 1836 als „Naturschönheit“ unter Schutz gestellt. Einflussreiche Persönlichkeiten haben öfter die Möglichkeit, die Umwelt zu schützen. Allein, sie tun es selten.



H.-R. Bork, *Umweltgeschichte Deutschlands,* https://doi.org/10.1007/978-3-662-61132-6_1

Hans Carl von Carlowitz fordert zurecht schon 1713 eine nachhaltige Forstwirtschaft. Trotzdem werden bis in die jüngste Zeit auf ausgedehnten Flächen gleichalte Bäume nur einer Art dicht gepflanzt. Diese Monokulturen sind auf den maximal erzielbaren Holzertrag ausgerichtet und nicht auf eine zugleich ökonomische, ökologische und soziale Nachhaltigkeit. Diejenigen, die zwangsläufig gewinnorientierte private Forstwirtschaftsbetriebe besitzen oder bei ihnen tätig sind, müssen von dem Ertrag leben können. Nicht anders als in der Landwirtschaft, nur mit weitaus geringerer staatlicher Unterstützung. Auch deshalb wachsen in den Wirtschaftswäldern Deutschlands noch verbreitet engständig standortfremde Baumarten.

Die Gefahr von Waldbränden, Sturmwurf und Kalamitäten steigt in Forstmonokulturen mit dem menschengemachten Klimawandel. Manche Waldbesitzende ändern heute ihre Anbaustrategien. Sie pflanzen stärker heimische Baumarten, die häufigere anhaltende Trockenheit und höhere Sommertemperaturen überstehen. Das Aufwachsen der neuen Mischwälder wird Jahrzehnte dauern. In einigen Staats- oder Körperschaftsforsten zeigt der Waldumbau erste ökologische und ökonomische Früchte. Lutz Fähser demonstriert bereits seit den 1980er-Jahren in den lübischen Wäldern eindrucksvoll, dass mit einer den Lebensraum schonenden Minimalbewirtschaftung die ökologische Vielfalt wächst.

Trotz der Belastung der Umgebung von Bahnstrecken mit Ruß und Rauchgasen fauchen bis in die 1960er-Jahre immer mehr Dampflokomotiven durch Deutschland. Trotz der Gründung von Lärmvereinen und in den vergangenen Jahrzehnten der Umsetzung von Lärmschutzmaßnahmen bei neuen Straßen und Schienenwegen nehmen die räumlich sehr ungleich verteilten gesundheitsschädlichen Geräusche des Verkehrs nicht entscheidend ab. Trotz der Versalzung des Bremer Trinkwassers in der Trockenphase 1911/12 leitet die Kaliindustrie noch immer Abwässer in Werra und Fulda. Trotz vieler Verkehrstoter und Verletzter, der Schadstoffbelastungen und des Flächenbedarfes bleibt der beständig wachsende individuelle Autoverkehr unangetastet. Es gelingt nur selten, die höchst negativen Umweltwirkungen von Flurbereinigungen in der BRD und der Kollektivierung in der DDR zu beseitigen.

Umweltbelaster stellen wiederholt die negativen Folgen etwa der von ihnen ausgelösten Schadstoffeinträge infrage – bisweilen geschickt und gut organisiert, bisweilen plump und unglaubwürdig. Auch wird versucht, industriebedingte Umweltverschmutzung zu vertuschen.

Belege sind die Schwermetallemissionen der Bleihütte Binsfeldhammer bei Aachen, die Einleitung von Quecksilberverbindungen in ein Fließgewässer durch die Chemische Fabrik Marktredwitz, die Chemieunfälle 1986 in Basel und 1993 in Frankfurt-Griesheim. Die SAG/ SDAG Wismut verschleiert die Gefahren von Feinstaub und Radonstrahlung für ihre Beschäftigten in den Uranbergwerken Sachsens und Thüringens. Der aktuelle Dieselskandal hat zu einem gewaltigen Gesichtsverlust für die Autoindustrie – einem der bedeutendsten Industriezweige Deutschlands – und hilflosen staatlichen Reaktionen geführt. Unabhängig vom politischen System lassen sich Menschen mit Fehlinformationen zum Ausmaß von Belastungen ihrer Gesundheit leicht in die Irre führen.

Neue Erkenntnisse – besonders zu den unbeabsichtigten Nebenwirkungen menschlichen Handelns – sind anfänglich oft umstritten. Exemplarisch hierfür steht der Disput zwischen Max von Pettenkofer und dem 25 Jahre jüngeren Robert Koch um die Übertragungswege von Cholera. Die Überlegenheitsgefühle etablierter Kollegen oder wissenschaftlicher Schulen, Arroganz und Neid führen nicht selten zum Beharren auf veraltetem Wissen – obgleich die entscheidenden Zusammenhänge zwischenzeitlich belegt sind.

So verzögern oder verhindern wissenschaftliche oder gesellschaftliche Scheindiskussionen überfällige Umweltschutzmaßnahmen. Markante aktuelle Lehrstücke sind

- der folgenschwere und selbst für Laien offensichtliche menschengemachte Klimawandel,
- die besorgniserregenden Belastungen von Böden, Grund- und Oberflächenwasser mit Nähr- und Schadstoffen,
- die irreversible Zerstörung von Böden und
- die Abnahme der Biodiversität, also der desaströse Schwund an Lebensräumen, Pflanzen- und Tierarten.

Im August 2018 betritt eine Schülerin in Stockholm das Klimaparkett: Greta Thunberg. Sie demonstriert seitdem der Welt die ungemein große Kraft, die von einem Menschen ausgehen kann. Gemeinsam mit sehr gut organisierten und vernetzten Unterstützerinnen und Unterstützern gelingt es ihr, die Ursachen und Gefahren des Klimawandels öffentlichkeitswirksam aufzuzeigen und entschieden wirksame Instrumente gegen die Erderwärmung mit Nachdruck zu fordern.

Die Weckrufe junger Menschen sind ungeheuer wichtig, wenn wir die aktuelle desaströse Klima- und Umweltentwicklung in den kommenden Jahren und Jahrzehnten nach einem umfassenden breiten Diskurs endlich umkehren wollen.

**Eingriffe – Folgen – Reaktionen**
Zahlreiche Eingriffe haben die Ausdehnung und Intensivierung der Landnutzung ermöglicht und damit Landschaften grundlegend verändert. So lassen Obrigkeiten riesige ökologisch überaus wertvolle Moore trockenlegen, die bedeutende Mengen an Kohlenstoff speichern.

Darunter befinden sich das Teufelsmoor bei Bremen und das bayerische Donaumoos. Ebenso organisieren die Verantwortlichen die Melioration einzigartiger artenreicher Auen. Das Niederoderbruch und die Oberrheinaue sind prägnante Beispiele.

Die umfangreichen Entnahmen von Holz etwa für die Glasherstellung durch Glashütten im Mittelalter und in der Frühneuzeit lassen die Grundwasserspiegel steigen, bedingen die Vernässung von Auen und erhöhen den Niedrigwasserabfluss der Flüsse. Flächenversiegelung, Waldrodungen, Ackerbau oder die schnelle Ableitung von Wasser in Rohren, Gräben und begradigten Flüssen verstärken Hochwasser wie die Magdalenenflut 1342, die Thüringer Sintflut 1613, das Eishochwasser 1784, das Oderhochwasser 1997, die Elbehochwasser 2002 und 2015 sowie die Sturzflut von Braunsbach 2016. Waldrodungen und nachfolgender Ackerbau gestatten Starkregen die Abspülung fruchtbarer Böden und Stürmen die Abtragung von Sanden und die Wanderung von Dünen.

Die Ausrottung von Landtierarten wie der Beutegreifer Wolf und Braunbär begünstigt die Vermehrung von Schalenwild, das verstärkt junge Bäume verbeißt und damit die weitere Waldentwicklung beeinträchtigt. Die Dezimierung im Meer lebender Tierarten stört marine Nahrungsnetze und Ökosysteme.

Sprengels Gesetz des Minimums, Liebigs Erkenntnisse zur Agrikulturchemie und das Haber–Bosch-Verfahren bewirken eine wesentliche Steigerung landwirtschaftlicher Erträge, die jüngst zur Eutrophierung von Böden, Grund- und Oberflächenwasser führen. Schließlich belasten Handwerks- und Industriebetriebe Atmosphäre, Böden und Gewässer.

Trotz der Kenntnisse zu möglichen negativen Folgen wird schwach- und mittelradioaktiver Müll nicht sachgerecht in der Schachtanlage Asse II eingelagert.

Fehlende Kenntnisse ermöglichen oder fördern in den vergangenen zwei Jahrtausenden

- Bleivergiftungen in der römischen Oberschicht,
- die Pestpandemien 543 und von 1348 bis 1351, das Marschenfieber nach Sturmfluten an der Nordseeküste, die Fleckfieberepidemie in Mainz 1813, die Pockenepidemie besonders in Preußen von 1870 bis 1873, die Choleraepidemie 1892 in Hamburg, die Typhusepidemie 1901 in Gelsenkirchen und die weltweite „Spanische Grippe" 1918/19,
- Ausbrüche der Rinderpest und der Kartoffelkrankheit,
- die Nutzung von Flusswasser, das mit Fäkalien, später mit Nähr- und Schadstoffen belastet ist, als Trinkwasser,
- die Abnahme der Bodenfruchtbarkeit durch Bodenerosion,

- die Einführung invasiver Pflanzen- und Tierarten, so des Riesen-Bärenklaus um 1890 und der Waschbären am Edersee 1934, sowie
- die Verwendung radioaktiver Kosmetika und Lebensmittel in den 1930er und 1940er-Jahren.

Die Zerschneidung von Landschaften durch Kanäle, Bahnstrecken, Straßen und (Grenz-)Zäune behindert oder beendet die Wanderung vieler Tierarten. Knicks fördern sie hingegen in Schleswig–Holstein. Die Anlage von Kanälen verändert auch den Lauf querender Fließgewässer. Die Kanalisierung und Stauung von Flüssen modifiziert Auen- und Gewässerökosysteme. Die Errichtung von Braunkohletagebauen, Steinbrüchen, Sand- und Kiesgruben im Trockenabbau zerstört Ökosysteme und senkt den Grundwasserspiegel in der Umgebung erheblich. Heute schafft die anschließende Renaturierung häufiger attraktive neue Lebensräume und Erholungsgebiete.

Chemische Fabriken und Rübenzuckerfabriken kontaminieren Oberflächengewässer und Böden, stellenweise auch das Grundwasser.

Kriegszerstörungen im Ersten und Zweiten Weltkrieg sind mitsamt der „Entsorgung" von Munition an Land und am Boden von Nord- und Ostsee verheerend und auch zukünftig eine immense Gefahr.

Gelegentlich weigern sich Akteure, Verordnungen der Obrigkeiten umzusetzen – manchmal aus schierer Not. Hierzu zählt mangels Alternative die intensive bäuerliche Tierhaltung in Wäldern in der frühen Neuzeit.

Proteste, unerwartet hohe Kosten oder technische Probleme verhindern den Bau des Kernkraftwerkes Wyhl und den Bau von Gas- und Kohlekraftwerken bei Lubmin.

Trotz des Scheiterns der weltweit größten Windkraftanlage Growian wird die Windenergiegewinnung zu einer Erfolgsgeschichte. Manche der Schatten werfenden, rhythmische Geräusche erzeugenden und immer höheren Windräder rücken zu nah an bewohnte Häuser. Dort lösen sie berechtigte Widerstände aus. Unterdessen gibt es auch Einwände gegen den Bau von Windenergieanlagen in Landschaftsschutzgebieten – Naturschutz gegen Umweltschutz. Windkraftwerke in Wäldern erfordern Rodungen und führen daher zu negativen $CO_2$-Bilanzen [3].

Demonstrationen verhindern nicht den Bau des Main-Donau-Kanals, nicht die Errichtung der Startbahn 18 West des Frankfurter Flughafens und nach wie vor nicht den Abbau und die Verstromung von Braunkohle in der Lausitz, im Mitteldeutschen und im Rheinischen Revier.

Aufgrund massiver staatlicher Repression bleiben in der DDR öffentlichkeitswirksame Proteste gegen den Abbau und die Verstromung von Braunkohle sowie gegen den Bau des Kernkraftwerkes Lubmin und die Abfalldeponie am

Ihlenberg bei Schönberg bis in die 1980er-Jahre weitgehend aus. Die Staub- und Schwefeldioxid-Emissionen der Braunkohlekraftwerke in der Lausitz und im Mitteldeutschen Revier sowie der Haushalte in der gesamten DDR, die Braunkohle zum Heizen nutzen, sind bis in die frühen 1990er-Jahre gewaltig. Hieraus resultieren gravierende Beeinträchtigungen der Gesundheit der Bevölkerung und ihrer Umwelt.

Umweltbelastungen und Proteste befördern wissenschaftliche und technische Entwicklungen, die Verabschiedung von Umwelt- und Naturschutzgesetzen und -verordnungen sowie die Etablierung wichtiger Umwelteinrichtungen, darunter

- die Generierung von grundlegendem Umweltwissen durch gelehrte Gesellschaften im 18./19. Jh. sowie durch Universitäten und außeruniversitäre Forschungseinrichtungen hauptsächlich seit den 1960er-Jahren,
- die Etablierung der Staatlichen Stelle für Naturdenkmalpflege 1906 in Danzig,
- das Fluglärmgesetz 1971, die Verhinderung des Waldsterbens namentlich durch die Großfeuerungsanlagenverordnung 1983, das Gesetz über die Vermeidung und Entsorgung von Abfällen von 1986, das 1.000-Dächer-Programm 1990, die Verankerung des Umweltschutzes im Grundgesetz, das Kreislaufwirtschafts- und Abfallgesetz, die deutsche Nachhaltigkeitsstrategie, das Erneuerbare-Energien-Gesetz, die Nationale Strategie zur biologischen Vielfalt, das dreizehnte Gesetz zur Änderung des Atomgesetzes und die späten, noch unzureichenden Novellierungen der Düngeverordnung,
- die Verhinderung der Verklappung von Dünnsäure in der Nordsee,
- die Einführung von bleifreiem Benzin,
- die Wiederkehr der Wölfe zwar als wichtige Akteure im Ökosystem, allerdings auch in dicht besiedelten und stark genutzten Räumen und
- die Einrichtung von Beratungsgremien der Bundesregierung wie dem MAB-Nationalkomitee, dem Rat von Sachverständigen für Umweltfragen und dem Wissenschaftlichen Beirat Globale Umweltveränderungen.

Die nachfolgend vorgestellten Umweltgeschichten offenbaren, wie eng und vielfältig wir mit unserer Umwelt verflochten sind. Dabei überraschen die starken Wirkungen extremer Witterungsereignisse auf die vorindustrielle Gesellschaft in Deutschland nicht. Sie führen in der von Landwirtschaft geprägten Gesellschaft zu Missernten, begünstigen die Ausbreitung von Schadinsekten und Erkrankungen, lassen Menschen hungern und verhungern. Auch die brachialen Wirkungen von Überschwemmungen der Flüsse oder von Sturmfluten an der Nordseeküste sind erwartet.

Zu denken geben indes die *Ursachen* von menschengemachten Umweltveränderungen. So haben die Beseitigung schützender Wälder und die nachfolgende intensive Nutzung des Landes verheerende Flussüberschwemmungen und den Verlust von Böden durch Wind- und Wassererosion erst möglich gemacht. Wir belasten Bäche, Flüsse und Seen seit langer Zeit mit Nährstoffen.

Gesetze und Verordnungen zur Minderung der Schadstoffeinträge seit den 1970er-Jahren zeigen Wirkung: Heute können wir wieder in den meisten Flüssen und Seen schwimmen, ohne uns zu vergiften.

Dennoch sind die Belastungen des Grundwassers und von Bächen, Flüssen und Seen mit Nährstoffen für zahlreiche Lebewesen immer noch viel zu hoch. Eine beachtliche Zahl seltener Pflanzenarten gedeiht nur an nährstoffarmen Orten.

Noch können wir nicht verlässlich abschätzen, wie selbst ganz geringe Konzentrationen von Herbiziden, Insektiziden, Fungiziden, Arzneimitteln und deren Umbauprodukten in Gewässern und Böden langfristig die Entwicklung von Lebewesen und Lebensräumen beeinflussen. Nur vorsorgende Zurückhaltung bei dem Einsatz dieser Produkte mindert das Risiko deutlich.

Eine Wirkungskette, die sich öfter wiederholt, prägt die deutsche Umweltgeschichte: Wir greifen zur Landgewinnung oder Landverbesserung erheblich in den Naturhaushalt ein, der darauf in unerwarteter Weise reagiert. Anschließend müssen wir Rettungsmaßnahmen zum Erhalt der Nutzbarkeit des Landes ergreifen. Mehrheitlich kurieren wir dabei lediglich an Symptomen.

Früher verhindern Unkenntnis oder falsche religiöse Deutungen die eindeutige Identifikation der Ursachen von Umweltproblemen und ihre Behebung. Heute haben wir zahllose präzise Informationen zu den Abläufen in der Natur, zu den komplexen Wirkungsnetzen und zu den Folgen unserer Eingriffe in den Naturhaushalt.

Doch anstatt von diesen Kenntnissen geleitet zu agieren, streuen manche Akteure – oft aus wirtschaftlichen Interessen oder Eigennutz – gezielt Desinformationen. Damit verhindern oder verzögern sie die Umsetzung dringend notwendiger Maßnahmen. Und sie erzeugen bei nicht wenigen Menschen große Frustrationen und Unsicherheiten. Manche sehen gar die Apokalypse auf uns zukommen – solche Ängste sind ein Phänomen, das seit Jahrhunderten unsere Gesellschaft begleitet (Abb. 1.1).

Einige Ökosysteme haben eine hohe Resilienz: Sie reagieren oft mit großer Belastbarkeit, Widerstandskraft und Elastizität auf natürliche und menschengemachte Umweltveränderungen. Einzelne Spezies, darunter wir Menschen, sind dagegen hochempfindlich.

**Abb. 1.1** Persiflage auf den Weltuntergang, den manche – wie auf dieser historischen Postkarte humoristisch visualisiert – für den 19. Mai 1910 erwarteten

Wir dürfen demnach keinesfalls auf die natürliche Widerstandsfähigkeit vertrauen. Ein „weiter so" kann unser großartiges Land in ein Desaster führen.

Der mannigfaltige Zauber und das Engagement der heute in Deutschland lebenden Menschen geben uns die Hoffnung, dass der Übergang in eine nachhaltige Gesellschaft mit gesunden Menschen und einer intakten Umwelt gelingen kann.

## 1.1 Umwelt – Umweltgeschichte Deutschlands: Begriffsklärungen

### Was verstehen wir unter Umwelt? Wie nehmen wir sie wahr?

All das, was einen Menschen umgibt, ist seine Umwelt. Manche bezeichnen sie auch als Mitwelt, um hervorzuheben, dass wir Teil der Welt sind. Die Um- oder Mitwelt schließt alle Menschen ein, ebenso alles von Menschen geschaffene und alles andere Natürliche, wie Luft, Wasser, Gesteine, Böden, Pflanzen und Tiere und damit die Gemeinschaften aller Lebewesen, die Ökosysteme.

Unsere Umwelt ist wohlbemerkt die reale Welt, in der wir leben, die wir gestalten, die unser Leben maßgeblich beeinflusst und in der mannigfaltige physikalische, chemische und biologische Vorgänge in den Umweltsphären ablaufen:

- in Atmosphäre, Troposphäre und Stratosphäre bis in mehr als 15 km Höhe,
- auf der gesamten Erdoberfläche mit den Oberflächengewässern, Straßen, Bahnlinien, Wohn- und Industriestandorten, Äckern, Wiesen, Wäldern und Grünanlagen sowie
- in den Böden und im oberflächennahen Gestein einschließlich des Grundwassers.

Pflanzen wachsen in der bodennahen Atmosphäre, auf der Erdoberfläche, im Boden und gelegentlich wurzeln sie auch mehrere Meter tief bis in das Gestein. Tiere leben in allen Umweltsphären. In unterschiedlichem Ausmaß können in allen aufgezählten Bereichen von Menschen in die Umwelt eingetragene Stoffe wie Phosphate, Stickstoffverbindungen, Schwermetalle, Pestizide, Arzneimittel oder radioaktive Isotope vorhanden sein. Sie können in Mengen oder Konzentrationen vorliegen, die für Menschen und andere

Lebewesen gesundheitlich unbedenklich oder bedenklich sind. Nur an ganz wenigen Orten auf der Erde werden diese Stoffeinträge umfassend untersucht und korrekte Messdaten öffentlich zugänglich gemacht.

Wo immer ökologische Forschung beginnt, gibt es Überraschungen – vor allem zu unerwarteten Stoffbelastungen. Von wenigen untersuchten Orten schließen wir indes gerne auf den großen Rest – eine problematische, gelegentlich gar unverantwortliche Vorgehensweise. Während wir unser Wissen zu den Wirkungen verschiedenster Stoffe auf den menschlichen Organismus in den letzten Jahrzehnten wesentlich erweitert haben, bleiben unsere Kenntnisse zu den Wirkungen auf Tiere sehr begrenzt, besonders zu den nicht zum Verzehr durch Menschen genutzten Tierarten.

Unsere Umwelt umfasst neben der physischen Realität auch das, was wir als Umgebung subjektiv wahrnehmen, was wir sehen, hören, riechen, schmecken, fühlen, allgemein, all das, was wir empfinden – unbewusst oftmals heute anders als gestern. Es sind die hörbaren Gespräche der Nachbarn, die interessant oder (ver-)störend sein können, das liebliche Vogelgezwitscher in den Gärten, ebenso wie die spürbare Kälte im Winter und die für manche im Urlaub recht angenehme, für viele Ältere und Kranke zeitweilig unerträgliche Hitze im Sommer, wenn Luftmassen aus dem Süden zu uns vordringen.

Immer seltener ist es die als angenehm empfundene Ruhe und immer häufiger der immer weniger erträgliche Lärm von Flugzeug-, Auto-, Bahn- und Schiffsmotoren und Fahrgeräuschen, den wir wahrnehmen. Lärmschutzmaßnahmen haben in den letzten Jahrzehnten zahlreiche Industrieanlagen leiser gemacht. Der wundervolle Duft von Blumen und der schwer erträgliche Gestank von Gülle, verschmutztem Abwasser und Abgasen zählen ebenso zu unseren Wahrnehmungen.

Die Umwelt wirkt beständig auf uns – manchmal grell und aufdringlich, manchmal unauffällig und „normal", manchmal unerkannt und im Verborgenen. Seit wir existieren.

## Umweltgeschichte Deutschlands

Dieses Buch untersucht die Eingriffe und Einflüsse von Menschen, die in Deutschland leben, auf ihre Umwelt. Und es untersucht die Wirkungen der Umwelt auf die in Deutschland lebenden Menschen.

Unter Deutschland wird der Raum verstanden, den die Bundesrepublik Deutschland im Jahr 2020 einnimmt. Einzelne Umweltgeschichten betreffen auch Gebiete, die östlich von Oder und Neiße liegen und von 1871 bis 1945 zum Deutschen Reich oder davor zu Preußen gehörten.

Deutsche [4] verändern auch außerhalb der Bundesrepublik Deutschland beständig die Umwelt – durch ihr Engagement für Natur- und Umweltschutz, durch Reisen, durch den Im- und Export von Nahrungsmitteln, Kleidung und technischen Produkten. Das Buch behandelt exemplarisch einige dieser Wirkungen.

Unsere Verflechtungen mit unserer Umwelt sind ungeheuer vielfältig. Eine stark verallgemeinernde Geschichte unserer Umwelt würde unspezifisch, ungenau und spekulativ bleiben. Daher bilden 260 ganz konkrete, in vielen Fällen lokale oder regionale Umweltereignisse den Kern dieses Buches.

## 1.2  Wissen und Nichtwissen – die Ausgangslage

Niemand kann die heutige Gesellschaft mitsamt ihrer Umwelt und den handelnden Akteuren auch nur annähernd verstehen, ohne einen wissenschaftlich fundierten Blick zurück auf die Geschichte zu werfen. Ohne diesen sind auch keine seriösen Überlegungen zu denkbaren zukünftigen Entwicklungen möglich. Denn die Zahl, die Richtung und Breite der einschlagbaren Wege in die Zukunft hängen stark von unserem Handeln in Vergangenheit und Gegenwart ab.

Die zukünftige Entwicklung der Gesellschaft mitsamt ihrer Umwelt ist nicht zuverlässig vorhersagbar – trotz Futurologie, trotz allen Fortschritts und Fortschrittsglaubens. Ökosysteme und die in sie integrierte Gesellschaft der Menschen sind derart komplex, dass sie häufig in völlig unerwarteter Weise reagieren. Zukünftige Entwicklungen kann man selbst dann nicht prognostizieren, wenn die Vergangenheit ausreichend verstanden ist [5]. Manchmal reagieren Ökosysteme weitaus empfindlicher als erwartet, manchmal können sie trotz extremer Eingriffe deren Auswirkungen verarbeiten und sich wieder regenerieren. So manche Schwellenwerte, nach deren Überschreitung sich unsere Umwelt anders entwickeln dürfte als erwartet, kennen wir nicht.

Die Wiener Umwelthistorikerin Verena Winiwarter [6] klassifiziert die Reaktionen der Umwelt auf unsere Handlungen in gutartige, problematische und heimtückische Vermächtnisse. Gutartige sind kurzlebig, lokal und sektoral. Problematische haben eine mittelfristige Lebensdauer, betreffen einen Sektor und zumeist eine Region. Heimtückische Hinterlassenschaften erfordern hingegen langfristig aufwendige Wartungen; sie besitzen eine globale Bedeutung. Die Relikte der militärischen und der zivilen Kernenergienutzung sind heimtückisch. Menschen *müssen* sich mit den hochgefährlichen radioaktiven Abfällen noch Jahrhunderttausende auseinandersetzen. Niemand weiß, ob und wie dieses gelingen kann. Noch existieren keine geeigneten Standorte und technischen Methoden für eine dauerhaft verlässliche „Endlagerung". Bedenkt man, dass in den vergangenen zweitausend Jahren wiederholt Despoten auf der Welt herrschten, so ist zu fragen, wie diese in den kommenden Jahrhunderttausenden vom Missbrauch unserer radioaktiven Abfälle abgehalten werden können.

Da sich die wissenschaftlichen Methoden und die resultierenden Erkenntnisse permanent verändern und erweitern, wandelt sich zwangsläufig auch das Wissen über Vorgänge in der Vergangenheit und die daraus resultierenden Bewertungen und Handlungsempfehlungen beständig. Alle Schlussfolgerungen über Maßnahmen zur Nutzung unserer Umwelt unterliegen dieser Dynamik der Erkenntnisse. Menschen sind immer Kinder ihrer jeweiligen Zeit.

So war es gestern für bestimmte Nutzergruppen anstrebenswert, Auenwälder durch Trockenlegung in Offenland zu wandeln und auf dem nunmehr trockenen Land Siedlungen zu errichten und Ackerbau oder Weidewirtschaft zu betreiben. Heute lassen dann Akteure auenfremde Büsche und Bäume um große Verbrauchermärkte herum in trockengelegten Auen pflanzen. Wo dies nicht möglich ist, zahlen sie, statt „Umweltschutzmaßnahmen" durchzuführen, Geld an den Staat (die Gesellschaft) – ein scheinbarer Ausgleich für oftmals nicht zu akzeptierende Eingriffe in die Umwelt. Morgen können als Folge dieses Handelns extreme Überschwemmungen diese Gebäude zerstören. Ehe wir stark in unsere Umwelt eingegriffen haben, gab es keine schweren Hochwasser.

Wie wandelten sich die Kenntnisse zu unserer Umwelt, zu unseren Wirkungen auf die Umwelt und zu den Wirkungen der Umwelt auf uns? Wie gingen Menschen und Institutionen mit dem sich ändernden Wissen um? Welche Umweltveränderungen traten auf? Im zweiten Kapitel werden diese Fragen für 260 Umweltgeschichten gestellt und – soweit möglich – beantwortet.

## 1.3   Zu den fachlichen und zeitlichen Schwerpunkten sowie der Auswahl der Umweltgeschichten

Die Umweltgeschichten verteilen sich auf die vergangenen zwei Jahrtausende:

- 78 oder rund 30 % fallen größtenteils in die Zeit von der 2. Dekade v. Chr. bis in das 18. Jh.,
- 71 oder gut 27 % vorwiegend in die Jahre 1800 bis 1948 und
- 111 oder knapp 43 % in die Jahre 1949 bis 2019.

Die Betonung der jüngeren Geschehnisse hat mehrere Ursachen. Zum einen liegen für die vergangenen eineinhalb Jahrhunderte weitaus mehr Schrift- und Bildzeugnisse zu Einflüssen von Menschen auf ihre Umwelt und zu Wirkungen von Naturereignissen auf Menschen vor, als für die Zeit davor. Die Industrialisierung modifiziert Wasser- und Stoffkreisläufe, Böden und Atmosphäre stark und schafft damit viel zu Berichtendes. Nach dem Zweiten Weltkrieg kommen die gravierenden Umwelteinflüsse durch Agro- und Industriechemikalien, Kunststoffe, die Mechanisierung und die massive Errichtung von Infrastruktur wie neue Wohn- und Industriegebiete, Straßen und Bahnstrecken sowie den Ausbau von Flughäfen hinzu. Seit den 1960er-Jahren verabschiedet der Bundestag nach wachsenden Bürgerprotesten zahlreiche Umweltgesetze mit positiven Folgen für die Gesundheit der Westdeutschen und ihre Umwelt. Mit der Herstellung der Einheit Deutschlands im Jahr 1990 bessert sich die Umweltsituation in Ostdeutschland.

Zum anderen bewegen wir uns auf einer Spirale der Verstärkung der anthropogenen Umwelteinflüsse und des Gegensteuerns durch Initiativen der Zivilgesellschaft, denen oft staatliches Handeln folgt, und deren Ende nicht abzusehen ist.

Die vorgestellten Geschichten sind eine subjektive Auswahl des Verfassers. Sie umfasst die aus seiner Sicht wichtigsten, interessantesten und spannendsten Umweltereignisse der vergangenen zweitausend Jahre auf dem heutigen Gebiet der Bundesrepublik Deutschland. Und sie fußt auf seinen Forschungs- und Lehrtätigkeiten in den Fachgebieten der naturwissenschaftlichen Umweltgeschichte, der Ökosystemforschung, Geoökologie, Physischen Geographie, Geomorphologie, Bodenkunde, Hydrologie und (Geo-) Archäologie seit 1978.

Bei einigen Umweltgeschichten gibt es widersprüchliche Daten in der Fachliteratur, gelegentlich auch unterschiedliche Jahresdaten zu bestimmten Ereignissen oder Quantifizierungen, wie zur Landnutzung und zum Verbrauch von Lebensmitteln. In diesen Fällen wurden die plausibelsten Informationen verwendet.

Die große Zahl umweltrelevanter Ereignisse erfordert eine Beschränkung auf kompakte Darstellungen. Für eine Vertiefung der jeweiligen Themen sei auf die Endnoten und das Literaturverzeichnis verwiesen.

Zitate geben die ursprüngliche, oftmals heute unübliche und gelegentlich fehlerhafte Schreibweise wieder.

Die Lage zahlreicher bedeutender Umweltorte und -regionen ist den Abb. 1.2 und 1.3 zu entnehmen.

**Abb. 1.2** Ausgewählte Umweltorte und -regionen in Norddeutschland, die in diesem Buch erwähnt sind

## 1.4 Leseempfehlung

Liebe Leserin, lieber Leser, Sie können das Buch in verschiedener Weise lesen: systematisch und zeitlich geordnet von den Römern bis heute oder zufällig ausgewählte Umweltgeschichten oder nach diesen fachlichen Kategorien:

- Klima, Wetter, Wasser: 1. Jh. n. Chr., 536–ca. 660 n. Chr., spätes 7.–13. Jh., 17.2.1164, 1310–1324, 19.-25.7.1342, 15.-17.1.1362, 1416–1463-1470–1599-1699–1879, 1430er, 1540, 1570–1575, 1585–1597, 1607/08, 29./30.5.1613, 11./12.10.1634, 1687–1717, 1708/09, 25.12.1717–1719, 1721–1725, 1770–1772, 27.2.1784, 1791, 12./13.11.1872, spätes 19. Jh. bis heute, 1946/47, 16./17.2.1962, 28.12.1978, 12.7.1984, 1993–2012, März 1995, 17.7.1997, 26.12.1999, ab 12.8.2002, Juli/August 2003, 18./19.1.2007, Juni 2013, 28.7.2013, Juli/August 2015, 29.5.2016, April bis November 2018, 12.12.2018, 15.3.2019, 2.5.2019, 25.7.2019

- Erdbeben, Vulkanausbrüche: 26./27.12.1755 und 18.2.1756, 27.2.1784, 1815–1817

- Agrar- und Forstpolitik, Ernährung, Landwirtschaft, Wälder, Forstwirtschaft, Fischerei, Jagd, Melioration, Naturschutz, Wassermanagement, Gärten, Parks: 4.-7. Jh. n. Chr., um 950, ab etwa 1140, um 1200, nach 1351, 9.4.1368, 1451, um 1470, 1488, 1532, 1539, 1573, 1588, 1589, 21.4.1643, um 1647, 1681 bis heute, 1713, 1746–1753, 22./23.8.1749, 24.3.1756, 1760–1791, ab 1778, 29.9.1789, 1795, um 1800, 1806, 1817–1879, 24.10.1835, 26.4.1836, 1871, 1877, um 1890, 1893, 27.2.1904, 22.10.1906, 1914–1918, 1933–1945, 12.4.1934, 1.10.1935, 1939–1945, 1950er-Jahre bis heute, 4.8.1954, 7.10.1970, 23.10.1970, 24.12.1971, seit 1972, 1.1.1972, 13.11.1973, 8. bis 18.8.1975, 3.5.1980, 5.6.1980, 12.9.1990, 1.3.1999, 22.6.2006, 7.11.2007,

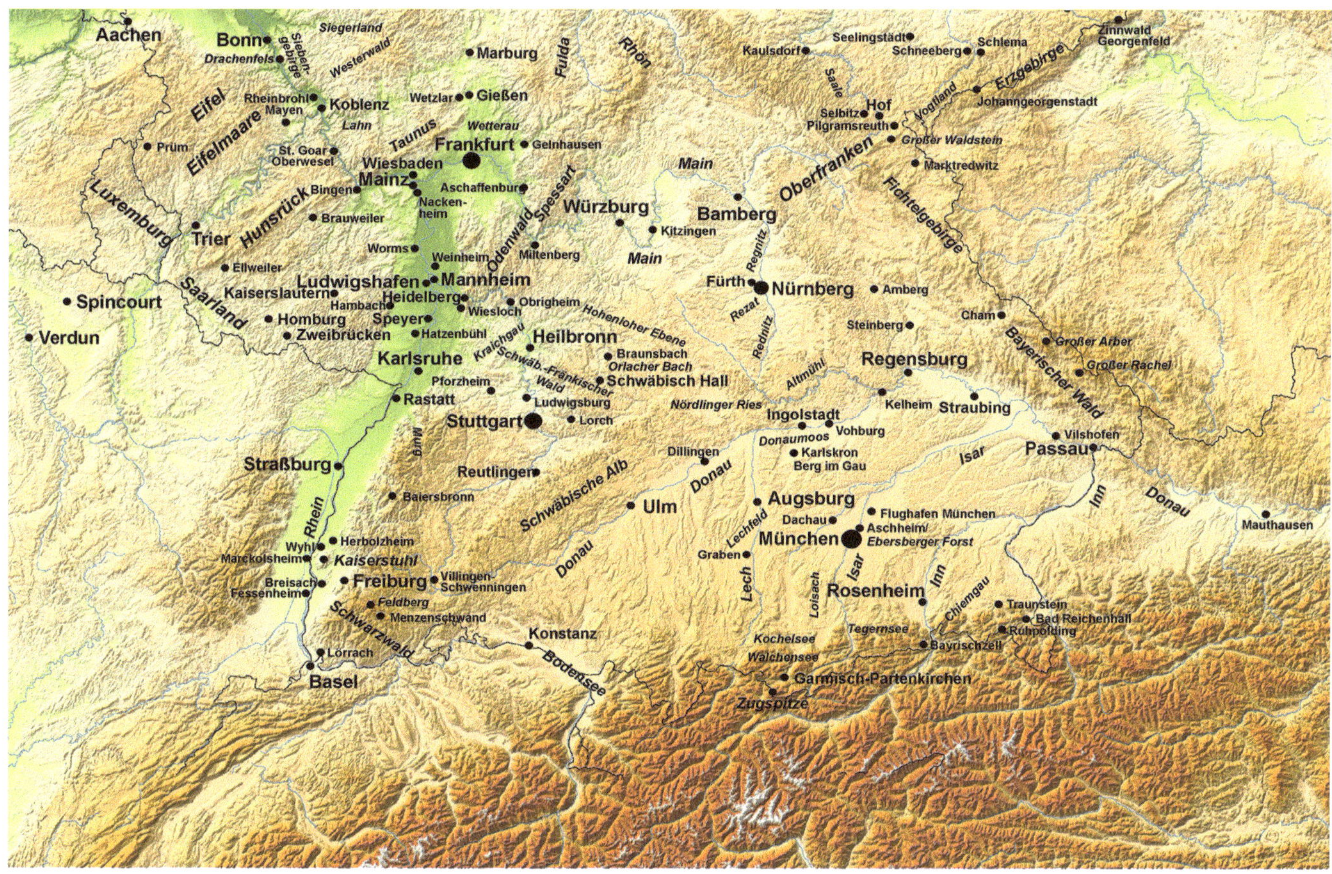



**Abb. 1.3** Ausgewählte Umweltorte und -regionen in Süddeutschland, die in diesem Buch erwähnt sind

1.8.2016, 2.2. und 18.4.2018, 3.9.-10.10.2018, 14.2.2019, 15.4.2019, 26.6.-8.7.2019

- Düngung, Chemikalien, Arzneimittel, resultierende Luft-, Boden- und Gewässerverschmutzung: 24.7.1788 bis 15.7.1985, 1802–1803, 1828, 1840, 9.2.1892, ab 1907, 13.10.1908, 1911/12, 22.4.1915, 21.9.1921, 1937, 1960er-Jahre bis heute, 1960er bis 1980er-Jahre, 11.7.1968, 13.10.1980, 1.11.1986, 27.9.1988, 1991, 22.2.1993, November 2002, 2016, 26.5.2017

- Bergbau, Industrie und Verkehr, resultierende Luft-, Boden- und Gewässerverschmutzung: 20/10 v. Chr.-220 n. Chr., 1.–3. Jh. n. Chr., 696, 9. Jh., 10./11. Jh., 15.8.1248–15.10.1880, ab 1367, 22.7.1398, 1.1.1525, um 1536–1866, 18.10.1758, 1.10.1784, 1801, 1802–1803, 1833, ab 7.12.1835, 4.-8.5.1842, 1873, 1884, 29.1.1886, ab 3.6.1887, 1.11.1908, 24.9.1921 bis 1945, 13.11.1937, 29.1.1938, 1950er-Jahre bis heute, 1959–25.09.1992, 19.6.1969, 1979 bis heute, 1.11.1993, 15.9.2014

- fossile Energie (Stein- und Braunkohle, Erdöl, Erdgas, Kernenergie), resultierende Luft-, Boden- und Gewässerverschmutzung: 1129/1296, 1546, 1652, 1789–1815–1867–1946–1990, 1850er-1990er-Jahre, 1912, 1930er-Jahre bis 1945, 1946–1990, Mai 1957, Ende 1950er, 1967–1978, 19.7.1973, 25.11., 2., 9. und 16.12.1973, 17.12.1973, 17.1.1979, 1.7.1983, 7.11.1983, 27.4.2002, 31.7.2011, 2016 bis heute, 5.10.2018, 7.12.2018, 21.12.2018, 2031, 2035–2038

- nachwachsende Rohstoffe, erneuerbare Energie: 24.1.1924, 6.7.1983, September 1990, 1.1.1991, 1.4.2000 und 21.7.2014

- Krankheiten, Kalamitäten, Seuchen: 543, 1348–1351, 22.6.1751, 1776–1778, 1783, 1813, 1845–1848, 1870–1873, 24.8.1892, 1901, März 1918 – März 1919, 1942–1945, 1945–1948, 1.11.1993, 2002, 27.2.2005, 5.11.2014, Sommer 2018, ab 28.1.2019

- Umweltwirkungen von Macht und Krieg: ab etwa 100 n. Chr., 10. Jh., 1618–1648, 1891–1938-1945–1947, 1914–1918, 2. Mai 1936, 1936–1945, 1938–1945, 1939–1945, 1939 bis heute, 1945–1949, 1950–1972

- Umweltpolitik, -gesetze und -schutz: 1714, ab 1744, 1760er bis 1860er-Jahre, 1764, 1852, 30.3.1898,

5.4.1941, ab 1950er, 1952/53 und 1959/60, 24.2.1953, 27.7.1957, 28.4.1961, 1963–1987, 30.3.1971 und 31.10.2007, 28.12.1971, 7.6.1972, 22.7.1974, 20.12.1976, 13.1.1980, 5.6.1980, 6.6.1986, 1.1.1991, 8.4.1992, 16.7.1994, 27.10.1994, ab 17.11.1994, 14.9. und 9.10.1996, 6.10.1996, 1.4.1999, 1.4.2000 und 21.7.2014, 26.8. bis 4.9.2002, Dezember 2009, 15.3.2019, 2.5.2019, 20.9.2019

- Umweltwahrnehmung und -veränderung durch Deutsche im Ausland: 23.6.1802, 1816–1914, 1863–1873, 8.2.1899–1.5.1900
- Abfall: 1950er bis 1980er-Jahre, 7.6.1972, 1.1.1975 und 30.1.1979, Anfang Januar 2018, 1.3.–31.5.2018

Bereits in den Jahrzehntausenden vor dem Ende der letzten Kaltzeit greifen als Wildbeuter umherstreifende Menschengruppen in die hochempfindlichen Ökosysteme Mitteleuropas ein. Sie jagen auch große Säugetiere. Mutmaßlich genügt es bereits, nur wenige Prozent der kleinen Population einer Säugetierart zu erlegen, um über Jahrtausende hinweg auch durch die genetische Verarmung der Restpopulation schließlich deren Aussterben zu verursachen.

Etwa 11.700 Jahre vor heute, wird es abrupt warm. Die Nacheiszeit beginnt. Der Meeresspiegel liegt noch Jahrtausende mehrere Zehnermeter unter dem heutigen. Die Region, die Deutschland heute einnimmt, ist also meeresfern, das Klima dadurch kontinentaler. Lichte Wälder breiten sich außer in den Hochlagen der Hochgebirge und an besonders nassen Standorten bald aus.

Konstanz gibt es nicht in der Natur. Auch ohne menschliche Eingriffe sind Landschaften einem stetigen allmählichen Wandel und selteneren abrupten Veränderungen unterworfen: Das Klima unterliegt auch in der Nacheiszeit beständigen Schwankungen – feuchtere und trockenere, wärmere und kühlere Phasen wechseln einander ab. 10.300 Jahre, 9500 Jahre und 8200 Jahre vor heute ist es jeweils über Jahrzehnte besonders kalt und trocken. Feuer vernichten in diesen Zeiten so manche kiefernreiche Wälder östlich der Elbe. Diese natürliche Klimadynamik beeinflusst den Wasserhaushalt sowie die Entwicklung der Ökosysteme und der Böden erheblich [7].

Im Neolithikum beginnen Menschen durch Rodungen, Garten- und Ackerbau, Viehwirtschaft, Handwerk und Bergbau ihre Umwelt stärker zu verändern – in den süd- und mitteldeutschen Beckenlandschaften und Tälern seit etwa 7500 Jahren, nördlich der Mittelgebirge seit wenig mehr als 6000 Jahren vor heute. Sie nutzen das gefällte Holz um Häuser, Brunnen, Boote oder Werkzeuge zu bauen, um ihr Essen zu garen, ihre Häuser im Winter zu wärmen und Salz zu sieden.

Domestiziertes Vieh frisst Kräuter und die Blätter junger Schösslinge in den Wäldern. Es beeinträchtigt damit die Naturverjüngung der Gehölze. Die Wälder lichten sich siedlungsnah. Intensive Beweidung begünstigt die Entwicklung von Heidevegetation auf nährstoffarmen sandigen Böden.

Menschen nutzen Äste vor allem von Linden, Eschen und Ulmen. Sie trocknen das Laub und verfüttern es im Winter an ihr Vieh. Beim Abschlagen der Äste, dem Schneiteln, wird das Holz verletzt. Empfindlich reagieren Ulmen. An Schlagstellen kann der Ulmensplintkäfer in das Holz eindringen, befallene Ulmen gehen ein. Zirka 5000 Jahre vor heute sterben nördlich der Mittelgebirge die meisten Ulmen.

Der bald aufkommende Mangel an Holz in der näheren Umgebung von Siedlungen und der wachsende Nährstoffmangel in sandigen oder steinigen Ackerböden lassen die Dorfbewohnerinnen und -bewohner nach einigen Jahrzehnten weiterwandern. Sie errichten andernorts im Wald neue Häuser. Die verlassenen Gebiete bewalden sich sukzessive wieder.

Erste, im Nahen Osten domestizierte Pflanzenarten kommen im frühen Neolithikum als Kulturfrüchte nach Mitteleuropa. Man baut die Getreidepflanzen im neuen, durch die Waldrodungen entstandenen Offenland auf kleinen Parzellen in Dorfnähe an. Menschen verbreiten zahlreiche weitere Pflanzen- und Tierarten – absichtlich und unabsichtlich. Züchtung schafft neue Formen wie den Haushund und das Rind. Sie alle erhöhen schließlich auch in Mitteleuropa die Biodiversität. Jedoch verdrängen konkurrenzstarke neue Arten konkurrenzschwache einheimische. Eingeschleppte Wildkräuter – „Ackerunkräuter" – bereiten zunehmend Probleme auf den Getreidefeldern. Die Artenzusammensetzung ist nun eine andere als vor den ersten Rodungen. Baumarten wie die Buche profitieren zunehmend von den Veränderungen [8].

Die Umweltwirkungen frühneolithischer Gesellschaften sind bezogen auf die gesamte Region von den Alpen bis zur Ostsee noch recht gering. Kleinräumig gibt es indessen bereits spürbare Veränderungen. Im gerodeten hügeligen


H.-R. Bork, *Umweltgeschichte Deutschlands*, https://doi.org/10.1007/978-3-662-61132-6_2

Land, in dem Kulturfrüchte gedeihen, spülen die Abflüsse starker Regen nach der Ernte Bodenpartikel ab. Starke Winde wehen auf sandigen Böden fruchtbare Bodenteilchen fort. Auch durch die Entnahme von Nährstoffen über die Ernte verarmen die Ackerstandorte. Niederschlagswasser wäscht Nährstoffe aus den versauernden Böden in die Unterböden oder bis in das Grundwasser. Dorfnah sind Gewässer mit Nährstoffen belastet [9].

Im Laufe des Neolithikums, während der Bronze- und der vorrömischen Eisenzeit erhöht sich die Siedlungsdichte in vielen mitteleuropäischen Landschaften deutlich. In der Bronzezeit wird die Haltung von Vieh immer bedeutender. In der Eisenzeit entwickeln Menschen verstärkt Geräte aus Metall. Diese gestatten eine beschleunigte Rodung von Gehölzen. Sie erleichtern die Mad von Gräsern und Kräutern sowie den Anbau von Kulturfrüchten auch auf lehmigen Böden. Ackerbau und Viehhaltung dehnen sich auch auf Standorte mit geringer Bodenfruchtbarkeit in den Mittelgebirgen aus. Der Nährstoffmangel der Böden nimmt weiter zu.

## 2.1　Von der Römerzeit bis in das 15. Jh.: Bestimmt die Natur das Handeln der Menschen?

Mit der Landnahme der Römer Mitte des letzten vorchristlichen Jahrhunderts westlich des Rheins und südlich der Donau ändert sich dort die Situation grundlegend. Das wohl organisierte römische Staatswesen mit permanenten Siedlungen trifft auf germanische Kulturen, die gewöhnlich nach einer Phase der Sesshaftigkeit weiterwandern. Beide Systeme sind nicht kompatibel. In den Grenzbereichen kommt es immer wieder zu Konflikten.

Zum Ende des ersten nachchristlichen Jahrhunderts ist das Land zwischen Alpen und Nordsee aufgeteilt: der Westen und der Süden gehören zu vier römischen Provinzen:

- Germania inferior, Niedergermanien, mit der Hauptstadt Colonia Claudia Ara Agrippinensium, dem heutigen Köln, umfasst den Raum westlich des Niederrheins einschließlich des Südens der Niederlande (seit etwa 85 n. Chr. römische Provinz),
- Germania superior, Obergermanien, besteht aus dem Südwesten Deutschlands und Teilen der Schweiz und Frankreichs (seit etwa 85 n. Chr. römische Provinz), mit der Hauptstadt Mogontiacum, dem heutigen Mainz,
- Raetia, Raetien, das von der Donau über Vorarlberg bis in das Wallis reicht (seit etwa 15 v. Chr. römische Provinz), mit dem Sitz des römischen Statthalters wohl zunächst in Cambodunum, dem heutigen Kempten, und später der Hauptstadt Augusta Vindelicum, dem heutigen Augsburg, sowie

- Noricum, das den Südosten Bayerns und den überwiegenden Teil Österreichs zusammenschließt (seit etwa 40 n. Chr. römische Provinz), mit dem Sitz des Statthalters in Lauriacum (im Bereich der oberösterreichischen Gemeinde Enns).

Das römische Staatswesen, die effektive planmäßige Erschließung des okkupierten Landes und die ausgereiften Kulturtechniken des Landbaus[1] ermöglichen in einer bis in das zweite nachchristliche Jahrhundert anhaltenden klimatischen Gunstphase die Versorgung des Militärs[2] und der wachsenden römischen und einheimischen Bevölkerung in den römischen Provinzen Germaniens mit Nahrungsmitteln.

Ein Teil der eroberten Räume wird verpachtet; römische Familien etablieren Landgüter, die Villae rusticae. Die Germanen eignen sich in den besetzten Gebieten die römische Lebensweise an. Ihre mobile Subsistenzwirtschaft wandelt sich zur Marktwirtschaft; die Kaufkraft auch der einheimischen Bevölkerung wächst.

Die Kölner Archäologen Karl Peter Wendt und Andreas Zimmermann nehmen für Gebiete mit hoher Dichte an Villae rusticae im römischen Rheinland[3] in der zweiten Hälfte des 2. Jh. n. Chr. an, dass etwa die Hälfte des Landes landwirtschaftlich genutzt und die andere Hälfte bewaldet ist; in Arealen mit geringer Villendichte sehen sie Walddominanz und einen Offenlandanteil von bloß 22 % [10].

Aus dem Holz der gefällten Bäume entstehen die Palisaden des Limes, Schiffe, Gebäude, Brücken, Bohlenwege an Feuchtstandorten, Grubenhölzer zur Stabilisierung von Stollen in Bergwerken, Waffen, Zäune, landwirtschaftliche Geräte, Werkzeuge, Schreibtäfelchen, Holzkohle und vieles mehr. Mit Holz wird im Winter das Haus gewärmt und ganzjährig der Küchenherd für die Nahrungszubereitung beheizt. Viel Holz benötigen auch Handwerks- und Metallverarbeitungsbetriebe. Holz ist in den römischen Provinzen Germaniens ein bedeutender Rohstoff.

Untersuchungen von Tierknochen aus sieben römischen Siedlungen zwischen Alpen und Nordsee durch Joris Peters [11] belegen, dass vor und zu Beginn der römischen Herrschaft das Verhältnis von Schaf- und Ziegenknochen zu

---

[1]Hoch entwickelt sind Acker-, Obst- und Gartenbau, Tierzucht, Agrartechnik, das Verkehrs- und Handelswesen der Römer; es resultiert ein vergleichsweise geringer Bedarf an landwirtschaftlichen Arbeitskräften – eine geringere Zahl an Bauern versorgt mehr Menschen als zuvor.

[2]Jedem Legionär stehen täglich 650 g Getreide sowie Speck, Käse, Gemüse, Olivenöl, Wein und Salz zu.

[3]Ein fast 23.000 km$^2$ umfassender linksrheinischer Raum etwa von Kleve über Aachen bis Diedenhofen nördlich Metz im Westen sowie von Bingen bis südlich von Alzey im Osten.

Schweineknochen zu Rinderknochen etwa bei 1:2:3 liegt. Der Anteil der Rinder erhöht sich bald auf ein Verhältnis von zirka 1:2:5. Verursacht wird die Zunahme offenbar durch die wachsende Nachfrage nach Fleisch und Milch sowie nach Rinderhäuten, die für die Herstellung von Kleidung verwandt werden und ein wichtiges Exportgut innerhalb des Römischen Reiches darstellen. Auch der hohe Holzbedarf, der vereinzelt zur Rodung von Wäldern beiträgt, hat die Rinderhaltung im Offenland begünstigt [12].

Straßen, militärische und zivile Siedlungen, die kaiserlichen Erzgruben und -hütten entstehen.

Die genannten Nutzungsintensivierungen führen regional zu gravierenden Umweltveränderungen, wie die erste römische Umweltgeschichte zeigt.

## 20/10 v. Chr. bis 220 n. Chr. – Eifelmaare belegen Luftbelastungen durch Bleiverhüttung

Kleine Seen füllen in der Eifel einige Maare – tiefe Senken, die durch Wasserdampfexplosionen entstanden, als aufsteigende Magma Grundwasser erreichte. Der Vulkanismus begann vor rund 50 Mio. Jahren und endet mit den Ausbrüchen des Laacher See-Vulkans vor etwa 12.800 Jahren in der Osteifel und den Ausbrüchen eines Vulkans bei Ulmen vor rund 10.900 Jahren in der Westeifel, von dem das Ulmener Maar zeugt (Abb. 2.1, 2.2, 2.3).

Die datierten Ablagerungen am Boden der Maarseen enthalten wichtige Informationen zu Umweltveränderungen durch agrarische Landnutzung, Bergbau und Verhüttung. In der vorletzten Dekade vor Christi Geburt ändert sich die chemische Zusammensetzung der Sedimente, die sich am Grund der Maare ablagern. Blei gelangt von den Verarbeitungsorten in die Atmosphäre und von dort schließlich in die Maarseen. Der Bleigehalt der Sedimente erhöht sich um ein Vielfaches. Isotopenuntersuchungen belegen die Herkunft: Bleigruben im Raum Aachen-Stolberg, bei Kall in der Nordeifel, wohl auch im Bergischen Land und weiter entfernt auf der Briloner Hochfläche im östlichen Sauerland. Die dort verarbeiteten Bleibarren werden weithin gehandelt. In einem 1989 vor Saintes-Maries-de-la-Mer in der Rhonebucht entdeckten Schiffswrack liegen 99 Bleibarren, die zusammen mehr als fünf Tonnen wiegen. Eine Kartusche teilt die Herkunftsbezeichnung und den Namen des Produzenten von acht Bleibarren mit: germanisches Blei des Lucius Flavius Verucla – wahrscheinlich Abgaben dieses Produzenten an den Besitzer der Bleigruben, den römischen Kaiser [13].

Eine erhebliche regionale Luftbelastung durch den Abbau und vor allem durch die Verhüttung von Blei ist für die Römerzeit nachgewiesen [14].

**Abb. 2.1** Der Laacher See und die Wingertsbergwand mit Laacher See-Tephra (Tephra: vulkanische Ablagerungen von feinen Aschen bis zu größeren vulkanischen Bomben, teilweise locker, teilweise fest verbacken) im davor liegenden Kraterwall

**Abb. 2.2** Ablagerungen der plinianischen Eruption (Explosiver Vulkanausbruch, vergleichbar der Eruption des Vesuvs im Jahr 79 n. Chr. Ihr fallen Pompeji und Herculaneum zum Opfer. Beschrieben hat sie Cornelius Tacitus, dessen Onkel Plinius der Ältere bei dem Extremereignis den Tod fand.) des Laacher See-Vulkans. Das Foto zeigt Laacher See-Tephra in der mehr als 40 m hohen Wingertsbergwand am südlichen Kraterrand des Vulkans. Sie wurde überwiegend innerhalb der ersten Stunden und Tage des Ausbruchs hier abgelagert. Die Eruption des Laacher See-Vulkans vor etwa 12.800 Jahren ist das stärkste abrupte Naturereignis der jüngeren Erdgeschichte in Mitteleuropa

## 1. Jh. n. Chr. – Leben wie auf Bühnen im Meer

Versuche der Römer, auch den Norden Germaniens längerfristig zu besetzen, scheitern. Fern der Grenze zum Römischen Reich bleibt die Subsistenzlandwirtschaft erhalten. Ein außergewöhnliches Nutzungssystem entwickelt

sich bereits vor Christi Geburt an der Nordseeküste. Hier prägen die Gezeiten einen einzigartigen Lebensraum: das Watt und die Salzmarschen. Sie wirken auf den ersten Blick öde, schlammgrau und platt. Ein Sprichwort besagt, dass es dort so flach sei, dass man bereits am Freitag sähe, wer Sonntag zu Besuch käme. Doch es gibt eine prägnante Ausnahme: aus der ebenen Marsch aufragende Wohnhügel[4], auf denen traditionell mit Reet gedeckte Häuser stehen. Sie trotzen den Sturmfluten – meist – erfolgreich.

Der römische Gelehrte Gaius Plinius Secundus Maior besucht wohl Mitte des 1. Jh. n. Chr. während eines Feldzuges der Römischen Flotte gegen den germanischen Stamm der Chauken[5] nach einer Sturmflut die Nordseeküste. Er sieht ausgedehnte Moore, die Salzmarschen und Wohnhügel, mitsamt den dort unter ganz außergewöhnlichen Bedingungen lebenden Menschen [16].

Gaius Plinius Secundus Maior beschreibt um 77 n. Chr. in der „Naturalis historia" (XVI 1, 2–4) das Leben der Menschen in den Nordseemarschen und ihre Wohnhügel, die Wurten oder Warften:

*„Gesehen haben wir im Norden die Völkerschaften der Chauken, […]. In großartiger Bewegung ergießt sich dort zweimal im Zeitraum eines jeden Tages und einer jeden Nacht das Meer über eine unendliche Fläche und offenbart einen ewigen Streit der Natur in einer Gegend, in der es zweifelhaft ist, ob sie zum Land oder zum Meer gehört. Dort bewohnt ein beklagenswertes Volk hohe Erdhügel, die mit den Händen nach dem Maß der höchsten Flut errichtet sind. In ihren erbauten Hütten gleichen sie Seefahrern, wenn das Wasser das sie umgebende Land bedeckt, und Schiffbrüchigen, wenn es zurückgewichen ist und ihre Hütten gleich gestrandeten Schiffen allein dort liegen. Von ihren Hütten aus machen sie Jagd auf zurückgebliebene Fische. Ihnen ist es nicht vergönnt, Vieh zu halten wie ihre Nachbarn, ja nicht einmal mit wilden Tieren zu kämpfen, da jedes Buschwerk fehlt. Aus Schilfgras und Binsen flechten sie Stricke, um Netze für die Fischerei daraus zu machen. Und indem sie den mit den Händen ergriffenen Schlamm mehr im Winde als in der Sonne trocknen, erwärmen sie ihre Speise und die vom Nordwind erstarrten Glieder durch Erde[6]. […] Zum Trinken dient ihnen nur Regenwasser, das im Vorhof des Hauses in Gruben gesammelt wird."*

---

[4]Regionale Namen der Wohnhügel: Terpen und Wierden in Niedersachsen, Wurten in Dithmarschen und Warften in Nordfriesland.

[5]Chauki, lateinisch, „die hoch Wohnenden".

[6]Getrockneter Torf, der als Brennmaterial verwendet wird.

**Abb. 2.3**  Unter dem Meerfelder Maarsee (Westeifel) liegen jahreszeitlich geschichtete Sedimente. Untersuchungen der Potsdamer Geochemiker Georg Schettler und Rolf L. Romer belegen, dass Maarschichten aus der Römischen Kaiserzeit um das 8,5-fache höhere Bleikonzentrationen aufweisen als in der Zeit zuvor [15]

Beginnend im späten 2. Jh. v. Chr., nach einem Rückgang des Meeresspiegels um fast einen Meter, siedeln Menschen auf Strand- und Uferwällen besonders um die Mündungsgebiete von Ems, Weser und Elbe (Abb. 1.1). Auf einem hohen Strandwall nördlich der Wesermündung im heutigen Land Wursten errichten sie das Dorf Feddersen Wierde. Um Christi Geburt beginnt der Meeresspiegel zu steigen. Starke Stürme drohen das Dorf zu überfluten. Mit Schlick aus der Umgebung legt die Bevölkerung das Dorf um einige Dezimeter höher (Abb. 2.4). Immer mehr Menschen leben auf dem Wohnhügel Feddersen Wierde. Er wird weiter vergrößert und bis in das 4. Jh. mehrfach erhöht. Im 5. Jh. verlassen die Menschen das Dorf [17].

Blicken wir auf den Raum nördlich der Eidermündung im westlichen Schleswig–Holstein, wo die Besiedlung der Salzmarschen etwas später einsetzt. Mitte des ersten nachchristlichen Jahrhunderts schaffen Menschen, die auf den Uferwällen an der Eidermündung wohnen, durch das Aufbringen von Klei[7] und Mist flache Wohnhügel, auf denen sie ihre Höfe errichten [18].

Nach Untersuchungen des Prähistorikers Albert Bantelmann laufen im zweiten und dritten nachchristlichen Jahrhundert an der großen Warft Tofting nördlich der Eidermündung die Sturmfluten immer höher auf. Die Bewohnerinnen und Bewohner Toftings, die hauptsächlich von der Tierhaltung leben, reagieren und tragen bis in das 5. Jh. wiederholt Klei und Mist auf. Sie wohnen sich über die Jahrhunderte nach oben, auch indem sie neue Gebäude auf den lehmigen Resten der alten errichten. Dann, um 500 n. Chr., verlassen sie die Warft Tofting und die Küstenregion [19].

Viele Wohnhügel werden an der Nordseeküste zwischen Emsmündung und Sylt im 5. oder 6. Jh. aufgegeben. Kühleres und feuchteres Klima, zunehmende Sturmfluthöhen und regionale Konflikte dürften die Abwanderung bewirkt haben. Jahrhunderte später nutzen Menschen manche der aufgegebenen Wohnhügel wieder. Oder sie errichten neue. Warften prägen die nordfriesischen Halligen. Sie bestehen aus Bündeln oder langen Reihen von Wohnhügeln, die nur von niedrigen Sommerdeichen umgeben sind (Abb. 2.5).

Während stärkerer Sturmfluten versinkt das Land um die Wohnhügel im Wasser, die Warften ragen kaum heraus. Es ist ein ganz besonderes Erlebnis, während „Land unter"

---

[7]Klei: entwässerter Schlick, der durch die Gezeiten an Flachküsten abgelagert wurde, ein an den Schuhen haftendes, schluffig-toniges, manchmal auch sandiges, fruchtbares marines Feinsediment.

**Abb. 2.4** Luftbild der archäologischen Grabung im etwa 4 m hohen römerzeitlichen Wohnhügel Feddersen Wierde (Postkarte um 1938)

auf einer sturmumtosten und umspülten Warft zu sein – auf einer Bühne im Meer.

## 1. bis 3. Jh. n. Chr. – Römische Legionäre erhalten Getreidemühlen vom Bellerberg-Vulkan bei Mayen

Kehren wir zurück in die Eifel. Bei Mayen liegt der Bellerberg-Vulkan, der zwischen 200.000 und 140.000 Jahren vor heute mehrfach aktiv ist. Zuerst wächst ein Schlackenkegel auf. Aus ihm strömen gasreiche, zähe Magmen langsam die Hänge des Bellerberges hinunter. Beim Erkalten der Ströme zu Zehnermeter mächtigen Basaltdecken entstehen lange Basaltsäulen mit Durchmessern bis zirka 4 m. Auf den Basalten lagert sich während weiterer Ausbrüche mehrere Meter mächtiges vulkanisches Lockergestein ab. In den beiden letzten Kaltzeiten tragen

Abfluss und Wind die lockere Deckschicht an einigen Orten bis auf die härteren vulkanischen Ergussgesteine ab. Basalte werden dadurch später für Menschen zugänglich.

Bereits im Neolithikum, vor zirka 7000 Jahren, finden Menschen aus der Region auf der Oberfläche des Bellerberges die wertvollen Steine: harte und zugleich poröse Basalte. Reibt man einen kleineren rundlichen Basaltstein über einen größeren, flachen, so zermahlen dazwischen liegende Getreidekörner rasch zu Mehl. Aus Basaltblöcken, die auf der Oberfläche des Bellerberges liegen, schlagen sie Stücke ab, um Reibsteine – Handgetreidemühlen – und später auch Steinwerkzeuge herzustellen. Die Basalte sind auch für den Haus-, Straßen- und Brückenbau vorzüglich geeignet, so dass die Förderung mit wenigen Unterbrechungen bis in die 1970er-Jahre anhält (Abb. 2.6) [20].

Mitte des 1. Jh. v. Chr. wird auch die Eifel von den Römern erobert. Diese erkennen und nutzen die herausragenden Eigenschaften der Basalte am Bellerberg.

**Abb. 2.5**   Kirchwarft auf der Hallig Hooge im nordfriesischen Wattenmeer

Manche Basaltsäulen besitzen schon die Grundform der zu erzeugenden Mühlsteine. Am Mayener Bellerberg entsteht ein gut organisiertes römisches Produktionszentrum für Mühlsteine (Abb. 2.7). Es ist damals eines der größten Bergbaureviere nördlich der Alpen. Arbeiter brechen systematisch durch Keilspaltung Scheiben – Mühlsteinrohlinge – aus den Basaltsäulen. Nach groben Schätzungen des Archäologen Fritz Mangartz produzieren über gut vier Jahrhunderte durchschnittlich etwa 600 Menschen ungefähr 30.000 Handmühlen im Jahr – insgesamt wohl rund 17 Mio. Stück [21]. Die Produktpalette reicht von qualitätsvollen kleinen transportablen Handmühlen mit einem

**Abb. 2.6**   Zwischen Laacher See und Rhein liegt der 318 m ü. NHN aufragende Berg Hohe Buche, der durch einen Vulkanausbruch vor mehr als 100.000 Jahren entstanden ist. Mitte des 2. Jh. n. Chr. lassen Römer an der Hohen Buche Basalte brechen. Steinbrucharbeiter schlagen Eisenkeile in geringem Abstand in Reihen in die Wand. Gelegentlich gelingt die Spaltung der Basalte nicht. Reihen von Keiltaschen bleiben dann – wie auf diesem Foto sichtbar – bis heute erhalten. Die römischen Steinbrüche an der Hohen Buche liegen 260 Höhenmeter über dem Rhein und nur 1 km von diesem entfernt. Schiffe bringen bearbeitete Basaltquader über den Rhein und die Mosel nach Trier, wo sie für den Bau der Römerbrücke genutzt werden. (Foto: Berno Faust)

**Abb. 2.7** In der Römischen Kaiserzeit liefern die im Vordergrund zwischen der Vegetation sichtbaren Steinbrüche des Mayener Grubenfeldes zahlreiche Mühlsteinrohlinge. Am Horizont ragen Reste des Bellerberg-Vulkans auf

**Abb. 2.8** Mahlstein aus der Römischen Kaiserzeit in der Ausstellung SteinZeiten der Erlebniswelten Grubenfeld in Mayen. Bei der Bearbeitung des Rohlings bricht ein Teil ab. Das defekte Werkstück bleibt im Steinbruch zurück

Durchmesser von zirka 40 cm über schwere, von Tieren oder Menschen gedrehte Göpelmühlsteine bis zu Wassermühlsteinen (Abb. 2.8).

Die mobilen Handmühlen haben lange Zeit auch eine hohe militärische Bedeutung – Legionäre sind in einem riesigen Raum tagtäglich mit Produkten aus gemahlenem Getreide zu versorgen. Die Ferntransporte setzen ein ausgefeiltes Handels- und Verkehrssystem voraus. Die Römer exportieren Mühlen von Mayen bis nach Britannien. Ab dem Ende des zweiten Jahrhunderts gehen nach archäologischen Untersuchungen Handmühlen auch nach Germania magna. Für den Ferntransport der Mayener Mühlen nutzen die Händler bis Andernach am Rhein Straßen. Die Mühlen gelangen dann mit Schiffen bis in das heutige Tschechien [22].

Der römische Basaltabbau im Mayener Grubenfeld hat Böden, Gesteine und Relief verändert.

Die wachsende Bevölkerung erzwingt Rodungen und nachfolgenden Ackerbau in der weiteren Umgebung. Die Römer legen ganzjährige nutzbare Wegenetze an – eine weitere relevante Umweltveränderung.

## Ab etwa 100 n. Chr. – Bau des Obergermanisch-Raetischen Limes[8]

Von 58 bis 50 v. Chr. unterwerfen die Römer unter Führung von Gaius Julius Caesar das bis zum Rhein reichende keltische Gallien. Im Jahr 55 v. Chr. lässt Gaius Julius

Caesar für einen Feldzug in rechtsrheinische Gebiete eine Brücke über den Rhein bauen. Weitere Vorstöße führen in den folgenden Jahrzehnten östlich des Rheins zu einigen Landgewinnen. Um 15 v. Chr. entsteht zwischen Donau und Alpen die Provinz Raetia. Im Jahr 9 n. Chr. verliert Publius Quinctilius Varus wohl bei Kalkriese vernichtend eine überaus bedeutende Schlacht gegen germanische Stämme, die der Cherusker Arminius anführt. Weitere Feldzüge, die auf die Eroberung des Raumes bis zur Elbe zielen, scheitern; die Römer verlassen rechtsrheinische Gebiete. Stattdessen siedeln sie germanische Stämme im Osten der römischen Provinzen Germaniens und in deren Vorfeld in der Germania magna zur Grenzsicherung an.

Ab 74 n. Chr. gelingt es den Römern, die Grenze allmählich nach Osten bis hinter die fruchtbare und daher begehrte Wetterau zu verschieben. Um 85 n. Chr. lässt Kaiser Domitian die römischen Provinzen Nieder- und Obergermanien ausrufen, in den folgenden Jahren in den neu besetzten Räumen Kastelle mit einem ausgeklügelten Fernstraßennetz und an der Grenze von Obergermanien und Raetia zur Germania magna, dem unbesetzten Germanien, einen durch Wachtürme gesicherten Patrouillenweg errichten – den ersten Limes[9]. Kaiser Marcus Ulpius

---

[8]Seit 2005 UNESCO-Weltkulturerbe, größtes Bodendenkmal Deutschlands und längstes in Europa.

[9]Lateinisch: Grenzweg.

Traianus initiiert um 100 n. Chr. den systematischen Ausbau des Obergermanisch-Raetischen Limes, der mehrere Jahrzehnte in Anspruch nimmt. Kastelle werden im Hinterland aufgegeben und an die Grenze verlegt, wo sie sich mit Wach- und Signaltürmen aus Holz wie an einer Perlschnur gereiht entlang des Limes ziehen. Später schützen Palisaden durchgängig die gut bewachte obergermanische Grenze; danach ersetzen Wachtürme aus Stein die vermodernden Holztürme. Auch in den römischen Gebieten östlich des Rheins mit ertragreichen Böden verdichten sich nun die wachsenden Siedlungen durch die Ansiedlung von Galliern, Veteranen und auch Germanen [23].

Nach einer weiteren Vorverlegung verläuft die befestigte Grenze ab Mitte des 2. Jh. n. Chr. von Rheinbrohl, das zwischen Bonn und Koblenz am Rhein liegt, durch den Westen des Westerwaldes, bei Bad Ems über die Lahn, über die Höhen des Taunus, um die Wetterau zum Main bei Großkrotzenburg. Von dort bis Miltenberg bildet der Main die Grenze. Annähernd gerade zieht er dann durch das badische Bauland, die Hohenloher Ebene und den Schwäbisch-Fränkischen Wald zum Remstal. Dort, bei Lorch a. d. Rems, biegt er nach Osten ab, erstreckt sich nördlich um das Nördlinger Ries und trifft östlich von Ingolstadt am Kastell Eining bei Hienheim die Donau (Abb. 1.2).

Teilstücke des Limes verlaufen kilometerlang über Berge und durch Täler exakt gerade – ein Meisterwerk. Sie bezeugen die hohe Präzision der römischen Landvermesser. Der Limes durchzieht bergige, hügelige und weitgehend ebene Landschaften. Er umrahmt fruchtbare Gebiete wie Rheingau, Wetterau, Bergstraße, Kraichgau und Nördlinger Ries, über die eine ausreichende Ernährung sichergestellt wird, und er dient dem römischen Leben im Frieden innerhalb gesicherter Grenzen, der Pax Romana.

Der obergermanische Limes ist in der zweiten Hälfte des 2. Jh. eine breite Befestigungsanlage mit einer bis zu 3 m hohen Palisade, die bevorzugt aus Eichenrundhölzern oder Eichenhalbstämmen besteht. Hinter der Palisade wird auf einer Breite von 5 bis 8 m ein zirka 2 m tiefer Graben ausgehoben, der entnommene Boden zu einem Wall aufgeworfen und dabei ein Bodenvolumen von mehr als 2 Mio. $m^3$ bewegt (Abb. 2.9). Die Archäologin Ulrike Ehmig schätzt den Holzbedarf für die Palisaden am Mittel- und Niederrhein auf fast 40.000 $m^3$, für die Legionslager in Xanten und Bonn auf zusammen 70.000 $m^3$ und für 18 Kastelle auf 11.000 $m^3$ [24]. Unter der Annahme eines durchschnittlichen Stammvolumens von 2 $m^3$ pro Exemplar fallen rund 60.000 Bäume für die Grenzanlagen. Bei einer vermuteten Dichte von zirka 100 Bäumen pro ha resultiert eine Entwaldung von bloß gut 600 ha oder 6 $km^2$ Fläche.

**Abb. 2.9**  Rekonstruierter römischer Wachturm am Posten 49 des Wetterauer Limes

Mutmaßlich erfolgt kein Kahlschlag, sondern die gezielte Entnahme einzelner geeigneter Bäume.

Größer ist der Holzbedarf der Villae rusticae. Für den von Karl Peter Wendt und Andreas Zimmermann untersuchten, fast 23.000 $km^2$ großen linksrheinischen Raum ermittelt Ulrike Ehmig einen Holzbedarf der annähernd 4000 Villae rusticae von 1 Mio. $m^3$. Dieses Holzvolumen entspricht einer Waldfläche von etwa 50 $km^2$ – gerade einmal 0,2 % der Fläche des untersuchten Gebietes. Auch dieser Holzbedarf führt im 2. Jh. nicht zu umfangreicheren Rodungen.

Am Raetischen Limes und in wenigen kurzen Abschnitten des Obergermanischen Limes ersetzt zum Ende des 2. Jh. eine massive, bis zu 4 m hohe und 1 bis 1,2 m breite Steinmauer die Palisaden.

In mehr als 120 Kastellen und an über 900 Wachtürmen stationiertes römisches Militär bewacht die 548 km lange Grenze vom Rhein zur Donau. Offensichtlich hat der Limes neben der gut sichtbaren Markierung der politischen Grenzlinie vor allem eine wirtschaftliche Funktion: die räumliche Ordnung, Lenkung und Kontrolle des aufblühenden Personen- und Warenverkehrs an bestimmten Orten für die Verzollung der passierenden Güter. Aus dem Imperium Romanum gehen begehrte Metallgefäße, hochwertiges Geschirr und verzierte römische Gewänder nach Germania magna, in der Gegenrichtung gelangen Honig, Fleisch, Häute, Felle und Seife nach Raetien, Ober- und Niedergermanien. Natürlich dient der Limes auch dem Schutz der römischen Gebiete vor germanischen Stämmen.

Nach einer anhaltenden klimatischen Gunstperiode führt eine um 180 n. Chr. einsetzende längere Trockenperiode zeitweilig zu schlechten Ernten und regional zu einem Mangel an Nahrungsmitteln. Während die Einbußen in den römischen Provinzen durch Importe ausgeglichen werden können, löst der resultierende Hunger in Teilen der Germania magna offenbar Einfälle von germanischen Stämmen in die römisch besetzten Räume aus. Daraufhin wird der Limes weiter ausgebaut.

Überfälle, so durch die Alemannen ab 233 n. Chr. und später auch durch die Franken, führen zu gravierenden Plünderungen und Zerstörungen von Obergermanien und Raetien bis nach Gallien. Interne Machtkämpfe und Grenzkonflikte etwa an der mittleren Donau mindern die römische militärische Präsenz am Obergermanisch-Raetischen Limes. Erfolgreiche Überfälle von Germanen u. a. in den Jahren 259/260 und 275/276 resultieren. Menschen flüchten aus den Städten auf das Land. Zahlreiche Siedlungen fallen wüst. Erneute Versuche des Ausbaus der Grenzanlagen scheitern letztlich an weiteren germanischen Angriffen. Es bleibt nur die Rückverlegung einzelner Abschnitte des Limes und zur Mitte des 5. Jh. die Aufgabe der römischen Grenzlinie in Germanien. Römische Gebiete rechts des Rheins besiedeln jetzt u. a. Alemannen [25].

Die römischen Grenzbefestigungen zur Germania magna verändern in den ersten nachchristlichen Jahrhunderten lokal das Kleinrelief, die Böden, die Vegetation, den Wasserhaushalt und die Artenvielfalt ganz erheblich.

Die Römer finden Mitte des 1. Jh. v. Chr. in Germanien Kulturlandschaften vor, die mitunter seit mehr als fünf Jahrtausenden genutzt worden waren. Sie verstärken die Land- und Forstwirtschaft in den Provinzen Raetien, Ober- und Niedergermanien. Die Bodenerosion wächst auf ackerbaulich genutzten Hängen deutlich und in den Auen genutzter Landschaften lagern sich Sedimente ab. Der Waldanteil nimmt etwas ab – weniger stark, als früher vermutet [26].

Die Ausdehnung der agrarischen Landnutzung erreicht vom 1. bis zum 3. Jh. n. Chr. ihren (vorläufigen) Höhepunkt: Im Süden und Westen des heutigen Deutschlands liegt der Waldanteil nach Schätzungen des Autors vermutlich im Mittel um 40 bis 60 %, im Norden und Osten um 60 bis 80 %. Der Waldanteil erreicht damit den bis dahin geringsten Wert der Nacheiszeit. Nie zuvor in der Menschheitsgeschichte ist die römisch besetzte Region nördlich der Alpen so massiv genutzt worden.

## 4. bis 7. Jh. n. Chr. – Letztmals breiten sich naturnahe Wälder stark aus

Hunderte Grabungen zwischen Alpen und Nordsee belegen es: Schichten, die sich von zirka 7500 Jahren bis 1700 Jahren vor heute auf Unterhängen und in Tälern ablagerten, unterscheiden sich stark von denjenigen, die

dort in den letzten rund 1300 Jahren sedimentierten [27]. In der Übergangszeit zwischen beiden Zeiträumen – dem Ende der Antike und den ersten Jahrhunderten des Frühmittelalters – ist die Witterung häufig kühl und feucht, die Ernte oftmals schlecht. Hunger und Seuchen raffen zahllose Menschen dahin.

Andere wandern vom 4. bis zum 6. Jh. aus. Vielerorts wird der Ackerbau aufgegeben; Gehölze erobern den Raum zwischen Alpen und Nordsee. In den Wäldern, die im 6. Jh. mehr als 85 % der Oberfläche des heutigen Deutschlands bedecken, bilden sich ausgeprägte Böden [28]. Untersuchungen an Bohrkernen aus Seeböden, von Torfen aus Nieder- und Hochmooren oder Baumringanalysen bestätigen Witterungsextreme und eine Klimaungunst für das Wachstum von Kulturpflanzen und Gehölzen in jener Zeit.

Die Waldphase, in der weitaus weniger Menschen bei uns leben als zuvor, dauert an Orten mit sandigen, steinigen oder stark lehmigen Böden oder mit ungünstigem Klima einige Jahrhunderte. Sind die Boden- und Klimaverhältnisse deutlich besser, so hält die Zeit ohne Ackerbau nur Jahrzehnte an. An besonderen Gunststandorten wie in Teilen der Lößbörde nördlich der Mittelgebirge und in einigen süddeutschen Landschaften kann die ackerbauliche Nutzung lokal wohl fast ohne Unterbrechung fortgeführt warden [29].

Naturferne mit bis heute nachweisbaren Umweltveränderungen prägt Phasen intensiver Landnutzung wie die Römerzeit: Boden, der während heftiger Niederschläge auf Oberflächen ohne schützende Pflanzendecke abgespült wird, trübt Bäche und Flüsse, Teiche und Seen, lagert sich in den Auen ab, macht Wasser vorübergehend ungenießbar. Abwässer gelangen aus Siedlungen in Oberflächengewässer. Zum Heizen, Kochen und Backen verbranntes Holz belastet lokal die Atmosphäre und die Atemwege der Menschen. Waldrodungen verdrängen Wildtiere. Von Menschen und Tieren eingeführte Pflanzenarten breiten sich im Offenland aus, einige Pflanzenarten werden in den Wäldern rar.

Umgekehrt ermöglicht die geringe Landnutzungsintensität vom Ende der Römerzeit bis in das frühe Mittelalter eine Phase weitgehend ungestörter Naturentwicklung: Wälder wachsen, in denen sich neue Böden bilden. Die naturnahen Wälder speichern die Wassermassen starker Regenfälle besser. Langsam sickert es durch die Böden; als Grundwasser fließt es durch den Untergrund und dann aus Quellen wieder ins Freie.

Wenig fließt auf der Bodenoberfläche ab, wo kaum durchlässiges Gestein (nah) an der Oberfläche liegt oder wo die verbliebenen Menschen Äcker bearbeiten und Wege nutzen. Starke Überschwemmungen gibt es nicht mehr. Die Bäche und Flüsse sind wieder sauber. Verdrängte Tierarten kehren zurück, ob Fische im Wasser oder Wölfe an Land. In Phasen mit wenigen Menschen erholt sich die Natur.

### 536 bis ca. 660 n. Chr. – Die Spätantike Kleine Eiszeit verändert Deutschland

Der an der University of Cambridge tätige Klimahistoriker Ulf Büntgen [30] hat zusammen mit 16 Koautoren die „Spätantike Kleine Eiszeit" entdeckt und beschrieben – eine Klimaanomalie, die im Jahr 536 n. Chr. unvermittelt auch über Mitteleuropa hereinbricht und bis etwa 660 n. Chr. andauert. In dieser regenreichen Zeit ist es auch im Sommer außergewöhnlich kalt. Starkniederschläge häufen sich.

Der griechische Historiker Prokopios von Caesarea erlebt und beschreibt den Anfang der Kälteperiode im Jahr 536: *„Die Sonne, ohne Strahlkraft, leuchtete das ganze Jahr hindurch nur wie der Mond und machte den Eindruck, als ob sie fast ganz verfinstert sei. Außerdem war ihr Licht nicht rein und so wie gewöhnlich. Seitdem aber das Zeichen zu sehen war, hörte weder Krieg noch Seuche noch sonst ein Übel auf, das Menschen den Tod bringt."* [31]

Die Annalen von Ulster verzeichnen einen Mangel an Brot im Jahr 536, die ebenfalls irischen Annalen von Inisfallen in den Jahren 536 bis 539. Andere zeitgenössische Quellen berichten von Schneefall im August, Trockenheit, späten Ernten und Hungersnöten in China, von Überschwemmungen in Korea, einem dichten, trockenen Nebel und Missernten in Europa und im Nahen Osten.

Der nordirische Dendrochronologe Mike Baillie weist über Baumringanalysen ein abnormal geringes Wachstum der Irischen Eiche für das Jahr 532 und erneut für 542 nach. Bäume, die in jener Zeit in Skandinavien, in Nord- und Südamerika gedeihen, zeigen ebenfalls Wachstumsanomalien [32].

Über Jahrzehnte war strittig, ob Einschläge von Meteoriten bzw. Kometen oder extrem starke Vulkaneruptionen die abrupte Abkühlung verursacht hatten. Einige Historiker hielten einen Kometeneinschlag für wahrscheinlich. Eindeutige Belege hierfür gibt es nicht. Jüngere naturwissenschaftliche Untersuchungen an Schichten aus Eisbohrkernen von Grönland und Antarktika weisen auf markant erhöhte Schwefelsäurekonzentrationen in bestimmten Jahren in jener Zeit – ein substantieller Hinweis auf mehrere folgenschwere Vulkaneruptionen – die erste ereignet sich 536 wohl auf Island [33], die zweite sehr starke 540/41 in Äquatornähe – „Verdächtige" sind der Ilopango in El Salvador, der Rabaul in Papua-Neuguinea und der Krakatau zwischen Java und Sumatra in Indonesien – und die dritte um 547. Die Megaeruptionen bewirken eine Abkühlung der Atmosphäre, dadurch Veränderungen der Meeresströmungen und des Bedeckungsgrades der Arktis mit Meereis [34].

Die Jahre 536 und 537 sind mutmaßlich die kältesten, die Menschen in den vergangenen zwei Jahrtausenden erlebten [35]. Kausale Zusammenhänge zwischen den

Vulkanausbrüchen und der „Spätantiken Kleinen Eiszeit" auf der einen, den Seuchenzügen, der Migration zahlloser Menschen („Völkerwanderung") sowie dem Untergang und dem Entstehen von Kulturen und Religionen im 6. Jh. und 7. Jh. in Eurasien und Amerika auf der anderen Seite sind zwar nicht zweifelsfrei nachweisbar, jedoch plausibel. Die Spätantike Kleine Eiszeit verändert Vegetation und Böden ganz erheblich.

### 543 – Die Justinianische Pest erreicht Deutschland

Im Jahr 542 gelangt eine tödliche Infektionskrankheit über Konstantinopel nach Südeuropa, wo sie bis zum 8. Jh. grassiert. Nach dem römischen Kaiser Justinian I. wird sie als „Justinianische Pest" bezeichnet. Welcher Erreger hat das resultierende Massensterben ausgelöst? Einige Forschende erkennen in Beschreibungen der Krankheit in zeitgenössischen Quellen Symptome der Beulenpest; andere bezweifeln, dass sie von dem Erreger *Yersinia pestis* ausgelöst wurde.

Ein östlich von München bei Aschheim gelegenes Gräberfeld mit Skeletten aus dem 6. Jh. birgt eine Sensation: Die Anthropologinnen Michaela Harbeck und Lisa Seifert weisen mit ihren Teams an dem Skelettmaterial erstmals den Pesterreger *Yersinia pestis* als Verursacher der Justinianischen Pest nach. Sie ist damit im Jahr 543 auch in Deutschland angekommen. Hohe Verluste an Menschenleben sind wahrscheinlich [36].

Ein Forschungsteam um David M. Wagner von der US-amerikanischen Northern Arizona University und um Jennifer Klunk von der kanadischen McMaster University versuchen herauszufinden, woher die Justinianische Pest ursprünglich kam. Sie extrahieren Gensequenzen des Bakteriums *Yersinia pestis* aus den Zähnen von zwei im Aschheimer Gräberfeld bestatteten Menschen. Die Spur führt nach Xinjiang, in den Westen Chinas [37].

Die von den Vulkanausbrüchen der Jahre 536 und 540/41 hervorgerufene anhaltend extreme Witterung könnte die Migrationen und damit die Ausbreitung der Beulenpest von Zentralasien über Südeuropa nach Deutschland begünstigt haben [38].

### Spätes 7. – 13. Jh. – Die mittelalterliche Warmzeit ermöglicht den Landesausbau

Nach der „Spätantiken Kleinen Eiszeit" wird es allmählich wärmer und die Zahl der in Mitteleuropa lebenden Menschen nimmt zunächst langsam zu. Seuchen treten seltener auf. In der folgenden langen Phase der Klimagunst, die vom frühen 9. bis in das 13. Jh. anhält und in der vergleichsweise wenige kühle und feuchte Perioden mit schlechten Ernten auftreten, wächst die Bevölkerung stark. Der Bedarf an Nahrungsmitteln nimmt in diesem früh- und hochmittelalterlichen Klimaoptimum eminent zu. Neue Feldfrüchte und Agrartechniken ermöglichen höhere Erträge.

Der massive Landesausbau bedingt eminente Umweltveränderungen: In Gunstlandschaften von der Lößbörde bis in das Alpenvorland mit fruchtbaren, für ertragreichen Ackerbau geeigneten Böden roden Menschen schon im 8., 9. und 10. Jh. viele der noch verbliebenen Wälder, um diese Flächen anschließend landwirtschaftlich zu nutzen. Deutschsprachige Siedler wandern ab dem 11. Jh. in den Raum östlich der Elbe ein, in dem Slawen leben. Waldrodungen und Nutzungsintensivierungen resultieren auch hier. In manchen Gegenden verlaufen Migration und Siedlungsverdichtung durch Deutsche weitgehend friedlich. Dagegen werden das Land zwischen Elbe und Oder sowie Teile des Baltikums erobert und zwangsweise christlich missioniert.

In den tieferen und mittleren Lagen der Mittelgebirge setzt die stärkere Waldnutzung und Rodung spätestens im 12. oder 13. Jahrhundert ein – zur Gewinnung von Holz für Glashütten, für den immer mehr florierenden Bergbau, für Gebäude in den fast überall wachsenden Dörfern und Städten sowie für Holzkohle; das entstandene Offenland wird beweidet, in Ortsnähe gedeihen in guten Jahren Gemüse und Getreide.

Nach Untersuchungen des Verfassers ist die Oberfläche Mitteleuropas im 6. Jh. zu mehr als 85 % von Wäldern bedeckt; bis in das späte 13. Jh. schrumpft die Waldfläche auf unter 15 %: Lediglich Teile der Alpen, der höheren Lagen der Mittelgebirge sowie feuchte und nährstoffarme Standorte in Norddeutschland bleiben waldreich. Das nacheiszeitliche Minimum der Waldbedeckung wird erreicht [39].

Die Waldrodungen mindern die Pflanzenverdunstung, erhöhen die Neubildung von Grundwasser und lassen so die Grundwasserspiegel ansteigen, wodurch Niedermoore in Senken verstärkt wachsen. Höhere Quellschüttungen führen zu mehr Abfluss in den Bächen und Flüssen, selbst in Trockenzeiten. Kräftiger Oberflächenabfluss, der während starker Regenfälle auf geneigten Äckern auftritt, trägt die nährstoffreichen oberen Zentimeter der Böden ab und schüttet in den Auen Sedimente auf.

## 696 – Die Reichenhaller Salzproduktion beginnt zu wachsen

Im Jahr 696 überlässt der Herzog der Bajuwaren Theodo II. dem Bischof Rupert von Worms am Ort der ehemaligen römischen Stadt Iuvavum, dem späteren Salzburg, unterhalb des Festungsberges eine Fläche, auf der bereits eine

Kirche steht. Theodo II. vermacht der Kirche 696 zugleich mit dem Land in Iuvavum zwanzig Salzsiedepfannen und ein Drittel der Quellschüttung, des Salzzehnten und der Zolleinnahmen in Reichenhall. Es ist die erste urkundliche Erwähnung der Reichenhaller Saline, die mit Unterbrechungen spätestens seit der Römerzeit, möglicherweise bereits seit der Bronzezeit arbeitet. Schon in den ersten beiden Jh. n. Chr. fand hier eine für den gesamten Nord- und Ostalpenraum bedeutende Gewinnung von Speisesalz aus natürlicher Sole statt. Der römische Historiker Tacitus beschreibt die Herstellung durch Germanen im 1. Jh. n. Chr.: Holzscheite und Äste werden zu Stößen aufgeschichtet, in Brand gesetzt und mit Sole übergossen. Das salzreiche Wasser verdampft. Eine Salzkruste verbleibt an der Oberfläche des angekohlten Holzes, die abgeschabt, verpackt, veräußert und als Speisesalz genutzt wird [40].

Speisesalz ist schon seit dem Sesshaftwerden von Menschen ein überaus kostbares Gut, ohne dass die Konservierung zahlreicher Lebensmittel nicht möglich wäre.

Vom späten 7. Jh. bis in die Neuzeit wächst die Salzproduktion in Reichenhall zu Lasten der Wälder: Holz ist zur Feuerung der Salinenpfannen, zum Trocknen und Verpacken des Salzes unerlässlich und ein erheblicher Kostenfaktor, weshalb die Salinenbetreiber versuchen, den Verbrauch gering zu halten und die bayerischen Saalforsten im Salzburger Pinzgau und die Reichenhaller Sudwälder zu schonen.

Für Feuerung, Trocknung und Verpackung von einer Tonne Salz benötigt man 1479 in der Saline Reichenhall fast 14 m$^3$ Holz, um 1776 immerhin noch gut 7 m$^3$ und 1854 ungefähr 3 m$^3$ Holz. 1965 sind es 860 kg Steinkohle pro Tonne Salz [41].

Von 1520 bis 1867 benötigt allein die Reichenhaller Saline jährlich im Mittel um die 100.000 m$^3$ Brennholz. Ausgehend von einem Holzvorrat von etwa 200 m$^3$ pro Hektar [42] in jenem Zeitraum entspricht dies einer beachtlichen Holzentnahmefläche von zirka 500 Hektar im Jahr; bloß rund 8 m$^3$ Holz wachsen pro ha und Jahr nach.

Über Jahrhunderte bringen Männer mit großem Aufwand Holz auf dem Wasser- und Landweg zur Reichenhaller Saline. Zum Abtransport der Hölzer aus den Wäldern errichten sie an den Oberläufen von Bächen zur Stauung des Wassers Barrieren aus Holz, die Klausen. Unterhalb der Klausen werfen sie die zu triftenden[10] Hölzer in die Bachbetten. Dann öffnen sie die Klausen. Die Wassermassen reißen die Hölzer fort. Arbeiter befreien verkeilte Hölzer mit Beilen und Trifthaken. Manche Hölzer zersplittern,

---

[10]Triften: Schwemmen loser Hölzer auf Gewässern; Flößen: Schwemmen zusammengebundener Hölzer auf Gewässern.

andere Versinken oder werden gestohlen. Im Mittel geht jedes zehnte Holz beim Triften verloren [43].

> Die Reichenhaller Forstordnung fordert schon 1661 eine nachhaltige Nutzung der Wälder:
> *„Gott hat die Wäld für den Salzquell erschaffen, auf dass sie ewig wie er continuieren mögen; also soll der Mensch es halten: ehe der alte ausgeheget, der junge bereits wieder zum Verhacken herangewachsen ist."* [44].

Die Nutzung einer 1613 unter der Reichenhaller Saline zufällig entdeckten, außergewöhnlich ergiebigen Solequelle (Abb. 2.10, 2.11) erhöht den Feuerholzbedarf weiter und erfordert ein Umdenken: Ein Teil der vergleichsweise leichten Sole soll nun auch in die Nähe des schwereren Holzes transportiert werden, über eine Distanz von 32 km mit Hilfe von bergauf und bergab laufenden Leitungen – dies ist in Anbetracht des Reliefs eine große Herausforderung. Von 1617 bis 1619 fällen Arbeiter zahllose Bäume, durchbohren deren Stämme und fügen sie von Reichenhall bis zur neu errichteten Saline in Traunstein aneinander. Von Wasserrädern getriebene Pumpen heben die Sole durch die Holzröhren über die Wasserscheiden – eine technische Meisterleistung. Nun verschwinden langsam auch die Wälder um Traunstein. Im Jahr 1810 muss die Leitung bis Rosenheim verlängert werden. In den Wäldern des sieben Jahre zuvor säkularisierten Klosters Tegernsee wartet noch viel Holz auf die Verfeuerung in der neuen Rosenheimer Saline [45].

Der Besitzer der Reichenhaller, der Traunsteiner und der Rosenheimer Salinen – vom 16. bis zum 20. Jh. ist dies der bayerische Staat – erwirtschaftet mit dem lukrativen Salzhandel hohe Einnahmen. Der staatliche Raubbau verödet

**Abb. 2.10**  Alte Saline in Bad Reichenhall

**Abb. 2.11**  Solehebemaschine von Georg von Reichenbach in der Alten Saline von Bad Reichenhall

Wälder und verändert die Wasser- und Stoffhaushalte gravierend [46].

## 9. Jh. – Rohglas wird im Solling produziert

Der Mittelalterarchäologe Hans-Georg Stephan untersucht 2015 eine Waldglashütte im Kreickgrund bei Bodenfelde im südniedersächsischen Solling und stellt ihr unerwartet frühes Alter fest: Sie produziert offenbar bereits im 9. Jh. – in der Karolingerzeit – Rohglas, vielleicht für das Kloster Corvey, und ist damit die älteste bekannte Waldglashütte Deutschlands [47]. Im hohen und im späten Mittelalter entstehen in deutschen Mittelgebirgen hunderte Glashütten. Ihr Holzbedarf ist riesig: Mehr als 2 t Holz werden für die Herstellung von nur 1 kg Glas verbraucht [48]. Eine einzige Waldglashütte benötigt jährlich das Holz von zwei bis vier Dutzend Hektar Wald. Glashütten stehen für erhebliche lokale Umweltveränderungen, insbesondere für den Raubbau an Wäldern und lokale Luftbelastungen.

## 10. Jh. – Ein Graben der Wikinger teilt Haithabu

Die Jütische Halbinsel trennt Nord- und Ostsee. Der kleinere südliche Teil – das Land Schleswig-Holstein – gehört heute zur Bundesrepublik Deutschland, der größere nördliche zu Dänemark. Auf der Breite von Schleswig ist die Halbinsel schmal. Zwischen dem westlichen Ende des schmalen Ostseearms der Schlei bei Schleswig und dem nächsten westlich gelegenen schiffbaren Fluss, der Treene bei Hollingstedt, die über die Eider in die Nordsee entwässert, liegen kaum 18 km Landweg – eine strategisch außergewöhnlich günstige Lage, die die Wikinger für den

**Abb. 2.12**  Der baumbestandene Halbkreiswall umrahmt die im Jahr 1066 aufgegebene Wikingersiedlung Haithabu. In deren rechtem Zentrum sind wassernah rekonstruierte Wikinger-Häuser sichtbar. Im Hintergrund in der Mitte liegt das Haddebyer Noor und links oben der Meeresarm Schlei. Der Haithabubach fließt durch den Halbkreiswall in der unteren Bildmitte in östliche Richtung bis in das Haddebyer Noor (Foto: Béla Bork)

Transport ihrer Waren nutzen, um die gefährliche Passage um Jütland zu meiden.

Sie gründen im 8. Jh. an einer südlichen Ausbuchtung im Westen der fast 40 km langen Schlei, dem Haddebyer Noor, die Siedlung Haithabu. Sie entwickelt sich im 9. und 10. Jh. zu einem für ganz Nordeuropa bedeutenden, stadtartigen Handels- und Handwerkszentrum. Ein- bis zweitausend Menschen leben dort. Metalle, Steine, Minerale, Glas, Holz, Leder, Pflanzenteile, Textilien werden ver- und bearbeitet, Schiffe gebaut, Schmuck, Waffen und Werkzeuge hergestellt und zeitweise Münzen geprägt. Der arabische Gesandte Ibrāhīm ibn Yaʿqūb des Kalifen von Córdoba besucht um das Jahr 965 Haithabu und beschreibt das Leben der dort lebenden Wikinger [49].

Ein kleines Fließgewässer, der Haithabubach durchströmt die Siedlung von West nach Ost (Abb. 2.12). Nach Untersuchungen der Kieler Geoarchäologin Svetlana Khamnueva-Wendt [50] graben Menschen im 10. Jh. das Tälchen des Haithabubaches im Westen der Siedlung auf einer Länge von ungefähr 240 m und am Boden auf einer Breite von 13 bis 20 m bis zu 3,5 m tief auf. Sie pflastern den flachen Boden mit kleineren Steinen (Abb. 2.13).

Den weit überwiegenden Teil des Aushubs aus dem großen Becken mit einem Volumen von zirka 10.000 m$^3$ bringen sie an den Rand der Siedlung, wo sie u. a. mit diesem Material zunächst einen niedrigen, nach späteren Aufhöhungen schließlich einen bis zu 9 m hohen halbkreisförmigen Stadtwall mit einem Volumen von etwa 100.000 m$^3$ aufschütten.

Neben dem Aushub aus dem Becken im Haithabubachtal nutzen sie für den Bau des Halbkreiswalls vor allem Grassoden, die sie wohl westlich des Ortes an der Geländeoberfläche flach abstechen und im Wall sorgfältig aufschichten, sowie Sande und Lehme. Das resultierende kastenförmige Becken teilt Haithabu im Westen. Vermutlich nutzen Handwerker wie z. B. Töpfer einen geringen Anteil des abgegrabenen Sandes und Lehms. Bald werfen Anrainer Abfall in das Becken und Erosion spült Bodenpartikel hinein. Nach der Aufgabe Haithabus um 1066 vernässt die noch gut sichtbare Hohlform, Anmoortorf[11] wächst auf. Vom hohen Mittelalter bis in die 2. Hälfte des 20. Jh. wird nördlich und südlich des Tälchens in der ehemaligen Wikingersiedlung Ackerbau betrieben. Von den benachbarten Äckern abgespülte Bodenteilchen füllen das Becken schließlich soweit, dass es nicht mehr im Oberflächenbild sichtbar ist [51].

Die lokalen Veränderungen von Oberflächenformen, Böden, Wasser- und Stoffhaushalt durch die Öffnung des Beckens, die Wallaufschüttung und den tieferen begradigten Bachlauf sind gewaltig. Der Halbkreiswall visualisiert sie noch heute eindrucksvoll (Abb. 2.12).

Stadtartige Siedlungen wie Haithabu belegen, wie stark die lokalen Umweltveränderungen durch die Errichtung und Unterhaltung von Infrastruktur wie Verteidigungsanlagen,

---

[11]Beginnendes Torfwachstum.

**Abb. 2.13**  Entwicklung des Tals des Haithabubaches im westlichen Teil von Haithabu seit der Wikingerzeit (Erforschung, Entwurf und Zeichnung: Svetlana Khamnueva-Wendt). **A** Die Situation in der Wikingerzeit etwa im 9. Jh. **B** Menschen graben wohl im späten 9. oder in der 1. Hälfte des 10. Jh. eine breite flache Hohlform auf und pflastern den Boden im südlichen Teil mit Steinen. Wahrscheinlich wird ein großer Teil des Aushubs zum Bau des Halbkreiswalls verwendet. **C** Abfall wird in die Hohlform geworfen. Darunter befinden sich Knochen und Artefakte wie Keramikbruchstücke, Eisenschlacken und Lederstücke (wahrscheinlich vom 10. Jh. bis etwa 1066). **D** Nach der Aufgabe der Siedlung Haithabu im Jahr 1066 vernässt das Tälchen. Torf wächst auf. **E** Vom Mittelalter bis in das 20. Jh. wird Ackerbau auf den benachbarten Hängen in der oberflächennahen Kulturschicht betrieben. Starkregen spülen Bodenteilchen von der Kulturschicht in das Tälchen

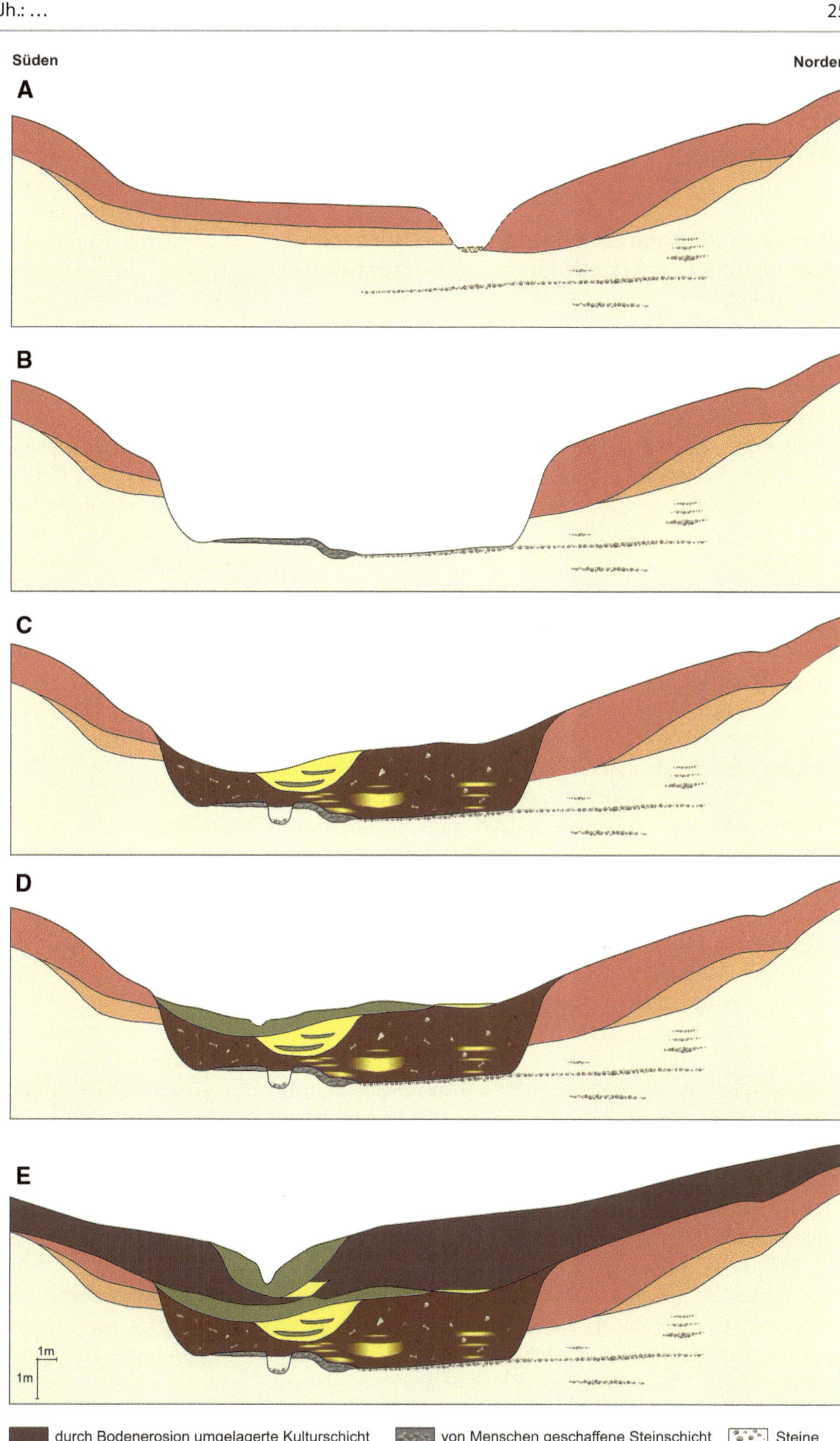

Wohngebäude, Handwerk und Handel bereits im frühen Mittelalter sein können.

Die UNESCO listet Haithabu seit dem 30. Juni 2018 als Weltkulturerbe.

## Um 950 – Plaggenesche: Der Auftrag humoser Sande auf Äcker schafft einen neuen fruchtbaren Bodentyp

Sandige, unter Wald entstandene Böden verlieren nach der Rodung und wenigen Jahren ackerbaulicher Nutzung ihre Fruchtbarkeit: Nährstoffe gehen mit dem Erntegut verloren. Die Erträge nehmen so stark ab, dass Ackerbau nicht mehr lohnt und aufgegeben werden muss; Weide oder Wiederbewaldung folgt – wenn nicht rechtzeitig gedüngt wird. Synthetischer Mineraldünger steht erst seit dem 20. Jh. zur Verfügung.

Vom Mittelalter bis in das 19. Jh. behelfen sich zwischen Nordsee und Mittelgebirgen tätige Bäuerinnen und Bauern auf Sandböden mit dem flächigen Abstechen oder Abhacken des oberflächennahen Humus in dorffernen Heiden, Wiesen und Wäldern, mitsamt dem darunter liegenden Sand. Auf den bevorzugt in Dorfnähe liegenden Äckern werden die Soden, die Plaggen, aufgetragen – es ist ein mühseliges und aufwendiges Unterfangen. Um einen Hektar Ackerland dauerhaft nutzen zu können, müssen Plaggen auf bis zu 40 ha Gras- und Waldland abgestochen werden. Daher sind die Ackerflächen beträchtlich kleiner als die zum Abplaggen genutzten Heiden, Wiesen und Wälder. Und sie ernähren bloß eine vergleichsweise geringe Zahl von Menschen. Wenn nicht ausreichend Heideland zur Verfügung steht, müssen die Äcker einige Jahre zur Regeneration brach liegen.

Ist der Humus abgestochen, entstehen Blößen, vegetationsfreie Flächen, von denen während kräftiger Stürme Sand ausgeweht oder durch Abfluss fortgespült wird. Flugsand lagert sich dann flächig ab; an Hindernissen türmen sich neue Dünen allmählich auf. Zum Ende der letzten Kaltzeit entstandene Dünen beginnen erstmals seit Jahrtausenden wieder zu wandern.

Mit dem Abplaggen verschwinden die Nährstoffe, die Böden verarmen und versauern. Indessen geht damit eine (aus heutiger Sicht) ökologische Aufwertung einher: seltene, an saure, nährstoffarme sandige Böden angepasste Pflanzenarten besiedeln die Blößen. Extensiv bewirtschaftete Heiden entstehen zu Lasten der Wälder.

Dagegen wachsen die als Äcker genutzten Auftragsflächen langsam in die Höhe. Bis über 80 cm mächtige Böden entstehen, die Plaggenesche. Durch das Aufplaggen der kohlenstoffreichen Grassoden und das Einbringen von phosphathaltigem Stallmist bleibt die Bodenfruchtbarkeit der Plaggenesche so hoch, dass Ackerbau auf ihnen über Jahrhunderte bestehen kann.

Wann setzt die Plaggenwirtschaft ein? Vereinzelt bereits in der Bronzezeit. Bedeutenden Umfang erlangt sie nach Forschungen des Wilhelmshavener Paläoökologen Karl-Ernst Behre über die Ausweitung des Roggenanbaus als Dauerfeldbau ab der Mitte des 10. Jh. in Ostfriesland. Darüber hinaus verbreitet sie sich besonders im Emsland, um Osnabrück und Oldenburg. Im Laufe von Mittelalter und Neuzeit erfährt diese einzigartige Nutzung eine solche Ausdehnung, dass Plaggenesche schließlich alleine im heutigen Niedersachsen eine Fläche von über 180.000 ha bedecken [52].

Die Weiterentwicklung der Plaggenwirtschaft führt dazu, dass Plaggen als Einstreu in die Viehställe gebracht, dort mit Dung vermischt und das Gemisch erst danach auf die Plaggenesch-Äcker aufgebracht wird. Der Berliner Naturwissenschaftler Johann Georg Krünitz beschreibt in der Oeconomischen Encyklopädie[12] die gezielte Anreicherung von Nährstoffen durch das Plaggenbrennen [53].

Die Plaggenwirtschaft im heutigen Nordwestdeutschland belegt eindrücklich, wie stark Menschen die Böden auch außerhalb von Siedlungen über viele Jahrhunderte verändern und prägen.

*„**Plagge**, ein nur auf dem Lande, am häufigsten aber in Niedersachsen übliches Wort, ausgestochne flache Stücke Rasen zu bezeichnen. [...] An vielen Orten [...] ist das sogenannte **Plaggenbrennen** eine Düngungsart, deren man sich daselbst zur Befruchtung der Felder häufig bedient. Man sticht nähmlich den Rasen von diesen Lehden ab, und bringt ihn, nachdem er vorher abgetrocknet, in einen runden oder viereckigen Haufen, welcher inwendig eine Höhlung haben muß. Diese Höhlung wird mit Stroh und Reisig angefüllt, und bey einer trocknen Witterung angesteckt, da denn der ganze Haufen zu Asche brennt, welche, wenn die Düngungszeit vorhanden ist, von einander gestreuet, und als ein zur Beförderung des Wachsthums der Pflanzen dienliches Mittel befunden wird. An einigen Orten werden diese abgestochenen Rasen nicht zu Asche gebrannt, sondern man vermischt sie, wenn sie in Haufen gebracht werden, mit frischem noch nicht gefaultem*

---

[12]Die Oeconomische Encyklopädie von Johann Georg Krünitz umfasst 242 Bände, die von 1773 bis 1858 erschienen sind. Diese bedeutende wissenschaftshistorische Publikation hat die Universität Trier dankenswerterweise in einer recherchierbaren elektronischen Vollversion vollständig zugänglich gemacht: https://www.kruenitz1.uni-trier.de.

*Mist, wozu wohl der Pferdemist der tauglichste seyn möchte, auch bestreut man die Lagen mit etwas ungelöschtem Kalk, und läßt alsdann diese Haufen eine Zeitlang im Freyen liegen. Nach Verfließung einiger Monathe wirft man diese Haufen aus einander, und man findet, daß sie durch und durch zu einer zum Düngen sehr bequemen Materie geworden sind.“ D. Johann Georg Krünitz [54].*

## 10./11. Jh. – Die Blütezeit des Rammelsberger Erzbergbaus beginnt

Im Frühmittelalter birgt der kaum 2 km südlich von Goslar am nördlichen Harzrand gelegene Rammelsberg noch einen beachtlichen Schatz: rund 27 Mio. t Kupfer-, Blei- und Zink-Roherze und geringe Mengen an Silber – damals eine der wichtigsten Lagerstätten von Buntmetallerzen in Europa.

Wie entstand sie? Vor etwa 380 Mio. Jahren, in der geologischen Serie des mittleren Devons, erstreckt sich ein breiter, tiefer Meeresarm von dem Raum der heutigen Mittelgebirge Hunsrück und Eifel im Westen zum Harz im Norden und nach Sachsen im Osten. Flüsse spülen auf der nördlich anschließenden Landmasse abgetragenes Material in den Meeresarm.

Die feinsten Partikel, Tonminerale, lagern sich küstenfern auf dem Meeresboden ab. Über Jahrhunderttausende wachsen mächtige Tonschichten auf. Hydrothermale Lösungen – unter hohem Druck stehende, heiße mineralhaltige Wässer – steigen in der langen Ablagerungsphase durch die Tone auf und bilden am und unter dem Meeresboden mit der Zeit zwei große Erzlinsen, bergmännisch das „Alte Lager“ und das „Neue Lager“ genannt. Mächtige Meeresablagerungen des jüngeren Devons überdecken und verfestigen die Tone mit den Erzlagern weiter. Während des Karbons deformieren und wandeln hoher Druck und starke Hitze die nun in großer Tiefe befindlichen erzhaltigen Sedimente zu metamorphen Gesteinen: Meerestone werden zu Tonschiefern und mitsamt den beiden Erzlagern schräg gestellt.

Danach heben tektonische Kräfte den Raum um tausende Meter empor, bis er aus dem Meer herausragt; Abtragung führt zur weitgehenden Einebnung. In einem flachen Meeresbecken bilden sich vom Zechstein bis in die Trias über Zehnermillionen Jahre zuerst Salzgesteine, und dann vor allem Kalk- und Sandsteine. In der oberen Kreide, ungefähr vor 90 Mio. Jahren, beginnen tektonische Kräfte den Bereich des heutigen Harzes erneut zu heben. Erosion beseitigt über Jahrmillionen die verwitternden Gesteine auf den devonischen Tonschiefern mit den Erzlagern und formt

während des Quartärs den Rammelsberg. Die devonischen Erze gelangen an die Geländeoberfläche. Aufgrund der Schwefel- und Schwermetallgehalte wachsen kaum Pflanzen auf ihnen, weshalb das Neue Lager in den nacheiszeitlichen Laubwäldern vermutlich auf mehreren hundert Metern Länge sichtbar ist [55].

Wann begann die Nutzung der Erze des Neuen Lagers? Geochemische Analysen an etwa 3000 Jahre alten Schmuckscheiben aus Bronze deuten auf den Abbau und die Verarbeitung von Rammelsberger Erzen bereits in der Bronzezeit. Archäologische Grabungen am frühmittelalterlichen Herrensitz Düna am südwestlichen Harzrand in den 1980er-Jahren belegen, dass Kupfererze vom Rammelsberg im 3. oder 4. Jh. n. Chr. verwendet werden [56].

Populäre Veröffentlichungen suggerieren, dass der adelige Mönch und Geschichtsschreiber Widukind von Corvey den Silberbergbau am Rammelsberg erstmals für das Jahr 968 schriftlich erwähnt hat. Tatsächlich erwähnt Widukind in seinem Werk *res gestae Saxonicae,* der Sachsengeschichte, lediglich Silberadern, die König Otto im Land der Sachsen erschließen ließ. Ein Bezug zum Rammelsberg fehlt.

Nicht nur der Bedarf an Nahrungsmitteln wächst im 9. und 10. Jh. mit der Bevölkerung. Auch die Nachfrage nach Metallen steigt und der bis dahin sporadisch und in geringem Umfang am Rammelsberg übertage betriebene Bergbau beginnt zu florieren. Bald gelingt der Abbau auch im Tiefbau, das Neue Lager wird weiter erschlossen. Damit nimmt der Holzbedarf enorm zu: Stollen sind zu sichern und Gebäude zu errichten; auch die Verhüttung der Erze verschlingt gewaltige Holzmassen aus den Laubwäldern um den Rammelsberg. Ausgedehnte Laubwälder verschwinden bis in das frühe 19. Jh., wenige neue wachsen auf den Einschlagflächen mit veränderter Baumartenzusammensetzung auf. Dort dominieren zunächst Birken, Ebereschen und Haselnussbüsche, in den letzten zwei Jahrhunderten – seit dem Beginn der modernen Forstwirtschaft – dagegen in Monokultur gepflanzte schnellwüchsige Fichten *(Picea abies).* Das entstandene Offenland wird beweidet (Abb. 2.14) [57].

Bergbau, Verhüttung, zugehörige Handwerksbetriebe und die Menschen in den Bergbausiedlungen benötigen immense Wassermengen: für den Betrieb der Wasserräder in den vom Absaufen bedrohten Gruben, für die Erzwäsche, die Energiegewinnung für Sägewerke und Mühlen und die Wasserversorgung der Siedlungen. Wasser ist im Oberharz reichlich vorhanden. Über Gräben und Teiche wird es gelenkt und genutzt [58].

Der Bergbau und die Erzverarbeitung verändern nicht nur die Wälder und den Wasserhaushalt grundlegend. Die Oker führt mit Schwermetallen wie Blei, Cadmium, Arsen, Kupfer und Zink belastetes Wasser durch Braunschweig bis in die Aller. Natürlich ist auch das Relief am Bergwerk

**Abb. 2.14** Gravierende Landschaftsveränderungen durch Bergbau am Rammelsberg bei Goslar (Postkarte gelaufen 1911)

direkt betroffen: Steinbrüche fressen sich in die Landschaft, Blockschutthalden wachsen auf und Hohlwege tiefen sich durch Befahren und Erosion ein.

Die weitgehende Erschöpfung der Lagerstätte führt am 30. Juni 1988 zur Einstellung der Erzgewinnung. Die UNESCO listet die ehemalige Bergwerksanlage am Rammelsberg – heute ein attraktives Besucherbergwerk mit angeschlossenem Museum – seit dem 14. Dezember 1992 als Weltkulturerbestätte [59].

### 1129/1296 – Frühe urkundliche Belege zur Kohlengräberei im Ruhrgebiet

Im Oberkarbon oder Pennsylvanium, vor rund 315 bis 299 Mio. Jahren, gedeihen dichte Wälder mit riesigen Baumfarnen, Schachtelhalmen und Bärlappgewächsen unter subtropisch-feuchtem Klima im vernässten Vorland von Höhenzügen. Abgestorbene Blätter und Äste fallen auf die Bodenoberfläche in den Sumpfwäldern. Pilze und Bakterien bauen dort unter Sauerstoffmangel Zellulose ab und wandeln die Pflanzenreste in Torfe; Methan reichert sich an. Erhaltene verkohlte Pflanzenreste gestatten eine Rekonstruktion zahlreicher Arten der oberkarbonischen Sumpfwälder. Das vernässte Vorland sinkt allmählich ab; die Wälder können so auf den abgestorbenen Pflanzenresten in die Höhe wachsen, die Torfe werden Zehnermeter mächtig.

In einer längeren Erosionsphase spült der Abfluss zahlloser starker Niederschläge tonig-schluffige oder sandige Bodenpartikel von den benachbarten Höhen in die Sumpfwälder auf die Torfe. Die Feinsedimente türmen sich schließlich viele Meter hoch auf, dichten die darunter liegenden Torfe ab, komprimieren und entwässern sie, drücken dabei die Gase heraus. Aus dem zuerst mächtigen Paket der heruntergefallenen Blätter und Äste wird über lange Zeiträume durch Inkohlung eine dünnere und dichtere Braunkohlelage, ein Braunkohleflöz. Auf den Feinsedimenten wachsen neue Wälder und die beschriebene Abfolge von Prozessen mit der Bildung von Braunkohleflözen und über ihnen der Ablagerung mächtiger Feinsedimente wiederholt sich vielfach.

Die Schichtfolge wird über Jahrmillionen mehrere tausend Meter mächtig und sinkt durch tektonische Bewegungen weiter ab. Die Inkohlung setzt sich in der Tiefe unter höheren Temperaturen und höherem Druck fort. Braunkohle wird zu Steinkohle. Tektonischer Druck von oben und von der Seite presst die Schichten. Rund 350 unregelmäßig verbogene und verschobene, bis zu 3 m mächtige Steinkohleflöze sind das Resultat. Später bringen Hebungen einige an die Oberfläche, so an der Saar, bei Aachen und an der Ruhr.

Dort, wo die oberkarbonischen Steinkohleflöze in der Nähe der Ruhr ausstreichen, also an das Tageslicht treten, beginnt ganz vereinzelt wohl schon in der Vorrömischen Eisenzeit die lokale Nutzung der Kohle als Heizmaterial. Sie setzt sich in der Römerzeit fort und beginnt wahrscheinlich erneut im 8. oder 9. Jh. n. Chr. Bauern, die in der Nähe ausstreichender Steinkohle leben, graben Kohle ab, um sie für den Hausbrand zu nutzen.

Die Kohlengräberei hinterlässt etliche kleine rundliche Kohlekuhlen, Pingen. Sie reichen hinunter bis an die Grundwasseroberfläche; eine Abraumhalde umgibt sie – einige finden sich noch heute in den Wäldern an der Ruhr. Entlang des Ausstrichs der Kohle reiht sich schließlich perlschnurartig Pinge an Pinge. Die älteste für das Ruhrgebiet[13] erhaltene urkundliche Erwähnung der Kohlengräberei datiert in das Jahr 1129: der Kaiser gestattet Bürgern, die um Duisburg leben, das Graben nach Kohle. Dortmund bürgert 1296 den Sohn eines Kohlenkuhlers aus dem benachbarten Schüren ein; in Essen wärmt Steinkohle im Jahr 1307 Stuben. Steinkohlen befeuern bald auch Schmieden. Der regionale Kohlenhandel beginnt [60].

> „*Conradus filius Conradi, colculre de Schuren*" (Konrad, Sohn des Konrads, Kohlenkuhler aus Schüren).
>
> Im Jahr 1296 wird Konrad, Sohn des aus Schüren stammenden „colcurle" (Kohlengräbers) Konrad in Dortmund eingebürgert [61].

In der frühen Neuzeit graben Bergleute kurze Schächte in die Steinkohleflöze und fördern mit Winden kohlegefüllte Körbe an das Tageslicht. Den Abraum schütten sie neben die Schächte. Bald öffnen Kohlengräber in Flöznähe etwas tiefere Schächte, Pütts, die einer geringen Absenkung des Grundwasserspiegels dienen. Sie bergen das Grundwasser mit Fässern und Winden.

Die Umweltveränderungen bleiben zunächst kleinräumig. Die Nachfrage nach Kohle wächst auch aufgrund des regional zunehmenden Holzmangels weiter. Neben Schmieden benötigen Salinen, Kalkbrennereien und Metallverarbeitungsbetriebe immer mehr Kohle. Mit der Anlage einer beachtlichen Zahl von längeren Entwässerungsstollen und Schächten ändert sich im 16. und 17. Jh. die Intensität der Eingriffe in die Landschaften des Ruhrgebietes. Vom Hangfuß aus treiben Bergleute leicht ansteigende Stollen in das Gebirge bis zum Kohleflöz; Grundwasser fließt

in ihnen nahezu schadlos in das benachbarte Tal ab. Über Förderschächte bergen Männer die Kohle. Mit wachsender Stollenlänge mangelt es an frischer Luft, Belüftungsschächte werden geöffnet. Viel Abraum ist zu lagern – die Kohlenflöze sind ja bloß wenige Meter mächtig.

Dampfmaschinen ermöglichen im 19. Jh. den Tiefbau: die Erschließung auch hunderte Meter tief liegender Flöze zwischen Ruhr und Emscher und das Abpumpen dort anfallender großer Wassermassen. Ab dem frühen 19. Jh. angelegte befestigte Straßen und ab der Mitte des 19. Jh. gebaute Bahnstrecken und Wasserstraßen gestatten einen preisgünstigen Transport gewaltiger Steinkohlemassen über große Distanzen. Sie ermöglichen eine explosionsartige Entwicklung der Stahlindustrie im Ruhrgebiet, an der Saar und anderen Orten. Zuwanderung und Siedlungsausbau begleiten das Wachsen von Bergbau und Industrie. Agrarlandschaften mutieren zu Industrielandschaften mit gravierenden Veränderungen der Geländeoberfläche durch Aufschüttungen und Bergsenkungen. Die Qualität von Luft, Boden und Wasser nimmt stark ab. Vegetation und Fauna und die Lage von Oberflächengewässern verändern sich. Lokal beeinträchtigt beträchtlicher Lärm die Lebensqualität der Menschen.

## Ab etwa 1140 – Niederländer kolonisieren das Alte Land

Während am Nordrand des Harzes Wälder für den Erzbergbau verschwinden, gewinnen niederländische Siedler in den ausgedehnten Harburger Elbmarschen zwischen Unterelbe, Süderelbe, Schwinge und den Harburger Bergen neues Land. Sie nennen es „Altes Land". Die Marschböden sind fruchtbar und trotz der Gefährdung durch Sturmfluten überaus begehrt.

Die holländischen Kolonisten vermessen den nahezu 30 km langen und 4 bis 9 km breiten Abschnitt der Elbmarschen zwischen Stade und Harburg, teilen ihn der Länge nach in drei Meilen und legen bis etwa 1140 im Westen die Erste Meile zwischen den Flüssen Schwinge und Lühe erfolgreich trocken. Zum Ende des 12. Jh. wird elbmarschaufwärts die Zweite Meile zwischen den Flüssen Lühe und Este in Kultur genommen, bis zum 15. Jh. schließlich die Dritte Meile zwischen Este und Süderelbe.

Die Elbmarschen liegen im Urstromtal der Elbe. Etwa 25.000 bis 20.000 Jahre vor heute, als das nordische Inlandeis der Weichsel-Kaltzeit seine größte Ausdehnung erreicht, formen die sommerlichen Schmelzwässer das Urstromtal. Der Meeresspiegel liegt damals gut 100 m unter dem heutigen Niveau. Die Schmelzwässer erodieren auf einer Breite von über 11 km zwischen den heutigen Orten Hamburg-Blankenese und Buxtehude und elbabwärts

---

[13]Schon im Jahr 1113 erwähnen Schriftquellen Kohlegruben für das Aachener Steinkohlerevier.

zwischen Hemmoor und Steinburg auf einer Breite von mehr als 30 km mehrere Zehnermeter tief die saalezeitlichen Grund- und Endmoränen. Bis zum Ende der Weichsel-Kaltzeit lagern Schmelzwässer in dem neuen Tal mächtige Sande und Schotter ab. Die Schmelzwasserströme versiegen kurz vor dem Beginn der Nacheiszeit; die Grund- und Endmoränengebiete beiderseits des Unterelbetals bewalden sich. Im südlichen Teil des Tals bilden sich ausgedehnte Niedermoore, den Norden durchfließt die nunmehr bedeutend schmalere Elbe in mehreren Bahnen.

Vor rund 5000 Jahren erreicht die Nordsee das Tal der Unterelbe. Von dieser Zeit bis zur Trockenlegung der Harburger Elbmarschen konkurrieren während der Phasen mit steigendem Meeresspiegel zwei Strömungen: 1. das aus ihrem Einzugsgebiet in die Nordsee fließende Wasser der Elbe und 2. der die Unterelbe flussaufwärts bis Hamburg laufende schlickführende Gezeitenstrom. Beide hinterlassen an den Ufern der Fließwege der Unterelbe aufgrund höherer Fließgeschwindigkeiten gröberen, sand- und schluffreichen Schlick. Dieser wächst zu breiten höheren, langgestreckten Uferwällen auf, teilweise zu Inseln, auf denen Gräser, Kräuter und schließlich Weichholzarten gedeihen. Auf einigen stehen wohl schon in der Römerzeit und im Frühmittelalter Einzelhöfe und kleine Siedlungen erhöht auf Wurten. Die Umgebung der Siedlungshügel wird beweidet. Seltene starke Elbehochwasser und Sturmfluten tragen einige Inseln wieder ab.

In größerer Entfernung von der Elbe, am Fuß der südwestlich anschließenden Geest, sedimentiert langsamer fließendes Wasser tonreicheren Schlick auf den Niedermooren der frühen Nacheiszeit. Über Jahrtausende wächst der Schlick viele Meter hoch auf. In den breiten nassen Senken mit tonreichem Schlick am Fuß der Harburger Berge entwickeln sich erneut Niedermoore.

Mit der im 12. Jh. einsetzenden Entwässerung der Harburger Elbmarschen enden die Aufhöhung durch Schlick und das Torfwachstum, das Alte Land beginnt sukzessive abzusinken. Ursache ist die Entwässerung des neu gewonnenen Kulturlandes über Gräben, Siele[14] und Schleusen (seit dem späten 19. Jh. auch durch Pumpwerke). Dadurch fallen Wasserarme und Tümpel trocken, lockerer Schlick und wasserreiche Moore sacken zusammen. Um das nunmehr tiefer liegende Kulturland zu halten, müssen ab dem späten 12. Jh. Deiche an Schwinge, Lühe, Este, Unter- und Süderelbe errichtet und später mehrfach erhöht und verbreitert werden. Zudem hat der Gezeitenstrom aufgrund der Eindeichungen im Alten Land und anderswo an der Unterelbe weniger Raum zur seitlichen Ausbreitung und läuft somit bei Sturmfluten höher auf. Der Anstieg des Meeres-

spiegels seit dem 12. Jh. um fast einen halben Meter hat den Handlungsbedarf im Alten Land zusätzlich verstärkt. Sturmfluten zerstören mehrfach die Deiche, zuletzt am 16./17. Februar 1962. Die Entwässerung hat langfristig eine weitere negative Wirkung: Die resultierende, langsame Entkalkung[15] der Marschböden mindert die Bodenfruchtbarkeit [62].

Die vorwiegend aus den Niederlanden stammenden Siedlerfamilien kommen, um die nach ihnen benannte, schwierige und anspruchsvolle „Hollerkolonisation" durchzuführen. Sie errichten im trockengelegten Land kilometerlange Marschhufendörfer mit giebelständigen Fachwerkhäusern entlang gradliniger Straßen oder eingedeichter geschwungener Flussläufe.

Sie wandeln die Natur- in eine Kulturlandschaft, betreiben zunächst vorwiegend Ackerbau auf schmalen, 1500 bis 2250 m langen, parallel aneinander gereihten schmalen Beeten, zwischen denen Entwässerungsgräben geöffnet wurden. Die älteste erhaltene urkundliche Erwähnung des Altländer Obstbaus datiert in das 14. Jh. Seine Bedeutung wächst danach beständig. Im Jahr 1657 bewirtschaften bereits 527 Obsthöfe eine Fläche von 182 ha. Deichbrüche, Schädlingsbefall, Spätfröste und Absatzprobleme reduzieren die Nutzfläche in der 2. Hälfte des 18. Jh. auf 124 ha. Um 1860 beginnt die Blütezeit des Obstbaus, der in den 1960er-Jahren seine größte Ausdehnung erreicht. Heute dominiert der Anbau von Äpfeln bei weitem. Daneben gedeihen Süßkirschen, Birnen, Pflaumen, Erdbeeren und Himbeeren (Abb. 2.15) [63].

Der Bremer Stadtbibliothekar und Reiseschriftsteller Johann Georg Kohl schildert 1864 die Obsttransporte aus dem Alten Land [64]

*„Die Altenländer sind nicht nur Produzenten ihrer Ware, sondern sie verhandeln, verschiffen, verfahren und verkaufen sie auch in der Welt. [...] Bei weitem das meiste ihres Obstes transportieren sie auf dem Wasser. [...] In neuerer Zeit haben sie auf Federn gesetzte Frachtwagen gebaut, auf denen sie ihre mit Kirschen gefüllten Körbe durch Schnellfahrten zu ziemlich entlegenen Städten transportieren. Auch kommt jetzt ihr Obst durch die Eisenbahnen bis nach Berlin und weiter ins Innere von Deutschland. Viel weiter aber gelangen sie mit ihren Äpfeln, die sich länger halten, auf dem Wasserweg. Sie bringen sie zu fast allen Hauptstädten des Nordens, nach London, Kopenhagen, Stockholm und sogar nach Petersburg."*

---

[14]Gewässerdurchlass in einem Deich, der sich durch den Druck der Flut auf der Meeresseite schließt und bei durch den Druck des Abflusses eines Binnengewässers bei Niedrigwasser öffnet.

---

[15]Auswaschung der Kalcium- und Magnesiumkarbonate mit dem Sickerwasser.

**Abb. 2.15**  Bauernhaus und Kirschenplantagen im Alten Land an der Unterelbe (historische Postkarte)

Nicht nur der Obstbau floriert im Alten Land. Voraussetzung für das starke Wachstum Hamburgs ab der Mitte des 19. Jh. ist eine preiswerte Herstellung von Ziegeln in ausreichender Menge in der näheren Umgebung. So fertigen 1872 alleine an den Ufern der Este 27 Ziegeleien aus den ton-, schluff- und sandreichen Schlicken des Alten Landes Steine, die auf dem Wasserweg in die nahe Großstadt kommen und deren Ausbau ermöglichen. Im Jahr 1953 existieren bloß noch fünf Ziegeleien im Alten Land; Stahl und Beton ersetzen die Ziegel.

Seit den 1950er-Jahren verändert sich das Alte Land grundlegend durch die von Hamburg ausgehende Siedlungsverdichtung, den Ausbau der Deiche, die Anlage der Este- und Lühesperrwerke, von neuen Verkehrswegen, Häfen, Gewerbe- und Wohngebieten sowie Windenergieanlagen. Das Werk von Airbus mit Landebahn ragt von Finkenwerder aus in das Alte Land hinein. Auch die verbliebenen Obstbaugebiete wandeln sich auffallend: Neue Wege entstehen; unterirdische Drainagen ersetzen offene Gräben. Die Langbeete können nun zugunsten einer effektiveren Bewirtschaftung verbreitert werden.

Niederstamm-Intensivbaumkulturen ersetzen die traditionellen Hochstamm-Baumkulturen im Obstbau. Das Alte Land ist uniformer geworden. Die Altländer Äpfel reisen über immer größere Strecken zu den Menschen, die sie verzehren.

Ein verändertes Konsumverhalten könnte das Alte Land wieder reicher und vielfältiger machen: über eine stärkere Nachfrage nach lediglich kurze Zeit lagerbaren Äpfeln, auch nach solchen mit leichten Druckstellen (natürlich keine Fäulnis), nach Apfelsorten, die nach verschieden langen Lagerzeiten besonders gut schmecken, nach Äpfeln aus Anbau- und Lagerungsverfahren, bei denen die Obsthöfe auf den Einsatz von chemischen Produkten so weit wie möglich verzichten, und bei denen so wenig Energie wie möglich verbraucht wird [65].

## 17. Februar 1164 – Die Julianenflut verheert die niedersächsische Nordseeküste

Heute liegt hinter hohen Deichen an der Nordseeküste das von Menschen mit großer Mühsal über Jahrhunderte dem Meer abgerungene und gepflegte Land:

- Meerseitig zuerst die zuletzt eingedeichten und deswegen noch fruchtbareren schluff- und tonreichen, geringfügig höheren jungen Marschen.
- Landwärts schließt sich das Sietland an – die älteren, durch Entwässerungsmaßnahmen und Abtorfung tieferen, daher teils unter dem heutigen mittleren Meeresspiegel liegenden, ausgelaugten, demnach mittlerweile weniger fruchtbaren schluffig-tonigen Marschen.
- Dahinter folgt die höhere Geest mit sandigen und lehmigen Böden.

Im 11. Jh. trennen Menschen erstmals Nordseemarschen durch flache Deiche vom Meer, um sie danach zu entwässern und landwirtschaftlich zu nutzen. In der Nacht vom 16. auf den 17. Februar 1164 überspült eine Sturmflut an mehreren Abschnitten der Nordseeküste von der Elbemündung bis Friesland die jungen Deiche; Salzwasser dringt tief in das genutzte Marschland ein. Es ist die erste Flutkatastrophe an der deutschen Nordseeküste, über die erhaltene zeitgenössische Quellen berichten. Zwischen Elbe- und Rheinmündung verlieren wohl ungefähr 20.000 Menschen ihr Leben.

*„In jenen Tagen [...] entstand eine Meeresflut so groß, wie sie seit alters unerhört war. Sie überschwemmte das ganze Küstengebiet in Friesland und Hadeln sowie das ganze Marschland an Elbe, Weser und allen Flüssen, die in den Ozean münden; viele Tausend Menschen und eine unzählige Menge Vieh ertranken. Wie viele Reiche, wie viele Mächtige saßen abends noch, schwelgten im Vergnügen und fürchteten kein Unheil, da aber kam plötzlich das Verderben und stürzte sie mitten ins Meer.“* Helmold von Bosau zur Sturmflut am 17.02.1164 [66].

## Um 1200 – Dünen wandern am Kuhharder Berg in der Schleswiger Geest

Schmelzwässer des nordischen Inlandeisschildes lagern zum Höhepunkt der letzten Kaltzeit, etwa 26.000 bis 20.000 Jahre vor heute, in der Schleswiger Geest westlich einer Linie von Flensburg über Schleswig bis Rendsburg große Massen an Sanden flächenhaft ab, bilden Sander. Kräftige Winde wehen Dünen auf. Nach der vor 11.700 Jahren einsetzenden Erwärmung breiten sich Wälder in der Schleswiger Geest aus, die die Sande bedecken und festhalten.

Am Kuhharder Berg bei Joldelund, ungefähr 30 km nordwestlich von Schleswig, haben die Landschaftsökologen und Geomorphologinnen Uta Lungershausen, Annegret Larsen, Rainer Duttmann und Hans-Rudolf Bork eine 6,5 m aus der Umgebung aufragende Kuppendüne bis zu 2,6 m tief aufgraben lassen und detailliert untersucht [67]. Die unterste Dünenschicht lagert sich hier kurz vor dem Ende der letzten Kaltzeit ab, danach schützen die nacheiszeitlichen Wälder den Sand vor Verwehung. Erst in der Römerzeit werden in der Dünenumgebung für Ackerbau und die Herstellung von Eisen kleine Flächen gerodet; schwache Sandverwehungen finden auf ihnen statt [68].

**Abb. 2.16** An einigen der in Norddeutschland gerodeten Standorte genügt die Bodenfruchtbarkeit nicht für einen ertragreichen Anbau von Kulturfrüchten. Bei Joldelund in der Schleswiger Geest wird der heidereiche Wald mit einem sauren Boden, einem Podsol, gerodet und bloß einmal mit einem Wendepflug bearbeitet und danach aufgegeben. Das Foto zeigt die durch das einmalige Pflügen schräggestellten grauen Pflugschollen

Im Frühmittelalter bildet sich in einem heidereichen Wald ein saurer Boden, ein Podsol. Um 800 roden Bauern eine kleine Fläche nordwestlich der Düne, um sie mit einem Wendepflug zu bearbeiten (Abb. 2.16). Offenbar sind die Bodenfruchtbarkeit und die resultierenden Erträge so gering, dass es bei diesem Versuch bleibt. Heide breitet sich aus.

Ab 1100 wird in der Umgebung des Kuhharder Berges mehr und mehr Heide umgebrochen, Ackerbau betrieben und Vieh gehalten. Der Schutz vor Winderosion geht zunehmend verloren. Sandkörner fliegen bei hohen Windgeschwindigkeiten auf die windabgewandte Seite der Düne am Kuhharder Berg. Die Düne „wandert“ um 1200 für einige Jahrzehnte; die Winderosionsraten sind dreimal so hoch wie gegen Ende der letzten Kaltzeit – ein durch die ausgedehnte ackerbauliche Nutzung erst ermöglichter, unerwartet hoher Wert (Abb. 2.17). An Sandkörnern haftende nährstoffhaltige Humuspartikel wehen von den Äckern, weshalb deren ohnehin geringe Bodenfruchtbarkeit weiter abnimmt. Die ackerbauliche Nutzung muss enden [69].

Auch ein weiterer Nutzungsversuch um 1400 scheitert bald an starker Winderosion. Heide dehnt sich erneut aus und dominiert bis in die jüngste Zeit. Offenbar erkennen die dort lebenden Menschen die Schutzwirkung der Vegetation; sie beschränken sich vorwiegend auf Weide- und Waldwirtschaft. Nur auf kleinen, durch umrahmende Bäume geschützten Parzellen wird Ackerbau betrieben.

**Abb. 2.17** Geoarchäologische Grabung in den Dünen bei Joldelund in der Schleswiger Geest. Im Frühmittelalter hat sich unter beweidetem Wald ein Podsol gebildet. Nach der Rodung des Waldes lassen Stürme die Dünen um 1200 wandern. In den vergangenen Jahrzehnten hat sich unter einer Fichten-Lärchen-Monokultur an der heutigen Oberfläche ein neuer Podsol entwickelt

Eine Aufforstung nach dem Zweiten Weltkrieg mit Fichten *(Picea abies)* und Europäischen Lärchen *(Larix decidua)* verhindert weiterhin Winderosion. Jedoch verankern die Wurzeln die standortfremden Baumarten nicht besonders gut. Am 27. Oktober 2013 fegt der Orkan „Christian" mit Windgeschwindigkeiten von mehr als 150 km h−1 über den Kuhharder Berg. Nahezu der gesamte Baumbestand fällt. Die Beseitigung der geworfenen Bäume mitsamt den Stubben ist mühsam, teuer und der wirtschaftliche Schaden groß. Aufgeforstet wird nun vorwiegend mit besser geeigneten, freilich langsamer wachsenden und aus diesem Grund weniger Nutzholz produzierenden Laubbaumarten [70].

Wie am Kuhharder Berg, ermöglicht die Ausdehnung und Intensivierung der landwirtschaftlichen Nutzung während Mittelalter und Neuzeit auf weiten Flächen in den sandreichen Landschaften Norddeutschlands gravierende Winderosion, die Wanderung von Dünen und damit die Minderung der Bodenfruchtbarkeit.

## 15. August 1248 bis 15. Oktober 1880 – Für den Bau des Kölner Doms[16] wird ein Berg versetzt: Spuren im Siebengebirge

Menschen bewegen seit dem Paläolithikum Güter über große Distanzen. In der Römerzeit und ab dem Hochmittelalter erlangt der Transport auch von schwereren Waren eine besondere Bedeutung. So führen Arbeiter in den beiden Bauphasen des Kölner Doms – von der Grundsteinlegung am 15. August 1248 bis zur Einstellung der Bauarbeiten im Jahr 1560 und vom 4. September 1842[17] bis zur (vorläufigen) Fertigstellung am 15. Oktober 1880 – rund 300.000 t Gestein auf dem Wasserweg, ab Mitte des 19. Jh. auch mit der Eisenbahn, zur Baustelle. Der helle Trachyt[18] vom Drachenfels im Siebengebirge bei Bonn ist ein leicht bearbeitbarer Werkstein und von 1248 bis 1560 das wichtigste Baumaterial des Kölner Doms. Auf einer riesigen Rutsche gleiten Trachytblöcke von den Steinbrüchen auf dem Drachenfels zu einem Anleger an seinem Fuß. Schiffe transportieren sie über eine Strecke von 43,5 km rheinabwärts bis zur Dombaustelle in Köln [71].

Auf dem Drachenfels verbleiben nach der ersten Bauphase aufgelassene Steinbrüche mit fast senkrechten Wänden, die schrittweise zerfallen. Durch den im frühen 19. Jh. wieder aufgenommen Abbau stürzen Teile der Burgruine auf dem Drachenfels ab. Der preußische Staat erwirkt die Enteignung der Bergkuppe und am 26. April 1836 ihre Bewahrung als „Naturschönheit". Die begehrten Trachyte stehen damit nicht mehr für die zweite Bauphase des Kölner Doms zur Verfügung [72].

Nach der Wiederaufnahme der Bauarbeiten am Dom im Jahr 1842 müssen neue Bausteine an anderen gut erreichbaren Standorten gewonnen werden: Sandsteine aus Obernkirchen bei Bückeburg, Trachyte und Andesite vom Siebengebirge außerhalb des Drachenfels, Basalte aus Eifel und Vogelsberg, Kalksteine von Krensheim bei Tauberbischofsheim und Sandsteine aus Schlaitdorf bei Nürtingen ermöglichen die Fertigstellung des Monumentalbauwerkes,

---

[16]Der Kölner Dom ist seit 1996 UNESCO-Weltkulturerbestätte.

[17]Der preußische König Friedrich Wilhelm IV. und Koadjutor Johannes von Geissel legen an diesem Tag den Grundstein für den Weiterbau.

[18]Magma, die vor ca. 23 Mio. Jahren in Tuffe eindringt, erstarrt dort unterirdisch zu Trachyt mit großen, glitzernden Sanidin-Einsprenglingen (Kalifeldspäten); schon die Römer ließen hier im 1. Jh. n. Chr. den gut zu Quadern bearbeitbaren Trachyt als Baustein abbauen.

die Instandsetzungsarbeiten nach den Bombardierungen während des Zweiten Weltkriegs und die beständigen Restaurierungsarbeiten. Die Steinbrüche liegen an Flüssen oder in der Nähe von Bahntrassen. Der Steinbedarf des Kölner Doms hinterlässt in einigen Landschaften Deutschlands sichtbare Spuren [73].

Die Instabilität der ehemaligen Steinbruchwände auf dem Drachenfels bereitet bis in die Gegenwart Probleme: Verwitterungsprozesse vergrößern Risse, lassen die Trachyte bröckeln und abstürzen. Ein großer Block fällt im Juni 2011 vom Siegfriedfelsen auf den vielbegangenen, von Königswinter auf das Drachenfelsplateau führenden Eselsweg. Er wird aufgrund der anhaltenden Steinschlaggefahr bis in den April 2014 gesperrt; in dieser Zeit vorgenommene Sicherungsmaßnahmen an den Steinbruchwänden und der Ausbau des Eselsweges führen zu Protesten des Bundes für Umwelt und Naturschutz Deutschland (BUND). Der Lebensraum geschützter Fledermäuse und Eidechsen soll nicht ge- bzw. zerstört werden. Im Januar 2017 stürzt erneut ein Trachytbruchstück auf den Eselsweg. Die Bezirksregierung Köln lässt ihn am 27. Januar 2017 erneut sperren und brüchige Steinbruchwände über mehr als zwei Jahre mit Stahlankern, Felsnägeln und Spritzbeton aufwendig sichern [74].

Nicht nur am Drachenfels, auch am Kölner Dom verwittern die Trachyte und besonders stark die in der zweiten Bauphase eingesetzten Schlaitdorfer Sandsteine [75]. Der Biologe, Chemiker und Geologe Bruno P. Kremer findet zusammen mit der Biologin Iris Günthner außen auf und zwischen den Steinen des Kölner Doms eine beachtliche Artenvielfalt, darunter wie zu erwarten Cyanobakterien, Mikroalgen, Flechten und Moose, aber auch Farne, kleine Weiß-Birken *(Betula pendula)*, Sal-Weiden *(Salix caprea)* und Zitterpappeln *(Populus tremula)*. Reproduktionsfreudige Stadttauben brüten in Nischen und hinterlassen dort große Kotmassen. Bei deren Zersetzung freiwerdende Säuren lösen Kalziumkarbonat aus einigen Gesteinen des Doms. In den entstehenden Hohlräumen kann im Winter gefrierendes Wasser zu winzigen Frostsprengungen führen, die die Dombausteine weiter zerfallen lassen. Auch Ringeltauben *(Columba palumbus)*, Rabenkrähen *(Corvus corone)*, Hausrotschwänze *(Phoenicurus ochruros)* nisten gelegentlich auf dem Dom [76].

Ein beständiger Ersatz von Bausteinen durch die Handwerker der Dombauhütte ist zum Erhalt des Doms unabdingbar – eine lohnende Ewigkeitsaufgabe.

Die riesige Kirche mit einem umbauten Raum (ohne das Strebewerk) von 407.000 m$^3$ ist gut vier Jahre lang – bis zum Dezember 1884 – mit einer Höhe von 157,22 m das höchste Gebäude der Erde (Abb. 2.18). Addiert man das 17 m tiefe Fundament der Türme, überragt der Kölner Dom mit einer Gesamthöhe von gut 174 m das 161,53 m

**Abb. 2.18** Das 144 m lange und über 43 m hohe Hauptschiff des Kölner Doms mit einem Fischaugen-Objektiv aufgenommen

hohe, direkt auf Kalksteinfelsen ruhende, eintürmige Ulmer Münster, das Kirchengebäude mit dem höchsten Kirchturm auf der Erde, immerhin um 12 m – eine für manche in und um Köln lebende Menschen euphorisierende Erkenntnis [77].

## 1310 bis 1324 – Missernten und Massensterben während der Dante-Anomalie

Eine 1310 einsetzende und bis 1321 anhaltende Periode mit zumeist ungünstiger Witterung für das Gedeihen der Kulturfrüchte ändert alles. „Dante-Anomalie" nennt der Umwelthistoriker Martin Bauch diese Zeit. Der Dichter Dante Alighieri erlebt in seinen letzten Lebensjahren diese Schreckenszeit mit Missernten, Hungersnöten und Massensterben in Oberitalien und beschreibt sie so eindrücklich in der Göttlichen Komödie [78].

*„Dies war der dritte Kreis, den ich betrat,*
*In ew'gem, kaltem, maledeitem Regen*
*Von gleicher Art und Regel früh und spat.*
*Schnee, dichter Hagel, dunkle Fluten pflegen*
*Die Nacht dort zu durchziehn in wildem Guß;*
*Stark qualmt die Erde, die's empfängt, entgegen."*
Dante Alighieri, Göttliche Komödie, Inferno, Sechster Gesang [79].

Betrachten wir die ungewöhnliche Witterung in jener Zeit nördlich der Alpen genauer: Schon der kühle und nasse Sommer des Jahres 1310 verursacht Missernten und eine Teuerung. Trauben reifen nicht. Die Neiße tritt im Juli über die Ufer. Auch das Jahr 1311 ist kühl und feucht. Um Passau und Landau an der Isar sind die Erträge ungewöhnlich schlecht. Die feucht-kühle Sommerwitterung der Jahre 1312 bis 1314 verursacht Missernten, Hunger und Tod. Im Sommer 1313 wütet die Pest. Im Jahr 1315 fällt vom Mai bis in den Herbst außergewöhnlich viel Regen, eine miserable Ernte resultiert. Mehrere Millionen Menschen verhungern – nach einer ganz groben Schätzung etwa jeder Zehnte zwischen Alpen und Nordsee. Donau und Elbe überfluten ihre Auen im Folgejahr. Der Winter 1317/18 bringt ausgeprägte Kälte; noch am 30. Juni 1318 fällt in Köln Schnee. Das Jahr 1321 ist nass. Um Braunschweig und Würzburg fallen die Ernten schlecht aus. Unruhen flammen immer wieder auf. Die im Winter 1323/24 über zehn Wochen anhaltende Kälte ermöglicht Menschen von Pommern über die gefrorene Ostsee nach Dänemark zu reisen. Auf dem Eis der Ostsee werden Wirtshäuser errichtet und betrieben [80].

Mit der Dante-Anomalie, die in eine Phase verminderter Sonnenfleckenaktivität fällt, endet jene düstere Zeit noch lange nicht.

## 19. bis 25. Juli 1342 – Die Magdalenenflut lässt Böden verschwinden

Im Jahr 1979 untersuchen Hans-Rudolf Bork und Holger Hensel mit Unterstützung des Göttinger Bodenkundlers Brunk Meyer eine aufgelassene Lehmgrube bei Rüdershausen östlich von Göttingen bis in eine Tiefe von 12 m [81]. In den oberen Metern steht, wie zu erwarten, humoses graues Bodenmaterial an, das durch den Abfluss vieler Niederschläge über Jahrhunderte vom oberhalb liegenden Hang hierher gespült und alljährlich durch Pflügen durchmischt worden war. In der Tiefe liegt ein unerwartetes Gewirr:

- tonnenschwere Blöcke aus Löss,
- kleinere Blöcke aus dem Boden, einer „Parabraunerde", der hier einst an der Oberfläche lag,
- ein Block mit einem Durchmesser von gut 30 cm in 8 m Tiefe: eine scharfe und gerade Grenze durchzieht ihn, eine Hälfte ist hell, die andere färbt der Humus grau, und
- hunderte feine Schichten, die die Abflüsse zahlreicher schwächerer Niederschläge in den Hohlräumen zwischen den Blöcken ablagern.

Erst unterhalb von 10 m Tiefe treffen sie auf den ungestörten Löss der letzten Kaltzeit.

Das große Bodenpuzzle lässt sich schließlich entwirren, da noch weit mehr als 70 % der Puzzleteile erhalten sind: In der letzten Kaltzeit lagern anhaltende Winde bei Rüdershausen über 10 m mächtige Stäube ab, den Löss. Vor 11.700 Jahren wird es warm, Wälder wachsen und unter diesen bildet sich die Parabraunerde. Schließlich wird der Wald gerodet und der Hang ackerbaulich genutzt. In einem Jahr, nachdem die Kulturfrucht geerntet war, reißt der gewaltige Abfluss eines einzigen Starkniederschlages mehr als zehn Meter tiefe Schluchten mit fast senkrechten Wänden in den Löss (Abb. 2.19).

Die instabilen Wände der Schluchten brechen bald nach dem verheerenden Starkregen zusammen; kleine und große Löß- und Bodenblöcke fallen hinein. Darunter ist auch der gut 30 cm kleine, auf der einen Hälfte dunkelgraue und auf der anderen Hälfte helle Block. Dieser stürzt vom obersten Rand einer Schlucht von der damaligen, vor dem Ereignis beackerten Geländeoberfläche 8 m tief hinunter. Er enthält ein Stück des Pflughorizontes aus der Zeit unmittelbar vor dem Schluchtenreißen. An ihm können wir die damalige Pflugtiefe ablesen: 12 bis 14 cm.

Nach dem Kollaps der Schluchtwände bleiben in den Zwickeln zwischen den Blöcken miteinander verbundene Hohlräume offen. Der Abfluss mäßig intensiver Niederschläge spült in den Monaten nach dem Einreißen der Schluchten Bodenmaterial in die Lücken zwischen den Blöcken. Schicht auf Schicht füllt die Hohlräume. Heute können wir die Zahl der Ablagerungsereignisse und damit der Niederschläge immer noch zählen. Wir finden leider bloß ganz wenige winzige Keramikbruchstücke im tieferen Teil der verfüllten Schlucht. Sie weisen auf ein Schluchtenreißen im Spätmittelalter, möglicherweise im 14. Jh. Die Schluchten sind Teil eines Systems etwa parallel verlaufender tiefer Kerben.

Im Untereichsfeld liegen auch an anderen Orten weitere spätmittelalterliche Schluchten, die auf demselben Extremereignis beruhen [82]. An der Dorfwüstung Drudenvenshusen bei Landolfshausen gelingt erstmals eine genauere zeitliche Einordnung des Schluchtenreißens: Der Mittelalterarchäologe Hans-Georg Stephan datiert eine größere Zahl von Keramikbruchstücken von der Basis einer Schluchtfüllung in die Zeit um etwa 1310 bis 1340 n. Chr [83].

Ein außergewöhnlich starkes Abflussereignis ließ die 12 m tiefe Wolfsschlucht am Nordrand der großen Hohlform der Märkischen Schweiz (Brandenburg) nach Radiokohlenstoffdatierungen um 1340/50 aufwärts wandern [84]. In der Dorfwüstung Winnefeld (Solling, Niedersachen) riss ein extremes Abflussereignis in dieser Zeit neben der Wüstungskirche eine Schlucht und am Rand der Aue des Reiherbaches Gebäude ein [85]. Hinweise auf das singuläre Witterungsereignis gibt es weiterhin vom Belauer See in Schleswig–Holstein [86], aus Mittelhessen,

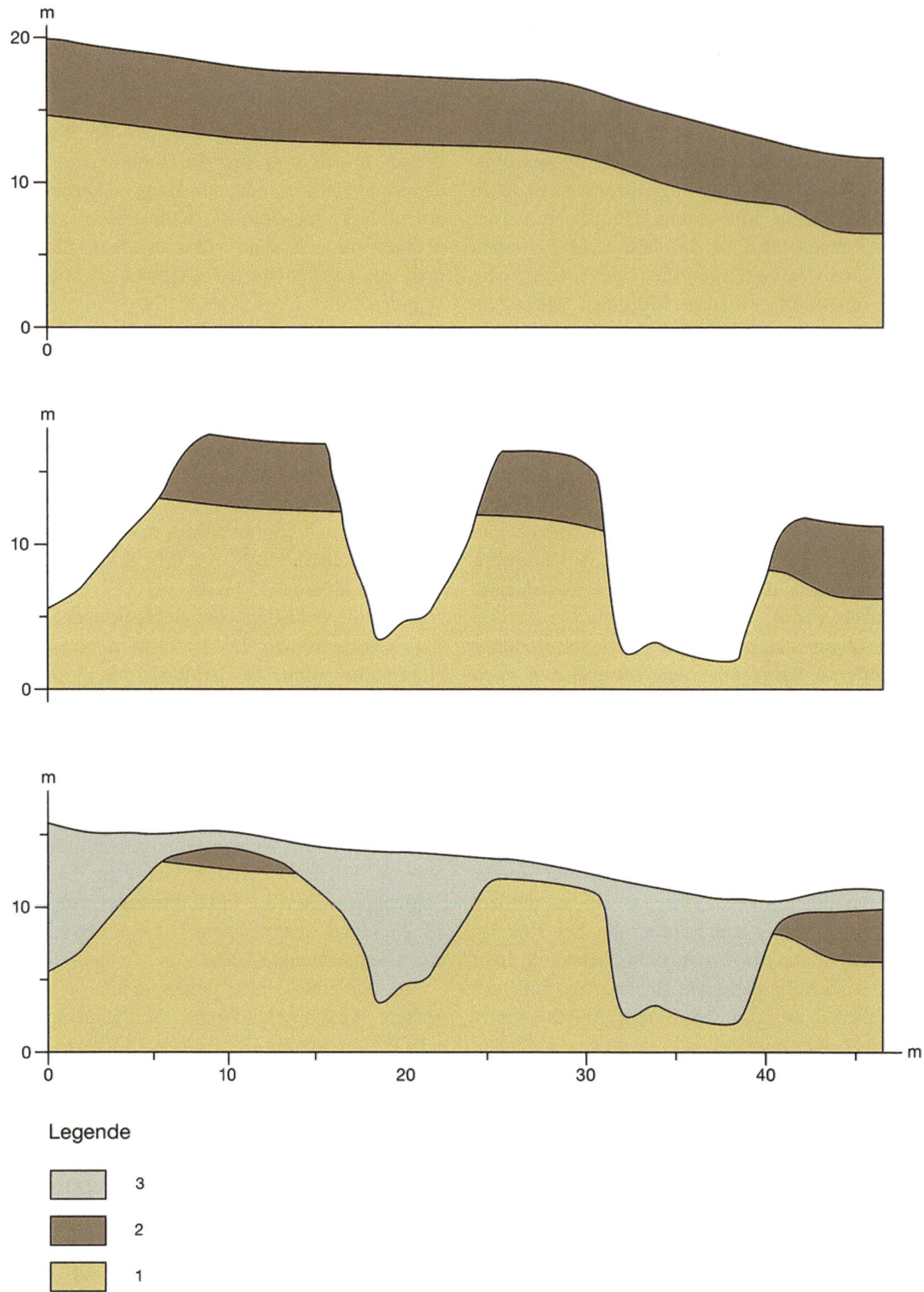


**Abb. 2.19** Im Juli 1342 reißen bei Rüdershausen im Untereichsfeld drei Schluchten mehr als 10 m tief ein. Danach stürzen sie zusammen. Bis in die frühe Neuzeit füllen sie sich vollständig mit Sedimenten. (Zeichnung: Doris Kramer). **1** in der letzten Kaltzeit abgelagerte Sedimente – im unteren Teil von der benachbarten Rhume abgelagerte Schotter und Sande, darüber hauptsächlich Löß. **2** Bänderparabraunerde – ein mächtiger Boden, der sich in der Nacheiszeit bis in das frühe Mittelalter unter Wald entwickelt hat. **3** Füllung der Schlucht – im unteren Teil Rutschmassen, die rasch nach dem Schluchtenreißen von den Schluchtwänden abbrachen; darüber vom oberhalb liegenden Hang während zahlreicher Niederschläge in die Schlucht gespültes Bodenmaterial

Südwestdeutschland [87], Oberfranken [88] und aus einem Eifelmaar [89].

Die Erosion Mitte des 14. Jh. verändert in unterschiedlicher Weise die Landschaften zwischen Eider und Donau. Auf Hängen ohne dichte Vegetation in den Mittelgebirgen erodiert nicht selten der gesamte dünne, fruchtbare Oberboden, darunter liegende Steine gelangen an die Oberfläche. Die ackerbauliche Nutzung endet. In hügeligen Lößlandschaften nimmt die Bodenfruchtbarkeit dagegen kaum ab. Dort gehen Äcker durch die Zerschluchtung vorübergehend verloren. Nachdem die Schluchten in der frühen Neuzeit aufgefüllt sind, kann der Ackerbau wieder aufgenommen werden.

In der ebenen Lössbörde bleiben die Erosionsraten niedrig; Schluchten reißen kaum ein. Nördlich der Lössbörde trägt der Oberflächenabfluss auf geneigten und ackerbaulich genutzten Flächen die Ackerkrume ab. Diese Standorte bewalden sich wieder. Einige Jahrhunderte später hat sich ein Humushorizont in den Wäldern gebildet und erneuter Ackerbau wird möglich. Das außergewöhnliche Abflussereignis verursachte um die Mitte des 14. Jh. an manchen Standorten die Hälfte der gesamten Erosion der vergangenen eineinhalb tausend Jahre. Es war möglicherweise sogar das stärkste Erosionsereignis der gesamten Nacheiszeit.

Gestatten zeitgenössische Schriftquellen und Hochwassermarken eine noch präzisere Datierung der Erosionskatastrophe als die (geo-)archäologischen Methoden? Ein gewaltiges Witterungsereignis überragt im 14. Jh. alle anderen im Hinblick auf die Anzahl der schriftlichen Erwähnungen, seine räumliche Ausdehnung und das Ausmaß der beschriebenen Schäden bei weitem; es hat offenbar die beschriebene katastrophale Erosion ausgelöst: der Starkregen und das resultierende Hochwasser vom 19. bis zum 25. Juli 1342 [90]. Da es am 22. Juli 1342, dem St. Magdalenentag, besonders starke Zerstörungen anrichtet, wird das Extremereignis als Magdalenenflut bezeichnet [91]. Die Starkniederschläge trafen auf kaum durch Vegetation geschützte Landschaften mit oftmals ausgelaugten Böden [92].

Die wohl vom sehr warmen Mittelmeerraum heran- und östlich an den Alpen vorbeiziehenden feuchten Luftmassen erreichen am 19. Juli Franken und Thüringen. Die Front zieht weiter nach Nordwesten und am 22. Juli über die deutsche Nordseeküste. Meteorologen bezeichnen diese Tiefdruckstraße nach van Bebber als Vb-Zugbahn. Tiefdruckgebiete, die vom Mittelmeer über Österreich und Tschechien nach Deutschland ziehen, verursachen viele extreme Überschwemmungen an Elbe, Oder, Donau oder Rhein [93].

Die Abflussmengen des Juli 1342 übertreffen diejenigen der Oderflut 1997 und der Elbefluten 2002 und 2015 um das Dreißig- bis Hundertfache [94].

Für die massiven Verheerungen in den intensiv landwirtschaftlich genutzten Landschaften Mitteleuropas ist zwar dieser außergewöhnlich starke Abfluss, den die Niederschlagsfront auslöst, direkt verantwortlich. Erst die besondere Nutzung und Struktur der Landschaften ermöglicht die gravierenden Bodenverluste. Häufig bilden drei Gewanne die Ackerflur eines Dorfes. Ein Gewann besteht aus parallelen Äckern, auf denen zwangsweise dieselbe Feldfrucht angebaut wird. Als ausgesprochen ungünstig erweisen sich Gewanne mit steilen Äckern, die in Gefällsrichtung mit Wendepflügen bearbeitet werden und die im Juli 1342 nicht oder unzureichend mit Kulturfrüchten bedeckt sind.

## 1348 bis 1351 – Der „Schwarze Tod" fordert Millionen Menschenleben

In Zentral- oder Ostasien beginnt in den 1330er-Jahren eine desaströse Infektionskrankheit: Der „Schwarze Tod" – die Pest – breitet sich unaufhaltsam über die Seidenstraße und Handelswege im Süden Asiens nach Europa aus. Er erreicht 1347 Konstantinopel und dann auf dem Schiffsweg Messina auf Sizilien und Marseille, Mitte 1348 erstmals den äußersten Südwesten Deutschlands, Anfang 1349 große Teile West- und Süddeutschlands, Ende 1349 den Nordwesten und 1350 schließlich auch den Norden Deutschlands. Weitgehend verschont bleibt lediglich der Raum zwischen Magdeburg, Frankfurt (Oder) und dem Erzgebirge. Erreicht die Pest einen Ort, so infizieren sich meistens 60 bis 80 % der Menschen. 75 bis 90 % der Erkrankten überleben die Erkrankung nicht. In Lübeck sterben 11 der 25 Ratsherren. Etwa ein Drittel der Bevölkerung zwischen den Alpen und der Flensburger Förde fällt der Pandemie zum Opfer. Es ist der größte Bevölkerungsrückgang seit dem 6. Jh [95].

Die besorgniserregenden Verluste an Menschenleben lösen Unruhen aus – viele fragen nach den Gründen. Schreckliche Gerüchte kommen auf. Menschen jüdischen Glaubens werden der gezielten Brunnenvergiftung verdächtigt. Der Wohlstand mancher jüdischer Kaufleute und deren scheinbar fremde Religion ist zahlreichen Christen ein Dorn im Auge. Mit dem Aufkommen der Pest schlägt der Neid in einen fürchterlichen Hass um. Judenpogrome in Freiburg i. B., Worms, Speyer, Mainz, Frankfurt a. M., Nürnberg, Erfurt, Meißen und anderen Städten sind die Folge. In Köln ermordet ein Mob in der Nacht vom 23. auf den 24. August 1349 fast alle Menschen, die im jüdischen Viertel leben [96].

Das anpassungsfähige Bakterium *Yersinia pestis* löst die Pest aus, die sich heute über infizierte Nagetier-Flöhe oder durch Tröpfcheninfektion ausbreitet. Wie überwindet der Pesterreger große Distanzen in kurzer Zeit? Einige

Studien legen nahe, dass Menschenflöhe *(Pulex iritans)* oder Menschenläuse *(Pediculus humanus humanus)* für die explosionsartige Verbreitung der Pest im 14. Jh. verantwortlich gewesen sein könnten. Ein Forschungsteam um den norwegischen Modellierer, Biologen und Seuchenexperten Boris V. Schmid bestätigt diese Annahme – ein gewichtiger Befund, der die bisherige Annahme der alleinigen Ausbreitung des Schwarzen Todes durch Rattenflöhe in Frage stellt [97].

Die Pest lässt den Handel einbrechen. In vielen Regionen fehlen Arbeitskräfte, um die Felder weiter zu bewirtschaften. Wälder breiten sich aus und die Ernährungsgewohnheiten verändern sich.

## Nach 1351 – Vom Brei zum Braten

> *„Iß Wurst, Bub; Brot müssten wir kaufen."*
> Anweisung einer Mutter an ihren Sohn zum Verzehr von reichlich vorhandener Wurst und zum Brotverzicht [98].

Nach den großflächigen Rodungen im frühen und hohen Mittelalter erreicht der Waldanteil im 13. Jh. mit kaum 15 % der Oberfläche Mitteleuropas das Minimum der gesamten Nacheiszeit. Das Bevölkerungswachstum und der resultierende verstärkte Nahrungsmittelbedarf erfordern mehr Weide- und Ackerland als vorhanden ist – selbst in Jahren mit günstiger Witterung genügt die Ernte kaum, um alle ausreichend zu ernähren. Fleisch wird rar. Dies hat einen einfachen Grund: Für die Produktion von 1 kg Fleisch wird etwa die 8- bis 15fache Landfläche benötigt wie für die gleiche Menge an Getreide. Für die Viehhaltung gibt es in den meisten Regionen zwischen Rhein und Oder nur noch wenig Land. Angehörige des Klerus und des Adels, wohlhabender Bürger- und mancher Bauernfamilien essen wohl häufiger Fleisch und Wurst. Die meisten anderen Menschen leben vorwiegend vom Verzehr dünner Getreidebreie – eine einseitige, auf Dauer ungesunde Ernährung [99].

Dann bewirken die kühl-feuchten Hungerjahre der Dante-Anomalie und vor allem die Pestpandemie in der Mitte des 14. Jh. verheerende Massensterben, das Wüstfallen ganzer Landstriche mitsamt zehntausenden Dörfern und nach 1351 eine Verdreifachung (!) des Waldanteils binnen einiger Jahrzehnte. Besonders betroffen sind Mittelgebirge und Regionen mit nährstoffarmen Böden im Norden und Nordosten. In den Jahren nach 1351 leben zwischen Alpen und Nordsee mutmaßlich lediglich noch gut halb so viele Menschen wie zu Beginn des 14. Jh. [100].

Auf ehemaligem Ackerland wachsen neue, für die Haltung von Pferden, Rindern, Schweinen, Schafen und Ziegen geeignete Wälder. Stiel-Eichen *(Quercus robur)*, Trauben-Eichen *(Quercus petraea)* und Buchen *(Fagus sylvatica)* werden als wertvolle Mastbäume gefördert. Deren Früchte bilden sich massenhaft in zyklisch auftretenden Mastjahren, in denen sich Schweine rasch Fett anfressen.

Das Fleisch von Schweinen, die vorwiegend Eicheln fressen, schmeckt den Menschen besser als das vergleichsweise süßliche, weiche Fleisch der Bucheckernmast. Verlässliche Daten zur Waldweide und insbesondere zu den Viehdichten in Wäldern gibt bis weit in die Neuzeit kaum. Wenigstens 43.000 Schweine zerwühlen im 15. oder 16. Jh. den Lußhardtwald am Oberrhein nördlich von Bruchsal [101]. Unklar ist die damalige Größe des Lußhardt. Im Jahr 1714 weiden im Schönbuch, einem südlich von Stuttgart gelegenen Wald, 15.046 Stück Vieh auf einer Fläche von vermutlich etwa 120 km$^2$ – eine beachtliche Tierdichte von 1,25 Stück pro ha [102].

> D. Johann Georg Krünitz zur Waldmast
> *„Was nun die Waldmast anbetrifft, so geschieht dieses auf eine leichte und wohlfeile Art in Waldgegenden, wenn die Eicheln und Buchnüsse gerathen sind. Der Hirte treibt sie an diejenige Stellen, wo Eichen und Buchen in Menge stehen, und läßt sie ihre Nahrung selbst suchen. Das Einzige, was der Hirte dabei zu beobachten hat, ist, sie oft in das Wasser zu treiben, weil diese etwas hitzige Nahrung zum Trinken reizt. Ist der Wald nicht weit vom Dorfe oder Gute entfernt, so ist es den Schweinen zuträglich, daß sie, wenn sie des Abends zu Hause kommen, Wasser mit Kleien eingerührt, zu saufen bekommen. Die Eigenthümer großer Herden pflegen in fruchtbaren Jahren die Eichen in großen Waldungen zu pachten, und treiben die mager gekauften Schweine hinein, die sie sechs Wochen nachher, wenn sie etwas fett geworden, wieder verkaufen."* [103].

Ganz offenbar essen die Menschen in Mitteleuropa bald nach der Pestpandemie immer mehr Schweine- und Rindfleisch. Verlässliche Hinweise auf das Ausmaß des Fleischverzehrs gibt es kaum. Wohl typisch ist die Entlohnung eines Bäckergesellen 1515 in Berlin mit täglich vier Pfund Fleisch und Wurst. Nach vorsichtigen Berechnungen des Verfassers stehen zahlreichen der zwischen Alpen und Ostsee lebenden Menschen vom späten 14. Jh. bis in das frühe 16. Jh. täglich im Mittel zwei bis drei Pfund Fleisch und Wurst zur Verfügung – was für ein krasser, durch das

Massensterben von Menschen infolge der Hungersnöte und der Pestpandemie von den 1310er-Jahren bis 1351 ausgelöster Wandel der Ernährung im Vergleich zu dem vom Breiverzehr dominierten 13. und frühen 14. Jh. [104]!

Nach der Krise vom 5. bis in das 7. Jh. n. Chr. verursachen die Ereignisse von der Dante-Anomalie über die Magdalenenflut im Juli 1342 bis zur Pestpandemie in der Mitte des 14. Jh. den größten Einschnitt in der Gesellschafts- und Umweltentwicklung der vergangenen zweitausend Jahre in Mitteleuropa. Im Laufe der 2. Hälfte des 14. Jh. werden Bodenerosion und Hochwasser in den weitgehend bewaldeten Flusseinzugsgebieten seltener und schwächer.

Die Pflanzenverdunstung wächst stark, Grundwasserneubildung und Niedrigwasserabflüsse nehmen wesentlich ab. Manche Feuchtgebiete fallen trocken. Seen, die in ausgedehnten Wäldern liegen, verlieren Wasser. Die Belastung der Oberflächengewässer mit Nährstoffen geht zurück. Die Viehmast fördert die Degradierung der Waldböden. Die Naturnähe der frühmittelalterlichen Wälder wird aufgrund der Waldweide und des Holzbedarfs vom späten 14. bis zum 16. Jh. nicht annähernd erreicht.

## 15. bis 17. Januar 1362 – Die Zweite Marcellusflut – Ermöglicht Landnutzung den Untergang der Uthlande?

Schwere Sturmfluten wüten auch nach der Julianenflut im Jahr 1164 an der Nordseeküste: Am 13. und 14. Dezember 1287 reißt die Luciaflut Deiche um Emden ein, überströmt die Marschen und beginnt die Meeresbucht des Dollart zu bilden. Die Wassermassen zerstören alleine in Ostfriesland 30 Dörfer. Zehntausende sterben in den norddeutschen Marschen. Am 23. November 1334 bricht die Clemensflut weit in das Land an der Unterweser ein – die Urform des Jadebusens öffnet sich.

Noch bis Mitte Januar 1362 liegt die nordfriesische Küstenlinie westlich von Sylt, Amrum, den Halligen und Pellworm. Die Uthlande dehnen sich von dieser Linie im Westen bis zur Hohen Geest im Osten aus. Sie umfassen die riesigen, mit zahllosen Gräben drainierten und überwiegend intensiv landwirtschaftlich genutzten Marschen mit fruchtbaren Böden und breiten, etwas tiefer liegenden und daher vermoorten Tälern. In diesem liegen einzelne Geestflecken, in denen Ablagerungen wie Schmelzwassersande und lehmige Grundmoränen aus der letzten Kaltzeit aus der Marsch herausragen.

Torfstiche bezeugen Torfabbau, Grabensysteme die systematische Drainage sowohl der landwirtschaftlich genutzten Kleie in den Marschen als auch der Niedermoore in den Tälern (Abb. 2.20). Die Gräben lassen die Grundwasserspiegel sinken, die Torfe sacken. Sauerstoff durch-

**Abb. 2.20** Luftbild vom heutigen Watt nördlich der nordfriesischen Insel Pellworm mit Entwässerungsgräben, die vor den Sturmfluten 1362 und 1643 angelegt wurden (Foto: Sophia Dazert)

strömt die Torfe und ermöglicht die mikrobielle Freisetzung erheblicher Mengen an Kohlendioxid. Diese Prozesse führen dazu, dass die Geländeoberfläche Mitte des 14. Jh. tiefer liegt als vor den Meliorationsmaßnahmen. Die Uthlande sind anfälliger für weitere Landverluste geworden.

Dies zeigt sich während der Zweiten Marcellusflut, der ersten Groten Mandrenke. Sie dringt am 15. Januar 1362 und an den beiden folgenden Tagen außergewöhnlich tief erodierend in die Täler der Uthlande ein, zerschneidet die Landmasse und fordert an der Nordseeküste von Borkum bis Sylt insgesamt vielleicht etwa 100.000 Menschenleben. Viele Orte gehen in den Uthlanden unter, darunter das sagenumwobene Rungholt. Wenige Landfetzen verbleiben über dem mittleren Tidehochwasser, darunter Teile der heutigen Inseln Sylt, Amrum und Föhr. Größtenteils können die Täler nicht mehr zurückgewonnen werden. Die Gezeiten spülen sie zu Stromrinnen im Watt, den Prielen, aus [105].

Es dauert Jahre, bis einige Köge wieder eingedeicht, entwässert und bewohnbar sind. Im Südwesten der ehemaligen Uthlande bauen Menschen Deiche, die Insel Strand entsteht. Wenige Orte im Osten der Uthlande profitieren: Husum ist nun Hafenstadt.

Im Watt um die nordfriesischen Inseln und die Halligen liegende Entwässerungsgräben, Fundamente von Warften, Fragmente von Deichen, mit Torffetzen verfüllte Brunnen, Wagenradspuren, Torfstiche, Fragmente von Keramik- und Glasgefäßen, Ziegelbruch, Eisen und Lederreste bezeugen nachdrücklich: Hier existierte eine stark genutzte, blühende Kulturlandschaft mit wohlhabenden bäuerlichen Familien. Die Gezeiten prägen sie seit der Eroberung durch die Zweite Marcellusflut im Jahr 1362. Heute ist das ehemalige Kulturland Teil des Nationalparks Wattenmeer und von der UNESCO als Welt*natur*erbe anerkannt [106].

## Ab 1367 – *„Fucker advenit dedit XLIIII denarios dignus"* [107] – Die Textilherstellung aus Schafwolle, Flachs und Baumwolle und ihre Umweltfolgen

Im Jahr 1367 zieht der Leinweber Hans Fugger vom Pfarrdorf Graben auf dem Lechfeld in die 25 km entfernte Reichsstadt Augsburg, um dort als Textilhändler zu arbeiten. Das Steuerbuch Augsburgs verzeichnet in jenem Jahr zu Hans Fugger den Eintrag *„Fucker advenit dedit XLIIII denarios dignus"* – Fucker ist angekommen, hat 44 Pfennige gegeben, würdig [108]. Diese Steuerzahlung lässt auf ein stattliches Vermögen von etwa 22 Pfund schließen.

Durch die Heirat mit der Augsburger Bürgerin Clara Widolf erlangt Hans Fugger 1370 das begehrte Bürgerrecht. Er wird „Zwölfer" und Mitglied des Großen Rats, später auch des einflussreichen Kleinen Rats. 1396 beläuft sich sein Vermögen nach den Steuerbüchern auf 1806 Gulden. Damit zählt er zu den wohlhabendsten Bürgern Augsburgs.

Als er 1408 oder 1409 stirbt, sind rund 100 qualifizierte Weber in Lohnarbeit für ihn tätig. Seine zweite Frau Elisabeth Gevattermann führt den Betrieb über Jahrzehnte erfolgreich fort. Im Jahr 1434, kurz vor ihrem Tod, hat sich das Steuervermögen auf fast 5000 Gulden erhöht. 1455 wird die Firma unter den beiden Söhnen Hans Fuggers in die Linien Fugger vom Reh und Fugger von der Lilie aufgeteilt. Letztere ist in den folgenden Generationen überaus erfolgreich. Die Weber der Fugger nutzen neben Schafwolle und Leinen aus Flachsfasern zunehmend importierte Baumwolle, die zusammen mit Leinen zu hochwertigen Mischgeweben wie Barchent verarbeitet und weithin gehandelt werden. Augsburg entwickelt sich mit seinem Umland zu einem oberdeutschen und bald europäischen Weber- und Handelszentrum, auch dank der Geschäftstüchtigkeit der Fugger [109].

Ulrich und Jakob Fugger führen die Firma im späten 14. und im frühen 15. Jh. über eine enge Zusammenarbeit mit der Römischen Kurie und den Habsburgern zu Weltruhm. Die Finanzierungs- und Edelmetallgeschäfte in der ersten Phase der von europäischen Mächten ausgehenden, globalen kolonialen Expansion bringen sagenhaften Reichtum und ganz erheblichen politischen Einfluss. Untrennbar verbunden ist der große wirtschaftliche Erfolg mit der Unterdrückung von Menschen, mit Sklaverei und Gewaltexzessen [110].

Betrachten wir die Produktion und die Verarbeitung der einzelnen damals verwendeten Textilrohstoffe mit ihren verschiedenartigen Umweltwirkungen.

Zahllose Schafherden grasen im Spätmittelalter auf Dauergrünland und in den lichten, kraut- und grasreichen Wäldern der Mittelgebirge, in den süddeutschen Schichtstufenlandschaften und in den sandigen norddeutschen Heiden. Intensive Schafweide verändert die Vegetationszusammensetzung, denn Schafe fressen selektiv. Mit spitzem Maul beißen sie geschickt ihre Lieblingspflanzen aus dem Bestand heraus. Damit begünstigen sie die Ausbreitung von Pflanzen, die sie verschmähen: von Zwergsträuchern wie Besenheide *(Calluna vulgaris)* und Nadelgehölzen wie Wacholder *(Juniperus)* und Kiefer *(Pinaceae)*.

Deren Zersetzungsprodukte enthalten organische Säuren, die die Versauerung der Böden und damit die Bildung von Podsolen begünstigen. Sickerwasser verlagert in Podsolen metallorganische Verbindungen aus dem Ober- in den Unterboden. Schaftritt, Fraß und Verbiss zerstören auf empfindlichen sandigen Böden lokal die Vegetationsdecke und ermöglichen Wasser- oder Winderosion.

Schafe dienen hauptsächlich der Gewinnung von Wolle. Schäfer treiben die Tiere zur Reinigung durch Fließgewässer und scheren danach ihr Haarkleid. Männer waschen und trocknen die Wolle, Frauen kämmen sie und verspinnen sie zu Garn. Die an den Verarbeitungsprozessen Beteiligten atmen unzählige Staubpartikel ein. Durch die Wollwäsche freigesetzte Fette belasten in begrenztem Ausmaß die Gewässer. Darüber hinaus erzeugen die Prozesse der Schafwollverarbeitung bis in die Mitte des 20. Jh. keine relevante Umweltbelastung.

Flachs *(Linum usitatissimum*, auch Gemeiner Lein) ist eine der ältesten Kulturpflanzen und bis in das 19. Jh. bedeutend (Abb. 2.21). Die Gewinnung der Leinfasern aus dem Flachs ist aufwendig. Bauern sähen Flachssamen bevorzugt auf tiefgründigen, sandig-lehmigen Böden in niederschlagsreichen Regionen, so in Westfalen und Schwaben. Färben sich die Samenkapseln gelb, beginnt die Ernte. Jede einzelne Flachspflanze muss nun sorgfältig mitsamt Wurzeln herausgezogen und in Bündeln zum Trocknen aufgestellt werden. Beim anschließenden Riffeln ziehen Männer unter einem schützenden Dach mehrere

**Abb. 2.21**  Flachs *(Linum usitatissimum)*

Stängel zusammen durch einen großen eisernen Kamm, um die Samenkapseln abzustreifen.

Aus den Samen wird das überwiegend aus ungesättigten Fettsäuren bestehende Leinöl gewonnen. Im Stängel liegen die begehrten Leinfasern. Um diese herauszutrennen, breiten Flachsbauern die Stängel auf Wiesen und Äckern aus (Taurotte oder -röste) oder sie legen sie ein bis zwei Wochen in Teiche oder – in Kästen – in fließendes Bachwasser (Wasserrotte oder -röste). Mikroorganismen wie Bakterien und Pilze fermentieren zuerst die weichen Teile.

Nach dem anschließenden Trocknen sind die faserigen Stängelreste mit einer Flachsbreche zu brechen und die holzigen Teile mit einem Messer zu entfernen. Die verbleibenden Leinfasern zieht man durch den Hechelstock, ein Brett mit Nadelreihen, um die gesuchten, 40 bis 80 cm langen Fasern von den kurzen, dem Werg, zu trennen und nicht verwertbare Reste zu entfernen. Dann spinnen Frauen die langen Flachsfasern zu Garn. Aus den Abfällen können immerhin noch Säcke hergestellt werden.

Die Flachsverarbeitung bedingt Umweltprobleme: Die biotechnologischen Prozesse bei der Wasser- und Tauröste erzeugen unerträgliche Gerüche durch die Bildung von Buttersäure und Faulgasen. In Teichen ausgeführte Wasserröste belastet das Wasser mit Nährstoffen und wirkt überaus nachteilig auf die dortigen Fischbestände; manchmal überlebt kein einziger Fisch.

Aus separat angelegten Röstkuhlen gelangt das Röstwasser beim Ablassen in Fließgewässer. Erst im 17. und 18. Jh. reguliert eine wachsende Zahl von deutschen Staaten die Flachsröste durch rigorose Verordnungen. Zumeist wird die Wasserröste in Fließgewässern unter Androhung von Geldstrafen verboten, damit das Wasser weiterhin als Viehtränke und für das Bierbrauen nutzbar bleibt. Auch behindern Feststoffe aus Flachsabwässern den Betrieb von Wassermühlen [111].

Kreuzritter bringen im 12. Jh. rohe und gesponnene Baumwolle nach Mitteleuropa. Schon Hans Fugger bezieht Rohbaumwollballen aus Venedig. Die Verarbeitung der Baumwolle mit den bis zum späten 15. Jh. üblichen Handspindeln und einfachen Handspinnrädern ist schwierig, zeitaufwendig und deswegen besonders teuer – Baumwollstoffe bleiben weitgehend dem Adel vorbehalten. Vom Anbau bis zum Spinnen bleibt die Umweltbelastung durch Baumwolle damals gering.

Zu den Arbeitsvorgängen bei der Herstellung von Tuchen aus den vorgestellten Textilfasern gehören das Bleichen durch Auskochen und wiederholtes Trocknen und Befeuchten, das Beizen mit Essig oder Urin und das Färben der Naturfasern in Holztrögen – blau mit Indigo aus Färberwaid, braun, beige und ocker mit Nussblättern, Nussschalen und Baumrinden, gelb mit Eichenblättern und Brennnesseln, grün mit Färberginster, rot mit Fäberkrapp, häufig unter Zusatz von Alaun.

Die Färberei ist mit mannigfaltigen Umweltproblemen verbunden, darunter Geruchsbelästigungen. Fette, Beize, Gerb- und Farbstoffe gelangen in Fließgewässer, die größtenteils schon mit den Fäkalien von Menschen und Haustieren belastet sind. Viel Brennholz wird für das Erhitzen von Wasch- und Färbewasser benötigt. Gewerbetreibende wie Färber, Müller, Brauer, Gerber und Fleischhauer konkurrieren um die Wasserressourcen.

Engagement und Geschick bringen oberdeutschen Kaufmannsfamilien wie den Fuggern vom 14. bis in das 16. Jh. großen Reichtum und Einfluss, durch eine bis dahin unvorstellbare Blüte der Textilindustrie in Augsburg und anderen süddeutschen Orten. Die Last tragen viele arm bleibende und unter den harten Arbeitsbedingungen leidende Arbeiterinnen und Arbeiter – und die zunehmend mit Nähr- und Schadstoffen belasteten Gewässer und Böden [112].

## 9. April 1368 – Der Tannensäer Peter Stromer verändert den Nürnberger Reichswald

Die massive Entnahme von Holz und Streu sowie die intensive Waldweide haben die Wälder in prosperierenden, dicht besiedelten Regionen devastiert und Holz verknappt. So auch im Reichswald der Freien Reichsstadt Nürnberg. Gewerbe, das viel Holz verbraucht, wird aus der Nürnberger Bannmeile verwiesen [113].

Wie lässt sich der Holzmangel beheben? Schnellwüchsige Nadelbaumarten wie Wald-Kiefern *(Pinus sylvestris)*, Fichten *(Picea abies)* oder Weiß-Tannen *(Abies alba)* bringen einen deutlich höheren Holzzuwachs als Stiel-Eichen *(Quercus robur)*, Trauben-Eichen *(Quercus petraea)*, Sommer-Linden *(Tilia platyphyllos)*, Winter-Linden *(Tilia cordata)* oder Ahornarten. Die Verfügbarkeit von Nährstoffen und Wasser im Boden, das lokale Klima, die Lichtverhältnisse sowie die Konkurrenzstärke von Arten bestimmen meist bis in das 19. Jh., wo welche heimische Baumart aufwächst. Und dies sind abgesehen von den mittleren und höheren Lagen der Mittelgebirge und damit auch im Nürnberger Reichswald vorwiegend Laubholzarten [114].

Das Nürnberger Handels- und Gewerbeunternehmen Stromer betreibt im 14. Jh. Eisenhämmer, Berg- und Hüttenwerke. Für diese und weitere Aktivitäten bezieht die Firma große Mengen an Grubenholz und Holzkohle, auch aus dem intensiv genutzten Nürnberger Reichswald. Der hohe Verbrauch treibt die Holzpreise in die Höhe. Der Patrizier Peter Stromer, ein Haupterr des Handelshauses Stromer, sucht nach Lösungen, erforscht und entdeckt forstökologische Zusammenhänge und unternimmt gezielte Forstkulturversuche südlich der Pegnitz im Nürnberger Reichswald – ein damals vollkommen neuartiges Vorgehen, sind doch positive Resultate erst nach Jahrzehnten sichtbar und Holzeinschläge erst durch kommende Generationen möglich [115].

Peter Stromer lässt in den Baumkronen Kiefern- und Tannenzapfen vor der vollen Reife ernten und bei einer bestimmten Temperatur zwei Jahre lang nachreifen, um die Samen mit eigens für diesen Zweck konstruierten Waldpflügen in den Boden einzubringen. Am Ostertag des Jahres 1368 gelingt ihm erstmals die Saat von Tannen- und Kiefernsamen. Stromer zielt ganz offenbar auf einen „nachhaltigen" Waldbau – es soll nicht mehr Holz eingeschlagen werden, als nachwächst. In Nürnberg gründet sich die Zunft der Tannensäer, die devastierte Wälder aufforsten lässt [116].

Eine Beweidung der Forsten aus dichten Nadelholzmonokulturen, die primär der Bauholzerzeugung dienen, ist nicht möglich – Gräser, Kräuter und Fruchtbäume wie Eichen fehlen.

Die Stromerschen Nadelholzsaaten beenden schließlich den Holzmangel in Nürnberg und begründen den Siegeszug der Kiefer im Nürnberger Reichswald, der im frühen 19. Jh. zu Lasten der noch vorhandenen Laubbäume entscheidend verstärkt wird. Heute bedecken Kiefern ungefähr 80 % des Reichswaldes. In den gepflanzten Nadelwaldbeständen versauern die Böden. Eine weitere Folge des Umbaus der übernutzten, spätmittelalterlichen Laubmischwälder in Kiefernmonokulturen ist die Begünstigung der Massenausbreitung von Schädlingen. So zerstören in den Jahren 1893 bis 1896 Kiefernspanner ausgedehnte Kiefernbestände im Reichswald. 4300 ha Schadensfläche werden danach mit Kiefern und Fichten wieder aufgeforstet. Mittlerweile hat der Umbau in weniger anfällige naturnahe Mischwälder begonnen. Die Bodenversauerung ist indessen irreversibel [117].

**Abb. 2.22**  Frühneuzeitliche Salzspeicher an der Obertrave in Lübeck

in Lübeck geschaffen: die Stecknitzfahrt. Sie nutzt kleine Flüsse wie die Delvenau und die Stecknitz. Zwischen beiden Flüssen wird der kaum 85 cm tiefe Stecknitzkanal über die Wasserscheide hinweg aufgegraben. Auf der Stecknitz-Fahrt wird damals wertvolles Salz von Lüneburg nach Lübeck (Abb. 2.22) und, nach dem Umladen auf größere Schiffe, weiter zu anderen Ostseehäfen verschifft. Über ein geschicktes Management der Wasserführung zwischen den 13 Schleusen gelingt es, Verbände von bis zu 30 flachen Kähnen, den Prähmen, an langen Leinen durch den Stecknitzkanal mit Menschen- oder Tierkraft zu treideln. Ein einziger Stecknitzprahm vermag bei einem Tiefgang von bloß 30 bis 40 cm mehrere Tonnen Salz aufzunehmen [118].

Die Veränderungen des Wasser- und Stoffhaushaltes, des Reliefs und der Böden bleiben im Vergleich zu späteren Kanalbauten sehr gering. Auch ist der Austausch von Wasserorganismen, die in Delvenau und Stecknitz leben, begrenzt.

### 22. Juli 1398 – Über die Stecknitz-Fahrt wird erstmals Salz von Lüneburg nach Lübeck transportiert

Schon im frühen Mittelalter gibt es Bemühungen, eine Verbindung zwischen Nord- und Ostsee durch Schleswig-Holstein zu schaffen. Die Wikinger nutzen vom 8. bis zum 11. Jh. die etwa 15 km kurze Landverbindung zwischen Hollingstedt an der Treene und dem westlichen Ende des Ostseearmes der Schlei am bedeutenden Handelsort Haithabu, um Waren von Meer zu Meer zu transportieren. Treene abwärts fahren die Schiffe über die Eider in die Nordsee. Nach der Wikingerzeit gibt es verschiedenartige Planungen zur Schaffung von Kanälen für den Transport von Gütern zwischen Ost- und Nordsee.

In den 1390er-Jahren wird eine 97 Km lange Wasserverbindung zwischen der Elbe bei Lauenburg und der Trave

### 1416–1463–1470–1599–1699–1879 – Die Entwicklung der Augsburger Wasserkunst

Schon die Römer leiten Brauchwasser durch einen mehr als 30 km langen Kanal in die Stadt Augusta Vindelicum, deren Nachfolgerin Augsburg heißt.

Seit dem Mittelalter fließt Wasser aus dem Lech und einigen Nebenflüssen durch ein gefasstes und in großen Teilen erhaltenes, ausgeklügeltes Kanalnetz in die Augsburger Unterstadt (Abb. 2.23). Dort versorgt es die Bevölkerung, Handwerks- und später auch Industriebetriebe mit *Brauch*wasser und Energie. Das schnell durch die Kanäle strömende Wasser bewegt 1846 rund 230 Wasserräder. Diese treiben 130 Anlagen an, darunter 30 Brunnenwerke, 12 Mahlmühlen, 6 Werke für die Kattunfabrikation, 5 Polierapparate, je 4 Papier-, Schleif- und Walkmühlen, je 4 Appretier- und Stoßwerke, 4 Bleichschöpfen,

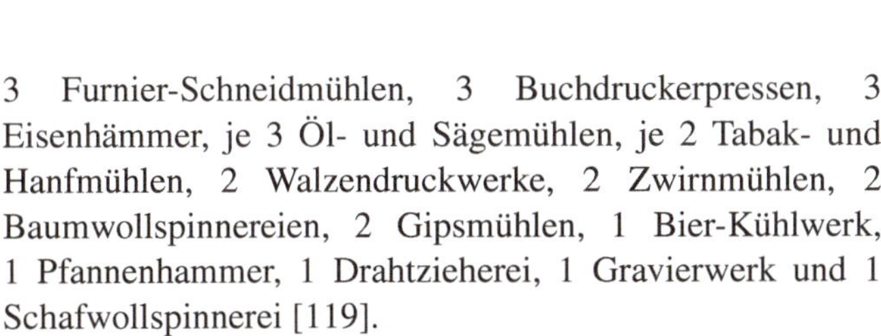

**Abb. 2.23**  Zusammenfluss von Hinterem und Mittlerem Lech in Augsburg

**Abb. 2.24**  Brunnenbach im Augsburger Siebentischwald

3   Furnier-Schneidmühlen,   3   Buchdruckerpressen,   3 Eisenhämmer, je 3 Öl- und Sägemühlen, je 2 Tabak- und Hanfmühlen,  2  Walzendruckwerke,  2  Zwirnmühlen,  2 Baumwollspinnereien, 2 Gipsmühlen, 1 Bier-Kühlwerk, 1 Pfannenhammer, 1 Drahtzieherei, 1 Gravierwerk und 1 Schafwollspinnerei [119].

Die 29 Lechkanäle erstrecken sich heute über 77,7 km. Sie laufen durch die östliche Unterstadt. Über 500 Kanal-brücken und -stege verbinden Straßen und direkt an den Kanalufern gelegene Häuser [120].

Innovative Augsburger Brunnenmeister konzipieren und realisieren bereits ab dem frühen 15. Jh. eine funktional und ästhetisch ganz außergewöhnliche *Trink*wasserversorgung. Sie lassen das vorzügliche Quellwasser des Brunnenbaches aus dem Augsburger Siebentischwald (Abb. 2.24) durch ein Aquädukt, das den breiten Stadtgraben am Roten Tor mit seinem verunreinigten Wasser überwindet, in den benach-barten, wohl von 1412 bis 1416 errichteten hölzernen Wasserturm strömen. In ihm wird es gehoben und durch

ein System von Holzröhren weiter in die Oberstadt geleitet, die auf der Augsburger Hochterrasse bis zu 14 m über dem Brunnenbach liegt. In der Oberstadt speist das kostbare Trinkwasser eine wachsende Zahl von Patrizierhäusern – eine herausragende technische Meisterleistung.

1463 zerstört ein Feuer den Holzturm. Ein steinernes Bauwerk ersetzt ihn: der Große Wasserturm mit der *„Machina Augustana"*, wie sie der Mailänder Gelehrte Hieronymus Cardanus 1554 anerkennend nennt und weit-hin bekannt macht (Abb. 2.25). Im ältesten erhaltenen Wasserturm Deutschlands bewegt Wasser des aus dem Lech abgeleiteten Lochbaches das Brunnenbachwasser durch wasserradgetriebene Kolbenpumpen um etwa 18 m nach oben. Ab 1848 übernimmt das die Wassermaschine des Salinenrats Georg von Reichenbach. Der Kleine Wasserturm kommt 1470, der Kastenturm 1599 hinzu. Letzterer versorgt nur die drei prächtigen Renaissancebrunnen mit bronzenen Statuen in der Maximilianstraße – prestigeträchtige, nicht weiter nutzbare Schaubrunnen, die den Reichtum der Stadt symbolisieren und visualisieren. 1699 erhält der Große

**Abb. 2.25** Wassertürme am Roten Tor in Augsburg

Wasserturm weitere Geschosse, womit er die enorme Höhe von zirka 30 m und eine Förderhöhe von 29 m erreicht.

Das Wasser, das die Patrizierhäuser erreicht, besitzt eine ausgezeichnete Qualität und schützt erfolgreich die in ihnen lebenden Menschen vor Seuchen wie Cholera oder Typhus. Dagegen ist das Wasser der Lauf- und Hofbrunnen aufgrund unsachgemäßer Nutzung mit Keimen belastet; Choleraepidemien suchen Augsburg 1832 und 1854 heim. Weit mehr als tausend Menschen sterben. Hofbrunnen werden verboten und die Wassertürme 1879 stillgelegt, als ein modernes Wasserwerk am Hochablass im Siebentischwald in Betrieb geht. Es versorgt Augsburg bis 1973 mit Trinkwasser. Epidemien bleiben aus. Seit 1912 beliefern 28 Grundwasserbrunnen im Siebentischwald über ein neues Wasserwerk am Lochbach die Bevölkerung Augsburgs. Weitere kommen nach dem Zweiten Weltkrieg hinzu [121].

Am 6. Juli 2019 erkennt die UNESCO das einzigartige Innovationszentrum des Wasserbaus und der Wasserkraft mitsamt der Brunnenkunst als 46. deutsche Weltkulturerbestätte an [122].

## 1430er-Jahre – Zahllose Menschen hungern im kalten Jahrzehnt

Kälteperioden häufen sich in den 1430er-Jahren. Ungewöhnliche Kälte und viel Schnee prägen den Winter 1431/32. Ein Teil des Bodensees und zahlreiche Flüsse frieren zu. Eisgang beschädigt Brücken und Schiffe. Vereinzelt erfrieren sogar Bäume und im Winter 1435 Reben und Wintergetreide. Pferde ziehen schwerbeladene Wagen in Köln über den Rhein. Markt wird auf dem Eis abgehalten. Vergleichbares vollzieht sich im kalten Winter 1437. Es ist eine der extremen Witterungsphasen der „Kleinen Eiszeit"[19] [123].

Eine große Zahl von Familien, die auf die von ihnen angebauten Nahrungsmittel angewiesen sind, hungern aufgrund schlechter Ernten. Schnee und Eis verhindern zeitweise Warentransporte auf Straßen und Flüssen. Die Preise für Lebensmittel steigen und die Sterblichkeit wächst [124].

Viele machen Minderheiten für ihr Elend verantwortlich. Neu eingewanderten Roma wirft man vor, die Katastrophe verursacht zu haben. Juden werden wegen angeblichen Wuchers vertrieben [125].

## 1451 – Der Ellenberger Heringszaun in der Schlei bei Kappeln

Von der nordamerikanischen Atlantikküste bis zur Ostsee lebt der Atlantische Hering *(Clupea harengus)* in gigantischen Schwärmen. Er ist im Mittelalter eine der häufigsten Fischarten. Heringe ernähren sich von Plankton, Fischlarven, Fischen und kleinen Schnecken, paaren sich in Küstengewässern, bieten Nahrung u. a. für Dorsche, Thunfische, Robben, Wale – und für Menschen, die an den Küsten von Ost- und Nordsee leben. Heringe bilden einen wichtigen Teil der marinen Nahrungsnetze.

Der Fischbedarf wächst im Laufe des Mittelalters mit dem Bevölkerungswachstum und der Christianisierung gewaltig an; Christen müssen bis über 100 Fastentage pro Jahr einhalten, an denen der Verzehr von Fleisch, nicht jedoch der von Fisch verboten ist. Die in vielen Regionen unzureichende Versorgung mit Binnenfisch erhöht den Bedarf an Meeresfisch weiter.

---

[19]Die Bezeichnung ist irreführend, da sie nicht mit den Kaltphasen des Eiszeitalters zu vergleichen ist. Ein gewisser Eisbezug besteht, da Alpengletscher aufgrund niedriger Temperaturen und zeitweise hoher Niederschläge in den kältesten Abschnitten der „Kleinen Eiszeit" vorstoßen. Einige Experten sehen den Beginn dieser kühlen Phase bereits im frühen 14. Jh. Unstrittig ist ihr Ende im 19. Jh.

Da nicht gekühlte Fische rasch verderben, ist ihre Haltbarmachung durch Einpökeln mit Salz oder ihre Lagerung in Fässern, die mit Salzlake gefüllt sind, die entscheidende Voraussetzung für Transporte über Tage oder gar Wochen bis nach Oberdeutschland und Italien. Bewohnerinnen und Bewohner der Nordseeküste gewinnen es aus Salztorfen. Die fettreichen Heringe eignen sich besonders gut zum Einpökeln. Salz und gepökelte Heringe werden zu einem zentralen Handelsgut der Hanse und befördern deren Aufstieg zur Regionalmacht. Neben Tuchen aus Flandern bilden Heringe in Lübeck zeitweise das bedeutendste Handelsgut. Hier kommt das Salz aus Lüneburg über den Stecknitzkanal an, hier werden Salzheringe angelandet, umgepackt und gehandelt. Salzheringe sind ein Massengut.

Ein Goldner Heringszug

*„Am 22. März (1831) Abends wurde bei Groß=Zicker auf Mönchgut [einer Halbinsel im Südosten von Rügen] ein so reichlicher Heringsfang gemacht, daß die ältesten Menschen sich eines ähnlichen nicht erinnern noch je davon gehört haben. – Die Flügel des Heringsgarns waren nur eben an Land, als der ganze große Raum innerhalb derselben, von der Oberfläche des Wassers bis auf den Grund, vollgestopft von Heringen erschien; man schöpfte mit großen Schümern [Kasten] oder Kessern [Kescher] 4 Tage lang und alle Hände waren beschäftigt, den Hering Wallweise (à 84) aufzuzählen. So erhielt man Eilfthalb [zehneinhalb] Tausend Wall; aber eine ungeheure Menge liegt als ein dicker Saum weithin noch am Strande aufgespült und ist ein willkommener Fraß den Füchsen und zahllosen Raubvögeln für lange Zeit.“* Man zählte rund 880.000 Heringe [126].

Ein unglaubliches Naturschauspiel vollzieht sich im Mittelalter alljährlich über mehrere Wochen, witterungsabhängig im Februar, März, April oder Mai: Riesige, oftmals kilometerlange und kilometerbreite, im Sonnenlicht gleißende Heringsschwärme ziehen durch den Öresund in die Ostseebuchten und -arme zum Laichen. Fischer werfen vor Schonen und Vorpommern Heringe aus dichten Schwärmen mit Schaufeln in ihre Boote. Oder sie fangen sie mit Netzen, an den Küsten mit Angeln und in Meeresarmen wie der Schlei auch in ausgeklügelten Fischzaunanlagen.

Spätestens ab dem 13. Jh. werden im Ostseearm der Schlei dutzende Heringszäune errichtet. Sie bestehen aus tief in den Schlamm des Schleibodens eingeschlagenen doppelten Holzpfahlreihen, zwischen denen lange Äste und dünne Stämmchen fischdicht verflochten sind. Die Reihen dienen als Leitarme. Einzelne der kurvigen Arme haben Längen von mehr als einhundert Metern. Sie verengen sich schleiaufwärts trichterförmig und enden in einer Netzreuse. Auf dem Weg zu den Laichgründen schwimmen die Heringe schleiaufwärts in die Falle.

Adelige Gutsherren, die Fischzäune anlegen ließen, kämpfen lange gegen die Fischereivorrechte der Stadt Schleswig und ihrer Fischer, die mit Netzen arbeiten. Sie versuchen, die Fischer zu vertreiben, zerstören deren Netze. Während einer Inspektion der Schlei befiehlt König Christian III. von Dänemark und Norwegen spontan den Abriss der Heringszäune; sie würden Schifffahrt und Fischerei behindern. Der Gutsherr von Buckhagen Wulff Pogwisch lädt den König kurzfristig zu einem üppigen Mahl und verhindert so offensichtlich den Abriss der Zäune. Erst 1641 kommt es zu einer Schlichtung zwischen den Kontrahenten [127].

Ein Besuch des im 13. Jh. errichteten, im Jahr 1451 bezeugten und heute letzten funktionierenden Heringszauns Deutschlands in der Schlei zwischen Ellenberg und Kappeln lohnt. Von der Kappelner Schleibrücke aus kann man die in den 1970er-Jahren restaurierte Anlage gut beobachten (Abb. 2.26). Alljährlich wird der Schwarmfisch während der seit 1979 stattfindenden Kappelner Heringstage über Himmelfahrt gefeiert und in unterschiedlichster Zubereitung verzehrt – gebraten, als Rollmops, marinierter Bismarckhering, geräucherter Bückling oder in Salzlake gereifter Matjes [128].

**Abb. 2.26** Ellenberger Heringszaun bei Kappeln in der Schlei, einem schmalen Meeresarm der Ostsee. Heringe schwimmen schleiaufwärts gegen die Strömung durch die sich verengenden Leitarme aus Holz und Flechtwerk bis in die Netzreuse. Der im 13. Jh. angelegte Heringszaun wird beständig erneuert. 1977 übernimmt die Stadt Kappeln die Trägerschaft von Herzog Peter zu Schleswig–Holstein und veranlasst eine Grunderneuerung. Rund 2000 bis zu 4,5 m lange Pfähle aus Eschenholz werden in den Boden der Schlei gerammt, Äste und kleine Stämme zwischen die Pfähle geflochten, um ein Entweichen der Fische zu verhindern. Es ist der einzige heute noch existierende, nutzbare Heringszaun [130]. (Foto: Béla Bork)

Der massenhafte Fang dezimiert die Heringsbestände im 16. Jh. In den kältesten Phasen der „Kleinen Eiszeit" friert die Ostsee mehrfach bis weit in das Frühjahr hinein zu. Die Heringsschwärme bleiben daher zum Laichen in der Nordsee; in Ostsee und Schlei bricht der Heringsfang zusammen.

Der Einsatz moderner Fangmethoden führt in der 2. Hälfte des 20. Jh. zu einem einschneidenden Rückgang der Heringsbestände im Nordatlantik. Heute ist der Heringsfang in der Ostsee reglementiert. Die zuständigen Minister der Europäischen Union prüfen die Fangquoten für Heringe und andere Fischarten in der Ostsee regelmäßig und legen diese jahresweise fest. Die resultierenden Quoten bleiben umstritten. Naturschutz- und Umweltverbände wie WWF und Greenpeace verlangen zur langfristigen Bestandssicherung geringere, die in ihrer Existenz bedrohten Ostseefischer höhere Quoten. Der Internationale Rat für Meeresforschung (ICES) fordert gar einen Fangstopp für Heringe in der westlichen Ostsee für das Jahr 2019; der Grund seien zu geringe Reproduktionsraten [129].

## Um 1470 – Der letzte zwischen Alpen und Nordsee lebende Auerochse wird im Neuburger Wald geschossen

Auerochsen *(Bos primigenius),* auch Ure oder Ur-Rinder genannt, gehören zum Ende der letzten Kaltzeit mit einer Schulterhöhe von nahezu 2 m und einem Gewicht von bis zu einer Tonne zu den größten Landsäugetierarten in Europa. Sie leben bevorzugt in lichtdurchfluteten Wäldern, fressen Gräser, Kräuter und Eicheln, besitzen einen athletischen Körperbau, eine starke Schulter- und Nackenmuskulatur, lange Hörner und lange Beine. Im Laufe des Holozäns – der vor rund 11.700 Jahren abrupt beginnenden Warmzeit – werden Ure auch aufgrund der Fragmentierung und Zerstörung ihrer Lebensräume durch Menschen deutlich kleiner und leichter.

Gaius Iulius Caesar berichtet Mitte des 1. Jh. v. Chr. in den Commentarii de bello Gallico, dass Germanen Auerochsen in Gruben fangen.

Die Bejagung dezimiert die Ur-Bestände bis in das hohe Mittelalter derart, dass sie in den dicht besiedelten Räumen West-, Süd- und dann auch Mitteleuropas aussterben. Um das Jahr 1470 wird südlich der Donau im niederbayerischen Neuburger Wald ein Auerochse geschossen. Es war wohl der letzte, der zwischen Alpen und Nordsee, Rhein und Oder lebte.

Kleine Herden werden danach noch in Polen, Ostpreußen und im Baltikum gesichtet. Geschützt von den polnischen Königen leben die letzten Ure in den Wäldern der Jaktorówka westlich Bydgoszcz in Polen – 1599 existieren noch 24 Tiere, 1602 nur noch zwei. 1627 stirbt offenbar die letzte Kuh. Nach rund zwei Millionen Jahren ist die Art ausgelöscht. Ungefähr 20 km nördlich von Erfurt wird 1821 in einem Moor bei Haßleben das Skelett eines Auerochsen geborgen, dessen Restaurierung der Dichter und Naturwissenschaftler Johann Wolfgang von Goethe leitet und das heute im Phyletischen Museum in Jena zu sehen ist [131].

Siegfried erlegt in den Vogesen vier Ure (Auerochsen) – die berühmte Jagdszene aus dem Nibelungenlied:

*„Darnach sluoc er schiere einen wisent vn- einen elch starker ovre viere vnd einen grimmen schelch"*

(Danach schlug er schiere einen Wisent und ein Elch, starker Ure vier und einen grimmen Schelch) [132].

Die Brüder Lutz und Hein Heck – sie leiten die Tiergärten in München und Berlin – unternehmen in den 1920er-Jahren Versuche der damals sog. „Rückzüchtung" von Auerochsen durch Kreuzung. Die „Heckrinder" haben selbst äußerlich wenig mit Auerochsen gemein (Abb. 2.27). 2009 beginnt das Tauros-Zuchtprogramm der Universität Wageningen und der Naturschutzorganisation Rewilding Europe. Inzwischen ist das Genom eines Auerochsen, der vor zirka 6750 Jahren in England lebte, identifiziert, so dass genetische Vergleiche mit lebenden Rinderrassen möglich sind. Taurosrinder sollen einmal genetisch und äußerlich den Auerochsen am stärksten von allen heutigen Rinderrassen ähneln [133].

**Abb. 2.27** „Heckrinder" im Tiergehege Kiel-Hasseldieksdamm

## 1488 – Die „Ordnung des gemeynen Holtzgewerbs im Murgentall" tritt in Kraft

Die Murg entspringt unweit Baiersbronn im nördlichen Schwarzwald und mündet nach einer Fließstrecke von gut 72 km nordwestlich von Rastatt in den Rhein. Die ausgedehnten tannen- und buchenreichen Wälder beiderseits der Murg sind im hohen Mittelalter Reichs- und Königsgüter, in denen herrschaftliche Jagd stattfindet. Später gehen sie in den Besitz der Pfalzgrafen über.

Die Beweidung, später auch die Köhlerei und die Gewinnung von Harz und Pottasche nehmen in den Murgwäldern zu. Aufgrund des hohen Gefälles der Hänge und der geringen Fruchtbarkeit der Böden eignet sich das bewaldete Gebiet an der oberen Murg kaum für eine ackerbauliche Nutzung.

Im 12. und 13. Jh. steigt die Nachfrage nach Holz durch das Bevölkerungswachstum und die Siedlungsverdichtung im Oberrheinischen Tiefland und in den Vorbergen des Schwarzwaldes wesentlich. Bis in das 15. Jh. entstehen im oberen Murgtal neue Siedlungen. Die Markgrafen von Baden und die Grafen von Eberstein belehnen dort lebende Familien mit Nutzungsrechten, die den Holzeinschlag, die Sägerei und den Holztransport auf der Murg und ihren Nebenbächen – die Flößerei – umfassen. Einige Familien erwerben ab der zweiten Hälfte des 14. Jh. Wald. Begehrt sind Tannen als Bauholz; Buchen nutzt man vorwiegend als Brennholz.

Im Jahr 1488 regeln Familien, die Wälder an der Murg als Lehen nutzen oder besitzen, die Sägemühlen oder Holzhandlungen betreiben, in der *„Ordnung des gemeynen Holtzgewerbs im Murgentall"* detailliert ihren Geschäftsbetrieb, insbesondere den Einkauf und Handel von Holz, die Sägerei und die Flößerei. Später gibt sich die Interessengemeinschaft den Namen „Murgschifferschaft"[20]. Ihr Ziel ist die Ordnung des Wald- und Holzgewerbes bis hin zu den Löhnen der Waldarbeiter und die Regelung des Holzhandels vom Produzenten bis zum Konsumenten, um Überangebote zu vermeiden und angemessene Preise für hochwertiges, gesägtes Holz zu erzielen [134].

Die Bewirtschaftung der Wälder und die Nutzung der Fließgewässer durch die Murgschifferschaft bewirkt erhebliche Umweltveränderungen: Männer bauen Schleif- und Schlittwege, Rutschen und Riesen, damit das Holz von den Einschlagorten zu den Floßbächen gelangen kann. Riesen bestehen aus U-förmig auf einem Hang in Gefällsrichtung nebeneinander gelegten Baumstämmen, auf denen Stammabschnitte hangabwärts gleiten. Sie verbrauchen viel Holz und werden genutzt, bis der Hang nach zwei oder drei Jahren kahlgeschlagen ist. Auf dem nächsten Hang muss eine neue Riese angelegt werden. Arbeiter begradigen die schmalen Oberläufe der Bäche und kleiden sie wo nötig mit Holz aus. In diesen Kähner genannten Wasserrinnen rutschen etwa 4,5 m lange Stammabschnitte weiter talabwärts.

Da die Wassermengen in den Bächen oft nicht ausreichen, um die Stämme hindurchgleiten zu lassen, errichten Männer Staue, sog. Wasserstuben, und Floßweiher. Auch die Murg wird flößbar gemacht und regelmäßig von Totholz geräumt.

Die Flößerei verändert Bach- und Flussläufe, Kleinrelief, Wasserhaushalt, Böden und Vegetation [135].

Der Straßenbau bringt die Flößerei auf der Murg und anderen Flüssen Ende des 19. Jh. zum Erliegen (Abb. 2.28); der Transport von Holz auf Straßen ist günstiger geworden als derjenige auf Wasserwegen [136].

## 2.2 Europäer erobern die Welt: Land- und Meernutzung und ihre Folgen in der Frühen Neuzeit

### 1. Januar 1525 – Die Fugger pachten die Zinnober- und Quecksilbergruben im spanischen Almadén

Die Namdeb Diamond Corporation Ltd. sucht in den 2000er-Jahren an der Skelettküste nördlich Oranjemund in Namibia nach Diamanten. Dazu errichtet die Firma unmittelbar vor der Küste ein Sperrgebiet, in dem sie einen Damm aufschütten und den Küstensaum trockenfallen lässt. Robert Burrell, Leiter der Geologieabteilung der Diamantenfirma, entdeckt am 1. April 2008 in dem trocken gefallenen Areal kupferne Halbgossenkugeln mit dem Signet des Augsburger Handelshauses der Fugger – in Halbkugeln gegossenes Kupfer ist im frühen 16. Jh. ein gebräuchliches Zahlungsmittel im Gewürz- und Sklavenhandel. Das Kupfer stammt aus dem 1533 hier untergegangenen portugiesischen Handelsschiff „Bom Jesus". Eine archäologische Ausgrabung fördert aus dem Schiff mehr als 7000 Artefakte zu Tage, darunter Kanonen und Musketen, über 2000 Gold- und Silbermünzen und rund 20 t Kupfer – eine Sensation [137].

Oberdeutsche Handelshäuser wie die Augsburger Fugger, Welser und Höchstetter engagieren sich in der ersten Hälfte des 16. Jh. im Afrika- und Indienhandel und zunehmend auch im kolonialen Lateinamerikahandel. Von großer Wichtigkeit sind die Geschäfte mit Metallen und Metallprodukten wie Waffen und Munition. Sie beeinflussen den Bleibergbau in der Eifel, die Produktion von Eisenwaren im Bergischen Land, die Messingverarbeitung in Aachen oder die Herstellung von nautischen Geräten in Nürnberg. Die Waren werden nach Lissabon, später auch nach Sevilla gehandelt. Aus Indien kommen Gewürze,

---

[20]Eine Schifferschaft ist eine Genossenschaft, die Wald ungeteilt besitzt und gemeinschaftlich Holz handelt.

**Abb. 2.28:**　Holzflößerei bei Wolfratshausen (historische Postkarte)

Seide und Baumwolle nach Mitteleuropa. Materialien für den Schiffsbau gehen von Danzig an Werften in Antwerpen, Lissabon, Sevilla. Der Handel ist in der beginnenden Neuzeit global geworden; einige der nun weltweit erfolgreich agierenden Unternehmen haben ihren Hauptsitz in Augsburg [138].

Die oberdeutschen Kaufleute beteiligen sich nicht nur am Handel. Sie engagieren sich auch länderübergreifend bei der Gewinnung und Verarbeitung wichtiger Rohstoffe. Beachtlich ist ihre Rolle im Quecksilberbergbau. In der Nähe der gut 200 km südwestlich von Madrid in der spanischen Provinz Ciudad Real gelegenen Stadt Almadén befindet sich die größte und über Jahrhunderte bedeutendste Zinnober- und Quecksilberlagerstätte der Erde. Das Mineral Zinnober besteht aus Quecksilbersulfid, ist also eine Verbindung von Quecksilber und Schwefel. Es bildet sich durch vulkanische Aktivität aus hydrothermalen Lösungen, unter Druck und erhöhten Temperaturen. Zinnober und auch gediegenes, reines Quecksilber stehen bei Almadén als Einsprengsel und Trümmer in Schiefern, Sandsteinen und Quarziten aus dem Silur und dem Devon an. Die Quecksilbergehalte der Erze liegen im Mittel um 8 %, maximal bei 25 % [139].

Quecksilber löst Silber, es bildet sich Quecksilberamalgam, eine Legierung aus Quecksilber und Silber. Vor allem für die Amalgamierung werden in der frühen Neuzeit im Silberbergbau große Mengen an Quecksilber benötigt. Verwendung findet es auch in Arzneimitteln und Kosmetika, später als Desinfektions-, Beiz- und Zahnfüllmittel, in Leuchtstoffröhren und in Messinstrumenten. Das erste funktionsfähige Quecksilberthermometer baut der Physiker Daniel Gabriel Fahrenheit im Jahr 1720.

Karl V., Kaiser des Heiligen Römischen Reiches, hatte sich 200.000 Gulden von Jakob Fugger geliehen. Zur Begleichung der Schulden verpachtet Karl V. am 28. Januar 1524 für drei Jahre einige spanische Rittergüter mitsamt den Zinnober- und Quecksilberminen von Almadén an die Fugger. Das Bergwerk liefert das begehrte Quecksilber für den Silberbergbau in Lateinamerika [140].

Das Bergwerk von Almadén erfährt einen besonderen Aufschwung, die Fugger erhöhen durch technische Verbesserungen und den Einsatz deutscher Bergleute rasch die Produktivität. In den Jahren 1528 und 1529 erwerben Bartholomäus Welser und sein Unternehmen das Quecksilber aus Almadén, von 1530 bis 1532 erneut die Fugger. Die mächtigen Augsburger Unternehmen fördern über den

Verkauf des Quecksilbers entscheidend die Silbergewinnung in Lateinamerika und damit den globalen Handel – und schwerwiegende Umweltveränderungen [141].

Der Abbau von Quecksilber ist gefährlich. Einige der toxischen Wirkungen von Quecksilberdämpfen auf den menschlichen Organismus kennt man schon im 16. Jh. Die Eigentümer der oberdeutschen Handels-, Finanz- und Bergbaufirmen verantworten erhebliche Gesundheitsschäden bei den Minenarbeitern und Umweltbelastungen außerhalb Mitteleuropas – direkt bei Almadén in Spanien als auch indirekt, über die Verwendung von Quecksilber, in lateinamerikanischen Silberbergwerken [142].

Es wird geschätzt, dass von der Antike bis zur Schließung der Minen im Jahr 2003 über 250.000 t Quecksilber bei Almadén abgebaut wurden. Nach der Schließung wird die Anlage in einen Park umgewandelt und 2012 von der UNESCO in die Liste der Weltkulturerbestätten aufgenommen. Die Böden und die Pflanzen um das ehemalige Bergwerk Almadén gehören zu den am stärksten kontaminierten auf der Erde [143].

## 1532 – Landgraf Philipp I. von Hessen reguliert die Ziegenhaltung im Reinhardswald

Im frühen 16. Jh. bevölkern neben tausenden Schweinen, Rindern und Pferden auch Ziegen den über 200 km² großen Reinhardswald – einen sanft welligen, bis 472 m über Normalhöhennull (NHN) aufragenden Abschnitt des Weserberglandes zwischen Kassel und Bad Karlshafen an der Weser. Die Landgrafen von Hessen hatten ihn im 14. Jh. erworben.

Die kletterfreudigen Ziegen fressen Blätter und frische Triebe auch älterer Bäume und schädigen damit den Wald noch stärker als anderes Vieh. Auch um die Schäden durch Ziegenfraß zu begrenzen, erlässt Landgraf Philipp I. von Hessen, genannt der Großmütige, im Jahr 1532 eine Forst- und Jagdordnung für den Reinhardswald. Diese verbietet die Haltung von Ziegen – ausgenommen werden diejenigen, die sich kein anderes Vieh leisten können. Gegen ein Entgelt erlaubt der Landesherr die Haltung von Schweinen in seinem Wald. Eine Ordnung aus dem Jahr 1571 weist Gebiete für die herrschaftliche Jagd aus, in denen Waldweide – die Hute – verboten ist. Intensive Hute und ein hoher Holzertrag sind auf denselben Flächen nicht miteinander vereinbar. Dieser Nutzungskonflikt prägt bis weit in das 19. Jh. die Waldwirtschaft im Reinhardswald. Der Schutz eines Teils der landgräflichen Wälder verknappt das für Kochen und Heizen, Hausbau, Bergbau und Handwerk zwingend benötigte Holz [144].

Nach Recherchen von Richard Höfer [145] werden im Jahr 1748 im Mittel 298 Schafe, 90 Rinder, 84 Schweine, 47 Pferde, 11 Ziegen und 0,8 Esel pro 100 ha Fläche im Reinhardswalder Forstamt Gahrenberg gehalten – eine hohe Viehdichte von mehr als 5 Stück pro ha[21]. Das im selben Jahr erlassene *„Waldhute-Reglement vom Reinhardswalde"* fasst die Viehhaltung noch präziser: Es weist zu umzäunende Waldschongebiete aus und Ortschaften bestimmte Huteflächen, Haustierarten und -zahlen zu. Sämtliche Waldordnungen verhindern jedoch nicht, dass Kriege und Brände Wälder zerstören und arme Frevler immer wieder illegal ihr Vieh in den Reinhardswald treiben oder dort Bucheckern einsammeln [146].

Der im 19. Jh. zunehmende Anbau von Futterpflanzen auf zeitweilig brachen Äckern außerhalb des Reinhardswaldes begünstigt die Haltung von Vieh in Ställen und nimmt einen Teil des Nutzungsdruckes aus dem Reinhardswald. Ende des 19. Jh. werden viele der durch die jahrhundertelange Weide devastierten Waldflächen mit Buche und mit standortfremden Baumarten wie der Fichte in Monokultur aufgeforstet [147].

Welche Umweltwirkungen hat die Waldweide? Stiel-Eichen, Trauben-Eichen und Buchen werden gefördert, die in größeren Abständen als in heutigen Monokulturen stehen, auch um ausreichend Licht auf den Waldboden für das Wachstum von Gräsern und Kräutern zu bringen. Hohe Bäume mit tief ansetzenden langen Ästen und weit ausladenden Kronen resultieren. An Standorten mit hoher Luftfeuchte gedeiht der Adlerfarn *(Pteridium aquilinum)* prächtig. Ein derartiger, lichter Hutewald mit schließlich mehreren Jahrhunderten alten Eichen und Buchen wirkt urtümlich und wird fälschlich immer wieder als „Urwald" bezeichnet, obgleich er kaum entfernter von natürlichen oder naturnahen Wäldern sein könnte. Für die Nationalsozialisten ist er gar *„echter deutscher Wald"* [148].

Der „Urwald Sababurg" im Reinhardswald wird 1907 das erste Naturschutzgebiet Hessens. Der „Urwald Sababurg" ist ein höchst eindrucksvolles und besuchenswertes Relikt der spätmittelalterlich-frühneuzeitlichen Phase intensiver Waldweide, ein im Hinblick auf den Habitus und die Artenzusammensetzung „menschengemachter" Wald [149].

Neben der Baumartenselektion und der Verhinderung der Naturverjüngung von Bäumen durch Viehfraß sind auch die Bodenveränderungen bemerkenswert. Schwere Rinder und Pferde sinken in niederschlagsreichen Witterungsperioden in die Oberböden ein, durchkneten und verdichten sie bis in eine Tiefe von etwa 25 cm. Schweine lockern dagegen mit ihren Schnauzen auf der Suche nach Eicheln und Bucheckern die oberen 5 bis 15 cm des Bodens auf. Die hohe Dichte der Unterböden in einigen Bereichen des Reinhardswaldes, die zum zeitweiligen Wasserstau in den Oberböden führt und so eine ackerbauliche Nutzung

---

[21]Etwa 0,5 Großvieheinheiten.

verhindert, ist entgegen der Behauptungen in manchen Publikationen nicht auf Viehtritt, sondern vielmehr auf Ablagerungsprozesse im Periglazialklima der letzten Kaltzeit mit regelmäßigen Gefrier-Auftau-Zyklen und frostbedingtem Bodenfließen sowie auf nacheiszeitliche Vorgänge der Bodenbildung zurückzuführen [150].

## Um 1536 bis 1866 – Die Oberharzer Wasserwirtschaft

Regalien sind Rechte des Souveräns, die dieser verleihen kann: Das Bergregal gestattet das Betreiben von Bergbau, das Wasserregal das Herbeischaffen und die Nutzung von Wasser für den Bergbau. Denn erfolgreicher Bergbau in größerer Tiefe benötigt eine vortrefflich organisierte und effektive Wasserentsorgung. Bergleute etablieren im Oberharzer Bergbau im Laufe der frühen Neuzeit eine ausgeklügelte neue Technik: Wasser wird aus Stauteichen durch Gräben in die Bergwerke geführt, in denen es Wasserräder antreibt, mit deren Hilfe Kluft- und Grundwasser aus den Stollen gepumpt wird. Das Oberharzer Wasserregal bildet die rechtliche Grundlage dieses aufwendigen Wassermanagementsystems, das hauptsächlich von etwa 1536 bis 1866 entsteht. Es umfasst schließlich mindestens 149 Stauteiche, zusammen mehr als 500 km lange Wassergräben, Schächte und unterirdische Wasserläufe. Das Oberharzer Wasserregal gilt in Niedersachsen bis in die 1960er-Jahre. Am 1. August 2010 nimmt die UNESCO das einzigartige Wasserbewirtschaftungssystem des Oberharzer Wasserregals in die Liste des Weltkulturerbes auf. Die Harzwasserwerke unterhalten heute noch 65 Teiche, etwa 70 km Wassergräben und 20 km unterirdische Wasserläufe [151].

Wie hat sich der Bergbau im Oberharz entwickelt? Nachdem am Rammelsberg bei Goslar der Buntmetallerzbergbau bereits im 10. und 11. Jh. eine Blüte und die Umwelt gravierende Eingriffe erlebt hatten, initiieren und betreiben Zisterzienser ab dem 13. Jh. besonders Silber- und Bleierzbergbau im Oberharz, der mit starken Eingriffen in die Wälder verbunden ist.

Die Witterungsextreme der ersten Hälfte des 14. Jh. und vor allem die Pestpandemie in der Mitte des 14. Jh. mindern auch im Harz die Bevölkerungsdichte, schwächen die Nachfrage nach Metallen. Bergwerke und Orte verfallen. Die Wälder erholen sich, werden naturnäher. Ende des 15. Jh. beginnt, begünstigt von technischen Innovationen, ein erneuter Aufschwung des Bergbaus im Harz, der etwa ein Jahrhundert anhält. In dieser Phase beginnt der Bau der Wasserbewirtschaftungsanlagen. Nach einer weiteren Rezession vom ausklingenden 16. bis in die zweite Hälfte des 17. Jh. floriert der Oberharzer Bergbau wieder; das Wassermanagementsystem wird im 19. Jh. vollendet [152].

Neben dem Wasser- ist der Holzbedarf im Oberharzer Bergbau essenziell. Holz wird für den Bau der Schächte und Stollen der Bergwerke, für Wasserräder, Pumpen, Wasserrohre und -rinnen, für die Befeuerung der Gebläse in den Hütten, für Brücken sowie für den Hausbau und die Öfen in den Siedlungen benötigt. Der Holzverbrauch ist im Harz so hoch, dass bald ungemein stark degradierte Wälder resultieren. Die Schwefel-, Schwermetall- und Arsenemissionen der Hütten, Holzkohlehochöfen und Röstfeuer kontaminieren allmählich die Böden in ihrer näheren Umgebung und lassen dort gelegentlich sogar Wälder sterben. Es fehlt an Holz. Um 1730 beginnt die Aufforstung mit Fichten in Monokultur, die ihrerseits Schädlingsbefall begünstigt. Die Biodiversität nimmt ab [153].

## 1539 – Hieronymus Bock beschreibt Mais im „New Kreütterbuch"

Neben Tabak und Kartoffeln ist Mais die wichtigste Kulturpflanze aus Amerika, die Europa erreicht. Christoph Kolumbus erfährt erstmals 1492 auf Kuba von der Kulturpflanze Mais *(Zea mays)*, bezeichnet sie in seinem Tagebuch als Hirse und lässt sie im Jahr darauf nach Spanien bringen. Der Botaniker Hieronymus Bock beschreibt in der ersten, 1539 erschienenen Auflage seines „New Kreütterbuch" erstmals detailliert die Maispflanze unter der Bezeichnung „Welsches Korn" und ihren Anbau [154]. Mais verbreitet sich rasch u. a. in Spanien, Italien und Frankreich. Räume mit gemäßigtem Klima und Spätfrösten bedürfen neuer Züchtungen [155].

Es dauert bis in die 1960er-Jahre, ehe der Anbau von Mais als Hochleistungspflanze in Deutschland entscheidend wächst, und mit diesem verbunden vielfältige Umweltprobleme. Mais dient heute der Ernährung von Menschen und Vieh, als Basis für Biokraftstoffe und als Silage für Biogasanlagen. Seit einigen Jahrzehnten werden Wiesen in Flussauen für den Anbau von Mais umgebrochen. Diese Intensivierungsmaßnahme setzt Kohlenstoff frei, erhöht den nutzungsbedingten Nährstoffeintrag in das oberflächennahe Grundwasser und mindert die Artenvielfalt. Herbizide und Insektizide finden sich in Oberflächen- und Grundwässern. 2017 wird in Deutschland auf 2.527.900 ha Ackerfläche Mais angebaut. Umwelt- und Naturschützer sprechen aufgrund der Ausdehnung des Maisanbaus von der „Vermaisung" einiger Landschaften.

## 1540 – Megadürre in Mitteleuropa

Der Berner Klima- und Umwelthistoriker Christian Pfister und seine Arbeitsgruppe untersuchten einen umfangreichen Schatz von 312 zeitgenössischen Wetterberichten aus Kontinentaleuropa. Diese belegen, dass das Jahr 1540 mit elf Dürremonaten erheblich trockener ist als der „Jahrhundertsommer" 2003. Beständige Hochdruckgebiete über Mitteleuropa verursachen von Februar bis November 1540 eine ganz außergewöhnliche Trockenheit und Hitze. Natürliche Rückkopplungsprozesse erhöhen die Temperaturen weiter und verstärken die Dürre: Mit dem Austrocknen der Böden durch die Frühjahrshitze nehmen die aktuelle Pflanzenverdunstung und die Verdunstung von der unbewachsenen Landoberfläche beträchtlich ab. Die Atmosphäre wird noch trockener und heizt sich weiter auf. Über Monate regnet es fast nicht. Der Magistrat von Ulm befiehlt den Pfarrern in der Stadt, über die außergewöhnliche Witterung zu predigen und Gott um Regen zu bitten [156].

Im Flächenmittel fällt 1540 wohl kaum ein Drittel des mittleren Jahresniederschlages. Bloß Mitte August regnet es stärker; Hochwasser resultieren an Main und Mittelrhein, Donau und Elbe. Diese Niederschlagsmengen reichen nicht, denn im Laufe des Jahres 1540 fallen Brunnen, Bäche und Flüsse trocken, schrumpfen Seen, sterben Fische. Der Rhein erreicht 1540 bei Köln gerade ein Zehntel des mittleren Abflusses des 20. Jh. Tiere erliegen dem Hitzschlag oder verdursten. Viele Menschen kollabieren. Verunreinigtes Wasser lässt Darmerkrankungen wie die Ruhr grassieren. Bäume leiden unter Trockenstress. Waldbrände lodern im Schwarzwald, im Spessart und in Thüringen. Häuser brennen. Menschen und Tiere müssen den beißenden Rauch einatmen. Gewalt nimmt in einem besorgniserregenden Ausmaß zu. Eine Paranoia beginnt. „Mordbrenner", mutmaßliche Brandstifter, klagt man an. Lediglich die Weinernte ist vorzüglich [157].

Die Megadürre im Jahr 1540 ist ein natürliches meteorologisches Extremereignis. Sein Verlauf wird von der intensiven Landnutzung, der im Vergleich zu den natürlichen Waldökosystemen weitaus geringeren Biomasse, den Entwässerungsmaßnahmen und damit in begrenztem Maß auch von Menschen beeinflusst.

## 1546 – Georgius Agricola berichtet von Bitumenquellen am Tegernsee und im Braunschweiger Land

Der Universalgelehrte, Arzt und Montanwissenschaftler Georgius Agricola berichtet im ersten, 1546 erschienenen Band seines elementaren zwölfteiligen Werkes *DE RE METALLICA* zum Berg- und Hüttenwesen von

- braungelbem Bitumen, das am Kloster Tegernsee aus einer Quelle fließt,
- schwarzem Bitumen unweit des zweiten Meilensteins an der Straße von Braunschweig nach Schöningen und in einem Sumpfgelände etwa drei Meilen von Burgdorf entfernt (vermutlich die Teerkuhlen bei Hänigsen oder die Teeraustritte bei Wietze),
- schwarzem bis rotem, auf dem klaren Wasser einer Quelle schwimmendem Bitumen am Fuß des Deisters und
- blauem Bitumen nicht weit von Braunschweig.

Bitumen oder Erdpech ist ein klebriges Gemisch aus erdölstämmigen hochmolekularen Kohlenwasserstoffen. Lange Traditionen der Bitumennutzung existieren damals bereits: Mönche am Tegernsee stellen daraus Mittel für Heilzwecke her. Sachsen beleuchten Laternen, schmieren mit in Bitumen getauchtem Kerzenkraut Wagenachsen und tränken Holzpfosten, um sie vor Regen zu schützen [158].

Die Umweltbelastungen durch Erdöl, das natürliche Prozesse zu Tage fördern, sind damals kleinräumig relevant: an den Austrittstellen und ihrer näheren Umgebung sowie in den erdölführenden Fließgewässern. Dort birgt mit Erdöl kontaminiertes Wasser Gesundheitsrisiken für Menschen und Tiere [159].

Wie entstehen Erdöl und Bitumen?

Lebt in der oberen, salzarmen, sauerstoffreichen Schicht eines Meeresbeckens viel Plankton und liegt darunter eine sauerstoffarme, salz- und schwefelwasserstoffreiche Schicht, reichern sich abgestorbenes Plankton und andere tote Lebewesen auf dem Meeresboden an. Der Sauerstoffmangel verhindert weitgehend deren Verrottung bzw. Verwesung. Faulschlamm verbleibt am Meeresgrund, der aus Fetten, Kohlenhydraten und Proteinen besteht. Erosion in den Gebirgen um das Meeresbecken trägt unzählige winzige Tonminerale ein, die auf dem lockeren Faulschlamm sedimentieren und sich mit diesem vermischen.

Über Zeiträume von Jahrzehntausenden entsteht ein mehrere Meter mächtiges weiches Gestein aus Tonmineralen mit organischer Substanz. Wird gröberes Material wie Schluffe und Sande von Flüssen eingetragen, entsteht ein neues lockeres Gestein. Dessen Masse verdichtet allmählich den darunter liegenden Ton, der reich an organischer Substanz ist. Das Meeresbecken sinkt weiter ab, die Sand- und Schluffschichten werden immer mächtiger und dichter. Der Ton gelangt dort unter höheren Druck. Die organische Substanz wird bei Temperaturen über 100 °C flüssig und damit zu Erdöl. Der hohe Druck schließt die Poren zwischen den Tonmineralen und befördert das Erdöl in die darüber liegenden porenreichen Schluffe und Sande. Das Öl verlässt damit das Erdölmuttergestein und wandert in das Speichergestein, das mittlerweile zu Schluff- bzw. Sandstein verfestigt ist.

Lagern sich dichte tonreiche Schichten auf dem Schluff- und Sandstein ab, kann das Erdöl trotz hohen Druckes nicht mehr entweichen. Geotektonische Kräfte reißen Klüfte auf, durch die unter Druck stehendes Erdöl an der Erdoberfläche austreten kann. In Norddeutschland pressen schwere feste Gesteine über Jahrmillionen Zechsteinsalze in riesigen, kilometerbreiten Tropfen, den Salzdomen, nach oben. Mit den Salzen bewegen sich auch andere Gesteine, darunter erdölführende. Auch auf diesem Weg kann dünnflüssiges Erdöl an die heutige Erdoberfläche gelangen. Dort angekommen, entweichen leicht flüchtige Bestandteile, das Erdöl wird zähflüssiger und zu Bitumen [160].

## 1570 bis 1575 – Die große Hungersnot

Der Freiburger Klimahistoriker Rüdiger Glaser hat die Witterungsgeschichte Mitteleuropas präzise für sämtliche Jahreszeiten vom Frühmittelalter bis in die Neuzeit und damit auch für die zweite Hälfte des 16. Jh. rekonstruiert: Anhaltende Kälte, Nässe, und Hochwasser prägen die Jahre 1568 bis 1573. Die Alpengletscher wachsen. Streng und niederschlagsreich ist der Winter 1568/69. Hochwasser und Stürme folgen im März und April 1569, dann Spätfröste. Warmes und trockenes Wetter hält bis Anfang Juni an. Sommer und Herbst sind nass und kühl.

Dauerregen und Schneeschmelze lassen im Februar 1570 Flüsse über die Ufer treten und die Eisstaue einiger Flüsse anschwellen. Nach Hagelschauern im März und einem Kälteeinbruch mit Schneefall und anschließendem Hochwasser im April fällt im Frühjahr viel Regen. Der Winter 1570/71 wird sehr kalt und schneereich; Warmlufteinbrüche im Februar 1571 führen zu Hochwasser. Der Sommer ist feucht, kühl, stürmisch und verbunden mit Gewittern und Hagelschauern. Stürme prägen auch den Herbst.

Das Jahr 1573 wird eines der kältesten des gesamten 16. Jahrhunderts: Zunächst verursacht ein anhaltendes Hoch über Skandinavien einen sehr strengen Winter. Es folgt ein nasser, kühler und windiger Sommer. Hochwasser prägt den August. Auch der Herbst ist kühl und feucht. Im Oktober treten an Main und Rhein Hochwasser auf. Im warmen und trockenen Jahr 1575 ist der Sommer, abgesehen von kurzen Starkregen, die Hochwasser verursachen, ungewöhnlich heiß und trocken. Die Trockenheit setzt sich bis in den Herbst fort; lokal wird das Wasser knapp [161].

Die außergewöhnliche Witterung der Jahre 1568 bis 1575 hat schwerwiegende Folgen für die Menschen in Mitteleuropa. Ernteausfälle resultieren. Es mangelt an Getreide, Gemüse und Obst. In feuchten Zeiten schimmeln Vorräte; der Schädlingsbefall ist gravierend. Viehseuchen töten zahllose Tiere. Schlechte Heuernten lassen die Milchleistungen der Kühe und die Nutztierbestände weiter schrumpfen. Weniger Milch, Käse und Fleisch stehen zur Verfügung [162].

Vertreter der Stadt Wien versuchen, im Frühjahr 1570 in Südwestdeutschland Getreide und Wein zu kaufen. Im Vergleich zu durchschnittlichen Jahren wird 1570 in Ostpreußen weniger als die Hälfte an Getreide geerntet. Wucherer kaufen und horten Getreide – in der Hoffnung auf noch höhere Preise.

Die Kluft zwischen den vergleichsweise wenigen Reichen und den unzähligen Armen wächst eminent. Aufgrund der Teuerung darf ab Oktober 1570 kein Getreide mehr das Herzogtum Bayern verlassen; der Augsburger Magistrat protestiert vergeblich. Den Getreidemangel versuchen die Menschen mit ungeeigneten Ersatzstoffen zu kompensieren. Sie backen und verzehren Brote aus Wurzeln, Blättern, Baumrinden, Sägespänen und Tannenzapfen. In Augsburg und Nürnberg brechen die Pocken aus. Vor allem Kinder infizieren sich; viele sterben.

Im Winter 1570/71 erfrieren hungernde Menschen auf offener Straße, darunter entlassene, obdachlose Dienstboten. Hungernde Wölfe fallen sogar Menschen an. Getreide wird immer knapper und teurer. Der gesamte Handel ist empfindlich gestört. Die staatlichen Almosengaben reichen nicht mehr.

1572 begünstigen Mangelernährung und Hunger den Ausbruch von Seuchen wie Pocken, Typhus und Ruhr. Folterungen sollen die Ursachen der Hungerkatastrophe an das Tageslicht bringen. Denunziationen sind gang und gäbe. Menschen jüdischen Glaubens werden verfolgt, Frauen als „Hexen" denunziert und verbrannt. Depressionen, Selbstmorde und Kindstötungen häufen sich. Die Zahl der Todesfälle verdoppelt sich in Augsburg im Vergleich zu der Zeit vor der Hungerkrise.

Einen neuen Höhepunkt erreicht die Teuerung im Sommer 1573 besonders südlich des Mains. Weiterhin grassieren Seuchen. Die Mortalitätsraten erreichen u. a. in Stuttgart ihren Höhepunkt. In Predigten befassen sich protestantische wie katholische Theologen mit dem Drama und seinen (vermeintlichen) theologischen Ursachen. „Trostbüchlein" verlegt man von Wittenberg bis Dillingen und von Görlitz bis Köln. Wundergeschichten kommen auf.

Mehrfach wird berichtet, Brot sei in Massen vom Himmel gefallen [163].

Die Große Hungersnot der frühen 1570er-Jahre beruht nicht bloß auf der anhaltenden, ganz außergewöhnlich kühl-feuchten Witterung. Eine Vielfalt von wechselwirkenden Faktoren führt zu der beschriebenen dramatischen Entwicklung. Zu ihnen zählen die Reaktionen auf Kälte, Nässe, Überschwemmungen, Schädlinge, Seuchen, Ernteausfälle und auf den Rückgang der Tierbestände durch die

- Märkte (Ressourcenmangel und -hortung bewirken Teuerungen und einen Rückgang des Handels),
- Öffentlichkeit (zeitbedingte Wissensdefizite, Ratlosigkeit, Ängste und Denunziationen),
- Obrigkeiten (Tolerierung oder zumeist unbeabsichtigte Verstärkung der wachsenden ökonomischen und sozialen Ungleichheit in der Gesellschaft; Abschottung; Hexenexzesse, Tolerierung oder Förderung der Judenpogrome; zwischenstaatliche Konflikte verstärken die Probleme) und
- Geistlichkeit (weitreichende Unkenntnis von den wahren komplexen Ursachen der Nöte der Menschen; Verharmlosung; Rivalität christlicher Glaubensgemeinschaften; Judenpogrome werden nicht verhindert).

Hinzu kommen externe Einflüsse: Die osmanische Belagerung Zyperns mindert den Baumwolltransport nach Venedig. Den Augsburger Barchentwebern fehlt es bald an Baumwolle; viele verarmen und hungern. Als Folge der Teuerung lassen Handwerksmeister verstärkt ihre Kinder an der Stelle angestammter Beschäftigter für sich arbeiten. Überfälle häufen sich vor allem in abgelegenen Räumen.

Die kumulativen Wirkungen des Extremwetters und der Reaktionen der Märkte, Obrigkeiten und Geistlichkeit haben in der ersten Hälfte der 1570er-Jahre verheerende Folgen für die Menschen in Mitteleuropa.

## 1573 – Pfarrer Anselm Anselmann pflanzt Tabak im Pfarrgarten von Hatzenbühl

Zwei Besatzungsmitglieder des italienischen Seefahrers Christoph Kolumbus sehen auf Kuba wohl als erste Europäer Einheimische, die in Blätter gehüllte Kräuter und glühende Kohlen mit sich führen. Die beiden berichten Kolumbus von ihrer Beobachtung, der am 6. November 1492 in seinem Bordbuch notiert: *„Kräuter, deren Rauch sie tranken"* – sie rauchten.

Tabak erreicht in der 2. Hälfte des 16. Jh. Mitteleuropa. Pfarrer Anselm Amselmann hat wohl im Jahr 1573 im Pfarrgarten von Hatzenbühl Tabak gepflanzt. Der Ort liegt 15 km nordwestlich von Karlsruhe zwischen Pfälzerwald

und Rhein. Die Pfälzer Tabakbauern führen ihre Anbautradition auf die Anselmannsche Pflanzung zurück; Hatzenbühl gilt als der erste Tabakanbauort in Deutschland [164].

Während des Dreißigjährigen Krieges machen rauchende Soldaten Tabak bekannt. Obgleich keine günstigen klimatischen Bedingungen vorherrschen, beginnt in der zweiten Hälfte des 17. Jh. die Kultivierung der einjährigen Kulturpflanze im Henneberger Land im südwestlichen Thüringen, in Süd- und Mittelhessen und in der Mark Brandenburg, später in weiteren Regionen [165].

Das Tabakrauchen gefährdet in hohem Maße die Gesundheit von Menschen direkt durch das Rauchen und indirekt durch das Passivrauchen, da die Blätter der rund 65 Tabakarten der Gattung *Nicotiana* der Familie der Nachtschattengewächse *Solanaceae* sämtlich das Alkaloid Nikotin enthalten. Ökonomisch bedeutsam werden zwei Arten: der verbreitete Virginische Tabak *Nicotiana tabacum* und der Bauern-Tabak *Nicotiana rustica* [166]. Die vom Tabakrauch ausgehenden Gesundheitsgefahren sind schon früh bekannt, wie der lexikalische Eintrag von D. Johann Georg Krünitz eindrücklich belegt.

D. Johann Georg Krünitz, Stichwort „Tabak" [167]

*„[…] indessen gelangte der Tabak, […], doch in den 1560ger Jahren nach Deutschland, wenigstens lernte ihn Conrad Gesner im Jahre 1565 kennen; […]; auch nach Augsburg soll eine Pflanze an den Arzt Occo gelangt seyn; auch zogen ihn schon damals mehrere Botaniker in ihren Gärten, jedoch bloß der medizinischen Kräfte wegen, nicht wegen des Rauchgenusses, denn dieser fing erst später an. Erst gegen das Ende des sechzehnten Jahrhunderts scheinen die Europäer das Tabaksrauchen angefangen zu haben; nach Deutschland, und hier nach Sachsen, gelangte es erst im Jahre 1620, wo eine Kompagnie Engländer die Gewohnheit Tabak zu rauchen nach Zittau brachte; etwas später verbreiteten die Schweden diese Gewohnheit in Deutschland noch mehr; denn damals rauchten nur meistens die Soldaten im Felde, in den Lagern, Tabak; […].Man hielt es damals für eine Ausschweifung, der nur rohe und gewöhnliche Menschen nachhingen, indem man zugleich der Meinung war, daß der Gesundheit dadurch geschadet würde, und man es auch sehr beklagte, daß Aecker oder Felder durch den Anbau von Tabak gemißbraucht würden. Es kamen daher […] theils sehr harte Verordnungen und Verbote gegen das Tabaksrauchen zum Vorschein, theils legte man große Steuern auf den Verkauf des Tabaks. Viele enterbten ihre Söhne wegen des Tabaksrauchens, Prediger eiferten und*

*droheten von der Kanzel wegen dieser Gewohnheit; ja man züchtigte die Tabaksraucher oft körperlich, stellte sie an den Pranger, [...]. Diese harten Maaßregeln dauerten in einigen Ländern nur ein Viertel=, in andern ein halbes Jahrhundert, noch in andern etwas länger fort; sie wurden aber nach und nach immer mehr gemildert, zuletzt auch ganz aufgehoben, vornehmlich als die Regierungen einsahen, daß sie durch die Tabakssteuern an Einkünften sehr gewinnen konnten. [...] Man hielt den Tabak damals für einen Genuß, welcher die Menschen verderbe, sie staatsgefährlich mache; [...]. [...] der Professor der Arzneykunde Tapp in Helmstädt [...] erzählt [...] alle traurigen Folgen dieser neu erfundenen Unmäßigkeit, wie Blut und Gehirn dadurch erhitzt und ausgetrocknet würden, wie man seinen Kopf zum schändlichen Kamine mache, wie man sich dadurch um alles Genie bringe, und den Schaden gewöhnlich verdoppele, daß man noch Bier und Wein dazu trinke."*

**Abb. 2.29** Abschnitt des Ochsenweges bei Hof Feldscheide, 10 km nordwestlich von Rendsburg in Schleswig–Holstein

## 1585 bis 1597 – Ein kaltes Jahrzehnt verändert Menschen und ihre Umwelt. Ein Höhepunkt der „Kleinen Eiszeit"

Im späten 16. Jh. wird nach den extremen frühen 1570er-Jahren ein weiterer Höhepunkt einer länger andauernden Klimaanomalie erreicht, der „Kleinen Eiszeit". Nässe und Kälte führen im Sommer 1585 besonders östlich der Elbe zu Missernten. Ein langer, strenger und schneereicher Winter folgt. Im Sommer 1586 ist es im Osten Deutschlands warm und trocken, im Süden und Westen kühl und feucht.

Auf den überaus strengen und schneereichen Winter 1586/87 folgt ein niederschlagsreicher Sommer. Die Weinernte fällt schlecht aus. Tiefdruckgebiete bringen im Winter 1588 viel Schnee; das beginnende Frühjahr und der Sommer sind nass und kühl. Erneut leidet der Wein unter dieser Witterung stark. Große Kälte prägt – außer im Norden – die ersten drei Monate des Jahres 1589; das Frühjahr ist im Süden kühl. Auch in den folgenden Wintern gibt es kalte bis sehr kalte Phasen und in den Sommern kaum warme Tage; es regnet viel [168].

Rüdiger Glaser zeigt eindrücklich, dass nicht nur in den kältesten Wintern der 1430er-Jahre und um 1570/71, sondern auch im späten 16. Jh. ungewöhnliche Kälte auftritt und die Flüsse und Seen wochenlang zufrieren – mit wiederum schwerwiegenden Folgen [169]: Menschen und Tiere leiden unter der verheerenden Kälte; gelegentlich erfrieren Menschen in ihren Betten und Haustiere im Stall. Sterbende Vögel fallen vom Himmel. Der Holzbedarf steigt. Hungernde Wölfe nähern sich öfter einsamen Gehöften und abgelegenen Siedlungen. Mächtige Schneedecken behindern zeitweise den Transport von Waren an Land, Eis hält Schiffe fest und zerdrückt sie. Die Fließgewässer frieren zu, weshalb die Wasserräder der Mühlen stillstehen. In Kellern aufbewahrter Wein gefriert während der kältesten Winter in den Flaschen und lässt sie platzen. Kleiderläuse und Flöhe gedeihen prächtig in den dicken Kleidungsstücken mancher Menschen.

Da zugleich auch Frühjahre und Sommer kühl und nass sind, reifen die meisten Feldfrüchte nicht; Missernten und Hunger resultieren. Die Menschen verstehen deren Ursachen nicht, auch aufgrund der damals noch unzureichenden naturwissenschaftlichen Kenntnisse. Irrationale Ängste kommen hinzu. Sie fördern Vorurteile und bewirken Feindseligkeiten gegenüber Minderheiten. Grausame Hexenverfolgungen und Judenpogrome resultieren wie schon nach 1569. Geistliche erklären die Witterungsextreme und ihre mannigfaltigen Folgen mit dem Fehlverhalten von Menschen [170].

## 1588 – Die Landtafel der Grafschaft Holstein (Pinneberg) erwähnt den Ochsenweg

Schon im frühen Paläolithikum folgen Menschen auf der Jagd Tieren, die bestimmte Wege durch die Landschaften nutzen. Während Neolithikum, Bronze- und Eisenzeit, Mittelalter und Frühneuzeit ermöglichen Pfade und Wege nicht bloß Bewegungen von Menschen und Haustieren, sondern auch Transporte von Gütern.

Einige Wege entwickeln sich schon früh zu Fernverkehrsverbindungen. Zu ihnen gehört ein System von Trassen auf der Jütischen Halbinsel. Während der frühen Neuzeit ziehen dänische, schwedische, brandenburgische, kaiserliche und polnische Heere auf diesen Wegen von Norden nach Süden und von Süden nach Norden. Hirten treiben im Frühjahr tausende Ochsen von den Weiden im Norden der Jütischen Halbinsel über breite Trassen, die man Ochsenwege nennt, nach Schleswig–Holstein, wo sie sich über den Sommer erholen. Im Herbst werden sie in Orten an der Unterelbe verkauft (Abb. 2.29). Daniel Frese erwähnt in der von ihm erstellten Landtafel der Grafschaft Holstein (Pinneberg), einer präzisen farbigen Karte aus dem Jahr 1588, dass man Ochsen von Bramstedt nach Wedel treibt. Bis in das 19. Jh. verbinden die unbefestigten Ochsenwege Landschaften mehr, als dass sie diese zerschneiden [171].

## 1589– Carolus Clusius pflanzt Kartoffeln in Frankfurt am Main

Im Jahr 1589 kommt sie wohl erstmals zwischen Rhein und Oder an: die Kartoffel *(Solanum tuberosum)*: Philippe de Sivry, Präfekt der wallonischen Stadt Mons, erhält von einem Freund des päpstlichen Legaten in den Spanischen Niederlanden zwei „Taratouffli", Kartoffeln, mit einer Beere. Er schenkt sie am 26. Januar 1588 dem in Wien weilenden niederländischen Gelehrten Carolus Clusius – einem bedeutenden Botaniker. Dieser übersiedelt im Jahr 1589 auf Einladung des Landgrafen Wilhelm IV. von Hessen-Kassel nach Frankfurt am Main. Dort pflanzt Clusius Kartoffeln, damals eine Zier- und Heilpflanze.

Indigene hatten die „Papa" über mehr als sieben Jahrtausende in den Hochanden von Chile, Peru und Bolivien angebaut, die Inkakultur ihre Verbreitung wirksam gefördert. Die Spanier brachten sie im 16. Jh. von Südamerika nach Hause, von wo sie über Italien und die Spanischen Niederlande nach Frankfurt am Main gelangte [172].

Mitte des 18. Jh. erzwingt Friedrich II. von Preußen ihren Anbau in Schlesien. Ein Jahrhundert später wird sie eine der wichtigsten Anbaufrüchte in Mitteleuropa sein, ein Grundnahrungsmittel mit erheblichen ökonomischen, sozialen und auch ökologischen Wirkungen.

## 1607/08 – Ein kalter, hochwasserreicher Winter

Der lange Winter 1607/08 ist in Mitteleuropa sehr kalt und schneereich, der Main in Frankfurt von Anfang Januar bis Mitte Februar 1608 zugefroren. Kurze Tauwetter bewirken katastrophale Hochwasser mit Eisgang [173].

## 29./30. Mai 1613 – Die Thüringer Sintflut

*„Katastrophen kennt allein der Mensch, sofern er sie überlebt; die Natur kennt keine Katastrophen."* [174]
Max Frisch

Am Sonnabend, dem 29. Mai 1613 bilden sich im Raum Weimar, im Nordwesten und im Norden Thüringens große Gewitterzellen. Nach 16 Uhr vernehmen die Bewohnerinnen und Bewohner von Weimar anhaltendes Donnern, gegen 17 Uhr kommt kräftiger Wind auf. Hagelkörner bis zur Größe von Gänseeiern vernichten in einigen Fluren Thüringens die Feldfrüchte. Sie durchschlagen Dachschindeln. Die Gewitter dauern über Nacht an und bringen auch um Weimar enorm hohe Niederschläge.

Die Ilm, ein Nebenfluss der Saale, steigt rasch stark an – in Mattstedt um 6 m, in Zottelstedt um 6 bis 8 m. Wasser strömt in Keller, reißt Wohnhäuser, Ställe, Mühlen, Brücken und Bäume fort. Hunderte Menschen und tausende Stück Vieh ertrinken in den Sturzfluten oder werden von Eiskörnern erschlagen. Flutwellen zerstören 8 Gebäude in Apolda, 23 in Bad Berka, 44 in Weimar und 125 in Erfurt. Der Abfluss erodiert in großem Umfang auf den Hängen steinreiche Böden, überschwemmt in den Auen Wiesen und überdeckt sie mit Steinen und feinem Sediment. Die intensive Landnutzung auf empfindlichen Böden verstärkt die Bildung von Abfluss, Erosions- und Infrastrukturschäden deutlich [175].

Die Regierung des Herzogtums Weimar und das Konsistorium ordnen Kollekten an. Menschen spenden Geld für die Hilfsbedürftigen in Thüringen. Das Unwetter wird als Gottes Strafe gedeutet. Es war so gewaltig, die Verluste an Menschenleben und die Schäden waren so einschneidend, dass die Menschen in Thüringen das Ereignis fortan als „Thüringer Sintflut" oder „Thüringische Sintflut" bezeichnen. Flugschriften erscheinen bald nach dem Ereignis, Predigten, Erinnerungs- und Gedächtnisdrucke sowie im 20. und 21. Jahrhundert wissenschaftliche Abhandlungen hauptsächlich an Jahrestagen. Denkmale und Hochwassermarken erinnern an die Flutkatastrophe vom 29. und 30. Mai des Jahres 1613. Wirksame Schutzmaßnahmen gegen die erneute Bildung von Abfluss und Hochwasser trifft man nicht [176].

## 1618 bis 1648 – Wüste Felder, wüste Orte: Wirkungen des Dreißigjährigen Krieges

> *Tränen des Vaterlandes*
> *„Wir sind doch nunmehr ganz, ja mehr denn ganz verheeret!*
> *Der frechen Völker Schar, die rasende Posaun,*
> *Das vom Blut fette Schwert, die donnernde Kartaun*
> *Hat allen Schweiß und Fleiß und Vorrat aufgezehret.*
> *Die Türme stehn in Glut, die Kirch ist umgekehret.*
> *Das Rathaus liegt im Graus. Die Starken sind zerhaun.*
> *Die Jungfern sind geschändt. Und wo wir hin nur schaun,*
> *Ist Feuer, Pest und Tod, der Herz und Geist durchfähret.*
> *Hier durch die Schanz und Stadt rinnt allzeit frisches Blut.*
> *Dreimal sind schon sechs Jahr, als unser Ströme Flut,*
> *Von Leichen fast verstopft, sich langsam fortgedrungen.*
> *Doch schweig ich noch von dem, was ärger als der Tod,*
> *Was grimmet denn die Pest und Glut und Hungersnot:*
> *Daß auch der Seelen Schatz so vielen abgezwungen.“*
> Andreas Gryphius: Klage über die Vergänglichkeit der Welt, über Gewalt und Krankheiten während des Dreißigjährigen Krieges aus dem Jahr 1636.

Der Dreißigjährige Krieg fordert in einigen Regionen Mitteleuropas sehr hohe Verluste an Menschenleben – in Pommern und Mecklenburg, in den heutigen Ländern Brandenburg, Sachsen-Anhalt und Hessen, in Franken und Württemberg, in der Kurpfalz, in der Pfalz und an der Saar. Hunger grassiert. Menschen sterben durch Kriegshandlungen oder an Seuchen, die Soldaten ungewollt verbreiten, andere flüchten.

Verheerend sind die Gewaltausbrüche und Verluste an Menschenleben in Magdeburg. Von den 8000 bis 10.000 Einwohnerinnen und Einwohnern des Jahres 1625 leben zum Ende des Krieges bloß noch 700 bis 800 in der Stadt. Mehr als 90 % der Gebäude sind zerstört.

Das Amt Homburg im Osten des heutigen Saarlandes büßt in den letzten anderthalb Jahrzehnten des Krieges nahezu alle steuerpflichtigen Haushaltungen ein. Ein Vergleich von Daten aus dem Herzogtum Zweibrücken zeigt, dass etwa 9 von 10 der vor dem Dreißigjährigen Krieg existierenden Haushaltungen nach dem Krieg keine Steuern mehr zahlen. Zwar leben in etlichen Haushalten noch Menschen. Viele können aufgrund der Zerstörung ihrer materiellen Güter und dem Verlust ihrer Haustiere ihr Land nicht mehr bewirtschaften und keine Steuern entrichten [177].

Daten zur Arbeitsleistung der Halleschen Pfännerschaft verdeutlichen exemplarisch, dass es in Kriegsgebieten manchmal über Jahre kaum möglich war, zu arbeiten. Vor 1620 arbeiten die Halleschen Salzwirker durchschnittlich etwa 300 Tage im Jahr, in den frühen 1640er-Jahren nur noch 50 bis 70 Tage im Jahr [178].

Nach dem Westfälischen Frieden im Jahr 1648 werden in Brandenburg-Preußen die Verwaltungen neu organisiert, Schulden erlassen, die Ordnung wieder hergestellt, traditionelle Steuern durch Verbrauchssteuern auf Lebensmittel und Waren ersetzt, Gewerbe (besonders Spinnerei und Bergbau) und Landwirtschaft (besonders die Schafzucht) gefördert. Die Einfuhr von Konkurrenzprodukten zu einheimischen Waren erschwert eine 1687 erlassene Verordnung ebenso wie die Ausfuhr von Wolle [179].

In einigen deutschen Staaten bemühen sich die Obrigkeiten nach dem Kriegsende mit großem Einsatz, Menschen anzuwerben – vor allem Glaubensflüchtlinge – und in kriegsbedingt nahezu entvölkerten oder noch (fast) unbesiedelten Regionen anzusiedeln und überdies durch sie neue Erwerbsquellen zu erschließen – nicht zuletzt, um die Steuererträge wieder sprudeln zu lassen. Obgleich nicht wenige Einheimische es ablehnen, bewirkt das Edikt von Potsdam die Ansiedlung von Hugenotten und Pfälzern in Brandenburg-Preußen. Gezielt wirbt man Glasmacher sowie Bergmänner für den Abbau von Kupferschiefer, Steinkohle und Silber an.

Trotz der Pestepidemie der Jahre 1681/82 sind Ende des 17. Jh. in vielen Regionen Mitteleuropas die Kriegsschäden größtenteils beseitigt, Dörfer und Städte wiederbesiedelt, die Agrarlandschaften intensiv genutzt, wie im frühen 17. Jh. Die Gewerbe florieren weithin [180].

Verschont von Kriegshandlungen und Zerstörungen bleibt der Alpenraum; zwischen Ems und Harz verlieren vergleichsweise wenige Menschen ihr Leben.

Der Dreißigjährige Krieg hat desaströse Wirkungen auf die in Mitteleuropa lebenden Menschen. Böden, Lokalklima, Landnutzung, Biodiversität, Energie-, Wasser- und Stoffhaushalte hat er indessen in den meisten Räumen nicht dauerhaft verändert.

## 11./12. Oktober 1634 – Die Burchardiflut zerreißt die nordfriesische Insel Strand

Die Siedlungen an der Nordseeküste bleiben weitgehend vom Dreißigjährigen Krieg verschont. Doch dann verheert jäh ein ganz anderes Unheil die Inseln und Marschen Nordfrieslands: Am 11. Oktober 1634 dreht ein Sturm

**Abb. 2.30** Keramikfund aus dem Watt bei Pellworm. Ausgestellt im Rungholt-Museum von Helmuth und Rita Bahnsen auf Pellworm

über der Nordsee von Süd- auf Nordwest; bald erreicht er Orkanstärke. Die Buchardiflut (zweite Grote Mandränke) läuft an der Küste Nordfrieslands rund 4 m höher auf als das mittlere Tidehochwasser – einer der höchsten dort je ermittelten Pegelstände. Deiche brechen. Meerwasser dringt über die 1362 während der Zweiten Marcellusflut (der ersten Groten Mandrenke) entlang ehemaliger Flussläufe eingerissenen Stromrinnen tief in das Land und in die Inseln hinein.

Die Buchardiflut zerreißt durch das stromaufwärts erodierende Fallstief die hufeisenförmige, etwa 220 km$^2$ große Insel Strand, die nach der Zweiten Marcellusflut von 1362 dem Meer unter großen Opfern in Teilen wieder abgerungen worden war. Der Gaikebüller Pastor Matthias Lobedantz berichtet von 6123 Toten (3 von 4 Bewohnerinnen und Bewohnern) und etwa 50.000 ertrunkenen Pferden, Rindern, Schafen und Schweinen alleine auf Strand. 1336 Häuser sind hier zerstört, 28 Mühlen und 6 Kirchen beschädigt (Abb. 2.30). In den folgenden Jahren gelingt es, einige Köge in zwei Bereichen von Strand wieder einzudeichen und zurückzugewinnen, die beiden Inseln Pellworm und Nordstrand entstehen. Rund 13.000 ha fruchtbares Marschland bleiben verloren [181]. Die Flutwarnsysteme werden danach an einigen Orten verbessert (Abb. 2.31).

**Abb. 2.31** In Stade warnt man seit 1682 mit Schüssen aus Flutkanonen vor Sturmfluten, die die Unterelbe hinauflaufen. Drei Warnschüsse erschallen, wenn eine Flut am Stader Schwedenspeicher rund 2,0 m über dem mittleren Tidehochwasser (MThw) erreicht, sechs Warnschüsse, wenn sie etwa 3,2 m darüber liegt. Letztmals lösen die Stader Flutkanonen während der Hamburger Sturmflut am 16./17. Februar 1962 Alarm aus

## 21. April 1643 – Die Hamburger „Grönlandfahrt" beginnt

König Christian IV. von Dänemark und Norwegen erteilt am 21. April 1643 dem Hamburger Reeder Johann Been ein Privileg für den Walfang in den Gewässern um Spitzbergen und für das Auskochen von Tran. Noch im selben Jahr legt ein Hamburger Walfangschiff in Amsterdam ab, um Spitzbergen anzusteuern, das man damals noch für einen Abschnitt der Ostküste Grönlands hält. Hieraus resultiert die irrtümliche Bezeichnung „Grönlandfahrt"; erst später segeln Walfänger bis zur grönländischen Küste.

Gejagt werden die damals noch bis zu 20 m langen und bis zu 100 t schweren, im subarktischen und arktischen Meer bis an die Packeisgrenze wandernden Grönlandwale (*Balaena mysticetus*). Ihr riesiger, ausladender Schädel ermöglicht ihnen das Durchbrechen mehrerer Dezimeter dicker Eisdecken zum Atmen. Sie ernähren sich im Sommer täglich von 1 bis 2 t Plankton, Krill und kleinen Krebsen; in der übrigen Zeit leben sie von den zuvor aufgebauten Fettreserven. Ohne Bejagung erreichen sie ein Alter von bis zu ungefähr 200 Jahren.

Grönlandwale bewegen sich mit durchschnittlichen Schwimmgeschwindigkeiten von nur 5 bis 7 km h$^{-1}$ durch das Meer. Damit sind sie langsamer als andere Walarten und leichter erlegbar. Gefragt sind die meterlangen, „Walbarten" oder „Fischbein" genannten elastischen Gaumenplatten. Aus ihnen fertigt man Kämme, Haarspangen, Knöpfe, Korsettstangen, Versteifungen für Reifröcke, Hüte, Schnabelschuhe, Schirme, Reitgerten, Spazierstöcke, Angelruten, Griffe von Bestecken, Sprungfedern für Kutschen und seltener auch aufwendig verzierte Schachteln. Begehrt ist der „Blubber" genannte Speck, der zu Tran ausgekocht wird. Ein mittelgroßer Grönlandwal erbringt etwa 17.000 l Tran. Einmal getötet, geht er aufgrund seiner bis zu 70 cm dicken, gegen Kälte gut isolierenden Speckschicht nicht unter [182].

Im Jahr 1644 segeln drei Hamburger Schiffe in die Buchten von Spitzbergen. Sie kehren mit 820 Fässern zurück, die kostbaren Walspeck enthalten. Einige Jahre später vermag ein einziges Schiff bis zu 1000 Fässer zu transportieren. In „Thran-Hütten" [183] auf St. Pauli kochen Arbeiter das wertvolle Fett aus, damit Straßen und Häuser in Hamburg und andernorts nachts hell und sauber leuchten. Lampenöl ist die wichtigste Verwendung für Waltran. Das Auskochen erzeugt einen manchmal kilometerweit wahrnehmbaren, fürchterlichen Gestank [184].

Baskische Seemänner fangen schon im 13. Jh. Bartenwale in der Biskaya, später im 3Nordatlantik bis in die Nähe Neufundlands. Niederländer beginnen 1612 in die walreichen Buchten von Spitzbergen zu fahren, um Waltran zu besorgen (Abb. 2.32). Sie kochen an Bord und ab 1620 in ihrer spitzbergischen Station Smeerenberg Walspeck zu Tran (Abb. 2.33). Erfahrene Basken nehmen wichtige Funktionen an Bord niederländischer Schiffe ein, bis der französische König ihnen dies 1643 verbietet. Kompetenter Ersatz findet sich umgehend auf Föhr, Amrum und Sylt. Einige Jahre später sind hunderte Inselfriesen angeworben, vom 12-jährigen Jungen bis zum gesunden älteren Mann (Abb. 2.34). Nicht wenige werden wohlhabende Kommandeure [185].

Immer mehr Hamburger Walfänger fahren in den 1650er und 1660er-Jahren gen Norden. Mittlerweile tummeln sich kaum noch Wale in den Buchten von Spitzbergen. Die Kommandeure suchen sie nun in den Weiten des Eismeeres, bevorzugt an der Packeisgrenze, und schließlich bis in die Davisstraße zwischen Grönland und der heute kanadischen

**Abb. 2.32** *„Walfischfang – Abspecken des Walfisches"* (Werbegraphik von Liebig Company's Fleisch-Extrakt)

**Abb. 2.33**  „*Walfischfang: Thrankochen an Bord*" (Werbegraphik von Liebig Company's Fleisch-Extrakt)

Baffininsel. Walfang ist gefährlich – so manches Schiff geht verloren. Allein im Jahr 1673 erlegen mehr als 2000 Männer in den Schaluppen von 53 Hamburger Mutterschiffen 589 Wale. Gut zwei Jahrhunderte lang veranlassen hunderte Hamburger Grönlandreeder etwa 6000 Ausfahrten mit mindestens 565 Schiffen [186].

Erfolgreiche Fahrten bringen neben den Reedern und manchen Grönlandfahrern auch Hamburger Gewerbetreibenden und Kaufleuten Wohlstand. Sie profitieren vom Lampenöl und den Walbarten.

Das massenhafte Abschlachten lässt Grönlandwale bereits Mitte des 18. Jh. im gesamten Nordatlantik und im Arktischen Ozean selten werden. Doch die Jagd geht weiter: Robbenfett ersetzt zunehmend Walspeck. Bald sind auch Robben rar. Die letzten Walfangschiffe verlassen 1836 Altona und 1872 Elmshorn. Mit der fast vollständigen Ausrottung der Grönlandwale endet die Ära der Grönlandfahrt. Erdöl substituiert Wal- und Robbentran. Elektrizität lässt Lampen heller leuchten als Waltran [187].

Die Restbestände der Grönlandwale sind seit 1946 streng geschützt; lediglich einige Inuit-Gruppen dürfen jährlich noch mehrere Dutzend Tiere erlegen und verwerten. Der industrielle Walfang dezimiert bis zur Mitte des 20. Jh. auch die Populationen anderer Walarten in allen Meeren drastisch. Der jüngste Zusammenbruch der Walbestände geht jedoch nicht von Hamburg und Deutschland aus.

D. Johann Georg Krünitz, Stichwort „Wallfisch" [188]

„*Wallfisch* [...]; *um des Specks, aus dem Thran gesotten wird, und der Barten (Fischbeins) willen gefangen.* [...]

*Die Schiffe, welche den Wallfischfang in der nordischen Zone und in gleicher Linie den Robbenfang betreiben, heißen Grönlandsfahrer; ihre Bauart unterscheidet sich von anderen gewöhnlichen Kauffahrern bloß dadurch, daß ihr Vordertheil gegen die Beschädigungen durch das Eis verstärkt und mit eisernen Platten belegt ist. [...] Die Wallfischfahrer nähern sich den Küsten und senden Boote aus, die, sobald ein Wallfisch bemerkt wird, die verabredeten Zeichen geben. Ein Theil der Mannschaft begiebt sich dann in 2 bis 3 Boote (6 bis 8 Mann in eins) und rüstet sich mit Harpunen. Ist man bis auf 30 Fuß vom Wallfisch herangekommen, so wirft der Harpunier, der im Vordertheil des Bootes steht, mit aller Gewalt die Harpune in den Leib des Wallfisches; um aber glücklich zu sein, muß sie durch den Speck in das Fleisch dringen. In das Oehr der Harpune ist der Vorgänger (ein etwa 20 Klafter langes Seil), an diesen aber die etwa 5-600 Ellen lange Wallfischleine oder Fischleine gestochen, und die letztere im Vordertheile der Schaluppe aufgewickelt, damit sie von dem Leinenschießer, einem dazu bestimmten Matrosen, schnell abgeführt werden kann, wenn der mit der Harpune getroffene Wallfisch in die Tiefe geht, während ihm die Schaluppe durch Rudern folgt, bis er nach 10 bis 20 Minuten, um Athem zu holen, wieder in die Höhe kommt. Geht er zu weit und das Boot kann nicht nach, so muß die Leine abgehauen oder mit einem Korkknopfe, oder mit einem Kürbis, der über dem Wasser bleibt, wo möglich versehen werden. Oft aber ist Alles verloren."*

## Um 1647 – Im oberfränkischen Pilgramsreuth werden Kartoffeln angebaut

Ereignisse im Dreißigjährigen Krieg bewegen mutmaßlich auch die Kartoffel durch Mitteleuropa. Ein Offizier aus Brabant soll 1645 Erdäpfel in das böhmische Vogtland gebracht haben. Von dort nahm sie offenbar Bauer Hans Rogler in seine oberfränkische Heimatgemeinde Pilgramsreuth[22] mit, um sie vermutlich 1647 auf einem seiner Äcker zu pflanzen. Während zu diesem Termin der ersten Einführung der Kartoffel in Pilgramsreuth die letzte Gewissheit fehlt, lassen die Grafen von Tettenbach zweifellos um 1650 bei Selbitz westlich von Hof Kartoffeln anbauen. Anlässlich der Feier des 65. Geburtstages des Apothekers Michael Walburger aus Hof im Jahr 1659 trägt man neben Auerhahn und Hecht auch Erdäpfel auf. Gemäß Walburgers Haus- und Wirtschaftsbuch hat er am 19. April 1665 in seinem Garten Kartoffeln gesetzt. Im Jahr 1696 gedeihen in der Umgebung von Pilgramsreuth schon auf wenigstens 500 Feldern Kartoffeln [190].

Vielleicht ist, neben den Kriegswirren, das Verschweigen dieser neuen Kulturfrucht in den Zehntordnungen ein weiterer Grund für deren rasche Verbreitung in Oberfranken. Denn eine Nutzpflanze, für die der Zehnte nicht entrichtet werden muss, ist hochattraktiv. Ertragsausfälle bei Getreide durch die seit dem 16. Jh. wiederholt kühl-feuchte Witterung können eine weitere Ursache für den Erfolg der vergleichsweise robusten und ertragreichen Knolle sein [191].

**Abb. 2.34** Grabstein auf dem Friedhof von St. Clemens in Nebel auf Amrum. Kommandeur Knut Wögens erbeutete von 1736 bis 1745 mit dem Walfänger „De Gekroonde Hoop" 30 Wale. Seine Brüder Lorenz und Boh verloren beim Walfang im Eismeer ihr Leben. (Foto: Jens Quedens) [189]

**Inschrift des Grabsteins:**
*„Knudt Wögens.*
*GEBOREN Ao 1696. GESTORBEN Ao 1758.*
*de 6 DECEMBER de 16 FEBRUARY*
*Copulirt 1719 MIT FRAU Elen Knuten*
*IN DIEER EHE MIT 3 SÖHNE UND*
*5 TÖGTER GESEGNET WORDEN*
*ZUR ZEE HAT ER GEFAHREN 32 IAAREN*
*WOVON ER DIE LETZTE 10 IAAREN*
*FÜR Comandeur von Hamburg*
*GEFAHREN MIT DEM SCHIF*
*DE GEKROONDE HOOP"*

---

[22]Pilgramsreuth ist seit 1978 ein Stadtteil von Rehau und liegt etwa 13 km südöstlich von Hof.

**Abb. 2.35** Bohrtürme an der Aller bei Wietze in der Nähe von Celle (historische Postkarte)

## 1652 – Erdöl quillt aus einem Acker bei Wietze

Mitte des 17. Jh. tritt zähflüssiges Schweröl auf einem sandigen Acker des Bauern Balzer Lohmann bei Wietze, rund 17 km westlich von Celle, an der Geländeoberfläche aus. Auch andere Bauern finden auf ihrem Grund unweit des Lohmannschen Ackers Ölsande. Sie füllen diese in große Tröge, fügen warmes Wasser hinzu, um den Quarzsand und andere Minerale vom Schweröl zu trennen, rühren das Wasser-Sand-Schweröl-Gemisch mit Spaten um und schöpfen Öl an der Wasseroberfläche ab [192].

Die Bauern veräußern das Schweröl in der näheren Umgebung. Schweröl nennt man damals „Teer", Austrittsstellen „Teerkuhlen". Adam Stubenrauch, Amtsvogt von Winsen, meldet im Jahr 1652 dem Großvogt in Celle den Austritt des „Teers" bei Wietze und dessen Verkauf durch Bauern. Bald darauf haben diese den Zehnten auf die Erlöse aus dem Erdölverkauf zu zahlen. Später veräußern die Wietzer Bauern Ölsande bis nach Hamburg, wo sie auch für die Asphaltierung von Bürgersteigen zum Einsatz kommen. Eine tragische Entscheidung: Die öligen Gehwege lodern unversehens während des Großen Hamburger Stadtbrandes im Mai 1842. Nach dem Brand verschärft die Hamburger Bürgerschaft den Umgang mit brennbaren Produkten; sie stellt die Beschaffung Wietzer Ölsande ein [193].

Georg Konrad Hunaeus, Professor für Geognosie (Geologie), sucht Braunkohlelagerstätten. Er lässt 1858/59 in der Wietzer „Wallmannschen Teerkuhle" eine 35,6 m tiefe Bohrung niederbringen, findet jedoch keine Braunkohle. Im Bohrloch steigt Erdöl hoch. Es ist die erste Bohrung nach Erdöl in den deutschen Staaten und eine der ersten weltweit. Der Eigentümer gewinnt jährlich mehr als 500 Eimer Schweröl. Immer mehr Öltürme wachsen in den folgenden Jahrzehnten in „Klein Texas", dem etwa 4 km$^2$ großen Wietzer Ölfeld, aus dem Boden (Abb. 2.35). In den ersten beiden Jahrzehnten des 20. Jh. ist es das produktivste im Deutschen Reich. 1918 beginnt ein Erdölbergwerk zu arbeiten. Das gewonnene Schweröl wird zuerst über die Aller und von 1903 an mit der Bahn abtransportiert. Bis zum Ende der Förderung im Jahr 1963 lassen Erdölfirmen mehr als 2000 Bohrungen abteufen. Ölschlammgruben unmittelbar neben den Bohrungen nehmen Rückstände auf [194].

Die Ölgewinnung verursacht sofort gravierende Belastungen der Böden, Oberflächengewässer und des Grundwassers mit Ölrückständen. Erdöl enthält im Mittel rund 85 % Kohlenstoff, 12 % Wasserstoff, weniger als 1 oder 2 % Schwefel, Stickstoff und 1 % Sauerstoff sowie sehr geringe Mengen an Metallen. Die Kohlenwasserstoffe umfassen Alkane (Paraffine), Cycloalkane (Naphthene) und Aromaten. Die Ölsandhalde des Erdölbergwerkes enthält diese Stoffe. Über Jahre füllt die Deutsche Erdöl-AG tausende Tonnen belastete Bohrschlämme in die Schächte des stillgelegten Wietzer Erdölbergwerkes. Eine Entschädigungsklage der Eigentümer von Wäldern in unmittelbarer Nähe des Bergwerkes scheitert vor dem Bundesgerichtshof, der die Klage gar nicht erst annimmt. Im November 2014 initiiert das Niedersächsische Ministerium für Umwelt, Energie, Bauen und Klimaschutz die Erfassung der Öl- und Bohrschlammgruben in Niedersachsen. Nach wie vor gefährden Bohrschlämme das Grundwasser [195].

### 1670er – Der abflusslose Kleine Tornowsee wird an das Gewässernetz angeschlossen

Unregelmäßig schnell abschmelzendes Gletschereis und von Schmelzwässern transportierte Sande und Kiese schaffen in der letzten Kaltzeit zahllose Hohlformen. Die meisten füllen sich mit Wasser, werden zu kleinen Seen.

Der heute knapp 4 ha einnehmende Kleine Tornowsee in der Märkischen Schweiz östlich von Berlin füllt eine kaltzeitliche Hohlform. Er ist bis in die 2. Hälfte des 17. Jh. deutlich größer als heute und abflusslos – bis dahin gelangt kein Wasser oberirdisch in den nächstgelegenen Fluss. Niederschlagswasser, dass auf den See und in sein Einzugsgebiet fällt, wird zu Seewasser, versickert vollständig in den Boden oder verdunstet. Im Norden umrahmt ein Höhenzug den See, im Westen, Süden und Osten ein natürlicher flacher Wall.

In den 1670er-Jahren öffnen Frondienstleistende wohl aus dem benachbarten Buckow im tiefsten Bereich des Walls einen Graben, der bis unter den Seespiegel reicht. Seewasser läuft seitdem aus dem Kleinen Tornowsee in den benachbarten kleinen Fluss, den Stöbber, und von diesem in die Oder.

Der Spiegel des Kleinen Tornowsees sinkt um 2 bis 3 m. Ehemaliger Seeboden gelangt an die Oberfläche. Er ist nährstoffreich und trocknet in den folgenden Jahren allmählich, bis er schließlich zum Anbau von Hopfen genutzt werden kann. Für das Bierbrauen wurde das Gewässersystem in der Märkischen Schweiz umgestaltet. Bier war schon damals ein Grundnahrungsmittel und im Gegensatz zu verschmutztem Oberflächenwasser durch den Herstellungsprozess – maßvoll genossen – gesundheitlich unbedenklich [196].

### 1681 bis heute – Neue Linien zerschneiden und verbinden Schleswig–Holstein

Schleswig-Holstein ist das Land der Linien. Wir finden sie als Küsten an Nord- und Ostsee, als Horizonte und als lange Wallhecken: Knicks. Mit ihnen besitzt das Land eine Besonderheit mit mehr als der eineinhalbfachen Länge des Erdumfangs.

Knicks sind vorwiegend gerade durch die Landschaften laufende steinreiche Bodenwälle, auf denen Büsche und Bäume wachsen. Bauern setzen sie seit mehr als eineinhalb Jahrhunderten regelmäßig auf den Stock, d. h. sie hacken oder sägen die Gehölze eine Handbreit über der Knickoberfläche ab. Aus einem Stumpf schlagen neue Schösslinge aus, wodurch die Knicks mit der Zeit immer dichter und effektiver werden: Vieh vermag kaum noch aus einer von Knicks umgebenen Koppel auszubrechen.

Das an Knicks eingeschlagene Holz ist bis weit in das 20. Jh. ein begehrter Rohstoff, aus dem Werkzeuge entstehen oder der als Heizmaterial genutzt wird. Zwischen den einzuschlagenden Büschen wachsen auf den Wällen schattenspendende und Früchte liefernde Bäume, die als Überhälter länger stehen und schließlich wertvolles Bauholz bringen. Knicks sind artenreich und so wertvoll, weil sie verschiedenste Lebensräume verbinden und damit Pflanzen und Tieren vielfältige Ausbreitungswege bieten. Menschen haben mit den aus wirtschaftlichen Gründen in einer Zeit des Holzmangels angelegten Knicks die Kulturlandschaften ökologisch und ästhetisch bereichert.

Wann entstehen Knicks? Landbesitzer lassen vom späten 17. bis in das 19. Jh. die Allmende[23] unter den Bauern in kleinere Nutzungseinheiten aufteilen und an den neuen Nutzungsgrenzen Wallhecken anlegen. Waldbesitzern bringen Knicks auf den aufgeteilten, unbewaldeten Allmenden einen Vorteil: Die Bauern können ihren großen Holzbedarf durch das Kürzen der Knickgehölze decken und die wenigen in Schleswig–Holstein noch existierenden Wälder schonen.

Die *„Hochfürstliche Holzverordnung für Glücksburg"* verpflichtet bereits 1681 die Untertanen zur Anlage von Wallhecken; im Lauenburgischen beginnen die Arbeiten 1718. Schließlich ordnet König Christian VII. 1766 die Einhegung aller neu aufgeteilten Weiden mit *„lebendem Pathwerk"*, also mit Setzlingen an. Seine schleswig-holsteinischen Untertanen haben die umfangreichen Arbeiten auszuführen. Dichte Knicknetze entstehen in bäuerlichen Kulturlandschaften. Auf den Gütern bleiben große, einheitlich genutzte Schläge erhalten [197].

Wie werden Knicks errichtet? Bauern müssen für die Knickanlage beiderseits der neuen Parzellengrenzen Boden entnehmen und zwischen den so entstehenden Gräben zu 80 bis 100 cm hohen Wällen aufschütten und diese begrünen. Demnach bestehen die Wälle vorwiegend aus dem benachbarten sandigen oder lehmigen Boden mit wechselnden Steingehalten. Steine, die auf Äckern bei der Bodenbearbeitung stören, werden abgelesen und auf die Wälle gelegt. Bauern pflanzen auch dornige Pflanzenarten wie

---

[23]Gemeinschaftlich bewirtschaftete Fluren mit oftmals unklaren Grenzen und Zuständigkeiten.

Schlehen auf die Wälle, um das Ausbrechen von Vieh auf benachbarte Koppeln zu verhindern.

Die Gesamtlänge der Wallhecken in Schleswig–Holstein wird für das Jahr 1950 auf rund 75.000 km geschätzt [198]; bis dahin waren bloß wenige Knicks verschwunden (Abb. 2.36, 2.37). Danach zerstören Flurbereinigungsmaßnahmen mehrere tausend Kilometer Knicks, um größere und einfacher maschinell zu bewirtschaftende Nutzungseinheiten zu bilden. 1973 beginnt der gesetzliche Schutz der Wallhecken. Eine Auswertung von Farbinfrarotluftbildern aus dem Jahr 2004 ergibt eine Knicklänge von 68.281 km [199]. Der Naturschutzbund Deutschlands schätzt die Länge der Knicks auf heute kaum mehr als 45.000 km [200]. Für 2008 liegen Daten zu den Veränderungen für Schleswig–Holstein vor: Knicks gehen auf einer Länge von 17,0 km verloren, auf weiteren 54,4 km werden sie verschoben[24] und damit aus ihrer ursprünglichen Position entfernt [201].

Der vom Bauernverband Schleswig–Holstein heftig kritisierte Erlass V 534–5315.10 des Ministeriums für Energiewende, Landwirtschaft, Umwelt und ländliche

**Abb. 2.36**  Zurückgeschnittene Knicks beiderseits eines Feldweges bei Haubarg in der Gemeinde Haßmoor 10 km südöstlich von Rendsburg

**Abb. 2.37**  Knickreiche Landschaft um Schinkel 12 km nordwestlich von Kiel (Foto: Béla Bork)

---

[24]Eine Gesetzesänderung gestattet seit 2007 die Verlegung von Knicks oder ihre Beseitigung bei gleichzeitiger Neuanlage an anderen Orten.

Räume des Landes Schleswig–Holstein vom 1. Juni 2013 regelt präzise die Maßnahmen zur Pflege von Knicks [202]. Bislang bringen von CDU und FDP geführte Landesregierungen Entschärfungen des Knickerlasses, von SPD und Grünen bzw. SPD, Grünen und SSW geführte Regierungen Verschärfungen der Regeln zur Knickpflege.

Diese gesellschaftlich verordneten Pendelbewegungen der ökologischen Knickentwicklung in Zeiträumen von Legislaturperioden sind nicht zielführend. Ein dauerhafter Konsens zur flexiblen Knickentwicklung ist unabdingbar. Die ökologisch wertvollen Knicks belegen nachdrücklich, dass der Erhalt lebender Kulturlandschaftselemente vor dem Hintergrund wirtschaftlicher Entwicklungen und Zwänge eine bedeutsame gesellschaftliche Aufgabe ist.

## 1687 bis 1717 – Landgraf Carl von Hessen-Kassel gestaltet den Bergpark Wilhelmshöhe

Landgraf Carl von Hessen-Kassel entwickelt schon in jungen Jahren eine Vision: Die Auswahl, Planung und Komposition einer einzigartigen barocken Berggartenanlage auf dem bis dahin waldreichen steilen Osthang des Habichtswaldes bei Kassel. Wasser wird zum übergeordneten Gestaltungselement. Landgraf Carl zu Ehren bezeichnet man Bergkuppe und -hang später als „Karlsberg". Heute ist die von seinen Nachfolgern vollendete Anlage mit mannigfaltiger Wasserkunst *das* kulturhistorische Juwel Nordhessens und unter dem Namen Bergpark Wilhelmshöhe UNESCO-Weltkulturerbe.

Betrachten wir zuerst die mittelalterlich-frühneuzeitliche Geschichte des Karlsberges. Um 1137 wird auf dem bis dahin von Bauern benachbarter Dörfer land- oder forstwirtschaftlich sowie als Hutewald genutzten Osthang des Karlsberges das Augustiner-Chorherren-Stift Weißenstein gegründet. Von 1184 bis 1193 ist es ein Doppelstift für Chorherren und Chorfrauen und ab 1193 Augustinerinnen-Kloster. Mehrere Wasserquellen gestatten die Anlage von Teichen zur Fischzucht.

Im Jahr 1526 vollzieht Landgraf Philipp I. von Hessen die Reformation in der Landgrafschaft Hessen. Kloster Weißenstein wird säkularisiert; Klosterland und Klostergebäude gehen in den Besitz des Landgrafen über. Die Klostergebäude nutzt man anschließend als landgräfliches Jagdschloss, die Teiche weiterhin zur Fischproduktion. Landgraf Moritz von Hessen-Kassel lässt die Klostergebäude abreißen und ebendort von 1606 bis 1610 das kleine Lustschloss *Mauritianum Leucopetreum,* Moritzheim am Weißenstein, mit einem Wasserbecken, der Moritzgrotte und einem kleinen Wasserfall oberhalb im Wald des Karlsberges errichten. An die Stelle des Moritzheims wird

von 1786 bis 1801 das bis heute existierende repräsentative Schloss Wilhelmshöhe erbaut [203].

Landgraf Carl erwirkt 1676, noch vor der Übernahme der Regierungsgeschäfte, die Restaurierung der Moritzgrotte. Im Jahr 1687 beginnt er mit der Umsetzung seiner Vision. Oberhalb des Moritzheimes schlagen Männer Schneisen in den Bergwald. Es entsteht eine Wasserkaskade. Für das Gebiet unterhalb, im Tal der Fulda, lässt der Landgraf Pläne zu einem Auengarten erarbeiten. Der räumliche Anfang seines Konzeptes des Fließens liegt ganz oben auf dem Karlsberg, wo das Wasser sichtbar entspringen soll, um sich danach in ästhetisch ansprechender Weise über den steilen Oberhang zu ergießen – ein gezielter absolutistischer Versuch der Nutzung von Natur [204].

Der Leiter der Hauptabteilung Gärten und Gartenarchitekturen der Museumslandschaft Hessen-Kassel Siegfried Hoß erläutert die weitere Entwicklung [205]: Landgraf Carl beauftragt den italienischen Wasserbaumeister Giovanni Francesco Guerniero mit der Planung der Wasserkünste mit Kaskaden, Wasserfällen, Fontänen und sogar einer Wasserorgel. Sie beginnen in einem Monumentalbau auf der Höhe des Karlsberges, der eindrücklich die landgräfliche Macht demonstriert. Die weithin im Kasseler Becken sichtbare Landmarke besteht aus drei Teilen (Abb. 2.38):

- dem Grottenbau mit einem Wasserreservoir, in dem die Wasserspiele anfangen,
- dem darüber liegenden markanten Oktogon mit offenem Belvedere, von dem aus der Blick bei guter Sicht über Kassel bis zum Hohen Meißner schweift, und
- der 26 m hohen steinernen Pyramide, die von dem 8,3 m hohen Herkules gekrönt wird, die der Augsburger Goldschmied Johann Jacob Anthoni als eine der weltweit ersten titanenhaften, aus Kupfer getriebenen Statuen von 1713 bis 1717 modelliert.

Nach der Vollendung im Jahr 1717 läuft Wasser aus Quellen des Habichtswaldes über Gräben in das Sichelbachreservoir und von hier weiter über Gräben und Zwischenspeicher durch Stollen und Rohrleitungen zur Grotte unter dem Oktogon. Wie aus einem überdimensionalen Mund rauscht es von da weithin sichtbar über 105 Höhenmeter hinunter durch das Riesenkopfbassin, über die Große Kaskade bis in das Neptunbassin, stets geleitet von Aspekten der griechischen Mythologie [206].

Im Jahr 1688 nimmt Denis Papin einen Ruf des Landgrafen Carl auf eine Professur für Mathematik an der Universität Marburg an. Papin erfindet den Drucktopf und eine Vorversion der Dampfmaschine. Seine Experimente enden gelegentlich in lauten Explosionen und bereiten Passanten einen gehörigen Schrecken – bis die Universität Marburg

**Abb. 2.38** Blick auf den Bergpark von der Fuldaaue über das Schloss Wilhelmshöhe bis zum Herkules auf dem Karlsberg (historische Post-karte)

der donnerhalligen Papinschen Forschung ein Ende bereitet. Die Hydraulik ist neben der Astronomie ein Schwerpunkt seiner Lehre in Marburg. Die Papinschen Kenntnisse benötigt Landgraf Carl dringend für die Etablierung der hydraulischen Wasserkunst am Karlsberg. Aus diesem Grund holt er 1695 Papin an seinen Hof. Der Physiker versucht dort, mit Dampfdruck Wasserfontänen zu erzeugen. Im Jahr 1702 wächst eine Fontäne auf die beachtliche Höhe von rund 17 m, um unmittelbar danach aufgrund zu geringen Wassernachflusses zusammenzustürzen. In einem Abschnitt des Fuldatals, im heutigen Staatspark Karlsaue, werden Bassins (auch) für Fontänen gebaut und mit Wasser gefüllt. Das größte bedeckt eine Fläche von immerhin 80.000 m² [207].

Die Realisierung belegt, dass Landgraf Carl einige der besten Fachwissenschaftler und Architekten seiner Zeit nutzt, um seine Träume von einer gezielten Umweltgestaltung zu verwirklichen. Schließlich ist ein weltweit einzigartiger hydraulischer Berggarten entstanden, den die Nachfolger von Landgraf Carl bis in die Mitte des 19. Jh. konsistent weiterentwickeln (Abb. 2.38, 2.39) [208].

*„Keine Worte sprechen das herrliche Zusammenklingen, die überschwengliche Harmonie aus, die aus dem Ganzen das Gemüt anspricht, keine Worte die Pracht des gewaltigen Elements in tausend glänzenden Spielen… Hoch droben in schwindelnder Höhe, und doch so fest und sicher, das ungeheuere Oktogon, mit der Pyramide und dem Koloß auf ihrer Spitze. Von hier, wo in einem ungeheuer tiefen Bassin sich die Wasser des darüber liegenden Habichtswaldes sammeln, fallen von Stufe zu Stufe die himmlischen Gewässer, wie tausend gegossene Spiegel, wie glühendes Metall, wetterleuchtend im blendenden Sonnenglanz, tiefer und immer tiefer, mit herzerhebendem Brausen herab, es ist als ströme der Äther selbst aus seinen Höhen silberschäumend und befruchtend zur Erde hernieder."* Friedrich Gottlob Wetzel, 1805 [209].

**Abb. 2.39** Teufelsbrücke mit Wasserspielen im Bergpark Wilhelmshöhe

## 1708/09 – Der große Winter

Der Klimageograph Jürg Luterbacher hat den Winter 1708/09 als den kältesten der vergangenen 500 Jahre identifiziert. Von Dezember 1708 bis Februar 1709 fließt, von kurzen Tauperioden unterbrochen, Kaltluft aus Skandinavien und Sibirien nach Mitteleuropa. Am 10. Januar 1709 zeigt das Thermometer in Berlin morgens um 8 Uhr −30 °C. Menschen beten für ein Ende der grausamen Kälte. Manche verlieren durch den Frost Nase, Ohren oder Gliedmaßen, andere erfrieren in ihren Wohnungen [210]. Bäume sterben. Menschen essen Saatgut. Schwere Wagen fahren über die zugefrorene Donau. Die Ostsee gefriert. Am 25. März treibt man bei Blankenese etwa 200 Ochsen über die zugefrorene Elbe [211].

Tauwetter und Überschwemmungen folgen. Das Frühjahr wird kühl und nass; im Sommer überwiegt eine unbeständige Witterung. Schlechte Ernten lassen die Getreidepreise steigen, viele Menschen beginnen zu hungern. In Ostpreußen grassieren Hungertyphus und Ruhr, gefolgt von der Pest [212].

Der Große Winter liegt am Ende einer rund 70jährigen Phase mit geringer Sonnenfleckenaktivität und daher niedrigen Temperaturen. Sie beginnt um 1645, endet etwa 1715 und wird als „Maunder-Minimum" bezeichnet.

## 1713 – Hans Carl von Carlowitz fordert in der *Sylvicultura Oeconomica* eine nachhaltige Waldnutzung

Hans Carl von Carlowitz, Sohn des kursächsischen Landjägermeisters Georg Carl von Carlowitz, studiert 1664/65 zwei Semester in Jena Rechts- und Staatswissenschaften, Naturwissenschaften und Sprachen. Auf seiner anschließenden, vierjährigen Kavaliersreise durch Europa sieht er oft devastierte Wälder. Zunächst geht es in die Niederlande nach Leyden und Utrecht, wo er sein Studium fortsetzt. Im Spätsommer des Jahres 1666 erlebt er in London, wo gerade eine Pestepidemie abklingt, den „Großen Brand", dem 13.200 Gebäude zum Opfer fallen. Gerüchten nach sollen Ausländer das Feuer gelegt haben; von Carlowitz wird angegriffen und vorübergehend inhaftiert.

In Frankreich interessiert sich der junge leidenschaftliche Wissenschaftler für die neuen Waldgesetze des Ministers Jean-Baptiste Colbert, die den Holzeinschlag und die Devastierung der Wälder erheblich mindern sollen. In Sachsen assistiert er 1676 seinem Vater bei der Vermessung der Landesgrenze zu Böhmen. Im selben Jahr wird er aufgrund seiner *„Tüchtigkeit in der Förderung und Verbesserung des Hüttenwesens"* Vize-Berghauptmann [213].

Neben extremen Witterungsereignissen – hauptsächlich trockenen Sommern und Stürmen – und dem starken Befall wertvoller Fichten- und Tannenbestände mit Borkenkäfern prägen intensive Nutzungen die devastierten Wälder des Erzgebirges. Erfolgreicher Bergbau ist auch im Erzgebirge nur auf der Basis einer ausreichenden Holzversorgung möglich. Ab 1709 wirkt von Carlowitz als Kammer- und Bergrat und ab 1711 als Oberberghauptmann im sächsischen Freiberg.

Er sieht sich in der staatsbürgerlichen Pflicht, seine fachlichen Erfahrungen und Empfehlungen an kommende Generationen weiterzugeben und verfasst sein Opus Magnum, das bemerkenswerte, praxisnahe forstwissenschaftliche Grundlagenwerk *Sylvicultura Oeconomica*, Oder Haußwirthliche Nachricht und Naturmäßige Anweisung Zur Wilden Baum-Zucht [214], das 1713 auf der Leipziger Ostermesse vorgestellt wird. Es entfaltet eine gewaltige Wirkung. Ein Jahr nach seiner Veröffentlichung stirbt von Carlowitz in Freiberg [215].

In der *Sylvicultura Oeconomica* fordert von Carlowitz die *„sothane Conservation und Anbau des Holtzes anzustellen, daß es eine continuirliche, beständige und nachhaltende Nutzung gebe"* [216]. Das Werk, das wichtige Anweisungen für einen dauerhaft erfolgreichen, wohlbemerkt einen *nachhaltigen* Waldbau enthält, ist ein bedeutendes *„Gründungsdokument "der Forstwissenschaft"* [217]. Einem Wald höchstens die Menge an Holz zu entnehmen, die nachwächst, ist eine der berechtigten Kernempfehlungen. Heute sehen viele in der *Sylvicultura Oeconomica* die Entdeckung des Prinzips der Nachhaltigkeit – und auch den Beginn einer nachhaltigen forstlichen Wirtschaftsweise.

Indessen fokussieren sich die Forstwissenschaften und der praktische Waldbau in den zweieinhalb Jahrhunderten nach dem ersten Erscheinen der *Sylvicultura Oeconomica* auf eine Maximierung des Holzertrages unter Berücksichtigung der Leistungsfähigkeit des Waldes – unter Vernachlässigung ökologischer Aspekte [218].

Bis zur Mitte des 20. Jh. verwandeln Waldarbeiter durch intensive Nutzung devastierte Wälder in ausgedehnte Monokulturen. Fichten dominieren bald in den Mittelgebirgen, Kiefern auf armen sandigen Böden in Nord- und Nordostdeutschland. Die Artenvielfalt nimmt ab. Trotz häufiger Kalamitäten und starkem Sturmwurf ändert sich das forstliche Konzept nicht grundlegend; Nadelgehölze fördern die Versauerung der Böden. Erst das in den 1970er-Jahren wachsende Umweltbewusstsein und die Diskussion um das Waldsterben führen zu einem Umdenken.

Der Waldumbau hat mittlerweile vor allem in staatlichen Forsten begonnen. Unsere (Ur-) Enkel könnten erstmals seit dem frühen Mittelalter wieder naturnahe Wälder zwischen Rhein und Oder erleben,

- ginge der mangels natürlicher Feinde immer noch zu hohe Wildbestand durch natürliche Feinde wie Wölfe und durch die Jagd entscheidend zurück,
- würden Wälder mit verschieden alten Bäumen in unterschiedlichen Abständen und mit geeigneten Arten bepflanzt und
- nähme die Naturverjüngung beträchtlich zu.

Manche sehen allerdings immer noch in den geordneten, düsteren Nadelwald-Monokulturen mit gleichabständigen, kerzengeraden, astarmen Bäumen den idealen Wald. Sein wohl einziger wirklicher Vorteil liegt darin, dass wir auf den weichen, sich schwer zersetzenden Nadelstreuauflagen der versauerten Böden dieser Forsten rückenschonender laufen können [219].

## 1714 – „Schaffensparenputzen". Herzog Eberhard Ludwig von Württemberg erlässt die Gassen-Säuberungsordnung



Es staubt gewaltig! Vor mehr als 18.000 Jahren führen in den kurzen Sommern aus dem nordischen Inlandeis strömende Schmelzwässer neben Sanden und gröberem Material auch feinen Schlamm – vom Eis abgetragene und zerriebene Gesteinspartikel. Der Schlamm lagert sich im Vorfeld der skandinavischen Gletscher ab, trocknet bald und wird als Staub ausgeweht. Winde aus nördlicher Richtung bringen ihn nach Süden vor den Mittelgebirgsrand. Dort lagern sie Staubkorn auf Staubkorn ab: fruchtbarer Löss wächst auf. Der Rhein und seine Nebenflüsse führen Schlamm von Alpengletschern in den Oberrheingraben. Stürme verwehen die trockenen Schlämme, auch in den Kraichgau. Es ist eine überaus staubige Zeit.

In den ersten Jahrtausenden der Nacheiszeit hält die Waldvegetation den eiszeitlichen Staub fest: Laub- und Nadelstreu bedecken ihn. Bäume und Büsche mindern die Windgeschwindigkeiten. Biologische Stäube ersetzen mineralische: Blütenstaub bedeckt im Frühjahr fast alle Oberflächen. Nordwestwinde führen gelegentlich Aschen von Vulkanausbrüchen aus Island nach Mitteleuropa. Anhaltende kräftige Winde aus südlicher Richtung vermögen Feinsande und Stäube aus der Sahara nach Mitteleuropa zu transportieren; rötliche Schleier auf weißen Oberflächen sind untrügliche Belege.

Seit dem Beginn des Ackerbaus fördern wir Staubtransporte, indem wir während der Wetterlagen mit kräftigen Winden die Verwehung von Staubpartikeln von Äckern mit geringer oder gänzlich fehlender Pflanzenbedeckung ermöglichen. Der Staub legt sich auf die Straßen und Gehwege, auf die Pflanzen in Vorgärten und Parks. Er bedeckt die Felder und das Laub der Wälder. An unseren Schuhen haftend und durch geöffnete Fenster und Türen gelangt er in unsere Wohnungen.

Mit zunehmendem Staub und anderen Verunreinigungen im öffentlichen und privaten Raum entsteht die Notwendigkeit der Reinigung. Seit Jahrhunderten regeln wir bis ins Detail die Reinigungsvorgänge.

Blicken wir in den Südwesten. Die älteste bekannte Quelle zur Minderung der Verschmutzung öffentlicher Räume in Württemberg stammt aus dem Jahr 1492. Während Christoph Kolumbus Indien verfehlt und die Karibik entdeckt, sorgt sich Graf Eberhard im Bart um den in Stuttgart überhandnehmenden Schmutz. Vierzehntägig ist dieser ab 1492 in der Nacht zu entfernen und der Unrat in die Bäche zu entsorgen.

Im Jahr 1714 aktualisiert Herzog Eberhard Ludwig von Württemberg die dann sieben (!) Seiten umfassende Stuttgarter Gassensäuberungsverordnung. Seine löbliche Initiative ist bedauerlicherweise nicht vom erwünschten Erfolg gekrönt. Auch Jahre später liegen noch Misthaufen in den Straßen Stuttgarts. 1740 wird ein zweiter und 1811 ein dritter Reinigungstag in der Woche eingeführt, Ende des 19. Jh. gar das tägliche Kehren der Straßen zur Pflicht. Aus der Kehrwoche sind sieben Kehrtage geworden (Abb. 2.40).

Frauen tragen während der Reinigung von Straßen, Gassen und Treppenhäusern Kittelschürz und Kopftuch, Männer Huat (Hut) und Kittel. Die üblichen Requisiten umfassen Oimer (Eimer), Fegerle (Handfeger), Kehrbäsa (Kehrbesen), Kutterschaufel (Kehrschaufel), Kuttereimer (Mülltonne), im Winter auch die Schneeschaufel, natürlich Wasser, Putzlompa (Waschlappen/Feudel), Putzlappa (Staub- und Poliertuch) und zur Markierung der zum Putzen verpflichteten Menschen das berühmte Schildle (Kehrwochenschildchen). Frauen und Männer entfernen den Staub: Sie reinigen den Herbscht − a Jesasg'schäft (Herbstlaub), früher vermehrt Rossbolla (Pferdeäpfel), in jüngerer Zeit besonders auch Hundeböbbala (Hundekot), leider immer noch Kaugummi und kloine Sauereia (Zigarettenkippen). Gelegentlich liegen auch die Epfelbutza (die abgegessenen Kerngehäuse von Äpfeln), die Bananaschal' und das Bombobabierla (Bonbonpapierchen) auf den Gehwegen herum [222].

Am 17. Dezember 1988 verkündet der Stuttgarter Oberbürgermeister Manfred Rommel schwer Fassbares: Gehwege und öffentliche Straßen müssen nicht mehr verpflichtend einmal wöchentlich, sondern nur noch bei Bedarf gereinigt werden − ein Tabubruch, der bei nicht wenigen, die Kehrwoche liebenden Stuttgarterinnen und Stuttgartern Entsetzen und Befürchtungen auslöst. Einige Wochen später begründet Rommel sein gänzlich unerwartetes Vorgehen in einer Büttenrede: *„Wir haben die Kehrwoche abgeschafft, um der kulturellen Isolierung zu entrinnen."* [223].

Zur Schaffung eines reinen Schwabenlandes ergehen mehrere Verordnungen (Au.swahl) [224]:

| | |
|---|---|
| 1492 | Graf Eberhard im Bart erlässt eine Verordnung für Stuttgart: *„Damit die Stadt rein erhalten wird, soll jeder seinen Mist alle Woche hinausführen, jeder seinen Winkel alle vierzehn Tage, doch nur bei Nacht, sauber ausräumen und an der Straße nie einen anlegen. Wer hat kein eigenes Sprechhaus (=WC) hat, muss den Unrath jede Nacht an den Bach tragen"* [225] |
| 1714 | Herzog Eberhard Ludwig von Württemberg verfügt am 12. Januar die aktualisierte Stuttgarter Gassensäuberungsverordnung, da die Sauberkeit der Stadt sehr zu wünschen ließ [226]. |
| 1740 | Die Gassensäuberungsverordnung wird erneut aktualisiert; die Straße ist zweimal in der Woche zu kehren. |
| 1811 | Die für Stuttgart und Ludwigsburg erlassene *„Erneuerte Straßen-Polizei-Ordnung"* verfügt neben Samstag und Mittwoch den Montag als dritten Reinigungstag. |
| 19. Jh. | Eine neue Verordnung macht aus der Kehrwoche sieben Kehrtage |
| 1988 | Die Gehwege und öffentlichen Straßen Stuttgarts sind bloß noch bei Bedarf zu reinigen [227] |

Neben den gut geregelten Kehrvorgängen beeindrucken die zeitlichen und räumlichen Abläufe. So beglückt eine Vielfalt von Kehrwochentypen die in Schwaben lebenden Menschen: Die Außakehrwoch' (Außenkehrwoche) − die Reinigung um das Haus und des Bürgersteiges unter Beobachtung der Nachbarn. Die groß' Kehrwoch' (Große Kehrwoche), die die Außenkehrwoche sowie die Reinigung des Zugangs zum Haus, der Einfahrt zu den Garagen, des Stellplatzes der Mülleimer, der Haustür, der Briefkästen und der Klingelanlage, im Haus der Treppen vom Dachboden bis zum Keller, des Waschraums u. v. a. m. umfasst. D' Ennakehrwoch' (Innenkehrwoche) mit dem Putzen des Treppenhauses bis in die letzte Ecke und die Kleine Kehrwoche mit der Säuberung des Flurs vor der eigenen Wohnung [228].

Das Kehrgut darf jedoch keinesfalls in den Abwasserkanal gelangen! Mülltonnen entleert man seit Jahrzehnten regelmäßig und wohlorganisiert. Der in Mülltonnen ein-

**Abb. 2.40**  „Kehrwoche". Text auf der Tafel:

*„In dieser Woche ist reinigen zu lassen: 1) die Straße, 2) die Einfahrt und der Hof, 3) die Glockenzüge. Im Sommer muß der polizeilichen Vorschrift gemäß bei starker Hitze die Straße begossen und im Winter das Troittoir vom Schnee gereinigt und bestreut werden.*

*Rickele! Die Straße kehren!! Soll das Zerfen (**Zanken**) ewig währen? Gleich wird's wieder acht Uhr schlagen. Laß dir's doch nicht täglich sagen! Sieh, schon kommt die Polizei, Da, der Rotbart macht Geschrei, Steckt gewiß am Ende noch, Ricke, dich ins schwarze Loch, Denn statt deinen Arm zu rühren, Kehrst immer du vor Andrer Thüren, Schielst verliebt wie eine Katz, Stets nach einem neuen Schatz. Diese Tafel ist am Ende der Woche dem nächsten Hausbewohner, an den die Reihe kommt, zu übergeben."*

gesammelte Staub wird mit den größeren Bestandteilen abtransportiert, erfasst und aufbereitet. Schadstoffarme Stäube lagert man auf oberirdischen Deponien, vorwiegend industrielle, nicht in und an schwäbischen Haushalten anfallende schadstoffreiche unter Tage. Es bleibt leider unklar, wie viele der durch das Kehren aufgewirbelten Stäube Menschen in Schwaben seit dem Erlass von Graf Eberhard im Bart im Jahr 1492 eingeatmet haben. Und welche gesundheitliche Folgen dies hatte.

## 25. Dezember 1717 bis 1719 – Die Weihnachtssturmflut 1717 und das Marschenfieber an der Nordseeküste

Am 24. Dezember 1717 dreht der Wind auf Nordwest. In den ersten Stunden des 25. Dezember erreicht er Orkanstärke. Auf den Deichen lastet bald ein ungeheurer Wasserdruck. Die hohe Flut kommt unerwartet und rasch. Sie zerstört Deiche an der Nordseeküste und hebt Schiffe in die eingedeichte Marsch. Die Wassermassen reißen Gebäude mitsamt den Bewohnerinnen und Bewohnern fort. Mehr als 10.000 Menschen kommen ums Leben. In manchen Marschen dauert es Monate, in anderen Jahre, bis die Deiche instandgesetzt sind und die täglich zwei Mal auftretende Flut nicht mehr eindringt [229].

In den außergewöhnlich heißen und trockenen Sommern 1718 und 1719 bleiben die Wasserstände in den Entwässerungsgräben hoch, die Kleie feucht und flache Senken wassererfüllt. In beiden Sommern verbreitet sich eine scheinbar außergewöhnliche Krankheit an der Nordseeküste: ein Wechselfieber, dass aufgrund seiner Begrenzung auf die bewohnten Kleiböden als „Marschenfieber" bezeichnet wird, die Malaria. Die Verläufe des endemischen Wechselfiebers, das Ärzte „Febris intermittens" nennen, können recht verschieden sein. Die „Tertiana", das Dreitagefieber, tritt jeden zweiten Tag auf. Bei der „Quartana", dem Viertagefieber, folgen auf einen Fiebertag zwei Tage ohne wesentlich erhöhte Temperatur und dann wieder ein Fiebertag. In der Bevölkerung der Marschen bürgern sich die Begriffe „Küstenseuche", Sumpffieber", „Erntefieber", „Stoppelfieber" und „Herbstfieber" ein, die vermeintlich verschiedene Krankheiten räumlich oder zeitlich beschreiben. „Kaltes Fieber" nennt man Schüttelfröste mit Kälteschauern.

Weitere Merkmale sind Appetitlosigkeit, Durchfall und starkes Erbrechen, Fieberschübe und Bewusstseinsstörungen, nicht selten verbunden mit schmerzhaften Schwellungen der Milz. Wechselfieber-Epidemien geht ein typischer Witterungsverlauf voraus: Zunächst bedarf es nasser Kleiböden und wassererfüllter Gräben und Pfützen. Für diese Feuchte sorgen an der Nordseeküste besonders schwere deichbrechende Sturmfluten. In den darauffolgenden, heißen Sommern treten Wechselfieber-Epidemien auf [230].

Der für 1717 bis 1719 beschriebene Ablauf, der in Marschenfieber-Epidemien mündet, wiederholt sich ein gutes Jahrhundert später. Vier Stürme und Sturmfluten treffen von Oktober bis Dezember 1824 auf die Nordseeküste. Sie beschädigen vor allem auf den nordfriesischen Inseln Deiche. In der Nacht vom 2. auf den 3. Februar 1825 regnet es kräftig; der Wind frischt auf. Am 3. Februar ist Vollmond. Mit diesem verbunden erwarten die Menschen eine Springflut. Am Abend dreht der Sturm auf Nordwest. Orkanartige Böen drücken in der Nacht vom 3. auf den 4. Februar und in den Mittagsstunden des 4. Februar während der Tidenhochwasser Meerwasser über die vorgeschädigten Deiche der Insel Pellworm, auf die Warften, die kleinen Wohnhügel der Halligen, und an die Dünen der ost- und nordfriesischen Inseln, die teilweise abrutschen und fortgespült werden.

Ungefähr 800 Menschen kommen bei der Großen Halligflut im Februar 1825 an der Nordseeküste zu Tode. Eine ungewöhnlich starke und anhaltende Hitze prägen

den Juni und Juli 1826. Im Vorjahr überflutete Marschen sind noch nicht entwässert, verschlickte Gräben noch nicht gereinigt. Unzählige Tümpel durchziehen das Sietland. Eine Marschenfieberepidemie setzt ein. Auf einigen Höfen erkranken Bewohnerinnen und Bewohner; in manchen Häusern lebt bald niemand mehr. Im Land Wursten zwischen Bremerhaven und Cuxhaven verdreifacht sich die mittlere Sterbeziffer [231].

Das Marschenfieber erfasst auch den Deichgrafen Hauke Haien in Theodor Storms berühmtem Roman „Der Schimmelreiter". Storm beschreibt präzise die Symptome der Erkrankung [232].

Wie erklären sich die Menschen das Wechselfieber? Bis in die zweite Hälfte des 19. Jh. sieht man in „Ausdünstungen" der Marschenböden, dem „Miasma", die entscheidende Ursache – in Gräben und Pfützen bei großer Hitze „gärende" Pflanzenreste sollen die „schädliche Sumpfluft" und damit das Wechselfieber erzeugt haben.

Fast wird die tatsächliche Ursache bereits 1826 entdeckt: Der Amtsarzt Fredericus Augustus Ludovicus Popken aus Jever beobachtet im Sommer 1826 während der Wechselfieber-Epidemie eine Massenvermehrung von Mücken in den Marschen. Er stellt fest, dass das Räuchern mit Chlordämpfen – eine von dem französischen Juristen und Politiker Louis Bernard Guyton de Morveau entwickelte Methode – in den geschlossenen Räumen einer Kaserne in Jever Neuerkrankungen von Rekruten verhindert. Das Gebäude liegt an einem wassererfüllten Graben. Die Heilkraft der Chlordämpfe sieht Popken als Mittel gegen das Miasma an. Was unternehmen die Infizierten gegen das Wechselfieber? Wirkungslose Hausmittel wie Senfumschläge, Gänseblümchentee und der erschöpfende Tanz junger Mädchen sind ebenso in Gebrauch wie gefährliche, darunter Aderlass und große Mengen der Lake von Sauerkraut oder von Jalapenharz in Branntwein [233].

Ein traditionelles Arzneimittel wirkt effektiv gegen das Wechselfieber: die Rinde der von Peru bis Kolumbien heimischen Baumarten Gelber und Roter Chinarindenbaum (die Arten *Cinchona officinalis* und *Cinchona pubescens*), Chinarinde oder Jesuitenpulver genannt. Menschen aus Europa lernen ihre Wirkung im Süden Ekuadors um 1630 kennen. Mit der 8. Generalkongregation der Jesuiten in Rom im Jahr 1645 beginnt die Therapierung von Wechselfieber in Europa mit Chinarinde. Ärzte behandeln 1652 das Wechselfieber von Erzherzog Leopold Wilhelm von Österreich mit diesem Wundermittel. Streit gibt es immer wieder um die zu applizierenden Mengen; eine Überdosis löst bei vielen Patienten Herzinsuffizienzen aus. Die meisten Ärzte zweifeln noch lange an der Wirksamkeit des neuen Medikaments.

Im Jahr 1820 extrahiert der französische Chemiker Pierre-Joseph Pelletier erstmals Chinin aus der Rinde des Chinarindenbaumes. Das bitter schmeckende Pulver kann nun exakt dosiert werden; Chinin beginnt sich schrittweise

**Abb. 2.41** Blütenstand des Chinarindenbaumes (*Chichona pubescens* und *Chichona officinalis*), aus dem Chinin gewonnen wird, auf einem historischen Palmin-Sammelbild

als Antimalariamittel durchzusetzen. Vorübergehend wird es knapp, da die nunmehr unabhängigen Anbaustaaten in Südamerika ein Exportverbot verhängen. Anbauversuche in Niederländisch-Ostindien gelingen und 1869 wird auf Java die erste Chinarinde außerhalb von Südamerika geerntet. Hohe Preise für Chinin verhindern einen verbreiteten Einsatz; Wohlhabende vermögen es zu erwerben.

1928 wird das erste synthetische Mittel gegen Malaria eingeführt: Pamaquin. Sechs Jahre danach folgt Mepacrin; 1945 wird Chloroquin eingeführt. Es verdrängt Mepacrin. Schon 1959 beobachtet man erstmals Resistenzen von *Plasmodium falciparum* gegen Chloroquin. Trotz der Einführung weiterer synthetischer Medikamente wie Mefloquin weicht aufgrund der zunehmenden Resistenzen gegen moderne Chemotherapeutika die anfängliche Euphorie. Heute wird auch wieder auf das traditionelle Naturheilmittel Chinin zurückgegriffen (Abb. 2.41); es hat seine Wirksamkeit nicht verloren [234].

Zur Epidemiologie des Wechselfiebers, der Malaria.
Ende des 19. Jh. erzielt die Erforschung der Epidemiologie des Wechselfiebers und anderer Fieber erste bedeutende Erfolge. Plasmodien – einzellige Parasiten – verursachen bei Menschen Malariainfektionen. *Plasmodium vivax* und *Plasmodium ovale* rufen das Dreitagefieber, die gutartige Tertiana hervor. *Plasmodium malariae* ist der Erreger des Viertagefiebers, der Quartana. *Plasmodium falciparum* ist für die maligne, die „bösartige" Malaria verantwortlich. Sie tritt überwiegend in den immer- und wechselfeuchten Tropen und Subtropen auf

und fordert dort aktuell jährlich fast eine Million Menschenleben [235].

Stechmücken der Gattung *Anopheles* vermehren sich bei hohen Temperaturen massenhaft in Gräben und Pfützen. Sie können Plasmodien übertragen. Eine Anopheles-Mücke bringt über ihren Speichel bei einem Stich in die Haut eines Menschen einige Hundert infektiöse Plasmodien, die Sporozoiten, in den Blutkreislauf ein. Die Sporozoiten wandern mit dem Blut in Leberzellen des Menschen, wo sie sich teilen und in kurzer Zeit drastisch vermehren. Sie können in der Leber verbleiben oder zurück in den Blutkreislauf gelangen. In 48- oder 72-stündigen Zyklen rufen sie Fieber hervor, Malaria Tertiana oder Quartana. Über einen erneuten Stich in die Haut des Menschen vermögen Mücken lebende Plasmodien wieder aus dessen Blutbahn aufnehmen. Im Darm der Mücken entwickeln sich die Plasmodien weiter, so dass sie mit einem weiteren Stich in die Blutbahn eines anderen Menschen kommen können. Die Plasmodien sterben im menschlichen Blut artabhängig nach einem Tag oder nach bis zu drei Wochen ab [236].

Das Wechselfieber war in Mitteleuropa seit der Spätantike, vermutlich schon weitaus länger verbreitet [237]. Die hohe Zahl an Todesopfern in den heißen Sommern nach den Sturmfluten 1717 und 1825 an der Nordseeküste führen einige der heute zu diesem Thema Forschenden auf die maligne Malaria zurück, die missverständlich Malaria tropica genannt wird. Entwässerungsmaßnahmen lassen im späten 19. und im frühen 20. Jh. die Erkrankungsfälle in den Marschen erheblich zurückgehen und das Wechselfieber aus dem kollektiven Gedächtnis der Marschenbevölkerung verschwinden. In wenigen Gebieten Ostfrieslands bleibt die Seuche noch endemisch [238].

Albrecht Dürer litt unter wiederkehrendem Fieber (Abb. 2.42). Hatte er sich in dem warmen Winter 1520/21 auf einer Studienreise in die niederländische Provinz Zeeland mit Malaria Tertiana infiziert? Hatten dort Anophelesmücken überlebt? Oder erfolgte die Übertragung der Plasmodien schon früher, in einem warmen Sommer in Nürnberg oder während der zweiten italienischen Reise 1505-07? Der Bonner Mikrobiologe Hanns M. Seitz bezweifelt eine Malariainfektion im Winter in den Niederlanden; auch sei der Krankheitsverlauf untypisch für Malaria Tertiana gewesen [239]. Möglicherweise zeichnete Dürer das Selbstbildnis für einen Arzt. Der Finger Dürers zeigt auf die gelb markierte Gegend der Milz. Dürer nahm Schöllkraut (*Chelidonium majus*) als Medizin gegen das Fieber ein [240].

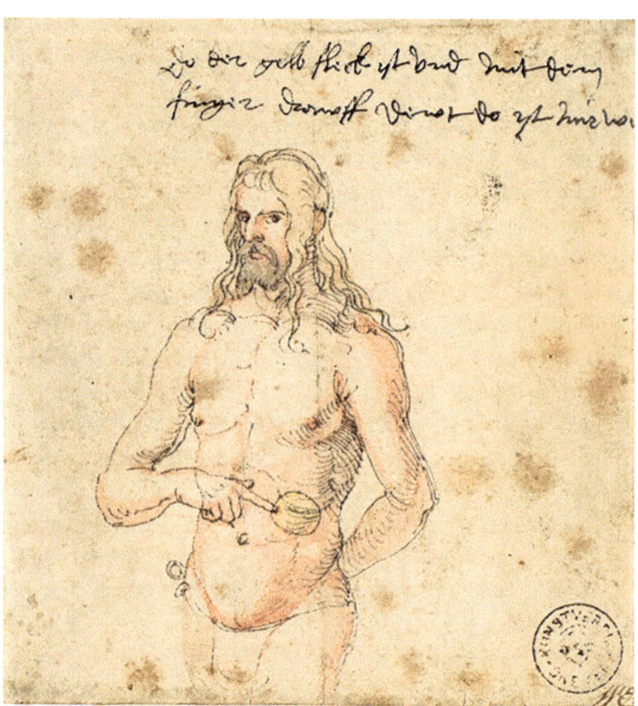


**Abb. 2.42** *„Do der gelb Fleck ist vnd mit dem finger drawff dewt do is mir we"* (Dort, wo der gelbe Fleck ist, und [ich] mit dem Finger drauf deute, da ist mir weh). Text auf Dürers Selbstbildnis. Dunkelbraune Federzeichnung, mit Aquarell leicht getönt. Kunsthalle Bremen – Der Kunstverein in Bremen. Kupferstichkabinett (Foto: Lars Lohrisch)

## 1721 bis 1725 – Das schwimmfähige Sehestedter Außendeichsmoor im Jadebusen wird teilweise eingedeicht

Seggen und Schilf gedeihen im flachen und ruhigen Wasser. Sie wurzeln im Mineralboden. Absterbende Pflanzenteile verbleiben auf und in dem nassen mineralischen Boden. Im Wasser zersetzen sie sich ganz langsam; sie wachsen in die Höhe. Später wurzeln Seggen und Schilf in den aufwachsenden wassergesättigten Pflanzenresten – dem Torf eines Niedermoors, der etwa zu 90 % aus Wasser und zu 10 % aus lebenden und sich zersetzenden Pflanzen und auch Tieren besteht. Torf ist leichter als Wasser. Nährstoffhaltiges Grundwasser durchströmt Niedermoore. In regenreichen Regionen wie dem nordwestlichen Niedersachsen können Moore aus dem Grundwasser herauswachsen. Sie entwickeln sich zu Hochmooren, die nur von den auf sie fallenden Niederschlägen gespeist werden. Da Regen fast keine Nährstoffe enthält, bleiben Hochmoore extrem nährstoffarm.

Leicht abspülbare schluffig-tonige Kleie der Marschen, sandige Uferwälle oder Sande und Lehme der Geest liegen an der Nordseeküste an der Oberfläche. Sie schützen kaum vor Meereseinbrüchen durch Sturmfluten. Aus diesem Grund errichten an den Küsten lebende Menschen auf ihnen bereits im hohen Mittelalter niedrige Deiche. Schwere Sturmfluten überströmen und zerstören die Deiche, dringen weit in die vermoorten Täler im Hinterland vor [241].

Im Verlauf mehrerer Sturmfluten entstehen die großen Nordseebuchten Dollart und Jadebusen. Hier können die Wassermassen Nieder- und Hochmoore großflächig leicht zerstören. An den Rändern der neuen Meeresbuchten verbleiben Moorreste. An deren Meerseite zeigt sich bei schweren Sturmfluten ein überraschendes Phänomen: Da Moore leichter als Wasser sind, schwimmen Küstenmoore bei schweren Sturmfluten auf – sie bieten dann einen nahezu perfekten Schutz für das Hinterland. Dabei reißen die Wassermassen meerseitig wenige Quadratmeter kleine bis gelegentlich mehrere Hektar große Moorblöcke ab. Diese können über Distanzen von Kilometern mit der Flutströmung verdriftet werden.

Der friesische Theologe, Historiker und Geograph Ubbo Emmius berichtet 1616 von der zweiten Cosmas- und Damianflut, die am 25./26. September 1509 große Wassermassen weit in das Land am Dollart einbrechen und Menschen, Städte und Dörfer untergehen ließ. Vom Groninger Rand des Dollart riss damals ein voluminöser Moorblock mit 10 bis 12 Stück Großvieh ab. Er schwamm mit den Tieren über rund 20 km auf die ostfriesische Ostseite der Bucht [242].

Nur ein episodisch aufschwimmendes Moor hat sich in Europa erhalten. Es liegt außendeichs bei Sehestedt, im südöstlichen Jadebusen. Um 1250 v. Chr. beginnt hier, viele Kilometer von der Nordseeküste entfernt im Binnenland, ein riesiges, Grundwasser gespeistes Niedermoor zu wachsen. Ungefähr ein Jahrtausend später hat der wassererfüllte Niedermoortorf eine Höhe von 1 m erreicht. Niederschläge von derzeit rund 760 mm im Jahresmittel ermöglichen das weitere Moorwachstum: Ein nährstoffarmes Hochmoor wächst auf dem nährstoffreicheren Niedermoortorf auf. Der Torfkörper des Hochmoors erreicht eine Höhe von 3 bis 4 m [243].

Schwere Sturmfluten brechen im hohen und späten Mittelalter weit in das Binnenland bis zu dem Hochmoor ein. Sie zerstören große Teile des Hochmoors und lassen den Jadebusen entstehen, der am Ende des Spätmittelalters weit größer als heute ist. Bis zum Ende des 17. Jh. ringen die Menschen dem Meer wieder einige Gebiete ab und schützen sie durch Deiche rund um den Jadebusen. Schließlich fehlt noch ein kurzer Deichabschnitt im Südosten, wo ein Rest des Hochmoors liegt.

Einen Deich auf einem Hochmoor zu bauen, ist eine enorme Herausforderung. Der dänische König Friedrich IV. strafversetzt 1718 Admiral Christian Thomesen Sehested als Oberlandrost in die damals dänische Grafschaft Oldenburg. Sehested lässt die von Sturmfluten zerstörten Deiche

**Abb. 2.43** Der südliche Teil des Sehestedter Außendeichsmoors wurde vor wenigen Jahren während einer Sturmflut gegen den von einer Stahlmauer gekrönten Deich geschwemmt

**Abb. 2.44** Von einer Sturmflut abgerissener Darg im Vorland des südlichen Sehestedter Außendeichsmoors am Jadebusen

instand setzen und von 1721 bis 1725 durch bis zu 2000 Arbeiter die am Hochmoorrest verbliebene Lücke im Deich um den Jadebusen schließen. Mit einem immensen Arbeitsaufwand, der die Nutzung von kleinen Schiffen zum Materialtransport in eigens angelegten Kanälen einschließt, gelingt es den Arbeitern endlich, einen flachen Deich auf das Hochmoor zu setzen. Der Deichkörper besteht aus mineralischem Klei, ist schwerer als das unterliegende Hochmoor. Er sinkt schon beim Bau in das Moor ein. Die geplante Höhe wird nicht annähernd erreicht; Sackungen erfordern auch später Deichreparaturen (Abb. 2.43).

Der Deich teilt das Moor in einen landseitigen fixierten und einen meerseitigen, weiterhin episodisch aufschwimmenden Bereich. 166 Hektar Moorfläche bleiben 1725 mit mehreren Höfen, Bewohnern und Haustieren außendeichs im Jadebusen und damit den Gezeiten ausgesetzt. An den Wohngebäuden liegen flache Brunnen, in denen sich das Süßwasser aus dem umgebenden Hochmoortorf sammelt. Zwischen den Entwässerungsgräben bauen die Bewohnerinnen und Bewohner Getreide und später auch Kartoffeln an. Auf anderen Flächen weiden Rinder und Schafe, wodurch das Aufkommen von schweren Gehölzen und damit eine Verbuschung verhindert wird [244].

Meerseitig endet das Hochmoor in einer Abbruchstufe. An der Stufe trocknet der Torf gelegentlich aus, wodurch sein Gewicht deutlich abnimmt. Schwere Sturmfluten heben das leichte Hochmoor um bis zu 2 m meerseitig an; dadurch klappt es an der Grenze zum unterliegenden Niedermoor mitsamt Menschen, Tieren und Gebäuden auf. Im höheren Teil des Moores bleibt das leichtere Süßwasser, in den unteren vermag das schwerere Salzwasser einzudringen.

Mit der Hebung öffnen sich tiefe Risse; Moorblöcke, Dargen genannt, brechen ab. Einige Dargen setzen sich auf den vorgelagerten Salzwiesen ab, andere driften fort oder

werden von den Wellen der nächsten Fluten zerschlagen. Schließlich ist der verbliebene Hochmoorkörper so klein, dass er bei einer schweren Sturmflut zunächst meerwärts aufklappt und dann insgesamt gehoben wird. Schwebstoffreiches Wasser fließt unter den Hochmoortorf. Die im Flutwasser mitgeführten Schwebstoffe setzen sich als dünne Kleischicht zwischen den Hoch- und Niedermoortorfen ab. Diese Vorgänge wiederholen sich bei jeder schweren Sturmflut, so dass über einen längeren Zeitraum ein neues Kleipaket mit feinen Schichten entsteht, der „Klappklei". Karl-Ernst Behre weist nach, dass das Kleipaket unter dem Sehestedter Außendeichs-Hochmoor größtenteils 8 bis 25 cm mächtig ist [245].

Nach der Eindeichung 1725 schrumpft das Außendeichsmoor durch Abrisse von Dargen während der Sturmfluten (Abb. 2.44). 1890 nimmt es noch eine Fläche von 75 ha ein, 1971 sind es noch 15 ha und 2012 weniger als 10 ha. Am 1. November 2006 löst der Orkan „Britta" die Allerheiligenflut an der Nordseeküste aus. Sie reißt den südlichen Teil des Sehestedter Außendeichsmoors ab, versetzt ihn um einige Meter nach Süden, drückt ihn an den Deichfuß und presst die Hochmoortorfe dort mehr als einen Meter hoch auf. Seitdem besteht das Außendeichsmoor aus zwei Teilen. Das Sturmtief „Tilo" führt am 9. November 2007 große Wassermassen in den Jadebusen (Abb. 2.43). Die Flut hebt den südlichen Teil des Außenmoors und schiebt ihn gegen den Deich [246].

Bereits 1938 wird das Sehestedter Außendeichsmoor aufgrund der dort gedeihenden seltenen Pflanzen- und Tierarten und der außergewöhnlichen geologischen und ökologischen Entwicklung gegen den Widerstand der wenigen auf ihm verbliebenen Menschen unter Naturschutz gestellt. Damit wird es vor der zweiten Bedrohung neben den Sturmfluten, dem Ackerbau, geschützt. Insbesondere das Einbringen von Klei als Dünger auf die Hochmooräcker im nördlichen Teil hat das Moorgewicht erhöht; seine

Fähigkeit, aufzuschwimmen, droht zu enden. Die Bauern haben die landwirtschaftliche Nutzung einzustellen.

Birken, Faulbäume und Vogelbeeren beginnen zu wachsen. Sie verbrauchen viel Moorwasser und verändern einige Standorte. Als Naturschutzmaßnahme wird seit 1971 auf zwei Versuchsflächen das Aufkommen von Gehölzen verhindert; dort regeneriert sich die Hochmoorflora. Seit 1986 ist das Moor Teil des Nationalparks Niedersächsisches Wattenmeer. Es fällt den natürlichen Prozessen der Küstenformung weiter episodisch zum Opfer [247].

Besuchen Sie den durch einen kurzen Bohlenweg und einen außerhalb verlaufenden Rundwanderweg gut erschlossenen und mit Birken bestandenen Rest des einzigartigen Außendeichsmoors. Erkunden Sie die Veränderungen durch das Aufklappen und Aufschwimmen bei Sturmfluten – solange das letzte Außendeichsmoor noch da ist!

Familie Büsing in ihrem Haus auf dem Außendeichsmoor während der Sturmflut am 12. März 1906

*„Am 12. März wehte den ganzen Tag ein starker Sturm aus Nordwest, der sich gegen Abend zum Orkan steigerte. [...]. Gegen Mitternacht schlugen die Wellen an das Haus, und bald danach kam das Wasser unter den Türen durch ins Haus auf die Diele und in die Ställe. Das war ein böses Zeichen, denn noch 4 Stunden dauerte es bis zur Flut. Als erfahrener Fischer kannte Büsing die Tücke des Wassers. Er zog seine langen Fischerstiefel an und brachte die Sau in die Stube, die war einige Stufen höher. [...] Als Büsing wieder hinaus wollte, um die Schafe zu holen, war das Wasser so weit gestiegen, daß er die Tür nicht mehr öffnen konnte. Das Wasser drückte sie von draußen zu, und die Familie war in der Stube gefangen. [...] Das Wasser folgte unter der Tür durch in die Stube. [...] Und dann gelang es ihm, die Sau glücklich zu seiner Familie ins Bett zu bringen. Es ist wohl das erste Mal gewesen, daß eine Sau, eine Frau und 3 Kinder friedlich miteinander das Bett teilten. [..] Dann brach eine vom Deich zurückrollende Welle die Haustür auf, lief über die Diele, drückte eine Füllung der Stubentür ein und klatschte in die Stube. In demselben Augenblick brach unter dem Fenster das Wasser eine Steinfüllung aus dem Bindewerk. Und von nun an rollten die Wogen durch das offene Haus. [...] In höchster Not setzte Büsing seine beiden Söhne auf den Geschirrschrank zwischen den beiden Alkoven. Dann warf er die Sau aus dem Bett ins Wasser. Die Sau schwamm durch die Stube, kam wieder zurück zum Alkoven und wollte wieder aufgenommen werden. B. stieß sie zurück, die Sau*

*machte noch einmal die Runde durchs kalte Wasser und erschien nochmals vor dem Bett. Da hatte er Mitleid und zog sie wieder herein in den Alkoven. Das Tier hat sich nicht mehr gerührt, bis die Flut vorbei war. [...] Als Büsing die Diele wieder betreten konnte, waren die 3 Schafe und das Rind ertrunken. Nur die Kuh lebte noch. Sie hatte stundenlang schwimmend im eiskalten Wasser aushalten müssen."* [248].

Früher schwammen die Häuser auf dem Sehestedter Moor während schwerer Sturmfluten mit dem Torfkörper auf. Das letzte Haus der Familie Büsing war zu schwer, da es aus Fachwerk mit einem Skelett aus Holzbohlen und Steinfüllungen bestand. Daher drang die Flut am 12. März 1906 in das Gebäude. Familie Büsing, Wohnhaus und Schwein überstanden die Sturmflut. Das Haus fiel 1908 einem Brand zum Opfer, den ein Blitz ausgelöst hatte. Es war das letzte Gebäude auf dem Außendeichsmoor.

## 2.3   An der Schwelle zur Industrialisierung und zu den Agrarreformen

### Ab 1744 – Generierung von Umweltwissen durch die Preisfragen gelehrter Gesellschaften

Wie kann verborgenes Umweltwissen dem *bonum commune*, dem Gemeinwohl, zu Gute kommen? Das Zeitalter der Aufklärung eröffnet neue Wege. Der offene Gedankenaustausch in selbstbestimmten Gruppen oder organisierten geschlossenen Vereinigungen von Gelehrten bietet eine Möglichkeit der Wissensgenerierung und -verbreitung.

Doch ist nur ein Teil des notwendigen Wissens dort versammelt. So publizieren Zeitschriften im Auftrag gelehrter Gesellschaften ungelöste Fragen, die wiederum die überzeugendsten, anonym eingereichten Antworten in umfangreichen Manuskripten mit maßvollem Preisgeld oder mit Münzen prämieren, ehrenvoll mit Angabe des Verfassers veröffentlichen und damit den Autor weit über den Gelehrtenkreis hinaus bekannt machen. Unter den Preisträgern befinden sich zuvor überregional kaum bekannte Pastoren, Ärzte, Gymnasiallehrer, junge Dozenten und Professoren, gleichwohl auch manche berühmte Persönlichkeiten [249].

Vier Ärzte gründen 1652 in Schweinfurt die Academia Naturae Curiosorum, die 1677 von Kaiser Leopold I. offiziell bestätigt und zehn Jahre später von ihm mit besonderen Privilegien wie der Zensurfreiheit für ihre

Veröffentlichungen ausgestattet wird. Die gelehrte Gesellschaft erhält den Namen Sacri Romani Imperii Academia Caesareo-Leopoldina Naturae Curiosorum, kurz Leopoldina. Sie ist die älteste ununterbrochen existierende naturwissenschaftliche Akademie auf der Erde und hat seit 1878 ihren Sitz in Halle (Saale). 2008 wird sie zur ersten Nationalen Akademie der Wissenschaften Deutschlands erhoben. Seit 1792 vergibt die Leopoldina die Cothenius-Medaille für die Beantwortung wissenschaftlicher Preisfragen [250].

Die vom französischen Staat gegründete Académie Française beginnt bereits 1671 mit der Veröffentlichung wissenschaftlicher Preisaufgaben. Im Jahr 1744 folgt die Königlich Preußische Societät zu Berlin, 1752 die Königliche Societät der Wissenschaften zu Göttingen [251].

Gelehrte Gesellschaften wie die genannten sind fachlich ungebunden, andere konzentrieren sich auf die Wissensvermehrung in bestimmten Fachbereichen oder Regionen, so die Deutsche Geologische Gesellschaft und die Gesellschaft für Erdkunde mit Sitz in Berlin, der Naturhistorische Verein der preußischen Rheinlande und Westfalens in Bonn, die Naturforschenden Gesellschaften in Emden, Halle/Saale, Leipzig und Nürnberg, die Deutsche Gesellschaft für Hydrologie in Ems, die Senckenbergische Naturforschende Gesellschaft in Frankfurt a. M. und der Entomologische Verein in Stettin – um nur wenige, der vorwiegend bis in die 1850er-Jahre gegründeten Vereinigungen zu nennen [252].

Zurück zu den Preisfragen, die renommierte Juroren gelehrter Gesellschaften formulieren. In den Ausschreibungen dominieren pragmatische, populäre, drängende ökonomische Themen, darunter in Anbetracht von wiederholt schlechten Ernten in der zweiten Hälfte des 18. Jh. solche zur Verbesserung der Landwirtschaft. Nicht wenige finden keinen kompetenten Adressaten. So werden von den 100 Preisfragen, die die Königliche Societät der Wissenschaften zu Göttingen von 1753 bis 1853 veröffentlichen lässt, 49 nicht beantwortet und nur 30 mit Preisen geehrt. Schon damals bemühen sich die Gutachter der eingesandten Schriften, Plagiate zu identifizieren und deren Verfasser zu rügen [253].

Zwei umwelt- und landwirtschaftsbezogene Göttinger Preisfragen verdeutlichen exemplarisch die drängenden Themen jener Zeit [254].

Versetzen wir uns in das Jahr 1784. Höfe und Feldwege sind in der niedersächsischen Lößbörde noch nicht gepflastert. Regen fällt auf die Ackerböden, an deren Oberfläche eine vorzüglich an Schuhen oder unbekleideten Füßen haftende feuchte Lehmmasse liegt. Bauern tragen sie nach Hause in die Ställe, wo zusätzlich Rindermist und Schweinegülle am Lehm der Schuhe oder Füße anhaftet.

Kaum vermeidbar ist, dieses Gemisch mitsamt der Stallgerüche in Diele und Küche zu transportieren.

Die ohnehin schon rauchgeschwängerte Luft der Küche, dem im Winter einzigen warmen Raum des Hauses, entstammt dem brennenden Holz der Kochstelle und dem in der Pfeife des Bauern kokelnden, gewöhnlich schlechten Tabak. Der Schweiß der Menschen und die verdunstenden Reste aus den Branntweinbechern bereichern diese Gerüche weiter. Öfters mangelt es auch an Wasser. Das arbeitsreiche bäuerliche Leben lässt wenig Zeit für sorgsames und regelmäßiges Reinigen von Wohn- und Schlafräumen, Kleidung und Körper. Diese und weitere Gegebenheiten führen dazu, dass es oftmals an Sauberkeit mangelt.

So verwundert diese 1784 von der Königlichen Societät der Wissenschaften zu Göttingen gestellte Preisfrage nicht: *„Da die Reinlichkeit in den Haushaltungen der Landleute einen großen Einfluss auf ihre Gesundheit, Munterkeit und Sitten hat, so wünscht man die besten Mittel zu wissen, wodurch auf den Dörfern in Niedersachsen eine der Lebensart der Landleute gemäße Reinlichkeit eingeführt werden könne?"* [255] Die Antwort des Oberdeichgrafen zu Harburg Nicolaus Beckmann wird mit 12 Dukaten prämiert. Dieser rät den Landleuten nachdrücklich ein häufiges Wechseln von Bekleidung und Bettwäsche sowie das regelmäßige Waschen ihres Körpers und ihrer Kleidung – die Obrigkeit möge die Einhaltung sorgfältig prüfen. Nicht überliefert ist, ob sich Luftqualität und Hygiene in den Bauernhäusern gebessert haben [256].

Von den 1740er-Jahren bis in das frühe 19. Jh. bewirken Starkniederschläge auf nicht ausreichend mit Vegetation geschützten Hängen enorme Bodenerosion, auch Schluchtenreißen (wenn auch in einem viel geringeren Ausmaß als vom 19.–25.7.1342). So formuliert die Königliche Societät der Wissenschaften zu Göttingen 1815 die Preisfrage: *„Welches sind in gebirgigen Gegenden die zweckmäßigsten Vorrichtungen, das Abfliessen der Aecker bey Regengüssen zu verhüten, ohne in den Grabenbetten, bey starkem Falle der Graben, das Ausreißen des Bodens zu sehr zu befördern?"*

Friedrich Heusinger, Prediger aus Eicha in Thüringen, erhält den Preis für seine ausgezeichnete Schrift *„Über das Abfließen der Aecker, und Ausreißen der Grabenbetten"*. Er hat die Bedeutung der Vegetation für die Versickerung des Regenwassers und damit den Bodenschutz sowie die negativen Wirkungen von Drainagemaßnahmen erkannt: *„Anstatt jedoch mittelbar oder unmittelbar etwas für die Aufsammlung des Regenwassers zu thun, hat man im Gegentheil Alles darauf angelegt, sich desselben so schnell als möglich zu entledigen, indem man mit einseitigem Eifer nur allein darauf hin arbeitete, demselben so viele Ausgänge zu verschaffen, als möglich war. Während dem man aber dasselbe schnell entfernte, entfernte man auch seinen*

*Segen: man hat das Kind mit dem Bade ausgeschüttet."* [257] Heusinger empfiehlt die dauerhafte Begrünung besonders erosionsgefährdeter Standorte mit Büschen und die Anlage von Terrassen. Seine 1815 erschienene Preisschrift ist in Vergessenheit geraten, obgleich nach wie vor Teile als Lehrbuch des Bodenschutzes dienen könnten [258].

## 1746 bis 1753 – *„Ich habe eine Provinz gewonnen"* – die Melioration des Niederoderbruchs durch Friedrich II.

Der Göttinger Anthropologe und Umwelthistoriker Bernd Herrmann hat einen gravierenden und bis heute nachwirkenden Paradigmenwechsel identifiziert, den Friedrich Wilhelm I., König von Preußen, 1728 vollzog. In jenem Jahr verbietet er per Dekret die Verwendung des Begriffes „Große Wildnis" für die naturnahen ostpreußischen Wälder, *„weil seine Majestät keine Wildnis in ihren Landen erkenneten".* „Wildnis" war vordem aufgrund herrschaftlicher Jagden in kaum genutzten Wäldern positiv konnotiert. Das Wort wird nun ersetzt durch das protestantische Leitbild der „Produktivität", die es jetzt – fast um jeden Preis – zu erhöhen gilt [259].

Der Sohn von Friedrich Wilhelm I., König Friedrich II., genannt Friedrich der Große, führt dieses preußische Staatsdogma fort. Er verfolgt zwei Ziele, um den Staat in Friedenszeiten zu stärken:

1. Die Erhöhung der landwirtschaftlichen Erträge durch eine geplante Intensivierung der Landnutzung und die Inkulturnahme naturnaher Räume.
2. Die Steigerung der Steuererträge durch die gezielte Ansiedlung ausländischer Arbeitskräfte, die „Peuplierung".

Mit der Planung und Realisierung der Melioration des Niederoderbruchs versucht Friedrich II., beide Ziele zu verwirklichen.

Das Oderbruch – ein rund 50 km langer und bis zu 16 km breiter vernässter Abschnitt der Aue der Oder zwischen Letschin im Südosten und Bad Freienwalde im Nordwesten – ist bis in das 18. Jh. eine der außergewöhnlichsten Flusslandschaften Mitteleuropas. Sie liegt 50 bis 80 km östlich von Berlin, im Osten des heutigen Bundeslandes Brandenburg an der heutigen Staatsgrenze zu Polen.

Im Gebiet des Oderbruchs befindet sich in der vorletzten Kaltzeit, der Saalekaltzeit, der Rand des nordischen Inlandeises. Der Gletscher stößt mehrfach aus nordöstlicher Richtung vor und schmilzt danach jeweils wieder ab. Das Gletschereis schürft eine bis zu etwa 120 m tiefe wannenförmige Struktur mit einer von Südosten nach Nordwesten ausgerichteten Längsachse aus. Unmittelbar südwestlich schütten Schmelzwässer einen Endmoränenzug auf, der bei Gletschervorstößen gestaucht wird. Zum Ende der Saalekaltzeit füllen Schmelzwassersedimente die Hohlform weitgehend. In der Weichselkaltzeit überfährt der nordische Gletscher erneut diese Region. Nach dessen Abschmelzen schütten Schmelzwässer weitere Sedimente in die wannenförmige Struktur. Die bis heute existierende Form des Oderbruches ist entstanden [260].

Sie besitzt ein geringes Gefälle und wird in der Nacheiszeit von etlichen Fließwegen der Oder, die bei Hochwassern ihre Lage verändern, langsam durchströmt. Alljährlich, wenn im beginnenden Frühjahr der Schnee in der Region schmilzt, setzt ein erstes Hochwasser ein. Ein zweites, meist stärkeres folgt im Frühsommer, nach der Schneeschmelze in den nördlichen Sudeten. Starkniederschläge im oberen und mittleren Odereinzugsgebiet verursachen ebenfalls Hochwasser. Dann steht ein großer Teil des Oderbruchs über Wochen unter Wasser. Feinsedimente lagern sich flächenhaft ab. Kleine Seen verbleiben.

Von Menschen wenig beeinflusst, entwickeln sich bis in das Hohe Mittelalter artenreiche Lebensgemeinschaften. Weiden und Eschen wachsen in Bruchwäldern an den Fließwegen und Seeufern, Niedermoore in den tiefsten nassen Bereichen vornehmlich am nordwestlichen Rand des Oderbruchs, an Stiel-Eichen reiche Wälder an feuchten Standorten [261]. Eine große unwegsame Wildnis.

Der Schriftsteller Theodor Fontane beschreibt den Artenreichtum des Oderbruchs vor der Trockenlegung [262]

*„Wasser und Sumpf in diesen Bruchgegenden beherbergten natürlich eine eigene Tierwelt, deren Reichtum, über den die Tradition berichtet, allen Glauben übersteigen würde, wenn nicht urkundliche Belege diese Traditionen unterstützten. In den Gewässern fand man: Zander, Fluß- und Kaulbarsche, Aale, Hechte, Karpfen, Bleie, Aland, Zärten, Barben, Schleie, Neunaugen, Welse und Quappen. [...].*

*Schwärme von wilden Gänsen bedeckten im Frühjahr die Gewässer, ebenso Tausende von Enten, unter welchen letzteren sich vorzugsweise die Löffelente, die Quackente und die Krickente befanden. Zuweilen wurden in einer Nacht so viele erlegt, daß man ganze Kahnladungen voll nach Hause brachte. Wasserhühner verschiedener Art, besonders das Bleßhuhn, Schwäne und mancherlei andere Schwimmvögel belebten die tieferen Gewässer, während in den Sümpfen Reiher, Kraniche, Rohrdommeln, Störche*

> *und Kiebitze in ungeheurer Zahl fischten und Jagd machten. [...] über dem allem aber schwebte, an stillen Sommerabenden, ein unermeßlicher Mückenschwarm, [...]. Biber und Fischottern bauten sich zahlreich an den Ufern an und wurden die ersteren als große Zerstörer der später errichteten Dämme, die anderen als große Fischverzehrer fleißig gejagt. Jeder konnte auf sie Jagd machen, wodurch sie gänzlich ausgerottet wurden."*

Bis in das 17. Jh. können lediglich einige, etwas höher gelegene Bereiche im südlichen Teil des Oderbruchs, dem Oberoderbruch, hauptsächlich als Dauergrünland zur Beweidung und Gewinnung von Heu genutzt werden. Durch die Verheerungen des Dreißigjährigen Krieges scheitern manche Kolonisierungsversuche. Hochwasser holen sich genutztes Land zurück.

Die Böden des Bruchs sind fruchtbar, die Urbarmachung verspricht hohe Getreideerträge. Friedrich Wilhelm I. richtet eine Deichkommission ein, setzt Friedrich von Derfflinger als Leiter ein und beauftragt diesen, bis 1730 rund 300 km$^2$ Feuchtgebiete im Oberoderbruch eindeichen und trockenlegen zu lassen. Dadurch gelangt mehr Wasser schneller in den nördlichen Teil des Oderbruches, das Niederoderbruch, was einen Rückstau und Schäden im gerade meliorierten Oberoderbruch verursacht. Wie kann man die Oder bändigen? Der Wasserbauingenieur Simon Leonhard von Haerlem erarbeitet für Friedrich Wilhelm I. ein Gutachten zur Regulierung der Oder in der Bruchlandschaft. Zur Umsetzung kommt es bis zum Tod des Königs nicht mehr [263].

Friedrich Wilhelm I. ist ein strenger Vater. Er züchtigt seinen Sohn Prinz Friedrich physisch und psychisch. Friedrich entwickelt einen großen Freiheitsdrang, versucht mit seinem Freund Leutnant Hans Herrmann von Katte am 4./5. August 1730 zu fliehen. Beide werden festgenommen, Katte von einem Gericht zu lebenslanger Haft verurteilt. Friedrich Wilhelm I verfügt erbost die Todesstrafe, lässt Katte am 6. November 1730 im erzwungenen Beisein von Friedrich köpfen. Dieses Ereignis prägt Friedrich lebenslang.

Friedrich wird nach einigen Fürsprachen nicht hingerichtet, muss nach Küstrin zuerst in Festungshaft und dann dort zur praktischen Weiterbildung in den Bereichen Ökonomie, Verwaltungsorganisation und Landwirtschaft dienen. Er lernt die bestehenden Vollzugsdefizite sowie die Rückständigkeit in vielen Bereichen kennen – und das Oderbruch.

Nach dem Tod seines Vater besteigt er am 31. Mai 1740 als König Friedrich II. den preußischen Thron. Er beginnt seine zentralen Ziele – höhere Ernteerträge und die Anwerbung von Menschen im Ausland – umzusetzen. Von Haerlem legt am 6. Januar 1747 ein Durchführungskonzept zur Entwässerung und Inkulturnahme des Niederoderbuchs mit einer Kosten- und Steuerschätzung vor. Er empfiehlt, die Oder zu verlegen, den Lauf zu verkürzen und einzudeichen, um den Fluss von Breslau bis Stettin schiffbar zu machen, sowie wirksame Wasserabzugsgräben im Bruch zu öffnen. Zuerst solle bei Güstebiese ein Durchstich durch die Neuenhagener Halbinsel erfolgen, um die große Oderschleife zu durchtrennen, das Oderwasser schneller abzuleiten und die Vorflut so absenken zu können [264].

Staatsminister Graf Gottfried Heinrich von Schmettau, der Schweizer Mathematiker und Physiker Leonhard Euler und von Haerlem prüfen die Realisierbarkeit des Plans zur Urbachmachung. Am 17. Juli 1747 empfehlen sie den Bau des Kanals; der König stimmt umgehend zu. Schon eine Woche danach fangen die Arbeiten an – zum Entsetzen der Fischer, die ihre Existenz bedroht sehen. Hunderte Männer durchstechen die Neuenhagener Halbinsel zwischen Güstebiese und Hohenfinow, um eine große Mäanderschleife der Oder abzuschneiden, legen einen breiten Kanal an, durch den seitdem die Oder fließt. Ihr Lauf verkürzt sich um etwa 24 km, die Fließgeschwindigkeit wächst durch das stärkere Gefälle. Oberhalb wird der Fluss auf die östliche, etwas höher liegende Seite des Bruchs gezwungen und eingedeicht. In der ehemaligen Oderaue entstehen zahllose Gräben und Entwässerungskanäle. Schleichend sinkt der Grundwasserspiegel, das Wasser zieht ab [265].

In einem Edikt vom 1. September 1747 verkündet der König die besonderen Vorteile der Einwanderung nach Preußen, verbunden mit einer Übersiedlung in das meliorierte Oderbruch. Die preußischen diplomatischen Vertretungen in deutschen und benachbarten Staaten machen es bekannt. Am 1. März 1753 werden auch inländische „Bruchinteressenten" [266] zur Vorstellung der Besiedlungspläne nach Berlin geladen.

Protestanten aus Schweden, Polen, Salzburg, Tirol und Kärnten, Mecklenburg und Württemberg treffen ein. Manche zuvor an das Schweizer Ufer des Genfer Sees geflohene französische Emigranten ziehen weiter nach Brandenburg, siedeln sich in den neuen Oderbruchdörfern Beauregard und Vevais an. Besiedlung, Flureinteilung, Hausgrößen und -baumaterialien hat Oberst Wolff Friedrich von Retzow in einem Plan genau geregelt. Mehr als 500 km$^2$ neue fruchtbare, landwirtschaftlich nutzbare Flächen und 45 Dörfer und Vorwerke entstehen; etwa 1200 Familien lassen sich dort nieder [267]. Deren Engagement verdankt man neue Arbeitsplätze in der Landwirtschaft. Die Schiffbarkeit der Oder wird verbessert. Der preußische König hat eine Provinz hinzugewonnen [268].

Die Eingriffe verändern das Auenökosystem des Niederoderbruchs vollkommen. Mit den verzweigten Fließwegen der Oder, den Seen, Mooren und Auenwäldern gehen Rast- und Brutplätze von Vögeln verloren, die Fischbestände drastisch und die Insektenpopulationen deutlich zurück. Im Jahr 1733 arbeiten noch 37 Hechtreißer[25], 1866 noch 7, dann löst sich die Hechtreißerinnung auf [269]. Ab dem späten 18. Jh. wächst die Schadstoffbelastung der Oder durch lokale Gewerbe und später die oberschlesische Industrie.

Hochwasser, im natürlichen Ökosystem ein zentrales Element der Auendynamik, bedroht nun urplötzlich die Siedlerfamilien und deren Lebensgrundlage, die Landwirtschaft. Gewaltige Überschwemmungen zerstören wiederholt Deiche und überfluten Dörfer und Äcker. Hochwasser setzen im Mai 1755 zusammen 65 Orte und im April 1785 insgesamt 28 Dörfer im Oderbruch unter Wasser; im März 1838 bricht ein Damm bei Alt Lietzegöricke (heute Stare Łysogórki). Das Eishochwasser vom März 1947, bei dem sowjetische Flugzeuge am 22. März Bomben ohne große Wirkung auf Eisstaue abwerfen, macht über 20.000 Menschen obdachlos. Die Unterhaltung der Oderdeiche ist eine Ewigkeitsaufgabe, die beständig hohe Aufmerksamkeit und effektive Instandhaltungsmaßnahmen durch die zuständigen Behörden verlangt [270].

Die Urbarmachung des Niederoderbruchs auf Veranlassung von Friedrich II. gilt vielen Menschen zumindest bis zur Oderflut im Sommer 1997 als eine herausragende Kulturleistung, als eine erfolgreiche Eroberung von Natur. Doch das Flutereignis zum Ende des 20. Jh. führt zu einem Umdenken: Die Oder benötigt während extremer Niederschlagsereignisse erheblich mehr Raum für die Zwischenspeicherung großer Abflussvolumina. Polder werden nach dem Ereignis ausgewiesen, um die Abflussspitzen unterhalb zu kappen. Diese Maßnahme bringt wiederum Nachteile für Landwirtschaftsbetriebe. Der typische Handlungsablauf ist im Niederoderbruch seit Beginn der Trockenlegung gut sichtbar:

- Urbarmachung,
- natürliche Nebenwirkungen wie Hochwasser, Deichbrüche, überschwemmte Dörfer und Ertragsverluste,
- Reagieren durch Deicherhöhung und bessere Deichpflege sowie
- Zweifeln – soll die Nutzung aufgegeben und das Gebiet gar entsiedelt werden?

Der Versuch, Natur zu fesseln, bewirkt entfesselte Natur.

---

[25]Flussfischer, die eine heute verbotene Fangtechnik nutzen, indem sie Angelhaken über den Flussgrund ziehen.

## 22./23. August 1749 – Die Planung der Kolonisierung des Teufelsmoores bei Bremen

*„Um diese Zeit, man nimmt das dreizehnte Jahrhundert an, wurden in der Weserniederung Klöster gegründet, welche holländische Kolonisten in diese Gegenden, in ein schweres und ungewisses Leben, schickten. Später folgten (selten genug) neue Ansiedlungsversuche, im sechzehnten Jahrhundert, im siebzehnten, aber erst im achtzehnten nach einem bestimmten Plan, durch dessen energische Durchführung die Ländereien an der Weser, an der Hamme, Wümme und Wörpe, dauernd bewohnbar werden. Heute sind sie ziemlich bevölkert; die frühen Kolonisten, soweit sie sich halten konnten, sind reich geworden durch den Verkauf des Torfs, die späteren führen ein Leben aus Arbeit und Armut, nah an der Erde, wie im Bann einer größeren Schwerkraft stehend. Etwas von der Traurigkeit und Heimatlosigkeit ihrer Väter liegt über ihnen, der Väter, die, als sie auswanderten, um in dem schwarzen schwankenden Land ein neues zu beginnen, von dem sie nicht wußten, wie es enden sollte.“* Rainer Maria Rilke [271].

Worpswede thront am Weyerberg, einer dünengekrönten Toninsel in der ausgedehnten Hamme-Niederung zwischen Bremen und Bremervörde. Der gut $3\,km^2$ einnehmende Hügel ist umgeben von dem wohl größten systematisch besiedelten Moorkomplex Deutschlands, dem Teufelsmoor.

In der vorletzten Eiszeit, der Saale-Kaltzeit, lagert die nordische Eismasse etwa vom heutigen Bremerhaven im Nordwesten über die Stader Geest bis zur Lüneburger Heide im Südosten unter sich eine sandige und lehmige Grundmoräne ab. Vor rund 150.000 Jahren beginnt das nordische Inlandeis abzuschmelzen. In dem folgenden, bis etwa 130.000 Jahre vor heute andauernden Abschnitt der Saale-Kaltzeit erodieren nach Südwesten in das Magdeburg-Bremer-Urstromtal strömende Schmelzwässer des Inlandeises zunächst die Grundmoräne zwischen den heutigen Orten Tarmstedt und Osterholz-Scharmbeck: Eine Zehnermeter tiefe und über $10\,km$ breite Abflussrinne entsteht. Die Abtragung verschont die Grundmoräne der Wesermünder Geest im Westen und die Grundmoräne der Zevener Geest im Osten des neu eingeschnittenen Tales.

In seiner Mitte bleibt ein etwa $4\,km^2$ kleines Stück der Geestplatte stehen, da dort unter der Grundmoräne feste, dichte und somit schwerer erodierbare Tone aus der Elster-Kaltzeit anstehen. Diese heute $54{,}4\,m$ NHN aufragende Geestinsel wird als Weyerberg bezeichnet; an ihr liegt das Künstlerdorf Worpswede. In der breiten Rinne um den Weyerberg lagern die sommerlichen Schmelzwasserabflüsse zum Ende der Saale-Kaltzeit mächtige Sande und Kiese ab. Das tiefe Tal wird zu einer flachen Niederung [272].

In der Weichsel-Kaltzeit erreicht das nordische Eis nicht mehr das heutige Niedersachsen. Die steilen Ränder der Niederung nördlich Bremen und damit auch des Weyerberges verflachen in der letzten Kaltzeit durch Abtragungs- und Ablagerungsprozesse zunehmend. Stürme wehen Sande in die Niederung und auch an den Weyerberg. Dünen wandern. Im Holozän bedecken bald Wälder die Niederung und die benachbarte Geest. Das ansteigende Meer erreicht ungefähr 5000 bis 4000 Jahre vor heute über das Bremer Urstromtal, durch das derzeit die Weser fließt, die südliche Niederung. Die Gezeiten lagern dort Schlick ab. Niederungsaufwärts steigt der Grundwasserspiegel mit dem Meeresspiegel an, artenreiche Niedermoore bilden sich. Später wachsen nur vom Niederschlag gespeiste Hochmoore auf den Niedermooren. Das Teufelsmoor ist entstanden. Es bedeckt etwa eine Fläche von 360 km$^2$. Die Hamme durchfließt es gemächlich von Nordosten nach Südwesten [273].

Nieder- und besonders Hochmoore besitzen eine sehr geringe Bodenfruchtbarkeit. Man muss sie vor einer landwirtschaftlichen Nutzung entwässern. So verwundert es nicht, dass im Spätmittelalter und in der frühen Neuzeit bloß wenige kleine Siedlungen auf Wierden (Wurten) im Teufelsmoor entstehen. Erst im 17. Jh. werden, ausgehend von den südlichen Rändern, einige weitere Dörfer im Teufelsmoor errichtet. Der Norden und Osten des Teufelsmoors sind noch weitgehend unbesiedelt. Die Randgebiete des Moors nutzen damals – hauptsächlich bei trockener Witterung – die Bauern der angrenzenden Geestdörfer als Wiesen und Weiden. Bremer stechen Torf im Südosten des Moorkomplexes. Große Teile des Teufelsmoors bleiben bis in die Mitte des 18. Jh. ungenutzt [274].

Im Jahr 1715 erwirbt das Kurfürstentum Braunschweig-Lüneburg$^{26}$ die Herzogtümer Bremen und Verden mit dem Teufelsmoor; dessen wachsende ungeordnete Besiedlung und Nutzung ist für die zuständigen Amtmänner und damit auch für die königliche Rentkammer in Hannover inakzeptabel. Georg II., Kurfürst von Braunschweig-Lüneburg und König von Großbritannien und Irland, ist an einer gezielten Kolonisierung des großen Moores interessiert. Das neue landwirtschaftlich nutzbare Land soll Steuern bringen, der Torfabbau der Energieversorgung in der waldarmen Region dienen. Die Rentkammer lässt die Nutzungsmöglichkeiten 1742 durch ein Gutachten

prüfen und nach positivem Resultat bis Anfang 1749 das Teufelsmoor vermessen. Im Sommer 1749 untersuchen zwei hohe kurhannoversche Beamte die aktuelle Nutzung. Sie empfehlen eine Inkulturnahme im Einvernehmen mit den *„streitsüchtigen Einwohnern hiesiger Provinzen“* [275].

Am 22. und 23. August 1749 findet im Schloss Agathenburg bei Stade das entscheidende Gespräch statt. Die Hannoversche Rentkammer verhandelt mit der zuständigen Regierung in Stade erfolgreich die Richtlinien zur Moorkolonisation. Basis soll die gütliche Einigung mit der Bevölkerung der bereits existierenden Dörfer im und am Moor sein. Mühselige und schwierige Verhandlungen mit den Gemeinden folgen. Die zuständigen Amtmänner fordern an einer Umsiedlung interessierte Bewohner mit einem tadellosen Lebenswandel auf, sich Anfang August 1751 in Hüttenrauch zu einem Gespräch über Siedlungsgründungen einzufinden. Der Einladung folgen 84 Bewohner. Die geplante Kolonisation beginnt. Die Rentkammer lässt einzelne Distrikte vermessen und einteilen. Unter den Neubauernfamilien werden die geschaffenen Plätze verlost. Die Neubauern haben Gräben zu öffnen, Dämme aufzuschütten und ein Haus zu bauen, gemeinschaftlich Gräben, Kanäle, Schleusen und Brücken zu unterhalten [276].

Einige Alteingesessene akzeptieren die Neubauern in der Nachbarschaft nicht. Altbauern aus den Orten Teufelsmoor und Breddorf reißen eben eingemessene Grenzpfähle aus, zerstören ein gerade in der Neusiedlung Heudorf errichtetes Haus, schütten frisch ausgehobene Gräben zu, entwenden Neubauern Werkzeuge und treiben ihr Vieh auf deren Weiden. Die Konflikte währen Jahre [277].

Der Jurist und Geheime Rat Benedict von Bremer leitet ab 1755 in der Hannoversche Rentkammer konsequent die Arbeiten zur Moorkolonisation. Tischlermeister Jürgen Christian Findorff engagiert sich als Quereinsteiger bei der Vorbereitung der Kolonisation im Teufelsmoor. Er wird 1759 zum Amtsvogt in Neuenkirchen und 1771 zum Moorkommissar ernannt.

Findorff überwacht unermüdlich die Einhaltung der Richtlinien und die Arbeiten vor Ort. Er lässt Entwässerungsgräben anlegen und als Wasserwege nutzen – Landwege gibt es zunächst nicht (Abb. 2.45). Die Männer arbeiten unter schwierigen Bedingungen, denn die instabilen Böschungen aus Torf rutschen oft ab. Von 1769 bis 1790 wird der Hauptvorfluter des Teufelsmoores, der 19 km lange Hamme-Oste-Kanal, mit einer Sohlbreite von 4 m, einer Wasserspiegelbreite von 6 m und einer Tiefe von kaum 1 m gegraben. Er entwässert den Norden des Teufelsmoores und ermöglicht den Transport von Torf auf flachen Kähnen nach Bremen. Der Kanal ist ein zentraler Abschnitt der damals einzigen Wasserverbindung zwischen Weser und Elbe im Binnenland.

---

$^{26}$Synonyme: Kurfürstentum Hannover, Kurhannover.

**Abb. 2.45** Teufelsmoor mit Entwässerungsgraben, Haus und Torfkähnen (historische Postkarte)

Findorff unterstützt Bauern, wo immer dies geboten ist. Er kümmert sich um die Entwicklung der Moordörfer, lässt Kirchen und Schulen bauen. Findorff empfiehlt den Bauern möglichst nur für eine kurze Zeit das Torfbrennen sowie das Stechen und den Verkauf von Torf, um in den schweren Anfangsjahren Nahrungsmittel und Futter für das Vieh erwerben zu können.

Das Torfbrennen umfasst das Abstechen, Trocknen und Verbrennen von Torfplaggen sowie das Verteilen der Asche auf den Äckern, damit anschließend Roggen oder Buchweizen eingesät werden kann. Nach wenigen Jahren der Moorbrandkultur ist Stallmist als Dünger auf die Felder zu bringen, was wiederum einen ausreichenden Viehbestand sowie Wiesen und Weiden voraussetzt. An diesen mangelt es jedoch oftmals. Das bäuerliche Leben im Moor bleibt ungeheuer hart und entbehrungsreich. Nicht wenige scheitern [278].

Erst mit dem Aufkommen des Mineraldüngers im späten 19. Jh. steigen endlich die Ernteerträge deutlich. Sie erzeugen Nährstoffbelastungen im Oberflächen- und Grundwasser. Weitere Entwässerungsmaßnahmen und Nutzungsintensivierungen in der zweiten Hälfte des 20. Jh. gefährden die verbliebenen empfindlichen Lebensgemeinschaften des Teufelsmoores zusätzlich.

Seit einigen Jahrzehnten betreiben nur noch wenige Moorbauernfamilien Landwirtschaft. Vor allem junge Menschen verlassen das Moor; die Qualität der Versorgung der verbliebenen, überalternden Bevölkerung nimmt ab. Ehemals landwirtschaftlich genutzte Gebäude verfallen. Bauernhäuser werden zu reinen Wohngebäuden umgestaltet und an Wochenenden oder als Ferienhäuser genutzt [279].

Über Jahrhunderte waren die Leistungen der Moorkolonisatoren und der Moorbauernfamilien anerkannt und weithin geschätzt. Mittlerweile gelten sie als Fehlentwicklungen und Eingriffe in ein wertvolles Ökosystem mit tiefgreifenden negativen Wirkungen auf die Vielfalt

der Lebensgemeinschaften sowie auf die lokalen und regionalen Energie-, Wasser- und Stoffhaushalte [280].

So verwundert es nicht, dass die Bundesregierung im Jahr 1995 eine Fläche von mehr als 27 km$^2$ in der unteren Hammeniederung in das Förderprogramm *„Errichtung und Sicherung schutzwürdiger Teile von Natur und Landschaft mit gesamtstaatlich repräsentativer Bedeutung"* aufnimmt. Die Hammeniederung mit dem Teufelsmoor ist heute ein Naturschutzgebiet. Nasse, vermoorte Standorte bewirtschaftet man im Rahmen des Natura 2000-Programms und der Flora-Fauna-Habitat-Richtlinie der Europäischen Union als Mähwiesen und Mähweiden [281].

Bilanziert man die jüngere Nutzungsgeschichte des Teufelsmoors, so bleibt festzustellen, dass ein für intensive Landwirtschaft ungeeignetes und im Hinblick auf Artenreichtum, Stoffhaushalt und Lokalklima einzigartiges Ökosystem in den vergangenen zweieinhalb Jahrhunderten durch Entwässerung, Torfabbau, Torfbrennen und Landwirtschaft in großen Teilen zerstört wurde. Es wird Jahrhunderte dauern, bis wieder neue wertvolle, artenreiche Moore aufgewachsen sind, die zudem in erheblichem Umfang Kohlenstoff und Stickstoff binden.

## 22. Juni 1751 – Die Kurmärkische Kammer berichtet König Friedrich II. von Heuschreckensichtungen

Heuschreckenplagen verbreiten seit jeher apokalyptische Ängste. Schwärme der großen Europäischen Wanderheuschrecke *(Locusta migratoria)* entstehen in den Steppen im Süden Russlands und der Ukraine. Wächst dort in einem kleinen Gebiet rasch eine große Zahl grüner Heuschrecken heran und berühren oder beriechen sich unzählige der noch solitären Tiere, so wird sofort die Produktion des aggressionsmindernden Hormons Serotonin in deren Gehirnen stimuliert. Binnen Stunden wandeln sie sich zu den schwarmbildenden gelbbraunen Wanderheuschrecken (Abb. 2.46, 2.47).

Nicht vorherzusehen ist, wohin der Schwarm sich in welchem Zeitraum bewegen wird, wo die Tiere im Herbst ihre Eier in den Boden ablegen, wo im Frühjahr die Nymphen (Jungtiere) schlüpfen und wo bald neue Schwärme entstehen – die Gefahr ist unkalkulierbar. Rund 0,7 bis 2 Mrd. Heuschrecken bilden einen mittelgroßen Schwarm, dessen Tiere im Lauf ihres Lebens zusammen etwa 60.000 t Pflanzenmasse fressen können. Heuschrecken, auch Sprengsel genannt, fliegen dicht. Ein einziger Sprengselschwarm vermag den Himmel auf einer Fläche von bis zu 12 km$^2$ zu verfinstern, kleinere Schwärme wirken wie düstere Wolken.

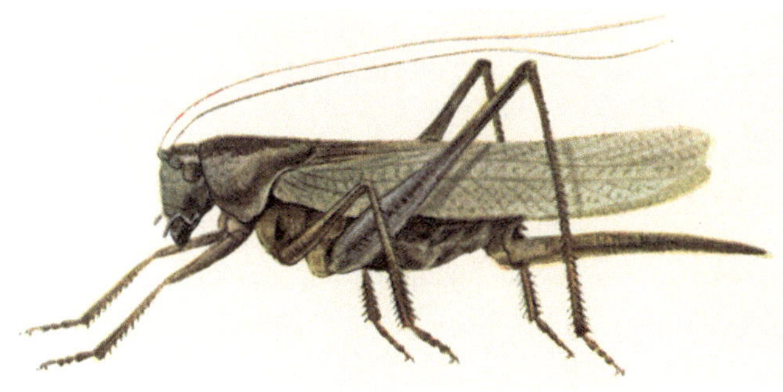

**Abb. 2.46**  Grüne Heuschrecke [288]

**Abb. 2.47**  Wanderheuschrecke [289]

Mit Ost- und Südostwinden reisen sie in Geschwindigkeiten von bis zu $4\,\mathrm{km\,h^{-1}}$ zu uns. Fällt ein großer Sprengselschwarm ein, bleibt von erntereifen Feldfrüchten mit Ausnahme der Wurzeln im Boden – nichts! Eine kahle Schneise dokumentiert die Fraßerfolge. Sie verzehren auch die Blätter von Gehölzen. Gräser und Kräuter wachsen auf Wiesen und Weiden rasch nach, das Getreide auf den Feldern hingegen nicht. Manche Bäuerinnen und Bauern verlieren ihre gesamte Jahresernte. Lokaler Nahrungsmangel resultiert [282].

Der Phytopathologe Dieter Jaskolla vom Informationszentrum Phytomedizin der Biologischen Bundesanstalt in Berlin geht von – vorsichtig geschätzt – 54 nachgewiesenen Heuschreckenjahren während Mittelalter und Neuzeit aus [283]. So vertilgen im trockenen Frühsommer des Jahres 873 mehrere Heuschreckenschwärme über fast neun Wochen hinweg immer wieder Feldfrüchte, vom Mainzer Becken bis an die Werra und nach Franken. In den Jahren 1337 bis 1341 wandern riesige Schwärme von Bayern bis an den Rhein. Nach dem Verschwinden von Heuschreckenschwärmen im Jahr 1693 prägt man Gedenkmünzen und verfasst Dissertationen an Universitäten sowie populäre Denk- und Flugschriften. In den 1730er-Jahren suchen Sprengsel Brandenburg, von 1748 bis 1750 erneut Franken heim. Die Kurmärkische Kammer erlässt in den 1730er-Jahren Edikte zu deren Bekämpfung [284].

In Jahren mit günstiger Witterung und Getreideüberschüssen treten keine relevanten Teuerungen nach Sprengseleinfällen und damit kaum verbreiteter Hunger auf. Dagegen führt der Kombinationseffekt von vorwiegend kühl-feuchten Wintern und Frühjahren in der „Kleinen Eiszeit" mit schlechtem Wachstum der Kulturfrüchte und schwerwiegendem Heuschreckenfraß während frühsommerlicher Wetterlagen mit sehr warmen, trockenen Ost- oder Südostwinden nicht selten regional zu Nahrungsmittelmangel, Teuerung und Hunger. Verheerend können mehrere, unmittelbar aufeinander folgende Jahre mit diesen Bedingungen wirken.

Die Umwelthistorikerin Jana Sprenger untersucht in ihrer Dissertation die Reaktionen der Obrigkeit und der Bevölkerung auf den Einfall von Heuschreckenschwärmen während der 1750er-Jahre in der Mark Brandenburg [285]: Im Herbst 1750 legen dort Heuschrecken unzählige Eier ab, aus denen im Frühjahr 1751 Nymphen schlüpfen. Die Kurmärkische Kammer unterrichtet am 22. Juni 1751 König Friedrich II. über die Heuschreckensichtungen.

Die Kammer ordnet an, dass die Bevölkerung die noch flugunfähigen Jungtiere zusammenzutreiben, in Gruben zu werfen, dort zu zertreten und zu begraben hat. Es ist ausgesprochen warm, die Beschäftigung mit der Insektenvernichtung zeitaufwendig und anstrengend. Andere, wichtige Arbeiten bleiben liegen. Nur ein Teil der Nymphen ist vernichtet, die überlebenden organisieren sich in Schwärmen, hinzu kommen ebensolche aus Räumen östlich der Kurmark. Heuschrecken fressen am 26. Juli 1751 Felder bei Ahrensfelde und Biegen und vom 17. bis zum 19. August bei Mahlsdorf kahl.

Ein neues, im Herbst erlassenes Edikt bestimmt, dass die Bevölkerung unmittelbar die neuen Gelege der Schwärme, die im Sommer fressend durch die Kurmark durchgezogen waren, einzusammeln und zu vernichten hat. Doch auch diese Maßnahme ist bedingt erfolgreich. Im Frühjahr 1753 schlüpfen erneut Heerscharen von Nymphen. Nun gefangene und getötete Jungtiere verfüttert man an Schweine und Hühnervögel. Auf die Felder getriebene Schweine verzehren Nymphen und später Gelege wohl mit Genuss. Krähenvögel tragen unbefohlen zur Bekämpfung bei. Dessen ungeachtet bilden nicht getötete Nymphen Anfang Juli neue Schwärme. Winter- und Sommergetreide erleiden lokal erhebliche Schäden.

Das Repertoire der „Bekämpfungsmaßnahmen" gegen Wanderheuschrecken erweitert sich im Verlauf von Mittelalter und Frühneuzeit beständig und umfasst [286]:

- Lärm durch Glockenläuten, Pistolen- und Kanonenschüsse, Trommelwirbel, Schlagen von Becken oder lautes Schreien.
- Schwenken von Fahnen.

- Schüsse aus Gewehren, die mit Sand und Pulver geladen sind, in den Schwarm hinein.
- Aufstellen von Vogelscheuchen.
- Erschlagen der Heuschrecken mit Stöcken und Dreschflegeln auf dem Feld (unter Inkaufnahme der partiellen Zerstörung der Früchte).
- Besprengen ruhender Sprengsel mit Kalkwasser.
- Bestreuen der Felder mit ungelöschtem Kalk.
- Kleinflächiges Aufspannen von Tüchern über dem Getreide.
- „Un"krautbekämpfung bei Neumond.
- Nicht sprechen während der Aussaat.

Im 17. Jh. kommen hinzu:

- Erzeugung von Schwefeldämpfen.
- Ausbringen eines Absuds von Lupinen, Waldgurken und Wermut.
- Geruch von Hirschhornsalz und Kuhmist.
- Rauch.
- Sammeln von Gelegen und Nymphen gegen Bezahlung und ihre anschließende Vernichtung.

Um 1885 erkennt man, dass Heuschrecken feuchte Weizenkleie mögen. Wird diese mit Arsen versetzt, so tötet sie auch Heuschrecken.

Mit Ausnahme des umfassenden Einsammelns und Vernichtens der Gelege und der Nymphen, was die Schwarmgröße im Folgejahr mindern kann, führen all diese Vorkehrungen höchstens kleinräumig zu Erfolgen und, wenn überhaupt, zur Verdrängung eines Schwarms in benachbarte Gebiete.

Nach einem Fraßzug stehen Menschen hilflos vor ihren vernichteten Feldern und Wiesen. Die Folgen des Einfalls von Heuschreckenschwärmen kennen sie als biblische Plage aus dem 3. Buch Mose. Man deutet sie als Warnungen, als Vorzeichen kommender Katastrophen, als Gottes Zeichen oder vereinzelt als Gottes Strafe. Obendrein wird ihnen die Ausbreitung von Seuchen wie der Pest und von Krieg zugeschrieben. Die Kirche verordnet Gebete und Prozessionen, belegt Heuschrecken mit Bann oder verklagt und exkommuniziert sie. Da die Sprengsel davon unbeeindruckt noch eine Weile bleiben, müssen wohl Menschen mit ihren Sünden die Schwärme angezogen haben [287].

Nach den 1850er-Jahren werden Heuschreckenplagen zwischen Alpen und Nordsee selten, schließlich treten sie nicht mehr auf. Wesentliche Ursache ist die Zerstörung ihrer Lebensräume in ihren Ursprungsgebieten in Südosteuropa durch den Umbruch der Steppen und die anschließende dauerhafte ackerbauliche Nutzung. Auch die Trockenlegung und Inkulturnahme von Feuchtgebieten in Mitteleuropa ist bedeutsam. Denn Heuschreckeneier und -larven benötigen eine hohe Bodenfeuchte zum Gedeihen.

## 26./27. Dezember 1755 und 18. Februar 1756 – Erdbeben am Niederrhein

Vom Nachmittag des 26. Dezember 1755 bis in die Morgenstunden des folgenden Tages bebt die Erde von Aachen bis nach Gießen und Mannheim. Die Erdstöße lösen Angst und Schrecken aus und beschädigen Gebäude von Düren bis Aachen. Dachgiebel und Schornsteine stürzen ab, Mauern reißen auf [290].

Chronisten berichten, dass Erdbeben auch am 26. Januar, am 14. Februar, täglich vom 18. bis zum 21. Februar, am 28. Februar, am 3. März, täglich vom 9. bis zum 22. März, am 3. Juni, am 28. Oktober und am 19. November 1756 besonders das Rheinland heimsuchen und vereinzelt Schäden anrichten [291].

Am 18. Februar des Jahres 1756 ereignet sich gegen 8 Uhr ein Erdstoß mit Epizentrum bei Düren und einer Magnitude von zirka 6,4 auf der Richterskala. Er bewirkt Bauschäden von Köln bis Aachen, lässt am Schloss Dyck die Glocke im Turm dreimal läuten, Steine herunterfallen und den Kirchturm wanken, zerstört Teile der Abtei Brauweiler und macht die Burg von Nideggen unbewohnbar [292]. Bei Hürtgen ereignet sich ein Erdrutsch [293].

Zahllose Menschen wagen nicht, in ihre Häuser zurückzukehren; sie hausen bei kalter Witterung auf ihren Feldern in Strohhütten [294]. Gebete werden angeordnet und Bittprozessionen abgehalten, um weitere Erdstöße zu verhindern. Der Rat der Stadt Neuss ordnet an, während Fastelovend (Karneval) alle *„Ausgelassenheiten bei Strafe zu unterlassen"* [295].

Erdbeben ereignen sich hauptsächlich an tektonischen Störungszonen entlang des Rheins, im Vogtland und auf der Schwäbischen Alb. Der Erdstoß bei Düren am 18. Februar des Jahres 1756 ist der stärkste in Deutschland bekannte. Er hat kaum ein Tausendstel der Energie des Erdbebens mit der höchsten je gemessenen Magnitude von 9,5, dass sich am 22. Mai 1960 bei Valdivia in Chile ereignet hat [296].

Erdbeben mit katastrophalen Folgen haben in Deutschland nicht stattgefunden und sind auch nicht zu erwarten.

## 24. März 1756 – Der „Kartoffelbefehl" von König Friedrich II.

Bis weit in das 18. Jh. gilt die Kartoffel als Gartenpflanze. König Friedrich II. erkennt ihr großes Potenzial als Grundnahrungsmittel und fördert 1744 den Anbau durch die kostenlose Verteilung von Saatkartoffeln. Am 18. Juli 1748 ergeht über die Kurmärkische Kriegs- und Domänenkammer der königliche Befehl, in allen kurmärkischen Ämtern Erdäpfel anbauen zu lassen, vor allem auf weniger fruchtbaren Böden, und über die Resultate zu berichten. Demnach ist das Jahr 1749 besonders ertragreich: Um

Mittenwalde und Brandenburg wird das 7fache der Saatmenge geerntet, um Potsdam das 12fache, um Zossen das 13fache, um Werder und Beelitz gar das 24fache. Anweisungen zum Anbau, zur Lagerung und zur Verwertung von Kartoffeln folgen [297].

Am 24. März 1756 ergeht eine Circular-Ordre an alle Landräte und Beamte, der berühmte „Kartoffelbefehl" des preußischen Königs. Ein Auszug: „*Es ist von Uns in höchster Person in Unsern andern Provintzien die Anpflantzung der so genannten Tartoffeln, als ein nützliches und so wohl für Menschen, als Vieh auf sehr vielfache Art dienliches Erd Gewächse, ernstlich anbefohlen. Da wir nun bemercket, daß man sich in Schlesien mit Anziehung dieses Gewächses an den mehresten Orten nicht sonderlich abgiebet. Als habt Ihr denen Herrschaften und Unterthanen den Nutzen von Anpflantuung dieses Erd gewächses begreiflich zu machen, und denselben anzurathen, daß sie noch dieses Frühjahr die Pflantzung der Tartoffeln, als einer sehr nahrhaften Speise unternehmen, [...].*" [298].

In einem Schreiben für Schlesien vom 7. April 1757 wird u. a. ausgeführt: „*Wo nur ein leerer Platz zu finden ist, soll die Kartoffel angebaut werden, da diese Frucht nicht allein sehr nützlich zu gebrauchen, sondern auch dergestalt ergiebig ist, daß die darauf verwendete Mühe sehr gut belohnt wird. Übrigens müßt ihr es beym bloßen Bekanntwerden der Instruction nicht bewenden, sondern durch die Land-Dragoner und andere Creißbediente Anfang May revidieren lassen, ob auch Fleiß bey der Anpflantzung gebraucht worden, wie Ihr denn auch selbst bey Euren Bereysungen untersuchen müsset, ob man sich deren Anpflantzung angelegen seyn lasse.*" Weitere Edikte folgen, Saatgut wird immer noch kostenlos verteilt [299].

Die Bemühungen von Friedrich II. tragen sehr langsam Früchte; das traditionelle Agrarsystem behindert einen raschen Erfolg. Erst die 1807 beginnenden Stein-Hardenbergschen Reformen, vor allem die Gemeinheitsteilungen, ermöglichen eine individuelle Bestellung von Äckern, bringen den Durchbruch. Die Kartoffelanbaufläche nimmt sprunghaft zu, Landschaftsstruktur, Landnutzung und damit die Landschaften Preußens verändern sich. Eine Redensart charakterisiert die postum erfolgreichen Anstrengungen des preußischen Königs: „*Preußen ißt die Kartoffel – die Kartoffel ist Preußen!*" [300].

## 18. Oktober 1758 – Geburt der Ruhrindustrie

Bergbau, Eisenverhüttung und -verarbeitung konzentrieren sich zwischen Rhein und Weser bis in das 19. Jh. auf den Norden des Rheinischen Schiefergebirges: die erz-, holz- und wasserreichen Gebiete des Bergischen Landes, des Sauerlandes und des Siegerlandes.

Obgleich im Tal der Ruhr Steinkohle lokal an der Oberfläche ansteht, ist die Region zwischen Ruhr und Lippe, das spätere Ruhrgebiet, bis in das frühe 19. Jh. stark agrarisch geprägt. Denn der Abbau und der Transport von Steinkohle sind aufwendig und schwierig. Es mangelt an geeigneten Abbauverfahren und Verkehrswegen. Wassermühlen und über das Jahr wesentlich schwankende Wassertiefen verhindern einen regelmäßigen Schiffsverkehr auf der Ruhr. Mit dem Bau von 16 Schleusen in den 1770er-Jahren wird die Ruhr schiffbar gemacht. Der Transport von Steinkohle in Schiffen mit flachen, 5 m breiten und 34 bis 35 m langen Böden, den Ruhraaken, nimmt auf der Ruhr bald ein beträchtliches Ausmaß an. Ihr Zielort ist vornehmlich Ruhrort an der Mündung der Ruhr in den Rhein [301].

Der Erzbischof von Köln Clemens August von Bayern gestattet am 13. Juli 1753 dem Domherrn zu Münster Franz Ferdinand von der Wenge, ein Eisenwerk zur Verhüttung von lokalem Eisenerz in Osterfeld zu errichten. Der Ort ist seit 1929 ein Stadtbezirk von Oberhausen. Da die Eisenhütte beständig Wasser benötigt, wird ein Stauteich angelegt, den der Elsterbach speist.

Bachabwärts liegt Kloster Sterkrade. Die Nonnen befürchten einen Dammbruch und eine Belastung des Elsterbaches mit Schadstoffen. Der Streit verzögert die Fertigstellung der nach dem Heiligen Antonius benannten Hütte bis in das Jahr 1758. Der 9 m hohe Hochofen wird am 18. Oktober 1758 angeblasen, womit die Eisenproduktion im Ruhrgebiet beginnt. Es ist der Geburtstag der Ruhrindustrie, Osterfeld ihr Geburtsort. Die St. Antony-Hütte, die mit Holzkohle betrieben wird, erzeugt bis in das Jahr 1843 Eisen [302].

Bald entstehen weitere Eisenhütten, die einen großen Bedarf an Eisenerz, Holzkohle und später Steinkohle, Wasser und gut befahrbaren Wasser- und Landstraßen haben. Auf der St. Antony-Hütte, der benachbarten, 1782 gegründeten Gute Hoffnung-Hütte, der 1791 in Lippern gegründeten Hütte Neu Essen und der 1811 in Essen gegründeten Gussstahlfabrik sind bedeutende Persönlichkeiten der Ruhrindustrie verantwortlich tätig, darunter Amalie Krupp, Friedrich Krupp, Franz und Gerhard Haniel, Gottlob Jacobi und Heinrich Arnold Huyssen. Sie und ihre Nachkommen prägen die Region über lange Zeit [303].

Technische Innovationen und Zölle auf Eisen aus England und Belgien begünstigen die Entwicklung der Schwerindustrie im Ruhrgebiet im 19. Jh. entscheidend – mit gravierenden Wirkungen auf die Gesundheit der Menschen und ihre Umwelt (Abb. 2.48). Steinkohlen und aus diesen hergestellter Koks ersetzen Holzkohlen.

Die Verfeuerung von Millionen Tonnen Steinkohlen erzeugt bis in die 1980er-Jahre riesige Mengen des Treibhausgases Kohlendioxid ($CO_2$), des für sauren Regen mitverantwortlichen Schwefeldioxids ($SO_2$) und von weiteren

**Abb. 2.48** Die Hochöfen der Hütte Phönix in Duisburg-Ruhrort (historische Postkarte)

Stoffen, die schädlich für uns und unsere Umwelt sind, darunter Feinstaub, Flugasche und Schwermetalle wie hochgiftiges Quecksilber und Arsen. Diese Produkte gelangen über Schornsteine in die Atmosphäre. Ruß und Asche legen sich auf alle Oberflächen, auf die Blätter, Nadeln und Äste von Pflanzen, auf Wald-, Acker- und Wiesenböden, Dächer, Straßen und Plätze, auf Betten, Tische, Stühle und Fußböden in den Häusern. Menschen und Tiere atmen sie ein.

Während austauscharmer Inversionswetterlagen, in denen warme über kühler Luft in den Tälern liegt, können die Schadstoffe nicht in die Höhe entweichen und sich dort verdünnen. In Verbindung mit hoher Luftfeuchte entsteht vor allem in den Herbst- und Wintermonaten Smog (smoke + fog = Rauch + Nebel).

Der hohe Schadstoffausstoß primär der Industrien in Oberschlesien, an Ruhr und Saar führt dort immer wieder zu lebensbedrohlichem Smog. Schließlich sollen hohe Schornsteine bessere Verteilungen und geringere Konzentrationen von Schadstoffen ermöglichen. Nun entweichen diese auch in industrieferne waldreiche Regionen mit Böden, die ein geringes Puffervermögen haben. Der „saure Regen", die Säureeinträge durch Niederschläge, lassen die pH-Werte dieser Böden vergleichsweise rasch sinken, auf Werte, die ohne menschlichen Einfluss nicht aufgetreten wären.

Nach dem Zweiten Weltkrieg droht ein ausgedehntes „Waldsterben". Proteste setzen in den 1970er-Jahren ein.

Sie führen zu einer neuen Umweltpolitik und -gesetzgebung in der Bundesrepublik Deutschland.

## 1760 bis 1791 – Abnehmende Bodenfruchtbarkeit durch Bodenerosion befördert die Auswanderung

Ein elementares Merkmal der Spezies *Homo sapiens sapiens* war über die längste Zeit ihrer Existenz die Wanderung, zuerst in Afrika, seit 50.000 bis 40.000 Jahren vor heute auch in Europa. Vor etwa 7500 Jahren werden die ersten Menschen im Süden des heutigen Deutschland sesshaft, vor gut 6000 Jahren im Norden. Bald leben die allermeisten zwischen Alpen und Ostsee dauerhaft in Gebäuden, züchten und halten Vieh, kultivieren immer ertragreichere Nutzpflanzen und bauen diese zuerst auf besonders geeigneten Böden an. Sie sind überwiegend fixiert auf einen kleinen Lebensraum, auf ihre jeweilige soziale, kulturelle und ökologische Heimat. Dort nutzen sie vorwiegend die erzeugten Produkte.

Doch gibt es bemerkenswerte Ausnahmen: Römisches Militär und nachfolgend römische Zivilisten kommen vor knapp zweitausend Jahren bis über die Donau und den Rhein. Familien, die Vieh halten, betreiben seit Jahrtausenden Transhumanz, wandern zweimal jährlich von höher liegenden Sommerweiden in tiefere Überwinterungsgebiete. Händler lassen unterschiedlichste Güter auch über große Distanzen transportieren. Seit dem frühen Mittelalter wandern auch christliche Missionare nach und durch Mitteleuropa.

Verschlechtert sich die Lebensqualität, erfolgt eine Mobilisierung und Migration Einzelner, ganzer Familien oder auch größerer Gruppen. Komplexe und vielschichtige Strukturen und Prozesse verursachen sie. Zu ihnen rechnen Konflikte in und zwischen Gruppen, Nahrungsmittelmangel durch witterungsbedingte Ernteausfälle, vor allem nach Gunstphasen mit Bevölkerungswachstum, Seuchenzüge und Kriege, aber auch Entdeckungen und Innovationen, die eine Besiedlung neuer Räume ermöglichen. Seit Jahrtausenden. Bis heute.

Wandernde erhoffen sich ein Ende ihrer Armut und Perspektivlosigkeit und einen bescheidenen Wohlstand als Bauern oder Handwerker. Einige begründen Handelsunternehmen. Später motivieren konfessionelle Zwänge in der Heimat und konfessionelle Freiheiten in anderen Staaten – wie die fehlende Pflicht zum Kriegsdienst – Gruppen von Menschen zur Migration [304].

Auch das Erbrecht wirkt auf die Abwanderungsintensität. Die Realerbteilung führt über einige Generationen ohne gravierende Verluste durch Kriege und Seuchen dazu, dass kinderreiche Familien schließlich pro Kopf bloß noch winzige Äcker und Wiesen mit einer immer geringer werdenden Gesamtausdehnung bewirtschaften können.

Im hohen Mittelalter wandern viele Menschen auf der Suche nach produktiven landwirtschaftlich nutzbaren Flächen und nach einer Verbesserung ihrer Lebensqualität aus dichter besiedelten Räumen westlich und südlich der Elbe in Gebiete östlich dieses Flusses („Deutsche Ostsiedlung"), in der frühen Neuzeit nach Südost-Europa und Russland.

Von etwa 1760 bis in die frühen 1790er-Jahre erhöht das Einreißen von Schluchten durch den Abfluss von Starkregen und damit der Verlust von Ackerland in einigen Landschaften Mitteleuropas den Migrationsdruck. Der Straßburger Geomorphologe und Umwelthistoriker Jean E. A. Vogt und die Göttinger Geomorphologin Lena Hempel haben über aufwändige Archivstudien in den 1950er-Jahren wertvolle Quellen gefunden, die ein Schluchtenreißen mitsamt den Folgen für diese Jahre beschreiben: 1760 in Thüringen, 1765 im Harzvorland und in Hessen, 1766 im Hunsrück, 1768 in Thüringen und Sachsen, 1770 im Saarland, 1776 in Baden-Württemberg, 1782 in Rheinland-Pfalz, 1787 und 1791 erneut im Saarland [305].

Betroffen sind hügelige und bergige Landschaften mit ohnehin geringmächtigen Böden und niedriger Bodenfruchtbarkeit. Dort strömen in den 1750er bis 1790er-Jahren die Abflüsse von kräftigen Gewitterregen hangabwärts zusammen und schneiden auf kaum durch Pflanzen geschützten Äckern tiefe Schluchten ein. Auch flächenhaft erodiert der Abfluss große Massen an Boden und damit die humose, nährstoffreiche Ackerkrume. Die abgetragenen Bodenteilchen und Steine setzen sich am Fuß der Hänge und in den benachbarten Auen ab.

Mit Dämmen, der Auffüllung von Schluchten und der Pflanzung von Gehölzen versuchen die Menschen, der Bodenerosion Einhalt zu gebieten – häufig vergeblich. Viel Ackerland geht dabei für lange Zeit verloren. So verwundert nicht, dass manche schließlich nur noch einen Ausweg sehen: auszuwandern. Für das Jahr 1791 beklagt die Landesökonomiekommission im Herzogtum Zweibrücken: *„Die Einwohner von Althornbach seien durch das Verflözen der Felder durch Regenfluten recht arme, verderbliche Leute geworden und es seien ihrer nicht wenige deshalb außer Landes gegangen."* [306] Die Abnahme der Bodenfruchtbarkeit durch Bodenerosion hat ganz offensichtlich Migration mitverursacht. Dagegen sehen sich weniger Menschen in flacheren, fruchtbaren Lösslandschaften, wie der Lößbörde, veranlasst, fortzugehen.

## 1760er bis 1860er-Jahre – Agrarreformen verändern Landnutzung, Landschaftsstruktur und Umwelt

Mit dem Bevölkerungswachstum ab der 2. Hälfte des 18. Jh. steigen die Nachfrage nach Nahrungsmitteln und damit die Lebensmittelpreise. Die meisten Menschen arbeiten in der Landwirtschaft. Es gilt die landwirtschaftliche Produktion zu erhöhen, um Hungerkrisen wie in den Jahren 1770 bis 1772 und eine nachfolgend verstärkte Auswanderung zu vermeiden.

Auf besseren Böden praktizieren die Landnutzenden seit dem Mittelalter die Dreifelderwirtschaft, bei der auf den Anbau von Sommergetreide im 1. Jahr und Wintergetreide im 2. Jahr ein Brachejahr folgt. Im 17. und verstärkt im 18. Jh. beginnt man Hackfrüchte und Futterpflanzen wie Klee auf den im dritten Jahr brachen Äckern anzupflanzen. Nun kann die Haltung von Vieh in Ställen ausgeweitet werden. Die dort untergebrachten Rinder und Schweine fressen das angebaute Futter, wodurch vermehrt Stallmist und damit organischer Dünger für die Felder anfällt.

Auch der Anbau von Kartoffeln, Kohl und Buchweizen wird ausgeweitet. Verbesserungen der Ackergeräte kommen hinzu. In größeren Betrieben ersetzen mit Hufen beschlagene Pferde die Ochsen als Zugtiere. Bedeutende Agrarwissenschaftler wie Albrecht Daniel Thaer, Carl Sprengel und Justus von Liebig empfehlen die Gabe von mineralischem Dünger wie Knochenmehl oder Guano, später von Phosphat und Kalisalzen, um die durch die Ernte entnommenen Nährstoffe zu ersetzen. Die Produktion von Getreide und Fleisch wächst deutlich. Mit der Landnutzung verändert sich die Umwelt erheblich, vor allem die Wasser- und Stoffhaushalte sowie die biologische Vielfalt [307].

Im 19. Jh. wandelt sich die Ständegesellschaft in ein Gemeinwesen mit Rechtsgleichheit für alle. Die umfassenden, von Karl Reichsfreiherr vom und zum Stein und Karl August Freiherr von Hardenberg in Preußen initiierten Reformen betreffen neben der Verwaltung und dem Bildungswesen besonders die Agrarwirtschaft, die Landeinteilung und den Besitz von Ländereien. Grund und Boden gehen 1807 bzw. 1810 in privatrechtliches Eigentum über. Bäuerinnen und Bauern sind nicht länger Erbuntertanen. Frondienstpflichtige dürfen sich unter bestimmten Bedingungen freikaufen, Abgabeverpflichtungen können abgelöst werden. Bäuerliche Familien produzieren nunmehr für sich und den Agrarmarkt. Manche migrieren in die Städte oder begründen ein Handwerk. Gutsherren profitieren, da sie Teile des Landes einziehen dürfen, das Kleinbauern bewirtschafteten [308].

Die Einteilung und die Nutzung der Feldfluren durch Feldgemeinschaften – die traditionelle Flurverfassung – wird mitsamt den Besitzrechten am Boden aufgehoben. Die Allmende, das größtenteils beweidete gemeinsame Land einer Dorfgemeinschaft (die Gemeinheiten), wird separiert, also aufgeteilt, und privatisiert. Weiden und Waldweiden wandelt man nicht selten in Äcker.

Schon 1764 beginnt man im Lauenburgischen die Flurverfassung aufzuheben, das Land neu einzuteilen, weit in der Flur verstreute Flurstücke einer Bauernfamilie zu verkoppeln, mithin zusammenzulegen. In anderen deutschen Staaten erfolgen diese gravierenden Neuerungen einige Jahrzehnte später. Die agrarische Produktivität einer Landschaft erhöht sich durch die Aufhebung der Flurverfassung. Von der Separation der Allmende haben Gutsbesitzer und bäuerliche Familien, die bereits viel Land besitzen, die größten Vorteile. Dagegen verschlechtern sich die Lebensbedingungen landloser Familien.

Die tiefgreifenden Agrarreformen des 18. und 19. Jh. sind ein großer Schritt auf dem Weg zur modernen Landbewirtschaftung. Sie haben weitreichende Folgen für die Landschaftsstruktur und die Ertragsentwicklung. So verdoppelt sich die Getreideproduktion Preußens von den 1810er bis in die 1860er-Jahre, die Kartoffelerträge verzehnfachen sich gar. Die resultierenden Nahrungsmittelüberschüsse ermöglichen ein weiteres Bevölkerungswachstum und den bis zum Beginn des Ersten Weltkrieges anhaltenden, gewaltigen Industrialisierungsschub. Schwere Rückschläge mit Hungersnöten verursachen insbesondere die extreme Witterung nach dem Ausbruch des Vulkans Tambora im Jahr 1815 und die Kartoffelfäule von 1845 bis 1847 mit dem Trockenjahr 1846 [309].

## 1764 – Die Königliche Akademie der Wissenschaften zu Berlin ehrt Johann Paul Baumer für eine Schrift über Holzsparöfen

Holz ist Mitte des 18. Jh. unverändert die wichtigste Energiequelle. König Friedrich II. ist der größte Waldbesitzer Preußens. Es gilt, die bestehenden preußischen Wälder trotz des steigenden Holzbedarfes soweit möglich zu schützen. Die Entwicklung von Öfen mit einem geringeren Holzbedarf gilt als eine erfolgversprechende Maßnahme. Friedrich II. lässt 1763 ein amtliches Preisausschreiben veröffentlichen, das die Entwicklung eines holzsparenden Stubenofens zum Ziel hat.

Johann Paul Baumer wird 1764 für seinen innovativen Kachelofen mit mehreren Brennkammern und einem Zugsystem, mit Rostfeuerung, einer Rauchgasklappe und regulierbarer Luftzufuhr der erste Preis zugesprochen [310]. Der Töpfermeister Tobias Christoph Feilner entwickelt 1810 gemeinsam mit dem Baumeister Karl Friedrich Schinkel Baumers Holzsparofen weiter. Feilner fertigt Kachelöfen in der Tonwarenfabrik von Gottfried Höhler in der Berliner Hasenhegerstraße, hauptsächlich für die Bauvorhaben wohlhabender Adliger und Bürger. Später wird der Ofentyp als „Berliner Ofen" bekannt und beliebt (Abb. 2.49) [311].

Diese Innovationen senken zwar den Holzverbrauch pro Ofen; jedoch wächst zugleich die Gesamtzahl der Öfen unaufhaltsam[27]. Damit erhöht sich der gesamte Holzverbrauch in Privathaushalten, Handwerksbetrieben und Kleinindustrien weiter. Die steigenden Holzpreise führen 1785 zur Gründung einer *„Gesellschaft der Holzsparkunst zu Berlin"*. Sie zielt auf die Einsparung von Holz durch weiter verbesserte eiserne Öfen und Zugöfen mit Ziegeln oder Kacheln. Zudem kämpft sie gegen Vorurteile bei der Nutzung von Steinkohlen als Brennmaterial. Die gesellschaftliche Wahrnehmung der angespannten Energiesituation ist soweit gewachsen, dass auch das Bildungsbürgertum vermehrt Lösungen sucht [312].

## 1770 bis 1772 – Anhaltende Nässe und Kälte verursachen schwere Hungersnöte im Erzgebirge

Der harte Winter 1769/70 schädigt im Erzgebirge das Wintergetreide, die bis in das Frühjahr 1770 anhaltenden heftigen Schneefälle beeinträchtigen die Sommersaaten.

---

[27]Vergleichbare Entwicklungen vollziehen sich auch heute; so sinkt der Benzin- und Dieselverbrauch einzelner Fahrzeugtypen trotz stärkerer Motoren; freilich steigt aufgrund des wachsenden Fahrzeugbestandes der nationale Benzin- und Dieselverbrauch durch Kraftfahrzeuge.

**Abb. 2.49** Der Kachelofen wird mit sächsischer Steinkohle beheizt (historische Werbepostkarte)

Ungewöhnlich hohe Niederschläge dauern bis zur Erntezeit an, mindern auch die Gemüseerträge. Eine Missernte resultiert, die Getreidepreise steigen ab Ende Juni 1770. Im Folgejahr wiederholen sich später Schneefall, feuchte Witterung und Missernte. Im September 1772 sind einige Felder im Erzgebirge gar nicht bestellt, andere mit gekauften Samen dünn bestreut worden. Vieh stirbt. Noch lebende Haustiere können kaum veräußert werden – es fehlt an Käufern. Heu liegt noch auf einigen Wiesen; zum Abtransport fehlen Zugtiere.

Eine schwerwiegende Hungersnot beginnt. Im Frühjahr 1770 kostet im Erzgebirge ein Scheffel Korn 1 Thaler und 4 Groschen. 1772 sind es bereits 14 Thaler! Viele können sich kein Brot mehr leisten. Die Arbeitslosigkeit ist hoch. Die Verdienste der Frauen und Kinder, die in Manufakturen arbeiten, reichen nicht mehr, um ihre Familien zu ernähren. Unterernährte und daher geschwächte Männer können kaum noch die Feldarbeit oder ihr Handwerk ausführen. Menschen veräußern ihren Besitz, bis hin zu Fenstern und Türschlössern, um Getreide und Brot kaufen zu können. Der Verzehr unreifer Früchte führt ebenso zu Erkrankungen wie fehlende Kleidung. Manche Almosengeber werden zu Almosensuchenden. Das große Sterben setzt ein.

Zuerst trifft es geschwächte Arme, Alte und Kinder. Dann Menschen aller Stände. Erst mit der guten Ernte im Sommer 1773 endet die Hungerkatastrophe. Der Getreidepreis sinkt auf 4 Thaler [313].

Extremereignisse wie das beschriebene, die vor allem Arme heimsuchen, dokumentieren zeitgenössische Quellen bis in das 20. Jh. mehrheitlich oberflächlich oder einseitig – auch weil sie Wohlhabende weniger betreffen oder diese gar profitieren. Interessensgruppen beschreiben sie. Deswegen ist es kaum möglich, anhand archivalischer Zeugnisse annähernd objektive Rekonstruktionen der Abläufe, Ursachen und Folgen solcher Ereignisse vorzunehmen. Beständig unterliegen wir der Gefahr, auch aufgrund unserer Ausbildungen und spezifischen Biographien, unserer gesellschaftlichen Vernetzung und aktualistischen Sicht, unausgewogen zu urteilen.

Betrachten wir dennoch (zu) kurz die komplexen Ursachen von verbreitetem Hunger in der Vormoderne: Obrigkeiten leben oft gut und saturiert, unterbinden oder initiieren, steuern und nutzen den „Fortschritt". Den Angehörigen der Unterschicht machen sie Versprechungen. Manche Mitglieder der Eliten manipulieren und marginalisieren selten arbeitende Arme und Menschen ohne Arbeit. Sie geben diesen bevorzugt in Notzeiten Almosen, materielle und ideelle Brosamen [314].

Ermöglichen und fördern gesellschaftliche und ökonomische Ungleichheiten – insbesondere die Ausbeutung der Arbeitskräfte durch Obrigkeiten – Armut, Elend, Hunger und Hungersnöte oder lösen sie diese gar aus? Oder besitzen natürliche Ereignisse wie Seuchen, Schädlinge, Spätfröste, feuchte und kühle Witterung, Dürren, Stürme oder Starkregen mit Überschwemmungen den entscheidenden Einfluss? Auf diese Fragen gibt es keine einfachen und keine allgemeingültigen Antworten.

Der Historiker Helmut Bräuer [315] gibt uns einen Einblick in die komplexen Wirkungsgefüge: Bevor sich die Kartoffel im 19. Jh. als Grundnahrungsmittel durchsetzt, haben Getreide und Brot eine große Bedeutung für die Ernährung der Menschen. Ernteausfälle bei Getreide durch ungewöhnliche Witterung stehen als Ursache immer wieder am Anfang von Wirkungsnetzen, die schließlich zu Hungersnöten und massenhaftem Tod führen. Missernten lassen Getreide- und Brotpreise steigen; zahllose Menschen müssen auf andere Waren und Leistungen verzichten. Weniger Güter werden produziert und gehandelt. Großhändler nutzen nicht selten ihre Möglichkeiten der Marktbeeinflussung. Sie entziehen dem Markt Getreide, in dem sie dieses in ihren Magazinen zurückhalten. Die Preise steigen weiter.

Von der Lebensmittelpolizei auszuführende Befehle von Maria Theresia, Erzherzogin von Österreich und Königin von Ungarn und Böhmen, sowie von Joseph II., Erzherzog von Österreich, Kaiser des

Heiligen Römischen Reiches und König von Böhmen, Kroatien und Ungarn, richten sich *„gegen den Wucher der Getreidehändler und die Betrügereien der Bäcker und Müller"*. Staatliche, besonders auch städtische Institutionen versuchen der Spekulation entgegen zu wirken, indem sie Getreide aufkaufen und lagern. Diese Maßnahmen wirken aufgrund zu schwacher Eingriffe in das ökonomische System kaum – die kleinteiligen territorialen Strukturen erleichtern eine Umgehung von Preisdämpfungsmaßnahmen [316].

Auch einige Geistliche kämpfen gegen Spekulation und Wucher. Der Theologe und Reformator Martin Luther publiziert 1540 die Schrift *„An die Pfarrherrn wider den Wucher zu predigen"*. Dagegen erachtet Papst Benedikt XIV. die Anpassung der Moral an die Realitäten des Marktes als notwendig! Getreidegroßhändler, Müller und Bäcker umgehen oder ignorieren – auch vor dem Hintergrund derartiger päpstlicher Äußerungen – gezielt die Vorschriften der Landesherren zu Verkaufs- oder Ausfuhrverboten für Getreide. Die Verlockungen schnellen Reichtums sind zu groß. Verurteilte Gesetzesbrecher können die gegen sie verhängten Geldstrafen mit ihren Gewinnen leicht finanzieren. Händler veräußern Getreide selbstredend weiterhin dort, wo sie den höchsten Profit erzielen, und nicht dort, wo die Unterernährung am ehesten gemindert werden kann. Geldverleiher verlangen exorbitante Zinsen. Landlose Familien und Tagelöhner trifft der Zinswucher zwar nicht direkt, da sie mangels Geld keine Nahrungsmittel kaufen können. Und doch leiden sie in Jahren mit Missernten früh. Zuerst hungern ihre Kinder. Der Tod hält vermehrt Einzug [317].

Manche, die in guten Jahren Getreide kaufen, unterliegen in schlechten der Spekulation, Verschuldung, Pfändung, Arbeitslosigkeit und dem Hunger. Sie alle sind nicht organisiert und nicht in der Lage, die komplexen Ursachen ihrer Misere zu erkennen. Hungerrevolten bleiben im Gegensatz zu England und Frankreich in den deutschen Staaten bis in das frühe 19. Jh. selten – auch aufgrund der territorialen Zersplitterung und des paternalistischen Verantwortungsempfindens vieler Obrigkeiten. Extreme Witterung und ihre Folgen sieht man als von Gott gewollt an. Hungernde beten. Sie nehmen an kirchlichen Prozessionen teil, fühlen sich schuldig, anstatt die wahren Schuldigen zu erkennen. Fatalismus und Depressionen herrschen vor. Theologen wie Pastor Gotthelf Friedrich Oesfeld vertreten den „Barmherzigkeitsstandpunkt", nach dem die Liebe Gottes den Tod von Hungernden bewirkt. Hungernde Gebildete senden Bittschriften an die Obrigkeiten. Reale und scheinbare Arrangements wie das Spenden von Almosen und Trost durch Staat und Kirche suggerieren den Bedürftigen Anteilnahme, Fürsorge und Hilfe (Abb. 2.50) [318].

Obrigkeiten verordnen in Hungerzeiten gelegentlich Fruchtsperren, um die Ausfuhr von Nahrungsmitteln zu verhindern, die man im eigenen Land benötigt. Auch wenn nur ein Teil der Bevölkerung Getreide erwerben kann, greifen Herrschende mit den Sperren massiv in das Wirtschafts- und Sozialsystem ein. Angehörige städtischer Unterschichten, Tagelöhner, Landarme und Landlose sind ebenso betroffen. In Hungerkrisen erhalten sie einige Almosen und Spenden.

Die Stratifizierungen der Gesellschaft ändern sich. Je nach sozialer und ökonomischer Verortung wirken Getreidesperren für Untertanen abgrenzend oder verbindend – vorteilhaft für Schmuggler oder zeitweilig nachteilig für Getreidehändler. Getreidesperren erhöhen die Akzeptanz der Obrigkeiten und die Identifizierung der Bevölkerung mit dem eigenen Staat. Sie symbolisieren und demonstrieren die Tatkraft und Macht der Herrschenden und weiterer Einflussreicher. Die Schuld für Hunger sehen viele nicht im eigenen Herrschaftssystem, sondern im Verhalten von Akteuren, die Minoritäten angehören, oder in anderen Staaten. Schuld wird externalisiert. Der Feind scheint außen zu stehen [319].

Hunger ist heute für zahlreiche Deutsche (zu) fern – wir sehen ihn nicht in Deutschland und fast nie auf Reisen.

**Abb. 2.50a, b** Jetton von 1816/17 mit den Inschriften *„O Gieb mir Brod mich hungert"* auf der Vorderseite und *„Verzaget nicht – Gott lebet noch"* auf der Rückseite

Hunger bleibt verborgen, in Vergangenheit und Gegenwart. Zukünftiger Hunger muss für alle beständig sichtbar werden, um ihn endlich erfolgreich bekämpfen zu können.

## 1776 bis 1778 – Die Rinderpest grassiert

Bis in das 19. Jh. leben die Menschen in einer Region weitgehend von den dort erzeugten landwirtschaftlichen Produkten. Viehseuchen, die seit Jahrtausenden auftreten, können zu einschneidenden Verlusten an Haustieren, zu einer bedrohlichen Abnahme der Fleisch- und Milchproduktion führen. Ein Mangel an Dünger resultiert, der in den Folgejahren die Getreideerträge mindert. Der Umwelthistoriker Kai F. Hünemörder hat die Hintergründe des Umgangs mit einer bedeutenden Viehseuche, der Rinderpest, und ihrer Bekämpfung in der 2. Hälfte des 18. Jh. untersucht [320].

Sie grassiert u. a. in den Jahren 1776 bis 1778 in Preußen. In der Altmark verendet rund ein Drittel des Bestandes (26.362 Rinder), in der Kurmark fast 15 % des Bestandes (26.172 Rinder). Die Seuche erfasst hauptsächlich kleinere und mittlere bäuerliche Betriebe. Manche Familie verliert ihre einzige Kuh. Weder Behörden, noch Ärzte oder Bauern kennen die Ursache der Rinderpest. Viele interpretieren sie als eine Strafe Gottes. Obrigkeiten ordnen Dankesgebete an. Ausdünstungen von Pferdemist sollen helfen. Bauern versuchen, mit volksreligiösen oder magischen Praktiken ihre Verbreitung zu verhindern. Vieh wird gesegnet, Ochsen werden lebendig auf Kreuzwegen begraben. Allgemein akzeptierte und vor allem wirkungsvolle Praktiken gegen die Seuche gibt es nicht. König Friedrich II. bietet demjenigen 1000 Dukaten, der ein Mittel findet, das unzweifelhaft gegen die Rinderpest wirkt. Niemandem gelingt der Nachweis [321].

Gelehrte Gesellschaften beschäftigen sich ab der 2. Hälfte des 18. Jh. auch mit Viehseuchen. Eine große Anzahl von Schriften erscheint; einige Aufklärer zweifeln an der Gottesstrafe, kritisieren Fatalismus, Aber- und Zauberglauben – und werben zugleich für ihre Medikamente.

Neu eingerichtete Veterinärschulen bilden Viehärzte auch zur Bekämpfung von Tierseuchen aus. Impfexperimente beginnen zuerst in den Niederlanden. Da sich Rinder offenbar bloß einmal infizieren können, inokulieren Ärzte ab den 1670er-Jahren Schleim erkrankter unter die Oberhaut gesunder Tiere. Häufiger verendet mehr als die Hälfte der geimpften Rinder, die Bauern sind empört. Fachkollegen zweifeln. Ängste kommen auf, Impfungen würden die Seuche eher verbreiten als eindämmen. Auf einer kleinen dänischen Insel verlaufen Impfexperimente erfolgreicher. Staatliche Impfversuche in norddeutschen Staaten folgen in den 1770er-Jahren, Bauern lehnen sie ab.

Dann diskutieren Gelehrte Gesellschaften das Für und Wider von Viehversicherungen. Sie setzen sich ebenso wenig durch wie Impfungen gegen die Rinderpest. Erst die Erfolge der Virologie im späten 19. und im 20. Jh. klären die Ursachen von Viehseuchen. Die Rinderpest ist in Deutschland seit 1881 nicht mehr aufgetreten. Derzeit werden Verfahren zur Früherkennung von Viehseuchen erforscht. Brechen sie aus, so helfen die Tierseuchenkassen der Länder oder Mittel der Europäischen Union [322].

## Ab 1778 – Die Kultivierung des bayerischen Donaumooses

In den Kaltzeiten des Pleistozäns räumen Schmelzwässer ein durch Tektonik bereits vorgeprägtes breites Tal bei Ingolstadt aus. Durch seinen nördlichen Bereich fließt heute die Donau. Nach Süden schließt sich zunächst ein mächtiger, etwa 5 km breiter Schotterkörper aus der letzten Kaltzeit an, die Niederterrasse der Donau. Dann folgt das Donaumoos, das ehedem größte zusammenhängende Niedermoor Bayerns.

Die hohe Niederterrasse blockiert über die gesamte Nacheiszeit die Entwässerung der Bäche, die das Donaumoos durchströmen, nach Norden in die Donau. So bildet sich ein großer Überflutungsraum, in dem die nach Nordosten fließenden Donaumoosbäche die mitgeführten lehmigen Sedimente ablagern. Das Gebiet verlandet sukzessive, verflacht. Im Laufe der Nacheiszeit wachsen Niedermoore auf einer Fläche von etwa 170 km$^2$ mehrere Meter hoch auf, das schwer zugängliche Donaumoos entsteht. Bis in das 18. Jh. beschränkt sich die Nutzung auf Fischerei, Jagd und die lokale Entnahme von Pflanzen; Nässe verhindert weitgehend eine agrarische Nutzung [323].

Im Jahr 1778 beauftragt Kurfürst Karl Theodor von Bayern den Priester Johann Lanz aus Berg im Gau mit der Trockenlegung des Donaumooses; die schwierigen Bauarbeiten stocken alsbald. Eine 1783 eingesetzte Kommission zur Planung und Umsetzung der Trockenlegung scheitert an vielfältigen Widerständen. Ab 1787 verantwortet die Donaumoos-Kultur-Kommission die umfangreichen Arbeiten. Da die Trockenlegung aus staatlichen Mitteln nicht finanzierbar ist, wird 1790 eine Aktiengesellschaft gegründet. Die Nachfrage bleibt bei den angrenzenden Gemeinden gering; die Inkulturnahme des Donaumooses liegt nicht im Interesse angrenzender Landbesitzender und Landnutzender, darunter der Großballei Neuburg des Malteserordens. Sie nutzen Randbereiche des Mooses. Streitschriften dokumentieren die widerstrebenden Interessen; Vergleiche beenden schließlich die Auseinandersetzungen [324].

Ab 1790 begradigen und vertiefen Männer den Langenmühlbach und die Weichinger Ache; sie öffnen im Süden des Donaumooses den Hauptkanal und im Nordosten den Militärkanal sowie rund 400 km lange, schnurgerade Entwässerungsgräben. Daraufhin sinkt der Grundwasserspiegel erheblich. Zur Sicherung der Böschungen pflanzen Kolonisten Birken an den Grabenseiten. Sie prägen das Donaumoos [325].

Nach der Anlage des Drainagesystems ziehen zahlreiche Familien in das Moos, darunter ab 1802 auch Calvinisten und Mennoniten. Entlang einer neuen Straße beginnt 1791 der Bau der ersten Siedlung im Moos, des Straßendorfes Karlskron. Bald entstehen weitere lange, straßenparallele Siedlungen mit Fachwerk- oder Holzgebäuden beiderseits der Dorfstraßen. Hohe Boden- und Luftfeuchte fördern die Zersetzung des Holzes. Hinter den Häusern erstrecken sich lange Parzellen, die Moorhufen.

Doch sind die jeweils einer Familie zustehenden Flächen klein, die Böden nährstoffarm. Kalte Luft sammelt sich in der Senke des Mooses; Nebel, Spät- und Frühfröste treten häufig auf. Diese naturräumlichen Merkmale kennen Planer und Kolonisten kaum. Auch die starken, entwässerungsbedingten Sackungen und Zersetzungen der Torfe überraschen die neuen Bewohnerinnen und Bewohner. Schlechte Ernten verstärken die Armut. Ein ausgedehnter Torfbrand wütet im ungewöhnlich trockenen Jahr 1800. In einer 1825 einsetzenden zweiten Kolonisierungsphase werden größere Parzellen vergeben und weniger witterungsanfällige Häuser in Ziegelbauweise errichtet. Die Landoberfläche sinkt bis heute um 2 bis 3 m ab; sie kommt dem Grundwasserspiegel immer näher, weshalb Entwässerungsgräben und -kanäle mehrfach tiefer gelegt werden müssen [326].

Ab dem späten 19. Jh. sind Züchtungen von Kulturpflanzen erfolgreich, die sich besser an die schwierigen

**Abb. 2.51** Werbung für Mineraldüngung in Mooren (historische Werbepostkarte)

Standortbedingungen im Moos anpassen können. Die Mineraldüngung beseitigt den gravierenden Nährstoffmangel der Moorrestböden (Abb. 2.51). In der 2. Hälfte des 20. Jh. setzt sich eine hocheffektive Landwirtschaft durch. Das trockengelegte Donaumoos wird zum größten geschlossenen Anbaugebiet von Kartoffeln in Bayern. Mittlerweile verdrängt Mais die Kartoffeln.

Die Trockenlegung des Donaumooses hat

- in großem Umfang klimarelevante Treibhausgase freigesetzt, die in den Torfen gespeichert waren,
- die Verwehung trockenen Torfes durch kräftige Winde ermöglicht,
- die ursprünglich hohe Biodiversität der Moore stark gemindert und
- seit den 1950er-Jahren die Belastung des Oberflächen- und Grundwassers mit Nähr- und Schadstoffen durch die intensive Landwirtschaft ermöglicht.

Ein Umdenken hat begonnen. Angestrebt wird eine extensivere Nutzung, vor allem eine Beweidung mit besonders geeigneten Rinderrassen. Die Trockenlegung auch dieses Feuchtgebietes war eine aus ökonomischer und ökologischer Sicht denkwürdige Fehlentscheidung.

## 1783 – Raupenfraß im Kiefernwald der Hasenheide

Die Hasenheide, vor vier Jahrhunderten ein lichter, intensiv genutzter kiefern- und heidereicher Wald im Amt Mühlenhof auf heutigem Berliner Grund, hat in den vergangenen Jahrhunderten verschiedenste Nutzer erlebt: In der frühen Neuzeit weidet dort das Vieh der Tempelhofer und Neuköllner Bauern.

Dann eignet sich der Berliner Hof das Areal an. Im Jahr 1678 vereinbart Oberjägermeister Joachim Ernst von Lüderitz, beauftragt von Kurfürst Friedrich Wilhelm von Preußen, mit der Gemeinde Tempelhof ein Holznutzungsrecht für die Hasenheide. Von Lüderitz lässt ein rund 100 ha großes Gebiet zur Jagd umhegen, in dem die nächste vielköpfige Nutzergruppe Gräser, Kräuter, frische Triebe und Wurzeln fressend tätig ist – Hasen, die dem Wald 1718 ihren Namen geben. Die Gemeinde Rixdorf möchte zwar ihre Huterechte erhalten, doch scheitert sie 1851 nach einem fast zwei Jahrhunderte währenden Streit [327].

1783 breiten sich Kiefernspinner aus (Abb. 2.52, 2.53), von denen noch zu berichten sein wird. Ausflügler aus Berlin bevölkern etwa ab 1800 die Hasenheide. Von 1810 bis zu seiner Verhaftung 1819 turnen Menschen mit Turnvater Friedrich Ludwig Jahn unter Kiefern – abseits der von

**Abb. 2.52**  Männlicher Kiefernspinner (1a) [332]

**Abb. 2.53**  Weiblicher Kiefernspinner (1b) [333]

ihm verachteten Lokale. 1878 okkupiert das Militär Teile der Hasenheide für Schießübungen.

Nach dem Zweiten Weltkrieg wird mit der Rixdorfer Höhe ein hoher Trümmerberg aufgeschüttet. Minigolfanlage, Tierpark, Rosengarten, Freilichttheater und Märchenspielplatz schmücken den Volkspark seit einigen Jahrzehnten. Welch ein Nutzungswandel: von Rindern im kommunalen Heidewald über herrschaftliche Hasen und unerwünschte Kiefernspinner zu Wanderern aus der heranwachsenden Großstadt Berlin, Turnern, Soldaten, Schutt abladenden Arbeiterinnen und Arbeitern sowie Naherholungssuchenden dann inmitten einer Metropole [328].

Am 1. Juni 1783 meldet Hofjäger Hahn der Kurmärkischen Kammer aufgeregt, dass in der Hasenheide erschreckend große Raupen den Winter überlebt und Kiefern befallen hätten. Die Kammer sucht beim Forstdepartement des Generaldirektoriums um Rat nach. Dort kennt man den Übeltäter. Das Direktorium teilt der Kammer am 18. Juni 1783 mit: *„Was nun die Raupe an und vor sich betrifft, so ist solche die Kiehnraupe oder die Phalaena pini Bombia*[28]*, welche in dem Linneschen System der Fichten Wanderer*

genannt wird. *Diese Raupe spinnt sich im Brach=Monat*[29] *ein, kommt als Vogel nach 3 bis 4 Wochen aus, legt ihre Eyer an den Kiehn Stämmen, die Brut kommt sodann noch im Sommer aus, überwintert als Raupe bis zum Frühjahr, lebt bis dahin ohne vielen Schaden zu verursachen mäßig, wird aber mit Anfang des Triebes oder Neuwuchses der Kiefern fräßig und richtet vielen Schaden an.“* [329] Jana Sprenger hat diesen Brief im Brandenburgischen Landeshauptarchiv gefunden und das Ereignis in der Hasenheide vorzüglich rekonstruiert. Demnach verhindert das Direktorium die Entnahme der mit Raupen befallenen Kiefern mit dem Argument, dass sich erst zum Ende des nächsten Jahres das tatsächliche Ausmaß der Schäden zeigen würde. Das Schlagen von Schneisen zur Isolation befallener Gebiete sei dagegen erlaubt. Dessen ungeachtet überqueren die Raupen bis Ende Juni 1783 die sofort angelegten Schneisen. Die Raupen fressen immer mehr Kiefern kahl [330].

Das Direktorium schreibt die Massenausbreitung des Kiefernspinners der Witterung zu. Mithin sei der entstandene Schaden unvermeidbar und zu ertragen. Hofjäger Hahn beobachtet im Folgenden, sehr kalten Winter 1783/84, dass lediglich ein Teil der Raupen im Herbst schlüpft. Unzählige Eier überwintern. Sprenger schlussfolgert zurecht, dass neben dem Kiefernspinner die Nonne (*Lymantria monacha*) – ein Nachtfalter – die Kalamität in der Hasenheide mitverursacht hat.

Ein massenhaftes Kiefernsterben schließt sich im Frühjahr 1784 an; Raupen breiten sich erneut aus. Einem abermaligen Befall mit Kiefernspinnern im Jahr 1791 versucht Hofjäger Hahn mit dem Einsammeln von Schmetterlingen zu entgegnen. Ein aufwendiges, jedoch zielführendes Unterfangen, wenn ausreichend Personal dafür bereitsteht. Die Bedeutung von Vögeln in der Nahrungskette ist bekannt; im August empfiehlt die Kurmärkische Kammer die Schonung von Vögeln. Sofort protestieren Interessengruppen in erster Linie gegen den Schutz von Rabenvögeln. Krähen würden den Rebhuhn- und Entenpopulationen Schaden zufügen [331].

Großflächige Monokulturen als weitere Kernursache der Massenvermehrung von pflanzenschädigenden Insekten erkennt man in jener Zeit noch nicht. Eine verstärkte Bekämpfung der Symptome setzt 1892 mit der Anwendung von Insektiziden ein.

## 27. Februar 1784 – Ludwig van Beethoven flieht in Bonn vor einer Eisflut des Rheins

Der Komponist Ludwig van Beethoven lebt im Februar 1784 als 13jähriger mit Vater Johann, Mutter Maria

---

[28]Heute: *Dendolimus pini* (Kiefernspinner).

[29]Juni.

Magdalena und seinen beiden Brüdern im zweiten Stock des Hauses von Bäckermeister Gottfried Fischer in der Rheingasse 7 in Bonn. Der Rhein ist seit Wochen zugefroren; der Bonner Markt findet auf dem Eis statt und beladene Karren überqueren den Rhein [334].

Um den 23. Februar verdrängt aus dem Süden zuströmende warme Luft das Kältehoch über Mitteleuropa. Der Warmlufteinbruch bringt viel Regen, lässt die mächtige Schneedecke rasch schmelzen [335]. Die Eisdecke des Rheins reißt auf und dicke Eisschollen bewegen sich flussabwärts. Bei Bonn verkeilen sie sich am 26. Februar 1784. Hinter dieser Eisbarriere staut sich das Schmelz- und Regenwasser. Es dringt in die Stadt und erreicht im Bonner Münster die Treppe zum Kreuzgang – eine Inschrift kündet dort noch heute von der außergewöhnlichen Wasserhöhe. Bald steht es auch in der Rheingasse 7 im Erdgeschoss, dann im ersten Stock, schließlich erreicht es die Wohnung der Familie Beethoven im zweiten Stock. Ihnen bleibt bloß die sofortige Flucht über Leitern und Stege. Bis der Eisstau endlich bricht, findet Familie Beethoven Unterschlupf bei dem Violinist Joseph Philipart [336].

Die Flucht der Familie Beethoven vor dem Hochwasser

Augenzeugenbericht von Bäckermeister Gottfried Fischer, Eigentümer der Wohnung der Beethovens

*„Im Jahr 1784 war eine große Rhein wasserhöhe zu befürten. Fischer und die auf dem ersten Stock wohnten, schleppten gleich ihre Baarschafft aus vorsorge auf die Speicher, es war so waid gekommen, das der Rhein gälig [wild] im Unterhauß 4: Fuß hoch eingenommen hat. Alle die im Hauß wohnte, in große Anngst und schräken setzte. Madamm v. Beethoven flößte, die im Haus wohnte, muht ein, sie sagte, was seit ihr hier so banng, was ist denn dieße Wasserhöhe, ihr Leütger, ihr seit das hier nicht so gewöhnt, bey uns im Thaal Ehrebreitstein haben wier oft wasserhöhe, da machen mir nichts daraus. Nun gut, wie aber das Wasser bis auf den ersten Stock 5 Fuß hoch gestiegen war, und von da aus wider bis an Beethoven Quattier zweite Stock, bis an den letzten Treppentritt angewakxen war und stannt. Da wurd es Madamm Beethoven auch Anngst, sagte, das hätt ich nicht gemein, und Beethovens und die übrige schleppten ihre beste Sachen all doll durcheinannter auf die Speicher. Nun sagte Madamm v. Beethoven, wier lassen unsere Haabschaft hier, bis der Rhein turchbruch hat. Nein, mir möge alle unser Leben nicht hier im Wasser verlieren, wir*

*wollen es weiter nicht mehr abwarrten, und suchten in der Stadt unterkommen. [...] Getz war aber kein ander ausflucht aus dem Hauße zu kommen alls auf Beethoven Wohnung nach dem Hof zu, da wurde eine hohe Stiegleiter angesetz, da mußten alle heraus, die Kinder getragen, herrunter kletterre, wo aber Fischer hat durch beide Höfen und durch das Fischer Hinnterhauß Jiergaß No = 950, durch Bord, Tillen [Dielen, Bretter, Bohlen], hat legen laßen, das sie alle trocken Fuß durchgehen konnte. Beethoven zogen auf die Stockestraß, in die Golte Kett, No = 9. Bey einem Musikuß Fillippar, der auch da für Miehte wohnte, reümte den Beethoven einer seiner zimmer ein, bis der Rhein turchbrucht macht uns´d so wider durch Fischer Hinnterhauß trocken Fuß auf ihr Quattier wider einzogen.“* [337].

Auch an Nebenflüssen des Rheins, sowie an der Donau, der Werra und der Elbe verzeichnet man Hochwasserschäden. In Heidelberg, Nürnberg, Bamberg, Würzburg, Frankfurt a. M. und anderen Orten reißen die mit Eisschollen gespickten Wassermassen Teile von Brücken mitsamt flussnaher Häuser fort [338].

Die Ursache der bis zum 23. Februar anhaltenden Kälte liegt weit entfernt: im Süden Islands. Pfarrer Jón Steingrímsson hat uns die dortigen Ereignisse mit ihren weitreichenden Folgen beschrieben [339]. Erdbeben erschüttern Island Anfang Juni 1783. Außergewöhnliche Vulkanausbrüche, die Skaftáfeuer (Skaftáreldar), setzen am 8. Juni im Süden Islands an einer Eruptivspalte, der Lakispalte, ein. Auf einer Länge von mehreren Zehnerkilometern schießen Fontänen aus flüssigem Gestein hunderte von Metern hoch in den Himmel. Mehr als einhundert Schlackenkegel wachsen auf der Lakispalte auf.

Zwei Lavaströme bewegen sich von der Spalte talabwärts und bedecken 565 km$^2$ Land, darunter wertvolle Weiden. Vom 8. Juni 1783 bis zum Ende der Ausbrüche am 7. Februar 1784 werden 14,7 km$^3$ Laven und Tephra eruptiert und ungefähr 122 Mio. t Schwefeldioxid ($SO_2$), 7 Mio. t Chlorwasserstoff (HCL, Salzsäure) und 15 Mio. t Fluorwasserstoffe (HF) freigesetzt [340]. Fast ein Viertel der Menschen Islands (etwa 10.500) sterben aufgrund des „Dunst-Hungers“. 187.000 Schafe (79 % des Bestandes) und 27.000 Pferde (76 % des Bestandes) verenden insbesondere durch fluoridreiche Gase auf Island [341]. Der Säuregehalt des Niederschlags ist so hoch, dass *„einige Tropfen [...], wo sie auftraten, Löcher in den Hausampfer und Brandflecken ins Fell der Schafe ätzten“*.

> *„Es giebt Nebel, welche wenig oder gar nicht auf das Hygrometer wirken. Diese werden trockne Nebel, Landrauch, Höhenrauch, Heiderauch, Sommerrauch genannt. Zu diesen gehörte der Nebel von 1783, der sich nicht allein über Europa, sondern auch bis in einige entfernte Meere erstreckte."* Georg Christoph Lichtenberg [342].

Aerosolwolken ziehen im Juni 1783 in großer Höhe von der Lakispalte über ganz Europa und führen dort zu ungewöhnlichen Lufterscheinungen, die man als „Höhenrauch" oder „trockene Nebel" wahrnimmt. Sie äußern sich in prächtigen Sonnenuntergängen und werden von einem leicht schwefligen Geruch begleitet. In Europa klagen Menschen über Kopfschmerzen, Atemprobleme und Asthmaanfälle, die wahrscheinlich auf den schwefelreichen Gasen der Skaftáfeuer beruhen [343]. Die extreme Witterung und die schwefelreichen Gase bedingen außergewöhnlich hohe Mortalitätsraten in England. Allein im August und September 1783 sowie im Januar und Februar 1784 sind dort wohl ungefähr 20.000 zusätzliche Todesopfer zu beklagen [344].

Die Exhalationen an der Lakispalte beeinflussen auch nach dem heißen, trockenen Sommer 1783 und dem schneereichen, strengen Winter 1783/84 das Wetter [345]. Auf den heißen Sommer 1784 folgt erneut ein strenger Winter. Ausgesprochen niederschlagsreich ist nach den Aufzeichnungen von Christian Gottlieb Pötzsch der Sommer 1785: *„Das anhaltende viele Regenwetter, [...], schien in diesem Sommer fast allen Ländern von Europa gemein zu seyn. Von allen Seiten, z. E. aus Pohlen, aus Podolien, Vollhinien und der Ukraine, ja sogar aus Ober-Italien von Mantua und der Gegend umher, erhielt man ähnliche traurige Berichte."* [346] Die anhaltend außergewöhnliche Witterung löst großes Leid aus.

## 1. Oktober 1784 – Die Kanal-Aufsichtskommission meldet die Fertigstellung des Schleswig-Holsteinischen Kanals

Die Fahrt von der Nord- in die Ostsee um die Jütische Halbinsel, durch den Öresund und über den Großen oder Kleinen Belt kostet Zeit und Geld. Sie ist langwierig, in Kriegszeiten gestört und aufgrund von Stürmen und schlechter Sicht gefährlich. Davon zeugen zahllose Schiffsstrandungen und -kollisionen. Herzog Adolf von Schleswig-Holstein-Gottorf plädiert bereits 1571 in einem Schreiben an Kaiser Maximilian II. für einen Kanal, der Kiel mit Rendsburg verbinden soll. Es dauert noch gut zwei Jahrhunderte, bis diese Trassenführung realisiert wird.

Nach siebenjähriger Bauzeit eröffnet der dänische König Christian VII. am 1. Oktober 1784 den Schleswig-Holsteinischen Kanal, der auch Eiderkanal genannt wird. Er hat sechs Schleusen und verläuft von Kiel-Holtenau bis Rendsburg, wo er in die Untereider mündet (Abb. 2.54). Kleine Schiffe können nun von der Nordsee über die Eider und den 31 m breiten und 3,5 m tiefen Eiderkanal in die Ostsee fahren und umgekehrt. Sie bewältigen von Küste zu Küste eine Distanz von 172,7 km in drei bis vier Tagen. Die Erdbewegungen und lokalen Störungen der Vegetation waren in der Bauphase zwar erheblich, dennoch verändert der neue Kanal aufgrund seiner geringen Ausmaße die Umwelt langfristig kaum. Die Schleusen verhindern gravierende Veränderungen des Wasserhaushaltes.

Im Jahr 1860 fahren schon 3600 Schiffe durch den Eiderkanal, zwei Jahrzehnte später sind es 4706, darunter 143 Dampfschiffe. Die Schiffe werden immer größer und übersteigen schließlich die Kapazität des Schleswig-Holsteinischen Kanals. Mit dem Ende des Krieges von Preußen und Österreich gegen Dänemark wird Schleswig–Holstein mit dem Eiderkanal am 30. Oktober 1864 preußisch-österreichisches Kondominium. Im Deutschen Krieg besiegt 1866 Preußen Österreich; Preußen

**Abb. 2.54** Schleswig-Holsteinischer Kanal mit Schleuse bei Klein Königsförde westlich Kiel (Foto: Béla Bork)

annektiert die Herzogtümer Schleswig und Holstein und der Eiderkanal wird preußisch [347].

## 24. Juli 1788 bis 15. Juli 1985 – Die Quecksilberverarbeitung in der Chemischen Fabrik Marktredwitz und ihre Folgen

Am 24. Juli 1788 gründet Wolfgang Caspar Fikentscher im oberfränkischen Marktredwitz die Chemische Fabrik W. C. Fikentscher – die erste industrielle chemische Produktionsstätte in den deutschen Staaten (Abb. 2.55). Sie stellt vorwiegend quecksilberhaltige Produkte her. Johann Wolfgang von Goethe führt dort 1822 auf der Suche nach Belegen für seine Farbtheorie Experimente durch.

Im Jahr 1891 veräußert Familie Fikentscher die Fabrik an die Brüder Curt Bernhard und Oskar Bruno Tropitzsch. Im Jahr 1908 erfolgt die Zulassung des weltweit ersten Saatbeizmittels Fusariol (Ethylquecksilbercyanid, $C_3H_5HgN$). Das Fungizid schützt Saatgut vor Pilzbefall und Schädlingen. Es enthält etwa 2,5 % Quecksilber. Das traditionsreiche Familienunternehmen ist vor dem Ersten Weltkrieg Weltmarktführer bei der Erzeugung quecksilberhaltiger Produkte. 1931 folgt die Umbenennung in Chemische Fabrik Marktredwitz (CFM) und die Umwandlung in eine Aktiengesellschaft [348].

Bei der Verwendung von Quecksilber bilden sich gesundheits- und umweltgefährdende Quecksilberdämpfe und -stäube. Einige Arbeiter schützen sich nach 1974 mit Ammoniak- *oder* Quecksilberfiltern. Manche Arbeitsvorschriften werden nicht eingehalten. Ein Problembewusst-

sein zu den Folgen für die Gesundheit von Menschen und die Umwelt entwickelt sich weder im Betrieb noch in der Stadt. Auch die Fachaufsicht versagt [349].

Sabine Schenk und Christoph Kühleis vom Wissenschaftszentrum Berlin für Sozialforschung haben die Entwicklungen der CFM in den 1970er und 1980er-Jahren im Hinblick auf den Arbeits- und Umweltschutz detailliert untersucht und dokumentiert: Die neu erlassenen Umweltgesetze und Bestimmungen zum Gesundheits- und Arbeitsschutz des Bundes treffen die Firma finanziell hart. Die veralteten Produktionsanlagen stammen zum großen Teil aus den 1950er-Jahren. Umfassende Sanierungen beginnen. Von 1975 bis 1983 muss die CFM 30 % der Investitionsmittel in die Bereiche Umwelt- und Arbeitsschutz stecken – ein ungewöhnlich hoher Anteil.

Das Unternehmen entwickelt und etabliert in enger Abstimmung mit Behörden ein Verfahren zur Abwasserbehandlung, lässt emissionsmindernde Abluftanlagen installieren. Dennoch treten weiterhin eminente Umweltbelastungen auf. Die zuständigen Behörden kämpfen zur gleichen Zeit mit der Umsetzung der neuen Umweltgesetze. Eine Verlegung des Unternehmens vom Zentrum an den Stadtrand wird diskutiert, freilich nicht umgesetzt.

Beschäftigte in der Produktion nehmen die besonderen Gesundheitsgefahren ihrer Tätigkeiten kaum wahr oder ignorieren sie weiterhin, obgleich sich die Betriebsärztin stark für den Arbeitsschutz engagiert. Der Betriebsrat steht mitten im Konfliktfeld zwischen besseren Arbeits- und Umweltbedingungen auf der einen und dem Erhalt der Arbeitsplätze auf der anderen Seite. Der lokale Arbeitsmarkt bietet kaum andere Beschäftigungsmöglichkeiten

**Abb. 2.55** Luftbild von Marktredwitz (historische Postkarte)

für die überalterte Belegschaft. Externe Gutachten sehen keinen eindeutigen Kausalzusammenhang zwischen den stofflichen Belastungen im Betrieb (besonders durch Quecksilberverbindungen) und bestimmten Erkrankungen von Beschäftigten der Firma [350].

Die Chemische Fabrik Marktredwitz leitet ihre Abwässer in die Kössein. Bis heute weisen Oberböden in der Aue der Kössein hohe Quecksilbergehalte auf; der gewerbsmäßige Verkauf von Fischen aus dem Bach wird später untersagt.

In der ersten Hälfte der 1980er-Jahre erfolgt der Anschluss der CFM an die städtische Kanalisation und Kläranlage. Umgehend sind die Klärschlämme, die zuvor von der Stadt lukrativ veräußert worden waren, massiv mit Quecksilberverbindungen belastet. Der Oberbürgermeister von Marktredwitz geht für die Jahre 1984 und 1985 von Mehrkosten in Höhe von jeweils etwa 65.000 € durch die Einleitungen aus. Nun diskutiert man die Kontaminationen des Abwassers und der Atmosphäre durch die CFM in der Stadt kontrovers; einer der verheerendsten Umweltskandale der Bundesrepublik wird publik.

Im Juni 1985 verbietet die zuständige Behörde kurzfristig die Einleitung von Abwässern durch die Firma. In einem Bescheid vom 15. Juli 1985 wird die Einstellung der Produktion der CFM angeordnet. Die Harbauer GmbH & Co KG, ein in Berlin ansässiges umwelttechnisches Unternehmen, saniert bis 1997 mit neuen, aufwendigen und kostspieligen großtechnischen Verfahren erfolgreich das quecksilberbelastete Betriebsgelände und reinigt 56.000 t Substrat [351].

Die zuständigen Behörden werden in der Öffentlichkeit scharf kritisiert. Ihnen seien die Probleme bekannt gewesen. Von 1974 bis Anfang der 1980er-Jahren hätten einige Akteursgruppen die Gesundheitsgefährdungen zwar wahrgenommen und thematisiert. Sie seien danach aber, bis in das Jahr 1985, weitgehend verdrängt worden. Der bayerische Landtag setzt einen Untersuchungsausschuss ein. Die Anhörungen bringen manche Klarheit in das Dunkel der betriebsinternen Vorgänge und das Zusammenarbeiten mit Behörden in den Jahren vor der Schließung. Der Ausschuss identifiziert Mängel in der Personalausstattung und in der Arbeitsorganisation einzelner Behörden und der Kooperationen zwischen ihnen sowie ein fehlerhaftes Verhalten einzelner Bediensteter [352].

Bei einigen Beobachterinnen und Beobachtern verbleibt der Eindruck, dass das Ausmaß der behördlichen Duldungen von Vorgängen in der Firma sowie der Verbindungen zwischen Behörden und der CFM im Untersuchungsausschuss unzureichend aufgedeckt wurde [353].

Die Industrialisierung verlangt nicht nur in Marktredwitz ihren Tribut. Organische und anorganische Stoffe, die die Gesundheit von Menschen oder anderen Lebewesen gefährden, gelangen zumeist unkontrolliert und undokumentiert in die Umwelt. Heute ist Deutschland über-

sät mit stillgelegten Müllhalden, ehemaligen und aktiven Industrie- und Gewerbeanlagen. Bis 2018 sind umweltgefährdende Altlasten an rund 34.000 Orten saniert und an weiteren knapp 20.000 bekannt. Darüber hinaus gibt es mehr als 260.000 Stellen in Deutschland, bei denen der Verdacht besteht, dass dort umweltgefährdende Stoffe lagern [354].

Die Sanierungen sind enorm aufwändig und teuer. Die belasteten Böden müssen geborgen und behandelt, die verbleibenden Schadstoffe dauerhaft sicher deponiert werden. Die Dauer der Sanierung der Altlasten des Industriezeitalters ist nicht annähernd absehbar. Die Kosten dürften sich auf mehrere Milliarden Euro belaufen.

## Ab 1789 – Der Braunkohleabbau in der Lausitz verändert Landschaften und Klima

*„Gott hat die Lausitz geschaffen, aber der Teufel die Kohle darunter."* Lausitzer Sprichwort [355].

Gletscher der Saale-Kaltzeit lagern im Südosten des heutigen Landes Brandenburg Lockergesteine ab. Sie schieben dort einen Endmoränenzug auf, den Lausitzer Landrücken. Bis in das 20. Jh. ragt unweit Bockwitz (heute Lauchhammer-Mitte) der Butterberg etwa 120 m NHN im Landrücken auf.

Auf ihm findet man im Jahr 1789 vom Saalegletscher aufgeschobene miozäne Braunkohle [356]. Es ist der erste bekannte schriftliche Nachweis von Lausitzer Braunkohle. Im Jahr 1815 wird bei Kostebrau der erste Schacht geöffnet. Männer graben mit Hacken und Schaufeln nach Braunkohle, bringen sie in Schubkarren fort. Verwendet wird sie vorwiegend als Brennstoff in häuslichen Kochstellen und als Dünger in der Landwirtschaft. Das Königliche Oberbergamt zu Halle an der Saale genehmigt 1867 den Betrieb der Grube Felix unweit Klettwitz. Bald folgen weitere kleine Braunkohlegruben um Finsterwalde und Bergheide. In den 1870er-Jahren existieren um Lauchhammer schon 22 Gruben. Die kleinen oberflächennahen Braunkohlevorkommen sind nach wenigen Jahren erschöpft. Der aufwendigere Tiefbau beginnt. Er stillt zunächst den wachsenden industriellen Brennstoffbedarf [357].

Die Nachfrage steigt mit der Fertigstellung der Eisenbahnen in die Lausitz und der Einführung der Brikettierung – der Pressung und Verdichtung der Braunkohle zu kompakten Briketts – weiter. Höhere Förderleistungen und Kostensenkungen verspricht die großflächige maschinenunterstützte Abtragung des Deckgebirges, also des Lockergesteins über den Braunkohleflözen, und der anschließende Abbau der Braunkohleflöze im Tagebau durch größere,

**Abb. 2.56** Tagebau Senftenberg in der Nieder-Lausitz (historische Postkarte)

finanzstarke Kapitalgesellschaften (Abb. 2.56). Pferdefuhrwerke und später von Dampflokomotiven gezogene Feldbahnen bringen die Braunkohle zu Brikettfabriken. Die Bahn befördert die Briketts nun auch über größere Distanzen bis in die Nähe der Endverbraucher [358].

Gewerbebetriebe und Wohnhäuser werden ab 1894 in Eibau und Oderwitz nordwestlich von Zittau in der Oberlausitz mit Braunkohlestrom versorgt. Das erste große, bei Zittau errichtete Braunkohlekraftwerk beginnt 1911 Strom zu erzeugen. Am 26. September 1924 geht die weltweit erste Abraumförderbrücke in der Grube Agnes der Plessaer Braunkohlewerke in den Probebetrieb. Sie bewegt kostengünstig große Massen an Abraum. Die Dimensionen der Tagebaue und der Braunkohlekraftwerke wachsen unaufhaltsam. Unternehmen der Kohlechemie nutzen nun den Rohstoff. Die Autarkiepolitik des nationalsozialistischen Regimes forciert ab 1935 die Entwicklung von Anlagen zur Gewinnung von Treibstoffen aus Braunkohle im mitteldeutschen Braunkohlerevier um Leipzig und Halle (Saale) [359].

Nach Kriegsende enteignet die Sowjetische Militäradministration in Deutschland (SMAD) Unternehmen, die im Bereich der Sowjetischen Besatzungszone Braunkohle abbauten, verarbeiteten und verstromten. Am 1. August 1946 übernimmt die Sowjetische Aktiengesellschaft (SAG) der Brennstoffindustrie in Deutschland die Braunkohletagebaue und Brikettwerke, die SAG für Kraftwerke deren Verwaltung. Die Rückgabe sämtlicher Betriebsanlagen an die DDR und die Überführung in Volkseigene Betriebe erfolgt 1954, die Umwandlung in Kombinate ab 1968 [360].

Die 17 Tagebaue des Lausitzer Braunkohlekombinates Senftenberg fördern 1989 etwa 15 % der weltweit abgebauten Braunkohle. Am 31. Dezember 1989 arbeiten zusammen 138.831 Beschäftigte im mitteldeutschen und Lausitzer Braunkohlebergbau. Allein das Braunkohlekombinat Espenhain südlich von Leipzig hat mehr als 50.000 Beschäftigte. Die Braunkohleverstromung ist zu einer zentralen Säule der planwirtschaftlichen Energieversorgung der DDR geworden; in keinem anderen Staat der Erde hat sie eine vergleichbare volkswirtschaftliche Bedeutung. Tagebaue und Kraftwerke erreichen kaum vorstellbare Größen von Zehnerquadratkilometern. Den Tagebauen müssen von den 1920er-Jahren bis 1990 in der Lausitz 135 Siedlungen weichen, im mitteldeutschen Revier 126 Orte. Im mitteldeutschen Revier haben die bis 1989 eingerichteten Tagebaue eine Fläche von rund 300 km$^2$ verschlungen [361].

Die Herstellung der Einheit Deutschlands bringt 1990 einen radikalen Umbruch für die Braunkohleindustrie. Nunmehr gelten bundesdeutsche Gesetze für Abbau und Verstromung sowie für die Begrenzung des Ausstoßes von Luftschadstoffen. Viele Tagebaue, Brikett- und kohlechemische Werke mit veralteter Technik müssen unter den neuen marktwirtschaftlichen und umweltrechtlichen Rahmenbedingungen schließen. Andere veräußert die Treuhandanstalt im Auftrag der Bundesregierung. Die Arbeitslosigkeit steigt erheblich. Und die Jahresproduktion an Braunkohle fällt von 301 Mio. t im Jahr 1989 in der DDR auf 72 Mio. t im Jahr 2000 in Ostdeutschland (Sachsen-Anhalt, Sachsen und Brandenburg). Die

Masse des bewegten Abraums geht von 1337 Mio. t im Jahr 1989 auf 287 Mio. t im Jahr 2000 zurück, die Zahl der Beschäftigen im Braunkohlebergbau nimmt im gleichen Zeitraum um 93 % ab [362].

Die Zerstörung ausgedehnter Teile der über Jahrtausende gewachsenen Lausitzer Kulturlandschaft durch die Beseitigung des mächtigen Deckgebirges und der Braunkohle bewirkt die Schaffung eines vollkommen neuen Kulturraumes.

Die Wiederherstellung des ursprünglichen Zustandes ist aufgrund der irreversiblen anthropogenen Landschaftsumformung nicht möglich – obgleich die vorgenommenen „Rekultivierungsmaßnahmen" zur Schaffung nutzbarer Kulturlandschaftsteile und „Renaturierungsmaßnahmen" zur Gewährleistung der Ökosystemfunktionen und -strukturen dies suggerieren mögen. Böden und Gesteine, Vegetation und Fauna, die Oberflächenformen und das Lokalklima, die Wasser- und Stoffhaushalte, die Landschaftsstrukturen und die Landschaftsnutzung sind nicht annähernd wieder herstellbar. Bei der Schaffung der neuen Kulturlandschaftsbereiche müssen Bergschäden, die Versauerung von Grund- und Oberflächenwasser sowie eine unzureichende Bodenqualität vermieden werden.

Seit einigen Jahrzehnten entsteht eine völlig anders räumlich strukturierte und vielfältig genutzte Kulturlandschaft mit

- ausgedehnten Ackerflächen für die Nahrungsmittelproduktion und die Erzeugung nachwachsender Rohstoffe,
- mittlerweile laubholzreichen Forsten,
- kanalisierten, teilweise schiffbaren Fließgewässern wie Spree und Schwarze Elster,
- den großen Teichen des „Lausitzer Seenlandes", die die Funktionen Naherholung (über Campen, Baden, Wassersport, Angeln), Naturerleben, -entwicklung und -schutz bedienen, und
- Sondernutzungen, darunter der Solarpark Senftenberg, die Motorsportanlage Lausitzring bei Klettwitz und das benachbarte Fahrsicherheitszentrum mit Verkehrsübungsplatz der DEKRA Automobil GmbH [363].

Die Veränderungen der Landschaften durch die Bodenbewegungen des Braunkohleabbaus sowie des Wasserhaushaltes durch das Abpumpen von Grundwasser aus Tiefbrunnen für den trockenen Abbau der Braunkohle bleiben gravierend. Feuchtgebiete, Bäche und Flüsse fallen in der Umgebung der Tagebaue weiterhin trocken. Die Pumpen der aktiven Braunkohletagebaue fördern trotz der vorangegangenen Stilllegungen von Tagebauen im Jahr 2005 allein im Land Brandenburg noch 212 Mio. m$^3$ Wasser, um das Grundwasser unter die Abbausohlen abzusenken; der weit überwiegende Teil wird behandelt und

anschließend in die Oberflächengewässer geleitet. Diese Wassermenge ist größer als der gesamte Wasserverbrauch durch die Haushalte, die Landwirtschaft und die Industrie Brandenburgs [364].

Braunkohlekraftwerke stoßen bis in die jüngste Zeit gewaltige Mengen an Schadstoffen aus. Feinstäube[30], auch Quecksilber[31] und Cadmium, entweichen in die Atmosphäre und legen sich auf die Landoberfläche. Erst die Elektrofilter moderner Kraftwerke mindern den Ausstoß der erzeugten Flugasche um mehr als 99 %. Rauchgasentschwefelungsanlagen sondern rund 90 % des Schwefeldioxids ($SO_2$) ab; die emittierten 10 % $SO_2$ sind relevant. Getrocknete Braunkohle enthält im Mittel ungefähr 60 bis 70 % Kohlenstoff. Bei der Verbrennung entweichen daher ganz erhebliche Mengen des quantitativ bedeutendsten klimarelevanten Gases Kohlendioxid in die Atmosphäre.

Der vom Umweltprogramm der UN und der Weltorganisation für Meteorologie gegründete Weltklimarat IPCC[32] zeigt in seinem fünften Sachstandsbericht aus dem Jahr 2014, wie der Klimawandel mit drastischen Maßnahmen noch begrenzbar ist. Die Technik sei mittlerweile so ausgereift, dass ein rascher Ausstieg aus der Braunkohleverstromung zugunsten erneuerbarer Energien machbar und ökonomisch tragfähig sei [365].

Die ökonomischen, sozialen, ökologischen und klimarelevanten Folgen von Braunkohleabbau und -verstromung werden vehement debattiert; der dringend notwendige Durchbruch bleibt bis zum 26. Januar 2019 aus. Die kommenden Generationen auferlegte Last wird wohl bis in die 2030er-Jahre wachsen – in Anbetracht der machbaren Alternative ein unentschuldbares politisches Versagen.

## 29. September 1789 – Geburt des Gartengestalters und Landschaftsarchitekten Peter Joseph Lenné in Bonn

Peter Joseph Lenné verändert Umwelten, wie nur wenige Gartengestalter vor und nach ihm. Er schafft neue Kulturlandschaften, die Menschen aus aller Welt bis heute besuchen und bewundern.

Lenné stammt aus einer prominenten Gärtnerdynastie: Ururgroßvater Augustin, Urgroßvater Maximilian Heinrich,

---

[30]Feinstaub wird von Transportfahrzeugen in Tagebauen aufgewirbelt, von Kohlebrechern in Kraftwerken und bei der Braunkohleverbrennung erzeugt; häufiges Einatmen sehr feinen Kohlenstaubs löst Atemwegs- und Herz-Kreislauf-Erkrankungen sowie Schlaganfälle aus.

[31]In Braunkohle in geringem Umfang enthaltenes Quecksilber wird durch die Verbrennung freigesetzt und gelangt als Gas über die Schornsteine in die Atmosphäre.

[32]Intergovernmental Panel on Climate Change.

Großvater Johann Cunibert und Vater Peter Joseph Lenné d. Ä. sind Hofgärtner in Bonn. Mit der Flucht von Kurfürst Clemens Wenzeslaus von Sachsen am 2. Oktober 1794 und der anschließenden französischen Besetzung beginnt für Familie Lenné eine schwere Zeit in Bonn. Der Hofgarten wird zur Festwiese, der Vater verliert seine Anstellung. Die Familie lebt wohl einige Zeit vom Anbau und Verkauf von Wein und Gemüse. Im Jahr 1811 zieht sie nach Koblenz, wo der Vater eine Tätigkeit als Baumschulgärtner beginnt. Der Sohn absolviert von 1805 bis 1808 bei seinem Onkel Joseph Clemens Weyhe auf Schloss Dyck eine Gärtnerlehre. Reisen führen ihn später u. a. nach Baden, Württemberg, München, Paris, Wien und in die österreichische Residenzstadt Laxenburg. Im Juni 1815 kehrt er nach Koblenz zurück, lebt und arbeitet bei seinem Vater [366].

Dann beginnt Lennés faszinierende Karriere: Im Frühjahr 1816 wird er zum Gärtnergesellen beim Hofgartendirektor Johann Gottlob Schule in der königlichen Gartenverwaltung in Potsdam ernannt, am 2. Dezember 1817 zum Garteningenieur und Mitglied der Gartendirektion, im April 1828 zum Generaldirektor der königlich-preußischen Gärten [367].

Staatskanzler Karl August Fürst von Hardenberg beauftragt ihn schon 1816 mit der landschaftsgärtnerischen Gestaltung des Parks von Glienicke. Lenné trifft dort den Baumeister Karl Friedrich Schinkel, der Schloss Glienicke umbauen wird.

Später entwickeln, planen und realisieren Schinkel und Lenné einzigartige Konzepte zur tiefgreifenden Umgestaltung der Berlin-Potsdamer Landschaft. Gartengestaltung und Architektur werden eins. An markanten Punkten lässt Schinkel in den durch Lenné zu entwickelnden Parks attraktive Gebäude errichten und durch geschickte Bepflanzungen über Sichtachsen spektakulär miteinander verbinden. Von den Sichtachsen laufen verschlungene Wege durch die Gärten, vorbei an einheimischen und exotischen Pflanzen. Lenné plant und gestaltet neben dem Schlosspark von Glienicke insbesondere den großartigen Landschaftspark Sanssouci in Potsdam, den Tiergarten und die Pfaueninsel in Berlin sowie etwa 60 weitere Anlagen in und außerhalb von Preußen, geleitet vorwiegend vom klassischen englischen Stil. Auch an der Ausbauplanung von Berlin ist er ab 1840 maßgeblich beteiligt [368].

Lenné gilt als der bedeutendste Gartenkünstler, Landschaftsarchitekt und -gestalter Deutschlands. Er veranlasst langfristige Umweltveränderungen [369].

## 1791 – Gründung des ersten Hagelversicherungsvereins in Braunschweig

Kräftige Aufwinde katapultieren in einem mächtigen Cumulonimbus, einer großen zylinderförmigen Gewitter-wolke, unzählige Wassertropfen nach oben, bis in Höhen von zirka 11 km über der Landoberfläche. Ein Wassertropfen gefriert zu einem Eiskristall, sobald er bei Minustemperaturen auf einen Kondensationskern, ein Aerosolpartikel, trifft. Eiskristalle prallen beim Aufsteigen aufeinander und gegen noch nicht gefrorene Wassertropfen, wachsen dabei weiter. Schließlich wird das entstandene Eiskörnchen von Abwinden nach unten geführt. Es stößt auch dort mit anderen Wassertropfen zusammen, wächst weiter, wird dann von Aufwinden wieder hochgerissen.

Wiederholt sich das Auf und Ab wie in einem Paternoster mehrfach, so wachsen dichte Hagelkörner mit Durchmessern von bis zu mehreren Zentimetern und Gewichten von bis zu wenigen hundert Gramm je Hagelkorn.

Die festen Eiskörner brechen und zerfetzen Pflanzen. Sie richten sie auch ganz erhebliche Verheerungen an der Infrastruktur an (Abb. 2.57). Die Schäden des „Münchner Hagelsturms" vom 12. Juli 1984 belaufen sich auf etwa 1,5 Mrd. €, diejenigen der Hagelstürme vom 27. und 28. Juli sowie dem 6. August 2013 auf 3,9 Mrd. €.

Hagelschläge wirken vorwiegend kleinräumig. Sie können die gesamte Ernte einer Bauernfamilie vernichten und damit deren Existenz bedrohen, nicht jedoch die Ernten sämtlicher Bauernfamilien einer ganzen Region.

Lange glauben Menschen, dass Hagelschäden eine Strafe Gottes und darum geduldig zu ertragen seien. Mit der Aufklärung, den Sozial- und Agrarreformen ändert sich diese Auffassung ab dem späten 18. Jh. Im Jahr 1791 wird in Braunschweig der erste regionale Hagelversicherungsverein auf Gegenseitigkeit gegründet. Bis zur Mitte des 19. Jh. folgen 25 weitere Gründungen in deutschen Staaten, u. a. 1797 die *„Hagelschadens-Assekuranz-Gesellschaft in den Mecklenburgischen Landen"* in Neubrandenburg, 1811 die *„Hagel-Assecurranz-Gesellschaft im Preetzer adelichen Güther-District"* und 1824 die *„Leipziger Hagel".* [370]

Sie versichern Verluste durch Hagelschäden an Feld- und Gartenfrüchten sowie Obstkulturen. Manche Unternehmen versichern bloß die Verluste an bestimmten Kulturpflanzen. Erfasst Hagelschlag eine Region häufiger, steigen die Versicherungsprämien. Bleibt Hagel über Jahre aus, sinken sie [371].

Hagelversicherungen sind bis heute eine unverzichtbare Risikoabsicherung für Landwirtschafts- und Gartenbaubetriebe. Ihre Bedeutung und die Versicherungsprämien dürften mit dem zunehmenden anthropogenen Klimawandel weiter anwachsen.

## 1795 – Baron Caspar Voght initiiert die Entwicklung des Pinneberger Baumschullandes

Der Kaufmann und Sozialreformer Caspar Reichsfreiherr von Voght (zeitgenössisch: Baron Caspar von

**Abb. 2.57**  Schäden des Hagelschlages vom 1. Juli 1897 in Neckarsulm. Ueber Land und Meer. Bd. 78, No. 45, 1897

Voght) interessiert sich früh für die Landwirtschaft. In Klein Flottbek bei Hamburg[33] erwirbt er 1785 mehrere Bauernhöfe mit rund 200 ha vorwiegend sandigen Böden, auf denen ein Mustergut entsteht. Die Fortschritte der englischen Landwirtschaft in jener Zeit faszinieren Baron von Voght.

Auf einer Reise durch Schottland lernt er den Landschaftsgärtner James Booth kennen, der vorzügliche Kenntnisse zu Baumzucht und Baumschulen besitzt. Baron von Voght bittet James Booth im Jahr 1795, auf seinem Gut in Klein Flottbek eine dekorative Parklandschaft zu gestalten. In einer von ihm begründeten Baumschule auf dem Gelände lässt James Booth die benötigten Gehölze pflanzen.

Im Jahr 1800 übernimmt James Booth den Betrieb. Er etabliert mit seinen Erfahrungen aus Schottland rasch eine erfolgreiche Handelsbaumschule, die in großer Zahl auch neue Gehölze aus Nordamerika und England anbaut. Booth & Co wächst mit dem zunehmenden Bedarf an Bäumen und Büschen besonders für Parkanlagen in der ersten Hälfte des 19. Jh. zu einer der bedeutendsten Baumschulen der Region. Die Firma schließt Anbauverträge mit Bauern, Handwerkern und Beschäftigten des eigenen Betriebes. Im Gegenzug erhält sie feste Kontingente an Gehölzen. Der zunehmende Wettbewerbsdruck und die unglückliche Geschäftspolitik führen im Jahr 1884 zur Schließung von Booth & Co. Ehemalige Beschäftigte gründen neue Betriebe [372].

Das Bevölkerungswachstum und der wirtschaftliche Aufschwung im späten 19. Jh. stimulieren die Nachfrage nach Gehölzen weiter. Die Angebotspalette erweitert sich. Rosen sind gefragt, ebenso Obstgehölze. Monokulturen von wirtschaftlich attraktiven, schnellwüchsigen, in Baumschulen gezogenen Nadelbaumarten ersetzen die Naturverjüngung in den Wäldern.

Die über Pinneberg führende Bahnstrecke von Altona nach Kiel ermöglicht den Absatz von Forstpflanzen nun auch außerhalb von Schleswig–Holstein. Zwischen Pinneberg und Altona entsteht bis zum Beginn des Ersten Weltkriegs ein

---

[33]Klein Flottbek liegt damals im holsteinischen Kreis Pinneberg, wird 1927 Teil von Altona und ist seit 1938 eine Gemarkung Hamburgs.

**Abb. 2.58**  Anzucht von Stauden und Gehölzen in Baumschulen östlich von Pinneberg (Foto: Béla Bork)

nahezu geschlossenes Gebiet der Gehölzanzucht. Der Anbau und Versand der Pflanzen bricht während des Ersten Weltkrieges zusammen und erholt sich danach nur langsam. Es folgt eine Zeit des Wachstums, ein Rückgang in den frühen 1930er-Jahren und bis 1944 ein auf die Lenkungs- und Förderpolitik des nationalsozialistischen Regimes zurückzuführender deutlicher Anstieg des Pflanzenabsatzes. Nach dem Ende des Zweiten Weltkrieges schrumpft der Gehölzanbau vorübergehend um mehr als 80 %.

Mitte der 1950er-Jahre wird die Produktion des Jahres 1944 wieder erreicht. Das Pinneberger Baumschulland wird zum größten geschlossenen Anbaugebiet für Jungpflanzen, Veredelungsunterlagen, Rosen und Laubgehölze in der Bundesrepublik.

In den 1970er-Jahren werden Pestizide im Grundwasser unter dem Baumschulland entdeckt – ein für die Baumschulbetriebe unerwarteter Befund, hatten sie doch Beipflanzen („Unkräuter") und Schädlinge nach ihrer Ansicht vorschriftsmäßig behandelt. Seitdem bemühen sich zahlreiche Betriebe um einen wesentlich geminderten Pestizideinsatz.

Ein schwächelnder Absatz, die internationale Konkurrenz und der von der Metropolregion Hamburg ausgehende Siedlungsdruck lassen in den vergangenen vier Jahrzehnten die Anbauflächen geringfügig und die Zahl der Betriebe um ungefähr 70 % schrumpfen. Vor allem Kleinbetriebe geben auf. In der einzigartigen Kulturlandschaft des Pinneberger Baumschullandes wird 2016 rund ein Fünftel des gesamten deutschen Umsatzes an Gehölzen getätigt und ein Drittel der in Deutschland angebauten Gehölze produziert – ungefähr eine Milliarde Pflanzen [373].

Begrüßenswerte gesetzliche Einschränkungen der Düngergaben und des Einsatzes von Pestiziden in den vergangenen Jahren schwächen die deutschen Baumschulbetriebe im internationalen Wettbewerb, da die chemischen Bekämpfungsmöglichkeiten von Beikräutern und Schädlingen in Staaten außerhalb der Europäischen Union nicht oder in deutlich geringerem Umfang begrenzt wurden [374].

In kaum zwei Jahrhunderten hat sich die traditionell bewirtschaftete bäuerliche Agrarlandschaft zwischen Pinneberg und Altona in eine kleinparzellierte Hochertragslandschaft der Gehölzanzucht gewandelt, die zunehmend unter dem Druck der sich verdichtenden Metropolregion Hamburg und zugleich des menschengemachten Klimawandels steht (Abb. 2.58). So nimmt in den immer wärmeren Städten die Lebenszeit vieler Stadtbäume ab. Die Baumschulen müssen Gehölzzucht und Artenwahl zukünftig an die Klimaveränderung anpassen.

## Um 1800 – Gibt es eine „Holznot"?

*„Mich wundert, wo unser Gott Holz nimmet zu so mancherlei Brauch für alle Menschen in der ganzen weiten Welt, als Bauholz, Brennholz, Tischlerholz, Böttigerholz, Stellmacherholz, Holz zu Stuben, Schubkarn, Schaufeln, zu hölzern Kandeln, zu Fassen, Gelten[34] etc. Und wer kann allen Brauch des Holzes erzählen? In Summa, Holz ist der größten und nöthigsten Dinge eines in der Welt, des man bedarf und nicht entbehren kann."* Martin Luther, Tischreden (30.08.1532).

---

[34]Konische Holzgefäße mit 2 Griffen, einem Bottich ähnelnd, zur Aufbewahrung von Flüssigkeiten wie Wein, Milch oder Speiseöl oder von Kulturfrüchten wie Kartoffeln.

Die desaströsen Verluste an Menschenleben während des Dreißigjährigen Krieges nehmen in einigen Regionen vorübergehend den hohen Nutzungsdruck aus den Wäldern – weniger Menschen benötigen weniger Holz. Danach kommt es zu einem anhaltenden Bevölkerungswachstum.

Neben den privaten Haushalten, die viel Holz zum Heizen, Backen, Kochen und Räuchern benötigen, verschlingen Glashütten, Ziegeleien, Bergwerke, Salzsiedereien, Eisenhütten und metallverarbeitende Handwerksbetriebe große Mengen an Holz. Hinzu kommt die Waldweide, die eine Naturverjüngung weitgehend verhindert und Bäume schädigt. Der in einigen Räumen hochschnellende Holzverbrauch verteuert den Rohstoff, worunter Teile der Bevölkerung leiden. Zwar ist weiterhin beinahe ein Drittel der Fläche zwischen Alpen und Ostsee bewaldet, jedoch sind die Wälder ungleich verteilt. Der Holzmangel treibt manche Betriebe in waldreichere Gebiete, so aus dem Siegerland nordwärts in das Sauerland, aus Nürnberg und seinem Reichswald in das Erzgebirge und den Thüringer Wald [375].

> *„Töricht wäre es allerdings, eine allgemeine Revolution in Europa, die den Zusammensturz politischer, sittlicher und wirtschaftlicher Formen mit sich brächte, im Ernste nur vom Holzmangel herzuleiten, der mich hier darauf geleitet hat. Aber als mitwirkende Ursache kann er immer bestehen, wennschon das unübersehbare System unserer Kenntnisse die Auflösung der Sitten, das Mißverhältnis der Religionsbegriffe und der Regierungsformen zu dem jetzigen Zeitalter, der Verfall der Hierarchie, das zerstörte Gleichgewicht der Mächte, die Treulosigkeit der Politik, die Veränderungen des Handelssystems, die herannahende Blütezeit des amerikanischen Freistaates und solche wichtigen Ursachen mehr noch ungleich schneller und kräftiger zu jenem Ziele wirken. Übrigens – zum Trost aller armen Sünder auf und unter dem Throne – sind vielleicht tausend Jahre zu einer solchen Revolution die kürzeste Frist."*
> Georg Forster, Naturforscher und Humanist [376].

Wie reagieren die Obrigkeiten auf die den hohen Holzbedarf und die Ausbeutung der Wälder? Manche beklagen eine „Holznot"; es bestehe die dringende Notwendigkeit des Holzsparens. Gibt es tatsächlich eine Holznot? Niemals betrifft ein Mangel an Holz sämtliche deutsche Staaten und alle sozialen Gruppen zur gleichen Zeit, auch nicht in der 2. Hälfte des 18. und im frühen 19. Jh. Zwar mangelt es vorübergehend in einigen Regionen an bestimmten Baumarten und Holzqualitäten. Auch da die Einfuhr aus anderen Staaten aufgrund hoher Transportkosten nicht rentabel ist,

wird manches Holz für bestimmte soziale Gruppen zeitweise unerschwinglich.

Mehrere deutsche Staaten führen zum Schutz ihrer Waldbestände gezielt eine Verknappung und damit eine Holznotdebatte herbei – um die Holzverschwendung und die Beeinträchtigung der herrschaftlichen Jagd zu mindern.

Nun soll die Bevölkerung und nicht länger der Staat für einen sparsamen Umgang mit dem scheinbar raren Rohstoff sorgen. Gelehrte Gesellschaften stellen Preisfragen zu den erforderlichen Forstreformen, zum Holzsparen durch die bürgerlichen Haushalte. Als Resultat entstehen Holzsparöfen wie der von Johann Paul Baumer entwickelte und 1764 von der Königlichen Akademie der Wissenschaften in Berlin prämierte Kachelofen. Hausväter treten Holzsparvereinen bei, tauschen sich mit Gleichgesinnten aus, erwerben sparsamere Öfen; Hausfrauen müssen mit weniger Holz heizen, kochen, backen. Eine Flut an Forstordnungen versucht die private Nutzung der Staatswälder zurückzudrängen [377].

## 1801 – Franz Carl Achard lässt im niederschlesischen Kunern die erste Rübenzuckerfabrik errichten

Im Jahr 1747 weist Andreas Sigismund Marggraf erstmals nach, dass Runkelrüben einen vergleichsweise hohen Zuckergehalt von 1,6 % haben. Franz Carl Achard, ein Schüler Marggrafs, beginnt 1782 auf Gut Kaulsdorf bei Berlin mit dem Anbau europäischer Pflanzen, um Zucker zu gewinnen. Er entscheidet sich auf der Grundlage sorgfältig ausgeführter Versuche für die Runkelrübe und erhöht durch Züchtung deren Zuckergehalt schließlich auf rund 5 %. Ein Antrieb für seine Forschungen ist seine strikte Ablehnung der Sklaverei, die die ökonomische Basis der Zuckerproduktion aus Zuckerrohr bildet.

Am 11. Januar 1799 teilt Achard dem preußischen König Friedrich Wilhelm III. mit, dass er Zucker aus Runkelrüben erzeugen kann. Mit einem Darlehen über 50.000 Taler, dass ihm der König gewährt, erwirbt Achard Gut Kunern in Niederschlesien mit dem Ziel der Zuckerherstellung aus Runkelrüben. Im Jahr 1801 wird dort die erste Rübenzuckerfabrik der Welt erbaut. Im selben Jahr ernten Arbeiter bereits 250 t Rüben, die man einlagert. Erst im April 1802 kann die Zuckerproduktion beginnen. Bis dahin ist ein Teil der Rüben bereits verdorben. Zwei Zentner Rüben erbringen 4 kg Rohzucker; täglich werden rund 3,5 t Rüben verarbeitet (Abb. 2.59).

Am 21. März 1807 brennt die Fabrik ab. 1812 wird sie als Lehranstalt für die Zuckergewinnung wiedereröffnet. Achard publiziert 1809 sein Hauptwerk *„Die europäische Zuckerfabrikation aus Runkelrüben in Verbindung mit der Bereitung des Brandweins, des Rums, des Essigs und eines*

**Abb. 2.59** Arbeitsablauf in einer Zuckerrübenfabrik mit einer Berechnung des mittleren Zuckerertrages [380]

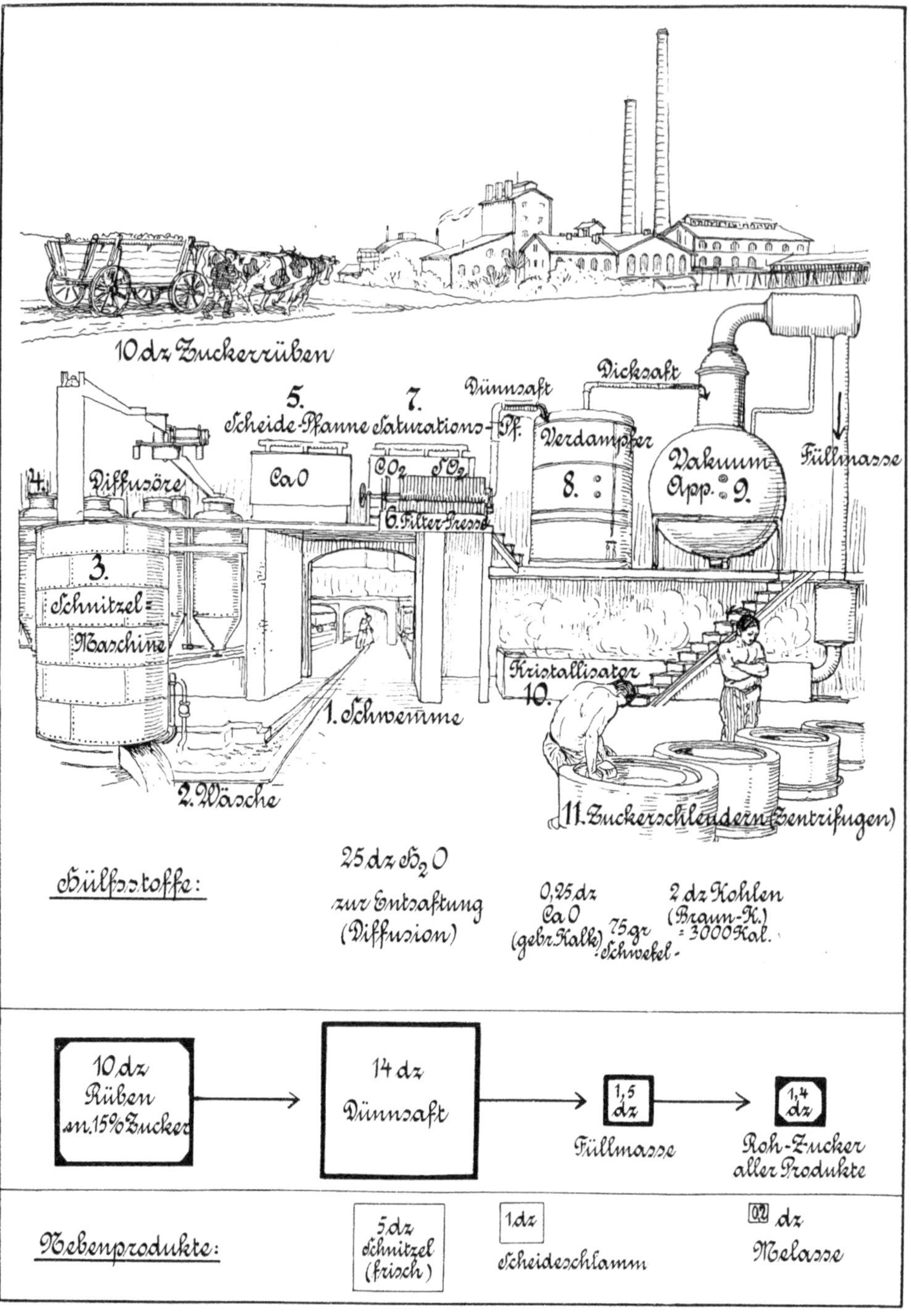


*Coffee-Surrogats aus ihren Abfällen"* [378]. Bis zum Ende der Kontinentalsperre im Jahr 1813 entstehen zahlreiche Zuckerrübenfabriken. Die Umweltbelastungen bleiben noch gering. Billigimporte von Rohrzucker aus der Karibik und aus Brasilien führen danach zum Niedergang der gerade etablierten Rübenzuckerindustrie. Achard stirbt 1821 verarmt. Seine Lehranstalt und seine Leistungen geraten in Vergessenheit [379].

Die Abhängigkeit von importiertem Rohrzucker besteht bis in die 2. Hälfte des 19. Jh. fort; dann nehmen der Anbau von Runkelrüben und die Rübenzuckerherstellung einen großen Aufschwung im Deutschen Reich. Wilhelm Raabe beschreibt im Roman „Pfisters Mühle" eindrucksvoll die resultierenden Umweltbelastungen (vgl. 1884).

### 1802 bis 1803 – Der Konflikt um die Errichtung der Bamberger Glashütte

Der Bamberger Stadtrat Joseph Ernst Strüpf richtet am 12. Mai 1802 ein Gesuch an den Bamberger Fürstbischof Christoph Franz von Buseck, in dem er um eine

Genehmigung für den Bau und Betrieb einer steinkohlebetriebenen Glashütte bittet – unmittelbar am Stadtrand, an der Regnitz, unweit des Ludwigshospitals. Der Historiker Franz-Josef Brüggemeier hat den Umwelt- und Sozialkonflikt, den das Bittgesuch auslöst, akribisch recherchiert: Menschen, die in der Nähe des geplanten Standortes der Glashütte wohnen, sammeln Unterschriften, protestieren bei Behörden und klagen vor Gerichten gegen deren Betrieb, bis zum Reichskammergericht in Wetzlar. Sie befürchten Nachteile durch die Lage so nah an der Stadt und durch die Verwendung von Kohle. Glashütten liegen damals größtenteils siedlungsfern im Wald und benötigen viel Holz [381].

Einige Autoren von Streitschriften befürchten die Erkrankung von Menschen und Schäden an Pflanzen – insbesondere durch den freigesetzten Schwefel, der *„das größte Gift für alle Gewächse"* [382] sei. Andere leugnen diese Gefahren, heben die wirtschaftlichen Vorteile der Glashütte und die Schaffung von Arbeitsplätzen positiv hervor. Ein weiterer Grund für die Auseinandersetzung ist die im Antrag von Strüpf an den Fürstbischof enthaltene Forderung nach Monopolen für die Glasherstellung und die Nutzung der bischöflichen Steinkohlegruben [383].

Das für den Bergbau zuständige Oberberg-Kollegium führt in seinem Gutachten aus, dass

- es wirtschaftlich besser sei, Glas im Inland zu produzieren,
- die Nutzung von Steinkohle einen hohen Holzverbrauch verhindere,
- der Steinkohleruß verwendbar sei,
- der Handel Vorteile hätte,
- durch die Kohlefeuerung keine höhere Feuergefahr bestünde und
- der Steinkohlerauch für Menschen nicht gesundheitsgefährlich, sondern eher ein Heilmittel sei [384].

Ignaz Döllinger, Professor für Medizin an der Universität Bamberg, bemerkt in seinem Gutachten, Steinkohlerauch sei nicht gesundheitsfördernd, wenn auch keine unmittelbare Gesundheitsbedrohung bestünde. Der Einsatz von Arsen bei der Glasschmelze sei dagegen gefährlich für die Arbeiter [385]. Der Chirurg Anton Dorn, Professor am Allgemeinen Krankenhaus in Bamberg, befürchtet schwerwiegende Auswirkungen des Glashüttenbetriebs auf die Vegetation in der Umgebung. Er fragt: Darf *„eine ganze Gegend zu Grund gerichtet werde, damit sich ein einziger Spekulant bereichere?"* Dorns brüske Ablehnung führt zur Konfiszierung seiner Schrift durch die Behörden [386]. Der Sachsen-Coburg-Saalfeldische Kommerzienrat Ehregott Meyer wendet sich in seiner Schrift gegen Dorn. Meyer behauptet, in Solingen oder Suhl seien Vorhänge,

Tisch- und Bettzeug trotz des Steinkohlerauches rein und die Vegetation dort nicht degradiert [387].

In Anbetracht der kontroversen Positionen fordert das Reichskammergericht am 28. September 1802 bei der Bamberger Regierung eine ausführliche Stellungnahme an. Das Hochstift Bamberg verliert noch im selben Jahr seine Selbständigkeit, das Reichskammergericht seine Zuständigkeit. Bamberger Bürger wenden sich nun an den neuen Landesherren, den Kurfürsten von Pfalzbayern. Die neue Regierung lässt die Beschwerde der Bürgerschaft prüfen und einen Bericht erstellen, der die Feuergefährlichkeit und die Schädlichkeit des Steinkohlerauches negiert und einen etwas weiter von der Stadt entfernten Standort für die Glashütte empfiehlt. Da der Bau weit vorangeschritten ist, würde Strüpf durch die Verlagerung erheblicher Schaden entstehen. Zur Entschädigung bietet die Regierung ihm ein ehemaliges fürstbischöfliches Jagdzeughaus an. Dieses lässt Strüpf zu einer Glashütte umbauen, die nicht gut läuft und nach einigen Jahren geschlossen werden muss [388].

## 23. Juni 1802 – Alexander von Humboldt erforscht den Chimborazo

*„So unabhängig, so frohen Sinnes, so regsamen Gemüts hat wohl nie ein Mensch sich jener Zone [den Tropen] genähert. Ich werde Pflanzen und Tiere sammeln, die Wärme, die Elastizität, den magnetischen und elektrischen Gehalt der Atmosphäre untersuchen, sie zerlegen, geographische Längen und Breiten bestimmen, Berge messen – aber dies alles ist nicht Zweck meiner Reise. Mein eigentlicher, einziger Zweck ist, das Zusammen- und Ineinander-Weben aller Naturkräfte zu untersuchen, den Einfluss der toten Natur auf die belebte Tier- und Pflanzenschöpfung. Diesem Zwecke gemäß habe ich mich in allen Erfahrungskenntnissen umsehen müssen. Daher die Klagen derer, welche nicht wissen, was ich treibe, dass ich mich mit zu vielen Dingen zugleich abgebe."* Alexander von Humboldt am 11. April 1799 an David Friedländer [389].

Eine tiefe Schlucht versperrt ihnen den Weg zum Gipfel in einer von ihnen gemessenen Höhe von 18.096 Pariser Fuß, entsprechend 5881 m ü. d. M. (tatsächlich wohl um 5550 m ü. d. M.). Der 32-jährige wohlhabende preußische Naturforscher Alexander von Humboldt, der französische Botaniker Aimé Jacques Alexandre Bonpland, der junge kreolische Adelige Carlos Montúfar y Larrea-Zurbano aus Quito und ein Bewohner aus dem bergnahen Dorf San Juan müssen ihr Ansinnen, den 6267 m ü. d. M. aufragenden Vulkan Chimborazo bis zur Spitze zu besteigen, am 23. Juni 1802 gegen 13 Uhr mittags aufgeben. Sie leiden unter der „Höhenkrankheit".

Auch wenn sie den Gipfel nicht ganz erreichen, machen die schwierige Besteigung und die bis dahin vermutlich größte, je von Menschen erreichte Höhe Humboldt berühmt in Europa, Latein- und Nordamerika. Der Chimborazo liegt rund 140 km südsüdwestlich Quito äquatornah in den Anden des heutigen Ekuador. Er gilt damals als der höchste Berg der Erde[35]; die höheren Gipfel der Anden und des Himalaya sind noch nicht vermessen[36].





Am 5. Juni 1799 war Humboldt im spanischen La Coruña nach Amerika aufgebrochen. Am 1. August 1804 endet mit der Landung in Bordeaux die wohl größte, aufwendigste und ertragreichste private wissenschaftliche Expedition, die jemals stattgefunden hat.

Humboldt besitzt eine ganz ausgezeichnete Konstitution. Ihr ist es zu verdanken, dass er die lange und gefährliche Amerikareise unbeschadet überstanden hat. Immer wieder hat er sich enormen Risiken ausgesetzt – um seine ungeheure Wissbegierde zu befriedigen, um „die Natur" rastlos und hautnah erfühlen, erleben und verstehen zu können, um diese wissenschaftlich zu vermessen und zu beschreiben, vom kleinsten Detail bis zum großen Ganzen der Natur, dem „Netz des Lebens". Der Naturliebhaber und Wissenschaftler Humboldt entwickelt sich in Amerika zu einem entschiedenen Gegner von Kolonialismus und Sklaverei.

Andererseits ermöglicht die Kolonialmacht Spanien Humboldt mit zwei großzügigen Pässen erst die Amerikareise. Im Gegenzug überlässt Humboldt der spanischen Kolonialverwaltung neue Erkenntnisse zur Geographie der besuchten Regionen mit wichtigen Informationen zu Rohstoffen und Handelswegen. Damit fördert er ungewollt den Kolonialismus.

Humboldts Sammelleidenschaft erfasst nicht nur Pflanzen und Tiere. Die indigenen Atures leben am Orinoko im heutigen Venezuela. Obgleich Humboldt die Bedeutung der Totenruhe für die Atures bekannt ist, raubt er im Jahr 1800 aus der Höhle von Ataruipe Skelette mit Schädeln der Atures. Ein Schädel erreicht schließlich den ehemaligen Lehrer Humboldts, Friedrich Blumenbach, in Göttingen. Dieser nutzt ihn für seine pseudowissenschaftlichen anthropologischen Forschungen. Die übrigen Skelette gehen bei einem Schiffbruch vor Afrika verloren [391].

Weltruhm erlangt Humboldt durch die Besteigung des Chimborazo. So huldigt ihm die Menschheit an seinem 100. Todestag, dem 14. September 1869 – von Melbourne bis Mexiko City, von Moskau bis San Francisco, von New York bis Dresden. Mit den Erlebnissen auf seiner fünfjährigen amerikanischen Expedition hat er die Neugierde zahlloser Menschen und deren Wahrnehmung fremder Kulturen und Landschaften befördert (Abb. 2.60) [392].

---

[35]Aufgrund der Ellipsoidform der Erde ist der Chimborazo der am weitesten vom Erdmittelpunkt entfernte Ort auf der Erdoberfläche, freilich bei weitem nicht der höchste Berg Südamerikas, bezogen auf den Meeresspiegel.

[36]Die britische Vermessung des Himalaya beginnt in den 1830er-Jahren.

Aus heutiger Sicht bedeutender als seine damals weltbewegenden Reiseerlebnisse mit Bergbesteigung sind seine ganzheitlichen ökologischen und physisch-geographischen Forschungen, die er in Aufsehen erregenden Vorträgen und verständlichen Publikationen einer breiten Öffentlichkeit in Paris und Berlin zugänglich macht. In den Jahren 1826/27 hält er seine Kosmos-Vorträge: 62 an der Berliner Universität (der heutigen Humboldt-Universität) mit jeweils etwa 400 männlichen Zuhörern und 16 Vorträge an der Sing-Akademie in Berlin mit jeweils rund 1000 Zuhörerinnen und Zuhörern.

In seinem Lebenswerk der *„Kosmos – Entwurf einer Physischen Weltbeschreibung"*, das von 1845 bis 1862 in fünf Bänden erscheint, erläutert Humboldt die ganze damals bekannte Welt. Der Universalwissenschaftler hat negative Wirkungen des Handelns von Menschen erkannt und beschrieben, darunter Folgen ausgedehnter Waldrodungen und des Anbaus von Kulturpflanzen in Monokultur.

Neben den großen Werken Humboldts lohnt auch eine Lektüre seiner Aufsätze, Reportagen und Essays. Seine Illustrationen zeigen erstmals bestimmte Pflanzen- und Tierarten, Landschaften und ökologische Zusammenhänge.

Humboldt lebt in einer Zeit noch arg begrenzter naturwissenschaftlicher Kenntnisse. Sein Naturbild ist spätestens seit der Publikation *„Über den Ursprung der Arten"* von Charles Darwin im Jahr 1869 überholt.

Ungeachtet dessen bleibt Humboldt der wirkungsmächtigste Umweltwissenschaftler im deutschsprachigen Raum. Er ist Mitbegründer der ökologischen Wissenschaften und der modernen Physischen Geographie.

## 1806 – Albrecht Daniel Thaer lässt bei Möglin Schwemmwiesen anlegen

Im 18. und frühen 19. Jh. sind Wiesen rar. Es mangelt an Futter für das Vieh. Ungenutztes, oftmals vermoortes „Ödland" nimmt damals noch viele Auen ein. Im 18. Jh. verbreitet sich vereinzelt im Lüneburgischen die Gewinnung und Bewässerung von Auenwiesen. Wasser wird flächenhaft aufgestaut oder rieselt träge talwärts über die Wiesen. Tiefer liegende vermoorte Altarme und höher gelegene Uferwälle durchziehen die zumeist unebenen Auenoberflächen. Aus diesem Grund erreicht das Bewässerungswasser gerade die wasserbedürftigen, höheren und daher trockeneren Standorte nicht.

Die Königlich-Churfürstliche Landwirthschafts-Gesellschaft in Celle lobt eine Preisaufgabe zu einer effektiven Anlage von Wässerwiesen aus. Sie prämiert die Schrift des Oberlandesökonomie-Commissärs Johann Friedrich Meyer *„Ueber die Anlage der Bewässerungs-Wiesen, sowohl derjenigen, welche durchs Schwemmen*

**Abb. 2.60** Alexander von Humboldt-Denkmal vor dem Hauptgebäude der Humboldt Universität zu Berlin

*„Immer nach außen strebend, fühlt doch niemand mehr als ich Bewunderung für das, was der Mensch aus seiner eigenen Tiefe und Fülle schöpft und hervorbringt. Aber was kann meine Stimme, was soll sie in Deutschland bewirken? Die Wahrheit strahlt endlich doch durch die Finsternis durch, und wir haben ja das Glück, einer Nation anzugehören, deren Geistestätigkeit mit jedem Jahrzehnt neu beflügelt scheint."*

Alexander von Humboldt am 1. Februar 1805 an Friedrich Wilhelm Joseph Schelling [393].

*hervorgebracht werden, als solcher, deren ebene Fläche von Natur schon vorhanden ist".* [394] Eine Anlage zum Schwemmen besteht aus

- einem Stauteich zur Bevorratung des Schwemmwassers in der Aue,
- einem unterhalb des Teiches liegenden Auenabschnitt, dessen Fruchtbarkeit durch das Aufschwemmen nährstoffreichen Materials zu verbessern ist,
- zwei Schwemmgräben, die am Stauteich beginnen und an den Auenrändern talabwärts laufen, und
- fruchtbarem Bodenmaterial, das direkt oberhalb der Schwemmgräben am Hangfuß ansteht [395].

Am Hangfuß wird ein Schwemmgraben geöffnet. Dabei entsteht zwischen Hang und Schwemmgraben eine Stufe, die Schwemmbank. An dieser wird Bodenmaterial abgestochen, das in den wasserführenden Schwemmgraben fällt, wo es durch kräftiges Rühren zerkleinert und auf die unterhalb liegende vermoorte Wiese geschwemmt wird. Faschinen in der Aue steuern den Weg des Wasser-Boden-Gemisches zum Ablagerungsort. Der eingeschwemmte humose Boden bildet eine recht ebene Schicht.

Das Schwemmverfahren besitzt nach Meyer einen weiteren gewichtigen Vorteil [396]: *„Ohne Übertreibung darf ich behaupten, dass bey hinlänglichem Wasser 4 Mann durch das Schwemmen mehr leisten, als 12 derselben mit der Karre."* Die Bodenfruchtbarkeit wird erhöht, aus heutiger Sicht ökologisch wertvolles Ödland in Wiesen gewandelt. *„Wenn umgehend humusreiches Material aufgebracht und eingearbeitet sowie Heusamen ausgestreut werden, ist spätestens im vierten Jahre eine vollständige Heuernte zu erwarten."* Nach einer betriebswirtschaftlichen Berechnung Meyers würden sich die bewässerten Schwemmwiesen in 20 Jahren *„durch ihren Ertrag [...] völlig frei arbeiten."* [397].

Meyers Preisschrift wird im Jahr 1800 in den von Albrecht Daniel Thaer und Johann Conrad Beneke herausgegebenen Annalen der niedersächsischen Landwirthschaft (2. Jg., 3. St.) publiziert. Albrecht Daniel Thaer ist in den 1780er und 1790er-Jahren Leibarzt des Kurfürsten von Hannover in Celle und ein leidenschaftlicher, innovativer und erfolgreicher Landwirt. Von 1798 an publiziert er das bald berühmte dreibändige Werk *„Einleitung zur Kenntniß der englischen Landwirthschaft und ihrer neueren praktischen und theoretischen Fortschritte, in Rücksicht auf Vervollkommnung deutscher Landwirthschaft für denkende Landwirthe und Cameralisten".* 1802 gründet Thaer das Landwirtschaftliche Lehrinstitut in Celle. Er wird zum Begründer der Agrarwissenschaften in den deutschen Staaten.

Der preußische Minister Karl August Fürst von Hardenberg bittet Thaer im Februar nach Preußen, um sich dort den Agrarwissenschaften zu widmen, eine Lehranstalt aufzubauen und zu betreiben. Im Jahr 1804 wird Thaer Gutsherr im brandenburgischen Möglin[37] und 1806 eröffnet er dort das Landwirtschaftliche Lehrinstitut. Das Gut hat einen großen Nachteil: Wiesen fehlen, teilweise vermoortes Ödland nimmt die Auen ein.

Thaer benötigt dringend Futter für die von ihm propagierte Haltung von Vieh in Ställen. So gilt es, neue Wiesen *„durch Abschwemmung der Höhe in ein daneben liegendes morastiges, von einem Fließ gebildetes Luch, eine Berieselungswiese, auf die im Lüneburgischen und Bremischen bekannte Art, zu bilden [...]"* [398] Thaer sieht in Preußen ein Potenzial von bis zu 50.000 Hektar neuer ertragreicher Wiesen.

Mit Studenten und Mitarbeitern führt Thaer wohl schon im Gründungsjahr des Lehrinstituts ein Schwemmwiesenexperiment in der Büchnitzaue bei Möglin durch, dessen Spuren sich bis heute erhalten haben. Hans-Rudolf Bork, Claus Dalchow, Martin Frielinghaus und Christian Russok untersuchen 2003 und 2004 drei bis zu 16 m lange Aufschlüsse im Bereich des Thaerschen Experimentes (Abb. 2.61). Im unteren Teil stehen eine Grundmoräne und darüber steinreiche Sande aus der letzten Kaltzeit an. Darin bilden sich bis zum Mittelalter unter Wald Böden. Die mittelalterliche Rodung der Wälder im Einzugsgebiet der Büchnitz mindert die Pflanzenverdunstung, lässt den Grundwasserspiegel im Auentiefsten bis an die Geländeoberfläche ansteigen, wodurch sich dort initiale Moore, Anmoore, bilden. Auf den Äckern des Einzugsgebietes der Büchnitz tragen die Abflüsse von Starkregen Bodenpartikel ab, die sich an den Feldrändern beiderseits der Aue ablagern und schließlich zu Ackerterrassen aufwachsen, die im frühen 18. Jh. 1 bis 2 m hoch sind (Abb. 2.62).

Diesen Zustand findet Thaer 1806 vor: eine vernässte, nicht genutzte Aue, an deren Rändern Terrassenstufen, darüber Äcker. Hier, in einem 1150 m langen und 40 bis 80 m breiten Talabschnitt versucht der Agrarwissenschaftler, die Bodenfruchtbarkeit durch das Aufschwemmen von nährstoffreicherem Bodenmaterial zu verbessern. Talaufwärts lässt er einen Stauteich für das Schwemmwasser und unterhalb am Talrand Schwemmgräben anlegen.

Die 2004 aufgegrabenen Profile schneiden talrandparallele Schwemmgräben. Die ersten, im Taltiefsten aufgeschwemmten Lagen besitzen eine geringe Bodenfruchtbarkeit, stammen wohl von Vorversuchen. Darüber liegen tonige, schluffige und sandige Bänder. Sie bezeugen mehrere Aufschwemmungen. Auf diese schütten Mit-

---

[37]Möglin liegt 50 km ostnordöstlich von Berlin bei Wriezen und ist heute ein Ortsteil von Reichenow.

**Abb. 2.61** Geoarchäologische Untersuchung der Thaerschen Schwemmwiesen in der Büchnitzaue bei Möglin in Ostbrandenburg im Jahr 2004

**Abb. 2.62** Albrecht Daniel Thaer schwemmte mit seinen Studenten diese hellen und dunklen humosen Sedimente in die Büchnitzaue zur Erhöhung der Bodenfruchtbarkeit und damit des Ertrages der Wiese

arbeiter Thaers mit Wagen herbeigebrachtes humoses Material, den „Modder". Verdichtungen durch Wagen haben sich erhalten. Die bis zu einem Meter hohen aufgeschwemmten und aufgeschütteten Schichten bedecken fast 7 ha Land. Sie gleichen die Unebenheiten der Aue aus.

Schon 1809 kann Thaer auf dem bewässerten Schwemmland beachtliche 30 vierspännige Fuder Heu ernten. Er hat rund 1000 Taler eingesetzt und einen Wert von 10.000 Talern geschaffen.

Wässerwiesen wie die Thaerschen bei Möglin entstehen im 19. Jh. in zahlreichen Landschaften Mitteleuropas.

Sie mindern einerseits den Mangel an Futter und führen andererseits zu Umgestaltungen kleiner Auen, insbesondere des Kleinreliefs, der Böden und der Vegetation.

## 1813 – „Typhus de Mayence" – die Fleckfieberepidemie in Mainz

Kriege begünstigen durch die Bewegung infizierter Soldaten eine rasche Verbreitung von Infektionskrankheiten über große Distanzen (Abb. 2.63).

Während der Befreiungskriege gegen Napoleon in den Jahren 1812 bis 1814 treten Diphtherie, Keuchhusten, Scharlach und Fleckfieber verstärkt auf. Französische Soldaten infizieren sich während des Russlandfeldzuges, als sie kaum die Möglichkeit haben, ihre Wäsche zu waschen – ein ideales Milieu für die Vermehrung von Läusen, die das Fleckfieber (Erreger: *Rickettsia prowazeki*) übertragen.

Die Schlacht bei Leipzig endet am 19. Oktober 1813 mit einer vernichtenden Niederlage der napoleonischen Truppen. Am 31. Oktober 1813 geht eine weitere Schlacht bei Hanau für Napoleon verloren. Die Reste der Grande Armée ziehen sich überstürzt nach Mainz zurück, das seit 1797 französisch ist. Mit ihnen reist das Fleckfieber.

In Mainz überträgt sich das Fleckfieber in den Lazaretten von den infizierten Soldaten auf Ärzte und Pflegepersonal und weiter in die Bevölkerung. Von November 1813 bis Anfang 1814 sterben in der Stadt wohl etwa 17.000 bis 18.000 Soldaten und rund 2500 Zivilisten, ungefähr ein Zehntel der Bevölkerung. Auch in anderen Räumen der

**Abb. 2.63**　Entlausung von Soldaten im Lausoleum (historische Postkarte)

heutigen Länder Hessen und Rheinland-Pfalz grassiert das Fleckfieber, von Worms bis nach Kassel [399].

## 1815 bis 1817 – Die Eruption des Tambora, das „Jahr ohne Sommer" und die Erfindung der Draisine

Die Detonation ist selbst im 1840 km entfernten Benkulen zu hören, dem heutigen Bengkulu an der Westküste Sumatras. Der Tambora auf Sumbawa[38] explodiert am Abend des 10. April 1815. Die oberen rund 1700 m des Vulkans werden fortgesprengt, eine Caldera mit einem Durchmesser von etwa 6 km verbleibt – vor der Eruption ragte der Berg ungefähr 4300 m ü. d. M. auf, heute sind es gerade einmal 2581 m ü. d. M. Pyroklastische Ströme[39] und Tsunami folgen auf die stärkste Vulkanexplosion der vergangenen Jahrhunderte. Zehntausende sterben auf Sumbawa und Lombok, weitere Zehntausende verlieren ihr Obdach.

Die Eruptionen setzen fünf Tage vor der Explosion ein und dauern bis in den April des Jahres 1815 an. Der Tambora stößt in dieser Zeit 30 bis 50 km$^3$ Magma aus. Nach verschiedenen Schätzungen erreichen ungefähr 50 bis 150 km$^3$ Aschen und 60 bis 100 Megatonnen Aerosole Höhen von bis zu 43 km. Während die größeren Aschepartikel bald absinken oder mit dem Niederschlag auf die Landoberflächen gelangen, bleiben die feinsten Aschen, die ausgestoßenen Fluor- und Schwefelmoleküle lange in der Stratosphäre. Höhenwinde bewegen und verteilen die sulfatreiche Aerosolwolke. Sie zieht mehr als anderthalb Jahre um die Erde. Noch heute ist ihr Fingerabdruck im grönländischen und im antarktischen Eis nachweisbar.

Die Aerosolwolke mindert die Wirkung der solaren Einstrahlung, beeinflusst die Dynamik der atmosphärischen Strömungen, darunter der Nordatlantischen Oszillation (NAO) und senkt die bodennahe Temperatur in einigen Regionen der Erde im Vergleich zum vieljährigen Mittel um mehrere Grad Celsius [400].

In Mitteleuropa resultiert im Folgejahr ein außerordentlich nasser und ungewöhnlich kalter Sommer, dem berüchtigten „Jahr ohne Sommer" 1816, das Zeitgenossen auch als „Achtzehnhundertunderfroren" bezeichnen. Johann Wolfgang von Goethe klagt in seinem Tagebuch am 4. Juni 1816: *„sehr kalte Luft"*, am 23. Juni: *„Schrecklich durchwässerter Zustand des Gartens"* und am 13. Juli: *„Durch kalte Witterung aus dem Park geschreckt"*. Die *„in diesen Gegenden höchst unerfreuliche, lästige und schädliche Witterung"* veranlasst ihn dann, sich bei

---

[38]Indonesische Insel (Fläche: 15.448 km$^2$, ca. 1,4 Mio. Einw.).

[39]Suspension aus vulkanischer Asche und Gas, die hangabwärts rast und Lavabrocken mitreißt.

Großherzogin Luise von Hessen-Darmstadt in Weimar abzumelden [401].

Eine defätistische Stimmung kommt früh auf. Sie schlägt in Hysterie um, als ein Bologneser Astronom das Zerbersten der Sonne und damit den Weltuntergang für den 18. Juli 1816 ankündigt. Die Zeitungen berichten umfassend [402].

Die anhaltend kühl-feuchte Witterung führt zu Missernten. Auf den Feldern verfaulen Kartoffeln und andere Kulturfrüchte. Die Brotpreise schnellen in die Höhe. In einigen Gegenden verhungern Menschen. Auch sind die Verluste an Pferden erheblich – ohne sie ist der Warentransport schwer behindert. Das Drama setzt sich bis in das Jahr 1817 fort. Die verheerenden Ereignisse bleiben für Jahrzehnte im kollektiven Gedächtnis haften [403].

In dieser außergewöhnlichen Zeit entwickelt der junge badische Forstbeamte und Erfinder Karl Freiherr von Drais eine Laufmaschine, die Draisine. Für eine etwa 14 km lange Strecke um Mannheim benötigt er mit dem rund 25 kg schweren Gefährt am 12. Juni 1817 kaum eine Stunde – eine bemerkenswerte Leistung. Zwar ist der unmittelbare Kausalzusammenhang zwischen der Erfindung der Laufmaschine auf der einen Seite und dem Vulkanausbruch, der ungünstigen Witterung sowie dem Mangel an Pferden als Transportmittel auf der anderen nicht zweifellos nachzuweisen. Er besitzt aber eine hohe Plausibilität [404].

Die industrielle Herstellung von Fahrrädern beginnt im frühen 20. Jh.

In Anbetracht der schwerwiegenden Umweltbelastungen durch Kraftfahrzeuge ist zu hoffen, dass mehr als 200 Jahre nach der Erfindung der Laufmaschine durch den Freiherrn von Drais der endgültige Durchbruch des Fahrrades im Nahverkehr erfolgt. Indem Fahrräder zusammen mit einem optimierten Öffentlichen Personennahverkehr Autos in deutschen Städten weitgehend ersetzen.

## 1816 bis 1914 – Deutsche wandern aus und verändern die Umwelt Nordamerikas

Das auf den Tambora-Ausbruch im Jahr 1815 folgende „Jahr ohne Sommer" leitet eine bis zum Juli 1914 während lange Phase der Massenabwanderung aus deutschen Staaten nach Nord- und Südamerika ein. Zuerst vor allem nach Pennsylvanien, New York, New Jersey, Maryland, North Carolina, dann auch nach Iowa, Wisconsin, Illinois, Missouri, Louisiana, Texas und Kalifornien, in den Süden Brasiliens, nach Argentinien und in den kleinen Süden Chiles. Von 1816 bis 1914 emigrieren rund 5,5 Mio. Deutsche nach Amerika; in den Jahren 1846 bis 1893 sind es jährlich mehr als 100.000 [405].

Die Regierungen einiger deutscher Küstenstädte reagieren auf den Auswanderungsdruck. Die Freie Hansestadt Bremen gründet 1827 an der Wesermündung den „Bremer Haven". Von 1830 bis 1974 verlassen ungefähr 7,2 Mio. Menschen Europa über Bremerhaven. Die Stadt ist im frühen 20. Jh. zeitweilig der größte Auswanderungshafen Europas. Der 1857 gegründete Norddeutsche Lloyd Bremen, damals eine der bedeutendsten Reedereien der Welt, befördert Auswandernde. Mehr als 90 % reisen in die Vereinigten Staaten von Amerika (Abb. 2.64). Das letzte Schiff mit Auswandernden, die griechische Britanis, fährt am 17. Mai 1974 von Bremerhaven nach Australien – das Flugzeug hat das Schiff als wichtigstes Verkehrsmittel der Auswanderung abgelöst [406].

Die Emigration hat vielfältige Ursachen. Unterschieden werden Push- und Pullfaktoren, d. h. ungünstige

**Abb. 2.64**  Doppelschraubendampfer „München" des Norddeutschen Lloyd Bremen auf der Fahrt nach New York (Postkarte gelaufen 1926)

Entwicklungen in der Heimat auf der einen und die Attraktivität des Einwanderungslandes auf der anderen Seite.

Zu den essentiellen Pushfaktoren gehören in manchen deutschen Staaten die begrenzten politischen und konfessionellen Freiheiten, das starke Bevölkerungswachstum, die Realerbteilung, hohe Arbeitslosigkeit, Korruption, zeitweise verringerte Getreideimporte und resultierende hohe Nahrungsmittelpreise [407].

Die elementaren Pullfaktoren, die deutsche Familien zur Auswanderung in die Vereinigten Staaten von Amerika bewegen, sind die niedrigen Bodenpreise für fruchtbare Böden an der Frontier[40], die im Vergleich zu deutschen Staaten weniger ausgeprägte Hierarchisierung, niedrige Steuern und hohe Reallöhne. Die zeitweilige Befreiung vom Kriegsdienst, die Hoffnung auf Gleichheit, freie Meinungsäußerung und konfessionelle Freiheit locken ebenso. Hinzu kommen die Verbreitung positiver Berichte von Ausgewanderten, die Werbung durch Auswanderungsvereine, Kaufleute und Reedereien und die ganz allgemein hohen Erwartungen an gute Lebensbedingungen im Einwanderungsland [408].

Die Zuwanderung aus den Deutschen Staaten, ab 1871 aus dem Deutschen Reich, wandelt Gesellschaft und Umwelt in den Vereinigten Staaten von Amerika. Die Entnahme von Holz und gezielte Rodungen zerstören Wälder, der Umbruch von Grünland die Steppen. Die Trockenlegung von Feuchtgebieten, Bach- und Flussbegradigungen verstärken zusammen mit der neuen Landnutzung den Abfluss und damit die Hochwasser. Ackerbau ermöglicht Bodenerosion durch den Abfluss von Starkniederschlägen und kräftigen Wind. Fruchtbare Böden gehen verloren. In jüngerer Zeit treten gravierende Bodenverdichtungen durch schwere landwirtschaftliche Fahrzeuge und erhebliche Stoffbelastungen in Böden und Gewässern durch Einträge aus der industriellen Landwirtschaft hinzu. Siedlungen und Verkehrswege zerschneiden Lebensräume. Arten- und Biotopvielfalt nehmen ab.

## 1817 bis 1879 – Tullas Rektifikation des Rheins zerstört das Auenökosystem, sichert Grenzen und schafft eine Agrarlandschaft

Bis in das 19. Jh. fließt der Rhein zwischen Lörrach und Mannheim in unzähligen Bahnen, die hin und her pendeln und Mäander bilden, kleine und große Flussschleifen. Während der alljährlichen Hochwasser, die auf Warmlufteinbrüchen mit Starkregen und raschen Schneeschmelze

in den Wintermonaten oder auf der Schneeschmelze im Frühjahr beruhen, brechen Mäander durch, verlagern sich Fließbahnen. Zwischen ihnen liegen tausende Inseln. Ihre Zahl, Größe und Form ändern sich beständig. Es ist ein schwer zugänglicher, als „wild" empfundener naturnaher Lebensraum. Männer fischen, jagen Vögel, suchen nach Rheingold. Verbrecher verstecken sich. Schmuggler queren die Aue, um auf verborgenen Wegen von Baden nach Frankreich und umgekehrt zu kommen. Infektionskrankheiten, darunter Malaria, grassieren.

Nach der Französischen Revolution erobert und inkorporiert Frankreich die linksrheinische Region. Baden okkupiert Freie Reichsstädte, Fürstentümer und Reichsritterschaften rechts des Rheins. Von nun an bildet das verworrene, hochdynamische Flussgebiet des Oberrheins die Grenze zwischen der Republik Frankreich und dem Großherzogtum Baden. Mit jeder hochwasserbedingten Verlagerung des Hauptstroms verändert sich die Grenze zwischen beiden Staaten. Manche Dörfer sind mal französisch, mal badisch. Ein politisch unerträglicher Zustand, nicht nur aus der Sicht der beiden betroffenen Regierungen [409].

Eine Rektifikation – Berichtigung – wäre zwar eine große Herausforderung, enorm aufwändig, langwierig und teuer, würde indes das Problem der Grenzdynamik lösen, zudem Querungen vereinfachen und damit den Handel fördern. Im Jahr 1812 legt der badische Ingenieur Johann Gottfried Tulla dem für hydrologische und territoriale Fragen zuständigen Magistrat du Rhin in Straßburg die Denkschrift *„Die Grundsätze, nach welchen die Rheinbauarbeiten künftig zu führen seyn möchten"* vor. Der Magistrat billigt seine Vorschläge für eine Rheinbegradigung [410]. Zunächst verzögert der Sturz Napoleons die Umsetzung, anschließende Hochwasser beschleunigen sie.

Zu klären ist noch die Verortung der Begradigungen im Nordwesten der badischen Staatsgrenze, da das Königreich Bayern den Rheinkreis (den Süden des heutigen Landes Rheinland-Pfalz) am 14. April 1816 von Österreich erhalten hat und nun an das Großherzogtum Baden grenzt. Im Jahr 1817 legen die beiden Staaten die Lage der Durchstiche von fünf Rheinmäandern fest, 1825 von weiteren 15.

Als Holzfäller im Frühjahr 1817 bei Knielingen erstmals auf der Trasse eines geplanten Durchstichs stehende Bäume schlagen wollen, treffen sie auf den massiven Widerstand bewaffneter Einheimischer, die (zurecht) um die Fortführung ihrer wichtigsten Gewerbe fürchten, des Fischfangs und der Goldgräberei. Soldaten sichern auf Kosten der Knielinger die Bauarbeiten. Im Herbst 1817 beginnen hunderte Arbeiter den Stichkanal aufzugraben. Faschinen – Reisigbündel – sichern die neuen Böschungen. Weitere Durchstiche kommen bald hinzu. Im Jahr 1840 schließt Baden einen Vertrag mit Frankreich zur Begradigung der gemeinsamen Rheingrenze [411].

---

[40]dem Grenzland, das bis zur Landnahme durch Europäer indigene Gesellschaften nutzen.

Mit dem Abschluss der Baumaßnahmen 1879 hat sich der Oberrhein zwischen Basel und der badisch-hessischen Grenze um gewaltige 23 % oder 81 km verkürzt. Deiche, die aus etwa 5 Mio. m$^3$ Bodenmaterial bestehen, sichern den neuen Kanal. Die Fließgeschwindigkeit des Oberrheins hat sich durch die Laufverkürzung wesentlich erhöht, die flussnahen Grundwasserspiegel sinken gravierend. Zahllose vernetzte Fließbahnen fallen trocken. Inseln werden Teil des Festlandes, ehedem artenreiche Auen zu artenarmen Äckern. Vogeljagd und Goldwäscherei brechen zusammen. Bis auf wenige Ausnahmen verschwinden die Habitate von Stören, Lachsen und anderen Fischarten. Der mehrphasige Wirtschaftsaufschwung in der zweiten Hälfte des 19. Jh. lässt neue Industrien entstehen und aufblühen. Deren Abwässer belasten zunehmend den begradigten Rhein; einige Fischarten verschwinden. Aale und ausgesetzte Zander entwickeln sich hingegen gut [412].

Die staatspolitisch begründete Rektifikation des Oberrheins hat ein einzigartiges Auenökosystem für immer zerstört. Sie hat in diesem Raum Landesgrenzen dauerhaft stabilisiert, Schmuggel eingedämmt, die moderne industrielle Landwirtschaft, Garten- und Weinbau ermöglicht und Seuchen gemeinsam mit anderen Maßnahmen schließlich entscheidend eingedämmt. Der Rhein führt in seinem nun tief liegenden und geraden Bett die großen Wassermengen von Schneeschmelze und Starkniederschlägen rascher und weitgehend schadlos durch Baden-Württemberg. Die Überschwemmungsgefahr erhöht sich am unteren Oberrhein, am Mittel- und Niederrhein, da mit dem schnelleren Abfluss oberhalb dort die Wassermengen steigen [413].

## 1828 – Carl Sprengel veröffentlicht das „Gesetz vom Minimum"

> *„… wenn eine Pflanze 12 Stoffe zu ihrer Ausbildung bedarf, so wird sie nimmer aufkommen, wenn nur ein einziger an dieser Zahl fehlt, und stets kümmerlich wird sie wachsen, wenn einer derselben nicht in derjenigen Menge vorhanden ist, als es die Natur der Pflanze erheischt."* Carl Sprengel [414].

Carl Sprengel, Justus von Liebig, Fritz Haber und Carl Bosch haben ermöglicht, dass die im Jahr 2020 auf der Erde lebenden 7,8 Mrd. Menschen ausreichend ernährt werden könnten [415]. Jedoch sind heute etwa 2 Mrd. Menschen mangelernährt, mehr als 800 Mio. hungern – hauptsächlich durch Landraub und Vertreibung, aufgrund des fehlenden Zugangs zu Bildungseinrichtungen, infolge von Armut, unfairen Handelsabkommen, schlechter Regierungsführung,

der Ungleichheit in Gesellschaften, der Vergeudung von Ressourcen und auch bedingt durch Naturkatastrophen [416].

Ohne eine Vielzahl von Mineralstoffen in ausreichender Menge können Pflanzen nicht gedeihen. Wie gut eine Pflanze wächst, wird von dem Mineralstoff bestimmt, der im Verhältnis am wenigsten im Boden vorhanden ist. Steht einer Pflanze genügend Stickstoff und Phosphor zur Verfügung, kann ein Mangel an Kalium dennoch ihr Wachstum hemmen. Ebenso, wenn ein anderer Mineralstoff in zu geringer Menge vorhanden ist. Carl Sprengel, ein Schüler Albrecht Daniel Thaers, erkennt diese essentiellen Zusammenhänge und formuliert sie im „Gesetz vom Minimum" [417]. Justus von Liebig hat sie 1840 weltweit bekannt gemacht. Ohne diese grundlegenden Kenntnisse zur Pflanzenernährung wäre heute eine ausreichende Versorgung der Menschheit mit Nahrungsmitteln nicht annähernd möglich.

Wir kennen die Wirkungen des Mineralstoffmangels aus unseren Wohnzimmern: Trotz ausreichendem Gießen mit Wasser vergilben Blätter von Zierpflanzen gelegentlich. Etwas fehlt und Volldünger hilft manchmal auch nicht. Offenbar mangelt es an einem anderen Mikronährstoff. Vielleicht Eisen? Dies hängt von der Pflanzenart, dem Boden, dem Gießwasser sowie den Licht- und Temperaturverhältnissen ab. Zu den entscheidenden, in natürlichen Böden enthaltenen Mineralstoffen gehören Stickstoff, Phosphor, Kalium, Magnesium, Eisen, Calcium, Schwefel, Mangan, Bor, Zink, Kupfer und Molybdän [418].

Zuviel Dünger kann das Wachstum ebenfalls hemmen. Ewald Wollny entdeckte 1877, dass es eine optimale Mineralstoffversorgung gibt. Er formulierte das „Gesetz des Optimums" [419]. Es ist eine anspruchsvolle Aufgabe, diesem Optimum nahe zu kommen. Auch in der modernen Landwirtschaft wird es oftmals nicht annähernd getroffen; häufig wird zu viel Stickstoff gedüngt. Die Kulturpflanzen und der Boden können dann die überschüssigen Nährstoffe nicht vollständig aufnehmen. Sie gelangen durch Bodenporen in das Grundwasser, das schließlich in Quellen austritt und als nährstoffreiches Oberflächenwasser in Bächen und Flüssen dem Meer entgegenfließt. Am Grund und an den Ufern der Fließgewässer wachsen dann nährstoffliebende Pflanzen.

An Standorten mit wenig wasserdurchlässigen Böden wurden und werden Drainagerohre in 60 bis 80 cm Tiefe verlegt, um das sich in regenreichen Perioden stauende Bodenwasser abzuleiten und Ackerbau zu ermöglichen. Durch die Drainagen fließt das nährstoffreiche Bodenwasser schneller in die Oberflächengewässer. Stärkere Nährstoffbelastungen resultieren. Seit den 1960er-Jahren steigt die unerwünschte Nährstoffanreicherung, die Eutrophierung, in den fließenden und stehenden Gewässern Deutschlands gravierend, wo in deren Einzugsgebieten intensive Landwirtschaft betrieben wird.

## 2.4 Früh- und Hochindustrialisierung

### 1833 – Die Chaussee von Altona nach Kiel zerschneidet und verbindet Landschaften

Im Oktober 1829 befiehlt der dänische König Frederik VI. den Bau der ersten modernen Landstraße durch Schleswig-Holstein, das damals zum dänischen Gesamtstaat gehört. Sie soll über zirka 92 km von Altona nach Kiel führen und verspricht ökonomische Vorteile. So versuchen mehrere Gemeinden in der Planungsphase, den diskutierten Trassenverlauf zu ihren Gunsten zu beeinflussen. Sie bieten, wie in der Bekanntmachung der Baumaßnahme vom 28. Oktober 1829 gefordert, unentgeltlich das benötigte Land sowie Baumaterialien wie Steine und Sand an. Bramstedt und Neumünster machen die besten Angebote, weshalb der König, einem Kommissionsvotum folgend, die Trasse durch beide Städte legen lässt.

Die Bauarbeiten währen von März 1830 bis Oktober 1833. Die Chaussee erhält einen ungefähr 20 cm mächtigen festen Unterbau mit faustgroßen Steinen, eine 5 cm mächtige Decke aus kleineren Steinen, beidseitige Bankette als Sommerwege sowie Seitengräben. An die Straßenränder setzen die Arbeiter Meilen- und Halbmeilensteine (halbe Meile: 3,76 km Länge). Fünfzehn Naturstein-Brücken oder Durchlässe führen über Flüsse und Gräben; 306 Siele sorgen für die Entwässerung. Zur Vermeidung kräftiger Staubentwicklung ist die Decke in einigen Ortschaften gepflastert. Dreizehn Chausseehäuser und Schlagbäume, an denen nach einem ausgeklügelten Tarifsystem Wegegeld erhoben wird, sichern den Betrieb. Nach der Abschaffung der Nutzungsgebühren für die Chaussee am 31. Dezember 1874 müssen seit dem 1. Januar 2007 Lastkraftwagen mit einem zulässigen Gesamtgewicht von mehr als 12 t im Chausseeabschnitt von Bad Bramstedt nach Hamburg, der heutigen Bundesstraße 4, erneut Wegegeld als Maut entrichten, nunmehr bargeldlos [420].

Der Postkurier benötigt ab 1833 auf der neuen Straße weniger als die halbe Zeit. Kiel gewinnt als Umschlagsort für Waren von und nach Kopenhagen an Bedeutung (Abb. 2.65).

Die 1844 fertiggestellte Bahnstrecke von Altona nach Kiel löst die Chaussee bald als wichtigsten Transportweg ab. Mit der Eisenbahn können Personen und Güter in bloß drei Stunden von der einen in die andere Stadt bewegt werden. Die Chaussee bleibt als Zubringer zu den Bahnhöfen wichtig.

Zunächst behindert das uneinheitliche Zeitsystem den Bahnverkehr; an jedem Bahnhof gilt die jeweilige lokale astronomische Zeit. Der Geodät und Astronom Heinrich Christian Schumacher, der den Meridian von Skagen bis Lauenburg an der Elbe, Altona nach dem großen Brand in

**Abb. 2.65** Der Obelisk am Rondeel in Kiel markiert den Beginn der Chaussee von Kiel nach Altona. König Frederik VI. von Dänemark und Herzog von Schleswig und Holstein lässt sie von 1830 bis 1833 erbauen. Inschrift: FRIDERICUS HANC VIAM STERNENDAM CURAVIT MDCCCXXX (Friedrich VI. ließ diese Straße 1830 pflastern)

Hamburg im Jahr 1842 und die Streckenführung der Bahnlinie von Altona bis Kiel erstmals vermessen hatte, erkennt das Lokalzeitproblem. Er berechnet in den 1840er-Jahren eine mittlere Standardzeit für die Fahrpläne der Kiel-Altonaer-Eisenbahn. Auch auf der Grundlage seiner

Forschungen wird 1893 die Mitteleuropäische Zeit eingeführt [421].

Ab dem Jahr 1840 werden die Ränder der von Altona nach Kiel führenden Chaussee mit Linden und später mit Ahorn und Ulmen bepflanzt. Bis in das frühe 20. Jh. entsteht eine fast durchgehende Allee mit mehr als 10.000 Bäumen. In dieser langen Zeit ändern sich die Bepflanzungsregeln. Schleswig–Holstein wird 1866 preußisch. Danach setzt man die Bäume in einem Abstand von 11,3 m zwei Meter vom Fahrbahnrand entfernt. Die Bäume dienen als Schattenspender und der Orientierung – in schneereichen Wintern wäre die Fahrbahn sonst kaum zu erkennen [422].

Das Verkehrsaufkommen übersteigt schon bald nach der Eröffnung der Chaussee im Jahr 1833 die Erwartungen; Fahrzeuge tiefen Spurrillen und Schlaglöcher in die Steindecke ein. Außerhalb der gepflasterten Ortsdurchfahrten wirbeln sie in Trockenperioden viel Staub auf. Deswegen wird die Straße von 1875 bis 1926 mit behauenen Granit- und Basaltsteinen gepflastert.

Der wachsende Verkehr macht in den 1950er und 1960er-Jahren eine Asphaltierung erforderlich. Die meisten Alleebäume fallen den Asphaltierungs- und Verbreiterungsarbeiten zum Opfer. Im Jahr 2008 existieren an sämtlichen Bundes- und Landesstraßen Schleswig-Holsteins nur noch rund 3100 Bäume. In jenem Jahr vollzieht sich ein politischer Paradigmenwechsel. Chausseebäume werden nicht länger als störend, sondern als wichtiges Element von Kulturlandschaften eingestuft. Lokal setzen Neupflanzungen mit Ulmen und Linden ein, nach den Sicherheitsregeln in einem Abstand von jetzt 4,5 m vom Fahrbahnrand [423].

Im Laufe des 20. Jh. nimmt der Fahrzeugverkehr und damit die Relevanz der Hauptlandstraße stark zu. Trotz einer bedeutenden Entlastung durch die annähernd parallel verlaufenden Autobahnen A7 und A215 befahren den Abschnitt der Chaussee von Kiel nach Neumünster 2005 im Mittel täglich 13.501 Fahrzeuge, darunter 1302 Lastkraftwagen [424].

Die Nutzungsgeschichte der Chaussee von Altona nach Kiel zeigt exemplarisch den Wandel ihrer Umweltwirkungen über die Dynamik der Richtlinien zu Bau, Unterhaltung und Bepflanzung, über die verwendeten Baumaterialien und Bautechniken sowie die Nutzungsarten und -intensitäten. Die Steine des ersten Straßenbauwerkes von Altona nach Kiel hatten die Gemeinden gratis an der Trasse bereitzustellen. Sie lieferten von den Äckern abgelesene Steine und in den Wäldern gelegene Findlinge. Die Granitpflastersteine mussten schon über Distanzen von mehreren Kilometern aus Kiesgruben in der Umgebung an die Chaussee gebracht und behauen werden, die Basaltpflastersteine gar über Entfernungen von mehreren hundert Kilometern. Noch aufwändiger war die Herstellung von Asphalt,

der aus destilliertem Erdöl (Bitumen) und Bruchstücken von Kies und Steinen sowie Sanden hergestellt wird.

Die Art des Asphalts an der Fahrbahnoberfläche beeinflusst den Abrieb der Reifen und den Kraftstoffverbrauch. Die negativen Umweltwirkungen des Straßenverkehrs übertreffen diejenigen des Baus und der Erhaltung von Straßen um ein Vielfaches. Feinstaub, Kohlendioxid und Stickoxide entweichen in die Atmosphäre, Gewässer werden eutrophiert und Böden mit Schadstoffen belastet.

Straßen und Bahnlinien zerstückeln Kulturlandschaften. Sie behindern massiv natürliche Tierwanderungen. Nicht wenige Tiere sterben beim Versuch der Querung. Menschen schaffen neue, andersartige Verbindungen für Transporte von Personen und Gütern. Dadurch belasten sie die Umwelt. Und sie ermöglichen das Eindringen neuer Arten. In den großen Ballungsräumen sind die Zerschneidungen und ihre Umweltwirkungen noch weitaus größer als an der Chaussee von Altona nach Kiel.

Während Knicks Landschaftselemente und Landschaften verbinden, trennen vielbefahrene Straßen mit festen Decken und Bahnlinien immer stärker Lebewelten, die zuvor verbunden waren. Zäune an Straßen, die versuchen, natürliche Wildwechsel zu unterbinden, visualisieren überdeutlich diese Zerschneidung, Lenkung oder Isolation wilder Tiere.

Länge der Straßen in Deutschland im Jahr 2018 [425]

| | |
|---|---|
| Autobahnen: | 13.009 km |
| Bundesstraßen: | 38.018 km |
| Landesstraßen: | 86.964 km |
| Kreisstraßen: | 91.912 km |

## 24. Oktober 1835 – Der letzte vor 2006 in Deutschland gesichtete Braunbär wird in den Chiemgauer Alpen getötet

Noch im Spätmittelalter leben in Mitteleuropa viele Braunbären *(Ursus arctos arctos)*. Sie nutzen große Reviere und bevorzugen Landschaften, in denen wenige Menschen wohnen. Braunbären ernähren sich überwiegend pflanzlich. Zum Stillen ihres Energie- und Proteinbedarfs erlegen die eher scheuen Raubtiere gelegentlich auch Nutztiere wie Schafe und Kälber. Die drastische Veränderung ihrer Lebensräume durch die stark wachsende Zahl der Menschen, die resultierenden Rodungen, Ausdehnungen der Landwirtschaft, intensiven Waldnutzungen und vor allem die systematische Jagd dezimieren die Bärenpopulation im 16. und frühen 17. Jh. entscheidend.

Während des Dreißigjährigen Krieges verlieren einige Regionen Mitteleuropas einen großen Teil ihrer

**Abb. 2.66**  Ein Braunbär attackiert ein Schaf (historische Postkarte)

Bevölkerung durch Tod oder Flucht und Vertreibung. Dort stellen sich vorübergehend gute Lebensbedingungen für Tierarten ein, die große Aktionsräume haben und Menschen meiden. Braunbären werden weniger gejagt, vermehren sich etwas stärker oder wandern ein. Die Bestände erholen sich in wenigen Regionen.

Auf dem 877 m NHN aufragenden, im oberfränkischen Fichtelgebirge gelegenen Großen Waldstein wird Ende des 17. Jh. ein bis heute erhaltener Bärenfang errichtet – ein schmales, längliches Gebäude aus Granitquadern mit Falltüren und Holzdach. Ein Bär ist wertvoll, das Fanggeld hoch. Die Instandsetzungsarbeiten im Bärenfang kosten viel Geld, denn einige der dort gefangenen Tiere haben erheblich gewütet. Von 1695 bis 1735 gehen insgesamt 14 Bären in die Falle auf dem Großen Waldstein. Lebend bringt man sie für die „Bärenhatz" in einem Käfig an den markgräflichen Hof in Bayreuth. Nach 1735 gibt es nur noch einen „Fang", und er war gänzlich unerwartet: zwei Kapuzinermönche suchen 1780 hier während eines Regenschauers Obdach [426].

Im Jahr 1835 reißt ein Braunbär Schafe und Kälber bei Leutasch in Tirol (Abb. 2.66). Er wandert weiter in die Chiemgauer Alpen. Ferdl Klein, königlicher Forstamtsaktuar, erlegt ihn am 24. Oktober 1835 während einer Treibjagd am Schwarzachenbach bei Ruhpolding. Es ist der letzte bis 2006 in Deutschland gesichtete Braunbär. Er wird präpariert und im Museum Mensch und Natur Schloss Nymphenburg (München) ausgestellt [427].

## Ab 7. Dezember 1835 – Der Industrialisierungsschub durch Eisenbahnen und Hochöfen verändert die Umwelt

Eine Dampflokomotive ist eine Dampfmaschine, die auf einem Fahrgestell mit Rädern sitzt. Der Wandel von thermischer in kinetische Energie ermöglicht ihre Fort-

bewegung. Wie funktioniert sie? Der im Führerhaus stehende Lokomotivführer öffnet kurz die Tür eines Metallkastens: des Feuerlochs der Feuerbüchse. Der Heizer wirft in diesem Moment eine Schaufel Steinkohle hinein. Die Kohle verbrennt zu Heizgasen und Asche, die durch einen Rost in den Aschkasten im unteren Teil der Feuerbüchse fällt. Die Heizgase – der Rauch – strömen durch Rohre in einem geschlossenen, teils mit Wasser gefüllten Großraumkessel, der über und vor der Feuerbüchse liegt. Der Rauch in den Rohren erhitzt das Wasser im Dampfkessel, das partiell verdampft. Der Dampfdruck steigt. Ein Sicherheitsventil verhindert zu hohen Dampfdruck. Der unter Druck stehende Dampf strömt in die Dampfmaschine und zwar über den Dampfdom und den Überhitzer zu den Kolben, die er abwechselnd bewegt. Der Überhitzer enthält Bündel von dünnen Rohren, die in den Rauchrohren liegen. Der Dampf erhitzt sich dort auf rund 350 °C. Die Kolben bewegen über die Treibstange die Räder der Lokomotive [428].

Dampflokomotiven benötigen viel Steinkohle (später auch Erdölprodukte) und viel Wasser; sie erzeugen Asche, die sich im Sammler am Boden der Feuerbüchse aufhäuft, und Rauchgase, die aus dem Schornstein in die Atmosphäre entweichen.

In England gebaute Lokomotiven fahren ab 1804 in walisischen Bergwerken. Bei der ersten öffentlichen Eisenbahnfahrt am 27. September 1825 bringt ein Zug Kohle von Stockton nach Darlington im Nordosten Englands. Bald transportieren Eisenbahnen auch Menschen [429].

In Oberschlesien scheitert der Einsatz der ersten von der Königlichen Eisengießerei in Berlin gebauten Dampflokomotive im Jahr 1816 kläglich: die Spurweite passt nicht.

Am 2. Januar 1833 ruft der Nürnberger Verleger Johann Carl Leuchs in der „Allgemeinen Handelszeitung" zur Gründung einer Aktiengesellschaft für die Errichtung einer Eisenbahnstrecke zwischen Nürnberg und Fürth auf: *„In ganz Bayern, vielleicht selbst in Deutschland ist kein Punkt, wo eine Eisenbahn leichter und mit größeren Vorteilen für die Unternehmer ausgeführt werden könnte."* [430] Die weitgehend ebene und geradlinige Bahntrasse läuft über etwa 6 km entlang der stark befahrenen Nürnberg-Fürther Chaussee. Das Einladungsschreiben zur Gründungsversammlung der „Ludwigsbahn-Gesellschaft Nürnberg" am 18. November 1833 nennt bereits das Außergewöhnliche der anbrechenden neuen Zeit: *„Entfernungen werden durch dieses, dem Fluge der Vögel nachstrebende Verbindungs- und Transportmittel immer kleiner, Staaten und Nationen rücken dadurch einander immer näher; die Verbindungen werden immer zahlreicher und enger, und der Mensch bemächtigt sich immer mehr der Herrschaft über Raum und Zeit."* [431].

Es dauert bis zum 7. Dezember 1835. An diesem Tag fährt das dampfende, rauchende und quietschende eiserne

**Abb. 2.67**  Diese Lokomotive des Berliner Unternehmers August Borsig gewinnt 1841 eine Wettfahrt von Berlin nach Jüterbog gegen eine Lokomotive von George Stephenson. 1854 verlässt die 500. Borsig-Lok das Berliner Werk. Damit stammen bereits 481 der etwa 800 Lokomotiven der Preußischen Eisenbahnen von den Borsigwerken [436]. (historische Postkarte)

**Abb. 2.68**  Schienenwalzwerk der Friedrich-Alfred-Hütte Rheinhausen der Fried. Krupp A. G. (historische Postkarte)

**Abb. 2.69**  „Gruß aus Essen" (historische Postkarte)

Ungetüm vom Nürnberger Plärrer, einem Platz südwestlich der Altstadt, erstmals offiziell nach Fürth. Die „Adler" genannte Lokomotive stammt von dem berühmten englischen Unternehmen Robert Stephenson and Company in Newcastle upon Tyne (Abb. 2.67). Der englische Lokomotivführer William Wilson bringt das 14 t schwere Gefährt sicher nach Fürth, wo ihm ein triumphaler Empfang bereitet wird [432].

In den folgenden Jahren gründen sich private Aktiengesellschaften, in Braunschweig und Baden Staatsbahnen, um die teuren Bahnstrecken mit Viadukten, Tunneln, Dämmen, Bahnhöfen und die Fahrzeuge zu finanzieren. In neuen Fabriken entstehen Schienen, Dampflokomotiven und Wagen (Abb. 2.67). Der Bedarf an Eisen und Stahl wächst gravierend (Abb. 2.68, 2.69). An den Rändern der großen Städte entstehen gigantische, palastartige Hauptbahnhöfe aus Stahl, Holz, Glas und Ziegeln. Arbeiter bewegen riesige Massen an Boden und Gestein, versiegeln ausgedehnte Flächen. Bahnstrecken zerschneiden zunehmend die Lebensräume von Menschen und Tieren. Mit dem wachsenden Zugverkehr verschlechtert sich die Luftqualität besonders an den Bahnhöfen. Ruß legt sich auf Häuser und Straßen, Pflanzen und Böden. Menschen atmen ihn ein.

Nach der Gründung des „Vereins Deutscher Eisenbahnverwaltungen" 1847 einigen sich staatliche und private Bahnen bald auf eine engere Zusammenarbeit und technische Normen. Ab den 1880er-Jahren gehört den deutschen Ländern die Mehrzahl der Eisenbahngesellschaften.

Das Schienennetz der Staats- und Privatbahnen im Deutschen Bund wächst von 6 km im Jahr 1835 auf 11.633 km im Jahr 1860. Im Jahr 1880 umfasst es im 1871 gegründeten Deutschen Reich bereits 33.838 km und am 31. Dezember 1913 zusammen 63.377 km [433]. Das Schienennetz der Deutschen Bahn AG hat 2018 eine Länge von 33.440 km [434]. Eine ungeheure Masse an Holzschwellen (mittlerweile auch Betonschwellen) und Eisenschienen durchzieht Deutschland. Ausgehend von einem mittleren Metergewicht von 49 kg für das Regelprofil der Deutschen Reichsbahn resultiert bei einer Streckenlänge von 63.377 km ein Schienengewicht von rund 6,2 Mio. t Eisen im Jahr 1913. Heute wiegt ein Meter Schiene im Mittel etwas mehr. Sämtliche Schienen der Deutschen Bahn AG dürften 2019 ein Eisengewicht von zusammen etwa 3,3 Mio. t besitzen.

Nicht die bloße Verfügbarkeit von Steinkohle und Eisenerz, sondern erst deren massenhafter Transport in dampfbetriebenen Zügen von den Bergwerken in die Fabriken ermöglicht den explosionsartigen industriellen Aufschwung, der bis zum Beginn des Ersten Weltkrieges anhält und die Umwelt Deutschlands wie keine andere Entwicklung in den Jahrtausenden zuvor verändert (Abb. 2.68, 2.69) [435]:

- Die Bevölkerung des Deutschen Reiches wächst von 1871 bis 1910 um 58 % – von 41 Mio. auf fast 65 Mio. Menschen.
- Millionen migrieren in die aufblühenden Industriezentren an der Ruhr, im Raum Berlin, in Südwest- und Mitteldeutschland. Die resultierende Urbanisierung nimmt ein gewaltiges Ausmaß an. Der Anteil der Bevölkerung, der in Städten mit mehr als 100.000 Einwohnerinnen und Einwohnern lebt, steigt von 4,8 % im Jahr 1871 auf 21,3 % im Jahr 1910.
- Die Landwirtschaftsbetriebe im Deutschen Reich vermögen trotz einer wesentlichen Erhöhung der Produktion nicht, die gewachsene Bevölkerung ausreichend mit Nahrungsmitteln zu versorgen. Getreide muss verstärkt importiert werden.
- Bald arbeiten mehr Menschen in der Industrie als in der Landwirtschaft.
- Die Wertschöpfung der Industrie erhöht sich trotz einiger konjunktureller Einbrüche erheblich.
- Neben der Textil-, Eisen- und Stahlindustrie erreichen die chemische und die Elektroindustrie Weltgeltung.
- Manche Familienbetriebe wandeln sich in Aktiengesellschaften. Aus mehreren gehen große Konzerne hervor. Der Staat interveniert gegen Kartelle und Syndikate.
- Die Zahl der Personen, die im Dienstleistungssektor tätig ist, überschreitet die Millionengrenze.
- Die moderne Klassengesellschaft entsteht. Bildung, Lebensqualität und Lebensweise von Bürgertum, Angestellten- und Arbeiterschaft unterscheiden sich grundlegend.
- Die Arbeiterschaft organisiert sich in Gewerkschaften. Einige entwickeln sich zu großen Industrieverbänden.
- Die Sozialgesetze bringen elementare Verbesserungen und Absicherungen für die Angestelltenschaft und zum Teil auch für die Arbeiterschaft.
- Die größeren Kommunen beginnen ihre Bevölkerung mit Elektrizität und nicht selten nur zögerlich mit sauberem Trinkwasser zu versorgen.
- Der öffentliche Personennahverkehr etabliert sich. Busse und Stadtbahnen bringen Beschäftigte immer schneller zu ihren Arbeitsplätzen.
- Der motorisierte Individualverkehr setzt ein.

Diese Phase der Hochindustrialisierung bedingt vielfältige Nachteile für die Menschen und ihre Umwelt. So wird der Lärm zunehmend zum Problem. Ungeklärte industrielle und kommunale Abwässer belasten Oberflächengewässer, Grundwasser und Böden. Seuchen wie Cholera und Typhus breiten sich aus.

Der unsachgemäße Umgang mit Schadstoffen kontaminiert an Industriestandorten die Böden. Beschäftigte erkranken. Die Verstädterung führt zur irreversiblen Beseitigung wertvoller Böden. Die Versiegelung wächst beträchtlich. Die Emissionen der neuen Industrien belasten die Luft enorm mit Schadstoffen; eine große Zahl an Atemwegserkrankungen resultiert. Gehölze, die in der Nähe der Emittenten wachsen, sind stark betroffen. Ganze Wälder sterben. Vehemente Debatten über Rauchgasschäden resultieren u. a. in Sachsen, Oberschlesien und im Harz. Im Fokus stehen die wirtschaftlichen Schäden für Familien, die geschädigte Wälder besitzen.

## 26. April 1836 – Der preußische Staat enteignet den Drachenfels und erklärt ihn zur Naturschönheit

Im Jahr 1823 beginnt ein aufsehenerregender Umwelt- und Wirtschaftskonflikt, in den das preußische Königshaus eingreift.

Der Bau des Kölner Doms war 1560 unterbrochen worden. Seit dem frühen 19. Jh. drängen namhafte Kölner Bürger auf die Vollendung der Kathedrale. Die Steine für den Weiterbau liegen im Drachenfels. Dieser ist ein markantes Wahrzeichen des Siebengebirges, das Touristen insbesondere aus England schon seit dem späten 18. Jh. von Rheinschiffen aus begeistert bewundern (Abb. 2.70) [437].

Die Ruine Drachenfels, Inbegriff der Rheinromantik, krönt mit ihrem 25 m hohen, ehemals als Wohnturm genutzten Bergfried den Drachenfels. Sie ist ein Relikt der im 12. Jh. zur Sicherung des Territoriums der Kölner Erzbischöfe errichteten und im Dreißigjährigen Krieg zerstörten Höhenburg. In den Wirren nach der „Völkerschlacht" im Oktober 1813 bei Leipzig gründet sich der patriotische, gegen das napoleonische Frankreich gerichtete „Freiwillige Landsturm vom Siebengebirge". An diese Bürgerwehr erinnert das am 18. Oktober 1814 auf dem Drachenfelsplateau eingeweihte erste Landsturmdenkmal. Fünf Jahre später feiern Bonner Studenten auf dem Drachenfels den 6. Jahrestag der Schlacht bei Leipzig. In den folgenden Jahrzehnten finden auf dem Berg zunehmend nationale Feiern statt. Der Drachenfels wird zu einem Wahrzeichen für den „deutschen Rhein" und bedeutendes Ausflugsziel [438].

**Abb. 2.70** Blick vom Petersberg über Schloss Drachenburg zur Burgruine Drachenfels und über den Rhein bis in die Eifel

Männer brechen im beginnenden 19. Jh. Trachyte aus den mittelalterlichen Steinbrüchen auf dem Drachenfels. Als sie sich der Burgruine nähern und deren Zerstörung droht, untersagt die preußische Regierung in Köln 1818 den Abbau. Da Trachyte am Kölner Dom beschädigt und zu ersetzen sind, benötigt die Dombauhütte 1823 dringend neue Steine vom Drachenfels.

Die Bergkuppe ist im Eigentum des Königswinterer Bürgermeisters Clemens August Schaefer und seines Bruders. Die 1817 gegründete Steinhauer-Gewerkschaft in Königswinter möchte unbedingt die Steinbrüche erwerben, um Trachyte abbauen und an die Domhütte verkaufen zu können. Viele befürchten dagegen die Zerstörung der Burgruine und des Landsturmdenkmals durch das fortgesetzte Steinebrechen.

Bürgermeister Schaefer schildert diese Gefahren und den resultierenden Konflikt in seiner Gemeinde in einem Schreiben vom 10. August 1826 an die preußische Regierung in Köln und bietet dieser sein Eigentum an. Als die Überprüfung seiner Argumentation und der Rechtslage durch die Regierung nach einem Jahr immer noch nicht abgeschlossen ist, veräußern die Schaefers am 7. September 1827 die Kuppe des Drachenfels mit den Trachytbrüchen für 800 Taler an die Steinhauer-Gewerkschaft in Königswinter. Sie nimmt die Brüche umgehend in Betrieb. Ungefähr 250 Arbeiter bauen Trachyt ab.

Die preußische Regierung weist am 1. Dezember 1827 den zuständigen Landrat an, die Ruine zu sichern (Abb. 2.71). Dessen Bemühungen scheitern. Schon zuvor erfährt Kronprinz Friedrich Wilhelm IV., der den Drachenfels als Student an der Universität in Bonn bereits zweimal besucht hatte, aus der Zeitung von der Fortsetzung des Trachytabbaus. Am 2. Dezember 1827 teilt sein Hofmarschall dem Oberpräsidenten der Rheinprovinz in Koblenz mit, dass die königliche Familie den Erhalt der Ruine wünsche. Die preußische Regierung in Köln verfügt am 4. Mai 1828 mit dem Argument der Gefährdung von Menschen die Schließung der Steinbrüche.

Die Steinhauer ignorieren den Erlass und arbeiten weiter. Kurz darauf stürzt der Nordgiebel der Burgruine ab. Die Steinhauer-Gewerkschaft bezweifelt weiter eine Gefährdung und verklagt am 12. September 1828 die preußische Regierung auf Schadensersatz. Ein Rechtsstreit beginnt. Der Vater von Kronprinz Friedrich Wilhelm IV. – König Friedrich Wilhelm III. – ordnet am 23. Mai 1829 Kaufverhandlungen mit der Königswinterer Steinhauer-Gewerkstatt an und bewilligt 10.000 Taler für den Erwerb der Bergkuppe mit Burgruine, Denkmal und Steinbrüchen durch den Staat Preußen. Die Gespräche scheitern.

Am 3. Dezember 1830 veranlasst der König ein Enteignungsverfahren mit dem Ziel der *„Conservation vermittelst Expropriation"* [439]. Auf der Grundlage eines

**Abb. 2.71**  Burgruine Drachenfels (historische Postkarte)

Entscheides des Landgerichtes Köln vom 15. März 1831 wird Preußen Eigentümerin des Geländes. Die preußische Regierung erwirbt am 26. April 1836 für 10.000 Taler den oberen Teil des Drachenfels, der sofort als „Naturschönheit" gesichert wird. Es ist die erste staatliche Naturschutzmaßnahme. Der Konflikt ist beendet und der Kölner Dom mit Bausteinen von anderen Orten fertigzustellen [440].

Im Jahr 1869 wird in Bonn der „Verschönerungsverein für das Siebengebirge" (VVS) mit dem Ziel der touristischen Erschließung und Erhaltung des beliebten Ausflugszieles Siebengebirge gegründet. Seit etwa 1895 engagiert sich der VVS stark im Naturschutz. Der Verein erhält 1899 das Enteignungsrecht, erwirbt mit dem Ziel der Stilllegung Steinbrüche und andere Flächen, bewirkt 1922 die Anerkennung ökologisch wertvoller Bereiche des Siebengebirges als Naturschutzgebiet und 1958 als Naturpark. Er richtet 2010 auf 523 ha Waldfläche ein „Wildnisgebiet" ein und besitzt im Jahr 2019 rund 850 ha Fläche im Siebengebirge [441].

Erstmals wird am 26. April 1836 in deutschen Staaten eine wirtschaftliche Nutzung zugunsten des Natur- und Umweltschutzes vom Staat beendet, stimuliert von verträumt-romantischen Vorstellungen des preußischen Königshauses.

## 1840 – Justus von Liebig wandelt die Welt

Justus von Liebig ist neben Albrecht Daniel Thaer, Ludwig Sprengel und Julius Kühn einer der Väter der Agrarwissenschaften, insbesondere der Agrikulturchemie. Sprengel erkennt, dass eine zu geringe Menge eines Mineralstoffs das Wachstum einer Pflanze hemmt. Hieraus leitet er das Gesetz vom Minimum ab.

Liebig verkündet eindringlich, dass Nährstoffe, die dem Boden durch die Ernte verloren gehen, über die weitgehende Rückführung der entzogenen Nährelemente durch organische Düngung und mineralische Düngemittel ersetzt werden müssen. Mit der Zufuhr von Mineraldünger gelänge eine Steigerung der Bodenfruchtbarkeit und damit der Erträge. Da ein wachsender Teil der Ernte in Städten verwertet wird, ist eine Rückführung der Fäkalien von dort auf Äcker nur begrenzt möglich. Die Mineraldüngung ist von zentraler Bedeutung für die Bodenfruchtbarkeit.

Den Durchbruch bringt Liebigs 1840 erschienenes Werk „Die organische Chemie in ihrer Anwendung auf Agricultur und Physiologie" mit dem Schwerpunkt Pflanzenernährung. Die zwei Jahre später veröffentlichte Monographie „Die organische Chemie in ihrer Anwendung auf Physiologie und Pathologie", die „Thier-Chemie", hat die Entwicklung der Ernährungswissenschaft maßgeblich beeinflusst [442].

Liebigs und Sprengels revolutionäre theoretische Erkenntnisse führen zu einem folgenschweren Abbau von Kalisalzen zuerst in Staßfurt und von Phosphaten etwa auf der Pazifikinsel Nauru sowie ab 1850 durch Julius Kühn und ab 1854 durch das Lehrter Unternehmen Stackmann & Retschy zur Herstellung von Superphosphat aus Knochenmehl und Schwefelsäure. Nachdem Fritz Haber die Synthese von Ammoniak aus Luftstickstoff und Wasserstoff und Carl Bosch 1913 bei der Badischen Anilin- & Soda-Fabrik (BASF) in Ludwigshafen die großindustrielle Produktion von Stickstoffdünger gelingt, explodieren die landwirtschaftlichen Erträge. Erst dadurch kann die Menschheit zu ihrer heutigen Größe anwachsen [443].

Die günstige Preisentwicklung für Mineraldünger seit den 1950er-Jahren führt zu drastischen Nährstoffüberschüssen in ackerbaulich genutzten Böden und damit zu vermeidbaren Belastungen von Atmosphäre, Oberflächen- und Grundwasser mit Nährstoffen in Deutschland.

Justus von Liebig hat nicht bloß die globale Bevölkerungsentwicklung ermöglicht, sondern zugleich

**Abb. 2.72** Analytisches Labor im Liebig-Museum in Gießen (historische Postkarte)

auch gravierende Veränderungen der Energie-, Wasser- und Stoffhaushalte. Das konnte Liebig natürlich nicht voraussehen.

Wie sähe unsere Welt aus, hätte Liebig nicht geforscht (Abb. 2.72) und niemand sonst seine Entdeckungen gemacht? Auf der Erde würden wohl hunderte Millionen Menschen weniger leben. Liebig gehört zusammen mit Sprengel wohl zu den global wirkungsmächtigsten Persönlichkeiten.

## 4. bis 8. Mai 1842 – Anisschnaps befördert die Zerstörung der Altstadt von Hamburg

Am Donnerstag, dem 5. Mai 1842 bricht gegen ein Uhr nachts in der Hamburger Deichstraße ein Feuer aus. Nachtwächter bemerken es sogleich und rufen pflichtgemäß „Füer, Füer, Füer". Die Kirchenglocken werden geläutet. Schnell treffen Männer der Hamburger Löschanstalten vor Ort ein. Ihnen stehen 31 Landspritzen, 5 kleine Handdruckspritzen, 21 Wasserfässer und im Hafen 11 Schiffsspritzen zur Verfügung. Leicht entzündliche Lumpen, Altpapier, Wolle lodern und behindern die Löscharbeiten. Bald brennen Gebäude, in denen Spiritus, Rum, Kampfer und Schellack lagern; das Feuer springt über das 7 m schmale Deichstraßenfleet.

Obwohl fast alle Spritzen und über 1000 „Wittkittel", wie man die Feuerwehrmänner wegen ihrer weißen Leinenuniformen und Filzhüte nennt, im Einsatz sind, breitet sich die Feuersbrunst rasend schnell aus. Daran tragen auch die Männer der Löschanstalten Schuld. Anisschnaps, der in großen Mengen aus einem Speicher in ein Fleet abgelassen worden war, setzen die Feuerwehrleute versehentlich zum Löschen ein. Die Mehrheit der Gebäude besteht aus Fachwerk mit leicht brennbarem Holz. Es ist trocken; in den Wochen vor dem Feuer fiel kaum Regen.

**Abb. 2.73** Der Große Brand von Hamburg bei der Zollenbrücke im Mai 1842 (historische Postkarte)

Die Sprengung einer breiten Schneise mit Kanonen in das Häusermeer, die vielleicht die weitere Ausbreitung des Feuers verhindert hätte, lehnt Polizeisenator Hartung zunächst ab, um die Vernichtung von wertvollen Waren der Kaufleute und damit hohe Regressforderungen zu vermeiden. Stattdessen fordert er zusätzliche Löschmannschaften aus benachbarten Orten an.

Am Vormittag und am Mittag hat die Gemeinde von St. Nikolai in ihrer Kirche noch Christi Himmelfahrt mit Gottesdiensten gefeiert. Bald darauf brennt St. Nikolai mitsamt dem Kirchenschatz nieder, der hölzerne Kirchturm stürzt zusammen. Nun genehmigt der Senat die Sprengung von Gebäuden. Der Erfolg bleibt aus. Im Rathaus werden Akten entfernt und in St. Michaelis gesichert. Mit 800 Pfund Pulver sprengen Männer am nächsten Morgen Niedergericht und Rathaus, um die Feuersbrunst zu bändigen. Auch dieses Unterfangen misslingt. Die Feuerwalze überspringt das gesprengte Gebiet und erreicht bald die Promenade des Jungfernstieges. Sprengungen halten das Feuer dann endlich vor dem Gänsemarkt auf (Abb. 2.73).

Marodierende Banden ziehen durch die Stadt; Schaulustige behindern Rettungsarbeiten und Flüchtende. Überall versuchen Bewohnerinnen und Bewohner ihren beweglichen Besitz zu retten. Fuhrmänner bieten ihre Dienste zu Höchstpreisen an. Das erst im Vorjahr eingeweihte Steingebäude der neuen Börse bleibt durch den wagemutigen Einsatz einiger Bürger verschont – obwohl rings herum Häuser in Flammen stehen. Feuerwehren aus nah und fern treffen ein. Militär aus Stade, Lübeck, Bremen, Hannover, Magdeburg und Berlin führt sachgerechte Sprengungen mit Schießpulver aus und bekämpft Plünderungen. Der Wind treibt das Feuer am dritten Brandtag zum Glockengießerwall. Die für diesen Tag geplante feierliche Einweihung der Bahnstrecke von Hamburg nach Bergedorf muss entfallen. Die Züge transportieren stattdessen Flüchtlinge und Obdachlose nach Bergedorf und Hilfskräfte und -güter auf dem Rückweg nach Hamburg.

Am Sonntag, d. 8. Mai 1842, dem vierten Brandtag, gelingt es endlich nach 79 h den Brand bis auf wenige Schwelbrände zu löschen. Um 13 Uhr gibt der Senat das Ende des Brandes bekannt; er dankt den Helferinnen und Helfern und ruft zum Wiederaufbau auf. Viele strömen in Dankgottesdienste. Gesundheitsgefährdender Rauch zieht weiterhin von der Stadt nach Norden; die Trümmerlandschaft, in der Schadstoffe an und unter der Oberfläche liegen, raucht noch tagelang. Die Fleete sind verschmutzt.

Die Börse öffnet bereits am Tag nach dem Brandende; der Zahlungsverkehr ist zu keiner Zeit unterbunden. Sofortmaßnahmen des Senates dienen zunächst vorrangig der Versorgung und Unterbringung von Obdachlosen. Notunterkünfte entstehen auf freien Plätzen. Hamburg wird in den auf den Brand folgenden Wochen und Monaten Hilfe von wohltätigen, armen wie reichen Menschen, von Institutionen und Obrigkeiten europäischer Staaten zuteil. Dagegen nutzen manche Hausbesitzer die schwierige Situation von Obdachlosen aus, denen sie Wohnungen zu horrenden Preisen anbieten. Ausbeutung und Wucher sind keine ungewöhnlichen Katastrophenfolgen, ebenso wenig wie uneigennützige Hilfe [444].

### Die Schadensbilanz

51 Menschen kommen zu Tode, 151 werden verletzt, darunter 16 Spritzenleute. Ungefähr 20.000 Menschen verlieren ihr Obdach – gut ein Zehntel der Bevölkerung Hamburgs. Feuersbrunst und Sprengungen vernichten ein Drittel der Altstadt mit rund 1100 Wohnhäusern, 102 Speichern und öffentlichen Gebäuden, darunter sieben Kirchen, zwei Synagogen, Rathaus und Archiv der Stadt Hamburg, alte Börse, alte Waage, Bank, Wassermühlen, der Kran, Zucht-, Werk- und Armenhaus. Einzigartige Archivalien und Kunstschätze gehen verloren. Waren der Kaufleute von unermesslichem Wert verbrennen in den Speichern: 2 Mio. Pfund Kaffee, 2 Mio. Pfund Zucker, 3 Mio. Pfund Raffinade, tausende Packen Tabak, 300 t Reis aus Carolina, 500 Säcke Reis von Java, 1200 Ballen Baumwolle, 20.000 Stück Leinen, 1000 Fässer Rosinen, 100.000 Pfund Palmöl und hunderte Fässer mit Wein, Arak und Rum. Unter den Abgebrannten waren 552 Arbeiter, 430 Kaufleute, 341 Commis (Kontoristen oder Handlungsgehilfen), 285 Näherinnen, 279 Schneider, 250 Schuhmacher, 127 Krüger, 106 Makler, 95 Tischler und Möbelhändler, 94 Wirte, 82 Maler, 77 Mode- und Manufakturhandlungen, 72 Arbeiterinnen, 61 Maurermeister und Maurer, 55 Lohndiener, 52 Gewürz-, Tee- und Krämerhandlungen, 45 Zigarrenmacher, 44 Gold- und Silberarbeiter, 44 Fruchthändler, 43

> Schlosser und Schmiede, 42 Zimmerleute und Bau-meister, 41 Commissionaire (Dienstmänner), 40 Hut- und Mützenhandlungen, 35 Wäscherinnen, 35 Kleinhändler, 34 Holländische Warenhandlungen, 34 Putzhandlungen, 34 Uhrenhändler, 34 Buchbinder, 33 Klempner, 32 Tapezierer, 32 Kutscher, 31 Buchdrucker, 30 Buchhalter, 30 Advokaten, 29 Ärzte, 29 Küper und Kleinbinder, 29 Schreiber, 28 Schneiderinnen, 27 Tuchhandlungen, 27 Schlachter, 27 Musiker, 26 Bäcker, 26 Zuckersieder, 26 Fetthändler, 26 Färber, 24 Weinhandlungen, 23 Grünhöker (Gemüsehändler), 22 Tabak- und Zigarrenhandlungen, 22 Steinzeug-, Porzellan- und Glashandlungen, 22 Sattler und Riemer sowie 22 Fuhrleute. Und Frauen, Kinder, alte Menschen und Arbeitslose, die in keiner Statistik genannt werden [445].

Die Feuersbrunst löst weltweit große Aufmerksamkeit aus. Kein anderer Brand wütet in Mitteleuropa zwischen dem Dreißigjährigen Krieg und dem Zweiten Weltkrieg derart desaströs.

Die kumulative Wirkung zahlreicher Faktoren löst die Katastrophe aus. Natürliche Faktoren umfassen das durch den Tidenhub regelmäßig auftretende Niedrigwasser, die Trockenheit vor dem Feuer und der kräftige Wind aus südlicher bis südwestlicher Richtung während des Feuers. Ein ökonomischer Faktor ist die massenhafte Lagerung leicht entzündlicher Waren auf kleinem Raum.

Weitere Faktoren sind städtebauliche, wie die enge Bebauung mit schmalen Gängen, Straßen und Fleeten; technologische, wie die Fachwerkbauweise; organisatorische, wie die unzureichende Koordinierung der Befehlsübermittlung und der Hilfskräfte sowie das zu späte Schlagen zu schmaler Schneisen. Hinzu kommt schlichte Unachtsamkeit, wie das Einlassen von Branntwein in ein Fleet und die Nutzung des dadurch bei Niedrigwasser alkoholreichen und leicht brennbaren Fleetwassers als Löschflüssigkeit. Die Technik der Hamburger Löschanstalten entspricht dem damaligen Ausrüstungsstand. Hauptmangel ist die damals auch in Hamburg völlig unzureichende Feuerprävention [446].

Das verwinkelte alte Hamburg mit seinen frühneuzeitlichen Kaufmanns- und Patrizierhäusern ist zu großen Teilen untergegangen. Ratsversammlung und Bürgerschaft nutzen die einzigartige Möglichkeit, aus den Trümmern eine moderne Stadt zu errichten. Sie lassen den britischen Ingenieur William Lindley eine zentrale Wasserversorgung und ein Sielsystem mit einer Schwemmkanalisation projektieren und realisieren. Nachdem ein Enteignungsgesetz im Stadtstaat in Kraft getreten und der endgültige Bebauungsplan verabschiedet ist, kann Straßenzug für Straßenzug in dem prächtigen spätklassizistischen Stil geradlinig aufgebaut werden.

Hamburg ist in den 1840er-Jahren ein Stadtstaat der gesellschaftlichen Widersprüche und Kontraste. Der Willkür kleinlicher Beamter steht der Stolz von Bürgern gegenüber, den Zwängen durch die Zünfte die Freiheit des Handels. Die gute Wirtschaftsentwicklung lässt trotz der politischen Erstarrung und einer ausgeprägten Unzufriedenheit in Teilen der Bevölkerung zunächst kaum revolutionäre Gedanken aufkommen. Doch nach dem Großen Brand gründen Bürger vermehrt „Assoziationen", die ihre Interessen gebündelt vertreten. Mit nachlassender Bautätigkeit erlahmt die Konjunktur; Löhne stagnieren. Erste Unruhen schlägt das Bürgermilitär Anfang März 1848 nieder.

Rufe nach grundlegenden politischen Reformen häufen sich auch in Volksversammlungen. Doch erst im September 1860 verabschieden der Senat (der ehemalige Rat) und die Bürgerschaft als Parlament eine neue Verfassung. Ein erstes essentielles Zeichen der nunmehr einsetzenden staatsrechtlichen Gewaltenteilung ist die Einrichtung eines Obergerichtes. Das ständische System erfährt eine Schwächung, da nunmehr 40 % der Parlamentsmitglieder von den Bürgern gewählt werden können.

1860 beantragt der Senat die Verlängerung der nächtlichen Torschließung. Das neue Selbstbewusstsein der Bürgerschaft artikuliert sich in der erstmaligen Ablehnung eines Antrages – die Tore bleiben nachts offen. In den folgenden Jahren und Jahrzehnten schaffen Senat und Bürgerschaft die Basis für ein starkes Wachstum von Stadt, Industrie, Hafen – und für Umweltbelastungen. Ausgangspunkt der Veränderungen ist der Große Brand im Mai 1842 [447].

## 1845 bis 1848 – Von der Kartoffelkrankheit über die Roggenmissernte zur Nahrungskrise

Die Kraut- und Braunfäule der Kartoffel bricht im Sommer 1845 in Europa aus. Sie wird rapide zu einer der gefährlichsten und am meisten gefürchteten Pflanzenkrankheiten. Ihre Ursache bleibt umstritten; schließlich identifizieren Forschende den Pilz *Phytophthora infestans* als Auslöser [448]. Er wächst von der befallenen Kartoffelknolle über den Spross der Pflanze in die Blätter (Abb. 2.74). Durch die Stomata, die Spaltöffnungen der Blätter, dringt er nach außen, wo sich Sporangien, Sporenbehälter, bilden.

Regen spült Sporen von den Blättern zu anderen Kartoffelpflanzen. Wind verweht sie auch über große Distanzen. Bis heute gelang keine Züchtung einer Kartoffelsorte, die gegen diesen Pilz vollkommen resistent ist. Die Kartoffelfäule kann in kurzer Zeit ein

**Abb. 2.74** Kartoffelkrankheiten [458]

ganzes Kartoffelfeld befallen und die Knollen vernichten. Fungizide vermögen sie im integrierten Landbau, Kupferverbindungen im ökologischen Landbau zu bezwingen. Diese Bekämpfungsmaßnahmen stehen im 19. Jh. noch nicht zur Verfügung [449].

Reeder verfrachten um den Jahreswechsel 1843/44 unbeabsichtigt mit *Phytophthora infestans* infizierte Kartoffeln von Nord- oder Südamerika nach Belgien, wo die Kartoffelfäule Ende Juni 1845 erstmals auftritt. Winde treiben Pilzsporen von Ende Juni bis Mitte Oktober 1845 über das norddeutsche Tiefland bis zur Weichselmündung und über die Mittelgebirge bis zum Bodensee. Die feuchte Witterung im Sommer und Herbst 1845 ist der bedeutendste lokale Ausbreitungsfaktor [450].

*„Die Bedrängniß dieser Zeit ist groß; Mangel und Theuerung lasten furchtbar schwer auf allen deutschen Ländern und Völkern, und Aller Augen harren, schwebend zwischen Hoffnung und Furcht, der Ernte [...] entgegen."* Moritz Ferdinand Schmaltz: Neue Predigten. 1847 in Hamburg gehalten, S. 352 [451].

Der Göttinger Umwelthistoriker Ansgar Schanbacher hat die Auswirkungen der Kartoffelfäule von 1845 bis 1848 und speziell des Trockenjahres 1846 mit gravierenden Ertragseinbußen zwischen Ems und Elbe untersucht [452]: Weizen und auch Braugerste werden damals vorwiegend in der Lößbörde und in den Marschen angebaut, Roggen und Buchweizen in der Hohen Geest, Hafer besonders auf Mooren und in den Marschen. Mit Ausnahme des Oberharzes gedeihen Kartoffeln in allen Regionen. Sie sind ein wichtiges Grundnahrungsmittel geworden. Familien, die wenig Land besitzen, hängen von ihrem erfolgreichen Anbau ab. Die Kartoffelfäule trifft in Nordwestdeutschland bis Oktober 1845 vor allem Feuchtstandorte in Auen, einige Marschen sowie tiefere Lagen in den Mittelgebirgen. Hier sinkt der Kartoffelertrag um die Hälfte oder mehr im Vergleich zu einem mittleren Jahr. Auf den Böden der Lößbörde, den lehmig-sandigen Böden der Hohen Geest und in den trockengelegten Mooren treten weitaus geringere Schäden auf. Die regional schwerwiegenden Ertragsausfälle führen zu Teuerungen [453].

Im Sommer und im Herbst 1846 regnet es von der Nordseeküste bis nach Sachsen ausgesprochen wenig. Für Preußen berechnet das Landesökonomiekollegium die resultierenden Ertragseinbußen auf 41 % im Vergleich zu einem Normaljahr, beim Exportgetreide Weizen belaufen sie sich auf rund ein Viertel, bei dem wichtigen Brotgetreide Roggen auf etwa die Hälfte. In einigen Landschaften Nordwestdeutschlands sind die Defizite vergleichbar stark. Importe aus anderen deutschen Staaten werden limitiert durch den dort ebenfalls herrschenden Getreidemangel und durch fehlende oder schlechte Verkehrswege [454].

Die Ertragsausfälle, Spekulation und Wucher führen bis in das Frühjahr 1847 zu schwerwiegenden Teuerungen bei Kartoffeln, Roggen und Weizen. In Celle steigen die mittleren Monatspreise für Roggen von Mai 1844 bis Mai 1847 um 267 % und für Kartoffeln um 200 %. In Preußen erhöhen sich die Preise für Kartoffeln und Roggen in diesem Zeitraum um mehr als das Doppelte. Zölle auf Getreide fördern den Schmuggel zwischen einigen deutschen Staaten. Obrigkeiten verbieten zeitweise Getreideexporte in andere deutsche Staaten und in die Niederlande. Der Futtermangel führt zur Notschlachtung von Vieh. Fleischer und Bäcker haben kaum noch Arbeit. Die Steuereinkünfte sinken [455].

Die arbeitende Bevölkerung, die keine Nahrungsmittel produziert, benötigt damals durchschnittlich etwa 2/3 ihres Einkommens für den Kauf von Lebensmitteln. Auch Familien, die in begrenztem Umfang auf wenigen kleinen Parzellen zusätzlich Subsistenzlandwirtschaft betreiben und Lebensmittel zukaufen müssen, trifft die Teuerung äußerst hart. Neben der ärmeren Landbevölkerung erfasst der Nahrungsmittelmangel Handwerker in den Städten und bald auch niedere Beamte und Lehrer. Viele hungern. Die Ernährungsgewohnheiten ändern sich. Gehäckseltes Stroh wird in Hameln dem Brotteig beigemischt. Manche verzehren Brennnesseln, Blätter und Samen. Einige richten Bittgesuche an die Obrigkeiten. Bettelei und Diebstähle nehmen zu [456].

Vereinzelt kommt es zu Unruhen, die Protestierenden fordern eine Herabsetzung der Brotpreise und die Verteilung des importierten Getreides an Bedürftige. Einige Obrigkeiten lassen verstärkt Tagelöhner beschäftigen. Die Sterberate wächst, die Geburtenrate nimmt ab. Während die Hungersnot in Irland etwa eine Million Menschenleben fordert und auch im ostelbischen Teil Preußens viele sterben, ist die Zahl der hungerbedingten Toten in Nordwestdeutschland eher gering. Erst nach der Eisschmelze in der östlichen Ostsee beginnen im Mai 1847 umfangreiche Lieferungen von Roggen aus Russland. Hunderte Schiffe bringen bis August 1847 das Getreide vor allem nach Bremen. Reis wird aus den Vereinigten Staaten von Amerika, aus Britisch-Indien und Java in deutsche Staaten eingeführt. Die Einfuhren und die ergiebige Ernte im Sommer 1847 beenden den Mangel weitgehend [457].

## 1852 – Beginn des Baus der zentralen Wasserversorgung und der Kanalisation für Berlin

Die Bevölkerung von Berlin versorgt sich noch Mitte des 19. Jh. aus rund 5600 Brunnen mit Trink- und Brauchwasser. Das Wasser einiger Berliner Brunnen ist mit Schadstoffen und Krankheitserregern belastet. Der mächtige, autoritäre und zugleich innovative Berliner Polizeipräsident Carl Ludwig Friedrich von Hinckeldey erkennt den dringenden Bedarf für eine Versorgung Berlins mit unbelastetem Trinkwasser. Er informiert sich über die Wasserversorgung europäischer Großstädte und führt im Einvernehmen mit König Friedrich Wilhelm IV. von Preußen Gespräche mit britischen Ministern in London. Im Jahr 1852 beginnt von Hinckeldey Verhandlungen mit einem britischen Unternehmen – gegen Widerstände in Berlin. So bezweifelt der Berliner Oberbürgermeister Heinrich Wilhelm Krausnick, dass das Fehlen einer zentralen Wasserversorgung für Choleraepidemien in der Stadt verantwortlich ist.

Am 14. Dezember 1852 wird der durch von Hinckeldey mit den britischen Unternehmern Sir Charles Fox und Thomas Russell Crampton ausgehandelte Vertrag zur Etablierung einer zentralen Versorgung in der Stadt Berlin unterzeichnet. Fox und Crampton gründen in London die „Berlin-Waterworks-Company" mit einem Anlagekapital von 1,5 Mio. Talern. Die Gesellschaft beginnt 1853 auf eigene Kosten Wasserwerke und ein Leitungssystem in Berlin zu errichten. Das erste Wasserwerk wird 1856 in Betrieb genommen; es liegt vor dem Stralauer Tor und versorgt 341 Gebäude mit fließendem Wasser. Der Wasserabsatz bleibt zunächst gering, der erwartete Gewinn bleibt aus. Die Aktien der Berlin-Waterworks-Company verlieren deutlich an Wert. 1873 erwirbt die Stadt Berlin die Gesellschaft [459].

Mit der zunehmenden Nutzung von Leitungswasser steigt die Abwassermenge. Auch bei kräftigen Regen fließen, wie schon in den Jahrhunderten zuvor, gefährlich kontaminierte, übel riechende Fäkalien, die aus den Wohngebäuden stammen, und gewerbliche Abwässer über kleine Kanäle durch die Rinnsteine Berliner Straßen in die Flüsse. Es ist üblich, nachts illegal den Inhalt von Nachteimern in die Rinnsteine und Müll in die Spree zu schütten – ein ideales Milieu für Ratten ist entstanden. Seuchen resultieren. Der Pathologe und Sozialpolitiker Rudolf Virchow weist wiederholt auf die Missstände und die nach seinen Kenntnissen auf verunreinigtem Trinkwasser beruhenden Cholera- und Typhustoten in Berlin hin [460].

Der Mediziner Johann Ludwig Formey beschreibt 1796 die hygienische Situation Berlins [461]:

*„Das Wasser der Spree ist ein weiches, süßes und helles Wasser, das zum Trinken und Kochen der Speisen zwar selten gebraucht wird, woraus aber unsere häufig genossenen Biere gebrauet werden. Es ist daher ein in jeder Rücksicht unverantwortlicher und höchst schädlicher Missbrauch, dass die Nachteimer in die Spree ausgegossen werden, wodurch nicht allein in der Nachbarschaft des Flusses, sondern über einen großen Teil der Stadt ein ebenso unangenehmer als der Gesundheit nachtheiliger Geruch verbreitet wird [...]. Hier häuft er sich an [der Unrath], und erfüllt die Luft mit schädlichen Dünsten, die zur Ausbreitung verschiedener Krankheiten, zumal der Ruhr, viel beitragen."*

Im Jahr 1873 richtet die Stadt endlich eine Kommission zur Planung und Koordination des Baus einer teuren, wirkungsvollen Kanalisation mit abgedeckten Kanälen, Pumpanlagen und Druckleitungen ein. Die Innenstadt ist 1881 vollständig angeschlossen. Die Abwässer werden südlich der Stadt auf den sandigen Böden von Gütern verrieselt, die die Stadt für diesen Zweck erworben hat. Auf den nunmehr nährstoffreichen Standorten gedeihen bald Gemüse und Obst. Die Rieselfelder strömen unangenehme Gerüche aus. Die Überdüngung belastet schließlich zunehmend das Grundwasser [462].

Die Einrichtung der Kanalisation bewirkt zusammen mit den deutlich verbesserten Hygienekenntnissen der Bevölkerung Berlins einen substantiellen Rückgang der Infektionen und der Seuchentoten. Andere deutsche Städte sowie Moskau und Tokio adaptieren die Prinzipien des Berliner Kanalisationssystems [463].

## 1850er bis 1990er-Jahre – Die Elbe ist stark verschmutzt

Mit der Industrialisierung verändert sich der verzweigte Lauf der Elbe grundlegend: Die Hafenanlagen Hamburgs werden ausgebaut, Elbarme begradigt und eingedeicht.

Zwischen Süder- und Norderelbe entstand vor Jahrhunderten durch Sturmfluten ein schiffbarer Nebenarm, der Reiherstieg (Abb. 2.75). Sein südlicher Teil liegt bis März 1937 auf dem preußischen Territorium der Stadt Harburg-Wilhelmsburg, sein nördlicher auf hamburgischem Gebiet. Hier siedeln sich in der 1. Hälfte des 20. Jh. mineralölverarbeitende Betriebe an, so im preußischen Bereich 1929 die Rhenania-Ossag Mineralölwerke AG und die Ebano Asphalt-Werke AG. Sie lassen mineralöl- und teerführende Abwässer in den Reiherstieg ab, die in die

Süderelbe und mit dem Tidenhochwasser auf Elbinseln gelangen.

Milch und Butter schmecken nach Asphalt und Petroleum. Anwohner klagen über unangenehme Geruchsbelästigungen, Kopfschmerzen, Übelkeit, brennende Augen, Fischer über den öligen Geschmack des Fangs. Fischkrankheiten nehmen zu. Die Fischbestände der Unterelbe gehen entscheidend zurück. Sprotten- und Heringsfänge nehmen ab, die Störbestände brechen zusammen und die Lachse sterben aus.

Ursächlich sind neben den Stoffeinträgen der Lebensraumverlust durch die Regulierungen der Elbe und die Überfischung. Obgleich bereits 1903 erstmals der Bau einer großen kommunalen Hamburger Kläranlage mit Nachdruck gefordert wird, dauert es sechs Jahrzehnte (!) bis zur Verwirklichung dieses zentralen Projektes zur Verbesserung der Elbwasserqualität.

Im Jahr 1915 fangen Fischer erstmals ein Exemplar der kurz zuvor eingeschleppten Chinesischen Wollhandkrabbe *(Eriocheir sinensis)*. Sie vermehrt sich schließlich massenhaft, dringt bis in den Oberlauf der Elbe vor und zerstört Fischernetze. Eingewanderte Arten tragen demnach ebenfalls zur Veränderung des Ökosystems der (Unter-)Elbe bei. Manche Betriebe, die Schadstoffbelastungen unmittelbar verursachen, leugnen dies und beschönigen die Folgen [464]. Anwohnerklagen bleiben größtenteils ohne Wirkung. Aufgrund der unzulänglichen Umsetzung gesetzlicher Vorschriften, verschiedener Zuständigkeiten und Interessen bleiben die Behörden bis in das 20. Jh. zahnlose Tiger [465].

**Abb. 2.75**   Am Reiherstieg im Hamburger Hafen aus dem Deutschen Knabenkalender von 1909

Zur Verschlechterung der Wasserqualität der Elbe tragen von der Mitte des 19. Jh. bis in die 1990er-Jahre die Abwässer der Industrien, Bergwerke und Kommunen im gesamten Elbeeinzugsgebiet bei, darunter auch die chemische Industrie im Raum Wolfen, Halle und Leipzig sowie saisonal arbeitende Zucker- und Sauerkrautfabriken.

Obgleich Industriebetriebe im oberen Einzugsgebiet der Elbe heute kaum noch Schadstoffe in Böden und Gewässer eintragen, messen Wissenschaftlerinnen und Wissenschaftler aktuell in den Sedimenten der geschützten naturnahen Aue der mittleren Elbe lokal hohe Schwermetallkonzentrationen. Die Schadstoffe stammen aus der Zeit vor 1990. Sie gelangten aus den Bergbauregionen des Erzgebirges oder dem Chemiedreieck Wolfen-Halle-Leipzig durch Hochwasser in die Elbaue. Das Flusswasser verlagert die schwermetallbelasteten Sedimente immer wieder, transportiert sie flussabwärts bis in den Hamburger Hafen und in die Nordsee [466].

Die Gesetze zum Schutz von Gewässern, Atmosphäre, Pflanzen- und Tierarten sowie Biotopen haben nach der Herstellung der Einheit Deutschlands eine substantielle Verbesserung der Gewässerqualität der Elbe und ihrer Nebenflüsse bewirkt. Einige Ewigkeitslasten werden uns jedoch auch in der Zukunft beschäftigen. Dazu zählen die an den früheren Industriestandorten und in den Hochwasserablagerungen verborgenen Schadstoffe, die durch Überschwemmungen wieder zutage kommen und von Pflanzen, Tieren und damit Menschen aufgenommen werden können. Die hohen Kosten verhindern eine schadlose Beseitigung. Über ein beständiges Monitoring ist zu prüfen, wo und wie lange Nutzungseinschränkungen wie Beweidungsverbote durchzusetzen sind [467].

## 15. Mai 1863 bis 4. März 1873 – Amalie Dietrich sammelt Pflanzen und Tiere in Australien für Johann Caesar VI Godeffroy

Amalie Dietrich wächst im sächsischen Siebenlehn auf. Ihr Vater produziert Beutel, Puppen und Bälle. Amalie ist eigensinnig, ungemein wissbegierig und erhält eine gute Bildung. Sie heiratet den Naturforscher Wilhelm August Salomo Dietrich, der vom Pflanzen sammeln und der Fertigung und Veräußerung von Herbarien lebt. Sie sind damals stark gefragt.

Amalie erlernt von ihrem Mann binnen kurzem die botanischen Grundmethoden und die notwendigen Kenntnisse zum systematischen Sammeln, Bestimmen und Präparieren von Pflanzen. Sie wird eine leidenschaftliche und ehrgeizige Botanikerin, investiert ihre Aussteuer in die Grundausstattung für das Herbarisieren. Amalie wird Mutter, verlässt ihren Mann, der sich in das Dienstmädchen verliebt hat, und kehrt doch wieder zurück nach Siebenlehn.

Gemeinsam wandert das Ehepaar Dietrich danach ein Jahr zu Fuß von Sachsen bis in das Rheinland – sie schleppt die getrockneten Pflanzen. Später sammelt sie alleine, immer zu Fuß, mit Hund und Handwagen, vom Salzburger Land bis in die Niederlande. Immer sorgfältig, wissenschaftlich korrekt, ihr Wissen beständig erweiternd [468].

Dann lernt sie, nach hartnäckigen Bemühungen um einen persönlichen Kontakt, den Hamburger Kaufmann Johann Caesar VI Godeffroy kennen, der 1845 die Führung des väterlichen Unternehmens Joh. Ces. Godeffroy & Sohn übernommen hatte. Godeffroy weitet die mannigfaltigen Aktivitäten seiner Firma auf Australien und Südseeinseln aus, bringt Waren und Auswanderungswillige dort hin, organisiert Expeditionen. Er stellt Amalie Dietrich ein und beauftragt sie, im in Europa noch weitgehend unbekannten nordostaustralischen Queensland Pflanzen, Tiere und ethnographische Objekte zu sammeln, zu präparieren und nach Hamburg in das naturhistorische Museum des Unternehmens zu überführen [469].

Am 17. Mai 1863 verlässt die begeisterte und wagemutige Sammlerin gemeinsam mit 444 Auswandernden Hamburg. Am 7. August kommt sie in Brisbane an, um gut vorbereitet über ein Jahrzehnt die Lebensgemeinschaften in Queensland zu erforschen und akribisch zu sammeln – eine gefährliche und anstrengende Tätigkeit. Bald sendet sie hunderte „neuholländische" Pflanzen und 50 verschiedene Hölzer an Godeffroy; das firmeneigene Museum erhält 1867 auf der Internationalen Gartenausstellung in Hamburg dafür eine Goldmedaille.

Dietrich erfüllt auch spezifische Bestellungen aus der Heimat: Neben bestimmten lebenden Pflanzen, Zwiebeln und Samen gehen Koalas und Schnabeltiere in Spiritus, Vogelbälge und Gegenstände der indigenen Bevölkerung Nordost-Australiens nach Hamburg. Dann ordert Godeffroy gar deren Skelette und Schädel. Sie seien *„sehr wichtig für die Völkerkunde"* [470], schreibt der berühmte Berliner Pathologe, Anthropologe und Arzt Rudolf Virchow an Godeffroy. Virchows Gier nach möglichst vielen Schädeln auch von australischen Indigenen, deren Aussterben für das späte 19. oder frühe 20. Jh. erwartet wird, ist aus heutiger Sicht unfassbar.

Dietrich lässt acht Skelette und einen Schädel von Einheimischen in Kisten verpackt nach Hamburg verschiffen. Wie diese in ihren Besitz gelangten, lässt sich nicht mehr zweifelsfrei klären. Ein derartiges Vorgehen ist damals bei manchen europäischen Sammlerinnen und Sammlern üblich. Es führt zu einem dramatischen Verlust für die indigenen Familienangehörigen [471].

Am 4. März 1873 kehrt Dietrich nach Hamburg zurück, betreut dort die Sammlungen des firmeneigenen Museums. Sie findet hohe Anerkennung. Dann verliert sie ihre attraktive Anstellung: Joh. Ces. Godeffroy & Sohn wird am 1. Dezember 1879 zahlungsunfähig und liquidiert. Dietrich geht in ein Altersheim, ihre Sammlungen an verschiedene Institutionen. Als sie 1891 in Rendsburg stirbt, sind zwar einige der von ihr gesammelten Pflanzen nach ihr benannt, eine größere Anzahl noch nicht beschrieben. Andere „entdecken" sie später.

Dietrich gerät in Vergessenheit, bis 1909 die Biographie „Amalie Dietrich – ein Leben erzählt von Charitas Bischoff" [472] erscheint und ein Bestseller wird. Darin zitiert Amalies Tochter Charitas Bischoff angeblich aus den Briefen ihrer Mutter. Tatsächlich verwendet Bischoff Material aus der Biographie eines fachfremden Anthropologen, ohne diesen zu zitieren. Weiteres erfindet sie hinzu [473].

Es gibt keine Gesamtinventur der umfangreichen, mittlerweile in Teilen verlorenen Sammlungen der bemerkenswerten sächsischen Naturaliensammlerin und Botanikerin Amalie Dietrich [474].

## 1870 bis 1873 – Die letzte schwere Pockenepidemie fordert etwa 181.000 Menschenleben

Das Virus *Orthopoxvirus variola* überträgt die hochansteckenden echten Pocken von Mensch zu Mensch, in Gebäuden durch die Luft und über unterschiedlichste Dinge, darunter die Kleidung Erkrankter. Die echten Pocken werden auch als Variola oder Blattern (Blasen) bezeichnet. Neben hohem Fieber kennzeichnet ein Hautausschlag mit Pusteln die lebensgefährliche Infektionskrankheit [475].

Im 12. Jh. bricht die Seuche wohl erstmals in Mitteleuropa aus. Danach treten dort immer wieder Epidemien auf. Alleine im Jahr 1796 erliegen 26.646 Menschen in Preußen den Pocken. Ludwig van Beethoven und Johann Wolfgang von Goethe überleben dagegen Pockeninfektionen [476].

Melkerinnen und Melker, die sich an Eutern mit den auf Menschen vergleichsweise mild wirkenden Kuhpocken infiziert haben, erkranken indessen nicht an echten Pocken. Der ländlichen Bevölkerung Mitteleuropas ist dies spätestens seit dem 18. Jh. bekannt. In den 1790er-Jahren weist der englische Landarzt Edward Jenner die schützende Wirkung von Kuhpocken gegen die echten Pocken in Experimenten nach. Daraufhin werden immer mehr Menschen erfolgreich mit den Erregern von Kuhpocken geimpft. Die Zahl der Pockenausbrüche geht zurück, obgleich nur ein Teil der Bevölkerung geimpft ist und die notwendigen Wiederimpfungen noch ausbleiben. Alsbald lassen die Impfaktivitäten nach und kleinere lokale Pockenepidemien nehmen in den 1820er-Jahren zu. Zwar werden preußische, bayerische und württembergische Soldaten seit den 1830er/1840er-Jahren zweifach

gegen echte Pocken geimpft, weite Teile der Bevölkerung Preußens jedoch nicht. Seltene schwere Komplikationen durch Pockenimpfungen wie das Auftreten von Enzephalitis – einer Entzündung des Gehirns – befördern Ängste in der Bevölkerung [477].

Im Sommer 1870 beginnt der Krieg des von Preußen geführten und von Bayern, Württemberg und Hessen-Darmstadt unterstützten Norddeutschen Bundes gegen Frankreich. Im Gegensatz zu Württemberg und Bayern ist eine umfassende Doppelimpfung der Bevölkerung gegen Pocken in Preußen, Österreich und Frankreich unterblieben. So verbreiten infizierte Flüchtlinge und Gefangene alsbald die echten Pocken in Mittel- und Westeuropa. Bis 1873 erkranken in den deutschen Ländern etwa 400.000 Menschen, zirka 181.000 sterben an Pocken – weitaus mehr als durch die Kriegshandlungen 1870/71 [478].

Der deutsche Bundesrat plädiert daher 1873 für ein Reichsimpfgesetz. Es wird 1874 erlassen und verpflichtet zu einer Erst- und einer Zweitimpfung gegen Pocken. Daraufhin nehmen die Zahlen der Infektionen und der tödlich verlaufenden Krankheitsverläufe beträchtlich ab [479].

Noch 1961/62 brechen in Düsseldorf, 1962 in Simmerath bei Aachen und 1970 in Meschede im Sauerland die Pocken aus. Im Januar 1970 werden bei einem 20jährigen Elektromonteur, der gerade von einer Asienreise zurückgekehrt ist, im Mescheder St. Walburga-Krankenhaus die echten Pocken diagnostiziert. Durch die Luftbewegung im Krankenhaus stecken sich 9 Patienten, 5 Patientinnen und ein Verwandter, zwei Schwesternschülerinnen, eine Stationsschwester sowie der Geistliche des Krankenhauses an. Vier sterben [480].

Ein in Hannover lebender Arbeiter infiziert sich 1972 in Jugoslawien mit Pocken. Es ist der letzte bekannte Pockenfall in Westdeutschland [481].

In der Bundesrepublik werden die Erstimpfungen von Kleinkindern 1976 und die Zweitimpfungen im zwölften Lebensjahr 1982 eingestellt. Der weltweit letzte Pockenfall tritt 1977 in Somalia auf. Am 8. Mai 1980 erklärt die Weltgesundheitsorganisation auf ihrer 33. Versammlung die Pocken für ausgerottet. Dies ist ein außergewöhnlicher Erfolg [482].

Nicht geimpfte Menschen unterliegen heute einer hohen Ansteckungsgefahr. In zwei von der Weltgesundheitsorganisation kontrollierten Referenzlaboren existieren für Forschungszwecke aufbewahrte Pockenstämme. Die Labore liegen in den USA und in Russland. Es ist nicht bekannt, welche Staaten Pockenviren als Biowaffe zur Verfügung haben. Da terroristische Angriffe mit Pockenviren nicht völlig auszuschließen sind, bevorratet das Robert Koch-Institut seit 2002 Pockenimpfstoff für die Bevölkerung Deutschlands [483].

## 1871 – Philipp Leopold Martin definiert Naturschutz

Philipp Leopold Martin ist in der Phase der Hochindustrialisierung und der resultierenden Natursehnsucht und Stadtflucht mancher Wohlhabender ein weithin bekannter Tierpräparator. Er begründet die moderne Museumsdermoplastik, indem er Methoden der Präparation von Tieren für Ausstellungen revolutioniert. Martin arbeitet zunächst am Zoologischen Museum in Berlin und von 1859 bis 1874 am Stuttgarter Naturalienkabinett als Erster Präparator. Von 1869 bis 1882 erscheint sein dreibändiges Standardwerk „Die Praxis der Naturgeschichte"; 1882 gibt er die bekannte „Illustrirte Naturgeschichte der Thiere" heraus [484].

Martin ist auch ein vorzüglicher Naturforscher, Natur- und Landschaftsbeobachter, der die negativen Wirkungen der Agrarreformen, der Modernisierung von Land- und Forstwirtschaft sowie der voranschreitenden Industrialisierung auf Lebewesen und Lebensräume, besonders auf den Artenschwund, klar erkennt. Er behandelt 1871 in einer Publikation als Erster den Begriff „Naturschutz" in seiner heutigen Bedeutung und fordert die Etablierung eines staatlichen Naturschutzes, weit über den damals schon diskutierten Schutzbedarf für Vögel hinaus. Neun Jahre später verlangt er ein einheitliches Naturschutzgesetz und eine nationale Naturschutzbehörde für das Deutsche Reich. Martin befürchtet gar, dass die massiven Rodungen nordamerikanischer Wälder zu einem Klimawandel führen könnten.

Philipp Leopold Martin ist ein bedeutender Vordenker des Naturschutzes [485].

## 12./13. November 1872 – Ein Sturmhochwasser trifft die Ostseeküste

Die Gezeiten haben einen marginalen Einfluss an der Ostseeküste; der Tidenhub, der Unterschied zwischen Hoch- und Niedrigwasser, liegt hier lediglich bei etwa 10 bis 30 cm. Daher treten an der deutschen Ostseeküste gezeitenunabhängige, von Orkanen aus nordöstlicher bis östlicher Richtung ausgelöste Sturmhochwasser und nicht – wie an der Nordseeküste – wind- und zugleich tidenabhängige Sturmfluten auf.

Das schwerste bis dahin gemessene Sturmhochwasser sucht im November des Jahres 1872 die deutsche Ostseeküste heim. Bis zum 10. November drücken kräftige, zeitweise stürmische Südwestwinde Wasser der Ostsee in Richtung Baltikum und Finnland. Der Ostseespiegel sinkt daraufhin im Westen, vermehrt fließt Nordseewasser über das Kattegat durch den Großen Belt und den Öresund in die westliche Ostsee. Am 10. November dreht der Wind rasch auf Nordost; er wird sukzessive stärker, erreicht in der Nacht vom 12. auf den 13. November Orkanstärke und drückt nun die Wassermassen der Ostsee zurück nach Südwesten gegen die deutsche Ostseeküste. Das Wasser läuft in Wismar mit 2,98 m, in Travemünde mit 3,32 m und in Flensburg mit 3,31 m über dem mittleren Ostseespiegel ganz unerwartet hoch auf.

Die Küstenbewohnerinnen und -bewohner sind auf ein derart extremes Ereignis nicht vorbereitet. Hohe Opferzahlen, Infrastrukturschäden und Landverluste resultieren. 271 Menschen sterben an der gesamten Ostseeküste, rund 15.000 verlieren ihr Obdach. Schiffe laufen auf Grund. Das Sturmhochwasser beschädigt oder zerstört zirka 2800 Gebäude, darunter in Neuendorf auf Hiddensee 57 von 61 Häusern, in Zicker auf Mönchgut 50 und in Eckernförde 216. Das Sturmhochwasser erodiert bei Thiessow an der Südspitze Rügens Dünen, trennt den Bug, eine Landzunge im Nordwesten Rügens, von der Insel ab und durchbricht die Inseln Usedom und Hiddensee sowie den Darß (Abb. 2.76) [486].

## 1873 – Dietrich Suhrborg beginnt mit dem Sand- und Kiesabbau im Rheinland

Kies[41] und Sand[42] müssen nicht aufwendig hergestellt werden. In den letzten Kaltzeiten lagerten Schmelzwässer allsommerlich riesige Mengen dieser Lockergesteine im Vorland des nordischen Inlandeises und der Alpengletscher und in breiten Talsohlen von Flüssen ab. Da sich Flüsse bei stärkerem Gefälle stufenweise in das Gestein einschneiden, liegen die Kiese und Sande der vorletzten und älterer Kaltzeiten in höheren Flussterrassen, mehrere Meter bis Zehnermeter über den heutigen Auen [487].

Ist ein Kiesvorkommen grundwasserfrei, können Kies und Sand nach der Entfernung des Bodens direkt trocken abgebaggert werden. Liegt der Grundwasserspiegel hoch, kommt der Nassabbau mit Saug- und Greifbaggern in Frage.

Mit Lkw, über Förderbänder, beim Nassbetrieb auch durch Rohrleitungen, werden Kies und Sand zu Halden bewegt und aufgeschüttet, anschließend gesiebt und gewaschen, um feine Partikel wie Ton und Schluff zu entfernen. In Silos oder auf Halden wartet das sortierte Material dann auf den Transport mit Schiffen, Güterzügen oder Lkw zu Firmen, die es u. a. zu Beton verarbeiten. Der öffentliche Hoch- und Tiefbau verbraucht mehr als die Hälfte der abgebauten Sande und Kiese, gewerblicher Bau ein gutes Viertel, Wohnungsbau etwas mehr als ein

---

[41]Natürliche Gesteinsbruchstücke mit Durchmessern über 2 mm.

[42]Körner mit Durchmessern von 0,063 bis 2 mm.

**Abb. 2.76** Winterstürme erodieren alljährlich das Ostseekliff westlich des Weißenhäuser Strandes. Bäume eines wertvollen Buchenwaldes rutschen das Kliff hinab – ein natürlicher unaufhaltbarer Prozess der Küstenerosion

Fünftel. Anfang der 2000er-Jahre fördern Unternehmen in Nordrhein-Westfalen jährlich rund 65 Mio. t Sand und Kies. Dies entspricht etwa 10 kg pro Tag und Landeskind [488].

Derzeit gelten Bausand und -kies als rar – obgleich sie in den Auen der großen Flüsse und in Norddeutschland unverändert weit verbreitet sind. Ackerland, Siedlungen, Gewerbegebiete, Industrieanlagen und Verkehrswege, Natur- und Landschaftsschutzgebiete über den Sand- und Kiesvorkommen verhindern meist eine Nutzung der Rohstoffe. Hieraus resultiert ein hohes Konfliktpotenzial: Landwirtschaftsbetriebe und Bauernverbände vs. Rohstoffabbau, Naturschutzverbände und -behörden vs. Rohstoffabbau, Bauprojekte vs. Rohstoffabbau etc. Auch die Nachnutzungen sind umstritten. Soll man die Gruben verfüllen und das neue Land wieder landwirtschaftlich nutzen? Sollen Teiche zur Naherholung oder für den Naturschutz entstehen?

Seit Jahrhunderten baut man natürliche Lockergesteine ab. Mit der im späten 19. Jh. beginnenden Hoch-

industrialisierung steigt der Bedarf rasant. Sand und Kies gehören auch im Rheinland zu den wichtigsten Baustoffen. Dietrich Suhrborg gründet im Jahr 1873 bei Mülheim an der Ruhr eine Sandbaggerei. Die Firma wächst und dehnt ihre Aktivitäten bald auf die Rheinaue aus. In den folgenden Jahrzehnten erweitert sie sich, Eigentümer wechseln, Zusammenlegungen erfolgen.

Die Nachfolgerin, die Holemans Niederrhein GmbH, ist heute ein wichtiges Kiesabbauunternehmen am Niederrhein. Die umfangreichen Abbauaktivitäten der vergangenen Jahrzehnte bezeugen neue Biotope und Naherholungsseen, auf denen Menschen segeln, Kanu fahren oder schwimmen. Der Sand- und Kiesabbau verursacht in der Abbauphase gewaltige Umweltveränderungen. Wird optimal rekultiviert, kann die Biodiversität nach dem Ende des Abbaus im Vergleich zur Ausgangssituation sogar erhöht werden [489].

## 1877 – Der Europäische Biber ist außerhalb der Mittelelbe ausgerottet

Der Europäische Biber *(Castor fiber)* und der Kanadische Biber *(Castor canadensis)* gestalten mit dem Bau von Dämmen Landschaften (Abb. 2.77). Oberhalb der Dämme entstehen zeitweilig ausgedehnte Feuchtgebiete mit Teichen.

Menschen begehren zunächst sein Fell und das als wundersames Heilmittel und Parfüm verwendete Bibergeil, ein früher wertvolles Sekret. Auch Jäger nutzen Bibergeil; sie locken mit ihm Wildtiere wie Wildkatzen, Füchse und Otter an. Obgleich der Biber ein Säugetier ist, erlaubt das Konstanzer Konzil (1414 bis 1418), wohl besonders aufgrund des schuppigen, nach Fisch schmeckenden Schwanzes, seine Nutzung als Fastenspeise.

**Abb. 2.77** Biber im Wald auf einer Notgeldmarke der Stadt Aken aus dem Jahr 1921

Biber fällen für die Errichtung ihrer Dämme Bäume unterschiedlichster Größe (Abb. 2.77). Gehölze sterben in den Biberteichen oberhalb der Dämme ab, benachbarte Straßen, Hauskeller, Wiesen und Äcker vernässen. Niedermoore wachsen auf. Biber durchnagen auch Pfosten von Holzbrücken, wodurch diese einstürzen. Sie leben gerne in Deichen und Dämmen, die Menschen errichtet haben. Förster bewerten die landschaftsgestaltenden Tiere seit dem 19. Jh. als „Waldverwüster" und damit als „Schadtiere" [490]. Die Jagd mit speerähnlichen Waffen, Büchsen, Stangen- und Tellereisen, Hunden und weitmaschigen, stabilen Netzen auf die Nagetiere hat mannigfaltige Ursachen. Sie dezimiert im Laufe der frühen Neuzeit die riesige, in Europa und Asien lebende Population des Europäischen Bibers. Vor dem Beginn stärkerer Bejagung sollen in Eurasien etwa 100 Mio. Biber gelebt haben. Ab 1877 gilt er in Deutschland als ausgerottet – mit Ausnahme eines isolierten kleinen Vorkommens von zirka 200 Tieren, die um 1890 an der mittleren Elbe leben [491].

Wiederansiedlungen finden von 1936 bis 1940 und seit 1966 statt. Im Jahr 2019 leben wieder rund 30.000 Biber in Deutschland und mehr als 500.000 in Europa. Viele Menschen schätzen die erstaunlichen Tätigkeiten der Biber wieder, denn der Dammbau schafft ganz besondere Lebensräume und erhöht die Vielfalt an Arten. Überschwemmungen durch Biberdämme schaffen erneut lokale Konflikte. Umsiedlungen und Abschüsse werden erwogen. Das Bundesnaturschutzgesetz schützt den Europäischen Biber erfolgreich, wie die wachsende Population belegt [492].

## 1884 – Wilhelm Raabes Roman „Pfisters Mühle" thematisiert die Gewässerverschmutzung

Endlich Schulferien! Der Gymnasiallehrer Dr. Eberhard Pfister verbringt den Urlaub mit seiner Gattin Emmy in einer Wassermühle im Weserbergland. Die Mühle war im Besitz seines Vaters Gottlieb Pfister gewesen; Eberhard hatte sie nach dessen Tod veräußert. Er berichtet seiner jungen Gattin von dem vormals zauberhaften Tal mit dem fischreichen und glasklaren Bach, dessen Wasser Menschen und Tiere über Generationen genossen hatten. Von der Zuckerfabrik, die später bachaufwärts in Krickerode errichtet worden war und zahllose Rüben zu Zucker verarbeitete. Eberhard erläutert, wie die Abwässer des Betriebes in den Bach gelangten, der zu einem „trägen schleichenden, schleimigen und weißbläulichen Etwas" [493] wurde und dass die Fische die verheerende Verschmutzung nicht überlebten. Adam August Asche, ein Freund des Lehrers, fand „Pilzmassen mit Algen überzogen", „Fäulnisbewohner" und das Proteobakterium

*Beggiatoa alba* im Bachwasser [494]. Nicht genug damit. Die Fabrik sandte auch noch „schwarze Rauchwolken" in die Atmosphäre [495].

Vater Gottlieb verklagte die Zuckerfabrik erfolgreich, doch trug der Bach einen bleibenden Schaden davon. Gottlieb hielt die Zerstörung des idyllischen Bachtals durch die Einträge organischer Stoffe und den Stress des Prozesses nicht lange aus und starb. Eberhard Pfister verkaufte die Mühle an die Besitzer der Zuckerraffinerie. An Stelle der Mühle sollte ein „lukratives, zeitgemäßeres Unternehmen" etabliert werden. Des Lehrers Freund August Adam Asche gründete schließlich bei Spandau eine chemische „großindustrielle Fabrik", die ihrerseits zur Umweltbelastung beitrug. Eberhard Pfister investierte den Erlös aus der Veräußerung der Mühle ausgerechnet in die Adamsche Fabrik [496].

Dies ist – knapp zusammengefasst – der umweltbezogene Kerninhalt des bemerkenswerten Romans „Pfisters Mühle", den der Schriftsteller Wilhelm Raabe 1884 bei Grunow in Leipzig verlegen ließ – die Braunschweiger Verlagsbuchhandlung Westermann hatte die Veröffentlichung mit der Begründung abgelehnt, seine Bücher würden sich zu sehr gleichen. Dem Verleger der bekannten Deutschen Rundschau Julius Rodenberg war die Handlung wohl allzu wirklichkeitsnah und kritisch, auch er sandte das Manuskript zurück an Raabe [497].

„Pfisters Mühle" gilt als der erste deutschsprachige Umweltroman. Raabe schildert die vielfältigen Konflikte zwischen skurrilen Protagonisten – ohne Larmoyanz, fachlich präzise und oftmals köstlich poetisch formuliert. Die aus Raabes Sicht bewährte traditionelle alte und die problematische moderne neue Technik bilden in dem Roman unversöhnliche Gegensätze. Raabes Kindheits- und Jugenderinnerungen zu der überholten, in romantischer Mittelgebirgslandschaft von seinem Vater genutzten Mühlentechnik mögen verklärend wiedergegeben sein. Die Folgen der neuen Zuckerindustrie für die Umwelt sind sachgerecht und unverblümt artikuliert [498].

In den 1850er-Jahren beginnt auf fruchtbaren Böden um Braunschweig der Anbau von Zuckerrüben, begleitet von der Errichtung zahlreicher Zuckerraffinerien (Abb. 2.78). Bald wachsen auf ungezählten Feldern im Braunschweiger Land die begehrten Rüben – auch, um die Abhängigkeit von Rohrzuckerimporten aus dem Vereinigten Königreich zu mindern.

Raabe nimmt an den donnerstäglichen Wanderungen der Intellektuellenvereinigung „Die ehrlichen Kleiderseller zu Braunschweig" zu ihrem Stammtisch in der Waldgaststätte „Grüner Jäger" in Riddagshausen teil. An einer Brücke über die Wabe sieht Raabe entsetzt, wie die Zuckerfabrik Rautheim den Bach mit organischen Reststoffen verunreinigt und welche drastischen Folgen dies für das Leben in dem

**Abb. 2.78** Werbung für Zuckerrübensamen (historische Postkarte)

kleinen Fließgewässer nach sich zieht. Er erfährt, dass zwei Besitzer von Mühlen in Bienrode und Wenden gegen diese Wasserverschmutzung klagen [499]. Über den Chemiker Heinrich Beckurts, der im Gerichtsverfahren als Gutachter tätig ist, erhält Raabe Einsicht in die Prozessakten und damit eine vortreffliche Materialbasis für seinen nach wie vor aktuellen und lesenswerten, ja angesichts der kommenden Entwicklungen fast prophetischen Roman [500].

Das Buch verkauft sich schlecht; die Öffentlichkeit nimmt die unangenehmen Wahrheiten zu den Ursachen von Umweltbelastungen und die entscheidende Ironie des Werkes – der frühere Umweltaktivist Pfister investiert den Erlös aus der Veräußerung der Mühle in die Spandauer Fleckenreinigungsanstalt von Asche und aus dem Umweltschützer Asche wird im Alter ein Umweltverschmutzer – leider kaum wahr.

In den Jahren nach dem Erscheinen verstärkt sich die Verunreinigung der Fließgewässer in und um Braunschweig durch die Einleitungen der weiter wachsenden Zuckerindustrie. Am 17. Januar 1891 schreibt Wilhelm Raabe in einem Brief an seine Tochter Margarethe: *„Sei Du froh, daß Du nicht mehr in Braunschweig bist. Der reine Schweinestall!! Wir waschen uns nicht mehr, wir putzen uns nicht mehr die Zähne, selbst durch das gekochte Essen schmeckt man das durch 12 Zuckerfabriken versaute Okerwasser: Pfisters Mühle in fürchterlichster Vollendung!"* [501].

Wilhelm Raabe zu den saisonalen Wirkungen der Abwässer einer Zuckerfabrik im Roman „Pfisters Mühle"

*„Damit begann nämlich in jeglichem neuen Herbst seit einigen Jahren das Phänomen, da die Fische in unserm Mühlwasser ihr Mißbehagen an der Veränderung ihrer Lebensbedingungen kundzugeben anfingen. Da die aber nichts sagten, sondern nur einzeln oder in Haufen, die silberschuppigen Bäuche aufwärts gekehrt, auf der Oberfläche des Flüßchens stumm sich herabtreiben ließen, so waren die Menschen auch in dieser Beziehung auf ihre Bemerkungen angewiesen. [...] Aus dem lebendigen, klaren Fluß, der wie der Inbegriff alles Frischen und Reinlichen durch meiner Kinder- und ersten Jugendjahre rauschte und murmelte, war ein träge schleichendes, schleimiges, weißbläuliches Etwas geworden, das wahrhaftig niemand mehr als Bild des Lebens und des Reinen dienen konnte. [...].*

*So ist es nicht unerklärlich, daß beim Wiedereintritt des Wässerleins in deines Vaters Mühlwasser, mein Sohn Ebert, das nützliche Element trotz allem, was es auf seinem Überflutungsgebiete ablagerte, stark gefärbt, in hohem Grade übelriechend bleibt. Das, was ihr in Pfisters Mühle dann, laienhaft erbost, eine Sünde und Schande, eine Satansbrühe, eine ganz infame Suppe aus des Teufels oder seine Großmutter Küche bezeichnet, nenne ich ruhig und wissenschaftlich das Produkt der reduzierenden Wirkung der organischen Stoffe auf das gegebene Quantum schwefelsauren Salzes, sagte Adam Asche."* [502].

Die sich beschleunigenden Veränderungsprozesse, vor allem die industrielle Entwicklung, die sie begleitende Urbanisierung und die Herausbildung einer breiten, vorwiegend armen Arbeiterinnen- und Arbeiterschaft, sind in jener Zeit so massiv und einschließlich ihrer Umweltfolgen für die Mehrzahl der Menschen kaum in ihrer Tragweite erfassbar – ähnlich der heutigen, unsere Gesellschaft durchgreifend verändernden digitalen Evolution.

### 29. Januar 1886 – Das Kaiserliche Patentamt erteilt Benz & Co. das Patent Nr. 37.435 für einen Motorwagen

Ein herausragendes Ereignis der Technik-, Mobilitäts- und Umweltgeschichte vollzieht sich 1885 in einer mechanischen Werkstätte in Mannheim T6, 11 (heute T 6, 33). Dort baut der Ingenieur Carl Benz, unterstützt von seiner Frau Bertha, den ersten funktionstüchtigen motorgetriebenen Wagen.

Carl Benz gründet 1871 in Mannheim gemeinsam mit August Ritter seine erste Firma und 1883 die Benz & Co. Rheinische Gasmotoren-Fabrik. Berthas Eltern unterstützen das neue Unternehmen maßgeblich finanziell. In der Silvesternacht vom 31. Dezember 1878 auf den 1. Januar 1879 werfen Carl und Bertha Benz gemeinsam einen Zweitaktmotor erfolgreich an. 1885 ist der erste Motorwagen fertiggestellt; 1886 führen Carl und Bertha Benz zahlreiche Versuchsfahrten durch [503].

Bertha Benz ist selbstbewusst, mutig und entdeckungsfreudig. Anfang August 1888 unternimmt sie, ohne ihren Mann zu konsultieren, mit ihren Söhnen Eugen und Richard die erste Fernfahrt der Automobilgeschichte. Es ist früh am Morgen, Carl Benz schläft noch. Ein Zettel auf dem Küchentisch wird ihn später über den Familienausflug nach Pforzheim informieren, nicht jedoch über das genutzte selbstgebaute Verkehrsmittel. Bertha Benz bewegt den Benz Patent-Motorwagen Nr. 3 mit 2,5 PS (1,8 kW) über rund 180 km von Mannheim über Weinheim und Wiesloch in ihre Geburtsstadt Pforzheim und wieder zurück.

An Steigungen müssen Bertha und ihre Söhne den etwa 360 kg schweren Wagen bergauf schieben. Da die Bremsklötze bei den Abfahrten verschleißen, lassen sie auf dem Heimweg bei einem Schuster in dem Dorf Bauschlott

Leder auf den Bremsklötzen befestigen. So erfindet Bertha nebenbei Bremsbeläge. Unterwegs ist Wasser nachzufüllen, sind Reparaturen vorzunehmen. In der Stadt-Apotheke in Wiesloch erwirbt Bertha Leichtbenzin, um die Fahrt fortsetzen zu können. Ein Schild an der Stadt-Apotheke weist noch heute auf die erste Tankstelle der Welt. Die sensationelle Fahrt von Bertha Benz führt zu weiterer Verbesserungen an dem Fahrzeug. So erhält das Zweiganggetriebe einen dritten Gang. Die Bremsen werden verbessert [504].

Bereits am 29. Januar 1886 erteilt das Kaiserliche Patentamt in Berlin der Firma Benz & Co. das Patent Nr. 37.435 für ein Fahrzeug mit Gasmotorenantrieb zur Beförderung von 1 bis 4 Personen, den „Benz Patent-Motorwagen". Der Patentschrift enthält die Zeichnung eines Tricycles, eines kleinen dreirädrigen Wagens mit zwei Sitzplätzen (Abb. 2.79). Die Patenturkunde steht am Anfang einer globalen Evolution, die uns, unsere Mobilität und unsere Umwelt wie kaum eine andere Erfindung verändert [505].

Der Zweck eines Automobils besteht in dem Transport von Personen und Gütern von einem Ausgangs- zu einem Zielort. Dafür benötigt man Straßen. Anfangs sind sie mehrheitlich noch unbefestigt, in Orten bald häufiger mit Natur- oder Ziegelsteinen gepflastert. Später werden Betonbahnen gegossen oder Asphalt ausgebracht. Der Verkehr zwingt in Ballungsräumen und zwischen Städten zunehmend zur Anlage mehrspuriger Straßen.

Obgleich Autos die längste Zeit des Tages stehen, hat die von Carl Benz eingeleitete Erfolgsgeschichte der Mobilität beträchtliche Schattenseiten. Der Ressourcenverbrauch ist ganz erheblich. Notwendig sind unterschiedliche Metalle und Kunststoffe für die Fahrzeuge, Steine, Sand, Kalk, Asphalt und mehr für den Bau von Straßen, Parkplätzen

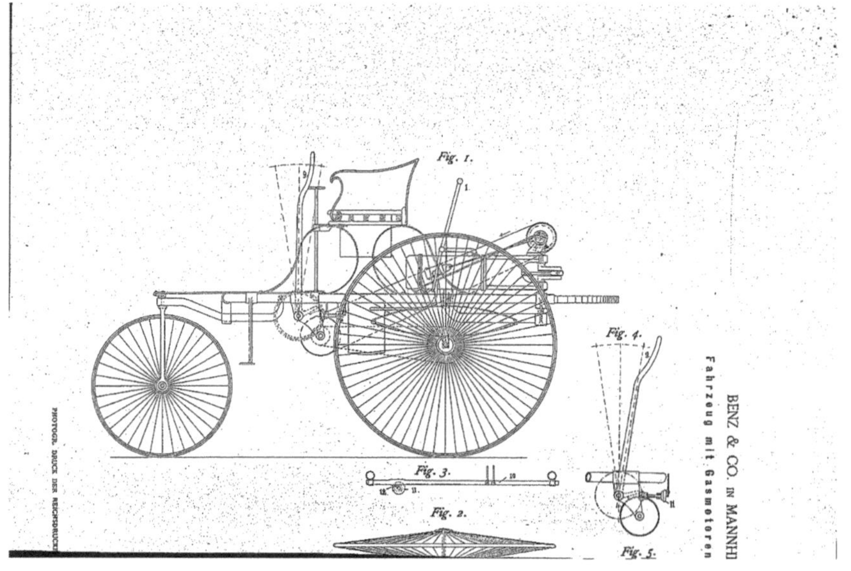

**Abb. 2.79**  Fahrzeug mit Gasmotorenantrieb der Firma Benz & Co. in Mannheim. Seitenansicht. Aus der Patentschrift des Kaiserlichen Patentamtes No. 37435

und Parkhäusern. Abgase, der Abrieb der Räder, der Brems- und Straßenbeläge belasten Luft, Oberflächen- und Grundwasser. Lärm bewirkt zunehmend gesundheitliche Schäden. Hinzu kommen die Unfälle mit Todesopfern und Verletzten. Alleine 2018 sterben in Deutschland 3275 Menschen bei Straßenverkehrsunfällen, 396.018 werden bei Verkehrsunfällen verletzt [506].

## Ab 3. Juni 1887 – Der Nord-Ostsee-Kanal zerschneidet Schleswig–Holstein

Bereits zu Beginn des Krieges von Preußen und Österreich gegen Dänemark im Frühjahr 1864 lässt Otto von Bismarck die Möglichkeiten zum Bau eines für Preußen militärstrategisch bedeutenden Kanals durch Schleswig-Holstein untersuchen. Die Generäle Helmuth Karl Bernhard von Moltke und Albrecht von Roon verhindern eine Realisierung.

Mit der Gründung des Deutschen Reiches im Jahr 1871 wächst die Notwendigkeit für einen breiten, tiefen und kurvenarmen Kanal. In Wilhelmshaven und Kiel stationierte Schiffe der kaiserlichen Marine sollen im Kriegsfall rasch und gefahrlos von der Nord- in die Ostsee und umgekehrt fahren können. Nach der bis 1879 während Wirtschaftskrise wächst auch die Zahl größerer, mit Dampf betriebener Handelsschiffe, die einen Kanal benötigen.

Reichskanzler Otto von Bismarck überwindet schließlich die Widerstände. Nach der Grundsteinlegung am 3. Juni 1887 entfernen tausende Arbeiter in den folgenden acht Jahren auf einer Breite von 67 m, bis in eine Tiefe von 9 m und auf einer Gesamtlänge von 98,637 km auch mit Hilfe von Eimerkettenbaggern und Lorenbahnen mehr als 80 Mio. m³ Boden und Gestein. Sie errichten sechs bewegliche Brücken, zwei Hochbrücken und an den Kanalenden in Brunsbüttel und Kiel-Holtenau Doppelschleusen mit einer Nutzlänge von 125 m (Abb. 2.80).

Anlässlich der Eröffnungsfeier am 20./21. Juni 1895 erhält die neue Wasserstraße im Beisein von Kaiser Wilhelm II. den Namen „Kaiser Wilhelm Kanal". Seit 1948 wird er in Westdeutschland als „Nord-Ostsee-Kanal" und international als „Kiel-Canal" bezeichnet. Die (Marine-) Schiffsgrößen wachsen weiter und bald nach der Einweihung ist der Kanal schon zu klein und die Durchfahrtszeit mit 13 h zu hoch. Ungefähr 12.000 Arbeiter erweitern ihn von 1907 bis 1914 auf eine Breite von 103 m und eine Tiefe von 11 m. In Kiel und Brunsbüttel werden riesige Schleusensysteme mit einer Nutzlänge von 310 m gebaut, die den Wasserstand des Kanals regulieren. Der westliche Teil der Wasserstraße besitzt nach der in den 1960er-Jahren begonnenen zweiten Ausbauphase eine Breite von 162 m, der östliche seit 1914 unverändert eine Breite von lediglich 103 m. Die Kosten für die Verbreiterung des östlichen

**Abb. 2.80** Die Levensauer Hochbrücke über den Nord-Ostsee-Kanal 1895. Holzstich und Zeitschriftenillustration von Fritz Stoltenberg. Bildautor Frank Schwichtenberg

Kanalabschnitts, den Bau einer 5. Schleuse in Brunsbüttel sowie die Erneuerung der vorhandenen Schleusen in Brunsbüttel und Kiel-Holtenau dürften sich auf weit mehr als 2 Mrd. € belaufen – der Unterhalt großer Bauwerke ist dauerhaft kostspielig [507].

Der Kanal verkürzt die Schiffspassage von Hamburg nach Stockholm um 622 km. Neben der Fahrtzeit verringert sich der Verbrauch an umweltbelastendem Treibstoff. Die Art der bewegten Güter hat sich von 1911 bis 2011 deutlich verändert. Im Jahr 1911 transportieren Schiffe Stückgüter (41 %), Holz (17 %), Kohle (8 %), Getreide (8 %) und Steine (3 %) durch den Kanal. Bis zu 235 m lange und 32,5 m breite Trocken- und Mehrzweckfrachter, Tanker und Containerschiffe bewegen 2011 Stückgüter (49 %), Erdöl und Derivate (15 %), chemische Produkte (8 %), Eisen und Stahl (6 %), Düngemittel (4 %) Holz (3 %), Zellulose (2 %), Getreide (2 %) u. a. m. mit einem Gesamtgewicht von 98 Mio. t. Ein Drittel der 2011 im Hamburger Hafen umgeschlagenen Container passieren den Kanal. Im Jahr 2012 durchfahren (ohne Sportboote) fast 35.000 Schiffe mit einer maximalen Geschwindigkeit von 15 km h$^{-1}$ in ungefähr 8 h den Nord-Ostsee-Kanal. Im Suez-Kanal sind es 2010 rund 17.800 Schiffe und im Panama-Kanal 2011 rund 14.700 Schiffe [508].

Der Nord-Ostsee-Kanal durchschneidet etwa auf Meeresspiegelhöhe die Landschaften der jütischen Halbinsel. Er mündet im Westen in Brunsbüttel in die Unterelbe, die hier einen mittleren Tidenhub von 2,8 m hat, und im Osten in Kiel in die Kieler Förde. Der Lauf und die Wasserführung von Bächen und Flüssen verändern sich durch den Kanalbau. Der Wasserspiegel der Untereider sinkt um zirka 2 m. Benachbarte Feuchtstandorte und Brunnen fallen trocken. Einige Gewerbebetriebe und Mühlen verlieren das notwendige Wasser. Gegen eine Vergütung von 300.000 Mark verzichtet die Stadt Rendsburg auf sämtliche Entschädigungsansprüche.

Auch die Eigentümer der Mühlen schließen Vereinbarungen ab [509].

Zwischen Rendsburg und Kiel trennt der Kanal mehrfach den Lauf von Obereider und Eiderkanal. Die Kreuzungsorte werden verschlossen, um zu gewährleisten, dass die Wasserstände der verbliebenen Obereider- und Eiderkanalabschnitte und der umgebenden Auen fast unverändert bleiben können. Die Durchlässigkeit für Wasserorganismen endet nun dort.

Die Kanaltrasse verläuft auf einer Länge von etwa einem Kilometer durch den Flemhuder See, der vor den Bauarbeiten eine Fläche von 2,34 km$^2$ einnahm und dessen Wasserspiegel 7 m über demjenigen der Ostsee lag. Die Kanalanlage bringt eine Absenkung des Seespiegels auf das Niveau der Ostsee, wodurch der Flemhuder See um fast zwei Drittel schrumpft. Auf den austrocknenden Seeboden und in den verbliebenen Restsee werden 8,8 Mio. m$^3$ Aushub gespült. Dies entspricht dem Volumen von 9 km Kanallänge. Durch die Absenkung des Seespiegels drohen die Äcker und Weiden der benachbarten Güter auszutrocknen. Dem entgegnet man erfolgreich mit der Anlage eines Kanals auf ursprünglicher Höhe östlich des um 7 m tiefer gelegten Flemhuder Sees. Das Wasser der von Süden kommenden Obereider fließt durch den Kanal annähernd auf der ursprünglichen Seehöhe über die 7 m hohe Schleuse Strohbrück und ein ebenso hohes paralleles Wehr in den Nord-Ostsee-Kanal (Abb. 2.81) [510].

Die Einleitung der oberen Eider in den Nord-Ostsee-Kanal mindert den Abfluss der unteren Eider, wodurch die Nordsee weiter in den Mündungsbereich der Eider eindringt. Deiche müssen beiderseits der Eider bis

**Abb. 2.81** Im Vordergrund: die Weiche „Groß-Nordsee" im Nord-Ostsee-Kanal. Im Zentrum des Mittelgrundes: der beim Kanalbau um 7 m auf das Niveau des Nord-Ostsee-Kanals abgesenkte und daher stark verkleinerte Flemhuder See. Im Mittelgrund links: die kanalisierte Obereider („Achterwehrer Schifffahrtskanal") führt den Abfluss aus dem Westensee über die Schleuse Strohbrück in den 7 m tiefer liegenden Nord-Ostsee-Kanal (Foto: Béla Bork)

nach Rendsburg errichtet werden, das mitten in Schleswig–Holstein liegt.

Die Anlage und der Betrieb des Kanals führen zu gravierenden, dauerhaften Landschaftsveränderungen. Arbeiter und Bagger tragen das Lockergestein – Sande, Lehme, Torfe und Seesedimente – mit den Böden ab und durchmischt in Kanalnähe wieder auf. Relikte vergangener Kulturen und einzigartige natürliche Landschaftsarchive gehen verloren. Der Lauf von Bächen und Flüssen sowie die Oberflächen- und Grundwasserverhältnisse auf beiden Kanalseiten ändern sich mitsamt der Lebewelt. Nach der Trennung von Ober- und Untereider entwässern ungefähr $^1/_{10}$ der Landesfläche von Schleswig–Holstein über den Kanal.

Die Wasserstraße ist ein von Menschen gemachtes Hindernis für Landtierarten. Für Fische wirkt er hingegen Lebensraum erweiternd oder gar verbindend. Heringe ziehen im Frühjahr von der Kieler Förde in den Kanal bis Rendsburg zum Laichen. Mehr als 75 Fischarten leben heute in der Wasserstraße, darunter Aale, Brassen, Karpfen, Plötzen, Struffbutt und Zander.

Vor wenigen Jahren wanderte die Schwarzmundgrundel *(Neogobius melanostomus)* ein. Diese Fischart ist küstennah am Schwarzen Meer und in den Unterläufen seiner Zuflüsse heimisch. Wie gelangte sie in den Nord-Ostsee-Kanal? Wahrscheinlich mit Ballastwasser, das Handelsschiffe in der Ostsee oder im Kanal abließen. Oder sie wurde bei Maßnahmen des Fischbesatzes unbeabsichtigt ausgesetzt. Einmal eingeführt, breitete sie sich rasch aus [511].

Ein weiterer Eindringling ist die Schiffsbohrmuschel *(Teredo navalis)*. Sie wurde schon um 1870 im Eiderkanal beobachtet. *Teredo navalis* bohrt sich erfolgreich in die Dalben, die dem Leiten und Festmachen von Schiffen dienen und bis vor Kurzem aus Holzpfählen oder Holzpfahlbündeln bestanden. Sie werden deshalb durch Stahldalben ersetzt, die zirka 75.000 € pro Stück kosten. Die Schiffsbohrmuschel verursacht an den Dalben Schäden in Höhe von wohl mehreren Zehnermillionen Euro [512].

Windschutzpflanzungen am Kanalufer sind in das Naturschutzgebietssystem aufgenommen. Auf ehemaligen Spülfeldern gedeihen auch seltene und geschützte Pflanzen wie das Knabenkraut. Kanalbrücken bieten Fledermausarten ausgezeichnete Quartiere zur Überwinterung. Das größte Winterquartier des Großen Abendseglers *(Nyctalus noctula)* in Mitteleuropa liegt in den Widerlagern der alten Levensauer Hochbrücke von 1893 (Abb. 2.80). Der Kanal und seine Umgebung bieten zahlreichen Pflanzen- und Tierarten vorzügliche Refugien [513].

Der Kanal durchschneidet auch soziale Räume. Sichtbar wird dies im Dorf Sehestedt, das vom Kanal in zwei Hälften geteilt wird. Das notwendige Verkehrsaufkommen für eine Brücke war nicht gegeben. Die derzeit etwa 850 dort wohnenden Menschen müssen die Fähre nutzen, wenn sie von dem einem in den anderen Ortsteil gelangen wollen. In Fortführung einer kaiserlichen Verordnung bleibt die Beförderung kostenlos.

Die Unterhaltung des Nord-Ostsee-Kanals mit heute 14 Fähren ist eine Ewigkeitsaufgabe. Neben dem Schifffahrtsbetrieb verursacht die Unterhaltung der den Kanal querenden Brücken- und Tunnelbauwerke hohe Kosten. Alleine der Ersatz der 1972 fertiggestellten Rader Autobahnhochbrücke dürfte weit mehr als 100 Mio. € verschlingen.

8,6 % der Fläche der Brücken Deutschlands ist 2018 in einem ungenügenden oder nicht ausreichenden Zustand [514].

## Um 1890 – Der Riesen-Bärenklau beginnt sich in Deutschland auszubreiten

Der Riesen-Bärenklau *(Heracleum mantegazzianum)* ist ein Doldenblütler, der im ersten Jahr eine Blattrosette bildet, aus der im zweiten Jahr ein Blütenstamm mit bis zu etwa 50.000 Samen wächst (Abb. 2.82, 2.83). Wind verweht die Samen, manche schwimmen auf Gewässern bis zum Ufer, Tiere transportieren andere. Sie sind bis zu drei Jahrzehnte keimfähig. Das ursprüngliche Verbreitungsgebiet liegt im westlichen Kaukasus [515].

Im Jahr 1817 wird mit dem Vorkommen in den Londoner Royal Botanic Gardens in Kew die Art zuerst botanisch beschrieben. 1828 wird sie erstmals außerhalb des Kaukasus und von Botanischen Gärten entdeckt, nördlich von London in Cambridgeshire. Die Blüten sind attraktiv als Zierde im heimischen Wohnzimmer und als Futter für Bienen. So breiten Menschen den Riesen-Bärenklau über die folgenden Jahrzehnte in Europa aus, ab etwa 1890 auch in Deutschland [516].

Die anpassungsfähige Pionierpflanze siedelt bevorzugt in vegetationsarmen Gegenden: an Straßenrändern, Flussufern, auf Brachflächen, in Gärten und Parks und Mülldeponien, vereinzelt auch im Dauergrünland und im Wald [517].

Der Riesen-Bärenklau wäre lediglich eine invasive Pflanzenart unter vielen, enthielte ihr Saft nicht den überaus reaktiven, phototoxisch wirkenden Stoff Furocumarine. Wenn unsere Haut unter UV-Einwirkung mit dem Saft in Kontakt kommt, kann eine Phytophotodermatitis ausgelöst werden, die zur Bildung von Blasen und zu Verbrennungen 1. und 2. Grades führt (Abb. 2.84). Sie verursacht alleine in Deutschland jährlich Kosten für medizinische Behandlungen in Höhe von etwa einer Million Euro [518].

**Abb. 2.82**  Riesen-Bärenklau *(Heracleum mantegazzianum)* im Botanischen Garten der Christian-Albrechts-Universität zu Kiel

**Abb. 2.83**  Dolde des Riesen-Bärenklaus

Es ist nicht einfach, vorhandene Bärenklau-Bestände zu beseitigen. Einzelne Pflanzen können aufwendig mit Wurzeln ausgegraben, bei mehreren Pflanzen die Blütenstände abgeschnitten, ganze Bestände gemäht oder über Jahre mit Ziegen beweidet werden. Herbizide wie Glyphosat töten zwar den Riesen-Bärenklau, jedoch zugleich sämtliche Pflanzen in der Umgebung, die mit dem Mittel in Kontakt kommen. Hinzu kommt die Umweltbelastung. Ist ein Bestand beseitigt, muss das Aufkommen neuer Pflanzen verhindert werden [519].

**Abb. 2.84** Warnung vor den Giftstoffen des Riesen-Bärenklaus

Einmal eingeführt, ist die Bekämpfung auch dieser invasiven Pflanzenart zeitaufwendig und kostspielig.

## 1891–1938–1945–1947 – Die „Seefestung" Helgoland wird errichtet, ausgebaut und zerstört

Am 5. September 1807, während der Kontinentalsperre Napoleons, hissen die Briten auf der seit 1714 dänischen Insel Helgoland den Union Jack. Sie richten große Lager für Waren ein, die man im Vereinigten Königreich dringend benötigt. Der Schmuggel blüht. 1814 wird Helgoland Kronkolonie und ab 1826 zu einem Seebad mit Spielbank (1830) und Theater (1865) ausgebaut [520].

Auf Betreiben des jungen deutschen Kaisers Wilhelm II. wird am 1. Juli 1890 der *„Vertrag zwischen dem Deutschen Reich und dem Vereinigten Königreich über die Kolonien und Helgoland"* abgeschlossen. Darin verzichtet das Deutsche Reich auf Gebietsansprüche an dem unabhängigen Sultanat Sansibar (einer Inselgruppe des heutigen Tansania); das Vereinigte Königreich erhält das deutsche „Schutzgebiet" Witu (im Norden des heutigen Kenia). Im Gegenzug erfolgt am 10. August 1890 im Beisein des Kaisers die Übergabe Helgolands an das Deutsche Reich [521].

Kaiser Wilhelm II. beabsichtigt, Deutschland zu einer Seemacht von Weltgeltung zu entwickeln und das strategisch günstig in der Deutschen Bucht gelegene Helgoland zu einer „Seefestung" mit Hafen auszubauen. Im Sommer 1891 beginnt der Bau. Bald ermöglicht eine Mole das Anlegen größerer Schiffe. Bis 1894 entstehen an der Nord- und an der Südspitze Kanonenstände. 1906 einsetzende Sandaufspülungen zur Schaffung von Neuland vernichten Lebensräume von Hummern und Austern. Neue, größere Geschütze ersetzen ältere. Der Festungsbau hat die Insel ober- und unterirdisch vollkommen verändert. Ausgedehnte Tunnel durchziehen den Sandsteinfelsen.

Militäranlagen bedecken weite Teile der Geländeoberfläche [522].

Am 29. Juli 1914, einen Tag nach dem Beginn des Ersten Weltkrieges, befiehlt der Inselkommandant die Evakuierung der Zivilbevölkerung binnen 24 h. Schiffe bringen mehr als 3000 Menschen nach Hamburg. Kurze Zeit später kehren etwa 80 Fischer zur Versorgung der auf der Insel verbliebenen, bis zu 4000 Soldaten zurück. Die Insel ist ein Stützpunkt der U-Bootflotte. Es kommt nicht zu Kampfhandlungen. Nach Kriegsende verfügt der Versailler Vertrag den Abbau der Kriegsanlagen auf Helgoland. Der Badebetrieb wird wieder aufgenommen (Abb. 2.85) [523].

Das Nationalsozialistische Regime plant mit dem Projekt „Hummerschere" den erneuten Ausbau Helgolands zur „Seefestung" mit einem gigantischen Süd- und U-Boothafen für die gesamte deutsche Kriegsflotte. Dazu soll die Fläche der Felseninsel um das Fünffache und diejenige der vorgelagerten Sanddüne um das zehnfache anwachsen.

1936 beginnen die Bauarbeiten. Etwa 4000 Zwangsarbeiter, 1500 Soldaten und dienstverpflichtete Einheimische bauen den Südhafen, den 156 m langen und 94 m breiten U-Bootbunker und einen Militärflugplatz unter äußerst schwierigen Arbeitsbedingungen. Tankschiffe bringen Trink- und Brauchwasser zur Versorgung der stark gewachsenen Inselbevölkerung. 1941 erfolgt die Einstellung der Baumaßnahmen, da Finanzmittel fehlen. Das ursprünglich geplante Projekt scheitert endgültig. Der Ausbau mit Flugabwehrkanonen bewirkt, dass feindliche Schiffe unter Beschuss genommen werden können, um deren Einfahrt in die Elbe zu verhindern. Die militärische Bedeutung Helgolands während des Zweiten Weltkrieges bleibt gering, der militärische Ausbau war nicht mehr zeitgemäß und vollkommen überdimensioniert [524].

Kurz vor Ende des Zweiten Weltkrieges, am 18. April 1945 in den Mittagsstunden, werfen 979 Flugzeuge der Royal Air Force Bomben über Helgoland ab. Die Insel

**Abb. 2.85** Luftbild von Helgoland mit dem Hafen im Vordergrund (Postkarte aus den 1920er-Jahren)

hat zu diesem Zeitpunkt etwa 2500 Einwohnerinnen und Einwohner. Hinzu kommen zirka 3000 dort stationierte Soldaten. Es ist nicht der erste Bombenangriff, freilich der schwerste. Rund 7000 Bomben fallen in gut eineinhalb Stunden auf die Insel. Am nächsten Tag folgt ein zweiter, schwächerer Angriff. An den beiden Tagen sterben zusammen 285 Menschen, vorwiegend Soldaten. Das Inseldorf wird weitgehend zerstört. Schule, Kirche und die meisten Wohnhäuser existieren nicht mehr. Am 20. April 1945 müssen sämtliche Zivilisten Helgoland verlassen [525].

Nach Kriegsende, im Dezember 1946, informieren die Briten deutsche Regierungsstellen, dass die militärischen Befestigungsanlagen und die auf Helgoland befindliche Munition vernichtet werden sollen. Sprengstoff wird auf die Insel gebracht. Am 18. April 1947 steht eine rund 4 km hohe Rauchwolke über Helgoland. Die britische Marine hat zirka 6700 t Sprengstoff und die Munition zur Explosion gebracht und damit die Anlagen einschließlich des riesigen U-Bootbunkers im Süden der Insel erfolgreich zerstört. Die Geländeoberfläche verändert sich erneut erheblich. Helgoland ist aus der Sicht des britischen Militärs vorzüglich geeignet, um Bombenabwürfe zu üben. Bis 1950 erfolgen Bombardements.

Dann, am 20. Dezember 1950, besetzen die beiden Studenten Georg von Hatzfeld und René Leudesdorff Helgoland. Sie protestieren öffentlichkeitswirksam für eine Rückgabe der Insel. Am 21. Februar 1952 beschließt die Regierung des Vereinigten Königreiches, Helgoland an Deutschland zurückzugeben. Am 1. März 1952 wird die Übergabe offiziell vollzogen. Der Wiederaufbau beginnt und das von Bomben und Sprengungen zernarbte Helgoland, die einzige deutsche Hochseeinsel, wird wieder zu einer attraktiven Tourismusdestination. Der zerfetzte Strunk eines alten Maulbeerbaums treibt wieder aus. Er lebt noch heute [526].

Die strategische Position der kleinen Hochseeinsel bewirkte deren zweimalige massive militärische Umgestaltung und damit singuläre Landschaftsänderungen. Die Kriegsbauten und deren Zerstörungen haben Böden, Vegetation und die Brutstätten von Seevögeln vorübergehend weitgehend vernichtet.

## 9. Februar 1892 – Patentierung von Antinonnin gegen Fichtennadeln fressende Nonnen

Mit dem Aufkommen der Hausväterliteratur im 16. Jh. verbreiten sich Erfahrungen zu Schädlingen und ihrer Bekämpfung schneller und effektiver. Sie beruhen zunächst noch auf der antiken Literatur. Bald kommen neue wissenschaftliche Erkenntnisse hinzu. Beizungen mit salzhaltigem Wasser, Behandlungen mit Kalk-Kochsalz-Wasserglas-Mischungen gegen Moose und Flechten auf der Rinde von Obstbäumen, Gips gegen Mäuse und Ratten sowie das Aufstellen von Fallen werden empfohlen. Der Chemiker und Apotheker Johann Rudolph Glauber beizt erfolgreich Getreidesamen mit Natriumsulfat; das Dekahydrat wird nach ihm Glaubersalz genannt.

Das Mikroskop ermöglicht weitaus detailliertere Einblicke in die Welt der Pflanzen, Tiere und Pilze. Pflanzliche Parasiten werden entdeckt. Kulturpflanzen wie der Virginische Tabak *(Nicotiana tabacum)*, Mais *(Zea mays)* und die Kartoffel *(Solanum tuberosum)* kommen mitsamt Krankheiten aus der Neuen Welt (auch) nach Deutschland. Vergiftungen erzeugen die Alkaloide des dunkelvioletten kornähnlichen Mutterkornpilzes *(Claviceps purpurea)*, der Roggen und andere Getreidearten befällt. Zwar identifiziert der französische Mykologe Louis René Tulasne bereits 1853 diesen Pilz als Ursache von Vergiftungen beim Verzehr von Getreideprodukten. Doch treten auch nach seiner Entdeckung immer wieder folgenschwere Vergiftungen auf. Noch 1926/27 sollen in der Sowjetunion mehr als 11.000 Menschen durch den Verzehr mutterkornhaltigen Brotes gestorben sein [527].

Mitte des 19. Jh. erklärt der Agrarwissenschaftler und Phytopathologe Julius Kühn in dem von ihm verfassten, ersten phytopathologischen Lehrbuch „Die Krankheiten der Kulturgewächse, ihre Ursachen und ihre Verhütung" fundiert die ausschlaggebenden Gründe für die Verbreitung von Pilzerkrankungen bei Pflanzen. Die Bekämpfung von Parasiten steht damals noch im Vordergrund. Die Ausbreitungen der Kartoffelfäule *(Phytophthora infestans)*, des Echten Mehltaus *(Uncinula necator)*, der Wein befällt, und der Reblaus *(Daktulosphaira vitifoliae)* haben im 19. Jh. desaströse Folgen. Sie stimulieren eine ganzheitliche phytopathologische Forschung in Deutschland, die Kulturpflanzen mit ihrer Umwelt als Einheit ansieht. Bakterielle und virale Pflanzenkrankheiten werden mit ihren physiologischen Spezialisierungen erkannt und neben Insekten auch Nematoden, Milben und Schnecken untersucht [528].

Menschen ermöglichen die massenhafte Ausbreitung schädlicher Insekten. Förderlich hierfür ist die Umwandlung abwechslungsreicher Wälder in Monokulturen, besonders mit standortfremden Baumarten[43]. Die Chemiehistorikerin Elisabeth Vaupel vom Forschungsinstitut des Deutschen Museums in München hat die Folgen des Waldumbaus exemplarisch für den Ebersberger Forst, einem Staatswaldgebiet östlich von München, eindrucksvoll rekonstruiert [529].

In der ersten Hälfte des 19. Jh. werden hier Wälder mit zahlreichen Buchen *(Fagus sylvatica)* und einigen

---

[43]Baumarten, die ohne Eingriffe von Menschen unter dem heutigen Klima dort niemals wachsen würden.

**Abb. 2.86**   Weibliche Nonne [536]

**Abb. 2.87**   Männliche Nonne [537]

Weiß-Tannen *(Abies alba)*, Fichten *(Picea abies)* und Berg-Ahornen *(Acer pseudoplatanus)* geschlagen und durch Monokulturen aus schnellwüchsigen Fichten ersetzt, um den durch Industrialisierung und Städtewachstum rasant steigenden Holzbedarf besser stillen zu können. 1888 beginnt sich diese forstökonomische Entscheidung zu rächen. Ein Schadinsekt breitet sich rasch in den Fichtenmonokulturen des Ebersberger Forstes aus: die Nonne *(Lymantria monacha)*, ein Nachtfalter (Abb. 2.86, 2.87). Nonnenraupen lieben junge Fichtentriebe. Versuche, die Raupen mit den bloßen Händen von Frauen und Schulkindern sammeln und zerquetschen zu lassen, scheitern an der schieren Masse der Raupen. Die nadellosen Fichten müssen Mitte 1890 geschlagen und ihre Rinden verbrannt werden. 1891 haben die Nonnen schon mehr als ein Drittel des 7730 ha großen Forstes zerstört [530].

Der Chemiker Wilhelm von Miller beobachtet die Geschehnisse im Ebersberger Forst und sucht gemeinsam mit dem Botaniker Carl Otto Harz nach Möglichkeiten zur Bekämpfung der Nonnen. Biologische Verfahren erweisen sich als Fehlschläge. Dann prüfen sie

chemische Substanzen, darunter das Kaliumsalz des 4,6 Dinitro-ortho-kresols (DNOC), eine gelbliche, giftige Nitroverbindung, mit der in den 1870er-Jahren Textilien und später Lebensmittel – sogar Butter – gefärbt werden [531]. Insekten, die mit Dinitrokresol in Kontakt kommen oder es fressen, sterben. Eine Gefährdung für Menschen erwarten die beiden Wissenschaftler nicht. Sie kontaktieren die Farbenfabriken Friedr. Bayer & Cie. in Elberfeld (aus denen später die Bayer-Werke hervorgehen) [532].

Bereits am 9. Februar 1892 lässt die Firma das Präparat unter dem Namen „Antinonnin" patentieren (D.R.P. 66.180). Es ist das erste synthetische organische Insektenbekämpfungsmittel auf dem Markt. Eine großflächige Ausbringung scheitert, denn mit den damals verfügbaren Spritzen sind die von Nonnen zuerst befallenen Baumspitzen kaum zu erreichen. 1913 lässt sich ein deutscher Förster die Ausbringung von Insektiziden über Wäldern aus Flugzeugen patentieren. In den USA bringen ehemalige Militärpiloten, die nach dem Ersten Weltkrieg arbeitslos waren, erstmals mit Flugzeugen Pestizide aus. Ab 1922 wird dieses Verfahren auch in Deutschland praktiziert. Der Kampf gegen Forstschädlinge erfolgt nun auch aus der Luft [533].

Mit der Einführung von Antinonnin als Insektizid hält die synthetische Chemie Einzug in die Forst- und dann in die Landwirtschaft. Antinonnin dient später als Fungizid und als selektives Getreideherbizid. Experimente an Tieren und Beobachtungen belegen, dass Dinitrokresol für Haus-, Nutz- und Wildtiere gefährlich sein kann. Auch für Wasserlebewesen ist der Wirkstoff schon in geringen Konzentrationen toxisch. 1999 endet in der Europäischen Union die Zulassung von Pestiziden, die DNOC enthalten [534].

Im Jahr 1899 wird der Pflanzenschutz eine wichtige Staatsaufgabe: Die Biologische Abteilung des Kaiserlichen Gesundheitsamtes übernimmt das Institut für Pflanzenphysiologie und Pflanzenschutz der Landwirtschaftlichen Hochschule Berlin. Sechs Jahre später wird die Kaiserliche Biologische Anstalt für Land- und Forstwirtschaft in Berlin-Dahlem gegründet.

Nach dem Zweiten Weltkrieg entstehen in den beiden deutschen Staaten separate anwendungsorientierte staatliche Forschungseinrichtungen, die 1990 als Biologische Bundesanstalt für Land- und Forstwirtschaft (BBA) vereint werden.

Das Bundesministerium für Ernährung und Landwirtschaft reorganisiert zum 1. Januar 2008 seine Ressortforschung: Die BBA wird mit der Bundesanstalt für Züchtungsforschung an Kulturpflanzen und zwei Instituten der Bundesforschungsanstalt für Landwirtschaft zum „Julius Kühn-Institut – Bundesforschungsinstitut für Kulturpflanzen" zusammengefasst. Im vergangenen Jahrhundert hat sich ein chemischer und biologischer Pflanzenschutz entwickelt, der die Verhinderung, Beseitigung und Heilung des Krankheits- und Schädlingsbefalls der Nutzpflanzen zum Ziel hat. Die resultierenden Veränderungen der Ökosysteme verstärken sich immer mehr [535].

## 24. August 1892 – „*... ich vergesse, daß ich in Europa bin*" – Robert Koch kämpft gegen die Cholera in Hamburg

Wodurch wird Cholera ausgelöst (Abb. 2.88)? Wie verbreitet sie sich? Diese Fragen erzeugen in der zweiten Hälfte des 19. Jh. eine wissenschaftliche Kontroverse. 1849 postulieren die beiden englischen Mediziner John Snow und William Budd unabhängig voneinander, dass im Wasser lebende Organismen die Krankheit übertragen würden [538].

Der Münchner Chemiker und Hygieniker Max von Pettenkofer behauptet dagegen 1855, seine epidemiologischen Forschungen würden eindeutig belegen, dass Wasser Cholera nicht verbreiten könne. Vielmehr werde die Krankheit durch die Kontamination von Böden mit Fäkalien ausgelöst, diese führe zu *„Choleriasma"*. Luft würde die entscheidende Rolle als Überträger spielen. Ein aus Indien stammender *„Cholerakeim x"* würde sich im Boden mit dem Substrat *„y"* zu *„z"* vereinigen, dem *„echten Cholera-Gift"*, erklärt von Pettenkofer 1869, der die internationale Diskussion in jener Zeit maßgeblich bestimmt. Er sieht auch die Ursache von Typhus in Bodenkontaminationen [539].

Eine Sensation prägt das Jahr 1884: Der Mediziner, Hygieniker, Mikrobiologe und Leiter der deutschen Cholera-Kommission Robert Koch (Abb. 2.89) verkündet in Kalkutta, er habe den *„Commabacillus"* (den Choleraerreger Vibrio cholerae, ein Bakterium) isoliert und als Ursache von Cholera identifiziert. Koch wird gefeiert. Von Pettenkofer spottet noch Jahre später mit Verweis auf seine eigenen Theorien, Kochs *„eifrige Kommajagd"* sei sinnlos, ändere nichts [540].

Im August 1892 gerät Hamburg in den Fokus der internationalen medialen Öffentlichkeit. Doch blicken wir zunächst in das benachbarte, damals noch nicht zu Hamburg gehörende preußische Altona: Der Arbeiter Sahling, der die Kanalisation am Hamburger Kleinen Grasbrook zu überwachen hat, erkrankt am Abend des 14. August 1892 auf dem Rückweg zu seiner Wohnung in Altona plötzlich. Er leidet an schwerem Durchfall und Erbrechen. Noch in der Nacht diagnostiziert der Arzt Dr. Hugo Simon „asiatische Cholera". Sein Vorgesetzter, der preußische Geheime Sanitätsrat Dr. Julius Wallichs, akzeptiert die Diagnose aufgrund des fehlendes Labornachweises nicht.

**Abb. 2.88**  Die Cholera. Le Petit Journal Nr. 1150. Ausgabe vom 01.12.1912. Abbildung auf dem Titelblatt (Ausschnitt) [548]

**Abb. 2.89**  Robert Koch (historische Postkarte; Ausschnitt)

Am 15. August stirbt Sahling. Als Todesursache notiert Dr. Simon „Brechdurchfall". Am 17. August verstirbt der Maurer Köhler im Allgemeinen Krankenhaus Eppendorf. Dort untersuchen Professor Heinrich Theodor Maria Rumpf und Dr. Carl August Theodor Rumpel den Stuhl des Verstorbenen. Sie finden stäbchenförmige Bakterien. Mehr und mehr Menschen werden in die Krankenhäuser Hamburgs eingeliefert. Viele sterben rasch. Die Zeitungen berichten. Am 20. August informiert der Altonaer Kreisphysikus die Polizei, dass die Cholera wahrscheinlich ausgebrochen sei. Der Oberpräsident der preußischen Provinz Schleswig–Holstein gibt die Erkenntnisse am Tag darauf an die zuständigen Behörden in Berlin weiter, die Delegierte nach Altona senden, Hamburg informieren und Vorsichtsmaßnahmen für Altona anordnen [541].

Dr. Eugen Fraenkel gelingt es in Eppendorf am 22. August endlich, die besagten Bakterien zu vermehren und den Nachweis der asiatischen Cholera zu führen. Am Vormittag des 23. August informiert Rumpf die verantwortlichen Behördenvertreter und Senatoren. Auf der nächsten Sitzung des Hamburger Senats am 24. August wird das Thema behandelt. Zu spät, da der Choleraerreger *(Vibrio cholerae)* schon am 19. oder 20. August vermutlich über die Ausscheidungen infizierter Flussschiffer in die Elbe und durch den dortigen Haupteinlass in die zentrale Wasserversorgung Hamburgs gelangt war und der Ausbruch am 24. schon ein epidemisches Ausmaß erreicht hat [542].

In Altona wird nicht wie in Hamburg direkt Flusswasser in das Wasserleitungssystem eingespeist, sondern schon seit 1859 durch Sandfilter geführtes Wasser. So bleibt Altona von einer Epidemie verschont, nur wenige Cholerafälle treten hier auf. In Hamburg fordert die Epidemie im Verlauf von etwa zwei Monaten hingegen 8605 Todesopfer – 1,34 % der Bevölkerung. Soviel wie im Spätsommer 1892 in keiner anderen europäischen Großstadt, wie die Londoner „Times" anklagend feststellt [543].

Dass die Zahlen nicht noch höher ausfallen, ist Robert Koch zu verdanken. Er trifft am 24. August in Hamburg ein und besucht sofort Krankenhäuser und Armenviertel. Das Elend, die Armut und die ungesunden Lebensverhältnisse entsetzen Koch. In Erinnerung an seine Forschungsarbeiten in Indien formuliert er den berühmten Satz: *„Meine Herren, ich vergesse, dass ich in Europa bin"*. Unverzüglich trifft er mit Senats- und Behördenvertretern zusammen. Koch fordert [544]:

- die Requirierung von Tankwagen der Bill-Brauerei, um der Bevölkerung unverseuchtes Trinkwasser liefern zu können,
- die Schaffung von öffentlichen Stellen zum Abkochen von Wasser auf Straßen und Plätzen,
- die Desinfektion befallener Gebäude,
- die Schließung öffentlicher Bäder,
- das Schließen aller Schulen,
- ein Verbot sämtlicher Tanzveranstaltungen in Gaststätten,
- die Formulierung, den Druck und die Verteilung von Plakaten mit Warnhinweisen und Verhaltensempfehlungen für die Bevölkerung sowie

- den Druck und die Verteilung eines Flugblattes mit dem Titel „Schutzmaßregeln gegen die Cholera", das von dem Berliner Geheimen Sanitätsrat Dr. Paul Sachse bereits formuliert worden war, an alle Haushalte.

Am 26. August beschließt der Hamburger Senat diese und weitere Forderungen Kochs. Hamburger Behörden- und Senatsvertreter, die unverändert von Pettenkofers veralteten Theorien anhängen, müssen Kochs Bemühungen unterstützen. Denn Koch ist weltweit bekannt, akzeptiert und wirkungsmächtig. Seine Maßnahmen greifen und verhindern eine noch größere Katastrophe.

Der britische Historiker Richard J. Evans identifiziert die Ursachen der verheerenden Cholera-Epidemie in Hamburg:

- die Übertragung der Krankheitserreger durch Wasserleitungen in fast alle Hamburger Wohnungen,
- deren Überbelegung, die Mangelernährung und die Armut, sowie
- *„die Verzögerungs- und Vogel-Strauß-Politik der Hamburger Behörden"*. [545]

Evans führt aus, dass zweifellos die Kontamination in den Wasserleitungen die rasche und große räumliche Verbreitung verursacht hätte. Verstärkend hätten sicher auch die Lebensverhältnisse der Armen gewirkt. Doch wäre die Ignoranz Verantwortlicher in Hamburger Behörden entscheidend gewesen. Die ersten offensichtlichen Cholerafälle seien verschwiegen worden, da Ärzte Repressalien, Behördenvertreter und Senatsmitglieder ökonomische Nachteile befürchteten. Dem ist uneingeschränkt zuzustimmen [546].

Furcht vor Cholera

*„Hinsichtlich der Cholera lesen wir alles, was die Zeitung bringt. Die Hamburger, die man überall zurückweist, wohin sie auch fliegen mögen, sind in einer furchtbaren Lage. Ich habe etwas Ähnliches von Panik, von in Bann tun einer ganzen Bevölkerung, kaum erlebt. Die Berliner, die sich so sehr beglückwünschen und mal wieder alles vortrefflich finden, mögen für ihren Dünkel nicht bestraft werden. Mietskasernen, Kellerlöcher, Hängeböden, Schlafburscheninstitut, alles überfüllt, Kanalluft, Schnaps, kühle Weiße und Budikerwurst, da kann es jeden Augenblick auch hereinbrechen."*

Theodor Fontane am 1. September 1892 in einem Brief an seine Tochter Martha, Zillerthal/Riesengebirge [547].

## 1893 – Das Usambaraveilchen kommt nach Deutschland

Manche deutsche Kolonialbeamte gehen in ihrer Freizeit ihren Sammelleidenschaften nach. Manche rauben von Einheimischen kulturelle Gegenstände. Andere erwerben sie unter oftmals unfairen Bedingungen, indem Beamte die Unkenntnis der Einheimischen zum geringen Wert von Glasperlen ausnutzen und diese als Gegengabe geben. Oder sie suchen selbst oder lassen Einheimische nach seltenen Tier- und Pflanzenarten suchen, gelegentlich auch in der Hoffnung, dass sie in Zoologie oder Botanik unbekannt sind, und dass der Name des „Entdeckers" in der späteren wissenschaftlichen Artbezeichnung verewigt wird.

In Deutsch-Ostafrika, dem heutigen Tansania, steht der Berliner Walter von Saint Paul-Illaire von 1891 bis 1910 dem Bezirksamt Tanga vor, nachdem er vorher bereits als Generalvertreter der „Deutsch-Ostafrikanischen Gesellschaft" tätig war.

Saint Paul-Illaire sendet Samen des Echten Usambaraveilchens *(Saintpaulia ionantha)*, das an schattigen Standorten in den Usambarabergen wächst, nach Deutschland an seinen Vater Ullrich von Saint Paul-Illaire, der sie an Hermann Wendland leitet. Wendland ist Botaniker und Oberhofgärtner der Herrenhäuser Gärten in Hannover. Er bestimmt und beschreibt erstmals 1893 in der Gartenflora die Gattung *Saintpaulia*. Schon im selben Jahr beginnt die Kultivierung. Ab den 1960er-Jahren verbreiten sich Hybride in west- und ostdeutschen Wohnzimmern (Abb. 2.90). Derzeit existieren tausende Sorten der beliebten Zimmerpflanze in unterschiedlichsten Farben. Seit einigen Jahren werden sie indes immer seltener in deutschen Wohnzimmern [549].

**Abb. 2.90**  Usambaraveilchen (Foto: Ingmar Unkel)

## 30. März 1898 – Wilhelm Wetekamp fordert die Einrichtung unantastbarer Staatsparks

Der Abgeordnete und Oberlehrer Wilhelm Wetekamp aus Breslau fordert am 30. März 1898 im Preußischen Landtag die Einrichtung von „Staatsparks" nach amerikanischem Vorbild: *„Wenn etwas wirklich Gutes geschaffen werden soll, so wird nichts übrig bleiben, als gewisse Gebiete unseres Vaterlandes zu reservieren, ich möchte den Ausdruck gebrauchen, in»Staatsparks« umzuwandeln, allerdings nicht in Parks in dem Sinne, wie wir sie jetzt haben [...,] sondern um Gebiete, deren Hauptcharakteristikum ist, dass sie unantastbar sind."* [550].

Das Preußische Ministerium der geistlichen, Unterrichts- und Medizinalangelegenheiten fordert daraufhin Gutachten zur Einrichtung von Naturschutzgebieten an. Von der Forderung Wetekamps nach staatlichen Großschutzgebieten bis zur endgültigen gesetzlichen Verankerung des staatlichen Naturschutzes im gesamten Deutschen Reich vergehen noch Jahrzehnte – in der demokratischen Zeit der Weimarer Republik findet er keine parlamentarische Mehrheit und bleibt den meisten Menschen fremd. Es bedarf der Machtergreifung durch die Nationalsozialisten, um den staatlichen Naturschutz dauerhaft zu etablieren. Eine ganz bittere Wahrheit [551].

## 8. Februar 1899 bis 1. Mai 1900 – Die Westafrikanische Kautschuk-Expedition

Ein zentrales Motiv europäischer Staaten, Kolonien zu etablieren, ist neben der Gewinnung mineralischer Rohstoffe der Anbau tropischer und subtropischer Nutzpflanzen mit preiswerten Arbeitskräften, um möglichst hohe Erträge zu erzielen. Begehrt sind zunächst neben Gewürzpflanzen Zuckerrohr, Kaffee, Tee und Baumwolle.

Mit der Verbreitung von Fahrrädern, Motorrädern und Personenkraftwagen beginnt ein neuer Abschnitt der Kolonialgeschichte und ein bis heute nicht annähernd abgeschlossenes Kapitel der globalen Umwelt- und Wirtschaftsentwicklung (Abb. 2.91). Ein neuer Stoff mit einzigartigen Eigenschaften gelangt mit dem Abrieb von Reifen als Feinstaub in die Umwelt: Naturkautschuk, später auch Mischungen von Natur- und synthetischem Kautschuk.

Bis 1876, als es dem Briten Henry Wickham gelingt, eine größere Menge Samen des Kautschukbaums *Hevea brasiliensis* nach Großbritannien zu schmuggeln, wird dieser nur in Brasilien angebaut. Kautschukplantagen entstehen nun in den süd- und südostasiatischen Kolonien Großbritanniens und der Niederlande. Das brasilianische Monopol ist

**Abb. 2.91** Historische Werbepostkarte der Hannoverschen Gummiwerke

gebrochen. Nun dominieren Großbritannien und die Niederlande den Weltmarkt. Mit der Einführung des luftgefüllten Fahrrad- und Autoreifens im Jahr 1888 durch Dunlop wächst der Bedarf an Kautschuk auch im Deutschen Reich. Dagegen geht die Kautschukernte in den westafrikanischen deutschen Kolonien in den 1890er-Jahren zurück [552].

Diese Entwicklung veranlasst den Botaniker Otto Warburg und den Unternehmer und Vorsitzenden des deutschen Kolonial-Wirtschaftlichen Komitees Karl Supf, eine baldige Kautschukexpedition nach Westafrika anzuregen. Pflanzungsgesellschaften, Industrielle und die Wohlfahrtslotterie finanzieren die Reise.

Das Kolonial-Wirtschaftliche Komitee betraut den Botaniker und Kautschukfachmann Friedrich Richard Rudolf Schlechter mit der Planung und Durchführung der Expedition, um geeignete Kautschukvarietäten nach Kamerun und Togo bringen und dort von deutschen Firmen ausgedehnte Plantagen einrichten zu lassen (Abb. 2.92). Der zu Beginn der Reise am 8. Februar 1899 erst 27jährige Schlechter hatte bereits für den Botanischen Garten der Universität Berlin in Südafrika und Mosambik Pflanzen gesammelt und beschrieben. Schlechter kehrt am 1. Mai 1900 zurück. Für das Kolonial-Wirtschaftliche Komitee ist die Expedition ein Erfolg [553].

1890 verbraucht Deutschland mit 3031 t Kautschuk 10,3 % der Weltproduktion von Rohkautschuk. 1910 sind es bereits 23.179 t oder 23,4 % der Weltproduktion [554]. Auf die erste Kautschukexpedition folgen weitere. Nun gilt es, die Ausbreitung von Pflanzenkrankheiten – eine negative Wirkung der gedeihenden Kautschuk-Plantagenwirtschaft – zu bekämpfen. Pathogene müssen identifiziert und eliminiert werden [555]. Mit dem Ausbruch des Ersten Weltkrieges endet der Kautschukanbau durch deutsche Firmen in Westafrika abrupt.

*„Die gefährdete Lage des Kautschukmarktes, hervorgerufen durch den Niedergang der Produktion infolge des Raubbaues der Eingeborenen und durch den in ungeahnter Weise sich steigernden Bedarf der modernen, insbesondere der elektrotechnischen, Fahrrad- etc. Industrien sowie die Aussicht auf reichen Gewinn, der dem Nationalvermögen durch Einführung einer Kautschukgroßkultur in deutschen Kolonien zufließen könnte, veranlasste das Kolonialwirtschaftliche Komitee, im Frühjahr 1899 eine Kautschuk-Expedition nach Westafrika unter Führung des Botanikers und Kautschukexperten Herrn Rudolf Schlechter zu entsenden, mit der Aufgabe, die besten Kautschukvarietäten aus fremden Kolonien nach den deutschen Schutzgebieten zu überführen und eine geregelte Kautschuk-Großkultur in Kamerun und Togo in die Wege zu leiten.*

*Das Komitee ist in der Lage, feststellen zu können, dass die Expedition ihren Zweck erreicht und insbesondere durch Einführung der Kautschuk Großkultur in den Kameruner Plantagen, u. a. der ‚Moliwe -Pflanzungsgesellschaft‘, der ‚Westafrikanischen Pflanzungsgesellschaft Bibundi‘, der ‚Kamerun-Land- und Plantagengesellschaft‘, praktische Ergebnisse erzielt hat."*

Auszug aus dem Vorwort des Kolonial-Wirtschaftliche Komitees im Bericht der Westafrikanischen Kautschuk-Expedition [556].

**Abb. 2.92**   Gummiwäsche in der deutschen Kolonie Kamerun. Illustrierte Welt, 1900/5, S. 15

## Spätes 19. Jh. bis heute – Die Versiegelung der Böden Deutschlands verändert die Umwelt

In den vergangenen eineinhalb Jahrhunderten wurden in Deutschland riesige Flächen wasser- und luftdicht versiegelt, besonders durch den Bau von Gebäuden, Verkehrswegen, Park- und Flugplätzen (Abb. 2.93). Ende 1992 nehmen Siedlungs- und Verkehrsflächen 38.669 km$^2$ der Oberfläche Deutschlands[44] ein. Davon sind rund 46 % oder 17.839 km[245] versiegelt, der natürliche Austausch von Wasser und Luft (Gasen) zwischen Atmosphäre und Boden ist dort beendet, die Bodenfauna zerstört. Neun Jahre später, Ende 2011, bedecken versiegelte Siedlungs- und Verkehrsflächen bereits 20.847 km$^2$ oder rund 5,8 % der Oberfläche Deutschlands, ein Zuwachs um gut 3000 km$^2$ [557].

Der Bodenfraß durch Siedlungen und Verkehrswege hat erhebliche Nachteile. Er ist irreversibel – die entnommenen Böden haben für immer entscheidende ökologische Funktionen verloren. Beton, Asphalt, Natur- und Betonsteinpflasterungen, Dachziegel und Metalldächer heizen sich bei starker Sonneneinstrahlung weitaus mehr auf als natürliche, von Vegetation bedeckte Böden.

**Abb. 2.93**   Starke Bodenversiegelung am Bahnhof der Zeche Zollern

---

[44]Daten für 1992 und 2011 ohne Sachsen-Anhalt.

[45]Die Bestimmung der Bodenversiegelung ist mit Unsicherheiten behaftet, die genannten Daten geben lediglich die Größenordnung an, vgl. UBA (2013).

Bodenversiegelung verhindert das Versickern des Niederschlagswassers in die Böden. Ein geringer Anteil verdunstet von den versiegelten Oberflächen, gelangt so direkt zurück in die Atmosphäre.

Das Regenwasser fließt größtenteils unmittelbar in die Kanalisation und von dort auf kürzestem Wege durch Bäche und Flüsse in Nord- und Ostsee sowie über die Donau in das Schwarze Meer. Der übliche, Wochen, Monate oder Jahre dauernde Weg des Wassers über die Bodenpassage und das Grundwasser zu den Quellen verkürzt sich außerordentlich. Damit tragen versiegelte Flächen substantiell zu Hochwassern bei. Die Grundwasserspiegel sinken, da das Regenwasser nicht mehr in die Tiefe gelangt.

Die Beseitigung der Versiegelung ist aufwendig. Nach der Entfernung von Asphalt oder Beton fehlen die Böden. Es dauert Jahrhunderte, bis sich neue Böden gebildet haben.

Trotz der gravierenden ökologischen und ökonomischen Nachteile hält die Zunahme der Versiegelung von Böden in Deutschland an. Der Zuwachs des Flächenfraßes konnte bislang lediglich geringfügig gemindert werden – ein weitreichendes gesellschaftliches Versagen.

## 1901 – Eine Typhusepidemie fordert in Gelsenkirchen etwa 350 Todesopfer

Im Jahr 1901 erkranken in Gelsenkirchen rund 3200 Menschen an Typhus, ungefähr 350 sterben [558]. Die Ursache der Epidemie ist unklar. Die Stadt liegt an der Emscher, die bei Dortmund entspringt, durch viele Ruhrgebietsstädte fließt, darunter auch Gelsenkirchen, und bei Dinslaken in den Rhein mündet. In einigen Abschnitten fließt sie aufgrund des geringen Gefälles träge, wodurch die Aue dort vernässt ist. Im Laufe der 2. Hälfte des 19. Jh. leiten Zechen und Kohlewäschen zunehmend ihre Abwässer in den Fluss. Förderte die Wasserverschmutzung der Emscher den Typhusausbruch? Bereits seit 1887 existiert eine überregionale private Wasserversorgungsgesellschaft, das „Wasserwerk für das nördliche westfälische Kohlenrevier AG". Sie führt auch im Jahr 1901 Trinkwasser durch die Leitungen in Gelsenkirchen [559].

Der Bakteriologe Robert Koch wird als Berater hinzugezogen. Er verlangt nach der Epidemie eine Überwachung der Trinkwasserversorgung, die Schaffung einer Kanalisation für die Abwässer und eine beständige Seuchenüberwachung. Seinem Engagement ist die Gründung des Hygiene-Instituts des Ruhrgebiets durch einen Trägerverein schon im Dezember 1901 zu verdanken [560].

Dann kommt ein schlimmer Verdacht auf: Das Wasserwerk könnte dem Trinkwasser bakteriologisch verunreinigtes Wasser beigemischt haben. Die beiden Direktoren Eugen Hegeler und Carl Pfudel, der Ingenieur M. Schmitt und der Maschinenmeister H. Kiesendahl des Wasserwerkes werden nach zweijährigen Untersuchungen angeklagt [561].

Norman Howard-Jones, ehemaliger Historiker der Weltgesundheitsorganisation, fasst die am 4. Juli 1904 in Essen beginnende Gerichtsverhandlung zusammen [562]: Die Anklage beruft sich auf ein Reichsgesetz aus dem Jahr 1879, das eine gesundheitsschädigende oder gar lebensbedrohlich wirkende Kontamination von Lebensmitteln unter Strafe stellt. Robert Koch und weitere Zeugen sagen aus, die Typhusepidemie sei wahrscheinlich durch die gezielte Beimischung von ungefiltertem Ruhrwasser ausgelöst worden. Der forensische Mediziner Arthur Springfield verdächtigt ebenfalls kontaminiertes Wasser, geht aber von einem Rohrbruch aus. Rudolf Emmerich, Nachfolger von Max von Pettenkofer auf dem Lehrstuhl für Hygiene an der Universität München, vertritt als Zeuge der Verteidigung die Auffassung, Wasser hätte keine Rolle gespielt, vielmehr seien die Bodenverhältnisse entscheidend gewesen. Drei renommierte Experten liefern drei höchst unterschiedliche Erklärungen für die Gelsenkirchener Typhusepidemie.

Die Verteidigung argumentiert, Wasser sei kein Lebensmittel. So sagt Emmerich aus, Wasser sei wie Luft lebensnotwendig, jedoch kein Lebensmittel. Für Koch ist Wasser hingegen ein Lebensmittel. Die Verteidigung stellt nun die Glaubwürdigkeit von Koch infrage. Dieser hätte am 18. Oktober 1901 in einem öffentlichen Vortrag in Gelsenkirchen einen Rohrbruch für die Trinkwasserkontamination verantwortlich gemacht. Koch bestätigt dies mit dem Hinweis, dass die Öffentlichkeit damals die Wasserwerke an den Pranger gestellt hätte, die Stimmung sehr aufgeladen gewesen sei und dass er die Situation nicht hätte eskalieren lassen wollen [563].

Weitere Zeugen bezweifeln die Lehrmeinungen von Pettenkofer und Emmerich. Sie beruhten auf Hypothesen, die der Realität widersprächen. Karl Wilhelm von Drigalski, Professor in Saarbrücken, bezeichnet Pettenkofers Theorien gar als „unsinnig". Emmerich hält dagegen, es gäbe bloß Indizienbeweise für kontaminiertes Wasser als Typhusursache. Koch verweist auf die Fakten, insbesondere die Geschwindigkeit der Epidemie und ihre räumliche Verbreitung, die klar für kontaminiertes Wasser sprächen. In ihrem Abschlussplädoyer schlussfolgert die Verteidigung, die Epidemie sei eine Tat Gottes gewesen, nicht das Resultat der Aktivitäten von Menschen [564].

Die Staatsanwaltschaft fordert Haftstrafen von 2 bis 3 Monaten für Hegeler, Pfudel und Schmitt und eine Geldstrafe von 500 Reichsmark für Kiesendahl. Trotz der äußerst konträren, von renommierten Persönlichkeiten vorgetragenen wissenschaftlichen Positionen kommt das Gericht am 30. November 1904 zu einem Urteil. Es sieht die Beimischung von unbehandeltem Wasser aus der Ruhr zum Trinkwasser des Wasserwerkes in Trockenperioden als erwiesen an. Das Gericht bleibt unter der Forderung der

Staatsanwaltschaft und verurteilt die Angeklagten zu Geldstrafen: Pfudel und Schmitt zu je 1500 Reichsmark, Hegeler zu 1200 Reichsmark und Kiesendahl zu 200 Reichsmark. Sie haben auch die hohen Kosten des langwierigen Verfahrens zu tragen. Der Prozess wird als bedeutendes umwelt- und gesundheitsbezogenes Medienereignis aufmerksam verfolgt [565].

## 27. Februar 1904 – Der „letzte" Wolf wird getötet

*Canis lupus lupus,* der Europäische Wolf, ist eine Spezies, die uns fasziniert oder ängstigt. Das von den Gebrüdern Grimm gesammelte Märchen „Rotkäppchen und der Wolf" trägt zum schlechten Image des Raubtieres bei. Wölfe werden in Deutschland bis in das 19. Jh. systematisch bejagt und getötet. Alleine im Jahr 1817 umfasst die Jagdstrecke in Preußen 1080 Wölfe. Im Bezirk Trier sind es von 1815 bis 1900 immerhin 2136. Preußen zahlt hohe Tötungsprämien von bis zu 12 Talern pro Tier [566].

Wölfe legen weite Strecken zurück. Sie können nach der Ausrottung in einer Region durchaus wieder aus einer anderen zuwandern. So sterben „letzte" Wölfe 1835, 1836 und 1839 in Westfalen, 1836 in den bayerischen Alpen, 1841 im Taunus, 1859 im Erzgebirge, 1866 im Odenwald, 1872 in Niedersachsen, 1874 im Bezirk Köln und 1888 in der Eifel. Ende des 19. Jh. gibt es fast keine freilebenden Wölfe mehr im Deutschen Reich. Am 27. Februar 1904 wird der „letzte" Wolf Deutschlands, der „Tiger von Sabrodt", bei einer Treibjagd um Tzschelln in der Oberlausitz von einem Förster erschossen. Zuerst war er im Jahr 1900 bei Sabrodt gesichtet worden, vier Jahre lang hatte man ihn vergeblich gejagt. Vielleicht war er aus einem Zoo oder Wildpark ausgebrochen. Das Stadtmuseum von Hoyerswerda stellt ihn gut präpariert aus. Das Museum Alexander Koenig in Bonn zeigt einen Mitte des 19. Jh. in der Eifel bei Prüm erlegten Wolf [567].

Von 1948 bis 1991 werden in den beiden deutschen Staaten 24 eingewanderte Wölfe erschossen. Inzwischen ist der Europäische Wolf in der Europäischen Union geschützt, in Deutschland wieder heimisch und 2018 selbst im Bundestag Gegenstand leidenschaftlicher Erörterungen [568].

## 22. Oktober 1906 – Preußen errichtet mit der „Staatlichen Stelle für Naturdenkmalpflege" das erste staatliche Naturschutzamt

Der Botaniker Hugo Conwentz leitet seit 1879 das Westpreußische Provinzialmuseum in Danzig [569]. Er nimmt die zunehmende Industrialisierung als wachsende Bedrohung von außergewöhnlichen Naturorten wahr und macht sie publik [570]. Es sei *„an der Zeit, die übrig gebliebenen hervorragenden Zeugen der Vergangenheit und bemerkenswerthe Gebilde der Gegenwart im Gelände aufzusuchen, kennen zu lernen und möglichst zu schützen,"* schreibt Conwentz im Vorwort zum ersten Teil des Forstbotanischen Merkbuches [571]. Der Staat habe *„auch den ideellen Gütern seine Fürsorge zu widmen"* und sich *„den Denkmälern der Natur in gleicher Weise"* zuzuwenden [572].

Conwentz nutzt seine exzellenten Naturkenntnisse und vielfältige Kontakte, um staatliche Schlüsselakteure zu gewinnen und einen institutionellen Naturschutz in Preußen vorzubereiten. Der Durchbruch gelingt am 22. Oktober 1906, als der Preußische Minister der geistlichen, Unterrichts- und Medizinalangelegenheiten Conwentz mit der Errichtung und der nebenamtlichen Leitung der „Staatlichen Stelle für Naturdenkmalpflege in Preußen" beauftragt. Sie hat in Danzig ihren ersten Sitz, ist die Keimzelle des staatlichen Naturschutzes in Deutschland und weltweit das erste staatliche Naturschutzamt. Haushaltsmittel stehen erst 1909 zur Verfügung. Am 3. Februar 1911 zieht das Amt nach Berlin-Schöneberg. Der feierlichen Eröffnung wohnen bekannte Persönlichkeiten bei, darunter Wilhelm Wetekamp, der Pathologe Rudolf Virchow und der Geograph Albrecht Penck. Der Naturschutz wird hoffähig und Conwentz zu einem wichtigen Wegbereiter des Naturschutzes in Deutschland. Die Aufgaben der Staatlichen Naturdenkmalstelle umfassen:

- die Ermittlung, Erforschung und Dauerbeobachtung preußischer Naturdenkmäler,
- die Prüfung von Maßnahmen zum Erhalt ursprünglicher und unberührter Naturdenkmäler sowie
- eine beratende Funktion bei der Feststellung notwendiger Schutzmaßnahmen.

Der Schutzgedanke wird bald von einzelnen Naturdenkmälern auf kleinere Räume mit schützenswerten Arten wie Moore ausgeweitet. Das staatliche Engagement für den Naturschutz bleibt im Deutschen Reich dennoch bis zum 1. Oktober 1935 begrenzt [573].

Die Staatliche Stelle für Naturdenkmalpflege ist die älteste Vorläufereinrichtung des 1993 gegründeten Bundesamtes für Naturschutz.

## Ab 1907 – Die Auswirkungen des Phosphatabbaus auf der Pazifikinsel Nauru

Flüssiges Gestein, Lava, strömt vor etwa 35 Mio. Jahren aus dem Erdmantel nahe am heutigen Äquator durch Spalten in der Pazifischen Gesteinsplatte auf den Meeresgrund in 4300 m Tiefe. Lavastrom über Lavastrom türmt sich bei unzähligen weiteren Ausbrüchen am Meeresboden auf. Ein untermeerischer Vulkan entsteht, der schließlich die Meeresoberfläche erreicht und rund 3000 km nordöstlich von Australien die Insel Nauru bildet, die größer und höher wird. Der Vulkan erlischt. In geologischen Zeiträumen von Jahrmillionen verliert er durch zwei Prozesse deutlich an Höhe:

- Das enorme Gewicht des vom Meeresboden weit mehr als 4300 m aufragenden Vulkanmassivs lässt Nauru sukzessive in das unter dem Meeresboden liegende Gestein der ozeanischen Kruste einsinken.
- Die Abflüsse von zahllosen kräftigen Niederschlägen tragen den erloschenen Vulkan letztendlich bis auf den Meeresspiegel ab.

Schon lange zuvor haben sich Korallen an der Küste der Vulkaninsel direkt unter der Meeresoberfläche angesiedelt. Während das Vulkanmassiv ganz langsam absinkt, wachsen die Korallen in gleicher Geschwindigkeit wie die Absenkung weiter nach oben und bleiben so unmittelbar unter der Meeresoberfläche. Dann verschwindet das abgetragene und weiter absinkende frühere Inselzentrum – der ehemalige Vulkan – allmählich im Meer. Die Korallen wachsen weiter und die Insel wandelt sich in einen vorwiegend aus den Kalkskeletten von Korallen bestehenden Ring, ein Atoll, mit einem flachen See im Zentrum. Das Korallenriff erreicht schließlich eine Mächtigkeit von ungefähr 500 m.

Tektonische Prozesse in der Erdkruste lassen das Atoll dann um viele Meter aufsteigen. Die Korallen sterben ab und bilden ein Kalksteinplateau. Neue Korallen siedeln sich an dessen äußerem Rand unmittelbar unter dem Meeresspiegel an. Das Kalksteinplateau ist den hohen Niederschlägen und den beständig hohen tropischen Temperaturen ausgesetzt. Die Säuren im Niederschlag lösen den Kalk bevorzugt, wo sich Klüfte kreuzen. Dort bilden sich über lange Zeit mehrere Meter tiefe Taschen, die sich zu Trichtern verbreitern, zwischen denen Kegel aus Kalkstein stehen bleiben. Die Insel wird nun zu einem idealen Nistplatz für Seevögel. In den Trichtern reichern sich über Jahrtausende Vogelexkremente, Guano, an. Sie verhärten und wandeln sich durch Verwitterungsprozesse zu fluorhaltigem Kalziumphosphat, das kaum Verunreinigungen enthält und ein überaus wertvoller Rohstoff ist. Die Auffüllung der Trichter mit den Phosphaten schafft wieder eine flachere Oberfläche, die Vertiefungen – die Gunststandorte der Seevögel – verschwinden langsam. Vegetation siedelt sich an. Böden bilden sich in Oberflächennähe [574].

Die älteste erhaltene europäische Überlieferung zu Nauru datiert in das Jahr 1798, als der britische Kapitän John Fearn und seine Besatzung die Insel sichten. Sie finden Menschen mit einer eigenen Kultur und Sprache vor, die sich in zwölf Clans organisiert haben. In den 1830er-Jahren beginnen Walfänger, Händler und Piraten die Insel häufiger aufzusuchen. John Jones, ein von Norfolk Island entkommener Strafgefangener, terrorisiert die Bevölkerung Naurus bis 1842. Ungefähr 1400 Einheimische leben damals auf Nauru. Deutsche Händler veräußern in den späten 1870er-Jahren Branntwein und Schusswaffen an die Einheimischen. Dadurch wird ein zehnjähriger Bürgerkrieg initiiert, dem auch das traditionelle Clansystem zum Opfer fällt. 1888 besteht die Bevölkerung noch aus ungefähr 900 Einheimischen [575].

In einer anglo-deutschen Vereinbarung vom 6. April 1886 wird der westliche Pazifik aufgeteilt. Die Region westlich einer Grenzlinie von den Salomonen (8° 50′ S, 159° 50′ E) bis zu einem Punkt unweit der Marshall-Inseln (6° N, 173° 30′ E) wird deutsches Einflussgebiet, der Raum östlich britisch [576]. Am 10. April 1896 erklären beide Staaten ergänzend die Handelsfreiheit auf Gegenseitigkeit. Die Grundlage für die kampflose Eroberung von Teilen Mikronesiens durch das Deutsche Reich ist damit geschaffen [577].

Nauru liegt gemäß der ursprünglichen Vereinbarung im britischen Einflussgebiet. Aufgrund bereits bestehender Handelsbeziehungen der deutschen Jaluit-Gesellschaft mit Nauru beharrt die Regierung des Deutschen Reiches auf einer Vertragsänderung, der das Vereinigte Königreich zustimmt. Nauru[46] wird in das deutsche Protektorat der Marshall-Inseln integriert. Am 1. Oktober 1888 erreicht der kaiserliche deutsche Bevollmächtigte der Jaluit-Gesellschaft, die die Verwaltung des Protektorates zugunsten wirtschaftlicher Privilegien mitfinanziert, die Marshall-Inseln. Auf Nauru geben die Einheimischen ihre von deutschen Händlern erworbenen Waffen ab; der Frieden ist endlich wieder hergestellt.

Die Jaluit-Gesellschaft erhält am 18. Januar 1888 die Erlaubnis, herrenloses Land in Besitz zu nehmen, Perlmuscheln zu fischen und Guanolagerstätten auszubeuten. 1888 sind die Phosphatvorkommen auf Nauru in Europa noch unbekannt. Albert Ellis, ein Mitarbeiter der Kobrahandel und Perlenfischerei betreibenden Pacific Islands Company (ab 1902 Pacific Phosphate Company), entdeckt dort im Jahr 1900 Phosphatgestein von höchster Qualität. Phosphat ist ein wichtiger Naturdünger. Die Jaluit-Gesellschaft überträgt noch im selben Jahr die Abbaurechte an die britische Firma und erhält im Gegenzug eine Lizenzgebühr, ab 1906 einen Schilling pro Tonne verschifftes Phosphat. Die Nauruer interessieren sich kaum für die schwere Arbeit im Phosphatabbau. Daraufhin bringt die Pacific Phosphate Company Arbeiter aus China und von den Gilbert-Inseln (heute Kiribati) auf die Insel (Abb. 2.94). Ihre Arbeitskraft ist entscheidend für den

---

[46]Mit einer Fläche von 21,2 km² ist Nauru kaum größer als die nordfriesische Insel Amrum.

**Abb. 2.94**  Chinesische Arbeiter
in den Phosphatminen von Nauru
[580]

Abbau der Phosphate. Die Einheimischen sind mittlerweile eine Minderheit und eine Grippewelle kostet zahlreiche Menschenleben.

1906 wird das Protektorat der Marshall-Inseln mit Nauru der Verwaltung der Kolonie Deutsch-Neuguinea unterstellt und im Jahr darauf eine kaiserliche Bergbauverordnung für die Protektorate in Afrika und in der Südsee erlassen. Demnach hat auf das Ende jeglichen Bergbaus eine Sanierung zu erfolgen; Wertminderungen und unbeabsichtigte Schäden müssen kompensiert werden. Der kaiserliche deutsche Bevollmächtigte der Jaluit-Gesellschaft besteht darauf, dass die britische Abbaugesellschaft für jede Tonne gewonnenen Phosphats den einheimischen Landbesitzenden 5 Pfennig zahlt – ein äußerst geringer Betrag auch in Anbetracht der schwerwiegenden Umweltveränderungen. Beide Gesellschaften gehen davon aus, dass damit ihre Pflichten ein für alle Mal erfüllt sind. Die Einheimischen kennen die deutsche Bergbauerordnung und das Bürgerliche Gesetzbuch nicht. Nauru ist ein Beispiel kolonialer Ausbeutung durch deutsche Firmen und das Deutsche Reich [578].

Zu Beginn des Ersten Weltkriegs erobern australische Truppen Nauru; die Insel kommt unter die Kontrolle der Britischen Hochkommission für den Westpazifik. Das Vereinigte Königreich, Australien und Neuseeland erhalten 1920 vom Völkerbund ein Treuhandmandat für Nauru. Die drei Regierungen erwerben die Pacific Phosphate Company und übernehmen die Rechte am Phosphatabbau. Die Phosphatgewinnung wird verstärkt. Japan okkupiert Nauru von 1942 bis 1945. Während des Zweiten Weltkriegs richten deutsches Geschützfeuer und später Bombardierungen durch die Alliierten erhebliche Schäden auf dem durch den Phosphatabbau geschundenen

Eiland an. Die Japaner deportieren 1200 Einheimische nach Truk zur Zwangsarbeit; 463 sterben durch Hunger und Bombardierungen. Die Überlebenden kehren 1946 nach Nauru zurück. Seit 1969 ist Nauru unabhängig und die kleinste Republik der Erde, mit heute rund 13.000 Bewohnerinnen und Bewohnern [579].

Der zeitweilig extreme Reichtum der Bevölkerung Naurus in den ersten Jahren nach der Unabhängigkeit führt zu skurrilen Auswüchsen: Bleibt ein Auto aufgrund eines kleinen Defektes auf der Ringstraße liegen, wird es nicht selten stehen gelassen und durch ein neues ersetzt.

Deutsche, britische, australische und in jüngster Zeit nauruische Firmen haben etwa 90 % der Oberfläche Naurus vollkommen verändert und eine mondartige Kraterlandschaft mit zerklüfteten Zinnen und Haufen aus versteinerten Korallen hinterlassen (Abb. 2.94). Landwirtschaft ist dort nicht mehr möglich. Das Wasser auf Nauru ist belastet.

## 2.5   Von der Stickstoff-Synthese bis zu den Folgen des Nationalsozialismus

### 13. Oktober 1908 – Fritz Haber beantragt Patentschutz für ein Verfahren zur Ammoniaksynthese

*„Die Entwicklung der Technik, der Industrie, kurz der äußerlichen Zivilisation ging so rasch, daß die innere nicht zu folgen vermochte, denn die geht immer langsam voran, weil sie ihrer Natur gemäß solid sein muß.“* Jakob Bosshart, Schweizer Schriftsteller [581].

Droht im frühen 20. Jh. die Schere zwischen Nahrungsmittelverfügbarkeit und -bedarf weiter auseinander zu driften? Nicht wenige sehen einen möglicherweise gravierend wachsenden Mangel an Stickstoffdünger als eines der bedeutendsten Probleme der Menschheit. Stickstoffdünger kommt bis dahin ganz überwiegend als Salpeter aus der chilenischen Atacama ins Deutsche Reich [582].

Carl Sprengel hatte 1828 entdeckt, dass Pflanzen Mineralstoffe aus dem Boden aufnehmen können, darunter Stickstoffverbindungen wie Ammoniak, das zum Aufbau von Proteinen beiträgt. Justus von Liebig erweiterte diese Erkenntnisse; er machte sie erfolgreich publik. Ammoniak ($NH_3$) – *Sal ammoniacum,* das Salz der Oase des Gottes Ammon – ist ein giftiges, stechend riechendes farbloses Gas. Es ist leichter als Luft, wasserlöslich und kann vermischt mit Luft explodieren.

Die Technische Hochschule Karlsruhe ernennt 1898 mit Fritz Haber einen erfolgversprechenden Nachwuchswissenschaftler zum Außerordentlichen Professor für Chemie. In seinem Karlsruher Labor untersucht Haber ab 1904 die Reaktion von Stickstoff und Wasserstoff unter hohen Drücken. Er entdeckt, dass dabei Ammoniak entsteht und abtrennbar ist. Am 13. Oktober 1908 beantragt Fritz Haber beim Kaiserlichen Patentamt den Patentschutz für das von ihm entwickelte Verfahren zur Synthese von Ammoniak. Am 8. Juni 1911 wird das Patent Nr. 235.421 gewährt. 1909 tropft zum ersten Mal synthetisches Ammoniak aus seiner Versuchseinrichtung. Eine Weltsensation! Aber welche Apparatur vermag tausende Tonnen statt weniger Tropfen Ammoniak zu liefern, den Laborablauf in eine industrielle Produktion zu überführen? Der Chemiker und Ingenieur Carl Bosch arbeitet seit 1899 bei der Badischen Anilin- & Soda-Fabrik (BASF) in Ludwigshafen. Im frühen 20. Jh. ist die BASF das größte chemische Unternehmen der Welt (Abb. 2.95). Bosch führt, unterstützt von dem Chemiker Alwin Mittasch, bei der BASF ab 1909 tausende Experimente durch, um die industrielle Produktion von Ammoniak vorzubereiten. Bosch und Mittasch entwickeln ein Verfahren, das als Katalysator Eisen mit Tonerde nutzt, die Aluminium, Kalium und Kalzium enthält. Der Katalysator wird in doppelwandige Hochdruckgefäße integriert, deren Entwicklung aufwendig und schwierig ist. Am 19. September 1913 nimmt die BASF in Oppau bei Ludwigshafen die erste großtechnische Anlage für die Ammoniaksynthese in Betrieb. Sie erzeugt nach dem „Haber-Bosch-Verfahren" bald täglich 20 t Stickstoff [583].

Bei der Ammoniaksynthese werden Wasserdampf und Methan ($CH_4$) aus Erdgas auf etwa 800 °C erhitzt und in Wasserstoff, Kohlendioxid und Kohlenmonoxid gespalten. Anschließend zugeführte Luft reagiert mit dem Wasserstoff zu Wasser. Nun liegen Wasserstoff, Kohlendioxid, Kohlenmonoxid und reaktionsträger Stickstoff vor.

**Abb. 2.95**　Badische Anilin- & Soda-Fabrik (BASF) in Ludwigshafen (Postkarte gelaufen 1918)

Kohlenmonoxid oxidiert zu Kohlendioxid und wird ausgewaschen. Schließlich verbindet man unter hohem Druck und bei Temperaturen um 450 °C Stickstoff und Wasserstoff im Verhältnis 1:3 zu Ammoniakgas, dass sich durch Abkühlung verflüssigt [584].

Die Ammoniakproduktion hat erhebliche Umweltwirkungen. Für die Produktion von 1 t Ammoniak werden 8 bis 13 MWh Energie verbraucht und 1,5 bis 2 t klimaschädliches Kohlendioxid freigesetzt. Die Ammoniaksynthese nach dem Haber–Bosch-Verfahren benötigt heute fast 5 % des weltweit geförderten Erdgases. Als Abfallprodukt bildet sich hochgiftiger Schwefelwasserstoff ($H_2S$), der damals direkt vom Werk Oppau in den benachbarten Rhein geleitet wird. Der Geruch nach faulen Eiern ist weithin wahrzunehmen. Während des Ersten Weltkrieges errichtet die BASF eine Kläranlage, die kaum Wirkung entfaltet. Offenbar führt die hohe Bedeutung von Ammoniak im Krieg dazu, dass die Behörden diese Gewässerbelastung tolerieren. $H_2S$ beschädigt Rheinschiffe und beeinträchtigt die Gesundheit der Schiffsbesatzungen. Die BASF reagiert auf Proteste. Die Sohle des Abwasserkanals wird 1918 im Bereich des Einlaufs in den Rhein tiefer gelegt.

Die zuständige Regierung der Pfalz verlangt von der BASF eine Reinigung der Abwässer vor der Einleitung in den Rhein. Es gibt kein bewährtes Verfahren zur Entschwefelung industrieller Abwässer. Ende 1921 nimmt das Unternehmen eine Versuchsanlage in Betrieb. Untersuchungen von Wasserproben aus dem Rhein unterhalb von Oppau zeigen im Frühjahr 1926, dass die Entschwefelung der Abwässer der Ammoniakfabrik offenbar gelungen ist [585].

Natürlicher Salpeter ($HNO_3$) aus Chile ist kriegswichtig und zur Herstellung von Sprengstoff u. a. für Granaten unverzichtbar. Schon im Herbst 1914 gehen die Reserven des Deutschen Reiches zur Neige. In Antwerpen konfiszierter Chilesalpeter ermöglicht die Produktion von Munition durch deutsche Unternehmen bis in das Frühjahr 1915. Bosch gibt im Herbst 1914 im Kriegsministerium sein berühmtes „Salpeterversprechen": Ab Frühjahr 1915 werde die BASF über die Nutzung von synthetischem Ammoniak 5000 t Natronsalpeter ($NaNO_3$) pro Monat herstellen – eine in Anbetracht des Standes der Technik überaus gewagte Aussage. Im April 2015 erzeugt die BASF bereits 1000 t Salpeter, 1917 rund 13.000 t im Monat. Zwar produziert die BASF keinen Sprengstoff. Ohne Salpeter aus Oppau hätte der Erste Weltkrieg freilich vermutlich spätestens 2016 geendet [586].

Die vor dem Ersten Weltkrieg vorwiegend Farben herstellende BASF wandelt sich ab 1914 rasch in ein Kriegsunternehmen, das 1918 mehr als drei Viertel des Umsatzes mit Kriegsmaterial wie synthetischem Ammoniak und Salpeter macht und hohe Gewinne erzielt [587].

Das Haber–Bosch-Verfahren verbraucht aktuell 1 bis 2 % der weltweit produzierten Energie. Großtechnische Anlagen produzieren aktuell weltweit mehr als 100 Mio. t Ammoniak. Etwa 80 % gehen in die Herstellung von Düngemitteln. Die übrigen rund 20 % der Weltproduktion werden für Farben, Lacke, Kunststoffe, Medikamente und Sprengstoff verwendet. Ammoniakverbindungen befinden sich in gefärbter Kleidung und in den meisten Produkten aus Gummi. Arzneimittel wie Antibiotika enthalten aus Ammoniak hergestellte Sulfonamide. Synthetischer Ammoniak hat eine gewaltige globale Bedeutung. Heute entwickeln Labors großer Chemieunternehmen klimafreundlichere Varianten der Produktion von Ammoniak nach dem Haber–Bosch-Verfahren [588].

Ohne mineralischen Stickstoffdünger würde sich die weltweite Nahrungsmittelproduktion wohl etwa halbieren (Abb. 2.96). Nahezu jedes zweite Stickstoffatom in unserem Körper stammt offenbar von der Ammoniaksynthese nach Haber und Bosch [589].

Die Ammoniaksynthese ist wohl die bedeutendste Leistung der Chemie im 20. Jh. und eine deutsche Erfindung, die unsere Welt wie wenige andere verändert hat. Im Guten, was die Ernährung der Menschheit betrifft, im Schlechten was einerseits in Kriegszeiten den Einsatz von Schießpulver auf Schlachtfeldern und andererseits in Friedenszeiten zuerst die Schadstoffbelastung des Rheins und in jüngerer Zeit den Nährstoffüberfluss und -austrag von Äckern anbetrifft. Im frühen 20. Jh. bestand ein ganz dringender Bedarf, immer mehr Menschen gut zu ernähren. Wir sind ganz offensichtlich, wie Jakob Bosshart schon vor einem Jahrhundert feststellt hat, nicht annähernd in der Lage, mit vielen technischen Entwicklungen so umzugehen, dass unsere Gesellschaft und unsere Umwelt nachhaltig von ihnen profitieren.

**Abb. 2.96** Ertragssteigerung durch Düngung mit Ammoniak (historische Werbepostkarte)

## 1. November 1908 – Theodor Lessing gründet den „Antilärmverein"

In unserer natürlichen Umwelt gibt es eine große Vielfalt an Tönen, Klängen und Geräuschen: Blätter säuseln oder rascheln im Wind. Tiere summen, zwitschern, zirpen, pfeifen, trillern, gackern, krähen, schnalzen, schnattern, fauchen, quaken, quieken, piepsen, blöken, grunzen, bellen, heulen, schnurren, schnauben, röhren, wiehern, brüllen, schreien, kreischen. Wasser rauscht, gluckert, zischt, braust, brodelt, tost, sprudelt. Von schnell fließendem Wasser bewegte Steine klackern. Donner grollt und knallt. Wind dröhnt, heult und pfeift. Regen prasselt, trommelt, peitscht und klatscht.

Vermutlich beschwerten sich früher Menschen selten über Geräusche der Natur. Der Theologe Ehregott Andreas Christoph Wasianski, Schreibgehilfe des Philosophen Immanuel Kant, berichtet von einer Lärmbelästigung, die diejenigen nachvollziehen können, die sie selbst erleben mussten. Kant wohnt im Königsberger Stadtteil Löbenicht *„bei dem Direktor Kanter, aus dessen Hause ihn aber ein Nachbar vertrieb, der auf dem Hofe einen Hahn hielt, dessen Krähen unseren K. im Gange seiner Meditationen zu oft unterbrach. Für jeden Preis wollte er dieses laute Thier ihm abkaufen und sich dadurch Ruhe verschaffen, aber es gelang ihm bei dem Eigensinn des Nachbars nicht, dem es gar nicht begreiflich war, wie ein Hahn einen Weisen stören könnte. K. wich also aus. Er bezog dann eine Wohnung auf dem Ochsenmarkte, wieder eine andre nahe dem Holzthore."* [590].

Menschen haben die natürliche Geräuschvielfalt grundlegend erweitert und verstärkt. Karren und Wagen knarren, klappern und rasseln über unbefestigte, später gepflasterte und schließlich betonierte und asphaltierte Wege und Straßen. Uhren ticken und schlagen, Kirchenglocken läuten, Peitschen knallen, Schmiede hämmern. Ausrufer schreien,

Zeitungsjungen plärren. Die Verbrennung von Holz, Kohle, Öl und Gas lässt Dampfmaschinen stampfen, scheppern, zischen und fauchen. Im Jahr 1835 wird starker Lärm mobil in deutschen Staaten: Eisenbahnen tragen ungewöhnliche Geräusche bei ungünstigen Wetterlagen über große Distanzen. Zunächst stören sie kaum.

Laut brummende, manchmal aufheulende, durch die Einspritzung von Gas- und Mineralölprodukten betriebene Verbrennungsmotoren ersetzen die Dampfmaschinen. Maschinenlärm ist zunächst bloß lokal auffällig und noch Symbol des Fortschritts. Mit der räumlichen Verdichtung von Industrieanlagen, dem Wachstum von Städten und Verkehrswegen nimmt Lärm zu. Der Schriftsteller Wilhelm Bölsche schreibt 1901: *„Das Geräusch des neunzehnten Jahrhunderts, das wir zuerst hören, wenn wir uns seelisch darauf konzentrieren, ist kein Schlachtendonner und kein Feldgeschrei irgend welcher weltlichen oder geistlichen Art: es ist das Donnern eines Eisenbahnzuges, der das Granitmassiv eines Schneegebirges im Tunnel durchquert, das Pfeifen von Dampfmaschinen, das Singen des Windes in Telegraphendrähten und der sonderbare heulende Laut, mit dem der elektrische Straßenbahnwagen an seiner Leitung hängend daherkommt.“* [591].

> *„Eines Tages wird der Mensch den Lärm ebenso unerbittlich bekämpfen müssen wie die Cholera und die Pest.“* Robert Koch [592].

Störende Geräusche sind schon vor mehr als einem Jahrhundert ein gravierendes Umweltproblem. Der Kulturphilosoph Theodor Lessing wertet die wachsende Lärmbelästigung durch Menschen und Maschinen als ein Zeichen für den Niedergang unserer Kultur: Die geistigen Arbeiter in Großstädten seien vom Lärm besonders betroffen und der Kampf gegen den Lärm sei *„ein Kampf des Geistigen gegen die Verpöbelung des Lebens“.* [593].

Lessing gründet am 1. November 1908 in Hannover den „Deutschen Lärmschutzverband“, der als „Antilärmverein“ bekannt wird. Der Verein gibt die Zeitschrift „Der Antirüpel/Das Recht auf Stille“ mit dem Untertitel „Monatsblätter zum Kampf gegen Lärm, Rohheit und Unkultur im deutschen Wirtschafts-, Handels- und Verkehrsleben“ heraus. Sie berät von Lärm Geplagte rechtlich und publiziert deren Beschwerden gegen unzumutbare, von Mitmenschen ausgelöste Geräusche. Der Verein führt Listen mit ruhigen Unterkunftsmöglichkeiten und andere mit Erzeugern von *„akustischem Schmutz“.* Pflasterlisten warnen vor lauten Straßen. Im Jahr 1908 publiziert Lessing den lesenswerten Titel *„Der Lärm. Eine Kampfschrift gegen die Geräusche unseres Lebens“.* [594].

Im 20. Jh. erweitert sich das menschengemachte Geräuschrepertoire. Motorgetriebene Personen- und Lastkraftwagen sowie Flugzeuge lärmen zunehmend über das Land und durch die Luft. In Wohnhäusern mahlen Kaffeemaschinen Bohnen, heulen Föhne, brummen Staubsauger, brausen Waschmaschinen, klingeln Telefone, schallt Gesprochenes und Musik aus Radio- und Fernsehgeräten, jüngst auch aus Computern und Smartphones. Heimwerker hämmern, bohren, sägen, schleifen. In Gärten dröhnen Rasenmäher, Kettensägen und Laubbläser. In und um Fußballstadien verbreiten Fans weithin hörbare Geräusche. Die im Sommer 2017 in Kraft getretene Sportanlagenlärmschutzverordnung erlaubt gar mehr Lärm als zuvor, auch in Ruhezeiten. Lautstarke Open-Air-Konzerte beglücken abends nicht alle in der Umgebung der Arenen Wohnenden. Um großstadtnah gelegene Flughäfen brummt und dröhnt es. Der urplötzlich und unerwartet auftretende hochfrequente zuerst schrille, dann donnernde Krach tief fliegender Militärflugzeuge schockiert, geht bis an die Schmerzgrenze.

Mikrofone in Schallpegelmessern ermitteln Schalldruckpegel. Die Messdaten werden nach der Frequenz gewichtet und in der Hilfsmaßeinheit Dezibel-A (dB(A)) angegeben. Die berechneten dB (A)-Werte entsprechen eingeschränkt der menschlichen Geräuschwahrnehmung, die subjektiv und aus diesem Grund nicht objektiv messbar ist.

> 2016 besitzen Lärmschutzwände an Straßen eine Gesamtlänge von 1216 km. Sie mindern damit nur auf 0,53 % der Länge der überörtlichen Straßen Deutschlands den Lärm [595].

Mehr als die Hälfte der Menschen in Deutschland fühlt sich durch Straßen-, Flug-, Arbeits-, Bahn-, Haushalts- und Freizeitlärm gestört. Zu den langfristigen Folgen dauerhafter Lärmbelastungen zählen Schlafstörungen, Bluthochdruck und Herzinfarkt, Gehörschäden und Depressionen [596]. Trotz aller Lärmschutzmaßnahmen hat sich die Gesamtbelastung durch Geräusche in jüngster Zeit in Deutschland nicht entscheidend verbessert, vor allem da die Flug-, Pkw- und Lkw-Verkehre weiter zugenommen haben.

> *„Die Erholung, welche der Städter immer und immer wieder im Gebirge, auf dem Lande, am Meere sucht, ist wesentlich eine Erholung seiner vom Ohr aus erschöpften Nerven. Was dieser Lärm bedeutet, merkt er meistens erst, wenn er ihm eine Zeitlang entrückt war. Dann begreift er kaum, wie er sich wieder gewöhnen soll an das Gerassel der Bäckerkarren

*und Fleischerwagen, welche in der Frühe um die Wette toben, an das Gepolter und Geläute der Lastwagen, der Pferdebahnen, der elektrischen Bahnen, welche ihnen bald folgen, an das Getöse der Straßenreinigungsmaschine, die in tiefer Nacht die anderen Lärmmaschinen ablöst und donnernd das Haus des müden Bürgers umkreist, an all die anderen fürchterlichen Töne, mit welchen die Stadtbahn, der Güterbahnhof, nachbarliche Akkumulatoren usw. ruhelos zu allen Stunden der Nacht das Wort des Dichters verhöhnen: ,Ringsum ruhet die Stadt, still wird die erleuchtete Gasse'. Freilich gewöhnt man sich wieder daran, wie man sich an Gift gewöhnt, das heimlich die Gesundheit untergräbt, und nicht mehr für ein Gift gehalten wird, bis der plötzliche Zusammenbruch der Kräfte es schrecklich lehrt."* Anmerkungen des Kulturphilosophen Theodor Lessing zum Straßenlärm im Jahr 1908 [597].

## 1911/12 – Abwässer der Kaliindustrie an Werra und Fulda gefährden das Trinkwasser in Bremen

Auf Veranlassung der Stadt Bremen lässt der Reichsgesundheitsrat in einem Gutachten „über das duldbare Maß der Verunreinigung des Weserwassers durch Kaliabwässer" die folgende Frage klären: *„Inwieweit darf das Weserwasser mit Kaliabwässern angereichert werden, ohne seine Verwendung zur Trinkwasserversorgung für ein großes Gemeinwesen unmöglich zu machen, [...]?"* [598].

Am 8. Juni 1914 stellt der Reichsgesundheitsrat fest: *„Im Interesse der Wasserversorgung Bremens muß der Gehalt des Weserwassers an Kaliabwässern an der Entnahmestelle für Bremen so niedrig gehalten werden, daß es selbst bei Niedrigwasser keinen aufdringlichen Geschmack oder Nachgeschmack nach Kalilauge zeigt, und daß seine Härte nicht die Bereitung von Speisen, die Körperreinigung und das Waschen von Bekleidungsgegenständen in nennenswerter Weise beeinträchtigt. Bei Innehaltung dieser Grenzen sind gesundheitliche Schädigungen der Verbraucher durch das gut gefilterte Weserwasser infolge der darin enthaltenen Kalisalze nicht zu befürchten. Als Höchstgrenze, über die hinaus das Weserwasser an der Entnahmestelle im Hinblick auf seine Verwendung als Trinkwasser nicht mit Kaliabwässern angereichert sein darf, ist eine Gesamthärte von 20 Härtegraden und ein Chlorgehalt von 260 mg im Liter anzusehen".* Diese Werte seien das Äußerste, was geduldet werden könne. Vor der Einleitung der Kaliabwässer habe die Weser eine natürliche Härte von 8 bis 10, selten bis 12 Grad besessen. Auch das Ausmaß der Einleitung von Kochsalz sei zu begrenzen. Obgleich dessen

Geschmack *„nicht so unerfreulich Chlormagnesium"* sei. Der Reichsgesundheitsrat nimmt einen natürlichen Chloridgehalt des Weserwassers von $60\,\mathrm{mg\,l^{-1}}$ an [599].

Welches Ereignis hat diese Stellungnahme ausgelöst? Die Stadt Bremen entnimmt das Trink- und Brauchwasser für seine Bevölkerung, die Handwerks- und Industriebetriebe aus der Weser und leitet es zur Reinigung durch Sandfilter, die die Schwebstoffe, jedoch nicht gelöste Stoffe aufnehmen. Im Frühjahr und Sommer 1911 ist es außergewöhnlich trocken, die Pegel von Werra, Fulda und Weser fallen substantiell [600]. Wird täglich stets die gleiche Menge an Salzen in einen Fluss geleitet, so sind dessen Salzkonzentrationen weitaus geringer bei einem verdünnend wirkenden Hochwasser und erheblich höher bei Niedrigwasser, also geringen Abflussmengen. In der ungewöhnlichen Niedrigwasserphase des Jahres 1911 erreicht das Weserwasser in Bremen maximale Konzentrationen an Chloriden von $400\,\mathrm{mg\,l^{-1}}$ und an Sulfaten von $165\,\mathrm{mg\,l^{-1}}$ [601]. Das aus der Weser gewonnene Trinkwasser ist praktisch ungenießbar, Bremen beschwert sich beim Reichsgesundheitsrat über die gravierende Gewässerbelastung.

Nachdem Carl Sprengel 1828 und Justus von Liebig 1840 die herausragende Bedeutung von Mineralsalzen für das Kulturpflanzenwachstum erkannt und bekannt gemacht haben, wächst der Bedarf an Stickstoff, Phosphor und Kalium als Düngemittel in Landwirtschaft und Gartenbau (Abb. 2.97). Bei Bohrungen nach Steinsalz wird bereits 1843 auf dem Kokturhof der königlich-preußischen Salzwerke in Staßfurt, das gut $30\,\mathrm{km}$ südlich von Magdeburg liegt, in etwa $250\,\mathrm{m}$ Tiefe eine Lagerstätte gefunden, die reich an Kalium- und Magnesiumchlorid ist. Zunächst bleiben deren Nutzungsmöglichkeiten unerkannt. Verfahren zur Extrahierung von Kaliumchlorid existieren noch nicht [602].

Düngungsexperimente mit dem Rohsalz bleiben aufgrund der Beimengung von Magnesiumchlorid ohne Erfolg. Der Chemiker Adolph Frank gründet 1861 in Staßfurt eine Fabrik, in der erstmals die Extraktion von Kaliumchlorid gelingt. Ein Jahr später entwickelt der Chemiker Hermann Grüneberg in Kalk bei Köln eine weniger energieintensive Methode: das „Heißlöseverfahren", das auf der Temperaturabhängigkeit der Löslichkeit von Salzen beruht. Kalium- und Magnesiumchlorid gehen in Lösung, eine Lauge mit Magnesiumchlorid fällt als Abwasser an. $50\,\mathrm{m^3}$ Abfallauge mit rund $20\,\mathrm{t}$ Magnesiumchlorid und anderen Salzen resultieren aus der Verarbeitung von $100\,\mathrm{t}$ Rohsalz. Neben dem wasserhaltigen Mineral Carnallit enthalten auch Hartsalze Kalium. Bei deren Verarbeitung gelangt Chlorid in die Fließgewässer [603].

Im Großherzogtum Sachsen-Weimar-Eisenach und im preußischen Regierungsbezirk Kassel entwickelt sich ab den 1860er-Jahren die deutsche Kaliindustrie, die bald

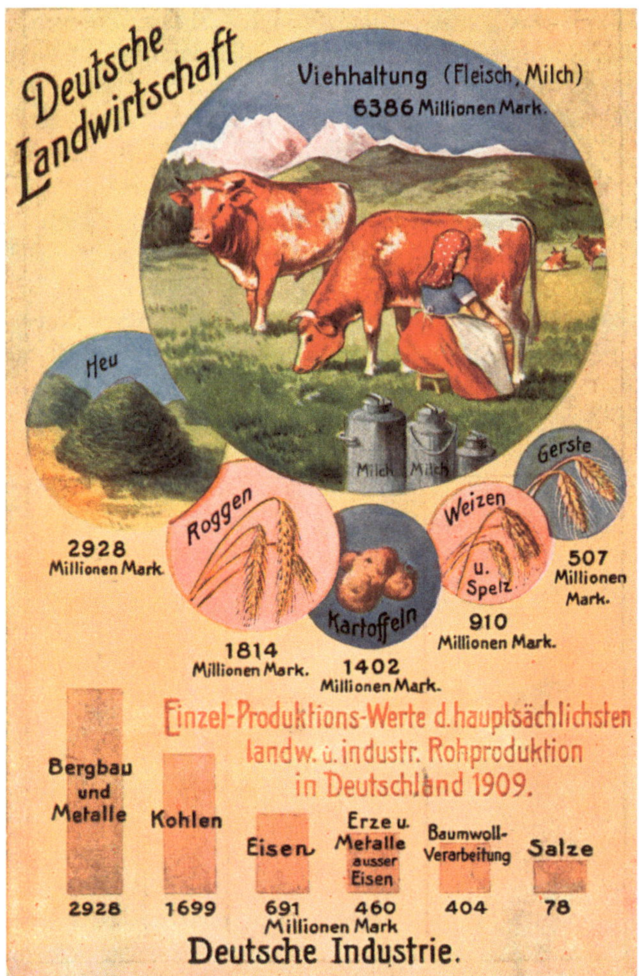

Abb. 2.97 Produktionsdaten der deutschen Landwirtschaft im Jahr 1909 (historische Postkarte)

Abb. 2.98 Kalisalzabbau (historisches Foto)

Weltgeltung erlangt – Kali ist ein überaus begehrter landwirtschaftlicher Dünger (Abb. 2.98).

Aufgrund der zunehmenden Einleitung von Kalilauge durch die Kalifabriken an Werra und Fulda, Bode und Saale nimmt der Bundesrat 1881 die existierenden Kaliwerke in die Liste der genehmigungspflichtigen Betriebe nach der Gewerbeordnung des Deutschen Reiches auf. Die erteilten Abwasserkonzessionen lassen maximale Chloridkonzentrationen von $500\,\mathrm{mg\,l^{-1}}$ für die Werra und von $250\,\mathrm{mg\,l^{-1}}$ für die Weser zu. Gegen neue Konzessionsgesuche regt sich beträchtlicher Widerstand [604]:

- Kommunen wie Fulda, Kassel oder Bremen befürchten eine Kontamination ihres aus Fulda, Werra oder Weser direkt oder ufernah entnommenen Trinkwassers,
- Fischer leiden unter wiederholtem Fischsterben und dem Rückgang der Fischbestände,

- Bauern und Gutsbesitzer können nicht länger Flusswasser zur Berieselung von Äckern nutzen,
- Industrie- und Gewerbebetriebe müssen das Flusswasser vor einer Nutzung enthärten, u. a. um die Gefahr von Korrosionsschäden zu mindern.

Die Kaliindustrie sieht die Ursachen des schlechten Zustandes der Flüsse hingegen in den Einleitungen von Abwässern durch Gerbereien, Brauereien, Textil-, Papier- und Zuckerfabriken. Der Eisenacher Bezirksausschuss urteilt im Konzessionsverfahren der Gewerkschaft Heiligenroda im Jahr 1912: Es *„ist die Ansicht allgemein geworden, daß die Flüsse die natürlichen Ableiter aus gewerblichen und industriellen Anlagen sind. Die diesbezügliche Nutzung der Flüsse entspricht einem seit jeher geübten Gebrauche, […].“* [605].

Seit 1924 wird ein Teil der Kaliabwässer in kalkhaltige Gesteine eingepresst, die in 300 bis 800 m Tiefe liegen – bis 1997 insgesamt rund 900 Mio. $\mathrm{m^3}$ Salzlösung. Vereinzelt treten die Kaliabwässer durch Klüfte wieder unkontrolliert zutage [606].

Bis heute gelangen die Abwässer der Kaliindustrie in die Werra bzw. durch Einpressung in den tieferen Untergrund. Die am 22. Dezember 2000 in Kraft getretene Europäische Wasserrahmenrichtlinie (WRRL) zielt auf eine gute Qualität von Oberflächen- und Grundwasser in den Mitgliedsstaaten. In der Bundesrepublik Deutschland wird sie durch die am 1. März 2010 in Kraft getretene Anpassung des Wasserhaushaltsgesetzes umgesetzt. Danach ist eine Minderung der Einleitung und der Einpressung von Kaliabwässern herbeizuführen.

Die sieben Bundesländer mit Anteilen am Einzugsgebiet der Weser kooperieren in der „Flussgebietsgemeinschaft Weser“ (FGG Weser) mit dem Ziel der Umsetzung der Wasserrahmenrichtlinie. Der 2008 eingerichtete Runde Tisch „Gewässerschutz Werra/Weser und Kaliproduktion" versucht einen Ausgleich zwischen den neuen gesetzlichen Erfordernissen, den ökonomischen Interessen des verbliebenen einzigen Betreibers, der Kali und Salz AG, und der Sicherung der Arbeitsplätze zu erreichen. Alleine in dem nördlich von Magdeburg gelegenen größten deutschen Kalibergwerk Zielitz, in dem heute jährlich etwa 12 Mio. t Rohsalze abgebaut werden, arbeiten 2016 rund 1800 Beschäftigte.

Das Umweltbundesamt wird gebeten, zu prüfen, ob die „Eindampfungslösung" effektiv und kostengünstig zu einer Minderung oder gar Beendigung der Einleitung und Einpressung von Kaliabwässern führen kann. Die *„Eindampfungslösung umfasst das Zusammenführen von zehn unterschiedlichen Abwässern aus Produktionsprozessen und von Salzhalden verschiedener Betriebsteile, deren gemeinsame Eindampfung, die Auskristallisation und Abtrennung von verwertbaren Salzen sowie das Versetzen des hochkonzentrierten Restes unter Verfestigungsreaktionen im Abbauhohlraum."* [607] Für die Kali und Salz AG ist die Eindampfungslösung aufgrund der hohen Kosten nicht realisierbar. Deswegen favorisieren die FGG Weser und der Runde Tisch nun eine Rohrleitung, durch die die Abwässer direkt in die Nordsee geleitet werden. Die Kali und Salz AG lehnt eine „Nordseepipeline" ab, sie bevorzugt die preiswertere „Oberweserpipeline", folglich die Einleitung der Abwässer flussabwärts in die Oberweser. Dagegen wenden sich zahlreiche Institutionen in der betroffenen Region. Am 15. Juli 2019 entscheiden sich die zuständigen Ministerien gegen den Bau der Oberweserpipeline [608].

Die Versalzung von Werra und Weser sowie der Böden an den großen Halden mit den Produktionsrückständen bleibt ein ungelöstes, eminentes Umweltproblem.

## 1912 – Zweimaliges Staubwischen am Tag beseitigt nicht den Ruß in den Wohnungen an der Kruppschen Fabrik in Essen

Das Ruhrgebiet entwickelt sich im späten 19. und frühen 20. Jh. zur größten Industrieregion in Europa. Die Einwohnerzahlen vervielfachen sich in kaum einem halben Jahrhundert. Die Bedeutung der Stahlwerke von Thyssen und Krupp wächst mit der Aufrüstung und den Kriegsvorbereitungen in den Jahren vor dem Ersten Weltkrieg.

Der wirtschaftliche Aufschwung verursacht folgenschwere Emissionen. Die Schornsteine der Stahl- und der chemischen Industrie stoßen Rauch, Ruß, Asche und Säuren aus, die Feldfrüchte und Wälder im Ruhrgebiet schädigen. Hinzu kommt der Kohlestaub der Hausfeuerungen. In der Altstadt von Essen und in der Umgebung der Kruppschen Fabrik ist der Niederschlag von Rußpartikeln und Flugasche so stark, dass das Atmen besonders bei austauscharmen Wetterlagen und hoher Luftfeuchte schwerfällt. Reizungen der Atemwege sind gang und gäbe. Manchmal ist der gelbliche Smog so intensiv, dass man gegenüberliegende Gebäude kaum erkennen kann. Der Ruß dringt durch die Ritzen der Türen und Fenster in die Wohnungen und legt sich dort auf alle Oberflächen, auf Fensterbänke und Fußböden, auf Tische und Stühle. Selbst zweimaliges Staubwischen am Tag genügt im Jahr 1912 nicht mehr. Gerichte sehen die Luftbelastung in den Industriestädten des Ruhrgebietes als „ortsüblich" an. Das Bürgertum verlässt gravierend belastete Stadtteile [609].

## 1914 bis 1918 – „Mobilmachung der Kartoffel", „Schweinemord" und Konrad Adenauers Sojawurst: der Kampf gegen Nahrungsmittelmangel

Der Große Krieg, der später „Erster Weltkrieg" genannt wird, ist das Resultat eines immer aggressiveren Nationalismus, den selbstsüchtige Monarchen, Regierungsmitglieder, Militärs und weitere einflussreiche Bürger in Europa über Jahre schüren und organisieren – in einer Zeit, in der das Vereinigte Königreich, Frankreich, das Deutsche Reich und Österreich-Ungarn auf dem Zenit ihrer (Kolonial-) Macht angekommen sind. Nach jahrelanger Aufrüstung und Vorbereitung führt ein Attentat am 28. Juni 1914 in den allgemein erwarteten Krieg: Der serbische Nationalist Gavrilo Princip erschießt in Sarajewo den Erzherzog Franz Ferdinand, den Thronfolger Österreich-Ungarns, und seine Gemahlin Sophie Chotek, Herzogin von Hohenberg. Schnell entscheidet Franz Joseph I., Kaiser von Österreich-Ungarn, bedrängt von einigen Regierungsmitgliedern und Militärs, diese Tat mit einem regionalen Krieg gegen Serbien zu rächen.

Die telegraphische Beistandszusage von Wilhelm II., Kaiser des Deutschen Reiches, und seines Reichskanzlers Theobald von Bethmann Hollweg vom 6. Juli 1914 stützt den Habsburger in Wien maßgeblich. Der Chef des Großen Generalstabes des Deutschen Reiches, Helmuth Johannes Ludwig von Moltke, hat schon seit längerem Kriegsvorbereitungen betrieben. Mit dem Beginn des Großen Krieges übernehmen Militärs die Macht. Der brutale Überfall des Deutschen Reiches auf das neutrale Belgien am 4. August 1914 veranlasst das Vereinigte Königreich zum Eintritt in den Krieg. Die Arroganz der beteiligten Herrscher, Regierungen und Militärs, zuvorderst, aber nicht ausschließlich der Habsburger und der Hohenzollern, und die Unterstützungsgarantien auf beiden Seiten reißen weite Teile Europas in den Großen Krieg [610].

Bald nach der Mobilmachung ändert sich der Alltag entscheidend; das Leben zu Hause ist vollkommen neu zu organisieren. Millionen auf die Schlachtfelder gesandte Männer fehlen in Land- und Forstwirtschaft, Handwerksbetrieben, Industrie und Behörden. Familienangehörige im Hinterland der Kämpfe, an der perfide so genannten „Heimatfront", leiden Höllenqualen. Frauen und Kinder wissen nicht, ob ihre Söhne, Ehemänner oder Väter zurückkehren werden. Neben diesem anhaltenden psychischen Druck lastet auf den Frauen ein schier ungeheures Arbeitspensum. Zu den schon normalerweise schweren und umfangreichen Arbeiten im Haushalt und bei der Kinderbetreuung kommt der Zwang, in einer Zeit wachsenden Lebensmittelmittelmangels für die Ernährung der zu Hause Verbliebenen zu sorgen. Auch durch schlecht bezahlte Arbeit in der Landwirtschaft oder in der (Rüstungs-) Industrie. Kommen die Männer nicht zurück oder führen Verwundungen zu einer andauernden Arbeitsunfähigkeit, so bleibt die gewaltige Belastung der Frauen weit über das Kriegende hinaus bestehen.

Im Glauben an einen raschen Sieg, treffen die Verantwortlichen zunächst keine Vorkehrungen für eine mittelfristig ausreichende Nahrungsmittelversorgung der Bevölkerung. Im Jahr 1905 verzehrt ein der Oberschicht angehörender Mensch pro Jahr durchschnittlich 102 kg Kartoffeln, ein in der Landwirtschaft Tätiger 330 kg, ein selbständiger Handwerker 210 kg sowie ein Arbeiter 153 kg im Westen und 203 kg im kartoffelreicheren Osten des Deutschen Reiches. Im Mittel der Jahre 1906 bis 1913 importiert das Deutsche Reich ungefähr 2 Mio. t Nahrungsmittel oder 14 % mehr, als es exportiert.

Nach dem Beginn des Krieges fehlen schon im August 1914 rund 1,8 Mio. t Weizen. Dagegen stehen 600.000 t Roggen, die nicht mehr ausgeführt werden können. In der Schweinemast mangelt es an Gerste und in der Rinderhaltung an Kleie. Wie sind diese Engpässe zu beheben? Eine Erhöhung der Getreideproduktion ginge zu Lasten des Hackfruchtanbaus. Die Kartoffel soll die Probleme lösen[47]; ihre Produktion wächst im Deutschen Reich von 1914 auf 1915 um 8,4 Mio. t auf 54,0 Mio. t (Abb. 2.99). Aufgrund ungünstiger Witterung und unzureichender Lieferungen von Saatkartoffeln in einigen Regionen sinkt der Ertrag 1916. Die am 9. Oktober 1915 gegründete Reichskartoffelstelle erhält die Aufgabe, für die Verteilung der Speise- und Saatkartoffeln im Reich zu sorgen. Sie legt den täglichen Höchstverbrauch an Speisekartoffeln pro Kopf fest und lässt Kartoffelbezugsscheine ausgeben; die Rationierung beginnt [611].

---

[47]Kartoffeln bringen weitaus höhere Erträge als Getreide. In den frühen 2010er-Jahren werden in Deutschland mittlere Erträge von 40 bis 45 t ha$^{-1}$ bei Kartoffeln und von 6,6 bis 8,2 t ha$^{-1}$ bei Winterweizen erzielt (BMEL, 2014).

**Abb. 2.99** *„Die Mobilmachung der Kartoffel. Wir halten durch"* (Propagandapostkarte aus dem Ersten Weltkrieg). Text auf der Rückseite:

*„Im Feld, den 17. 8. 1917.*
*Meine liebe, herzensgute treue Tata!*
*Wie Du wohl aus diesem Bilde ersehen wirst, haben wir Kartoffeln in Hülle und Fülle, so daß wir also durchhalten können. Natürlich für den Magen ist dieselbe ein Fixierbild, und ist somit nur zum Ansehen geschaffen. So verbleibe ich mit recht herzlichen Grüßen und recht heißglühenden innigen Küssen*
*Dein lieber Männe Richard."*

Die effektive Seeblockade des Vereinigten Königreiches verhindert den Import weiterer wichtiger Lebensmittel und Rohstoffe in das Deutsche Reich. Bald werden Lebensmittel zwangsbewirtschaftet und Erdölprodukte knapp. Aus Kartoffeln hergestellter Branntwein gewinnt an Bedeutung als Ersatztriebstoff für Motoren, für die Herstellung von Lacken, Essig, sanitären und kosmetischen Produkten. Bauern verfüttern den nahrhaften Rückstand der Branntweinherstellung, die Schlempe, vor allem an Milchvieh. Am 15. April 1916 wird die Einrichtung der Reichsbranntweinstelle verordnet. Ausschankreglementierung und Besteuerung bewirken einen Rückgang des Konsums von Branntwein als Getränk. Bedeutend ist im Krieg ebenfalls die Produktion von Kartoffelstärke, die der Streckung von Backmehl, als Klebstoff und für die Herstellung von Milchsäure dient. Sowie von Stärkesirup und Stärkezucker u. a. als Surrogate für Rübenzucker zur Produktion von obergärigem Bier wie von Karamell für Kornkaffee [612].

Der Agrarwissenschaftler Albrecht Daniel Thaer hat schon zu Beginn des 19. Jh. auf die großen Chancen hingewiesen, die eine Haltbarmachung von Kartoffeln aus Überschussjahren in Mangeljahren bietet. Neue Trocknungsverfahren eröffnen zu Beginn des 20. Jh. endlich die Realisierung der von Thaer schon identifizierten Möglichkeiten. Blättrige Flocken aus gedämpften

Kartoffeln und mit Heizgasen getrocknete und danach in kleine Schnitzel zerlegte Kartoffeln werden gemahlen und als Viehfutter oder industriell verwertet. Im Jahr 1913 stellen mehr als 400 Betriebe im Deutschen Reich aus etwa 800.000 t Kartoffeln rund 200.000 t Trockenkartoffeln her. Das Reichsamt des Inneren veranlasst nach Kriegsbeginn die Errichtung neuer Trocknereien. Bis zum 1. Oktober 1916 steigt ihre Zahl auf 824; zwei Drittel liegen in Brandenburg, Posen, Pommern und Schlesien. Der Bundesrat verordnet die Beimischung von Kartoffelmehl bei der Brotproduktion. Weniger Kartoffelmehl gelangt nun in die Mägen der Haustiere, mehr hauptsächlich nach der Mischung mit Getreidemehl als Brot gebacken und verzehrt in die Mägen der Menschen [613].

Die ertragreiche Kartoffel soll die Rettungsfrucht in einer Zeit des wachsenden Nahrungsmittelmangels im Krieg sein (Abb. 2.99); die Kampagne gelingt bloß partiell. Ergänzend, auch um eine allzu einseitige Ernährung zu verhindern, ist die Bevölkerung des Deutschen Reiches angehalten, auch essbare wildwachsende Pflanzen an Wegrändern zu pflücken und zu verzehren. Angeregt wird die Verwendung von Hopfensprossen und zarten Brennnesselblättern als Gemüse, von jungen Blütenstielen und Blättern des Löwenzahns als Salat sowie von gebrannten Zichoriewurzeln als Kaffeezusatz.

Früh kommt es zu einem fatalen Fehler, den Wissenschaftler verantworten. Das Kaiserliche Statistische Reichsamt erhebt Ende 1914 den Bestand an Nahrungs- und Futtermitteln. Aus Furcht vor Beschlagnahmungen verschweigen Landwirtschaftsbetriebe einen Teil ihrer Bestände. Die Menge der Futterkartoffeln wird viel zu niedrig angegeben; dagegen stimmt die ermittelte Zahl an Schweinen annähernd – ein eklatantes Missverhältnis, auf das die Statistiker nachdrücklich hinweisen. Ein Fehlschluss resultiert, der zum „Schweinemord" führt: Massenschlachtungen aus Angst vor Futtermangel bewirken einen erheblichen Rückgang der Schweinebestände im Deutschen Reich – von 25,3 Mio. im Jahr 1914 auf 17,3 Mio. Tiere im Folgejahr. Der Preis für Schweinefleisch sinkt, um danach stark anzusteigen und die Versorgungssituation sowie die Stimmung in der Bevölkerung weiter zu verschlechtern [614].

Konrad Adenauer ist während des Ersten Weltkrieges als Ernährungsdezernent der Stadt Köln für die Versorgung der Bevölkerung mit Nahrungsmitteln zuständig. Er ist auch – Erfinder. Fabian Haag beschreibt die letztlich erfolgreiche Patentierung einer ungewöhnlichen Erfindung Adenauers. Fleisch wird, befördert auch durch den „Schweinemord", schon 1915 rar. Kann ein akzeptabler Ersatz zur Verfügung gestellt werden? Adenauer entwickelt ein Verfahren zur Herstellung einer Wurst aus Sojamehl. Er möchte den Herstellungsweg patentieren lassen und sendet am 10. Mai 1915 seinem Patentanwalt Dr. Julius Ephraim ein Schreiben: *„Der Zweck, der verfolgt wird, ist, dem viel billigeren Pflanzeneiweiß in größerem Maße wie bisher im Verzehr Eingang zu verschaffen, nicht neben, sondern an Stelle des tierischen Eiweißes. Der Zweck soll dadurch erreicht werden, dass dem Konsumenten das Pflanzeneiweiß gewissermaßen unter der Maske der Fleischnahrung gegeben wird, weil das Volk die Fleischnahrung kennt und liebt. Dies läßt sich erreichen durch eine beliebte Form der Fleischnahrung, durch die Wurst."*

Das Kaiserliche Patentamt lehnt die Patentierung der Sojawurst trotz vorausgegangener positiver Tests durch Patienten der Universitätsklinik in Köln ab. Auch der Patentierungsversuch durch einen Strohmann scheitert. Adenauer lässt nun die Konservierung der Wurst durch Sojamehl über die Allgemeine Electrizitäts-Gesellschaft (AEG) im Vereinigten Königreich, Österreich, der Schweiz, Belgien und Dänemark erfolgreich patentieren. Doch auch die Sojawurst lindert den Nahrungsmittelmangel nicht [615].

Der Krieg verändert Landwirtschaft und Ernährungsgewohnheiten im Deutschen Reich drastisch und führt zu gravierender Unterernährung (Abb. 2.100). Rationierte vitaminreiche und kalorienarme Steck- und Kohlrüben ersetzen im „Hungerwinter" 1916/17 teilweise die nach der schlechten Ernte im „Hungersommer" 1916 fehlenden Kartoffeln. Ein Mangel an Arbeitskräften, Zugtieren, Düngemitteln und landwirtschaftlichen Geräten bewirkt, dass die Getreideernte im „Hungersommer" 1917 lediglich die Hälfte eines Normaljahres erreicht. Durch die Seeblockade ausbleibende Importe sowie Wucher erhöhen die Nahrungsmittelpreise weiter. Während ein erwachsener Mensch 1913 in Deutschland durchschnittlich etwa 3000 Kilokalorien (kcal) am Tag zu sich nimmt, sinkt der Wert auf weniger als 1000 kcal am Tag im Jahr 1917. Hunger lässt die Sterblichkeit wesentlich steigen. Besonders betroffen sind Ärmere und Ältere, Kinder und Mütter nach der Geburt. Im Deutschen Reich, an der sog. „Heimatfront", verlieren während des Ersten Weltkrieges wohl vier- bis fünfhunderttausend Menschen ihr Leben durch Hunger, Unterernährung und ihre Folgen [616].

## 1914 bis 1918 – Holzwirtschaft im Ersten Weltkrieg

Der Holzeinschlag sinkt in den ersten beiden Kriegsjahren deutlich: Holzfäller wurden einberufen, Fahrzeuge und Zugtiere für den Holztransport requiriert. Es fehlt an Arbeitskräften und Transportmitteln. Dennoch wird die Holznachfrage bis Anfang 1916 gut gestillt. Dann bewegen

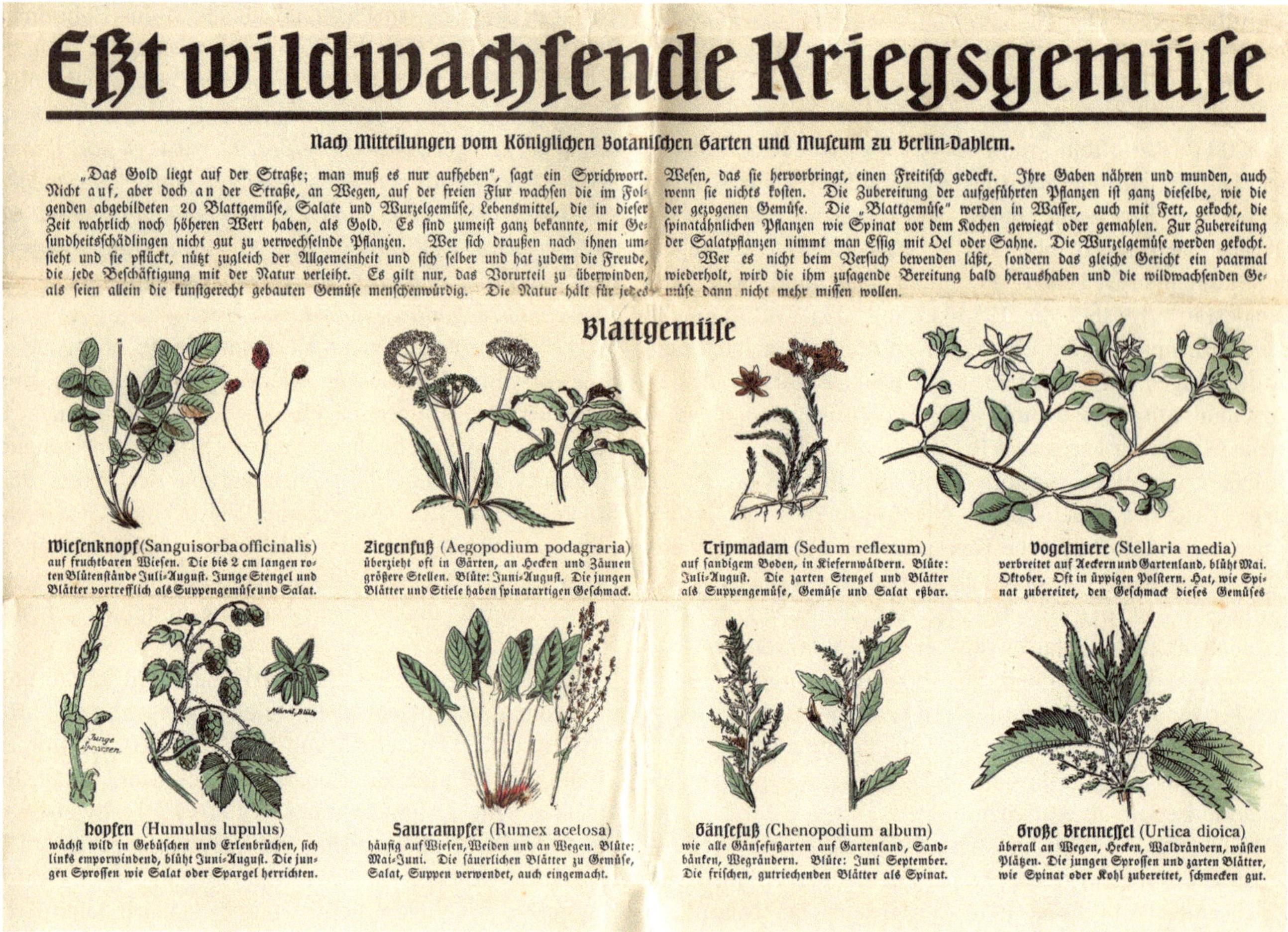

# Eßt wildwachsende Kriegsgemüse

### Nach Mitteilungen vom Königlichen Botanischen Garten und Museum zu Berlin-Dahlem.

„Das Gold liegt auf der Straße; man muß es nur aufheben", sagt ein Sprichwort. Nicht auf, aber doch an der Straße, an Wegen, auf der freien Flur wachsen die im Folgenden abgebildeten 20 Blattgemüse, Salate und Wurzelgemüse, Lebensmittel, die in dieser Zeit wahrlich noch höheren Wert haben, als Gold. Es sind zumeist ganz bekannte, mit Gesundheitsschädlingen nicht gut zu verwechselnde Pflanzen. Wer sich draußen nach ihnen umsieht und sie pflückt, nützt zugleich der Allgemeinheit und sich selber und hat zudem die Freude, die jede Beschäftigung mit der Natur verleiht. Es gilt nur, das Vorurteil zu überwinden, als seien allein die kunstgerecht gebauten Gemüse menschenwürdig. Die Natur hält für jedes Wesen, das sie hervorbringt, einen Freitisch gedeckt. Ihre Gaben nähren und munden, auch wenn sie nichts kosten. Die Zubereitung der aufgeführten Pflanzen ist ganz dieselbe, wie der gezogenen Gemüse. Die „Blattgemüse" werden in Wasser, auch mit Fett, gekocht, die spinatähnlichen Pflanzen wie Spinat vor dem Kochen gewiegt oder gemahlen. Zur Zubereitung der Salatpflanzen nimmt man Essig mit Oel oder Sahne. Die Wurzelgemüse werden gekocht.

Wer es nicht beim Versuch bewenden läßt, sondern das gleiche Gericht ein paarmal wiederholt, wird die ihm zusagende Bereitung bald heraushaben und die wildwachsenden Gemüse dann nicht mehr missen wollen.

## Blattgemüse

**Wiesenknopf** (Sanguisorba officinalis) auf fruchtbaren Wiesen. Die bis 2 cm langen roten Blütenstände Juli-August. Junge Stengel und Blätter vortrefflich als Suppengemüse und Salat.

**Ziegenfuß** (Aegopodium podagraria) überzieht oft in Gärten, an Hecken und Zäunen größere Stellen. Blüte: Juni-August. Die jungen Blätter und Stiele haben spinatartigen Geschmack.

**Tripmadam** (Sedum reflexum) auf sandigem Boden, in Kiefernwäldern. Blüte: Juli-August. Die zarten Stengel und Blätter als Suppengemüse, Gemüse und Salat eßbar.

**Vogelmiere** (Stellaria media) verbreitet auf Aeckern und Gartenland, blüht Mai-Oktober. Oft in üppigen Polstern. Hat, wie Spinat zubereitet, den Geschmack dieses Gemüses.

**Hopfen** (Humulus lupulus) wächst wild in Gebüschen und Erlenbrüchen, sich links emporwindend, blüht Juni-August. Die jungen Sprossen wie Salat oder Spargel herrichten.

**Sauerampfer** (Rumex acetosa) häufig auf Wiesen, Weiden und an Wegen. Blüte: Mai-Juni. Die säuerlichen Blätter zu Gemüse, Salat, Suppen verwendet, auch eingemacht.

**Gänsefuß** (Chenopodium album) wie alle Gänsefußarten auf Gartenland, Sandbänken, Wegrändern. Blüte: Juni-September. Die frischen, gutriechenden Blätter als Spinat.

**Große Brennessel** (Urtica dioica) überall an Wegen, Hecken, Waldrändern, wüsten Plätzen. Die jungen Sprossen und zarten Blätter, wie Spinat oder Kohl zubereitet, schmecken gut.

**Abb. 2.100**  Der Königliche Botanische Garten und das Museum zu Berlin-Dahlem empfehlen während des Ersten Weltkrieges den Verzehr bestimmter wild wachsender Kräuter. Plakattitel: „Eßt wildwachsende Kriegsgemüse" (Verlag Thomas Nissen, Berlin)

sich die Fronten kaum noch. Der Stellungskrieg verlangt mehr Holz, damit Soldaten Schützengräben bauen, reparieren und mit Holz auskleiden können. Der Staat, der die erhöhte Nachfrage prioritär zu stillen hat, stimuliert technische Innovationen, die eine Mechanisierung der Waldarbeit bewirken. Der Holzeinschlag erreicht 1918 seinen Höhepunkt, bleibt dennoch unter den Werten des letzten Vorkriegswinters 1913/14. Der eigentlich zu erwartende Raubbau findet, von lokalen Ausnahmen abgesehen, nicht statt [617].

## 1914 bis 1918 – Verheerungen durch deutsche Kriegshandlungen

Der Kampf um das Überleben während des Großen Krieges verdrängt die Gedanken der Vorkriegsjahre nach neuen Lebensformen, nach gesunder Ernährung, nach guten Arbeitsbedingungen und neuen Freizeitbeschäftigungen. Die Bemühungen um einen guten Zustand der Natur finden kaum mehr Beachtung.

Die Schlachtfelder wandeln sich bald in albtraumhafte Kriegslandschaften mit getöteten Menschen und Tieren, Munition, zerstörten Schanzen und Bunkern aus Beton,

**Abb. 2.101**  Tod und Chaos. Dramatische Umweltveränderungen auf dem Schlachtfeld zwischen Passchendaele und Boesinghe in Flandern nach den Kämpfen im Juli und August 1917 (historisches Foto) [625]

**Abb. 2.102** Wasserdestillier-Apparat der Deutschen an der Ostfront in Russland zur Verhütung von Cholera und Diphterie (historische Postkarte)

Schützengräben, Minen-, Bomben- und Granattrichtern (Abb. 2.101). Die Geschosse zerstören jegliche Vegetation. Kaum noch ein Stück Boden ist ursprünglich. An manchen Orten haben die Geschosse Boden und Gestein bis in eine Tiefe von zehn Metern zerwühlt. Ganze Dörfer, Äcker, Gehölze und Wälder gehen zugrunde. Infektionskrankheiten breiten sich aus. Das Trinkwasser muss aufbereitet werden (Abb. 2.102).

Eine dieser stinkenden Wüsten liegt Ende 1916 bei Verdun im nordfranzösischen Departement Meuse. Wohl zweieinhalb Millionen Soldaten vernichten hier über 11 Monate eine Fläche von 260 km$^2$; viele kehren nicht zurück [618].

> *„Einige Regenwochen liegen hinter uns – grauer Himmel, graue zerfließende Erde, graues Sterben. Wenn wir hinausfahren, dringt uns bereits die Nässe durch die Mäntel und Kleider, – und so bleibt es die Zeit vorne auch. Wir werden nicht trocken. Wer noch Stiefel trägt, bindet sie oben mit Sandsäcken zu, damit das Lehmwasser nicht so rasch hineinläuft. Die Gewehre verkrusten, die Uniformen verkrusten, alles ist fließend und aufgelöst, eine triefende, feuchte, ölige Masse Erde, in der die gelben Tümpel mit spiralig roten Blutlachen stehen und Tote, Verwundete und Überlebende langsam versinken.*
>
> *Der Sturm peitscht über uns hin, der Splitterhagel reißt aus dem wirren Grau und Gelb die spitzen Kinderschreie der Getroffenen, und in den Nächten stöhnt das zerrissene Leben sich mühsam dem Schweigen zu.*

> *Unsere Hände sind Erde, unsere Körper Lehm und unsere Augen Regentümpel. Wir wissen nicht, ob wir noch leben.“* [619].
> Erich Maria Remarque: Im Westen nichts Neues.

Alleine am 21. Februar 1916 feuern deutsche und französische Soldaten um das Dorf Spincourt, das etwa 30 km nordöstlich von Verdun liegt, mehr als 2 Mio. Granaten ab; im Mittel gehen 6 Granaten auf jeden m$^2$ des Schlachtfeldes nieder [620]. Sie enthalten verschiedene Chemikalien, darunter Arsen und Blei, und kontaminieren die Böden.

Nach Kriegsende verbleibt dort eine der höchste Munitionsdichten an der Westfront. Kriegsgefangene und französische Soldaten räumen tausende Tonnen Kriegsmaterial vom Schlachtfeld. Sie legen zwei riesige Munitionsdeponien an. Die französische Armee und später private Unternehmen zerstören zuerst mit Hilfe von Kriegsgefangenen, später mit Unterstützung von Arbeitern aus Polen und Nordafrika die gefährliche giftige Munition, darunter etwa 1,5 Mio. Gasgranaten. Ein Teil wird zur Explosion gebracht, ein anderer durch Auswaschen und Verbrennen des Inhaltes vernichtet. Giftstoffe gelangen in die Böden und kontaminieren bis heute auch das Grundwasser [621].

Manche Schlachtfelder werden aufgeforstet, andere seitdem ackerbaulich genutzt. In den 2010er-Jahren findet man auf einigen Äckern Schadstoffe. Nutzungsverbote resultieren [622].

An manchen Orten verbirgt sich soviel gefährlicher Sprengstoff, dass keine Bäume gepflanzt werden können. Wenige Flächen sind – vor allem mit Arsen – so stark kontaminiert, dass sie kahl bleiben; nach wie vor herrscht hier Betretungsverbot. Trotz Aufforstungen und anderer Umgestaltungen, die das Grauen verbergen sollen, bleiben es dauerhaft Kriegslandschaften [623].

> *„Die Natur diente dazu, den Schrecken des Krieges durch die Verbindung von Schönheit und Ordnung zu verschleiern, wie sie auf den rekonstruierten Schlachtfeldern [...] so augenfällig ist. Diese neue Landschaft war ein wesentlicher Bestandteil des Mythos der Kriegserfahrung; sie bedeutete, dass die Erinnerung sich einfacher mit Bewältigung verbinden konnte.“* [624] George L. Mosse, in Berlin geborener US-amerikanischer Historiker.

## 22. April 1915 – Der erste Giftgaseinsatz durch Deutsche verändert den Lauf der Geschichte

Kriegsvorbereitungen und Kriege fördern Innovationen. Vom Ersten Weltkrieg profitieren staatliche und industrielle Forschungseinrichtungen, die Rüstungsgüter entwickeln oder eine Unabhängigkeit von Importen kriegswichtiger Güter aus gegnerischen Staaten versprechen. Wie reagieren sie, gefördert von Regierung und führenden Militärs, auf die verlustreichen Stellungskriege? Sie suchen nach neuen Kampfmitteln. Zu den entsetzlichsten wissenschaftlich-technischen Entwicklungen für eine neuartige Kriegsführung zählen chemische Waffen. Die Geschichte der Erforschung von Giftgas als Kriegswaffe ist zugleich eine Geschichte von Wissenschaftlern, die jegliche ethische Werte über Bord werfen und blind einem von staatlicher Propaganda massiv gestützten Glauben an Überlegenheit und Siegessicherheit folgen [626].

Deutsche Chemiefirmen wie die BASF haben sich in der 2. Hälfte des 19. Jh. zu Weltmarktführern bei der Produktion von Farbstoffen entwickelt, bei der Chlor ein bedeutender Rohstoff ist. Zu Beginn des Ersten Weltkrieges ändern sich die Prioritäten der Chemieunternehmen. Die Produktion von Ammoniak und Salpeter wächst zu Lasten der Farbstoffherstellung. Nicht mehr benötigtes Chlor soll jetzt als preiswerter Kampfstoff genutzt werden. Die BASF liefert Rohstoffe und Zwischenprodukte, andere deutsche Firmen stellen aus ihnen Giftgas her [627].

Der Chlorgasangriff von Ypern am Donnerstag, d. 22. April 1915

*„In Belgien, etwa vierzig Kilometer südlich von Oostende liegt die Stadt Ypern (Ieper). 1915 bildete sie das Zentrum einer Ausbuchtung der alliierten Front nach Osten, den Ypern-Bogen. Mitten im Norden des Bogens lag der kleine Ort Langemarck, wo sich einige Bataillone der französischen 90. Brigade aufhielten, teils Schützen, teils algerische Infanteristen. [...].*

*Kurz vor der Dämmerung, um 18 Uhr deutscher und 17 Uhr französischer Zeit, öffneten deutsche Pioniertruppen Chlorgasbehälter. Die Druckbehälter waren nach fünf bis zehn Minuten entleert. Eine bedrohliche Wolke strömte mit dem Nordwind in den Ypern-Bogen hinein. Zehn Minuten danach rückten deutsch Infanteristen aus den Abschnitten des XXIII. und XXIV. Reservekorps vor. Ihre Spitzen erreichten schon nach 35 Minuten das rund vier Kilometer entfernte Angriffsziel, den kaum auf halbem Weg nach Ypern gelegenen Ort Pilkem. [...].*

*Colonel Henri Mordacq, der die französische 90. Brigade kommandierte, hatte seinen Befehlsstand in Elverdinge, vier Kilometer westlich des Yser-Kanals. Jahre später erinnerte er sich in seinem Buch „Le Drame de l'Yser" daran, wie ihm seine Schützeneinheiten aus dem Bereich vor der Poelkapelle um 17.20 (18.20) Uhr per Funktelefon einen deutschen Angriff meldeten. [...] Aus dem gesamten angegriffenen Bereich versuchten Blut spuckende Soldaten, über die Brücken aus dem Ypern-Bogen zu entkommen. Mordacq sah in dieser völligen Auflösung seiner Brigade eine Szene aus Dantes Inferno, die alles bisher in diesem Krieg Erlebte in den Schatten stellte. [...].*

*Gerade Ypern wurde Symbol für die durch Deutschland betriebene Brutalisierung und Entgrenzung der Kriegsführung. Private und staatliche Reaktionen in Großbritannien erfolgten hektisch. Am 28. April unterstützte das War Office offiziell die Zeitung Daily Mail, die die Frauen in England spontan aufgefordert hatte, zum improvisierten Atemschutz für die Soldaten Stoffsäckchen zu nähen und mit Baumwolle zu füllen."*

Der weltweit erste Giftgasangriff durch deutsche Pioniertruppen, beschrieben von dem Historiker Timo Baumann [628].

Der Leiter der Kriegsrohstoffabteilung Walther Rathenau bittet Fritz Haber, den Entdecker der Ammoniaksynthese, eine neue Abteilung einzurichten, die für den Nachschub an Chemikalien sorgen soll. Haber bereitet die technische Entwicklung von Chlorgas als Kampfstoff und dann den ersten Einsatz an der Front im Westen von Belgien sorgfältig vor. Er wartet, bis sich der Wind soweit gedreht hat, dass freigesetztes Gas zu den Alliierten strömen wird. Am Nachmittag des 22. April 1915 gibt er in der Nähe von Ypern den Einsatzbefehl. Aus 5000 Stahlzylindern schießt Chlorgas in die Luft. Es zieht zu den Schützengräben von ungefähr 15.000 ahnungslosen und völlig ungeschützten englischen und französischen Soldaten. Das Gas tötet zirka ein Drittel von ihnen (Abb. 2.103).

Es ist der ersten Einsatz von Giftgas als Kampfmittel im Krieg. Deutsche haben eine schreckliche Vorreiterrolle übernommen, die zwangsläufig auf der gegnerischen Seite Nachahmung findet. Ein krasser Dammbruch, der einen Giftgaswettlauf eröffnet. Neben Chlorgas setzen die Armeen auf beiden Seiten der Front bald auch das weitaus giftigere Phosgen ein. Dann wird mit Unterstützung von Haber Chlor und das bei der Ammoniakproduktion anfallende Kohlenmonoxid zu dem hochgiftigen Gas

**Abb. 2.103**  Schlacht von Fromelles in der Umgebung von Lille in Nordfrankreich am 19. Juli 1916. Deutsche Soldaten haben diese englische Stellung überraschend mit Giftgas angegriffen und zahlreiche englische Soldaten getötet [632]

Diphosgen ($COCl_2$) verarbeitet, das unter dem Namen „Grünkreuz" bald auf beiden Seiten der Front eingesetzt wird. Hinzu kommen Zwischenprodukte wie Senfgas, dass man auch als „Lost" oder „Gelbkreuz" bezeichnet. Mit grauenhaften Folgen [629].

Clara Haber, geb. Immerwahr, und Fritz Haber – zwei Leben gegen und für den Giftgaseinsatz.

Obgleich viele Professoren eine Ausbildung von Frauen an Universitäten strikt ablehnen, gelingt es Clara Immerwahr als erster Frau am 22. Dezember 1900 an der Universität Breslau im Fach Physikalische Chemie promoviert zu werden (Abb. 2.104). Sie führt fachliche Diskurse und publiziert in Fachzeitschriften. Ein Jahr später heiratet sie Fritz Haber, einen damals noch kaum bekannten Chemiker. Sie arbeitet mit ihrem Mann fachlich zusammen; er erwähnt sie nicht in seinen Publikationen. Sie versucht dennoch, das Renommee ihres Mannes durch vielfältige gesellschaftliche Aktivitäten zu fördern. Die Erwartungen und Hoffnungen, die sie in die Ehe mit Fritz Haber gesetzt hat, erfüllen sich nicht.

Fritz Haber ist ein glühender und zugleich kaltblütiger Patriot, ein technikgläubiger, erfolgssüchtiger und skrupelloser Forscher. Er richtet sein Institut an den Anforderungen des Krieges aus, stellt es auf die Entwicklung von Kampfgasen um und verantwortet schließlich als Abteilungsleiter im Kriegsministerium das Giftgaswesen. Die deutsche Industrie produziert Chlorgas für unterschiedliche Produktionsprozesse; einen Teil für den Export. Mit Kriegsbeginn im August 1914 bricht die Ausfuhr weg, das Militär ist ein willkommener Abnehmer. Fritz Haber untersucht die Wirkungen von Chlor und Phosgen, Gelbkreuz, Blaukreuz und Grünkreuz auf Tiere. Zudem organisiert er die Herstellung, den Transport, die Verteilung und den ersten Einsatz von Giftgas.

Clara Haber betrachtet die Forschungen ihres Mannes schon seit Jahren kritisch; sie wendet sich mit großem Einsatz scharf gegen den Krieg und besonders den Giftgaseinsatz. Clara versucht vergeblich, ihren Ehemann von einem großen Einsatz von Giftgas an der Ostfront abzuhalten. Als dieser am 2. Mai 1915 seine Abreise vorbereitet, wählt sie den Freitod. Clara Haber erschießt sich mit der Dienstwaffe ihres Mannes. Sie ist eine bedeutende Pionierin im Kampf gegen chemische Waffen [630].

Mit der Machtübernahme der Nazis wird plötzlich relevant, dass Habers Eltern Deutsche jüdischen Glaubens waren. Haber weigert sich, Mitarbeiter jüdischer Abstammung zu entlassen. Er tritt im Mai 1933 angewidert, verbittert

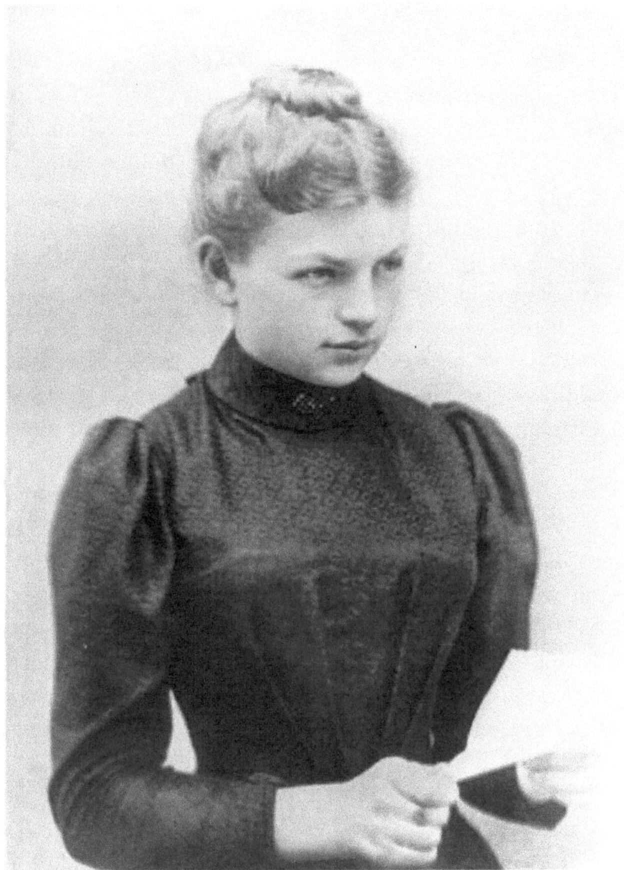

**Abb. 2.104**  Clara Haber, geb. Immerwahr, Chemikerin und Kämpferin gegen den Einsatz chemischer Waffen. Aufnahme um 1890 [633]

und gedemütigt als Leiter des Kaiser-Wilhelm-Instituts für Physikalische Chemie und Elektrochemie und als Professor zurück. Im August 1933 verlässt Haber Berlin, am 29. Januar 1934 stirbt er in Basel. Haber formuliert im Abschiedsbrief an seine Mitarbeiter: *„Das Institut ist unter meiner Leitung 22 Jahre bemüht gewesen, im Frieden der Menschheit und im Kriege dem Vaterland zu dienen."* [631].

## März 1918 bis März 1919 – Die „Spanische Grippe"

Im Frühjahr 1918 setzt ein Ereignis ein, das weltweit noch mehr Todesopfer als der Erste Weltkrieg fordert, jedoch im kollektiven Gedächtnis der Europäerinnen und Europäer kaum verankert ist: die „Spanische Grippe". [634] Sie rast in drei Wellen um die Welt, erfasst alle bewohnten Kontinente und kostet wohl beträchtlich mehr Menschenleben als irgendeine andere Epidemie in der Neuzeit. Die Schätzungen der Zahl der weltweiten Todesopfer variieren häufig zwischen 25 und 50 Mio. Vereinzelt werden gar bis zu 100 Mio. Tote vermutet. Die Angaben schwanken erheblich, da es für mehrere asiatische und afrikanische Staaten keine verlässlichen Daten gibt [635].

Neuere Forschungen weisen auf das Influenza-A-Virus H1N1 als Verursacher der Pandemie: Die Genetiker Michael Worobey, Guan-Zhu Han und Andrew Rambauth von der University of Arizona in Tucson finden Hinweise, dass sich Anfang 1918 vermutlich in Kansas ein Schwein mit einem Vogelvirus und einem vor 1918 bereits existenten humanen H1-IAV-Virus infiziert [636]. Die beiden Viruslinien verbinden sich zum Subtyp A/H1N1 und werden von einem Schwein auf einen Menschen übertragen. Am 4. März 1918 bricht die A/H1N1-Influenza im überfüllten Ausbildungslager Camp Funston der US-Armee in Kansas aus [637]. Von dort gelangt sie mit Truppentransporten Mitte April 1918 nach Frankreich.

Aufgrund eines Ausbruchs Ende Mai 1918 in Spanien, über den die dortigen Medien unzensiert berichten dürfen, wird die Pandemie unter dem Namen „Spanische Grippe" rasch weltweit bekannt. An der Westfront grassiert das A/H1N1-Virus bei deutschen Soldaten erstmals von Anfang Mai bis Anfang Juli; das deutsche Heer verzeichnet 399.000 auf die Influenza zurückzuführende Krankheitsfälle. Obgleich die 3 bis 6 Tage andauernden Erkrankungen vorwiegend leicht verlaufen, beeinflussen sie das Kriegsgeschehen. Das Virus schwächt Infizierte und demoralisiert die deutschen Soldaten an der Front zusätzlich. Verwundete, Kriegsgefangene und in den Heimaturlaub fahrende Soldaten bringen das A/H1N1-Virus im Mai in das Deutsche Reich, wo es sich rasch ausbreitet [638].

Dubiose Verschwörungstheorien kursieren damals zu den Ursachen der Pandemie: bestimmte Kriegsparteien hätten Krankheitserreger ausgebracht, die Krankheitswelle sei Folge von Giftgaseinsätzen an der Front oder von manipuliertem Aspirin. Andere vermuten, die schlechte Nahrungsmittelversorgung sei der Auslöser einer „Hungerkrankheit" [639].

Die erste Influenzawelle klingt Mitte Juli 1918 ab; die zweite setzt Ende August in Frankreich ein, in der letzten Phase des Ersten Weltkrieges. Sie erreicht das Deutsche Reich Ende September. Diesmal sind die Symptome stärker, die Mortalitätsraten beträchtlich höher. Überfüllte Krankenhäuser müssen Infizierte abweisen. Durch die Arbeitsunfähigkeit von Beschäftigten gibt es Einschränkungen beim Postverkehr und beim öffentlichen Nahverkehr. In der Landwirtschaft und in der Industrie kommt es zu Produktionsausfällen. Kreisärzte beschließen „Grippeferien" für etliche Schulen. Manche Kinos und Theater bleiben geschlossen. Viele vermuten immer noch, die Lungenpest verursache die Erkrankungen. Dem widerspricht der Reichsgesundheitsrat: es handele sich um Grippe und dieser sei mit dem Gurgeln von Salzlösungen, mit Sauberkeit bei der Zubereitung von Speisen und dem Meiden von Menschenansammlungen erfolgreich zu entgegnen. Von Polizisten verteilte Handzettel und Plakate auf Litfaßsäulen informieren (zu spät) über die Epidemie.

Einige Medien sehen gar einen Zusammenhang zwischen dem Ausmaß der Influenza-Pandemie und der Versorgung mit Verkehrsmitteln. So klagt die „Tägliche Rundschau" am 16. Oktober 1918 scharf: *„Es ist geradezu aufreizend, wenn man heute noch die Wagenreigen sieht, die gewissen Gasthöfen mit den eleganten ‚Damen' um die unvermeidliche 5-Uhr-Tee-Stunde zustreben, während Kranke vergeblich auf ihren Arzt hoffen. […] Es ist Zeit, daß durchgegriffen wird. Und zwar erstens unverzüglich, zweitens für Groß-Berlin einheitlich."* [640] Doch bleibt es bei wenigen derartigen Beschwerden. Denn im Herbst 1918 und im Winter 1918/19 stehen der Krieg, das Kriegsende und seine Folgen im Fokus der politischen und öffentlichen Diskussionen, nicht die verlustreiche zweite Grippewelle. Die dritte Welle in den ersten Monaten des Jahres 1919 fällt schwächer aus als die zweite [641].

Nach Schätzungen des Militärhistorikers Eckard Michels beläuft sich die Zahl der Toten im Deutschen Reich durch die drei Wellen der Influenza-Pandemie und ihre unmittelbaren Nebenwirkungen, wie bakterielle Entzündungen der Lunge, von Frühjahr 1918 bis Frühjahr 1919 auf 320.000 bis 350.000 und die Zahl der Erkrankten auf ein Fünftel bis ein Viertel der Bevölkerung [642].

Stärker infizieren sich Menschen im Alter von ungefähr 20 bis 40 Jahren und unter ihnen viele Frauen in den letzten drei Schwangerschaftsmonaten. Kinder und Ältere sind deutlich weniger betroffen. Nach den Untersuchungen von Worobey, Han und Rambauth besitzen vor etwa 1880 und nach etwa 1900 geborene einen gewissen Schutz gegen das H1N1-Virus des Jahres 1918. Zahlreichen der dazwischen geborenen, also der im Jahr 1918 jüngeren Erwachsenen, fehlt dagegen offenbar dieser Schutz, da sie in der Kindheit wahrscheinlich einem antigenisch wirkenden H3N8-Virus ausgesetzt waren [643]. Ärzte gehen davon aus, dass Unterernährung die Rekonvaleszenz verzögert, nicht jedoch die Erkrankung verstärkt. Gut ernährte, in ländlichen Räumen lebende Menschen erkranken häufiger und stärker als schon geraume Zeit mangelernährte in Städten. Keine Gesellschaftsgruppe bleibt verschont. Zu der genannten erhöhten Mortalität in den Jahren 1918 und 1919 kommen wahrscheinlich in der Folgezeit Todesfälle durch weitere, längerfristig wirkende Nebenerkrankungen. Akute Atemnot ist hauptsächlich die unmittelbare Todesursache [644].

## 21. September 1921 – Die Explosion des Oppauer Stickstoffwerkes

Am 9. September 1913 nimmt die Badische Anilin- und Soda-Fabrik (BASF) am westlichen Rheinufer bei Oppau (seit 1938 ein Stadtteil von Ludwigshafen) eine neues großes Ammoniakwerk in Betrieb. Nach Erweiterungen produziert die BASF dort während des Ersten Weltkrieges jährlich durch die Verarbeitung von etwa 100 Mio. m$^3$ Luft rund 100.000 t Ammoniak [645].

Am 21. September 1921 explodiert um 7:32 Uhr das Gebäude Op 110, ein hölzernes Silo des Oppauer Stickstoffwerkes, das mit rund 4500 t des Düngemittels Ammoniumsulfatsalpeter (ASS) gefüllt ist. 561 Menschen sterben, mehr als 2000 erleiden Verletzungen. Am Standort des Silos reißt ein 125 m langer, 90 m breiter und 19 m tiefer Krater auf (Abb. 2.105). Die Druckwelle und umher-

**Abb. 2.105** Explosionskrater vom 21. September 1921 vor einem zerstörten Gebäude der BASF in Oppau (historische Postkarte)

fliegende Gegenstände zerstören oder beschädigen Teile des Stickstoffwerkes und zirka 90 % der Wohngebäude in Oppau. Ungefähr 7500 Menschen verlieren ihr Zuhause. Die Explosion hört man in Frankfurt am Main, ja selbst in München [646].

Die Ursache der größten industriellen Katastrophe in Deutschland kann damals nicht zweifelsfrei geklärt werden. Ulrich Hörcher (BASF) hat jüngst den wahrscheinlichen Auslöser der Explosion identifiziert [647]: ASS besteht aus einer Mischung von explosivem Ammoniumnitrat und inertem Ammoniumsulfat. Vor dem Unfall ging man davon aus, dass das Verhältnis der beiden Salze dessen Explosionsempfindlichkeit bestimmt. Wird ASS gelagert, verbackt es. Mit kleinen Sprengladungen wurde es gelockert. Vor der Katastrophe waren rund 20.000 Kleinsprengungen erfolgt – ohne Schäden. Anfang 1921 hatte man das Verfahren zur Trocknung von ASS im Silo verändert und damit unerwartet dessen Explosionsempfindlichkeit erhöht. So sammelte sich nach der Modifikation am Silorand ASS in Schluffgröße.

Wahrscheinlich fand am Tag der Katastrophe eine Kleinsprengung zur Lockerung des verfestigten Salzes am Silorand statt, wo ASS in Schluffgröße vorlag. Das feinkörnige Salz dürfte explodiert sein und eine Kettenreaktion ausgelöst haben. Offenbar bestimmen neben dem Mischungsverhältnis der beiden Salze auch weitere Parameter wie die Partikelgröße und die Dichte die Explosionsempfindlichkeit. Zur Gewährleistung einer ausreichenden Sicherheit beim Umgang mit explosiven Stoffen müssen jedwede Veränderungen von Prozessabläufen vor der industriellen Umsetzung sorgfältig geprüft werden [648].

Gerüchte, die BASF hätte 1921 illegal Sprengstoff in Oppau produziert, widerlegen die Geheimdienste der Besatzungsmächte [649].

## 24. September 1921 bis 1945 – Von der Eröffnung der AVUS bis zu den Naziautobahnen

Nachdem Carl Benz am 29. Januar 1886 das erste Automobil zum Patent anmeldet und die Produktion begonnen hat, nimmt der motorisierte Verkehr einen unerwarteten Aufschwung. Alsbald wird diskutiert, welches Auto das schnellste und welches das ausdauerndste ist. Um Antworten zu finden, organisieren Vereine schon Anfang des 20. Jahrhunderts Wettbewerbe. Automobile rasen 1907 über staubige Straßen durch den Taunus, um den „Kaiserpreis" zu erringen. Ohne Sicherheitsvorkehrungen bleiben die Rennen gefährlich für Fahrende und Zuschauende.

Da deutsche Fahrzeuge nicht besonders erfolgreich sind, sehen manche Automobilbegeisterte im Deutschen Reich den Bedarf für die Etablierung einer Rennstrecke. Am 23. Januar 1909 gründet sich im

„Kaiserlichen Automobil Club" in Berlin die „Automobil-Verkehrs- und Übungsstraße GmbH". Sie beabsichtigt, die Wettbewerbsfähigkeit der im Deutschen Reich produzierten Personenkraftfahrzeuge zu fördern. 1913 beginnt im Grunewald, der damals noch vor den Toren Berlins liegt, parallel zur Wetzlarer Bahn der Bau der Rennstrecke, die lediglich für Automobile zugelassen sein wird. Die weit fortgeschrittenen Arbeiten an der „Automobil-Verkehrs- und Übungsstraße", der AVUS, enden, als am 28. Juli 1914 der Erste Weltkrieg beginnt. Investitionen des Industriellen Hugo Stinnes ermöglichen die Wiederaufnahme der Bautätigkeit nach Kriegsende. Die 19 km lange, gerade und kreuzungsfreie AVUS wird am 24. September 1921 eröffnet. Die „Nur-Autostraße" hat zwei Spuren pro Richtung. An beiden Enden befinden sich Wendekurven (Abb. 2.106). Auch Privatpersonen dürfen sie gegen Bezahlung befahren. Die einmalige Nutzung der ersten Autobahn und damals schnellsten Rennstrecke der Welt kostet 10 Reichsmark, das Vierteljahresticket 1000 Reichsmark – ein stolzer Preis! Bis 1999 finden dort Rennen statt; heute ist die Strecke Teil der Autobahn A115 [650].

Der Verein „Autostraßenprojekt Hansestädte–Frankfurt–Basel", kurz Hafraba, gründet sich 1926. Dem Verein gehören Bürgermeister, leitende Beamte von Verkehrsministerien, Professoren, Baudirektoren, Vertreter von Industrie- und Handelskammern sowie großer Firmen an. Er beabsichtigt, eine Fernstraße von Nord- und Ostseehäfen über Frankfurt am Main bis Basel zu bauen. Der Verein führt eine engagierte Lobbyarbeit bei der Reichsregierung und im Reichstag durch. Das Projekt scheitert vor der Machtergreifung durch die Nationalsozialisten an politischen Unsicherheiten, an den Zuständigkeiten der Länder und an einer Blockade durch die NSDAP [651].

Der Landeshauptmann der Rheinprovinz Johannes Horion und der Kölner Oberbürgermeister Konrad Adenauer als Vorsitzender des Provinzialausschusses eröffnen am 6. August 1932 die erste „Kraftfahrstraße" des Deutschen Reiches, die heutige A555. Sie verbindet Köln mit Bonn, ist rund 20 km lang und kreuzungsfrei. 1933 degradiert die Naziregierung die – nach der AVUS – zweite Autobahn im Deutschen Reich zur Landstraße [652].

Der Straßenbauingenieur Fritz Todt schlägt Adolf Hitler im Januar 1933 in der Denkschrift „Straßenbau und Straßenverwaltung" den Bau eines mehr als 5000 km langen Autobahnnetzes vor. Schon zwei Monate später veranlasst Hitler als Reichskanzler in einer Kabinettssitzung den Autobahnbau als staatliche Arbeitsbeschaffungsmaßnahme. Das Unternehmen „Reichsautobahnen" zum Bau und zur Unterhaltung kreuzungsfreier vierspuriger Kraftwagenstraßen wird gegründet.

Die Propagandamaschinerie der Nationalsozialisten heroisiert Hitlers Autobahnplan als *„sozialpolitisch [...] wichtiges Werkzeug des Aufbaus"* [653] und brandmarkt zugleich das Hafraba-Konzept als kommerziell. Zuerst wird die Reichsautobahn von Frankfurt am Main nach Mannheim errichtet. Hitlers erster Spatenstich im September 1933, den nachfolgenden Bau und die Eröffnung am 19. Mai 1935 in einem „Staatsakt" inszeniert Goebbels in gigantischer Überhöhung. In den ersten Jahren bauen rund 100.000 Arbeiter (nicht zirka 600.000, wie die Nazipropaganda behauptet) unter häufig schlechten Bedingungen Reichsautobahnen. Viele der zur Mitarbeit gezwungenen Männer erkranken. Etwa 3000 Streckenkilometer werden bis 1938 fertiggestellt. Hauptsächlich fahren auf ihnen Personenkraftwagen. Während des Zweiten Weltkrieges lässt die Naziregierung Rüstungsgüter vorwiegend mit der Bahn und nicht auf den Autobahnen transportieren, es mangelt an Treibstoff. Die Reichsautobahnen sind ein monströser Propagandacoup [654].

Ab den 1950er-Jahren werden Pendelnde, Einkaufende und Ferienreisende zunehmend abhängig von den Autobahnen und dem Pkw, ja zu dessen Geisel, der unsere Gesundheit beeinträchtigt, dessen „Ausscheidungen" unser Leben verkürzen können.

Autobahnen sind Bänder der Luft-, Oberflächen- und Grundwasserverschmutzung, des Lärms und der Bodenzerstörung in der Landschaft. Sie zerschneiden Lebensräume, für Tiere wie für Menschen. Für ihren Bau lassen die Verantwortlichen zahllose wertvolle Biotope zerstören.

## 24. Januar 1924 – Das Walchenseekraftwerk speist erstmals Energie in das Stromnetz ein

Mit dem Bevölkerungswachstum in der 2. Hälfte des 19. Jh. und dem Beginn der Hochindustrialisierung erhöht sich der Energiebedarf gravierend. In den 1880er-Jahren gelingt es, elektrische Energie über Distanzen von einigen Zehnerkilometern zu leiten. Zur gleichen Zeit führt praxisnahe technische Forschung zur Herstellung leistungsfähiger

**Abb. 2.106** Die Nordschleife der AVUS in Berlin (historische Postkarte)

Anlagen, mit denen Energie aus Wasserkraft gewonnen werden kann. So entwickeln Ingenieure große Turbinen. Nun lohnt es, Elektrizität auch entfernt von den energiehungrigen Großstädten und Industrieanlagen regenerativ zu erzeugen.

Wasserreiche Flüsse durchströmen das bayerische Alpenvorland. Im Jahr 1911 veranlasst der Bauingenieur und Geheime Baurat Oskar von Miller die Erstellung eines Generalplans zur Nutzung der Wasserkraft durch die Abteilung für Wasserkraftausnutzung und Elektrizitätsversorgung der Obersten Baubehörde Bayerns. Ziel ist die flächendeckende Versorgung der Industrie und der Bevölkerung Bayerns mit elektrischer Energie [655].

Der Walchensee liegt im bayerischen Alpenvorland in einer Höhe von zirka 801 m NHN, etwa 33 km nordöstlich der Zugspitze und gut 63 km südsüdwestlich von München. Weniger als 2 km entfernt und beachtliche 200 m tiefer befindet sich der Kochelsee – eine ideale Ausgangslage für die Gewinnung von Energie durch Wasserkraft. Von Miller hatte bereits 1897 einen ersten Plan für ein Kraftwerk unterhalb des Kochelsees erarbeitet. Im November 1918 beginnt in einer politisch und wirtschaftlich überaus schwierigen Zeit endlich der Bau des Walchenseekraftwerkes, am 24. Januar 1924 von dort die Energieversorgung von Teilen Bayerns und der elektrischen Bahn [656].

Das Wasser des Walchensees, dessen natürlicher Ausfluss versperrt ist, strömt seitdem über einen Zwischenspeicher, durch Druckrohrleitungen, treibt 200 m tiefer bis zu 8 Turbinen an und fließt weiter in den Kochelsee (Abb. 2.107). Von dort gelangt das Wasser über die Loisach in die Isar und schließlich in die Donau. Da der Zufluss des Walchensees nicht genügt, um die Turbinen ausreichend mit Wasser zu versorgen, wird die Isar oberhalb Krün zirka 5 m hoch gestaut – der Wasserspiegel des Isar-Stausees liegt in einer Höhe von rund 870 m NHN – und das Flusswasser mit natürlichem Gefälle in den Kochelsee geführt. Um ein Trockenfallen der Isar unterhalb des Staus zu vermeiden, ist seit 1980 ein Mindestabfluss zu gewährleisten. Jährlich produziert das Walchenseekraftwerk nachhaltig ungefähr 300 Mio. kWh elektrische Energie. Bis heute ist es das größte deutsche Hochdruckspeicherkraftwerk [657].

## 1930-er Jahre bis 1945 – Radioaktive Lebensmittel und Kosmetika

Am 21. Dezember 1898 entdecken die polnisch-französische Physikerin und Chemikerin Marie Curie und der französische Physiker Pierre Curie das radioaktive Element Radium. Der französische Physiker Henri Becquerel, Pierre Curie und der Zahnarzt Otto Walkhoff erleiden bei Selbstversuchen mit am Körper getragenen Radiumpräparaten rasch Hautrötungen oder

**Abb. 2.107**   Walchenseekraftwerk (historische Postkarte)

gar Entzündungen und Verbrennungen. Sie machen diese Beobachtung bekannt.

Der US-amerikanische Naturwissenschaftler Everard Hustler schreibt 1910 in „Das Jahrhundert des Radiums":

*„Als die Entdecker des Radiums, Herr und Madame Curie in Paris, zum ersten Male das nach seinem Strahlenvermögen Radium genannte Element aus Pechblende gewannen, da dachten sie wohl nicht daran, daß in dem kleinen Glasröhrchen vor ihnen die zerstörendste Kraft lag, die jemals in eines Menschen Hände gelegt worden war. Die verschiedensten Experimente, die zurzeit natürlich noch lange nicht abgeschlossen sind, zeigen aber jetzt schon, welch außerordentliche Bedeutung dieses eine neue Wunderkraft darstellende Element für die zukünftige Ausgestaltung des Menschenlebens und des Menschen-*

*geschlechts haben wird. Ein Krieg zum Beispiel wird nicht mehr in den Bereich der Möglichkeiten gehören. [...] Beispielsweise wird es in hundert Jahren gewiß in keiner Stadt mehr elektrische, geschweige denn eine Gasbeleuchtung mehr geben. Es wird*

    *das Radium das Licht der Welt*

    *geworden sein. [...] Radium ist nämlich die einzige bisher bekannte Substanz, deren Energie eine immerwährende, ewige ist, und die trotz einer Aktivität, die auf der Welt ihresgleichen nicht hat, nie oder, wie gesagt, für uns ganz unmeßbar abzunehmen scheint. Die Singer-Building in Newyork, der Stefansturm in Wien, der Rathausturm in Berlin würden mit diesem Anstrich, sobald das Dämmerlicht eintritt, ganz leicht zu leuchten beginnen, und mit zunehmender Dunkelheit würden sie in immer hellerem Lichte erstrahlen, das endlich so intensiv werden würde, daß es weithin alles mit seinem milden Glanz übergießen müßte. Die geringe Quantität Radium, die dazu nötig wäre, würde jede Gefahr für das Leben und die Gesundheit der in diesem Licht lebenden Menschen ausschließen. Ja, im Gegenteil, die Emanationen dieses Lichtes würden genau jene wohltätige Heilwirkung ausüben, die man in Deutschland und in England längst den radioaktiven Bädern zuschreibt, und die auch die berühmtesten Heilquellen nur der Radioaktivität ihrer Wässer verdanken. [...] Es wurde herausgefunden, daß das Radium in e i n e m Falle das Wachstum der seinen Strahlen ausgesetzten Pflanzen um das dreifache beschleunigen kann und auch um das dreifache erhöhen. In anderen Fällen aber wird es ebenso die Entwicklung entweder vollständig hemmen oder teilweise, je nach dem Wunsch und dem Willen des Experimentators, zurückhalten."* [658].

In der 1. Hälfte des 20. Jh. entwickelt sich ein regelrechter „Radiumrausch" (Abb. 2.108). Empfohlen werden Trinkkuren mit radiumhaltigen Quellwasser (Abb. 2.109, 2.110). Es soll ein Jungbrunnen sein, Wunderheilungen vollbringen. Radium sei nicht toxisch. In der Radiumschwachtherapie verabreichen Ärzte gewisse Mengen strahlender Substanzen u. a. als Arznei. Reemtsma stellt die Zigarettenmarke „Radium" her [659].

*„Das ganze Jahr im Radiumbade durch Burkbraun-Radium-Schokolade"* [660].

Die radiumhaltige Schokolade der Cottbuser Kakao- und Schokoladenfabrik Burk & Braun soll verjüngend wirken

**Abb. 2.108**  Radiumbad Oberschlema in Sachsen (historische Postkarte)

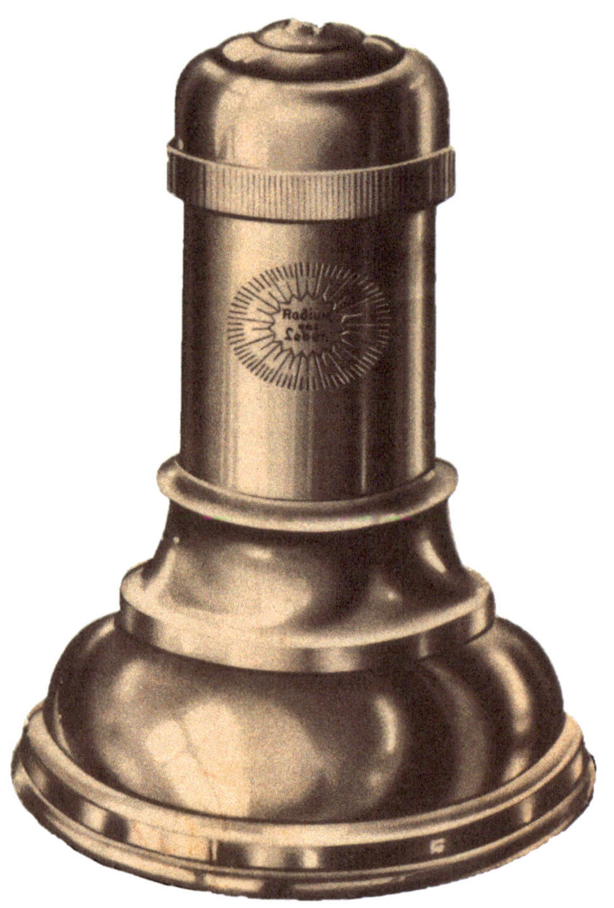

**Abb. 2.109**  Der „Radium-Emanations-Apparat" (Werbung von 1932)

und die Gesundheit fördern [661]. Die Auer-Gesellschaft produziert in Oranienburg bei Berlin die Zahnpasta „Doramad", die in den 1930er und frühen 1940er-Jahren Thoriumhydroxyd und Radiothor enthält und seit 1919 als Warenzeichen eingetragen ist; die Werbung verspricht *„strahlend weiße Zähne"* (Abb. 2.111) [662].

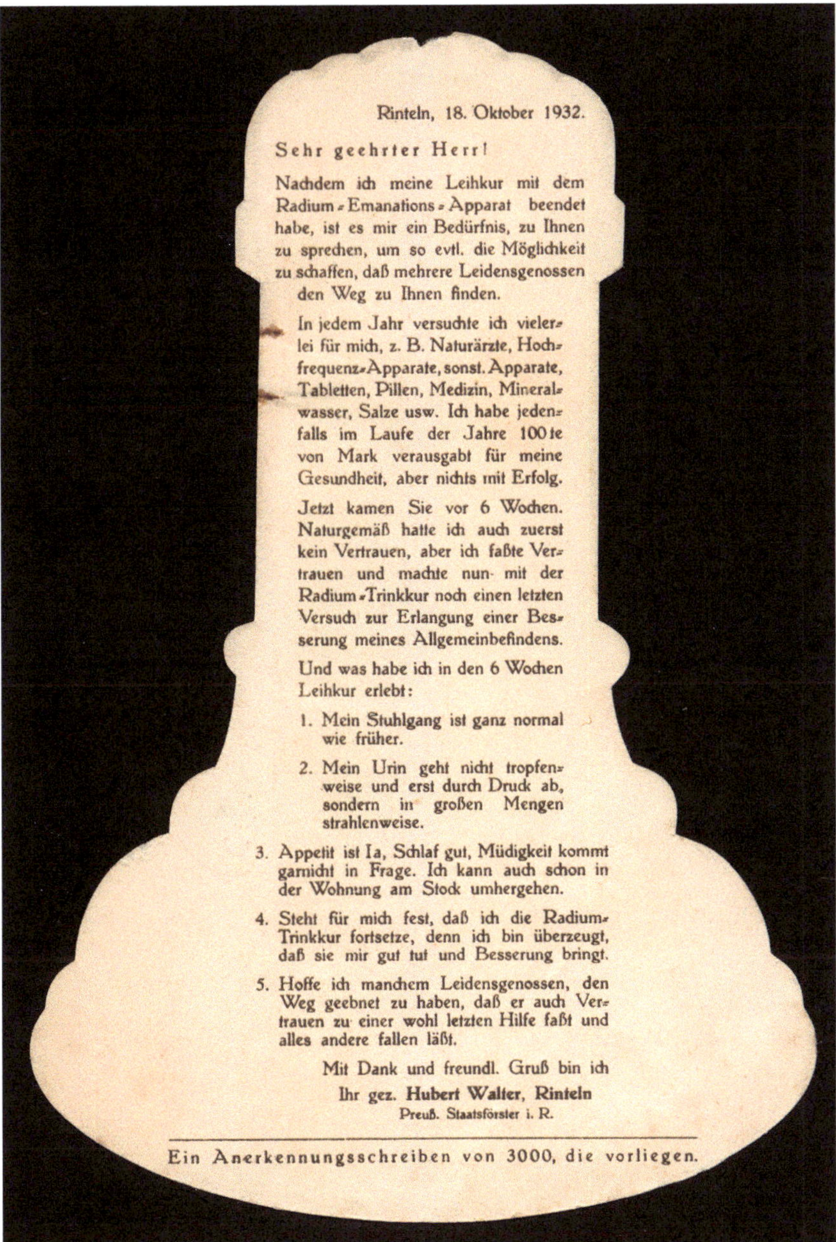



**Abb. 2.110** Anerkennungsschreiben des Staatsförsters i. R. Hubert Walter nach einer Leihkur mit dem „Radium-Emanations-Apparat" vom 18. Oktober 1932 (Rückseite von Abb. 2.109)

Die radioaktive Zahncreme Doramad sei „*biologisch wirksam, reinigend, keimtötend und erfrischend. Durch ihre radioaktive Strahlung steigert sie die Abwehrkräfte von Zahn und Zahnfleisch. Die Zellen werden mit neuer Lebensenergie geladen, die Bakterien in ihrer zerstörenden Wirksamkeit gehemmt, daher die vorzügliche Vorbeugungs- und Heilwirkung bei Zahnfleischerkrankungen. Doramad poliert den Schmelz aufs Schonendste weiß und glänzend, hindert Zahnsteinansatz, schäumt herrlich, schmeckt neuartig, angenehm, mild und erfrischend. Ausgiebig im Gebrauch.*" [663].

Erst nach langen Daueranwendungen kann man Langzeitschäden durch niedrige Strahlungsdosen wie bei der Radiumschwachtherapie eindeutig identifizieren. Das langlebige Thorium-Dioxid wirkt erst Jahrzehnte etwa nach der Verabreichung als Kontrastmittel karzinogen.

Der US-amerikanische Präsident Harry S. Truman gibt am 25. Juli 1945 den Befehl, die Atombombe mit dem zynischen Spitznamen „Little Boy" am 6. August 1945 über der japanischen Stadt Hiroshima abzuwerfen. Die Explosion tötet ungefähr 70.000 Menschen sofort und fordert danach mindestens weitere 70.000 Opfer. Truman demonstriert während der Potsdamer Konferenz

**Abb. 2.111** Werbeprospekt aus den 1930er-Jahren der Auergesellschaft für die radioaktive Zahnpasta „Doramad"

wirkmächtig die amerikanische Überlegenheit. Und beeindruckt so Josef Stalin. Die desaströsen Wirkungen der Kernspaltung beunruhigen die breite Öffentlichkeit. Radioaktivität erzeugt seitdem bei zahlreichen Menschen Ängste.

*„Man könnte sich vorstellen, daß das Radium aber auch in verbrecherischen Händen sehr gefährlich werden könnte, und man müsse sich fragen, ob es für die Menschheit gut ist, die Geheimnisse der Natur zu kennen, ob sie reif ist, daraus Nutzen zu ziehen, oder ob ihr diese Erkenntnis zum Schaden gereichen könnte."* Marie Curie, Nobelpreisträgerin [664].

Radioaktive Arzneimittel werden in der Bundesrepublik Deutschland noch in den 1950er-Jahren angeboten. Die „Erste Verordnung über den Schutz vor Schäden durch Strahlen radioaktiver Stoffe" regelt ab dem 24. Juni 1960 den Umgang, die Beförderung sowie die Ein- und Ausfuhr radioaktiver Stoffe.

Am S-Bahnhof Oranienburg bei Berlin liegen heute ein Parkplatz und ein Hundeauslaufgebiet – auf einer meterhohen Sandaufschüttung. Die stärkste radioaktive Belastung an der Erdoberfläche in Deutschland gab den Anlass für die Sandabdeckung, denn hier stand bis zur Bombardierung durch die Alliierten am 15. März 1945 ein Werk der Auergesellschaft, das Doramad produzierte und in dem Uranoxid lagerte.

## 1933 bis 1945 – Der Wald im Nationalsozialismus

Viele Menschen, die zwischen Alpen und Nordsee leben, haben ein ganz besonderes emotionales Verhältnis zum Wald. Zunächst zur bedrohlich wirkenden, Angst erzeugenden Waldwildnis. Sie spiegelt sich auch im deutschen Sagen- und Märchengut wider. Manche Erzählungen machen Wälder zu Orten des Schreckens. Mit Hilfe von Wölfen, Räubern und Hexen [665].

Im späten 18. und im frühen 19. Jh. wandelt sich die Wahrnehmung von Wald. Förster und Waldarbeiter bauen die urtümlichen, scheinbar düsteren und bedrohlichen, wilden und zugleich intensiv genutzten Wälder in „gepflegte", „ordentliche", windbruchgefährdete, beständig von Schädlingsbefall bedrohte, gut beobachtete und verwaltete Forsten um, in dem die gepflanzten Bäume wie Soldaten in Reih und Glied stehen, artenrein, eben in Monokultur. Der monotone „deutsche Wald" entsteht, der eigentlich schlicht Nutzforst heißen müsste. Über die weichen Humusauflagen von vornehmlich nicht standortgerechten Fichtenwäldern im Erzgebirge, Harz oder Schwarzwald laufende Mitglieder von Wandervereinen nehmen ihn regelmäßig und vielleicht auch tief beglückt an Sonntagen in Augenschein. Aussichtstürme schaffen den im dichten Pflanzwald fehlenden freien Blick [666].

Die Nationalsozialisten nutzen und missbrauchen gezielt die besondere Beziehung der Deutschen zum Wald, machen ihn zum Symbol deutscher Identität: zum *„deutschen Wald"*, zum *„ewigen Wald"*. *„Kranker, krüppeliger Wald"* passe nicht zum Deutschen, *„gesunde Wälder"* seien hingegen Vorbilder [667]. *„Deutscher Wald"* sei der *„deutschen Seele wesensgemäß"*. Ja, in *„der Wildnis reckenhafter Baumgestalten"* habe sich *„der heldische Geist germanischer Krieger immer aufs Neue gestählt und gefestigt"* – formuliert Walter Schoenichen, *der* Naturschutz-Ideologe der Nazis [668]. Er leitet seit 1922 die „Staatliche Stelle für Naturdenkmalpflege in Preußen", die 1939 in „Reichsstelle für Naturschutz" umbenannt wird und weiterhin unterfinanziert und unterbesetzt ist [669].

Das Naziregime erlässt schon am 18. Januar 1934 das „Reichsgesetz gegen Waldverwüstung", am 13. Dezember 1934 das gegen die Einbringung standortfremder Arten gerichtete „Forstliche Artgesetz", am 1. Oktober 1935 das „Reichsnaturschutzgesetz" und am 18. März 1936 die „Verordnung zum Schutze der wildwachsenden Pflanzen und der nicht jagdbaren wildlebenden Tiere". Die „deutsche Eiche" ist die Symbolbaumart der Nazis, der sie Treue, Härte und Stärke andichten. Die Propaganda ist das Eine, das Handeln das Andere. Zwar pflanzt man „Hitlerbäume" und „Hakenkreuzwälder". Um die Autarkie zu erreichen, dominieren tatsächlich wirtschaftliche Ziele und nicht der Schutz von Wäldern, Pflanzen- und Tierarten. Versuche, den Gegensatz zwischen Forstwirtschaft und Naturschutz aufzulösen, scheitern trotz der weitreichenden Macht des Naziregimes. Es lässt schon lange vor dem 1. September 1939 zahllose Bäume für die Aufrüstung und Kriegsvorbereitung fällen. Und es opfert massenhaft Bäume im Zweiten Weltkrieg. Zur geplanten kompensatorischen Aufforstung ausgedehnter eroberter Räume in Osteuropa kommt es nicht mehr [670].

Mit dem Nazireich endet die Waldideologie; Nüchternheit kehrt ein. Die verbliebenen Forsten ermöglichen das Überleben im zerstörten Land: Der immense Holzbedarf in den Katastrophenjahren nach dem Krieg führt zur Fortsetzung des Raubbaus. Selbst städtische Parks wie der Tiergarten in West-Berlin verlieren einen Großteil ihres Baumbestandes. Der Steinkohlebergbau liegt noch danieder. Hinzu kommen 1946/47 eine ganz ungünstige Witterung und 1945 bis 1949 die Holzentnahme durch die Alliierten.

Mit dem Wirtschaftsaufschwung der 1950er und 1960er-Jahre mutieren manche Forsten zu Erholungsgebieten. Andere werden ab den 1970er-Jahren vermehrt geschützt. Die meisten bleiben Wirtschaftsforsten, Monokulturen. Es bedarf mehrerer Orkane, wie Lothar am 26. Dezember 1999 und Kyrill am 18./19. Januar 2007. Sie werfen Millionen Bäume. Die nicht standortangepasste, sondern ökonomisch bestimmte Baumartenwahl ermöglicht die gewaltigen Schäden. Die Belastung der Atmosphäre mit Schadstoffen und die Versauerung der Böden haben unzählige Bäume geschwächt, ja die Angst des „Waldsterbens" heraufbeschworen. Aus diesen Schäden resultiert ein allmähliches Umdenken zunächst in der staatlichen Forstwirtschaft. Orkane, Waldschäden und Klimawandel haben überzeugt. Staats- und Körperschaftswald[48] wird langsam naturnäher und hoffentlich langfristig wieder stabiler. Ein vorbildliches frühes Beispiel ist der konsequente Umbau der Forsten von Lübeck durch den Leiter des städtischen Forstamtes Lutz Fähser in naturnahe Wälder seit 1986 – gegen starken lokalen Widerstand.

## 12. April 1934 – Forstmeister Wilhelm Freiherr Sittich von Berlepsch setzt Waschbären am Edersee aus

Waschbären *(Procyon lotor)* sind Neozoen, folglich Neubürger in Deutschland und Europa. Sie stammen aus Nordamerika und haben sich in Deutschland so erfolgreich vermehrt, dass sie mittlerweile nach §7, Abs. 2, Nr. 7 des Bundesnaturschutzgesetzes den Status einer heimischen Art besitzen.

---

[48]Wälder im Eigentum von Körperschaften des öffentlichen Rechts wie Gemeinden.

Forstmeister Wilhelm Freiherr Sittich von Berlepsch beantragt im Februar oder März 1934 bei der obersten Jagdbehörde in Berlin eine Genehmigung für die Freisetzung von Waschbären in den Wäldern des Forstamtes Vöhl am Edersee. Bei seiner Tätigkeit als Militärattaché in Kanada hatte von Berlepsch Waschbären kennen und offenbar schätzen gelernt. Am 28. April 1934 trifft die Genehmigung zur Aussetzung ein.

Von Berlepsch hatte sie freilich schon am 12. April in einem Alteichenbestand im Revier Asel des Forstamtes Vöhl südlich des Edersees vollzogen, da ein Waschbärenweibchen trächtig war. Ausgesetzt wurden zwei Pärchen, die aus der Zuchtfarm des Pelztierzüchters Rolf Haag stammten. Nach der Weltwirtschaftskrise lohnte die Zucht nicht mehr, davor waren die Felle der Waschbären beliebt. Angeblich zielt die Aussetzung, von der angesehene Wissenschaftler nachdrücklich abraten, auf die Erhöhung der Artenvielfalt. Die vier ausgesetzten Tiere verschwinden in den Wäldern am Edersee und vermehren sich kräftig. Kurz vor Ende des Zweiten Weltkrieges entkommen etwa 25 Waschbären von einer Pelztierfarm in Wolfshagen östlich von Berlin. Genetische Untersuchungen der Trierer Biogeographin Mari Fischer weisen auf weitere Freisetzungen wohl 1945 im Harz und vermutlich in den 1990er-Jahren im östlichen Sachsen [671].

Zur Populationsentwicklung in Deutschland gibt es grobe Schätzungen; Waschbären leben weitgehend im Verborgenen. Im Jahr 1950 sind es in Westdeutschland vermutlich wenige hundert Tiere, 1970 bereits rund 20.000 und heute im vereinigten Deutschland geschätzt wohl bereits etwa eine Million [672]. Ein Verbreitungsschwerpunkt liegt in Nordhessen. Kassel ist die „Waschbärenhauptstadt" Deutschlands. 1954 beginnt die Bejagung. Im Jagdjahr 2003/04 schießen Jäger 21.149 Waschbären, im Jagdjahr 2017/18 bereits 172.549 [673].

Mit Ausnahme des Uhus, der Jungtiere jagt, haben Waschbären in Deutschland keine natürlichen Feinde. Waschbären gefährden vom Aussterben bedrohte Arten wie die Europäische Sumpfschildkröte. Sie erlegen Gelbbauchunken, Fledermäuse und Vögel, die am Boden, in Bäumen und Höhlen brüten, darunter Graureiher und Kormorane. Waschbären quartieren sich gerne unter Hausdächern ein. Sie erzeugen gerade nachts Unruhe; ihr Urin kann langfristig Gebäudeschäden verursachen [674].

## 1. Oktober 1935 – Das Reichsnaturschutzgesetz tritt vollumfänglich in Kraft

Das Reichskultusministerium lässt Anfang 1935 einen Entwurf des Reichsnaturschutzgesetzes (RNG) von dem Naturschutzfunktionär Hans Klose erarbeiten. Reichsminister, Reichsforstmeister und Reichsjägermeister Hermann Göring erfährt von den Plänen; er reißt die Zuständigkeit für den staatlichen Naturschutz an sich und peitscht das Gesetz durch das Kabinett – wohl, um in neuen Schutzgebieten ungestört jagen zu können [675].

Das am 26. Juni 1935 überhastet verabschiedete RNG tritt am 1. Oktober 1935 vollumfänglich in Kraft. Die Beseitigung von Widersprüchen zu anderen Gesetzen macht Überarbeitungen bereits am 29. September 1935, am 1. Dezember 1936 und am 20. Januar 1938 erforderlich.

Das RNG begründet den staatlichen Naturschutz. Es zielt auf den Schutz von Heimat und seltenen Pflanzen- und Tierarten, auf den Erhalt von Natur, Landschaft und Naturschönheit. Nutzungseinschränkungen in der Land- und Forstwirtschaft verursacht es kaum. Seine Wirkung reicht weit über die NS-Zeit hinaus: In der DDR gilt es bis 1954; in der Bundesrepublik löst das Bundesnaturschutzgesetz erst am 20. Dezember 1976 die bis dahin noch geltenden Bestimmungen des RNG ab – ein äußerst zwiespältiges Erbe der NS-Zeit. Immerhin folgt der eigentliche Gesetzestext des RNG nicht dem üblichen NS-Duktus; die ideologische Aufgabe des Naturschutzes für das nationalsozialistische Regime wird nur in der Präambel deutlich [676].

Mit seinem Erlass verschwindet die Geringschätzung des Naturschutzes in der Bevölkerung; Naturschutzbeauftragte werden rasch ernannt und neue Schutzgebiete ausgewiesen. Der staatliche Naturschutz verhindert nicht die Infrastrukturprojekte des Nazireiches. Wertvolle naturnahe Räume gehen unwiederbringlich verloren. Die Bilanz ist verheerend [677].

## 2. Mai 1936 – Grundsteinlegung für das monströse „KdF-Seebad Rügen" in Prora

Am 2. Mai 1933 dringen Mitglieder der Sturmabteilung (SA) und der Nationalsozialistischen Betriebszellenorganisation (NSBO) der NSDAP in Einrichtungen der Freien Gewerkschaften ein, die im Allgemeinen Deutschen Gewerkschaftsbund organisiert sind. Sie besetzen Gebäude und inhaftieren führende Gewerkschafter. Im Rahmen der gut vorbereiteten Aktion übernehmen Kommissare der NSBO die Aufgaben der Verhafteten [678].

Acht Tage später wird die Nazi-Einheitsgewerkschaft „Deutsche Arbeitsfront" (DAF) gegründet. Noch bestehende Gewerkschaften werden in den folgenden Wochen zwangseingegliedert. Die stark hierarchisierte DAF wird zur größten Massenorganisation im nationalsozialistischen Deutschen Reich mit 25 Mio. Mitgliedern im Jahr 1942. Robert Ley, der unmittelbar Adolf Hitler untersteht, leitet die DAF. Ihr geheimes Ziel ist die umfassende Kontrolle, Überwachung und Indoktrination aller Arbeiterinnen und Arbeiter in sämtlichen Betrieben und Behörden. Die am 27. November 1933 gegründete Unterorganisation der DAF mit dem Propaganda-namen „Kraft durch Freude" (KdF) kümmert sich aus diesem Grund um die Freizeitgestaltung der arbeitenden Bevölkerung, deren Selbstbewusstsein, National-stolz, Leistungsfähigkeit und -willen durch besondere gemeinsame Aktivitäten und „völkisches" Denken gesteigert werden soll – eine wichtige Voraussetzung für die bevorstehende massive Aufrüstung. KdF betreut bis Kriegs-beginn fast 7 Mio. Deutsche. Beliebt sind Kreuzfahrten nach Norwegen [679].

Da die Kontrolle zahlloser dezentraler Ferienein-richtungen wie Hotels und Pensionen aufwändig und nicht durchgängig möglich ist, planen die National-sozialisten die konzentrierte Unterbringung von 1,5 bis 2 Mio. Urlauberinnen und Urlaubern pro Jahr in fünf neuen riesigen, gut zu beaufsichtigenden Seebädern [680].

Auf Rügen liegt zwischen Saßnitz und Binz ein schmaler, 7 km langer Küstenstreifen, die natur-nahe „Schmale Heide". Der Eigentümer des Geländes, NSDAP-Mitglied Malte von Putbus, übereignet 1935 der DAF die Fläche unentgeltlich. Später wird von Putbus das NS-Regime kritisieren, aus der NSDAP austreten, verhaftet und im Februar 1945 im Konzentrationslager Sachsen-hausen sterben [681].

Auf der bewaldeten Schmalen Heide erfolgt am 2. Mai 1936 die Grundsteinlegung für das „KdF-Seebad Rügen", das einmal eine Kapazität von 10.000 etwa 12,5 m$^2$ großen Doppelzimmern für 20.000 Personen haben soll und zum Ortsteil Prora von Binz wird. Für die Mitte ist ein riesiger Platz geplant, mit einer gewaltigen Festhalle für alle Gäste und einem 80 m hohen Turm auf der Landseite sowie einem Schiffsanleger mit zwei Seebrücken am Ostseestrand. Das Modell der Anlage erhält 1937 auf der Weltausstellung in Paris einen Preis – ein weiterer Propagandacoup der Nazis [682].

Das Megaprojekt führt zu gravierenden Umweltver-änderungen: Der naturnahe Wald wird gerodet, das Holz für den Bau genutzt, Wasser mehreren Tiefbrunnen und der Kies einer Grube bei Zirkow entnommen. Beiderseits des vorgesehenen zentralen Platzes bauen bis zu 2000 Arbeiter ab dem Frühjahr 1938 küstenparallel zwei monumentale sechsstöckige, jeweils mehr als 2 km lange Gebäude-komplexe. Sie bestehen aus je vier 500 m langen Blöcken mit 10 Treppenhäusern, in denen auch die Gemeinschafts-bäder liegen. Das „Seebad der 20.000" soll 1940 fertig-gestellt sein. Die Bauarbeiten enden jedoch im September 1939 kurz nach dem deutschen Überfall auf Polen. Aus-gebombte Hamburgerinnen und Hamburger sowie in den Ostgebieten Evakuierte finden in dem bis dahin errichteten Rohbau eine provisorische Unterkunft [683].

Nach dem Krieg interniert die Rote Armee in einem Teil der Anlage vorübergehend deportierte Adelige. Zwei

**Abb. 2.112** Der 1938/39 errichtete riesige Rohbau des „KdF-Seebades Rügen" in Prora bei Binz ersetzt einen naturnahen Wald (Zustand 2016)

Blöcke werden gesprengt. Von den frühen 1950er-Jahren bis 1990 nutzt die Nationale Volksarmee der DDR Prora als Kaserne, Erholungsheim und Schule. Durch die Herstellung der Einheit Deutschlands geht der Komplex an die Bundes-wehr über. In den 1990er-Jahre entsteht das ambitionierte Dokumentationszentrum Prora. Das Bundesvermögensamt veräußert Mitte der 1990er-Jahre vier Blöcke an private Investoren. Mietern wird gekündigt; Umbauten zu Eigen-tumswohnungen und Hotels erfolgen (Abb. 2.112). Der Monumentalbau bleibt ein markantes Symbol und Denkmal der Nazidemagogie [684].

## 1936 bis 1945 – Umweltwirkungen der Raketenrüstung in Peenemünde und am Kohnstein

Der Friedensvertrag von Versailles 1919 unter-sagt dem Deutschen Reich den Aufbau von Luft-streitkräften und Maßnahmen zur Vorbereitung eines Krieges. Nationalistische Kräfte umgehen schon in den 1920er-Jahren Restriktionen des Versailler Vertrages, die die Entwicklung und den Bau von militärisch nutzbaren Flugzeugen betreffen. Geheime militärische Forschung resultiert in der Entwicklung neuer, im Versailler Vertrag teilweise nicht erwähnter Waffensysteme: Raketen geraten in den Fokus der Forschung. Auf dem etwa 40 km süd-lich von Berlin gelegenen, seit 1874 militärisch genutzten Artillerieschießplatz Kummersdorf errichtet das Heer 1932 die Versuchsstelle West; Wernher von Braun und andere überwiegend junge Wissenschaftler und Ingenieure experimentieren dort an Raketentriebwerken [685].

Raummangel führt 1936/37 zur Verlegung der Heeres-versuchsanstalt Kummersdorf nach Peenemünde an der Nordspitze der vorpommerschen Insel Usedom, die abriegelt und zum militärischen Sperrgebiet erklärt wird. Aus Gründen der Geheimhaltung muss selbst das 10 km entfernte Seebad Zinnowitz zum Ende der Badesaison 1938 schließen. Um Peenemünde fallen Bäume und Büsche, endet die landwirtschaftliche Nutzung, verschwinden die Oberböden zugunsten großer Betonplatten und Pflasterungen sowie einer Werkbahn – eine enorme Landschaftsveränderung auf einer Fläche von zunächst 800, später 3500 ha. In der abgeschirmten Inselverborgenheit werden mit Hilfe von Häftlingen gebaut:

- Objekte, in denen Wissenschaftler und Techniker unter Leitung von Wernher von Braun neue Raketenwaffen konstruieren und bauen,
- Prüfstände für den Abschuss von Raketen,
- ein Steinkohlekraftwerk zur Energieversorgung und
- Wohnungen für die Beschäftigten.

Peenemünde ist jetzt das größte Rüstungszentrum Europas. Am 3. Oktober 1942 startet Aggregat 4 (A4) erfolgreich auf Prüfstand VII, erreicht eine Rekordgipfelhöhe von 84 km. Die zwei Jahre später eingesetzte Weiterentwicklung erhält von dem Nazidemagogen Joseph Goebbels den zynischen Propagandanamen „Vergeltungswaffe 2", V2, wird Teil des grenzenlosen Krieges der Nationalsozialisten.

Neben den Baumaßnahmen führen die Raketenexperimente zu erheblichen Belastungen der Böden, des Oberflächen- und Grundwassers sowie der Atmosphäre mit Schadstoffen. Luftangriffe der Royal Air Force zerstören in der Nacht vom 17. auf den 18. August 1943 einige Wohngebäude der Wissenschaftler und versehentlich der Häftlinge sowie Teile der Produktions- und Entwicklungsstätten. Hunderte Häftlinge und einige Wissenschaftler sterben.

Das Heer nimmt nun die Verlagerung der Raketenproduktion in Stollenanlagen am Südhang des Kohnsteins bei Nordhausen am südlichen Harzrand in Angriff. Die halbstaatliche Mittelwerk GmbH lässt dort eine untertägige Rüstungsfabrik und die V2 von Häftlingen errichten. Bis zur Befreiung am 11. April 1945 internieren die Nationalsozialisten über 60.000 Menschen in Mittelbau-Dora, einem Außenlager des Konzentrationslagers Buchenwald, für den Bau der V2. Mehr als ein Drittel überlebt die unmenschlichen Bedingungen nicht – anfangs müssen sie in kalten, feuchten Stollen schlafen. Explodiert eine V2 nach dem Start, schlagen oder töten Aufseher willkürlich Häftlinge. Das mörderische Raketenprojekt kostet so viele Menschenleben in Peenemünde, im Kohnstein, in Mittelbau-Dora und in England, Belgien und Frankreich, wo etwa 12.000 mit Sprengköpfen bestückte Raketenwaffen einschlagen. Und sie verändern überall dort die Umwelt drastisch [686].

Mittelbau-Dora und Peenemünde sind bedeutende Gedächtnis- und Lernorte.

Der Konstrukteur der V2, Wernher von Braun, seit 1943 SS-Sturmbannführer und seit 1955 Staatsbürger der USA, entwickelt dort Trägerraketen und leitet ab 1960 das „Marshall Space Flight Center" in Huntsville. Er konstruiert mit seinem Team die Saturn-Trägerrakete V, mit deren Hilfe am 21. Juli 1969 die erste Landung von Menschen auf dem Mond gelingt. Damit trägt von Braun auch zum Entstehen der großartigen Aufnahmen der blauen Erde aus der Mondumlaufbahn bei. Für seine Mitverantwortung am Tod tausender Menschen in der Nazizeit wird er nie zur Rechenschaft gezogen [687].

## 1937 – Gesundheitsschäden durch organische Quecksilberverbindungen

Der Arbeitsmediziner Franz Koelsch berichtet 1937 von Vergiftungen, die bei Beschäftigten eines Versuchslabors auftreten, das Alkylquecksilberverbindungen zum Beizen von Saatgut produziert. Eine dort tätige Chemikerin leidet unter Schwellungen am ganzen Körper, Aufgeregtheit, Beeinträchtigungen der Sehkraft und einem hohen Schlafbedürfnis, andere an Übelkeit und Magenbeschwerden – die Gefährlichkeit organischer Quecksilberverbindungen ist seit den 1930er-Jahren untersucht und erkannt [688].

Seit 1921 wird Methylquecksilber als Katalysator bei der Acetaldehyd-Produktion in Deutschland eingesetzt. Acetaldehyd ist ein leicht entzündlicher und reaktionsfreudiger Stoff, der in der chemischen Industrie u. a. für die Produktion von Butadien und Essigsäure seit den 1930er-Jahren verbreitet genutzt wird. Ohne ausreichende Sicherheitsvorkehrungen kann die Produktion von Acetaldehyd zu Quecksilbervergiftungen führen. Erst im Jahr 2013 beschließen über 90 Staaten, darunter Deutschland, die „Minamata-Konvention"[49] der Vereinten Nationen zur Minderung von Quecksilberemissionen. Nach der Ratifizierung des Abkommens durch 50 Unterzeichnerstaaten tritt es am 16. August 2017 in Kraft. Das Abkommen regelt Verbote quecksilberhaltiger Produkte ab dem Jahr 2020, darunter fallen Batterien, Fieberthermometer, Leuchtstoffröhren und Kosmetika [689].

---

[49]Das Abkommen ist nach der japanischen Stadt Minamata benannt. Das dort ansässige Chemieunternehmen Chisso leitete jahrelang quecksilberhaltige Abwässer in die Bucht von Minamata. Menschen, die mit Quecksilber vergiftete Fische aßen, erkrankten schwer. Viele starben. Merkmale der nach dem Ort benannten Minamata-Krankheit sind Organschäden, Missbildungen und Lähmungen.

## 13. November 1937 – Erteilung des Grundpatentes für die Herstellung von Polyurethan PUR

Der Chemiker Otto Bayer wird 1933 im Alter von nur 31 Jahren Leiter des wissenschaftlichen Hauptlabors der Interessengemeinschaft Farbenindustrie AG (IG Farben) in Leverkusen (Abb. 2.113). Bayer etabliert zusammen mit seinem Team die Polyurethanchemie, deren Ziel die Produktion ausgehärteter weicher oder harter Polyurethanschäume mit geringer Wärmeleitfähigkeit ist. Sie entstehen durch die Polyaddition von hochreaktiven, aus Erdöl hergestellten Polyisocyanaten und Polyolen.

Am 13. November 1937 wird Otto Bayer das Grundpatent für die Herstellung von aufgeschäumtem Polyurethan PUR erteilt. Prototypen von PUR-Schäumen mit Außenhäuten aus Papieren, die in Phenolharzen getränkt sind, resultieren 1943/44 aus einem geheimen Projekt der Wehrmacht. In den späten 1940er und in den 1950er-Jahren werden erstmals Weichschäume u. a. für Kissen und Matratzen aus Polyurethan gefertigt sowie Hartschaumdämmstoffe zur Isolation doppelwandiger Bierfässer und später zur Dämmung der Außenwände und Decken von Gebäuden, von Kühlschränken und Autositzen. Der Bodenbelag des 1972 fertiggestellten Münchner Olympiastadions

besteht aus Polyurethan. Heute enthalten die Rahmen von Solarmodulen sowie die Türinnenverkleidungen und Instrumententafeln von Personenkraftwagen Polyurethan. Die Massenproduktion von wärme- und schallisolierenden Polyurethanschäumen ist ein großer Erfolg für Bayer [690].

Die Isocyanate und das bei der Herstellung von Polyurethan als Treibmittel genutzte Pentan sind gesundheitsschädlich. Flammschutzmittel kommen in Dämmstoffen aus PUR für Außenwände zum Einsatz. Trotz ihrer Verwendung zersetzt sich Polyurethan bei Bränden mit hohen Temperaturen und hochentzündliche, toxische Stoffe wie Blausäure (Cyanwasserstoff), Cyanate, polycyclische aromatische Kohlenwasserstoffe (PAKs), Amine und Kohlenmonoxid entstehen. Zugesetzte Additive haben weitere negative Umweltwirkungen. Dämmstoffe aus nachwachsenden Rohstoffen wie Holz- und Hanffasern besitzen eine deutlich bessere Ökobilanz als Polyurethan [691].

## 29. Januar 1938 – Perlon ersetzt Naturfasern

Im Jahr 1938 empfangen Manager der IG Farben in ihrem Frankfurter Verwaltungsgebäude eine hochrangige Delegation des US-amerikanischen Chemiekonzerns E. I. du Pont de Nemours and Company (DuPont). Die

**Abb. 2.113**   Luftbild des IG Farbenwerkes Leverkusen (historische Postkarte)

Amerikaner preisen Produkte wie Damenstrümpfe, Wäsche und Stoffe, die aus einer neuen, ganz ungewöhnlichen, sehr feinen und lang haltbaren Kunstfaser bestehen, mitsamt den zugehörigen Patenten an. Bereits am 28. Februar 1935 hatte der bei DuPont tätige US-amerikanische Chemiker Wallace H. Carothers zusammen mit seinem Mitarbeiter Gerard J. Berchet die strapazierfähige Faser erfunden: Poly-Hexamethylenadipamid (abgekürzt PA66) mit dem Handelsnamen Nylon. 1937 erhielt Carothers das Patent auf Nylon.

Die amerikanische Delegation bietet den IG Farben Managern eine Lizenz für die Produktion und den Vertrieb von Nylon an. Dann geschieht Unerwartetes: Ein Mitarbeiter der IG Farben holt aus einem Tresor Textilproben und Patente für eine ähnliche Kunstfaser, die die Amerikaner vollkommen überraschen. Die Deutschen nennen sie „Perlon". Dem Chemiker und Laborleiter der in Berlin ansässigen Aceta GmbH – einer gemeinsamen Gründung von IG Farben und Glanzstoff – Paul Schlack war am 29. Januar 1938 erstmals die Polymerisation von Caprolactam gelungen. Carothers hatte Caprolactam, ein Bestandteil des Steinkohleteers, als ungeeignet für die Produktion von Polyamiden verworfen. Schlack hatte gezielt und erfolgreich nach einem Stoff gesucht, der die Patentrechte von Nylon nicht verletzte – und mit Caprolactam gefunden. Das Resultat war das reißfeste und elastische Polyamid Polycaprolactam (abgekürzt PA6, Handelsname „Perlon"), aus dem sich im geschmolzenen Zustand endlos lange und äußerst stabile Fäden ziehen lassen. Einen Auftrag zu diesen Forschungsarbeiten hatte Schlack nicht. Als er den Generaldirektor des Werkes der IG Farben in Wolfen in seine Labors einlud, um ihm seine Erfindung zu präsentieren, war dieser verblüfft und tief beeindruckt. Schlack lässt seine Erfindung im Sommer 1938 unter dem Namen „Perluran" patentieren [692].

Die Interessengemeinschaft Farbenindustrie AG (IG Farben).

Im Jahr 1904 formieren sich die Chemiekonzerne Bayer, BASF und Agfa zu einem „Dreibund" sowie Hoechst und Casella zu einem „Zweibund", dem sich drei Jahre später die Chemische Fabrik Kalle & Co. anschließt. Natürliche Stoffe durch synthetische zu ersetzen, wird ein wichtiges Ziel im Ersten Weltkrieg. Zudem liefern die Firmen auch Sprengstoffe und den geächteten chemischen Kampfstoff Chlorgas. 1916 bilden die beiden Bünde eine „Interessengemeinschaft". Weitreichende Isolation, Verluste von Patenten, Demontagen und die desaströse ökonomische Situation in den Jahren nach dem Ersten

Weltkrieg begünstigen 1924 die Fusion der genannten Unternehmen zur IG Farben, dem weltweit größten Chemieunternehmen. Die an mehreren Standorten verbliebene Verwaltung ist wenig effektiv. In Frankfurt a. M. wird daher in verkehrsgünstiger Lage im Westend das modernste Bürohochhaus Europas errichtet und 1931 fertiggestellt. Ab 1933 wird die IG Farben zu einem der bedeutendsten Finanziers der NSDAP. Als Gegenleistung zum Ausbau der Benzinproduktion erfolgen u. a. Steuererleichterungen. Manager sowie Mitarbeiterinnen und Mitarbeiter jüdischen Glaubens werden aus dem Unternehmen gedrängt. Die IG Farben übernimmt im 1936 aufgestellten Vierjahresplan wichtige Funktionen, die auch der Vorbereitung eines Krieges dienen. Der Zweite Weltkrieg bedingt veränderte Prioritäten. In Ermangelung natürlichen Kautschuks wird die Erzeugung synthetischer Ersatzstoffe kriegswichtig. Eroberte Fabriken in Polen okkupiert die IG Farben. In Kooperation mit der SS lässt die IG Farben 1941 mit Hilfe zehntausender Kriegsgefangener und Zwangsarbeiter das größte chemische Werk Osteuropas und das Konzentrationslager Buna-Monowitz (Auschwitz III) errichten und betreiben. Geschätzt wird, dass mehr als 25.000 von ihnen bis 1945 auf dem Baugelände oder in den Gaskammern des Vernichtungslagers sterben [693].

Nach dem Zweiten Weltkrieg wird die IG Farben zerschlagen und das Frankfurter IG Farben-Hochhaus zum Hauptquartier der US-Streitkräfte in Europa. Die „Rote Armee Fraktion" verübt in den 1970er-Jahren zwei Anschläge auf das Gebäude. Nach der Herstellung der Einheit Deutschlands erhält die Universität Frankfurt das riesige Bauwerk. Es wird umgebaut und für Lehre und Forschung genutzt. Die Universität Frankfurt erinnert konsequent an die Geschichte des Hauses und der IG Farben [694].

Schwierige Verhandlungen zwischen den beiden Chemiegiganten folgen auf das Treffen im IG Farben-Verwaltungsgebäude. Am 23. Mai 1939 vereinbaren DuPont und IG Farben ein Kunstfaserkartell; beide Unternehmen dürfen PA6 (Perlon) und PA66 (Nylon) herstellen und vertreiben. Gegenseitige Laborbesuche folgen. Die IG Farben zahlt Lizenzgebühren für die Verspinnung der Kunstfasern. Ab 1939 produziert DuPont Nylon in Seaford (Delaware, USA). Am „Nylon Day", dem 16. Mai 1940, beginnt DuPont den USA-weiten Verkauf von Damenstrümpfen aus Nylon. Allein an diesem Tag werden vier Millionen Paare veräußert. Erst drei Jahre später beginnt die IG Farben mit der Großproduktion von Perlon in Landsberg/Warthe für kriegswichtige Erzeugnisse wie Fallschirme und Seile [695].

Nach dem Zweiten Weltkrieg verarbeiten Firmen Perlon zunächst in Bürsten und Besen. 1952 gründet sich der Perlon-Warenzeichen-Verband in Westdeutschland und die Bezeichnung „Perlon" wird geschützt. In Ostdeutschland erhält das Produkt den Namen „Dederon"; Tragetaschen und geblümte Kittel aus Polycaprolactam verlassen dort die Fabriken [696].

Damen kaufen 1955 rund 100 Mio. Perlonstrümpfe in Westdeutschland – das Wirtschaftswunder wird hier sichtbar und begleitet von weniger beliebten Merkmalen: Von Perlonstrümpfen umhüllte Beine, von Perlonblusen und -hemden direkt bedeckte Oberkörper vermögen Schweiß kaum aufzunehmen und weiterzuleiten. Vermehrter Schweißgeruch resultiert. Und die Notwendigkeit, Duftstoffe zu entwickeln, die den Schweißgeruch überdecken. Oder Deos, die die Drüsen verkleben [697].

Perlon und Nylon sind nach wie vor wichtige Industrieprodukte. Strümpfe, Regenbekleidung und Campingzelte entstehen ebenso aus ihnen wie Angelschnüre, Kletterseile, Saiten von Gitarren und Tennisschlägern, Teppiche, Dübel, Zahnbürsten, Löffel und leistungsstarke Drähte in Schiffstauen. Etwa zwei Drittel der aktuell weltweit produzierten Polyamide bestehen aus Perlon, ein Drittel aus Nylon.

Perlon und Nylon basieren auf Erdöl. Konzentrierte Säuren wie Adipinsäure und Lösungsmittel werden bei ihrer energetisch aufwändigen Herstellung eingesetzt; unerwünschte Chemikalien fallen als Nebenprodukte an. Die Produktion von Adipinsäure führt zu Freisetzungen von Lachgas, einem überaus klimawirksamen Treibhausgas.

Bei der Wäsche von Textilien aus Kunstfasern wie Perlon oder Nylon gelangen zahlreiche Mikrokunststoffpartikel in das Abwasser.

Perlon und Nylon verrotten praktisch nicht. In Nord- und Ostsee verenden des Öfteren Seehunde, Schweinswale, Delphine, Schollen, Steinbutte, Dorsche oder Kabeljau in Fischernetzen aus Perlon oder Nylon, die herrenlos als tödliche Fallen im Meer treiben oder sich am Meeresboden verfangen haben [698].

Mechanische Vorgänge wie die Bodenbearbeitung, sich bewegendes Wasser und Wind zerreiben Kunststoffprodukte zu immer kleineren Partikeln. Diese verbleiben mutmaßlich über Jahrhunderte oder gar Jahrtausende in unserer Umwelt. Tiere nehmen mit der Nahrung winziges Zerreibsel oder auch größere Stücke aus Kunststoffen – nicht nur aus Polyamiden – auf.

Firmen entwickeln und nutzen mittlerweile verstärkt langlebige und hochfeste Bio-Polyamide, die auf nachwachsenden Rohstoffen wie Rizinusöl basieren. Aus ihnen stellt man z. B. Leitungsrohre her. Zukünftig könnten Enzyme als Biokatalysatoren genutzt werden. Langsam

entsteht ein neuer, die Umwelt offenkundig weniger belastender Wachstumsmarkt.

## 1938 bis 1945 – Buna oder Kok-Saghys: Ersatz für den Kautschukbaum?

Der Bedarf an Kautschuk wächst mit der Motorisierung. Das Deutsche Reich ist abhängig von Naturkautschukimporten aus Brasilien, Niederländisch-Ostindien und den britischen Kolonien Ceylon, Burma und Singapur. Die Farbwerke Bayer in Leverkusen investieren in die Produktion von synthetischem Kautschuk und stellen im Ersten Weltkrieg zirka 2400 t Methylkautschuk her. Nach 1918 sinken die Nachfrage nach Naturkautschuk und der Weltmarktpreis; die Produktion von synthetischem Kautschuk lohnt nicht mehr. Doch machen Preisanstiege die synthetische Fertigung bald wieder attraktiv. In Schkopau bei Halle (Saale) errichtet die IG Farben 1935 das Werk Buna I, das synthetischen Kautschuk herstellt, der unter dem Akronym „Buna" bekannt wird. Hauptbestandteil ist *Bu*tadien; *Na*trium wird als Katalysator beigefügt. Buna I erreicht 1939 die Massenproduktion. Buna II entsteht 1938 in Marl und Buna III 1940 in Ludwigshafen. Nie fertiggestellt wird das 1941 am Konzentrationslager Buna-Monowitz (Auschwitz III) begonnene Werk Buna IV. Zur Zwangsarbeit verpflichtete Menschen, die nur noch wenige Monate leben werden, müssen es bauen [699].

Kurz vor Beginn des Zweiten Weltkrieges deckt Buna zwar gut 20 % des auf 120.000 t veranschlagten Jahresbedarfes an Kautschuk in Nazideutschland. Fahrzeugreifen aus Buna haben indes eine geringere Abriebfestigkeit als Reifen aus Naturkautschuk. Die bedeutendsten Anbaugebiete für Naturkautschuk liegen mittlerweile in Kolonien des Vereinigten Königreiches, das seit dem 3. September 1939 Kriegsgegner ist. Trotz der drei laufenden Buna-Werke und vor dem Hintergrund hochschnellender Planzahlen ist das Hitler-Regime Anfang der 1940er-Jahre weit von der Selbstversorgung mit Kautschuk entfernt. Im September 1940 wird der überwiegend durch Buna zu stillende Jahresbedarf an Kautschuk schon auf 300.000 t geschätzt. Die Kautschuklücke könnte kriegsentscheidend werden. Nach Schätzungen der Wehrmacht reicht die vorhandene Kautschukmenge Ende Januar 1941 noch einen Monat, um Lkw und Soldatenschuhe ausreichend zu bestücken. Die Reifen der Wehrmachts-Lkw sind jetzt herunterzufahren, bis Gewebe sichtbar wird. Gummilose Metallreifen und kleinere Fahrzeuge schaffen keine Abhilfe. Der Überfall auf die Sowjetunion am 22. Juni 1941 unterbricht auch noch den Kautschuktransport auf dem Landweg aus Ostasien [700].

Russischer Löwenzahn *(Taraxacum kok-saghyz)* und sowjetische wissenschaftlich-technische Kompetenz sollen

**Abb. 2.114** In den 1940er-Jahren in den USA gezogene Pflanze des Russischen Löwenzahns *(Taraxacum kok-saghyz)* mit kautschukhaltigen Wurzeln ( © Ford Motor Co. 1947) [708]

helfen, die einschneidende Kautschuklücke zu schließen. Kok-Saghys, wie die in Hochgebirgen Kasachstans heimische Korbblütlerart auch genannt wird, ist begehrt – denn ihre Wurzeln enthalten Kautschuk (Abb. 2.114). Deswegen ist sie seit Anfang der 1930er-Jahre Gegenstand sowjetischer Agrarforschung. Für erfolgreiche Züchtungen mit Kautschukgehalten über 3 % in den Wurzeln wird gar eine Prämie von 30.000 Rubel ausgelobt [701].

Nach dem Überfall auf die Sowjetunion ergeben sich neue Möglichkeiten. Hitler fordert schon am 2. August 1941, *„400.000 Hektar Gummipflanzen zur Deckung unseres Bedarfes"* in den besetzten Gebieten anzubauen [702]. Umgehend interessieren sich Organe der NSDAP, Behörden, Forschungseinrichtungen und Firmen für die Züchtung und den Anbau von Kok-Saghys. Ein Wettlauf beginnt. Die SS lässt nach Saatgut, Pflanzungen und Spezialisten suchen [703].

Das von dem Pflanzengenetiker Wilhelm Rudorf geleitete Kaiser-Wilhelm-Institut (KWI) für Züchtungsforschung in Müncheberg[50] hat bereits 1938 von der landwirtschaftlichen Versuchsanstalt im polnischen Puławy eine heterogene Samenprobe des Russischen Löwenzahns erhalten. In Müncheberg isoliert Rudorfs Assistent Richard Werner Böhme Samen, die einen guten Kautschukertrag erwarten lassen. Zwangsarbeiterinnen und Zwangsarbeiter des KWI für Züchtungsforschung müssen 1941 auf Versuchsflächen in Müncheberg und versteckt in der benachbarten spätweichselzeitlichen Schmelzwasserrinne des

Roten Luchs Kok-Saghys anbauen. Am 19. September 1941 fährt Böhme nach Uman[51], um dort den Anbau von Kok-Saghys und die Techniken der Verarbeitung von Löwenzahn-Wurzeln in einer Kautschuk-Fabrik zu studieren. Diese Erkenntnisse nutzt Böhme, um im Roten Luch eine Verarbeitungsanlage errichten zu lassen. Der Hektarertrag der ersten Ernte von den Versuchsflächen des KWI für Züchtungsforschung schwankt zwischen 100 und 240 kg Kautschuk [704].

In der Umaner Fabrik produziert die „Ost-Gesellschaft für Pflanzenkautschuk und Guttapercha m.b.H." 1942/43 zusammen 75,5 t Kautschuk. Das KWI für Chemie entwickelt Techniken zur Herstellung von Kautschuk aus Kok-Saghys-Wurzeln. Für den Löwenzahn-Kautschuk interessieren sich auch das Volkswagenwerk, der Reifenhersteller Continental, die Deutsche Arbeitsfront (DAF), der Reichsnährstand, das Reichsernährungsministerium und der Minister für Bewaffnung und Munition Albert Speer. Die Wehrmacht erobert 1941 in der Sowjetunion eine Kok-Saghys-Anbaufläche von etwa 20.000 ha. Dort mussten Kleinbauern schon vor dem deutschen Überfall Russischen Löwenzahn pflanzen – meist gegen ihren Willen [705].

Speer veranschlagt für eine Jahresproduktion von 10.000 bis 12.000 t Kautschuk eine Anbaufläche von 300.000 bis 350.000 ha. Dieses Ziel soll bereits 1944 erreicht werden. Auf dem benötigten Ackerland wurden zuvor vorwiegend Nahrungsmittel angebaut. Der Reichsführer SS Heinrich Himmler verfügt am 10. Juli 1943, Gebiete in *„der Nordukraine und von Russland-Mitte von jeder Bevölkerung zu räumen".* [706] In Auffanglager eingewiesene Zwangsarbeiter, Zwangsarbeiterinnen und elternlose Kinder sollen Kok-Saghys anbauen.

Himmler erreicht, dass zuvor konkurrierende Institutionen einen Forschungsverbund zur Vorbereitung des industriellen Anbaus von Kok-Saghys unter seiner Führung bilden. Auf einer Arbeitstagung wird am 25. Juni 1943 die Aufgabenverteilung erörtert, der Direktor des KWI für Züchtungsforschung Rudorf stellt ein Arbeitsprogramm zur Züchtung kautschukreicher Kok-Saghys-Pflanzen vor. Am 9. Juli 1943 setzt Göring Himmler als „Sonderbeauftragten für Pflanzenkautschuk" ein. Pflanzenzuchtstationen entstehen in den besetzten Gebieten.

Der Agrarwissenschaftler und SS-Oberführer Joachim Heinrich Ferdinand Caesar hatte bereits am 12. März 1942 die Leitung der Landwirtschaftsbetriebe am Konzentrationslager Auschwitz übernommen. Zu ihnen gehört auch eine Versuchsstation, in der mit hoher Priorität Häftlinge – überwiegend Biologinnen – bis zur Evakuierung im Januar 1945 kautschukreichen Kok-Saghys züchten. Noch im Februar 1944 wird aufgrund fehlender

---

[50]Die märkische Forschungsstadt liegt knapp 50 km östlich von Berlin heute im Kreis Märkisch-Oderland.

[51]Uman befindet sich knapp 200 km südlich von Kiew in der heutigen Ukraine.

geeigneter Böden, Laborräume und Arbeitskräfte die gesamte Kok-Saghys-Forschung von Müncheberg nach Auschwitz verlagert. Da Forschungsstationen in den von der Roten Armee zurückeroberten Regionen nicht mehr zur Verfügung stehen, sollen die Versuchsflächen bei Auschwitz wesentlich vergrößert werden.

Der geplante großflächige Anbau von Russischem Löwenzahn kollidiert mit anderen politischen und ökonomischen Interessen, besonders mit dem Bedarf an Nahrungsmitteln. Es mangelt an Arbeitskräften. Die Front verlagert sich immer weiter nach Westen, potenzielle Kok-Saghys-Anbaugebiete gehen verloren. Pläne, u. a. in den baltischen Staaten, in Ungarn und Frankreich Russischen Löwenzahn anzubauen, werden vom Kriegsgeschehen überrollt. Es fehlt an Land, an Arbeitskräften, an geeigneter Technik für einen großflächigen Anbau, an raschen Züchtungserfolgen. Himmler ist unzufrieden mit der Qualität der Continental-Reifen aus Löwenzahnkautschuk.

Bereits 1938 bestanden in Müncheberg Zweifel an der Eignung von Kok-Saghys für eine lohnende Produktion von Naturkautschuk. Himmlers Projekt ist zum Scheitern verurteilt, trotz des gewaltsam angeeigneten sowjetischen Know-hows und der sowjetischen Technik, trotz des Landraubes – und gerade wegen der Versklavung so vieler Menschen, vor allem von Kindern und Frauen. Hungernde, unterernährte Sklavinnen und Sklaven können auch unter massivstem Zwang keine erfolgreiche Großflächenlandwirtschaft betreiben. Auch deren Umweltwirkungen wären schwerwiegend gewesen. Starke Wind- und Wassererosion, Nährstoffausträge, eine gravierende Artenverarmung und die Ausbreitung von Schädlingen wären zu erwarten gewesen [707].

## 1939 bis 1945 – Deutsche Unternehmen ermöglichen mit dem Herbizid Zyklon B Shoa und Porajmos

Der Massenmord an mehr als sechs Millionen Menschen jüdischen Glaubens (Shoa), Sinti und Roma (Porajmos) und anderen Verfolgten größtenteils mit Zyklon B durch Deutsche hat – auf den thematischen Schwerpunkt dieses Buches beschränkt – einen Umweltbezug, u. a. da ein für ganz andere Zwecke entwickeltes Umweltgift zur gezielten Tötung von Menschen eingesetzt wird. Überdies sind wir Menschen Teil der Umwelt.

Die Dessauer Werke für Zucker- und Chemische Industrie Aktiengesellschaft produzieren das Insektizid Zyklon B auf folgendem Weg: Nach der alkoholischen Gärung von Zuckerrüben trennt man durch Destillation ein Ethanol-Wasser-Gemisch von den Rückständen, der alkoholfreie Schlempe. Die Mineralstoffe, Eiweiße und Fette enthaltende Schlempe dient als Viehfutter und zur Produktion von Hefe und Zyklon B. Arbeiter erhitzen in einer Holzbaracke, die auf einem Dach des Apparate- und Ofenhauses der Dessauer Zuckerraffinerie steht, die Schlempe unter Luftabschluss auf 1000 bis 1100 °C, um blausäurehaltige Gase zu erzeugen. Sie reinigen die Gase und konzentrieren sie zu flüssiger Blausäure, dem Cyanwasserstoff (HCN). Ein Arbeiter, der hinter einer Glaswand steht, füllt die Blausäure in dickwandige Blechdosen, die anfangs mit saugfähigem Kieselgur und später mit hochporösem Gips oder Holzfaserscheiben als Trägermaterial gefüllt sind. Andere Beschäftigte verschließen die Dosen mit Deckeln und prüfen die Dichtheit bei einer Temperatur von 60 °C mit Filterpapier, das mit Kupfer- und Benzidinacetat getränkt ist. Lastkraftwagen bringen die in Kisten verpackten Dosen an die Zielorte. Man fügt dem Zyklon B den unangenehm riechenden Reizstoff Bromessigsäuremethylester (Bromester) bei, um die Gefährlichkeit für Menschen anzuzeigen. Ab Mitte 1943 wird auf Wunsch der SS kein Bromester mehr eingemischt [709].

Die „Deutsche Gold- und Silberscheideanstalt vormals Roessler AG", kurz Degussa, und die „Deutsche Gesellschaft für Schädlingsbekämpfung m.b.H." (Degesch) besitzen die alleinigen Rechte an der Herstellung von Zyklon B. Die Degesch, die sich als Verkaufsagentur der IG Farben bezeichnet, ist Inhaberin des Patentes. Sie gibt die Produktion bei den Dessauer Werken für Zucker- und Chemische Industrie AG in Auftrag und ist Eigentümerin von Anlagen und Maschinen in der Dessauer Zuckerraffinerie (Abb. 2.115). Zwei Firmen besorgen den Vertrieb:

- Tesch & Stabenow, Internationale Gesellschaft für Schädlingsbekämpfung (Testa) mit Sitz in Hamburg,

**Abb. 2.115** Aktie der Dessauer Werke für Zucker- und Chemische Industrie Aktiengesellschaft vom 8. Januar 1942. Der Betrieb stellt das Insektizid Zyklon B her, mit dem zahllose Menschen in Konzentrationslagern getötet werden

beliefert die Region östlich und nördlich der Elbe einschließlich des Konzentrationslagers Auschwitz und

- die Heerdt-Lingler GmbH (Heli) in Frankfurt a. M. ist für den Raum südlich und westlich der Elbe zuständig [710].

Beide Betriebe erwerben Zyklon B von der Degesch und liefern es an die SS. Deren Personal setzt Zyklon B in den Konzentrationslagern Auschwitz II Birkenau (Brzezinka), Majdanek, Mauthausen, Sachsenhausen, Ravensbrück, Stutthof und Neuengamme zur Tötung von Millionen Menschen in Gaskammern ein, die im menschenverachtenden offiziellen NS-Jargon „Desinfektions-Anstalten" genannt werden.

Das KZ-Personal der SS wirft die mit einem Schlageisen geöffneten Zyklon B-Dosen oder das Trägermaterial mit der Blausäure unter ärztlicher Aufsicht durch Abzugsöffnungen in die Gaskammern. Der extrem toxische Wirkstoff Cyanwasserstoff des Zyklon B reagiert mit der Raumluft und erzeugt Blausäuredämpfe, die sich in der Gaskammer ausbreiten. Die dort eingeschlossenen Menschen atmen das Gas ein. In der Blutbahn wandelt es sich zu Cyanid-Ionen, die im Gewebe die Zellatmung blockieren. Die hohen Cyanwasserstoffdosen führen zu Krämpfen, Harn- und Stuhlinkontinenz, Bewusstlosigkeit, Koma und schließlich Atemstillstand. Da das Gift erst aus dem Trägermaterial in die Gaskammer gelangen und sich dort ausbreiten muss, kann der qualvolle Todeskampf bei den Opfern, die entfernt von den Einfüllschächten stehen, mehrere Minuten dauern [711].

In anderen Konzentrationslagern kommt das Zellgift zur Desinfektion zum Einsatz. Es dient auch der Bekämpfung von Schädlingen in Kasernen, Lagern und Schiffen sowie zur Tötung von Körperläusen *(Pediculus humanus corporis)*, den Überträgern des Fleckfiebers, in der Bekleidung der Ermordeten. Bis Ende 1943 werden nach Angaben eines Vertreters der Degesch Kleidung und andere Gegenstände von fast 25 Mio. Menschen, hauptsächlich Zwangsarbeitern und Häftlingen von Konzentrationslagern, in 552 Blausäurekammern an 226 Standorten begast [712].

Die Nazi-Konzentrationslager sind seit Jahrzehnten bedeutende Gedenkstätten, in denen wir die schrecklichen Relikte von Gaskammern und Krematorien besichtigen, der Ermordeten gedenken, vieles über das grausame Vorgehen der namentlich bekannten Mörder erfahren und die Hintergründe analysieren können. Nur durch praktizierte größtmögliche Toleranz, tiefe Nächsten- und Fernstenliebe, durch das beständige Hinsehen, durch das Sprechen über die Tötungsmaschinerie der Nationalsozialisten und unser Engagement gegen jegliche Radikalität und Ungerechtigkeit wird Vergleichbares unmöglich gemacht und das Geschehene ein zutiefst bedrückender, singulärer Sonderfall der deutschen (Umwelt-)Geschichte bleiben.

## 1939 bis heute – Umweltbelastungen durch Kampfmittel aus dem Zweiten Weltkrieg

Deutsche Rüstungsbetriebe stellen von 1933 bis 1945 wohl zirka 800.000 t TNT und etwa 1 Mio. t. Schießpulver für die Naziregierung her, die mit deren Einsatz im Zweiten Weltkrieg Ökosysteme in Europa und Nordafrika drastisch verändert. Hinzu kommen die Reaktionen der Alliierten auf die deutschen Kriegshandlungen. Chemische Altlasten des Zweiten Weltkrieges belasten die Böden der Kriegslandschaften bis heute. Darüber hinaus hat das Befahren mit Panzern und Lkw land- und forstwirtschaftlich genutzte Böden dauerhaft geschädigt. Wälder in Osteuropa sind zerstört.

Bombardierungen und Granatenbeschuss ändern das Kleinrelief, schaffen unzählige Bomben- und Granattrichter. In Städten verfüllt man sie rasch mit Kriegstrümmern, auf Äckern mit dem verfügbaren Bodenmaterial und Hausabfällen. In Wäldern bleiben sie häufig erhalten. Steht dort das Grund- oder Stauwasser hoch an, sind sie Wasser erfüllt und mittlerweile wertvolle Biotope [713].

Tausende, von 1939 bis 1945 versenkte und gesunkene Schiffe – darunter auch mit Erdölprodukten beladene Tanker – und U-Boote liegen mitsamt Treibstoff und Bewaffnung bis heute auf dem Meeresgrund der Seeschlachtgebiete und vor Häfen. Sie enthalten vermutlich noch mehrere Millionen Tonnen Rohöl und Erdölprodukte [714].

Ein Teil der Munition, die die Wehrmacht am Ende des Zweiten Weltkrieges hinterlässt, darunter mehrere tausend Giftgasgranaten, wird von den Alliierten nach Kriegsende in der Ostsee verklappt (Abb. 2.116, 2.117) [715].

Der Expertenkreis „Munition im Meer" geht davon aus, dass am Boden der deutschen Nordsee im Jahr 2019 rund

**Abb. 2.116** Im Sperrgebiet Kolberger Heide auf dem Grund der Kieler Bucht liegt im Vordergrund vermutlich eine Bombe und links im Mittelgrund vermutlich der Sprengkopf eines Torpedos. Das Foto hat Jana Ulrich im Rahmen des Forschungsprojektes UDEMM aufgenommen

**Abb. 2.117** Sprengstoff im Sperrgebiet Kolberger Heide auf dem Grund der Kieler Bucht (Foto: Jana Ulrich)

1.300.000 t und am Boden der deutschen Ostsee 300.000 t konventionelle und chemische Munition liegen, darunter Senfgas, Tabun, Zyklon B und Sarin [716].

Die beständig fortschreitende Korrosion setzt mehr und mehr Giftstoffe frei – eine gefährliche Zeitbombe am Meeresgrund. Ihre Bergung und umweltverträgliche Beseitigung sind extrem kostspielig, außerdem technisch äußerst schwierig und gefährlich. Das am 2. Februar 1945 vor dem norwegischen Bergen von einem britischen U-Boot versenkte und 2003 wiederentdeckte deutsche U-Boot 864 enthält rund 67 t Quecksilber in 1857 Metallflaschen, die für die Produktion von Waffen in Japan vorgesehen waren [717]. Die norwegische Regierung plant, U-864 sicher am Fundort abzudecken. Eine Bergung ist zu gefährlich.

Im Jahr 2017 gehen Meldungen zu Funden von 2688 Kampfmitteln bzw. kampfmittelverdächtigen Objekten aus der deutschen Nord- und Ostsee bei der zentralen Meldestelle für Munition im Meer in Cuxhaven ein. Der Kampfmittelbeseitigungsdienst Niedersachsen birgt 2017 nördlich der ostfriesischen Insel Wangerooge bei turnusgemäßen Überprüfungen u. a. 174 Panzersprenggranaten. Taucher entdecken am 4. Januar 2017 im Hamburger Hafen eine 2000 Pfund Bombe. Eine Ankertaumine verfängt sich am 22. Januar 2017 in der Ostsee vor Damp in einem Fischernetz. Am 4. Mai 2017 finden Wattwanderer bei Borkum eine Holzkiste mit 20 Sprenggranaten. Nördlich von Lubmin liegen im Greifswalder Bodden Teile funkgesteuerter Gleitbomben vom Typ Henschel HS 293. Der Kampfmittelräumdienst Schleswig–Holstein beseitigt im Fahrwasser der Kieler Förde 2017 eine Wasserbombe, 9 Torpedoköpfe, eine Munitionskiste u. v. m. [718].

Spreng- und Brandbomben, die ihr Ziel beim Angriff auf Peenemünde verfehlten, liegen vor Usedom auf dem Meeresgrund. Sie enthalten gefährlichen weißen, wie Bernstein aussehenden Phosphor, der sich, einmal an den Strand gespült und getrocknet, selbst entzünden kann.

Akut gefährdet sind neben Touristen, die Bernstein an den Stränden sammeln, Fischer, die mit ihren Schleppnetzen Kampfmittel aufnehmen, und Arbeiter, die Offshore-Windkraftanlagen errichten [719].

Aktuelle Berichte über die Funde von Kampfmitteln und die resultierende Diskussion in den Medien zu deren Gefahren könnte die dringend erforderliche Bergung und Beseitigung endlich beschleunigen. Höchste Eile ist geboten [720].

## 5. April 1941 – Gründung des „Wissenschaftlichen Institutes zur Erforschung der Tabakgefahren" an der Universität Jena

Deutsche Ärzte identifizieren in den 1930er und frühen 1940er-Jahren Erkrankungen, die auf den Konsum von Tabak zurückzuführen sind, darunter Lungenkrebs. Immer mehr Raucher steigen damals von Pfeifen- auf Zigarettentabak um, der in milderen, scheinbar verträglicheren Sorten angeboten wird. Zigarettenraucher atmen den Rauch viel tiefer ein, belasten ihre Lungen daher weitaus stärker mit Nikotin, Teer und anderen Schadstoffen als Pfeifentabakraucher [721].

Recherchen des Historikers Robert N. Proctor von der Pennsylvania State University belegen das propagandistische und institutionelle Engagement des Naziregimes gegen den Konsum von Tabak [722]. Reichsgesundheitsführer Leonardo Conti bezeichnet das Rauchen als *„pharmakologisches Massenexperiment"*, das *„größte der Weltgeschichte"*. [723] Tabak könne eine *„Gefahr für die Rasse"* sein. Hitler stellt die absurde These auf, Tabak sei der *„Zorn des Roten Mannes auf den Weißen Mann, und eine Rache dafür, daß man dem Roten Mann den Alkohol gab"*. [724].

Das Naziregime entfesselt die weltweit umfassendste Nichtraucherkampagne, gründet im Juni 1939 die „Reichsstelle gegen die Alkohol- und Tabakgefahren" in Berlin. Hitler verbietet im April 1941 die Erweiterung des Tabakanbaus; Tabakproduzenten sollen andere Produkte herstellen. Aus dem Etat der Reichskanzlei fließen 100.000 RM in die Einrichtung des „Wissenschaftlichen Institutes zur Erforschung der Tabakgefahren" an der Universität Jena. Es wird am 5. und 6. April 1941 mit einer Tagung eröffnet und ist weltweit das erste Forschungsinstitut mit einer derartigen Ausrichtung. Hitler sendet ein Telegramm mit den besten Wünschen für die *„Arbeit zur Befreiung der Menschheit von einem ihrer gefährlichsten Gifte"*. [725].

Karl Astel, Antisemit, Rassenhygieniker und militanter Antiraucher, leitet das Institut. Er verbietet am 1. Mai 1941 das Rauchen in allen Gebäuden der Universität Jena. Das Institut fördert medizinische Propaganda und Forschung, die von nationalsozialistischem Gedankengut geleitet ist. Fundierte wissenschaftliche Untersuchungen zur Erkennung der Ursachen von Lungenkrebs bilden einen Schwerpunkt.

Schlüssige Beweise finden sich für das Rauchen als (eine) Ursache [726].

Den Anlass zu diesen entschlossenen Maßnahmen verdeutlichen Redner wie der Präsident des Reichsgesundheitsamtes Hans Reiter bereits auf einem Kongress mit rund 15.000 Teilnehmenden Anfang März 1939 in Frankfurt am Main: Der Konsum von Alkohol und Tabak führe zu Unfruchtbarkeit und belaste die Ökonomie des Deutschen Reiches. Adolf Hitler wird immer wieder als Nichtraucher und Abstinenzler gepriesen. Institutionen wie der „Bund Deutscher Mädel" und die „Hitler-Jugend", Zeitschriften wie „Reine Luft" und „Die Genussgifte" sowie zahlreiche Bücher prangern die gesundheitsschädlichen Wirkungen des Tabakkonsums an. Dennoch konsumieren die Menschen in Nazideutschland im Jahr 1942 etwa 80 Mrd. Zigaretten – rund 3 pro Mensch und Tag [727].

Nach dem Zweiten Weltkrieg steigt der Zigarettenkonsum in Westdeutschland erheblich, gefördert auch durch Werbung (Abb. 2.118, 2.119).

## 1941 bis 1945 – Der „Generalplan Ost"

Mit den Überfällen am 1. September 1939 auf Polen und am 22. Juni 1941 auf die Sowjetunion versucht Adolf Hitler, dauerhaften Zugriff auf Rohstoffvorkommen und ausgedehnte fruchtbare Ackerböden in Mittel- und Osteuropa zu erhalten. Vorbild ist für ihn die Eroberung Nordamerikas durch „die Weißen". Inspiriert haben Hitler auch Romane von Karl May [728].

Heinrich Himmler lässt von dem Agrarwissenschaftler und SS-Oberführer Konrad Meyer den „Generalplan Ost" erarbeiten. Der am 15. Juli 1941 erstmals vorgelegte Plan sieht vor, dass mehr als 30 Mio. Polen, Tschechen, Ukrainer und Russen nach Sibirien deportiert werden, um „Lebensraum im Osten" für Deutsche zu schaffen [729].

**Abb. 2.118** Die Werbung für das Rauchen bald nach dem Zweiten Weltkrieg erhöht vermutlich den Zigarettenkonsum (historisches Foto)

**Abb. 2.119** Zigarettenwerbung zeigt rauchendes Kind (historische Werbepostkarte)

In dem riesigen Raum von der Ostsee bis zum Kaukasus sollen vollkommen neue, „harmonische" und „naturnahe" Agrarlandschaften für „germanisch-deutsche" Menschen entstehen. Der monströse „Generalplan Ost" umfasst

- den Bau von zu begrünenden Dörfern und Städten,
- den Bau von Verkehrswegen, Wasser- und Windkraftanlagen für die Energieversorgung,
- die Gestaltung der Feldfluren mit Hecken und Wäldern,
- die Umformung der Gewässer einschließlich der Schiffbarmachung von Flüssen,
- die Trockenlegung unermesslich großer Feuchtgebiete,
- die Ausrottung der Malaria übertragenden Anophelesmücken und
- den Versuch der Steuerung des Klimas [730].

Der führende NS-Jurist Hans Frank ist von 1939 bis 1945 „Generalgouverneur" in den von Nazideutschland besetzten und nicht annektierten Teilen Polens. Im „Generalgouvernement" errichten die Nationalsozialisten ein furchtbares Terrorregime. Frank lässt dort bis 1943 rund 230.000 ha Feuchtgebiete trockenlegen, dazu auf einer Länge von etwa 3600 km Entwässerungsgräben öffnen und Fließgewässer auf einer Strecke von zirka 1100 km begradigen [731]. Die Erfolge der Roten Armee verhindern zumindest eine weitergehende Umsetzung der unmenschlichen Gesellschafts- und Landschaftsutopien der Nazis. Sie beenden jäh den deutschen „Ostrausch". [732].

## 1942 bis 1945 – Menschen werden im Konzentrationslager Dachau gezielt mit Malaria infiziert

Im Konzentrationslager (KZ) Dachau infizieren Deutsche gezielt Menschen mit Malariaerregern. Der Tropenmediziner Claus Schilling leitet von 1905 bis zu seiner Emeritierung 1936 die Abteilung Tropenkrankheiten im

Robert-Koch-Institut. 1941 sucht er in Italien nach einem Impfstoff gegen Malaria. Im Februar 1942 nimmt der damals 70jährige Schilling auf Veranlassung des Reichsführers SS Himmler Forschungsarbeiten zu Malaria im KZ Dachau auf. Schilling lässt eine Malariaversuchsstation einrichten, in der er zu Wirkstoffen forscht, die gegen Malaria immun machen sollen. Für die Zeit nach der Eroberung der Sowjetunion beabsichtigt die Naziregierung, Deutsche im Donbecken anzusiedeln. Dort tritt Malaria autochthon auf. Die Dachauer Experimente sollen helfen, geeignete Medikamente gegen die Seuche zu entwickeln [733].

Der Luxemburger Mediziner Dr. Eugéne Ost hat nach einer Dienstverpflichtung im Juni 1942 das Treugelöbnis auf Hitler verweigert. Er kommt in Haft, schließlich in das KZ Dachau und dort in die Malariaversuchsstation. Schilling setzt ihn im September 1942 als Schreiber ein. Diese Aufgabe nimmt Ost bis zur Auflösung der Station wahr. Ost hat Dokumente aus dieser Zeit gesammelt, im Dachau-Prozess als Zeuge berichtet und später seine Beobachtungen und Erlebnisse publiziert. Demnach spritzen Schilling oder seine Assistenten gesunden Häftlingen mit *Plasmodium vivax* infiziertes Blut oder Sichelkeime, die man aus dem Speichel der Anophelesmücken gewonnen hat, in den Blutkreislauf. Gelegentlich müssen sich die Versuchspersonen direkt von infizierten Mücken stechen lassen. Dazu haben sie bis zum Stich einen kleinen Gitterkäfig an einen Vorderarm oder zwischen die Beine zu halten.

Die Mücken werden in der Station vermehrt oder von Suchkommandos in den Feuchtgebieten um Dachau gefangen. Durch die Experimente infizieren sich nach Ost (1988) ungefähr 1100 ganz überwiegend gesunde Häftlinge mit Malaria. Die Fieberentwicklung und weitere Parameter der infizierten Häftlinge haben andere Häftlinge im Auftrag von Schilling exakt zu beobachten. Schilling arbeitet bei der Entwicklung von Medikamenten gegen Malaria mit der pharmazeutischen Industrie zusammen. Er appliziert das Präparat Boehringer 2516 über Monate bei infizierten Häftlingen. Zwar führt ein Drittel aller Experimente zur Immunität. Nach der Befreiung des KZ Dachau stellt sich heraus, dass sich infizierte Häftlinge Chinin beschafft hatten [734].

Schilling wählt für seine perfiden Experimente, die Himmler erst am 5. April 1945 einstellen lässt, zunächst Häftlinge aus der Strafkompanie, 176 Geistliche aus Polen, Häftlinge aus Italien und der Sowjetunion aus. Zum Schluss stehen Schilling aufgrund des enormen Arbeitskräftebedarfs der Kriegswirtschaft lediglich noch Arbeitsunfähige und Invalide zur Verfügung. Die exakte Zahl der durch Malariaversuche im KZ Dachau getöteten Menschen ist nicht rekonstruierbar, da Missbrauchte, die zunächst überleben, wieder an ihren früheren Arbeitsplätzen tätig werden

mussten; viele erliegen später Fieberattacken oder anderen Erkrankungen. Nach publizierten Schätzungen sterben mindestens 30 Häftlinge direkt durch Malariaexperimente und weitere 300 bis 400 Menschen durch die Spätfolgen. Schilling wird am 15. November 1945 im Dachauer Hauptprozess angeklagt, am 13. Dezember 1945 zum Tode verurteilt und am 28. Mai 1946 hingerichtet [735].

Forschungen des Tübinger Evolutionsbiologen Klaus Reinhardt weisen auf einen weiteren Zweck der Malariaforschung der Nazis: Im Konzentrationslager Dachau befindet sich damals auch die Entomologische Abteilung in der Forschungsstätte für wehrwissenschaftliche Zweckforschung des „Ahnenerbes" der SS. Unter der Leitung des Biologen Eduard May werden dort 1944 Experimente mit Malariaerregern durchgeführt. Vermutlich lässt der Reichsführer SS hier Forschungen zu Angriffen mit biologischen Waffen ausführen [736].

*„Ich kam am 30. April nach Dachau. Es herrschte Verdunkelung. Bomben fielen. Das Lager war in einer gemeinsamen Operation der 42. und der 43. Infanteriedivision befreit worden. Es lag vor den Toren eines pittoresken Städtchens, und es sah aus wie alle großen Konzentrationslager der Nazis, mit einem ausgedehnten Barackenareal und langgestreckten Gebäuden. Die Hälfte des Lagers diente der Unterbringung von SS-Truppen, in der anderen Hälfte befanden sich die vor Hunger halb wahnsinnigen Gefangenen.*

*In diesem Fall liegt das Lager so nah an der Stadt, dass es keine Zweifel daran geben kann, dass die Einwohner wussten, was dort vor sich ging. Die Gleise der Bahnstrecke ins Lager führen an nicht wenigen vornehmen Villen vorbei, und der letzte Zug voller toter und halbtoter Deportierter war lang genug, um quasi vor deren Haustür zu stehen. Die Waggons sind noch immer voller Skelette und Leichen, und am Bahndamm liegen die ausgezehrten Körper all derjenigen, die zu fliehen versuchten und ihrer Exekution entgegenliefen."*

Bericht der Kriegsreporterin Lee Miller vom Besuch des befreiten Konzentrationslagers Dachau am 30. April 1945 [737].

## 1945 bis 1948 – Die letzte Malariaepidemie in Deutschland?

Nach dem Zweiten Weltkrieg flammt das Wechselfieber in Deutschland erneut auf. Manche aus der Kriegsgefangenschaft zurückkehrende Soldaten und Vertriebene haben sich in Ost-, Südost- oder Südeuropa mit Malaria infiziert. Sie bringen die Seuche in die Marschen, die in der chaotischen Zeit nach dem Krieg kaum gepflegt und teilweise vernässt sind. In den heißen Nachkriegssommern wird Malaria in einigen Gebieten erneut autochthon.

Erst die Instandsetzung der Entwässerungsanlagen der Marschen, der zerstörten Gebäude, das Verschließen der Bombentrichter und der Einsatz von DDT (**D**ichlor**d**iphenyl**t**richlorethan) lassen sie zumeist 1948, in Emden erst 1950 wieder verschwinden. Das langlebige Kontakt- und Fraß-Insektizid DDT wird in Ställen, Wohn- und Schlafräumen auf die Oberflächen gespritzt (Abb. 2.120). Seit 1972 ist die Ausbringung in Deutschland verboten, da DDT und seine Umwandlungsprodukte toxisch sind und z. B. Vogelbestände über eine Verdünnung der Eischalen schädigen. Wissenschaftler ermitteln für die Jahre von 1945 bis 1948 mindestens 13.826 Erkrankungen mit Malaria in den vier Besatzungszonen Deutschlands und Berlin, darunter 3561 autochthone Ersterkrankungen [738].

Kommt Malaria nach Deutschland zurück? Nicht wenige befürchten es. Die Bedingungen für ein Wiederaufkommen endemischer Malaria in den wasserreichen Küstenregionen der Nord- und Ostsee sind potenziell gut. So haben der Niedergang des Ackerbaus auf Grenzertragsstandorten des Sietlandes und Wiedervernässungsmaßnahmen die Verfügbarkeit stehenden Wassers an der Oberfläche erhöht. Allerdings war das tiefliegende Sietland auch in der Vergangenheit kaum jemals trocken. Die Sommertemperaturen stiegen auch in den Marschen in den vergangenen Jahrzehnten leicht an und eine weitere Temperaturerhöhung ist aufgrund des Klimawandels wahrscheinlich. Anophelesmücken werden in warmen Sommern in den Marschen (weiterhin) beobachtet. Damit fehlen in der Wirkungskette lediglich Plasmodien, um erneut Malariaepidemien auslösen zu können. Einige hundert Fernreisende, die sich in den Subtropen oder Tropen mit Malaria infiziert haben, bringen alljährlich in ihrem Blut Plasmodien nach Deutschland. Jedoch lassen das hydrologische, das agrarische und das die Natur schützende Management der Küstenlandschaften, die kontinuierliche unabhängige Umweltbeobachtung und die vorzügliche medizinische Versorgung nur einen Schluss zu: In den nächsten Jahrzehnten besteht kein relevantes Risiko für Malaria*epidemien* in Deutschland.

**Abb. 2.120** Einsatz von DDT im Kuhstall. Titel der historischen Postkarte: *„Gesundes Vieh – höhere Leistung durch ESSO-Viehschutz"*

## 1945 bis 1949 – Holzentnahme durch die Alliierten und ihre Folgen

Das Potsdamer Abkommen vom 2. August 1945 legt fest, dass Deutschland den Siegermächten in ihren jeweiligen Besatzungszonen Reparationen zu zahlen hat. Im waldarmen Vereinigten Königreich fehlt es auch nach dem Krieg an Holz. Während des Krieges fielen die Holzimporte aus Nordamerika aus; Holz musste im Übermaß in Großbritannien geschlagen werden. Nazideutschland hatte diesen Raubbau zu verantworten. Aus diesem Grund ist in der britischen Besatzungszone, die Schleswig–Holstein, Hamburg, Niedersachsen und Nordrhein-Westfalen umfasst, ein Teil der Reparationen in Holz zu leisten. Die britische Besatzungszone soll zum zweitgrößten Holzlieferant Großbritanniens nach Kanada werden. „North German Timber Control" (NGTC), die britische Militärforstverwaltung, organisiert die Holzeinschläge, die man in der deutschen Bevölkerung als „Reparationshiebe"[52] bezeichnet [739].

Ein Teil des Holzes geht auch nach Belgien und in die Niederlande. Die NGTC lässt straßen- oder bahnnah Fichten-Langholz im niedersächsischen Westharz, Kiefern-Grubenholz in der Lüneburger Heide und Buchen-Rundholz im Solling einschlagen. Erfahrene britische

---

[52]In den Forstwirtschaft versteht man unter einem „Hieb" das Fällen von Bäumen.

oder kanadische Holzfäller führen die Arbeiten mit Hilfe deutscher Kriegsgefangener aus [740].

Im Forstwirtschaftsjahr 1946 gehen aus der britischen Besatzungszone rund 980.000 Festmeter mit Rinde in das Vereinigte Königreich, 230.000 Festmeter in die Niederlande und 250.000 Festmeter nach Belgien. 1948 sind es 1.390.000 Festmeter für das Vereinigte Königreich, 230.000 Festmeter für die Niederlande und 90.000 Festmeter für Belgien. Dies entspricht 8 % bzw. 16 % des Gesamteinschlages in den jeweiligen Jahren. 1947 und 1948 wird im Westharz etwa doppelt soviel Holz entnommen, wie nachwächst. Da die Entnahme stets als Kahlschlag erfolgt, nehmen waldfreie Blößen Ende 1948 etwa 12,5 % der Fläche des Westharzes ein. Neben den Briten haben der Bergbau im Ruhrgebiet und die deutsche Bevölkerung einen ganz erheblichen Holzbedarf. In der sowjetischen und in der französischen Besatzungszone erfolgen ebenfalls „Reparationshiebe". [741].

Die Kahlschläge verändern den Wasserhaushalt deutlich; Oberflächenabfluss und Bodenerosion treten während starker Niederschläge auf [742].

Saatgutmangel verzögert im Westharz die Aufforstungen mit schnellwüchsigen Fichten. Heute dominieren Fichtenmonokulturen dort das Landschaftsbild. In den tieferen und mittleren Lagen des Harzes würden ohne Eingriffe der Menschen vorwiegend Buchen sowie auch Stiel-Eichen und Trauben-Eichen wachsen.

## 1946/47 – Der letzte Hungerwinter

Der Hungerwinter 1946/47 [743] ist einerseits auf die von Nazideutschland verursachten und zum Teil von den Alliierten ausgeführten Kriegszerstörungen zurückzuführen. In zahlreichen deutschen Städten sind mehr als 50 % des Wohnraums zerstört und die Trinkwasserversorgungen defekt. Millionen Flüchtlinge und Vertriebene müssen zusätzlich versorgt werden. Begünstigt wird der Hungerwinter durch die Aufteilung von Restdeutschland in vier Besatzungszonen, durch die wachsenden Spannungen zwischen den Westmächten und der Sowjetunion sowie die Reparationszahlungen.

Der Hungerwinter ist auch das Ergebnis extremer Witterung: Kaltluftmassen bewirken von Oktober 1946 bis März 1947 in Mitteleuropa mehrfach anhaltend tiefe Temperaturen, im Dezember 1946 und im Januar 1947 fällt das Thermometer an manchen Orten auf unter −20 °C. Ostsee, Rhein und Elbe frieren zu. Kälte und Schneeverwehungen bringen den Straßen- und Bahnverkehr und damit auch die Transporte von Nahrungsmitteln und Kohle zeitweise zum Erliegen.

Anfang Dezember 1946 richtet die Münchner Stadtverwaltung 70 Wärmestuben ein. Sie verbietet zugleich die Nutzung elektrischer Heizungen. Die unzureichende Stein- und Braunkohleförderung und -verteilung lässt die Stromversorgung häufig zusammenbrechen; Stromsperren kommen hinzu. Ein Teil der begrenzten Kohlevorräte ist als Reparationszahlung zu exportieren. Allee- und Parkbäume fallen dem hohen Bedarf an Brennstoffen zum Opfer; legal wird der Tiergarten in Berlin kahlgeschlagen. Bahnschienen werden eingeseift, wodurch Güterzüge (noch) schwerfälliger fahren und Menschen leichter Kohlen stehlen können. Überwiegend entwendete Zaunpfähle, Parkbänke und Schiffsruder werden verheizt. Der Göttinger Oberbürgermeister fordert am 21. Februar 1947 dazu auf, Braunkohle im benachbarten Delliehausen zu brechen.

Ländliche Regionen müssen Schlachtvieh für die Städte liefern. Der Rinderbestand hat seit Kriegsende um ein Viertel, der Schweinebestand um die Hälfte abgenommen. Der Mangel an Nahrungsmitteln – besonders an Getreide und Brot – nimmt in den Städten ein dramatisches Ausmaß an; die Lebensmittelrationen müssen weiter reduziert werden. Bis März 1947 entwickelt sich im Ruhrgebiet eine Versorgungskrise, die auch Moralvorstellungen verändert. Joseph Kardinal Frings legitimiert in der akuten Notlage gar den Kohlediebstahl. Kölnerinnen und Kölner bezeichnen diesen verniedlichend als „fringsen". Das Hamstern und der Schwarzmarkt gewinnen, durchaus begünstigt durch das Verteilungssystem der Besatzungsmächte, weiter an Bedeutung (Abb. 2.121).

Deutsche Institutionen ordern bei den amerikanischen Besatzungsbehörden Korn. Sie erhalten indessen „corn" (Mais). Dem Brotteig muss man immer mehr Mais beigeben. Kinder erleiden Stoffwechselstörungen durch den Verzehr von maishaltigem Brot.

Ohne Brennmaterial kühlen Wohnhäuser rasch aus. In Berlin erfrieren von Dezember 1946 bis März 1947 hunderte Menschen, mehr als eintausend verhungern. Infektionskrankheiten wie Typhus und Tuberkulose grassieren. Alleine die Britische Besatzungszone meldet 46.000 Tuberkulosefälle.

Viele sehen im Handeln der Besatzungsmächte und nicht in den von den Nationalsozialisten verursachten Zerstörungen in Verbindung mit der extremen Winterwitterung den Hauptgrund für die Versorgungsengpässe bei Nahrungsmitteln und Energie. Illegale Arbeitsniederlegungen setzen in der Britischen Besatzungszone vereinzelt im Herbst 1946 ein. Im Januar 1947 findet der „Hungermarsch der Essener Betriebe" statt. Die Streiks werden im Februar und im März noch stärker. Ein ungewöhnlich trockener Sommer mit niedrigen Ernteerträgen folgt.

In Anbetracht der katastrophalen Versorgungslage und der resultierenden Unzufriedenheit der deutschen Bevölkerung vollzieht sich zuerst bei den Westalliierten ein Paradigmenwechsel von der Deindustrialisierung zum Wiederaufbau – auch, da die Westmächte eine Ausbreitung der stalinistischen Herrschaft in Westdeutschland und

**Abb. 2.121** Hungernde Bevölkerung beim „Kartoffelstoppeln" nach der Ernte am Dresdner Stadtrand, um 1946, Deutsche Fotothek, Foto: Richard Peter sen

-europa befürchten. George Marshall, Außenminister der USA, setzt das nach ihm benannte Hilfsprogramm durch, den „Marshall-Plan", von dem die Menschen in den drei westlichen Besatzungszonen profitieren. Auch die ab 1948 günstigere Witterung führt zum Ende der Hungerphase, nicht jedoch zum Ende des Nahrungsmittelmangels.

*„An die Landbevölkerung Schleswig-Holsteins!*

*Seit Ende der Kriegshandlungen besteht jetzt erstmalig die Hoffnung auf eine leichte Entspannung unserer Ernährungslage. Sie beruht vornehmlich auf höheren Einfuhren. So erfreulich diese Tatsache ist, so wenig berechtigt sie zur Sorglosigkeit. Denn bei den zu erwartenden Lebensmitteleinfuhren handelt es sich nur um eine unbedingt notwendige Ergänzung unserer Eigenerzeugung. Keineswegs ist es so, daß die Einfuhren beliebig vermehrt werden können.*

*Die deutsche Bevölkerung ist vielmehr darauf angewiesen, trotz aller bestehenden Erschwernisse nach wie vor das Letzte zu tun, um die Eigenerzeugung unter allen Umständen noch zu steigern.*

*Wollen wir aus dem hoffnungslosen Kreislauf, daß unsere Wirtschaft nicht anläuft, weil die Ernährung nicht ausreicht, und daß die Erzeugung absinkt, weil die Wirtschaft nicht anläuft, herauskommen, dann*

*müssen wir im Angesicht der unsagbaren Not jede nur denkbare Anstrengung machen, um unseren Beitrag an der Gesamternährung zu leisten, nachdem nunmehr durch zusätzliche Einfuhren insgesamt eine Besserung unserer Ernährungslage erreicht werden kann. [...].*

*Jeder mache sich klar, daß eine ausreichende Kartoffelversorgung, die wir aus eigener Kraft schaffen können und müssen, eine wesentlichen Beitrag zur Sicherung unserer Ernährung darstellt. [...].*

*gez. Diekmann*

*Landesminister für Ernährung, Landwirtschaft und Forsten"* [744].

## 2.6    Fortschrittsglaube und Wirtschaftswunder – die beginnende Große Beschleunigung

### 1946 bis 1990 – Ein sächsisch-thüringischer Rohstoff trägt zum Gleichgewicht des Schreckens bei

Nach dem Ende der Kämpfe um Stalingrad am 2. Februar 1942 ordnet Josef Stalin die Fortsetzung der Entwicklung von Kernwaffen durch sowjetische Wissenschaftler an. Der

Weg zur Atommacht bleibt der Sowjetunion versperrt: es fehlt an spaltbarem Uran. Zeitgleich betreiben das nationalsozialistische Deutsche Reich mit begrenztem Einsatz das Uranprojekt und die USA mit großem finanziellen Aufwand und einem riesigen Team das Manhattan-Projekt.

Bereits Mitte der 1930er-Jahre hatte die sowjetische Atomforschung begonnen. Sie wurde kurz vor Beginn des Krieges eingestellt. Im September 1942 befiehlt Stalin die Einrichtung eines geheimen sowjetischen Uran-Komitees in der Akademie der Wissenschaften. Der Atomphysiker Igor Kurtchatow leitet es. Nach dem Abwurf US-amerikanischer Atombomben über Hiroshima und Nagasaki forciert Stalin das sowjetische Kernwaffenprogramm. Die Atomkomplexe „Tscheljabinsk-40" mit einem Reaktor zur Herstellung von Plutonium und „Arsamas-16" mit mehreren Atomfabriken bei Nowgorod entstehen unter entscheidender „Mithilfe" von rund 250.000 zur Zwangsarbeit verpflichteten Menschen.

**Abb. 2.122**  Im Uranerzbergbau 1946 eingesetzte Schubkarre. Ausgestellt im Museum Uranbergbau in Bad Schlema (Sachsen). (Foto: Helga Bork)

Auszug aus dem streng geheimen Bericht des Stellv. des Volkskommissars des Innern, A. P. Sawenjagin, an den Stellv. Vorsitzenden des Rates für Volkskommissare, Lawrenti P. Berija, über die Erkundungsarbeiten in Deutschland (Sachsen) und in der Tschechoslowakei (Jáchymov), 13. Februar 1946:

*„Gemäß der Anweisung des Sonderkomitees bei dem Rat der Volkskommissare der UdSSR wurden vom NKWD der UdSSR geologische Schürf- und Erkundungsarbeiten auf das Erz A-9[53] in Süddeutschland[54] und der Tschechoslowakei in den Erzvorkommen Jáchymov (Joachimsthal), Johanngeorgenstadt, Annaberg, Schneeberg, Altenberg und Zinnwald durchgeführt.*

*Im Ergebnis der durchgeführten Arbeiten wurde das Vorhandensein der industriellen Erze A-9 in den komplexen Wismut-, Kobalt- und Nickelvorkommen von Johanngeorgenstadt und Schneeberg in Südsachsen festgestellt."* [745].

In der Sowjetunion fehlt es an Uran. Mit der Besetzung eines Teils des ehemaligen Deutschen Reiches, der späteren DDR, eröffnen sich neue Möglichkeiten. Sowjetische Geologen finden Uranerz im Erzgebirge. Der Freiberger Geologe Friedrich Schumacher vermutet in einem geheimen Gutachten 80 bis 90 t Uranoxid in der Umgebung von Johanngeorgenstadt, sowjetische Geologen dagegen bloß

22 t [746]. Deren Abbau sei eigentlich kaum lohnend. Doch jede Tonne zählt – der mittlerweile begonnene Abbau von Uranoxid in der Tschechoslowakei und in Bulgarien genügt nicht, um die sowjetische „Uranlücke" zu schließen [747]. Im „Frisch Glück-Schacht" in Johanngeorgenstadt beginnen sechs Bergmänner im Frühjahr 1946 mit Schlägel und Bergeisen[55] Uranerz abzuschlagen und in Rucksäcken an die Oberfläche zu schaffen (Abb. 2.122) [748].

Auszug aus dem streng geheimen Bericht von Ingenieur-Oberst S. P. Alexandrow an den Stellv. des Volkskommissars des Innern, A. P. Sawenjagin, über die Arbeit der Sächsischen Erzerkundungsgruppe des NKWD vom 28. Februar 1946:

*„3. Die Hauptergebnisse der Arbeiten in Sachsen sind folgende: Die Vorräte des Erzes A-9 in den Minen von Johanngeorgenstadt werden von unseren Geologen mit 22 Tonnen bewertet. Die Vorräte A-9 in den Minen von Schneeberg werden von unseren Geologen mit 10 Tonnen bewertet. Es konnte das Vorhandensein von Erzkörpern in Deutschland bewiesen werden, die A-9 in solchen Mengen enthalten, dass sie ernsthafte Untersuchungen erfordern.*

*4. Die Erkundung des Johanngeorgenstädter Vorkommens wird fortgesetzt. Die bisherigen Ergebnisse der Untersuchung sind vollkommen positiv. Erz mit hohem Gehalt von A-9 ist in drei Schürfsohlen der*

---

[53]Tarnname für Uran.

[54]Süden der Sowjetischen Besatzungszone.

---

[55]Schlaghammer mit hölzernem Griff und ein etwa 15 cm langes, meißelartiges Werkzeug mit Stiel.

> *Grube»Frisch Glück« aufgefunden worden. Gleichzeitig mit der Prospektion wurde auch die Förderung des Erzes A-9 aufgenommen, bis jetzt aber nur aus den Schürfbauen. Der mittlere Ertrag von einem Quadratmeter in der Gangfläche war 1,5 kg, [...].*
>
> *Ich habe die Aufgabe gestellt, einen Aufbereitungsversuch in einem der Blöcke zu beginnen.* "[56] [749].

Am 29. Juli 1946 gründet das Innenministerium der Sowjetunion (NKWD) die „Sächsische Bergbauverwaltung", die mit dem Uranerzbergbau zuerst in einem Altbergwerk inmitten von Johanngeorgenstadt beginnt. Bald kommt die Wiedereröffnung von Altbergwerken in Schlema, Schneeberg und Alberoda im Erzgebirge hinzu, wo man früher Silber-, Kobalt- und Wismuterze abgebaut hatte. Der Uranerzabbau der „Sächsischen Bergbauverwaltung" ist derart geheim, dass der Betrieb selbst innerhalb der sowjetischen Militäradministration als „Truppenteil Feldpost 27.304" und sächsische Uranerze als „Kobalt- und Wismut-Erze" bezeichnet werden [750].

Auszug aus dem streng geheimen Bericht des Stellv. Vorsitzenden des Ministerrates, Lawrenti P. Berija, an Josef Stalin über die geologischen Untersuchungsarbeiten im Erzgebirge (Sachsen und Tschechoslowakei) und die Notwendigkeit der Förderung von Uranerzen, getarnt als Wismut- und Kobalterzförderung, durch die Sächsische Bergverwaltung vom 21. September 1946:

> *„Unsere Geologen haben festgestellt, dass die Deutschen in den Gebieten von Johanngeorgenstadt und Schneeberg im Zeitraum von 1885 bis 1931 Kobalt, Wismut und Silber gefördert haben. Aufgrund dieses Materials hat der Ministerrat der UdSSR mit seinem Beschluss vom April dieses Jahres die Erste Hauptverwaltung verpflichtet, in Sachsen eine später in die Sächsische Bergverwaltung reorganisierte Produktionsschürfgruppe zu gründen. Der Sächsischen Bergverwaltung wurde die Aufgabe gestellt, mit der geologischen Erkundung und Uranförderung in solchen Bergwerken zu beginnen, wo es technisch möglich war.*
>
> *Im Ergebnis der von der Sächsischen Bergverwaltung durchgeführten geologischen und radiometrischen Untersuchungen des Erzes wurden sieben Erzgänge mit industrieller Urankonzentration*

*gefunden. Aus allen Gängen wurden 12 Proben genommen, wobei der durchschnittliche Urangehalt in der Gangmasse bis 1 % beträgt, was für Uranerze sehr gut ist.*

> *Im Laufe der Schürfarbeiten seit Juni diesen Jahres wurde mehr als eine Tonne Uran im Erz gewonnen.*
>
> *Aufgrund der überschlägigen Einschätzung der Uranvorräte vermuten unsere sowjetischen Geologen, die in Sachsen arbeiten, nach dem Befund der geologischen Daten, dass es in den gefundenen Gängen bis zu 700 Tonnen Uran im Metall gibt.*
>
> *Davon ausgehend wurde vom Ministerrat der UdSSR ein Beschlussentwurf über den intensiveren Uranerzabbau in den sächsischen Bergwerken vorbereitet, damit wir bis Ende diesen Jahres bis zu 10 Tonnen des Urans im Erz bekommen und zum 1. Januar 1947 nicht weniger als 50 Tonnen zur weiteren Förderung vorbereiten können.* " [751].

Mit Befehl Nr. 128 überführt die Sowjetische Militäradministration in Deutschland (SMAD) am 10. Mai 1947 die Bergwerksverwaltungen in Johanngeorgenstadt, Schneeberg, Annaberg, Marienberg, Schlema und Lauter in sowjetisches Eigentum. Unter dem Namen „Sowjetische Staatliche Aktiengesellschaft der Buntmetallindustrie Wismut" (SAG Wismut) erfolgt am 2. Juli 1947 die Eintragung in das Handelsregister beim Amtsgericht Aue. Der Name verschweigt die entscheidende Tätigkeit: den Abbau von Uranerz. Der Erfolgsdruck ist riesig; volle Essensrationen erhalten nur Kumpel, die beständig an ihrer Belastungsgrenze arbeiten und die hohen Arbeitsnormen einhalten; andernfalls droht Essensentzug. Militärtribunale verurteilen vermeintliche „Saboteure". [752].

Verantwortliche von SAG Wismut und SMAD kennen die gefährlichen Folgen radioaktiver Strahlung für die Kumpel in den sächsischen Erzbergwerken. Der Mikrobiologe Georg Wildführ, Direktor der Hygienischen Untersuchungsanstalten Dresden, warnt die sächsische Landesregierung und sowjetische Funktionäre vor den gesundheitlichen Risiken des Uranerzbergbaus für die Bergleute. Die 1940 und 1944 in Kraft getretenen Bergpolizeiverordnungen für Radiumbergwerke übernimmt die SAG Wismut nicht. Vermutlich befürchten sowjetische Verantwortliche, dass derartige Vorschriften den Uranerzbergbau stark einschränken und verlangsamen und die Anwerbung von neuen Beschäftigten beeinträchtigen könnten. Die Betriebsleitung warnt die Bergleute nicht vor den Gesundheitsgefahren [753].

---

[56]Mineral Uraninit.

Auszug aus dem geheimen Schreiben des Hauptgeologen, Oberstleutnant R. W. Nifontow, an die Erste Hauptverwaltung beim Ministerrat über die Erweiterung der Uranerzgewinnung in Sachsen vom 17. Februar 1947:

*„Die in der zweiten Hälfte 1946 und im I. Quartal 1947 durchgeführten Arbeiten haben die große wirtschaftliche Bedeutung der Vorkommen A-9 in den von den sowjetischen Truppenteilen besetzten Gebieten des Sächsischen Erzgebirges bestätigt.*

*Wie schon jetzt klar ist, bietet diese Region Deutschlands einige spezifische, sehr günstige Faktoren, die für einen intensiven, ja sogar stürmischen Anstieg des Erzabbaus in den Vorkommen, für unsere Tätigkeit hier besonders wichtig sind. Auf diese Momente muss man bei der Lösung der Hauptfrage Rücksicht nehmen.*

*Ein besonders günstiger wirtschaftlicher Faktor ist für uns die Verwandtschaft des Metalls A-9 mit dem Silber-Nickel-Kobalt-Wismuterz. Deswegen sind alle alten Silber-Nickel-Kobaltwerke auch für die Gewinnung von A-9 interessant. Da es im Erzgebirge, das früher für die Silbererze sehr bekannt war, sehr viele alte, schon lange aufgegebene, doch bis jetzt erhaltene Bergwerke gibt, können wir diese kostengünstig und in kurzer Zeit stufenweise wiederherstellen, dadurch die Produktionstätigkeit sehr stark erweitern und die Metallgewinnung jährlich verdoppeln oder sogar verdreifachen.*

*Weitere günstige Faktoren sind:*

*1. Die Erreichbarkeit jedes Vorkommens, auch alter, weil sie durch die ausgezeichneten Chausseen mit großen Industriezentren verbunden sind und der Weg bis zur Eisenbahn höchstens 10 km beträgt.*

*2. Das Vorhandensein eines weitverzweigten Hochspannungsnetzes.*

*3. Ein reicher Bestand an Arbeitskräften in Deutschland, der eventuell noch größer wird."* [754].

Anfangs herrschen desasträse Arbeitsbedingungen. Die Bergmänner tragen Holzschuhe und arbeiten über Stunden in knietiefem Wasser. Handschuhe und Schutzhelme fehlen (Abb. 2.122, 2.123). Energische Proteste der Gewerkschaft verbessern die Situation der Bergleute untertage, außerdem gibt es ein warmes Mittagessen, eine höhere Bezahlung nach einem einheitlichen Tarifvertrag und bald auch eine verbesserte Gesundheitsversorgung [755].

**Abb. 2.123**   „Einst untersuchten Bergleute mühsam mit Schlägel u. Eisen die Fündigkeit der Gänge. Sie schürften das Erz, trugen es zum Füllort, um es dann mittels Handhaspel nach Übertage zu befördern. Jetzt fressen sich Vidiabohrer ins Felsgestein, eine hochentwickelte Bergbautechnik befähigt den Kumpel von heute dank der Taten Adolf Henneckes u. Nikolai Mamais sowie der vielen Tausend Neuerer und Rationalisatoren schneller, besser und billiger die Schätze der Erde zu bergen. Dies dient dem Wohle und der Sicherheit des grossen sozialistischen Lagers." Schriftzug auf einem Wandbehang aus Wachsbatik von Hans Oelsner (Bergmann). Angefertigt für eine Ausstellung der SDAG Wismut im Jahr 1961. Heute ausgestellt im Museum Uranbergbau in Bad Schlema. (Foto: Helga Bork)

*„Hundertprozentige Erfüllung des Planes gibt mehr Brot"*

Inschrift über der Einfahrt zum Apfelschacht im Revier Annaberg der SAG Wismut (Schacht 132).

Das in Sachsen gewonnene Uranoxid geht vollständig in die UdSSR. Die SAG Wismut liefert in den ersten Jahren ihres Bestehens mindestens $^2/_3$ des Urans für das sowjetische Atombombenprojekt, von 1947 bis 1953 insgesamt 9500 t [756].

Sowjetischen und angeworbenen deutschen Wissenschaftlern gelingt es unter Nutzung der Erkenntnisse von Spionen im US-amerikanischen Manhattan-Projekt und im britischen Atomprogramm einen funktionierenden Atomsprengkopf zu entwickeln. Am frühen Morgen des 29. August 1949 wird RDS-1, die erste Atombombe der Sowjetunion, auf dem Testgelände von Semipalatinsk erfolgreich gezündet. Ohne sächsisches Uran wäre zumindest der frühe Kalte Krieg wohl vollkommen anders verlaufen.

Im thüringischen Ronneburg wird eine bedeutende Lagerstätte gefunden; ab 1949 bauen Bergleute auch dort Uranerze ab. Es wird in zwei großen Betrieben im sächsischen Crossen und im thüringischen Seelingstädt u. a. durch Lösung von Uranmineralen in Säuren zu Yellow Cake, Urankonzentrat, aufgearbeitet [757].

In den späten 1940er und frühen 1950er-Jahren beschäftigt die SAG Wismut zeitweise mehr als 100.000 Menschen [758]. Die Personalkosten sind hoch. Rigorose Rationalisierungen und effektive Modernisierungen bewirken einen Rückgang auf etwa 45.000 Beschäftigte in den frühen 1960er-Jahren. Bis in die 1980er-Jahre ändert sich diese Zahl kaum. Die Produktionskosten von 1 kg Uran sinken von 306 Mark[57] im Jahr 1954 auf 165 Mark im Jahr 1960. Unrentable Uranbergwerke schließen. Die aufgegebenen ungesicherten, nicht sanierten Betriebsgelände gehen an Kommunen oder ehemalige Privatbesitzer über. Bürgerinnen und Bürger beschweren sich über die damit verbundenen Risiken. Der Uranerzabbau konzentriert sich nunmehr auf die Bergwerke im thüringischen Ronneburg sowie in Gittersee, Schlema, Pöhla und Königstein in Sachsen [759].

Zum 1. Januar 1954 wird die SAG Wismut aufgelöst und die bis 1991 bestehende „Sowjetisch-Deutsche Aktiengesellschaft Wismut" (SDAG Wismut) gegründet – als bilaterales Staatsunternehmen von UdSSR und DDR. Ihr Wert wird auf 2 Mrd. Mark taxiert. Die UdSSR bringt die Vermögenswerte der SAG Wismut in Sachsen und Thüringen, die auf Reparationen der Sowjetischen Besatzungszone bzw. der DDR beruhen, in den neuen Betrieb ein.

Zum Ausgleich muss die DDR der UdSSR 1 Mrd. Mark erstatten. Lohnsteuerzahlungen und Zollkontrollen entfallen für die SDAG Wismut; es gilt das Recht der DDR. Der

sowjetische Wachschutz, die Passkontrollen an den Eingangstoren der Werke der SDAG Wismut und die Sperrung ausgedehnter Gebiete um die Anlagen enden. Manche Aufgaben der sowjetischen Geheimdienste gehen an das Ministerium für Staatssicherheit der DDR über. Sinkende Preise für Yellow Cake lassen den Kostenzuschuss für die SDAG Wismut aus dem Staatshaushalt der DDR bald auf mehrere 100 Mio. Mark *pro Jahr* ansteigen. Der geostrategisch relevante Betrieb entwickelt sich zum größten Uranproduzenten Europas und zum zeitweise drittgrößten weltweit. Die SDAG Wismut ist für die Sowjetunion damals das bei weitem wichtigste Unternehmen in der DDR (Abb. 2.123) [760].

Die Feinstaub- und Strahlenbelastungen der Bergleute in den sächsischen und thüringischen Uranbergwerken bleiben bis in die frühen 1960er-Jahre ausgesprochen hoch. A-Staub – Feinstaub, der in die Alveolen und Bronchiolen der Lunge eindringen kann – erreicht bis in die frühen 1960er-Jahre hohe Konzentrationen von bis zu 15 mg m$^{-3}$ Bergwerksluft. Zur Mitte der 1960er-Jahre sinkt der Wert auf 1 bis 2 mg m$^{-3}$. Die Bergmänner sind in den 1950er und frühen 1960er-Jahren weiterhin hohen Emissionen durch Radon und Radonfolgeprodukte ausgesetzt. Ab Mitte der 1960er-Jahre sinkt die Strahlenbelastung entscheidend – die Bergwerke der SDAG orientieren sich nun weitgehend an internationalen Standards. Aus der zeitweise gravierenden Strahlenexposition resultieren hauptsächlich Erkrankungen der Lunge. Im Zeitraum von 1946 bis 1990 werden bei 16.692 Bergleuten der Wismut Silikosen/ Siliko-Tuberkulosen und bei 7693 Bergleuten Krankheiten durch ionisierende Strahlung (überwiegend Lungenkrebs) als Berufskrankheiten anerkannt. Lärm verursacht weitere gesundheitliche Belastungen; im genannten Zeitraum wird bei 5034 Bergarbeitern Schwerhörigkeit diagnostiziert und als Berufskrankheit anerkannt. In Anbetracht der hohen Strahlen- und Feinstaubbelastungen in den Uranbergwerken von 1946 bis in die 1960er-Jahre und der hohen Beschäftigtenzahlen kommt eine unbekannte, hohe Zahl nicht anerkannter und nicht mit der Berufstätigkeit in Verbindung gebrachter Erkrankungen hinzu [761].

Nicht nur die Bergleute sind schwerwiegenden Gefahren ausgesetzt. In den Bergbauorten lebende Menschen atmen radioaktive Zerfallsprodukte des Urans ein, die über die Bewetterung in die Atmosphäre gelangen, insbesondere das Edelgas Radon. Landwirtschaftsbetriebe verwenden kontaminiertes Wasser aus den Bergwerken zur Bewässerung von Getreide oder Gemüse, ein Teil gelangt in die Fließgewässer [762].

Nach der Aufbereitung nicht nutzbare Erze mit Urangehalten unter 0,05 % lagern in offenen Halden (Abb. 2.124). Kräftige Winde wehen Stäube, die Uran und seine Zerfallsprodukte enthalten, von den Halden in Siedlungen und auf Äcker. Regen wäscht radioaktive Ver-

---

[57]Offizielle Bezeichnung damals in der DDR: „Deutsche Mark der Deutschen Notenbank".

**Abb. 2.124** Der Uranerzbergbau der SDAG Wismut hat Schlema und seine Umgebung drastisch verändert. Markant sind die berghohen Halden. Zustand im Jahr 1965 ( © Archive Wismut)

bindungen in die Böden unter den Halden und weiter bis in das Grundwasser. Baubetriebe setzen Abfallerze der Uranaufbereitung für Hausfundamente oder im Straßenbau ein. Erst nach dem Erlass der „Richtlinie zur Verwendung und Nutzung von Haldenmaterialien zu Bauzwecken" und der „Anordnung zur Gewährleistung des Strahlenschutzes bei Halden- und industriellen Absetzanlagen und bei der Verwendung darin abgelagerter Materialien" von 1974 sind Genehmigungen erforderlich. Noch Anfang der 1980er-Jahre wird ein Schulhof in Oberwiera mit Haldensubstrat asphaltiert. Bis 1990 nutzen Baubetriebe rund 12 Mio. t von der Halde der Aufarbeitungsanlage Crossen abgetragenes uranhaltiges Material. Wind weht radioaktiven und schwermetallhaltigen Staub aus Absetzbecken bei Trünzig und Culmitzsch bis in benachbarte Häuser. Nicht abgedeckte Lastkraftwagen, die radioaktives Material von den Uranerzbergwerken in die Aufarbeitungsanlagen bringen, verlieren manchmal Ladung. Bergwerksstollen, die in der Tiefe einstürzen, lösen in Johanngeorgenstadt Bergsenkungen bis in Oberflächennähe aus. Hauswände, Wasser- und Gasleitungen reißen auf. Schon in den 1950er-Jahren muss ein großer Teil der Altstadt abgetragen werden [763].

Erstmals sieht der Fünfjahresplan der DDR von 1971 bis 1975 beachtliche Mittel für Maßnahmen des Umwelt-

schutzes vor. Zwar verhindern wachsende wirtschaftliche Probleme häufig deren Umsetzung, die SDAG Wismut vermag dennoch die Schachtbewetterung in ihren Bergwerken weiter zu verbessern. Die überarbeitete Belüftung senkt die Belastungen mit Staub untertage wesentlich, die Radonwerte gehen um rund 80 % zurück [764].

Die ertragreichsten Uranerzvorkommen der DDR sind mittlerweile abgebaut. Aufgrund des gesunkenen Weltmarktpreises beschränkt sich der Abbau jetzt auf uranerzreicheres Gestein. Die Fördermengen gehen in Sachsen und Thüringen weiter zurück. Um den steigenden Produktionskosten zu entgegnen, lässt die SDAG Wismut in ihrem Bergwerk Königstein untertage Uranlaugung durchführen [765].

Die Entwicklungsplanung für die SDAG soll überarbeitet werden, die Regierung der DDR beabsichtigt die Schließung von 6 Bergwerken bis zum Jahr 1997. Obgleich die Staatspropaganda der DDR versucht, die Auswirkungen der Tschernobyl-Katastrophe im April 1986 herunterzuspielen, macht sich auch in Teilen der Bevölkerung der DDR eine wachsende Skepsis gegenüber der Energiegewinnung in Kernkraftwerken breit. Selbst der Staatsratsvorsitzende der DDR Erich Honecker äußert, er würde (in der DDR nicht verfügbare) Steinkohleenergie der Kernenergie vorziehen [766].

**Abb. 2.125** Die SDAG Wismut schüttet die rund 860 m lange und 530 m große Halde 66/207 von 1949 bis 1969 nordöstlich von Bad Schlema auf. Von 1999 bis 2014 wird sie von der Wismut GmbH saniert

Die politischen Veränderungen in der Sowjetunion und die Herstellung der Einheit Deutschlands überholen den Wismut-Plan zur Schließung einzelner Anlagen und zum Abbau von Arbeitsplätzen. Nach 54 Jahren enden Uranerzbergbau und -aufbereitung in Sachsen und Thüringen zum 1. Januar 1991. Bis dahin wurden 231.000 t Uran in Sachsen und in Thüringen gewonnen [767].

Klaus Beyer, ehemaliger Betriebsingenieur, benennt die Ursache des zentralen Umweltproblems: *„Was die Arbeiten der SAG/SDAG Wismut […] immer belasten wird, ist die Tatsache, dass die Betriebe des Uranerzbergbaues in einer dicht besiedelten Gegend bis zur Einstellung ihrer Arbeit keine Bemühungen unternommen haben, Umweltschäden, die vorsätzlich oder fahrlässig im Verlaufe ihrer Tätigkeit entstanden sind, planmäßig zu sanieren."* [768].

Am 16. Mai 1991 schließen die Sowjetunion und die Bundesrepublik Deutschland das „Abkommen über die Beendigung der Tätigkeit der SDAG Wismut". Das von Bundestag und Bundesrat beschlossene „Wismut-Gesetz" tritt am 18. Dezember 1991 in Kraft, die sowjetischen Anteile an der SDAG Wismut gehen am 20. Dezember 1991 unentgeltlich an die Bundesrepublik über. Die neu gegründete Wismut GmbH wird mit erheblichen staatlichen Mitteln ausgestattet. Ihre Aufgaben umfassen u. a. die Sanierung und die Wiedernutzbarmachung der Betriebsflächen der SDAG Wismut. Die Beseitigung der

Luft-, Wasser- und Bodenbelastungen durch Uranabbau und -aufarbeitung ist eine aufwendige, langwierige und anspruchsvolle Daueraufgabe [769].

Inzwischen hat die Wismut GmbH die Schächte der Uranbergwerke gesichert und verschlossen, die Schlammteiche, Halden und Betriebsgelände weitgehend saniert und die Strahlenexposition der Bevölkerung entscheidend reduziert (Abb. 2.125). Eine wichtige Aufgabe bleibt die Behandlung und das Management der auch in den kommenden Jahren und Jahrzehnten anfallenden kontaminierten Bergbauwässer und der Haldensickerwässer. In sechs Wasserbehandlungsanlagen werden Uran, Radium-226, Arsen, Mangan, Eisen sowie weitere Schwermetalle abgetrennt und abgelagert. Im Zeitraum von 1990 bis 2014 gelingt es der Wismut GmbH, die Uranemissionen um 93 % und die Radiumemissionen um 98,5 % zu reduzieren. Bis 2027 soll der von der Europäischen Wasserrahmenrichtlinie geforderte „gute Zustand" der Gewässer erreicht sein. Allerdings ist zu erwarten, dass dies nicht durchgängig glückt und dann weniger strenge Bewirtschaftungsziele zugrunde gelegt werden müssen [770].

Bis Ende 2017 belaufen sich die Sanierungskosten bereits auf 6,2 Mrd. €; in den nächsten zwei bis drei Jahrzehnten könnten weitere 2 Mrd. € hinzukommen [771].

Adolf Hennecke erreicht 387 % der Tagesnorm.

1948 hat ein Bergmann in einer Schicht die Norm von 6,3 m³ Steinkohle zu schlagen. Am 9. Oktober 1948 planen Funktionäre des Oelsnitzer Steinkohlenbergwerkes, der SED, des Gewerkschaftsbundes

FDGB und der Zeitung „Tägliche Rundschau" der Sowjetischen Militäradministration einen legendären Propagandacoup: In einer inszenierten Sonderschicht schafft der damals 42 Jahre alte Bergmann und Arbeitsinstrukteur Adolf Hennecke am 13. Oktober 1948 im Karl-Liebknecht-Schacht in Oelsnitz 24,4 m³ Steinkohle – unfassbare 387 % der Tagesnorm. Die SED-Parteiführung und -Medien machen Hennecke daraufhin zum Helden. 1949 erhält er den mit 100.000 Mark dotierten Nationalpreis der DDR. Instrumentalisierte Arbeiter feiern ihn. Andere Kumpel verurteilen dagegen den „Normbrecher", steigen doch nun die Erwartungen an sie noch weiter. Mitglieder der Jugendbrigade „Nikolai Mamai" im Aluminiumwerk des Elektrochemischen Kombinates Bitterfeld rufen am 3. Januar 1959 dazu auf, als Kollektiv der sozialistischen Arbeit durch gemeinsames Arbeiten, Lernen und Leben den Plan überzuerfüllen (Abb. 2.123) [772].

## 1950 bis 1972 – Im Grunewald: von der Waldweide über herrschaftlichen Schutz zum größten Trümmerberg Berlins

Vor 25.000 Jahren erstreckt sich das riesige nordische Inlandeis bis zum heutigen Berliner Grunewald. Mit dem Abschmelzen des Eises lagert das Schmelzwasser mächtige Sande und Kiese ab, in die sich zwei Rinnen tief einschneiden. Die westliche durchströmt heute die Havel. Die östliche schmalere, der Grunewaldgraben, mündete ursprünglich in die Havelrinne. Perlschnurartig liegen heute der Grunewaldsee, die Krumme Lanke und der Schlachtensee im Grunewaldgraben [773].

Die rasche Erwärmung zu Beginn der Nacheiszeit ermöglicht die Ausbreitung von Gehölzen. Ein lichter Wald wächst heran. Blätter, Äste und tote Tiere zersetzen sich zu Humus; die ersten nacheiszeitlichen Böden entstehen. Zwischen den beiden großen Schmelzwasserrinnen entwickelt sich in einer Senke ein ausgedehntes Moor, das Postfenn. Eine weitere Hohlform füllt der Teufelssee. Auf grundwassernahen Standorten wachsen im frühen Mittelalter vorwiegend Stiel-Eichen, Buchen und Kiefern, auf grundwasserfernen besonders Traubeneichen und Kiefern, in den Auen Ulmen, Eichen und Hainbuchen; waldfrei sind bloß Moore wie das Postfenn und die Seen.

Das Hüterecht gestattet Bauern im Spätmittelalter und in der frühen Neuzeit, ihr Vieh in die Wälder des Grunewalds zu treiben. Es ernährt sich von Früchten, Gräsern, Kräutern, Laub und Rinde. Die Waldweide schädigt junge Bäume,

führt zur Auflichtung und zu einer veränderten Artenzusammensetzung. Gefördert werden Eichen und auch Buchen, die in dem lichteren Wald breite Kronen ausbilden. Gräser, Heidelbeeren und Heide wachsen am Boden. Diese Hutewälder nehmen bis in das 18. Jh. große Flächen im Grunewald ein. Dann wird der Raubbau an den Wäldern im Eigentum des preußischen Königs durch Nutzungsordnungen gemindert, die Holznutzung reguliert und die Waldweide verboten. Der lichte Mischwald mit Trockenrasen und Heiden wandelt sich durch die engständige Pflanzung schnellwüchsiger Kiefern in einen naturfernen Forst mit einem großen Wildbestand, in dem bedeutende Jagden stattfinden [774].

Im 18. Jh. wird vom Postfenn zur Havel ein Entwässerungsgraben geöffnet, um den Wasserspiegel im Moor zu senken und den Abbau von Torf in fünf Torfstichen zu ermöglichen [775].

Mit dem starken Wachstum Berlins im späten 19. Jh. erhöht sich der Druck auf den Grunewald weiter. Von 1872 bis 1967 senkt das Wasserwerk am Teufelssee den Grundwasserspiegel bis zu 9 m ab, wodurch das Postfenn weiter austrocknet und die Wasserspiegel der Grunewaldseen sinken. Zur partiellen Kompensation wird seit 1913 Wasser aus der Havel in die Seen geleitet [776].

Die Wetzlarer Bahn, die den Grunewald in zwei Teile zerschneidet, ist 1882 betriebsbereit. Um 1900 veräußert die preußische Regierung, auch auf Anregung Otto von Bismarcks, Teile des Grunewalds an Kaufleute und Baugesellschaften – bis 1909 insgesamt 1800 ha. Bäume werden geschlagen, Siedlungen errichtet. Berlin und zahlreiche Umlandgemeinden, darunter Schöneberg und Charlottenburg, bilden 1911 den Zweckverband Groß-Berlin. Der Berliner Stadtkämmerer Karl Steiniger überzeugt mit ministerieller Unterstützung im Sommer 1912 Kaiser Wilhelm II., Wälder um Berlin an den Zweckverband zu veräußern. Am 27. März 1915 schließt der Verband mit dem Königlich-Preußischen Staat den „Dauerwaldvertrag", erwirbt den Grunewald für 50 Pfennige pro Quadratmeter und verpflichtet sich, diesen nicht weiter zu veräußern oder zu bebauen und ihn als Naherholungsgebiet zu nutzen.

Die parallel zur Bahnstrecke 1921 eröffnete, vierspurige Automobil-Verkehrs- und Übungs-Straße (AVUS) verstärkt die ökologische Teilung. Eine Skisprungschanze wird am 5. Februar 1932 in den Hügeln bei Schildhorn eingeweiht.

Die Nationalsozialisten lassen ab November 1937 im Norden des Grunewalds eine „Hochschulstadt" errichten. Damit verstoßen sie gegen den Dauerwaldvertrag. Adolf Hitler legt am 27.11.1937 den Grundstein für das Gebäude der „Wehrtechnischen Fakultät" der Technischen Hochschule [777].

**Abb. 2.126**  Blick über den Rodelhang am Teufelsberg im Berliner Grunewald

Von 1939 bis 1945 werden 44 % des Baumbestandes zerstört. 1944/45 lässt die Wehrmacht zahllose Bäume fällen, um die Alliierten am Vorrücken zu hindern. Bombardierungen durch die Alliierten, Reparations-Holzabgaben nach der Kapitulation, die Blockade Berlins und der große Holzbedarf in kalten Wintern bewirken weitere erhebliche Eingriffe in die Forsten des Grunewalds. Rund 350 der im 18. Jh. gepflanzten Hutewaldeichen überleben diese Eingriffe. Bis 1983 wird Sand und Kies abgebaut [778].

Im Jahr 1950 beginnt die Entsorgung von Kriegsschutt und Industrieabfall aus West-Berlin auf der Ruine der „Wehrtechnischen Fakultät" und in deren Umgebung. Bis 1972 werden hier auf einer Fläche von mehr als einem Quadratkilometer 26,2 Mio. m$^3$ Beton-, Ziegel- und Glasbruchstücke, Eisen und Stahl, Kupfer, Sand-, Schluff- und Tongemische abgelegt – die Überreste von Zehntausenden ausgebombter Gebäude im Westen der Stadt. Die Abdeckung mit humosem Boden und die Bepflanzung der doppelgipfligen „Restschuttkippe" mit etwa einer Million Bäume ist 1976 abgeschlossen. Sie erreicht eine Höhe von 55 m über der Umgebung und von 114,7 m NHN. Aufschüttungen für ein 1998 gescheitertes Bauvorhaben lassen ihn auf 120,1 m NHN anwachsen – die zweithöchste Erhebung Berlins ist entstanden, die ihren Namen „Teufelsberg" dem benachbarten Teufelssee verdankt. Während des Kalten Krieges arbeitet auf dem menschengemachten Hügel die NSA-Field-Station-Berlin mit einer durch fünf weiße Radarkuppeln weithin sichtbaren militärischen Abhöranlage. Sie wird 1992

geschlossen – die in der Hauptstadt der DDR ausgehorchten Einrichtungen der DDR existieren nicht mehr [779].

Der Schlepplift einer 1963 auf dem Westhang des Teufelsbergs mit Flutlicht- und Beschneiungsanlage errichteten Wintersportstätte muss 1972 den Betrieb einstellen – offenbar stören die Masten des Lifts die Abhöraktivitäten der NSA. Der große Kletterturm des Deutschen Alpenvereins auf dem Teufelsberg bietet seit 1970 keinen gleichwertigen Ersatz. Auf dem Südhang angebauter Wein reift in den 1970er und 1980er-Jahren zum Teufelströpfchen und zur Rheingauperle. 2015 wird der Grunewald Wald des Jahres. Heute ist er ein wichtiges Naherholungsgebiet (Abb. 2.126) [780].

Der Grunewald hat damit als großstadtnaher Forst in den vergangenen drei Jahrhunderten einschneidende Umweltveränderungen erfahren durch

- die herrschaftliche Jagd,
- die Beweidung des herrschaftlichen Mischwaldes durch Bauern,
- den Umbau vom Mischwald zum schnellwüchsigen Kiefernforst,
- die Torfgewinnung,
- die Grundwasserentnahme,
- die initiale Wiederauffüllung trockengefallener Seen und Moore,
- die bahn- und straßenbedingte ökologische Zerschneidung,
- Wohnbebauung,

- Kies- und Sandabbau,
- die erste Nutzung als Naherholungsgebiet,
- den Bau der „Wehrtechnischen Fakultät",
- die Entwaldung während und nach dem Zweiten Weltkrieg,
- die Aufschüttung und Begrünung eines riesigen Trümmerberges,
- dessen Nutzung als militärische Abhöranlage und Sportgebiet sowie
- die aktuelle starke Nutzung als großstädtisches Naherholungsgebiet.

> *„Ganze Quartiere ohne ein einziges Licht. Nicht abzuschätzen ist die Menge an Schutt; doch die Frage, was jemals mit dieser Menge geschehen soll, gewöhnt man sich einfach ab. Ein Hügelland von Backstein, darunter die Verschütteten, darüber die glimmernden Sterne; das Letzte, was sich da rührt, sind die Ratten."* Eindrücke des Schweizer Schriftstellers Max Frisch während eines Berlinbesuches im November 1946 [781].

## Ab 1950er – Flurbereinigungen verändern die Umwelt der BRD

Seit dem Mittelalter arrondieren Adel und Kirche verstreut liegendes Land durch Tausch, Kauf oder Vererbung. Im Verlauf der Frühneuzeit brechen viele Allgäuer Bauernfamilien ihre Häuser in den Dörfern ab, um sie in der Feldflur inmitten ihres neu arrondierten Landes wieder zu errichten. Diese Allgäuer Vereinödung hat betriebswirtschaftliche Vorteile; auch entfällt der hinderliche Flurzwang – die einheitliche und koordinierte Bewirtschaftung von Ackerfluren. In Dithmarschen im Westen Holsteins vollzieht sich etwa zur gleichen Zeit das Ausflütten, das Versetzen von Höfen in separierte Felder [782].

Nach dem Dreißigjährigen Krieg wächst die Bevölkerung und mit ihr die Nahrungsmittelnachfrage und der Bedarf an Wiesen und Ackerland in den deutschen Staaten deutlich. Ein preußisches Edikt aus dem Jahr 1726 fördert die strukturierte Urbarmachung von Brachland und die Entwässerung von Feuchtgebieten. Bedeutende landeskulturelle Maßnahmen sind die Trockenlegung und Besiedlung des Niederoderbruchs von 1746 bis 1753, die 1749 einsetzende Planung der Kolonisierung des kurhannoverschen Teufelsmoores bei Bremen und die Trockenlegung des bayerischen Donaumooses ab 1778. Sie bewirken eine weitgehende Zerstörung überaus wertvoller Ökosysteme [783].

Die Aufhebung der traditionellen Flurverfassung, die Aufteilung der intensiv beweideten Allmende und ihre Umwandlung in Äcker sowie die Zusammenlegung von Streubesitz von den 1760er bis in die 1860er-Jahre verändert die Landschaftsstrukturen und erhöht die agrarische Produktivität. Diese Maßnahmen ermöglichen – trotz einiger witterungs- und kalamitätsbedingter Hungerjahre – ein starkes Bevölkerungswachstum und damit die Industrialisierung von Preußen bis Baden. Städte wachsen zu Lasten des Agrarlandes. Der Bau von Straßen, Bahnlinien, Kanälen, größeren Deichen und Talsperren erfordert ebenfalls die Beschaffung und Umverlegung von Agrarland. Um diese zu erleichtern, erlassen in den 1920er und 1930er-Jahren die zuständigen Landtage Gesetze und die Behörden Regelungen zur agrarischen Bodenneuordnung, also zur beschleunigten Umlegung von Land, zur Feld- bzw. Flurbereinigung. Das öffentliche Interesse kann nun über dem Einzelinteresse derjenigen stehen, die Land besitzen [784].

Das nationalsozialistische Regime versucht mit aller Macht, die landwirtschaftliche Produktion weiter zu steigern. Nicht genutzte Gebiete werden drainiert und kultiviert, Bäche und Flüsse begradigt, Grundwasserspiegel abgesenkt. Neuland wird durch die Fortsetzung der Eindeichung von Marschen an der nordfriesischen Nordseeküste gewonnen, die landwirtschaftliche Beratung verstärkt, der Mineraldüngerverbrauch über die Senkung der Preise für Düngemittel erhöht, der Anbau von ertragreicheren Feldfrüchten verstärkt. Das „Reichserbhofgesetz" vom 29. September 1933 zielt auf die Verhinderung der Zersplitterung von bäuerlichem Besitz durch Realerbteilung. Flurbereinigungen folgen. Das „Reichsumlegungsgesetz" vom 26. Juni 1936 vereinheitlicht die Länderregelungen. Die zuständigen Behörden können nun auch gegen den Willen betroffener bäuerlicher Familien von Amts wegen Flurbereinigungsmaßnahmen anordnen. Trotz dieser vielfältigen Veränderungen und Bemühungen wächst die Agrarproduktion in den ersten sechs Jahren der Nazidiktatur im Deutschen Reich noch nicht einmal um 10 %. Dafür lässt das Naziregime Ökosysteme vernichten. An manchen ehemaligen Feuchtstandorten mangelt es nun an Wasser. Der unter Fritz Todt tätige „Landschaftsanwalt" Alwin Seifert befürchtet eine Versteppung [785].

Nach der Kapitulation Nazideutschlands am 8. Mai 1945 verschärft sich der Nahrungsmittelmangel. Mehr als 12 Mio. Menschen müssen die deutschen Gebiete, die Polen und der Sowjetunion zugeschlagen werden, sowie die Tschechoslowakei und andere mittel- und osteuropäische Staaten verlassen. Die meisten Vertriebenen und Flüchtlinge gelangen unter schwierigen Bedingungen in die vier deutschen Besatzungszonen. Dort müssen sie zunächst vorwiegend in den ländlichen Räumen leben, in die während des Krieges schon Ausgebombte geflüchtet sind. Witterungsungunst verschärft die Situation 1946/47 weiter. Die Bildung der Trizone als gemeinsames Wirtschaftsgebiet durch die USA, Großbritannien und Frankreich im März 1948 als gemeinsame Wirtschaftszone, die Währungsreform und die Einführung der Sozialen Marktwirtschaft im Juni 1948 verbessern langsam die wirtschaftliche Situation in Westdeutschland.

Von 1946 bis weit in die 1950er-Jahre liegt ein Fokus der Politik zunächst der Besatzungsmächte und dann der Regierungen der beiden deutschen Staaten auf der Sicherung der Ernährung der Bevölkerung. In den 1950er-Jahren beginnen sich die Agrarstrukturen in den beiden deutschen Staaten zu ändern: ausgehend von der Sozialistischen Einheitspartei Deutschlands (SED) in der DDR durch die Kollektivierung und in der BRD ausgehend von Behörden der Länder durch Flurbereinigungen in den Gemarkungen der Dörfer. Sie führen in den kommenden Jahrzehnten gemeinsam mit der Rationalisierung und Technisierung der Landwirtschaft zu einem gewaltigen Strukturwandel in den ländlichen Räumen.

Das Reichsumlegungsgesetz vom 26. Juni 1936 und die Reichsumlegungsverordnung vom 16. Juni 1937 werden am 23. Mai 1949 Bundesrecht. Da wichtige Formulierungen nicht im Einklang mit dem Grundgesetz stehen, ersetzt das Flurbereinigungsgesetz (FlurbG) zum 1. Januar 1954 das Reichsrecht. Das neue FlurbG zielt auf eine Förderung der land- und forstwirtschaftlichen Produktion und die Sicherung der Ernährung. Die zuständige Flurbereinigungsbehörde eines Bundeslandes kann zersplitterten oder unwirtschaftlichen ländlichen Grundbesitz nach betriebswirtschaftlichen Gesichtspunkten zusammenlegen und durch Flurbereinigungsmaßnahmen verbessern, wenn sie das Interesse der Beteiligten für gegeben hält. Beteiligte sind die Eigentümer der Grundstücke im Flurbereinigungsgebiet, die betroffenen Gemeinden, Gemeindeverbände sowie Wasser- und Bodenverbände.

Die Flurbereinigungsbehörde erstellt im Benehmen mit dem Vorstand der Gemeinschaft der Teilnehmenden einen vorläufigen Plan, aus dem neben der neuen Lage zusammengelegter Grundstücke die Veränderungen am Wege- und Gewässernetz hervorgehen. Eine Voraussetzung ist die Bewertung der alten Grundstücke nach der Reichsbodenschätzung, damit die Teilnehmenden neue Grundstücke von gleichem Wert erhalten. Schließlich wird der Flurbereinigungsplan endgültig festgestellt und umgesetzt [786].

Die langfristigen wirtschaftlichen Vorteile veranlassen Landwirtschaftsbetriebe in Regionen mit zersplittertem Besitz, in Flurbereinigungsverfahren mitzuwirken. In Rheinland-Pfalz und Bayern haben vor Mitte der 1980er-Jahre durchgeführte Flurbereinigungsverfahren den Arbeitszeitbedarf aller betroffenen landwirtschaftlichen Betriebe durchschnittlich um etwa 20 % gesenkt und das Einkommen um rund 15 % gehoben [787].

Die Flurbereinigungsverfahren dauern vom Planungsbeginn bis zum Abschluss 5, 10 oder mehr Jahre. Ende 1985 laufen in Westdeutschland 4176 Verfahren. Ein teilnehmender Landwirtschaftsbetrieb zahlt Mitte der 1980er-Jahre durchschnittlich 625 DM pro ha landwirtschaftlicher Nutzfläche. Die Kosten schwanken in Abhängigkeit von den naturräumlichen und betrieblichen Verhältnissen zwischen etwa 160 und 2000 DM pro ha [788].

Von 1975 bis 1985 betreffen Flurneuordnungen etwa 1,9 Mio. ha ländlichen Grundbesitz. Auf knapp 10 % dieser Fläche finden Meliorationsmaßnahmen wie die Umwandlung von Grünland in Ackerland, die Dränierung der Böden, die Anlage von Bewässerungsanlagen, in Weinbergen auch maschinelle Entsteinungen und Planierungen statt. Sie wandeln die Ökosysteme erheblich [789].

Die meisten, die in den Behörden Flurbereinigungen planen und umsetzen, haben bis in die 1970er-Jahre unzureichende fachliche Kenntnisse zum Boden-, Gewässer-, Arten- und Biotopschutz. Sie veranlassen gravierende Veränderungen des Naturhaushaltes, der Eigenart, Vielfalt und Ästhetik in den betroffenen Gebieten. Die Zusammenlegung von Äckern zu großen, einheitlich zu bewirtschaftenden Schlägen bewirkt die Beseitigung von ökologisch und kulturhistorisch wertvollen Ackerrandstreifen, Hecken, Streuobstwiesen und Feldgehölzen, die Verfüllung von kleineren Hohlformen und die Einebnung von Ackerrandstufen (Abb. 2.127, 2.128). Während starker Niederschläge kann nach der Ernte auf kaum pflanzenbedeckten vergrößerten Äckern Abfluss entstehen, der nun ungehindert über größere Strecken hangabwärts fließt und zuerst Erosionsrillen und dann Schluchten einreißt (Abb. 2.129).

Bauunternehmen verwandeln für die Flurbereinigungsbehörden mäandrierende Bachläufe in öde, schnurgerade Kanäle. Manchmal verlegen sie die Bäche unter die Erde

**Abb. 2.127**  Ausgeräumte Agrarlandschaft bei Wolfenbüttel

**Abb. 2.128** Nur selten erhält man wertvolle gehölzreiche Fluren mit Streuobstwiesen wie hier bei Unteröwisheim im Kraichgau

in große Betonröhren. Dann sinkt der Grundwasserspiegel und das Land darüber wird ackerbaulich nutzbar. Zeitweise vernässte Böden werden aufgeschlitzt, um Tonröhren (in jüngerer Zeit Kunststoffrohre) zur Ableitung von Stau- und hoch anstehendem Grundwasser zu verlegen. Höhere Erträge resultieren. Versiegelte Feldwege erhöhen, Drainagen und begradigte Fließgewässer beschleunigen den Abfluss und fördern damit ebenfalls die Entstehung von Hochwasser und Überschwemmungsschäden. Diese und weitere Maßnahmen führen zum dauerhaften Verschwinden ökologisch wertvoller Lebensräume und zur Gefährdung von Pflanzen- und Tierarten [790].

Die Flurbereinigungen der 1950er bis 1970er-Jahre haben eine typische Handlungsfolge: Zuerst wird – aus Unkenntnis, manchmal wider besseres Fachwissen – agiert, dann über die Folgen geklagt, gelegentlich repariert, ohne den ursprünglichen Zustand jemals wieder herstellen zu können.

*Die Ausräumung der Landschaft*

*„Es ist nicht nur der Saure Regen, der die Bäume sterben läßt. Ordnungsfanatismus und ökonomische Interessen räumen die Landschaft auch aus. Mit verbissener Zielstrebigkeit werden Bäume und Büsche gefällt, zersägt, zerschnitten und zerstückelt.*

*Die Leichenteile liegen – pingelig geordnet nach ehemaligem Stamm, nach Ästen und Wurzeln –, am nunmehr leeren Hang.*

*Doch nicht einmal der Holzwert zählt. Bäume und Pflanzen werden zu Abfall.*

*Es herrscht Ordnung im Land."*

*Der Mord an den Gewässern*

*„Kein Thema der Naturschützer ist so bekannt wie der Tod der Gewässer. Aber noch immer wird drainiert, was das Zeug hält. Noch immer wird* *begradigt, betoniert, beschleunigt. Noch immer verschwinden Feuchtgebiete, die man letztes Jahr noch kartiert hat."*

*Die schleichende Einebnung*

*„Reichtum und Vielfalt. Ausgelöscht für immer. Ein Heer voll Bulldozern ist unterwegs, um diese Welt zur Scheibe abzudrehen. Flach wie Papier. Auf dem wir unsere neue Welt entwerfen. Mit Lineal und Reißbrettmaschine. Noch nie wurde soviel Erde bewegt wie heute. Bei jedem kleinsten Bauvorhaben fallen etliche LKW-Ladungen mit Aushub an. Wohin damit? In die nächste Senke. In den nächsten Graben. Jeder Landwirt weiß auf Anhieb solche Stellen, die ihm schon längst ein Dorn im Auge sind. Denn dort konnte sich noch Leben frei entwickeln, ungenutzt. Dem Zugriff seiner Maschinen entzogen. Und daher herausfordernd natürlich. Ungepflegt.*

*Wieder um eine Erinnerung betrogen. Tag für Tag verliert das Auge. Kuppen, Senken, Bäche, Bäume, Hohlwege und Hecken. Überfahren. Zugeschoben. Ausgelöscht. Ein Kapital von Formen."*

Dieter Wieland, Peter M. Bode und Rüdiger Disko beschreiben in dem eindrucksvoll illustrierten Buch *„Grün kaputt"* drastisch und plastisch die Veränderungen von Landschaften durch die Flurbereinigung [791].

Die umfassende Novellierung des FlurbG im Jahr 1976 zielt auf eine Minderung der Eingriffe in den Naturhaushalt und auf eine bessere Vernetzung ökologisch wertvoller Standorte. Da die Eigentumsrechte nach Artikel 14 des Grundgesetzes nicht verletzt werden dürfen, ist die Umsetzung schwierig. Zwar sind im Bedarfsfall als Ausgleichsmaßnahme auch neue Biotope zu schaffen; diese haben jedoch meist nicht annähernd den ökologischen Wert beseitigter Biotope. Werden Bäche begradigt, sind Gewässerrandstreifen anzulegen. Sie besitzen einen weitaus geringeren ökologischen Wert als die in Auen beseitigten Feuchtstandorte. Von benachbarten Äckern während starker Niederschläge abgespülte Bodenpartikel, Nähr- und Schadstoffe passieren in schmalen Fließbahnen Gewässerrandstreifen, die aus diesem Grund nur wenig bewirken. Die ebenfalls im novellierten FlurbG vorgesehenen Renaturierungs- und Extensivierungsmaßnahmen sind aus der Sicht des Natur- und Umweltschutzes nach wie vor häufig unzureichend [792].

Mit dem 1976 novellierten FlurbG rückt die Entwicklung des gesamten ländlichen Raumes einschließlich der Dorferneuerung in den Vordergrund. Es gilt, die Menschen dort zu halten und ihnen eine hohe Lebensquali-

**Abb. 2.129** Im 18. Jh. riss der Abfluss eines Starkregens eine tiefe Schlucht in einen Acker in der Gemarkung von Nienwohlde in der südlichen Lüneburger Heide. Daraufhin wurde die Schlucht mit Bodenmaterial verfüllt und der Acker in eine den Boden schützende Wiese gewandelt. Die Erosionsschutzmaßnahme war erfolgreich. In den 1970er-Jahren wurde im Rahmen des Flurbereinigungsverfahrens Nienwohlde die Wiese beseitigt und Teil eines großen Ackerschlages. Die Erosionsschutzfunktion der Wiese war mangels umwelthistorischen Wissens von den Zuständigen in der Flurbereinigungsbehörde übersehen worden. Der Abfluss eines Starkregens hat im Juni 1984 die auf dem Foto sichtbare kleine Schlucht in das mit Kartoffeln bestellte Feld gerissen. Sie musste anschließend aufwändig verfüllt werden. Der Schaden ist immens. Nach fast jedem erosiven Starkregen reißt die Schlucht erneut ein und man muss sie jeweils wieder auffüllen

tät zu bieten, denn die Zahl der Landwirtschaftsbetriebe und der mit ihnen verbundenen Arbeitsplätze sinkt, begünstigt durch Flurbereinigungen, seit Jahrzehnten beständig zugunsten hocheffektiver Unternehmen mit immer weiter wachsender landwirtschaftlicher Nutzfläche. Die bäuerliche Wirtschaft hat nicht länger die zentrale Funktion der ländlichen Räume inne, obgleich sie bis heute etwa die Hälfte Deutschlands bewirtschaftet. In abgelegenen Regionen verschlechtert sich zusehends die Versorgung der Bevölkerung mit Gütern des täglichen Bedarfes. Von dort wandern verstärkt jüngere Menschen in die Verdichtungsräume mit einem besseren Arbeitsplatzangebot und einer aus deren Sicht höheren Lebensqualität ab. Andere pendeln tagtäglich über große Distanzen vom Wohn- zum Arbeitsort.

Einmal flurbereinigte Gebiete bleiben trotz aller Korrekturversuche artenverarmt. Die flächenbezogenen Ausgleichszahlungen der Europäischen Union und die vergleichsweise niedrigen Preise für fossile Brennstoffe, Dünger und Pflanzenschutz führen zur Bewirtschaftung von ansonsten unrentablen Grenzertragsböden. Erst eine grundlegende Umstellung der Agrarförderung durch die EU könnte über Jahrzehnte bis Jahrhunderte flurbereinigte Landschaften wieder ökologisch reicher machen. Die Verluste kulturhistorisch bedeutender Orte sind irreversibel.

## 1950er-Jahre bis heute – Umweltwirkungen von Landnutzung und Verkehr

In den vergangenen sieben Jahrzehnten haben Acker- und Gartenbau, Tierhaltung und -zucht, Pflanzenzüchtung, Forstwirtschaft, Fischerei, Straßen-, Schiffs- und Luftverkehr die beiden deutschen Staaten bzw. das vereinigte Deutschland enorm verändert:

Acker- und Gartenbau:

- Die Industrialisierung des Ackerbaus reduziert die Vielfalt an Böden und Bodenlebewesen. Die Böden ähneln sich durch die hohen Gaben an Mineraldünger immer mehr. Gerade nährstoffarme Standorte mit einer großen Vielfalt an Pflanzenarten gehen verloren.
- Die Anzahl einheimischer Pflanzenarten, die in den Kulturlandschaften der beiden deutschen Staaten gedeihen, nimmt ab. Invasive Arten breiten sich aus. Heimische Insekten werden seltener.
- Immer schwerere Maschinen verdichten die Böden zunehmend. Unter den Pflughorizonten bilden sich Pflugsohlenverdichtungen. Dort werden die Poren irreversibel zusammengedrückt, die das pflanzenverfügbare Wasser und Nährstoffe speichern. Die Pflugsohlenverdichtung behindert das Tiefenwachstum der Wurzeln von Kulturpflanzen.
- Zahlreiche Standorte werden erheblich überdüngt. Die Belastungen des Grundwassers und auch der Oberflächengewässer mit Nitrat wachsen in den ackerbaulich genutzten Landschaften.
- Konventionelle Landwirtschaftsbetriebe schützen Kulturpflanzen vor anderen, unerwünschten Kräutern derzeit mit chemischen „Pflanzenschutzmitteln", wie sie von den Herstellern und in konventionellen Acker- und Gartenbaubetrieben, die sie vorwiegend einsetzen, genannt werden. Umweltschützerinnen und Umweltschützer bezeichnen sie als „Pestizide". Die beiden

Begriffe symbolisieren die beiden Seiten einer Medaille. Der Einsatz von synthetischen Pestiziden gegen Insekten (Insektizide), Spinnmilben (Akarizide), Nematoden (Nematizide), Schnecken (Molluskizide), Nagetiere (Rodentizide), Pilzkrankheiten (Fungizide), Bakterien (Bakterizide), Viren (Virizide) und „Un"-Kräuter (Herbizide) ist seit den 1950er-Jahren gewaltig angewachsen. Ende 2012 waren für alle Einsatzgebiete vom Acker-, Gemüse-, Wein- und Obstbau über die Forstwirtschaft bis zu privaten Kleingärten 272 verschiedene Herbizide (2003: 234), 196 Fungizide (2003: 175) und 106 Insektizide (2003: 171) zugelassen. Eingesetzt wurden weiterhin Saatgutbehandlungsmittel, Abschreckmittel, Keimhemmungsmittel und andere Wachstumsregler. Ende 2012 waren 729 Mittel unter 1358 Handelsnamen mit 261 verschiedenen Wirkstoffen für 4755 Anwendungen zugelassen. Die Menge der im Inland abgegebenen (und danach nicht ausgeführten) Pestizide beläuft sich für 2012 auf 33.814 t (2002: 30.164 t), darunter sind 19.907 t Herbizide (2002: 15.350 t) und 9066 t Fungizide (2002: 10.033 t). Dieser umfangreiche Einsatz von Pestiziden ermöglicht die Versorgung der Bevölkerung Deutschlands mit preiswerten Lebensmitteln [793].

- Andererseits können Pestizide auch über Hofabläufe und Kläranlagen in Oberflächengewässer gelangen. Pestizide bzw. ihre Abbauprodukte werden mittlerweile in bestimmten Nahrungsmitteln, Mineralwässern und Bieren gefunden. Sie können toxisch oder hormonell wirken und damit auch die Gesundheit von Menschen und Tieren beeinträchtigen [794].

Tierhaltung und -zucht:

- Schweine, Rinder, Hühner und Puten werden in immer größeren Anlagen auf größtenteils zu kleinem Raum gehalten.
- Züchtung reduziert die Zeit bis zur Schlachtreife von Hühnern wesentlich.
- Der Fleischverzehr der Bevölkerung Deutschlands verdoppelt sich von den 1950er-Jahren bis zum Jahr 2018.
- Der Verbrauch an Antibiotika in der Tierhaltung und von Düngemitteln und Pestiziden bei der Produktion von Tierfutter wächst über Jahrzehnte erheblich.
- Die konzentrierte Ausbringung der flüssigen und festen Ausscheidungen der Nutztiere führt an vielen Standorten zu immer stärkeren Nährstoffbelastungen.

Pflanzenzüchtung:

- Züchtungsunternehmen führen Hochleistungssorten ein. Bei zahlreichen Kulturpflanzensorten sind derzeit die maximal möglichen Erträge erreicht.

- Die Vielfalt an Kulturpflanzenarten und -sorten geht deutlich zurück.

Forstwirtschaft:

- Emissionen von Kohlekraftwerken, Industrie und Verkehr schwächen Bäume und können in Einzelfällen zum Absterben ganzer Bestände führen.
- Monokulturen mit ortsfremden, sturm- und kalamitätsempfindlichen Baumarten dominieren. In trockenen Sommern ist die Waldbrandgefahr hoch.
- Bis zum Abschluss des langwierigen Umbaus werfen extreme Stürme weiterhin unzählige hochwüchsige und flach wurzelnde ortsfremde Baumarten.

Straßenverkehr:

- Kraftfahrzeuge sind laut. Ihr wachsende Zahl erhöht den Verkehrslärm.
- Sie benötigen immer mehr Raum zum Fahren und zum Parken.
- Kraftfahrzeuge bedingen über den Bau von Straßen die endgültige Zerstörung wertvoller Böden – ein massives und von der Öffentlichkeit verkanntes „Bodensterben" (Abb. 2.130).
- Kraftfahrzeuge verbrennen nach wie vor große Mengen an fossilen Brennstoffen und belasten damit die Atmosphäre u. a. mit Stickoxiden.

**Abb. 2.130** Besonders in engen Tälern erzeugen aneinander gefügte Verkehrswege weithin hörbaren Lärm, konzentrierte Schadstoffemissionen und hohen Ressourcenverbrauch. Blick vom nordwestlichen Stadtrand Andernachs rheinabwärts auf das rechtsrheinische Leutesdorf und den linksrheinischen Höhenrücken Hohe Buche im Hintergrund. Im Vordergrund befinden sich von links nach rechts über- und nebeneinander: der bewaldete steile Osthang des Krahnenberges, die vierspurige Bundesstraße B9 auf Betonsäulen, abschnittsweise eine Steinschlagschutzwand, ein Radweg, eine Betonwand, die zweigleisige Bahnstrecke von Köln nach Koblenz, eine gemauerte Wand, die Landesstraße L117 von Andernach nach Namedy, eine stabilisierte Böschung, ein Fußweg, das mit Steinen gesicherte Flussufer und der Rhein

- Der Abrieb von Autoreifen, Brems- und Straßenbelägen sowie die Verbrennung großer Mengen an chemisch verarbeiteten fossilen Kraftstoffen wirbelt Feinstäube in die Atmosphäre, auf Gebäude, Straßen, Pflanzen und Böden. Menschen und Tiere atmen sie ein.
- Straßen zerschneiden Landschaften (Abb. 2.130).

Schiffsverkehr:

- Der Betrieb von einer wachsenden Zahl an Frachtschiffen, Fähren und Kreuzfahrtschiffen bedingt erhebliche Emissionen. Sie beeinträchtigen die Qualität von Atmosphäre und Oberflächengewässern.

Luftverkehr:

- Flughäfen benötigen viel Fläche. Immer mehr Flugzeuge verursachen bei Start und Landung starken Lärm, der Anwohnerinnen und Anwohner belastet.
- Die Verbrennung von Kerosin erzeugt beträchtliche Emissionen.

Bauwerke:

- Die Gewinnung von Baumaterialien aus Steinbrüchen, Ton-, Sand- und Kiesgruben bedingt die Zerstörung von Vegetation und Böden und ein verändertes Relief (Abb. 2.131). Das Bodensterben durch Baumaßnahmen ist irreversibel. Die Transporte der Baumaterialien, die Herstellung von Bauteilen und ihre Verbauung in Gebäuden erzeugen Umweltbelastungen. Gebäude in Wohn-, Gewerbe- und Industriegebieten modifizieren lokal Klima, Wasser- und Stoffhaushalte.

**Abb. 2.131** Landschaftsveränderungen durch Steinbrüche. Am Wingertsberg nördlich Mendig (Osteifel) werden Tephra und Basalt für den Bau von Straßen, Parkplätzen und Gebäuden abgetragen und aufbereitet

## 1950er-Jahre bis 1990 – SERO: die Erfassung, Sammlung und Verwertung von Sekundärrohstoffen in der DDR

Ein Staat erreicht annähernd eine Autarkie bei den wichtigsten mineralischen Rohstoffen, wenn er diese ausreichend besitzt oder wenn er Altmaterialien bestmöglich nutzt oder – am besten – wenn er auf beides, Rohstoffgewinnung und Wiederverwertung, zurückgreifen kann.

Die Nationalsozialisten müssen bald nach der Machtergreifung 1933 zur Kenntnis nehmen, dass eine „Altmaterialwirtschaft", also das Recycling des häuslichen und industriellen Abfalls, keine Autarkie ermöglicht. Dies ist *ein* Grund für die Naziregierung, den Zweiten Weltkrieg vorzubereiten und den Versuch der Eroberung der Sowjetunion mit derartiger Macht und Gewalt zu betreiben. Als sich abzeichnet, dass der Angriff scheitert, wird die Abfallwirtschaft zentralisiert und, soweit überhaupt noch möglich, optimiert. Die NS-Regierung verpflichtet 1937 die Bevölkerung in Städten mit mehr als 35.000 Einwohnerinnen und Einwohnern, ihre Abfälle zu trennen. Private Unternehmen sammeln und verwerten Abfall [795].

Dieses System wird in der Sowjetischen Besatzungszone und zunächst in der DDR beibehalten und weiterentwickelt. Schon früh erreicht die Propaganda, dass die Bevölkerung der DDR Abfall als etwas Wertvolles ansieht, das die Rohstoffknappheit mindert. Staatliche und genossenschaftliche Erfassungsstellen, bei denen private Haushalte Altstoffe gegen eine Vergütung abgeben können, ersetzen private Betriebe [796].

> *„Eine Hausfrau, so wie Du,*
> *Inge Wolters, ruft Dir zu:*
> *Unser Staat Devisen spart,*
> *bringst Du Altstoff jeder Art. "*
> Aus einer Broschüre des Demokratischen Frauenbundes Deutschlands [797].

Ab 1950 ist die „Volkseigene Handelszentrale Schrott" für die Sammlung metallischer Altstoffe zuständig. Die überregionale Koordination der Sammlung und Verwertung von Abfall übernimmt 1953 die „Vereinigung Volkseigener Betrieb (VVB) Rohstoffreserven". Die Erfassung der Sekundärrohstoffe wird 1972 zentralisiert. Das Institut für Sekundärrohstoffwirtschaft erarbeitet ab 1975 wissenschaftlich-technische Grundlagen für die Erfassung, Aufbereitung und Nutzung industrieller Abfälle. 1981 entsteht das „Volkseigene Kombinat Sekundärrohstofferfassung" (SERO) [798].

Öffentliche und interne Daten zu den Sammel- und Verwertungsaktivitäten widersprechen sich oftmals. Einigermaßen verlässlich erscheinen die Zahlen zur Altpapierabgabe. Die Sammelmengen erhöhen sich von 254.000 t im Jahr 1959 auf 433.000 t Altpapier im Jahr 1971. Dagegen sind es 1987 bloß noch 288.000 t. Im selben Jahr werden in der BRD 627.745 t gesammelt. Dies entspricht 10,3 kg pro Person und Jahr in der BRD und 17,3 kg pro Person und Jahr in der DDR – in Anbetracht der weitaus geringeren Wirtschaftsleistung und Papierverfügbarkeit in der DDR ein beachtlicher Wert [799].

Das ausgeklügelte System der Erfassung, Sammlung und Verwertung von Altrohstoffen ist ein Spiegelbild der politischen und wirtschaftlichen Entwicklung der DDR im Rahmen des Rates für Gegenseitige Wirtschaftshilfe (RGW) und der Abhängigkeit von Rohstoffimporten aus der Sowjetunion. Nach der Übernahme des westdeutschen marktwirtschaftlichen Systems im Jahr 1990 ist es nicht mehr rentabel. Auch erfolgreiche Elemente werden nicht weiter-, sondern abgewickelt.

## 1952/53 und 1959/60 – Die Kollektivierung der Landwirtschaft in der DDR und ihre Umweltwirkungen

Im Zweiten Weltkrieg geht Ackerland durch Verminungen und Kampfhandlungen verloren. Landwirtschaftliche Geräte werden zerstört. Nach Kriegsende fehlt es in der Sowjetischen Besatzungszone (SBZ) auch an Mineraldünger. Die Hektarerträge liegen dort rund ein Viertel unter den Werten von 1939. Die Rinderbestände sind in der SBZ ein Drittel und die Schweinebestände fast 80 % niedriger als 1939 [800].

Initiiert von der Kommunistischen Partei Deutschlands enteignen Behörden in der SBZ von 1945 bis 1948 entschädigungslos ungefähr 11.400 Landwirte, die mehr als 100 ha Fläche besitzen oder die als Kriegsverbrecher bzw. Nationalsozialisten gelten. Der aus diesen Beschlagnahmungen und in geringem Umfang auch aus Staatsbesitz gebildete Bodenfonds umfasst eine Fläche von rund 3,3 Mio. ha. Dreiviertel stammen von Familien, die Eigentümer von jeweils mehr als 100 ha Land gewesen waren [801].

Bis zum 1. Januar 1950 erhalten 550.089 Bodenempfänger knapp 2,2 Mio. ha land- und forstwirtschaftliche Nutzfläche:

- 210.276 Landarbeiter, Vertriebene und Kleinpächter – die „Neubauern" – bekommen gut die Hälfte dieser Fläche,
- „Volkseigene Güter" (VEG) etwa ein Drittel und

- 125.714 bestehende kleine Landwirtschaftsbetriebe den Rest.

Die Neubauern haben im Durchschnitt gerade 8,1 ha zur Verfügung. Es fehlt an Gebäuden, technischem Gerät, Vieh, Kapital oder landwirtschaftlichen Fachkenntnissen. Die zugewiesenen Flächen reichen nicht für einen auskömmlichen Landbau. Das aufgelegte Neubauernprogramm bewirkt bis 1953 den Bau von 94.668 Wohnhäusern, 104.295 Ställen und 38.406 Scheunen [802].

Die II. Parteikonferenz der Sozialisten Einheitspartei Deutschlands (SED) beschließt im Juli 1952 die „Schaffung der Grundlagen des Sozialismus". Eine zentrale Maßnahme betrifft die Kollektivierung der Landwirtschaft: Die privaten bäuerlichen Familienbetriebe sollen sich freiwillig zu Landwirtschaftlichen Produktionsgenossenschaften (LPG) zusammenschließen, die als Kollektive den Boden gemeinsam bewirtschaften. Als Teil eines „sozialistischen" Wirtschaftssystems sollen die LPG höhere Erträge als die private bäuerliche Wirtschaft erbringen. Die erste LPG wird am 8. Juni 1952 in Merxleben bei Bad Langensalza in Thüringen gegründet. Der Kollektivierungsschub dauert bis 1953. Die allermeisten Neubauern treten rasch in die LPG ein, bäuerliche Familien mit einem Landbesitz von etlichen Zehnerhektaren weit weniger häufig als von der zentralen SED-Führung erhofft. In den ersten Monaten des Jahres 1953 erzwingt die SED die Gründung von etwa 5000 LPG. Die Kollektivierungsmaßnahmen stoßen auf eine breite Ablehnung. Von Januar bis Juni 1953 fliehen mehr als 11.000 Bäuerinnen und Bauern nach Westdeutschland. Drohungen und Vergünstigungen lassen andere in die LPG eintreten. Die Wachstumsraten der Landwirtschaft bleiben niedrig [803].

Im März 1953 fordert die Führung der Kommunistischen Partei der Sowjetunion (KPdSU) die Beendigung der Kollektivierungsmaßnahmen in der DDR. Der sog. „Arbeiteraufstand" im Juni 1953 ist eine breite gesellschaftliche Demonstrationsbewegung, an der sich auch viele bäuerliche Familien beteiligen [804].

1958 bewirtschaften LPG gerade einmal etwa 30 % der landwirtschaftlichen Nutzfläche der DDR. Darum beschließt der V. Parteitag der SED im Juli 1958 eine mit Zwangsmaßnahmen verbundene Beschleunigung der Agrarreformen. Der zweite Kollektivierungsschub resultiert 1959 und 1960. Der „Sozialistische Frühling auf dem Lande" wird 1960 ausgerufen. Das zynische Motto steht für die Zwangskollektivierung der noch nicht aufgenommenen bäuerlichen Privatbetriebe. In kurzer Zeit gehen rund 400.000 bäuerliche Betriebe zwangsweise in LPG auf. Frühere Eigentumsverhältnisse werden ignoriert und die über Jahrhunderte gewachsene Flurstruktur aufgegeben. Jetzt bewirtschaften mehr als 19.000 LPG zirka 84 % der landwirtschaftlichen Nutzfläche der DDR. Aus der Sicht der Parteiführung scheint nur auf diesem Weg eine erfolgreiche sozialistische Großbetriebslandwirtschaft möglich. Das Ziel bleibt unerreichbar: Erneut fliehen Tausende nach Westdeutschland; es mangelt an erfahrenen Arbeitskräften. Zahlreiche Menschen in den ländlichen Räumen akzeptieren die Zwangskollektivierung nicht; sie verhalten sich nonkonform. Anstatt zu steigen, gehen die Produktionszahlen in der Landwirtschaft zurück. Die Anpassung des (Land-) Wirtschaftssystems an die marxistisch-leninistische Ideologie misslingt. Die resultierende Herrschaftskrise trägt zum Mauerbau am 13. August 1961 bei [805].

Umstrukturierungen lassen die Anzahl der LPG bis 1980 auf 3946 Betriebe zurückgehen. Tier- und Pflanzenproduktion werden getrennt: 1980 halten 2899 LPG (T) in industriemäßigen Großanlagen Vieh und 1047 LPG (P) produzieren Kulturpflanzen. 319 Volkseigene Güter erzeugen tierische und 66 pflanzliche Produkte [806].

Die Kollektivierung schafft durch die Beseitigung von Ackerrandstreifen und Hecken sowie die Verfüllung von Gräben riesige Äcker (Abb. 2.132). Auf sandigen Böden nimmt die Winderosion und auf einheitlich genutzten Hängen die Wassererosion spürbar zu. Schwere Traktoren und Erntemaschinen verdichten die Böden von 30 bis über 50 cm Tiefe. Die Erträge gehen zurück. LPG (T), die hunderte oder gar tausende Rinder in Ställen halten, haben Schwierigkeiten, die großen Güllemengen ordnungsgemäß zu verteilen. In Betriebsnähe bringen sie unverhältnismäßig viel Gülle auf Äcker und Grünland aus. Hohe Belastungen der Böden und Gewässer mit Nährstoffen resultieren. Die LPG (P) besprühen Äcker im Durchschnitt mit deutlich mehr Pestiziden pro Hektar als bäuerliche Betriebe in Westdeutschland. Agrochemikalien gehen aus Agrarflugzeugen auf die Felder nieder. Die Arten- und Biotopvielfalt verringert sich. Ende der 1960er-Jahre beginnen intensive Meliorationen, die den Wasserhaushalt in den ländlichen

Räumen verändern. Das Primat der Ökonomie gilt bis zum Ende der DDR [807].



## Ab 24. Februar 1953 – Das „Programm Nord" verändert Schleswig–Holstein

Ein erhebliches Süd-Nord-Gefälle prägt Schleswig-Holstein Anfang der 1950er-Jahre. Es gilt, den strukturschwachen Norden mit seinen zahlreichen kleinen bäuerlichen Betrieben zu entwickeln. Deren Felder und Weiden liegen weit verstreut in den Gemarkungen. Nur wenige Straßen besitzen eine feste Decke. Die Marschen und die Niederungen sind vernässt. Winderosion mindert die Fruchtbarkeit der sandigen Geestböden [809].

Das „Programm Nord", das am 24. Februar 1953 beginnt, soll die vielfältigen Probleme der peripheren Region lösen. Mit einer Fläche von rund 475.500 ha ist es vom 24. Februar 1953 bis 1978 das größte zusammenhängende Flurbereinigungsprojekt in der Bundesrepublik Deutschland. Die Investitionen belaufen sich in diesem Zeitraum auf etwa eine Milliarde DM [810].

Zu den bis dahin umgesetzten Maßnahmen gehören: 462 Flurbereinigungsverfahren mit umfangreichen Entwässerungsmaßnahmen; der Ausbau von über 9000 km Wegen und Straßen; die Errichtung des Friedrich-Wilhelm-Lübke-Koogs mit einer landwirtschaftlichen Nutzfläche von 1124 ha; die Gründung von 18 Wasserbeschaffungsverbänden; die Beseitigung von Knicks zur Vergrößerung der Äcker und die Pflanzung von 9133 km Windschutzhecken – ein einziger Sturm vermag von den sandreichen Böden in der Schleswigschen Geest weit mehr als eine Million Tonnen Sand zu verwehen. 1963 beginnt der Bau von zentralen Abwasseranlagen für etwa 350.000 Menschen mit mehr als 80 Klärwerken. Von 1949 bis 1977 forstet man eine Fläche von 4417 ha auf – dieser Wert bleibt weit unter dem gesteckten Ziel [811].

Die Wasserbeschaffungsverbände schließen 476 Gemeinden mit etwa 550.000 Bewohnerinnen und Bewohnern an das neu geschaffene Trinkwasserleitungsnetz an, darunter Pellworm und die Halligen. Zuvor war das aus

**Abb. 2.132** Große Felder sind durch die Kollektivierung bei Utecht im Nordwesten von Mecklenburg-Vorpommern entstanden

Einzelbrunnen stammende Trinkwasser häufig eisenoxidreich oder das in den Marschen und auf den Halligen aus Regenwassersammelbecken stammende Trinkwasser leicht salzig gewesen [812].

Die Eindeichung von Marschen schafft einen verbesserten Küstenschutz und neue Agrarlandschaft. Auch das Eidersperrwerk verändert die Gezeitenströme an der Nordseeküste. Die Häuser auf den Warften der Halligen erhalten sturmflutsichere Schutzräume, über Seekabel Elektrizität und über Fernwasserleitungen Trinkwasser vom Festland. Moderne Fähranleger gestatten regelmäßige Schiffsanbindungen. Auf Eiderstedt ermöglichen Entwässerungsmaßnahmen die Umwandlung von Wiesen und Weiden in Ackerland. Die Trockenlegung von Feuchtstandorten mindert die Arten- und Biotopvielfalt.

Zahlreiche Bauernfamilien verlassen die Dörfer und beginnen im Umland inmitten ihres dort neu zusammengelegten Agrarlandes in Aussiedlerhöfen zu leben. Der Tourismus wird gefördert. Hunderte Bauernhöfe bieten „Urlaub auf dem Bauernhof" an. Reiten, Radfahren und Wandern werden zu attraktiven Ferienbeschäftigungen.

Die Vergrößerung der Äcker fördert auf den Sandböden der Geest Winderosion. Neuanpflanzungen von Windschutzhecken und Aufforstungen mit Nadelgehölzen in Monokultur versuchen dem entgegenzuwirken. Orkane belegen, wie windanfällig die neuen vorwiegend flach wurzelnden Nadelgehölze sind. So fällt „Christian" am 27. Oktober 2013 einen Teil der jungen Forsten.

Auch im östlichen Hügelland ermöglichen größere und drainierte Felder eine effektivere Landwirtschaft. Die Wassererosion nimmt daraufhin auf den Hängen zu. Feste Wirtschaftswege machen Äcker und Grünland ganzjährig erreichbar. Zur Sicherung der Fischerei und zur Förderung des Tourismus an Schlei und Flensburger Förde errichtete kleine Häfen beeinträchtigen dort das Küstenökosystem.

Neue befestigte Straßen verbinden Dörfer, die sich ebenfalls verändern. Die zentrale Trinkwasserversorgung und Abwasseranlagen verbessern die Lebensqualität. Gewerbe- und vereinzelt Industriegebiete entstehen.

Das Programm Nord hat damit gravierende ökonomische und ökologische Folgen. Landnutzung und Umwelt werden besonders im Norden und Westen Schleswig-Holsteins grundlegend umgestaltet [813].

## 4. August 1954 – Beschluss des Gesetzes zur Erhaltung und Pflege der heimatlichen Natur (Naturschutzgesetz der DDR)

Das Reichsnaturschutzgesetz (RNG) vom 1. Oktober 1935 behält in der Sowjetischen Besatzungszone seine Gültigkeit. Die Listen schützenswerter Arten werden ergänzt,

neue Ausführungsbestimmungen erlassen. Der staatliche Naturschutz der DDR sieht seine historischen Wurzeln bei Wilhelm Wetekamp und Hugo Conwentz. Er knüpft an die Strukturen der preußischen Verwaltung und der Naturschutzeinrichtungen Nazideutschlands nach 1935 an. Das RNG wird als Abschluss einer im frühen 20. Jh. begonnenen Rechtsentwicklung gesehen und weitgehend positiv bewertet [814].

Das von der Volkskammer der DDR am 4. August 1954 beschlossene „Gesetz zur Erhaltung und Pflege der heimatlichen Natur (Naturschutzgesetz)" orientiert sich deswegen am RNG. Das neue Gesetz schafft erstmals die Möglichkeit, Landschafts- und Waldschutzgebiete auszuweisen. Am 11. Februar 1955 wird die erste Durchführungsbestimmung, am 24. Juni 1955 die Anordnung zum Schutz wildwachsender Pflanzen und am 24. Juni 1957 die Anordnung über die Erklärung von Landschaftsteilen zu Naturschutzgebieten erlassen. Die Forst- und Naturschutzbehörden wählen 361 Waldschutzgebiete aus, die die Räte der Bezirke einstweilig sichern. Auf der Grundlage einer Verordnung von 1961 erfolgt deren endgültige Festsetzung.

Das Naturschutzgesetz der DDR zielt auf den Schutz der Natur vor unberechtigten und nicht notwendigen Eingriffen, auf den Erhalt und die Pflege der Schönheit der Pflanzen- und Tierwelt außerdem auf die Ermöglichung von Forschung, damit diese Grundlagen für die Gestaltung der Natur sowie für die Erhaltung und Steigerung der Bodenfruchtbarkeit erarbeiten kann. Die Präambel des Gesetzes führt aus, dass die Werktätigen, die wandernde Jugend und alle Naturfreunde Freude an der „schönen deutschen Heimat" haben und sich in ihr erholen sollen – tradierte Landschaftsvorstellungen stehen im Fokus. Natur- und Umweltschutz haben sich freilich, soweit erforderlich, dem Primat der Ökonomie unterzuordnen [815].

## Mai 1957 – Studenten finden Uranerz im Krunkelbachtal unterhalb des Feldbergs

Die Landesanstalt für Umweltschutz des Landes Baden-Württemberg (LUBW) führt im Frühjahr 2017 radiologische Kontrollmessungen in 10 cm Höhe über dem Wanderweg „Menzos Wegle" bei Menzenschwand durch, wenige km südöstlich des Feldberges im Schwarzwald. Sie überprüft die Messergebnisse eines Bürgers, der erhöhte Ortsdosisleistungen aus Photonenstrahlung ermittelt hatte. An einzelnen Orten stellt das LUBW erhöhte Strahlenpegel fest; Hinweise auf uranhaltiges Gestein am Wanderweg fehlen. Diejenigen, die mehrmals im Jahr auf Menzos Wegle wandern, erreichen nach Berechnungen des LUBW den Grenzwert für die effektive Strahlendosis von 1

Millisievert (mSv) im Kalenderjahr für Erwachsene gemäß §46 der Strahlenschutzverordnung nicht [816].

Warum sind die Strahlenpegel an Menzos Wegle erhöht? Tektonische Störungen im Kontaktbereich des unterkarbonischen Bärhalde-Granits mit Paragneisen am Krunkelbach bei Menzenschwand enthalten Uranvererzungen, insbesondere den zirka 300 Mio. Jahre alten magmatischen Uraninit, insgesamt vermutlich etwa 1000 t Uran [817]. Im Mai 1957 finden die Werkstudenten Manfred Lutz und Thomas Bock Uranerz im Krunkelbachtal. Schürfgruben, die das Geologische Landesamt Baden-Württemberg zu Beginn des Jahres 1959 dort anlegen lässt, enthalten uranhaltige Erze. Die Gewerkschaft Brunhilde aus dem niedersächsischen Uetze erhält die Genehmigung, am Krunkelbach nach Uranerz zu suchen. Eine Quelle, die Menzenschwand mit Trinkwasser versorgt, versiegt nach dem 1961 begonnenen Erkundungsbergbau. Das Baden-Württembergische Wirtschaftsministerium untersagt daraufhin die weitere Suche nach Uranerz [818].

Mittlere jährliche effektive Strahlendosis der Bevölkerung Deutschlands durch natürliche Strahlenquellen im Jahr 2016 (in Millisievert pro Mensch) [819]

| | |
|---|---|
| Inhalation von Radon und Zerfallsprodukten: | 1,1 |
| Terrestrische Strahlung: | 0,4 |
| Kosmische Strahlung: | 0,3 |
| Aufnahme von natürlichen radioaktiven Stoffen: | 0,3 |
| Gesamte natürliche Strahlenexposition: | 2,1 |

Aus einer 1971 abgeteuften Schürfbohrung bei Menzenschwand tritt radonhaltiges Wasser aus. Pläne für ein große Kuranlage keimen. Nach der Gründung der „Kurbetrieb Menzenschwand GmbH" im August 1971 wird eine Kurklinik mit 9 Hotels geplant. Ein Vergleich der Baden-Württembergischen Landesregierung mit der Kurbetriebs-GmbH im Jahr 1971 gestattet dieser den Bau eines Radonbades und der Gewerkschaft Brunhilde eine Fortsetzung der Suche nach Uranerz. Das Radonbad-Projekt scheitert am Widerstand von Behörden und lokaler Bevölkerung – die Anlage hätte die Landschaft unterhalb des Feldberges wesentlich verändert. Die Kurbetriebs-GmbH geht 1974 in Konkurs. 2005 entsteht ein kleines Radonbad mit Radontherapie [820].

Die Gewerkschaft Brunhilde baut im Rahmen von Forschungsvorhaben Uranerz ab, obgleich lediglich eine Schürfgenehmigung vorliegt. Am 31. Januar 1984 beantwortet die Bundesregierung eine Kleine Anfrage von zwei Abgeordneten und der Partei „Die Grünen" zur Uranerzförderung in der Bundesrepublik Deutschland.

Demnach existiert damals nur die *„aktive Versuchsgrube in Krunkelbach bei Menzenschwand/Schwarzwald"* zur Uranexploration; die bergbauliche Förderung von Uranerz fände in der Bundesrepublik nicht statt. 1982 seien in Krunkelbach zirka 4500 t Uranerz mit einer mittleren Urankonzentration von 0,7 % abgebaut worden. Ein kommerzieller Abbau sei für das Vorkommen Krunkelbach bei Menzenschwand geplant. Die *„in der Grube Krunkelbach bei Menzenschwand anfallenden Erze [würden] [...] nach Ellweiler verbracht [und dort] [...] im Verfahren der sauren Laugung mit verdünnter Schwefelsäure oxidativ aufgeschlossen und dann zu Urankonzentrat, dem sog. ‚Yellow Cake', aufbereitet."* [821] Abraum fiele nicht an. Abgebautes Ganggestein mit zu niedrigen Urangehalten für eine Aufbereitung würde in das Bergwerk zurückgebracht, taubes Nebengestein Forstämtern als Schotter für den Bau von Wegen überlassen [822].

Aufgrund starker bürgerlicher Proteste versagt die Landesregierung ihre Zustimmung zu einem Antrag auf kommerziellen Abbau von Uranerz in der Grube Krunkelbach durch die Gewerkschaft Brunhilde. Letztere klagt gegen die Ablehnung. Vor dem drittinstanzlichen Urteil kündigt die Gewerkschaft die Schließung des Bergwerkes an – der Weltmarktpreis für Uran ist mittlerweile gesunken; die Kosten für die Wasserhaltung und der Widerstand von Behörden und Bevölkerung sind hoch [823].

Finanzielle Schwierigkeiten führen am 19. Juli 1991 zur Eröffnung des Konkursverfahrens gegen die Gewerkschaft Brunhilde. Ende Juli 1991 endet die Uranerzförderung in der Grube Krunkelbach. Bis dahin wurden mehr als 100.000 t Uranerz mit einem mittleren Urananteil von 0,72 % gefördert, bis zum 31. Mai 1989 in die Uranerzaufbereitungsanlage Ellweiler im Hunsrück gebracht, danach in die Aufbereitungsanlagen im tschechoslowakischen Budweis bzw. im französischen Bessines. 1992 wird das Bergwerk aus dem Bergrecht entlassen.

Die Halde Krunkelbach hat ein Volumen von 10.000 bis 12.000 m$^3$. Ihre Direktstrahlung beläuft sich auf 100 mSv pro Jahr. Die Kosten für Sanierung und Rekultivierung übernimmt das Land Baden-Württemberg.

Die Aufbereitungsanlage im rheinland-pfälzischen Ellweiler verarbeitet von 1961 bis 1972 Uranerz aus der Umgebung und danach von anderen Bergwerken, insbesondere aus der Grube Krunkelbach bei Menzenschwand. Bis zu 900 t Chemikalien wie Schwefel- und Salpetersäure dienen jährlich der Behandlung von 5000 bis 7000 t Uranerz. Das Unternehmen lagert die flüssigen und festen Abfälle auf zwei Deponien. Bis zur Schließung der Anlage im Jahr 1991 akkumulieren sich rund 150.000 t Abfälle mit Chemikalien und radioaktiven Stoffen in den Deponien. Talwärts finden die Berliner Umweltwissenschaftler und Modellierer Eckart Bütow, Ekkehard Holzbecher und Volker Koss Anfang der 1990er-Jahre Uran mit seinen

Zerfallsprodukten und andere Schwermetalle im Grundwasser. Die auf die Deponien gepumpten Flüssigkeiten und das Regenwasser haben sie aus der nicht abgedichteten Deponie ausgewaschen. Die Abdeckung der Deponien im Jahr 1990 mit Kunststofffolie und Bodenmaterial verhindert die weitere Abwehung radioaktiver Stäube und die Freisetzung von Radon. Sie mindert auch die Auswaschung aus den Deponien [824].

## 27. Juli 1957 – Das Wasserhaushaltsgesetz der BRD tritt in Kraft

Das Gesetz zur Ordnung des Wasserhaushalts, kurz Wasserhaushaltsgesetz (WHG), vom 27. Juli 1957 tritt am 1. März 1960 in Kraft. Es regelt als Rahmengesetz die Benutzung der Oberflächengewässer und des Grundwassers in der Bundesrepublik Deutschland, insbesondere die Entnahme und Einleitung von Wasser und Stoffen. Sind Oberflächengewässer erheblich verunreinigt, können Reinhalteordnungen erlassen werden, die die Entnahme und Zufuhr von Wasser und Stoffen regeln [825].

Das WHG vereinheitlicht die zuvor gültigen, teilweise aus dem 19. Jh stammenden Ländergesetze. Nach seiner Verabschiedung passen die Länder ihre Gesetze an das neue Rahmengesetz an. Sie unterscheiden Gewässer 1. bis 3. Ordnung, wobei die Gewässer 1. Ordnung im Landeseigentum, diejenigen 2. und 3. Ordnung im Eigentum der Kommunen oder von privaten Personen und Institutionen sind. Für Gewässer 1. und 2. Ordnung ist es gestattet, sich zu waschen, zu baden, Wasser für den Haushalt zu schöpfen, Kähne zu nutzen, im Winter Eis zu entnehmen oder mit Schlittschuhen zu fahren. Veränderungen eines Wasserlaufes durch die Anlage eines Staus oder die Einleitung industrieller Abwässer bedürfen der Genehmigung. Mit dem Inkrafttreten des WHG ändert sich für Grundstückseigentümer auch die Verfügbarkeit über das Grundwasser unter ihrem Grund und Boden. Umfangreichere Entnahmen bedürfen nun der Genehmigung [826].

Das 4. Änderungsgesetz des WHG vom 16. Oktober 1976 schützt das Grundwasser besser vor dem Eintrag wassergefährdender Stoffe. Die Neufassung des WHG, die am 1. März 2010 in Kraft tritt, setzt Vorgaben der Europäischen Wasserrahmenrichtlinie aus dem Jahr 2000 um. Das neue WHG zielt auf den umfassenden Schutz der Gewässer als Bestandteil des Naturhaushaltes, als Lebensgrundlage des Menschen, als Lebensraum für Pflanzen und Tiere und als nutzbares Gut durch eine nachhaltige Gewässerbewirtschaftung [827]. Es beinhaltet keine bedeutenden Verschärfungen, harmonisiert die Anforderungen, ist verständlicher, besser zu handhaben und lässt den Ländern weiterhin Gestaltungsspielräume.

## Ende 1950er – Zirka 90 % der westdeutschen Haushalte nutzen mit Steinkohle angefeuerte Einzelöfen

Noch in den späten 1950er-Jahren schleppen viele Menschen in der Bundesrepublik alltäglich Steinkohle. Die mit ihr betriebenen Einzelöfen wärmen rund 90 % der westdeutschen Wohnungen. Ab den 1960er-Jahren etabliert sich zögerlich die Ölfeuerung und ab den 1970er-Jahren die Gaszentralheizung [828].

In der DDR werden 1989 zirka 90 % der fast 7 Mio. Wohnungen mit Kohleöfen beheizt und rund 16 Mio. t Braunkohle verfeuert. Die Industrie verbrennt 35 Mio. t Braunkohlebriketts. Nach der Herstellung der Einheit Deutschlands setzen sich auch in ostdeutschen Wohnungen mit Gas befeuerte Warmwasser-Zentralheizungen durch [829].

Im Jahr 2016 werden von den etwa 41,7 Mio. Wohnungen in Deutschland 49,4 % mit Gas, 26,3 % mit Heizöl, 13,7 % mit Fernwärme, 2,7 % mit Strom, 1,8 % mit Elektro-Wärmepumpen und immerhin noch 6,1 % mit anderen Energieträgern wie Holz und Holzpellets, Stein- und Braunkohle beheizt [830].

Obgleich weiterhin fossile Brennstoffe wie Öl und Gas zum Einsatz kommen, reduziert der enorme Rückgang der Beheizung von Wohnungen mit Stein- und Braunkohle seit den 1960er-Jahren in West- und seit den frühen 1990er-Jahren in Ostdeutschland die Einträge schwefelreicher Schadstoffe in die Lungen von Menschen und Tieren, in Atmosphäre, Böden und Gewässer deutlich. Der penetrante, beißende und unangenehm riechende Kohlerauch ist mitsamt den Gasen weitgehend verschwunden.

Wenn schadstoffbelastete Luft während winterlicher Inversionswetterlagen nicht abströmen kann, wenn dann zahllose neue (Lifestyle-)Kamine Holz verbrennen, ahnen wir, welchen Belastungen Menschen früher durch Kohleöfen ausgesetzt waren.

## 1959 bis 25. September 1992 – Der Main-Donau-Kanal wird in Bayern gebaut

Zwar existieren im Frühmittelalter überregionale Straßen in Mitteleuropa; manche wurden bereits in der Römerzeit angelegt. Doch sind die Passagen von Mittelgebirgen, vernässten Auen und Flüssen schwierig und aufwendig. Schwere Güter können auf diesen Straßen kaum über große Distanzen bewegt werden. Aus diesem Grund bevorzugen Händler den Warentransport auf Flüssen. Hindernisse bleiben flache, wasserarme Oberläufe und die Verbindungen zwischen Flusseinzugsgebieten über Wasserscheiden hinweg. So veranlasst Karl der Große im Jahr 793 die Öffnung eines „Grabens", eines schiffbaren Kanals, an einer idealen topographischen Position zwischen dem Donaunebenfluss Altmühl und der Rezat, die über Rednitz und Regnitz in den Main entwässert. Der Karlsgraben, die Fossa Carolina, soll das Rhein- mit dem Donaueinzugsgebiet verbinden. Aktuelle Forschungen des Hildesheimer Geoarchäologen André Kirchner und seines Teams belegen indessen, dass die damals noch unzureichenden technischen Möglichkeiten des Wasserbaus und -managements seine Fertigstellung verhindern [831].

Mehr als ein Jahrtausend später beginnt ein zweiter Versuch, Main und Donau mit einem schiffbaren Kanal zu verbinden. Ludwig I., König von Bayern, fördert das Projekt. Am 1. Juli 1834 verabschiedet der bayerische Landtag das Gesetz zur Errichtung des Kanals auf der Grundlage der Pläne von Heinrich Freiherr von Pechmann. Das Bankhaus Rothschild beteiligt sich an der Finanzierung des kostspieligen Projektes. Der Bau erfolgt von 1836 bis 1845. Der überwiegend 15,8 m breite und 1,46 m tiefe Ludwig-Donau-Main-Kanal hat schließlich eine Länge von 173 km. Am Kanal, an Altmühl und Regnitz entstehen 100 Schleusen. Pferde ziehen die Kähne vom Kanalanfang in Bamberg bis nach Kelheim an der Donau und zurück. Die Passage dauert etwa fünf Tage. Ein Kahn vermag bis zu 100 t Holz, Kohle, Steine oder Kulturfrüchte aufzunehmen. Mit rund 200.000 t Fracht wird schon im Jahr 1850 das Maximum erreicht. Danach macht sich die Konkurrenz der beträchtlich schnelleren Eisenbahn bemerkbar – bereits 1864 ist der Kanal nicht mehr wirtschaftlich zu betreiben. Der Warentransport sinkt auf etwa 60.000 t im Jahr 1912. Die Frachtschifffahrt endet offiziell am 4. Januar 1950 [832].

Mit der Gründung des „Vereins zur Hebung der Fluß- und Kanalschifffahrt in Bayern" am 6. November 1892 setzen Planungen für die Errichtung einer Großschifffahrtsstraße ein, die Rhein und Donau verbinden soll. Der Mainabschnitt zwischen Frankfurt und Aschaffenburg wird von 1897 bis 1921 ausgebaut. Am 13. Juni 1921 verpflichten sich Bayern und das Deutsche Reich in einem Staatsvertrag, *„den Plan der Main-Donau-Wasserstraße baldigst zu verwirklichen, soweit die Finanzlage des Reiches und Bayerns dazu die Möglichkeit bietet."* [833] Die „Rhein-Main-Donau-Aktiengesellschaft" (RMD) wird am 31. Dezember 1921 eingerichtet. Sie erhält eine bis 2050 gültige Konzession zur Gewinnung von Energie aus der Wasserkraft des Mains. 1922 beginnt der Mainausbau zwischen Aschaffenburg und Bamberg. Am 25. September 1962 ist die Kanalisierung des Mains abgeschlossen. 56 Generatoren erbringen in 29 Wasserkraftwerken eine Leistung von 141.310 kVA [834].

Seit dem Ausbau besteht der Main aus einer Kette schmaler, langer Teiche, die Schleusen kaskadenförmig miteinander verbinden. Er ist nicht länger ein herkömmlicher Fluss.

1959 beginnen die Bauarbeiten an der Bundeswasserstraße Main-Donau-Kanal zwischen Bamberg am Main und Kelheim an der Donau, um die verbliebene Lücke zwischen Nordsee und Schwarzem Meer zu schließen.

Artenreiche Auen mit wertvollen Uferzonen, vermoorten Altarmen und Auwäldern prägen das liebliche Altmühltal. Als die Planungen diese kaum durch moderne Infrastruktur veränderte Region erreichen, regt sich Widerstand. Der Oberhofener Gastwirt Anton Mayer und der Heizungsbaumeister Erich Kügel aus Prunn gründen mit weiteren Kanalbaugegnern im August 1977 den Verein „Freunde des Altmühltals", der ein Jahr später in die Bürgerinitiative „Rettet das Altmühltal" umgewandelt wird.

Die engagierten, durch die Beteiligung von Naturschutzverbänden professionellen Proteste erregen großes Aufsehen, weit über Bayern hinaus. Gutachten und Gegengutachten werden vorgelegt. Auch die politischen Debatten verschärfen sich. Selbst Bundesverkehrsminister Werner Dollinger (CSU) bezweifelt 1982 die Rentabilität. Die bayerische Staatsregierung verweist auf bestehende Verträge und setzt den Bau durch. Viele, die am Kanal leben, besitzen traditionell eine große Loyalität mit Staatsregierung, Landräten und Kommunalpolitikern. So können die Bürgerinitiativen den Kanalbau nicht verhindern. Der Bau kostet rund 2,3 Mrd. €. Mit etwa 20 % der Gesamtkosten können ökologische Ausgleichsmaßnahmen umgesetzt werden. Einige Gebiete werden vernässt, mit Altarmen versehen. Die Artenvielfalt steigt dort deutlich [835].

Die durchgehende Verbindung vom niederländischen Rotterdam über Rhein, Main, Main-Donau-Kanal und Donau bis nach Konstanza in Rumänien erhält den Namen „Europakanal". Bis zu 110 m lange und 11,4 m breite Großmotorschiffe mit maximal 2,7 m Abladetiefe und einer Durchfahrthöhe unter 6 m können sie befahren. Der Main-Donau-Kanal beginnt bei Bamberg am Abzweig vom Main in einer Höhe von 230,8 m NHN und endet bei Kelheim an der Einmündung in die Donau in einer Höhe von 338,2 m NHN. Der Scheitel, der höchste Abschnitt des Kanals, an der Europäischen Hauptwasserscheide der Rhein- und Donaueinzugsgebiete liegt in einer Höhe von 406,0 m NHN. 16 Schleusen überwinden einen Höhenunterschied von zusammen 243 m. Auf einer Länge von 75 km begleiten Dämme den Kanal, der Abschnitte der Flüsse Altmühl und Regnitz nutzt. Am 25. September 1992 ist der 170,71 km lange Kanal fertiggestellt. Jährlich fließen rund 125 Mio. m$^3$ Wasser aus dem feuchten Süden Bayerns durch den Kanal in trockenere Räume in Franken [836].

Im Jahr 1969 erwartete man ein Frachtaufkommen nach der Fertigstellung von rund 20 Mio. t im Jahr, ein Jahrzehnt später sind die Prognosen auf 13 Mio. t jährlich geschrumpft [837]. 2016 werden gerade einmal 4,6 Mio. t transportiert – der Warentransport auf Autobahnen, Bundes- und Landstraßen ist kostengünstiger und schneller. Lediglich Flusskreuzfahrten erfreuen sich großer Beliebtheit, über 1200 finden alljährlich statt. Zahllose Freizeitboote befahren ebenfalls den Kanal. Die Anliegergemeinden profitieren von dem Kanal. Rentabel wird er so lange nicht sein, wie Teile der realen Kosten des Transportes von Gütern auf Straßen externalisiert, also von der Gesellschaft getragen werden [838].

Für den Ausbau der Donau zwischen Straubing und Vilshofen setzen die Planungen erst 1992 ein. Am 27. Februar 2013 entscheidet sich die Bayerische Staatsregierung für einen „sanften Donauausbau" mit dem Ziel des Erhalts der Artenvielfalt in dem wertvollen Lebensraum. Vom 5. November bis zum 4. Dezember 2018 liegen die Planungsunterlagen für den 2. Teilabschnitt öffentlich aus. Nach einem Baubeginn im Jahr 2019 soll der „sanfte Donauausbau" 2024 abgeschlossen sein [839].

Die Veränderungen der kulturellen und ökologischen Struktur und Vielfalt der betroffenen Kulturlandschaften sowie der Wasser- und Stoffhaushalte durch den Ausbau von Main und Donau sowie den Bau des Main-Donau-Kanals sind gravierend.

## 1960er-Jahre bis heute – Es gibt immer weniger Insekten

Im Jahr 2018 sind in Deutschland noch mehr als 33.000 Insektenarten heimisch. Ihre Zahl nimmt weiter ab. Verlässliche Studien zur flächenhaften Entwicklung der Populationen von Insekten in Deutschland über die vergangenen Jahrzehnte gibt es kaum. Die unzureichende gezielte Forschungsförderung ist eine Ursache, die Methodik eine andere. So stammen die vorliegenden Daten vorwiegend aus der Analyse von Insekten, die gezielt in wenigen Fallen gefangen wurden; die Daten lassen sich nicht ohne Weiteres in die Fläche übertragen [840].



Caspar A. Hallmann von der Radboud Universität im niederländischen Nimwegen hat gemeinsam mit Kollegen aus den Niederlanden, aus Großbritannien und vom Entomologischen Verein Krefeld die Entwicklung der Biomasse von Fluginsekten in deutschen Schutzgebieten untersucht [842]. Die Autoren finden heraus, dass die Biomasse von 1989 bis 2016 in Schutzgebieten in Nordrhein-Westfalen, Rheinland-Pfalz und Brandenburg im Mittel um 76 % zurückgegangen ist. Die Studie erregt großes Aufsehen. Sie beruht auf einer kleinen inkohärenten Datenbasis: An unterschiedlichen Standorten wurde in verschiedenen Jahren die Masse an Insekten erfasst. Die Autoren hätten den Zeitraum mit dem stärksten Rückgang ausgewählt, werfen Kritiker ein. Sie kommen für andere Zeiträume auf geringere Rückgänge der Insektenmasse. Auch wird die angewandte Statistik in Zweifel gezogen [843]. Dennoch ist der Trend eindeutig: Auch in Naturschutzgebieten geht die Masse an Fluginsekten zurück.

Ein Forschungsteam um den Ökologen Jan Christian Habel von der TU München und den Entomologen Thomas Schmitt vom Deutschen Entomologischen Institut der Senckenberg Gesellschaft für Naturforschung in Müncheberg stellt 2019 fest, dass auf 17 Wiesen, die nordöstlich von München an intensiv genutzten Äckern liegen, weniger als halb so viele Tagfalterarten leben wie auf 4 Wiesen in Naturschutzgebieten: In Ackernähe finden die Forschenden bei jedem Wiesenbesuch im Mittel 2,7 Tagfalterarten, in Naturschutzgebieten 6,6 Arten. Auch in dieser Untersuchung ist die Stichprobe mit 21 Standorten klein, der Untersuchungszeitraum kurz. Die Ergebnisse weisen wie auch andere Studien in die gleiche Richtung: Die moderne industrielle Landwirtschaft, insbesondere der Einsatz von Pestiziden, hat einen großen Einfluss: Es leben immer weniger Insekten in den Agrarlandschaften Deutschlands [844].

Insekten sind zentraler Bestandteil der Nahrungsnetze und unverzichtbar für Landwirtschaft und Gartenbau. Ihre ökologische und ökonomische Bedeutung ist immens; Insekten bestäuben die meisten Kulturpflanzenarten. Die aktuelle Rote Liste führt 7802 Insektenarten auf: 946 gelten als gefährdet, 792 als stark gefährdet, 552 als vom Aussterben bedroht und 358 als ausgestorben oder verschollen. Von 189 in Deutschland lebenden Tagfalterarten stehen 99 auf der Roten Liste. Fünf sind wohl ausgestorben [845].

Die seit den 1960er-Jahren abnehmende Vielfalt und Häufigkeit von Insekten hängt mit Veränderungen der

Landschaftsstruktur und der Landwirtschaft zusammen. Die Flurbereinigung in der BRD und die Kollektivierung in der DDR schaffen seit den 1950er-Jahren wesentlich größere Äcker, Wiesen und Weiden, betonierte oder asphaltierte Feldwege mit schmalen Rainen und begradigte Fließgewässer mit zu engen Randstreifen. Feuchtgebiete mit seltenen Tier- und Pflanzenarten werden trockengelegt und umgenutzt. Feldgehölze verschwinden. Der zunehmende Einsatz von Pestiziden mindert die Biodiversität; immer höhere Gaben an Mineraldünger schaffen einheitlich nährstoffreiche Böden. Die Stickstoffausträge von landwirtschaftlich genutzten Flächen eutrophieren Oberflächengewässer. Die Homogenisierung und Artenverarmung treffen besonders Insekten und Vögel.

*„Zusammenfassend lässt sich aus Sicht der Wissenschaft zu diesem Zeitpunkt sagen, dass die biologische Vielfalt in der Agrarlandschaft bei zahlreichen Artengruppen in Deutschland in den letzten Jahrzehnten stark zurückgegangen ist.*

*Der Verlust der biologischen Vielfalt ist nicht auf Gebiete außerhalb von Schutzgebieten beschränkt, sondern findet auch innerhalb von Schutzgebieten statt.*

*Die Ursachen für den Rückgang an Tier- und Pflanzenarten liegen in einem Zusammenspiel vieler Faktoren, unter anderem: Zunahme von ertragreichen, aber artenarmen Ackerbaukulturen, vorbeugende und flächendeckende Nutzung von Pflanzenschutzmitteln, Überdüngung, Vergrößerung der bewirtschafteten Flächen, Verlust von artenreichem Grünland, Verlust der Strukturvielfalt der Landschaft.*

*Maßnahmen zum Schutz und zur Förderung der biologischen Vielfalt müssen die politischen, ökonomischen und gesellschaftlichen Rahmenbedingungen in der Landwirtschaft berücksichtigen. Daher ist eine systematische Herangehensweise mit vielfältigen, parallelen Lösungsansätzen notwendig.*

*Handlungsbedarf besteht bei der Agrarpolitik auf europäischer Ebene und in Deutschland. Die biodiversitätsfreundliche Bewirtschaftung muss sich für Landwirtinnen und Landwirte lohnen. Die anstehende Reform der Gemeinsamen Agrarpolitik der Europäischen Union sollte genutzt werden, um Maßnahmen zum Schutz der biologischen Vielfalt stärker zu fördern.*

*Auch Gemeinden stehen in der Pflicht, biologische Vielfalt auf ihren Flächen zu erhalten, zu pflegen und zu erhöhen.*

*Auch der Handel kann zur Erhöhung der biologischen Vielfalt beitragen. So sollten Produkte aus regionaler biodiversitätsfreundlicher Produktion im Handel entsprechend gekennzeichnet werden. Die Entwicklung von Infrastrukturen zur regionalen Weiterverarbeitung landwirtschaftlicher Produkte sollte gefördert werden.*

*In der Gesellschaft muss das Bewusstsein für den Wert der biologischen Vielfalt gestärkt werden; hier können außerschulische Lernorte wie Museen eine besondere Rolle spielen.*

*Um in Zukunft Zustandsveränderungen für ein möglichst breites und repräsentatives Spektrum an Arten und Lebensräumen dokumentieren und die Wirksamkeit von Maßnahmen zum Erhalt der biologischen Vielfalt überprüfen zu können, benötigen wir dringend den umfänglichen Ausbau des langfristigen, bundesweiten und standardisierten Monitorings, um die repräsentativen Elemente der biologischen Vielfalt zu erfassen."*

Zentrale Aussagen der Stellungnahme 2018 der Nationalen Akademie der Wissenschaften Leopoldina, der Deutschen Akademie der Technikwissenschaften (acatech) und der Union der deutschen Akademien der Wissenschaften zum Artenrückgang in der Agrarlandschaft [846].

## 28. April 1961 – Willy Brandt fordert: „Der Himmel über dem Ruhrgebiet muß wieder blau werden"

Dr. med. Clemens Schmeck praktiziert von 1942 bis 1984 in Essen-Dellwig als Arzt. In den 1950er-Jahren beobachtet er eine deutliche Zunahme von Bindehautentzündungen bei Kindern, die er auf die Luftverschmutzung durch die Thomas-Stahlkonverter der Oberhausener Hütte zurückführt; sie stoßen stündlich ungefähr eine Tonne Staub in die Atmosphäre aus. Im Juni 1959 erstattet Schmeck Strafanzeige bei der Staatsanwaltschaft Duisburg gegen die Direktion der Hüttenwerk Oberhausen AG wegen Körperverletzung. Das Verfahren wird eingestellt – die Luftbelastung durch die Industrie sei unvermeidlich [847].

Eine Anfang 1961 erscheinende Studie des Gesundheitsamtes von Oberhausen und des Hygieneinstituts Gelsenkirchen thematisiert die Zahl der tödlichen Lungenkrebsfälle bei Männern und erregt mediale Aufmerksamkeit in Nordrhein-Westfalen. Hat der Ausstoß industrieller Aschen, Stäube und Gase die Todesfälle (mit-)verursacht?

Das Thema Luftverschmutzung erreicht die Bundespolitik. Kanzlerkandidat Willy Brandt fordert am 28. April 1961 bei der Präsentation des Wahlprogramms auf dem Bundesparteitag der SPD in der Bonner Beethovenhalle: *„Der Himmel über dem Ruhrgebiet muß wieder blau werden"* – eine griffige Formulierung, die sich in das kollektive Gedächtnis eingebrannt hat. Manche nehmen den Satz als inhaltsleere Phrase eines Politikers auf – Brandt verspreche das Blaue vom Himmel. Mit diesem Slogan beginnt eine Zeit symbolischer Umweltpolitik [848].

Im Januar 1962 gründet Schmeck mit zahlreichen Gleichgesinnten aus Essen-Dellwig eine der ersten Bürgerinitiativen Westdeutschlands: die *„Interessengemeinschaft gegen Luftverschmutzungsschäden und Luftverunreinigung"*. [849] Auf dem Weg zur Jahreshauptversammlung der Dellwiger Interessengemeinschaft fährt Bundesgesundheitsministerin Elisabeth Schwarzhaupt (CDU) am 9. Mai 1966 durch dichten braunen Rauch, der aus einem Konverter abgelassen worden war. Auf der Versammlung merkt sie an, dass die Schwefeldioxide der Heizwerke noch schlimmer als der braune Rauch seien und die Bundesregierung bereits wirksame Gesetze zur Luftreinhaltung erlassen habe. Der Vorsitzende der Interessengemeinschaft beklagt hingegen, Staub werde bloß verwaltet und abgeheftet [850].

Die Öffentlichkeit nimmt das beherzte und beharrliche Engagement des Essener Arztes Schmeck und weiterer Aktivisten für eine saubere Luft zunehmend wahr. Die Luftverschmutzung in den Ballungs- und Industriezentren ist nun Thema politischer Parteien. In den frühen 1970er-Jahren startet die Verabschiedung wirkungsvoller Gesetze zur Luftreinhaltung. So bewirkt das am 5. August 1971 in Kraft getretene *„Gesetz zur Verminderung von Luftverunreinigungen durch Bleiverbindungen in Ottokraftstoffen für Kraftfahrzeugmotore"* eine Abnahme der Bleigehalte im Benzin und damit eine geminderte Zunahme der Bleigehalte in Lebewesen und ihrer Umwelt.

## 16./17. Februar 1962 – Hamburger Sturmflut

Nach der Sturmflut im Jahr 1825 wiederstehen die Deiche in Hamburg allen weiteren Stürmen – bis zur Nacht vom 16. auf den 17. Februar 1962: Der Orkan Vincinette hat schon tagsüber große Wassermassen elbaufwärts gedrückt, so dass der Ebbstrom nicht ausreichend zurücklaufen kann und die Flut in der Nacht um so höher aufläuft. Die zuständigen Behörden unterschätzen die Wasserhöhe. Am 16.02. um 9:00 Uhr prognostiziert das Deutsche Hydrographische Institut für den Pegel im Hamburger Stadtteil St. Pauli einen Hochwasserstand von 3,70 m NHN in der kommenden Nacht. Um 22:30 Uhr lautet die Vorhersage bereits 5,20 m NHN.

Warnungen an die Bevölkerung kurz vor Mitternacht kommen zu spät. In den Hamburger Stadtteilen Finkenwerder, Wilhelmsburg, Moorburg, Moorfleet, Neuenfelde und Altenwerder läuft die Flut über die Kronen der Schutzdeiche, spült Innenböschungen aus, lässt Deiche brechen – zuerst am Neuenfelder Rosengarten, bald darauf an über 60 weiteren Orten. Morgens gegen ein Uhr beginnende Stromausfälle erschweren Rettungsmaßnahmen in nun unbeleuchteten Straßen. Mit dem Strom fällt das Telefonnetz aus. Der Sturm übertönt akustische Warnsignale. In Wilhelmsburg strömt das Wasser über den Deich am Berliner Ufer in eine große Gartensiedlung mit schlafenden Menschen. 222 sterben alleine in dieser Laubenkolonie. Der Pegel steigt in St. Pauli auf die nie zuvor erreichte Höhe von 5,70 m NHN. Gegen vier Uhr hat das Wasser rund 1/6 der Stadt unter Wasser gesetzt und etwa 100.000 Menschen eingeschlossen. Um 6:40 Uhr übernimmt Innensenator Helmut Schmidt (SPD) engagiert die Leitung des Einsatzstabes. Er erreicht über den (nach Gesetzeslage illegalen) Einsatz von 15.000 Soldaten der Bundeswehr und anderer NATO-Staaten eine baldige effektive Hilfe. Hubschrauber versorgen und retten Eingeschlossene. Mehr als 20.000 Hamburgerinnen und Hamburger werden evakuiert [851].

| Bilanz der Hamburger Sturmflut vom 16./17. Februar 1962 [852] | |
| --- | --- |
| Anzahl der Toten: | 315 |
| Anzahl der zerstörten Wohnhäuser: | 51 |
| Anzahl der beschädigten Wohnhäuser: | 280 |
| Anzahl der zeitweise nicht nutzbaren Wohnungen: | 11.000 |
| Von der Flut beeinträchtige Unternehmen: | 3800 |
| Gesamtschaden: | ca. 1,5 Mrd. € |

Aus der verheerenden Flut in den Niederlanden vom 31. Januar auf den 1. Februar 1952 hat man für die Deiche an den Weser- und Emsmündungen die richtigen Lehren gezogen und diese ausreichend gesichert. Nicht jedoch an der Unterelbe bis hinauf nach Hamburg. Hier führt die kumulative Wirkung dreifachen staatlichen Versagens zur Katastrophe:

- die unzureichende Instandhaltung und zu geringe Höhe zahlreicher Deiche,
- die zu späte Warnung der Bevölkerung sowie
- das Fehlen eines effektiven staatlichen Katastrophenschutzplans.

Warnungen in Rundfunk und Fernsehen bleiben zu unspezifisch. Viele fühlen sich nicht angesprochen, bleiben gelassen, glauben nicht, dass sie eine Flutkatastrophe direkt treffen kann. Zu lange – 137 Jahre – liegt die letzte Flutkatastrophe in Hamburg zurück [853].

Nach dem Desaster reagiert der Senat des Landes Hamburg rasch, bevollmächtigt von der Bürgerschaft. Die Hauptdeichlinie wird von rund 200 km Länge auf knapp 100 km gekürzt, der Hafen im Gegenzug erweitert. Die breiten, auf 100jährliche Sturmfluten ausgelegten Deiche mit Sandkern und Kleiabdeckung erhalten eine Höhe von 7,20 m NHN. Deichbebauungen sind nicht erlaubt. Altenwerder und Finkenwerder verlieren ihren Inselcharakter. Eine detaillierte Katastrophenschutzordnung tritt 1964 in Kraft. Behörden werden reorganisiert, Verordnungen angepasst. Die Maßnahmen wirken. So vermag die Sturmflut des Orkans Capella am 3. Januar 1976 kaum Schäden anzurichten, obgleich er deutlich höher als das Hochwasser im Februar 1962 aufläuft. In den 1990er-Jahren wachsen die Deiche erneut. Durch diese Maßnahmen ist Hamburg mit Ausnahme des tief liegenden Gebietes am Fischmarkt im Stadtteil St. Pauli (bislang) sturmflutsicher [854].

Eine Ursache höherer Sturmfluten ist die Verkleinerung der Überflutungsräume durch die Eindeichung von Kögen (Abb. 2.133). Eine weitere, immer bedeutendere, der sich verstärkende menschengemachte Klimawandel, der zu einem Ansteigen des Meeresspiegels und zu höheren Sturmfluten führt. Deswegen lassen die zuständigen Behörden die Deiche weiter verstärken (Abb. 2.134, 2.135). Der Aufwand für den Küstenschutz an der gesamten Nordseeküste wächst beständig [855].

**Abb. 2.133** Hochwassermarke der Sturmflut vom 16./17. Februar 1962 in der Kirche auf der Kirchwarft der Hallig Hooge

**Abb. 2.134** Zum Schutz vor dem steigenden Meeresspiegel und immer höher auflaufender Sturmfluten wird die Hanswarft auf der Hallig Hooge im Jahr 2019 verstärkt und aufgehöht. Dazu tragen Bagger das an den Außenhängen der Hallig liegende humose Substrat ab. An seine Stelle werden etwa 22.000 m³ Sand und darüber das zuvor entfernte humose Halligsubstrat aufgeschüttet. Der Sand stammt aus der Nordsee westlich von Sylt

## 1963 bis 1987 – Proteste gegen den Bau der Startbahn 18 West des Frankfurter Flughafens

Im Jahr 1924 gründet sich die „Südwestdeutsche Luftverkehrs AG". Sie betreibt den Flughafen von Frankfurt am Main am Rebstockgelände, der 1936 in die Nähe des erst 20 Jahre später fertiggestellten Frankfurter Autobahnkreuzes verlegt wird. Bei seiner Eröffnung im Jahr 1936 als „Flug- und Luftschiffhafen Rhein-Main" nimmt das Flughafengelände eine Fläche von 2,8 km² ein; 1984 sind es bereits 12,9 km². Die „Frankfurt Airport City", die das gesamte Flughafengelände mit etwa 400 Unternehmen umfasst, hat 2018 bereits eine Betriebsfläche von knapp 26 km² [856].

Im Jahr 1947 wird die Südwestdeutsche Luftverkehrs AG als „Verkehrsaktiengesellschaft Rhein-Main" wiedergegründet, 1954 in die „Flughafen Frankfurt/Main AG" und 2001 in die „Fraport AG" umgewandelt. Die drei bedeutendsten Aktionäre der Fraport AG sind 2018 das Land Hessen, die Stadtwerke Frankfurt am Main Holding AG und die Deutsche Lufthansa AG. 2017 verzeichnet Fraport rund 475.000 Starts und Landungen, mehr als 64 Mio. Passagiere sowie 2,23 Mio. t Luftfracht und Luftpost. Der Flughafen ist ein gewichtiger Wirtschaftsfaktor im Rhein-Main Gebiet und mit heute mehr als 80.000 Arbeitsplätzen die größte lokale Arbeitsstätte in Deutschland [857].

1962 beginnt die Planung für eine wesentliche Erweiterung des Frankfurter Flughafens. Am 28. Dezember 1965 beantragt die Flughafen Frankfurt/Main AG beim Hessischen Minister für Wirtschaft und Verkehr den

**Abb. 2.135**  Das Luftbild zeigt die Verstärkung der Hanswarft auf der Hallig Hooge im Jahr 2019. Die Küstenschutzmaßnahme kostet 3,6 Mio. €

Neubau der 4000 m langen neuen Startbahn 18 West sowie eine Verschiebung und Verlängerung der bestehenden Start- und Landebahnen in westlicher Richtung. Der Plan hat zwar eine Minimierung zusätzlicher Nachteile für die in den von Fluglärm betroffenen Orten wohnenden zum Ziel. Er nimmt für den Bau der Startbahn 18 West einen großen Eingriff in einen Wald in Kauf.

Im August 1966 genehmigt das Ministerium die Maßnahme. Das Regierungspräsidium Darmstadt leitet ein halbes Jahr später das Planfeststellungsverfahren ein. Gegen dieses gehen 3849 Einsprüche ein. Sie betreffen vor allem den zu erwartenden Fluglärm und die Waldrodung. Mit geringen Auflagen billigt der Hessische Minister für Wirtschaft und Verkehr im März 1968 den Planfeststellungsbeschluss. Da die Stadt Offenbach nicht an diesem Verfahren beteiligt war, hebt das Verwaltungsgericht Darmstadt den Planfeststellungsbeschluss im November 1968 auf. Gegen ein neues, zweites Verfahren werden rund 8900 Einsprüche erhoben. Auf den nächsten Planfeststellungsbeschluss vom 23. März 1971, der mit dem ersten identisch ist, folgen wiederum Klagen, die den Baubeginn weiter hinauszögern [858].

Am 7. Juli 1978 weist das Bundesverwaltungsgericht die verbliebenen Klagen zurück an den Hessischen Ver-waltungsgerichtshof. Das Land Hessen veräußert im Dezember 1978 insgesamt 303 ha Land an die Flughafen Frankfurt/Main AG. Am 21. Oktober 1981 entscheidet der Verwaltungsgerichtshof endgültig: Der Bau der Startbahn 18 West ist nicht anfechtbar. Wenige Tage später fangen die Bauarbeiten an [859].

Wie verhalten sich die Menschen, die in der Umgebung des Flughafens leben? Bereits 1963 gründen Umland-gemeinden die „Schutzgemeinschaft gegen Fluglärm". Kurt Oeser ist seit 1958 als Pfarrer in Mörfelden tätig, das südlich des Flughafens liegt. In einem Schreiben an den hessischen Ministerpräsidenten Georg August Zinn macht der „Umweltpfarrer" Oeser am 9. November 1964 deutlich, dass ein ökonomisch begründeter Ausbau des Flughafens nicht zulasten der Lebensqualität der in dessen Umgebung lebenden gehen dürfe. Zinn sieht sich dagegen dem gesamt-staatlichen Interesse verpflichtet, für ihn hat die „ungeheure Bedeutung" des Flughafens Vorrang. Oeser und seine Mit-streiter gründen im April 1965 die „Interessengemein-schaft zur Bekämpfung des Fluglärms" in Mörfelden, 1967 in Düsseldorf die „Bundesvereinigung gegen Fluglärm" (BVF) und 1968 in Straßburg die „Europäische Vereinigung gegen die schädlichen Auswirkungen des Luftverkehrs" (UECNA). Oeser leitet diese bürgerlichen Institutionen über

Jahre. Sein selbstloses und gewaltfreies Engagement hat die Verabschiedung des Fluglärmgesetzes am 30. März 1971 gefördert [860].

Mit der Rückverweisung der Klagen durch das Bundesverwaltungsgericht im Juli 1978 beginnen Demonstrationen. Am Rand des Flughafens unweit Mörfelden-Walldorf sammeln sich am 2. November 1980 etwa 15.000 Menschen, um gegen die Rodung von 7 ha Wald zu protestieren. Die lokalen bürgerlichen Bewegungen haben sich mit linksradikal-freiheitlichen Gruppen verbündet.

Ein von Startbahngegnern errichtetes, baurechtlich illegales Hüttendorf räumt die Polizei mitsamt einer kleinen Kirche am 6. Oktober 1981. Gewalttätige Auseinandersetzungen folgen. In den nächsten Monaten werden weitere Hüttendörfer beseitigt. Dadurch verlagern sich die Proteste an und in das Flughafengebäude und in die Innenstadt Frankfurts, wo der Hauptbahnhof zeitweise blockiert wird. Mehr als 100.000 Menschen wenden sich am Samstag, d. 14. November 1981, friedlich in Wiesbaden gegen den Flughafenausbau und die Politik der Landesregierung. Sie übergeben dem Landeswahlleiter einen formell korrekten Antrag auf ein Volksbegehren gegen den Bau der Startbahn 18 West mit 220.765 Unterschriften. Der Frankfurter Magistratsdirektor Alexander Schubart ruft auf der Demonstration zu einem „Sonntagsspaziergang" am Flughafen auf, der am Tag darauf stattfindet. Schubart wird als Sprecher der Bürgerinitiativen gegen den Bau der Startbahn 18 West zum Gesicht des Widerstandes. Die Evangelische Kirche in Hessen und Nassau bittet Ministerpräsident Holger Börner (SPD) vergeblich um die Aussetzung der Baumfällungen. Anschließend blockieren Startbahngegner den Straßenverkehr am Flughafen; es kommt zu Ausschreitungen.

Am 14. Dezember 1981 regt der Präsident des Hessischen Staatsgerichtshofes eine Beendigung der Rodungen an. Über die Weihnachtstage ruhen die Arbeiten. Am 15. Januar 1982 lehnt der Staatsgerichtshof den Antrag auf Zulassung des Volksbegehrens ab. Die Startbahn 18 West geht am 12. April 1984 in Betrieb, 108 Flugzeuge starten an diesem Tag. Die ökonomischen Interessen des Landes Hessen, der Stadt Frankfurt am Main und der Deutschen Lufthansa AG haben sich zu Lasten der Lebensqualität der an den Ein- und Abflugschneisen lebenden und arbeitenden Menschen durchgesetzt [861].

Am 2. November 1987, dem 6. Jahrestag der Hüttendorfräumung, rufen militante Gruppen zu einem „Jubiläumsprotest" gegen die Startbahn 18 West in deren Nähe auf. Polizeikräfte sichern das abends hell erleuchtete Flughafengelände am Rand der Startbahn 18 West. Einige Demonstranten werfen Steine und Molotowcocktails in die Richtung der Polizei, schießen mit Zwillen Stahlkugeln ab und zünden Heuballen an. Kurz nach halb neun verfügt die Polizei die Auflösung der nicht angemeldeten Versammlung. Polizisten drängen die Demonstranten über eine Wiese zurück. Dann feuert ein Autonomer mit einer Pistole 14 Schüsse auf die Polizisten. Zwei Polizeibeamte sterben, sieben werden verletzt. Der Täter wird später zu 15 Jahren Haft verurteilt. Dieses schwere Verbrechen ist eine Zäsur in der Geschichte der Bundesrepublik Deutschland und bleibt die einzige Tötung von Polizisten während einer Demonstration. Die Protestbewegung bricht zusammen. Am Rand der Startbahn 18 West finden keine Demonstrationen mehr statt [862].

Dann, im November 1997, gibt es einen neuen Anlass für Bürgerproteste: Die Deutsche Lufthansa AG hat den Bau der neuen Landebahn Nord-West und den Ausbau Süd verlangt. Existierende Bürgerinitiativen werden aktiv, neue gegründet. 1998 schließen sie sich zusammen. Sie können den Bau der Landebahn Nord-West nicht verhindern. Sie wird im Oktober 2011 eröffnet. Die bürgerlichen Initiativen kämpfen weiterhin gegen Fluglärm und Schadstoffbelastungen, sie demonstrieren regelmäßig im Flughafen-Terminal 1. Am 11. Juni 2018 findet die 250. Montagsdemonstration statt. Sie fordert eine Abnahme der Flugbewegungen und die Ausweitung des Nachtflugverbotes [863].

Welche Folgen hat der Betrieb eines Großflughafens für die Bevölkerung und ihre Umwelt? Fluglärm kann negative Wirkungen auf die Gesundheit derjenigen haben, die in der Nähe von Ein- und Abflugflugschneisen leben.

Durch die Verbrennung von Kerosin (leichtem Petroleum) während Start und Landeanflug sowie beim Rollen auf dem Boden entstehen Schadstoffe, die in die Atmosphäre ausgestoßen werden. Ein durchschnittlicher standardisierter Lande-Start-Zyklus umfasst das Rollen (26 min), den Start (0,7 min) und den Steigflug (2,2 min) bis zum Erreichen einer Flughöhe von 700 m nach im Mittel 7 km sowie den Landeanflug unterhalb 700 m Flughöhe – etwa die letzten 20 Flugkilometer vor der Landung (4 min). Bei der Verbrennung von Kerosin bilden sich gemäß der Emissionsfaktoren der Datenbank des Weltklimarates von 2006 bei einem durchschnittlichen Lande-Start-Zyklus 2,68 t Kohlendioxid ($CO_2$), 10,2 kg Stickoxide ($NO_x$), 8,1 kg Kohlenmonoxid (CO) und 2,6 kg flüchtige organische Verbindungen [864]. 475.000 Starts und Landungen auf dem Frankfurter Flughafen im Jahr 2017 ergeben 237.500 Lande-Start-Zyklen und damit gemäß der genannten Standarddaten die folgenden Emissionen in der Atmosphäre des Rhein-Main-Gebietes: 636.500 t $CO_2$, 2433,5 t $NO_x$, 1923,75 t CO und 617,5 t flüchtige organische Verbindungen. Diese Gase sind klimarelevant. Der Luftverkehr trägt zur globalen Erwärmung bei – mit steigender Tendenz. Von allen Arten der Fortbewegung erzeugt das Fliegen den höchsten Schadstoffausstoß pro Mensch. Fliegen ist nach Untersuchungen des

Umweltbundesamtes die klimaschädlichste Art der Fortbewegung [865].

Weitere Umweltwirkungen kommen hinzu: Durch die Versiegelung des Geländes des Frankfurter Flughafens fällt in erheblichem Umfang Oberflächenwasser an. Dieses enthält schadstoffhaltigen Feinstaub, den der Abrieb von Flugzeug-, Pkw- und Lkw-Reifen erzeugt hat. Den Erweiterungen fallen hauptsächlich Wälder zum Opfer. Das Flughafengelände ist durch die erweiterungsbedingten Rodungen wald- und artenärmer geworden.

Nach Angaben des Bundesverbandes der Deutschen Luftverkehrswirtschaft lag der durchschnittliche Kerosinverbrauch im Jahr 1990 bei 6,31 pro Passagier deutscher Fluggesellschaften auf einer Strecke von 100 km. Bis 2017 ist er auf 3,581 Kerosin pro 100 Personenkilometer gesunken [866]. Wird 1 kg Kerosin verbrannt, entstehen 3150 g Kohlendioxid, 6–16 g Stickoxid, 0,418 g Schwefeldioxid, 0,1–0,7 g Kohlenwasserstoff, 0,038 g Ruß sowie 0,7–2,5 g Kohlenmonoxid [867].

## 1960er bis 1980er-Jahre – Zuerst Bleirinder, dann Bleikinder – die Gressenicher Krankheit

Gressenich liegt 15 km östlich von Aachen bei Stolberg. Von der Römerzeit bis in die 2. Hälfte des 20. Jh. werden hier Blei- und Zinkerze abgebaut und verarbeitet. Die Bedingungen sind günstig. Neben den Erzen gibt es reichlich Holz und Wasser.

**Bleirinder**. Wie Messungen belegen, emittieren die Hütten in der Region Mitte der 1970er-Jahre jährlich rund 430 t Blei, 7 t Zink, 250 kg Arsentrioxid und 170 kg Cadmium [868]. Schwermetallreicher Abraum wird auf Halden deponiert und von gelegentlich kräftigen Winden in die Umgebung verweht. Bleihaltige Stäube legen sich auf die Oberflächen, gelangen in die Oberböden. Kulturpflanzen nehmen die Schwermetalle auf. Böden, Viehfutter und Getreide haben erhöhte Bleigehalte. Von Mitte der 1960er bis in die frühen 1980er-Jahre sterben um Gressenich vermehrt Rinder. Sie haben bleihaltiges Futter gefressen. Die Erkrankung wird fortan als „Gressenicher Krankheit" bezeichnet. Ein von der Stadt Stolberg gegründeter Umweltausschuss initiiert 1973 ein Programm zum Schutz der Umwelt; die Bürgerinitiative „Aktion besorgter Bürger – Stolberg" gründet sich. Die Landesanstalt für Immissionsschutz misst 1973 in der bodennahen Atmosphäre der Region Bleikonzentrationen von 1,3 bis 7,6 $\mu$g m$^{-3}$ Luft. Nun ergreift die Bleihütte Binsfeldhammer, seit den 1980er-Jahren Hauptbleiemittent in der Region, technische Maßnahmen zur Minderung des Schadstoffausstoßes. Bis in das Jahr 1980 sinken die Bleiwerte auf 0,4 bis 2,0 $\mu$g m$^{-3}$ Luft.

**Bleikinder**. Das Medizinische Institut für Umwelthygiene der Universität Düsseldorf weist 1979 im Blut, im Urin und in den Milchschneidezähnen von Kindern und Jugendlichen im Raum Stolberg erhöhte Bleiwerte nach. Nach weiteren Untersuchungen im Jahr 1982 weisen Kinder,

- die in unmittelbarer Nähe der Bleihütte Binsfeldhammer leben,
- die eine stillgelegte Halde zum Spielen nutzen,
- deren Väter beruflich stärker Schwermetallen ausgesetzt sind,

erhöhte Gehalte an Blei und Cadmium im Blut auf. Bei einigen liegen die Bleigehalte im Blut über den Grenzwerten. Ein Teil des Bleis wird ausgeschieden, der andere an Knochen und in Organen wie Leber und Niere deponiert. Langzeit-Bleibelastungen mindern vermutlich die Konzentrations- und Reaktionsfähigkeit von Kindern und fördern vielleicht sogar ein hyperaktives und unsoziales Verhalten. Bis in das Jahr 1990 gehen nach einer umweltmedizinischen Studie die Schwermetallbelastungen im Raum Stolberg so weit zurück, dass eine weitere Beobachtung nicht mehr als erforderlich angesehen wird [869].

## 1967 bis 1978 – Die gescheiterte Einlagerung radioaktiver Abfälle in die Schachtanlage Asse II

Wie unerwartet gefährlich und kostenintensiv die Ewigkeitslasten heimtückischer Vermächtnisse sein können, zeigt die südöstlich von Wolfenbüttel im nördlichen Harzvorland gelegene Schachtanlage Asse II.

Die Asse ist ein gut 8 km langer und rund 2 km schmaler Höhenrücken, der in der Remlinger Herse mit 234 m NHN kulminiert und sich von Nordosten nach Südosten erstreckt. Vor gut 250 Mio. Jahren bilden sich in einem flachen Meer, dass das nördliche Mitteleuropa bedeckt, unter warmen und trockenen Klimabedingungen durch die Verdunstung von Meerwasser mächtige Salzlager mit Stein- und Kalisalzen. In den folgenden zehnermillionen Jahren lagern sich andere, schließlich Kilometer mächtige Gesteine auf dem Salzlager ab. Deren hohes Gewicht macht die Steinsalze plastisch.

Dort, wo die Auflast etwas geringer ist, drücken die aufsteigenden Salze die darüber liegenden Gesteine zur Seite und in die Höhe. Unter der Erdoberfläche verborgene, tausende Meter hohe Salzstöcke entstehen über Jahrmillionen. Unter der Asse befindet sich ein schmaler länglicher Salzstock, der den Höhenzug der Asse hochgedrückt hat. Hier reichen die Salze des Zechsteinmeeres fast von der Oberfläche bis in mehr als 2000 m Tiefe [870].

Natürliche Salzlager enthalten Einschlüsse von Laugen und Gasen, die beim Abbau unter Tage ausbrechen können. Grundwasser kann über Risse und Klüfte im Salzgestein, die durch die Anlage und den Betrieb des Bergwerkes entstehen, in Schächte und Sohlen eindringen und Salz lösen. Dies ist keine ungewöhnlicher Vorgang. Das eingedrungene salzreiche Wasser leitet man in die untersten Sohlen oder an die Erdoberfläche. Mit der Zeit kann das Salzgestein im Bergwerk instabil werden.

Die Förderung von Kalisalzen beginnt in der Asse 1899 mit der Anlage des Schachtes Asse I. 1905 fließt während einer Bohrung salziges Grundwasser in den Schacht, der daraufhin aufgegeben werden muss. In etwa 1,5 km Entfernung wird 1906 der Schacht Asse II bis in 765 m Tiefe abgeteuft (Abb. 2.136). 1909 beginnt dort der Abbau von Kalisalzen in 750 m Tiefe. Durch die Salzentnahme entstehen bis 1924 Kavernen mit einem Volumen von rund 1 Mio. m$^3$. Der Salzabbau wird bis 1964 fortgeführt. Schließlich gibt es 131 Kammern mit einem Gesamtvolumen von ungefähr 4,8 Mio. m$^3$ [871].

Die Bundesanstalt für Bodenforschung (1975 umbenannt in Bundesanstalt für Geowissenschaften und Rohstoffe) stellt in einem Gutachten fest, Schacht Asse II könne als Versuchsbergwerk zum dauerhaften Einlagern radioaktiver Abfälle geeignet sein. Daraufhin erwirbt die Gesellschaft für Strahlenforschung (GSF) im Auftrag der Bundesregierung 1965 von den Betreibern das stillgelegte Bergwerk Asse II für rund 700.000 DM. Die GSF ist ein renommiertes Forschungszentrum des Bundes. Sie gründet in Salzgitter das Institut für Tieflagerung, das für die Sanierung, die Sicherung und den Ausbau des Bergwerkes zuständig ist. Bereits 1967 beginnt die versuchsweise Einlagerung von schwachradioaktivem Abfall. Männer stapeln Fässer in dem unterirdischen Lager. Die

gelieferten Mengen nehmen rasch zu. Nun kippt man Fässer in vorhandene Mulden. Die Einlagerung mittelradioaktiver Abfälle setzt 1973 ein. Sie befinden sich in unzureichend abgeschirmten Stahlbehältern. Ein Transport mit Gabelstablern oder Bulldozern ist daher für die Fahrer zu gefährlich. Beschäftigte der GSF legen eine große Kaverne an. Sie hat oben eine kleine Öffnung, die eine fernsteuerbare Klappe verschließt. Die Stahlbehälter mit dem mittelradioaktiven Abfall werden in ausreichend abgeschirmte Transportgefäße gelagert, die auf ihrer Unterseite eine ähnliche Klappe wie die Kavernenöffnung besitzen. Aus der Ferne gesteuert, fahren die Transportgefäße mit den Stahlbehältern über die Kavernenklappe. Beide Klappen öffnen sich und die Stahlbehälter fallen unkontrolliert in die Kaverne. Eine Rückholung ist offenbar nicht vorgesehen – obgleich es sich lediglich um ein Versuchsbergwerk handelt. Für die Lagerung von mittelradioaktivem Abfall errichtet die GSF dann von 1974 bis 1976 den Schacht Asse IV [872].

In dem Experimentallager für radioaktive Abfälle bleibt der unkontrollierte Zufluss von Grundwasser problematisch. Schon 1967 – zu Beginn der Einlagerung radioaktiver Abfälle – gelangt Wasser in das Versuchsbergwerk Asse II. Zunächst ist der Zufluss beherrschbar. 1978 endet die Einlagerung radioaktiver Abfälle. Stattdessen führt die GSF im Bergwerk Asse II nun Experimente zu den Wirkungen von radioaktiver Strahlung und Wärme auf Salzgestein durch. 1988 nehmen die Einbrüche von Grundwasser stark zu. 2016 fließen täglich zirka 12.500 l Wasser in das Bergwerk [873]. Es kann dort Salz lösen, neue Hohlräume schaffen und die Stabilität der 13 Kavernen gefährden, in denen Fässer liegen. Die Experimente müssen deshalb 1993 beendet werden. Zur Stabilisierung bringt man von 1995 bis 2004 rund 2,2 Mio. t Steinsalz aus einer Halde bei Hannover in die Kavernen [874].

Ein 1997 beim Bergamt Goslar eingereichter Rahmenplan zur Stilllegung des Versuchsendlagers Asse II genügt den Anforderungen nicht. Zunächst müssen die Geschehnisse der vergangenen Jahre aufgearbeitet werden; die genaue Lage und die Größen der Kavernen sind festzustellen und ihre Standfestigkeiten zu bewerten. Ein Gutachten listet Mängel auf. In einigen Kammern befinden sich zu kleine Stützpfeiler. Von den Decken bricht immer wieder Salz ab; Spannungen im Salzgebirge über den Kavernen resultieren. Die Gutachter empfehlen eine Stabilisierung und rasche Schließung. Die Prüfungen zeigen auch, dass das Bergwerk nicht nur wie genehmigt als Versuchsbergwerk, sondern auch als Endlager genutzt worden war. Aus diesem Grund ist die Anlage nach dem strengeren Atomrecht und nicht wie geplant nach dem Bergrecht stillzulegen. Zuständig ist nun das Bundesamt für Strahlenschutz [875].

**Abb. 2.136**  Schachtanlage Asse II

Das Helmholtz Zentrum München – Deutsches Zentrum für Gesundheit, wie die GSF mittlerweile heißt, legt 2010 einen Abschlussbericht vor. Dieser besagt, dass im Versuchsbergwerk Asse II in 13 Kammern zusammen 125.787 Stahlgefäße mit strahlendem Abfall lagern. 1293 Gefäße enthalten mittelradioaktiven Müll. Eingelagerte Brennelemente, die von der Kernforschungsanstalt Jülich stammen, enthalten 28,9 kg Plutonium und 30,1 kg Uran-235 [876]. Die Gesamtaktivität beläuft sich nach Veröffentlichungen des Bundesamtes für Strahlenschutz 1980 auf rund 11 Mio. Gigabecquerel (GBq). 2016 sind es noch 2,4 Mio. GBq. Lauge hat einige Fässer rosten lassen, wodurch Radioaktivität in die Salzlauge gelangt ist. Die gravierenden Mängel verantwortet mit der GSF eine bedeutende Bundesforschungseinrichtung. Als sie bekannt werden, kommt es bei vielen Menschen zu einem tiefgreifenden Vertrauensverlust in das Handeln staatlicher Institutionen [877].

Eine Schließung des Versuchsbergwerkes ist dringend erforderlich. Kann das radioaktive Material unter Tage verbleiben? Ist dort ein dauerhaft sicherer Verschluss möglich? Die Kavernen würden sich sukzessive mit Lauge füllen, hangendes Gestein dürfte nachbrechen, radioaktive Lauge könnte das benachbarte Grundwasser erreichen und schließlich an die Landoberfläche entweichen. Dies ist keine akzeptable Option. Eine zweite Möglichkeit besteht in dem Ausbau des Bergwerkes: die Anlage sicherer Kavernen in weitaus größerer Tiefe und die Verbringung der darüber liegenden Fässer in die neuen Kammern, soweit dies in Anbetracht von deren Zustand überhaupt möglich ist. Oder sollen die eingelagerten Fässer mit radioaktivem Material geborgen werden? Ist eine Rückholung auch der verrosteten Fässer überhaupt technisch möglich? Oder bloß von Uran, Plutonium sowie den mittelradioaktiven Abfällen? Wohin kann man die geborgenen Fässer verbringen? Es gibt kein Endlager. Welche Kosten entstehen? [878].

Das Bundesamt für Strahlenschutz spricht sich für die dritte Variante, die Rückholung aus. Deren Beginn kann wohl frühestens in den 2030er-Jahren erfolgen. Bis dahin ist das Bergwerk zu stabilisieren. Es besteht dringender Bedarf für einen exakten Notfallplan, sollten sich die Kavernen rasch mit Lauge füllen. Ihre Zuflüsse müssen in allen Kavernen ebenso präzise quantitativ erfasst werden wie die Radioaktivität der Lauge und die Standfestigkeit des umgebenden Gesteins [879].

Am 28. Februar 2013 beschließt der Bundestag das „Gesetz zur Beschleunigung der Rückholung radioaktiver Abfälle und der Stilllegung der Schachtanlage Asse II". Zur Vorbereitung der Anlage eines Bergungsschachtes beginnt am 5. Juni 2013 eine Erkundungsbohrung. Nach einem Beschluss der Bundesregierung vom 12. August 2015 sollen die radioaktiven Abfälle aus der Asse irgendwann in das zu noch zu suchende Endlager verbracht werden. Das Bundesamt für Strahlungsschutz sucht seit dem 6. Mai 2016 nach einem Zwischenlager für die Asse-Abfälle. Die Bundesgesellschaft für Endlagerung mbH wird gegründet und auch für das ehemalige Versuchsbergwerk Asse II verantwortlich tätig [880].

Das sicherheitstechnische, wissenschaftliche, ökonomische und politische Desaster des Versuchsendlagers Asse II ist das Resultat

- der uneingeschränkten Kernenergiegläubigkeit bei den Verantwortlichen in Kernforschung, Unternehmen und Politik seit den 1950er-Jahren,
- der vollkommenen Unterschätzung der zu erwartenden gewaltigen technischen Herausforderungen, der heimtückischen Gefahren und der immensen wirtschaftlichen Lasten durch die Endlagerung radioaktiver Abfälle und
- des von Anfang an unzureichenden Dialoges zwischen der Atomwirtschaft und den politischen Entscheidungsträgern auf der einen sowie der wachsenden Zahl konstruktiv-kritischer wissenschaftlicher Warner und der zunehmend besorgteren Öffentlichkeit auf der anderen Seite [881].

Diese Öffentlichkeit besteht aus Teilen der Wohnbevölkerung um die geplanten Kernkraftwerksstandorte. Unter ihnen befinden sich Bauern-, Winzer- und Handwerkerfamilien und Mitglieder einer zunächst vorwiegend linken Anti-Atomkraft-Bewegung. Anders als in den Nachbarländern ist dieser heterogene Widerstand in Deutschland und in Österreich so stark, dass eine ferne erdbeben- und tsunamibedingte Katastrophe in Japan das Ende der Kernenergiegewinnung in Deutschland bewirkt.

Auch die Entwicklung in der Asse belegt, dass es keinesfalls eine diffuse „German Angst" gegen moderne erfolgreiche Technologien ist, die einen Energiewirtschaftszweig ausbremst. Vielmehr handelt es sich um vernunftorientierte und zurecht besorgte Bürgerinnen und Bürger. Die Kosten der gescheiterten Einlagerung von radioaktiven Abfällen in die Asse müssen eben diese tragen. Die notwendige Umsicht, Rücksicht, Voraussicht und Weitsicht unterblieb (auch) in der Asse [882].

Ein Vertrauensverlust in der Bevölkerung verbleibt. Es wird lange dauern, bis die Glaubwürdigkeit der beteiligten staatlichen Institutionen durch vollkommene Transparenz, Offenheit und Ehrlichkeit wieder einigermaßen hergestellt ist. Immerhin bemühen sich einige der beteiligten Akteure um Klarheit. Die Sicherung und Beobachtung, die Rückholung und anschließende sichere Zwischenlagerung des radioaktiven Abfalls der Anlage Asse II sind eine Mammutaufgabe, die in den kommenden Jahrzehnten Milliarden Euro verschlingen wird.

## 11. Juli 1968 – Vinylchlorid-Explosion im Elektrochemischen Kombinat Bitterfeld

Polyvinylchlorid (PVC) wird durch fortlaufende Polymerisation aus dem farblosen, nach Chlor riechenden, brennbaren Gas Vinylchlorid ($C_2H_3Cl$) hergestellt. Die industrielle Produktion von weichem PVC gelingt erstmals 1935 im Bitterfelder Werk der IG Farben. Aus der Bitterfelder PeCe-Faser, der ersten vollständig synthetischen Faser aus weichem PVC, werden während des Zweiten Weltkrieges u. a. Fallschirme hergestellt.

1946 enteignet die Sowjetische Militäradministration in Deutschland das Bitterfelder Werk der IG Farben. Es wird als „Elektrochemisches Kombinat Bitterfeld" (EKB) ein Unternehmen der Sowjetischen Aktiengesellschaft. Viele Anlagen, darunter das Kraftwerk Thalheim und das Aluminiumwerk II, werden demontiert und als Reparationsleistung in die Sowjetunion transportiert.

Zum 1. Mai 1952 erfolgt die Rückgabe an die DDR und die Umwandlung in einen Volkseigenen Betrieb. Die Produktpalette des Betriebes erweitert sich in den 1960er-Jahren, ohne dass sich die ökonomische Situation bessert. Manche Anlagen sind marode und Chlorleitungen schlecht gewartet. Der Arbeitsschutz wird vernachlässigt, das geltende Gefahrstoffrecht unzureichend umgesetzt. Am 11. Juli 1968 reparieren Mitarbeiter des EKB einen Autoklaven[58] im Werk Süd. Ausströmendes Vinylchlorid entzündet sich. Die Explosion fordert mehr als 40 Menschenleben und über 200 Verletzte. Sie zerstört den Herstellungsbereich für PVC. Der Schaden beläuft sich auf rund 100 Mio. Mark der DDR. Die Betriebsleitung verzichtet auf einen Wiederaufbau der Anlage und verlagert die Vinylchlorid-Produktion an andere Standorte [883].

## 19. Juni 1969 – Verheerendes Fischsterben im Rhein

In den 1950er- und 1960er-Jahren nimmt die Belastung des Rheins mit Nähr- und Schadstoffen aus Landwirtschaft, Siedlungen, Bergwerken und besonders der Industrie weiter zu. Hinzu kommen kurzfristige illegale Einleitungen hochgiftiger Stoffe. So schütten Täter am Donnerstag, dem 19. Juni 1969 in der Nähe von Bingen Gift in den Rhein. Es verdünnt sich zwar rasch, dennoch wirkt es desaströs; Fische sterben massenhaft.

Noch am selben Tag erhalten nordrhein-westfälische Dienststellen eine Meldung über tote Fische im rheinland-pfälzischen Flussabschnitt. Erst sehr spät, gegen 9:30 Uhr am nächsten Tag, werden die Düsseldorfer Wasserwerke über das Fischsterben unterrichtet. Sie bildet die Kopfstelle eines Alarmsystems, das andere, Flusswasser und Uferfiltrat verwendende Wasserwerke am Rhein über besondere Vorfälle wie starke Belastungen des Rheins mit Schadstoffen zu unterrichten hat. Die Mitarbeiter der Kopfstelle bringen das Fischsterben nicht mit einer möglichen Vergiftung des Rheinwassers in Verbindung, reichen die Meldung nicht weiter, gehen in das Wochenende. Am Montag kontaktiert ein leitender Mitarbeiter des nordrheinwestfälischen Landwirtschaftsministeriums die zuständige niederländische Behörde – entsetzt muss er zur Kenntnis nehmen, dass dort das Fischsterben im Rhein noch unbekannt ist.

Das vergiftete Rheinwasser erreicht bereits am 20. Juni 1969 die Niederlande. Auf seinem Weg hat es mehr als 40 Millionen Weißfische und Aale in dem ohnehin belasteten, auch in jenem Sommer sauerstoffarmen Fluss getötet. Die verendeten, an der Wasseroberfläche flussabwärts treibenden Fische lassen den Rhein silbrig in der Sonne glänzen. Übelriechende, verwesende Fischkadaver säumen die Ufer. Der nordrhein-westfälische Landwirtschaftsminister Dieter Deneke spricht geschockt im Morgenmagazin des Westdeutschen Rundfunks von einer großen Katastrophe, der gesamte Fischbestand des Rheins sei vernichtet. Ratten sterben. Wildgänse verenden. Das Baden und sogar das Waschen der Hände im Rhein wird verboten. In den Niederlanden gelingt es rechtzeitig, die Schleusen, die zu den Seitenkanälen des Rheins führen, zu schließen und die Aufbereitung von Rheinwasser zu Trinkwasser einzustellen [884].

In der 244. Sitzung des Deutschen Bundestages am 27. Juni 1969 in Bonn beantwortet der Staatssekretär im Bundesministerium für Gesundheitswesen Ludwig von Manger-Koenig eine Dringliche Mündliche Frage des Abgeordneten Josten zu den Ursachen des Fischsterbens im Rhein. Von Manger-Koenig berichtet, dass Behörden in den Niederlanden und in der Bundesrepublik Deutschland das Insektizid Endosulfan als Ursache des Fischsterbens identifiziert haben. Es sei hochgiftig für Fische, nicht jedoch für Menschen und Säugetiere. Sachverständige könnten noch nicht ausschließen, dass *„noch andere Umstände zu dem Ausmaß des Fischsterbens beigetragen haben."* [885] Die ersten toten Fische seien oberhalb von St. Goar gefunden worden, die Art der Einleitung des Giftes noch unbekannt. Die Staatsanwaltschaft in Koblenz ermittle. Der Abgeordnete Josten fragt nach, ob *„die bestehenden Vorschriften über die Reinhaltung der Gewässer nicht genügen"* [886] würden. Staatssekretär von Manger-Koenig antwortet, dass Länderrecht betroffen und 1965 das Änderungsgesetz zum Wasserhaushaltsgesetz im Bundesrat gescheitert sei, da nach Auffassung der Länder diese Gesetzesvorlage die Rahmenkompetenz des Bundes überschreite.

---

[58]Gasdicht verschließbarer Druckbehälter.

Offenbar hemmt das föderale System der Bundesrepublik Deutschland eine rasche länderüberschreitende Informationsweitergabe und ein abgestimmtes Handeln. Es dauert noch sieben Jahre, bis das „Gesetz über Abgaben für das Einleiten von Abwasser in Gewässer" einheitliche und wirksame Regelungen bringt [887].

Hergestellt wird das synthetische, neurotoxische Insektizid Endosulvan unter dem Handelsnamen „Thiodan" damals von der Hoechst AG. Als Kontakt- und Fraßgift dient es der Bekämpfung von Schädlingen in der Landwirtschaft [888].

Die Täter, die Thiodan in den Rhein einbrachten, werden nie gefasst.

## 2.7   Die Große Beschleunigung und die Wahrnehmung ihrer Nebenwirkungen

### 7. Oktober 1970 – Der Bayerische Wald wird als erster Nationalpark der BRD ausgewiesen

Der Bayerische Wald ist das größte zusammenhängende Waldgebiet Bayerns. Es erstreckt sich nordöstlich der von Regensburg nach Passau strömenden Donau bis an die Grenze zur Tschechischen Republik, von der österreichischen Grenze bis nach Cham. Die Oberfläche des Bayerischen Waldes ist – abgesehen von wenigen Tälern, Bergkämmen und dem donaunahen Rand – sanft wellig. Das Mittelgebirge kulminiert im Grenzkamm mit dem Großen Arber und dem Großen Rachel, die Höhen von 1456 m bzw. 1453 m NHN aufweisen. Sein Untergrund besteht aus kristallinen Gesteinen, vor allem aus Gneisen und Graniten [889]. Datierte Gneise besitzen Alter von rund 640 Mio. Jahren, datierte Granite von zirka 320 Mio. Jahren.

Der Pfahl ist eine rund 150 km lange, schmale, von Nordwesten nach Südosten verlaufende tektonische Bruchlinie inmitten des Bayerischen Waldes. Erdkrustenbewegungen heben vor etwa 275 Mio. Jahren den donauseitig vor dem Pfahl liegenden Vorderen Bayerischen Wald gegenüber dem dahinter liegenden Inneren Bayerischen Wald um einige hundert Höhenmeter. Die Hebungsvorgänge zerreiben Granite und Gneise an der Bruchlinie, wo später heiße siliziumhaltige Lösungen aus großer Tiefe aufsteigen und die Bildung harter Quarze bewirken. Diese widerstehen Verwitterung und Abtragung besser als die umgebenden Gneise und Granite – die Abtragung hat den Pfahl über Jahrhunderttausende herauspräpariert [890].

Die Besiedlung und Nutzung des Vorderen Bayerischen Waldes beginnt in der Jungsteinzeit. Extreme klimatische Ereignisse und Seuchenzüge bewirken zum Ende der Römerzeit die Wiederbewaldung einiger zuvor genutzter donaunaher Gebiete. Die Äbte der Donauklöster veranlassen ab der 2. Hälfte des 8. Jh. die Urbarmachung des Bayerischen Waldes. Handelswege queren ihn seitdem. Bergleute bauen Blei-, Kupfer- und Eisenerze sowie Gold und Silbererze ab. Glashütten nutzen Quarzvorkommen [891] und verbrauchen viel Holz. In der Neuzeit siedeln sich Waldbauern an, die Subsistenzackerbau betreiben, Vieh halten und den Wald bewirtschaften. Jäger erlegen Braunbären und Wölfe bis zur Ausrottung. Für die Trift von Holz werden Bäche begradigt, Kanäle und Staue angelegt. Das Schneeschmelzwasser schwemmt im Frühjahr die Hölzer zur Donau. Von dort bringen Flöße die wertvolle Fracht bis nach Wien [892].

Die Ausbreitung der begehrten Fichten wird stark gefördert. Fichtenbestände sind sturmanfällig und ideale Ausbreitungsräume für Schädlinge. Stürme werfen 1868, 1870 und 1929 zahllose Bäume. Auf den ab 1861 errichteten Bahnstrecken gelangen Fichtenstämme sowie in Dosen abgefüllte Waldbeeren und Pilze rasch und kostengünstig in die Städte [893].

Das große bewaldete Mittelgebirge hat sich vom Frühmittelalter bis in das 20. Jh. zu einem bergbaulich, forstwirtschaftlich, jagdlich, kleinindustriell und touristisch intensiv genutzten Raum gewandelt. Es gibt nur noch wenige naturnahe alte Bergmischwälder. Im frühen 20. Jh. wächst der Druck auf die Bayerische Regierung, diese Relikte zu schützen. Sie richtet 1914 Wald-Schonbezirke ein. Mitglieder der Obersten Naturschutzbehörde des Reichsforstministeriums prüfen 1939 vor Ort die Möglichkeiten für die Ausweisung eines Nationalparks, der sich vom Großen Arber zum oberösterreichischen Mühlviertel und in den besetzten Teil der Tschechoslowakei im Osten erstrecken soll. Der Zweite Weltkrieg verhindert eine Realisierung dieses deutschen Naturschutzimperialismus [894]. Nach Kriegsende liegt der Bayerische Wald bis 1990 peripher am „Eisernen Vorhang". Holzbedarf und -einschlag sowie andere Nutzungen wachsen weiter [895].

Mitte der 1960er-Jahre bricht ein Streit aus um die zukünftige Nutzung des Grenzkammes mit seinen attraktiven hohen Bergen im östlichen Bayerischen Wald an der Grenze zur Tschechischen Republik, wie dem Lusen und dem Großen Rachel. Die einen möchten das Areal zu einem Skigebiet ausbauen, die anderen wollen dort dauerhaft einen Nationalpark einrichten [896].

Der gemeinnützige Verein Naturpark Bayerischer Wald gründet sich am 18. Mai 1967 in Zwiesel. Das Kerngebiet des zukünftigen Naturparks bildet der waldreiche Grenzkamm; eine Bezirksverordnung vom 27. November 1967 weist ihn als Landschaftsschutzgebiet aus. Im Jahr 2019 umfasst der Naturpark Bayerischer Wald eine Fläche von etwa 2780 km$^2$. Das Bundesnaturschutzgesetz definiert Naturparke als Räume mit besonderer Vielfalt, Eigenart und Schönheit, in denen Belange des Naturschutzes und der (Kultur-) Landschaftspflege im Einklang mit den Belangen von Erholungssuchenden stehen sollen. Gefördert wird eine naturverträgliche Land- und Forstwirtschaft [897].

Nach mehrjährigen vehementen Diskussionen in der Region stimmt der Bayerische Landtag am 11. Juni 1969 ohne Gegenstimmen für die Einrichtung des Nationalparks Bayerischer Wald entlang des Grenzkamms, um die Entwicklung der peripheren Region im Freistaat zu fördern und wertvolle Restwälder zu schützen. Hans Eisenmann, bayerischer Staatsminister für Ernährung, Landwirtschaft und Forsten, eröffnet am 7. Oktober 1970 den ersten bundesdeutschen Nationalpark im östlichen Bayerischen Wald. Zwei Jahre später erkennt ihn die International Union for Conservation of Nature (IUCN) als Nationalpark an [898].

Die Staatsforstverwaltung beauftragt die Förster Hans Bibelriether und Georg Sperber mit der Leitung und der Entwicklung des Nationalparks. Gegen erhebliche Widerstände tragen beide zur Minderung des viel zu hohen Schalenwildbesatzes und der resultierenden Fraßschäden bei. Von etwa 3000 Fichten, die ein Sturm 1972 umstürzt, dürfen gegen den Widerstand der damals noch für das Gebiet zuständigen Forstämter einige hundert Stämme liegen bleiben. Dort lässt man den natürlichen Prozessen freien Lauf und es entsteht ein artenreicher, naturnaher Wald.

Ein Gewittersturm wirft am 1. August 1983 etwa 30.000 Festmeter Holz. Der dem Nationalpark verbundene Minister Eisenmann trifft eine weitreichende und äußerst umstrittene Entscheidung: Im rund 6500 ha großen Kerngebiet des Nationalparks darf das geworfene Holz liegen bleiben, damit sich durch Sukzession ein natürlicher Wald, ein „Urwald", eine neue „Wildnis", entwickeln kann – trotz des zu erwartenden massiven Borkenkäferbefalls. Es hagelt heftige Proteste von einheimischen Waldbesitzern und -nutzern. Auf den Sturmwurfflächen entwickelt sich eine neue großartige, artenreiche Lebewelt – aus der Sicht des Naturschutzes.

1995 beginnen kontroverse Diskussionen um die Erweiterung des Nationalparks nach Nordwesten. Manche befürworten diese uneingeschränkt, nicht wenige lehnen sie rigoros ab. Nach dem Beschluss zur Erweiterung am 1. August 1997 beginnt auch dort eine Wandlung fichtendominierter Bestände zu naturnäheren, stabileren Wäldern ohne lenkende Eingriffe durch Menschen. Seit 1997 hat der Nationalpark eine Fläche von gut 242 km$^2$.

Am 18. und 19. Januar 2007 bricht der Orkan Kyrill rund 200.000 Festmeter Holz im Nationalpark. Die alten Konflikte lodern wieder auf. Soll das geworfene und gebrochene Holz geräumt oder eine Naturentwicklung mit starkem Borkenkäferbefall und schließlich naturnahen Wäldern erlaubt werden? Der zuständige Minister Werner Schnappauf (CSU) entscheidet sich im Mai 2007 für einen Kompromiss: 160.000 Festmeter Holz dürfen auf einer Fläche von 3,5 km$^2$ geräumt werden, um in den benachbarten Privatwäldern einen Borkenkäferbefall zu verhindern. Bodenverdichtende Harvester, Traktoren und Rückemaschinen entfernen das Holz in den befahrbaren Bereichen, ein lärmender Hubschrauber aus den Feuchtgebieten. Über Monate transportieren Lkw das Holz ab. Lediglich auf 1,1 km$^2$ Windbruchflächen duldet Minister Schnappauf eine gesetzeskonforme Naturentwicklung [899].

Am 6. März 2007 gründen Interessierte den Kultur- und Förderkreis Nationalpark Bayerischer Wald e. V., um sich deeskalierend für die Belange des Nationalparks einzusetzen. Sie veranstalten von 2008 bis 2016 das Kulturfestival „Woidwejd" dort, *„wo der Woid [Wald] am wildesten ist"*. [900] Andere wenden sich aus Angst vor einem Borkenkäferbefall nach dem Orkan Kyrill gegen den Nationalpark. Sie erreichen im November 2007 eine Novellierung der Nationalparkordnung, die eine Bekämpfung der Borkenkäfer außerhalb von Naturzonen bis 2027 erlaubt. Die Konflikte dauern an. Es bleibt ein nahezu unmögliches Unterfangen, eine Kulturlandschaft in eine Naturlandschaft mit dem Status Nationalpark zu wandeln [901].

Zur Ausweisung und zu den Merkmalen von Nationalparken.

Die 1948 gegründete IUCN hat ca. 1300 Mitglieder, Regierungen wie Nichtregierungsorganisationen. Das weltweit größte Umweltnetzwerk dient der Bewahrung der natürlichen Umwelt. Sechs Kommissionen befassen sich mit Artenschutz, Umweltrecht, Sozial- und Wirtschaftspolitik, Ökosystemmanagement, Bildung und Kommunikation sowie Schutzgebieten, darunter Nationalparken [902].

Die IUCN definiert Nationalparke als große, natürliche oder annähernd natürliche Räume, in denen ökologische Prozesse, charakteristische Arten und Ökosystemmerkmale zu schützen sind, und die naturverträglich wissenschaftlich, pädagogisch und touristisch genutzt werden dürfen [903]. Das Bundesnaturschutzgesetz folgt der Definition der IUCN. Die Bundesländer weisen im Benehmen mit dem Bundesumwelt- und dem Bundesverkehrsministerium Nationalparke aus [904]. Für eine Anerkennung müssen die Richtlinien der IUCN erfüllt sein.

Da in der Bundesrepublik Deutschland seit Jahrhunderten keine größeren von Menschen nicht oder nur geringfügig beeinflussten Regionen mehr existieren, führt die Ausweisung von Kulturlandschaften als Nationalparke zwangsläufig zu anhaltendem Streit. Bis 2019 gelang es, gerade einmal 2,7 % der Fläche Deutschlands in der Kategorie Nationalpark zu schützen, ohne das Wattenmeer sind es bloß rund 0,6 % [905]. Geeigneter für das dicht besiedelte und intensiv genutzte Deutschland wäre die Ausweisung der IUCN-Schutzkategorie Biosphärenreservat, die auf eine nachhaltige, natur- und umweltverträgliche Entwicklung zielt. Die Bezeichnung „Reservat" ist im deutschen Sprachgebrauch negativ konnotiert.

## 23. Oktober 1970 – Die UNESCO gründet das Programm „Der Mensch und die Biosphäre" und verleiht der Naturschutzpolitik in Deutschland wichtige Impulse

Die UNESCO gründet am 23. Oktober 1970 das Programm „Man and Biosphere" („Der Mensch und die Biosphäre", MAB). Erstmals behandelt ein erdumspannendes Programm die Beziehungen von Menschen und ihrer Umwelt. Es errichtet ein Netzwerk repräsentativer Biosphärenreservate zur Demonstration nachhaltiger Lebens- und Wirtschaftsweisen, wohlbemerkt von großräumigen Modellregionen für die Förderung der biologischen Vielfalt und für eine nachhaltige Nutzung, die gleichberechtigt auf ökologischen, ökonomischen, sozialen, kulturellen, planerischen und ethischen Grundlagen fußen und komplementär Schutz-, Entwicklungs- und Bildungsfunktionen erfüllen [906]. Dazu entwickelt und verabschiedet die UNESCO Leitlinien, darunter

- 1995 die Sevilla-Strategie, die Empfehlungen zur Entwicklung von Biosphärenreservaten gibt,
- 2008 den Madrider Aktionsplan, der Anpassungsstrategien an die wachsenden Herausforderungen im 21. Jh. aufzeigt,
- 2011 die Dresdner Erklärung zu Klimaschutz, Armutsbekämpfung und den Erhalt der biologischen Vielfalt und
- 2016 den Aktionsplan von Lima, der zur Umsetzung der Nachhaltigkeitsziele der Agenda 2030 für nachhaltige Entwicklung beitragen soll [907].

2017 gibt es in 158 Staaten MAB-Nationalkomitees. Und 669 Biosphärenreservate in 120 Staaten. In Deutschland existieren 16 Modellregionen – vom Berchtesgadener Land bis Südost-Rügen und vom Spreewald bis zum Schwarzwald. Die Aufgaben des deutschen MAB-Nationalkomitees umfassen die Umsetzung und Fortentwicklung des MAB-Programms und der Kriterien für die Anerkennung

und Überprüfung deutscher Biosphärenreservate, die Erarbeitung von Konzepten zu nachhaltigen Wirtschaftsweisen, die Erstellung von Konzepten zur Bildung für Nachhaltige Entwicklung jeweils in deutschen Biosphärenreservaten und deren Evaluierung [908].

## 30. März 1971 und 31. Oktober 2007 – Das Fluglärmschutzgesetz tritt in der BRD in Kraft und wird 36 Jahre später novelliert

Das Gesetz zum Schutz gegen Fluglärm wird am 30. März 1971 ausgefertigt und am 31. Oktober 2007 novelliert. Es zielt auf baulichen Schallschutz und bauliche Nutzungsbeschränkungen in der Umgebung von Flugplätzen, um die Bevölkerung *„vor Gefahren, erheblichen Nachteilen und erheblichen Belästigungen durch Fluglärm"* [909] zu schützen. In Abhängigkeit von der Lärmbelastung sind um Flughäfen Lärmschutzbereiche mit zwei Schutzzonen einzurichten. In Schutzzone 1 dürfen keine Wohnungen errichtet werden, da der Dauerschallpegel dort 75 dB(A) überschreitet. Besitzerinnen und Besitzer von bestehenden Wohnungen haben einen Anspruch auf baulichen Schallschutz. Der untere Wert der zweiten Schutzzone liegt bei 67 dB(A). Hier gelten Baubeschränkungen. Der Bau von Krankenhäusern, Alten- und Erholungsheimen ist in beiden Lärmschutzbereichen grundsätzlich verboten; Ausnahmen sind zulässig.

Die novellierte Fassung vom 31.12.2007 senkt die Werte und differenziert Tag- und Nachtschutzzonen: für bestehende zivile Flugplätze tagsüber auf 65 dB(A) in Schutzzone 1 sowie auf 60 dB(A) in Schutzzone 2 und auf 55 dB(A) nachts. Bei essentiellen baulichen Erweiterungen von Flughäfen gelten niedrigere Werte. Die Länder legen die Lärmschutzbereiche fest [910].

Das novellierte Gesetz bestimmt, dass die Bundesregierung dem Bundestag über den aktuellen Stand der Lärmschutzforschung und der Luftfahrttechnik spätestens 2017 Bericht zu erstatten hat. Am 4. April 2018 legt das Bundesministerium für Umwelt, Naturschutz und nukleare Sicherheit einen Entwurf des Berichtes der Bundesregierung für den Bundestag mit dem Titel „Fluglärmschutz verbessern" vor [911]. Eine vehemente Diskussion setzt ein. Das Umweltbundesamt veröffentlicht im Mai 2018 eine vom Darmstädter Öko-Institut durchgeführte Studie als „Gutachten zur Evaluation des Fluglärmschutzgesetzes" [912].

Ursula Fechter, Lärmschutzbeauftragte der Stadt Frankfurt am Main, bittet den interfraktionellen Arbeitskreis „Fluglärm" des Bundestages am 8. August 2018, sich für eine Novellierung des Gesetzes einzusetzen. Sie fordert eine Senkung der Lärmgrenzwerte um 10 dB(A) und höhere Entschädigungen für Menschen, die im

Außenbereich des Frankfurter Flughafens wohnen. Die am Flughafen München gelegene Stadt Freising erwartet ebenfalls Verbesserungen.

Der Verein „Lebenswertes Mainz und Rheinhessen" organisiert am 10. September 2018 eine Montagsdemonstration unter dem Motto „Wehrt euch doch!" im Terminal 1 des Frankfurter Flughafens. Die Demonstration soll dem Arbeitskreis Fluglärm des Bundestages vor dessen Anhörung am 12. September 2018 unmissverständlich verdeutlichen, dass sich die Bevölkerung im Rhein-Main Gebiet nicht mit den Lärm- und Schadstoffbelastungen abgefunden hat. Die „Arbeitsgemeinschaft Deutscher Fluglärmkommissionen" und das „Bündnis der Bürgerinitiativen – Kein Flughafenausbau – Für ein Nachtflugverbot von 22 bis 6 Uhr", in dem sich über 80 Initiativen aus dem Rhein-Main Gebiet zusammengeschlossen haben, unterstützen eine Mahnwache am Reichstagsgebäude vor der Anhörung [913]. Delegierte von Landkreisen, Kommunen und Bürgerinitiativen zeigen den Abgeordneten während der Anhörung, welche Bedeutung eine weitere Minderung des Fluglärms und eine Verbesserung des aktiven Schallschutzes für diejenigen hat, die um Flughäfen leben. Der Flughafenverband ADV, der die Interessen der deutschen Verkehrsflughäfen vertritt, sieht dennoch derzeit keinen Anlass für eine Änderung des Fluglärmgesetzes [914].

Ein konsequent eingehaltenes Nachtflugverbot an Flughäfen zwischen 22 Uhr abends und 6 Uhr morgens mindert die Zahl und Intensität von fluglärmbedingten Beeinträchtigungen und Erkrankungen wahrscheinlich wesentlich. Starts und Landungen von Flugzeugen sollten deswegen nicht in der Nacht stattfinden. Eine schlupflochlose gesetzliche Regelung zum Schutz der in Flughafennähe wohnenden Menschen duldet keinen weiteren Aufschub.

### 24. Dezember 1971 – Horst Sterns „Bemerkungen über den Rothirsch"

Am Heiligabend des Jahres 1971 strahlt die ARD den Film *„Bemerkungen über den Rothirsch"* von Horst Stern aus. Der Inhalt trifft Millionen weihnachtlich gestimmter Menschen unvorbereitet in ihren Wohnzimmern. Was war geschehen? Eine Inventur im jungen Nationalpark Bayerischer Wald belegt, das Rotwild fast auf einem Viertel der Fläche Bäume erheblich geschädigt hat – ein Resultat verfehlter Jagdpolitik. Es gibt kaum noch eine Naturverjüngung bei Tannen, die Baumartenzusammensetzung verändert sich. Das zuständige bayerische Ministerium gestattet dem Leiter des Nationalparkamtes Bayerischer Wald Hans Bibelriether nicht, die Öffentlichkeit über diesen Missstand zu informieren. Stern übernimmt diese Auf-

gabe und ändert damit am 24. Dezember 1971 abrupt das Bewusstsein der Westdeutschen zu Jagd und Jägern [915].

Stern bemängelt, bei der Jagd gehe *„Wild vor Wald".* [916] Er kritisiert die einseitige Ausrichtung auf die im Reichsjagdgesetz von 1934 festgeschriebene und bis heute fortwirkende Hege von Wild, die auf einen hohen Wildbestand zielt, und auf die praktizierte Weidgerechtigkeit, also den ethischen Kodex des Jagens. Sie würden eine angemessene Forstwirtschaft verhindern [917].

Stern veranschaulicht die Risiken und Gefahren, die von der herkömmlichen Jagdpraxis ausgehen. Sie habe viel zu hohe Dichten beim Schalenwild verursacht, Schäden an Bäumen und bei Gräsern und Kräutern nach sich gezogen und damit die Artenvielfalt gemindert. Die unzureichende Jagd fördere Kalamitäten durch Insekten, verändere den Wasser- und Stoffhaushalt und bedinge Gefährdungen der Böden, besonders durch Bodenerosion. All diejenigen seien betroffen, die Wald besäßen, die Auswirkungen der (Nicht-)Jagd sei ökonomisch relevant. Ja, die Art der Jagd träfe die gesamte Gesellschaft, da viele Menschen regelmäßig Wälder besuchten [918].

Die Praktiken von Jagd und Forstwirtschaft werden mitsamt den ihnen zugrunde liegenden Ideologien und Organisationen vor einem Millionenpublikum schonungslos ausgebreitet. Jägerinnen und Jäger werden nach der Sendung plötzlich als (Mit-)Verursacher von gravierenden Waldschäden, Umwelt- und Naturschutzproblemen gesehen. Die Sendung bedeutet auch für den Deutschen Jagdschutz-Verband (seit 01.08.2013 Deutscher Jagdverband) eine Zäsur. Ihm gehören 1971 fast 190.000 Mitglieder an. Die Weihnachtssendung von 1971 führt zu einer Fülle von Rechtfertigungen für die Jagdpraktiken und wirkt bis heute nach [919].

Im Nationalpark Bayerischer Wald endet bald nach der Sendung die Fütterung des Rotwildes. Daraufhin äst das Wild auch in anderen Gegenden und der Verbiss junger Bäume nimmt im Nationalpark ab [920].

### 28. Dezember 1971 – Die Bundesregierung richtet den „Rat von Sachverständigen für Umweltfragen" als unabhängiges Beratungsgremium ein

Der Wirtschaftsaufschwung der 1950er und 1960er-Jahre in Westdeutschland führt zu erheblichen Umweltveränderungen. Am spürbarsten und offensichtlichsten erkennbar sind Belastungen der bodennahen Atmosphäre, die in Industrieregionen und Städten zu gesundheitlichen Problemen wie Reizungen der Atemwege führen. Verschmutzungen der Oberflächengewässer nehmen wir optisch und olfaktorisch wahr. Der Ausbau der Industrie-

und Verkehrsinfrastruktur und die Flurbereinigungen lassen die Landschaften eintöniger werden; Biotope, Pflanzen- und Tierarten verschwinden. Das Geschehen im Untergrund – in den Böden und im Grundwasser – bleibt zunächst noch weitgehend im Verborgenen.

Es ist nicht nur ein westdeutsches Phänomen, sämtliche Industriestaaten und etliche Schwellenländer sind betroffen. In Ländern, in denen sich die Bevölkerung frei äußern kann, artikuliert sie die Unzufriedenheit deutlich – im Hinblick auf die unhaltbaren, die Gesundheit gefährdenden Umweltbelastungen, auf problematische Arbeitsbedingungen und soziale Ungerechtigkeiten. Zahlreiche Menschen organisieren sich außerparlamentarisch.

Die erste, von Bundeskanzler Willy Brandt (SPD) geführte Sozialliberale Koalition reagiert. Sie beginnt die Umweltgesetzgebung zu stärken und Umweltinstitutionen einzurichten. Eine frühe und nach wie vor wichtige Maßnahme ist die Gründung des „Rates von Sachverständigen für Umweltfragen" am 28. Dezember 1971 beim Bundesminister des Innern. Mit Erlass vom 10. August 1990 ersetzt ihn ein gleichnamiger Rat bei dem am 6. Juni 1986 gegründeten Bundesministerium für Umwelt, Naturschutz und Reaktorsicherheit [921]. 2005 erfolgt die Umbenennung in „Sachverständigenrat für Umweltfragen", kurz SRU oder „Umweltrat".

Unabhängige Wissenschaftlerinnen und Wissenschaftler, die an Hochschulen und außeruniversitären Forschungseinrichtungen hauptamtlich tätig sind, werden berufen. Eine zentrale Aufgabe des SRU besteht in der Erstellung von Umweltgutachten, Stellungnahmen und Sondergutachten zu aktuellen Umweltthemen und Empfehlungen zu einem effektiven und nachhaltigen Umweltmanagement.

Bedeutende Sondergutachten des Rates von Sachverständigen für Umweltfragen" [922]:
1973: „Auto und Umwelt"
1976: „Umweltprobleme des Rheins"
1983: „Waldschäden und Luftverunreinigungen"
1985: „Umweltprobleme der Landwirtschaft"
1989: „Altlasten"
1990: „Allgemeine ökologische Umweltbeobachtung"
1996: „Konzepte einer dauerhaft umweltgerechten Nutzung ländlicher Räume"
2002: „Für eine Stärkung und Neuorientierung des Naturschutzes"
2004: „Meeresumweltschutz für Nord- und Ostsee"
2005: „Umwelt und Straßenverkehr"
2007: „Klimaschutz durch Biomasse"
2011: „Wege zur 100 % erneuerbaren Stromversorgung"
2011: „Vorsorgestrategien für Nanomaterialien"
2014: „Fluglärm reduzieren: Reformbedarf bei der Planung von Flughäfen und Flugrouten"
2015: „Stickstoff: Lösungsstrategien für ein drängendes Umweltproblem"
2017: „Umsteuern erforderlich: Klimaschutz im Verkehrssektor".
2019: „Demokratisch regieren in ökologischen Grenzen – Zur Legitimation von Umweltpolitik"

Jüngere Stellungnahmen betreffen Themen wie „Umwelt und Freihandel: TTIP umweltverträglich gestalten" (2016), „Kohleausstieg jetzt einleiten" (2017) und „Für einen flächenwirksamen Insektenschutz" (2018) [923].

Die Gutachten und weitere Stellungnahmen sind nicht bloß außerordentlich wichtige zeitgeschichtliche Dokumente. Sie enthalten ausgezeichnete Analysen und geben Empfehlungen, die weit in die Zukunft hineinwirken und die Lebensqualität der Menschen und den Zustand der Umwelt entscheidend verbessern würden. Die Bundesregierungen haben die Empfehlungen bis 2020 leider nur fragmentarisch umgesetzt. Sie belegen, dass renommierte Forschende größtenteils rechtzeitig und sachlich durchweg überzeugend vor Fehlentwicklungen gewarnt haben. Und sie sind auch Symbole für die inakzeptable, anhaltende Handlungsschwäche politischer Institutionen in der Bundesrepublik Deutschland.

So erwartet der SRU in seinem Sondergutachten vom Juni 2019 ohne eine umfassende erfolgreiche Umsteuerung den Übergang in ein „Verwüstungsanthropozän", in dem wichtige Funktionen zwischen der Geosphäre und der Biosphäre verloren gegangen sind [924]. Aus tiefer Besorgnis in Anbetracht der fortschreitenden „Umweltzerstörung" empfiehlt der SRU 2019 mit Nachdruck ein Wirtschaften innerhalb ökologischer Grenzen durch

- die integrierte Beachtung der ökologischen Nachhaltigkeit,
- die konsistente Verfolgung einer Nachhaltigkeitsstrategie,
- eine Stärkung der ökologischen Nachhaltigkeit im Gesetzgebungsprozess sowie
- das Erzeugen und Nutzen von Wissen zur ökologischen Nachhaltigkeit [925].

Ein Rat für Generationengerechtigkeit soll die Interessen der jungen und künftiger Generationen im Gesetzgebungsprozess vertreten und über ein aufschiebendes Vetorecht verfügen. Es sind weitreichende, berechtigte Forderungen des SRU, die noch der Umsetzung harren [926].

### Seit 1972 – *„Grün kaputt"* – Dieter Wieland kämpft gegen die Verkahlung Westdeutschlands

Dieter Wieland ist ein renommierter Dokumentarfilmer. Für den Bayerischen Rundfunk produziert er ab 1972 in der Reihe „Topographie" mehr als 250 Filme. Wieland befasst sich leidenschaftlich und wirkmächtig mit der „Verschandelung der Dörfer", der „Unwirtlichkeit der Städte" und der „Zerstörung der Natur" durch Flurbereinigung, Flächenverbrauch und Zersiedelung.

Zur Erstausstrahlung der sehenswerten Dokumentation: „Grün kaputt. Landschaft und Gärten der Deutschen" im Jahr 1983 schreibt Dieter Wieland: *„Ein Kahlschlag geht durchs Land. Aber es sind nicht nur die großen, auffälligen Aktionen wie Startbahn West oder Rhein-Main-Donau-Kanal, die das Grün in Deutschland dezimieren. Viel schreckender und folgenschwerer sind die tagtäglichen privaten Abholzungen mit der Motorsäge, die in der freien Landschaft kaum noch Flurgehölze oder Hecken, Streuobstanlagen, Einzelbäume oder Alleen übriggelassen haben. Wir kennen kaum noch Bäume in der freien Flur. Noch nie standen Bauernhöfe und Dörfer so nackt und kahl in der Landschaft. Genauso erbarmungslos gehen Gartenbesitzer und Eigenheimbauer gegen jeden alten Baumbestand vor. Aus Angst vor Herbstlaub, Fallobst und vor Schatten sind in den letzten Jahren fast nur noch kniehohe Krüppelkoniferen gepflanzt worden – pflegeleicht, aber unfruchtbar und völlig wertlos als ökologische Basis für ein Tier- und Vogelleben und zur Verbesserung von Luft und Klima in unserem Wohnbereich. Es ist nicht damit getan, von der Industrie Maßnahmen gegen den Ausstoß von Schwefel zu fordern. In dieser Krise der Natur ist jeder einzelne zum Handeln aufgerufen."* [927].

Seine Dokumentationen sind in den 1970er und 1980er-Jahren Gassenfeger in Bayern. Sie erklären anschaulich die verheerenden Wirkungen von Flurbereinigungen auf die Lebewelt und beeinflussen damit schließlich den weiteren Fortgang der Flurbereinigung im Freistaat. Die Filme verdeutlichen präzise den hohen Wert von „Altem", Schützenswertem – draußen in der Landschaft wie drinnen in den Dörfern und Städten. Wieland lässt die Zusehenden den Verlust ihrer Identität, der über Jahrhunderte gewachsenen Heimat, klar spüren. Und deren Ersatz durch eine verarmte, gesichtslose, ja fast sterile Moderne. Mit Gewerbe, das aus den Innenstädten auf die fälschlicherweise „grüne Wiese" genannte neue Betonwüste an der Autobahn gezogen ist [928].

Dieter Wieland kämpft engagiert gegen die Verkahlung Westdeutschlands durch Flurbereinigung:

*„Noch nie hat eine Generation soviel Land verbraucht. Und soviele Bäume gefällt. Noch nie hat eine Generation soviel Natur bereinigt, begradigt, planiert, drainiert und zugeschüttet. Und versiegelt und verbaut mit Asphalt und Beton.*

*Und schon wieder fehlen 3.000 Kilometer Autobahn. Schon wieder fehlen Bauland und Gewerbezonen. [...]*

*Alles Leben ist auf Vielfalt ausgelegt. Je größer die Vielfalt, desto reicher und fruchtbarer und auch stabiler ist dieses Leben. Wir zehren diese Vielfalt auf und gehen einer Monokultur entgegen: anfällig, aufwändig, nur mit Gift und Gegengift und hohem Düngeaufwand produktiv zu halten.*

*Gegriffen hat nur die Reklame für Maschinen und der unerschütterliche Glaube an die Großchemie. Sie bieten alle Mittel der Vernichtung an, und diese Waffen wirken sofort. Das Wissen um die unumstößlichen Gesetze der Natur ist dabei schmal geworden. [...]*

*Deutschland, aufgeräumt und ausgeräumt. Und das, wo es uns so gut geht. Ein Land ohne Not. Ohne Hunger. So reich wie noch nie. So satt wie noch nie. [...]*

*100 neugepflanzte Eichen über Nacht gekappt, meldet die Straßenbauverwaltung. Soviel Haß auf Bäume, soviel Blindheit, soviel Unwissen hat es noch nie gegeben.*

*Und reihenweise fallen die alten Streuobstanlagen, die langen Zeilen von Apfelbäumen, Kirschen, Zwetschgen, ohne deren Früchte die bayerische Landschaft nicht denkbar war."* [929].

### 1. Januar 1972 – Das Ministerium für Umweltschutz und Wasserwirtschaft der DDR wird gegründet

In den 1960er-Jahren beginnen in der Zentralen Kommission „Natur und Heimat" des Kulturbundes der DDR Diskussionen um eine Erweiterung des Naturschutzgesetzes von 1954 um Belange des Umweltschutzes, insbesondere der Luft- und Gewässerreinhaltung, des Schutzes vor Bodenerosion und Lärm. Werner Titel, stellvertretender Vorsitzender des Ministerrates der DDR, lässt 1968 ein Team aus Delegierten der Natur- und Heimatfreunde, des Institutes für Landesforschung und Naturschutz (ILN) der Deutschen Akademie der Landwirtschaftswissenschaften (DAL) und von Hochschulen die „landeskulturelle Situation" und die zukünftige Entwicklung der „sozialistischen Landeskultur" (eine Umschreibung für die Umweltpolitik der DDR) untersuchen. Eine „Ständige Arbeitsgruppe Sozialistische Landeskultur" entwirft 1969/70 unter der Leitung von Titel ein Rahmengesetz für die Entwicklung der Landeskultur, das neben der belebten Natur auch die Schutzgüter Boden, Wasser und Luft umfasst. Die Belange des Naturschutzes haben den gleichen Rang wie andere Nutzungsinteressen [930].

Am 14. Mai 1970 nimmt die Volkskammer das „Gesetz über die planmäßige Gestaltung der sozialistischen Landeskultur in der DDR" an. Es definiert „sozialistische Landeskultur" als den „Teil der materiellen Kultur einer Gesellschaft, der die Erschließung und Nutzung der natürlichen Reichtümer eines Landes zur Befriedigung der menschlichen Bedürfnisse zum Ziel hat". [931]

Die Umsetzung des Gesetzes erfordert die Einrichtung einer koordinierenden Institution auf Regierungsebene. Am 1. Januar 1972 wird das Ministerium für Umweltschutz und Wasserwirtschaft der DDR gegründet – fast 15 Jahre früher als in der Bundesrepublik – und Titel bereits am 29. November 1971 zum ersten Umweltminister der DDR berufen. Kaum einen Monat später, am ersten Weihnachtstag, stirbt er 40jährig unter ungeklärten Umständen. Hans Reichelt folgt ihm und amtiert vom 25. Dezember 1971 bis zum 11. Januar 1990. Er vermag die vielfältigen Umweltprobleme der DDR nicht annähernd zu lösen.

## 7. Juni 1972 – Das Gesetz über die Beseitigung von Abfall tritt in der BRD Kraft

Über Jahrtausende entsteht kaum Abfall. Nicht mehr benötigte organische Stoffe werden kompostiert oder unbehandelt auf Gärten und Äcker als nährstoffreicher Dünger zurückgeführt und mit Hacke oder Pflug in die Böden eingebracht. Kleinere Ziegel- und Keramikbruchstücke kommen mit dem organischen Abfall auf die Felder. Metalle werden oft umgearbeitet und weiterverwendet.

Mit dem Beginn der Industrialisierung fallen vermehrt nicht mehr verwertbare Reststoffe an. Nach dem Zweiten Weltkrieg kommt der Kunststoffabfall hinzu, der in jüngster Zeit zu besorgniserregenden Verschmutzungen der Gewässer und endlich zu ernsthaften Diskussionen über die Vermeidung von Kunststoffmüll führt. Nicht Verwertbares wird deponiert: um das eigene Haus, am Ortsrand, auf Äckern, im nächstgelegenen Wald oder in Schluchten. Vergleiche detaillierter topographischer Karten aus dem späten 19. Jh. und von heute bezeugen das Verschwinden kleiner Hohlformen.

Das „wilde", unorganisierte Deponieren von Abfall ist ebenso inakzeptabel wie kommunale Mülldeponien, die keinerlei Abdichtungen nach unten, zu den Seiten und nach oben besitzen. Eindeutige Regelungen und die organisierte, dokumentierte und sichere Deponierung nicht mehr verwertbarer Materialien sind überfällig. Mit der Verabschiedung des Bundesgesetzes über die Beseitigung von Abfall (Abfallbeseitigungsgesetz [AbfG]) beginnt am 7. Juni 1972 eine neue Ära [932]. Sie führt zur Entwicklung der Abfallwirtschaft, deren Betriebe Abfälle nun ordnungsrechtlich korrekt lagern müssen.

Zwei elementare Aspekte bleiben unberücksichtigt: wirksame Maßnahmen zur Vorsorge, d. h. zur Vermeidung von Abfall, und zum effektiven regionalen Recycling, also der gezielten Zurückführung von verwertbaren Rohstoffen aus den Abfällen[59] in den Wirtschaftskreislauf. Das 1975 formulierte Abfallwirtschaftsprogramm greift diese Punkte auf. Eine partielle Umsetzung geschieht erst mit dem Gesetz über die Vermeidung und Entsorgung von Abfällen vom 27. August 1986. Es definiert die Anforderungen an den Umgang mit Abfällen und die Pflichten und Verantwortlichkeiten derjenigen, die Abfall erzeugen oder entsorgen – zum vorsorgenden Schutz der Umwelt. Die stoffliche oder energetische Verwertung der Abfälle hat jetzt Vorrang vor ihrer Beseitigung [933].

Die Abfallgesetze von 1972 und 1986 schaffen rechtliche Klarheit und bewirken

- die Aufgabe der allermeisten „wilden" Deponien und unsicherer kommunaler Müllablagen,
- die Einrichtung und den kostengünstigen Betrieb ganz überwiegend sicherer und zuverlässiger Deponien,
- den Bau von Abfallverbrennungsanlagen,
- die Entwicklung von Systemen der Sortierung, Aufbereitung und Wiederverwertung von Müll [934].

Und sie erzeugen Aufmerksamkeit in der Bevölkerung Westdeutschlands für die dringende Notwendigkeit der Vermeidung von Abfall, auch wenn ein sachgerechtes Handeln mehrheitlich ausbleibt. Das 1994 beschlossene Kreislaufwirtschafts- und Abfallgesetz löst am 6. Oktober 1996 das Abfallgesetz von 1986 ab.

---

[59]Abfälle sind bewegliche Sachen, von denen sich die Besitzerinnen oder Besitzer entledigt haben, entledigen wollen oder müssen.

## 19. Juli 1973 – Die Landesregierung von Baden-Württemberg kündigt den Bau des Kernkraftwerkes Wyhlan

> *„Nai hämmer gsait! Kein Atomkraftwerk in Wyhl und anderswo"*
> *„Nit immer sich neige, s'Eige zeige!"*
> *„Heute Fische – morgen wir"*
> Slogans der Anti-Atomkraft-Bewegung in Baden [935].

Die badische Gemeinde Wyhl steht für den Beginn und zugleich für einen der bedeutendsten Erfolge der Anti-Atomkraft- und Umweltschutzbewegung in Westdeutschland. Wyhl liegt im Oberrheingraben, grenzt im Westen an den Rhein und Frankreich, im Südosten an den Kaiserstuhl.

Die von der baden-württembergischen Landesregierung geplante, umfassende Industrialisierung des Rheintals zwischen Basel und Mannheim erfordert die Gewinnung großer Mengen an Energie. Unweit Breisach am Kaiserstuhl soll daher ein Kernkraftwerk entstehen. Fischerfamilien befürchten geringere Fangmengen oder Fangverbote, Winzerfamilien eine Minderung der Sonneneinstrahlung durch die riesigen Mengen an Wasserdampf, die aus den Kühltürme strömen – große Teile des Kaiserstuhls waren gerade im Rahmen einer Rebflurbereinigung terrassiert und damit maschinell bearbeitbar geworden.

Tiefe Gräben reißen in der Bevölkerung auf. Im Sommer 1972 beginnen Demonstrationen gegen den Bau des Kernkraftwerkes. Im Oktober gehen bei dem zuständigen Landratsamt in Freiburg i. B. Einsprüche von rund 65.000 Bürgerinnen und Bürgern ein.

Am 19. Juli 1973 irritiert eine Meldung im Rundfunk die Menschen am Kaiserstuhl weiter: Das Kernkraftwerk soll nach dem Willen der Landesregierung nun etwa 15 km nordöstlich von Breisach im Auenwald von Wyhl gebaut werden. Umgehend organisieren in Wyhl und in den Nachbargemeinden lebende Menschen Bürgerinitiativen, die sich zuerst über die möglichen Folgen des Betriebs eines Kernkraftwerkes für ihre Gesundheit und die Umwelt informieren. Im April 1974 erhält das Landratsamt in Emmendingen die Unterschriften von 96.000 Personen hauptsächlich aus der Region, die sich gegen den Bau des Kernkraftwerkes Wyhl aussprechen.

Im Juli informieren die Betreiber über ihre Pläne. Einen Monat später gründen deutsche und französische Umweltbewegungen das „Internationale Komitee der 21 Badisch-Elsässischen Bürgerinitiativen" – im Elsass sind bei Fessenheim ein Kernkraftwerk und bei Marckolsheim am Rhein ein Bleichemiewerk der Chemischen Werke München in Planung. Die Bürgerinitiativen bekämpfen die Projekte. Mit der Besetzung des Bauplatzes des Bleichemiewerkes und dem Bau eines „Freundschaftshauses" beginnt der zivile Ungehorsam. Im Dezember reisen etwa 700 am Kaiserstuhl lebende Bürgerinnen und Bürger nach Stuttgart. Die Gespräche mit Vertretern des Landtages und der Landesregierung bleiben ergebnislos.

Wohl in Erwartung attraktiver Arbeitsplätze, einer Kläranlage und eines Schwimmbades stimmen am 12. Januar 1975 zirka 55 % der wahlberechtigten Bevölkerung von Wyhl für den Landverkauf an die Betreiber des Kernkraftwerkes. Bereits am 22. Januar ergeht die Teilerrichtungsgenehmigung. Eine Woche später klagen vier Gemeinden und 10 Bürger vor dem Verwaltungsgericht Freiburg i. B. gegen die Genehmigung. Die Ereignisse überschlagen sich nun: Die Bauarbeiten fangen am 17. Februar an. Tags darauf besetzen vorwiegend aus der Umgebung des Kaiserstuhls und aus Freiburg i. B. stammende Menschen den Bauplatz des Kernkraftwerkes. Die Polizei räumt das Gelände am 20. Februar, unterstützt von Wasserwerfern und Hundestaffeln. Rasch wird der Bauplatz eingezäunt. Nach einer Demonstration mit etwa 28.000 Teilnehmenden beginnt die nächste, ungefähr 9 Monate währende Besetzung. Die französische Regierung entscheidet, das Bleichemiewerk nicht errichten zu lassen. Das Verwaltungsgericht Freiburg verfügt am 21. März 1975 einen Baustopp für das Kernkraftwerk Wyhl, der Verwaltungsgerichtshof Baden-Württemberg in Mannheim genehmigt dagegen am 14. Oktober 1975 den Bau von Nebenanlagen.

Nach vier Verhandlungsgesprächen unterzeichnen die baden-württembergische Landesregierung, die Betreibergesellschaft und Bürgerinitiativen die „Offenburger Vereinbarung", die Anfang 1976 zu einem vorläufigen Baustopp und zur Einstellung der Verfahren gegen Kernkraftgegner führt. Die Protestierenden verlassen den Bauplatz. Ein Jahr später findet die Hauptverhandlung in Herbolzheim unweit Wyhl statt: das Freiburger Verwaltungsgericht befragt dort drei Kritiker der Kernenergie sowie die Anlagenbetreiber und Gutachter, die einen Bau befürworten. Der in der Planung nicht berücksichtigte Berstschutz führt am 14. März 1977 zur Aufhebung der Baugenehmigung für das Kernkraftwerk durch das Verwaltungsgericht.

Eine vom Verwaltungsgerichtshof in Mannheim am 30. März 1982 erteilte Teilerrichtungsgenehmigung löst sofort starke Proteste aus. Aus den bald danach stattfindenden Gemeinderatswahlen gehen Bürgerinitiativen in vielen Kommunen um den Kaiserstuhl als Sieger hervor. Die baden-württembergische Landesregierung verzichtet im August 1983 vorläufig auf den Bau des Kernkraftwerkes Wyhl. Die Betreiber stellen das Bauvorhaben im Frühjahr 1994 endgültig ein. Bürgerinitiativen und Behörden erreichen 1995 sogar eine Unterschutzstellung des Auenwaldes auf dem ehemaligen Baugelände als Naturschutzgebiet [936].

*„Erklärung der 21 Bürgerinitiativen an die badisch-elsässische Bevölkerung*
*Weil wir wissen,*

- *daß das geplante Atomkraftwerk in Wyhl, sein Atom-Müll und seine künftige Ruine unser Land und unser Leben gefährden;*
- *daß der Betrieb des Atomkraftwerks und der nachfolgenden Industrie das Klima so verändert, daß den Landwirten, vor allem den Winzern die Existenz zerstört wird und sie als billige Arbeitskräfte in die Fabrik gehen müssen;*
- *daß die Atomingenieure keinen Schutz bieten können gegen Verseuchung der Luft, die wir atmen, des Wassers, das wir trinken, der Pflanzen und Tiere, die wir essen;*
  *und weil nicht abwarten können, bis die Katastrophe da ist*

*Weil wir sehen,*

- *daß diese fahrlässigen Pläne nicht uns, sondern der Atomindustrie nützen, die unsere Existenz für ihren Profit aufs Spiel setzt;*
- *daß wir belogen werden mit Parolen wie: „Entweder Fortschritt oder Umweltschutz" – Den Fortschritt schaffen wir mit unserer Arbeit. Wir lassen uns nicht einen „Fortschritt" der Selbstzerstörung aufzwingen;*
- *daß die KKW-Spezialisten von der Atomindustrie bezahlt sind und deshalb Illusionen verbreiten über „saubere Arbeitsplätze auf Lebenszeit", obwohl sie es besser wissen müßten;*
  *und weil wir nicht warten können, bis diese Illusionen explodieren.*

*Weil wir gelernt haben,*

- *daß die Regierung in dieser Sache nicht neutral ist; daß Ministerpräsident und Wirtschaftsminister im Aufsichtsrat des Energieunternehmens sitzen; daß sie selbst Reklame machen für Atomstrom;*
- *daß die Regierung neutrale Wissenschaftler abwertet, die Bürgerinitiativen, d.h. die Selbstorganisation der Bevölkerung, bekämpft und die Bevölkerung täuscht;*
- *daß sie ihre Pläne notfalls mit Gewalt und gegen den Protest von fast 100.000 Einsprechern durchsetzen will;*
- *daß wir unsere Interessen nur noch selber, gemeinsam und entschlossen vertreten können; und weil wir nicht dulden, daß unser Recht derart mißachtet wird.*

*Deshalb*
*haben wir beschlossen, die vorgesehenen Bauplätze für das Atomkraftwerk Wyhl und das Bleiwerk Marckolsheim gemeinsam zu besetzen, sobald dort mit dem Bau begonnen wird, solange passiven Widerstand entgegensetzen, bis die Regierungen zur Vernunft kommen."* [937].

Der friedliche und vorzüglich organisierte Widerstand hat den Bau des Kernkraftwerkes Wyhl verhindert. Bodenständige Winzer-, Bauern- und Handwerkerfamilien engagieren sich nach anfänglicher Skepsis genauso leidenschaftlich wie Studierende, Akademikerinnen und Akademiker u. a. aus Freiburg i. B. gegen die staatlichen Planungen. Wiederholte Vorwürfe aus der Landesregierung und dem Landtag, es handele sich bei den Protestierenden um Chaoten und Kommunisten, verstärken die Proteste der lokalen Bevölkerung [938].

Die Organisationsstrukturen, partizipativen Handlungsweisen, wissenschaftlich begründeten Argumentationsketten und demokratischen Debattenkulturen der Wyhler Anti-Atomkraft-Bewegung sind beispielgebend für Protestbewegungen an anderen Orten in Westdeutschland, an denen Kernkraftwerke oder eine Wiederaufarbeitungsanlage errichtet werden sollen. Der erfolgreiche weitestgehend friedliche Protest in Wyhl verändert die Gesellschaft Westdeutschlands [939].

## 13. November 1973 – Bernhard Grzimek prangert grausame Tierquälerei durch Massentierhaltung an

Der Tierarzt, Verhaltensforscher und engagierte Tierschützer Bernhard Grzimek leitet vom 1. Mai 1945 bis zum 30. April 1974 den Zoologischen Garten in Frankfurt am Main. Jahrzehntelang nutzt er geschickt die Massenmedien für seine Ideen, Natur- und Tierschutzkampagnen. Legendär ist die von Grzimek moderierte Sendereihe „Ein Platz für Tiere", die im Hessischen Fernsehen und Ersten Deutschen Fernsehen von Oktober 1956 bis zu Grzimeks Tod im Jahr 1987 läuft und Spitzenquoten erzielt. In 175 unterhaltsamen und lehrreichen Live-Sendungen formt Grzimek die Tierliebe, das Natur- und Umweltbewusstsein der Westdeutschen auf seine eigenwillige Art.

Einige Auffassungen Grzimeks sind nicht erst aus heutiger Sicht unhaltbar: Grzimek erkennt zwar die unmittelbare Konkurrenz um den begrenzten Lebensraum zwischen Menschen und Tieren; und er sieht in dem Wachstum der menschlichen Bevölkerung im subsaharischen Afrika eine massive Bedrohung für die dortige Lebewelt. Grzimek bewertet Seuchen wie Malaria, Gelbsucht und Schlafkrankheit, Hunger und Kriege als positive Regulationsmechanismen, um Biotope für Gorillas, Okapis, Antilopen und andere Arten zu erhalten – eine, fatale, zutiefst menschenverachtende Position. Grzimek sieht *von* (!) Tsetsefliegen „geschützte" Räume – Zungenfliegen, die Menschen mit Afrikanischer Trypanosomiasis (Schlafkrankheit) und Haustiere mit der Nagana-Seuche infizieren. In den Mbuti, einer indigenen Gruppe der Pygmäen, erkennt er gar hybride Wesen im Übergangsfeld zwischen Menschen und Tieren. Die Mbuti sollen nach Grzimek nicht von der Zivilisation profitieren, keine medizinische Versorgung erhalten, vielmehr bleiben, wie sie sind. Auch macht sich Grzimek stark für eine Zwangsumsiedlung der Massai aus dem Serengeti-Nationalpark. Prägungen Grzimeks während der menschenverachtenden nationalsozialistischen Zeit sind unübersehbar [940].

Der populäre Tierfilmer Grzimek kämpft weltweit für den Naturschutz, befasst sich mit den Zutaten von Schildkrötensuppen und schockiert mit Kurzfilmen, die die Häutung kanadischer Robbenbabys bei lebendigem Leibe, die Haltung von Geflügel in Legebatterien und den Kannibalismus in der Schweinemast zeigen. Spektakulär, freilich nicht artgerecht ist die Nutzung eines Tiers als Requisite in jeder Sendung [941].

In der am 13. November 1973 ausgestrahlten 113. Ausgabe von „Ein Platz für Tiere" spricht Grzimek von *„Massentierhaltung"*[60] [942]. Er kritisiert *„grausame Tierquälerei"* durch *„niederträchtige KZ-Käfighaltung"*. Das Produkt der Käfighaltung nennt er *„KZ-Eier"*. 1976 erstreitet er sich das Recht, die Massenproduktion von Eiern durch die Haltung von Legehennen in engen Käfigen als *„KZ-Eier"* nennen zu dürfen – ein unpassender Begriff vor dem Hintergrund der deutschen Geschichte [943].

Wie haben sich die Viehbestände in Deutschland seit dem 19. Jh. verändert? Wann beginnt die Intensiv- bzw. Massentierhaltung? Der Rinderbestand nimmt im Deutschen Reich aufgrund der erheblich wachsenden Fleischnachfrage von 1873 bis 1914 um ein Drittel zu. Während der beiden Weltkriege gehen die Rinderzahlen deutlich zurück. Nach dem Zweiten Weltkrieg steht in den beiden deutschen Staaten zusammen eine weitaus geringere Fläche für die Tierhaltung und den Futteranbau als zuvor

im größeren Deutschen Reich zur Verfügung. Dennoch wächst der Rinderbestand bis 1990 auf fast 20 Mio. Tiere an. Danach geht er in Ostdeutschland stark zurück. Im Jahr 2018 werden in Deutschland kaum mehr als 12 Mio. Rinder gehalten.

Bis zum Zweiten Weltkrieg entwickelt sich der Schweinebestand (mit Ausnahme der kurzen Phase des „Schweinemordes" während des Ersten Weltkrieges) ähnlich wie der Rinderbestand. Nach 1949 steigt die Zahl der in den beiden deutschen Staaten gehaltenen Schweine auf mehr als 27 Mio., 1990 sind es gar mehr als 30 Mio. Dann geht der Bestand Mitte der 1990er-Jahre auf weniger als 24 Mio. Schweine zurück; in den späten 2010er-Jahren pendelt er um 27 Mio.

Im Deutschen Reich gibt es praktisch keine Schweinehaltung in Großbetrieben. Erst seit den 1950er-Jahren entwickelt sich in beiden deutschen Staaten eine industrieartige Schweinezucht; Schweine lassen sich leichter auf engem Raum halten als Rinder. Eine bedeutende Gewichtszunahme in kurzer Zeit ist bei Schweinen, nicht aber bei Rindern erreichbar. So verwundert es nicht, dass Rindfleisch aktuell wesentlich teurer ist als Schweinefleisch. Das Verhältnis der Rinder- zu den Schweinebeständen hat sich von 2,2:1 im Jahr 1873 auf 1:2,2 im Jahr 2018 umgekehrt.

Wandel der Rinder- und Schweinebestände seit 1873 im Deutschen Reich, in DDR und BRD sowie im vereinigten Deutschland (in Mio. Tieren) [944]

| Jahr | Rinder | Schweine |
|------|--------|----------|
| 1873 | 15,8 | 7,1 |
| 1900 | 18,9 | 16,8 |
| 1913 | 21,1 | 25,7 |
| 1925 | 17,3 | 16,3 |
| 1940 | 19,7 | 21,6 |
| 1950 | 14,8 | 27,4 |
| 1990 | 19,5 | 30,8 |
| 1995 | 15,9 | 23,7 |
| 2000 | 14,5 | 25,6 |
| 2010 | 12,8 | 26,9 |
| 2014 | 12,7 | 28,1 |
| 2018 | 12,1 | 26,9 |

Heute werden in Deutschland alljährlich mehrere Hundert Millionen Tiere gemästet, getötet und von Menschen verzehrt. Der mittlere Fleischverbrauch liegt 2017 in Deutschland bei 87,7 kg pro Person, davon entfallen 14,6 kg auf Rind- und Kalbfleisch, 49,7 kg auf Schweinefleisch und 20,9 kg auf Geflügelfleisch. Diese Daten enthalten auch die

---

[60]Tier-, Verbraucher- und Umweltschützerinnen und -schützer bezeichnen die Haltung großer Tierbestände auf kleinem Raum als „Massentierhaltung", ein negativ konnotierter Begriff, der von Bauernverbänden und vielen Tierhaltern abgelehnt wird; sie verwenden stattdessen den Ausdruck „Intensivtierhaltung".

industrielle Verwertung von Fleisch, die Verfütterung von Fleischprodukten an Nutztiere und Verluste wie Knochen [945].

Davon verzehrt ein Mensch 2017 in Deutschland nach Angaben des Bundesministeriums für Ernährung und Landwirtschaft durchschnittlich 59,8 kg Fleisch, darunter 10,0 kg Rind- und Kalbfleisch, 35,9 kg Schweinefleisch und 12,4 kg Geflügelfleisch. Hinzu kommen 14,2 kg Eier. Der Fleischverzehr hat sich in Deutschland von 1950 bis 2017 mehr als verdoppelt [946].

Im Verlauf seines Lebens isst ein Mensch in Deutschland im Mittel 1094 Tiere: 945 Hühner, 46 Puten, 46 Schweine, 37 Enten, 12 Gänse, 4 Rinder und 4 Schafe. Eine Frau nimmt durchschnittlich 85 g Fleisch und Wurst pro Tag zu sich, ein Mann 156 g (Daten von 2012). Die Deutsche Gesellschaft für Ernährung empfiehlt geschlechtsunabhängig einen mittleren täglichen Fleischkonsum von 43 bis 86 g. Männer konsumieren damit im Jahr 2012 nahezu das Doppelte der Obergrenze dieser Empfehlungen [947].

Blicken wir auf die Geflügelhaltung: Im Jahr 2016 werden in Deutschland 1,6 Mio. t Geflügelfleisch erzeugt [948]. Mehr als 48 von 67,5 Mio. Masthühnern leben in Deutschland meist unter Kunstlicht auf dem Boden von Hallen (Abb. 2.137); sie werden vorwiegend in Großbetrieben mit wenigstens 10.000 Hühnern gehalten. Im Jahr 1970 nimmt ein Masthuhn durchschnittlich 33 g pro Tag zu. 2007 sind es bereits 59 g am Tag. Die Zeit, die ein Huhn benötigt, um ein Schlachtgewicht von 1600 g zu erreichen, reduziert sich von 48 auf 27 Masttage [949]. Diese extreme Gewichtszunahme in kürzester Zeit wird möglich, da Hühner durch Züchtung das Gefühl der Sättigung verloren haben. Die Haltung auf engstem Raum bedingt eine hohe Erkrankungsanfälligkeit. Um große Verluste an Masthühnern zu verhindern, gibt man bis 2005 häufig präventiv Antibiotika. Seit dem 1. Januar 2006 ist deren Beimischung zum Futter als Prophylaxe und zur Leistungssteigerung verboten [950].

Der Antibiotikaverbrauch in der Tierhaltung in Deutschland steigt von etwa 724 t im Jahr 2003 auf rund 900 t im Jahr 2010 [951]. Seit 2011 registriert das Deutsche Institut für Medizinische Dokumentation und Information die von Pharmaunternehmen an Veterinärmedizinerinnen und Veterinärmediziner *abgegebene* Menge an Antibiotika: 2011 sind es 1706 t, 2017 „nur" noch 733 t. Tierärzte geben Antibiotika nach einer Diagnose an Tierhalter ab, die sie heute ausschließlich bei kranken Tieren einsetzen dürfen. Tierärzte und -halter haben deren Verwendung den Überwachungsämtern nachzuweisen [952].

Die Bundesrepublik Deutschland hat eine Fläche von 357.580 km². Im Jahr 2015 bedecken Wälder 29,7 % oder 106.170 km² des Landes und landwirtschaftlich genutzte Flächen 51,1 % bzw. 182.637 km². Die Fläche für den Anbau von Nahrungsmitteln in Deutschland umfasst 142.000 km², gut die Hälfte davon wird für den Export genutzt. Lediglich etwa 70.000 km² der landwirtschaftlich genutzten Fläche Deutschlands dienen dem Nahrungsmittelkonsum in Deutschland [953]!

Um die Ernährungsgüter zu produzieren, die im Jahr 2015 in Deutschland konsumiert werden, benötigen Landwirtschaftsbetriebe weltweit eine Fläche von etwa 194.000 km². Deutsche verursachen damit einen signifikanten globalen ökologischen Fußabdruck [954].

Der WWF Deutschland hat berechnet, dass jeder in Deutschland lebende Mensch im Mittel 498 m² Fläche für die Produktion des Schweinefleisches benötigt, das er konsumiert, 351 m² für den eigenen Rindfleischkonsum und 154 m² für den Geflügelfleischkonsum. Diese Angaben beziehen die Flächen für den Futtermittelanbau ein. Zum Vergleich: Der Flächenbedarf für den Weizenkonsum liegt bei 123 m² pro Kopf, derjenige für Kartoffeln lediglich bei 15 m² pro Kopf. Für unseren Fleischverzehr nutzen wir sehr viel Land. Der WWF Deutschland formuliert plakativ: *„Fleisch frisst Land"*. [955].

Ein sehr hoher Konsum an Fleisch und Wurst bewirken gesundheitliche und Umweltprobleme. Vergleicht man alle Lebensmittel, so hat die Produktion von Fleisch die größten Umweltwirkungen. Die Produktion von Fleisch ist im Vergleich zum Getreide überaus energieintensiv: Um eine tierische Kalorie zu erzeugen, sind in Abhängigkeit von den Tier- und Pflanzenarten 5 bis 30 pflanzliche Kalorien erforderlich.

Die Tierhaltung verändert die Energie-, Wasser- und Stoffhaushalte, die Böden, das Klima und die biologische Vielfalt. In großem Umfang benötigt werden Flächen, Energie, Düngemittel, Herbizide und Insektizide.

**Abb. 2.137** Massenhaltung von Puten

Sojabohnen wachsen im Jahr 2018 weltweit auf einer Fläche von mehr als 110 Mio. ha. Ölmühlen pressen aus den Bohnen etwa 10 % Sojaöl. Der Rest, Sojaschrot, wird zu Kraftfutter verarbeitet und zu rund 90 % an Geflügel, Schweine und Rinder verfüttert. Allein der in Deutschland verfütterte Sojaschrot stammt von einer zusammen zirka 19.000 $km^2$ großen Anbaufläche, die ganz überwiegend in Südamerika liegt und etwas größer als Sachsen ist. Damit benötigt jeder in Deutschland lebende Mensch im Mittel für den eigenen Fleisch- und Wurstverzehr 229 $m^2$ Anbaufläche, auf denen nur Sojabohnen wachsen. Trotz der Sojaschrotimporte stammt 92 % des Viehfutters aus Deutschland. Deutsche Landwirtschaftsbetriebe verfüttern vorwiegend heimische Gräser und Kräuter aus Dauergrünland und heimisches Getreide [956].

Nach Berechnungen des Umweltbundesamtes emittiert die Landwirtschaft in Deutschland im Jahr 2016 7,2 % der gesamten nationalen Treibhausgasemissionen: 65,2 Mio. t $CO_2$-Äquivalente. Etwa 59 % der deutschen Methan-Emissionen ($CH_4$) und ungefähr 80 % der Lachgas-Emissionen ($N_2O$) gehen auf die Landwirtschaft zurück. Die Viehhaltung verantwortet etwa 60 bis 80 % der landwirtschaftlichen $CO_2$- und $CH_4$-Emissionen. Bezogen auf einen Betrachtungszeitrum von 100 Jahren wirkt $CH_4$ auf das Klima etwa 28 bis 36-mal stärker als $CO_2$; $N_2O$ ist sogar annähernd 300-mal klimaschädlicher als $CO_2$ [957].

Die Produktion von 1 kg Rindfleisch verursacht Emissionen von 14 bis 32 kg $CO_2$-Äquivalente, von 1kg Schweinefleisch 4 bis 10 kg, von 1 kg Geflügelfleisch von 3,7 bis 7 kg. Der Anbau von Futtermitteln trägt zu diesen hohen Werten bei [958].

Ein in Deutschland lebender Mensch erzeugt 2017 durch den Verzehr von Fleisch Emissionen von im Mittel etwa 0,5 t $CO_2$-Äquivalente. Im Vergleich dazu emittiert ein 2017 neu zugelassenes Fahrzeug mit einer Jahresleistung von 15.000 km knapp 2 t $CO_2$. Der $CO_2$-Ausstoß pro Kopf liegt 2017 in der Bundesrepublik im Durchschnitt bei rund 9 t [959].

Die Stickstoffüberschüsse durch landwirtschaftliche Düngung belaufen sich im Jahr 2017 auf rund 100 kg $ha^{-1}$ $a-^1$; sie verursachen ganz erhebliche Stickstoffanreicherungen in Böden und Stickstoffausträge in Oberflächen- und Grundwasser. Die Tierhaltung erzeugt etwa 38 % der Stickstoffüberschüsse. Überhöhte Stickstoffgehalte in Böden stimulieren ein stärkeres Wachstum von Kulturpflanzen, wodurch sich deren Lagerfähigkeit verringert. Die Gefahr eines Schädlingsbefalls, die Hitze- und Frostanfälligkeit steigen. Stickstoff wird durch die Atmosphäre auch in Waldböden eingetragen. Dadurch wachsen Bäume übermäßig und knicken bei Stürmen leichter ab [960].

Hohe Stickstoffbelastungen in Oberflächengewässern stimulieren das Algenwachstum, wodurch Sauerstoffmangel und lebensfeindliche Bedingungen für bestimmte Organismen auftreten können. Stickstoffüberschüsse schaffen einheitlichere Ökosysteme mit geringerer (Arten-)Vielfalt. Ähnlich wirken Phosphatüberschüsse und -austräge [961].

Bioaerosole bilden sich auf den Oberflächen von Lebewesen. Sie bestehen hauptsächlich aus

- Mikroorganismen wie Bakterien und Viren, Pilzen, Algen und Protozoen,
- Blütenpollen,
- Luftsporen von Moosen und Farnen,
- winzigen Bruchstückchen lebender Organismen wie Hautschuppen, Haare, Federn und Körperflüssigkeiten wie Blut und
- Stäuben, an denen Proteine, Enzyme und Toxine haften.

Tiere, Menschen und Maschinen wirbeln Bioaerosole auf, Wind bewegt sie durch die Atmosphäre. Einige Bioaerosole, die Tieren entstammen, sind infektiös; Arbeiter in Ställen und in Einrichtungen der Fleischindustrie sind ihnen besonders ausgesetzt. So leidet gut die Hälfte der Schweinehaltenden heute an chronischer Bronchitis [962].

Die Erfolge der modernen Landwirtschaft in Deutschland und ihre Wirkungen im Jahrhundertvergleich [963].

Im frühen 19. Jh. arbeitet jeder dritte Erwerbstätige im Deutschen Reich in der Landwirtschaft, zu Beginn der 1950er-Jahre in der Bundesrepublik Deutschland noch jeder vierte Beschäftigte und im beginnenden 21. Jh. im vereinigten Deutschland nur noch jeder fünfzigste. Sie erzeugen im frühen 20. Jh. auf einem Hektar im Mittel 18,5 Dezitonnen (dt) pro Jahr und im Zeitraum 2010 bis 2015 bereits 77,1 dt Weizen jährlich – eine exorbitante Steigerung um rund 400 %. Seit wenigen Jahren steigen die Weizenerträge bloß noch marginal.

Um das Jahr 1900 ernähren Nahrungsmittel, die ein Landwirt im Durchschnitt erzeugt, vier Menschen, im Jahr 1950 bereits 10 und im Jahr 2016 sogar 155. Im Jahr 1900 bewirtschaften 5,6 Mio. Betriebe etwas mehr als 26 Mio. ha landwirtschaftliche Nutzfläche im Deutschen Reich; sie halten ungefähr 20 Mio. Großvieheinheiten. 2017 sind es in Deutschland 287.000 Betriebe mit knapp 16,7 Mio. ha landwirtschaftlicher Nutzfläche und 12,3 Mio. Rindern (2017), 27,6 Mio. Schweinen (2017) und etwa 177 Mio. Stück Geflügel (2014). Im Jahr 2014 werden 701 Mio. Stück Geflügel geschlachtet. Legehennen dienen der höchst möglichen Eierproduktion, Masthühner der maximalen Fleischerzeugung in kürzest möglicher Zeit. Männliche Küken – jährlich etwa 45 Mio. – können keine Eier legen und haben einen zu geringen Fleischansatz. Ihr wirtschaftlich wertloses Dasein endet unmittelbar nach dem Schlüpfen – früher durch Schreddern, heute durch Tötung nach vorausgegangener Betäubung mit Kohlendioxid. Erste Verfahren zur Früherkennung des Geschlechts im Ei gibt es bereits. Zukünftig schlüpfen wohl fast nur noch Hennen, die übrigen Eier werden zu Tierfutter verarbeitet.

Eine hocheffektive, rationalisierte Haltung vorrangig von Geflügel und Schweinen in großen Gebäuden ermöglicht den – auch aus gesundheitlicher Sicht – oftmals übermäßige Konsum vorwiegend billigen Fleisches. In den Ställen leben Nutztiere größtenteils beengt und damit nicht artgerecht. Die Züchtung hat versucht, die Tiere zu optimieren. Der Versuch einer Anpassung an die besonderen, engen Lebensbedingungen in Ställen misslingt zwangsläufig.

Das Futter für das Vieh kommt heute aufgrund extrem niedriger Transportpreise aus aller Welt. Seine Erzeugung bedarf immenser Mengen an Düngemitteln und Pestiziden. Die Tierhaltung in Großanlagen erfordert den Einsatz von großen Mengen an Medikamenten.

In den Ställen fallen immense Mengen an Fäkalien an. In einigen Regionen erzeugen sie eine gravierende Überdüngung der Böden und eine erhebliche Belastung des Grundwassers mit Nährstoffen.

Lastkraftwagen bringen Vieh manchmal über große Distanzen zu den Schlachthöfen (Abb. 2.138). Die Transportbedingungen sind nicht artgerecht.

Auf einer im Vergleich zum Jahr 1900 weitaus geringeren Nutzfläche hat sich die Gesamterzeugung an Kulturpflanzen und Tieren aufgrund von Züchtung, Mechanisierung, veränderter Düngung bzw. Ernährung, optimierten Agrar- und Betriebsstrukturen bis 2020 annähernd verdreifacht. Für diese gewaltige Steigerung wurden agrarindustriegemäße Landschaften geschaffen – zu Lasten der Luft-, Boden- und Gewässerqualität, der Vielfalt der Kulturlandschaften und der dortigen Lebewelt.

**Abb. 2.138** Transport von lebenden Schweinen mit dem Lkw von Dänemark nach Deutschland über die Autobahn A7. Dänemark ist ein bedeutender Schweinefleischproduzent

Zahlreiche Skandale stehen in Verbindung mit Fleisch. Ausgelöst werden sie durch die Verwendung von verdorbenem Fleisch, durch unzureichende Kühlung, falsch etikettiertes Fleisch, die Verwendung von tierischen Abfällen bei der Herstellung von Wurst, die Verfütterung von belastetem Tiermehl, lange überschrittene Mindesthaltbarkeitsdaten u. v. a. m. Die Viehseuchen der letzten Jahrhunderte, die Fleischskandale der vergangenen hundert Jahre, die oftmals nicht artgerechte Tierhaltung seit den 1950er-Jahren, die schon Grzimek am 13. November 1973 vor großem Publikum anprangerte, und die jüngsten gravierenden Umweltbelastungen durch Tierhaltung, die auch das Weltklima verändern, hatten vielfältige gesellschaftliche Wirkungen.

Eine ist der Veganismus: Im Jahr 2019 verzehren mehr als 5 Mio. in Deutschland lebende Menschen (fast) kein Fleisch und keine Fleischprodukte.

Tierschutzorganisationen kämpfen für eine artgerechte Haltung (Abb. 2.139). Weltweit aktiv ist PETA[61]. Das Motto der Tierrechtsorganisation lautet: *„Tiere sind nicht dazu da, dass wir sie essen, dass wir an ihnen experimentieren, dass wir sie anziehen, dass sie uns unterhalten, dass wir sie ausbeuten bzw. misshandeln".* [964].

Gesunde Ernährung und Tierschutz sollten einen viel höheren Stellenwert in unserer Gesellschaft erhalten, mit dem Ziel eines die Gesundheit fördernden geringeren Fleischverzehrs und einer artgerechten Tierhaltung. Hierfür müssen umgehend die politischen Rahmenbedingungen geschaffen werden.

Weitere tierhaltungsbedingte Gesundheits- und Umweltbelastungen entstehen durch Viehseuchen wie Rinderpest und Schweinepest, H5N8 vulgo „Vogelgrippe" und BSE, die auf Menschen übertragen die Creutzfeldt-Jacob-Krankheit verursacht.

---

[61]**P**eople for the **E**thical **T**reatment of **A**nimals, übersetzt: Menschen für den ethischen Umgang mit Menschen.

**Abb. 2.139** Protest „go vegan" gegen Tierhaltung auf der Agrarmesse Norla 2011 in Rendsburg

## 25. November 1973 – Die Ölpreiskrise führt zum ersten autofreien Sonntag in der BRD

Erdöl löst nach dem Zweiten Weltkrieg Steinkohle als wichtigste Energiequelle ab. Das flüssige Gestein ermöglicht über Jahrzehnte eine exponentielle Beschleunigung des Konsums und insbesondere der Mobilität [965]. Die chemische Industrie verarbeitet Erdöl zu unterschiedlichsten Produkten, die unseren Alltag vollkommen wandeln. Telefonapparate, Kaffeemaschinen, Rührgeräte, Wasserkocher, Toaster, Waschmaschinen, Staubsauger, Rasenmäher, Bohrmaschinen, Lampen, Radiogeräte, CD- und DVD-Player, Plattenspieler, Uhren, Fernseher, Bildschirme, Laptops, Drucker und Kopierer besitzen Gehäuse aus Kunststoffen. Innenräume von Kraftfahrzeugen, Zügen und Flugzeugen sind mit Kunststoffen ausgekleidet. Fußbodenbeläge, Wärmedämmstoffe unter Dächern und an Hauswänden, Fenster- und Türrahmen, Farben, Trink- und Abwasserrohre, Lebensmittelverpackungen, Einmalhandschuhe und -spritzen, künstliche Hüftgelenke, Kontaktlinsen, Brillen, Fußbälle, Ruderboote, Eimer, Boxen und Frühstücksbeutel bestehen zunehmend aus Kunststoffen. Maschinen in Lebensmittelfabriken füllen immer öfter Getränke, Quark, Joghurt, Pudding und unzählige weitere Produkte in Gefäße aus Kunststoffen. Kinder spielen mit Schaukeln, Rutschen, Rollern, Fahrrädern, Legosteinen, Miniaturautos, -küchen und -tieren aus Kunststoffen. Schulranzen und Schreibstifte enthalten Kunststoffe. Nicht wenige schlafen auf Schaumstoffmatratzen. Kosmetika, Medikamente, Reinigungsmittel, Dünge- und Pflanzenschutzmittel enthalten verarbeitetes Erdöl. Unser Leben hängt jetzt gänzlich von Kunststoffen und damit von der Verfügbarkeit von Erdöl ab. Da Menschen Kunststoffprodukte in großer Zahl erwerben und oftmals nicht lange nutzen, resultiert ein ungeheurer Ressourcenverbrauch und eine nie dagewesene Umweltverschmutzung mit Plastikabfall. Winzige Kunststoffpartikel gelangen immer stärker in die Körper von Organismen.

Der Berner Klima- und Umwelthistoriker Christian Pfister bezeichnet die auf billigem Erdöl fußende Entgrenzung unseres Konsums mit ihren sozial-, wirtschafts- und umwelthistorisch einzigartigen Folgen einprägsam als das „1950er-Syndrom". [966] Es ist der endgültige Übergang von der geologischen Epoche des Holozäns in das Anthropozän – der Begriff charakterisiert die planetarischen Veränderungen, die die Menschheit mittlerweile ausgelöst hat. Paul Crutzen, niederländischer Meteorologe und Atmosphärenchemiker, Nobelpreisträger und über zwei Jahrzehnte Direktor am Max-Planck-Institut für Chemie in Mainz, bringt ihn im Jahr 2000 in die Debatte ein.

Der kurzfristige Bedarf an Erdöl übersteigt das langfristige Angebot – wir leben über unsere Verhältnisse [967]. Der „Club of Rome" prognostiziert schon 1972

- ein baldiges Erreichen der „Grenzen des Wachstums",
- Konflikte um Ressourcen und
- das bevorstehende Ende des scheinbar unbegrenzten, auf organischen Rohstoffen wie Kohle, Erdöl und Erdgas beruhenden Wirtschaftswachstums [968].

Am jüdischen Feiertag Yom Kippur, dem 6. Oktober 1973, überfallen ägyptische und syrische Truppen Israel. Das israelische Militär schlägt die Invasoren zurück. Die Organisation erdölexportierender Länder (OPEC) beginnt umgehend westliche Staaten unter Druck zu setzen – arabische Mitgliedsstaaten fördern einen Großteil des OPEC-Öls. Die OPEC beschließt am 17. Oktober 1973 eine Minderung des Angebotes an Rohöl um 5 %. Der Weltmarktpreis für Erdöl schnellt sofort um rund 70 % in die Höhe. Erdöl ist zu einer wirksamen Waffe geworden.

1973 deckt die Bundesrepublik Deutschland ihren Erdölbedarf zu etwa zwei Dritteln mit Einfuhren aus dem Nahen Osten; die westdeutschen Reserven würden bei einem Boykott keine drei Monate reichen. Plötzlich wird der scheinbar unerschöpfliche Treibstoff der Wirtschaft rar. Spannungen zwischen arabischen Ölförderstaaten und westlichen Industrieländern sowie kräftige Erhöhungen des Weltmarktpreises für Erdöl gibt es schon lange vor dem Jom-Kippur-Krieg. In den Monaten vor diesem Krieg hat sich die Konjunktur Westdeutschlands bereits abgeschwächt. Bei jährlichen Preissteigerungen um 7 % droht ein Anstieg der Arbeitslosigkeit. Im Oktober 1973 eskaliert dann die Situation. Der Erdölmangel trifft praktisch alle Wirtschaftsbereiche. Ökonomen sehen das Ende des Wohlstandes kommen. Politiker befürchten eine gewaltige Krise. Medien schüren Ängste in der Bevölkerung [969].

Die Bundesregierung unter Bundeskanzler Willy Brandt (SPD) steht vor bisher ungekannten Aufgaben. Wie lange wird die Erdölknappheit anhalten? Wird sie sich gar verstärken und damit der Weltmarktpreis noch weiter steigen? Wie kann der Verbrauch eingeschränkt werden, ohne die Konjunktur zu stark zu belasten? Wo lässt sich Erdöl ersetzen? In welchen Bereichen wird die Arbeitslosigkeit zunehmen? Welchen Einfluss haben die auf der Ölkrise beruhenden Preissteigerungen auf die Wirtschafts- und Lohnpolitik? Wie sollte die Europäische Gemeinschaft handeln? Fragen, auf die es keine verlässlichen Antworten gibt [970].

Die Bundesregierung reagiert umgehend. Sie entwirft das Energiesicherungsgesetz, dass der Bundestag am 9. November 1973 verabschiedet. Die „Verordnung über Fahrverbote und Geschwindigkeitsbegrenzungen für Motorfahrzeuge" vom 19. November 1973 regelt die Details: „Am 25. November sowie am 2., 9. und 16. Dezember 1973 dürfen Kraftfahrzeuge, Wasserfahrzeuge mit Maschinenantrieb und motorgetriebene Luftfahrzeuge in der Zeit von 3:00 bis 3:00 Uhr des jeweils folgenden Tages nicht benutzt werden." [971]

Ausgenommen sind Fahrzeuge von Polizei, Bundeswehr und Rettungsdiensten, Linienbusse und Taxen. Menschen wandern und radeln an den autofreien Sonntagen auf Autobahnen – ein neues, wenn auch befristetes Lebensgefühl. Personenkraftwagen dürfen ab dem 24. November 1973 für die Dauer von sechs Monaten auf westdeutschen Autobahnen nicht schneller als $100\,\mathrm{km}^{-\mathrm{h}}$ und auf anderen Straßen nicht schneller als $80\,\mathrm{km}{-}^{\mathrm{h}}$ fahren. Die Bevölkerung soll den Erdölmangel bewusst wahrnehmen und sparsamer mit dem wertvollen Rohstoff umgehen – auch wenn die Einsparungen an Erdölprodukten gering sind [972].

Im Vergleich zu Anfang Oktober 1973 hat sich der Weltmarktpreis für Rohöl bis zum Jahresende vervierfacht. Die arabischen Staaten beschließen, ab Januar 1974 die Erdölförderung um weitere 5 % zu kürzen. Schon am 5. November 1973 fordern die Außenminister der Europäischen Gemeinschaft Israel auf, die seit dem Sechstagekrieg im Mai 1967 besetzten Gebiete zu räumen. Die OPEC-Staaten reagieren, sie nehmen die Abgabebeschränkungen schrittweise zurück [973].

Die erste Ölpreiskrise führt die Staaten der Europäischen Gemeinschaft und Nordamerikas in die größte Wirtschaftskrise seit den 1930er-Jahren. Die Anzahl der Arbeitslosen steigt in Westdeutschland von 273.000 im Jahr 1973 auf über eine Million im Jahr 1975. Die Produktion schrumpft in der Automobilindustrie um 18 % und im Baugewerbe um 16 %. Nur die Fahrradindustrie vermag ihren Absatz zu steigern – um 24 % in den ersten sechs Monaten der Ölpreiskrise. Die Abhängigkeit der Weltwirtschaft vom Öl ist so augenfällig wie nie zuvor. Von 1973 bis 1982 wächst der Anteil der Kernenergie an der gesamten Elektrizitätserzeugung in Westdeutschland von 6 % auf 17 %. Dis-

kussionen um die Gewinnung von Wind- und Solarenergie werden verstärkt geführt. Ab 1975 erholt sich die westdeutsche Wirtschaft wieder. Die erste Ölpreiskrise 1973/74 und die zweite in den Jahren 1979/80 befördern auch die Entwicklung der Europäischen Gemeinschaft [974].

## 17. Dezember 1973 – Der erste Reaktorblock des Kernkraftwerks Lubmin bei Greifswald geht ans Netz

*„Wenn ich groß bin, wisst ihr schon, werd' ich Agronom.*

*Pferd und Dieseltraktor gibt's bei mir nicht mehr, denn ich pflüge mit Atom. "*
Schulgedicht in der DDR [975].

In der DDR mangelt es an Steinkohle, Erdöl und Erdgas. Um Leipzig und in der Lausitz steht Braunkohle an, die unter Inkaufnahme einschneidender Landschaftsveränderungen und Gesundheitsbelastungen für die Bevölkerung abgebaut, verstromt und für die Beheizung von Wohnungen und Betrieben verwendet wird. Die Abbaubedingungen sind in den Wintermonaten zeitweise schwierig, die Versorgungssicherheit ist nicht immer gewährleistet.

Nachdem 1954 das erste sowjetische Kernkraftwerk in Obninsk südlich von Moskau erfolgreich in Betrieb gegangen ist, bietet sich die Nutzung sowjetischer Kernkraftwerkstechnologie als Königsweg für eine langfristig sichere Versorgung der DDR mit elektrischer Energie an. Das „Abkommen über Hilfeleistungen der Union der Sozialistischen Sowjetrepubliken an die Deutsche Demokratische Republik auf dem Gebiet der Physik des Atomkerns und der Nutzung der Atomenergie für die Bedürfnisse der Volkswirtschaft" wird am 28. April 1955 unterzeichnet. Am Zentralinstitut für Kernforschung Rossendorf bei Dresden arbeitet seit 1958 ein kleiner sowjetischer Forschungsreaktor mit einer Nennleistung von 2 MW. Das erste kommerzielle Kernkraftwerk der DDR mit einer Nennleistung von 70 MW nimmt am 11. Oktober 1966 bei Rheinsberg den Dauerbetrieb auf [976].

Schon einige Monate zuvor, am 14. Juli 1966, schließen die Regierungen der DDR und der UdSSR ein Abkommen über den Bau eines zweiten, beträchtlich größeren Kernkraftwerkes mit einer Nennleistung von 2000 MW. Es soll östlich des Dorfes Lubmin, etwa 15 km nordöstlich von Greifswald, in der kiefern- und sandreichen Lubminer Heide errichtet werden – auch aus Sicherheitsgründen in einer dünn besiedelten Region, weitab der Ballungszentren mit hohem Energiebedarf, in der Nähe einer scheinbar unerschöpflichen Quelle für Kühlwasser und Senke für Abwärme: des Greifswalder Boddens, einer flachen Ostseebucht. Der vorgesehene, rund 275 ha umfassende Küstenstreifen ist nach der Umsiedlung von rund 100 Familien leicht abzuriegeln und zu sichern. Bäume werden gefällt, eine Asphaltstraße und eine etwa 20 km lange Bahnstrecke bis Greifswald errichtet. Bis zu 15.000 Arbeiterinnen und Arbeiter bauen das Kernkraftwerk [977].

Während Kernkraftwerkspläne und -bauphasen in Westdeutschland massive, anhaltende und manchmal erfolgreiche Proteste der Bevölkerung hervorrufen, ist ein vergleichbarer Widerstand in der DDR nicht möglich. Sämtliche mit dem Kernkraftwerksbau und -betrieb verbundenen Vorgänge unterliegen der Geheimhaltung. Langwierige öffentliche Genehmigungs- und Prüfverfahren wie in Westdeutschland entfallen, ebenso die Rücksichtnahme auf den Naturschutz.

Der erste sowjetische Druckwasserreaktorblock geht am 17. Dezember 1973 in Lubmin ans Netz, drei weitere folgen 1974, 1977 und 1979. Der 5. Block nimmt am 24. April 1989 den Probebetrieb mit halber Leistung auf. Stündlich entnehmen Pumpen im Leistungsbetrieb der vier Reaktorblöcke bis zu 320.000 m$^3$ Kühlwasser aus dem Einlaufkanal, der von der Bucht Spandowerhagener Wiek am Peenestrom zum Kernkraftwerk führt. Erwärmt um 6 bis 8 °C fließt das Kühlwasser über den Auslaufkanal in den Greifswalder Bodden. Der erwärmte Kühlwasserstrom wirbelt Schwebstoffe im Auslaufkanal auf, mindert den Sauerstoff- und den Salzgehalt, verändert die Artenzusammensetzung und begünstigt die Ausbreitung invasiver Arten in Teilen des Greifswalder Boddens. In Ufernähe verschwinden Wasserpflanzen. Spülflüssigkeiten, die bei der Reinigung der Dampferzeuger und der Beläge in den Siederohren anfallen, werden ab 1987 unbehandelt in eine rund 500 m unter dem Werksgelände liegende porenreiche Sandsteinschicht gepresst.

Die abgebrannten Brennelemente gehen bis 1985 nach der Abklingzeit in die UdSSR. Dann wird ein Zwischenlager auf dem Kernkraftwerksgelände in Betrieb genommen. Etwa 5000 Arbeitskräfte betreiben die Anlage, die zum Volkseigenen Kombinat Kernkraftwerke „Bruno Leuschner" gehört. Zwei Jahrzehnte nach dem Planungsbeginn im Jahr 1967 ist die Bevölkerung von Greifswald um mehr als 20.000 Menschen angewachsen. Das Kernkraftwerk hat die Region verändert [978].

Der Probebetrieb des 5. Reaktorblocks endet bereits im November 1989, der Bau der Blöcke 6 bis 8 im Jahr 1990. Eine Untersuchung der betriebenen Reaktoren kommt zu dem Schluss, dass sie modernen Sicherheitsstandards nicht genügen. Auf die Abschaltung des letzten betriebenen Reaktorblocks wenige Wochen nach der Herstellung der Einheit Deutschlands am 18. Dezember 1990 folgt der fünf-

jährige Nachbetrieb zur Abfuhr der Nachzerfallswärme. Wasser aus dem Peenestrom kühlt über diese Zeit beständig die Reaktoren.

Der Einigungsvertrag legt fest, dass die bis zum 30.06.1990 in der DDR erteilten Genehmigungen für Kernkraftwerke am 1. Juli 1995 unwirksam werden. Die Energiewerke Nord GmbH (EWN) sind ein Treuhandbetrieb und Rechtsnachfolger des Volkseigenen Kombinats Kernkraftwerke „Bruno Leuschner". Die EWN beantragen am 17. Juni 1994 bei der atomrechtlichen Genehmigungsbehörde des Landes Mecklenburg-Vorpommern das Innehaben der kerntechnischen Anlage Lubmin, die Stilllegung und den schrittweisen Abbau der Reaktorblöcke 1 bis 5 – eine komplexe technische, organisatorische und logistische Herausforderung, zu der kaum Erfahrungen vorliegen. Nach der Erteilung der Rückbaugenehmigung im Jahr 1995 wird zuerst der radioaktive Brennstoff entfernt und in der Anlage zwischengelagert [979].

Das von den EWN betriebene Zwischenlager Nord für die beim Rückbau der Kernkraftwerke Lubmin und Rheinsberg angefallenen Kernbrennstoffe und weiteres strahlendes Material wird 1997 auf dem Gelände der ehemaligen kerntechnischen Anlage Lubmin in Betrieb genommen. Es hat eine Kapazität von 80 CASTOR-Behältern und lagert seit 1999 Kernbrennstoffe ein – bis voraussichtlich maximal 2039.

Die Dekontamination ist inzwischen abgeschlossen, nicht jedoch der für 2009 projektierte und später auf 2013 verschobene Abschluss der Demontage. Zusammen mit dem kleineren Kernkraftwerk bei Rheinsberg hat der Rückbau in Lubmin bis 2018 Kosten in Höhe von mindestens 6,6 Mrd. € verursacht.

1995 entsteht das Industrie- und Gewerbegebiet Lubminer Heide. Vier Jahre später legt die EWN ein Konzept für die Ansiedlung von Großbetrieben vor. Bürgerinitiativen können die Rodung von Wald für den Bau von Gaskraftwerken nicht verhindern. Für deren Realisierung, die bis heute nicht erfolgt ist, wird die erst 1994 fertiggestellte Kläranlage verlagert. Der deutsche Anlandungspunkt der Erdgasleitung Nord Stream 2 liegt westlich des Auslaufkanals des ehemaligen Kernkraftwerkes. Die Anlage eines Industriehafens erfordert die Verbreiterung und Vertiefung des Auslaufkanals. Die Abbaggerung von etwa 1 Mio. m$^3$ sandigem Lehms mit Torfbeimengungen an der Kanalbaustelle und deren Aufspülung am Lubminer Strand bedingt Umweltveränderungen. Im „Synergiepark Lubmin" soll ein großes Holzverarbeitungswerk entstehen; die dänische DONG Energy Gruppe beabsichtigt die Errichtung eines Kohlekraftwerkes. Diese Ansiedlungen würden weitere Rodungen erfordern.

Die Landesregierung von Mecklenburg-Vorpommern setzt für die nicht bedarfsgerechte und nicht umweltverträgliche Nachnutzungsplanung riesige Geldsummen in den vorpommerschen Sand. Sie enttäuscht Hoffnungen in der Region auf eine große Zahl an Arbeitsplätzen und nimmt bedeutende Umweltveränderungen in Kauf. Wenige kleinere Betriebe siedeln sich an. Das aus der Zeit gefallene Steinkohlekraftwerk wird nicht gebaut – auch dank des seit 1990 legalen und hauptsächlich bürgerlichen Widerstandes.

## 22. Juli 1974 – Verabschiedung des Gesetzes über die Errichtung des Umweltbundesamtes in West-Berlin

Umweltschutz wird mit der sozialliberalen Regierung Brandt-Genscher ein wichtiges politisches Thema in Westdeutschland. Sie erarbeitet ein Umweltprogramm, das der Deutsche Bundestag im September 1971 verabschiedet. Doch mangelt es an einer kompetenten Institution, die fachwissenschaftlich verlässliche Antworten auf Fragen zum aktuellen Zustand der Umwelt, zur Umweltplanung und zur Vorbereitung von Umweltgesetzen geben kann. Am 23. August 1971 schlägt Bundesinnenminister Hans-Dietrich Genscher (FDP) Bundeskanzler Willy Brandt (SPD) die Etablierung eines Bundesamtes für Umweltschutz vor. Der Ausschuss für Umweltfragen des Bundeskabinetts beschließt dessen Einrichtung am 29. April 1972.

Noch ist nicht klar, welche Aufgaben das neue Amt übernehmen soll und darf. Denn bis dahin befassen sich verschiedene Ministerien mit Umweltthemen. Es gibt Widerstände gegen die Abgabe von Kompetenzen. Ausgiebige Diskussionen zur Errichtung verschiedener Umwelteinrichtungen finden in und zwischen den betroffenen Ressorts statt.

Dank des Engagements und Geschicks des Leiters des Grundsatzreferates „Umweltplanung und Umweltpolitik" des Bundesinnenministeriums Martin Uppenbrink kann eine damals in Planung befindliche Aufteilung in drei neue Umweltbehörden – Bundesamt für Umweltschutz, Bundesanstalt für Abfallwirtschaft und Bundesanstalt für Immissionsschutz (für die der Bund bereits ein Grundstück in Essen erworben hat) – gerade noch verhindert werden. Uppenbrink schlägt Genscher eine große Behörde in der Zuständigkeit des Bundesinnenministeriums unter dem Namen „Umweltbundesamt" vor. Da auch Bundesfinanz- und -wirtschaftsminister Helmut Schmidt (SPD) keine Vorbehalte hat, setzt Genscher die Empfehlung Uppenbrinks um.

Nun beginnt eine kontroverse Diskussion zum Sitz. Ein Gutachten der Bundesforschungsanstalt für Landeskunde und Raumordnung empfiehlt in Abhängigkeit von bestimmen Kriterien Kaiserslautern, Karlsruhe, Kassel, Mannheim oder Bonn. Doch dann verständigt sich Innenminister Genscher in einem Gespräch mit dem Regierenden Bürgermeister von West-Berlin Klaus Schütz (SPD) am

27. August 1973 überraschend auf West-Berlin – eine Provokation, da Berlin nach dem Vier-Mächte-Abkommen von 1971 weiterhin kein Teil der Bundesrepublik Deutschland ist. Die Sowjetunion sendet Protestnoten nach Bonn. Genscher überzeugt die zunächst skeptischen Westalliierten. Ein Verzicht auf den Standort West-Berlin hätte nun einen erheblichen Gesichtsverlust bedeutet. Mit einem Bundesgesetz vom 22. Juli 1974 wird das Umweltbundesamt (UBA) in West-Berlin errichtet. Die Regierung der DDR protestiert; einem Mitarbeiter des UBA wird die Durchreise durch das Staatsgebiet der DDR verweigert. Durch Flugreisen zwischen West-Berlin und dem Bundesgebiet vermeiden Mitarbeiterinnen und Mitarbeiter den Transit auf dem Landweg. Das UBA entwickelt sich bald zu einer wichtigen und auch international hochangesehenen Bundesbehörde. Am 2. Mai 2005 wird der Sitz nach Dessau verlegt. Teile des UBA verbleiben am Standort Berlin [980].

Die wichtigsten Aufgaben des Umweltbundesamtes beinhalten heute:

- Die wissenschaftliche Unterstützung des am 6. Juni 1986 gegründeten Bundesumweltministeriums „*in allen Angelegenheiten des Immissions- und Bodenschutzes, der Abfall- und Wasserwirtschaft, der gesundheitlichen Belange des Umweltschutzes*". [981]
- Den Aufbau und die „*Führung des Informationssystems zu Umweltplanung sowie einer zentralen Umweltdokumentation, Messung der großräumigen Luftbelastung. Aufklärung der Öffentlichkeit in Umweltfragen, Bereitstellung zentraler Dienste und Hilfen für die Ressortforschung und für die Koordinierung der Umweltforschung des Bundes, Unterstützung bei der Prüfung der Umweltverträglichkeit von Maßnahmen des Bundes*". [982]

## 1. Januar 1975 und 30. Januar 1979 – Die DDR wird zur Müllkippe von West-Berlin und Westdeutschland

Der eingemauerte und eingezäunte Westen von Berlin besitzt offenbar nicht ausreichend geeignete Flächen, um alle anfallenden häuslichen und industriellen Abfälle ordnungsgemäß zu deponieren. Die DDR bietet sich als Müllkippe von West-Berlin an. Die beiden deutschen Staaten vereinbaren die Verbringung von Bodenaushub, Bauschutt und Siedlungsabfällen, die neben Hausmüll auch industrielle Sonderabfälle und Schadstoffe umfassen dürfen, aus Berlin (West) auf vier Müllkippen im Bezirk Potsdam der DDR. Zum 1. Januar 1975 tritt der Vertrag mit einer Laufzeit von 20 Jahren in Kraft. Die Bezahlung in Devisen ist attraktiv für die DDR [983].

Nicht nur Berlin (West) hat ein Müllproblem. Auch einige westdeutsche Städte suchen geeignete Orte zur preiswerten Deponierung ihrer Abfälle – das Müllgeschäft mit der DDR ist günstiger als die Nutzung westdeutscher Entsorger und Deponien. Das Politbüro der DDR hilft auch hier. Es stimmt am 30. Januar 1979 der *„Vorbereitung eines langfristigen Vertrages über die Beseitigung von Abfallstoffen aus der BRD (Lübecker und Hamburger Raum) auf dem Territorium der DDR [...]"* zu. Im äußersten Westen des Bezirkes Rostock, rund 5 km hinter der innerdeutschen Grenze, errichten Betriebe der DDR die Abfallstoffdeponie Ihlenberg bei Schönberg in Mecklenburg auf einer Fläche von 180 ha. Sie erweitern die Grenzübergangsstelle und bauen eine Zufahrtstraße. Bereits im Juli 1979 rollen die ersten Lastkraftwagen mit Müllflugasche, Schlacken und Salzen aus Hamburg nach Schönberg. Offiziell in Betrieb genommen wird die Anlage erst 1981, nachdem das Ministerium für Umweltschutz und Wasserwirtschaft der DDR die Genehmigung erteilt hat. Über eine etwa 5 m mächtige Lage aus Hausmüll wird eine Mischschicht aus Hausmüll und Industrieabfällen aufgebracht. Gräben dienen der gesonderten Aufnahme von schadstoffreichem Abfall. Aus der drainierten Deponie fließendes Wasser fangen Sickerbecken auf [984].

Am 18. November 1993 erklärt ein Beitrag des ARD-Magazins „Monitor", 47 t Dioxin-haltiger Abfall aus dem norditalienischen Seveso seien in der Deponie Ihlenberg eingelagert worden. Die „Berliner Zeitung" bestätigt am 17. Januar 1994 den Monitor-Bericht. Was ist in Seveso bei Mailand geschehen? Überhitzung lässt dort am 4. Juli 1976 einen chemischen Reaktor mit Trichlorphenol der Firma ICMESA – einer Tochter der Basler Unternehmensgruppe Hoffmann-La Roche – zerbersten. Der Fallout enthält TCDD-Dioxin. Nach mehrjährigen Aufräumarbeiten wird der Abfall 1982 in 41 Fässer mit einem Gesamtgewicht von zirka 6,5 t eingefüllt. Darunter befinden sich nach offiziellen Angaben 600 g TCDD-Dioxin. Im März 1983 gelten die Fässer mit dem außergewöhnlich toxischen Inhalt als verschollen – ein unfassbarer Vorgang. Sie liegen wohl im französischen Ort Anguilcourt-le-Sart bei St. Quentin. Nach Basel verbracht, verbrennt der Inhalt der Fässer im November 1985 offenbar in einem Spezialofen der Firma Ciba-Geigy. Vermutungen werden öffentlich gemacht, nicht der hochgiftige Seveso-Müll, sondern andere Abfälle seien bei Ciba-Geigy verbrannt und der Seveso-Müll in die Deponie Ihlenberg bei Schönberg verbracht worden [985].

Der 12. Deutsche Bundestag setzt am 6. Juni 1991 einen Untersuchungsausschuss ein. Dieser *„soll untersuchen, welche Rolle der Arbeitsbereich ,Kommerzielle Koordinierung' und sein Leiter Dr. Schalck-Golodkowski im System von SED-Führung, Staatsleitung und Volkswirt-*

*schaft der früheren DDR spielten und wem die wirtschaftlichen Ergebnisse der Tätigkeit dieses Arbeitsbereiches zugute kamen [...]."* [986]

Nach 183 Sitzungen legt der Untersuchungsausschuss am 27. Mai 1994 dem Bundestag eine Beschlussempfehlung und einen detaillierten Bericht vor. Da die „Kommerzielle Koordinierung" der DDR auch für den Abfallhandel zwischen den beiden deutschen Staaten zuständig war, befasst sich der Untersuchungsausschuss auch mit diesem Thema und dem Verbleib des hochgiftigen Seveso-Mülls. Nach akribischen Recherchen stellt der Untersuchungsausschuss fest: *„Letztendlich können bislang die Verdächtigungen, ob ,Seveso-Dioxin' nicht doch nach Schönberg verbracht wurde, noch nicht ausgeräumt werden; selbst wenn für die Verdächtigungen keine hinlänglichen tatsächlichen Anhaltspunkte bestehen."* [987]

Auch wenn möglicherweise keine hochgiftigen Abfälle aus Seveso in der Deponie Ihlenberg liegen, so gelangen Schadstoffe von anderen Orten auf die Deponie, vorwiegend aus Hamburg und Schleswig–Holstein.

Mit Beginn des Müllexportes nach Schönberg setzen in Westdeutschland Proteste ein: Die Deponie sei nicht sicher. Daraufhin erstellte Gutachten widersprechen sich. Das Ministerium für Ernährung, Landwirtschaft und Forsten des Landes Schleswig–Holstein lehnt im Sommer 1979 einen weiteren Müllexport nach Schönberg ab.

Am 27. Februar 1981 erteilt dasselbe Ministerium eine Genehmigung zur Verbringung von Sonderabfall nach Schönberg. Dennoch kann ein Vertreter des Ministeriums am 15. Dezember 1981 auf einer Sitzung der Länderarbeitsgemeinschaft für Abfallfragen nicht ausschließen, das Oberflächenwasser gefährdet und auch die Trinkwasserversorgung von Lübeck betroffen sein könne. 1981 erlangt das Entsorgungsunternehmen Hanseatische Baustoffkontor GmbH aus Bad Schwartau das exklusive Recht, Abfälle aus der Bundesrepublik Deutschland zur Deponie Ihlenberg zu bringen. Westdeutsche Entsorger protestieren gegen den Mülltransport in die DDR zu Preisen, mit denen sie nicht konkurrieren können. Der Schleswig-Holsteinische Landtag setzt einen Untersuchungsausschuss ein. Der Abschlussbericht vom 25. November 1986 sieht keine Gefährdung für Mensch und Natur in Schleswig–Holstein durch die Deponie Ihlenberg. In einem Minderheitsvotum äußert die SPD-Fraktion Bedenken. Ministerpräsident Uwe Barschel (CDU) verkündet am 13. September 1987 eine Beendigung der Verbringung von Abfall aus Schleswig–Holstein auf den Ihlenberg zum 30. April 1988. Hamburg setzt den Müllexport dagegen fort [988].

Das Ministerium für Staatssicherheit der DDR (MfS) – Geheimdienst und Geheimpolizei der DDR – beginnt sich für die Gefahren zu interessieren, die von der Deponie ausgehen. Im April 1989 erfährt das MfS über inoffizielle

**Abb. 2.140** Die Sondermülldeponie Ihlenberg bei Schönberg in Mecklenburg-Vorpommern. Das in Drainagesystemen aufgefangene schadstoffbelastete Sickerwasser wird in den im Vordergrund sichtbaren Becken behandelt. Dahinter liegt der Deponieberg. Sein nordöstlicher Bereich ist abgedeckt und bepflanzt. Im Südwesten werden weiterhin Abfälle deponiert. (Foto: Béla Bork)

Mitarbeiter von kontaminiertem Sickerwasser und resultierenden Umweltbelastungen. Starke Niederschläge führen 1988 und 1989 dazu, dass einige Deponiebecken mit kontaminiertem Wasser mehrfach überlaufen. Der Leiter des VEB Deponie Schönberg bestätigt, dass Mitte April 1989 etwa 330 bis 500 m$^3$ ungereinigtes Deponiewasser in Oberflächengewässer gelangt sind. Maßnahmen dagegen seien nicht ergriffen worden [989].

Nach der Herstellung der Einheit Deutschlands gilt das Abfall- und Umweltrecht der Bundesrepublik Deutschland auch in Ihlenberg und die Deponie wird demgemäß gesichert. Ansonsten ändert sich wenig an den Grundstrukturen; die am Müllgeschäft Beteiligten agieren weiter. Die Ihlenberger Abfallentsorgungsgesellschaft mbH (IAG) wird Rechtsnachfolger des VEB Deponie Schönberg und damit Grundeigentümerin der Deponiefläche. Eigentümerin der IAG ist eine Gesellschaft des Landes Mecklenburg-Vorpommern [990].

Mit einer Fläche von heute 165 ha befindet sich am Ihlenberg nach wie vor eine der größten aktiven Sondermülldeponien Europas (Abb. 2.140). 2019 liefern Lastkraftwagen werktäglich bis zu 4000 t und jährlich bis zu 1 Mio. t Abfälle. Sie werden behandelt und in dünnen Schichten verdichtet gelagert. Es handelt sich um Rückstände von Kraftwerken wie Filterstäube, Rost-, Kessel- und Flugaschen sowie um Haushalts- und Gewerbemüll. Hinzu kommen belastete Abfälle vom Rückbau von Industrieanlagen und von Boden-, Asbest- und Brandschadensanierungen. Sie stammen aus Hamburg, Niedersachsen

und Schleswig-Holstein, geringe Mengen auch aus Italien und Schweden. 2019 ist noch Raum für die Aufnahme von weiteren 7 Mio. m$^3$ Müll. Die Landesregierung von Mecklenburg-Vorpommern geht von einer Schließung der Deponie Ihlenberg im Zeitraum von 2025 bis 2035 aus – dann dürfte die Kapazität erschöpft sein [991].

Aus der Deponie strömendes belastetes Sickerwasser wird aufgefangen und offenbar regelkonform behandelt. Die Sondermülldeponie kommt im November 2018 wegen der angeblichen Annahme von deutlich höheren Sondermüllmengen als genehmigt in die Schlagzeilen. Es werden nur geringe Überschreitungen der zulässigen Kontingente festgestellt [992].

Die Unterhaltung der Deponie Ihlenberg wird nach der Stilllegung eine kostspielige Ewigkeitsaufgabe sein.

## 8. bis 18. August 1975 – Waldbrandkatastrophe in Ostniedersachsen

Anhaltende Trockenheit führt im Sommer des Jahres 1975 zu einer hohen Waldbrandgefahr in den kiefernreichen Forsten, Heide- und Moorflächen der Lüneburger Heide. Fahrlässige und vorsätzliche Brandstiftung sowie Funkenflug lösen ab dem 8. August mehrere Brände aus: nordöstlich von Gifhorn, bei Unterlüß nordöstlich von Celle und um Soltau; weitere kommen hinzu. Bald verzehren um die 80 Feuer Kiefernplantagen und Heiden. Sie breiten sich mit Geschwindigkeiten von bis zu 15 km h$^{-1}$

aus. Am 10. August löst der Regierungsbezirk Lüneburg Katastrophenalarm aus.

Das Ausmaß der Brände wird zunächst falsch eingeschätzt. Niemand ist auf eine derartig komplexe Katastrophensituation vorbereitet. So verläuft die Organisation der Arbeiten der beteiligten Institutionen fast zwangsläufig chaotisch. Die Kompetenzen sind nicht immer klar. Kommunikationsmittel fehlen auf allen Arbeitsebenen. Das Funknetz ist überlastet. Mehr als 13.000 Männer und Frauen kämpfen über Tage unermüdlich und fast pausenlos gegen die Flammen, stellen Löschwasser bereit und helfen bei der Versorgung der Einsatzkräfte. Neben den Katastrophenschutzbehörden engagieren sich 7600 Soldaten der Bundeswehr, Feuerwehren aus 7 Bundesländern, 100 Bereitschaftspolizisten, das Technische Hilfswerk, der Bundesgrenzschutz, 200 britische Soldaten und 350 Helferinnen und Helfer des Deutschen Roten Kreuzes. Sie nutzen Panzer, Hubschrauber, drei französische Löschflugzeuge, Wasserwerfer und Berieselungsanlagen. Bergepanzer ziehen zirka 50 m breite Schneisen über eine Gesamtlänge von etwa 100 km durch die Kiefernplantagen. Selbst dort springt das Feuer durch Funkenflug über. Die Windrichtung ändert sich mehrfach. Es fehlt in den sandreichen und quellenarmen Landschaften an Wasser – Einheimische müssen Feuerwehrleute zu Wasserstellen führen [993].

8213 ha Kiefernforst sowie weitere Moor- und Heideflächen verbrennen (Abb. 2.141). Etwa 3000 verzweifelte Anwohnerinnen und Anwohner verlassen die von bis zu 40 m hohen Feuern bedrohte Heimat noch rechtzeitig; Hubschrauber retten dutzende Menschen. Das Flammenmeer schließt einen Löschzug ein; fünf Feuerwehrleute sterben. Insgesamt gibt es sieben Todesopfer [994].

Bis zum 18. August löschen die Einsatzkräfte sämtliche Brände. Etwa 70 % der verbrannten Wälder sind im Privatbesitz, manche Eigentümer nicht versichert und nun in ihrer Existenz bedroht. Allein die Brand-

schäden belaufen sich auf ungefähr 20 Mio. €. Räumung und Wiederaufforstung kosten weitere 30 bis 40 Mio. € [995].

Die Organisation des Katastrophenschutzes einschließlich der Leitungsstrukturen und die technischen Ausstattungen der beteiligten Einrichtungen werden nach dem Ereignis verbessert. Landesregierung und Landtag passen 1978 das Niedersächsische Brandschutz- und Katastrophenschutzgesetz und das Landeswaldgesetz sowie 1984 das Forstordnungsgesetz an [996].

Die Jahrhunderte währende Beweidung und die Aufforstung mit Kiefern haben sandige Böden in der Lüneburger Heide versauern lassen. Kiefernnadeln zersetzen sich äußerst langsam, weshalb sich mehrere Zentimeter dicke Auflagen von Nadelstreu an der Geländeoberfläche gebildet haben. Die Streuauflage ist im Sommer 1975 trocken. Sie brennt mitsamt den Kiefern wie Zunder. Große Mengen an Kohlendioxid, Staub- und Rauchpartikeln entweichen in die Atmosphäre. Vegetationsarme und -freie Flächen verbleiben. Wind und der Abfluss von starken Regen können dort die Sande verwehen und abspülen. Daher werden die Brandstandorte rasch wieder aufgeforstet – oftmals erneut mit leicht brennbaren und bodenversauernden Nadelholzarten [997]!

## 20. Dezember 1976 – Das Bundesnaturschutzgesetz tritt in der BRD in Kraft

In der Bundesrepublik gelten die Regelungen des Reichsnaturschutzgesetzes mit Ausnahme verfassungswidriger Inhalte als Landesrecht bis zum Inkrafttreten des Bundesnaturschutzgesetzes (BNatSchG) am 20. Dezember 1976 fort. Bereits am 14. Oktober 1959 hatte das Bundesverfassungsgericht festgestellt, dass die entschädigungslose Enteignung nach §24 des Reichsnaturschutzgesetzes nicht Bundesrecht ist [998].

**Abb. 2.141**  Im Sommer 1975 mitsamt der Humusauflage der Podsole verbrannte Kiefernbestände bei Unterlüß in der südlichen Lüneburger Heide

Das BNatSchG gibt nach Art. 75 Nr. 3 Grundgesetz bloß einen verbindlichen Rahmen vor; in den Ländern gelten weiterhin Bestimmungen des Reichsnaturschutzgesetzes [999]. Das neue Gesetz führt wirkmächtige Instrumente ein: die Eingriffsregelung, die Landschaftsplanung, die naturschutzrechtliche Verbandsmitwirkung und die Verbandsklage. Die Eingriffsregelung hat zum Ziel, erhebliche Beeinträchtigungen der Leistungs- und Funktionsfähigkeit des Naturhaushaltes z. B. durch den Bau von neuen Straßen, Bahnstrecken, Industrie- und Wohngebieten auch außerhalb von Schutzgebieten zu vermeiden. Ist dies nicht möglich, müssen sie durch Ausgleichs- und Ersatzmaßnahmen kompensiert werden, ggf. durch zweck- und raumgebundene Zahlungen [1000]. Als neue Schutzkategorien werden Nationalparke und Naturparke aufgenommen.

Das BNatSchG wird mehrfach novelliert, immer detaillierter und komplexer. Mit der Herstellung der Einheit Deutschlands im Herbst 1990 ersetzt es das Landeskulturgesetz der DDR. Es folgt die Integration der Regelungssysteme der Europäischen Union, darunter der Flora-Fauna-Habitat-Richtlinie. Die Novellierung im Jahr 2002 bringt einen Paradigmenwechsel: Die Generationengerechtigkeit wird eingefügt und die Lebensgrundlagen der Menschen sind nunmehr auch *„auf Grund ihres eigenen Wertes"* zu schützen. 2010 nimmt der Gesetzgeber den so wichtigen Schutz der Biodiversität auf [1001].

Natur und Landschaft sind nach §1 (1) BNatSchG *„auf Grund ihres eigenen Wertes und als Grundlage für Leben und Gesundheit des Menschen auch in Verantwortung für die künftigen Generationen im besiedelten und unbesiedelten Bereich [...] so zu schützen, dass*

1. *die biologische Vielfalt,*
2. *die Leistungs- und Funktionsfähigkeit des Naturhaushalts einschließlich der Regenrationsfähigkeit und nachhaltigen Nutzungsfähigkeit der Naturgüter sowie,*
3. *die Vielfalt, Eigenart und Schönheit sowie der Erholungswert von Natur und Landschaft*

*auf Dauer gesichert sind; der Schutz umfasst auch die Pflege, die Entwicklung und, soweit erforderlich, die Wiederherstellung von Natur und Landschaft."* [1002]

Das BNatSchG ist ein bedeutender Meilenstein in der Geschichte des deutschen Naturschutzes. Umweltverbände und die Rechtsprechung haben durch die Anwendung des BNatSchG bei vielen Infrastrukturprojekten wichtige Veränderungen erreicht. Es hat indessen nur für weniger als 1 % der Fläche, auf denen die mehr als 8000 Naturschutzgebiete Deutschlands liegen, ein Verbot jeglicher Nutzung und damit eine weitgehend ungestörte Naturwaldentwicklung bewirkt. Das Vorsorge- und das Nachhaltigkeitsprinzip müssen stärker Berücksichtigung finden, denn trotz aller Verbesserungen im Naturschutzrecht sterben weiterhin Arten und wertvolle Biotope werden in Deutschland immer noch zerstört [1003].

## 28. Dezember 1978 – Die Schneekatastrophe beginnt im Norden der beiden deutschen Staaten

Über den Jahreswechsel 1978/79 fegen mehrere schwere Schneestürme über den Norden der beiden deutschen Staaten. Ein Tiefdruckgebiet über dem Rheinland und ein stabiles Hochdruckgebiet über Nordskandinavien führen mehrere Tage lang warme atlantische Luftmassen und arktische Polarluft im südwestlichen Ostseeraum zusammen [1004]. In Greifswald hält das trübe Weihnachtswetter mit Lufttemperaturen über dem Gefrierpunkt und Nieselregen bis zum 27. Dezember 1978, an der Unterelbe bis zum Folgetag an. Dann lässt der einschneidende Kälteeinbruch die bodennahe Lufttemperatur zeitweise auf unter $-10\,°C$, am Neujahrstag in Marnitz im Kreis Parchim auf $-20{,}4\,°C$ fallen. Starker Schneefall setzt ein und endet erst am 2. Januar 1979. Von Rügen bis Sylt legt sich eine schließlich bis zu 70 cm mächtige Schneedecke über das Land. Kräftige, beständige Ostwinde türmen Schneewehen bis zu 6 m hoch auf. Mit dem Schnee wird auch Sand verweht [1005].

Zu Beginn der Stürme fallen Regentropfen aus höheren, wärmeren Luftmassen in bodennahe kühlere, sie gefrieren auf Freileitungen. Dicke Eisschichten bilden sich um elektrische Leitungen. Einige reißen durch das zusätzliche Gewicht des Eises und den starken Wind. Freileitungsmasten knicken ab. Vereinzelt fällt schon am Abend des 28. Dezember 1978 der Strom aus, am nächsten Tag in 66 schleswig-holsteinischen Dörfern. Die abgerissenen Drähte lassen sich in den Schneemassen kaum finden. Statt mit der Melkmaschine müssen Kühe mit der Hand gemolken werden. Von Schneewehen blockierte Straßen verhindern die Abholung von Milch, die daraufhin gefriert. Auf den Straßen stecken Personen- und Lastkraftwagen mitsamt Insassen zwischen Schneewehen fest. Panzer, Schneefräsen und Menschen räumen. Erst am 4. Januar 1979 ist die Autobahn zwischen Rendsburg und Flensburg – die wichtigste Landverbindung zwischen Deutschland und Dänemark – wieder einseitig befahrbar. Bahnstrecken sind blockiert, Weichen vereist. Es gibt erste Tote [1006].

Ein Sturmhochwasser kommt am 29. Dezember 1978 an der Ostseeküste hinzu, das niedrige Teile von Lübeck, Schleswig und Flensburg unter Wasser setzt. Der Kreis Schleswig-Flensburg löst Katastrophenalarm aus. Das Sturmhochwasser verursacht an einigen Küstenabschnitten Schäden, so auch an der Strandpromenade des Ostseebades Damp [1007].

In Schleswig–Holstein helfen tausende Mitarbeiterinnen und Mitarbeiter von Polizei, Feuerwehr, Bundeswehr, Technischem Hilfswerk, Stadtverwaltungen, Bundesbahn, Post, Stromversorgern sowie Freiwillige aufopferungsvoll. Menschen und vereinzelt auch Tiere werden gerettet und versorgt. Die Abstimmungen zwischen den einzelnen Hilfsinstitutionen sind mitunter ungenügend; erprobte institutions- und staatsübergreifende Konzepte für den Katastrophenfall im Binnenland fehlen noch.

Im Bezirk Rostock entsteht eine vergleichbar dramatische Lage. Die Schneemassen schließen auf Rügen rund 40 Orte mit Menschen und Vieh tagelang ein. Die Nationale Volksarmee sprengt Schneewehen auf der Bahnstrecke von Stralsund nach Saßnitz. Erst nach vier Tagen können Züge die Strecke wieder befahren [1008].

Schneefall behindert die Braunkohleförderung in der DDR. Braunkohlekraftwerke müssen heruntergefahren werden; die Energieversorgung fällt auf Rügen großflächig bis zum 3. Januar aus. Einige Menschen erfrieren in ihren Wohnungen [1009].

In der Bundesrepublik sterben 17 Menschen, in der DDR mindestens fünf. Experten schätzen den Schaden in Westdeutschland auf 146 Mio. DM, in der DDR auf rund 8 Mrd. Mark der DDR [1010].

Der Schnee bleibt lange liegen; Mitte Februar 1979 kommt viel neuer hinzu. In Husum schmilzt er erst um den 20. Mai 1979.

Die Witterungskatastrophe beweist, wie störanfällig die moderne Zivilisation geworden ist und welche gravierenden Wirkungen Stromausfälle schon nach wenigen Tagen haben.

## 17. Januar 1979 – Erster Smogalarm in Westdeutschland

Gegen 9:45 Uhr unterbricht WDR 2 das Radioprogramm für eine wichtige Durchsage in deutscher, türkischer, spanischer, griechischer und jugoslawischer Sprache: Die Überschreitung der Grenzwerte für Schwefeldioxid an drei Messstationen im Ruhrgebiet hat am frühen Morgen des 17. Januar 1979 zur Auslösung des Smogalarms in der Vorwarnstufe 1 geführt – erstmals in der Bundesrepublik Deutschland. Betroffen sind Essen, Bottrop, Oberhausen, Duisburg, Krefeld, Moers, Mühlheim und Teile des Kreises Wesel. Die Behörden bereiten für den Fall weiter steigender Schadstoffkonzentrationen Notfallmaßnahmen vor und fordern dazu auf, nicht Auto zu fahren und keine Gartenabfälle zu verbrennen. Während der austauscharmen Inversionswetterlage sind Mitte Januar 1979 Schadstoffe, die Industriebetriebe, Kraftfahrzeuge und die Kamine der Wohnhäuser ausstoßen, bodennah in der kalten Luftmasse verblieben [1011].

Seit dem Industrialisierungsschub in der 2. Hälfte des 19. Jh. sterben Menschen vermehrt an den Folgen von Smog. Doch diesmal ist der Staat in der Pflicht, denn das Bundes-Immissionsschutzgesetz – das „Gesetz zum Schutz vor schädlichen Umwelteinwirkungen durch Luftverunreinigungen, Geräusche, Erschütterungen und ähnliche Vorgänge" vom 15. März 1974 – soll vor Smog-Erkrankungen schützen [1012].

Wolfgang Menge ist ein bekannter Drehbuchautor. Sein gesellschaftskritisches, fiktionales und zugleich in Teilen realitätsnahes Fernsehspiel „Smog", dass die ARD am Sonntagabend, dem 15. April 1973 zur besten Sendezeit ausstrahlt, schockiert und sensibilisiert die Bevölkerung Westdeutschlands. Es zeigt Säuglinge in Atemnot, bewusstlose Autofahrer, zusammenbrechende Fußballspieler und hilflos agierende Behörden [1013]. Der Film hat möglicherweise die Verabschiedung des Bundes-Immissionsschutzgesetzes beschleunigt.

Am 17. Januar 1979 ignorieren viele den Smog-Alarm. Sie lassen an dem kalten Wintertag ihre Autos im Stand wie immer warmlaufen und fahren wie jeden Werktag zur Arbeit. Für Fahrverbote reicht die Luftbelastung bei weitem nicht. In den folgenden Jahren führen höhere Smog-Alarmstufen mehrfach zu Einschränkungen für die Bevölkerung des Ruhrgebietes. Am 18. Januar 1985 wird der Grenzwert für die höchste Smog-Gefahrenstufe überschritten. Schulen schließen in weiten Teilen des Ruhrgebietes, Industriebetriebe fahren die Produktion zurück, Fahrverbote ergehen [1014].

Die Luftreinhaltegesetze wirken ab den 1980er-Jahren in Westdeutschland und nach der Herstellung der Einheit 1990 auch in Ostdeutschland. Stärker trägt die Deindustrialisierung des Ruhrgebietes und Mitteldeutschlands zur Verbesserung der Luftqualität bei. Die Schwefeldioxidgehalte in der bodennahen Atmosphäre nehmen erheblich ab. Der 1985 ausgelöste Smogalarm bleibt der letzte im Ruhrgebiet. 2001 wird die Smog-Verordnung aufgehoben [1015].

Seit 2016 stehen von Dieselmotoren ausgestoßene Luftschadstoffe wie Stickstoffdioxid und Feinstaub im Fokus des öffentlichen Interesses. Wie lange bleiben gesundheitsschädliche Luftschadstoffe ein Umweltproblem?

## 1979 – Bernhard Ulrich warnt vor dem Waldsterben durch sauren Regen

Ein großes Team um den Göttinger Geobotaniker und Ökosystemforscher Heinz Ellenberg untersucht von 1966 bis 1973 systematisch Buchen- und Fichtenwälder im südniedersächsischen Solling. Moderne quantitative Mess- und Auswertungsverfahren kommen zum Einsatz. Das als „Solling-Projekt" in die Fachliteratur eingegangene Vorhaben ist in das Internationale Biologische Programm der UNESCO eingebunden. Die Messungen enden nicht mit der Laufzeit des Projektes. Sie gehen zunächst bis 1986 weiter. Lange, präzise Messreihen entstehen. Sie bringen essenzielle neue Erkenntnisse, zeigen teilweise unerwartete Trends, insbesondere den Einfluss von Emissionen auf die untersuchten Waldökosysteme [1016].

Bernhard Ulrich ist von 1965 bis 1984 Direktor des Instituts für Bodenkunde und Waldernährung und von 1984 bis 1991 Geschäftsführender Leiter des Forschungszentrums Waldökosysteme der Universität Göttingen. Er koordiniert im Solling-Projekt die wichtigen Forschungsarbeiten zum Stoffhaushalt. Schon lange weiß man, dass Kraftwerke, die fossile schwefelhaltige Brennstoffe wie Kohle und Öl verbrennen, große Mengen u. a. an Schwefeldioxid ($SO_2$) in die Atmosphäre ausstoßen. $SO_2$ löst sich in Wasser und bildet Schweflige Säure ($H_2SO_3$). Im Niederschlag fällt sie als „saurer Regen" auf die Landoberfläche. Ulrich und sein Team entdecken, dass das versickernde Regenwasser die Bodenversauerung entscheidend beschleunigt. Die Säuren tragen maßgeblich zur Freisetzung von natürlich in Böden vorkommenden Aluminiumionen bei. Sie bewirken das Absterben der Feinwurzeln von Bäumen. Die Aufnahmefähigkeit der Bäume von Wasser und Nährstoffen nimmt infolgedessen ab. Derart geschädigte Bäume sind anfälliger gegenüber Kalamitäten wie Borkenkäfern oder außergewöhnlicher Witterung wie anhaltender Trockenheit oder starkem Bodenfrost [1017].

Vereinzelt haben derartige Versauerungsprozesse schon im 19. Jh. zum vollständigen Absterben von Wäldern in der Nähe von Industriebetrieben geführt, die viel Schwefeldioxid ausstoßen – etwa im Erzgebirge oder im oberschlesischen Industriegebiet. Die lokalen Wirkungen wie Atemwegserkrankungen bei Anwohnerinnen und Anwohnern oder sterbende Bäume sind offensichtlich. Wie reagieren die zuständigen Behörden im 19. und in der 1. Hälfte des 20. Jh.? Wenn Unternehmen ihre staatlich genehmigten Emissionen nicht mindern können, wohlbemerkt „ortsübliche" Belastungen auftreten, müssen in der Umgebung lebende Menschen weichen. Klagen von Waldbesitzern gegen die Verursacher industrieller Rauchgasschäden in ihren Forsten weisen die Gerichte meist ab [1018].

In den späten 1960er und in den 1970er-Jahren werden im Solling – fernab von Industriebetrieben und Kohlekraftwerken – neuartige Waldschäden entdeckt. Sie verstärken sich offenbar schnell. Auch im Süden Deutschlands gibt es geschädigte Bäume. Hier liegt der nördlichste Rand des natürlichen Verbreitungsgebietes der Weißtanne *(Abies alba)*, weshalb diese Art dort eine geringe genetische Vielfalt besitzt. Auch deswegen reagieren Weißtannen ausgesprochen stark auf Witterungsextreme wie Trockenheit

und Luftschadstoffe wie Schweflige Säure – mittlerweile gibt es nicht mehr viele in Deutschland [1019].

Für die Umweltqualität und den Wald zuständige staatliche Institutionen und ihre wissenschaftlichen Beratungsgremien unterschätzen zunächst die Bedeutung und die Öffentlichkeitswirksamkeit der neuartigen Waldschäden.

Bernhard Ulrich ist ein früher Warner, der mit der Versauerung der Waldböden und dem resultierenden Absterben der Wälder Mitteleuropas – dem „Waldsterben" – eine ganz dramatische Entwicklung schnell auf uns zukommen sieht. 1979 tritt er aus Sorge und zur Vorsorge offensiv in die Öffentlichkeit. Er fordert eine rasche Umsetzung von Maßnahmen zur Luftreinhaltung. Ulrich steht nicht alleine, auch einige andere Forschende erwarten ein baldiges Waldsterben. Überregionale Tageszeitungen und Wochenjournale berichten. „Der Spiegel" titelt 1981: *„Saurer Regen über Deutschland. Der Wald stirbt"*. Das „Tannensterben" in Süddeutschland scheint die schlimmsten Befürchtungen zu bestätigen. Die Bodenversauerung durch Schadstoffeinträge und das Waldsterben haben sich in der gesellschaftlichen Wahrnehmung zum bedeutendsten Umweltproblem entwickelt. Steppen könnten bald die sterbenden Wälder verdrängen. Angst macht sich in der Bevölkerung Westdeutschlands breit: „Erst stirbt der Wald, dann der Mensch" rufen gegen „Sauren Regen" und „Waldsterben" protestierende [1020].

Das Bundesforschungsministerium fördert große Projekte zur Untersuchung des Ausmaßes und der Ursachen der neuartigen Waldschäden. Forstbehörden erstellen Waldzustandsberichte. Es fehlen geeignete Erfassungsmethoden, die reproduzierbare Resultate liefern. Schäden in größeren Waldbeständen sind schwer zu erfassen. Zunächst wird nicht verstanden, warum die Waldschadensfläche in Westdeutschland plötzlich enorm zunimmt – von 7,7 % im Jahr 1982 auf rund 50 % im Jahr 1984. Tatsächlich verbergen sich hinter diesem Sprung auch verbesserte Erfassungsmethoden und geübtere Erfassende. Vor 1984 waren die Schäden offenbar bereits höher als erkannt.

Wirksame Verordnungen zur Luftreinhaltung ergehen schnell. Anders als bei anderen Umweltproblemen gibt es diesmal keine gewichtige Lobby für die schadstofferzeugende Industrie. Die Kohlekraftwerke in der Bundesrepublik Deutschland müssen ab dem 1. Juli 1983 mit Rauchgasentschwefelungsanlagen ausgestattet werden. Dadurch sinkt der Ausstoß von Schwefelverbindungen binnen weniger Jahre entscheidend. Die Schäden in den Wäldern Deutschlands nehmen bis zur extremen Trockenheit des Jahres 2018 kaum noch zu. Ein ausgedehntes, überregionales Waldsterben tritt nicht ein.

Waren die Forstexperten zu überzogenen Schlussfolgerungen gelangt? Kritische Zeitgenossen – in der Regel sind es keine Fachpersonen – sehen in der Waldsterbensdebatte einen Fehlalarm, die Herbeiführung unnötiger

**Abb. 2.142** Waldschäden durch die massenhafte Vermehrung von Borkenkäfern in einer Monokultur am Brocken

Ängste in der Bevölkerung und den Versuch der Forstwissenschaften, Forschungsmittel zu akquirieren.

Die heute vorliegenden Fakten zeigen, dass die Warnungen insbesondere von Ulrich letztlich eine Minderung der Schwefeldioxid-Emissionen bewirkt und dramatischere Schäden – das Waldsterben – abgewendet haben. Abgesehen von runden Jahrestagen gerät das Phänomen Waldsterben in Vergessenheit. Sein Ausbleiben ist fraglos ein vorzügliches Beispiel für eine positive Wirkungskette, die eine gravierende Bedrohung verhindert hat. Sie beginnt mit der integrativen forstökologischen Forschung der Universität Göttingen. Die entscheidenden Prozesse, die die neuartigen Waldschäden auslösen, werden dort erkannt. Die Belastungen der Bäume durch Schadstoffeinträge machen sie empfindlich. Extreme Witterung und Kalamitäten wie die massenhafte Ausbreitung von Borkenkäfern oder Nonnenspinnern schädigen sie um so mehr (Abb. 2.142). Diese Erkenntnisse führen zu den frühen Warnungen von ausgewiesenen Forschenden. Sie erregen große öffentliche Aufmerksamkeit und mobilisieren eine engagierte Umweltbewegung. Am Ende stehen erfolgreiche umweltpolitische Maßnahmen der Bundesregierung, der zuständigen Ministerien und der nachgeordneten Behörden. Sie mindern weitere Einträge von Schwefliger Säure in die Atmosphäre und die Böden entscheidend. Das Waldsterben tritt nicht ein. Die Waldzustandsberichte der Länder identifizieren indes nach wie vor erhebliche Waldschäden [1021].

Selbst das aktuelle Sterben einer wichtigen Baumart – der Eschen – findet kaum Beachtung. Dagegen stehen die Folgen der anhaltenden Trockenheit von April bis November 2018, darunter Dürreschäden auch in Forsten und Kalamitäten wie die Ausbreitung des Eichenprozessionsspinners, im Sommer 2018 im Fokus der Öffentlichkeit. In einigen Wäldern mit sandigen Böden, mit nicht standortangepassten Baumarten oder in Normaljahren

schon vergleichsweise geringen Niederschlägen schwächt die zeitweilig starke Hitze und Trockenheit im Sommer 2019 zahllose Bäume weiter. Nicht wenige sterben.

## 13. Januar 1980 – Gründung der Partei „Die Grünen" in der BRD

Menschen und Initiativen, die sich für eine saubere Umwelt engagieren, erregen seit den 1950er-Jahren Aufmerksamkeit in der Bundesrepublik. Der Essener Arzt Dr. Clemens Schmeck führt die Zunahme von Bindehautentzündungen bei Kindern in den 1950er-Jahren auf die Luftverschmutzung der Oberhausener Hütte zurück. Er kämpft fortan gegen Luftverschmutzung und gründet 1962 die „Interessengemeinschaft gegen Luftverschmutzungsschäden und Luftverunreinigung".

1972 beginnen bodenständige Menschen vom Kaiserstuhl zusammen mit Studierenden, Akademikerinnen und Akademikern aus Freiburg i. B. gegen das geplante Kernkraftwerk Wyhl zu protestieren. Sie gründen 1974 gemeinsam mit französischen Gruppen das „Internationale Komitee der 21 Badisch-Elsässischen Bürgerinitiativen". Die Beteiligten handeln partizipativ, argumentieren fachlich fundiert. Sie entwickeln professionelle Debatten- und Widerstandskulturen. Und sie haben trotz aller Rückschläge schließlich Erfolg – bei Wyhl wird kein Kernkraftwerk errichtet.

Noch langwieriger und letztlich aus der Sicht lärmgeplagter Anwohnerinnen und Anwohner weitgehend erfolglos sind die von 1963 bis 1987 andauernden Proteste gegen den Bau der Startbahn 18 West auf dem Gelände des Flughafens von Frankfurt am Main.

Der Beschluss der niedersächsischen Landesregierung im Jahr 1977, im äußersten Osten des Bundeslandes bei Gorleben ein nukleares Entsorgungszentrum mit einer Wiederaufarbeitungsanlage zu errichten, bewirkt einen breiten organisierten Widerstand.

Das von einigen Ökologinnen und Ökologen aufgrund des Schwefeldioxidausstoßes in die Atmosphäre und der resultierenden Versauerung der Böden erwartete „Waldsterben" beunruhigt viele.

Diese und weitere regionalen Initiativen konservativer wie progressiver Bürgerinnen und Bürgern, die eine Minderung ihrer Lebensqualität oder potenzielle Gefahren für sich und ihre Umwelt verhindern wollen, haben eines gemeinsam: sie sind außerparlamentarisch. Die Bürgerinitiativen müssen darauf hoffen, dass ihre Themen bei Regierungsmitgliedern oder einflussreichen Abgeordneten der Regierungsparteien Gehör finden. Bei keiner der im Bundestag vertretenen Parteien steht die Lösung von Umweltproblemen und die mit ihnen verbundene

Gesundheit der Menschen im Zentrum des Programms. CDU, CSU, SPD und FDP schätzen damals Kernkraftwerke als günstige und verlässliche Energiequellen ein. Wirtschaftliche Entwicklung und die Schaffung von Arbeitsplätzen sind ihnen wichtiger als die Lebensqualität und die Gesundheit der Bevölkerung, wie der Ausbau des Frankfurter Flughafens inmitten eines Ballungsraumes nachdrücklich belegt.

So verwundert es nicht, dass außerparlamentarischer Protest parlamentarisch wird. Basisdemokratische grüne und bunte Listen ziehen ab 1977 in Gemeinderäte und Stadtverordnetenversammlungen ein. Delegierte verschiedener gesellschaftlicher Gruppierungen, darunter das ehemalige SPD-Mitglied Petra Kelly, das ehemalige CDU-Mitglied Herbert Gruhl, der Künstler Joseph Beuys und der Schriftsteller Carl Amery, konstituieren am 17./18. März 1979 in Frankfurt am Main die „Sonstige Politische Vereinigung Die Grünen" (SPV) [1022]. Diese erhält bei der Europawahl am 10. Juni 1979 beachtliche 3,2 % der Stimmen.

Eine Delegiertenversammlung der SPV gründet nach kontroversen Diskussionen zu Verfahrensfragen am 13. Januar 1980 in Karlsruhe die Bundespartei „Die Grünen". Am 5. Oktober 1980 scheitert sie bei der Bundestagswahl mit 1,5 % der Zweitstimmen an der 5 %-Hürde. Zwei Gruppen bestimmen fortan die Entwicklung der Grünen: die gemäßigten „Realos" und die linksalternativen bis marxistischen „Fundis". Letztere dominieren bald die Themen, woraufhin konservative Mitglieder wie Herbert Gruhl die Partei verlassen. Bei der Bundestagswahl am 6. März 1983 erhalten die Grünen 5,6 % der Zweitstimmen und 28 Mandate. Ihre zentralen Ziele bestehen darin, sozialökologische Themen und basisdemokratische Aspekte stärker in die Debatten des Bundestages zu bringen und zugleich die außerparlamentarischen Aktivitäten fortzusetzen. Dadurch beeinflussen die Grünen die (Umwelt-) Programme der anderen Bundestagsparteien und das Agieren der jeweiligen Bundesregierungen schon in den 1980er-Jahren.

Joschka Fischer wird am 12. Dezember 1985 in das Kabinett des hessischen Ministerpräsidenten Holger Börner (SPD) als Staatsminister für Umwelt und Energie berufen und damit erstes Kabinettsmitglied der Grünen in der Bundesrepublik. Zahlreiche Westdeutsche verfolgen die Politik der Grünen zur Kernenergienutzung nach der Katastrophe von Tschernobyl am 26. April 1986 mit mehr Aufmerksamkeit. Im Sommer 1986 entbrennt zwischen den beiden hessischen Regierungsparteien ein heftiger Streit um die kerntechnischen Anlagen und Unternehmen des Landes. Die Grünen verlangen die Stilllegung des Kernkraftwerkes Biblis und die Schließung von kerntechnischen Unternehmen in Hanau. Am 5. Februar 1987

teilt das SPD-geführte hessische Wirtschaftsministerium dem Bundesumweltministerium schriftlich mit, dass es beabsichtige, der Hanauer Nuklearfirma Alkem eine begrenzte Betriebserlaubnis zu erteilen. Am nächsten Tag dringen Umweltminister Fischer und der Fraktionsvorsitzende der Grünen im hessischen Landtag Jochen Vielhauer auf eine Rücknahme des Schreibens durch das hessische Wirtschaftsministerium. Die Landesversammlung der hessischen Grünen fordert am 8. Februar 1987 in Langgöns mehrheitlich die SPD ultimativ auf, ihre Haltung zu Alkem zu ändern. Umweltminister Fischer droht dort mit Rücktritt und Koalitionsbruch. Ministerpräsident Börner interpretiert diese Aussage Fischers als Rücktrittsgesuch und nimmt dieses am Folgetag an. Die erste Koalition von SPD und Grünen in einem Bundesland scheitert nach kaum 15 Monaten [1023].

Am 14. Mai 1993 vereinigen sich die 1990 entstandene ostdeutsche Bürgerrechtsbewegung „Bündnis 90" mit den westdeutschen Grünen zur gesamtdeutschen Partei „Bündnis 90/Die Grünen". Der Eintritt der Partei in die Bundesregierung 1998 rückt die Realpolitik in den Fokus. Am 12. Mai 2011 wird mit Winfried Kretschmann erstmals ein Parteimitglied von „Bündnis 90/Die Grünen" Ministerpräsident eines Bundeslandes. Seit den 1990er-Jahren dominieren die „Realos". Die Partei ist Teil des politischen Establishments Deutschlands geworden und ein wichtiger Machtfaktor. Vor allem über die Veränderung der Politiken anderer Parteien haben die Grünen die Gesellschaft in Deutschland gewandelt [1024].

*Öko ist in*
*„Die Ökologie kommt groß in Mode,*
*die Vorsilbe „Öko" wird zur Methode:*
*Der Öko-Minister kündigt an*
*eine Öko-Autobahn. […]*
*Es wirbt die Chemie in Wort und Schrift*
*für ihr bekömmliches Öko-Gift.*
*Die Autokonzerne bauen en masse*
*Öko-Autos mit Öko-Abgas.*
*Den Öko-Müll bringt die Chemie*
*auf eine Öko-Deponie.*
*Kommt dort ein Öko-Werker um,*
*kommt er ins Öko-Krematorium. […]*
*Wir verheizen die Erde, die Wärme steigt sehr.*
*Es schmelzen die Pole, schon bald kommt das Meer.*
*Die Sintflut beschert uns den Öko-Tod.*
*So straft uns Menschen der Öko-Gott."*
Bernd Hartmann: Schaden Freude. Aus dem Programm Autosuggestion. Texte verfasst für das Ratzeburger Kabarett „Kabarettiche" [1025].

### 3.5.1980–8.10.1984–27.7.2013 – Von der Ausrufung der „Freien Republik Wendland" über den ersten Atommülltransport nach Gorleben bis zum Standortauswahlgesetz

Das Niedersächsische Ministerium für Umwelt, Energie und Klimaschutz hat 2016 die von ökonomischen und geopolitischen Interessen sowie Wechseln der Bundesregierung und der Landesregierung Niedersachsens geprägte Geschichte der Erkundung des Salzstockes von Gorleben für ein Atommüllendlager und die begleitenden Proteste zusammengefasst [1026]:

Einer Empfehlung der Bundesanstalt für Geowissenschaften und Rohstoffen folgend, entscheidet sich die Bundesregierung 1963/64 für die Endlagerung von Atommüll in tiefliegenden Steinsalzformationen. Ein Jahrzehnt später plant sie ein „Nukleares Entsorgungszentrum". Drei von 26 untersuchten Standorten kommen in die engere Wahl. 1977 beschließt die niedersächsische Landesregierung unter Ernst Albrecht (CDU) die Gründung eines nuklearen Entsorgungszentrums mit einer Wiederaufarbeitungsanlage und die Bundesregierung die Erkundung des Salzstockes Gorleben im Wendland nahe an der Grenze zur DDR als Standort für die Endlagerung. In Hannover demonstrieren etwa 100.000 Atomkraftgegner gegen ein dort stattfindendes Gorleben-Hearing. Ministerpräsident Albrecht empfiehlt eine räumliche Trennung von Endlager und Wiederaufarbeitung, denn letztere sei in Gorleben nicht durchsetzbar.

1980 sollen am Standort 1004 Tiefbohrungen zur Erkundung des Salzstockes Gorleben anfangen, um dessen Eignung als Endlager zu prüfen. Die Anti-Atomkraft-Bewegung ruft am 3. Mai 1980 auf dem Bohrgelände die „Freie Republik Wendland" aus; sie organisiert die Besetzung des Bohrgeländes durch mehrere tausend Kernkraftgegner. Einige Hundert bauen ein Hüttendorf, in dem sie anschließend leben. Damit verhindern sie zunächst die Bohrungen. Am 4. Juni 1980 beenden Polizei und Grenzschutz auf Anordnung der Bundesregierung die Besetzung. Es ist der bis dahin größte Polizeieinsatz in der westdeutschen Nachkriegsgeschichte.

1982 setzen die Bauarbeiten für das Abfalllager Gorleben (ALG) zur Zwischenlagerung radioaktiven Abfalls und ein Jahr später untertägige Erkundungen ein. Das Bundesministerium des Innern veröffentlicht „Sicherheitskriterien für die Endlagerung radioaktiver Abfälle in einem Bergwerk". 1986 bzw. 1989 beginnen die Abteufungen der Schächte Gorleben 1 und 2. 1995 erreicht Schacht 2 die Endtiefe von 840 m, 1997 Schacht 2 die Endtiefe von 944 m.

Kernkraftgegner erfahren im Frühjahr 1984, dass eine erste Überführung von radioaktivem Material nach Gorleben geplant ist. Militante Aktivisten verüben daraufhin

mehrere Anschläge. Betroffen ist hauptsächlich die Bahnstrecke. Bürgerinnen und Bürger aus dem Wendland versuchen juristisch gegen die Lagerung radioaktiven Abfalls im ALG vorzugehen. Einen Antrag auf den Erlass einer einstweiligen Anordnung gegen die Einlagerung lehnt das Verwaltungsgericht Lüneburg am 12. Oktober 1984 ab [1027].

Schon vier Tage zuvor, am 8. Oktober 1984, findet der erste Atommülltransport statt. Tieflader bringen 210 Fässer, die jeweils 200 L strahlendes Material enthalten, vom Kernkraftwerk Stade in das Zwischenlager Gorleben. Nach offiziellen Angaben ist der Abfall in den Fässern nur schwachradioaktiv, was Kernkraftgegner bezweifeln. Diese erlangen sehr spät Kenntnis von dem Transport. Rund 2000 Kräfte von Polizei und Bundesgrenzschutz sichern die Überführung. Erst kurz vor dem Erreichen des Fasslagers in Gorleben gelingt es Kernkraftgegnern, die Tieflader vorübergehend aufzuhalten. Die Webseite des gemeinnützigen Vereins Gorleben Archiv erläutert präzise die Ereignisse an jenem Tag und das staatliche Handeln wie die vielfältigen Proteste in jenen Jahren [1028].

1988 scheitern sechs Anwohner vor dem Bundesverfassungsgericht mit einer Verfassungsbeschwerde gegen das ALG. Kernkraftgegner blockieren 1994 Straßen und untergraben Gleise. Militante Aktivisten üben Anschläge auf Bahnstrecken aus. 1995 kommt, geschützt von der Polizei und begleitet von starken Protesten, der erste Castor-Behälter mit Atommüll in Gorleben an [1029].

Nach dem Regierungswechsel 1999 richtet Bundesumweltminister Jürgen Trittin (Bündnis 90/Die Grünen) einen Arbeitskreis ein, den er mit der Entwicklung eines wissenschaftlichen Verfahrens für die Auswahl eines Endlagerstandortes beauftragt. Ein Jahr danach beginnt ein Moratorium der Bundesregierung zur Klärung von Zweifelsfragen. Bis längstens zum Jahr 2010 wird die Erkundung des Gorlebener Salzstockes ausgesetzt. Am 22. April 2002 stimmt der Bundestag dem Atomkonsens zu, in dem die Bundesregierung mit den Betreibern der deutschen Kernkraftwerke einen Ausstieg aus der zivilen Kernenergienutzung vereinbart hat. Bundesumweltminister Norbert Röttgen (CDU) hebt 2010 den Erkundungsstopp auf, Gorleben hat weiterhin höchste Priorität. Die Erkundungen werden am 1. Oktober fortgesetzt und 2012 erneut unterbrochen. Am 27. Juli 2013 tritt das Standortauswahlgesetz in Kraft – mit erheblichen Auswirkungen für Gorleben:

- die Erkundungsarbeiten und das atomrechtliche Planfeststellungsverfahren enden,
- der bergrechtliche Rahmenbetriebsplan wird unwirksam,
- die Klagen von Greenpeace und des Landbesitzers und Atomkraftgegners Andreas Graf Bernstorff gegen den Rahmenbetriebsplan haben sich erledigt [1030].

Gorleben bleibt ein Standort von mehreren möglichen für das deutsche Atommüllendlager – obgleich schon länger bekannt ist, dass sich Salzstöcke lediglich eingeschränkt für die Lagerung radioaktiver Stoffe eignen: Salz ist aggressiv, langfristig hochdynamisch. Das Eindringen von Grundwasser kann nicht ausgeschlossen werden, wie das Versuchsbergwerk Asse II belegt. Das Bergwerk in Gorleben wird präventiv offengehalten; 2015 setzen erste Rückbaumaßnahmen ein. Die Standortentscheidung für das Endlager in Deutschland soll bis 2031 fallen.

Die Ereignisse um die sichere Endlagerung hochradioaktiven Mülls über Jahrhunderttausende haben die Menschen im Wendland tiefgreifend verändert. Teile der ländlichen Bevölkerung haben wirkungsvolle Proteste organisiert, unterstützt von Umweltaktivistinnen und -aktivisten aus dem In- und Ausland. Unter ihnen befinden sich auch militante Gruppen, die friedlich demonstrierende Menschen zu Unrecht in Verruf gebracht haben.

Vom 18. bis zum 26. September 2010 veranstaltet das Junge Schauspiel Hannover auf dem Ballhofplatz in Hannover ein sozialtheatrales Experiment zum Thema „Freie Republik Wendland – reaktiviert" mit Theateraufführungen, Konzerten, Filmvorführungen, Gesprächen und Workshops. Während einer Podiumsdiskussion am 22. September 2010 wird der Fraktionsvorsitzende der Partei „Bündnis 90/Die Grünen", Jürgen Trittin, von einem maskierten Täter mit einer Torte attackiert. Die Veranstalter entfernen im Verlauf des Experimentes verteilte Flugblätter, die zu Gewalt aufrufen. Die Ereignisse führen zu einer Kleinen Anfrage eines CDU-Abgeordneten im Niedersächsischen Landtag. Die Wunden, die die Konfrontation zwischen dem Staat und den Kernkraftgegnerinnen und -gegnern um die Endlagersuche in Gorleben hinterlassen haben, sind lange noch nicht verheilt [1031].

Mittlerweile untersucht das Institut für Vor- und Frühgeschichtliche Archäologie der Universität Hamburg das Gorlebener Hüttendorf aus dem Jahr 1980 [1032].


## 5. Juni 1980 – Gründung des Ökologischen Arbeitskreises der Dresdner Kirchenbezirke (ÖAK)

Verlässliche Daten zum Waldsterben im Erzgebirge, zu den in einigen Regionen dramatischen Luft-, Boden- und Gewässerbelastungen sind in der DDR nicht frei zugänglich. Staatliche Organe verschweigen gezielt Informationen über den Umweltzustand oder brandmarken sie als ausländische Propaganda, wenn sie öffentlich werden. So bezeichnet das SED-Organ Neues Deutschland am Samstag, d. 10. März 1984 eine von Associated Press veröffentlichte Nachricht der UN-Wirtschaftskommission für Europa, das Waldsterben sei in der DDR am weitesten fortgeschritten, als reine Erfindung [1033].

In der Evangelisch-Lutherischen Landeskirche Sachsen gelingt hingegen ein intensiver Diskurs über den tatsächlichen Umweltzustand. Ein früher Meilenstein ist die Gründung des Ökologischen Arbeitskreises der Dresdner Kirchenbezirke (ÖAK) am 5. Juni 1980. In den folgenden Jahren entstehen im ÖAK thematische Gruppen, die sich u. a. mit den Themen Wasser, Ernährung, Haushaltschemie, Tierschutz, Energie, Verkehr und Umwelterziehung befassen. Während der monatlichen offenen Abende in der Dresdner Versöhnungskirche stellen Fachleute aktuelle Umweltthemen vor. Hier erfahren die Zuhörenden, was der Staat verheimlicht [1034].

Hunderte Kinder, die in Gebieten mit hoher Luftverschmutzung leben, besuchen im Rahmen der Initiative „Saubere Luft für Ferienkinder" des ÖAK kostenfrei privat Familien in Regionen der DDR mit sehr geringer Luftbelastung. Das Ministerium für Staatssicherheit setzt an der Initiative Beteiligte massiv u. a. mit dem Argument unter Druck, Ferienaktionen seien Aufgabe des Staates [1035].


## 13. Oktober 1980 – Aktivisten verhindern die Verklappung von Dünnsäure durch die „Kronos" in der Nordsee

Die „Kronos" ist ein Tankschiff des Leverkusener Chemieunternehmens Kronos Titan GmbH, das für die behördlich genehmigte Verklappung von „Dünnsäure" in der Nordsee nordwestlich von Helgoland eingesetzt wird. Die Kronos Titan GmbH ist der bedeutendste Produzent von Titandioxid ($TiO_2$) in der Bundesrepublik Deutschland. Lacken und Anstrichen wird $TiO_2$ als weißes Pigment zugefügt. Je Tonne produziertes $TiO_2$-Pigment fallen etwa 2,6 t Abfälle an. Das dabei entstehende Abfallprodukt „Dünnsäure". besteht hauptsächlich aus verdünnter Schwefelsäure. Es enthält häufig Schwermetalle und Kohlenwasserstoffe. Der Tanker Kronos verklappt auch „Dünnsäure" der Bayer AG. Die Chemikalien schädigen Meeresorganismen und lösen manchmal Missbildungen aus. Bereits im Umweltgutachten aus dem Jahr 1978 mahnt der Rat von Sachverständigen für Umweltfragen: Untersuchungen hätten *„ergeben, daß die Verklappung der Abfälle aus der $TiO_2$-Produktion für die Meeresumwelt keineswegs so unbedenklich ist, wie die Einleiter und die Bundesregierung glauben machen wollen."* [1036]

In der Nacht vom 12. auf den 13. Oktober 1980 liegt das Tankschiff Kronos am betriebseigenen Pier der Kronos Titan GmbH in Nordenham an der Mündung der Weser in die Nordsee. Am 13. Oktober soll es mit Dünnsäure beladen werden. Am frühen Morgen gegen 4 Uhr nähern sich eine Frau und mehrere Männer in einem kleinen Schlauchboot unauffällig der Kronos. Die Gruppe führt zwei Rettungsinseln mit sich, die Fischer aus Hamburg-Finkenwerder gespendet haben. Die Aktivisten befestigen mit Stahlseilen je eine Rettungsinsel am Bug und an der Schraube am Heck der Kronos, öffnen die Rettungsinseln mit Reißleinen und setzen sich hinein. Das Schiff ist blockiert, kann nicht auslaufen.

Weitere Aktionen finden am selben Tag statt: Aktivisten ketten sich an Tankschiffanleger der Kronos Titan GmbH und der Bayer AG in Leverkusen. Andere werfen Fische mit Missbildungen vor das Werk der Bayer AG in Brunsbüttel und das Deutsche Hydrographische Institut in Hamburg, das die Dünnsäureverklappung genehmigt hat. Am 14. Oktober fährt ein Schlepper so dicht an der Rettungsinsel am Bug der Kronos vorbei, dass sie umschlägt. Niemand wird verletzt. Die Kronos Titan GmbH fordert Schadenersatz in Höhe von etwa 100.000 € – täglich. Einige Aktivisten resignieren. Am 16. Oktober 1980 überreicht ein Gerichtsvollzieher – von einem Kran aus – eine einstweilige Verfügung. Die Aktivisten fertigen aus ihr einen Papierflieger. Die Wasserschutzpolizei kommt gegen 16 Uhr. Polizisten kappen die Stahlseile; sie schleppen die beiden Rettungsinseln in den Hafen von Nordenham. Die nicht ungefährliche Operation ist beendet. Sie erzielt den beabsichtigten Effekt: eine große Medienaufmerksamkeit [1037].

Wer sind die Aktivisten? Hauptsächlich Mitglieder des Kölner „Arbeitskreises Chemische Industrie", des Bielefelder „Vereins zur Rettung von Walen und Robben" und der Anti-Atomkraft-Bewegung. Unter ihnen befindet sich ein britischer Lehrer, der in Bielefeld tätig und von Greenpeace International beauftragt ist, eine deutsche Sektion zu gründen. Daher wird die gesamte Operation gelegentlich Greenpeace als Gründungsaktivität zugeschrieben. Die deutsche Sektion von Greenpeace wird am 18. November 1980 in Bielefeld gegründet. Weitere Aktionen von Greenpeace-Deutschland gegen die „Entsorgung" von Giftstoffen im Meer zeigen Wirkung [1038].

In den 1980er-Jahren entwickeln Chemieunternehmen erfolgreich wirtschaftlich betreibbare Rückgewinnungsanlagen. Die Verklappung von Dünnsäuren in die Nordsee ist seit dem 1. Januar 1990 verboten. Bis dahin werden Millionen Tonnen Chemikalien in der Nordsee „entsorgt" – mit erheblichen Schäden für die Meeresökosysteme.

## 1. Juli 1983 – Die Großfeuerungsanlagenverordnung tritt in der BRD in Kraft

Bundeskanzler Helmut Kohl (CDU) demonstriert, nachdem die Grünen am 6. März 1983 erstmals in den Bundestag gewählt wurden, umgehend ordnungspolitisches Umwelthandeln – der Bedeutungszuwachs der neuen Umweltpartei und die leidenschaftliche öffentliche Diskussion zum Waldsterben lösen einen Innovationsschub aus [1039].

Zuerst legt die Bundesregierung den Fokus auf die Luftreinhaltung. Der Sachverständigenrat für Umweltfragen hat mit dem 1981 veröffentlichten Gutachten „Energie und Umwelt" und dem 1983 erschienenen Gutachten „Waldschäden und Luftverunreinigungen" eindrücklich belegt, dass es die wissenschaftlichen Grundlagen für ein fundiertes Handeln längst gibt.

Öffentliche und industrielle Großfeuerungsanlagen mit hohen Schornsteinen erzeugen auch außerhalb von Industrie- und Ballungsräumen hohe Belastungen der Atmosphäre mit Schadstoffen. Die meisten Großfeuerungsanlagen sind Wärmekraftwerke, in denen damals durch das Verbrennen von Braunkohle, Steinkohle oder Holz Strom entsteht. Sie haben eine Feuerungswärmeleistung von mindestens 50 MW. Im Jahr 2012 verbrennen Großfeuerungsanlagen 40,1 Mio. t Steinkohle, 166 Mio. t Braunkohle und 135 Mrd. KWh Erdgas, um 56 % des gesamten Bruttostroms in Deutschland zu erzeugen [1040].

Sie stoßen große Mengen an Luftschadstoffen aus, darunter Kohlendioxid, Schwefel- und Stickoxide. Diese Emissionen verändern das Klima, lösen „sauren Regen" aus, versauern Böden und Oberflächengewässer, sorgen für Waldschäden [1041].

Am 1. Juli 1983 tritt die Verordnung über Großfeuerungsanlagen als 13. Verordnung zur Durchführung des Bundes-Immissionsschutzgesetzes (13. BImSchV) in Kraft. Danach müssen Feuerungsanlagen für feste Brennstoffe nunmehr so errichtet werden, dass die folgenden Emissionswerte je $m^3$ Abgas nicht überschritten werden:

- 50 mg Staub,
- 250 mg Kohlenmonoxid,
- 800 mg Stickstoffmonoxid und Stickstoffdioxid,
- 400 mg Schwefeldioxid und Schwefeltrioxid und
- in Abhängigkeit von der Feuerungswärmeleistung 100 bzw. 200 mg organische gasförmige Halogenverbindungen.

Analog legt die Verordnung Grenzwerte für die Emissionen von Feuerungsanlagen fest, die flüssige Brennstoffe verbrennen [1042].

Die jährlichen Emissionsraten von Schwefeloxiden aus Großfeuerungsanlagen sinken durch die Grenzwerte von etwa 5 Mio. t im Jahr 1980 auf 3,92 Mio. t im Jahr 1989 in Westdeutschland und von 2,47 Mio. t im Jahr 1992 im vereinigten Deutschland auf 0,15 Mio. t im Jahr 2016 – ein Rückgang um etwa 94 % seit 1992 [1043].

2011 tragen Großfeuerungsanlagen immer noch zu mehr als 48 % zu den $SO_2$-Emissionen, zu mehr als 46 % zu den

$CO_2$-Emissionen und zu etwa 20 % zu den $NO_x$-Emissionen in Deutschland bei [1044].

Durch die starke Reduzierung des Schadstoffausstoßes in die Atmosphäre fallen bei der Verbrennung von Kohle, Gas und Holz in den Großfeuerungsanlagen nun in großem Umfang Rückstände an: 2008 in Steinkohle-Großfeuerungsanlagen 6,1 Mio. t. und in Braunkohle-Großfeuerungsanlagen 10,6 Mio. t Flug- und Kesselasche, Schmelzkammergranulat und andere Produkte. Die Rückstände sind rechtlich Nebenprodukte, verwertbare oder zu beseitigende Abfälle. Flugaschen, die in Braunkohlekraftwerken anfallen, füllt man in die Tagebaue. Bei der Rauchgasentschwefelung entstehen 2008 knapp 7 Mio. t Gips, der u. a. zu Gipskartonplatten verarbeitet wird [1045].

Wärmekraftwerke, die mit fossilen Brennstoffen befeuert werden, verbrauchen 2005 etwa 13 Mrd. $m^3$ Kühlwasser. Dieses kann die Oberflächengewässer erwärmen und ist vor der Einleitung zu reinigen [1046].

Mit der Großfeuerungsanlagenverordnung gelingt ein großer umweltpolitischer Erfolg. Auch wenn die Bundesrepublik Deutschland mit ihrem Inkrafttreten im Jahr 1983 eine Vorreiterrolle in der europäischen Luftreinhaltepolitik übernimmt, belasten Wärmekraftwerke, die fossile Brennstoffe verbrennen, die Umwelt bis heute in vielfältiger Weise.

## 6. Juli 1983 – Growian: die weltgrößte Windkraft-Versuchsanlage nimmt in Dithmarschen den Probebetrieb auf

Menschen nutzen Windkraft in vorindustrieller Zeit dort, wo sie ausreichend zur Verfügung steht und benötigt wird. Windmühlen wandeln die kinetische Energie des Windes in mechanische Rotationsenergie. Sie mahlen Getreide, Ölsaaten und -früchte, stampfen Eichenrinde zur Gewinnung von Gerbsäure, sägen Holz, bohren Rohre, hämmern, walzen und schneiden Blech, pumpen Luft in Bergwerke, heben Wasser aus den Kögen an der Nordseeküste und Sole zur Befeuchtung von Gradierwerken. Im Jahr 1882 drehen sich im Deutschen Reich 18.901 Windmühlen [1047]. Zwar werden im frühen 20. Jh. erste Windturbinen entwickelt. Doch verhindert die wachsende Verbrennung preisgünstiger fossiler Wertstoffe wie Stein- und Braunkohle, Erdöl und Erdgas und dann die Spaltung von Uran zur Erzeugung elektrischer Energie die Entwicklung einer modernen Windenergienutzung [1048].

Bis in die 1980er-Jahre fehlt den Protagonisten der Energiegewinnung aus fossilen Stoffen offenbar der Glaube an eine wirtschaftlich attraktive und technisch machbare Nutzung des hochdynamischen Windes. Günther Klätte,

Vorstandsmitglied von RWE[62], stellt 1981 auf einer Hauptversammlung des Unternehmens fest: *„Wir brauchen Growian [...], um zu beweisen, daß es nicht geht"*; die erste großtechnische Anlage zur Gewinnung elektrischer Energie aus Wind in Deutschland sei *„so etwas wie ein pädagogisches Modell [...], um Kernkraftgegner zum wahren Glauben zu bekehren."* [1049] Hans Matthöfer (SPD), Bundesminister für Forschung und Energie in der BRD, erklärt 1982: *„Wir wissen, daß es uns nichts bringt."* [1050]

Dennoch gibt sein Ministerium 1978 den Bau von Growian, der ersten **Gro**ßen **Wi**ndenergie-**An**lage Deutschlands, im windreichen Kaiser-Wilhelm-Koog im Südwesten von Dithmarschen in Auftrag und finanziert sie überwiegend. Sie geht am 6. Juli 1983 in den Probebetrieb, hat eine Nennleistung von 3 MW. Zwei Stahlseile halten ein 100 m hohes und 350 t schweres Stahlrohr. Auf ihm sind ein Maschinenhaus und die zwei je 23 t wiegenden Rotorblätter befestigt, die zusammen eine Länge von 100,4 m besitzen. Es ist die größte Windenergieanlage der Welt. Doch sie scheitert. Am Pendelrahmen bilden sich Risse. Die enormen Lasten und die raschen Wechsel von Windrichtungen und -geschwindigkeiten sind materialtechnisch nicht beherrschbar. Bis zur Beendigung des Growian-Experimentes im August 1987 gelingt der geplante regelhafte Testbetrieb mit der Einspeisung von Windenergie in das öffentliche Netz nicht. Skeptiker und Gegner der Windkraftnutzung scheinen recht zu behalten [1051].

Die Debatten um das Waldsterben und die Kernenergienutzung bringen die erneuerbaren Energien endgültig in den Fokus der politischen Öffentlichkeit. Mitte der 1980er-Jahre errichten Firmen auf dem Growian-Gelände den ersten deutschen Windpark. Er besteht aus 32 Windkraftanlagen mit Nennleistungen von 10 bis 25 KW und geht am 24. August 1987 in Betrieb [1052].

Der verheerende Unfall in der Kernkraftanlage von Tschernobyl am 26. April 1986 beschleunigt das Umdenken, stärkt die Anti-Atomkraft-Bewegung und die am 13. Januar 1980 gegründete Partei „Die Grünen".

Trotz der Kosten, die das am 1. Januar 1991 in Kraft getretene Stromeinspeisungsgesetz und das am 1. April 2000 Gesetzeskraft erlangende Erneuerbare-Energien-Gesetz für die Bevölkerung hervorrufen, und trotz der Widerstände gegen Licht-Schatten-Effekte, Geräusche, Vogelschlag und eine Errichtung in Landschaftsschutzgebieten (Abb. 2.143) und Wäldern sind Windenergieanlagen zum Symbol des Aufbruchs in eine nachhaltige Zukunft geworden (Abb. 2.144) [1053].

---

[62]Rheinisch-Westfälisches Elektrizitätswerk AG, gegründet 1898 als Stromversorger von Essen.

**Abb. 2.143** Protest gegen ein Windenergieanlagenprojekt bei Meimersdorf südlich Kiel

**Abb. 2.144**  Windpark Nordsee Ost. Eigner: Innogy SE (Foto: Merle Resow 2018)

## 7. November 1983 – Die erste gewerbliche Zapfsäule für bleifreies Benzin geht in München in Betrieb

Die Tankstelle der Allguth-Filiale liegt in der Von-Kahr-Straße im Münchner Stadtteil Obermenzing. Dort wird am 7. November 1983 die erste kommerzielle Zapfsäule für bleifreies Benzin in Europa in Betrieb genommen, im Beisein von Bundesinnenminister Friedrich Zimmermann (CSU) als Tankwart und begleitet von Blasmusik. Das Ereignis zieht etliche Autofahrer an – zum Tanken oder einfach bloß zum Beobachten. An diesem Tag kostet 1 l bleifreies Benzin 1,389 DM und damit 9 Pfennig mehr als bleihaltiges Benzin [1054].

Vorausgegangen ist ein Beschluss der Bundesregierung zur Einführung bleifreien Benzins – als eine Reaktion auch auf die anhaltenden, vehementen öffentlichen Diskussionen zum Waldsterben [1055].

Warum fügt man Blei dem Benzin bei? Thomas Mosimann und seine Mitautoren haben die Geschichte des Bleis im Tank eingehend rekonstruiert [1056]: Die ersten Automotoren benötigen ein Gemisch aus Benzin und Öl. Oftmals treten bei seiner Verwendung vorzeitige Zündungen auf, die als Klopfgeräusch wahrgenommen werden und die Zylinder belasten. Zur Erhöhung der Oktanzahl, also der Klopffestigkeit, wird ab 1923 in den USA großtechnisch Tetraethylblei hergestellt und dem Benzin beigefügt.

Bei der Produktion und Nutzung des Bleibenzins kommt es zu Unfällen mit Todesfolge, die in der Öffentlichkeit wahrgenommen werden. Der Verkauf von Bleibenzin wird in den USA bis zur Abschätzung seiner Gefährlichkeit vorübergehend eingestellt und in einigen europäischen Staaten zeitweise verboten.

Ab 1928 wird in Bundesstaaten der Vereinigten Staaten mit der Begründung Bleibenzin zugelassen, die Verbleiung gefährde Autofahrerinnen und Autofahrer nicht. In den 1930er-Jahren erfolgen Zulassungen in europäischen Staaten, in der Schweiz erst 1947. Mineralölunternehmen bewerben gezielt Bleibenzin, ESSO von 1965 bis 1968 mit der eingängigen Parole „Pack den Tiger in den Tank!". Anfang der 1970er-Jahre beginnt eine lebhafte Diskussion zu den Gesundheitsgefahren von Blei im Benzin. Von Kraftfahrzeugen ausgestoßenes Blei gelangt besonders in die straßennahe Umwelt und in die Atemwege von Menschen; es wird in deren Blut nachgewiesen.

Ende der 1970er-Jahre kommt die Debatte zum Waldsterben hinzu. Blei droht langfristig knapp zu werden; die Erdölindustrie beginnt Ersatzstoffe wie Methyltertiärbutylether, kurz MTBE, zu entwickeln. In der Bundesrepublik Deutschland erlässt man Gesetze zur Reduzierung der zulässigen Höchstgrenze von Blei im Benzin. Das „Benzinbleigesetz" vom 5. August 1971 beschränkt den Gehalt an Bleiverbindungen in Ottokraftstoffen für Kraftfahrzeugmotoren zum Schutz der Gesundheit der Menschen [1057]. Zum 1. Januar 1972 wird der maximale Bleigehalt von 600 auf 400 mg l$^{-1}$ Benzin gesenkt, zum 1. Januar 1976 auf 150 mg l$^{-1}$. Die Bundesregierung verbietet 1996 die Zugabe von Blei in Benzin. Die meisten Staaten der EU folgen zum 1. Januar 2000. Da geringe Verunreinigungen nicht auszuschließen sind, liegt der aktuelle Grenzwert bei 5 mg Blei pro Liter Benzin. Außerhalb der EU und Nordamerikas verstärken erdölverarbeitende Firmen den Absatz von verbleitem Benzin in Staaten ohne oder mit hohen Grenzwerten [1058].

Heute wird Eurosuper im Mittel 2 % MTBE zugefügt. MTBE ist wasserlöslich und im Boden schwer abbaubar. Es besitzt eine geringe akute Toxizität, gefährdet indessen das Grundwasser. Das Umweltbundesamt sieht derzeit keine relevante Gefährdung von Menschen und ihrer Umwelt durch MTBE, empfiehlt 2018 langfristig den Einsatz umweltfreundlicherer Mittel [1059].

Blei im Benzin ist in Deutschland zu einer bedeutenden Umweltgeschichte geworden, mit einem typischen Verlauf: Handlungsbedarf – technische Innovation – Einführung eines Produktes – gesundheitliche Bedenken – Verkaufsverbot für das Produkt – Wiedereinführung – gesundheitliche und Umweltbedenken – Verschweigen und Verdrängen von Risiken – Verharmlosung und Leugnung von Gefahren – unzureichende und späte politische Aktivitäten – gesellschaftliche Proteste – Minderung der Verwendung des Produktes durch gesetzlich festgelegte Grenzwerte – Einführung eines Ersatzproduktes – endgültiges gesetzliches Verbot – Diskussion der Gesundheits- und Umweltwirkungen des Ersatzproduktes.

Das bis in die 1990er-Jahre in großen Mengen in die bodennahe Atmosphäre ausgestoßene Blei wird uns in den Böden entlang der Straßen noch lange begleiten.

## 12. Juli 1984 – Der „Münchner Hagelsturm" verursacht Schäden in Höhe von 1,5 Mrd. €

Starke Sonneneinstrahlung heizt am 12. Juli 1984 die feuchte untere Atmosphäre über dem Schweizer Mittelland auf; am Nachmittag bilden sich Gewitterwolken, die hagelnd durch das bayerische Alpenvorland ziehen und eine Schneise der Verwüstung hinterlassen. Gegen 20 Uhr erreicht das Gewittersystem München.

Die aufprallenden Hagelkörner werden dort immer größer, erreichen Haselnuss-, bald Tennisball- und schließlich vereinzelt Faustgröße – Durchmesser bis 9 cm! Die Eisgeschosse schlagen mit Geschwindigkeiten von bis zu 150 km h$^{-1}$ ein. Sie verletzen in und um München mehr als 300 Personen, zerschmettern Fenster, Dachziegel und Fassadenverkleidungen an rund 70.000 Gebäuden, verbeulen ungefähr 230.000 Kraftfahrzeuge und durchschlagen Front- oder Heckfenster. Die Hagelkörner beschädigen etwa 150 Flugzeuge auf den Flughäfen München-Riem und Oberpfaffenhofen. Der Osten der Landeshauptstadt ist mit einer bis zu 20 cm mächtigen Schicht aus Hagelkörnern überzogen, die Straßen sind mit unzähligen Glassplittern übersät. Östlich von München zerstören die Hagelkörner Kulturfrüchte auf etwa 20.000 ha Fläche. Das Ereignis dauert in München einige Minuten [1060].

Monate nach dem Hagelschlag wird das Ausmaß bekannt: Der gesamte Schaden beläuft sich auf zirka 1,5 Mrd. €; etwa die Hälfte dieser Summe ist versichert. Kasko-Kraftfahrzeugversicherungen erstatten etwa 450 Mio. €, Hausrats- und Gebäudeversicherungen annähernd 200 Mio. € [1061].

Nach Modellrechnungen der Schweizerischen Rückversicherungs-Gesellschaft ist einmal in 35 Jahren mit einem dem „Münchner Hagelsturm" des Jahres 1984 vergleichbaren Schaden in Mitteleuropa zu rechnen und

einmal in 250 Jahren mit einem Schaden von mehr als 3 Mrd. €. Diese angeblich 250jährliche Schadenssumme überschreitet in Deutschland eine Folge von drei Hagelschlägen bereits am 27. und 28. Juli sowie am 6. August 2013 [1062].

## 6. Juni 1986 – Das Bundesministerium für Umwelt, Naturschutz und Reaktorsicherheit der BRD wird errichtet

Am 26. April 1986 ereignet sich im Reaktor 4 des Kernkraftwerkes von Tschernobyl in der Ukrainischen Sozialistischen Sowjetrepublik eine Nuklearkatastrophe, nachdem ein sicherheitstechnisches Experiment fehlschlägt [1063].

Die Regierung und die Behörden in der Bundesrepublik wissen nicht, wieviel Radioaktivität entwichen ist. Das Bundesinnenministerium gibt zunächst Entwarnung – es bestände keine akute Gefahr. Der Deutsche Wetterdienst in Offenbach sieht nur eine geringe Wahrscheinlichkeit, dass radioaktives Material die Bundesrepublik erreicht. Wind transportiert jedoch eine beträchtliche Menge radioaktiver Elemente wie Caesium-137 ($^{137}$Cs), Jod-31 ($^{31}$I) und Strontium-90 ($^{90}$Sr) erstmals am 30. April 1986 über die beiden deutschen Staaten. Wo kräftiger Niederschlag fällt, gelangen die radioaktiven Isotope auf die Landoberfläche. Südlich der Donau sowie kleinräumig im Bayerischen Wald, von der Schwäbischen Alb bis in den Thüringer Wald, im Havelland, im südwestlichen Mecklenburg und nordwestlich von Lübeck werden bald nach dem Ereignis oberflächennah in den Böden Caesium-137-Werte über 20.000 Bq (Bq) pro m$^2$ gemessen. In Böden verbleibt $^{137}$Cs über Jahrzehnte; es hat eine Halbwertszeit von rund 30 Jahren [1064].

Radioaktive Stoffe sind unsichtbar. Viele Menschen haben Angst vor dem „Atomregen"; sie kaufen Jodtabletten. Erinnerungen an Hiroshima und Nagasaki werden wach. Behörden sperren Spielplätze. Der Import von Lebensmitteln aus Osteuropa wird eingeschränkt. Die Strahlenschutzkommission des Bundesinnenministeriums empfiehlt, Weidetiere in Ställe zu bringen und die radioaktive Strahlung von Milch vor dem Verkauf zu messen. An bayerischer Milch wird eine erhebliche radioaktive Belastung gemessen. Amtliche Grenzwerte für die Bundesrepublik Deutschland existieren nicht. Einzelne Bundesländer legen spontan unterschiedliche Werte fest – die zuständige Berliner Behörde einen zulässigen Höchstwert von 100 Bq l$^{-1}$ Milch, die hessische von 20 Bq l$^{-1}$. Vor dem 26. April hergestellte Trockenmilch und H-Milch sind bald ausverkauft. Die Bundesregierung erwirbt stärker radioaktiv belastetes Molkepulver aus der Zeit nach der Nuklearkatastrophe und lagert dieses in Eisenbahnwaggons auf einem Bundeswehrgelände bei Meppen. Später wird in Lingen ein Verfahren zur Dekontaminierung entwickelt und das gereinigte Molkepulver auf Äcker ausgebracht [1065].

Die höchsten Belastungen unter Wildtieren weisen auch noch mehr als drei Jahrzehnte nach dem Ereignis eine kleine Zahl von Wildschweinen auf. Ein 1999 in einem bayerischen Staatsforst erlegtes Wildschwein gibt eine Dosis von 64.920 Bq kg$^{-1}$ ab. Vier Jahre danach wird im Bayerischen Wald ein Wildschwein geschossen, das eine Kontamination von etwa 9800 Bq kg$-^{1}$ aufweist. Dieser Wert liegt etwa ein Fünftel über demjenigen des am höchsten belasteten Wildschweins in der Präfektur Fukushima nach der dortigen Nuklearkatastrophe im März 2011. Einige Pilzarten nehmen $^{137}$Cs verstärkt auf. Der Fraß derartiger Pilze könnte die hohe Dosis einiger bayerischer Wildschweine bedingt haben [1066].

Die Nuklearkatastrophe in der Sowjetunion hat die Umweltwahrnehmung und das Umweltbewusstsein der Bevölkerung der Bundesrepublik abrupt gewandelt.

Zwar existierte seit 1974 das Umweltbundesamt als *die* Kompetenz in Umweltangelegenheiten des Bundes, doch blieben Umweltaufgaben über zahlreiche Bundesministerien verteilt. Abstimmungen zwischen Ressorts sind schwieriger und aufwendiger als innerhalb eines Ministeriums. Die Tschernobyl-Katastrophe offenbart die strukturellen Defizite.

So wird bereits am 6. Juni 1986 das Bundesministerium für Umwelt, Naturschutz und Reaktorsicherheit errichtet. Das neue Ressort setzt sich aus den Beschäftigten verschiedener Ministerien zusammen. Wenige neue Stellen werden im Leitungsbereich des neuen Hauses geschaffen. Es ist ein Musterbeispiel für das symbolische Handeln eines Staates. Zum ersten Umweltminister der Bundesrepublik Deutschland wird der Jurist Walter Wallmann (CDU) berufen. Am 23. April 1987 verlässt Wallmann das Ministerium, um sich zum Ministerpräsidenten von Hessen wählen zu lassen. Klaus Töpfer (CDU) amtiert vom 7. Mai 1987 bis zum 17. November 1994 als zweiter Bundesminister für Umwelt, Naturschutz und Reaktorsicherheit der BRD. Seine Fachkenntnisse, sein Engagement, Organisationstalent und Geschick bewirken eine wesentliche Verbesserung des Umweltschutzes und der Umweltqualität in der Bundesrepublik und einen Ausbau der damaligen umweltpolitischen Vorreiterrolle der Bundesrepublik [1067].

> *„Politik ist eine Kunst höchster Würde und Bedeutung, in ihrer Wirkung abhängig von gründlichem Studium der Geschichte und tiefer Kenntnis der menschlichen Natur."* Immanuel Kant

## 1. November 1986 – Ein Brand in Lagerhalle 956 von Sandoz bei Basel löst ein Fischsterben im Oberrhein aus

In Lagerhalle 956 des Schweizer Chemiekonzerns Sandoz bei Basel lagern am 31. Oktober 1986 insgesamt 1351 t Chemikalien, darunter Insektizide (u. a. 1,9 t extrem toxisches Endosulfan), Herbizide, 200 kg organische Quecksilberverbindungen und Lösemittel. Auf Paletten in der Halle gestapelte Gebinde werden mit Folien umhüllt, mit der offenen Flamme eines Folienschrumpfgerätes erhitzt, damit sich der Kunststoff beim Abkühlen zusammenzieht und die Gebinde fest umschließt.

In der Nacht vom 31. Oktober auf den 1. November 1986 entsteht ein Glimmbrand, der kurz nach Mitternacht einen Großbrand auslöst, bei dem ein Teil der Chemikalien verbrennt. Eine Polizeistreife sieht das Feuer. Dichter Rauch führt morgens gegen 2 Uhr zur Sperrung der benachbarten Autobahn. Kurz nach 3 Uhr werden deutsche und französische Behörden über den Brand informiert. Um 3:43 Uhr wird Sirenenalarm ausgelöst, der öffentliche Verkehr eingestellt und eine Ausgangssperre verhängt. Die Fenster sind geschlossen zu halten. Das Feuer ist um 6 Uhr gelöscht. Rund 20.000 m$^3$ Löschwasser fließen über die Regenwasserkanalisation in den Rhein und mit ihm mehr als 20 t Chemikalien, insbesondere Phosphorsäureester, Quecksilberverbindungen und ungefährlicher, im Rhein sehr gut sichtbarer roter Farbstoff Rhodamin B. Am 3. November informiert Sandoz endlich die am Rhein liegenden Wasserwerke über Art und Menge der in den Fluss gelaufenen Chemikalien. Vom 9. bis zum 18. November entnehmen die Wasserwerke kein Wasser aus dem Rhein. Insbesondere die Insektizide verursachen ein bis zur Loreley feststellbares Fischsterben. Der Bestand an Aalen wird vor dem Brand auf 150.000 Tiere geschätzt; fast alle verenden [1068].

Die Schweizer Behörden und Sandoz haben die Gefahren und das Ausmaß der Katastrophe unterschätzt. In der Öffentlichkeit wird die starke Belastung des Rheins mit Schadstoffen umso stärker wahrgenommen. Es kommt zu Demonstrationen. Die Rheinanliegerstaaten beschließen am 1. Oktober 1987 das „Aktionsprogramm Rhein" mit dem Ziel einer entscheidenden Minderung der Stoffeinträge in den Rhein und der Wiederansiedlung ausgestorbener Fischarten, darunter dem Lachs, bis zum Jahr 2000. Die Europäische Gemeinschaft erlässt die Seveso-II-Richtlinie. 1993 verschärft Deutschland das Chemikalienrecht. Diese und weitere Maßnahmen wirken. Heute ist der Rhein erheblich weniger mit schädlichen Stoffen belastet als im Jahr 1986 [1069].

## 27. September 1988 – Bitteres aus Bitterfeld

Leipzig und Halle an der Saale liegen verkehrsgünstig und in ihrer Umgebung ist eine wichtige natürliche Ressource im Überfluss vorhanden: Braunkohle. Diese bildet die Basis für die Entwicklung eines bedeutenden Industriegebietes: des mitteldeutschen Chemiedreieckes. Im späten 19. Jh. entstehen gut 30 km nördlich von Leipzig bei Bitterfeld die ersten chemischen Fabriken. Sie gewinnen Chemikalien aus Braunkohle. Kraftwerke, die Strom durch die Verbrennung von Braunkohle erzeugen, stillen den wachsenden Energiebedarf. Während des Ersten Weltkrieges baut die BASF bei Leuna, etwa 25 km westlich von Leipzig, eine große Fabrik zur Produktion von kriegswichtigem Ammoniak. Im Gegensatz zum BASF-Werk Oppau bei Ludwigshafen ist Leuna unerreichbar für die französische Luftwaffe. In der Umgebung von Bitterfeld werden zur gleichen Zeit eine riesige Aluminiumhütte und Großkraftwerke errichtet. Die Leunaer Werke, die seit 1925 zur IG Farben gehören, produzieren mit synthetischem Benzin aus Braunkohle ein kriegswichtiges Produkt.

Nach dem Zweiten Weltkrieg enteignet die Sowjetunion die Kraftwerke und die Chemische Industrie. Ein Teil wird demontiert und in die Sowjetunion verbracht, der andere weiter betrieben und nach der Überführung in das Volkseigentum der DDR wieder auf- und ausgebaut. Die erste große petrochemische Anlage der DDR entsteht.

Mit dem Slogan „*Chemie bringt Brot, Wohlstand und Schönheit*" [1070], bewirbt die SED das 1958 verabschiedete Chemieprogramm. Es zielt auf eine Verdopplung der Produktion in nur sieben Jahren. Offenbar hat die Einheitspartei eine besondere Vorstellung von Schönheit. Denn das Chemiedreieck ist grau geworden. Feinstaub und Chemikalien legen sich auf Wohngebäude, Fabriken, Straßen und Plätze. Selbst die Pflanzen tragen, wenn es nicht gerade regnet, häufig einen grauen Schleier. Die Sonne verbirgt sich dann hinter Rauchfahnen und über dem Smog. Luftschadstoffe gelangen in die Lungen der in der Region lebenden Menschen. Sie reimen „*Bitterfeld, Bitterfeld, wo der Dreck vom Himmel fällt*". [1071]

Protokollauszug aus dem in der DDR vom „Grün-Ökologischen Netzwerk Arche" illegal produzierten Dokumentarfilm „Bitteres aus Bitterfeld. Eine Bestandsaufnahme", der am 27. September 1988 vom Magazin „Kontraste" der ARD gesendet wird [1072]:

*„Freiheit III heißt diese Kippe. Sie liegt gut versteckt hinter einem aufgeforsteten Wäldchen etwa 1 km von der Fernstraße entfernt. Eine befahrbare Straße führt bis auf die halbe Höhe der ehemaligen Tagebauanlage. Die Zufahrt ist umzäunt. Das Tor ist mal offen und mal geschlossen. Diese Kippe müßte eigentlich als Sondermülldeponie deklariert werden. Ist es aber nicht. Per LKW und per Eisenbahn transportiert das Chemiekombinat Bitterfeld seine Abfälle hier her.*

*Es wimmelt von Kanistern mit den Aufklebern ‚Vorsicht giftig‘, ‚Vorsicht feuergefährlich!‘, ‚Vorsicht leicht brennbar!‘, ‚Vorsicht bienengefährlich!‘. Es sind Transportbehälter mit den Resten der Schädlingsbekämpfungsmittel gegen Pilz, Insekten, Unkräuter. [...]*

*Reste laufen aus den Kanistern aus und bilden schillernde Pfützen. Die Aufschüttungen am Rande der Deponie sind naß von flüssigen Chemikalien. Es ist eine Frage der Zeit, wann diese giftige Soße bis zum Grundwasser vorgedrungen ist. [...]*

*Dr. Uli Neumann:*

*‚Die Bitterfelder sind einer weiteren Vielzahl von Gefährdungen ausgesetzt. Als Beispiele möchte ich nennen:*

*Inmitten von Abwasserkanälen des Chemiekombinates befindet sich eine Schrebergartenanlage der Bitterfelder und immer wenn die Mulde Hochwasser führt, werden diese Niederungen von den Chemieabwässern überschwemmt. Das produzierte Obst und Gemüse aus diesen Schrebergärten gehört eher auf eine Sondermülldeponie, als daß es zum Verzehr in der Familie bestimmt ist.‘*

*Die Abteilung Umweltschutz, Wasserwirtschaft und Erholungswesen des Rates des Kreises Bitterfeld reagiert auf die ‚Kontraste‘-Sendung. Sie sendet dem Rat des Bezirkes Halle internes Argumentationsmaterial. Ein Auszug [1073]:*

*‚- von 1971 bis 1987 erfolgte im Chemiekombinat eine Senkung*

*. der Emission von Einheitsschadstoffen um 60 %*

*. des Staubauswurfes um 79 %*

*. [...] der SO$_2$-Emission um 69 %‘".*

Die Verschmutzung von Atmosphäre, Böden, Grundwasser und Oberflächengewässern im Chemiedreieck ist gewaltig. Die SED und das Ministerium für Staatssicherheit der DDR (MfS) verhindern ein stärkeres Aufbegehren der Bevölkerung gegen die menschenfeindlichen Lebensbedingungen. Isoliert agierende kleine Umweltgruppen gründen sich in den 1980er-Jahren, meist unter dem Dach der Evangelischen Kirche. Einige hundert Aktivisten tragen sie, unter ihnen befinden sich auch Informanten des MfS. Im Januar 1988 schließen sich Umweltgruppen in der Wohnung des Bürgerrechtlers und Umweltschützers

Karl-Heinz (Carlo) Jordan zum „Grün-Ökologischen Netzwerk Arche" – kurz „Arche" – in der Evangelischen Kirche in Berlin/Brandenburg zusammen [1074].

Die Mitglieder der Arche entwickeln vielfältige, vom MfS beobachtete und beeinflusste Aktivitäten. Sie geben die Schrift „Arche Nova" und die „Arche Info Blätter" heraus, veranstalten Seminare und senden Briefe an westdeutsche Politiker. Aufsehen erregt der Dokumentarfilm der Umweltaktivisten mit dem Titel „Bitteres aus Bitterfeld. Eine Bestandsaufnahme". Das Magazin „Kontraste" der ARD strahlt ihn 27. September 1988 gekürzt aus. Viele der im Chemiedreieck lebenden Menschen erfahren auf diesem Umweg über das Westfernsehen erstmals von den stark gesundheitsgefährdenden industriebedingten Umweltbelastungen in ihrer Region [1075].

Während sich die Luftqualität bis heute wesentlich gebessert hat, bleiben Grundwasserbelastungen gravierend, da aus nicht abgedichteten Deponien des ehemaligen Chemiekombinates weiterhin in großem Umfang Schadstoffe in den Untergrund um Bitterfeld gelangen [1076].

> „MfS, ZAIG, Nr. 77/89 Berlin, den 14.2.1989
> Informationen an Schabowski, Mittig, intern MfS.
> Streng geheim!
> Um Rückgabe wird gebeten!
> Information über das „Grün-Ökologische Netzwerk Arche" in der Evangelischen Kirche in Berlin-Brandenburg
> Im Ergebnis innerer Auseinandersetzungen von Führungskräften insbesondere des feindlich-negativen Personenzusammenschlusses ‚Umweltbibliothek' in der Hauptstadt der DDR, Berlin, bildete der wegen seiner politisch-negativen Aktivitäten hinlänglich bekannte, als Bauleiter im Rahmen der Rekonstruktion der Zionskirche in Berlin-Mitte durch die Kirche eingesetzte Karl-Heinz JORDAN im Januar 1988 den sogenannten Ökologischen Umweltbund Arche. Dieser führt seit Mitte des Jahres 1988 die Bezeichnung „Grün-ökologisches Netzwerk Arche" in der Evangelischen Kirche in Berlin-Brandenburg und versucht, einen Führungsanspruch unter bisher existierenden Ökologiegruppen einzunehmen.
> Erklärtes Ziel dieses, eine zentralistische Struktur ablehnenden Zusammenschlusses ist es, als Netzwerk zur Koordinierung der Aktivitäten von – ihrer Meinung nach – mit ungenügender Wirksamkeit agierenden Umweltgruppen im Umfeld der evangelischen Kirchen in der DDR beitragen zu wollen, so u.a. durch eine thematische und wissenschaftliche Unterstützung lokaler ökologischer Aktivitäten, die Förderung der spezifischen Bildungsarbeit auf diesem Gebiet sowie die Sammlung und Speicherung von Datenmaterialien ökologischen Inhalts und Charakters.
> [...] Als inhaltliche Schwerpunkte des Tätigwerdens werden u.a. angegeben: ‚Luftreinhaltung, Waldsterben, Wasser/Grundwasser, Müllbeseitigung, Stadtbauökologie.'
> [...] Bewußt und gezielt wurden und werden derartige Informationen überhöht, tendenziös bzw. verfälscht dargestellt und fortgesetzt dazu mißbraucht, das Vorhandensein einer breiten kirchlichen Ökologiebewegung in der DDR zu suggerieren.
> [...] Wesentliche bekanntgewordene Aktivitäten, deren Ausgangspunkt ‚Arche' bildete bzw. an denen sich Kräfte von ‚Arche' federführend beteiligten sind
> - die Herstellung und Verbreitung des Videofilmes ‚Bitteres aus Bitterfeld' (gesendet am 27. September 1988 im BRD-Fernsehen); [...].
> - das Versenden sogenannter offener Briefe an den Umweltminister des Landes Hessen/BRD, WEIMAR, sowie an die Senatoren für Umweltfragen sowie für Verkehr und Betriebe im Senat von Westberlin im Zusammenhang mit der Sondermüllverbrennungsanlage Schöneiche/Bezirk Potsdam.
> [...] Seitens Führungskräften von ‚Arche' sind Bestrebungen erkennbar, ihre Aktivitäten grenzüberschreitend zu organisieren (ausgehend von der These, wonach Umweltprobleme grenzüberschreitenden Charakters sind). So bestehen vorliegenden Hinweisen zufolge stabile Kontakte zur Partei DIE GRÜNEN in der BRD und zur ALTERNATIVEN LISTE/WESTBERLIN. [...]" [1077]

Mitteilung der Zentralen Auswertungs- und Informationsgruppe (ZAIG) des MfS an Mitglieder des Zentralkomitees der SED. Das MfS unterwandert und beobachtet die Aktivitäten der Arche, versucht diese zu unterbinden und negiert die dramatischen Umweltbelastungen in der DDR.

## 12. September 1990 – Der Ministerrat der DDR verabschiedet auf seiner letzten Sitzung das „Nationalparkprogramm der DDR"

Große Gegensätze prägen die DDR: Es gibt Industriegebiete mit gewaltigen Belastungen von Atmosphäre, Böden, Grundwasser und Oberflächengewässern mit Schadstoffen wie das mitteldeutsche Chemiedreieck um Leipzig und Halle an der Saale. Dagegen stehen extensiv genutzte

Räume wie ausgedehnte Staatsjagdgebiete und Truppen-übungsplätze. Und kleinere Areale wie die faszinierende Insel Vilm im Rügischen Bodden mit ihrem alten Waldbestand. Sie ist von 1959 bis 1990 ein abgeschottetes Regierungsgästeheim, in dem sich die Ministerinnen und Minister der DDR, ihre Familien und Gäste erholen; die Bevölkerung hat keinen Zutritt. Diese Räume umfassen artenreiche Biotope mit zahlreichen seltenen Pflanzen- und Tierarten.

Michael Succow[63] ist Ökologe, visionärer Umwelt-politiker und vom 15. Januar bis zum 15. Mai 1990 stellvertretender Minister für Naturschutz, Umweltschutz und Wasserwirtschaft der DDR. Er nutzt die einmalige Chance und vereint eine kleine Gruppe hochmotivierter Biologen, Ökologen und Naturschützer um sich: Hans Dieter Knapp; er wird später von der Gründung im Jahr 1992 bis 2015 die Außenstelle Vilm des Bundesamtes für Naturschutz mit der Internationalen Naturschutzakademie leiten. Lebrecht Jeschke; er wird dem Nationalparkamt Mecklenburg-Vorpommern von 1990 bis 1998 vorstehen. Matthias Freude; er wird von 1992 bis 1995 die Landes-anstalt für Großschutzgebiete des Landes Brandenburg aufbauen, danach über 20 Jahre das brandenburgische Landesumweltamt und schließlich über gut drei Jahre das brandenburgische Landesamt für Ländliche Entwicklung, Landwirtschaft und Flurneuordnung leiten. Lutz Reichhoff ist 1990 zuerst stellvertretender Direktor des Institutes für Landschaftsforschung und Naturschutz Halle (ILN) der Akademie der Landwirtschaftswissenschaften der DDR, dann Referatsleiter und schließlich Unterabteilungs-leiter für Naturschutz im Ministerium für Naturschutz, Umweltschutz und Wasserwirtschaft der DDR. Nach dem Ausscheiden von Michael Succow kommt Arnulf Müller-Helmbrecht [1078] hinzu; Bundesumweltminister Klaus Töpfer (CDU) hat ihn im Mai 1990 nach Berlin (Ost) als Berater des Umweltministers der DDR abgeordnet [1079].

Die Genannten können auf mannigfaltige Vorarbeiten aufbauen, so auf dem ehrenamtlichen Naturschutz und der Naturschutzbewegung im Kulturbund der DDR. Erste Ideen zu einem Nationalparkprogramm der DDR stellte der bedeutende Naturschützer Kurt Kretschmann [1080] bereits 1954 vor, für Nationalparke an der Müritz und im Elbsand-steingebirge. Das ILN entwickelte in den 1980er-Jahren ein Programm zur Ausweisung von Biosphärenreservaten [1081].

Im Frühjahr und Sommer 1990 geht es um den Erhalt des „Tafelsilbers der deutschen Vereinigung", wie es Klaus Töpfer später anerkennend formulieren wird. Unter

schwierigen, sich beständig ändernden politischen Rahmen-bedingungen und immer weiter verkürzenden Fristen wird die komplexe Unterschutzstellung von Großschutzgebieten in größter Eile vorbereitet – ein eigentlich unmögliches Unterfangen.

Am 12. September 1990 verabschiedet der Minister-rat der DDR in seiner letzten Sitzung das „Nationalpark-programm der DDR" mit 14 Großschutzgebieten:

- den fünf Nationalparken Vorpommersche Boddenland-schaft, Jasmund, Müritz, Sächsische Schweiz und Hoch-harz,
- den sechs Biosphärenreservaten Südost-Rügen, Schorfheide-Chorin, Spreewald, Mittlere Elbe, Rhön und Vessertal und
- den drei Naturparken Drömling, Schaalsee und Märkische Schweiz.

Am 1. Oktober 1990 tritt ihr Schutzstatus in Kraft. Und sie werden – gegen Widerstände aus den bundesdeutschen Landwirtschafts- und Verkehrsministerien – nach Ablauf der Frist noch in den Einigungsvertrag aufgenommen. Im Anschluss an die Herstellung der deutschen Ein-heit kommen weitere Großschutzgebiete hinzu. Auch sie sind heute Tourismusmagnete. Es ist ein ganz außergewöhnlicher Erfolg [1082].

## September 1990 – Mit dem „1000-Dächer-Programm" fördert die Bundesregierung Photovoltaik-Anlagen

Photovoltaik-Anlagen erzeugen elektrische Energie direkt aus der Strahlungsenergie des Sonnenlichtes. Dies geschieht mit Hilfe von Solarzellen, in denen Silizium als Halbleitermaterial verbaut ist.

1839 beobachtet der französische Physiker Alexandre Edmond Becquerel erstmals den photoelektrischen Effekt. Der Physiker Wilhelm Hallwachs baut 1904 eine Halbleiter-Solarzelle. Die Bell Laboratories in New Jersey stellen 1954 die ersten kristallinen Solarzellen aus Silizium mit Wirkungsgraden von 6 % her – 2019 werden Wirkungs-grade von bis zu 30 % erzielt. Zunächst kommt die kost-spielige Technik in der US-Raumfahrt zum Einsatz. Eine Delta DM-19 Rakete trägt am 19. Juli 1962 den ersten zivilen Kommunikationssatelliten Telstar 1 in eine Erd-umlaufbahn. Silizium-Solarzellen liefern die benötigte elektrische Energie. In den 1970er-Jahren beginnen terrestrische Anwendungen [1083].

Reiner Lemoine, Matthias Wrona und Hans Rattunde – Kernkraftgegner und Absolventen der Technischen Universität Berlin – bauen 1978 in Berlin (West) das sozialistische Ingenieurkollektiv „Wuseltronik" (**Wind-**

---


[63]1997 wird Michael Succow mit dem Right Livelihood Award, dem „Alternativen Nobelpreis", in Stockholm ausgezeichnet.

**Abb. 2.145**  Solaranlagen auf den Scheunen von Gut Sophienhof auf der Halbinsel Schwansen in Schleswig–Holstein

und **Sonnenelektronik**) auf. Sie werden zu erfolgreichen Pionieren regenerativer Energiegewinnung.

Auf der nordfriesischen Insel Pellworm ist die Sonneneinstrahlung für westdeutsche Verhältnisse besonders hoch. Aus diesem Grund wird hier 1983 die erste große deutsche Photovoltaik-Anlage mit einer Nennleistung von 300 kWp[64] errichtet. Sie versorgt das Kurzentrum mit elektrischer Energie [1084].

Der SPD-Politiker Hermann Scheer gründet am 22. August 1988 in Bonn mit etwa 100 weiteren, an der Gewinnung regenerativer Energie Interessierten „Eurosolar". Der gemeinnützige Verein engagiert sich für den vollständigen Ersatz von fossiler und Kernenergie durch erneuerbare Energien, insbesondere durch Photovoltaikanlagen [1085]. Innovative Konzepte zur Umsetzung entstehen. Scheer ist überzeugt, dass sich die Menschheit in naher Zukunft zu 100 % mit regenerativer Energie dezentral versorgen kann, durch Millionen Windenergie- und Photovoltaikanlagen, zehntausende Photovoltaik-Kraftwerke, rund 900 große Wasserkraftwerke, tausende geothermische Kraftwerke und hunderttausende kleine Gezeitenkraftwerke. Dafür kämpft Scheer parteiübergreifend sein Leben lang mit großer Begeisterung und weltweitem Erfolg. 1999 wird er mit dem Right Livelihood Award („Alternativer Nobelpreis") geehrt [1086].

Das Bundesministerium für Forschung und Technologie (BMFT) fördert ab September 1990 mit dem „1000-Dächer-Programm" die Einsatzmöglichkeiten netzgekoppelter Photovoltaik-Anlagen mit Leistungen von 1

bis 5 kW auf Dächern privater Ein- und Zweifamilienhäuser in Westdeutschland. Ab 1992 schließt das Programm auch Ostdeutschland ein. Ziele sind die Untersuchung der Zuverlässigkeit von Photovoltaik-Anlagen, der Bereitschaft von Anlagenbetreibern, Strom zu sparen, und der baulichen und architektonischen Erfordernisse einer Stromerzeugung auf Dächern. Es ist der weltweit größte Breitentest für netzgekoppelte Anlagen mit kleiner Leistung. Installiert werden zirka 2250 Anlagen auf privaten Ein- und Zweifamilienhäusern mit einer Spitzenleistung von zusammen etwa 5500 kWp, die jährlich rund 4,7 Mio. kWh Strom erzeugen. Die Photovoltaik-Anlagen erweisen sich als zuverlässig und sicher [1087].

Obgleich das 1000-Dächer-Programm unterdimensioniert ist und zu einer Preissteigerung für Photovoltaik-Anlagen führt, war es rückwirkend betrachtet außerordentlich erfolgreich. Es gibt den Anstoß für wichtige technische Entwicklungen, so von Wechselrichtern für kleinere Anlagen. Solarfirmen sprießen in Deutschland wie Pilze aus dem Boden. Lemoine gründet 1996 den Solarmodulhersteller Solon AG und 1999 die Q-Cells AG, die Hochleistungs-Solarzellen entwickelt und herstellt. Die Solarfabrik und die Solarworld AG entstehen und gedeihen [1088].

Die seit dem 27. Oktober 1998 amtierende rot-grüne Bundesregierung versucht die junge deutsche Solarforschung und -industrie mit dem „100.000-Dächer-Programm" längerfristig zu stabilisieren. Die Solarunternehmen sollen Photovoltaik-Anlagen in Deutschland produzieren. Das Programm tritt am 1. Januar 1999 mit einer Laufzeit von fünf Jahren in Kraft. Nach der Abarbeitung eines großen Antragsstaus bewirkt das 100.000-Dächer-Programm gemeinsam mit dem

---

[64]In Kilowatt peak (kWp) wird die Nennleistung einer Solaranlage angegeben.

Erneuerbare-Energien-Gesetz eine Verzehnfachung des Solarmarktvolumens (Abb. 2.145). Die im Rahmen des Programms installierten Photovoltaik-Anlagen erreichen zusammen eine Nennleistung von mehr als 320 MWp. Deutschland führt in den 2000er-Jahren gemeinsam mit Japan weltweit in der Erforschung und Herstellung von Photovoltaik-Anlagen [1089].

Deutsche Solarfirmen erzielen Mitte der 2000er-Jahre hohe Gewinne; einige investieren unzureichend in Forschung und Entwicklung. Deutsche Unternehmen haben langfristige Lieferverträge für Silizium mit Festpreisen abgeschlossen. Um 2009/2010 sinkt die Nachfrage nach Solaranlagen. Nun fallen die Siliziumpreise stark. Gleichzeitig drängen chinesische Firmen auf den Markt. Sie kaufen Silizium zu niedrigeren Preisen und produzieren weitaus günstiger als deutsche Firmen, die nun massive Umsatzeinbußen und Gewinneinbrüche erleiden. Solon meldet 2011, Q-Cells 2012 und Solarworld 2017 Insolvenz an [1090].

## 2.8   Umweltprobleme und Umweltschutz im vereinigten Deutschland

### 1. Januar 1991 – Das Stromeinspeisegesetz tritt in Kraft

Am 7. Dezember 1990 beschließt der Bundestag das Gesetz über die Einspeisung von Strom aus erneuerbaren Energien in das öffentliche Netz, das Stromeinspeisegesetz – ein erster Meilenstein auf dem Weg zur Unabhängigkeit von fossilen Energieträgern [1091]. Es tritt am 1. Januar 1991 in Kraft. *„Dieses Gesetz regelt die Abnahme und die Vergütung von Strom, der ausschließlich aus Wasserkraft, Windkraft, Sonnenenergie, Deponiegas, Klärgas oder aus Produkten oder biologischen Rest- und Abfallstoffen der Land- und Forstwirtschaft gewonnen wird, durch öffentliche Elektrizitätsversorgungsunternehmen."* [1092] Anlagen mit einer Kapazität von maximal 5 Megawatt werden gefördert.

Erstmals verpflichtet der Staat Elektrizitätsversorgungsunternehmen (EVU), regenerativ erzeugten Strom abzunehmen, den Dritte erzeugt haben. Eigentümer von Sonnenenergie- und Windkraftanlagen erhalten für jede produzierte Kilowattstunde Strom mindestens 16,61 Pfennig (dies entspricht mindestens 90 % des Durchschnittserlöses je Kilowattstunde aus der Stromabgabe von EVU an alle Letztverbraucher), Eigentümer anderer Anlagen, die regenerative Energie produzieren, mindestens 13,84 Pfennig pro Kilowattstunde Strom (dies entspricht mindestens 75 % des Durchschnittserlöses je Kilowattstunde). Eine Härteklausel schützt die EVU vor unbilligen Härten. Die EVU klagen dennoch gegen das Stromeinspeisungsgesetz. Das Bundesverfassungsgericht bestätigt das Gesetz im Januar 1996, der Europäische Gerichtshof im Jahr 2001. Es führt zum gewünschten Erfolg: Die Produktion erneuerbarer Energien wächst rasch; die Zahl der Windkraftanlagen verzehnfacht sich von 1991 auf 1999 [1093].

Das Stromeinspeisungsgesetz setzt zusammen mit dem am 1. April 2000 in Kraft getretenen Erneuerbare-Energien-Gesetz international Maßstäbe. Das deutsche Fördersystem für Ökostrom findet Nachahmer in aller Welt, von Dänemark bis Japan – eine Erfolgsgeschichte.

### 1991– Erster Nachweis von Humanarzneimittelrückständen im Grundwasser in Deutschland

In Berlin wird 1991 das Grundwasser auf Pflanzenbehandlungs- und Schädlingsbekämpfungsmittel untersucht. Gefunden wird 2-(p-Chlorphenoxy)-2-methylpropionsäure ($C_{10}H_{11}ClO_3$). Unklar ist zunächst die Herkunft des Stoffes. Die Lebensmittelchemiker Hans-Jürgen Stan und Manfred Linkerhägner von der Technischen Universität Berlin identifizieren ihn als den Wirkstoff Clofibrinsäure – ein Metabolit von Arzneimitteln zur Senkung des Cholesterinspiegels [1094].

Wie kommt Clofibrinsäure in das Berliner Grundwasser? Menschen scheiden mit dem Urin Rückstände von Arzneimitteln und Metaboliten wie Clofibrinsäure aus. Und leider „entsorgen" immer noch zahlreiche Patientinnen und Patienten nicht verbrauchte Arzneimittel in Toiletten statt in Restmülltonnen oder bei Schadstoffsammelstellen. Die Wirkstoffe bewegen sich durch die Abwassersysteme in Kläranlagen. Clofibrinsäure besitzt eine hohe mikrobielle Persistenz, weshalb sie bei der Abwasserreinigung nicht ausreichend eliminiert wird und mit dem Ablauf aus den Kläranlagen in Oberflächengewässer gelangt. Aufgrund seiner geringen Sorptionsfähigkeit wandert Clofibrinsäure mit dem Wasser, das durch die Gewässerböden in den Untergrund versickert, bis in das Grundwasser.

Mittlerweile wurden über 150 Human- und Tierarzneimittelwirkstoffe in den Fließgewässern, Seen und im Grundwasser Deutschlands nachgewiesen, darunter häufiger Antibiotika, Blutdrucksenker, Schmerzmittel, Antiepileptika, Röntgenkontrastmittel und Hormonrelikte von Ovulationshemmern („Antibabypillen") [1095].

Bei der Aufbereitung von Grundwasser für die Trinkwassergewinnung können inzwischen viele Arzneimittelwirkstoffe weitgehend entfernt werden. Jedoch nicht alle [1096].

Die Gehalte an Arzneimitteln, ihren Rückständen und Umbauprodukten in Oberflächengewässern und im Grundwasser sind größtenteils sehr gering. Trinkwasser hat so niedrige Gehalte, dass es nach dem derzeitigen Kenntnisstand keine gesundheitlichen Nachteile für Menschen haben dürfte. Die täglichen Dosen an Arzneimittelrückständen, die wir ggf. über das Trinkwasser aufnehmen, müssten nach verschiedenen Studien mindestens 1000mal höher sein, damit sie eine therapeutische Wirkung erzielen können [1097]. Möglicherweise wirken die Rückstände verschiedener Arzneimittel kumulativ stärker, so dass trotz geringer Konzentrationen einzelner Stoffe spürbare Wirkungen auftreten könnten. Der Verbrauch von Arzneimitteln dürfte auch in den kommenden Jahren weiter steigen.

Die vollständige Entfernung von Arzneimittelrückständen aus Abwässern in Kläranlagen bleibt eine bedeutende technische Herausforderung und eine zeitnah zu lösende Aufgabe, um die möglichen, partiell noch unbekannten Wirkungen auf uns und unsere Umwelt entscheidend zu mindern.

Arzneimittelrückstände gehören weder in das Trinkwasser noch in unsere Umwelt!

## 8. April 1992 – Erlass zur Errichtung des Wissenschaftlichen Beirates der Bundesregierung Globale Umweltveränderungen

Im Vorfeld der „Konferenz der Vereinten Nationen über Umwelt und Entwicklung" (UNCED) in Rio de Janeiro richtet die Bundesregierung den Wissenschaftlichen Beirat Globale Umweltveränderungen (WBGU) als unabhängiges wissenschaftliches Beratungsgremium ein. Der WBGU untersucht seitdem engagiert und kompetent die zentralen globalen Umweltprobleme, wertet die Ergebnisse der Forschung zum globalen Wandel fundiert aus, weist auf entstehende Problemfelder hin, beobachtet die nationalen und internationalen Politiken zur Etablierung einer nachhaltigen Gesellschaft. Er erarbeitet wichtige Handlungsempfehlungen und versucht das Bewusstsein in der Gesellschaft zu den vielfältigen Problemen, die aus dem globalen Wandel resultieren, zu schärfen.

Im vergangenen Vierteljahrhundert erscheinen wegweisende Gutachten des WBGU, im Zweijahresrhythmus die umfangreichen Hauptgutachten und dazwischen Sondergutachten. Darunter befindet sich das Hauptgutachten aus dem Jahr 2011, das einen ganz bemerkenswerten Gesellschaftsvertrag für die bevorstehende „Große Transformation" formuliert [1098]. Liebe Leserin, lieber Leser, ich empfehle Ihnen dieses elementare und unverändert hochaktuelle Gutachten nachdrücklich zur Lektüre.

## 22. Februar 1993 – Störfall im Chemiewerk Frankfurt-Griesheim der Hoechst AG

Ein Bedienungsfehler führt am 22. Februar 1993 zu einem schweren Chemieunfall bei der Hoechst AG in Frankfurt-Griesheim. Nach dem Störfall um 4:14 Uhr entweichen 11,8 t Chemikalien in die Atmosphäre. Sie legen sich als gelber, klebriger Niederschlag auf Dächer, Straßen und Pflanzen in einem Wohngebiet des Stadtteils Schwanheim im Südwesten von Frankfurt am Main. Darunter sind etwa 28 % ortho-Nitroanisol, ein synthetisches Farbstoff-Vorprodukt, das in dem Verdacht steht, karzinogen zu sein. Einige Bewohnerinnen und Bewohner klagen nach dem Störfall über Reizungen der Atemwege, der Gesichtshaut und der Schleimhäute, über Übelkeit, Kopfschmerzen und Augenbrennen. Schwere Vergiftungen treten nicht auf. Langfristuntersuchungen können keine bleibenden Gesundheitsschäden bei denjenigen nachweisen, die sich am Rosenmontag, d. 22. Februar 1993 in Schwanheim aufhielten und den ausgetretenen Chemikalien ausgesetzt gewesen sein könnten [1099].

Die Hoechst AG gibt in den ersten beiden Wochen nach dem Störfall Informationen für die Bevölkerung sowie Informationsblätter für die Mitarbeiterinnen und Mitarbeiter des Unternehmens heraus. Vorstände der Hoechst AG stellen sich auf zwei Bürgerversammlungen. Ein Bürgertelefon wird eingerichtet. Weitere Aktivitäten folgen. Dennoch werfen Behörden, Politikerinnen und Politiker, Bürgerinnen und Bürger sowie Aktionäre dem Unternehmen eine unzureichende oder irreführende Informationspolitik vor. Denn die Stellungnahmen der Hoechst AG bewerten die ausgetretenen Chemikalien als „mindergiftig". Eine bedeutende Gesundheitsgefährdung bestünde nicht, erläutern Vorstände des Unternehmens am 24. Februar 1993 in einer Bürgerversammlung. Im offensichtlichen Widerspruch dazu stehen die zwei Tage danach beginnenden Reinigungsmaßnahmen in Schwanheim: Beschäftigte der Hoechst AG arbeiten in schweren Schutzanzügen unter Atemschutzmasken [1100].

## 1. November 1993 – Die Verordnung zur Novellierung der Gefahrstoffverordnung verbietet die Nutzung von Asbest

Chrysotil ist ein asbestartiges, faserförmiges, silikatisches Mineral, das auch als „Weißasbest" bezeichnet wird. Es ist zugfest, hitzebeständig bis rund 1000 °C, verrottungsfest und deswegen ausgesprochen langlebig. Große natürliche Vorkommen von Chrysotil und anderen asbesthaltigen Mineralen liegen in Kanada, Russland und China, kleinere z. B. im Erzgebirge, im Odenwald und im Schwarzwald [1101].

Bereits im 19. Jh. tragen Feuerwehrleute bei Löscharbeiten und Arbeiter in der Eisen- und Stahlindustrie Hitzeschutzkleidung aus Asbest. Bis in die 1980er-Jahre findet Weißasbest breite Verwendung in Brandschutzplatten, Anstrichen, PVC-Fußboden- und PVC-Wandbelägen, Dichtungen, Brems- und Kupplungsbelägen, Schweißpappen, Klebstoffen, Dichtungsmassen, Kitten und in Asbestzementprodukten wie Rohren, Platten, Pflanzgefäßen und Lüftungskanälen. Asbestplatten verkleiden Heizkörper oder bieten einen guten Hitzeschutz hinter Heizöfen [1102].

Ist Asbest ein hitzebeständiges Wundermittel, von dem kaum Gesundheitsrisiken ausgehen? Einmal von Menschen eingeatmete winzige Asbestfasern werden nicht wie andere Fremdpartikel von den Flimmerhärchen der Lunge aufgefangen und über die Atemwege wieder ausgeschieden. Sie reichern sich in der Lunge an und vermögen nach Jahren oder Jahrzehnten Asbestosen – Asbeststauberkrankungen – hervorzurufen.

Eine Form der Asbestose ist die Fibrosierung von Lungengewebe, also die verstärkte Bildung von vernarbendem Bindegewebe zwischen Lungenbläschen und Blutgefäßen – ausgelöst von Entzündungen des Lungengewebes nach Verletzungen durch Asbestfasern. Die Lungenfibrose erschwert die Atmung und beeinträchtigt die Sauerstoffaufnahme. Aus Asbestosen können sich Bronchialkarzinome entwickeln – verursacht Jahrzehnte zuvor durch das Einatmen von spitzen Asbestfasern, die sich durch die Atemtätigkeit schrittweise in das Lungengewebe gebohrt haben. Asbestfasern können von der Lunge weiter über das Blut in das Mesothel-Gewebe wandern, das die inneren Organe umgibt. Die Asbestfasern verletzen das Mesothel-Gewebe und lösen dort Immunreaktionen aus. Versuche an Mäusen zeigen, dass Signalstoffe im entzündeten Mesothel-Gewebe neben Wundheilungen auch Zellteilungen anregen und so zur Bildung eines asbestbedingten Tumors, einem Mesotheliom, führen können. Derartige, auf das Einatmen von Asbest zurückzuführende maligne Tumore bilden sich besonders an der Pleura, dem Brustfell [1103].

Schon im frühen 20. Jh. erweist sich, dass die Verarbeitung von Asbest mit erheblichen Gesundheitsrisiken verbunden ist – Mediziner berichten in Fachzeitschriften und auf Kongressen über tödlich verlaufene Asbesterkrankungen. In den Lungen verstorbener Arbeiter finden Pathologen Asbestfasern. Die 1936 erlassene „Dritte Verordnung über die Ausdehnung der Unfallversicherung auf Berufskrankheiten" listet „schwere Asbeststauberkrankungen (Asbestose)". Der Pathologe Martin Nordmann weist 1938 nach, dass 12 % der Arbeiter, die an Asbestose leiden, Lungenkrebs entwickeln. Seit 1942 sind von Asbest verursachte Bronchialkarzinome als Berufskrankheit in Deutschland anerkannt, auch wenn die Wirkungsketten noch lange unklar bleiben [1104].

Damit ist bereits in den späten 1930er-Jahren die große Gefahr von Asbestfasern für die Gesundheit von Menschen ausreichend bekannt, um zumindest bald nach Kriegsende ein Verwendungsverbot zu erwirken. Obgleich Fachpublikationen wie das Lehrbuch der Arbeitshygiene aus dem Jahr 1947 und das 1961 erschienene Handbuch der gesamten Arbeitsmedizin deutlich auf die gravierenden gesundheitlichen Folgen des Einatmens von Asbeststaub hinweisen, geschieht nichts. Der Wiederaufbau und die Schaffung von Wohlstand stehen im Vordergrund des politischen und wirtschaftlichen Handelns und nicht die ganz offensichtlich gefährdete Gesundheit von Menschen, die mit Asbest in Berührung kommen [1105].

Im Verlauf der Nachkriegszeit wird immer mehr Asbest importiert. 1957 entladen Hafenarbeiter in Bremen über 40.000 t Rohasbest. Ende der 1970er-Jahre werden jährlich in die DDR etwa 70.000 t und in die BRD rund 170.000 t Rohasbest importiert. Sein Nutzen für den Brand- und Unfallschutz ist unbestritten. Die von ihm ausgehenden Gefahren übersehen westdeutsche Gewerbeaufsichtsbeamte bis in die späten 1960er-Jahre [1106].

Nach Berechnungen der Bundesanstalt für Arbeitsschutz und Arbeitsmedizin (BAuA) stellen Firmen in Westdeutschland von 1950 bis 1990 aus etwa 4,4 Mio. t Asbest mehr als 3500 Produkte her. Asbesthaltige Platten bedecken in Westdeutschland 900 Mio. m$^2$ Dachoberfläche [1107]. Die BAuA merkt 2016 an, dass sich noch etwa „80 % der ursprünglich verwendeten asbesthaltigen Bauteile im heutigen Baubestand" befinden [1108].

Die fundierten Erkenntnisse deutscher Mediziner zur Asbestose aus der Nazizeit werden nach Kriegsende auch im Ausland ignoriert. Deutsche Wissenschaftler hätten bloß Einzelfälle untersucht und nicht ausreichend große Stichproben. Der am Mount Sinai Hospital in New York tätige Mediziner Irving J. Selikoff identifiziert bei Arbeitern, die mit Asbest umgehen, ein 8-mal höheres Risiko, an Lungenkrebs zu erkranken, und ein um mehr als 100-fach höheres Risiko, dass sich Mesotheliome bilden. Nachdem er seine Erkenntnisse in den 1960er-Jahren öffentlich gemacht hat, beginnt eine Kampagne gegen ihn; er wird als Feind der Industrie denunziert. Frühe Warner erleiden häufiger ein derartiges Schicksal. Die Aufnahme von malignen Mesotheliomen in die Liste der Berufskrankheiten erfolgt erst 1977 [1109].

Kleinste Mengen an Asbestfasern genügen, um Asbestose, Lungenfibrose, Bronchialkarzinome und Mesotheliom zu verursachen. Die Verordnung von Grenzwerten ist aus diesem Grund verantwortungslos, denn sie nimmt die genannten Erkrankungen bewusst in Kauf. Dennoch werden Grenzwerte festgelegt und wiederholt heruntergesetzt: 1970 gilt die enorm hohe Konzentration von 20 Mio. Asbestfasern pro m$^3$ Luft, 1973 erfolgt eine Absenkung auf 6 Mio. Fasern pro m$^3$ Luft und 1985 auf 2 Mio. Fasern pro m$^3$ Luft. Gehen wir einmal davon aus, dass eine Arbeiterin im Verlauf einer 8-h Schicht etwa 5 m$^3$ Luft einatmet. Ist sie dabei permanent dem Grenzwert von 1985 ausgesetzt, so würde sie rund 10 Mio. Asbestfasern an einem einzigen Arbeitstag einatmen [1110]!

Er dauert noch lange bis zum Verbot des gefährlichen Minerals – mit verheerenden Folgen für Menschen, die weiter mit ihm in Kontakt kommen. Denn erst mit der am 1. November 1993 in Kraft getretenen Verordnung zur Novellierung der Gefahrstoffverordnung wird die Herstellung, Vermarktung und Verwendung von Asbestprodukten in Deutschland fast vollständig verboten [1111]. Im April 1995 wird mit der Technischen Regel für Gefahrstoffe 517 der noch bestehende Grenzwert für Chrysotil aufgehoben. Da das faserige Material in zahlreichen Gebäuden verbaut ist, werden Asbest und die mit ihm verbundenen Gesundheitsgefahren noch über Jahre ein wichtiges Thema bleiben.

Die Zahl der auf Asbest zurückzuführenden Erkrankungen nimmt aufgrund der hohen Latenzzeit bis heute zu. Die Deutsche Gesetzliche Unfallversicherung wendet von 1990 bis 2012 für asbestbedingte Berufskrankheiten 6,1 Mrd. € auf [1112]. Auch die Zahl der Todesfälle durch asbestbedingte Berufskrankheiten nimmt in Deutschland weiter zu: von 1150 Menschen im Jahr 1995 über 1483 im Jahr 2003 auf 1530 im Jahr 2012 [1113]. Institutionen, die Asbest verwendet haben, verantworten 62 % aller Todesfälle durch Berufskrankheiten in Deutschland im Jahr 2012 [1114]. Hinzu kommt eine unbekannte Zahl von Todesopfern durch den Kontakt mit Asbest im außerberuflichen Umfeld.

## 1993 bis 2012 – Der Schneeferner auf dem Zugspitzplatt wird im Sommer mit Lkw-Planen geschützt

Die Zugspitze ist mit einer Höhe von 2962 m NHN der höchste Berg Deutschlands. Eine Hochfläche, das als Gletscherskigebiet bekannte Zugspitzplatt, erstreckt sich in Höhen von rund 2000 bis 2650 m NHN zwischen der Zugspitze und dem benachbarten Schneefernerkopf (2874 m NHN). In der ersten Hälfte des 19. Jh. bedeckt der Plattachferner, der damals größte Gletscher Deutschlands, auf dem Zugspitzplatt noch eine Fläche von ungefähr 3 km$^2$. Der Gletscherschwund lässt den Plattachferner um 1900 in drei Teile zerfallen. Im Jahr 2020 gibt es noch zwei: den nördlichen und den südlichen Schneeferner (Abb. 2.146). Der menschengemachte Klimawandel hat die Gletscherschmelze jüngst wesentlich beschleunigt. So verlor der südliche Schneeferner seit 1980 über 80 % seiner Fläche, der nördliche zirka ein Drittel. Die beiden Schneefernergletscher bedecken 2009 zusammen lediglich noch eine klägliche Restfläche von 0,326 km$^2$ und haben 2007 ein Volumen von insgesamt 5,2 Mio. m$^3$. Noch stärker als die Gletscherfläche nimmt die Eisdicke ab [1115].

Die Erhaltung des einzigen deutschen Gletscherskigebietes auf dem Zugspitzplatt erfordert 1993 aus Sicht der Bayerischen Zugspitzbahn Bergbahn AG eine ungewöhnliche Maßnahme: Zum Schutz des Eises vor

**Abb. 2.146** Zugspitzblatt mit dem Schneeferner (Foto: Helga Bork)

der sommerlichen Einstrahlung decken dort Beschäftigte am Ende der Wintersportsaison einen Teil des nördlichen Schneeferners mit Lkw-Planen ab. Zuvor wird Schnee aus der Umgebung auf das Gletschereis aufgebracht. Die 5 m breiten und 30 m langen Planen werden fest miteinander verknüpft. Schwere Holzbalken sichern den Planenteppich. Über 20 Jahre praktiziert die Bergbahn AG alljährlich die arbeits- und materialaufwändige Abdeckung von bis zu 5000 m$^2$ Oberfläche des nördlichen Schneeferners über die Sommermonate. Diese Maßnahme verzögert das Abschmelzen des Eises bloß geringfügig und endet daher 2012. Die Beschäftigung mit dem Kurieren an Symptomen – hier der Bedeckung eines Gletschers mit Planen – ist weitaus leichter auszuführen als die Beseitigung der Ursache des massiven Gletscherschwundes. Und diese ist für die winzigen, noch existierenden deutschen Gletscher der von Menschen verursachte globale Klimawandel. Der südliche Schneeferner wird bald vollständig verschwinden [1116].

## 16. Juli 1994 – Das Umweltinformationsgesetz tritt in Kraft

Bürgerinitiativen, die sich erfolgreich gegen Umweltgefahren und damit für eine Verbesserung des Umweltzustandes engagieren, benötigen präzise Daten, um fundiert argumentieren und handeln zu können. Das eindeutige Identifizieren von Belastungen der Atmosphäre, des Oberflächen- und Grundwassers, der Böden, der Pflanzen und Tiere in Deutschland durch Schadstoffe setzt einen freien Zugang zu den verfügbaren Umweltdaten für alle Menschen voraus. Behörden sammeln gewaltige Mengen an Umweltdaten, die der Öffentlichkeit nur sehr eingeschränkt zur Verfügung stehen. Diesen unbefriedigenden Zustand beendet der Rat der Europäischen Gemeinschaften (EG). Er erlässt am 7. Juni 1990 die Umweltinformations-Richtlinie 90/313/EWG. Sie verpflichtet die EU-Mitgliedsstaaten, jeder Person einen voraussetzungslosen Anspruch auf freien Zugang zu Umweltinformationen zu gewähren, die Behörden speichern. Unter Person ist zu verstehen:

- jeder Mensch, ohne Darlegung seines rechtlichen Interesses und unabhängig davon, wo er wohnt und welche Staatsangehörigkeit er besitzt, sowie
- jede juristische Person, darunter Unternehmen und Bürgerinitiativen [1117].

*Umweltinformationen sind „alle in Schrift-, Bild-, Ton- oder DV-Form vorliegenden Informationen über den Zustand der Gewässer, der Luft, des Bodens, der Tier- und Pflanzenwelt und der natürlichen Lebensräume sowie über Tätigkeiten (einschließlich solcher, von denen Belästigungen wie beispielsweise Lärm ausgehen) oder Maßnahmen, die diesen Zustand beeinträchtigen können, und über Tätigkeiten oder Maßnahmen zum Schutz dieser Umweltbereiche einschließlich verwaltungstechnischer Maßnahmen und Programme zum Umweltschutz."* [1118].

Die Mitgliedsstaaten müssen die europäische Richtlinie bis zum 31. Dezember 1992 umsetzen. Deutschland kommt dieser Pflicht nicht rechtzeitig und restriktiv nach. Ein Grund ist die Abkehr vom deutschen Prinzip der beschränkten Aktenöffentlichkeit. Dadurch erfolgt die Umsetzung als Umweltinformationsgesetz (UIG) in Deutschland erst mit mehr als 18-monatiger Verspätung im Juli 1994 [1119].

Der Europäische Gerichtshof akzeptiert einige Restriktionen des deutschen UIG nicht und verpflichtet Deutschland am 9. September 1999 zu Korrekturen, die am 23. August 2001 in Kraft treten. Die zweite Umweltinformations-Richtlinie 2003/4/EG des Rates der EG löst Richtlinie 90/313/EWG ab. Das deutsche Umweltinformationsgesetz vom 22. Dezember 2004 erfüllt die neue Richtlinie für die Bundesverwaltung. Die Länder sind verpflichtet, für eine Umsetzung auf Landes- und Kommunalebene zu sorgen. Verzögerungen bei 10 Ländern über den Stichtag 14. Februar 2005 hinaus führen zur Einleitung eines Vertragsverletzungsverfahrens gegen die Bundesrepublik Deutschland durch die Europäische Kommission.

Informationspflichtige Stellen umfassen neben der Bundesregierung, den Landesregierungen, den Kommunen und anderen Stellen der öffentlichen Verwaltung auch Institutionen, die hoheitliche Aufgaben wahrnehmen, wie die Stiftung Elektro-Altgeräte, Sonderabfallagenturen in Baden-Württemberg oder Wasser- und Bodenverbände [1120].

Das aktuelle deutsche Umweltinformationsgesetz schafft eine weitreichende Transparenz der Kenntnisse über die von Menschen verursachten Veränderungen der Ökosysteme in Deutschland. Es fördert einen offenen fachlich fundierten Umweltdiskurs und damit den Umweltschutz.

## 27. Oktober 1994 – Der Umweltschutz wird im Grundgesetz der Bundesrepublik Deutschland verankert

Der nach 1948 in Westdeutschland einsetzende, unerwartet schnelle und anhaltende Wirtschaftsaufschwung wird bald begleitet von einer kontroversen gesellschaftlichen

Debatte zu den Ursachen und Folgen der mit der Wirtschaftsentwicklung einhergehenden Luft-, Boden- und Gewässerverschmutzung sowie zu den Optionen zu deren Minderung. Die 1980 gegründete Partei Die Grünen fordert die gesetzliche Verankerung von Klagemöglichkeiten bei Umweltverschmutzungen. Eine Sachverständigenkommission des Innenministeriums empfiehlt 1983 eine Ablehnung dieses Ansinnens. Die CDU/CSU-Fraktion spricht sich 1986 gegen die Aufnahme des Staatsziels Umweltschutz in das Grundgesetz aus, die SPD ist dafür. Eine nach der Herstellung der Einheit Deutschlands eingesetzte Verfassungskommission einigt sich nach zweijährigen strittigen Diskussionen 1993 auf einen Kompromiss, dem Bundestag und Bundesrat zustimmen. Dieser, für die Lebensqualität und die Gesundheit der in Deutschland lebenden Menschen und ihre Umwelt so bedeutende Schritt gelingt endlich am 27. Oktober 1994: Der Umweltschutz ist als Staatsziel in Artikel 20a des Grundgesetzes verankert [1121]!

Initiativen von Bündnis 90/Die Grünen zur Aufnahme des Tierschutzes als weiteres Staatsziel in das Grundgesetz scheitern 1994 und 1997. Am 15. Januar 2002 entscheidet das Bundesverfassungsgericht, Muslimen das Schächten, also das Schlachten warmblütiger Tiere ohne Betäubung, zu erlauben; es hat – wie aufgrund der Gesetzeslage zu erwarten – die gesetzlich geschützte Religionsfreiheit über den bis dahin im Grundgesetz nicht verankerten Tierschutz gestellt.

Bald darauf einigen sich die Fraktionen des Bundestages auf eine Erweiterung des Artikels 20a des Grundgesetzes um die kurze Formulierung *„und die Tiere"*. Artikel 20a lautet deswegen seit dem 1. August 2002: *„Der Staat schützt auch in Verantwortung für die künftigen Generationen die natürlichen Lebensgrundlagen und die Tiere im Rahmen der verfassungsmäßigen Ordnung durch die Gesetzgebung und nach Maßgabe von Gesetz und Recht durch die vollziehende Gewalt und die Rechtsprechung."* [1122]

Das Grundgesetz ist geändert, freilich noch nicht die gesellschaftliche Realität der Umweltbelastungen und der Tierhaltung. Ein Staatsziel ist nicht einklagbar; es bleibt ein *Ziel.*

## Ab 17. November 1994 – Die neue Bundesregierung beendet die hohe Priorität der Umweltpolitik

Der Zusammenbruch der Wirtschaft in Ostdeutschland und die nunmehr gesamtdeutsche Umweltgesetzgebung bewirken in den neuen Ländern erhebliche Minderungen der bis dahin in einigen Regionen folgenschweren Luft- und Wasserverschmutzung. Sie kennzeichnen den letzten Abschnitt der von Bundesumweltminister Klaus Töpfer (CDU) bestimmten Ära der Verabschiedung effektiver Umweltgesetze. Und sie wirken wie ein Signal der Entwarnung, zahlreiche Menschen nehmen die resultierenden Verbesserungen der umweltbezogenen Lebensqualität wahr.

Die wachsende Arbeitslosigkeit und Strategien zu deren Bekämpfung treten in den Fokus der gesellschaftlichen Wahrnehmung und der politischen Debatten. Verbliebene und neu auftretende Umweltprobleme geraten in den Hintergrund. Die erste, von Klaus Töpfer initiierte und forcierte Phase erfolgreicher gesamtdeutscher Umweltpolitik endet mit der Bildung des fünften Kabinetts unter Bundeskanzler Helmut Kohl am 17. November 1994. Es beginnt eine Phase der Stagnation und partiell gar der Rücknahme wichtiger demokratischer Errungenschaften wie die Reduzierung der Bürgerbeteiligung bei Genehmigungsverfahren durch die Beschleunigungsgesetze [1123].

## März 1995 – Klaus Hasselmann: Die Belege weisen auf eine deutliche anthropogene Beeinflussung des globalen Klimas hin

Hinweise auf einen anthropogenen Klimawandel gibt es schon lange vor den 1990er-Jahren. Der Geograph und Klimatologe Hermann Flohn ist 1941 als Meteorologe beim Oberkommando der deutschen Luftwaffe tätig, als er den Aufsatz „Die Tätigkeit des Menschen als Klimafaktor" in der „Zeitschrift für Erdkunde" veröffentlicht. Die bodennahe Erdatmosphäre hat sich seit 1880 jährlich um rund 0,008 °C erwärmt. Flohn erkennt neben natürlichen Prozessen als Ursachen einen Anstieg des $CO_2$-Gehaltes in der Atmosphäre und eine Zunahme der Trübung der Atmosphäre durch Aerosole, die industriellen Emissionen entstammen [1124].

Vom 12. bis zum 23. Februar 1979 veranstaltet die Weltorganisation für Meteorologie (WMO) in Genf die erste Weltklimakonferenz, um den Einfluss von Menschen auf das Klima zu erörtern. Flohn, der von 1961 bis 1977 das Institut für Meteorologie an der Rheinischen Friedrich-Wilhelms-Universität in Bonn geleitet hat, und der Münchner Forstmeteorologe Albert Baumgartner berichten auf der Konferenz über ihre Forschungen zum anthropogenen Klimawandel. Bis heute wirkt die erste Weltklimakonferenz nach; eine Folge ist die Einrichtung des Weltklimaprogramms. Dieses gibt Empfehlungen zur weltweiten Klimaforschung.

Vom 29. Oktober bis zum 7. November 1990 findet in Genf die zweite Weltklimakonferenz statt. Delegierte von Regierungen und Forschungseinrichtungen diskutieren die Auswirkungen der veränderten chemischen Zusammensetzung der Atmosphäre auf die Entwicklung des Klimas.

Besonderes Augenmerk liegt auf Substanzen, die die Zerstörung der Ozonschicht verursachen, und auf den Möglichkeiten, deren Ausstoß zu mindern. Ergebnisse der Konferenz fließen in die Klimarahmenkonvention ein, die die Vereinten Nationen 1992 in New York beschließen. Deren Ziel umfasst die Reduktion der Konzentrationen der Treibhausgase auf ein Niveau, das eine Störung des Klimasystems verhindert [1125].

Der Gründungsdirektor des Max-Planck-Instituts für Meteorologie in Hamburg Klaus Hasselmann prägt im März 1995 einen ganz bedeutenden Satz im Bericht des Weltklimarates: *„The balance of evidence suggests a discernible human influence on global climate."* **Die Belege für den Einfluss von Menschen auf das Klima der Erde sind wissenschaftlich erbracht!** Mit dieser Feststellung gibt Hasselmann ein weltweit beachtetes Signal. Er überzeugt viele Zweifler [1126].

Im Dezember 1997 veranstalten die Vereinten Nationen die 3. Weltklimakonferenz im japanischen Kyoto. Die Delegierten einigen sich im Kyoto-Protokoll auf präzise Minderungsziele für Treibhausgasemissionen und auf einen internationalen Handel mit Emissionszertifikaten für Kohlendioxidemissionen. Das Kyoto-Protokoll stellt einen Meilenstein im globalen Umweltschutz und in der internationalen Klimapolitik dar [1127].

Das Kyoto-Protokoll tritt am 16. Februar 2005 für den Zeitraum von 2008 bis 2012 in Kraft, nachdem das Quorum von 55 Staaten erreicht ist, die im Jahr 1990 zusammen mehr als 55 % der Emissionen der Industriestaaten verursachten. Die Bundesrepublik Deutschland tritt dem Kyoto-Protokoll bei und verpflichtet sich, die Produktion klimaschädlicher Gase bis 2012 im Vergleich zu 1990 um 21 % zu senken. Dieser hohe Wert ist durchaus erreichbar, da die meisten Industrieunternehmen Ostdeutschlands, die große Mengen an Schadstoffen emittierten, nach der Herstellung der Einheit Deutschlands geschlossen wurden. Die USA ratifizieren das Kyoto-Protokoll trotz ihres bedeutenden Beitrages zum globalen Klimawandel nicht. Kanada tritt 2013 aus. Der Versuch, ein effektives Nachfolgeabkommen zu verabschieden, misslingt 2009 auf der 15. UN-Klimakonferenz in Kopenhagen. Auf der 18. Vertragsstaatenkonferenz im Jahr 2012 in Doha wird die Fortführung des Kyoto-Protokolls für eine zweite Verpflichtungsperiode mit einer Laufzeit von 2013 bis 2020 beschlossen [1128].

2015 verabschieden die Delegierten der 21. UN-Klimakonferenz das bedeutsame Übereinkommen von Paris. Es verpflichtet die Vertragsstaaten auf eine Begrenzung der erdweiten Erwärmung der bodennahen Atmosphäre auf unter 2 °C im Vergleich zu den Werten vor Beginn der Industrialisierung (globales Temperaturmittel von 1850 bis 1900) sowie zur öffentlich sichtbaren, fünfjährlichen Überprüfung der erreichten Fortschritte und der erforderlichen Anpassungen. Angestrebt wird sogar eine Begrenzung der Erderwärmung auf 1,5 °C – eine beachtliche globale Herausforderung. Wie außergewöhnlich schwierig es ist, selbst einen minimalen Konsens zu erreichen, belegen die 24. UN-Klimakonferenz im Dezember 2018 im polnischen Katowice und die 25. UN-Klimakonferenz im Dezember 2019 in Madrid. Aus den fundierten wissenschaftlichen Kenntnissen zum menschengemachten Klimawandel resultiert immer noch nicht das so dringende globale Handeln. Unnötig viel Zeit ist schon verloren gegangen [1129].

## 12. September und 9. Oktober 1996 – Beschleunigungsgesetze schränken die Bürgerbeteiligung bei Genehmigungsverfahren ein

In den 1990er-Jahren verschärft sich der internationale Wettbewerb durch eine weitere Liberalisierung der Märkte und neue Informations- und Kommunikationstechniken. Mehrere Staaten des ehemaligen Rates für gegenseitige Wirtschaftshilfe (RGW) wandeln sich in marktwirtschaftlich orientierte Demokratien. Global agierende Unternehmen verlagern arbeitsintensive Produktionen schrittweise in Länder mit niedrigeren Löhnen, Sozial- und Umweltstandards.

Wie reagiert die Bundesrepublik Deutschland auf diese Herausforderungen, auch in Anbetracht der finanziellen Belastungen durch die Herstellung der Einheit Deutschlands? Stärkt eine möglicherweise kosten- und zeitsparende Vereinfachung des Ordnungsrechtes den Wirtschaftsstandort Deutschland, indem Bürgerbeteiligungen eingeschränkt und damit Planungs- und Genehmigungsverfahren beschleunigt werden? [1130].

Der Bundestag beschließt mit Zustimmung des Bundesrates am 12. September 1996 das Gesetz zur Beschleunigung von Genehmigungsverfahren und am 9. Oktober 1996 das Gesetz zur Beschleunigung und Vereinfachung immissionsschutzrechtlicher Genehmigungsverfahren [1131]. Da diese Veränderungen der Verwaltungsverfahren auf Bundesebene die Gesetze der Länder nicht betreffen, ändert sich zunächst wenig. Optimierungen der Abläufe in Planungs- und Genehmigungsbehörden und die Ausstattung mit den notwendigen Personal- und Sachmitteln hätten hingegen in vielen Fällen rasch verfahrensbeschleunigend wirken können [1132].

Eine Verkürzung von Verfahrensdauern ist grundsätzlich anstrebenswert, rechtfertigt indes in keiner Weise Eingriffe in die Grundrechte der Bürgerinnen und Bürger. Sachlich richtige und rechtmäßige Entscheidungen bleiben unverzichtbar.

## 6. Oktober 1996 – Das 1994 beschlossene Kreislaufwirtschafts- und Abfallgesetz tritt in Kraft

Das Kreislaufwirtschafts- und Abfallgesetz (KrW-/AbfG) ersetzt am 6. Oktober 1996 das Abfallrecht. Bewegliche Sachen, derer sich ihre Besitzerin oder ihr Besitzer entledigen wollen oder müssen, gelten als Abfall. Das neue Gesetz zielt auf den Schutz natürlicher Ressourcen durch die Vermeidung von Abfall. Dennoch entstehender Müll ist umweltverträglich zu verwerten – unmittelbar als Stoff oder zur Gewinnung von Energie durch Erhitzen.

Für die Gewinnung von sekundären Rohstoffen aus Altfahrzeugen, Batterien, Elektro- und Elektronikgeräten gibt es Rechtsverordnungen (Abb. 2.147). Die Erzeuger von Abfall sind verpflichtet, Abfälle möglichst hochwertig, ordnungsgemäß und schadlos zu verwerten – soweit dies wirtschaftlich zumutbar und technisch möglich ist. Nicht verwertbare Abfälle müssen ordnungsgemäß entsorgt werden. In Abhängigkeit von den zu erwartenden Emissionen, der Bilanz der einzusetzenden oder zu gewinnenden Energie und dem Verbleib von Schadstoffen ist zu entscheiden, ob Abfälle zu verwerten oder zu beseitigen sind [1133].

Das KrW-/AbfG regelt präzise die Grundsätze und Pflichten der Kreislaufwirtschaft, die Anforderungen an die Verwertung und Beseitigung von Abfall, die Produktverantwortung der Hersteller, die Zulassung von Deponien, die Überwachung der Abfallströme und die Grundlagen für Entsorgungsfachbetriebe und Entsorgergemeinschaften. Die Technischen Anleitungen „Abfall" und „Siedlungsabfall" konkretisieren das Gesetz [1134].

Das Kreislaufwirtschafts- und Abfallgesetz ist ein Meilenstein auf dem Weg in ein nachhaltiges Wirtschafts-, Sozial- und Umweltsystem.

**Abb. 2.147** Von Kraftfahrzeugen stammender Metallschrott im Hamburger Roßhafen

Abfallaufkommen im Jahr 2016 in Deutschland [1135]

| | |
|---|---|
| 222,8 Mio. t | Abbruch- und Bauabfälle |
| 55,9 Mio. t | Abfälle aus Gewerbe und Produktion |
| 52,1 Mio. t | Siedlungsabfälle |
| 28,1 Mio. t | Bergematerial des Bergbaus |

## 17. Juli 1997 – Beginn des großen Oderhochwassers in Brandenburg

Die Sudeten liegen im Süden des Odereinzugsgebietes an der tschechisch-polnischen Grenze. Sie kulminieren in der 1603 m über den Meeresspiegel aufragenden Schneekoppe. Vom 3. bis zum 9. Juli 1997 und vom 18. bis 22. Juli 1997 ziehen warme, feuchte Luftmassen aus dem Mittelmeergebiet nach Tschechien und in den Süden Polens. Die in den Sudeten gelegene tschechische Wetterstation Lysá Hora misst in der ersten der beiden Perioden 585 mm Niederschlag, verbreitet liegen die Werte im Süden Polens über 400 mm! In der zweiten Periode fallen dort mehr als 100 mm Niederschlag. Beide Großwetterlagen wandern entlang der Vb-Zugbahn, vergleichbar dem Wettergeschehen vom 19. bis 25. Juli 1342 [1136].

Bald nach dem Einsetzen der Starkregen führen die Oder und ihre südlichen Nebenflüsse Hochwasser. In Nordosttschechien und in Südpolen verschärft sich die Situation rasch. Zahlreiche Orte stehen hier unter Wasser. Am 14. Juli rufen die Stadt Frankfurt (Oder) und die Landkreise Oder-Spree, Märkisch-Oderland, Barnim und Uckermark die Hochwasseralarmstufe I aus. Radio- und Fernsehsender warnen die Bevölkerung; die meisten Menschen kennen die notwendigen Rettungsmaßnahmen nicht.

Drei Tage später erreicht das Oderhochwasser bei Ratzdorf Deutschland. Um Dammbrüche zu vermeiden, muss Wasser aus polnischen Trinkwassertalsperren abgelassen werden. Dadurch steigen die Pegel zusätzlich. Der höchste Wasserstand seit mehr als einem Jahrhundert wird erreicht. Am 23. Juli bricht 10 km südlich von Frankfurt (Oder) bei Brieskow-Finkenheerd und zwei Tage danach einige Kilometer weiter oderaufwärts bei Aurith der Oderdeich. Große Wassermassen strömen in die Ziltendorfer Niederung und überfluten rund 5500 ha Land (Abb. 2.148, 2.149). Hier liegt die Landoberfläche seit der Trockenlegung des Niederoderbruchs teils unter dem mittleren Oderwasserspiegel. Etwa 2800 Personen werden rechtzeitig evakuiert.

Die Flutung der Ziltendorfer Niederung lässt den Oderpegel in Frankfurt (Oder) vorübergehend um 72 cm sinken. Das Hochwasser hat einige hydrologische und meteorologische Messstationen zerstört. Die Behörden können den weiteren Verlauf der Überschwemmung deshalb nur

**Abb. 2.148**  Das Hochwasser der Oder flutet im Juli 1997 das Oderbruch östlich von Lebus

**Abb. 2.149**  Die Oder überschwemmt im Juli 1997 Straßen und Gärten in Lebus

schwer einschätzen. Ende Juli drohen nach der zweiten Starkregenphase weitere Deichbrüche. Vorsorglich werden im Norden des Oderbruchs mehrere tausend Menschen evakuiert. Soldatinnen und Soldaten der Bundeswehr verhindern unter Lebensgefahr weitere Deichbrüche. Mittlerweile helfen ungefähr 20.000 Fachkräfte von Feuerwehren, dem Technischen Hilfswerk, dem Landesumweltamt, den Deich- und Bodenverbänden, der Deutschen Lebensrettungsgesellschaft, von Polizei und Bundesgrenzschutz sowie etwa 30.000 Soldatinnen und Soldaten der Bundeswehr. Sie befüllen rund 8,8 Mio. Säcke mit etwa 130.000 t Sand, fahren fast 1400 Lastkraftwagen und fliegen 61 Hubschrauber. Am 2. August beginnen die Wasserstände zu fallen. Die Hochwassersituation beginnt sich zu entspannen. Die Flut hat die Deiche auf einer Länge von 18 km beschädigt [1137].

Koordinationsprobleme bestehen anfangs zwischen dem Brandenburger Innenministerium und den örtlichen Katastrophenschutzstäben, später auch mit den hinzu-

gezogenen Bundesinstitutionen, die unzureichende Lokalkenntnisse und andere Organisationsstrukturen haben. Missverständnisse und zeitliche Verzögerungen resultieren. Es mangelt an Funktelefonen. Sandsäcke müssen im Ausland gekauft werden. Der Einsatz endet nach sechs Wochen. Der Sachschaden beläuft sich in Deutschland auf 330 Mio. €. Hier gibt es keine Toten, anders als in Polen und Tschechien, wo 114 Menschen sterben [1138].

Die Bevölkerung ist überaus hilfsbereit: Frauen aus Brieskow-Finkenheerd versorgen die Hilfskräfte mit Kaffee und selbstgebackenem Kuchen. Viele versuchen, bei der Abfüllung von Sandsäcken zu helfen. Die Einbindung von Freiwilligen erweist sich aufgrund fehlender Koordinationsstellen oftmals als schwierig. Die Hilfskräfte und die betroffene Bevölkerung unterliegen wochenlang ganz erheblichen psychischen Belastungen. Ausgelaufene Tanks, Leckagen in den Heizöltanks von Wohnhäusern und Tierkadaver führen zu Umweltbelastungen und Gesundheitsgefahren [1139].

Nach Deichbrüchen überflutet das Wasser in Polen 1362 Orte und rund 650.000 ha Land. Sie kappen die Abflussspitze der Oder und verhindern eine größere Katastrophe in Deutschland. Nach dem Ereignis werden die seit der Herstellung der Einheit Deutschlands vernachlässigten Deiche repariert und erhöht, die regionalen, nationalen und zwischenstaatlichen Organisationsstrukturen verbessert und gezielte Hochwasservorsorgemaßnahmen betrieben [1140].

## 1. März 1999 – Das Bundes-Bodenschutzgesetz tritt in Kraft

Gesetze zur Reinhaltung der Luft und zur Besserung der Qualität der Oberflächengewässer werden seit Jahrzehnten erlassen und immer wieder novelliert. Sie beginnen zu wirken. Den Schutz der Böden vernachlässigt der Gesetzgeber dagegen sträflich – obgleich sie die Grundlage des Lebens auf der Landoberfläche und damit der Menschheit bilden. Natürliche Waldböden sind ein vielfältiger, wertvoller und empfindlicher Teil der Landökosysteme. Es dauert Jahrhunderte bis Jahrtausende, bis sich ein mehrere Dezimeter mächtiger Boden im Wald gebildet hat. Waldböden enthalten viel mehr Lebewesen als Ackerböden. Bakterien und Pilze zersetzen die Reste von Pflanzen wie Laub oder abgestorbene Wurzeln, tote Tiere und deren Ausscheidungen zu fruchtbarem Humus.

Binnen Minuten kann ein Boden für immer zerstört werden – durch Maschinen, die ihn für den Bau oder die Erweiterung von Wohnhäusern, Gewerbe- und Industriebetrieben, Straßen, (Park-)Plätzen, Bahnlinien, Bahnhöfen und Bahnsteigen und Flughäfen beseitigen.

Häufig verbleiben Böden zwar an Ort und Stelle, jedoch kann die Landnutzung ihre Eigenschaften gravierend verändern. Schwere Holzerntemaschinen verdichten Forstböden und schwere Landwirtschaftsmaschinen Ackerböden großflächig und dauerhaft. Eine große Anzahl von Agrarbetrieben belastet die Böden mit zu hohen Gaben an Mineraldünger, Klärschlämmen oder Gülle und im Zuge dessen mit weitaus mehr Nährstoffen als die Kulturpflanzen aufnehmen können. Hinzu kommt die Ausbringung von Pestiziden.

Die Beseitigung von Vegetation – etwa durch die Ernte von Kulturfrüchten und das nachfolgende Pflügen – ermöglicht die Erosion von Bodenpartikeln, Nähr- und Schadstoffen durch Wind oder Wasser.

Böden an alten Industriestandorten und Mülldeponien enthalten nicht selten Schwermetalle oder organische Schadstoffe. Ein effektiver Schutz der noch existierenden und ihre Funktionen zumindest noch teilweise erfüllenden Böden vor diesen mannigfaltigen Belastungen ist dringend geboten.

Erst nach mehreren Skandalen um schadstoffreiche Altlasten rückt der Boden als hochempfindliches und schützenswertes Naturgut in das Bewusstsein der Öffentlichkeit. Die „Interministerielle Arbeitsgruppe Bodenschutz" legt 1985 die erste Bodenschutzkonzeption des Bundes vor. Sie zielt auf eine Minderung von Flächenverbrauch, Schadstoffbelastung, Versiegelung, Verdichtung, Verschlämmung und Bodenerosion. Landwirtschaftsbetriebe verantworten schwerwiegende Bodenbelastungen. Deren Interessensverbände verhindern über das Bundeslandwirtschaftsministerium die Verabschiedung eines wirkungsvollen Bundes-Bodenschutzgesetzes. Es bleibt bei zwei erfolglosen Entwürfen – den ersten legt Bundesumweltminister Klaus Töpfer (CDU) 1993 vor, den zweiten Bundesumweltministerin Angela Merkel (CDU) 1995 [1141].

Erst im Februar 1998 verabschieden die Regierungsfraktionen von CDU/CSU und FDP einen neuen Gesetzentwurf und am 1. März 1999 tritt das erste deutsche Bundes-Bodenschutzgesetz (BBodSchG) in Kraft. Es bleibt weit hinter der Bodenschutzkonzeption von 1985 zurück, ist mehr Bodenschutzprogramm und Beratungskonzept als Bodenschutzgesetz. Im Fokus stehen die nachhaltige Sicherung oder Wiederherstellung der Funktionen von Böden. Den für Böden bedeutenden Einsatz von Düngemitteln und Pestiziden in der Landwirtschaft regeln indes bereits andere Fachgesetze. Sie haben – wie auch das Kreislaufwirtschafts- und Abfallgesetz – Vorrang vor dem BBodSchG.

Die Nutzung von Böden steht im Vordergrund des BBodSchG, das schädliche Veränderungen von Böden im Grunde verhindern und die Sanierung bestehender Kontaminationen und von Altlasten bewirken soll. Die Funktion von Böden als Archiv der Natur- und Kulturgeschichte soll soweit wie möglich erhalten bleiben. Das BBodSchG verpflichtet prinzipiell alle, die Land besitzen oder nutzen, zu einem schonenden und haushälterischen Umgang mit dem Boden. Für die Landwirtschaft sieht es die Einhaltung einer „guten fachlichen Praxis" vor, die eine nachhaltige Sicherung der Fruchtbarkeit und der Leistungsfähigkeit des Bodens als zentrale Elemente einer nachhaltigen Landnutzung zum Ziel hat. Die größtenteils programmatischen Formulierungen des Gesetzes sind nicht justiziabel [1142].

Mit der Bundesbodenschutz- und Altlastenverordnung wird das BBodSchG in Verwaltungsvorschriften umgesetzt. Sie erläutern die Anforderungen an Untersuchungen, die einzusetzenden Bewertungsverfahren für Altlastenverdachtsflächen, Sanierungs- und Bodenschutzmaßnahmen. Im Verwaltungsvollzug haben sie kaum eine Wirkung.

Kapazitäten wie die renommierte Juristin Gertrude Lübbe-Wolff bewerten das BBodSchG aus dem Jahr 1999 lediglich als symbolisches Umweltrecht, das nicht der Steuerung, sondern lediglich der Vermittlung des Eindrucks der Steuerung diene [1143].

Diese vehemente Kritik zitiert selbst das UBA in seiner Broschüre „40 Jahre Umweltbundesamt". Das UBA und das Bundesumweltministerium waren an der Entwicklung der Bodenschutzkonzeption und des Bodenschutzgesetzes beteiligt. Sie konnten jedoch den für eine dauerhaft gesunde Ernährung und den für funktionierende Ökosysteme unbedingt notwendigen Schutz der im Offenland fast überall bereits geschädigten Böden nicht durchsetzen [1144].

Ein effektiver gesetzlicher Schutz der Böden Deutschlands bleibt auch nach mehreren Novellierungen eine vorrangige und eilige Staatsaufgabe.

## 1. April 1999 – Die Ökologische Steuerreform beginnt

Ein halbes Jahrhundert haben Bundesregierungen Belastungen der Umwelt und der Gesundheit von Menschen zugelassen. Das Verbrennen von Stein- und Braunkohle, Benzin und Diesel, von Heizöl und in geringerem Ausmaß auch von Erdgas verstärkt den menschengemachten Klimawandel. Die Allgemeinheit und zukünftige Generationen tragen die resultierenden Kosten, Umwelt- und Gesundheitsschäden.

Mit dem „Gesetz zum Einstieg in die Ökologische Steuerreform" [1145], das am 1. April 1999 in Kraft tritt, versucht die erste von SPD und Bündnis 90/Die Grünen gebildete Bundesregierung, die Umweltqualität zu verbessern und zugleich die Arbeitslosigkeit zu senken. Dazu führt die Regierung mit der Stromsteuer eine neue Verbrauchssteuer ein; zugleich erhöht sie die Mineralölsteuer bis 2003 in mehreren Schritten. Im Einzelnen steigen die Steuern

- für Benzin und Diesel von 1999 bis 2003 in fünf Stufen um insgesamt 15,35 Cent pro Liter,
- für leichtes Heizöl 1999 um 2,05 Cent pro Liter,
- für Erdgas 1999 um 0,164 Cent pro kWh und 2003 um weitere 0,20 Cent pro kWh und
- für Flüssiggas 1999 um 12,78 € pro 1000 kg und 2003 um 22,26 € pro 1000 kg [1146].

Der Steuersatz für schweres Heizöl zur Strom- und Wärmeerzeugung beträgt von 2000 bis 2002 einheitlich 17,89 € pro 1000 kg und ab 2003 einheitlich 25,00 € pro 1000 kg. Die 1999 eingeführte Stromsteuer steigt bis 2003 auf 2,05 Cent pro kWh [1147].

Überschreiten Landwirtschafts- und Gewerbebetriebe einen Sockelbeitrag von 511 € im Jahr für Strom, Gas oder Heizöl, gilt für sie ein ermäßigter Satz von nur 20 % des Regelsteuersatzes. 2003 erfolgt eine Erhöhung auf 60 % des Regelsteuersatzes. Das Gesetz beinhaltet weitere Steuervergünstigungen, so für bestimmte Kraftwerkstypen, den Öffentlichen Personennahverkehr und Schienenbahnen, und Steuerbefreiungen für Biokraftstoffe [1148].

Kerosin – Flugbenzin – wird nicht besteuert. Auch dass Brennstoffe aus Stein- und Braunkohle energiesteuerfrei bleiben ist umwelt- und gesundheitspolitisch inkonsequent und inakzeptabel. Zumal sie horrende Ewigkeitskosten erzeugen.

Mit den Einnahmen aus der Ökologischen Steuerreform finanziert die Bundesregierung die Senkung der Arbeitgeberbeiträge zur Rentenversicherung. Und sie fördert erneuerbare Energien sowie eine höhere Energieeffizienz. Ein Teil der Bevölkerung versteht den Zusammenhang zwischen der Schaffung von Arbeitsplätzen durch die Senkung der Arbeitgeberbeiträge und der Verteuerung von elektrischer Energie, Heizöl, Kraftstoffen und Erdgas nicht. Dennoch sehen sich private Haushalte veranlasst, sparsamer mit Energie umzugehen. Sie senken die Temperatur in nicht genutzten Räumen, nutzen Stoß- statt Dauerlüftung und Schalten die Heizung bei Abwesenheit ab. Wohnungs- und Hauseigentümer investieren verstärkt in Wärmedämmung und wärmeisolierende Fenster. Neue, innovative energieeffizientere Produkte gewinnen an Akzeptanz [1149].

Durch die Energie- und Kraftstoffbesteuerung sinkt der Ausstoß an Kohlendioxid ab 2003 jährlich nur um gut 20 Mio. t. Die Ökologische Steuerreform ist damit kaum klimawirksam. Die Belastungen für die privaten Haushalte und die Wirtschaft bleiben moderat; die Steuerreform wirkt leicht positiv auf die Beschäftigung. Das Steuersystem beginnt mit der Ökologischen Steuerreform ein wenig gerechter zu werden – diejenigen, die Umweltschäden

verursachen, erstatten jetzt einen wenn auch noch sehr geringen Teil der entstehenden Kosten [1150].

Umweltsteuern lassen sich im Gegensatz zu Rohstoffpreisen, die in einem globalen Markt stark schwanken, gezielt als effiziente Lenkungsinstrumente einsetzen [1151]. Die Steuersätze der Ökologischen Steuerreform verharren auf einem viel zu niedrigen Niveau. Sie haben aus diesem Grund nur eine marginale Lenkungswirkung.

Es ist bei weitem besser, einen Umweltschaden zu unterbinden als ihn in Teilen steuerlich zu kompensieren. Jeder Tropfen Erdöl, der nicht gefördert, nicht transportiert und nicht verbrannt wird, vermeidet den Verbrauch von Energie und die Entstehung von Abgasen. Gleiches gilt für die Gewinnung und Verbrennung von Erdgas, Stein- und Braunkohle. Jede nicht erzeugte Kilowattstunde elektrische Energie erzeugt erst gar keine Umweltlasten [1152].

## 26. Dezember 1999 – Der Orkan „Lothar" wirft Millionen Bäume in Südwest-Deutschland

Am ersten Weihnachtstag des Jahres 1999 entwickelt sich über dem Nordatlantik das Orkantief „Lothar". Sein Kern zieht am 26. Dezember von der Biskaya über Nordfrankreich und Luxemburg, durch Rheinland-Pfalz, Hessen und Sachsen in den Süden Polens. In Baden-Württemberg sterben an diesem Tag 13 Menschen durch Sturmwirkungen. Südlich des Kerns erreichen die Orkanwinde Geschwindigkeiten von bis zu 160 km h$^{-1}$, auf hohen Bergen bis über 200 km h$^{-1}$. Sie fällen vor allem im mittleren und nördlichen Schwarzwald, im Schönbuch und Rammert sowie im Osten der Schwäbischen Alb Millionen Bäume, die Straßen und Bahnstrecken blockieren. Allein in Baden-Württemberg werden 30 Mio. m$^3$ Sturmholz umgerissen – das Dreifache des mittleren Jahreseinschlages. Auf einer Waldfläche von 40.000 ha stehen in Baden-Württemberg keine Bäume mehr. Auf 85 % dieser Fläche wuchsen Nadelhölzer, meist Fichten in Monokultur. Fichten wurzeln flach, sie sind hochgradig sturmwurfgefährdet. Der Schaden des Orkans „Lothar" beläuft sich in Deutschland auf 1,6 Mrd. €; versichert sind 650 Mio. € [1153].

Mehr als 2000 Forstunternehmen aus Europa und über 5000 kommunale und staatliche Waldarbeiter aus mehreren Bundesländern entfernen über 18 Monate Sturmholz. Das Überangebot lässt die Holzpreise einbrechen; Fichtenholz verliert 45 % an Wert. Viel Sturmholz ist nicht verkäuflich – rund 4,6 Mio. m$^3$ müssen eingelagert werden [1154].

Mit Soforthilfen werden private Waldbesitzer unterstützt, Nasslagerstätten für das Sturmholz eingerichtet, Holz beworben. Landes-, Bundes- und EU-Mittel ermöglichen Aufforstungen, Naturverjüngung und eine gewisse Stabilisierung des Holzmarktes. Sie zielen auch auf einen

**Abb. 2.150** Baumwurf durch einen Sturm im Jahr 1913 bei Plochingen südöstlich von Stuttgart (historische Postkarte)

Umbau der instabilen Nadelholzmonokulturen in standfestere und naturnähere Mischwälder.

Die einseitige ökonomische Orientierung der Forstwirtschaft im 19. und 20. Jh. hat über die Etablierung besonders von Monokulturen die beschriebenen Schäden ermöglicht (Abb. 2.150). In naturnahen Wäldern mit standortangepassten Bäumen unterschiedlichen Alters wären die Schäden durch das Orkantief „Lothar" beträchtlich geringer gewesen.

## 2000 – Die Bundesforschungsanstalt für Viruskrankheiten der Tiere gibt den ersten Fall von BSE bekannt

BSE, die Bovine spongiforme Enzephalopathie, ist eine immer tödlich verlaufende Erkrankung des zentralen Nervensystems von Wiederkäuern. Erreger sind infektiöse Proteine mit abnormal verändertem Eiweiß: die Prionen. Übertragen werden sie durch die Verfütterung von infiziertem Tiermehl und -fett. Die mittlere Inkubationszeit liegt bei 4 bis 6 Jahren. BSE erzeugt Nervosität, Aggressivität, Zähneknirschen, Zittern und Zuckungen, Licht- und Lärmempfindlichkeiten sowie eine allmähliche Abmagerung [1155].

Nachdem bereits seit Mitte der 1980er-Jahre in Großbritannien BSE gehäuft bei Rindern auftrat, verwundert es nicht, dass ein 1992 aus Großbritannien nach Schleswig–Holstein importiertes Rind mit BSE infiziert ist und zum ersten registrierten BSE-Fall in Deutschland wird. Die Bundesforschungsanstalt für Viruskrankheiten der Tiere weist am 26. November 2000 erstmals an einem in Deutschland geborenen Rind BSE nach [1156].

Menschen können sich offenbar durch den Verzehr von Rinderprodukten, die Prionen aus Gehirn oder Rückenmark enthalten, mit der neuen Variante der Creutzfeldt-Jacob-Krankheit (vCJK) infizieren, die nach einer mehrjährigen Inkubationsphase stets zum Tod führt. Diese wenn auch nur extrem geringe Ansteckungsgefahr löst bei vielen Ängste aus. Bislang tritt aufgrund der deutschen Sicherheitsmaßnahmen kein Fall von vCJK auf [1157].

Die Kritik an der deutschen Agrarpolitik und der industriellen Landwirtschaft ist vehement. Deutschland stürzt in die BSE-Krise. Noch im Dezember 2000 wird ein Verfütterungsverbot für Mehl und Fett von Wiederkäuern erlassen. Bundeslandwirtschaftsminister Karl-Heinz Funke (SPD) und Bundesgesundheitsministerin Andrea Fischer (Bündnis 90/Die Grünen) treten zurück; zur neuen Landwirtschaftsministerin wird Renate Künast (Bündnis 90/Die Grünen) ernannt, der Verbraucherschutz in ihrem Ministerium gebündelt und gestärkt. Mit Künast ist erstmals kein Mitglied des Bauernverbandes in diesem Amt. Ein Affront [1158].

Der Erreger darf nicht in die Lebensmittelkette kommen. Sämtliche mehr als 24 Monate (ab Juli 2011 mehr als 72 Monate) alte Rinder werden direkt nach der Schlachtung auf Prionen geprüft. Auf diesem Weg gelingt bis 2015 der Nachweis von BSE-Fällen in Deutschland an 414 Rindern. Seit 2007 geht die Zahl der BSE-Fälle stark zurück. Von 2010 bis 2017 treten lediglich zwei Fälle atypischer BSE auf, beide 2014 in Brandenburg. Das Verbot der Tiermehl- und Tierfettverfütterung wirkt ganz offensichtlich. Am 28. April 2015 entfällt die Verpflichtung, gesunde geschlachtete Rinder auf BSE zu untersuchen [1159].

Die üblichen Verfahren der Desinfektion und Reinigung, ja selbst der Tierkörperbeseitigung garantieren nicht die Eliminierung der Erreger. Infizierte Tierkörper müssen in getrennten Anlagen zu Tiermehl verarbeitet werden, das danach verbrannt wird [1160].

Die BSE-Krise hat die Aufmerksamkeit in der Gesellschaft für die Lebensmittelsicherheit und den Verbraucherschutz erhöht. Der Rindfleischkonsum geht vorübergehend zurück, die Fleischpreise fallen. BSE wird erfolgreich bekämpft. Die dringend notwendige Entwicklung einer durchgängig nachhaltigen Tierhaltung bleibt aus [1161].

## 1. April 2000 – Das Erneuerbare-Energien-Gesetz tritt in Kraft

Das zum 1. Januar 1991 in Kraft getretene Stromeinspeisungsgesetz verpflichtet Energieversorgungsunternehmen, die von Windenergieanlagen erzeugte elektrische Energie abzunehmen und eine Einspeisevergütung zu zahlen – ein Meilenstein auf dem langen Weg in eine energetisch nachhaltige Gesellschaft (Abb. 2.151, 2.152). Ein weiterer ist das Erneuerbare-Energien-Gesetz (EEG), dass die Fraktionen von SPD und Bündnis 90/Die Grünen in den Bundestag einbringen. Es löst zum 1. April 2000 das Stromeinspeisungsgesetz ab. Das EEG hat zwei Kernziele:

**Abb. 2.152** Windenergieanlage auf dem Stillfüssl im Odenwald. Der Betreiber ließ für sie Wald roden, Böden zerstören und Wege errichten. Gegen den Widerstand der lokalen Bevölkerung. Mit Unterstützung der hessischen Landesregierung. Nach Berechnungen des Geoökologen Otmar Seuffert ist die $CO_2$-Bilanz negativ, wenn Wald für Windkraftanlagen gerodet werden muss [1169]. (Foto: Berno Faust)

- eine nachhaltige Entwicklung der Energieversorgung für den Klima- und Umweltschutz sowie
- die Verdopplung des Anteils erneuerbarer Energien am Bruttostromverbrauch der Bundesrepublik Deutschland bis zum Jahr 2010 [1162].

Stromeinspeisungsgesetz und EEG bewirken die Gründung von Firmen in Deutschland, die neue technische Entwicklungen auf den Markt bringen und effektive Windenergie-, Photovoltaik-, Biomasse- und Geothermie-Anlagen anbieten. Frank H. Asbeck gründet 1999 in Bonn die SolarWorld AG. Die Förderung von Solarstrom durch das EEG lässt die Firma in den 2000er-Jahren schnell zu einem globalen Unternehmen wachsen. 2011 und 2012 brechen die Umsätze und Gewinne bei der SolarWorld AG und anderen deutschen Firmen der Photovoltaikindustrie ein. Die internationale Konkurrenz ist erheblich gewachsen. Massive Preiskämpfe resultieren. Der Siliziumpreis sinkt, ohne dass deutsche Solarunternehmen davon profitieren können – sie haben langfristige Lieferverträge mit vergleichsweise hohen Festpreisen für Silizium

**Abb. 2.151** Bau einer Windkraftanlage im Windpark Lütjenwestedt in Mittelholstein

abgeschlossen. Chinesische Firmen bieten jetzt Solarpanele günstiger an als deutsche. Hinzu kommt die Kürzung der Förderung in Deutschland. Am 27. März 2018 endet die unglaubliche Erfolgsgeschichte der SolarWold AG mit dem Insolvenzantrag.

Die Finanzierung des Ausbaus der erneuerbaren Energien erfolgt über die EEG-Umlage, die all jene zu bezahlen haben, die Strom verbrauchen. Die EEG-Umlage variiert als Bestandteil des Strompreises von Jahr zu Jahr und liegt:

2008 bei 1,17 Eurocent pro kWh
2013 bei 5,28 Eurocent pro kWh
2018 bei 6,79 Eurocent pro kWh und
2019 bei 6,405 Eurocent pro kWh [1163].

Eine gesetzlich vereinbarte Vergütung erhalten diejenigen, die den Strom ihrer Erneuerbare Energien-Anlagen in das öffentliche Netz einspeisen. An der Strombörse müssen die Betreiber der Übertragungsnetze den eingespeisten Strom meist deutlich unter dem Kaufpreis veräußern. Da die Zahlungen an die Betreiber der Erneuerbare-Energie-Anlagen damit weitaus höher sind als die Einnahmen aus dem Verkauf desselben Stroms durch die Netzbetreiber, finanzieren alle Stromverbraucher die Differenz über die EEG-Umlage [1164].

Mit einer bedeutenden Ausnahme: Die 2012 neu geordnete „Besondere Ausgleichsregelung" des EEG ermöglicht großen stromkostenintensiven Betrieben, einen Antrag auf die Begrenzung der EEG-Umlage zu stellen. Der Gesetzgeber beabsichtigt damit die Erhaltung der internationalen Wettbewerbsfähigkeit dieser Firmen. Für das Jahr 2018 haben 2299 Unternehmen mit einem Gesamtenergieverbrauch von 118,5 Terrawattstunden Anträge zur Begrenzung der EEG-Umlage beim Bundesamt für Wirtschaft und Ausfuhrkontrolle gestellt. Darunter sind 2017 Firmen, die Nahrungs- und Futtermittel, Gummi und Kunststoffe, Papier, Glaswaren, Eisen, Stahl, Aluminium, chemische Erzeugnisse und zahllose weitere Produkte herstellen. Ein Betrieb muss im Jahr 2018 für die erste von ihm verbrauchte Gigawattstunde die volle EEG-Umlage von 6,79 €cent pro kWh zahlen. Für den darüber hinaus aufgetretenen Energieverbrauch zahlt eine Firma nur 15 % der EEG-Umlage bzw. maximal 4 % der Bruttowertschöpfung des Betriebes. Dadurch sparen große Unternehmen 2018 in Deutschland mehr als 6 Mrd. € [1165].

Die Besondere Ausgleichsregelung des EEG ist nicht gerecht, da sie stromkostenintensive Großbetriebe privilegiert – zu Lasten aller anderen Stromkunden und damit privater Haushalte sowie kleiner und mittlerer Unternehmen in Deutschland. Die Besondere Ausgleichsregelung verlangsamt den Weg in eine energetisch nachhaltige Gesellschaft.

Das EEG wird zum 21. Juli 2014 grundlegend novelliert, Artikel 1 zum 21. Juni 2018 abgeändert. Das novellierte Gesetz zielt auf eine stetige, kosteneffiziente und netzverträgliche Steigerung des aus erneuerbaren Energien erzeugten Stroms am Bruttostromverbrauch auf 40–45 % bis zum Jahr 2025, auf 55–60 % bis 2035 und auf mindestens 80 % bis 2050 [1166].

Da der Anteil 2017 bereits 36 % erreicht, sind die neuen Zielwerte für 2025 und 2035 nicht besonders ambitioniert. Für größere Anlagen erfolgt die Förderung nunmehr über Ausschreibungen, sie sinkt spürbar für neue Windkraft- und Solaranlagen. Der von CDU, SPD und CSU ausgehandelte Koalitionsvertrag vom 12. März 2018 strebt für das Jahr 2030 einen Anteil der erneuerbaren Energien von „etwa 65 %" am Bruttostromverbrauch an. Dies ist eine wesentliche Beschleunigung auf dem Weg in eine energetisch nachhaltige Gesellschaft – auch, da der Bruttostrombedarf durch die zunehmende Elektromobilität und Internetnutzung parallel deutlich steigen wird [1167]. Die derzeit noch zu langsam wachsende Verknüpfung von Stromerzeugung, Wärmegewinnung und elektrifiziertem Verkehr schafft neue wirtschaftliche, technische, soziale, ökologische und administrative Herausforderungen für Bund, Länder, Kommunen, Gewerbebetriebe, Industrie, für die gesamte Bevölkerung. Sie sind nur über gemeinsame, gesamtgesellschaftliche Anstrengungen erfolgreich zu bewältigen [1168].

## 2002 – Das Eschentriebsterben erreicht Deutschland

Die Gemeine Esche *(Fraxinus excelsior)* ist eine ökologisch und ökonomisch wertvolle einheimische Baumart. Sie gedeiht vorzüglich an Standorten mit feuchten, mächtigen, lehmigen Böden und auch an trockeneren Hängen mit Kalksteinen. Selbst extreme Trockenheit erzeugt kaum Schäden. Eschenreiche Wälder gehören zu den artenreichsten Waldökosystemen Deutschlands [1170].

In Ostasien lebt die Mandschurische Esche *(Fraxinus mandshurica)* in Symbiose mit einem Pilz: dem Falschen Weißen Stengelbecherchen *(Hymenoscyphus fraxineus)*. Er gelangt Anfang der 1990er-Jahre nach Europa [1171]. Wind verbreitet seine Sporen. Sie legen sich auch auf die Blätter der einheimischen Gemeinen Esche.

Das Falsche Weiße Stengelbecherchen und die Gemeine Esche konnten sich in Europa – anders als die Mandschurische Esche in Ostasien – nicht über lange Zeiträume wechselseitig aneinander anpassen. In Europa ist der Pilz daher ein Schädling. Seine Sporen infizieren zuerst die Blätter, dann das Mark junger Triebe und schließlich das Holz der Gemeinen Esche. Ihre Blätter färben sich braun. An der Rinde bilden sich Nekrosen, die in jungen Trieben

**Abb. 2.153** Luftbild von stehenden und umgefallenen abgestorbenen Gemeinen Eschen im Projensdorfer Gehölz (Kiel)

bald den Wassertransport unterbrechen. Junge Gemeine Eschen sterben bald vollkommen ab, ältere manchmal erst über mehrere Jahre, zusätzlich gefördert durch den Befall von weiteren Schadorganismen wie dem Bunten Eschenbastkäfer *(Hylesinus fraxini)* und einem anderen Pilz, dem Honiggelben Hallimasch *(Armillaria mellea)*. Die Anfälligkeit einzelner Eschen hängt von den lokalen Wuchsbedingungen ab; am stärksten schädigen die genannten Pilze Gemeine Eschen an grundwassernahen Standorten. An die Verbreitung von Gemeinen Eschen gebundene Pilz- und Gefäßpflanzenarten sind ebenfalls gefährdet [1172].

In einem großen Forschungsprojekt untersucht derzeit ein Team um den Ökologen Joachim Schrautzer und die Geobotanikerin Alexandra Erfmeier vom Institut für Ökosystemforschung der Universität Kiel die vielfältigen Auswirkungen des Eschentriebsterbens auf die Umwelt, besonders auf die Biodiversität von eschenreichen Ökosystemen und die im und auf dem Boden lebenden Pilze.

Seit 2002 sterben die Gemeinen Eschen in Schleswig-Holstein, seit 2008 in Süddeutschland und mittlerweile in ganz Deutschland (Abb. 2.153, 2.154). Zwar nehmen Eschen nur 2 % der Waldfläche Deutschlands ein. Das Eschentriebsterben trifft jedoch bestimmte Waldtypen intensiv: Eichen-Hainbuchenwälder, Buchenwälder an feuchteren Standorten mit einem höheren Eschenanteil, Wälder in Schluchten, Erlen-Eschen- und Auenwälder. Dort kann der Eschenanteil bei 30 % und mehr liegen. In Regionen wie im Baden-Württembergischen Teil der Oberrheinischen Tiefebene haben Waldbesitzer in den vergangenen Jahrzehnten viel in den Anbau der Gemeinen Esche investiert. Eschenholz ist aufgrund seiner Elastizität und Festigkeit wertvoll und begehrt [1173].

Das Eschentriebsterben hat weitreichende Auswirkungen auf die Artenzusammensetzung, die Merkmale der Streu, die Fruchtbarkeit und den Nährstoffhaushalt der Böden der betroffenen Waldtypen. Eine erfolgreiche Bekämpfung

ist bislang nicht möglich. Gewisse Hoffnung gibt die Beobachtung, dass einige Genotypen[65] der Gemeinen Esche weniger anfällig für Pilzinfektionen sind als andere [1174].

## 27. April 2002 – Das „Gesetz zur geordneten Beendigung der Kernenergienutzung zur gewerblichen Nutzung von Elektrizität" tritt in Kraft

Die von SPD und Bündnis 90/Die Grünen 1998 gebildete Bundesregierung nimmt eine Neubewertung der Risiken der Kernenergienutzung vor. Dazu lässt sie die weltweiten Erfahrungen aus dem Betrieb von Kernkraftwerken, die Probleme bei der Wiederaufarbeitung von Kernbrennstoffen sowie der Zwischen- und Endlagerung radioaktiver Abfälle evaluieren. Sie kommt auch in Anbetracht der Auswirkungen der Tschernobyl-Katastrophe vom 26. April 1986 in der Sowjetunion sowie des enormen regionalen Widerstandes von Teilen der Bevölkerung Deutschlands gegen kerntechnische Anlagen zu dem Schluss, die Nutzung von Kernenergie zur gewerblichen Erzeugung von Elektrizität geordnet zu beenden. Der „Atomausstieg" wird zu einem der bedeutendsten Projekte der ersten Bundesregierung unter Bundeskanzler Gerhard Schröder (SPD) [1175].

Nach schwierigen Gesprächen erzielen Bundesregierung und Energieversorgungsunternehmen am 11. Juni 2001 Einvernehmen über eine geordnete Beendigung der gewerblichen Nutzung von Kernenergie in Deutschland. Zur Absicherung dieses „Atomkonsenses" tritt am 27. April 2002 das mit den Stimmen der Regierungsfraktionen verabschiedete „Gesetz zur geordneten Beendigung der Kernenergienutzung zur gewerblichen Nutzung von

---

[65]Eine Genotyp umfasst alle Gene eines Lebewesens.

**Abb. 2.154** Rindennekrose am Stammfuss einer abgestorbenen Gemeinen Esche im Hasseldieksdammer Gehölz (Kiel)

**Abb. 2.155**   Kernkraftwerk Brokdorf

**Abb. 2.156**   Protestaufkleber „Block Brokdorf" in der Altstadt von Marburg

Elektrizität", kurz „Atomausstiegsgesetz", in Kraft. Es ersetzt das Atomgesetz vom 1. Januar 1960. Die CDU/CSU-Fraktion teilt mit, den Atomausstieg nach einer Regierungsübernahme rückgängig machen zu wollen – die Stilllegung der deutschen Kernkraftwerke würde Unternehmen, Verbraucherinnen und Verbraucher belasten und über einen höheren Ausstoß an Kohlendioxid die deutschen Klimaschutzziele gefährden [1176].

Das Atomausstiegsgesetz verbietet die Errichtung von neuen gewerblichen Reaktoren und Anlagen zur Wiederaufarbeitung abgebrannter Brennelemente in Deutschland. Es schließt auch ihre Wiederaufarbeitung in der britischen Anlage bei Sellafield und der französischen Anlage bei La Hague aus. Und es verpflichtet die Energieunternehmen, Zwischenlager für abgebrannte Brennelemente an den Standorten der von ihnen betriebenen Reaktoren zu errichten und zu betreiben. Bis 2021 sollen die 19 noch laufenden Kernkraftwerke abgeschaltet werden (Abb. 2.155, 2.156). 2003 geht das Kernkraftwerk bei Stade an der Unterelbe vom Netz, zwei Jahre später folgt der bei Obrigheim zwischen Heidelberg und Heilbronn gelegene Reaktor [1177].

## Ab 12. August 2002 – Das große Hochwasser im Elbe- und Donaueinzugsgebiet verursacht einen Schaden von 11,6 Mrd. €

Am 6. und 7. August 2002 regnet es kräftig im Osten Bayerns, in der Tschechischen Republik und in Österreich. Wenige Tage später, am 10. August, saugt das Tiefdruckgebiet „Ilse" über der warmen Adria außergewöhnlich viel feuchte Luft an. Bis zum 13. August 2002 wandert es über den Norden der Schweiz, den Südwesten Deutschlands, Bayern und Österreich in die Tschechische Republik, nach Sachsen und Polen [1178]. Über die Tschechische Republik und Sachsen zieht das Tief ungewöhnlich langsam; extrem hohe Niederschläge resultieren. An der Messstation Zinnwald-Georgenfeld des Deutschen Wetterdienstes im Erzgebirge fallen von 5 Uhr am 12. August bis 5:00 Uhr am nächsten Morgen 352,7 mm Niederschlag – der höchste je in Deutschland in 24 h gemessene Wert [1179].

Bereits die Niederschläge des ersten Tiefs vom 6. und 7. August erhöhen die Wassergehalte der Böden in weiten Teilen der Einzugsgebiete von Elbe und oberer Donau stark. Deren Wasseraufnahmevermögen ist durch die Bodenerosion in der Vergangenheit ohnehin reduziert.

Außerdem haben die Versiegelung in Städten und Dörfern sowie die Verdichtung von Ackerböden durch schwere landwirtschaftliche Fahrzeuge spürbare Folgen. Die Böden vermögen die Wassermassen des Tiefs „Ilse“ nicht annähernd aufzunehmen. Drainagen und begradigte Bäche leiten den entstehenden Abfluss rasch weiter in die Flüsse. In Schöna an der tschechisch-deutschen Grenze beginnt der Wasserstand der Elbe am 8. August zu steigen – von einem Pegelstand unter 2 m auf 12,02 m in der Nacht vom 16. auf den 17. August. Der bis dahin höchste gemessenen Stand der Elbe in Schöna vom 9. April 1941 wird um 3,34 m übertroffen! In Dresden steigt der Pegel der Elbe von 1,68 m am 9. August 2002 auf 9,40 m am 17. August. Bis zum 24. August sinkt er auf 3,40 m. In Torgau, knapp 100 km elbeabwärts von Dresden wird der Scheitel – der höchste Wasserstand des Hochwassers – am 18. August mit 9,45 m erreicht. Gezielte Flutungen von Poldern in der Aue der mittleren Elbe und Deichbrüche lassen den Fluss unterhalb von Torgau weniger hoch ansteigen. Erst ab Geesthacht oberhalb Hamburg sind die Auswirkungen des Elbehochwassers gering, dort beginnt der Gezeiteneinfluss der Nordsee [1180].

Ungeheure Wassermassen schießen durch die Auen von Weißeritz, Müglitz, Mulde und Saale zur Elbe. Hochwasserrückhaltebecken und für die Trinkwasserversorgung angelegte Talsperren vermögen die Wassermassen nicht annähernd zu speichern. Funktionstüchtige flutbare Polder fehlen weitgehend. Das gespeicherte Wasser muss abgelassen werden. Es verstärkt das Hochwasser. Neue Gewerbe-, Industrie- und Wohngebiete wurden in den letzten Jahrzehnten in den vom Hochwasser betroffenen Auen errichtet. Ebenso Kläranlagen. Verheerende Verwüstungen resultieren. 21 Menschen sterben, mehr als 100.000 müssen evakuiert werden. Große Teile der Innenstadt Dresdens stehen unter Wasser, darunter der Zwinger und der Hauptbahnhof [1181].

Die Elbe transportiert während des Augusthochwassers 2002 große Mengen an Schwebstoffen flussabwärts [1182]. Der Abfluss hat sie hauptsächlich von nicht durch Pflanzen geschützten Äckern, an Flussufern und Deichbrüchen abgetragen. In überfluteten Siedlungen und Industriegebieten nehmen die Elbe und ihre Nebenflüsse auch Metalle und organische Schadstoffe auf, darunter Diesel und Benzin von überfluteten Tankstellen und Heizöl von Tanks in den Wohnhäusern. Das Hochwasser ist im sächsischen Abschnitt der Elbe bakteriologisch stark bis sehr stark belastet. Vermutlich stammen die Keime überwiegend aus ausgefallenen oder überfluteten Kläranlagen [1183].

Schadstoffanalysen an 15 Brassen, die im Herbst 2002 am Fangplatz Schmilka an der oberen Elbe entnommen worden waren, zeigen bei vier Tieren beanstandungswürdige Quecksilbergehalte. Auch die drei von dort stammenden Aale hätten aufgrund einer leichten Überschreitung der zulässigen Höchstmengen des Fungizids Hexachlorbenzol nicht vermarktet werden dürfen. 26 von 30 am Fangplatz Gorleben an der mittleren Elbe entnommene Aale weisen erhöhte Werte von Hexachlorbenzol bzw. des Insektizids Hexachlorcyclohexan auf. Vor dem Augusthochwasser 2002 waren die Werte niedriger [1184].

Das Elbehochwasser trägt Pestizide und deren Metaboliten sowie Clofibrinsäure (ein Metabolit von Arzneimitteln zur Senkung des Cholesterinspiegels) bis in die Nordsee [1185].

Die Infrastruktur wird im August 2002 an vielen Orten beschädigt oder zerstört. Zahllose wertvolle Gegenstände, die sich in Handwerks- und Industriebetrieben, in Behörden, privaten Wohnungen und Häusern befinden, sind nicht mehr nutzbar. Allein in Sachsen schädigen die Fluten etwa 12.000 Unternehmen. Der wirtschaftliche Verlust durch das Augusthochwasser beläuft sich in Deutschland auf zirka 11,6 Mrd. €. Die öffentliche Infrastruktur erleidet einen Schaden von rund 3,5 Mrd. €. Kein anderes Hochwasser hat je in Deutschland einen größeren wirtschaftlichen Verlust verursacht. Nach dem Ereignis verbessern die Behörden den Hochwasserschutz und die Warnsysteme. Auf die nächste Hochwasserkatastrophe im Juni 2013 an der Elbe bereiten sich die Menschen besser vor [1186].

Für die Oder wurde bald nach der desaströsen Flut, die am 17. Juli 1997 einsetzte, ein Frühwarnsystem etabliert, an der Elbe nicht. Das rächt sich nun. Ausgereifte Katastrophenschutzpläne hätten die Schäden geringer ausfallen lassen und viel menschliches Leid verhindert.

## 26. August bis 4. September 2002 – Die Bundesregierung legt die deutsche Nachhaltigkeitsstrategie vor

Die Bundesregierung legt auf dem Weltgipfel der Vereinten Nationen für nachhaltige Entwicklung, der vom 26. August bis zum 4. September 2002 in Johannesburg stattfindet, ihre erste nationale Nachhaltigkeitsstrategie vor. Dazu war sie bereits ein Jahrzehnt zuvor auf der Konferenz für Umwelt und Entwicklung in Rio de Janeiro, der „Rio-Konferenz", aufgefordert worden. Die deutsche Nachhaltigkeitsstrategie wird im Vierjahresrhythmus weiterentwickelt. Die Fortschritte dokumentiert und bewertet das Statistische Bundesamt über die Erfassung von 36 Indikatorbereichen, darunter der Stickstoffüberschuss, die Schadstoffbelastung der Luft und der Anteil des Stroms aus erneuerbaren Energiequellen am Bruttostromverbrauch [1187].

Im September 2015 verabschieden die Mitgliedsstaaten der Vereinten Nationen die Agenda 2030 mit 17 unteilbaren Nachhaltigkeitszielen: 1) keine Armut, 2) kein Hunger, 3) Gesundheit und Wohlergehen, 4) hochwertige Bildung, 5) Geschlechtergleichheit, 6) sauberes Wasser und Sanitäreinrichtungen, 7) bezahlbare und saubere Energie, 8) menschenwürdige Arbeit und Wirtschaftswachstum, 9) Industrie, Innovation und Infrastruktur, 10) weniger Ungleichheiten, 11) nachhaltige Städte und Gemeinden, 12) nachhaltige Produktion und nachhaltiger Konsum, 13) Maßnahmen zum Klimaschutz, 14) Leben unter Wasser, 15) Leben an Land, 16) Frieden, Gerechtigkeit und starke Institutionen und 17) Partnerschaften zur Erreichung der Ziele [1188]. Alle Mitgliedsstaaten haben die Agenda 2030 umzusetzen, ihre Volkswirtschaften anzupassen, um in einer globalen Partnerschaft eine nachhaltige Entwicklung mit verantwortungsvollem Konsum, sauberer und preiswerter Energiegewinnung und ohne Armut zu erreichen. Deswegen beschließt die Bundesregierung am 11. Januar 2017 eine grundlegende Überarbeitung der deutschen Nachhaltigkeitsstrategie. Sie umfasst eine Nachhaltigkeitsmanagementsystem mit nunmehr 63 Indikatorbereichen, die kontinuierlich zu erfassen und zu bewerten sind [1189].

## November 2002 – Freies Bisphenol A wird im Blut von Müttern gefunden

Kondensieren ein Teil Aceton mit zwei Teilen Phenol, so entsteht Bisphenol A (BPA), chemisch $C_{15}H_{16}O_2$. Die Industriechemikalie wird unverändert u. a. in Thermopapier und Bremsflüssigkeiten als Stabilisator verwendet oder weiterverarbeitet zu Epoxidharzen und zu Polykarbonat. Innenbeschichtungen von Konserven- und Getränkedosen, Klebstoffe, gedruckte Platinen, Lacke, Bodenbeläge und Verbundwerkstoffe enthalten Epoxidharze. Babyflaschen und andere Getränkeflaschen und -dosen, Kunststoffbestecke, Nagellacke, CD, DVD, Reflektoren von Kraftfahrzeugen, Gartenschläuche, Schwimmhilfen, Brillengläser, Gehäusen von Mobiltelefonen, Computer, Kaffeemaschinen und Wasserkocher enthalten Polykarbonate [1190].

Aus Betrieben, die Epoxidharze, Polykarbonat und Thermopapier produzieren, gelangt BPA in das Abwasser. Recyclingtoilettenpapier kann in geringen Mengen Thermopapier und damit BPA enthalten. Mikroorganismen bauen es in sehr gut belüfteten Kläranlagen überwiegend ab. Ein geringer Teil fließt in die unterhalb liegenden Oberflächengewässer. Trinkwasser enthält BPA nicht oder bloß in extrem geringen Mengen. Zirkuliert in nicht fach- und sachgerecht beschichteten Leitungen Wasser mit Temperaturen über etwa 70 °C, so können höhere BPA-Konzentrationen auftreten. Fast alle Menschen kommen häufig mit BPA in Kontakt. Verzehren wir den Inhalt von Konservendosen, so nehmen wir den Stoff aus den Innenbeschichtungen auf. Heißes Wasser kann BPA aus Polykarbonat-Behältern lösen [1191].

Wie wirkt BPA? Eine wissenschaftliche Untersuchung zeigt, dass Männer, die in BPA verarbeitenden Betrieben beschäftigt sind, wohl verstärkt an Erektionsproblemen leiden. Ein anderes Forschungsprojekt belegt offenbar, dass sich zweijährige Mädchen aggressiver als Gleichaltrige verhalten, wenn ihre Mütter während der Schwangerschaft stärkeren Belastungen durch BPA ausgesetzt waren [1192]. Höhere Werte von BPA finden sich bei Neugeborenen in Intensivstationen und bei Dialysepatienten. Gilbert Schönfelder und sein Team vom Universitätsklinikum Benjamin Franklin der Freien Universität Berlin weisen bereits im November 2002 BPA-Gehalte im Blut von Müttern und in Nabelschnüren nach, die bei Tieren schädlich gewirkt hatten [1193].

Die Chemikalie kann wohl unser Hormonsystem beeinflussen, die Wirkungen weiblicher Sexualhormone verstärken und diejenigen männlicher Sexualhormone mindern. Möglicherweise beeinträchtigt es die Fortpflanzung und die embryonale Entwicklung [1194].

Einzelne Wissenschaftler und Institutionen wie das Bundesinstitut für Risikobewertung und selbst die Bundesregierung ziehen die bei der BPA-Analytik eingesetzte Probenahme- und Messmethodik und damit hohe Bisphenol A-Messwerte sowie die Risiken für Konsumentinnen und Konsumenten in Zweifel. Eine andere plausible Erklärung für die von verschiedenen Arbeitsgruppen in Blut gemessenen erhöhten BPA-Werte legen die Skeptiker nicht vor [1195].

Die Europäische Lebensmittelbehörde EFSA bemerkt 2006, dass selbst bei einer Aufnahme von bis zu 50 µg BPA pro kg Körpergewicht und Tag in den menschlichen Körper keine Gesundheitsrisiken verbunden seien. Die Wirkungsketten und die Langzeitwirkungen der Aufnahme von BPA sind noch weitgehend unklar. Es besteht Forschungsbedarf – und weiterhin begründete Sorge zu negativen Wirkungen von Bisphenol A auf unsere Gesundheit und Umwelt [1196].

## Juli/August 2003 – Hitzeperiode

Das Hoch „Michaela" befindet sich vom 1. bis zum 14. August 2003 über West- und Süddeutschland. Das wolkenarme Sommerwetter ermöglicht eine starke Einstrahlung und so eine ungewöhnliche Aufheizung der bodennahen Atmosphäre: Am 8. und am 13. August wird in Karlsruhe und am 13. August in Freiburg i. B. mit 40,2 °C die höchste seit dem Beginn der regelmäßigen Aufzeichnungen im Jahr 1881 in Deutschland gemessene Temperatur eingestellt. Sie wurde erstmals am 27. Juli 1983 in Gärmersdorf bei Amberg erreicht.

Im Sommer 2003 überschreitet die Tageshöchsttemperatur in Karlsruhe an 53 Tagen 35 °C. In der Meteorologie bezeichnet man derart heiße Tage als Hitzetage [1197]. Das Jahr mit der zweithöchsten Anzahl von Hitzetagen in Karlsruhe ist 1947 mit 44 Tagen. In der ersten Augusthälfte fällt die Temperatur an zahlreichen süddeutschen Orten nachts kaum unter 25 °C. Die mittleren flächenhaften bodennahen Lufttemperaturen liegen im Sommer 2003 in den Monaten Juni, Juli und August um 3,4 °C über der mittleren Sommertemperatur für den Zeitraum 1961 bis 1990. Es ist die höchste gemessene flächenhafte Sommertemperatur seit 1761 und nach Untersuchungen des Klimageographen Jürg Luterbacher gar der wärmste Sommer der vergangenen 500 Jahre. Die außergewöhnliche Hitzebelastung führt in Deutschland wohl vor allem durch Lungenversagen zu mehreren Tausend Todesfällen, besonders bei Kranken und Älteren. Im Raum Köln steigt die Mortalitätsrate im August 2003 im Vergleich zum Augustmittelwert der Jahre 2000 bis 2002 um 16,5 %. Beachtliche Ernteausfälle resultieren [1198].

Noch Ende 2018 sprechen Klimaexperten von einer außergewöhnlichen Witterung in jenem Jahr. Dann, im Laufe des Jahres 2019, schätzen sie den Hitzesommer 2018 als Teil des globalen Klimawandels ein.

## 27. Februar 2005 – Das Rahmenabkommen der Weltgesundheitsorganisation zur Eindämmung des Tabakgebrauchs tritt in Kraft

> *„Tobacco is the biggest killer"* (**Tabak ist der größte Mörder**)
> Gro Harlem Brundtland 2002, ehemalige Direktorin der Weltgesundheitsorganisation [1199].

Mit dem Ende der Naziherrschaft endet der kurze Kampf gegen das Tabakrauchen in Deutschland. Bald nach dem Zweiten Weltkrieg beginnt eine intensive Bewerbung von Zigaretten. Der Konsum steigt erheblich. In den 1970er-Jahren raucht ein Mensch in Westdeutschland durchschnittlich mehr als fünf Zigaretten am Tag.

Am 21. Mai 2003 beschließt die 56. Weltgesundheitsversammlung einstimmig das Rahmenabkommen der Weltgesundheitsorganisation zur Eindämmung des Tabakgebrauchs. Die Bundesrepublik Deutschland, die Europäische Union und weitere 166 Vertragsparteien unterzeichnen den Vertrag, der am 27. Februar 2005 in Kraft tritt. Er zielt auf den generationenübergreifenden Schutz der Menschen und ihrer Umwelt vor den gefährlichen Folgen des Konsums von Tabak und des Passivrauchens. Deutschland hat bereits in der 1999 beginnenden Verhandlungsphase des Abkommens Maßnahmen gegen das Tabakrauchen eingeleitet und diese nach der Unterzeichnung erweitert [1200].

Von 1991 bis 2003 schwankt der Verkauf verzollter Zigaretten in Deutschland zwischen 351 und 401 Mio. Stück pro Tag im Jahresmittel. Danach sinkt der Absatz über im Mittel 262 Mio. Stück pro Tag im Jahr 2005 auf 204 Mio. Stück pro Tag im Jahr 2018. Dies entspricht einem Konsum von etwa 2,5 Zigaretten pro Mensch und Tag im Jahr 2018 – ein etwas niedrigerer Wert als 1942. Bei Jugendlichen im Alter von 12 bis 17 Jahren nimmt die Raucherquote von 27,5 % im Jahr 2001 auf 7,4 % im Jahr 2016 entscheidend ab [1201].

Der Rückgang beruht auf

- einer Begrenzung der Werbung,
- Präventionsmaßnahmen in Schulen,
- Rauchverboten in öffentlichen Gebäuden und in Gaststätten,
- Warnhinweisen auf den Schachteln mit schockierenden Fotos,
- dem erschwerten Zugang zu Automaten und
- beträchtlich höheren Steuern [1202].

Langfristig könnte die Zahl der Todesfälle durch Lungenkrebs abnehmen.

Die Umsetzung des Tabakrahmenabkommens der Weltgesundheitsabkommen durch die Bundesrepublik Deutschland ist trotz dieser Erfolge bis heute unzureichend. Weiter reichende Maßnahmen, die das Leben von viel mehr Menschen retten würden, bleiben trotz vertraglicher Vereinbarung aus. Ein unbegreifliches Staatsversagen.

> *„Tabak ist das einzige legale Produkt, das tötet, wenn es genauso verwendet wird wie vorgesehen."*
> Berit Uhlmann in der Süddeutschen Zeitung am 27. Juli 2019 [1203].

**Abb. 2.157** Zigarettenstummel auf dem Rastplatz Moorkaten Ost an der Autobahn A7 nördlich von Hamburg. An den Gehwegrändern des Rastplatzes überschreiten die Dichten achtlos weggeworfener Zigarettenstummel teilweise 100 Exemplare pro Quadratmeter Grünfläche. (Foto: Helga Bork)

Die Umweltwirkungen des Tabakkonsums sind ebenso gravierend. Milliarden schadstoffhaltige Zigarettenkippen kontaminieren die Ökosysteme Deutschlands (Abb. 2.157). Sie enthalten Nikotin, Arsen und zahlreiche weitere problematische Stoffe. Die aus Celluloseacetat bestehenden Filter zersetzen sich nur über lange Zeiträume.

## 22. Juni 2006 – Der „Risikobär" JJ1 wird in Oberbayern erschossen

Der Braunbär JJ1 wird 2004 als erster Sohn von Mutter „Jurka" und Vater „Joze" im Naturpark Adamello-Brenta in den italienischen Alpen geboren. Mutter Jurka war an Menschen gewöhnt, im Jahr 2001 in der autonomen Provinz Trient ausgesetzt und mehrfach auffällig geworden. JJ1 wandert in die Grenzregion von Deutschland und Österreich, tötet dort mehrfach Schafe, bricht Bienenstöcke auf, dringt in Kaninchen- und Hühnerställe ein. Er wird häufiger beobachtet, ungemein populär und liebevoll „Bruno"[66] genannt. Viele Medien verfolgen sein weiteres Schicksal.

Am 20. Mai und Anfang Juni 2006 wird er im Kreis Garmisch-Partenkirchen gesehen – der erste Braunbär in Deutschland nach gut 170 Jahren. Da JJ1 ganz offenbar die artspezifische Scheu vor Menschen fehlt, sich Siedlungen nähert, durch Kochel schlendert und bereits während seines ersten Besuches in Bayern binnen 4 Tagen 13 Schafe im Werdenfelser Land reißt, stuft ihn die unvorbereitete bayerische Staatsregierung vom anfangs

---

[66]L'orso bruno: italienisch für Braunbär.

willkommenen Bären rasch über den „Schadbären" zum „Risikobären" hoch. Ein Fangversuch des WWF mit einer Bärenfalle scheitert. Ein finnisches Bärenfangteam sucht JJ1 mit karelischen Bärenhunden tagelang vergebens. Der bayerische Umweltminister Werner Schnappauf (CSU) ordnet am 22. Juni 2006 seinen Abschuss an. Die Mehrheit der Menschen in Bayern ist dagegen. Zwei Tage später wird Bruno frühmorgens im Rotwandgebiet oberhalb des Spitzingsees in der Nähe von Bayrischzell legal von „jagdkundigen Personen" erschossen – gegen den Protest von Bärenexperten und Naturschützern. Die Art ist streng geschützt. Bruno hatte keinen Menschen bedroht oder gar angegriffen und sich so verhalten, wie es eben von einem Braunbären zu erwarten ist. Von der Öffentlichkeit unbemerkt wird JJ1 nach München transportiert. Seit dem 26. März 2008 zeigt ihn das Museum Mensch und Natur Schloss Nymphenburg – beim Honigschlecken an einem Bienenstock, umgeben von 1400 Bienen [1204].

Obgleich in Österreich bereits seit mehreren Jahren etliche Braunbären lebten, traf „Bruno" auf Behörden, denen (grenzüberschreitende) Konzepte und Pläne zur Risikoeinschätzung, zum Management und ggf. zum Lebendfang von Bären fehlten. Werden die nächsten Bären, die Deutschland besuchen, eine Überlebenschance haben? [1205].

## 18./19. Januar 2007 – Der Wintersturm „Kyrill" verursacht massive Schäden

Ein Tiefdruckgebiet zieht Mitte Januar 2007 von Neufundland über den Atlantik. Es erreicht am 18. und 19. Januar über Deutschland Orkanstärke, in Böen Windgeschwindigkeiten von bis zu 225 km h$^{-1}$. Mehr als 40 Menschen sterben in Europa durch den Orkan „Kyrill", der Gebäude beschädigt und bundesweit rund 25 Mio. Bäume auf einer Fläche von 87.000 ha knickt oder wirft. Etwa 37 Mio. m$^3$ Schadholz fallen an, davon alleine 15 Mio. in Nordrhein-Westfalen. „Kyrill" verheert das Sauerland und das Siegerland besonders stark. Auf ungefähr 90 % der Schadensflächen standen Fichtenmonokulturen (Abb. 2.158).

Bäume blockieren Straßen und Schienen. In einigen Regionen muss der Notstand ausgerufen und in ganz Deutschland zeitweise der Bahnverkehr eingestellt werden. Der Gesamtschaden beläuft sich nach Angaben des Gesamtverbandes der Versicherer auf rund 4,7 Mrd. €, derjenige in den Forsten Deutschlands nach Angaben des Bundeslandwirtschaftsministeriums auf etwa 1,9 Mrd. €. Mittel aus dem Solidaritätsfonds der Europäischen Union in Höhe von 167 Mio. € werden zur Schadensabschätzung, zur Sicherung und Überwachung der Forsten, zur Räumung und Lagerung von Sturmholz eingesetzt. Wäre „Kyrill" auf naturnahe Wälder und nicht u. a. auf Fichtenmonokulturen getroffen,

**Abb. 2.158** Sturmbruch durch den Orkan Kyrill im Vorderen Spessart bei Linsengericht südlich von Gelnhausen (Foto: Günter Seidenschwann)

wäre der Schaden weitaus geringer ausgefallen. Der Preis für Fichten fällt durch das Überangebot um zirka 45 %. Naturverjüngung und Aufforstungsmaßnahmen erhöhen den Laubholzanteil auf den Schadensflächen. Die neu aufwachsenden Mischwälder werden sturmstabiler sein [1206].

## 7. November 2007 – Die Bundesregierung verabschiedet die Nationale Strategie zur biologischen Vielfalt

Wir verändern die Stoffkreisläufe immer stärker. Stickstoffverbindungen aus der landwirtschaftlichen Düngung und der Verbrennung fossiler Brennstoffe belasten Böden, Grund- und Oberflächenwasser, Pflanzen, Tiere und Menschen in Deutschland. Vielfalt geht weiter verloren. In den ackerbaulich genutzten Landschaften gibt es kaum noch Orte, die reich an Pflanzen- und Tierarten sind.

Zugleich machen Flurbereinigungen in West- und die Kollektivierung in Ostdeutschland, neue Wohn-, Industrie- und Gewerbegebiete die Landschaften immer eintöniger. Straßen und Bahnlinien zerschneiden sie. Nicht wenige wildlebende Pflanzen- und Tierarten, Moose, Flechten und Pilze verlieren einen Großteil ihrer Lebensräume. Die biologische Vielfalt, die auch als Biodiversität bezeichnet wird, nimmt ab. Sie umfasst nicht nur die Mannigfaltigkeit der Lebensräume und die Zahl der Arten, die in ihnen leben, sondern auch die genetische Vielfalt innerhalb einer Art. Die Anpassungsfähigkeit einer Art an veränderte Lebensbedingungen wie den menschengemachten Klimawandel hängt auch von der genetischen Vielfalt innerhalb der Art ab. Die Gesamtheit der Organismen regelt die Wasser- und Stoffhaushalte. Pflanzen reinigen den Boden,

das Wasser und die Atmosphäre. Sie schützen Böden vor Wasser- und Winderosion. Insekten bestäuben Blütenpflanzen. Ein Rückgang der Biodiversität schwächt unsere Lebensgrundlagen und die Lebensperspektiven kommender Generationen. Er ist ein zentrales globales Problem. Sogar der Fortbestand unserer Art *Homo sapiens sapiens* könnte gefährdet sein. Kapazitäten warnen seit einem halben Jahrhundert vor den gefährlichen irreversiblen Auswirkungen eines weiteren Rückgangs der Biodiversität [1207].

Die Sicherung der Biodiversität wird zu einer herausragenden globalen gesellschaftlichen Aufgabe. Die „Konferenz über Umwelt und Entwicklung" der Vereinten Nationen im Jahr 1992 in Rio de Janeiro trägt dem Rechnung. Die Delegierten beschließen das UN-Übereinkommen zur biologischen Vielfalt.

Am 7. November 2007 verabschiedet die Bundesregierung nach mehrjährigen Diskussionen zur Umsetzung des Übereinkommens von Rio de Janeiro die „Nationale Strategie zur biologischen Vielfalt". In den 2009, 2013 und 2017 geschlossenen Koalitionsverträgen ist sie festgeschrieben. Die deutsche Biodiversitätsstrategie führt zu einem breit angelegten Dialog. Seit 2008 finden nationale und regionale Foren zur Biodiversität statt, um möglichst viele Akteure und Organisationen zu vernetzen. Sie tragen dazu bei, ein anspruchsvolles und langfristig wirksames gesamtgesellschaftliches Programm für Deutschland zu etablieren. Es umfasst mittlerweile hunderte Ziele und konkrete Maßnahmen zum Erhalt der biologischen Vielfalt. Die Bundesregierung richtet zur Koordination eine interministerielle Arbeitsgruppe, das Bundesumweltministerium einen Lenkungsausschuss und Projektgruppen ein. Zur Prüfung der Erfolge der nationalen Biodiversitätsstrategie werden zahlreiche Indikatoren erfasst und

regelmäßig bewertet. Die Resultate sind in Rechenschafts-
berichten niedergelegt [1208].

Die Nationale Biodiversitätsstrategie sieht vor, dass
sich die Natur auf 2 % der Fläche Deutschlands ohne jedwede Nutzung ungestört entwickeln soll und so Wildnis
entstehen kann [1209]. Das ist zu wenig. Eile ist geboten.
Zuerst wären nahezu alle staatlichen Wälder dauerhaft aus der forstlichen Nutzung zu nehmen und sich
selbst zu überlassen. Zumindest dort können wir gewährleisten, dass die Biodiversität nicht noch weiter abnimmt.
Das sich-selbst-überlassen der staatlichen Wälder genügt
indes nicht. Ebenso dringend müssen wir die Stickstoff-
emissionen in Atmosphäre, Boden, Grundwasser und Oberflächengewässern beenden.

Bis zum Frühjahr 2019 übernehmen die Bundesrepublik Deutschland und weitere 195 Staaten sowie
die Europäische Union als Staatengemeinschaft Verantwortung: Sie ratifizieren das völkerrechtlich verbindliche
UN-Übereinkommen zur biologischen Vielfalt, das auf den
Schutz der Biodiversität und ihre nachhaltige und gerechte
Nutzung zielt [1210].

Benötigen wir eine neue Wildnis?

Auf einem Großteil der Waldfläche Deutschlands
wachsen seit dem 19. Jh. artenarme Forste. Sie dienen
der Erzeugung von Holz für unterschiedlichste Ver-
wendungszwecke. In ihnen stehen die Bäume wie
Soldaten in Reih und Glied – Bäume einer Art, die
in etwa zeitgleich und in gleichem Abstand gepflanzt
wurden. In den Mittelgebirgen dominieren häufig
schnellwüchsige Nadelbäume wie Fichten, in Norddeutschland oftmals Kiefern. Sie unterscheiden sich
von einem Getreidebestand hauptsächlich dadurch,
dass sie nicht nach wenigen Monaten, sondern erst
nach rund einem Jahrhundert geerntet werden –
heute oftmals hier wie dort mit schwerem, bodenver-
dichtendem Gerät.

Den Gegensatz zu diesen uniformen Monokulturen bilden mannigfaltige, artenreiche Wälder,
in die Menschen fast nicht eingreifen. Sie gelten als
„Wildnis“. Doch spätestens seit der Jungsteinzeit
existiert zwischen den Alpen und der Flensburger
Förde keine von Menschen unbeeinflusste Wildnis
mehr. Zuletzt waren die anthropogenen Eingriffe in
die Wälder Mitteleuropas während der „Spätantiken
Kleinen Eiszeit“ gering. Brauchen wir in Deutschland
wieder mehr „Wildnis“, also naturbelassene naturnahe Wälder? Ist Wildnis „gute“ unberührte Natur?
Oder ist sie bedrohlich? Die Meinungen hierzu gehen
weit auseinander. Obgleich Wildnis ein mehrdeutiger,

emotionaler Begriff ist, wird er unterdessen auch im
amtlichen Naturschutz verwendet [1211].

Das Bundesamt für Naturschutz und das Bundesministerium für Umwelt, Naturschutz, Bau und
Reaktorsicherheit lassen 2013 das Naturbewusstsein in Deutschland untersuchen. Im Fokus steht das
Thema „Wildnis“. *„Argumente für Wildnisgebiete
finden breite Zustimmung. Durchgängig werden Wildnisgebiete als wichtige Rückzugsräume für Tiere
und Pflanzen betrachtet, sie werden als Freiräume
in unserer technisierten Welt gesehen. Auch stimmen
90 Prozent zu, dass wir durch Wildnisgebiete viel
über die ursprüngliche Natur in Deutschland lernen
können. Aussagen, die sich gegen geschützte Wildnisgebiete richten, erfahren weniger Zustimmung: Nur
jede beziehungsweise jeder Vierte ist der Meinung,
dass Wildnisgebiete unnötig sind [...]. Knapp zwei
Dritteln der Befragten gefällt Natur umso besser, je
wilder sie ist (65 Prozent).“* [1212] Die Bedingungen
für die Schaffung ausgedehnter naturnaher Areale
sind also gut. Sie müssen nur genutzt werden – weit
über die 2 % Schwelle für Wildnisgebiete der Biodiversitätsstrategie hinaus und räumlich vernetzt.

## Dezember 2009 – Das Bundesamt für Strahlenschutz veröffentlicht eine Studie zur Strahlenexposition durch natürliche Radionuklide im Trinkwasser

Sämtliche Gesteine und Böden Deutschlands enthalten
langlebige natürliche Radionuklide. In Abhängigkeit vom
Gesteinstyp variieren die spezifischen Aktivitäten: Radon-
222 und Thorium-232 weisen in Sanden und Kiesen meist
geringe, in Basalten, Sand- und Kalksteinen geringfügig
höhere und in Tiefengesteinen wie Graniten und Gneisen
deutlich höhere Aktivitäten auf.[67] Minerale verwittern über
Jahrtausende, ihre Bestandteile werden freigesetzt. Die
natürlichen Radionuklide können dann mit dem Sickerwasser in das Grundwasser und von dort über Quellen in
die Oberflächengewässer gelangen [1213].

Die Aktivitätskonzentrationen natürlicher Radionuklide
(mit Ausnahme von Radon-222) im Grundwasser liegen

---

[67]Durch Fugen, Risse und Rohrdurchführungen in Fundamenten kann
das Edelgas Radon-222 in Keller und von dort – in geringerer Aktivi-
tätskonzentration – über Treppenhäuser und Kamine in bewohnte
Geschosse strömen. Von der Dichtigkeit der Fenster und Türen und
dem Lüftungsverhalten der Bewohnerinnen und Bewohner hängt ab,
ob relevante Radon-222-Aktivitätskonzentrationen in Wohnräumen
auftreten. Auch aus Tiefengesteinen, die in Häusern verbaut sind, kann
Radon-222 in Gebäude eintreten.

in etwa bei 1/10.000 der Radionuklidkonzentrationen unverwitterter Gesteine. Sie variieren im Grundwasser in Abhängigkeit von dessen physikochemischer Beschaffenheit und seiner Menge, von den Radionuklidkonzentrationen der Gesteine sowie den Eigenschaften und Halbwertszeiten der Radionuklide [1214].

Das Bundesamt für Strahlenschutz (BfS) hat die Strahlenexposition durch natürliche Radionuklide an 582 Trinkwasserproben aus verschiedenen Regionen Deutschlands untersucht und 2009 veröffentlicht. Die Aktivitätskonzentrationen schwanken regional stark. Die Belastung der Bevölkerung durch natürliche Radionuklide im Trinkwasser ist insgesamt gering: Bei Säuglingen liegt die mittlere Strahlenbelastung bei zirka 0,05 Millisievert pro Jahr, bei Erwachsenen durchschnittlich um 0,009 Millisievert pro Jahr [1215].

Ein Mensch setzt sich in Deutschland im Mittel einer natürlichen Strahlenbelastung von 2,1 Millisievert pro Jahr aus.

Etwas stärker belastetes Trinkwasser aus Regionen mit Tiefengesteinen kann erhöhte Werte verursachen. Zur Vorsorge empfiehlt das BfS an den Wässern mit höheren Aktivitätskonzentrationen Reduzierungen vorzunehmen. Große Wasserversorgungsunternehmen müssen die Konzentrationen von Radionukliden im Trinkwasser bis Ende 2019 zunächst nur feststellen [1216].

## 31. Juli 2011 – Das „Dreizehnte Gesetz zur Änderung des Atomgesetzes" bewirkt die Stilllegung der Kernkraftwerke in Deutschland bis 2022

Die zweite von den CDU/CSU- und FDP-Fraktionen getragene Bundesregierung unter Bundeskanzlerin Angela Merkel verlängert im September 2010 die Laufzeiten für Kernkraftwerke, die im „Atomausstiegsgesetz" am 27. April 2002 unter der Bundesregierung Schröder vereinbart worden waren, um 8 bzw. um 14 Jahre. Sie setzt damit ein Versprechen der CDU/CSU-Bundestagsfraktion aus dem Jahr 2002 um [1217].

Doch dann verändert ein fernes tektonisches Extremereignis die deutsche Kernenergiewelt: Das Tōhoku-Erdbeben erschüttert am 11. März 2011 um 14:46 Uhr Ortszeit den Nordosten Japans. Es löst einen desaströsen Tsunami aus, der tausende Menschen tötet und an der Schutzmauer des Kernkraftwerkes Fukushima-Daiichi 14 m hoch aufläuft. Die Dieselgeneratoren für die Notstromversorgung werden überflutet, das Kühlsystem fällt aus. Danach kommt es in mehreren Reaktorblöcken zu Kernschmelzen, Explosionen und Bränden. Vier Blöcke sind schließlich zerstört. Riesige Mengen des

Cäsium-Isotops $^{137}$Cs gelangen in Atmosphäre, Böden und Meerwasser. Etwa 170.000 Personen müssen ihre Häuser verlassen [1218].

Bereits die Tschernobyl-Katastrophe hatte bei zahlreichen Menschen in Deutschland die Einschätzung zu den Gefahren kerntechnischer Anlagen verändert und stillschweigende Akzeptanz oder Ignoranz in Ängste gewandelt. Die Katastrophe im fernen Japan, die in Deutschland keinerlei direkte Auswirkungen hat, verstärkt Bedenken und Ängste in der Bevölkerung Deutschlands zur Kernenergienutzung weiter. Den Menschen wird nachdrücklich vor Augen geführt, dass ein Kernkraftwerk bei einer gravierenden Störung nicht einfach abgeschaltet werden kann. Doch führen eher die langfristigen Kosten der Nuklearkatastrophe von Fukushima-Daiichi, die sich auf mehrere hundert Milliarden Euro belaufen werden, zu einem Umdenken bei den politischen Institutionen in Deutschland.

Die Bundesregierung unter Bundeskanzlerin Angela Merkel beschließt zunächst ein dreimonatiges Moratorium – die Energieunternehmen müssen über diesen Zeitraum die sieben ältesten deutschen Kernkraftwerke abschalten – und danach einen rascheren Ausstieg aus der gewerblichen Kernenergienutzung. Der Deutsche Bundestag verabschiedet am 30. Juni 2011 den Atomausstieg bis zum Jahr 2022. Eine beachtliche Mehrheit von 85 % der Bundestagsabgeordneten stimmt ihm zu. Umgehend müssen die sieben ältesten Kernkraftwerke abgeschaltet werden; die übrigen neun sollen bis 2022 folgen [1219]. Grenznahe Kernkraftwerke in Tschechien, Frankreich oder Belgien bleiben in Betrieb.

Aus wissenschaftlicher Sicht ist es durchaus erstaunlich, wie ein so fernes Naturereignis, das in dieser Weise niemals in Deutschland auftreten kann, die hiesige Umweltpolitik beeinflusst und zu einem Konsens beigetragen hat. Die politische Ausstiegsentscheidung ist ökologisch – vom Uranabbau bis zur Endlagerung erzeugt die Technologie große Umweltbelastungen – und ökonomisch vernünftig. Denn am Ende der Nukleärära steht die bei weitem teuerste und heimtückischste Hinterlassenschaft der Menschheitsgeschichte: Die dauerhaft sichere Aufbewahrung immens gefährlicher hochradioaktiver Abfallprodukte wird unsere Nachkommen über mehr als eine Million Jahre beschäftigen. Die Risiken und die Kosten sind unermesslich hoch.

## Juni 2013 – Extremes Junihochwasser an Elbe und Donau

Vom 30. Mai bis zum 4. Juni 2013 ziehen Tiefdruckgebiete von Oberitalien über die Adria und die Ungarische

Tiefebene nach Tschechien. Der Deutsche Wetterdienst warnt am Vormittag des 30. Mai vor ergiebigen Niederschlägen in Ostsachsen und bald darauf für die gesamte Region von Sachsen bis Baden-Württemberg. Die Warmfront bringt anhaltende, in der Summe außergewöhnlich hohe Niederschläge. Für die Zeit von 13:00 Uhr am 31. Mai bis um 11:00 Uhr am 4. Juni 2013 erreichen die Spitzenwerte 400,4 mm an der Messstation Aschau-Stein des Deutschen Wetterdienstes im Chiemgau und 367,6 mm in Kreuth-Glashütte am Tegernsee, in den Einzugsgebieten von Mulde und Weißer Elster bis zu 220 mm [1220].

Verdichtete, agrarisch oder forstlich genutzte, aufgrund vorausgegangener Niederschläge bereits sehr feuchte Böden vermögen bei weitem nicht die gesamte Regenmenge aufzunehmen und unschädlich in die Tiefe zu leiten; folglich gelangen ungewöhnlich große Wassermassen in die Fließgewässer. Rasch entwickelt sich eine gewaltige Überschwemmung, die Orte an Elbe, Donau und ihren Nebenflüssen hart trifft.

Die Hochwasserscheitel mehrerer Nebenflüsse erreichen Anfang Juni 2013 die Elbe und lösen ganz außergewöhnlich hohe Wasserstände aus. Im sächsischen Schöna steigt die Elbe um etwa 6 m an. In Magdeburg liegt der Scheitel um 75 cm über der Extremüberschwemmung von 2002, die statistische Wiederkehrwahrscheinlichkeit eines derartig starken Hochwassers beträgt hier 150 Jahre. An anderen Elbpegeln sind es 50 bis 100 Jahre. Hamburg trifft das Hochwasser aufgrund der großen Breite der hier bereits tidebeeinflussten Elbe kaum; am Pegel St. Pauli läuft das Elbwasser gerade einmal 0,5 m höher als bei mittlerem Tidehochwasser auf. An einigen Donaupegeln liegen die Wasserhöhen über der bis dahin höchsten Überschwemmung vom August 1501 [1221].

Die Wasserbehörden senken durch die Flutung von Poldern die Hochwasserscheitel in einigen Flussabschnitten etwas: Durch die Öffnung eines Wehrs an der Weißen Elster fließen etwa 10 Mio. m³ Flusswasser in einen eingedeichten, mit Auenwald bestandenen Polder. So reduzieren sich die Höchstwasserstände an der Weißen Elster unterhalb des Wehres bis nach Leipzig um rund 20 %. Aus der unteren Mittelelbe leiten die Behörden etwa 50 Mio. m³ Wasser in nahezu 10.000 ha große Polder an der Havel. Dort steht es durchschnittlich fast einen halben Meter hoch. Infolgedessen läuft das Elbehochwasser flussabwärts etwa 35 bis 40 cm weniger hoch auf [1222].

Diese Maßnahmen können Havarien nicht verhindern. Am 10. Juni 2013 bricht morgens gegen ein Uhr gegenüber von Tangermünde der Elbdeich. Über 200 Mio. m³ Wasser fluten eine Fläche von mehr als 20.000 ha mitsamt dem Dorf Fischbeck. Wenige Tage später lässt der Krisenstab drei alte Lastkähne direkt vor den auf rund 90 m Breite gebrochenen Deich bringen, aus der Luft mit Sandsäcken und Steinen beschweren und durch Sprengung ver-

senken. Hubschrauber von Bundeswehr und Bundespolizei werfen weitere Sandsäcke, Betonteile und Container über den zerborstenen Kähnen und dem gebrochenen Deich ab. Diese ungewöhnliche, risikoreiche und schließlich erfolgreiche Deichreparatur bewirkt einen langsamen Rückgang des Wasserstandes im Überflutungsgebiet. Eine gefährdete Brücke führt zur Unterbrechung des Bahnverkehrs über Wochen. Betroffen sind die ICE-Strecken von Berlin nach Kassel und Hannover [1223].

Chemische Untersuchungen an Wasserproben von Mulde, Saale, Havel und Elbe belegen: Das Hochwasser transportiert im Juni 2013 vermehrt Schadstoffe. Bei Schmelka entnommenes Elbewasser enthält erhöhte Konzentrationen an Blei, Chrom, Nickel und Kupfer, bei Dessau entnommenes Wasser der Mulde erhöhte Blei-, Arsen-, Cadmium- und Quecksilberkonzentrationen und bei Wittenberge entnommenes Elbwasser erhöhte Arsenkonzentrationen in den Schwebstoffen. Bei Wittenberge und Magdeburg werden Spuren von Dioxinen nachgewiesen. Die Schadstoffe stammen vorwiegend aus überfluteten Ölheizungen und Öltanks, Tankstellen, Kläranlagen und Standorten mit Altlasten [1224].

Der im Vergleich zu 2002 verbesserte Hochwasserschutz verhindert die erneute Überflutung der Altstadt von Dresden. Dennoch belaufen sich die Schäden des Junihochwassers 2013 auf rund 11,7 Mrd. € in Süd- und Ostdeutschland sowie in den Nachbarstaaten, insbesondere in Tschechien; versichert sind gerade einmal 2,3 Mrd. € [1225].

Die schadlose Versickerung auch hoher Niederschlagsmengen in der Nähe der Entstehungsorte des Oberflächenabflusses ist wichtiger als die Schaffung neuer Retentionsräume, also dem bequemeren Handeln in weniger dicht besiedelten Auen. Die vollkommene Versickerung des Regenwassers in der unmittelbaren Umgebung von Gebäuden, Parkplätzen und Straßen ist oftmals möglich und zukünftig zu gewährleisten – von denjenigen, die Grund und Boden besitzen, auch wenn die nutzungsbedingt geschädigten und teilweise abgetragenen Böden aufgrund vorausgegangener Niederschläge bereits weitgehend gesättigt sind. Nur dann gelingt Hochwasserschutz.

## 28. Juli 2013 – Der Hagelschlag von Reutlingen

Am 29. Juli 2013 zieht ein Gewittersystem von Villingen-Schwenningen am Ostrand des Schwarzwaldes durch Baden-Württemberg bis nach Schwäbisch Hall im Kochertal. Die Integrierte Leitstelle für Feuerwehr und Rettungsdienst von Reutlingen empfängt um 16:56 Uhr eine dringende Warnung des Deutschen Wetterdienstes vor

Starkniederschlägen mit Hagel. Kurz danach gehen die ersten Notrufe bei der Leitstelle ein. Der Cumulonimbus, der ambossförmige, oben vereiste Gewitterwolkenturm, hat die Stadt am westlichen Fuß der Schwäbischen Alb erreicht.

Während des 15 bis 20 min währenden Hagelschlages schießen tennisballgroße Eiskörner auf Menschen, Häuser, Autos und Stadtbäume. Die größten Hagelklumpen haben Durchmesser von 10 cm. Allein in Reutlingen gibt es 75 Verletzte. Die Hagelkörner zerstören hunderte Dächer und Solaranlagen, durchlöchern Fassaden, beschädigen Kraftfahrzeuge, entlauben Bäume und Sträucher. Wasser dringt in Wohnhäuser, Tiefgaragen, Verwaltungs- und Industriegebäude. Nach der Zerstörung von Fenstern und Glaskuppeln durch die Eiskugeln dringt Wasser in Patienten- und Technikräume des Kreisklinikums Reutlingen ein [1226].

Harald Herrmann, Stadtbranddirektor von Reutlingen, beschreibt den größten Feuerwehreinsatz in Reutlingen und Umgebung nach dem Zweiten Weltkrieg: Der Hagel führt zu mehr als 10.900 Notrufen, die bei der Integrierten Leitstelle eingehen. Über 2000 Einsatzkräfte von Feuerwehr, THW und anderen Einrichtungen sichern im Verlauf von acht Tagen 1232 beschädigte Dächer, räumen 29 umgestürzte Bäume von den Straßen und pumpen Wasser aus 245 überschwemmten Kellern und Tiefgaragen [1227].

Bereits am Vortag, am 27. Juli 2013, war ein Hagelunwetter vom Münsterland bis nach Wolfsburg gezogen; der größte gefundene Eisklumpen hatte einen Durchmesser von 14 cm. Am 6. August sucht ein drittes Baden-Württemberg und den Westen Sachsens heim. Sie verursachen ebenfalls große Schäden. Die drei Hagelstürme treffen im Juli und August 2013 mehrere dicht besiedelte, hochindustrialisierte Regionen mit hohen Sachwerten; die Eiskörner erreichen außergewöhnliche Größen und Wirkungen. So summieren sich die Schäden des Jahres 2013 auf 3,9 Mrd. €, von denen 2,8 Mrd. € versichert sind. Nie zuvor wurden derart hohe Schadenswerte durch Hagel in einem einzigen Jahr verzeichnet [1228].

Können wir verheerende Hagelschläge verhindern? Das Verbrennen eines Silberjodid-Aceton-Gemisches, ausgebracht und gezündet von einem Flugzeug in einer Gewitterwolke, wird mittlerweile auch in Deutschland praktiziert. Hagelflieger und ihre Auftraggeber, darunter auch Behörden, sind von seiner Wirkung mittlerweile überzeugt. Seriöse, unabhängige wissenschaftliche Belege für einen durchschlagenden Erfolg der Hagelflieger fehlen – auch, da es nicht möglich ist, nahezu identische ungeimpfte und geimpfte Gewitterwolken zu vergleichen [1229].

Der menschengemachte Klimawandel dürfte die Zahl und Intensität von Hagelschlägen und damit auch die Schadenssummen in den kommenden Jahrzehnten weiter erhöhen.

## 15. September 2014 – 120 hydraulische Pressen beginnen die Gregorschule in Bottrop-Kirchhellen zu heben

In den 227 Jahren von 1792, dem Beginn genauerer Aufzeichnungen, bis zur Beendigung des Steinkohlebergbaus am 21. Dezember 2018 werden im Ruhrgebiet knapp 10 Mrd. t Steinkohle ganz überwiegend zum Verbrennen abgebaut. Dadurch entstehen Hohlräume mit einem Volumen von zirka 7,4 Mrd. m$^3$ – und gewaltigen Folgen [1230].

Beim Abriss der Tagesanlagen des 1905 stillgelegten Förderschachtes 4 im Steinkohlebergwerk Vereinigte Maria Anna Steinbank in Wattenscheid-Höntrop stürzt ein schwerer Stahlblock etwa 40 m tief in den Schacht. Dieser wird mit Schutt verfüllt und mit Betoninjektionen stabilisiert. Über dem gesicherten Schacht entstehen die Emilstraße – eine Sackgasse – und in ihrer Umgebung Wohnhäuser. In der Nacht vom 1. auf den 2. Januar 2000 bricht der Wendehammer der Emilstraße ein. Menschen werden nicht verletzt. Auch eine Garage versinkt mitsamt eines Fahrzeuges in dem mehrere Zehnermeter tiefen „Krater von Höntrop". 22 Personen müssen ihre Häuser verlassen. Die Verfüllung mit zirka 7500 m$^3$ Beton kostet knapp 6 Mio. € [1231].

Von August 1856 bis zum 21. Dezember 2018 bauen Bergleute in der Zeche Prosper-Haniel im Feld Kirchheller Heide Steinkohle ab. Das Bergwerk liegt im nördlichen Ruhrgebiet unter dem Bottroper Stadtteil Kirchhellen. Immer wieder stürzen Schächte und Stollen ein. Dadurch entstehen Spannungen im darüber liegenden Gestein, die sich ruckartig lösen und als leichte bergbaubedingte Erdbeben Schäden verursachen können: Die Geländeoberfläche sinkt ab, Hauswände reißen auf, Gebäude sacken einseitig ab und geraten so in Schieflage, manche versinken vollständig. Allein in Bottrop treten von 2012 bis 2018 zehn durch den Bergbau verursachte Erdbeben auf. Sie erreichen Stärken von bis zu 3,0 auf der Richter-Skala [1232].

Auch unter der am 17. April 1952 in Bottrop-Kirchhellen eröffneten Gregorschule hat die Zeche Prosper-Haniel Steinkohle abgebaut. Dort brechen Hohlräume ein. Dadurch sinkt das Schulgebäude, das eine Grundfläche von $45 \times 14$ m besitzt, auf einer Seite über Jahrzehnte hinweg um gut 1 m ab (Abb. 2.159, 2.160). Die RAG Aktiengesellschaft (früher Ruhrkohle AG) entscheidet sich für eine Sanierung statt Abriss und Neubau. Das Familienunternehmen Fenne lässt im Auftrag der RAG das Fundament freilegen, unter dem Erdgeschossboden Stahlträger einziehen und ab dem 15. September 2014 das gesamte, rund 3300 t wiegende Gebäude durch 120 hydraulische Pressen über mehrere Wochen hinweg in die Horizontale heben. Nach dem Ende der Osterferien

**Abb. 2.159**  Hebung einer Außenwand der Gregorschule in Bottrop-Kirchhellen mit hydraulischen Pressen um bis zu 110 cm

**Abb. 2.160**  Hebung einer Innenwand in der Gregorschule in Bottrop-Kirchhellen mit hydraulischen Pressen

2015 beginnt der Unterricht wieder in der Gregorschule [1233].

Durch das Zusammensacken und -brechen von bergbaubedingten Hohlräumen, den Bergsenkungen, hat sich die Topographie des Ruhrgebietes besonders seit dem 19. Jh. grundlegend verändert. Präzise Kartenanalysen und Vermessungen durch die Geomorphologen Stefan Harnischmacher (Marburg) und Harald Zepp (Bochum) belegen, dass die Geländeoberfläche des Ruhrgebietes mitsamt Wohnhäusern, Industrieanlagen und Straßen seit der exakten Preußischen Landesaufnahme im Jahr 1892 großflächig um bis zu 25 m abgesunken ist. Hohe Senkungsbeträge prägen Gebiete in Bottrop, nördlich und nordöstlich des Stadtzentrums von Essen, in der Emscherniederung nordöstlich Gelsenkirchen, in Herten, im Südwesten von Recklinghausen sowie im Norden von Dortmund (Abb. 2.161). Das Einsinken unbekannter Stollen am Hauptbahnhof Essen beeinträchtigt dort immer wieder den Bahnverkehr [1234].

Gebiete an der Emscher liegen heute etliche Meter unter dem Niveau des mittleren Grundwasserspiegels. Um ihre Flutung zu verhindern, müssen mehr als 100 Pumpwerke dauerhaft Grund- und Oberflächenwasser hinauf in die eingedeichte Emscher fördern. Damit die Emscher dem Gefälle folgend ohne Pumpwerke in den Rhein fließen kann, wird ihre Mündung um rund 10 km nach Norden verlegt, vom Duisburger in das Dinslakener Stadtgebiet. Ohne die Eindeichung der Emscher auf etwa 40 km Länge sowie des Rheins bei Düsseldorf und Duisburg und ohne das aufwendige Abpumpen großer Wassermassen würden rund 40 % des Ruhrgebietes metertief geflutet, Millionen Menschen vertrieben und riesige Seen entstehen.

Der Umgang mit Bergschäden ist eine bedeutende Ewigkeitsaufgabe. Bergsenkungen treten auch an Standorten auf,

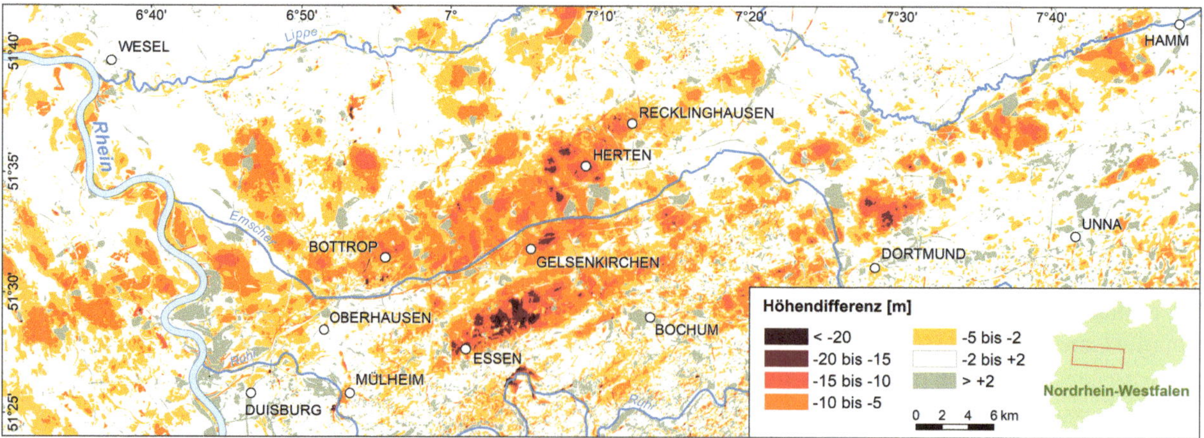


**Abb. 2.161**  Veränderung der Geländehöhen im Ruhrgebiet vom späten 19. Jh. bis heute. Berechnungen und Graphik von Stefan Harnischmacher (Universität Marburg, 2019)

unter denen keine Hohlräume bekannt sind, da viele der vor 1945 angelegten Stollen und Schächte in keiner Karte oder Skizze verzeichnet wurden [1235].

Die RAG reguliert Bergschäden nach einem zertifizierten Verfahren. Jährlich gehen rund 25.000 Schadensmeldungen ein. Dafür wendet der Betrieb alleine 2015 zirka 170 Mio. € auf. Die RAG sichert darüber hinaus rund 7400 bekannte alte Bergwerkszugänge (Tagesöffnungen) und rund 30.000 ha Fläche mit oberflächennahen Abbauen. Die Reinigung von Gruben- und Grundwasser und das Management von Grund- und Oberflächenwasser zählen zu den weiteren Ewigkeitsaufgaben des Unternehmens. Irgendwann werden diese nachsorgenden Maßnahmen mehr Energie und Geld verbraucht haben, als sämtliche Steinkohle je geliefert hat [1236].

## 5. November 2014 – Das Virus A(H5N8), vulgo „Vogelgrippe", erreicht Deutschland

Veterinärbehörden bestätigen am 5. November 2014 den Ausbruch der hochpathogenen aviären Influenza (HPAI)[68] vom Subtyp A(H5N8) in einem Putenmastbetrieb in Heinrichswalde in Vorpommern; etwa 2000 Puten sterben durch den Erreger der „Vogelgrippe". Es ist der erste, in Europa nachgewiesene Ausbruch von A(H5N8) bei Geflügel; bis dahin war der Subtyp A(H5N8) nur in (Ost-) Asien bekannt: Anfang des Jahres waren vorsorglich etwa 12 Mio. Nutzvögel in Südkorea getötet worden [1237].

Die zuständigen Veterinärbehörden lassen die noch lebenden rund 31.000 Mastputen des vorpommerschen Betriebes keulen, die Kadaver sicher entsorgen, einen Sperrbezirk und ein Risikogebiet ausweisen. Mitte November werden im Landkreis Rügen-Vorpommern gezielt Krickenten geschossen; eine hatte sich mit A(H5N8) infiziert. Damit wird ein Übertragungsweg von Südkorea oder dem Fernen Osten Russlands bis nach Nordost-Deutschland über Zugvögel wahrscheinlich. Der Minister für Landwirtschaft und Umwelt von Mecklenburg-Vorpommern Till Backhaus (SPD) ordnet die Unterbringung sämtlicher Puten, Hühner und Enten im Land in Ställen oder Volieren an. Auch Bundeslandwirtschaftsminister Christian Schmidt (CSU) fordert bundesweit Geflügelhalter zur Vorsicht auf. Das erweiterte nationale Krisenteam tagt [1238].

Ein zweiter Ausbruch erschüttert 2016 die Geflügelhalter in Deutschland: Am 7. November sterben Reiherenten am Bodensee. Am nächsten Tag wird HPAI vom Subtyp A(H5N8) an den toten Enten vom Bodensee und an verendeten Reiherenten vom Plöner See in Schleswig–Holstein festgestellt. Bis zum 2. Dezember 2016 erfolgt der Nachweis der hochpathogenen Influenza an 420 wilden und an 16 gehaltenen Vögeln aus 13 Bundesländern. Das zuständige Friedrich-Loeffler-Institut (Bundesforschungsinstitut für Tiergesundheit) schätzt das Risiko ein. Es empfiehlt eine Reduzierung der Freilandhaltung von Vögeln und verstärkte klinische Untersuchungen von Vögeln in Mastbetrieben. Auch in den Folgejahren werden vereinzelt infizierte Vögel in Deutschland gefunden [1239].

Kommen Menschen mit infizierten Vögeln, deren Federn oder Ausscheidungen in Kontakt, können Viren auf sie übertragen werden. Geeignete Schutzmaßnahmen verhindern Infektionen; das Robert Koch Institut sieht kein erhöhtes Risiko für die Bevölkerung [1240].

## Juli/August 2015 – Hitzerekord in Kitzingen, Niedrigwasser und erhöhte Stoffkonzentrationen in der Elbe

Im Juli und im August 2015 treffen zwei ausgeprägte Hitzewellen vor allem den Süden Deutschlands. Im fränkischen Kitzingen zeigt das Thermometer in der Wetterstation des Deutschen Wetterdienstes (DWD) am 5. Juli mit 40,3 °C die höchste in Deutschland seit Beginn der regelmäßigen Aufzeichnungen im Jahr 1881 gemessene Temperatur. Da die Rekordhitze um den 5. Juli 2015 je nach Region drei bis sieben Tage anhält und in den Nächten kaum eine Abkühlung eintritt, verursacht sie gravierende Belastungen für den menschlichen Körper. Am 7. August 2015 registriert der DWD in Kitzingen erneut eine Temperatur von 40,3 °C.

Der ungewöhnlich trockene Sommer führt in der ersten Augusthälfte zu einer Unterbrechung der Güterschifffahrt auf der Donau zwischen Regensburg und Passau. In dieser Zeit tritt an der Elbe einer der niedrigsten Abflüsse der vergangenen Jahrzehnte auf. Bei gleichen Stoffmengen, die in einen Fluss eingetragen und in diesem transportiert werden, bewirkt Hochwasser eine Verdünnung und Niedrigwasser eine Verstärkung der Stoffkonzentrationen. Das Niedrigwasser im Sommer 2015 erhöht an der Elbe die Chlorid-, Sulfat-, Phosphat-, Chrom-, Kupfer- und Nickelkonzentrationen. Bei Bad Schandau-Schmilka und bei Schnackenburg sind die Konzentrationen des Antibiotikums Sulfamethoxazol, das gegen Lungenentzündungen und Harnwegsinfekten verordnet wird, in der Elbe signifikant erhöht. Eine hohe Arsenfracht wird durch die Mulde bewegt; sie bringt in der Elbe eine deutliche Zunahme der Arsenkonzentration. Vergleichbare Veränderungen des Stoffhaushaltes waren bereits während des letzten ausgeprägten Niedrigwassers im Sommer 2003 an der Elbe beobachtet worden [1241].

---

[68]Viren verursachen die aviäre Influenza; natürliche Wirte sind wilde Wasservögel.

## 2015 bis heute – Der Dieselskandal

Die United States Environmental Protection Agency – die nationale Umweltbehörde der USA – unterrichtet am 18. September 2015 die Volkswagen Group of America über einen Rechtsverstoß gegen den Clean Air Act, das Luftreinhaltegesetz der USA. Der Vorwurf: Von Volkswagen in den Jahren 2009 bis 2015 produzierte und in den USA zugelassene Dieselfahrzeuge würden den dort gültigen Grenzwert für Stickoxide im realen Betrieb um bis zu 4000 % überschreiten, nicht aber bei offiziellen Prüfungen. Offenbar ist die Fahrzeugsoftware derart manipuliert, dass sie Prüfzyklen erkennt und dann durch Software-Manipulationen den Grenzwert einhält. Damit hätte der Autokonzern über illegale Emissionen die Umwelt belastet und die Gesundheit von Menschen in den USA gefährdet. Das Justizministerium der USA und der Generalstaatsanwalt des Bundesstaates New York beginnen mit Ermittlungen [1242].

Bericht der United States Environmental Protection Agency (EPA) über Verstöße der Volkswagen AG gegen das Luftreinhaltesetz der USA und deren Konsequenzen

*„Die EPA hat ein Zivilverfahren gegen die Volkswagen AG, die Audi AG, die Dr. Ing. h.c. F. Porsche AG, die Volkswagen Group of America, Inc., die Volkswagen Group of America Chattanooga Operations, LLC, und die Porsche Cars North America, Inc. (zusammen ‚Volkswagen‘) unter Vorbehalt in drei Teilvergleichen abgeschlossen. Diese Vergleiche betreffen den Vorwurf der Verletzung des Clean Air Act durch Volkswagen über den Verkauf von rund 590.000 Dieselfahrzeugen, die mit ‚Abschaltvorrichtungen‘ in Form von Computersoftware ausgestattet sind, um bei nationalen Emissionsprüfungen zu betrügen. Der bedeutendste Schadstoff, um den es in diesem Fall geht, sind Stickoxide (NOx). Sie stellen ein ernsthaftes Gesundheitsrisiko dar.*

*Betroffene Fahrzeuge*

*2,0 Liter Diesel-Fahrzeugmodelle und Baujahre mit Abschalteinrichtungen: Jetta (2009-2015), Jetta Sportwagen (2009-2014), Käfer (2013-2015), Käfer Cabrio (2013-2015), Audi A3 (2010-2015), Golf (2010-2015), Golf Sportwagen (2015), Passat (2012-2015)*

*3,0 Liter Diesel-Fahrzeugmodelle und Baujahre mit Abschalteinrichtungen: Volkswagen Touareg (2009-2016), Porsche Cayenne (2013-2016), Audi A6 Quattro (2014-2016), Audi A7 Quattro (2014-2016), Audi A8 (2014-2016), Audi A8L (2014-2016), Audi Q5 (2014-2016), Audi Q7 (2009-2016)*

*Meilensteine*

*Volkswagen, Audi und Porsche haben in bestimmten Dieselfahrzeugen eine Software installiert, die erkennt, wann sich das Fahrzeug in einer Abgasuntersuchung befindet. Nur während der Prüfung schaltet sich die vollständige Abgaskontrolle ein. Die Wirksamkeit emissionsmindernder Einrichtungen wird bei allen normalen Fahrten reduziert. Im Ergebnis werden die Abgasnormen im Labor oder in der Prüfstation eingehalten. Im Normalbetrieb werden jedoch Stickoxide bis zum 40-fachen des Grenzwertes emittiert. Diese Software ist eine nach dem Clean Air Act verbotene ‚Abschalteinrichtung‘. [...]*

*Am 2. November 2015 hat die EPA Volkswagen, Audi und Porsche eine weitere Mitteilung über die Verletzung des Clean Air Act bei der Herstellung und dem Verkauf bestimmter 3,0-Liter-Diesel-Pkw und SUVs der Modelljahre 2014-2016 zugestellt. Diese Fahrzeuge nutzen eine Software, die die EPA-Emissionsnormen für bestimmte Luftschadstoffe umgeht. Sie emittieren bis zu neunmal mehr Schadstoffe als die Abgasnormen zulassen. Anschließend, am 19. November 2015, informierten Verantwortliche von Volkswagen die EPA, dass die Abschalteinrichtung seit 2009 in allen 3,0-Liter-Dieselfahrzeugen in den USA existiert.*

*Am 4. Januar 2016 reichte das Justizministerium im Namen der EPA eine Klage gegen die Volkswagen AG, die Audi AG, die Volkswagen Group of America, Inc., die Volkswagen Group of America Chattanooga Operations, LLC, die Porsche AG und die Porsche Cars North America, Inc. wegen mutmaßlicher Verstöße gegen den Clean Air Act ein.*

*Am 28. Juni 2016 schloss Volkswagen einen Vergleich in Höhe von mehreren Milliarden Dollar, um mutmaßliche Verstöße gegen den Clean Air Act teilweise auszugleichen, die auf dem Verkauf von 2,0-Liter-Dieselmotoren beruhen, die mit einer Software ausgestattet waren, die als ‚Abschaltvorrichtung‘ bekannt war und dazu diente, bei nationalen Abgasprüfungen zu betrügen. Der Vergleich trat am 25. Oktober 2016 in Kraft.*

*Am 20. Dezember 2016 schloss Volkswagen einen zweiten Vergleich, um mutmaßliche Verstöße gegen das Luftreinhaltegesetz teilweise auszugleichen, die auf dem Verkauf von 3,0-L-Dieselmotoren beruhen, die mit einer Software ‚Abschaltvorrichtung‘ ausgestattet waren, um bei nationalen Emissionstests zu betrügen. [...]*

*Am 11. Januar 2017 erklärte Volkswagen, sich für drei strafrechtliche Vergehen schuldig zu bekennen und 2,8 Milliarden Dollar Strafe zu zahlen. In getrennten zivilrechtlichen Vergleichen über Umwelt-, Zoll- und Finanzklagen erklärt sich VW bereit, 1,5 Milliarden Dollar zu zahlen. Sie decken die Forderung der EPA nach Zivilstrafen gegen Volkswagen sowie die Ansprüche der US-Zollbehörden und des Grenzschutzes wegen Zollbetrugs ab. Darüber hinaus sieht die EPA-Vereinbarung Unterlassungs-ansprüche vor, um zukünftige Verstöße zu verhindern. [...]"* [1243]

Bereits im Mai 2014 waren in den USA erhebliche Über-schreitungen der Stickoxid-Grenzwerte festgestellt und öffentlich gemacht worden. Volkswagen behauptete zunächst, die exzessiven Emissionen beruhten auf einem Software-Fehler; am 3. September 2015 räumt der Auto-mobilkonzern dann den Betrug ein [1244].

Mit den 2017 abgeschlossenen Vergleichen entgeht Volkswagen strafrechtlichen Ermittlungen in den USA. Im Gegenzug erkennt das Unternehmen an, die Justiz der USA behindert und Waren unter falschen Angaben veräußert zu haben. Volkswagen entrichtet hohe Bußen und verpflichtet sich zu Kontrollen und einer externen Aufsicht.

Kraftfahrzeuge legen 2017 allein auf deutschen Auto-bahnen eine Gesamtstrecke von rund 246 Mrd. km zurück (Abb. 2.162) [1245].

In Deutschland setzen im September 2015 strafrecht-liche Ermittlungen der Staatsanwaltschaft Braunschweig gegen die Volkswagen AG ein, um das Vorgehen bei der Manipulation der Abgaswerte zu rekonstruieren und die Verantwortlichen zu ermitteln. In Deutschland sind neben fast 2,5 Mio. Dieselfahrzeugen des Unternehmens auch rund 98.000 Pkw mit Ottomotoren von Software-manipulationen betroffen. Später werden weitere Auto-mobilhersteller verdächtigt, Softwareänderungen genutzt zu haben, um niedrige Emissionen von Stickstoffoxiden vorzu-täuschen.

Grenzwerte beschäftigen die Menschen in Deutsch-land besonders dann, wenn durch sie eine Grundfeste ins Wanken geraten könnte: das freie individuelle Autofahren. Der Abgasskandal bei der Volkswagen AG gibt Anlass zu derartigen Diskussionen.

**Abb. 2.162**   Am Gießener Südkreuz treffen die stark befahrene Sauerlandlinie A45 und die Gießener Osttangente A485 aufeinander. Die Auto-bahnen, die Ab- und Auffahrtschleifen und -tangenten sowie die Lärmschutzwälle verbrauchen sehr viel Fläche, Asphalt und Beton. Sie zer-schneiden Landschaften, beenden Wildwechsel, schaffen isolierte Gehölzinseln und artenarme Grasstreifen. Für ihren Bau wurden fruchtbare Böden zerstört. Niederschläge bilden auf den wasserundurchlässigen Asphalt- und Betonflächen erhebliche Abflussmengen, die mit Feinstaub von Reifenabrieb und Bremsbelägen belastet sind. Menschen in den Fahrzeugen atmen Schadstoffe ein

Wo liegt der Grenzwert zwischen der Ungefährlichkeit und der Gefährlichkeit von Schadstoffen? Bei wiederholt kurzfristig sehr hohen oder bei langfristig mittleren Belastungen? Bei anhaltenden Überschreitungen von Grenzwerten erkranken nicht alle zugleich – Kleinkinder, Ältere und Menschen mit Atemwegserkrankungen reagieren stärker auf Belastungen durch Stickoxide oder Feinstaub als gesunde jüngere Erwachsene. Bei anhaltend starken Überschreitungen wachsen offenbar die Sterberaten.

Die Festlegung von Grenzwerten kann von der Vorsorge für die Gesundheit der Bevölkerung oder einer gezielten Förderung technischer Innovationen zur Schadstoffreduzierung geleitet sein. Dann sind sie niedriger. Oder von der Fürsorge für träge industrielle Dinosaurier mit traditioneller Massenproduktion. Dann sind sie höher.

Die gesetzlich festgelegten Grenzwerte in der Europäischen Union für die Emissionen von Kraftfahrzeugen resultieren aus politischen Entscheidungen der Europäischen Kommission und der Mitgliedsstaaten. Sie gelten auch für alle in Deutschland genutzten Pkw. Und sie lassen sich aufgrund der Komplexität der Prozesse nur bedingt wissenschaftlich begründen. Denn reale Kausalitäten zwischen den Konzentrationen von Luftschadstoffen und den Erkrankungen von Menschen können mit den üblichen Methoden nicht zweifelsfrei nachgewiesen werden – kaum jemand stirbt unmittelbar an der Schadstoffbelastung durch Kraftfahrzeuge, an Hausbrand oder Zigarettenrauch, sondern indirekt etwa an Lungenkrebs.

Die Grenzwerte für Stickstoffdioxid ($NO_2$) liegen für das Jahresmittel in Deutschland bei 40 Mikrogramm pro Kubikmeter ($\mu g\ m^3$) Luft. Überschreitungen sind seit Jahren bekannt. Besonders hohe Werte misst eine Station in der Landshuter Allee in München. Hier liegen die Jahresmittelwerte in den Kalenderjahren 2014 und 2015 bei 83 bzw. 84 $\mu g$ $NO_2$ pro $m^3$ Luft [1246].

Sind die Grenzwerte zu niedrig, wie manche behaupten? Oder zu hoch, wie andere meinen? Überschreitungen der Stickoxid-Grenzwerte treten an verkehrsreichen Straßen in deutschen Städten auf. Soll dort die Nutzung von Pkw mit Dieselaggregaten zeitlich eingeschränkt oder gar permanent verboten werden? Derartige Maßnahmen würden diejenigen treffen, die in gutem Glauben ein als schadstoffarm beworbenes Dieselfahrzeug erstanden haben, nicht aber die Verursacher – die Hersteller. Außerdem würde sich der Verkehr nur auf Ausweichstrecken verlagern und dort höhere Luftbelastungen nach sich ziehen.

Es gilt, die von Grenzwertüberschreitungen betroffenen Fahrzeuge umgehend technisch nachzurüsten, ausgeführt und finanziert von den Herstellern der Kraftfahrzeuge und erzwungen vom Rechtsstaat Bundesrepublik Deutschland. Diese eigentlich selbstverständliche staatliche Unterstützung bleibt aus.

Informationen des Umweltbundesamtes zu Feinstaubemissionen [1247].

Menschen haben die Bildung des weit überwiegenden Teils der Feinstäube zu verantworten. Verbrennungsprozesse in Kraftfahrzeugen, Kraftwerken, Fernheizwerken, Kohle- und Holzöfen in Wohngebäuden sowie bei der Metallerzeugung führen zur Freisetzung von primärem Feinstaub. In Städten erzeugen die Verbrennung von Diesel und der Abrieb von Reifen und Bremsen viel Feinstaub. Wind und Kraftfahrzeuge wirbeln Feinstaub auf. Auch durch das Umlagern von staubreichen Schüttgütern und durch Winderosion auf vegetationsfreien Äckern wird Feinstaub durch die Atmosphäre bewegt (Abb. 2.163). Organische Schadstoffe wie Pflanzenschutzmittel oder Polyzyklische Aromatische Kohlenwasserstoffe verbinden sich mit Feinstaubpartikeln. Zuweilen gelangen Stäube aus der Sahara nach Deutschland.

Aus den gasförmigen Emissionen von Ammoniak, Stick- und Schwefeloxiden entsteht sekundärer Feinstaub. In ländlichen Räumen stammen erhebliche Mengen an Ammoniak und Feinstaub aus der Tierhaltung.

Nach dem Partikeldurchmesser unterscheiden wir drei Feinstaubklassen: 1. Die Feinstaubfraktion $PM_{10}$ mit Partikeln unter 10 $\mu m$ Durchmesser, die wir in die Nasenhöhle und den Rachenraum einatmen. Sie vermögen die Schleimhäute zu reizen. 2. Die Feinstaubfraktion $PM_{2,5}$ mit Partikeln unter 2,5 $\mu m$ Durchmesser. Sie können Entzündungen in den Bronchien hervorrufen. 3. Die Fraktion der ultrafeinen Staubpartikel. Sie sind imstande, in die Blutgefäße zu gelangen, dort Plaque zu bilden, die Thromboseneigung zu erhöhen und das vegetative Nervensystem zu beeinflussen.

Die Europäische Union hat zum 1. Januar 2005 für die Feinstaubfraktion $PM_{10}$ einen Tagesgrenzwert von 50 $\mu g$ pro $m^3$ Luft festgelegt, der maximal an 35 Tagen im Jahr überschritten werden darf. Im Jahresmittel dürfen die Werte nicht über 40 $\mu g$ pro $m^3$ Luft liegen. Für die Feinstaubfraktion $PM_{2,5}$ ist seit dem 1. Januar 2015 ein Jahresmittelwert von 25 $\mu g$ pro $m^3$ Luft verbindlich einzuhalten. Die Weltgesundheitsorganisation geht davon aus, dass es für Feinstaub keinen Grenzwert gibt, unterhalb dem keine Gesundheitsschäden auftreten [1248].

Die $PM_{2,5}$-Emissionen sinken in Deutschland von etwa 197.000 t im Jahr 1995 um fast die Hälfte auf rund 101.000 t im Jahr 2016 [1249]. Im Jahr 2015 stammen 23 % des in Deutschland emittierten Feinstaubes aus der Landwirtschaft, 23 % aus dem Umschlag von Schüttgut (Sand, Kies, Boden, Zement, Erz, Salz, Getreide, Mehl u. a. m.), 16 % von der Industrie, 14 % aus dem Straßenverkehr, 14 % von der Energiegewinnung sowie 10 % von der Holzfeuerung [1250].

Das Verbrennen von Feuerwerkskörpern führt an Silvester zu gravierenden Belastungen der Atmosphäre mit Schadstoffen, darunter Feinstaubpartikeln, die Menschen zumeist ohne Kenntnis der Langfristfolgen einatmen.

Feinstaub entsteht in der Küche durch Braten und Kochen, im Büro durch den Betrieb von Druckern, im Wohnzimmer durch das Verbrennen von Holz in offenen Kaminen oder durch brennende Kerzen. Besonders problematisch ist Zigarettenrauch. Wird gelüftet, gelangt Feinstaub aus der Außenluft nach innen und umgekehrt [1251].

Es ist eine überaus wichtige Aufgabe jedes Menschen und der zuständigen staatlichen Institutionen, die Belastungen mit Feinstaub so stark und rasch wie möglich zu senken!

**Abb. 2.163** Weithin sichtbare Staubfahne aus mineralischen und organischen Stäuben, die ein Mähdrescher bei Linden im Kreis Gießen in die Atmosphäre bläst und Wind weiter verdriftet. Bei Trockenheit bewegen landwirtschaftliche Fahrzeuge auf Äckern und unbefestigten Feldwegen Stäube

Während Stickoxidemissionen durch Kraftfahrzeuge und Fahrverbote für Diesel-Pkw die öffentliche Diskussion bestimmen, bleiben die Staubemissionen trotz ihrer Gefährlichkeit für die menschliche Gesundheit zunächst im Hintergrund. Menschen, die von der Überschreitung der Grenzwerte für Feinstaub betroffen sind, können von den zuständigen Behörden angemessene Maßnahmen zur Minderung der Belastungen verlangen. So hat es das Bundesverwaltungsgericht bereits am 27. September 2007 entschieden. Derartige Maßnahmen haben Gemeinden und Städte in Aktions- und Luftreinhalteplänen festgelegt [1252].

Ultrafeiner Staub kann über die Bronchien in den Blutkreislauf eindringen, verschiedene Erkrankungen auslösen und wohl sogar lebensverkürzend wirken. Am 12. März 2019 schreckt eine seriöse interdisziplinäre Studie der Mainzer Wissenschaftler Jos Lelieveld und Thomas Münzel und ihres Teams die Öffentlichkeit auf.

*„Luftverschmutzung verkürzt das Leben der Europäer um rund zwei Jahre"* überschreibt das renommierte Max-Planck-Institut für Chemie in Mainz eine Pressemitteilung vom 12. März 2019 [1253].

Der Chemiker Jos Lelieveld und der Mediziner Thomas Münzel untersuchen mit ihrem interdisziplinären Team die Kausalzusammenhänge zwischen den Belastungen mit Luftschadstoffen, der Bevölkerungsdichte und den Krankheits- und Todesursachen in verschiedenen Staaten. Jos Lelieveld ist Direktor am Max-Planck-Institut für Chemie in Mainz und Thomas Münzel Direktor des Zentrums für Kardiologie der Universitätsmedizin Mainz. Sie finden heraus, dass die Gesundheitsgefahren durch Feinstaub deutlich unterschätzt werden. Diese Befunde stoßen im Frühjahr 2019 wie ein Giftpfeil in die politische und öffentliche Diskussion um die Wirkungen von Stickoxiden, die Dieselmotoren ausstoßen. Manche Fachfremde und Akteure, die nur Fragmente der komplexen Wirkungsnetze betrachten und überschauen, schätzen den Grenzwert der Europäischen Union für Stickstoffdioxid ($NO_2$) von 40 Mikrogramm pro Kubikmeter Luft ($\mu$g m$^3$) als zu niedrig und Fahrverbote für Dieselfahrzeuge in deutschen Städten als nicht zielführend ein.

Nach den Berechnungen von Lelieveld et al., die am 12. März 2019 im renommierten European Heart Journal veröffentlicht werden, reduzieren Luftbelastungen die mittlere Lebenserwartung der Europäerinnen und Europäer um etwa zwei Jahre. Demnach sterben 133 von 100.000 Menschen in Europa an den Folgen von

Luftverschmutzung, hauptsächlich an Atemwegs- und Herz-Kreislauf-Erkrankungen. Im globalen Mittel sind es „nur" 120 von 100.000 Menschen. Vor den Mainzer Forschungsarbeiten ging man von weltweit jährlich zirka 4,5 Mio. Toten durch die Einwirkungen von Luftverschmutzung aus. Nach Lelieveld et al. sind es weltweit ungefähr 8,8 Mio. und in Europa fast 800.000 Menschen, die vorzeitig an den indirekten Wirkungen von Luftschadstoffen sterben. Die Zahl der Toten durch Tabakrauch schätzt die Weltgesundheitsorganisation WHO auf 7,2 Mio. Menschen weltweit im Jahr. Feinstaub und andere Luftschadstoffe würden damit ähnlich verheerend wirken wie das (Passiv-)Rauchen. Fast alle Menschen können entscheiden, ob sie rauchen oder nicht. Wenige können das Einatmen belasteter Luft vermeiden.

Die groben Schätzungen zu den gesundheitlichen Wirkungen von Emissionen beruhen auf immer besseren Daten und Modellansätzen.

Die Mainzer Forschenden erklären die erhöhten Sterberaten vor allem durch das Einatmen von Feinstaubpartikeln der Fraktion $PM_{2,5}$. Der EU-Grenzwert von 25 μg Feinstaub $PM_{2,5}$ pro m$^3$ Luft im Jahresmittel sei nach ihren Forschungsergebnissen viel zu hoch. Der von der Weltgesundheitsorganisation empfohlene Grenzwert läge bei 10 μg $PM_{2,5}$ pro m$^3$ Luft. Nach Lelieveld et al. würde ein Ersatz fossiler Brennstoffe durch erneuerbare Energiequellen die Sterberate infolge von Luftverschmutzung in Europa um bis zu 55 % senken [1254].

Hohe Belastungen an Stickoxiden und an Feinstaub entstehen in der bodennahen Atmosphäre an bestimmten Straßenabschnitten. Besonders dort, wo sich der Berufsverkehr morgens und nachmittags bündelt. Ebenso an Einkaufszentren. Und an Kindergärten und Schulen, zu denen Eltern ihre Kinder bringen – eine ärgerliche, fahrlässige und leicht vermeidbare Gesundheitsbelastung auch des eigenen Nachwuchses!

Personenkraftwagen – ineffizient und umweltbelastend.

Ein 2017 in Deutschland zugelassener Pkw wiegt leer im Mittel 1505 kg [1255] und damit rund das 20fache eines Insassen. Welche Ineffizienz! Im Durchschnitt wird ein Pkw am Tag durchschnittlich nur 80 min – nur knapp 6 % der Tagesdauer – über eine Distanz von 37 km bewegt [1256]. Um ihn über eine Betriebszeit von 20 Jahren [1257] und eine Laufleistung von 280.000 [1258] km zu betreiben, werden

bei einem mittleren Verbrauch von etwa 7,3 l pro 100 km Fahrstrecke [1259] ungefähr 20.500 l Benzin bzw. Diesel verbrannt.

Im Jahr 2010 verbrauchen Pkw in Deutschland nach Angaben des Statistische Bundesamtes 16,1 Mrd. l Diesel und 27,7 Mrd. l Benzin. 2017 sind es 21,0 Mrd. l Diesel und 25,3 Mrd. l Benzin. 2010 resultieren $CO_2$-Emissionen in Höhe von 42,9 Mio. t $CO_2$ durch Diesel- und von 65,2 Mio. t $CO_2$ durch Benzinmotoren. 2017 sind es 55,4 Mio. t $CO_2$ durch Diesel- und 59,6 Mio. t $CO_2$ durch Benzinmotoren [1260]. Reststoffe der Verbrennung wie Feinstaub werden von Lebewesen aufgenommen, gelangen in Böden und Oberflächengewässer.

Auch der Abrieb der Reifen beim Betrieb eines Personenkraftwagens wirkt auf die Umwelt. Das exakte Ausmaß des jährlichen Reifenabriebes in Deutschland ist nicht bekannt. Er könnte nach groben Schätzungen für alle Kraftfahrzeuge bei 80.000 bis 110.000 t pro Jahr und für Pkw bei 46.000 bis 69.000 t pro Jahr liegen [1261]. In den angenommenen 20 Jahren Betriebszeit dürften bei einem Pkw durchschnittlich wohl rund 24 kg Reifenmaterial abgerieben, in die bodennahe Atmosphäre als Feinstaub geschleudert, von Menschen und Tieren als Feinstaub teilweise eingeatmet werden, auf die Vegetation sinken oder in die Kanalisation, in die Böden oder Oberflächengewässer gespült werden.

Die Deutsche Umwelthilfe (DUH) ist ein gemeinnütziger, klageberechtigter und vorzüglich organisierter Naturschutz-, Umwelt- und Verbraucherverband mit ausgewiesenen und zugleich überaus hartnäckigen Experten, darunter ist der Bundesgeschäftsführer Jürgen Resch. Die DUH klagt seit 2016 gegen mehrere, für die Reinhaltung der Luft zuständige Bundesländer und Städte auf Einhaltung der gesetzlichen Grenzwerte für Stickstoffdioxid. Den Anlass bieten offiziell gemessene Überschreitungen von Grenzwerten zuerst in Aachen, Bonn, Düsseldorf, Essen, Frankfurt a. M., Gelsenkirchen, Köln und Stuttgart, später auch in anderen deutschen Städten. Die Klagen zielen auf eine rasche Einhaltung der Luftreinhaltepläne. Weiterhin beantragt die DUH Zwangsvollstreckungsmaßnahmen gegen die Umweltministerien des Freistaates Bayern und des Landes Hessen aufgrund von Grenzwertüberschreitungen in München, Darmstadt und Wiesbaden [1262].

Gerichte erteilen Fahrverbote. Sie gelten seit dem 1.6.2018 in Hamburg für Kraftfahrzeuge (Kfz) der Diesel-Abgasnorm 1/I bis 5/V für zwei Straßen. Und in Darmstadt seit dem 1.6.2019 für Kfz der Diesel-Abgasnorm

1–5 und für Benziner der Klassen Euro 1 und 2 für zwei Straßen. In Stuttgart betreffen die Fahrverbote die aktuelle Umweltzone – seit dem 1. Januar 2019 für Auswärtige und seit dem 1.4.2019 auch für Bewohnerinnen und Bewohner der Stadt, die Kfz mit der Diesel-Abgasnorm Euro 4 bzw. IV und älter fahren [1263].

Obgleich die DUH nur auf die Umsetzung geltender Vorschriften zugunsten der Gesundheit von Menschen und des Zustandes unserer Umwelt zielt, bringt sie bestimmte Interessengruppen und einen Teil der Bevölkerung – darunter vermutlich gesundheitlich Betroffene – gegen sich auf.

Gerade die werktäglich zwischen Wohnung und Arbeitsplatz pendelnden sind häufig aufgrund unzureichender, zu langsamer, unpünktlicher oder gar nicht vorhandener öffentlicher Verkehrsmittel auf ihre Schadstoffe ausstoßenden Fahrzeuge angewiesen.

Auch hier liegt ein schwerwiegendes Staatsversagen vor. Der Schadstoffausstoß der Gesamtheit der in Deutschland zugelassenen Kraftfahrzeuge wurde immer noch nicht entscheidend reduziert. Es mangelt unverändert an einer Verkehrsplanung, die Staus erfolgreich minimiert und Fahrzeiten verkürzt.

Mittlerweile haben viele verstanden, dass Dieselmotoren und mit Benzin betriebene Ottomotoren so schnell wie möglich zu ersetzen sind. Elektromotoren werden nur eine Übergangstechnologie sein. Doch welche umweltgerechte Technik wird die umweltbelastende aus dem späten 19. und dem 20. Jh. wann ersetzen? Ohne massive Anstrengungen des Gesetzgebers und der Automobilunternehmen wird der seit Jahrzehnten zunehmende Straßenverkehr unsere Lebenserwartung weiter verkürzen – durch den Schadstoffausstoß in die Atmosphäre und die Kontamination von Böden und Gewässern, durch Verkehrsunfälle und Lärm, durch die Zerschneidung von Landschaften und zu hohe Geschwindigkeiten.

## 29. Mai 2016 – Die Sturzflut von Braunsbach

Ein ausgeprägtes stationäres Tief dominiert Ende Mai 2016 ungewöhnlich lange, über sechs Tage, die Großwetterlage in Süddeutschland; aus dem Mittelmeerraum anströmende feuchte, warme Luftmassen treffen auf kühle Luft aus dem Norden. Starke Konvektion führt zur Bildung von Gewitterzellen, die kaum wandern. Regional resultieren extreme Starkregen in den Nachmittags- und Abendstunden des 29. Mai. Die Niederschlagsmessstation Langeburg-Atzenburg verzeichnet an diesem Tag einen ganz außergewöhnlich hohen Tagesniederschlag von 105 mm. Die Station liegt rund 10 km nordöstlich von Braunsbach unweit Schwäbisch Hall im Nordosten von Baden-Württemberg. Der 4,6 km

lange Orlacher Bach durchfließt die Gemarkung Braunsbach. Er entspringt auf der landwirtschaftlich genutzten Haller Ebene mit lehmigen und tonreichen Böden, passiert die Orlacher Klinge, eine steile bewaldete Schlucht, und mündet in Braunsbach in den Kocher [1264].

Der Potsdamer Hydrologe Axel Bronstert hat mit seinem Team das Ereignis und seine Folgen auf der Basis von Mess- und Radardaten des Deutschen Wetterdienstes sowie umfassenden geohydrologischen Aufnahmen vor Ort präzise erforscht: Am frühen Abend des 29. Mai 2016 fallen in rund 75 min in dem 6 km² kleinen Einzugsgebiet des Orlacher Baches aus einer kleinräumigen Gewitterzelle etwa 100 bis 140 mm Niederschlag. Ein derartig hoher Extremniederschlag und -abfluss ist wahrscheinlich seltener als ein 100-jährliches Ereignis [1265].

An vielen Standorten im Einzugsgebiet des Orlacher Baches wird die Infiltrationskapazität, das Wasseraufnahmevermögen der Böden, deutlich überschritten. Oberflächenabfluss bildet sich besonders auf verschlämmten Äckern. Er trägt dort Bodenpartikel ab und führt sie in den Bach, der sich bis zu 4 m tief einschneidet. Die Sturzflut reißt auch Bäume und selbst tonnenschwere Steine fort. Zahlreiche steile Böschungen am Orlacher Bach und am Kräuchelbach verlieren ihre Stabilität. Rund 7000 bis 9000 m³ Substrat rutschen dort ab [1266].

Bronstert berechnet, basierend auf verschiedenen hydrologischen Modellansätzen und Wasserstandsmessungen im Kocher, einen maximalen Abfluss der Sturzflut des Orlacher Baches zwischen 100 und 150 m³ s$^{-1}$. Die Abflussspitze erreicht am 29. Mai das 500- bis 750-fache des geschätzten mittleren Abflusses von 0,2 m³ s$^{-1}$ [1267].

Der Abfluss und das mitgeführte Sediment verursachen drastische Verwüstungen in Braunsbach. Über 130 Gebäude, vorwiegend Wohnhäuser, werden durch Wasser und die mitgeführten Steine beschädigt. Der Gesamtschaden wird alleine für Braunsbach und seine Ortsteile auf ungefähr 100 Mio. € beziffert. Ein Bauunternehmen bringt später rund 40.000 m³ des in und um Braunsbach abgelagerten Materials zurück in die eingerissene Schlucht des Orlacher Baches, um die Bachhänge zu stabilisieren. Neben erodierten Steinen und Bodensediment umfasst es Bauschutt, Holz, Schrott und Bruchstücke von Asphaltdecken [1268].

Können wir derartige Schäden verhindern? Hydrologen und Klimatologen, die das heutige Niederschlags- und Abflussgeschehen erforschen, sind der Auffassung, dass starke Niederschläge wie derjenige von Braunsbach am 29. Mai 2016 grundsätzlich das Wasseraufnahmevermögen der Böden erheblich übersteigen und in kleinen Wassereinzugsgebieten fast immer Sturzfluten und in größeren gravierende Überschwemmungen auslösen. Der Verfasser teilt diese Einschätzungen nicht. Wie wäre es sonst zu erklären, dass in Phasen des Holozäns, in denen Wälder dominierten, derartige extreme Abfluss- und Abtragsereignisse nicht auftraten. Natürliche und naturnahe Wälder vermögen bei weitem mehr Niederschlagswasser zwischenzuspeichern und verzögert abzuführen als verschlämmte und verdichtete Äcker, Wiesen, Weiden und auch Forsten mit verdichteten Wegen. Hinzu kommt die ungünstige Lage von Braunsbach an der Einmündung des Orlacher Baches in den Kocher. Hätte der Ort vollständig auf den steilen Unterhängen gelegen, so wären kaum Häuser und Straßen zerstört worden [1269].

In den vergangenen Jahrhunderten aufgetretene lokale Sturzfluten bedingen immer wieder bedeutende Schäden und Umweltveränderungen. Die Folgen sieht man gelegentlich noch heute – etwa durch tiefer liegende Hauseingänge infolge der Aufhöhung von Ortsstraßen durch die Ablagerung von Sedimenten.

## 1. August 2016 – „Waldfrevel". Die Untere Forstbehörde in Schleswig genehmigt die Zerstörung des Preesterholts

Hunderte winzige Wäldchen liegen in der waldarmen Jungmoränenlandschaft Angeln im Nordosten Schleswig-Holsteins. Das Kirchen-Inventarium zu Steinberg vom 3. September 1766 bezeichnet einen derartigen kleinen Wald bei Gintoft als „Pastorat-Hölzung", später wird er „Preesterholt" genannt. Dort wachsen vor allem Buchen, Eichen und Eschen [1270].

Die Steinberger Pastoren nutzen sie für ihren Holzbedarf. Bronzezeitliche Gräber und ein wertvolles Feuchtbiotop liegen in dem vollständig von Äckern umgebenen Wald. Am 12. Dezember 1984 tauscht die Kirchengemeinde Steinberg ein anderes Waldstück gegen das Preesterholt ein. Ein weiterer Besitzwechsel folgt. Die Jahrhunderte währende Identifizierung des Besitzers – der Evangelischen Kirche – mit dem besonderen Wäldchen ist verloren gegangen. Denn im November 2017 wird das Preesterholt *„abgeholzt und dem Erdboden gleichgemacht"*, nachdem er *„den 30-jährigen Krieg und die beiden Weltkriege des 20. Jahrhunderts überlebt hatte"* – wohl, um Platz für einen Windpark zu schaffen, wie der Chronist Bernhard Asmussen 2018 betroffen schreibt [1271].

Die Landschaftsplaner und Geographen Wolfgang Riedel und Christian Stolz haben die Ereignisse, die zur Eliminierung des wertvollen Waldes führten, präzise rekonstruiert: Die Untere Forstbehörde in Schleswig erteilte am 1. August 2016 im Einvernehmen mit der Unteren Naturschutzbehörde die Genehmigung, den Preesterholt zu roden und in einen Acker umzuwandeln. Ein ungewöhnlicher Vorgang, auch wenn zur Kompensation an einem anderen Ort eine dreifach größere Fläche aufzuforsten

ist. Sie kann auf absehbare Zeit nicht gleichwertig zu dem gerodeten Altwald sein. Die Naturschutzgesetzgebung Schleswig-Holsteins erlaubt grundsätzlich die „Umwandlung" von Wäldern, die weniger als 2 ha Fläche bedecken [1272].

Lokale Proteste führen zwar dazu, dass die Genehmigung zurückgezogen wird. Der Besitzer „durchforstet" daraufhin das Wäldchen, die ökologisch wertvollen alten Bäume gehen weitgehend verloren. Außerdem lässt er Rohre und Kies an den Preesterholt bringen, vermutlich für eine geplante Entwässerung des Feuchtgebietes. Ein heftiger Streit entbrennt. Er findet in der Lokalpresse und vor Ort statt. Hunderte protestieren gegen die geplante Abholzung. Vergeblich, denn die zuständige Behörde gibt dem Widerspruch des Besitzers gegen die Rücknahme der Nutzungswandlung in einen Acker statt. Das Schleswiger Verwaltungsgericht bewertet die Rodungsgenehmigung als rechtens. Schweres Gerät verdichtet im November 2017 während der Beseitigung des kaum 2 ha kleinen Baumbestandes den ehemaligen Waldboden dauerhaft. Die Fläche ist fast vollständig Teil eines riesigen Ackers geworden.

Will man diesem legalen „Waldfrevel", der kein Einzelfall ist, etwas Positives abgewinnen, so sind es die gesellschaftlichen Folgen. Bürgerinnen und Bürger aus der betroffenen Region empfinden Hilflosigkeit: Sie können den von Behörden offenbar unzureichend kommunizierten Vorgang nicht nachvollziehen, äußern ihr Entsetzen, werden aktiv. Auf Antrag des Südschleswigschen Wählerverbandes (SSW) findet eine Anhörung im Landtag Schleswig–Holstein zu einer Anpassung des Landeswaldgesetzes statt. Das Schleswig-Holsteinische Ministerium für Energiewende, Landwirtschaft, Umwelt, Natur und Digitalisierung erlässt bald darauf eine innerbehördliche verbindliche Weisung für die Durchführung der Interessensabwägungen bei der Genehmigung von Waldumwandlungen nach §8 des Landeswaldgesetzes. Dies ist ein erster wichtiger Schritt; die dringend notwendige gesetzliche Regelung steht allerdings aus [1273].

## 2016 – Glyphosat wird in Bieren und im Urin von Kindern nachgewiesen

Das Umweltinstitut München e. V.[69] lässt im Dezember 2015 und im Januar 2016 in Supermärkten Flaschen der 14 meistverkauften Biere Deutschlands kaufen und auf Rückstände von Glyphosat untersuchen. Die Bestimmungsgrenze liegt bei 0,1 µg Glyphosat pro Liter.

---

[69]Das Umweltinstitut München ist ein unabhängiger, nach der Nuklearkatastrophe von Tschernobyl 1986 gegründeter Verein, der sich gegen die Nutzung von Kernenergie und für ökologischen Landbau engagiert.

Alle Biere enthalten Glyphosat-Rückstände. Der niedrigste gemessene Wert erreicht 0,46 µg Glyphosat pro Liter, der höchste 29,74 µg l$^{-1}$. Für Bier gibt es keinen gesetzlich festgelegten Schwellenwert. Nach der Trinkwasserverordnung gilt in Deutschland ein strenger Grenzwert von 0,1 µg Glyphosat pro Liter für Trinkwasser. Legt man den Maßstab von Trinkwasser an, so überschreitet der höchste Bier-Messwert den Trinkwassergrenzwert um das 297fache. Die Europäische Behörde für Lebensmittelsicherheit EFSA sieht auf der Basis einer Langzeitstudie, die toxische Effekte analysiert, die erlaubte Tagesdosis (duldbare tägliche Aufnahme) von Glyphosat bei 500 µg je kg Körpergewicht – ein umstrittener Wert. Demnach wäre bei einem Erwachsenen mit einem Körpergewicht von 70 kg eine tägliche Aufnahme von 35.000 µg Glyphosat pro Liter Bier duldbar, wohlbemerkt nicht gesundheitsgefährdend – mehr als das 1000fache des vom Umweltinstitut München höchsten gemessenen Wertes von 29,74 µg Glyphosat in einem Liter Bier. Die Festlegungen der Trinkwasserverordnung und die Empfehlungen der EFSA differieren um Größenordnungen [1274].

Nach der aufsehenerregenden Veröffentlichung dieser Daten untersucht das Chemische und Veterinäruntersuchungsamt Münsterland-Emscher-Lippe 30 Biere auf Rückstände von Glyphosat. Bei 29 finden sich Werte zwischen 0,2 und 23 µg Glyphosat pro Liter. Nur in einem Bio-Bier aus Münster ist kein quantitativer Nachweis möglich. Das nordrhein-westfälische Umweltministerium erklärt, die gefundenen Gehalte seien gesundheitlich unbedenklich [1275]. Das Umweltinstitut München prüft die Glyphosat-Gehalte erneut im Mai und Juni 2017 an Bieren derselben 14 Produzenten wie 2015/16. Von jeder Biersorte werden diesmal fünf Proben aus verschiedenen Chargen entnommen und zu Mischproben zusammengeführt, um die Aussagefähigkeit der Daten zu erhöhen. Ein unabhängiges akkreditiertes Labor führt die Messungen durch. Diesmal variieren die Messwerte von 0,3 µg l$^{-1}$ bis 5,1 µg l$^{-1}$ [1276].

Glyphosat ist eine biologisch breit wirkende chemische Verbindung. Es gelangt über die Blätter in Pflanzen und hemmt dort die Synthese von Aminosäuren. Glyphosat tötet auf diesem Weg schnell und nicht-selektiv alle behandelten ein- und zweikeimblättrigen Pflanzen. Monsanto (seit 2018 Bayer AG) produziert Glyphosat seit den 1970er-Jahren zur „Un"krautbekämpfung unter dem Markennamen „Roundup". Derzeit ist es quantitativ der bedeutendste Inhaltsstoff von Herbiziden. Über seine Umweltwirkungen und sein kanzerogenes Potenzial wird seit Jahren eine kontroverse fachwissenschaftliche und öffentliche Diskussion geführt. So bewertet die Internationale Agentur für Krebsforschung der Weltgesundheitsorganisation im März 2015 Glyphosat als wahrscheinlich krebserregend für Menschen, die Europäische Chemikalienagentur ECHA im März 2017 hingegen den Wirkstoff als nicht krebserregend. Am 27. November 2017 stimmen die EU-Staaten einer Verlängerung der Zulassung von Glyphosat bis 2022 zu. Die Bundesregierung plant Anfang September 2019 eine deutliche Einschränkung des Einsatzes von Glyphosat ab 2020 und eine Beendigung der Nutzung zum Ende des Jahres 2023. In einem ersten Gerichtsprozess in den USA um angeblich von Monsanto verschleierte Krebsrisiken durch Glyphosat wird dem Kläger im Oktober 2018 ein hoher Schadenersatz zugesprochen. Ein an der Universität Gießen tätiger Agrarökonom hat 2011 und 2015 gemeinsam mit Mitarbeitern Forschungsergebnisse zur Bedeutung von Glyphosat in zwei Studien veröffentlicht. Überraschend und nicht nachvollziehbar sind die Kernaussagen der mittlerweile mehrfach zitierten und beim Zulassungsverfahren der EU verwendeten Veröffentlichungen: Glyphosat würde positiv auf Boden und Klima wirken und der Verzicht auf das Mittel einen erheblichen Wohlstandsverlust bedeuten. In beiden Studien fehlt der Hinweis, dass Monsanto die Forschungsarbeiten in Auftrag gegeben und finanziell gefördert hat. Dies führt im Dezember 2019 zu einer intensiven öffentlichen Diskussion über Auftragsforschung – die Bevölkerung nimmt die negativen Wirkungen des Einsatzes von Pestiziden zunehmend wahr [1277].

Das Landesumweltamt Nordrhein-Westfalen (LANUV) lässt von Dezember 2014 bis Mai 2015 den Urin von 250 Kindern im Alter von 2 bis 6 Jahren sammeln, die Kindertagesstätten in Nordrhein-Westfalen besuchen. An den Urinproben werden vom Medizinischen Labor Bremen u. a. die Gehalte an Glyphosat bestimmt. Das LANUV legt die Ergebnisse im Mai 2016 vor. Bei 158 Kindern (63 % der Stichprobe) liegen die Glyphosat-Werte über der Bestimmungsgrenze von 0,1 µg l$^{-1}$. Der höchste Wert erreicht 3,7 µg l$^{-1}$. Unter Zugrundelegung der duldbaren täglichen Aufnahme gemäß EFSA geht das LANUV davon aus, dass die im Urin der Kinder gemessenen Glyphosatgehalte wahrscheinlich keine gesundheitlichen Auswirkungen haben [1278].

Auch wenn die Glyphosat-Gehalte im Bier für die meisten Menschen möglicherweise gesundheitlich unbedenklich und die Werte im Urin der Kindergartenkinder wohl nicht besorgniserregend sind, *müssen* die Ziele von Landwirtschaftsbetrieben, (Lebensmittel-)Industrie und Handel die umgehende Minimierung des Einsatzes von Pestiziden in der Landschaft und der Rückstände von Pestiziden in Lebensmitteln sein. Die Zielerreichung ist durch verbindliche gesetzliche Maßnahmen bald zu regeln und beständig zu prüfen.

Der größte Einzelverbraucher von Glyphosat in Deutschland ist die Deutsche Bahn AG. Sie hält mit Herbiziden die Bahngleise vegetationsfrei und lässt 2017 dafür rund 67 t Glyphosat, Flazasulfuron und Flumioxazin auf 93 % der Gleise sprühen – etwa 1,2 g Wirkstoff pro m Gleis. Im Jahr 2018 werden noch 57 t Glyphosat auf Bahnstrecken ausgebracht. Die Herbizide wirken: Um behandelte Bahngleise und Schwellen sieht man zumeist nur Schotter und keine Pflanzen [1279].

In einem Forschungsprojekt soll endlich ein umweltfreundlicher Ersatz für Glyphosat gefunden werden, teilt der Infrastruktur-Vorstand der Deutschen Bahn AG Ronald Profalla in einem am 14. Juni 2019 veröffentlichten Interview der WirtschaftsWoche mit [1280]. Den Ökosystemen entlang der Bahngleise ist ein baldiger Erfolg des Projektes und der Methode eine rasche Serienreife zu wünschen.

Das Schienennetz der Deutschen Bahn nimmt im Vergleich zu den ausgedehnten Agrarökosystemen, auf denen Totalherbizide ausgebracht werden, eine kleine Fläche ein. Die biologische Vielfalt nimmt durch die Behandlungen mit Pestiziden weiter ab. Ein Verbot alleine von Glyphosat wird nicht ausreichen, um diesen desaströsen Trend umzukehren [1281].

## 26. Mai 2017 – Die Düngeverordnung wird novelliert, um die Gewässer- und Luftqualität zu verbessern

Im Oktober 2013 leitet die Europäischen Kommission ein Vertragsverletzungsverfahren gegen die Bundesrepublik Deutschland ein, da die deutsche Düngeverordnung aus dem Jahr 2003 mangelhaft ist: Offenbar gelangt mehr statt weniger Stickstoff seitdem von landwirtschaftlich genutzten Flächen in Gewässer und Atmosphäre [1282]. Am 31. Oktober 2016 stellt die EU-Kommission die Klageschrift dem Europäischen Gerichtshof zu. Dieser entscheidet am 21. Juni 2018 gegen die Bundesrepublik Deutschland, für weniger mit Nährstoffen belastete Böden, Grund- und Oberflächengewässer, für niedrigere Kosten bei der Trinkwasseraufbereitung aus Grundwasser und damit für eine höhere Lebensqualität der betroffenen Menschen.

Wie entstehen hohe Nährstoffeinträge? Eine der folgenschweren Nebenwirkungen unseres hohen Fleischverzehrs und der Intensivtierhaltung ist der große Umfang von Ausscheidungen der Nutztiere. Wir verursachen sie u. a. durch den Kauf preiswerter Fleischprodukte. Rund 150.000 Landwirtschaftsbetriebe bringen 2015 rund 204 Mrd. l Gülle und flüssige Gärreste aus Biogasanlagen auf Äcker, Wiesen und Weiden aus. Die Gülle stammt aus der Stallhaltung und besteht aus Urin und Kot. 52 % sind Rindergülle, 15 % Schweinegülle, 31 % flüssige Biogas-Gärreste, 2 % andere Gülle. Hinzu kommen ungefähr 20 Mrd. kg fester Mist, der 2015 von fast 100.000 Landwirtschaftsbetrieben auf den Nutzflächen verteilt wird [1283].

Beziehen wir den Umfang der genannten flüssigen und festen Ausscheidungen der Nutztiere auf die Gesamtbevölkerung Deutschlands von 81,7 Mio. im Jahr 2015, so verursacht ein Mensch im Mittel die Erzeugung von knapp 2500 l flüssigem tierischen Dünger und von fast 245 kg tierischem Mist pro Jahr.

Die Nutztiere und damit deren Ausscheidungen sind ungleich über Deutschland verteilt. Hohe Rinderbesatzdichten[70] prägen Schleswig-Holstein und Bayern, eine hohe Schweinebesatzdichte Nordrhein-Westfalen. Niedersachsen besitzt die höchste Legehennenbesatzdichte in Deutschland; die niedersächsischen Landkreise Vechta und Cloppenburg haben aufgrund hoher Schweine- und Legehennenbestände die höchsten Nutztierdichten in Deutschland. Dort fallen große Massen an Gülle an. Sie ist reich an Stickstoff, Phosphor und Kalium und deswegen (abgesehen von den teilweise enthaltenen Schadstoffen) grundsätzlich ein wertvoller organischer Dünger.

In den genannten Regionen mit ausgesprochen hohen Tierbesatzdichten fällt zeitweise deutlich mehr Gülle an, als die landwirtschaftlich genutzten Böden aufnehmen können. Und bei weitem mehr, als sie aufnehmen sollten. Über den Winter füllen sich die Poren der Böden regenreicher Gebiete weitgehend mit Wasser. Eine ähnliche Situation tritt bei anhaltendem Bodenfrost ein. Die Böden können dann fast keine Flüssigkeiten mehr aufnehmen und es besteht an ebenen Standorten nach der Ausbringung von Gülle die akute und gravierende Gefahr, dass sie länger auf der Geländeoberfläche in kleinen Hohlformen stehen bleibt und insbesondere Stickstoff gasförmig in die Atmosphäre gelangt. Oder an geneigten Standorten fließt Gülle auf der Oberfläche ab, gelangt in die Oberflächengewässer und belastet diese im Übermaß mit Nährstoffen (Gewässereutrophierung). Die Zwischenlagerung der Gülle in Großbehältern – bis die Böden wieder Flüssigkeiten aufnehmen können – ist kostspielig. Ebenso der Gülletransport in Räume mit geringeren Tierbesatzdichten. Starke Nährstoffbelastungen in Böden, im Grundwasser und in Oberflächengewässern sowie in der Luft werden direkt von den Betrieben mit hohen Tierbesatzdichten und durch

---

[70]Besatzdichte: mittlere Anzahl der Nutztiere pro Hektar landwirtschaftlicher Nutzfläche.

die begrenzten Ausbringungsmöglichkeiten für Gülle verursacht.

Die bisherige Schilderung betrifft lediglich die Probleme, die die intensive Tierhaltung in einigen Gebieten verursacht. Hinzu kommen die oftmals viel zu hohen Mineraldüngergaben im Pflanzenbau, die nicht selten hohe Stickstoffüberschüsse in Böden hervorrufen.

Es gibt zahlreiche erfolgversprechende Wege, diese Umweltbelastung entscheidend zu mindern.

Die Nutztiere könnten gleichmäßiger über das Land verteilt und in kleineren Betrieben in geringerer Raumdichte gehalten werden. Höhere Fleischpreise wären die Folge. In Regionen mit heute sehr hohen Nutztierbesatzdichten würden die Nährstoffbelastungen in Boden, Wasser und Luft durch Tierhaltung abnehmen. Verbindliche Vereinbarungen zu maximalen Tierbesatzdichten durch den Gesetzgeber sind nicht möglich und nicht anzustreben.

Eine freiwillige Reduktion des Fleisch-, Wurst- und Eierkonsums ist ein anderer Weg. Zwar könnten regelmäßige Informationen in Schulen und Medien zur Viehhaltung, zum Transport, zum Schlachten und der Verwertung von Nutztieren hilfreich für die Umsetzung sein. Erfolgversprechender ist eine Fokussierung auf die positiven Wirkungen eines geringeren Konsums, also auf sauberes Trinkwasser, saubere Oberflächengewässer und saubere Luft. Der Genuss großer Mengen von verarbeitetem Fleisch erhöht die Gefahr von Erkrankungen; es enthält durchschnittlich etwa 400 % mehr Natrium und 50 % mehr nitrathaltige Konservierungsstoffe als nicht verarbeitetes Fleisch [1284].

Ein Nebeneffekt wäre der Rückgang bestimmter Erkrankungen aufgrund des geminderten Fleischkonsums. Diese Lösung ist kurzfristig nicht erreichbar – vermutlich erst in Jahrzehnten durch die beständige Vermittlung der Positivwirkungen über unterschiedlichste Bildungseinrichtungen.

Ein dritter Weg betrifft die Schaffung effektiverer gesetzlicher Regelungen zur Ausbringung von Gülle und zum Einsatz von Mineraldünger. Das erwähnte Vertragsverletzungsverfahren der Europäischen Kommission führt zur Novellierung des Düngegesetzes, das am 5. Mai 2017 in Kraft tritt, und der Düngeverordnung, die am 2. Juni 2017 in Kraft tritt. Sie beinhalten

- die Einbeziehung von Gärresten, Klärschlamm und Kompost in die Düngungsobergrenze von 170 kg Stickstoff pro Hektar und Jahr,
- standortabhängige Obergrenzen für die Stickstoffdüngung,
- den Schutz der Gesundheit von Menschen und Tieren sowie des Naturhaushaltes,
- eine rechtliche Grundlage für die Ermittlung von Gesamtbilanzen für Landwirtschaftsbetriebe,

- höhere Bußgelder bei Verstößen,
- eine bundeseinheitliche Regelung für die Ermittlung des Düngebedarfs für Stickstoff im Acker- und Grünland,
- einheitliche Sollwerte für alle Kulturen mit standortabhängigen Obergrenzen,
- höhere Dokumentationspflichten für die Einhaltung des ermittelten Düngebedarfes und Sanktionsmöglichkeiten.

Das 2017 novellierte Düngerecht missachte die agrar- und umweltwissenschaftlichen Fachempfehlungen, moniert der renommierte Kieler Agrarwissenschaftler Friedhelm Taube [1285]. Von der neuen Düngeverordnung erwartet Taube keinen nennenswerten Rückgang der Stickstoff-Überdüngung und damit auch keine Abnahme der Nitrateinträge in das Grundwasser: Die Düngeverordnung lasse eine zu hohe Düngung zu, zum Teil sogar höhere Düngergaben als die alte Verordnung. Es gäbe keine ausreichende Dokumentations- und Meldepflicht zu den ausgebrachten Düngermengen. Risikobetriebe mit viel zu hohen Düngungsgaben wären daher kaum zu identifizieren. Die Kontroll- und Sanktionsmöglichkeiten seien unzureichend. Einige Detailregelungen des neuen deutschen Düngerechtes seien unnötig komplex und kompliziert, andere durch Kann- und Öffnungsklauseln zu ungenau. Der landwirtschaftliche Berufsstand habe sich zu Lasten der wissenschaftlichen Evidenz und des EU-Rechtes durchgesetzt [1286].

Düngemittelverbrauch in der Landwirtschaft in Deutschland im Jahr 2017 [1287]

| | |
|---|---|
| 1.498.000 t | Stickstoff (N) |
| 394.000 t | Pottasche ($K_2O$) |
| 327.000 t | Kalium (K) |
| 209.000 t | Phosphat ($P_2O_5$) |
| 91.000 t | Phosphor (P) |

Nach dem Urteil des Europäischen Gerichtshofes (EuGH) gegen die Bundesrepublik Deutschland vom 21. Juni 2018 drohen drakonische Strafzahlungen. Am 25. Juli 2019 leitet die EU-Kommission ein weiteres Vertragsverletzungsverfahren gegen die Bundesrepublik Deutschland ein. Die Bundesregierung solle dem Urteil des EuGH binnen zwei Monaten nachkommen. Die Mängel im deutschen Düngerecht seien immer noch nicht behoben, die Wasserqualität in Deutschland sei eine der schlechtesten in der Europäischen Union. Insbesondere die Belastung des Grundwassers mit Nitrat sei in einigen Regionen zu hoch. Die Bundesregierung wird nicht umhin kommen, zeitnah einen konkreten, wirksamen und verlässlichen Stufenplan für die nächste Novellierung des Düngerechtes zur effektiven

Minderung der Nähr- und Schadstoffeinträge aus der Landwirtschaft in die Umwelt zu formulieren und umzusetzen [1288].

## Januar 2018 – Am Ufer der Schlei werden zahllose Kunststoffpartikel entdeckt

Eine Bewohnerin von Schaalby meldet im März 2016 der Unteren Wasserbehörde des Kreises Schleswig-Flensburg, dass sie bei der Stollerwerft am Ufer der Schlei ungewöhnlich viele Kunststoffreste entdeckt hat. Vermutet wird eine illegale lokale Verunreinigung. An der Flensburger Förde gäbe es ähnliche Verschmutzungen [1289].

Die nächste Meldung einer Anwohnerin geht zu Beginn des Jahres 2018 bei derselben Behörde ein. Diesmal liegen weitaus mehr winzige Plastikfetzen am Ufer der Schlei. Die Kläranlage Schleswig wird als Quelle identifiziert (Abb. 2.164). Am 12. Januar 2018 ordnet die Untere Wasserbehörde des Kreises Schleswig-Flensburg den Einbau eines Siebfilters an, der Kunststoffpartikel zurückhalten soll. Die Stadtwerke Schleswig, Betreiberin der Kläranlage, setzen die Maßnahme sofort um. Daraufhin geht der Eintrag rasch zurück, nach weiteren technischen Eingriffen endet er. Die Kunststoffpartikel stammen offenbar aus Lieferungen von Speiseresten, die zur Förderung der Gärung ohne die Entfernung der Kunststoffverpackungen in die Kläranlage gegeben wurden. Die Untere Wasserbehörde

untersagt am 13. Februar 2018 den Stadtwerken die Annahme von Speiseresten für die Kläranlage [1290].

Verwendung von Kunststoffen in Deutschland im Jahr 2017 [1291]

| | |
|---|---|
| 30,5 % | Verpackungen |
| 24,5 % | Bau |
| 11,2 % | Fahrzeuge |
| 6,3 % | Elektro- und Elektronikgeräte |
| 4,0 % | Landwirtschaft |
| 3,4 % | Haushaltswaren und Sportprodukte |
| 3,2 % | Möbel |
| 1,8 % | Medizin |

Den Stadtwerken wird am 9. März in einer Verordnung auferlegt:

- Verschmutzungen und ihre Entfernung zu dokumentieren,
- Verschmutzungen mit angemessenen Techniken, wie feinmaschigen Netzen, zu unterbinden,
- Kunststoffbelastungen der Klärschlämme und der Böden, auf denen die Schlämme ausgebracht worden waren, analysieren zu lassen sowie
- die Ursachen der Verunreinigungen detailliert darzustellen.

**Abb. 2.164** Die Kläranlage der Stadtwerke Schleswig (Foto: Béla Bork)

Angestellte der Unteren Wasserbehörde des Kreises erfassen ab dem 12. März 2018 am Schleiufer bis nach Arnis systematisch die Verunreinigungen. Ornithologen begleiten ab dem 6. April die Reinigungsarbeiten in geschützten Bereichen. Eine Woche später beginnt das eigens für diesen Zweck gebaute Siebschiff ufernah Plastikteilchen zu entfernen. Der Plan, die Kunststoffpartikel bis zum Beginn der Brutzeit der Vögel zu beseitigen, misslingt [1292].

Am 17. Mai 2018 informieren die Stadtwerke Schleswig und der Werkausschuss Abwasserversorgung/Umweltdienste der Stadt Schleswig, warum so viele Kunststoffpartikel die vorhandenen Filtersysteme passieren konnten. Zwar weisen die Lieferscheine der Stadtwerke Schleswig aus, dass die seit 2016 von dem Unternehmen ReFood zur Kläranlage gebrachten Speisereste zusammen 488 kg Kunststoffe enthielten. Die Auswertungen der von ReFood beim unabhängigen Agrolab Umwelt Kiel in Auftrag gegebenen Analysen des Gärsubstrates belegen bereits seit 2015 höhere Kunststoffmengen, als von der Firma angegeben – Mengen, die die Schleswiger Kläranlage nicht auszufiltern vermochte [1293].

Die Reinigungsarbeiten gehen weiter; eine vollständige Beseitigung der kleinen Plastikstückchen wird nicht annähernd möglich sein. Nicht wenige liegen versteckt zwischen Pflanzen am Ufer und zunehmend in den von den Wellen bewegten Sedimenten der Schlei.

---

Die wichtigsten Quellen für primäres Mikroplastik in Deutschland nach einer Studie des Fraunhofer-Institutes für Umwelt-, Sicherheits- und Energietechnik von 2018 (die Daten beruhen auf Schätzungen) [1294]

1228 g Abrieb von Reifen pro Person und Jahr, davon Pkw: 998 g, Lkw: 89 g, Skatebords: 18 g, Fahrräder: 16 g, Motorräder: 8 g

303 g Emissionen bei der Abfallentsorgung pro Person und Jahr, davon 169 g durch Kompost

228 g Abrieb von Polymeren und Bitumen in Asphalt pro Person und Jahr

182 g Pelletverluste pro Person und Jahr

132 g Verwehungen von Sport- und Spielplätzen pro Person und Jahr

117 g Freisetzung auf Baustellen pro Person und Jahr

109 g Abrieb von Schuhsohlen pro Person und Jahr

99 g Abrieb von Kunststoffverpackungen pro Person und Jahr

91 g Fahrbahnmarkierungen pro Person und Jahr

77 g Faserabrieb bei der Textilwäsche pro Person und Jahr

---

Kleine Plastikteile gelangen heute allerdings vorwiegend auf anderen Wegen in die Umwelt und weiter in die Körper von Menschen. Mikroplastik, also Kunststoffpartikel mit Durchmessern unter 5 mm, entsteht vor allem durch den Abrieb von Autoreifen und Straßenbelägen sowie bei der Abfallentsorgung. Am 23. Oktober 2018 wird erstmals publik, dass auch Menschen Mikroplastik aufnehmen und ausscheiden: Der Chemieingenieurin und Mikroplastikexpertin Bettina Liebmann vom österreichischen Umweltbundesamt und dem Mediziner Philipp Schwabl von der Medizinischen Universität Wien gelingt erstmals der Nachweis von Mikroplastik im Stuhl von den acht untersuchten Menschen [1295].

---

Mikroplastik in süd- und westdeutschen Flüssen

Die Landesumweltämter von Baden-Württemberg, Bayern, Hessen, Nordrhein-Westfalen und Rheinland-Pfalz erforschen in den Jahren 2014, 2015 oder 2016 in enger Zusammenarbeit mit dem Ökologen Christian Laforsch von der Universität Bayreuth die Gehalte und die Art von Mikroplastik in süd- und westdeutschen Gewässern [1296].

Das Team von Laforsch beprobt 52 Messstellen u. a. im Bodensee, an Neckar, Main, Mosel, Ruhr, Emscher, Lippe, Sieg, Wupper, Rhein, Altmühl, Inn, Isar, Donau und Weser. Die identifizierten und analysierten 4335 Kunststoffteilchen bestehen zu 88 % aus Polyethylen (PE) und Polypropylen (PP). Die meisten haben Durchmesser zwischen 20 µm und 1 mm. Sie sind leichter als Wasser und schwimmen deswegen oberflächennah. Die Konzentrationen an Kunststoffpartikeln schwanken enorm zwischen 2,9 Teilchen pro m$^3$ im Rhein bei Nackenheim und 214 Teilchen im Mündungsbereich der Emscher. Es handelt sich vorwiegend um kleine Stückchen ursprünglich größerer Kunststoffteile sowie auch um ursprünglich große Pellets und Perlen [1297].

Die untersuchte Stichprobe ist nicht sehr groß. Die Ergebnisse der Länderstudie zeigen, wie wichtig weitere Forschungen über längere Zeiträume an einer größeren Zahl von Beprobungsstandorten sind, um die Herkunft der Kunststoffteilchen noch besser identifizieren zu können. Ein derartiges systematisches Monitoring halten die an der Studie beteiligten Bundesländer derzeit nicht für sinnvoll – zuerst wären methodische Weiterentwicklungen für zuverlässige Bestimmungen der Kunststoffgehalte notwendig [1298]. Außerdem sei der Aufwand beträchtlich. Stattdessen sollten die Einträge von Plastik reduziert werden. Inwieweit dieses auch tatsächlich gelingt, ist unbedingt systematisch deutschlandweit zu messen.

## 2. Februar und 18. April 2018 – Der Bundestag erörtert die Situation der Wölfe in Deutschland

Der Europäische Wolf *Canis lupus lupus* ist zurück. Er steht an der Spitze der Nahrungspyramide, ist also Spitzenprädator. Einst hatte er eine wichtige Regelungsfunktion in den Ökosystemen Deutschlands. Wird er diesen Platz wieder einnehmen können? Oder wird sein einziger und zugleich überlegener Konkurrent, der Mensch, dies verhindern? Wölfe reißen Wild und Weidetiere. 1366 Schafe, 140 Rinder, 123 Stück Gehegewild und 31 Ziegen werden 2017 in Deutschland von Wölfen angegriffen [1299]. Vor ihrer Ausrottung im Jahr 1904 gab es in Deutschland gelegentlich auch Übergriffe von Wölfen auf Menschen, hauptsächlich durch tollwütige Tiere, die Ängste in der Bevölkerung auslösten. Seit 2008 trat in Deutschland kein Tollwutfall mehr auf. Im Jahr 1990 wird der Wolf in Deutschland unter Schutz gestellt.

Die Populationsentwicklung und das Verhalten der Wölfe in Deutschland sind so offenbar bedeutend geworden, dass sich der Bundestag am 2. Februar 2018 mit ihnen befasst. Vier Anträge liegen vor:

- *„Gefahr Wolf – Unkontrollierte Population stoppen"* der FDP-Fraktion
- *„Herdenschutz – jetzt bundesweit wirkungsvoll durchsetzen"* der Fraktion Die Linke
- *„Herdenschutz und Schutz des Menschen im ländlichen Raum – Wolfspopulationen intelligent regulieren"* der AfD sowie
- *„Rückkehr des Wolfes – Artenschutz und Herdenschutz zusammen denken"* von Bündnis 90/Die Grünen [1300].

Die AfD möchte in einem Projekt untersuchen lassen, ob die in Deutschland lebenden Wölfe der Unterart *Canis lupus lupus* oder anderen Unterarten oder Mischlingen ohne Schutzstatus angehören, und die Bedingungen für die Einstufung von Einzeltieren oder Rudeln als „problematisch" erleichtern. Der Wolf solle als jagdbare Art in das Bundesjagdgesetz aufgenommen werden, verlangt die FDP. Wolfsmanagement und -monitoring seien zu vereinfachen und mehr Geld für die von Wölfen Geschädigten bereitzustellen. Die Linke begehrt einen Rechtsanspruch auf die Förderung von Herdenschutzmaßnahmen, bundeseinheitliche praktikable Regeln für einen Ausgleich der Schäden durch Wölfe und ein klar geregeltes Haftungsrecht bei Übergriffen von Wölfen. Die Grünen fordern einen umfassenden Schutz der Wölfe zur Etablierung stabiler Populationen in Deutschland, ohne dass die Freilandhaltung von Nutztieren eingeschränkt werden muss [1301].

Abgeordnete aller Bundestagsparteien und Mitglieder der Bundesregierung sprechen zum Thema. Der Bundestag überweist die Vorlagen an den Ausschuss für Umwelt, Naturschutz und nukleare Sicherheit („Umweltausschuss") zur weiteren Beratung.

In einer öffentlichen Anhörung am 18. April 2018 des Umweltausschusses werden die unterschiedlichen Positionen von Expertinnen und Experten zur Bejagung von Wölfen wie auch grundlegende Kenntnisdefizite deutlich. Unklarheit besteht schon hinsichtlich der exakten Größe der aktuellen Wolfspopulation. Nach Untersuchungen der Genetikerin und Forensikerin Nicole von Wurmb-Schwark paaren sich Wölfe mit wilden Hunden, die Zahl der Hybridwölfe nimmt zu [1302].

Der Ausschuss für Ernährung und Landwirtschaft des Bundestages organisiert am 8. Oktober 2018 ein Fachgespräch zum Thema „Wolf und Herdenschutz – Suche nach konstruktiven Lösungsansätzen". Die Experten erwarten eine weitere Ausbreitung des Wolfes in Deutschland. Sie fordern mehr Wolfsforschung, ein engagierteres und effektiveres Wolfsmanagement und einen besseren, aus Steuermitteln finanzierten Schutz von Schaf- und Ziegenherden [1303].

Im Monitoringjahr 2017/18, das vom 1. Mai 2017 bis zum 30. April 2018 läuft, hat die „Dokumentations- und Beratungsstelle des Bundes zum Thema Wolf" – ein vom Bundesamt für Naturschutz finanziertes und betreutes Forschungs- und Entwicklungsprojekt – 73 Wolfsrudel, 30 Wolfspaare und 3 sesshafte Einzelwölfe in Deutschland erfasst. Sie leben überwiegend in Brandenburg, Sachsen und Niedersachsen. Im Monitoringjahr 2015/16 sterben bundesweit 21 Wölfe durch Verkehrsunfälle und 3 eines natürlichen Todes. Ein Wolf wird illegal in Sachsen-Anhalt getötet und ein weiterer durch eine Managementmaßnahme in Niedersachsen [1304].

Leitmedien berichten ausführlich über die wolfsbezogenen Sitzungen des Bundestages, des Umweltausschusses und des Ausschusses für Ernährung und Landwirtschaft sowie über das Wolfsmonitoring. Die Diskussion geht weiter.

Am 18. Dezember 2019 beschließt der Deutsche Bundestag eine Änderung des Bundesnaturschutzgesetzes, um *„den zugelassenen Abschuss von Wölfen"* neu zu regeln [1305]. Drohen der Landwirtschaft ernste Schäden durch Nutztierrisse, so ist es nunmehr gestattet, *„erforderlichenfalls auch mehrere Tiere eines Rudels oder auch ein ganzes Wolfsrudel"* zu töten – so lange, bis Schäden ausbleiben [1306]. Jeder Abschuss eines Wolfes muss einzeln genehmigt werden.

Heute gefährden niedrige Preise für Wolle und Fleisch sowie das hohe Alter eines Großteils der Hirten die

Schafhaltung in Deutschland beträchtlich mehr als Wölfe. Diese für die Landschaftspflege problematische Entwicklung wird kaum erörtert.

## 1. März bis 31. Mai 2018 – Die Vermessung der Vermüllung

„Littering" meint das achtlose und ungeordnete Liegenlassen oder Wegwerfen von Abfall im öffentlichen Raum: die Erzeugung von „wildem" Müll zum Beispiel in Parks, an Straßenrändern und Wanderwegen, Fluss- und Seeufern (Abb. 2.165). Essens- und Getränkeverpackungen, Kunststoff-Tragetaschen, Zeitungen und Flyer sind die häufigsten Wegwerfprodukte. Noch gibt es keinen adäquaten deutschen Begriff für Littering. Die europäische Initiative „Let's clean up Europe" setzt ein Zeichen gegen das Littering. Ihr Ziel ist die Sensibilisierung möglichst vieler Menschen. Während der ersten Aufräumkampagne durch Let's clean up Europe vom 1. März bis zum 31. Mai

**Abb. 2.165** Littering an einer Bank mit halbleerem Mülleimer in Kiel

2018 sammeln 245.186 Menschen zusammen 1098 t Müll in Deutschland. Die Auswertung erfolgt in Deutschland durch das Zentrum für Angewandte Psychologie, Umwelt- und Sozialforschung und das Öko-Institut e. V. im Auftrag von Bundesumweltministerium und Umweltbundesamt. 2019 tragen etwa 90.000 Menschen 535 t Müll im Rahmen der Initiative „Let's clean up Europe" in Deutschland zusammen [1307].

## April bis November 2018 – Extreme Dürre bedingt Ernteausfälle, sterbende Bäume und Niedrigwasser

Hochdruckgebiete über Skandinavien führen von Ende April bis Anfang August 2018 trockene Luft aus südöstlicher Richtung nach Deutschland. Sie schwächen die Westwinddrift und lenken vom Atlantik heranziehende Tiefs ab. Von April bis Juli 2018 werden die höchsten Temperaturen und die geringsten Niederschläge gemessen, die seit dem Beginn regelmäßiger Messungen im Jahr 1881 in Deutschland auftraten. Die mittleren Temperaturen übertreffen in diesen vier Monaten den Durchschnitt der Messperiode 1961 bis 1990 für Deutschland um 3,6 °C, die mittleren Niederschläge unterschreiten den deutschen Durchschnitt dieser 30-jährigen Periode um 110 mm [1308].

In Schleswig-Holstein liegen die Hektarerträge bei Getreide trockenheitsbedingt um 31 %, in Brandenburg um 27 %, in Sachsen-Anhalt und Niedersachsen um 26 % unter dem Mittel der drei Vorjahre. Der Schaden, den Landwirtschaftsbetriebe in Deutschland durch die Dürre im Jahr 2018 erlitten haben, beläuft sich wohl auf 2 bis 3 Mrd. € [1309].

Bis in das 19. Jh. hungern Menschen in Deutschland nach extremen trockenheitsbedingten Ernteausfällen. Dürren in Kriegs- oder Nachkriegszeiten verursachen bis in die 1940er-Jahre Nahrungsmangel und Hunger. Am 22. August 2018 teilt Bundeslandwirtschaftsministerin Julia Klöckner mit, dass es sich bei der Trockenheit im Frühjahr und Sommer 2018 um ein Ereignis nationalen Ausmaßes handelt. Diese Einstufung erlaubt der Bundesregierung eine Beteiligung an den Hilfsprogrammen der Länder. Zum Ende des Trockenjahres 2018 können Landwirtschaftsbetriebe, deren Existenz durch Ertragsausfälle bedroht ist, neben den üblichen flächenbezogenen Prämien durch die Europäische Union einen finanziellen Ausgleich von Bund und Ländern beantragen. Mehr als 200 Mio. € Nothilfe werden ausgezahlt [1310].

Die extreme Trockenheit schädigt unzählige Bäume, hauptsächlich Wald-Kiefern und Fichten. Vereinzelt unterliegen sogar Buchen und Eichen dem Trockenstress; sie sterben in der Folgezeit. Schädlinge breiten sich vornehmlich in Monokulturen aus Nadelgehölzen aus, die von der

Dürre betroffen sind. Im Jahr 2018 fallen in Deutschland durch die Massenausbreitung von Borkenkäfern, durch Sturmwurf und Trockenschäden 32,4 Mio. m³ Kalamitätsholz auf mehr als 110.000 ha Fläche an. Nur in drei der vergangenen 30 Jahre waren die Waldschäden größer als 2018 [1311].

Im Herbst 2018 sinken am Mittel- und Niederrhein die Pegel außergewöhnlich stark. Die verbleibende Fahrrinne ist in einigen Flussabschnitten schmal und flach. Tankschiffe, die Kraftstoffe von Rotterdam rheinaufwärts transportieren, können nur noch mit halber Ladung fahren. Tanklastkraftwagen stehen nicht ausreichend als Ersatz zur Verfügung. Tanklager entlang des Rheins leeren sich, die Preise steigen. Einzelne Tankstellen müssen im November stundenweise den Verkauf von Benzin und Diesel einstellen. Vermutet wird aber auch, dass einige Firmen die Situation nutzen, um die Preise zu erhöhen.

Eine Explosion und der nachfolgende Großbrand auf dem Gelände der Raffinerie3 von Bayernoil im oberbayerischen Vohburg am 1. September 2018 führen zu einem Produktionsausfall und zu einer Verstärkung der Versorgungslücke in Süddeutschland.

Die Freigabe eines Teils der deutschen Erdölreserven durch die Bundesregierung und die Aufhebung des Sonntagsfahrverbotes in Nordrhein-Westfalen für Treibstoff- und Heizöltransporte mit Tanklastkraftwagen vom 22. November 2018 bis zum 31. Mai 2019 bringen eine leichte Entspannung. Das Stahlwerk von Thyssenkrupp in Duisburg und das Stammwerk der BASF in Ludwigshafen müssen aufgrund fehlender Rohstoffe Mitte Oktober 2018 einen Teil ihrer Produktion drosseln, woraufhin die Aktienkurse beider Unternehmen unter Druck geraten. Die BASF prüft die Beschaffung von Flachbodenschiffen, ja sogar von Tragflächenbooten für den Gütertransport bei Niedrigwasser – offenbar erwarten die Verantwortlichen zukünftig des Öfteren geringe Abflüsse im Mittelrhein. Der NABU Nordrhein-Westfalen warnt vor einer weiteren Vertiefung der Fahrrinne des Rheins [1312].

Nach ergiebigen Niederschlägen steigt der Wasserstand des Rheins und seiner Nebenflüsse im Dezember 2018 stark an. Die anhaltende Trockenheit und das Niedrigwasser enden, Frachtschiffe fahren wieder mit voller Ladung.

In etlichen Wäldern bleiben die tieferen Horizonte der Böden noch lange trocken. Das Baumsterben setzt sich 2019 fort.

### Sommer 2018 – Eichenprozessionsspinner vermehren sich massenhaft

Der heimische Eichenprozessionsspinner *(Thaumetopoea processionea)* ist , ein unscheinbarer Nachtfalter, der Regionen mit warmem und trockenem Klima bevorzugt und besonders in lichten Eichenwäldern, an Waldrändern und auf Eichen lebt, die isoliert in der offenen Landschaft gedeihen.

Weibchen legen im Sommer Eier in den Kronen von Eichen ab. Die jungen Raupen überwintern im Ei. Sie schlüpfen im folgenden April und Mai. Danach wandern die Raupen neben- und übereinander in meterlangen „Prozessionen" in die Kronen der Eichen zum Fressen.

Jede Raupe besitzt zehntausende winzige Brennhaare mit Widerhaken. Sie enthalten Thaumetopoein, ein Eiweiß, das als Nesselgift wirkt. Wo die Nachtfalter zusammenleben, bleiben Brennhaare massenhaft in Gespinsten hängen. Diese fallen auf tiefere Äste, gegen Stämme und auf den Boden. Die Brennhaare bleiben an der Kleidung und den Schuhen von Menschen hängen, die vorbeigehen. Von dort gelangen sie immer wieder in deren Schleimhäute und Haut, wo das Nesselgift allergische Reaktionen, Müdigkeit, Schwindel, Entzündungen, Bronchitis und Asthma auslösen kann. Antihistaminika mindern den Juckreiz, Kortisonpräparate die Bronchialerkrankungen. Selten treten allergische Schocks mit Atemnot auf. Dann muss sofort ein Notarzt angefordert werden [1313].

Die Bayerische Landesanstalt für Wald und Forstwirtschaft empfiehlt, befallene Areale unbedingt zu meiden, Raupen und Gespinste keinesfalls zu berühren, bei Kontakt die Kleidung vor dem Eintreffen zu Hause zu wechseln, zu duschen, die Augen mit Wasser zu spülen, die Haare gründlich und die Kleidung mindestens bei 60 °C zu waschen [1314].

Bis in die 1980er-Jahre breiten sich Eichenprozessionsspinner nur selten aus. Danach beginnen sie sich besonders in Trockenjahren massenhaft zu vermehren. 2018 sind Brandenburg, Berlin, Sachsen-Anhalt, Nordrhein-Westfalen, Bayern und Baden-Württemberg stark betroffen.

Befallen die Nachtfalter Eichen an Kindergärten und Schulen, bleibt nur eine vorübergehende Schließung der Einrichtungen. Eine Bekämpfung ist schwierig [1315].

Bereits im Jahr 1811 warnt der Schriftsteller und Pädagoge Johann Peter Hebel vor den Gefahren für Eichen und Menschen, die vom Eichenprozessionsspinner ausgehen [1316].

*„Von den Processions-Raupen. Oft fürchten wir, wo nichts zu fürchten ist, ein andermal sind wir leichtsinnig nahe bei der Gefahr. In unsern Eichwäldern hält sich eine Art von graufarbigen haarigen Raupen auf, die sich in sehr großer Anzahl zusammenhalten, und in ganz großen Zügen dicht aneinander und auf einander von einem Baum auf den andern wandern,*

*deßwegen nennt man sie Processions-Raupen. [...] Daß solche ganze Züge von gefräßigen Raupen an den Blättern der Bäume, wo sie hinkommen, große Verwüstungen anrichten, und das Gedeihen und die Gesundheit der Bäume hindern können, ist leicht zu erachten; doch ist das nicht das schlimmste, sondern sie können sogar dem menschlichen Körper gefährlich werden, wenn man ihnen zu nahe kommt, sie muthwillig beunruhigt, oder gar aus Unvorsichtigkeit mit einem entblößten Theil des Körpers berührt und drückt. Sie dulden es nicht ungestraft, wenn sie sich rächen können. Man hat schon einige traurige Beyspiele an Leuten erlebt, denen solches wiederfahren ist. Sie bekamen bald starke Geschwulst, heftige und schmerzhafte Entzündungen an der Stelle des Körpers, wo sie diese Raupen mit bloßer Haut berührten, und nach dem Zeugniß erfahrner Aerzte könnte daraus noch größeres Unheil entstehen, wenn man nicht mit zweckmäßigen Heilmitteln zuvor käme. [...] Die Raupen lassen augenblicklich ihre kurzen, steifen, stechenden Haare gehen, und drücken und schießen sie gleichsam wie Pfeile ihrem Feind in die zarte Haut des Körpers. [...] Der Körper bekommt unzählig viele kleine unsichtbare Wunden; in jeder bleibt der feine reizende Pfeil stecken, und viel kleine Ursachen zusammen thun eine große Wirkung, was man auch sonst im menschlichen Leben so oft erfährt, und doch so wenig bedenkt. Man soll also mit diesen Thieren keinen unnötigen Muthwillen treiben; wenn man Ursache hat, an einem Baum hinauf zu klettern, soll man aufschauen, was daran ist; [...]. Es ist leichter Schaden zu verhüten, als wieder gut zu machen.* " Johann Peter Hebel, 1811 [1317].

### 3. September bis 10. Oktober 2018 – Der Moorbrand auf einem Schießplatz bei Meppen

Die Bundeswehr erprobt ab dem 28. August 2018 auf dem riesigen Schießplatz der Wehrtechnischen Dienststelle 91 in der Nähe von Meppen im Emsland Luft-Boden-Raketen. Auf dem Gelände liegen geschützte Moore. Es ist außergewöhnlich trocken. Eine hohe Brandgefahr resultiert. Mehrere der 64 vom 28. bis zum 31. August verschossenen Raketen verursachen kleine Brände, die sofort gelöscht werden. Am 3. September 2018 feuert ein Kampfhubschrauber zehn 70 mm-Raketen ab. Einige entzünden das Moor in der Tinner Dose-Sprakeler Heide. Nächtliche Kontrollen führen zu dem Fehlschluss, die Brände seien unter Kontrolle. Die beiden vor Ort vorhandenen Löschraupen der Bundeswehr sind nicht einsatzbereit. Hinzu kommen Kommunikationsprobleme zwischen den an den Löscharbeiten beteiligten Institutionen. Der Brand dehnt sich begünstigt durch kräftigen Wind auf einer Fläche von schließlich 12 km$^2$ aus [1318].

Die oberen Moorhorizonte mit der gesamten wertvollen Vegetation werden zerstört und erhebliche Mengen an $CO_2$ freigesetzt. Selbst im mehr als 100 km entfernten Bremen behindert Rauch zeitweise die Sicht.

Der Landkreis Emsland löst am 21. September 2018 den Katastrophenfall aus. Mehr als 3000 Einsatzkräfte von Feuerwehr, THW, Polizei und Bundeswehr bemühen sich engagiert, den Brand zu bändigen. Der am 23. September einsetzende Regen hilft ebenfalls. Erst am 10. Oktober 2018 ist das Feuer vollständig gelöscht [1319].

Schießübungen müssen weitaus besser reguliert, vorab mit staatlichen Naturschutzeinrichtungen abgestimmt und bei Trockenheit unterlassen werden. Massive Umweltschäden, wie derjenige an dem wertvollen Moorökosystem auf dem Schießplatz bei Meppen, sind so vermeidbar.

### 5. Oktober 2018 – Die RWE Power AG darf Reste des Hambacher Forstes vorläufig nicht roden

*„Holz ist nur ein einsilbiges Wort, doch dahinter verbirgt sich eine Welt voller Schönheit und Wunder."*
Theodor Heuss, Bundespräsident [1320].

Alte Stiel-Eichen und Bechsteinfledermäuse oder traditionelle klimaschädliche Energie? Naturerbe oder Braunkohleverstromung? BUND NRW gegen RWE Power AG und die Landesregierung von Nordrhein-Westfalen. Dazwischen steht die am 6. Juni 2018 eingesetzte „Kohlekommission" der Bundesregierung, offiziell heißt sie „Kommission Wachstum, Strukturwandel und Beschäftigung (WSB)" [1321]. Sie hat u. a. zum Ziel, bis Anfang 2019 einen weitreichenden Konsens zur Planung und Umsetzung der Beendigung der Kohleverstromung *zwischen* den Betreibern der Stein- und Braunkohlekraftwerke auf der einen und den Umweltverbänden auf der anderen Seite zu erreichen. Unter den 31 Mitgliedern finden sich keine Abgeordneten der Opposition. Der Kampf im und um den Hambacher Forst tobt nun schon seit 2012. Jahrzehntelang stand vor allem die nordrhein-westfälische SPD *gegen* den Wald und *vor* den Kohlekumpeln und der Kohleindustrie. 2017 hat Ministerpräsident Armin Laschet (CDU) diese Rolle eingenommen.

Der Hambacher Forst, ein artenreicher Mischwald, liegt in der Nähe von Jülich im Rheinland. Er trägt früher den Namen „Bürgewald" bzw. „Die Bürge" und ist während Mittelalter und Früher Neuzeit kaiserlicher Bannwald.

Die anliegenden Gemeinden besitzen das Recht, den Wald als Allmende zu nutzen. Ihre Bewohnerinnen und Bewohner sammeln Feuerholz und Pilze. Sie treiben jeweils im Herbst Schweine in den Wald. Für die Schweinemast werden Eichen zu Lasten der Buchen gefördert. Das Fällen von Bäumen ist verboten.

Im 18. Jh. wird die Allmende aufgegeben, der Wald an die Umlandgemeinden verteilt. Als diese den Bürgewald 1978 an Rheinbraun[71] teuer veräußern, bedeckt er eine Fläche von rund 4100 ha. Kein anderer zusammenhängender Wald im Rheinland ist so groß [1322].

Bis in das Jahr 2000 schrumpft er durch Rodungen für die schrittweise Erweiterung des 1978 eingerichteten Braunkohletagebaus Hambach auf eine Restfläche von 1600 ha, bis in den Sommer 2018 auf gerade einmal 200 ha.

Die bis zu 220 m langen und 13.500 t schweren Schaufelradbagger greifen die unter dem gerodeten Bürgewald liegenden Böden und Lockergesteine bis hinunter in das bis zu 70 m mächtige Braunkohleflöz. Im Durchschnitt müssen 6,3 Mio. t Abraum entfernt werden, um 1 Mio. t Braunkohle zu gewinnen. Alljährlich werden im Tagebau Hambach rund 40 Mio. t Braunkohle gefördert. Die mit einer Betriebsfläche von 43,8 km$^2$ größte Grube Europas hat 2019 eine Tiefe von etwa 370 m unter der Geländeoberfläche. Über die zweigleisige Hambachbahn und die Nord-Süd-Bahn transportieren Schwerlastzüge die geförderte Braunkohle zu den Kraftwerken Niederaußem, Neurath, Frimmersdorf und Goldenberg [1323].

Das Europäische Schadstoff-Freisetzungs- und Verbringungsregister (E-PRTR) der Europäischen Gemeinschaft erfasst auch die Emissionen von Braunkohlenkraftwerken. Das Kraftwerk Niederaußem hat für das Jahr 2016 den Ausstoß von 24,8 Mio. t $CO_2$, 309 t Feinstaub, 442 kg Quecksilber und Quecksilberverbindungen, 19 kg Cadmium und Cadmiumverbindungen gemeldet. Die Europäische Umweltagentur schätzt die Kosten der Umwelt- und Gesundheitsschäden des Kraftwerkes Bergheim-Niederaußem auf 1,13 bis 1,56 Mrd. € pro Jahr. Damit nimmt es in der Liste der Umwelt- und Gesundheitsschadenshöhe der Industrieanlagen in der Europäischen Union den vierten Rang ein [1324].

Greenpeace schätzt die Zahl der Todesfälle durch die Emissionen des Kraftwerkes Bergheim-Niederaußem Anfang der 2010er-Jahre auf 269, die verlorenen Lebensjahre auf 2881. Derartige Berechnungen sind problematisch, wenn sie zu solchen konkreten Werten für eine bestimmte Anlage führen. So verwundert es nicht, dass RWE und der Bundesverband Braunkohle diese Daten

aufgrund nicht nachgewiesener Kausalzusammenhänge zwischen lokalen Emissionen, der Luftqualität in einem größeren Gebiet und der Zahl konkreter Todesfälle und ihren Ursachen entschieden bezweifeln [1325].

Zurück zum Hambacher Forst. Das einst wertvolle Waldökosystem mit alten Stiel-Eichen, Hainbuchen, Buchen und Winter-Linden geht bis Sommer 2018 zu gut 95 % unwiederbringlich verloren. Als Ersatz lässt RWE auf den ausgekohlten und wiederverfüllten Bereichen rund 11 Mio. Bäume pflanzen. Ein neuer, andersartiger Forst entsteht auf Abraumsubstrat, der mindestens die Fläche des gerodeten Hambacher Forstes umfassen muss.

Obgleich in den frühen 2010er-Jahren noch etwa 140 geschützte Tierarten in dem Rest des totholzreichen Bürgewaldes leben, wird er nicht geschützt. Bedeutsam ist das seit 2005 bekannte große Vorkommen der stark gefährdeten Bechsteinfledermaus *(Myotis bechsteinii)*. Hätte der Wald nach geltendem Europäischem Recht und nach landeseigenen Verwaltungsvorschriften nicht daraufhin als Flora-Fauna-Habitat-Gebiet gemeldet, geschützt und das Roden sofort eingestellt werden müssen?

Verschiedene gesellschaftliche Gruppen protestieren immer schärfer (Abb. 2.166, 2.167). Umweltschützer, aber auch gewaltbereite Aktivisten, die kaum Interesse am Klimawandel zeigen, legen bis zu 4 m tiefe Tunnelsysteme an, die RWE am 28. August 2018 mit Beton verfüllt. Bereits im Jahr 2012 wird ein Aktivist fast in einem selbst gegrabenen Erdbunker verschüttet; Einsatzkräfte können ihn damals erst nach Tagen retten. Im Sommer 2018 existieren verstreut über den Wald bis in 28 m Höhe dutzende Baumhäuser mit zahlreichen Schlafplätzen [1326]. Anfang September 2018 deklariert die Polizei einen Teil des Waldes als „gefährlichen Ort" mit eingeschränkten Bürgerrechten. Mitarbeiter der RWE beseitigen am 5.

**Abb. 2.166** Proteste gegen die Rodung der Reste des Hambacher Forstes am 6. Oktober 2018 (Foto: Hans Zorn)

---

[71]Die Hauptaufgabe der Rheinischen Braunkohlenwerke AG (Rheinbraun) ist die Förderung von Braunkohle für Kraftwerke von RWE; später übernimmt die RWE Power AG den Tagebau Hambach.

**Abb. 2.167** Hambacher Forst mit gefällten Bäumen im Oktober 2018 (Foto: Hans Zorn)

September 2018, unterstützt von einem großen Polizeiaufgebot, einen Teil des Camps [1327].

Unterstützt von einem der größten Polizeieinsätze in der Geschichte Nordrhein-Westfalens räumt und entfernt RWE ab dem 13. September 2018 die Baumhäuser. Mehr als 2000 Polizistinnen und Polizisten sind vor Ort. Einige klettern zu den Aktivisten, um diese zu bergen und abzuführen. Ein gefährliches Unterfangen in mehr als 20 m Höhe. Die Stadt Kerpen hat die Räumung veranlasst – sie führt eine Weisung der Landesregierung aus. Fehlender Brandschutz ist die durchaus überraschende Begründung – einige der bewohnten Baumhäuser existieren schon seit Jahren. Natur- und Umweltschutzverbände sowie die Partei Bündnis 90/Die Grünen protestieren. Das Vorgehen belastet nun auch die Arbeit der Kohlekommission [1328].

Ein Journalist, der seit einiger Zeit das Leben der Aktivisten in den Baumhäusern dokumentiert, stürzt am 19. September 2018 aus etwa 15 m Höhe von einer Hängebrücke ab und stirbt. Offenbar ist es ein Unfall. Daraufhin setzt die Landesregierung die Räumung aus.

Am 5. Oktober 2018 entscheidet das Oberverwaltungsgericht für das Land Nordrhein-Westfalen in Münster, *„dass die RWE Power AG den Hambacher Forst nicht roden darf, bis über die Klage des BUND NRW gegen den Hauptbetriebsplan 2018 bis 2020 für den Braunkohletagebau Hambach entschieden ist. Im Übrigen darf die RWE Power AG im Tagebau Hambach weiter Braunkohle fördern, solange sie nicht die bewaldeten Flächen des Hambacher Forsts in Anspruch nimmt. [...] Zur Begründung seiner Entscheidung hat der 11. Senat ausgeführt: Der Ausgang des Klageverfahrens, in dem die Rechtmäßigkeit des Hauptbetriebsplans und damit auch die darin zugelassene Rodung des Hambacher Forsts zu prüfen ist, sei offen. Es müsse geklärt werden, ob der Hambacher*

*Forst, obwohl er der EU-Kommission bisher nicht nach der Flora-Fauna-Habitat-(FFH-)Richtlinie als Gebiet von gemeinschaftlicher Bedeutung gemeldet worden sei, wegen der Vorkommen der Bechsteinfledermaus oder des großen Mausohrs oder des Lebensraumtyps des dortigen Waldes dem Schutzregime für ‚potentielle FFH-Gebiete' unterfalle. Die sich in diesem Zusammenhang stellenden überdurchschnittlich komplexen Tatsachen- und Rechtsfragen konnten im Eilverfahren nicht beantwortet werden.“* [1329]

Der Protest von Bürgerinnen und Bürgern aus dem Rheinland und von Umweltaktivistinnen und -aktivisten aus ganz Deutschland gegen die klima- und umweltschädliche, die Gesundheit von Menschen beeinträchtigende Braunkohleverstromung vermag bislang weder den Abbau im Rheinischen Revier zu beenden noch wertvolle Biotope zu erhalten (Abb. 2.168). Er kommt zu spät und wird unzureichend von der regionalen Bevölkerung mitgetragen. Die ökonomische Bedeutung und die vorzügliche Vernetzung des bedeutenden Energieunternehmens RWE im politischen Raum waren ausschlaggebend.

2019 ist der Hambacher Forst mit knapp 5 % der Fläche des Jahres 1978 nur noch ein winziges geschundenes Relikt: Wiederholte, das Waldökosystem schädigende Besetzungen mit Baumhaus- und Höhlenbau durch autonome „Waldschützer“ haben ihn über Jahre geprägt. Polizeieinsätze, Räumungen mit Baumhausentfernungen und Baumfällungen durch RWE sind ebenso abträglich für den Lebensraum wie die unmittelbar benachbarte tiefreichende Grundwasserabsenkung. Der Restwald ist damit im Jahr 2019 nur noch ein Symbol für ein ehedem wertvolles Waldökosystem, dass 1978 von den ihn umgebenden Gemeinden profitabel veräußert und von RWE für eine höchst ineffektive und luftbelastende Energiegewinnung aus Braunkohle fast vollständig zerstört worden ist.

Die Kohlekommission empfiehlt am 26. Januar 2019 ein Auslaufen der Braunkohleverstromung im Rheinischen Revier bis frühestens 2035 und spätestens 2038. Sie stellt

**Abb. 2.168** Braunkohleabbau im Rheinischen Revier

weiterhin fest, dass der Erhalt des noch existierenden Restes des Hambacher Forstes wünschenswert sei [1330].

## 7. Dezember 2018 – Die Bundesregierung erhält den Negativpreis „Fossil des Tages"

Bei der 24. UN-Klimakonferenz in Katowice zeichnet das „Climate Action Network" (CAN)[72] am 7. Dezember 2018 die Bundesregierung mit dem Negativpreis „Fossil des Tages" aus:

> *„Heute wurde Deutschland [...] zu den Fortschritten bei der Erreichung der Emissionsziele befragt. Deutschland gibt in seinen schriftlichen Antworten sowie in Ankündigungen der Regierung zu, dass es das Ziel für 2020 um bis zu 8 % verfehlen wird! Wo sind die Pläne, um voranzukommen? Aufgegeben. Nicht einmal die dringenden Warnungen des IPCC[73] in diesem Jahr konnten Deutschland dazu veranlassen, seine Meinung zu ändern und die Maßnahmen vor 2020 zu Hause voranzutreiben!*
>
> *Das Ziel von 40 %[74] wurde vor ZEHN, zählen Sie, VOR ZEHN JAHREN zugesagt. Leider haben die deutschen Regierungen seither keine mutigen Schritte zur Reduzierung der Zahl der Kohlekraftwerke und der Emissionen durch den Verkehr unternommen. Während Deutschland viele Windturbinen und Sonnenkollektoren installierte, reduzierte es NICHT die Flotte alter und schmutziger Kohlekraftwerke, die Tag und Nacht in Betrieb sind. [...].*
>
> *Vor einem Jahr, auf der COP 23[75] in Bonn, hat Bundeskanzlerin Merkel angekündigt, dass Deutschland den Kohleausstieg anstrebt, aber jetzt, nach einem Jahr wurde noch immer keine einzige Maßnahme ergriffen! Man fragt sich, ob dies nicht alles nur eine Show war. Nun, stattdessen, hat die Regierung [...] eine Kommission eingesetzt, die Vorschläge für den Ausstieg aus der Kohle und den Umgang mit dem Ziel für das Jahr 2020 vorlegen soll. Beeindruckend. So unglaublich hilfreich!*
>
> *[...] Angesichts der fehlgeschlagenen $CO_2$-Reduktion ist Deutschland nicht bereit, ein höheres Ziel für die EU im Jahr 2030 zu akzeptieren. Gleiches gilt für das Netto-Null-Ziel im Jahr 2050, das die EU-Kommission letzte Woche in einer Mitteilung als bevorzugte Option*

*präsentiert hatte. [...] Bewegen Sie Deutschland! [...]"* [1331].

Deutschland erhält die Negativauszeichnung von CAN für das deutliche Verfehlen des für 2020 zugesagten nationalen Klimazieles [1332].

## 12. Dezember 2018 – „Heißzeit" ist Wort des Jahres 2018

Die Gesellschaft für deutsche Sprache e. V. (GfdS) wählt „Heißzeit" zum Wort des Jahres 2018, um auf eines *„der gravierendsten globalen Probleme des frühen 21. Jahrhunderts, [den] Klimawandel"*, [1333] hinzuweisen. „Heißzeit" sei eine interessante Wortbildung und habe über die lautliche Analogie zu Eiszeit eine epochale Dimension, die *„möglicherweise auf eine sich ändernde Klimaperiode"* verweise [1334].

Die GfdS bringt den außergewöhnlich trockenen Sommer und Herbst 2018 in Verbindung mit der „Heißzeit" – zweifellos ein fachwissenschaftlich problematischer Schluss vom hochvariablen kurzfristigen Witterungsgeschehen auf das langfristige mittlere Wetter, das Klima.

Ein internationales Team um den renommierten Klimatologen William L. (Will) Steffen sieht durch die Treibhausgasemissionen und mögliche Rückkopplungsprozesse die Gefahr eines allmählichen Überganges in eine „Heißzeit". Sie erwarten langfristig einen Anstieg der globalen mittleren Jahrestemperatur um rund 4 bis 5 °C und einen Meeresspiegelanstieg um 10 bis 60 m. Bekämpfen wir nicht umgehend erfolgreich den anthropogenen Klimawandel, könnten diese Extremwerte nicht erst in einigen Jahrhunderten eintreten [1335].

„Heißzeit" ist ein provokanter Begriff, der aufrütteln, die Menschheit durch die baldige Schaffung einer emissionsfreien Wirtschaft zum erfolgreichen Handeln gegen den verheerenden Klimawandel anregen soll. Noch charakterisiert er nicht das gegenwärtige Klima.

## 21. Dezember 2018 – Mit der Zeche Prosper-Haniel schließt das letzte Steinkohlebergwerk im Ruhrgebiet

Am Nachmittag des 21. Dezember 2018 endet mit der Schließung der Zeche Prosper-Haniel in Bottrop die Ära des Steinkohlebergbaus, die Deutschland wie kein anderer Rohstoff bis in die 2. Hälfte des 20. Jh. geprägt hat. Um 16:18 Uhr überreicht Reviersteiger Jürgen Jakubeit aus Oberhausen als Symbol für dieses historische Ereignis Bundespräsident Frank-Walter Steinmeier den letzten geborgenen etwa 7 kg schweren Block tiefschwarzer Stein-

---

[72]Weltweites Netzwerk von über 1300 Nichtregierungsorganisationen in mehr als 120 Staaten, das sich für eine Begrenzung des von Menschen verursachten Klimawandels auf ein nachhaltiges Maß einsetzt.

[73]Intergovernmental Panel on Climate Change (Weltklimarat).

[74]Reduktion des deutschen $CO_2$-Ausstosses um 40 % bis 2020 im Vergleich zum Jahr 1990.

[75]23. UN-Klimakonferenz.

kohle. Jakubeit hat ihn gemeinsam mit anderen Bergleuten aus rund 1200 m Tiefe heraufgeholt – ein symbolischer Akt, denn tatsächlich war das Kohlestück schon im September 2018 geborgen und für diese Zeremonie aufbewahrt worden [1336].

Staatliche Subventionen von mehr als einer Milliarde Euro pro Jahr erhalten den Steinkohlebergbau noch so lange in Deutschland. Nur durch sie können Kumpel der RAG Deutsche Steinkohle AG auf Prosper-Haniel noch im Jahr 2016 etwa 2,5 Mio. t Steinkohle abbauen. Bis zur Schließung werden hier im Verlauf von über 150 Jahren mehr als 300 Mio. t Steinkohle aus bis zu 1253 m Tiefe heraufgeholt und abtransportiert [1337].

Die ökonomische Erfolgsgeschichte Deutschlands, aber auch die 1914 und 1939 von Deutschland ausgehenden Weltkriege basieren auf Steinkohle. Ohne sie hätte es nicht den Stahl und die Kanonen der Friedrich Krupp AG, die Kunststoffe, Farben, Arzneimittel und Pestizide der chemischen Industrie gegeben. Ohne die Energie aus der Verbrennung von Milliarden Tonnen Steinkohle von den Revieren an Ruhr und Saar, bei Aachen und Ibbenbüren, in Sachsen und Oberschlesien hätten Kokereien, Hochöfen, Gießereien und andere Industrien, Eisenbahnen und Dampfschiffe nicht betrieben werden können. Ohne Steinkohle wären die unzähligen, von der Reichsgründung 1871 bis zum Beginn des Ersten Weltkrieges errichteten Handwerksbetriebe, Büros und Wohnungen im Winter kalt geblieben.

Die Europäische Union entwickelt sich aus der am 18. Juni 1951 von der Bundesrepublik Deutschland, Frankreich, Italien, Belgien, den Niederlanden und Luxemburg gegründeten, auf Steinkohle und Stahl fußenden Montanunion.

Die Steinkohlenutzung bewirkt eine vollkommene Veränderung der Bergbau- und Industrielandschaften. Riesige Halden wachsen auf. Unzählige Stollen brechen nach dem Ende des Abbaus ein, weshalb die Geländeoberfläche darüber mitsamt Gebäuden absinkt.

Eine riesige Umverteilung von Stoffen resultiert: vom Abbau im Untergrund der deutschen Abbaugebiete in die Atmosphäre nach der Kohleverbrennung. Große Mengen an Ruß, Kohlenstoff- und Schwefelverbindungen sowie Schwermetalle werden ausgestoßen, Pflanzen geschädigt, nährstoffarme Böden und Gewässer mit Säuren belastet [1338].

Das Wassermanagement bleibt eine Ewigkeitsaufgabe. Ohne die Pumpen, die das Oberflächen- und Grundwasser aus dem abgesunkenen Land hinauf in die kanalisierten hochgelegten Flüsse befördern, würden 40 % des Ruhrgebietes unbewohnbar. Der energetische und finanzielle Aufwand für die Nachsorge, den die Gesellschaft über Steuereinnahmen trägt, wird die Energieerzeugung und den monetären Gewinn durch die Verbrennung der Kohle irgendwann übertreffen.

Aktuelle Umweltprobleme durch die Erzeugung von Energie.

**Fossile Energieträger.** Die energieintensive Förderung, der Transport und die Nutzung von Stein- und Braunkohle, Erdöl und Erdgas rufen folgenschwere Umweltveränderungen hervor.

Der Abbau von Steinkohle endet 2018 in Deutschland. Das Absinken der Erdoberfläche durch einstürzende Stollen und Schächte deutscher Steinkohlebergwerke hat die Abflussverhältnisse und das Gewässernetz verändert. Das Abpumpen großer Wassermengen aus den Senkungsgebieten ist eine Ewigkeitsaufgabe. Über einigen jüngeren Steinkohlebergwerken kann die Geländeoberfläche weiter absinken.

Steinkohlekraftwerke und die Stahlindustrie benötigen den Rohstoff weiterhin. Sie importieren Steinkohle heute primär aus Russland, den USA, Kolumbien, Australien, Polen, der Südafrikanischen Union und aus Kanada. Die Einfuhr von Steinkohle nach Deutschland steigt von 15,4 Mio. t im Jahr 1991 auf 42,1 Mio. t im Jahr 2006. Im Jahr 2014 wird mit 46,2 Mio. t der höchste Wert seit 1990 erreicht. Dann sinkt der Import auf 38,1 Mio. t im Jahr 2018. Damit erzeugen wir Umweltbelastungen in den genannten Staaten und auf dem Transportweg, entfernt von unserer Wahrnehmungssphäre [1339].

Sichtbar bleibt in Deutschland wohl bis in die 2030er-Jahre der obertägige Braunkohleabbau. Er führt zur großflächigen unwiderruflichen Zerstörung von Vegetation, Böden und den darunter liegenden Gesteinen. Die Wasser- und Stoffhaushalte verändern sich, insbesondere über die Absenkung des Grundwasserspiegels und die Versauerung von Seen, die nach dem Ende des Abbaus entstehen. Wertvolle Ökosysteme verschwinden für immer, die Biodiversität nimmt ab. Neue Landschaftsformen mit anderen Oberflächenformen, neuen Sedimenten, Siedlungen, Straßenverläufen und Oberflächengewässern sind das Ergebnis. Der Energieeinsatz ist enorm hoch.

Auch das nach Deutschland importierte Erdöl hat eine Vorgeschichte hinter sich. Zahlreiche kleine Unfälle bei der Rohstoffgewinnung bleiben uns verborgen. Beim Transport kann man Havarien offenbar kaum vermeiden. Sie reichen von undichten Ölpipelines bis zu den großen Ölunfällen [1340].

Die Nutzung fossiler Energieträger ist von vornerein ineffizient und umweltschädlich. Kraftwerke und Fahrzeuge verbrennen wertvolle Rohstoffe und belasten die Umwelt trotz des Einsatzes moderner Technologien.

Unkalkulierbare Risiken sind mit der **Nutzung von Kernenergie** verbunden, denn Menschen planen und betreiben Kernkraftwerke und damit die Förderung, den Transport und die Lagerung radioaktiver Stoffe. Aufgrund der Fehlfunktion eines Sicherheitsventils und einer nicht korrekten Wartung gerät Block TMI-2 des Kernkraftwerks Three Mile Island auf einer Insel im Fluss Susquehanna in Pennsylvania (USA) am 28. März 1979 außer Kontrolle. Eine partielle Kernschmelze setzt Strahlung frei; der Betreiber lässt radioaktives Wasser in den Susquehanna ab. In Tschernobyl kollidiert im April 1986 eine plötzliche Stromnachfrage mit einem geplanten Experiment, das außer Kontrolle gerät. In Fukushima-Daiichi ist die Schutzmauer gegen extreme Tsunamis zu niedrig, wohlbemerkt falsch dimensioniert. Hunderte schwere Unfälle in Kernkraftwerken beruhen auf menschlichen Unzulänglichkeiten.

Die erwartbaren exorbitanten Kosten für eine dauerhaft sichere Endlagerung hoch radioaktiver Stoffe in Deutschland stellen ein Kernproblem dar. Offenbar sind deutsche Behörden, Forschungseinrichtungen und Firmen nicht durchgängig in der Lage, strahlende Substanzen sicherheitstechnisch angemessen zwischen- oder endzulagern, wie die niedersächsische Asse exemplarisch zeigt. Der resultierende Vertrauensverlust in weiten Teilen der Bevölkerung ist gravierend. Eine Mammutaufgabe ist das Finden und Einrichten eines Endlagers für hoch radioaktive Stoffe in Deutschland, das die regional betroffene Bevölkerung akzeptiert.

Wir stehen vor einer heimtückischen Ewigkeitsaufgabe. Unsere Nachkommen müssen über Jahrhunderttausende ein strahlendes Erbe sicher betreuen, dass sie nicht verursacht haben – eine gesellschaftlich, technisch und ökonomisch schlichtweg unlösbare Aufgabe.

Die **Energieerzeugung aus Biomasse** ist problematisch, wenn Betriebe dafür Kulturpflanzen wie Mais und Raps anbauen. Sie geht zu Lasten des Anbaus von Nahrungspflanzen, den wir in andere Staaten verlegen müssen. Biogas, das aus organischen Abfallprodukten gewonnen wird, ist hingegen eine energetisch und ökologisch sinnvolle Nutzung.

Die **Einbettung Deutschlands in das europäische Energienetz** birgt die Gefahr, dass mit der Stilllegung der Braunkohletagebaue und -kraftwerke in Nordrhein-Westfalen, Sachsen und Brandenburg deutsche Energieversorger stattdessen preiswerten Kohlestrom aus Polen oder Tschechien importieren, das Umweltproblem damit nur verlagern und die $CO_2$-Emissionen gar noch weiter erhöhen. Abhilfe könnte eine Veränderung des Handels von $CO_2$-Emissionszertifikaten schaffen – durch einen Mindestpreis für $CO_2$-Emissionen, der in der gesamten Europäischen Union gilt. Auch hier besteht großer Handlungsbedarf [1341].

## 28. Januar und 20. Dezember 2019 – Dänemark und Brandenburg errichten Wildschweinzäune

Ein Virus verursacht die Afrikanische Schweinepest. Lederzecken übertragen sie indirekt, Blut, Sekrete oder Sperma direkt. Die Afrikanische Schweinepest befällt Wild- und Hausschweine und endet bis auf wenige Ausnahmen tödlich. Sie ist für Menschen ungefährlich. Die Tierseuche bricht im Mai 2007 in Georgien aus und dringt seitdem über Russland, die Ukraine, das Baltikum, Bulgarien, Rumänien und Ungarn nach Mitteleuropa vor; sie erreicht am 27. Juni 2017 den Osten Tschechiens und am 17. November 2017 den Raum Warschau [1342].

Am 13. September 2018 veröffentlicht das Bundeslandwirtschaftsministerium einen überraschenden Befund aus Belgien: Im Dreiländereck Belgien, Luxemburg, Frankreich ist die Afrikanische Schweinepest an tot aufgefundenen Wildschweinen nachgewiesen worden, kaum 60 km westlich der deutschen Grenze [1343]. Luxemburg richtet 2019 im Südwesten des Landes eine wildschweinfreie Zone ein und lässt einen 10 km langen Zaun an der Grenze zu Belgien bauen [1344].

Dänemark ist ein bedeutender Schweinefleischproduzent und -exporteur. Im Jahr 2016 werden rund 19 Mio. Schweine in Dänemark geschlachtet und etwa 12 Mio. lebend vorwiegend nach Deutschland und Polen exportiert [1345].

Die dänische Regierung sieht in der Afrikanischen Schweinepest eine große Gefahr für die Schweinemäster im Land, weshalb sie ab dem 28. Januar 2019 präventiv einen rund 1,5 m hohen und etwa 70 km langen Stahlmattenzaun entlang der Grenze zu Deutschland bauen lässt (Abb. 2.169). Am 2. Dezember 2019 ist er fertiggestellt. Er soll die Einwanderung von Wildschweinen verhindern, die mit der Afrikanischen Schweinepest infiziert sein könnten [1346].

Ende 2018 beschafft das Land Mecklenburg-Vorpommern einen 50 km langen Elektrozaun mit drei übereinander liegenden Litzen. Im Beisein von Landwirtschaftsminister Till Backhaus (SPD) stellen Forstwirte am 7. Februar 2019 rund 16 km südöstlich von Schwerin am Forsthof Bahlenhüschen einen Abschnitt probeweise auf. Im Landesamt für Landwirtschaft, Lebensmittelsicherheit und Fischerei lagert der Zaun bis zum ersten Auftreten der Afrikanischen Schweinepest. Im Infektionsfall soll er rasch

**Abb. 2.169** Wildschweinzaun an der dänisch-deutschen Grenze zwischen Kolonisthuse und Ellund westlich von Flensburg

in einem Radius von 5 km um den Seuchenherd aufgestellt werden [1347].

Um das Risiko der Ausbreitung der Afrikanischen Schweinepest zu mindern, wird die Jagd intensiviert. Die Anzahl der in Deutschland erlegten Wildschweine erhöht sich von 589.417 im Jagdjahr 2016/17 auf 836.865 im Jagdjahr 2017/18 [1348].

Seit November 2019 grassiert die Tierseuche im westlichen Polen [1349]. Daher beginnt das Land Brandenburg am 20. Dezember 2019 mit dem Bau eines 90 cm hohen mobilen Elektrozaunes an der deutsch-polnischen Grenze. In Deutschland halten im Jahr 2018 etwa 40.000 Betriebe rund 26,9 Mio. Schweine. Nach China und den USA ist Deutschland heute der drittgrößte Schweinefleischerzeuger [1350].

Können Deutschland und Dänemark die Einwanderung von Wildscheinen langfristig durch Zäune abwehren? Der Transport infizierter Tiere auf Lkw oder von infiziertem Fleisch in Pkw oder Lkw ist kaum zu verhindern. Außerdem werden Wildschweine Wege finden, die Zäune zu untergraben, zu überspringen, zu zerstören oder Straßendurchlässe zu nutzen. Einige Rothirsche und Rehe verletzen sich bei dem Versuch, den dänischen Grenzzaun zu überspringen – sie bleiben mit ihren Läufen in den groben Maschen hängen und verenden [1351].

## 14. Februar 2019 – 1.741.017 Stimmberechtigte unterstützen das Volksbegehren „Artenvielfalt & Naturschönheit in Bayern"

Das über die Massenmedien in den vergangenen Jahren stark kommunizierte Insektensterben bewegt sehr viele Menschen. Sie haben bemerkt, dass heute im Sommer in den Gärten und Parks weitaus weniger Insekten sichtbar

sind als früher und während einer Autofahrt eine viel geringere Zahl an Insekten an der Windschutzscheibe den Tod findet als noch vor einigen Jahren. Besondere Aufmerksamkeit erregt das seit einigen Jahren voranschreitende Sterben von Wild- und Honigbienen, der Sympathieträgerinnen unter den Insekten. Das bayerische Volksbegehren „Artenvielfalt & Naturschönheit in Bayern" mit der Kurzbezeichnung „Rettet die Bienen!" zielt auf eine dauerhafte Sicherung und Entwicklung der Artenvielfalt, *„um einen weiteren Verlust von Biodiversität zu verhindern"*. [1352] Ökoanbauverbände wie Naturland, Bioland und Demeter unterstützen das Vorhaben, der bayerische Bauernverband ist dagegen. Das Volksbegehren beinhaltet einen Gesetzesentwurf u. a. mit diesen Veränderungen des Bayerischen Naturschutzgesetzes:

- Die Erweiterung des Biotopverbundes auf 10 % des Offenlandes Bayerns bis 2025 und auf 13 % bis 2030.
- Ein Verbot von Acker- und Gartenbau und die Erlaubnis von Beweidung und Mahd auf 5 m breiten Gewässerrandstreifen.
- Eine Erhöhung des Anteils der Landesfläche, den Ökolandbaubetriebe bewirtschaften, von derzeit etwa 10 % auf mindestens 20 % bis 2025 und auf mindestens 30 % bis 2030.
- Die Erlaubnis der ersten Mahd auf 10 % der Grünlandflächen Bayerns erst nach dem 15. Juni (ab 2020).
- Das Verbot der Anwendung von Pestiziden auf Dauergrünlandflächen (ab 2022) [1353].

Die Ökologisch-Demokratische Partei Bayern (ÖDP), Bündnis 90/Die Grünen Bayern, der Landesbund für Vogelschutz in Bayern und der BUND in Bayern sind Teil des Trägerkreises des Volksbegehrens, das von mehr als 160 Organisationen unterstützt wird [1354].

Am 14. März 2019 gibt der Landeswahlausschuss das Ergebnis des Volksbegehrens bekannt. In zwei Wochen, vom 31.01. bis zum 13.02.2019, haben sich 1.741.017 Wahlberechtigte in bayerischen Rathäusern in Listen eingetragen und damit ihre Zustimmung zu dem Volksbegehren Artenvielfalt & Naturschönheit in Bayern bekundet. Erforderlich waren 1 Mio. Stimmen [1355].

Der bayerische Ministerpräsident Markus Söder (CSU) befürwortet am 3. April 2019 die Annahme des Gesetzentwurfes des Volksbegehrens und begleitender Maßnahmen, um Nachteile für bäuerliche Familien zu mindern. Am 17. Juli 2019 – nur 154 Tage nach dem Ende des Volksbegehrens – stimmen 167 Abgeordnete des bayerischen Landtages für den Gesetzentwurf. Lediglich 25 Abgeordnete votieren dagegen, fünf enthalten sich. Das besondere Engagement von Bürgerinnen und Bürgern war erfolgreich.

## 15. März 2019 – „Fridays for Future"

> *„Wie ich schon oft sagte, es gibt keinen Plan B, da wir keinen Planeten B haben. "*
> Ban Ki-Moon, Generalsekretär der Vereinten Nationen, auf der Pressekonferenz der 22. UN-Klimakonferenz am 15. November 2016 in Marrakesch [1356].

Es ist Freitag. Und wieder demonstrieren Schülerinnen und Schüler weltweit. Allein in Deutschland nehmen Zehntausende bei nasskaltem Wetter an den Kundgebungen teil. Sie verlangen zu Recht, dass die Erwachsenen schneller viel mehr gegen den gravierenden menschengemachten Klimawandel tun.

Mittlerweile sind die freitäglichen friedlichen Proteste während der Unterrichtszeit eine riesige Graswurzelbewegung. Initiiert hat sie die schwedische Schülerin Greta Thunberg. Sie demonstriert seit August 2018 regelmäßig freitags vor dem Sitz der schwedischen Regierung in Stockholm für ein entschiedenes Handeln zum Schutz des Erdklimas. Greta Thunberg ist inzwischen weltberühmt und wird zu hochrangigen internationalen Veranstaltungen eingeladen, bei denen sie den Erwachsenen ihr Versagen wirkmächtig vor Augen führt[76] [1357].

Die freitäglichen Proteste finden gezielt in der Unterrichtszeit statt, was manchen deutschen Politikern nicht behagt. Diese wenden sich gegen das „Schuleschwänzen" für das Klima. Christian Lindner, Bundesvorsitzender der FDP, twittert am 10. März 2019: *„Ich finde politisches Engagement von Schülerinnen und Schülern toll. Von Kindern und Jugendlichen kann man aber nicht erwarten, dass sie bereits alle globalen Zusammenhänge, das technisch Sinnvolle und das ökonomisch Machbare sehen. Das ist eine Sache für Profis. CL. "* [1358].

Mehr als 23.000 Wissenschaftlerinnen und Wissenschaftler unterstützen am 15.03.2019 mit der Petition #Scientists4Future die demonstrierenden Jugendlichen, deren Anliegen seien berechtigt [1359]. Denn Jugendliche, die in großer Zahl gezielt mit plakativen Aussagen gegen den menschengemachten Klimawandel die Schule schwänzen, werden heute eher gehört als wissenschaftlich begründete Forderungen aus Lehr- und Forschungseinrichtungen.

Schülerinnen und Schülern, die an „Fridays-for-Future"-Kundgebungen teilnehmen, wirken an einem wichtigen demokratischen Prozess mit. Und sie realisieren eigenständig lebendigen, praxisnahen Unterricht zu einem ganz bedeutenden Umweltthema.

> Das Jahresmittel der Lufttemperatur hat in Deutschland von 1881 bis 2018 statistisch gesichert um beachtliche 1,5 °C zugenommen [1360]. Der Temperaturanstieg beruht fast vollständig auf der Emission von Treibhausgasen. Extremereignisse nehmen zu. Die Jahre 2015 bis 2019 sind die wärmsten seit Beginn der Wetteraufzeichnungen. In einigen Regionen der Erde resultieren indirekt Ernährungsunsicherheit, die verstärkte Verbreitung von Erregern und Überträgern von Krankheiten. Möglicherweise erreichen wir durch Selbstverstärkungsprozesse bald gefährliche klimatische „Kipp-Punkte" – Schwellenwerte. die eine Rückkehr zu den heutigen Klimabedingungen auf absehbare Zeit unmöglich machen [1361].

## 15. April 2019 – Im Biosphärenreservat Schaalsee-Elbe werden 362 Nandus gezählt

Landwirtschaftsminister Till Backhaus (SPD) gibt am 15. April 2019 bekannt, dass beim aktuellen Frühjahrsmonitoring im Biosphärenreservat Schaalsee-Elbe 362 Nandus *(Rhea americana)* ermittelt wurden (Abb. 2.170). Im Herbst 2018 waren es noch 566 Tiere. Nach der Ernte sind Nandus besonders gut zu sehen, daher erfasst man sie im Herbst. Um festzustellen, wie viele Jungtiere den Winter überlebt haben, wird im Frühjahr erneut gezählt. Bei ungünstiger Winterwitterung sterben die meisten jungen Nandus. Den kalten und schneereichen Winter 2009/10 überlebt nur eines von 82 Jungtieren. Der Rückgang von 294 Jungvögeln im Herbst 2018 auf 190 im Frühjahr 2019 ist aufgrund des milden und schneearmen Winters eher gering. Die Zahl der Altvögel verändert sich im Verlauf eines Winters kaum [1362].

> Das Biosphärenreservat Schaalsee-Elbe nimmt in der westmecklenburgischen Jungmoränenlandschaft eine Fläche von 310 km$^2$ ein. Die Großformen – Seen, Flussauen, Endmoränenzüge und Grundmoränenplatten – entstehen hauptsächlich in der letzten Kaltzeit. Menschen prägen seit dem Neolithikum das Gebiet; nach dem Zweiten Weltkrieg verändern Kollektivierung, Meliorationen, Mechanisierung sowie jüngst die Regularien und Förderungen der Europäischen Union die Landschaften. Heute

---

[76]2019 wird Greta Thunberg mit dem Right Livelihood Award ausgezeichnet, dem „Alternativen Nobelpreis".

**Abb. 2.170** Eine Gruppe von 8 Nandus auf einem Acker nördlich des Dorfes Utecht im Nordwesten von Mecklenburg-Vorpommern im Frühjahr 2019

**Abb. 2.171** Nandugelege im Kammerbruch nördlich des Ratzeburger Sees im Nordwesten von Mecklenburg-Vorpommern im Frühjahr 2019 (Foto: Helga Bork)

nutzen Landwirtschaftsbetriebe knapp die Hälfte der Reservatsfläche als Ackerland und gut ein Fünftel als Grünland. Wälder bedecken 19 % und Seen 7 % des Großschutzgebietes [1363].

Woher kommen die mecklenburgischen Nandus? Der Zoologische Garten zu Frankfurt a. M. zeigt im Sommer 1861 erstmals Nandus in Deutschland. Bald darauf gibt es in den meisten deutschen Zoos Nandus.

In gewerblichen und privaten Gehegen werden sie seit den 1980er-Jahren verstärkt gehalten. Im Herbst des Jahres 2000 entweichen drei Hähne und vier Hennen aus einem ungenügend eingezäunten privaten Gehege in Groß Grönau bei Lübeck. Möglicherweise flüchten in den folgenden Jahren weitere Tiere. Sie wandern nach Osten und schwimmen durch die Wakenitz in den Westen Mecklenburgs. Hier leben sie seitdem auf Äckern, Wiesen und in Feuchtgebieten des Biosphärenreservates Schaalsee-Elbe – zwischen der Wakenitz und dem Ratzeburger See im Westen, der Autobahn A20 im Norden und der Kleinstadt Rehna im Osten. Dort vermehren sie sich. Am 5. April 2018 umgehen einige Nandus den Sperrzaun, der die A20 gegen Wild abschirmen soll. Polizei sperrt die Autobahn Richtung Rostock kurzzeitig und treibt die Laufvögel zurück auf ein Feld hinter dem Sperrzaun. Außerhalb des Areals am Schaalsee sind keine weiteren Vorkommen in Europa bekannt [1364].

Ursprünglich stammen die flugunfähigen tagaktiven Vögel aus Südamerika. Ihr natürliches Verbreitungsgebiet umfasst waldfreie oder waldarme Landschaften, die sich von der argentinischen Pampa bis in den Cerrado Brasiliens erstrecken. Nandus fressen am liebsten breitblättrige Pflanzen, Samen und Früchte sowie in geringem Umfang Insekten und kleine Wirbeltiere. Nachdem eine Henne bis zu 28 Eier in das Nest gelegt hat, brütet ein Hahn über 5 bis 6 Wochen einen Großteil der Eier aus (Abb. 2.171). Nach dem Schlüpfen betreut und führt der Hahn die Jungtiere über Monate. Mit einem Gewicht von 20 bis 30 kg, einer Rückenhöhe von 1 m und mehr und einer Gesamthöhe von bis zu 1,7 m sind erwachsene Hähne die größten Laufvögel Amerikas. Die intensive Nutzung der Lebensräume der Nandus durch Menschen und die Bejagung haben die Populationen in Südamerika beträchtlich dezimiert [1365].

Das Washingtoner Artenschutzabkommen schützt Nandus weltweit. Aufgrund der erfolgreichen Vermehrung in Freiheit gilt *Rhea americana* in Deutschland als heimische Tierart; das Bundesnaturschutzgesetz führt sie als eine „besonders geschützte Art". Es ist verboten, ihnen nachzustellen, sie zu jagen, zu fangen, zu verletzen oder zu töten. Zur Abwendung erheblicher wirtschaftlicher Schäden kann die zuständige Naturschutzbehörde Ausnahmen – wie das Einfangen oder die Tötung – zulassen [1366].

Nandus verspeisen in Mecklenburg am liebsten die Triebe und Blätter von Raps und Mais, Weizen im Stadium der Milchreife und Getreidesamen nach der Aussaat. Und sie verursachen Trittschäden. Verweilen Nandus länger auf einem Feld, kann der wirtschaftliche Schaden für den betroffenen Betrieb groß sein [1367].

Da die Population in den letzten Jahren stark angewachsen ist, manipulieren Landwirte und Angestellte des Biosphärenreservatsamtes Schaalsee-Elbe im Jahr 2018 insgesamt 190 von 238 gefundenen Nandu-Eiern. Sie bohren Löcher in die Eier oder überziehen sie mit Paraffin. Zwei Landwirte erhalten die Ausnahmegenehmigung, bis Ende März 2019 jeweils 10 Nanduhähne abzuschießen. Sie töten 9 bzw. 8 Tiere [1368].

Noch ist nicht ausreichend erforscht, ob Nandus einheimische Pflanzenarten, Wirbellose, kleine Wirbeltiere oder Bodenbrüter gefährden. Mittlerweile sind sie eine touristische Attraktion. Manche Neugierige, die Nandus beobachten, gehen auf die Felder und schädigen dort die Kulturfrüchte [1369].

## 2. Mai 2019 – Die Stadt Konstanz ruft den Klimanotstand aus

*„Der Konstanzer Gemeinderat*

*a) erklärt den Klimanotstand und erkennt damit die Eindämmung der Klimakrise und ihrer schwerwiegenden Folgen als Aufgabe von höchster Priorität an,*

*b) erkennt, dass die bisherigen Maßnahmen und Planungen nicht ausreichen, um die Erderwärmung auf 1,5 Grad Celsius zu begrenzen,*

*c) berücksichtigt ab sofort die Auswirkungen auf das Klima bei jeglichen Entscheidungen, und bevorzugt Lösungen, die sich positiv auf Klima-, Umwelt- und Artenschutz auswirken. […]"* [1370].

Der Gemeinderat der Stadt Konstanz reagiert auf die Forderungen der Protestbewegung von „Fridays for Future" nach rasch wirkenden Maßnahmen gegen den menschengemachten Klimawandel. Er ruft am 2. Mai 2019 den Klimanotstand aus und fordert mit höchster Priorität die Ausarbeitung von Maßnahmen zur Eindämmung der Klimakrise – darunter die Schaffung von Anreizen zur Gebäudesanierung, ein verändertes Mobilitätsmanagement und eine klimaneutrale Energieversorgung von Neubauten auf städtischen Grundstücken. Der Oberbürgermeister hat halbjährlich den Gemeinderat und die Öffentlichkeit über die erreichten Erfolge und Probleme bei der Reduzierung der Emissionen zu informieren. Der Konstanzer Gemeinderat *„fordert auch andere Kommunen, die Bundesländer und die Bundesrepublik Deutschland auf, dem Konstanzer Vorbild zu folgen und den Klimanotstand auszurufen".* [1371] Notwendig seien ein Abbau der Subventionen für fossile Energieträger, eine gerechte Bepreisung von Kohlendioxid und eine neue Verkehrspolitik. In den folgenden Wochen und Monaten rufen weitere Städte und Organisationen wie der Bund Deutscher Forstleute in Deutschland den Klimanotstand aus [1372].

## 26. Juni bis 8. Juli 2019 – Der Waldbrand auf dem Truppenübungsplatz Lübtheener Heide

Feuer brechen am 26. Juni 2019 und an den folgenden Tagen mehrfach auf dem 2013 geschlossenen Truppenübungsplatz Lübtheener Heide im westlichen Mecklenburg aus. Angetrieben durch kräftige Winde und begünstigt durch eine Auflage aus trockenen Kiefernnadeln an der Bodenoberfläche weiten sie sich am 30. Juni 2019 zu einem Großfeuer aus. Es erfasst etwa 1200 ha eines hauptsächlich mit Wald-Kiefern bestandenen Forstes. Auf der ehemaligen Militärfläche, die seit 2015 unter Naturschutz steht, liegen bis heute immense Mengen an Kampfstoffen des Marine-Arsenals der Wehrmacht. Sie verbreiteten sich nach dem Zweiten Weltkrieg auf dem Gelände, als die Rote Armee hunderte Gebäude sprengte, in denen Munition lagerte. Das Betreten ist Ende Juni 2019 hochgefährlich, denn die Hitze des Brandes lässt Munition explodieren [1373].

Am 30. Juni um 16:31 Uhr warnt das Bundesamt für Bevölkerungsschutz und Katastrophenhilfe die Bevölkerung im Landkreis Ludwigslust-Parchim vor den gesundheitlichen Folgen des Waldbrandes. Die Bewohnerinnen und Bewohner von Trebs werden gebeten, sich auf eine mögliche Evakuierung vorzubereiten. Dann müssen etwa 650 Menschen Trebs und drei weitere Dörfer in der Nähe verlassen. Der Landkreis Ludwigslust-Parchim löst Katastrophenalarm aus.

Rauch behindert die Sicht auf der Autobahn A14 bei Grabow. Selbst im rund 300 km entfernten Dresden nehmen Menschen den Brandgeruch wahr.

Räum- und Bergepanzer machen zugewachsene Wege und Schneisen zugänglich, die zu den Brandherden führen. Bis zu 4000 Einsatzkräfte wechseln sich in vier Schichten ab. Sie nutzen Löschhubschrauber, Räumpanzer und Wasserwerfer. Am 7. Juli 2019 ist der verheerendste Brand in Mecklenburg-Vorpommern seit dem Zweiten Weltkrieg unter Kontrolle. Am Tag darauf hebt der Landrat des Kreises Ludwigslust-Parchim Stefan Sternberg den Katastrophenalarm auf. Der Einsatz ist beendet.

Der Brand bei Lübtheen hat negative Umweltwirkungen. Pflanzen, Tiere und die organische Humusauflage verbrennen. Sehr viel $CO_2$ wird freigesetzt.

Munition, die bei hohen Lufttemperaturen explodierte, könnte den Brand ausgelöst haben; Brandstiftung ist nicht auszuschließen. Monokulturen aus engständigen leicht brennbaren Nadelgehölzen und die ausgeprägte Trockenheit haben die Brandkatastrophe ermöglicht. Der Umbau der noch existierenden Kiefernbestände in artenreiche, weniger brandgefährdete Laubmischwälder ist ebenso vordringlich wie die Räumung der Kampfstoffe. Derzeit fehlen immer noch präzise, an die lokalen Verhältnisse angepasste Konzepte, Finanzierungs- und Zeitpläne zur Kampfmittelräumung: bei Lübtheen und anderswo [1374]. Ein unhaltbarer Zustand.

## 25. Juli 2019 – Hitzerekorde vom Main bis zur Ems

Am 25. Juli 2019 übertreffen gleich 15 Messstationen des Deutschen Wetterdienstes den am 5. Juli 2015 und am 7. August 2015 im fränkischen Kitzingen mit 40,3 °C gemessenen deutschen Temperaturrekord. Die höchsten Werte erreichen die Stationen Köln-Stammheim mit 41,1 °C, Duisburg-Baerl und Tönisvorst bei Krefeld mit jeweils 41,2 °C sowie Lingen im südlichen Emsland mit 42,6 °C [1375].

Der außergewöhnlich hohe Wert in Lingen übertrifft die Rekorde von Kitzingen aus dem Jahr 2015 um 2,3 °C! Der bekannte Meteorologe Jörg Kachelmann erklärt 2018 in einem Interview, dass bereits damals an der Station Lingen gemessene hohe Temperaturen auf die große Höhe der Gehölze in der direkten Umgebung zurückzuführen seien – sie würden den Luftaustausch behindern. Der Deutsche Wetterdienst teilt hingegen mit, dass die Station Lingen den Normen der Weltorganisation für Meteorologie genügt [1376].

Die Zahl der Tage pro Jahr mit extrem hohen Temperaturen nimmt in Deutschland seit einigen Jahrzehnten zu.

Ein Team um den Berner Klimahistoriker Raphael Neukom wertet Baumringanalysen aus. Die Experten erkennen: Von der Römerzeit bis etwa zur Mitte des 19. Jh. treten kühlere und wärmere Klimaphasen nur in einzelnen Regionen auf, nicht gleichzeitig auf der gesamten Erde. Seit dem späten 19. Jh. hat die Erwärmung dagegen ein globales Ausmaß angenommen – ein weiterer Beleg für den menschengemachten Klimawandel [1377].

## 20. September 2019 – Die Bundesregierung beschließt das „Klimaschutzprogramm 2030"

Nach langem Ringen der Koalitionsparteien CDU, SPD und CSU um einen Klimakonsens beschließen das Klimakabinett der Bundesregierung am 20. September 2019 und fünf Tage später das gesamte Bundeskabinett ein Bündel von Maßnahmen: das „Klimaschutzprogramm 2030". Es hat vier Säulen [1378]:

- Förderprogramme und Anreize zur Einsparung von $CO_2$,
- die Bepreisung von $CO_2$, das vorwiegend in den Bereichen Verkehr und Wärmeerzeugung entsteht,
- eine Entlastung der in Deutschland lebenden Menschen aus diesen Einnahmen sowie
- regulatorische Maßnahmen.

Das Programm soll die Einhaltung der von Deutschland mitgetragenen, international vereinbarten Klimaschutzziele für die Jahre 2030 und 2050 bewirken.

Im Fokus der Gebäudeförderung stehen energetische Sanierungsmaßnahmen, der Austausch von Ölheizungen und die Energieberatung. Gebäude des Bundes sollen in den Bereichen Energieeffizienz, Klimaschutz und Nachhaltiges Bauen Vorbild sein.

Die $CO_2$-Emissionen des Verkehrs sollen reduziert werden durch [1379]:

- die Förderung des Umstiegs auf Elektro-Pkw und den Ausbau der Ladesäuleninfrastruktur für die Elektromobilität,
- einen attraktiveren Öffentlichen Personennahverkehr,
- den Ausbau von Radwegen,
- einen verbesserten Schienenpersonen- und Schienengüterverkehr,
- eine höhere finanzielle Förderung der Deutschen Bahn,
- $CO_2$-arme Lkw,
- modernere Binnenschiffe und Landstrom in Häfen,
- die Entwicklung strombasierter Kraftstoffe,
- eine Digitalisierung der Mobilität,
- eine $CO_2$-bezogene Reform der Kraftfahrzeugsteuer sowie
- geringere Kosten für das Bahnfahren und höhere für das Fliegen.

Landwirtschaftsbetriebe sollen zur Senkung der $CO_2$-Emissionen beitragen durch [1380]:

- geringere Stickstoffüberschüsse,
- die energetische Nutzung von Wirtschaftsdünger,
- den Ausbau des Ökolandbaus,
- eine veränderte Tierhaltung und -ernährung,
- eine höhere Energieeffizienz,
- den Erhalt und den Aufbau von Humus im Ackerland und den Erhalt von Dauergrünland sowie
- den Schutz der Moore.

Das Programm beinhaltet viele weitere Einzelmaßnahmen, darunter die Förderung einer nachhaltigen Waldbewirtschaftung, die Vermeidung von Lebensmittelabfällen, Beiträge der Industrie, insbesondere der Energie- und Abfallwirtschaft, sowie eine gezielte Förderung des „grünen Wasserstoffes", der Batteriezellfertigung und der Speicherung und Nutzung von $CO_2$ in Deutschland.

Wie bewerten wissenschaftliche Institutionen, Parteien, der Bauernverband, Wirtschafts-, Naturschutz- und

Umweltverbände das Klimaschutzprogramm 2030 der Bundesregierung?

Die renommierte Energieökonomin Claudia Kemfert vom Deutschen Institut für Wirtschaftsforschung in Berlin hält die geplante $CO_2$-Bepreisung für viel zu niedrig und die Kompensation durch höhere Fernpendlerpauschalen für kontraproduktiv [1381]. Für den mehrfach ausgezeichneten Klimaforscher Mojib Latif vom GEOMAR Helmholtz-Zentrum für Ozeanforschung in Kiel ist das Klimaschutzprogramm 2030 „fast eine Null-Nummer" – so könne man die von Deutschland angekündigten Klimaziele niemals erreichen [1382]. Viele andere, in den Wirtschafts- und Klimawissenschaften tätige, kritisieren wie Kemfert und Latif besonders die geplanten niedrigen und damit kaum wirksamen Preise für $CO_2$-Emissionen.

Die Oppositionsparteien missbilligen das Klimaschutzprogramm der Bundesregierung aus unterschiedlichen Gründen: Annalena Baerbock, Bundesvorsitzende von Bündnis 90/Die Grünen, ist „bitter enttäuscht" – die Bundesregierung sei „an der Menschheitsaufgabe Klimaschutz gescheitert" und hätte sich vom Pariser Übereinkommen abgewandt [1383]. Der Bundesvorsitzende der FDP, Christian Lindner, spricht von „hektischer Flickschusterei". [1384] Alice Weidel, Fraktionsvorsitzende der AFD im Bundestag, twittert polemisch: „Tollhaus #Klimakabinett! Verbot von Ölheizungen, Verteuerung von Heizöl, #Benzin, #Diesel, #Kohle und Erdgas: Die Bürger werden gnadenlos für eine Ideologie ausgepresst!" [1385] Für die Vorsitzenden der Fraktion Die Linke, Sahra Wagenknecht und Dietmar Bartsch, vertieft das Klimapaket die soziale Spaltung [1386].

Das Maßnahmenbündel verfehle krachend „selbst das schwache 2030er-Klimaziel der Bundesregierung", beklagt Martin Kaiser, Geschäftsführer von Greenpeace [1387]. Die Bundesregierung habe „die Dringlichkeit zum Handeln noch nicht verstanden", kommentiert der Präsident des NABU, Olaf Tschimpke, die Beschlüsse [1388]. Dagegen bewertet Joachim Rukwied, Präsident des Deutschen Bauernverbandes, das Klimaschutzprogramm 2030 als eine „ambitionierte und machbare Herausforderung für die Landwirtschaft". [1389] Auch der Verband der Chemischen Industrie hält die Ausrichtung des Maßnahmenpaketes der Bundesregierung „in weiten Teilen für richtig". [1390]

Trotz der berechtigten Kritik aus Wissenschaft, Umwelt- und Naturschutzverbänden: Das Klimaschutzprogramm 2030 der Bundesregierung ist ein erster kleiner Schritt mit manchen zielführenden Maßnahmen. Ihnen müssen indes sehr bald weitaus effizientere, abgestimmte Maßgaben folgen – national und durch die Europäische Union.

Am Tag des Beschlusses des Klimaschutzprogramms durch das Klimakabinett der Bundesregierung, einem Freitag, agieren und demonstrieren im Rahmen der Bewegung „Fridays for Future" in mehr als 500 deutschen Städten wohl über eine Million Schülerinnen, Schüler und Erwachsene. Sie setzen sich für effektive Klimaschutzmaßnahmen ein, vor allem für eine Begrenzung der menschengemachten Erderwärmung nach Möglichkeit auf maximal 1,5 °C im Vergleich zu den Werten vor Beginn der Industrialisierung – dem Temperaturmittel des Zeitraums von 1850 bis 1900. Ohne das außergewöhnliche Engagement von Greta Thunberg und von „Fridays for Future" hätte die Bundesregierung wohl kaum den minimalen Konsens für das Klimaschutzprogramm 2030 erzielt – auch wenn damit das 1,5-Grad-Temperaturziel nicht annähernd zu erreichen ist.

Dann lehnt der Bundesrat jedoch Teile des Klimapaketes ab. Der Vermittlungsausschuss erzielt schließlich einen Kompromiss, dem der Bundesrat am 20. Dezember 2019 zustimmt [1391]. Das „geänderte Gesetz zur Umsetzung des Klimaschutzprogramms 2030 im Steuerrecht" [1392] tritt zum 1. Januar 2020 in Kraft. Durch die Absenkung der Mehrwertsteuer für Bahnfahrten im Fernverkehr auf 7 % sinken die Fahrpreise. Die Pendlerpauschale erhöht sich zunächst auf 35 Cent, ab 2024 auf 38 Cent ab dem 21. Entfernungskilometer. Die Länder erhalten von 2021 bis 2024 vom Bund 1,5 Mrd. € zur Kompensation von Mindererträgen. Mit einem neuen Gesetzgebungsverfahren soll die Akzeptanz von Windenergieanlagen steigen [1393].

## 2031 – Die unendliche Geschichte: Standortsuche für ein Endlager hochradioaktiver Abfälle

Die dauerhafte sichere Lagerung von Wärme entwickelnden, hochradioaktiven Abfällen innerhalb der Grenzen der Bundesrepublik Deutschland ist eine Aufgabe von größter nationaler Bedeutung. Eine Unterbringung an der Landoberfläche ist relativ kostengünstig und eine Verlagerung an andere Orte dann vergleichsweise leicht möglich. Jedoch bestehen an der Landoberfläche erhöhte Gefahren insbesondere durch Naturkatastrophen oder terroristische Anschläge. Dagegen ist eine Lagerung in größerer Tiefe deutlich sicherer, aber auch kostspieliger.

Noch gibt es keine Erfahrungen mit der Endlagerung hochradioaktiver Stoffe. Das weltweit erste Endlager dürfte 2020 in Betrieb gehen. Das finnische Unternehmen Posiva Oy errichtet es auf der rund 220 km nordwestlich von Helsinki gelegenen Insel Olkiluoto. Geplant ist, über etwa 100 Jahre die hoch radioaktiven Abfälle finnischer Kernkraftwerke dauerhaft in Granitgestein zu deponieren, bevor man das Endlager in den 2120er-Jahren versiegelt. Das Entsorgungskonzept sieht vor, Uran in gasdichten Metallstäben und diese in ebenfalls gasdichten, korrosionsbeständigen Kupferbehältern zu lagern. Diese sollen wiederum in Bentonit, also einem quellfähigen Tongestein, eingebettet werden, um das Uran vor Erschütterungen und dem Eindringen von Wasser in ausreichender Entfernung von der belebten Welt zu bewahren. Auch dürfte das strahlende Material in einer Tiefe von etwa 400 bis 500 m ausreichend vor der Abtragung durch die Gletscher der nächsten Kaltzeiten geschützt sein [1394].

Welche Entwicklung hat sich in Deutschland vollzogen? Das „Atomgesetz" vom 1. Januar 1960 thematisiert die Endlagerung radioaktiver Abfälle nicht. Das Land Niedersachsen entscheidet sich 1977 für den Bau eines Nuklearen Entsorgungszentrums mit einer Wiederaufarbeitungsanlage, einer Brennelementefabrik und einem Endlager im Gorlebener Salzstock. Beharrliche Proteste resultieren. Das Standortauswahlgesetz bewirkt 2013 die Beendigung der Erkundungsarbeiten in Gorleben und des atomrechtlichen Planfeststellungsverfahrens.

Jürgen Trittin (Bündnis 90/Die Grünen), Bundesminister für Umwelt, Naturschutz und Reaktorsicherheit, richtet im Februar 1999 den „Arbeitskreis Auswahlverfahren Endlagerstandorte", kurz „AkEnd", ein. Die 14 Experten des Gremiums arbeiten hauptamtlich in Bundesanstalten, -ämtern und -forschungszentren, Universitäten und Unternehmen [1395]. Der AkEnd legt zwei Jahre später seinen Abschlussbericht vor und empfiehlt vor der Suche nach einem Endlager einen breiten öffentlichen Diskurs. Die „relevanten Interessengruppierungen und die allgemeine Öffentlichkeit" seien zu beteiligen, um „einen Konsens über den Weg zur Auswahl eines Endlagerstandortes zu erarbeiten". „Die Ängste und Befürchtungen der Bevölkerung" seien ernst zu nehmen [1396]. Der AkEnd führt weiter aus, dass das Endlager „an einem Standort mit langfristiger Sicherheit errichtet und betrieben werden" soll [1397]. Höchste Sicherheitsanforderungen müssen erfüllt sein. Das Endlager soll für etwa eine Million Jahre mit Ausnahme der obertägigen Sicherung „nachsorgefrei" sein. Angestrebt wird „eine möglichst hohe Beteiligungsbereitschaft der regionalen Bevölkerung" – ein optimistisches Szenario [1398].

Die geologische Situation und die Eigenschaften der Gesteine des Endlagers sollen eine Isolation der radioaktiven Abfälle von der Lebewelt gewährleisten. Deswegen schließt der AkEnd Gebiete aus mit

- verstärkter Erdbebentätigkeit,
- erhöhter tektonischer Hebung,
- jungem Vulkanismus und
- Grundwasser, das Teil des heute aktiven hydrologischen Systems an der Erdoberfläche ist.

Nationalparke, Naturschutz- und Trinkwasserschutzgebiete kommen aufgrund ihres hohen Schutzstatus ebenso wenig infrage. Der AkEnd empfiehlt indes, ggf. Einzelfallprüfungen vornehmen zu lassen und dabei das öffentliche Interesse an einem Endlager gegen den Schutzbedarf abzuwägen. Einzubeziehen sei auch das sozio-ökonomische Potenzial, also der Umfang von Investitionen in der Region des Endlagers, sowie die Zahl und Wertigkeit von Arbeitsplätzen in der Bau- und Betriebszeit. Selbst wenn sich die Bevölkerung der betroffenen Region mehrheitlich für oder gegen das Endlager ausspricht, soll der Bundestag abschließend über das Vorhaben abstimmen [1399].

Der AkEnd schlägt vor, zwei Standorte miteinander zu vergleichen. Sollen es zwei Salzstöcke sein? Oder zwei Tonlager? Oder zwei Standorte im Granit? Oder ein Salzstock und ein Tonlager? Ähnliche Gesteinstypen kann man vergleichen, verschiedenartige wie Salze, Tone und Granit nur eingeschränkt.

Nach der Vorlage des Endberichtes des AkEnd halten die Diskussionen an. Der Bund verantwortet die Gesetzgebung für die Entsorgung radioaktiver Stoffe. Über Jahre fällt keine verbindliche Entscheidung zum weiteren Vorgehen. Erst das Standortauswahlgesetz (StandAG) vom 5. Mai 2017 regelt die Suche und Auswahl eines geeigneten Standortes in Deutschland für hochradioaktive Abfälle.

Der Gesetzgeber hat offenbar aus dem jahrzehntelangen entschiedenen Widerstand der Bevölkerung im Zusammenhang mit dem Transport, der Lagerung und der Aufbereitung hochradioaktiver Stoffe gelernt: Nach dem StandAG soll der Auswahlprozess transparent, partizipativ, wissensbasiert, selbsthinterfragend und lernend sein – die in den Suchgebieten lebenden Menschen dürften für die Einhaltung dieser Versprechungen sorgen. Die Endlagerung der radioaktiven Abfälle aus Deutschland in anderen Staaten ist nicht gestattet. Die „bestmögliche Sicherheit für den dauerhaften Schutz von Mensch und Umwelt vor ionisierender Strahlung und sonstigen schädlichen Wirkungen dieser Abfälle ist für einen Zeitraum von einer Million Jahren" zu gewährleisten [1400]. Die Forderung des Gesetzes, unzumutbare „Lasten und Verpflichtungen für zukünftige Generationen" [1401] zu vermeiden, ist unbedingt berechtigt, wird indes nur schwer umsetzbar sein. Noch nie zuvor haben Menschen für eine so lange Zeit realistische Planungen ausführen müssen — und dies auch noch für ein derartig heimtückisches langlebiges Vermächtnis [1402].

Zahlreiche Institutionen befassen sich mit der (End-)Lagerung schwach-, mittel- und hochradioaktiver Abfälle:

- Das Bundesumweltministerium nimmt die Gesamtverantwortung sowie die Fach- und Rechtsaufsicht wahr.
- Das Bundesamt für kerntechnische Entsorgungssicherheit (BfE) verantwortet das Standortauswahlverfahren, ist atom- und bergrechtliche Genehmigungsbehörde und für die Öffentlichkeitsbeteiligung zuständig.
- Die Bundesgesellschaft für Endlagerung mbH (BGE) soll das Standortauswahlverfahren in einem ergebnisoffenen und transparenten Prozess auf der Grundlage wissenschaftlicher Erkenntnisse umsetzen.

- Das unabhängige Nationale Begleitgremium, das zunächst sechs vom Bundestag gewählte Persönlichkeiten des öffentlichen Lebens und drei über ein Beteiligungsverfahren nominierte Bürgerinnen und Bürger umfasst, wirkt gemeinwohlorientiert am Standortauswahlverfahren mit.
- Die Öffentlichkeit kann sich in Versammlungen und an Dialogen beteiligen.
- Oberste Landesbehörden, kommunale Spitzenverbände, Gebietskörperschaften und Träger öffentlicher Belange sind in das Verfahren einbezogen.
- Als atomrechtliche Genehmigungsbehörden engagieren sich die Länder Niedersachsen und Sachsen-Anhalt [1403].

In deutschen Zwischenlagern haben sich nach Angaben der BGE vom März 2019 in Spezialbehältern mittlerweile über 120.000 m$^3$ schwach-, mittel- und hochradioaktive Abfälle angesammelt. Das Volumen wird aufgrund des Rückbaus der deutschen Kernkraftwerke bis zum Jahr 2050 auf etwa 300.000 m$^3$ schwach- und mittelradioaktive sowie bis 2080 auf ungefähr 10.500 t hochradioaktive Abfälle aus stark Wärme entwickelnden abgebrannten Brennelementen ansteigen (Abb. 2.172) [1404].

Nach der Einlagerung der Hochrisikostoffe soll das Bergwerk endgültig verschlossen werden. Danach soll es noch 500 Jahre lang möglich sein, eine Bergung vorzunehmen.

Nach dem StandAG kommen für die Endlagerung hochradioaktiver Abfälle grundsätzlich Steinsalz, Ton- und Kristallingesteine infrage [1405]. Jeder Gesteinstyp hat Vor- und Nachteile. Steinsalz ist hochmobil und aggressiv. Wassereinbrüche sind langfristig kaum zu verhindern. Feuchter Ton kann plastisch sein. Unerkannte wasserdurchlässige Risse könnten Granit durchziehen [1406]. Frankreich, Belgien und die Schweiz setzen auf Tone, Schweden und Finnland auf kristalline Gesteine.

Bis 2031 soll der Standort für das deutsche Atommüllendlager ausgewählt sein. Es wird nicht einfach sein, diesen Termin einzuhalten. Bedeutende Proteste und langwierige Rechtsstreite dürften beginnen, wenn sich abzeichnet, welcher Standort infrage kommt.

Die sichere Endlagerung stark Wärme entwickelnder hochradioaktiver Abfälle über etwa eine Million Jahre ist fraglos die schwierigste Aufgabe, vor der Menschen jemals standen, und die bei weitem kostspieligste und heimtückischste.

**Abb. 2.172** Kühlturm des stillgelegten Kernkraftwerkes Mülheim-Kärlich vor dem kontrollierten Einsturz. Die obere Hälfte des ursprünglich 162 m hohen Turmes ist bereits abgetragen. Der rechts unten sichtbare Schlitz soll mit weiteren noch zu sägenden Schlitzen den verbliebenen Teil der bis zu 20 cm dicken Betonschale des Kühlturmes schwächen. Zwei ferngesteuerte Bagger zerstören am 9. August 2019 mehrere der 72 Betonstützen an der Basis des Kühlturmes. Um 15:38 Uhr fällt er in sich zusammen

Das Kernkraftwerk Mülheim-Kärlich liegt knapp 10 km nordwestlich von Koblenz bei Rheinkilometer 605. Eine höhere Erdbebengefährdung wird kurz vor Baubeginn im Jahr 1975 aufgrund einer Verwerfung am ursprünglich geplanten Standort erkannt. Der Betreiber Société Luxembourgeoise de Centrales Nucléaires S.A. veranlasst eine nicht genehmigte Verlagerung des Reaktorgebäudes um etwa 70 m. Die Baukosten für den Druckwasserreaktor belaufen sich auf fast 3,6 Mrd. €. Am 1. März 1986 nimmt das Kernkraftwerk den Probebetrieb auf. Die illegale Standortkorrektur führt am 9. September 1988 zur Aufhebung der ersten Teilgenehmigung; nach nur 405 Tagen Leistungsbetrieb muss RWE als Mieter die Anlage sofort abschalten. Anhaltende juristische Auseinandersetzungen folgen. 1995 hebt das Oberverwaltungsgericht von Rheinland-Pfalz in Koblenz die Baugenehmigung auf. Drei Jahre später bestätigt das Bundesverwaltungsgericht diese Entscheidung. Im Jahr 2000 verzichtet RWE auf eine erneute Inbetriebnahme des Kernkraftwerkes Mülheim-Kärlich – nach der Zusicherung, zum Ausgleich ein Kontingent von 107 Terawattstunden auf andere Kernkraftwerke übertragen zu dürfen. RWE entfernt im Sommer 2002 die letzten Brennelemente. Am 16. Juli 2004 genehmigt das Ministerium für Umwelt und Forsten in Rheinland-Pfalz die Stilllegung und den 2004 beginnenden Rückbau des Kernkraftwerkes Mülheim-Kärlich. Der Rückbau kostet voraussichtlich etwa 1 Mrd. € (Abb. 2.172) [1407].

## 2035 bis 2038 – Das geplante Ende der Kohleverstromung

Am 26. Januar 2019 empfiehlt die 28-köpfige Kohlekommission bei nur einer Gegenstimme ein Ende der Kohleverstromung spätestens zum Ende des Jahres 2038. Im Jahr 2032 ist zu prüfen, ob der Ausstieg im Einvernehmen mit den Betreibern um bis zu drei Jahre vorgezogen werden kann. Zum Ausgleich sollen die „Kohleländer" Sachsen, Brandenburg, Sachsen-Anhalt und Nordrhein-Westfalen über 20 Jahre zusammen 40 Mrd. € vom Bund erhalten. In einem Staatsvertrag sollen die Vereinbarungen verbindlich festgeschrieben werden. Die Kohlekommission empfiehlt weiterhin, bis 2022 rund 5 Gigawatt Leistung von Braunkohlekraftwerken und 7,7 Gigawatt von Steinkohlekraftwerken vom Netz zu nehmen. Bis spätestens 2038 sollen sämtliche Stein- und Braunkohlekraftwerke stillgelegt sein (Abb. 2.173). 2019 sind es noch 148, die 2018 zusammen 45 Gigawatt Leistung und damit 39 % der elektrischen Energie in der Bundesrepublik Deutschland erzeugen [1408].

Das Positive an dem Beschluss der Kohlekommission ist das nach zähen Verhandlungen erzielte Einvernehmen der Vertreter von Industrie, Gewerkschaften, Umweltverbänden und Wissenschaft in der Kommission. Das Negative ist das im Hinblick auf den rasanten anthropogenen Klimawandel sehr späte Datum. Die Zeit der Braunkohleverstromung muss aufgrund des gravierenden anthropogenen Klimawandels früher enden, als die Kohlekommission dies im Januar 2019 empfiehlt – gegen besseres Wissen von ausgewiesenen Klimaexperten. Möglicherweise wird der dringend notwendige Ausstieg durch die Protestbewegung „Fridays for Future" beschleunigt.

**Abb. 2.173** Tagebau und Braunkohlekraftwerk Jänschwalde im Lausitzer Revier

**Zeittafel zur Geschichte**

| | |
|---|---|
| 9. n. Chr. | Germanen unter der Führung des Cheruskerfürsten Arminius besiegen wohl bei Kalkriese im Osnabrücker Land drei von Publius Quinctilius Varus angeführte römische Legionen vernichtend. Nach der Niederlage verzichten die Römer auf eine Besetzung des Raumes bis zur Elbe. |
| 293 n. Chr. | In Augusta Treverorum, dem heutigen Trier, residiert Constantinus Chlorus – einer von vier römischen Kaisern. |
| 3.–5. Jh. | Niedergang des Römischen Reiches |
| 4.–7. Jh. | Seuchen lösen Massensterben aus; bedeutende Migrationen (sog. „Völkerwanderung") |
| 768–814 | Karl der Große erweitert das „Fränkische Reich" bis an die Elbe, bis Rom und zu den Pyrenäen |
| 843 | Das Fränkische Reich wird in Ost- und Westfranken geteilt. Aus Ostfranken entsteht das spätere „Heilige Römische Reich deutscher Nation" |
| 962 | Krönung von Otto I. zum ersten Kaiser des Heiligen Römischen Reiches. |
| 1096–1270 | Kreuzzüge |
| 1250 | Kaiser Friedrich II. stirbt. Danach zerfällt das Kaiserreich. |
| 1356 | Kaiser Karl IV. erlässt die Goldene Bulle – ein Gesetzbuch, das die Wahlmodalitäten von König und Kaiser durch 7 Kurfürsten regelt. In Lübeck findet der erste Hansetag statt. |
| 1517 | Martin Luther formuliert 95 Thesen gegen den Ablass durch die Römische Kirche. Damit löst er die Spaltung der Römischen Kirche aus. |

| | |
|---|---|
| 1555 | Augsburger Religionsfrieden – weltliche deutsche Fürsten dürfen zwischen Katholizismus und Protestantismus wählen. Die Landesherren bestimmen jeweils die Religion ihrer Untertanen (lat. cuius regio, eius religio – wessen Gebiet, dessen Religion). |
| 1618–1648 | Der Dreißigjährige Krieg ist zunächst ein Religionskrieg zwischen den katholischen Habsburgern, Bayern, den Hochstiften und katholischen Kurfürstentümern auf der einen und der Protestantischen Union, der u. a. Württemberg, Baden-Durlach, Hessen-Kassel, Brandenburg, Anhalt und zahlreiche Reichsstädte angehören, auf der anderen Seite. Auf protestantischer Seite beteiligen sich dann u. a. Schweden, Dänemark, das katholische Frankreich und die Niederlande. |
| 1683–1714 | Kriege gegen das Osmanische Reich und Spanischer Erbfolgekrieg. Österreich steigt zur Großmacht auf. |
| 1740–1786 | König Friedrich II. wandelt Preußen in eine Großmacht. |
| 1772–1795 | Polen wird dreimal geteilt. |
| 1789 | Französische Revolution. |
| 25.2.1803 | Reichsdeputationshauptschluß – Aufhebung fast aller geistlichen Fürstentümer. Säkularisierung des Kirchenbesitzes. Viele kleine Herrschaften und die meisten Reichsstädte werden aufgelöst. |
| 1815 | Zweiter Pariser Frieden. Der Deutsche Bund entsteht. Österreich und Preußen unterdrücken in der Folgezeit entstehende demokratische Bewegungen. |
| 1816–1914 | Millionen enttäuschte Menschen wandern primär nach Nordamerika aus. |
| 1844–1849 | Wirtschafts- und Hungerkrise. Weite Teile der Bevölkerung verarmen. Politische Reformen bleiben aus; die Deutsche Revolution scheitert 1848/49. |
| ab 1855 | Die Industrialisierung verändert die meisten deutschen Staaten. |
| 1861 | Wilhelm I. wird König von Preußen. |
| 1862 | Otto von Bismarck wird Ministerpräsident von Preußen. |
| 1863 | Ferdinand Lasalle gründet den „Allgemeinen Deutschen Arbeiterverein". |
| 1864 | Krieg Preußens und Österreichs gegen Dänemark um Schleswig-Holstein, das von 1864 bis 1866 als Kondominium von Preußen und Österreich verwaltet und 1866 preußisch wird. |
| 1866 | Preußisch-Österreichischer Krieg. Nach dem Sieg Preußens wird 1867 der „Norddeutsche Bund" ohne Österreich gegründet. |
| 1870/71 | Deutsch-Französischer Krieg. |
| 10.12.1870 | Aus dem Norddeutschen Bund entsteht das „Deutsche Reich". |
| 18.1.1871 | Proklamation von Wilhelm I. zum Deutschen Kaiser. Das Deutsche Reich okkupiert Elsass-Lothringen. |
| 1871–1888 | „Kulturkampf" – Konflikt zwischen der Regierung des Deutschen Reiches und der Katholischen Kirche. |
| 1875 | Die „Sozialistische Partei Deutschlands" (SAP) wird gegründet. |
| 1878 | Reichskanzler Bismarck lässt nach misslungenen Attentaten auf Kaiser Wilhelm I. die daran unbeteiligten sozialistischen und kommunistischen Vereine verbieten, nicht jedoch die SAP. |

| | |
|---|---|
| 1879 | Das Deutsche Reich und Österreich-Ungarn schließen einen geheimen Zweibund. |
| 1883/89 | Reichskanzler Bismarck etabliert die Sozialversicherung. |
| 1884 | Das Deutsche Reich beginnt Kolonien in Afrika und in Ozeanien vorsichtig zu akquirieren. |
| 1888 | Wilhelm II. wird Kaiser. |
| ab etwa 1889 | Neue gesellschaftliche Strömungen breiten sich aus, darunter die Lebensreformbewegung. |
| 1890 | Kaiser Wilhelm II. entlässt Reichskanzler Bismarck. |
| 1890er-Jahre–1914 | Aufrüstung des Deutschen Reiches. |
| 1900 | Das Bürgerliche Gesetzbuch tritt in Kraft. |
| 1.8.1914 | Der Erste Weltkrieg beginnt. |
| 11.11.1918 | Mit dem Waffenstillstand von Compiègne enden die Kampfhandlungen des Ersten Weltkrieges. |
| 1918/19 | Novemberrevolution. |
| 1918–1933 | Weimarer Republik, die erste deutsche Demokratie. |
| 1919–1923 | Hyperinflation, Putschversuche und kriegsähnliche Ausschreitungen. |
| 10.1.1920 | Der Friedensvertrag von Versailles tritt in Kraft. Elsass-Lothringen wir wieder ein Teil Frankreichs. Die Provinz Posen, große Teile Westpreußens und weitere Gebiete gehen an Polen, die ehemaligen deutschen Kolonien an verschiedene Mächte. Nach einer Volksabstimmung wird Nordschleswig dänisch. |
| 1930–1933 | Weltwirtschaftskrise, außergewöhnlich hohe Arbeitslosigkeit und Massenverarmung. |
| 30.1.1933 | Reichspräsident Paul von Hindenburg beruft Adolf Hitler zum deutschen Reichskanzler. |
| 23.3.1933 | Verabschiedung des „Ermächtigungsgesetzes". |
| 10.5.1933 | B ü c h e r v e r b r e n n u n g e n beginnen. |
| ab 1933 | Errichtung von Konzentrationslagern (am 20.3.1933 in Dachau). Zunächst werden politische Gegner, bald auch Menschen jüdischen Glaubens, Sinti und Roma sowie homosexuelle Menschen interniert, gequält und in immer größerer Zahl ermordet. |
| 15.9.1935 | Die „Nürnberger Gesetze" leiten den offiziellen staatlichen Antisemitismus ein. |
| 5.11.1937 | Hitler befiehlt führenden Generälen die Vorbereitung eines Angriffskrieges auf östliche Nachbarstaaten. |
| 12.3.1938 | Die Wehrmacht marschiert in Österreich ein. Es wird in das Deutsche Reich eingegliedert. |
| 9./10.11.1938 | Judenpogrome. |
| 23.8.1939 | Mit dem Hitler-Stalin-Pakt wird eine Grundlage für den Angriff Nazideutschlands auf Polen geschaffen. |
| 1.9.1939 | Hitler befiehlt den Angriff auf Polen. Der Zweite Weltkrieg beginnt. |
| 22.6.1941 | Nazideutschland überfällt die Sowjetunion. Danach werden rasch weitere Konzentrationslager eingerichtet. |
| 1941–1945 | Zweifacher Völkermord durch die Nationalsozialisten: In Konzentrationslagern werden mindestens sechs Millionen Menschen jüdischen Glaubens (Shoah) sowie hunderttausende Sinti und Roma (Porajmos) systematisch ermordet. |
| 8.5.1945 | Nazideutschland kapituliert bedingungslos. |
| 1945/46 | In Nürnberg finden Prozesse gegen führende Naziverbrecher statt. |

| | |
|---|---|
| 21./22.4.1946 | Gründungsparteitag der „Sozialistischen Einheitspartei Deutschlands" (SED). |
| 20.–24.6.1948 | Mit der Währungsreform wird in der Trizone die „Deutsche Mark" (DM) eingeführt. Die Sowjetische Militäradministration in Deutschland reagiert überstürzt mit einer Währungsreform und der Durchsetzung der „Deutschen Mark der Deutschen Notenbank" in der Sowjetischen Besatzungszone und in Groß-Berlin. Die Kommandanten der westlichen Alliierten lassen in Berlin (West) ab dem 24.6.1948 DM-Noten mit dem Stempel „B" ausgeben. |
| 24.6.1948–12.5.1949 | Die Sowjetunion reagiert auf die Währungsreform der Westalliierten mit der Blockade der Zugangswege nach Berlin (West). |
| 8.5.1949 | Der Parlamentarische Rat beschließt das Grundgesetz für die in der Trizone zu gründende Bundesrepublik Deutschland (BRD). Die Besatzungsmächte und die Länderparlamente stimmen mit Ausnahme Bayerns zu. |
| 23.5.1949 | Gründung der BRD. Der Bundestag wählt Konrad Adenauer zum ersten Bundeskanzler der BRD. Einführung der sozialen Marktwirtschaft. |
| 24.5.1949 | Das Grundgesetz tritt in der BRD in Kraft. |
| 7.10.1949 | Gründung der Deutschen Demokratischen Republik (DDR). Otto Grotewohl wird Vorsitzender des Ministerrates der DDR. Etablierung einer sozialistischen Planwirtschaft. |
| 25.7.1950 | Walter Ulbricht wird Generalsekretär des Zentralkomitees der SED. |
| 29.9.1950 | Die DDR wird Mitglied im „Rat für gegenseitige Wirtschaftshilfe" (RGW). |
| 18.4.1951 | Gründung der „Europäischen Gemeinschaft für Kohle und Stahl" (Montanunion). Mitglieder sind: BRD, Frankreich, Italien, Belgien, Luxemburg, die Niederlande. |
| 1952 | Die DDR errichtet Sperranlagen an der Grenze zur BRD, um die Flucht von Menschen in den Westen einzudämmen. |
| 5.5.1955 | Die BRD wird Mitglied der NATO. |
| 4.6.1955 | Der Warschauer Vertrag tritt in Kraft. |
| 25.3.1957 | Gründung der „Europäischen Wirtschaftsgemeinschaft" (EWG) und der Europäischen Atomgemeinschaft (EURATOM). Die BRD ist Mitglied. |
| 13.8.1961 | Der Bau der Berliner Mauer beginnt. |
| 22.1.1963 | Bundeskanzler Konrad Adenauer und der französische Präsident Charles de Gaulle unterzeichnen den Vertrag über die deutsch-französische Zusammenarbeit. |
| 15.10.1963 | Konrad Adenauer tritt vom Amt des Bundeskanzlers der BRD zurück. Nachfolger wird Ludwig Erhard. |
| 1963 bis 1968 | Auschwitzprozesse. |
| 1.7.1967 | Der Vertrag zur Einsetzung eines Gemeinsamen Rates und einer Gemeinsamen Kommission der Europäischen Gemeinschaften tritt in Kraft. Dazu fusionieren EWG, Montanunion und EURATOM. |
| 21.10.1969 | Der Bundestag wählt Willy Brandt zum Bundeskanzler der BRD. Erste SPD-FDP-Koalition. |

| | |
|---|---|
| 1970 | In den „Ostverträgen" erkennt die BRD die bestehenden Grenzen an. BRD und Sowjetunion verpflichten sich, den Frieden aufrecht zu erhalten und Konflikte friedlich zu klären. |
| 3.5.1971 | Erich Honecker löst Walter Ulbricht als Generalsekretär des Zentralkomitees der Sozialistischen Einheitspartei Deutschlands ab. |
| 21.12.1972 | BRD und DDR schließen den „Grundlagenvertrag", der die Beziehungen zwischen beiden Staaten regelt. |
| Sept./Okt. 1977 | Deutscher Herbst: die „Rote Armee Fraktion" terrorisiert die BRD. |
| 1.10.1982 | Mit einem erfolgreichen konstruktiven Misstrauensvotum löst Helmut Kohl Helmut Schmidt als Bundeskanzler ab. |
| 1983 | Mehrere hunderttausend Menschen protestieren im Bonner Hofgarten gegen den NATO-Doppelbeschluss. |
| 1988/89 | Oppositionelle Gruppen demonstrieren mit „Friedensgebeten" gegen das politische System der DDR. |
| 9.11.1989 | Aufgrund eines Missverständnisses in der Regierung der DDR wird die Berliner Mauer geöffnet. |
| 18.3.1990 | Erste freie Wahlen in der DDR. |
| 3.10.1990 | Herstellung der Einheit Deutschlands. |
| 27.10.1998 | Der Bundestag wählt Gerhard Schröder zum Bundeskanzler der BRD. Erste Koalition von SPD und Bündnis 90/Die Grünen. |
| 1.1.2002 | 12 Mitgliedstaaten der Europäischen Union, darunter die BRD, führen den „Euro" als gemeinsame Währung ein. |
| 22.11.2005 | Der Bundestag wählt Angela Merkel zur Bundeskanzlerin der BRD. Große Koalition von CDU/CSU und SPD. |
| 2015 | Bundeskanzlerin Angela Merkel verhindert mit der Aufnahme hunderttausender Flüchtlinge eine menschliche Katastrophe. |

**Zeittafel zur Umweltgeschichte**

| | |
|---|---|
| 1. Jh. v. Chr.–4. Jh. | Das Römische Reich besetzt und nutzt Räume westlich von Niederrhein und Spessart sowie südlich der Donau. Effektive römische Landnutzungssysteme werden hauptsächlich an Gunststandorten wie der fruchtbaren Wetterau eingeführt. Bodenerosion mindert an zahlreichen Hangstandorten allmählich die Bodenfruchtbarkeit. Neben Veränderungen der Vegetation und der Böden treten lokal bedeutende Umweltbelastungen durch Bergbau und die Verhüttung von Metallerzen auf. |
| 536–ca. 660 n. Chr. | Spätantike Kleine Eiszeit: Vulkanausbrüche bedingen eine folgenschwere Abkühlung. Kühl-feuchte Witterung führt zu Ertragsausfällen und Hungersnöten. Sie fördert die Ausbrüche von Seuchen, Massensterben und Migrationen. Wälder breiten sich aus. Unter ihnen findet intensive Bodenbildung statt. Hochwasser werden seltener und schwächer. |
| spätes 7.–12. Jh. | Landesausbau: initiiert durch anhaltendes Bevölkerungswachstum in einer Zeit mit überwiegend günstigen Witterungsbedingungen für |

| | |
|---|---|
| | eine ertragreiche Landwirtschaft. |
| 13. Jh. | Die Wälder sind zwischen Alpen und Nordsee weitgehend gerodet. Es mangelt an Land für die Produktion von Nahrungsmitteln und für die Haltung von Vieh. Viele Menschen sind mangelernährt. Fleisch ist rar. |
| 1309–1351 | Extreme Witterungsereignisse und -phasen, Überschwemmungen, Heuschreckenplagen, Ertragsausfälle, Hungersnöte, Pestpandemie und Massensterben. |
| 1352–15. Jh. | Die Bevölkerungsdichte hat sich von 1300 bis 1352 fast halbiert. Dörfer und Feldfluren fallen wüst. Sie bewalden sich – der Waldanteil verdreifacht sich. In den Wäldern werden zahllose Schweine und Rinder gehalten. Mit dem hohen Fleischangebot ändern sich die Ernährungsgewohnheiten – der Fleischverzehr nimmt erheblich zu. |
| 15.–frühes 18. Jh. | Mehrere Kälteperioden in der „Kleinen Eiszeit" mit ungünstiger Witterung für den Ackerbau, Ertragsausfällen, Spekulation und Wucher sowie Hungersnöten. |
| 18.–19. Jh. | Kalamitäten wie die Kartoffelfäule, Heuschreckenschwärme, Echter Mehltau und die Reblaus lösen große Schäden auf Feldern und in Weinkulturen aus. Nonnenspinner, Kiefernspinner und Borkenkäfer befallen bevorzugt die sich immer stärker ausdehnenden Nadelholz-Monokulturen. Melioration von Feuchtgebieten zur Schaffung von Wiesen, Aufteilung der Allmende zur Generierung von Ackerland, Zusammenlegung von Grundstücken für eine effektivere Landwirtschaft, Verbesserung der Düngung, Durchsetzung neuer Feldfrüchte (vor allem der Kartoffel) zur Erhöhung der Erträge. |
| 19.–frühes 21. Jh. | Zunehmende Industrialisierung, Verstädterung, Suburbanisierung und Mobilität verursachen Belastungen der Atmosphäre, der Böden, des Grundwassers und der Oberflächengewässer mit Nähr- und Schadstoffen. Der Lärm nimmt zu. Die Versiegelung zerstört immer mehr Böden. Das Befahren von Feldern und Wäldern mit immer schwereren Maschinen schädigt die Böden für Jahrhunderte. Versiegelung und Bodenverdichtung verstärken die Abflussbildung, der Bau von Drainagen, Entwässerungsgräben und die Begradigung von Fließgewässern erhöht die Fließgeschwindigkeiten des Abflusses. Hochwasser werden häufiger und stärker. Belastetes Wasser wird als Trinkwasser genutzt. Cholera und Typhus sind bis in das frühe 20. Jh. die Folge. Die Belastungen der bodennahen Atmosphäre durch Industrie, Handwerk, Hausbrand und Verkehr führen zu unterschiedlichsten Erkrankungen, besonders der Lunge. Die Lebensräume verändern sich gravierend. Die Zerschneidung von Landschaften durch Verkehrswege und der Verlust an Lebensräumen für nicht wenige Pflanzen- und Tierarten mindert die Biodiversität. |

spätes 19.–21. Jh.

Nach dem Zweiten Weltkrieg verändert u.a. der Ausstoß an Luftschadstoffen das Klima.

Der Bergbau hat starke negative Wirkungen auf Landschaften. Die untertägige Entnahme von Steinkohle schafft im Ruhrgebiet und an der Saar ausgedehnte Hohlräume, die zusammensinken. Dadurch ändern sich Fließwege erheblich. Nur durch das beständige Abpumpen von Oberflächenwasser aus Bergsenkungsgebieten wird verhindert, dass dort riesige Teiche entstehen. Dies ist eine kostspielige Ewigkeitsaufgabe.

Der obertägige Braunkohlebergbau um Aachen und Jülich, um Leipzig und in der Lausitz senkt die Grundwasserspiegel drastisch, zerstört wertvolle Ackerböden, Feuchtgebiete und Wälder mit schutzwürdigen Pflanzen- und Tierarten sowie Orte. Menschen verlieren ihre Heimat. Mit der Sanierung der Braunkohletagebaue entstehen neue teichreiche Landschaften.

Der Uranerzbergbau in Sachsen und Thüringen schädigt die Gesundheit vieler Bergleute. In der unmittelbaren Umgebung der Uranerzbergwerke werden Halden mit radioaktiven Stoffen aufgeschüttet und unzureichend abgedeckt.

Die stürmische Bautätigkeit in der 2. Hälfte des 20. Jh. beruht auf der umfangreichen Entnahme von Sanden und Kiesen in Flussauen. Teichlandschaften resultieren.

Wissenschaftlicher und technischer Fortschritt ermöglichen oder bewirken immense Umweltschäden:

Die Forstwirtschaft wandelt teils devastierte, teils artenreiche Wälder in sturmwurf- und kalamitätsgefährdete Nadelholz-Monokulturen.

Die wissenschaftlich begründete Erhöhung der mineralischen Düngung, des Einsatzes von Pestiziden und der Intensivtierhaltung in der Landwirtschaft führt in jüngster Zeit zu immensen Belastungen von Böden, Grund- und Oberflächengewässern mit Nähr- und Schadstoffen.

Politische und juristische Reaktionen auf Umweltschäden bewirken erst seit den 1960er-Jahren spürbare Verbesserungen des Umweltzustandes. Die Reduzierung der Schwefelemissionen verhindert das Waldsterben. Der Zustand vieler Oberflächengewässer bessert sich. Dennoch sind nach der zurecht anspruchsvollen Wasserrahmenrichtlinie der Europäischen Union im Jahr 2015 nur 7 % der Fließgewässer Deutschlands in einem guten oder sehr guten ökologischen Zustand [1409]. Trotz Bodenschutzgesetz sind die Böden kaum geschützt. Die massive Flächennutzung mindert die Biodiversität – tragfähige Lösungen zur Rettung der noch existierenden Pflanzen- und Tierarten liegen vor, werden freilich zu zögerlich umgesetzt.

Der unsere Ressourcen ungemein verschwendende Lebensstil trägt ganz erheblich zum menschengemachten Klimawandel bei. Frühe Warnungen vor Umweltschäden wurden und werden weitgehend ignoriert.

So gelangen Informationen über umweltbedingte Lungenerkrankungen, über Fischsterben, Strahlenerkrankungen, Waldsterben, Insektensterben und den anthropogenen Klimawandel seit Jahrzehnten in die Öffentlichkeit. Ihre Aussagekraft und ihr Wahrheitsgehalt werden teilweise gegen besseres Wissen zu lange bezweifelt. Mit der deutschen Umweltgesetzgebung wandern umweltbelastende Industrien in Staaten mit niedrigeren Umweltstandards ab. Die von uns dort erzeugten Belastungen nehmen wir nicht wahr. Gleiches gilt für die Nahrungs- und Futtermittelproduktion außerhalb der Europäischen Union.

Die geologische Epoche des Holozäns ist in das übergegangen. Wir Menschen prägen die Entwicklung des gesamten Planeten Erde mittlerweile tiefgreifend.

Trotz der geschilderten Erfolge der deutschen Umweltpolitik der vergangenen Jahrzehnte bleibt ein immenser Handlungsbedarf. Vordringlich ist die frühestmögliche drastische Minderung

- des menschengemachten Klimawandels und der resultierenden Luftbelastungen durch die Treibhausgas- und Staubemissionen von Industrie, Gewerbe, Landwirtschaft, Hausbrand, Straßen-, Luft- und Schiffsverkehr,
- der Belastungen von Böden, Oberflächengewässern und Grundwasser mit Nähr- und Schadstoffen,
- der Umweltbelastungen durch Kunststoffe,
- der Verdichtung von Böden durch das Befahren mit schweren Fahrzeugen,
- der Bodenversiegelung und des Flächenverbrauchs und damit der Zerstörung von Vegetation und Böden,
- des Verlustes von Lebensräumen, Pflanzen- und Tierarten sowie
- des Lärms.

Ebenso dringend ist die Einrichtung eines langfristig sicheren Endlagers für hoch radioaktive Stoffe.

Wie können wir diese Ziele erreichen? Für den Übergang in eine nachhaltige Gesellschaft steht uns eine beachtliche Anzahl geeigneter Maßnahmen zur Verfügung.

Viele sind interessiert und bereit, an den dringend notwendigen Veränderungen auf dem Weg in eine nachhaltige Gesellschaft mitzuwirken. Nicht wenige haben Ängste etwa vor Ressourcenkonflikten, Wirtschaftskrisen, verschmutzter Luft, schadstoffbelasteten Nahrungsmitteln oder Stromausfällen („Blackout"). Menschen mit diesen Ängsten sollten wir unbedingt auf einen der so vielversprechenden Wege in eine nachhaltige Gesellschaft mitnehmen. Lassen Sie uns über einen breiten gesellschaftlichen Diskurs gemeinsam mit den politischen Entscheidungsträgern die Stabilität unserer demokratischen Gesellschaft fördern und damit neue Freiheiten schaffen.

Eine interdisziplinäre Arbeitsgruppe um den renommierten Klimawissenschaftler William L. (Will) Steffen hat ein Konzept zu den ökologischen Belastungsgrenzen unseres Planeten entwickelt [1410]. Es klassifiziert den Stand globaler Umweltbelastungen für Variablen wie die Stickstoff- und Phosphorflüsse, die funktionale und die genetische Vielfalt der Biosphäre, den Landnutzungs- und den Klimawandel, modifizierte Lebensformen und neue Substanzen. Letztere umfassen etwa DDT, Dioxin und Plutonium.

Steffen et al. unterscheiden drei Risikoklassen [1411]:

1. den sicheren Handlungsraum, in dem für die Menschheit kein Risiko besteht,
2. den wahrscheinlich verlassenen sicheren Handlungsraum mit einem wachsenden Risiko und
3. den Hochrisikobereich.

Nach den Aufsehen erregenden Berechnungen von Steffen et al. haben wir global die sicheren Handlungsräume beim Klimawandel und beim Landnutzungswandel wahrscheinlich und bei der genetischen Vielfalt der Biosphäre sowie den Stickstoff- und Phosphorkreisläufen bereits definitiv verlassen. Mit der übermäßigen Nutzung fossiler Energieträger sind wir gewaltige Risiken mit gefährlichen Folgen für unsere Umwelt und für die heute lebenden und die noch nicht geborenen Menschen eingegangen [1412].

Dieses abschließende Kapitel zeigt exemplarisch Möglichkeiten auf, wie wir durch ein vollkommen verändertes Handeln den Verbrauch unersetzbarer Ressourcen drastisch



H.-R. Bork, *Umweltgeschichte Deutschlands,* https://doi.org/10.1007/978-3-662-61132-6_3

mindern, den menschengemachten Klimawandel entscheidend drosseln und die verbliebene Vielfalt des Lebens (auch zu unserem Wohle!) doch noch retten können.

Die politischen Institutionen sind dazu allein keinesfalls in der Lage. Das haben die letzten Jahrzehnte nachdrücklich gezeigt. Sie unterliegen unglaublich vielen Zwängen und parteibezogen allzu starker Rücksichtnahme auf bestimmte Interessengruppen.

Notwendig ist ein bewussterer Umgang mit den eigenen Bedürfnissen, dem Konsum und der Umwelt durch die Menschen, die in Deutschland und auf der gesamten Erde leben. Es braucht einen langen Atem, um dafür eine breite Verständigung zu erreichen. Der resultierende gesellschaftliche Wandel wird Jahrzehnte dauern.

Menschen wohnt ein großer Zauber inne, ein Zauber, der die Welt zum Guten zu ändern vermag. Für den Weg in eine nachhaltige, langfristig überlebensfähige Gesellschaft benötigen wir ihren Zauber, ihren Lebensmut, ihre Tatkraft und ihre Ausdauer.

Gerade junge Menschen dürften ihre außergewöhnlichen Möglichkeiten erkennen und nutzen, um die „Große Transformation" herbeizuführen.

## 3.1  Handlungsempfehlungen für den Alltag

**Bildung**. Es ist ein großes Privileg, Bildungsmöglichkeiten in allen Altersstufen nutzen zu können. Lassen Sie uns für den Übergang in eine nachhaltige Gesellschaft

- das Bildungssystem konsequent weiter entwickeln, damit die Menschen in Deutschland die nötigen Kompetenzen erwerben können,
- teilhaben an den Diskussionen zur nachhaltigen Ernährung, Bekleidung, Mobilität, Vielfalt der Lebenswelt, zum menschengemachten Klimawandel und zu den Umweltbelastungen durch Nähr- und Schadstoffe,
- die wachsenden Risiken und Gefahren besser verstehen und zielführend mit ihnen umgehen,
- die Scheu vor politischem Engagement verlieren und
- politische Diskussionen und Entscheidungen aktiv mitbestimmen.

**Transparenz**. Die Informationen über die sozialen und Umweltwirkungen von Produkten sind oft – häufig absichtlich – unzureichend. Vieles bleibt im Dunkeln, es fehlt an Transparenz. Lassen Sie uns präzise und hartnäckig nach der Herstellung, dem Vertrieb, der Nutzung und Entsorgung von Nahrungsmitteln, technischen Produkten oder Kleidung fragen: nach den Arbeitsbedingungen, nach den Löhnen und nach den gesundheitlichen Belastungen derjenigen, die an diesen Prozessen mitwirken.

Lassen Sie uns Unternehmen anprangern, die sich umweltfreundlich und nachhaltig geben, tatsächlich aber in hohem Maße Ressourcen verschwenden, Luft, Boden, Vegetation, Wasser oder Menschen belasten. Wenn wir dieses „Greenwashing" erfolgreich bekämpfen und die Produkte dann weitaus weniger uns Menschen und unsere Umwelt gefährden, ersparen wir der Gesellschaft langfristig hohe Kosten.

Wir benötigen also eine vollkommene und allgemeinverständliche Produkttransparenz. Ohne sie ist der Übergang in eine gerechte und nachhaltige Gesellschaft ausgeschlossen.

Die Nothilfe- und Entwicklungsorganisation Oxfam Deutschland fordert 2019 von der Bundesregierung die rasche Verabschiedung eines verbindlichen Lieferkettengesetzes [1413]. Es könnte ein bedeutender Schritt zu mehr Transparenz und Gerechtigkeit werden.

**Ernährung**. Lassen Sie uns sorgfältig die Inhaltsstoffe von Lebensmitteln prüfen und erreichen, dass die Angaben korrekt, vollständig und verständlich sind. So sollten etwa Allergene oder Geschmacksverstärker gut erkennbar und damit vermeidbar sein. Manche Gewürzmischungen, Wurstwaren und Fertigprodukte enthalten Geschmacksverstärker, die auf den Zutatenlisten mit Begriffen wie „Hefeextrakt" oder „Speisewürze" umschrieben werden. Geschmacksverstärker wie Glutamat verändern die natürliche Regulation des Appetits. Sie erzeugen ein verspätetes Sättigungsgefühl – und Abhängigkeit. Auch der Konsum gebrauter alkoholischer Getränke wie Wein, Sekt und Bier fördert den Appetit. Lassen Sie uns mehr ursprüngliche Lebensmittel wie Gemüse und Obst direkt genießen und weniger verarbeitete und mit chemischen Stoffen ergänzte Produkte. Lebensmittelunverträglichkeiten würden dann zurückgehen.

Müssen wir wirklich alle Nahrungsmittel ganzjährig oder zumindest so lange wie möglich im Jahr verfügbar haben? Eine Folge dieses Bedürfnisses ist die Bedeckung riesiger Flächen mit Kunststofffolie – etwa um Spargel oder Erdbeeren früher im Jahr reifen zu lassen und vermarkten zu können (Abb. 3.1, 3.2). Kulturpflanzen, die unter Plastikfolie reifen, müssen bislang nicht gekennzeichnet werden. Lassen Sie uns dies ändern. Menschen, die keine Kunststoffe in der Landschaft möchten, können dann gezielter einkaufen [1414].

**Fischerei und Nutztierhaltung**. Lassen Sie uns Fleisch und Fisch bewusst und wenn irgend möglich nur in geringer Menge verzehren. Wir sollten uns mit Fischerei, Tierhaltung, Tiertötung und Tierverarbeitung beschäftigen. Lassen Sie uns prüfen, wie wir auf Tierversuche und auf Produkte, die Tierversuche voraussetzen, verzichten können. Lassen Sie uns Anlagen der Intensivtierhaltung und Schlachthöfe besuchen, um den eigenen Fleisch- und Wurstverbrauch besser einordnen zu können.

**Abb. 3.1** Anbau von Frühspargel unter Kunststofffolie bei Preetz (13 km südöstlich von Kiel)

**Abb. 3.2** Mit Kunststofffolie abgedecktes Erdbeerfeld in der Nähe des Weißenhäuser Strandes westlich von Oldenburg in Holstein

> *„Nutztierhaltung erzeugt auf über vier Fünftel der landwirtschaftlich genutzten Fläche [der Erde] weniger als ein Fünftel der weltweit konsumierten Kalorien [...] und hat einen erheblichen Anteil am Ausstoß klimaschädlicher Treibhausgase [...].[...] Über ein Drittel der weltweiten Getreideernte wird zurzeit als Tierfutter verwendet."* [1415].

**Kosmetika** können Unverträglichkeiten und Umweltbelastungen hervorrufen. Lassen Sie uns prüfen, für welche Anwendungen menschen- und umweltverträgliche Produkte existieren oder entwickelt werden müssen. Lassen Sie uns den Erwerb und Gebrauch von Kosmetika minimieren.

**Sport.** Wir sollten Sport auf Kunstrasen mit Kunststoff-Granulatfüllung vermeiden. Das Granulat wird als Feinstaub aufgewirbelt und von Sporttreibenden eingeatmet. Lassen Sie uns beim Sport und im Alltag Schuhe mit Sohlen tragen, die einem extrem geringen Abrieb unterliegen.

**Vielfalt des Lebens.** Natürliche Ökosysteme, deren Bestandteil wir sind, haben ein verblüffend hohes Vermögen zur Selbstregulation. Dieses nimmt indes bei einer Verringerung der funktionalen und genetischen Vielfalt gravierend ab. Lassen Sie uns die noch vorhandene Vielfalt retten. Lassen Sie uns die Einschleppung von besonders invasiven, konkurrenzstarken und schädlichen Pflanzen- und Tierarten erfolgreich bekämpfen. Kunststoffe in der Umwelt führen zunehmend zum Tod von Organismen und damit zu einer Veränderung der Nahrungsnetze und einer Minderung der Vielfalt des Lebens. Kunststoffe dürfen nicht in die Umwelt gelangen. Wir müssen für ein vollständiges Recycling sorgen!

Technische Innovationen. Ressourcen schonende und den Verbrauch wesentlich senkende Technologien können helfen, Umweltbelastungen entscheidend zu mindern. Besonders bedeutsam sind hier die Materialwissenschaften, die Biotechnologie, die „Künstliche Intelligenz", die Medizin und die Umweltwissenschaften [1416].

So könnten gezielte technische Neuerungen zahlreiche Umweltprobleme lösen: bei der Mobilität, bei einer artgerechten und nachhaltigen Erzeugung und Verarbeitung von Lebensmitteln und Kleidung, beim Heilen von Krankheiten und bei der sicheren Endlagerung radioaktiver Stoffe; durch die Entwicklung von Autoreifen und Bremsbelägen, die keinen Abrieb haben und damit keinen gesundheitsschädlichen Feinstaub erzeugen, beim Recycling.

Vor der Einführung neuer Technologien müssen wir sorgfältig deren Wirkungen und insbesondere unerwünschte Nebenwirkungen prüfen. Die Prüfverfahren müssen stetig verbessert werden, um Risiken verlässlich abschätzen zu können. Betrug ist stärker zu ahnden. Lassen Sie uns beständig fragen, ob und wofür wir Produkte wirklich benötigen, inwieweit sie unsere Lebensqualität verbessern und wie sie die Umweltqualität beeinflussen.

**Straßenverkehr.** Unsere Straßenverkehrssysteme und die auf Straßen betriebenen Kraftfahrzeuge verursachen einen exorbitant hohen Ressourcen- und Flächenverbrauch. Sie sind unerträglich ineffizient und in vielerlei Hinsicht gesundheitsgefährdend. Lassen Sie uns

- Verkehrsstau und Schadstoffemissionen zuerst in Wohngebieten, vor Kindergärten und Schulen verhindern,
- leichte Fahrzeuge mit kleinen Elektromotoren nutzen, bis endlich umweltfreundlichere Verkehrssysteme entwickelt sind, und
- auf die Nutzung von Pkw verzichten, wann und wo immer es möglich ist.

**Wohnen.** Lassen Sie uns unsere Wohnungen und Häuser mit nachhaltig hergestellten Produkten bauen und ausstatten – von der Wärmeisolation, der Wandfarbe und dem Fußbodenbelag bis zu den Möbeln. Lassen Sie uns auf unseren Balkonen und Terrassen neben Zierpflanzen auch Nutzpflanzen anbauen. Lassen Sie uns Dächer begrünen, Flächen entsiegeln und Hausgärten als Lebensräume für Vögel und Insekten anlegen – mit Pflanzen, die auch in einem verändernden Klima gedeihen.

**Energie.** Lassen Sie uns mehr Photovoltaikanlagen zur Gewinnung von Strom installieren. Lassen Sie uns nur regenerative Energie nutzen und den Energieverbrauch auch im Haushalt senken. Lassen Sie uns Elektrogeräte, elektronische Geräte und Software nutzen, die so wenig Energie wie möglich verbrauchen.

**Holzverbrauch.** Lassen Sie uns den Verbrauch an Holz und Holzprodukten wie Papier und Kartonagen minimieren.

**Menschengemachter Klimawandel.** Die Intensität von Witterungsextremen wie Starkniederschlägen, Hitze- und Trockenperioden wächst. Lassen Sie uns Maßnahmen zur Minderung der negativen Folgen dieser Entwicklung ergreifen.

**Abfluss.** Lassen Sie uns das Regenwasser dort nutzen, wo es auf die Erdoberfläche fällt. Lassen Sie uns den schnellen Abfluss über Kanalisation und kanalisierte Flüsse entscheidend reduzieren. Damit fördern wir die Neubildung von Grundwasser. Die Hochwassergefahr nimmt ab. Lassen Sie uns die Überflutung von Straßen, Unterführungen und Gebäuden beenden, die auf Flächenversiegelung beruht. Lassen Sie uns dazu Überschwemmungsgebiete an die Flüsse zurückgeben.

**Räumliche Fernwirkungen.** Lassen Sie uns die negativen Fernwirkungen unseres Konsums und unserer Mobilität prüfen und minimieren. Lassen Sie uns auf diesem Weg die gesundheitlichen Belastungen von Menschen in anderen Staaten und die dortigen Belastungen der Umwelt essentiell reduzieren.

**Zeitliche Fernwirkungen.** Lassen Sie uns dafür sorgen, dass wir den noch nicht Geborenen möglichst wenige Belastungen übertragen. Lassen Sie uns unseren Nachkommen möglichst viele Optionen für ihr eigenes Leben erhalten. Nur eine nachhaltige Gesellschaft wird dies ermöglichen.

## 3.2  Handlungsempfehlungen für ein nachhaltiges Deutschland

Aus demokratischen Graswurzelbewegungen können effiziente zivilgesellschaftliche Institutionen erwachsen. Durch freies Engagement und in mannigfaltiger Weise. Indem wir neue gemeinnützige Vereine und Stiftungen, Firmen und Behörden gründen, die sich der nachhaltigen Entwicklung verschreiben – in unterschiedlichster Weise und Zusammensetzung, mit unterschiedlichsten Aufgaben. Die gemeinsame Entdeckung, Prüfung und Umsetzung neuer Möglichkeiten können der Weg und das Ziel sein.

**Energieverbrauch.** Der massive Einsatz fossiler Energieträger hat die Wirtschafts- und Gesellschaftsentwicklung seit dem 19. Jh. möglich gemacht. Die Nebenwirkungen des Verbrennens von Stein- und Braunkohle, Erdöl und Erdgas sind gewaltig. Jetzt ist es erstmals seit dem Beginn der von Steinkohle angetriebenen Industrialisierung möglich, von fossiler Energie unabhängig zu werden, Öl, Gas und andere Rohstoffe nur noch für notwendige Wertstoffe zu nutzen und sie nicht mehr zu verbrennen. Wir sollten in Deutschland alle Möglichkeiten regenerativer Energiegewinnung gemeinsam vernetzt nutzen. Digitale Anwendungen wie das Streaming oder der neue Mobilfunkstandard 5G werden den Stromverbrauch weiter in die Höhe treiben. Wir benötigen dringend neue gesetzliche Regeln und neue Technologien, um den hohen Stromverbrauch auch von Rechenzentren effektiv zu begrenzen [1417].

*„Die direkten staatlichen Subventionen für fossile Brennstoffe betragen [weltweit] jährlich mehrere 100 Mrd. US-Dollar [...]. Berücksichtigt man zusätzlich noch die nicht durch Steuern ausgeglichenen Sozial- und Umweltkosten (vor allem Gesundheitskosten durch Luftverschmutzung), wird die Nutzung fossiler Brennstoffe nach Schätzungen von Experten des Internationalen Währungsfonds (IMF) weltweit mit rund fünf Billionen US-Dollar pro Jahr unterstützt; das sind 6,5 % des weltweiten Bruttoinlandsprodukts von 2014 [...]." [1418].*

**EU-Förderung der Landwirtschaft.** Die Europäische Union unterstützt im Jahr 2019 aus dem Europäischen Garantiefonds für die Landwirtschaft Betriebe in Deutschland mit Direktzahlungen in Höhe von etwa 4,8 Mrd. Euro. Die Vergabe der flächenbezogenen Prämien – die 1. Säule – ist nicht an Auflagen gebunden. Weitere rund 1,3 Mrd. Euro aus Brüssel sind zweckgebunden. Mit den Zahlungen aus dem Europäischen Landwirtschaftsfonds – der 2. Säule – fördert die EU Maßnahmen, die dem Landschafts- und Umweltschutz dienen, wie eine weniger artfeindliche Tierhaltung in Ställen, den ökologischen Landbau oder die Erhöhung der Landschaftsvielfalt durch die Etablierung von Feuchtgebieten oder vernetzenden Hecken. Die bisherige Gemeinsame Europäische Agrarpolitik endet 2019. Die EU diskutiert eine Agrarreform, die in einigen Jahren greifen wird. Das deutsche Landwirtschaftsministerium hat jetzt die Möglichkeit, deutlich mehr Geld aus Brüssel in die zweite Säule zu geben – zu Lasten der ersten. Damit könnte sie wirksame Instrumente gegen den menschengemachten Klimawandel, gegen die abnehmende Biodiversität oder die weitere Verödung ländlicher Räume gezielt finanzieren und viel für eine höhere Anerkennung der Leistungen der Landwirtschaft für die Gesellschaft und die Umwelt tun (Abb. 3.3, 3.4). Diese Chance auf dem so steinigen Weg in eine nachhaltige Gesellschaft sollte unbedingt genutzt werden [1419].

**Düngung.** Mineraldünger ersetzt weitgehend Stoffe, die bei der Ernte von Kulturfrüchten dem Ökosystem entzogen werden. Derzeit ist Mineraldünger zur Ernährung der Weltbevölkerung unverzichtbar. Noch wird gerade in Deutschland so viel mehr mineralischer und organischer Dünger ausgebracht als notwendig. Sonst gäbe es keine so gravierenden Stickstoff- und Phosphorausträge in Atmosphäre, Grund- oder Oberflächengewässer. Die zu applizierenden Mengen sind in Abhängigkeit von den Kulturfrüchten und Bodeneigenschaften, der Witterung und dem Klima weiter zu optimieren. Forschungseinrichtungen sollten dringend

**Abb. 3.3** Die Zukunft hat begonnen I: große Blühwiese im Obstgarten Maria Laach (Osteifel). Derzeit entstehen zahlreiche Blühwiesen in Deutschland

**Abb. 3.4** Die Zukunft hat begonnen II: Blühwiese mit ausgeklügelter Bepflanzung am Rand des ansonsten kahlen Marktplatzes von Mayen (Osteifel)

- Verfahren der organischen Düngung und der biologischen Behandlung von Schädlingen entwickeln und erproben, damit der Einsatz von Pestiziden minimiert werden kann,
- vermutlich kostspielige Methoden entwickeln, die unbelastete und in der Landwirtschaft einsetzbare Klärschlämme schaffen.

**Tierhaltung**. Die Haltung einer großen Zahl von Tieren in Großställen birgt hohe Risiken, kann die Ausbreitung ansteckender Krankheiten ermöglichen oder fördern.

Der Gesetzgeber sollte bestimmen, dass

- in Neubauten von Ställen viel mehr Fläche pro Tier zur Verfügung steht als heute,
- die Beseitigung natürlicher Verhaltensweisen von Tieren – besonders des Sättigungsgefühls – durch Züchtung nicht länger erlaubt ist,
- sich die Fütterung am Tierwohl und nicht an einer maximalen Gewichtszunahme in minimaler Zeit zu orientieren hat,
- erfolgversprechende Maßnahmen zur weiteren Minderung des Einsatzes von Medikamenten in der Tierhaltung ergriffen werden,
- die Güllemengen auf ein umweltgerechtes Maß zurückgehen,
- wir beim Kauf tierischer Produkte sowie bei deren Verzehr in Kantinen und Restaurants gut verständlich erfahren, wie diese hergestellt sowie wo und wie die verarbeiteten Tiere gehalten und getötet wurden.

Die geschilderten Maßnahmen würden die Preise für tierische Produkte spürbar erhöhen und damit den Verbrauch an Fleisch, Milch, Eiern und auch Fisch senken.

**Fleisch und Fleischprodukte**. Ein geringerer Konsum an Fleisch und Wurst hat Vorteile – für die Gesundheit und die Umwelt der Menschen und der Tiere. Ein sehr hoher Konsum von Fleischprodukten ist ungesund; er führt zu Erkrankungen und letztlich wohl auch zu kürzeren Lebenszeiten. Ein erheblicher Rückgang der Fleischproduktion ermöglicht die Erzeugung von mehr pflanzlichen Nahrungsmitteln für beträchtlich mehr Menschen auf einer kleineren Gesamtfläche. Ein deutlich reduzierter Viehbestand erzeugt weniger Gülle, geringere Treibhausgas-Emissionen und niedrigere Grundwasserbelastungen. Auch aus ethischen Gründen ist die Haltung einer großen Anzahl von Tieren auf engem Raum inakzeptabel; sie widerspricht vollkommen natürlichen Verhaltensweisen und Artikel 20a des Grundgesetzes. Wir müssen unser Handeln und unseren Konsum auch vom Tierwohl leiten lassen.

**Forsten**. Im Jahr 2012 wachsen Fichten und Kiefern auf knapp 5,2 Mio. ha oder rund 48 % der Waldfläche Deutschlands [1420]. Sie wachsen vorwiegend in gleichalten Baumplantagen, die der Holzgewinnung dienen. Derartige Monokulturen besitzen im Vergleich zu naturnahen Wäldern eine geringere Vielfalt an Tier- und Pflanzenarten. Nadelholzplantagen begünstigen die Versauerung von Böden, die Ausbreitung von Schädlingen und von Waldbränden. Stürme vermögen Nadelbäume leichter zu knicken und umzuwerfen. Etwa in Brandenburg gibt es immer noch ausgedehnte Kiefern- und in Süddeutschland verbreitet Fichtenmonokulturen, die im Besitz von Bund, Ländern und Gemeinden sind. Beide Nadelholzarten würden dort ohne menschliche Eingriffe zwar wachsen, aber nur an wenigen Standorten dominieren.

Der Umbau von Forsten in naturnahe Wälder hat in manchen Regionen Deutschlands begonnen. Die verantwortlichen Institutionen sollten diesen Umbau beschleunigen und sämtliche Nadelholzmonokulturen, die in Staats- und Körperschaftsforsten liegen, in artenreiche naturnahe Wälder umwandeln. Notwendig ist eine natürliche Regeneration der Wälder durch Naturverjüngung. Anpflanzungen sollten vermieden werden. Sie führen nicht zu der Artenzusammensetzung, die durch natürliche Prozesse langfristig entsteht. Erst nach einer Reduzierung der Wildbestände durch intensive Bejagung kann die natürliche Verjüngung von Gehölzen erfolgreich sein. Die neuen naturnahen Wälder sollten unter Naturschutz gestellt werden. Bund und Länder sollten Verordnungen erlassen, die eine Errichtung von Windenergieanlagen in Wäldern verbieten.

**Öffentliche und private Gärten und Parkanlagen**. Kommunen, Länder und der Bund verantworten die Anlage, Entwicklung und Pflege häufig eintöniger und artenarmer öffentlicher Grünflächen. Wir benötigen neue Ideale: wertvolle farbige Vielfalt statt grasgrüner Monotonie. Die zuständigen Verwaltungen sollten mit unserer aktiven Unterstützung

- einen bedeutenden Teil der pflegeintensiven Rasen- und Parkflächen in und um Siedlungen zu ökologisch wertvollen und auch ästhetisch attraktiven Blütenwiesen entwickeln, die nur einmal im Jahr gemäht werden (Abb. 3.3, 3.4),
- verstärkt kommunale Flächen auch für den Anbau von Nutzpflanzen durch Anwohnerinnen und Anwohner zur Verfügung stellen („Urban Gardening") sowie Obstbäume in Städten pflanzen und kostenlos Obst über Baumpatenschaften bereitstellen lassen,
- Wildnisgebiete ausweisen, die dem Naturschutz dienen.

Erste Erfolge sieht man in den Dörfern und Städten Deutschlands.

Die Zahl der Pflanzen- und Tierarten könnte in zahlreichen privaten Gärten und auf den meisten Golfplätzen wesentlich vergrößert werden.

**Entsiegelung und Lebensraumvielfalt**. Seit dem späten 19. Jh. wurden in Deutschland riesige Flächen mit Beton und Asphalt versiegelt, durch den Bau von Gebäuden, Straßen, Gehsteigen, Park- und Lagerplätzen, Bahnlinien und Flugplätzen. Im kommunalen und im privaten Bereich ist des Öfteren ein Rückbau unnötiger Versiegelungen möglich (Abb. 3.5, 3.6). Die Gemeinden sollten zukünftig sicherstellen, dass wir

- nicht zwingend benötigte betonierte und asphaltierte Flächen entsiegeln und mit bevorzugt einheimischen Arten bepflanzen,
- Hauswände, Garagen, Carports und Gartenhäuser begrünen und in unseren Gärten auch seltene alte regionale Obstbausorten pflanzen,
- weitere Lebensräume für Wildbienen und andere Arten schaffen (Abb. 3.3, 3.4) und
- Schädlinge, soweit nötig und möglich, biologisch bekämpfen.

**Ernährung**. Die Bundesregierung und die Europäische Union sollten alsbald dafür sorgen, dass wir erfahren, was in Lebensmitteln steckt. Nicht klein, sondern groß gedruckt, und verständlich beschrieben. Die zuständigen staatlichen Institutionen sollten Lebensmittel produzierende Firmen veranlassen, uns verständlich mitzuteilen,

- wie ihre Produkte hergestellt werden,
- wo, wann und wie viele chemische und biologische Produkte dabei verwendet werden,
- wie und wo welche Menschen gesundheitlich betroffen sind und
- wie diese entlohnt werden.

**Abb. 3.5** Wermutstropfen: Asphalt und Betonpflaster dominieren den Boemundring in Mayen. Selbst die Mittelinsel des neuen Kreisverkehrsplatzes ist nicht bepflanzt. Offenbar wohnen die Verantwortlichen für diese Kahlheit, Lebensraumzerstörung und Hitzemaximierung nicht hier

**Kleidung**. Kunststoffe in Kleidungsstücken unterliegen beim Tragen und Reinigen einem beständigen Abrieb. Dieser erzeugt Mikroplastik, das in die Umwelt und in uns Menschen gelangt. Erforderlich ist eine wirkungsvolle öffentliche Aufklärung zu diesen Belastungen durch Verbraucherschutzorganisationen. Diejenigen, die Mode entwerfen, Kleidung herstellen und vertreiben, besitzen eine große Verantwortung. Sie müssen dafür sorgen, dass Kleidung keine Kunststoffe enthält, die sich abreiben. Kleidung muss schadstofffrei sein. Gesetze sollten dieses verbindlich garantieren, staatliche Institutionen sollten es regelmäßig überprüfen.

Wir sollten nachhaltig hergestellte Kleidung aus Naturprodukten lange tragen. Kleidung, die erst gar nicht produziert wird, hat keine negativen Umwelteffekte.

**Verkehr**. Die Verkehrsgesellschaften sollten nur mit regenerativer Energie angetriebene Fahrzeuge beschaffen und betreiben. Sie sollten die ländlichen Räume besser an den öffentlichen Personennahverkehr anschließen und die Taktung sowie die Kosten für Fahrscheine attraktiv gestalten. Es hilft wenig, dies zu fordern und doch mit dem eigenen Auto zu fahren. Jeder nicht gefahrene Kilometer

**Abb. 3.6** Hochverdichtete Hitzeinsel Großstadt. Eingeengt von Beton, Asphalt, Stahl, Glas und Kunststoff steht die 157,22 m hohe UNESCO-Welterbestätte Kölner Dom. Pflanzen sind rar. Kühlende Fassaden- und Dachbegrünungen fehlen weitgehend

schont die Umwelt ein wenig, jeder nicht erworbene Wagen schont sie erheblich.

**Trinkwasser.** Die zuständigen staatlichen Institutionen müssen verhindern, dass unerwünschte Stoffe wie Schwermetalle, Pestizide, Medikamente und deren Um- und Abbauprodukte in Oberflächen-, Grund- und Trinkwasser gelangen. Regelmäßige Kontrollen und eine Veröffentlichung der Messergebnisse sind unverzichtbar.

**Abwasser.** Für die Reinigung von Abwasser zuständige Dienstleistungsbetriebe müssen baldmöglichst geeignete technische Lösungen herbeiführen, mit denen sämtliche umweltschädlichen chemischen Verbindungen ebenso wie sämtliche Kunststoffpartikel vollständig aus dem Abwasser entfernt werden können.

**Bildung.** Die Unterfinanzierung von Kindergärten, Schulen und Hochschulen muss zugunsten kleinerer Gruppengrößen, einer besseren Ausstattung und vorzüglicher moderner Lernmöglichkeiten beendet werden. Wir sollten in Kindergarten, Schule und Hochschule manche der unzähligen Wege zu einem nachhaltigen Leben gemeinsam mit Kindergartenkindern, Schülerinnen, Schülern und Studierenden entdecken, besprechen, erproben und bewerten. Wege, die auf eine Schonung der Ressourcen und eine Minimierung von Gesundheits- und Umweltbelastungen abzielen – gerade im Hinblick auf die Einsparung von Energie in Schule und Kindergarten, auf

dem Weg dorthin und zu Hause, auf umweltfreundliche Kleidung sowie sozial- und umweltverträgliche Ernährung. Methoden für umweltverträgliche nachhaltige Entwicklungen sollten in die Studienordnungen nahezu aller Fachgebiete der Hochschulen und in die Erwachsenenbildung aufgenommen werden, um Menschen auszubilden und zu begeistern, die vollkommen Neues entdecken, entwickeln, erproben und nutzen möchten: mit Rücksicht auf andere Menschen und ihre Umwelt, mit großer Zuversicht und Umsicht.

**Radioaktive Stoffe.** Wir müssen eine der schwierigsten und zugleich wichtigsten nationalen Aufgaben gemeinsam mit den zuständigen Behörden lösen: Die Zivilgesellschaft sollte beim Finden eines geeigneten und langfristig sicheren Endlagers für hochradioaktive Stoffe konstruktiv mitwirken – im Konsens nach einer offenen und kontroversen Debatte und ohne Zeitdruck. Die Alternative ist die Fortsetzung der problematischen Zwischenlagerung.

**Entbürokratisierung.** Schwer verständliche oder besonders komplexe Gesetze und Verordnungen müssen vereinfacht und nicht unbedingt notwendige Vorschriften abgeschafft werden. In Deutschland und in der Europäischen Union, um die Handlungsoptionen zu erweitern und Frustrationen abzubauen.

**Beweislastumkehr.** Erkranken Menschen stark, so steht nicht selten der Verdacht im Raum, dass Belastungen am Arbeitsplatz oder im öffentlichen Raum ursächlich sein könnten. Heute müssen Erkrankte nachweisen, dass andere das Leiden verschuldet haben. Dies überfordert die meisten Betroffenen psychisch und finanziell. Eine Beweislastumkehr würde in mehrerlei Hinsicht menschenwürdige Lösungen bieten. Erkrankte würden entlastet. Weit mehr Anerkennungen wären zu erwarten. Arbeitgeber würden die Arbeitsbedingungen vermutlich schon aus Eigeninteresse verbessern. Staatliche Institutionen und Firmen hätten aus Kostengründen für saubere Luft und sauberes Wasser zu sorgen. Emissionen durch Kraftfahrzeuge, Industrie, Tabak rauchende Personen würden zurückgehen. Dieses Vorgehen wäre zutiefst human, demokratisch und gerecht.

**Digitalisierung.** Die unaufhaltsam fortschreitende Digitalisierung wird auch in einer nachhaltigen Gesellschaft von entscheidender Bedeutung sein. Automatisierte Prüf- und Anpassungsverfahren können dort zum Beispiel schnell, kostengünstig und zuverlässig den Personen- und Güterverkehr, die Arbeitsabläufe und den Energieverbrauch in Unternehmen sowie den Verbrauch von Konsumgütern und Energie in privaten Haushalten optimieren und reduzieren und dabei unsere Lebensqualität nachhaltig verbessern.

Andererseits benötigt die Digitalisierung extrem viel Energie. Und sie verbraucht Rohstoffe, darunter auch seltene Erden. Die zuständigen staatlichen Institutionen müssen international abgestimmt für eine in allen Produktionsschritten und für sämtliche Nutzungen menschenwürdige, energieeffiziente und umweltverträgliche digitale Welt sorgen [1421].

**Unumgängliche Verbote?** Wahrscheinlich führen die in Abschn. 3.1 genannten freiwilligen individuellen und die in Abschn. 3.2 aufgeführten gesellschaftlichen Maßnahmen nicht zum Ziel. Vermutlich selbst nicht durch „stupsen", also das Anstoßen kluger Entscheidungen ohne Bevormundung, wie es der US-amerikanische Ökonom und Nobelpreisträger Richard H. Thaler aus gutem Grund empfiehlt [1422]. Denn wir sind meist träge, solange Katastrophen ausbleiben, die uns unmittelbar betreffen.

Warum sollten wir auf Konsum – wie das PS-starke Auto, den schnellen Urlaubsflug an das Mittelmeer oder die Kreuzfahrt – verzichten und stattdessen andere Werte anstreben – wie den Natur- und Kulturgenuss in Wohnortnähe zu Fuß oder mit dem Fahrrad? Wo doch das Leben heute für so viele Menschen in Deutschland so angenehm und bequem wie nie zuvor ist.

Es beruht allerdings auf hohen Lasten, die wir entfernt lebenden und daher für uns unsichtbaren Menschen zumuten. Und auf den Lasten, die wir nahen und entfernten Umwelten aufbürden – wie überdüngten Feldern in Deutschland oder mit Pestiziden behandelten riesigen Äckern in Amerika, auf denen Futter für unser Vieh angebaut wird.

Es wird unvermeidbar sein, dass die Bundesrepublik Deutschland und die EU unpopuläre und unangenehme Maßnahmen umsetzen. Darunter sind bedeutend höhere Steuern auf Emissionen sowie Verbrauchsgüter und auch Verbote. Der einst von Bündnis 90/Die Grünen propagierte und von einigen überregionalen Medien skandalisierte „Veggieday", der fleischlose Wochentag in öffentlichen Kantinen, wäre im Vergleich dazu vollkommen harmlos gewesen.

Erheblich höhere Steuern und Verbote lösen Unzufriedenheit aus. Und doch werden sie der einzige realisierbare Weg sein. Zu ihrer Umsetzung wird es unumgänglich sein, dass wir uns öffentlich sichtbar engagieren und begehbare Wege in die nachhaltige Gesellschaft deutlich aufzeigen und gemeinsam beschreiten. Offenbar müssen wir manchmal so leidenschaftlich, hochemotional und überdeutlich wie Greta Thunberg beim Kampf gegen den menschengemachten Klimawandel sein, um erfolgreich gehört zu werden. Nur so können wir verhindern, dass die Ökosysteme der Erde plötzlich „Kipp-Punkte" überschreiten, also unvorhersehbar und schnell in andere, vermutlich noch problematischere Zustände wechseln. Sonst gehen wir wohl mit unserem Wohlstand unter – nicht erst in ganz ferner Zukunft. Es gilt, das menschengemachte Anthropozän rasch zu bändigen [1423].

Erfolgreiche Pioniere, die den Mut und die Energie aufbringen, Abschnitte des Weges in eine nachhaltige Gesellschaft jetzt zu beschreiten, müssen wir engagiert fördern – noch gibt es zu wenige. Ihre Leistungen verdienen eine hohe Anerkennung. Neid und die Diskreditierung ihrer Erfolge sind nicht nur ethisch höchst verwerflich. Sie führen in den Untergang.

Wir sollten selbst zu engagierten Pionieren der Nachhaltigkeit werden – oder zumindest diese so nachahmen, wie es jedem einzelnen von uns möglich ist.

---

## 3.3  „Bilden Sie wirre Allianzen"

Wie kann dies geschehen? *Bilden Sie wirre Allianzen* [1424] im Kampf gegen den Klimawandel, empfiehlt Bundeskanzlerin Angela Merkel während eines Essens zu Ehren von Hans Joachim Schellnhuber, dem renommierten, ehemaligen Wissenschaftlichen Direktor des Potsdam-Instituts für Klimafolgenforschung. Wir benötigen unzählige „wirre Allianzen" – selbständig und eigenverantwortlich von der Zivilgesellschaft gebildete lose Zusammenkünfte – ebenso wie Vereinigungen mit festen Zielen. Nicht nur für eine konsequente Begrenzung des menschengemachten Klimawandels, sondern während des gesamten langen Übergangs in eine nachhaltige Gesellschaft. „Wirre Allianzen", die auf eine Veränderung unserer

Lebensgewohnheiten zielen und auf die Hersteller und Anbieter von Produkten zügig reagieren, denn die Nachfrage bestimmt das Angebot.

Lassen Sie uns Lehren aus der Vergangenheit ziehen, um uns erfolgreich gemeinschaftlich engagieren und tragfähige neue nachhaltige Lebensweisen erproben zu können. Lassen Sie uns Pioniere der „Großen Transformation" werden, die der Wissenschaftliche Beirat für Globale Umweltfragen bereits 2011 in seinem Hauptgutachten zu Recht gefordert hat [1425]. Eine elementare gesellschaftliche Transformation, die auf Einsicht, Umsicht und Voraussicht fußt:

Auf der Einsicht, dass wir zugunsten der Lebensbedingungen zukünftiger Generationen unsere heutige Lebensqualität zurücknehmen und Ungleichheiten beträchtlich mindern können.

Auf der Umsicht für das Wohlergehen aller anderen Menschen.

Auf der Voraussicht, dass große Risiken und Unsicherheiten unsere zukünftigen Wege begleiten werden, mit denen wir umzugehen lernen müssen und können, um Fehlentwicklungen zu vermeiden. Ohne Ängste [1426].

Liebe Leserin, lieber Leser, die Empfehlungen des dritten Kapitels fußen auf den 260 vorgestellten Umweltgeschichten. Sie basieren damit auf den Veränderungen der Gesellschaft und der Ökosysteme, die durch unterschiedlichste Eingriffe von Menschen in ihre Umwelt ausgelöst wurden. Und sie beruhen auf den Reaktionen der Ökosysteme und dann wieder den folgenden Reaktionen der Menschen.

Die jüngsten Umweltgeschichten zeigen, wie die Entwicklung von Wirtschaft und Konsum nach dem Zweiten Weltkrieg in den beiden deutschen Staaten und dann im vereinigten Deutschland immer stärkere und immer vielfältigere Belastungen unserer Umwelt und von uns Menschen erzeugt haben.

Der entstandene Handlungsbedarf ist riesig. Eine Umsetzung der aufgeführten Empfehlungen kann uns auf den Weg in eine humane nachhaltige Gesellschaft führen. Unter den zahllosen zur Verfügung stehenden Maßnahmen sollten wir gemeinsam die geeigneten identifizieren, auswählen, erproben und bei Bewährung konsequent umsetzen. Auf der Grundlage eines Rahmenkonzeptes, dass die Bundesrepublik Deutschland und die Europäische Union parteiübergreifend zusammen mit der Zivilgesellschaft zügig erarbeiten sollten. Unterstützt von einem „Rat für Generationengerechtigkeit", wie ihn der Sachverständigenrat für Umweltfragen 2019 gefordert hat [1427]. Begleitet von einem exorbitanten integrativen deutschen und europäischen Forschungs-, Innovations-, Investitions- und Rückbauprogramm. Nennen wir es „Agenda 2100".

Wenn wir gemeinsam die einzelnen Empfehlungen, das Rahmenkonzept und die Agenda 2100 in den kommenden Jahren und Jahrzehnten umsetzen, haben wir allen Grund zuversichtlich in die Zukunft zu blicken, um unsere Welt mannigfaltig und transparent, sozial und umweltgerecht, nachhaltig und in Frieden zu gestalten.

Positive, konstruktive Lebensstimmungen und Empathie, Demut und Rücksichtnahme, Gerechtigkeit und Humanität, Transparenz und Nachhaltigkeit werden dann unsere demokratische Gesellschaft viel stärker prägen.

Zusammen mit dem einzigartigen Zauber unserer Welt und der in ihr lebenden Menschen.

*Stufen*

*„Wie jede Blüte welkt und jede Jugend*
*Dem Alter weicht, blüht jede Lebensstufe,*
*Blüht jede Weisheit auch und jede Tugend*
*Zu ihrer Zeit und darf nicht ewig dauern*
*Es muss das Herz bei jedem Lebensrufe*
*Bereit zum Abschied sein und Neubeginne,*
*Um sich in Tapferkeit und ohne Trauern*
*In andre, neue Bindungen zu geben*
*Und jedem Anfang wohnt ein Zauber inne,*
*Der uns beschützt und der uns hilft zu leben*

*Wir sollen heiter Raum um Raum durchschreiten,*
*An keinem wie an einer Heimat hängen,*
*Der Weltgeist will nicht fesseln uns und engen,*
*Er will uns Stuf um Stufe heben, weiten*
*Kaum sind wir heimisch einem Lebenskreise*
*Und traulich eingewohnt, so droht Erschlaffen,*
*Nur wer bereit zu Aufbruch ist und Reise,*
*Mag lähmender Gewöhnung sich entraffen.*

*Es wird vielleicht auch noch die Todesstunde*
*Uns neuen Räumen jung entgegen senden,*
*Des Lebens Ruf an uns wird niemals enden*
*Wohlan denn, Herz, nimm Abschied und gesunde!"*
Hermann Hesse, 1941.

# Endnoten

1. vgl. https://www.zitate-onlitne.de/literaturzitate/allgemein/2362/der-mensch-hat-dreierlei-wege-klug-zu-handeln.html; https://www.gutzitiert.de/zitat_autor_konfuzius_thema_handeln_zitat_1953.html. Zugegriffen: 2.1.2020
2. zur Definition und zum Bedeutungswandel des Begriffes Klima vgl. Meuelshagen (2016)
3. vgl. die fachwissenschaftlich bemerkenswerte, in Teilen polemische Veröffentlichung von Seuffert (2019)
4. vgl. Borchmeyer (2017, 2. Auflage): Was ist deutsch?
5. Winiwarter und Bork (2019)
6. Winiwarter (2013)
7. Dreibrodt et al. (2010a)
8. Küster, H. (2013, 2019)
9. Bork et al. (1998), Dreibrodt et al. (2010b)
10. Wendt und Zimmermann (2008)
11. Peters (1994), S. 37–63
12. ebd., S. 38–39
13. Rothenhöfer (2013); Rothenhöfer & Bode (2015); Raepsaet et al. (2015)
14. Schettler und Romer (1998)
15. Schettler und Romer (1998)
16. Meier (2000, 2001, 2008)
17. Haarnagel (1979); Meier (2000, 2008), Behre (2008)
18. Meier (2001, 2008)
19. Bantelmann (1955); Meier (2001, 2008)
20. Mangartz (2006, 2008, 2012)
21. Mangartz (2008), (2012), S. 95–96; vgl. Hunold (2011), S. 63
22. Mangartz (2006, 2008, 2012), Gluhak (2010), Oesterwind und Wenzel (2012), Baur (2017)
23. Schallmayer (2007, 2. Aufl.) erläutert präzise die politische Entwicklung im Römischen Reich und den resultierenden Bau des obergermanisch-raetischen Limes mit dem Kastellsystem in der 1. Hälfte des 2. Jh. auf S. 43–48
24. Ehmig (2012), S. 190
25. Schirmer (1983); Hass (2006); Schallmayer (2007, 2. Aufl.), S. 59–60
26. Nenninger (2001); Schallmayer (2007, 2. Aufl.)
27. Bork (1983, 1988)
28. Bork et al. (1998)
29. Bork (1983, 1988), Bork et al. (1996, 2003)
30. Büntgen et al. (2016)
31. Axboe (2004), S. 268 https://www.sciencemag.org/news/2018/11/why-536-was-worst-year-be-alive. Zugegriffen: 2.1.2020
32. Büntgen et al. (2016); https://www.spektrum.de/news/drei-vulkane-beendeten-die-antike/1398776. Zugegriffen: 2.1.2020
33. Loveluck et al. (2018); https://phys.org/news/2018-11-laser-technology-uncovers-medieval-secrets.html; https://www.sciencemag.org/news/2018/11/why-536-was-worst-year-be-alive. Zugegriffen: 2.1.2020
34. Larsen et al. (2008); Büntgen et al. (2016); https://www.spektrum.de/news/drei-vulkane-beendeten-die-antike/1398776. Zugegriffen: 2.1.2020
35. https://www.sciencemag.org/news/2018/11/why-536-was-worst-year-be-alive. Zugegriffen: 2.1.2020
36. Harbeck et al. (2013); Seifert (2013)
37. Wagner et al. (2014); https://www.spektrum.de/news/frueher-pesterreger-ist-ausgestorben/1221804. Zugegriffen: 2.1.2020
38. Büntgen et al. (2016)
39. Bork et al. (1998)
40. Hofmann (1994), S. 13; Hoops (1999, 2. Aufl.), S. 436
41. Daten aus Hofmann (1995), S. 122–123 und 125–128, umgerechnet
42. Bayerische Wälder besitzen im Jahr 2002 einen Holzvorrat von 403 Vorratsfestmetern (Vfm) pro ha (Vfm: Holzvolumen eines stehenden Baumes mit mindestens 7 cm Durchmesser, am schwächeren Ende gemessen); 1970 waren es noch 292 Vfm pro ha. In den mittelalterlichen und frühneuzeitlichen Wäldern, die sich über Naturverjüngung erneuerten und nicht dicht in Monokulturen gepflanzt worden waren, dürften es kaum 200 m3 Holz pro ha gewesen sein. Heute liegt der Holzzuwachs in Bayern bei etwa 12,9 Vorratsfestmetern pro ha und Jahr. Vgl. https://www.lwf.bayern.de/mam/cms04/

service/dateien/w49_vorrat_zuwachs_und_nutzung_gesch.pdf. Zugegriffen: 2.1.2020

43. Hofmann (1995)
44. https://www.umweltunderinnerung.de/index.php/kapitelseiten/vormoderne-umwelten/22-nachhaltige-waldwirtschaft#nr1. Zugegriffen: 2.1.2020
45. https://www.alte-saline.de/alte_saline/pdf/homepage-alte-saline-geschichte-2-.pdf. Zugegriffen: 2.1.2020
46. Hofmann (1995), S. 152–153; https://www.alte-saline.de/alte_saline/pdf/homepage-alte-saline-geschichte-2-.pdf. Zugegriffen: 2.1.2020
47. Stephan et al. (2017)
48. Brüggemeier (2018), S. 50–51
49. Archäologisches Landesamt Schleswig–Holstein (2016)
50. Khamnueva (2017)
51. ebd., Kap. 6 und 7; zur Geschichte von Haithabu vgl. Schietzel (2014)
52. Behre (1976, 2008); Mückenhausen et al. (1968); Benne und Schäfer (1990); Blume und Leinweber (2004)
53. Krünitz (1773–1858), Stichworte Plagge und Rasen. https://www.kruenitz1.uni-trier.de. Zugegriffen: 2.1.2020
54. ebd., Stichworte „Plagge" und „Rasen", 113, 148 und 120, 676–683. https://www.kruenitz1.uni-trier.de. Zugegriffen: 2.1.2020
55. Armenat (2014), S. 77
56. ebd., S. 77
57. Armenat (2014), S. 93–96
58. ebd., S. 93–96
59. ebd.
60. Hermann und Hermann (2007, 6. Aufl.)
61. v. Schroeder (1959); Hermann und Hermann (2007, 6. Aufl.)
62. Kleefeld und Burggraaff (2007); Behre (2008)
63. Kleefeld und Burggraaff (2007), S. 47
64. Kohl (1990), S. 220–221
65. Kleefeld und Burggraaff (2007), S. 86
66. Helmold von Bosau (2008, 7. Aufl.), S. 339, Zeilen 24–35; Winiwarter und Bork (2019), S. 18
67. Lungershausen et al. (2017)
68. Bork (2020)
69. ebd.
70. Lungershausen et al. (2017)
71. Cloos und Cloos (1927); Frechen (1976, 3. Aufl.); Kremer und Günthner (2014), S. 21; Wolff (2015); https://www.steinmann.uni-bonn.de/arbeitsgruppen/strukturgeologie/lehre/aufschluesse-im-rheinland/drachenfels. Zugegriffen: 2.1.2020
72. Kottrup (2016); Schwarz (2014)
73. Wolf (2015)
74. Wolff (2015)
75. Kremer und Günthner (2014)
76. ebd.
77. Kremer und Günthner (2014), S. 10; Wolff (2015)
78. https://mittelalter.hypotheses.org/12062; https://dhdhi.hypotheses.org/2873. Zugegriffen: 2.1.2020
79. ebd.
80. Glaser (2008, 2. Aufl.), S. 64–65, S. 84; Kreibohm et al. (2018); Winiwarter und Bork (2019); https://mittelalter.hypotheses.org/12062; https://dhdhi.hypotheses.org/2873. Zugegriffen: 2.1.2020
81. Bork (1988); Bork et al. (1998); Bork (2013)
82. Bork (1983)
83. Stephan (1985); Bork et al. (1998)
84. Bork et al. (1998); Bork et al. (2003)
85. Bork und Beyer (2010)
86. Dreibrodt (2005)
87. Bork (1988); Beckenbach et al. (2013)
88. Dotterweich (2003); Bork et al. (2003)
89. Sirocko (2010)
90. Bork (1983); Bauch (2019) erläutert die bedeutendsten Schriftquellen zur Magdalenenflut
91. Bauch (2019)
92. Winiwarter und Bork (2019); Dotterweich und Bork (2007)
93. ebd.; aufgrund des zeitlichen Verlaufs der Überschwemmungen ist die meteorologische Interpretation von Herget et al. (2015), es handele sich um meine mitteleuropäische Troglage, wenig wahrscheinlich; vgl. dazu auch Bauch (2019)
94. Bork (1988); Bork et al. (1998); Bork (2013)
95. Slack (2015), S. 31; Dübbel (2016), S. 50; Winiwarter und Bork (2019), S. 22
96. Bönisch (2015); Dübbel (2016), S. 50
97. Dean et al. (2018)
98. mündlich überliefert in hessischen Bauernfamilien
99. Bork (2006); Winiwarter und Bork (2019)
100. Bork et al. (1998); Bork (2013); Winiwarter und Bork (2019)
101. Rückert (2001), S. 136
102. Kottmann und Schaal (2001), S. 168
103. Krünitz (1773–1858), Stichwort „Schwein", 151, 43–44. https://www.kruenitz1.uni-trier.de. Zugegriffen: 2.1.2020
104. Bork (2006), S. 181–182
105. Meier (2005); Behre (2008)
106. Meier (2005); Winiwarter und Bork (2019): 18–19
107. https://www.wissenschaft.de/magazin/weitere-themen/die-handelsherren-mit-dem-dreizack/. Zugegriffen: 2.1.2020
108. ebd.
109. ebd.

110. https://www.fugger.de/singleview/article/die-bedeutendste-firma-ihrer-zeit/1.html. Zugegriffen: 2.1.2020

111. Bayerl (1999), S. 123–124

112. Struckmeier (2011), S. 47–48

113. Bork (2020)

114. Hamberger (2011, 2013)

115. Bork (2020)

116. Hamberger (2011, 2013)

117. Reissenweber und Stützer (2001); Brunner (2005); Radkau (2007), S. 101–104

118. Beseke (1893, Nachdruck 2012), S. 2; Boehart et al., 1998

119. Kluger (2015), S. 158–159

120. Kluger (2015)

121. ebd.

122. https://www.unesco.de/kultur-und-natur/welterbe/augsburger-wassermanagement-system-unesco-welterbeliste-aufgenommen. Zugegriffen: 2.1.2020

123. Glaser (2008, 2. Aufl.), S. 79–80; Camenisch et al. (2016)

124. Camenisch et al. (2016), S. 2118–2119

125. ebd.

126. Aus der Sundine, Jahrgang 1831. Nr 14. S. 111; Sell (1831), S. 26

127. Spiegelberg-Pettke (2014)

128. https://www.geschichte-s-h.de/hering/. Zugegriffen: 2.1.2020

129. https://www.presseportal.de/pm/22521/3958174. Zugegriffen: 2.1.2020

130. Spiegelberg-Pettke (2014)

131. Poettinger (2012), S. 18–19; https://www.biologie-seite.de/Biologie/Auerochse; siehe auch: https://www.zeit.de/2010/17/Tier-Auerochse/seite-3. Zugegriffen: 2.1.2020

132. vgl. Nibelungenstrophe 880 in https://www.lern-helfer.de/sites/default/files/lexicon/pdf/BWS-DEU1-0042-02.pdf. Zugegriffen: 2.1.2020

133. Poettinger (2012), S. 18–19; https://www.biologie-seite.de/Biologie/Auerochse. Zugegriffen: 2.1.2020

134. Scheifele (1988, 1995, 2. Aufl.); Wolf (1995); Katz (1995); Metz (1937)

135. Wolf (1995), S. 31–32

136. ebd.

137. Knabe und Noli (2012)

138. Westermann (2013), S. 477–478

139. Schnabel (1904), S. 336

140. Bluhm (2015)

141. Westermann (2013), S. 476–477; vgl. auch Gassert et al. (2013) sowie Häberlein (2013)

142. Winiwarter und Bork (2019), S. 82–85

143. Molina et al. (2006)

144. Kollo (2014)

145. zitiert in Kollo (2014)

146. ebd.

147. ebd.

148. ebd., S. 145

149. ebd.

150. Bailly (2007)

151. R. Roseneck sowie Justus Teicke in Ohlig (2012); Völkel (2014); https://www.harzwasserwerke.de/fileadmin/user_upload/downloads/files/pdf/Flyer/Flyer_UNESCO-Welterbe-Oberharzer-Wasserwirtschaft.pdf. Zugegriffen: 2.1.2020

152. Dobler (1999); Döring (2011); vgl. Aufsätze in Ohlig (2012)

153. Völkel (2014)

154. Bock (1539)

155. Huber (1962), Röser (1992), Kaller-Dietrich (2002)

156. Pfister (2017), (2018), S. 14

157. Wetter und Pfister (2013); Pfister (2017, 2018)

158. Agricola (1956), S. 105–106, 115; Ruder (2011)

159. Salesch (2013), S. 56, siehe auch Ruder (2003), (2011)

160. vgl. z. B. Ruder (2011), S. 31

161. Glaser (2008), S. 120–123, Behringer, W. (2003)

162. Behringer, W. (2003), 51–156

163. ebd., 51–156

164. Heimler (2006), S. 26

165. ebd.

166. ebd.

167. Krünitz (1773–1858), Stichwort „Tabak", 179, 11–15. https://www.kruenitz1.uni-trier.de. Zugegriffen: 2.1.2020

168. Glaser (2008), S. 124–128

169. ebd.

170. ebd., S. 195–198

171. Petersen (1943), S. 224

172. Münter (1846); Lekhnovitch (1961); vgl. auch Stamp (2013)

173. Glaser (2008), S. 134–135

174. Frisch (2012, 19. Aufl.)

175. Hellmann (2013); Militzer und Glaser (1994); Deutsch und Pörtge (2003, 2. Aufl.); Deutsch et al. (2013); Schirmer (2013); Schmidt (2013); Glaser (2008)

176. Deutsch und Pörtge (2003, 2. Aufl.); Deutsch et al. (2013); Militzer und Glaser (1994)

177. Oelke (2005), S. 8–9; Bernard (2017), S. 38

178. ebd.

179. Oelke (2005), S. 10–11

180. ebd., S. 9–10

181. Riecken (1991); Meier (2005); Behre (2008); Winiwarter und Bork (2019): 18–19

182. Quedens (2002), S. 5–12, 79–80; Maué (1988)

183. Oesau (1954), S. 298

184. Oesau (1954, 1955); Brinner (2012); Quedens (2002); Faltings (2011)
185. Quedens (2002)
186. Oesau (1954, 1955); Faltings (2011)
187. Brinner (2012); Faltings (2011)
188. Krünitz (1773–1858), Stichwort „Wallfisch", 233, 236–243. https://www.kruenitz1.uni-trier.de. Zugegriffen: 2.1.2020
189. Quedens (2009, 3. Aufl.), S. 80–81
190. Händel und Herrmann (1991); siehe auch Stamp (2013), S. 70–80
191. ebd.
192. Lütgert (2017), S. 11
193. Ruder (2011), S. 30; Hauck (2015), S. 45; Karlsch und Stokes (2003), S. 16; Lütgert (2017)
194. Hauck (2015); Lütgert (2017)
195. vgl. Niedersächsisches Ministerium für Umwelt, Energie, Bauen und Klimaschutz (3.5.2017): Fragen und Antworten zu Bohrschlamm. https://www.umwelt.niedersachsen.de/themen/boden/altlasten/bohrschlamm/FAQ-bohrschlamm-141657.html sowie einen kritischen Blog: https://www.erdoel-erdgas-deutschland.de/2015/02/01/bohrschlammgruben-teil-iii-es-war-ja-zu-erwarten/. Zugegriffen: 2.1.2020
196. Bork et al. (1998), S. 74–76
197. NABU (2014b)
198. NABU (2014a)
199. Schleswig-Holsteinischer Landtag (2011), S. 2
200. NABU (2014a)
201. ebd., S. 3
202. MELUR (2013); Bauernverband Schleswig–Holstein (2013, 2014)
203. Hanschke (2012), S. 143; Hoß (20152), S. 8
204. Hoß (2015, 2. Aufl.)
205. ebd.
206. ebd.; https://museum-kassel.de/de/museen-schloesser-parks/unesco-welterbe-bergpark-wilhelmshoehe/herkules. Zugegriffen: 2.1.2020
207. Hoß (2015, 2. Aufl.)
208. ebd.; zu den Erfindungen von Papin s. https://www.spektrum.de/news/die-dampfmaschine-war-sein-schicksal/1139578 sowie https://www.deutsche-biographie.de/sfz93827.html. Zugegriffen: 2.1.2020
209. Wetzel, F. G. (1991), S. 100
210. Lenke (1964), S. 30–35
211. ebd., S. 36
212. Glaser (2008, 2. Aufl.), S. 177–178; Lenke (1964); Pölking (2011); Luterbacher et al. (2004); Kreibohm et al. (2018), S. 125–126
213. Mauch (2014b), S. 21–30; https://tu-freiberg.de/universitaet/profil/ressourcenprofil/nachhaltigkeit/hans-carl-carlowitz. Zugegriffen: 2.1.2020
214. von Carlowitz (1713)
215. Thomasius und Bendix (2013), S. 327–331; Mauch (2014a, b); Vehkamäki (2005); https://tu-freiberg.de/sites/default/files/media/Presse/Carlowitz/tabellarischer_lebenslauf_hcvcarlowitz.pdf. Zugegriffen: 2.1.2020
216. von Carlowitz (1713), S. 105
217. Mauch (2014b), S. 24
218. Bork (2020)
219. vgl. Grober (2014); Gottschlich und Friedrich (2014)
220. https://www.schwaebisch-schwaetza.de/schwaebisches_woerterbuch.php#a. Zugegriffen: 2.1.2020
221. Brenneisen (2014), S. 15
222. ebd., S. 19
223. ebd., S. 19
224. ebd., S. 37–39
225. ebd., S. 37
226. ebd., S. 50
227. ebd., S. 19
228. ebd., S. 40
229. Jakubowski-Tiessen (1992)
230. Harcken-junior (2004)
231. ebd.
232. Storm (2013); vermutlich erlangte Theodor Storm über seinen jüngeren Bruder Aemil, der 1857 eine Dissertation zum Marschenfieber verfasst hatte, detaillierte Kenntnisse über die Erkrankung; vgl. Eversberg (2008)
233. Popken, (1827); Roth (1906), S. 70–71; Harcken-junior (2004), S. 39–40
234. Prinz (1989); Wernsdorfer (2002)
235. Wernsdorfer (2002), S. 15–16
236. ebd.
237. vgl. Knottnerus (2002); Dalitz, 2005
238. vgl. Harcken-junior (2004), S. 87
239. Seitz (2010)
240. Knottnerus (2002); Harcken-junior, 2004, S. 22
241. vgl. Behre, (2006); Blackbourn (2007), S. 147–175
242. Behre, (2006), S. 111; Behre, 2008. S. 51
243. Behre, (2006), (2008); Bloem und von Lemm, 2012
244. ebd.
245. Behre, (2006), (2008)
246. Behre, (2007); Bloem und von Lemm (2012)
247. Behre, (2006), (2008); Bloem und von Lemm (2012); Hartung (1977), S. 417
248. Künnemann (1963), S. 104–105
249. Röckelein (2013); vgl. auch Jacobi (1807) sowie Popplow (2010)
250. Parthier (1994)
251. Röckelein (2013)
252. vgl. Pierer`s Universallexikon (1859), Bd. 7, S. 107–109, https://www.zeno.org/Pierer-1857/A/Gelehrte+Gesellschaften. Zugegriffen: 2.1.2020
253. Röckelein (2013)
254. Tangermann (2013)
255. ebd., S. 111

256. ebd., S. 111; Beckmann (1788), S. 406–411
257. Friedrich Heusinger, zitiert in Bork (1983)
258. Bork (1983), (1988)
259. Herrmann (2011), S. 240–241
260. Hannemann (2005)
261. Müller und Eulenstein (1997)
262. Fontane (1990), S. 22–25
263. Schmook (1997a, b); Kirchhelle (2011), Blackbourn (2007), S. 38–47
264. Herrmann (2011); Herrmann und Kaup (1997); vgl. Schmook (1997a, b); Kirchhelle (2011); Uhlemann (2012)
265. Kirchhelle (2011); Uhlemann (2012)
266. Nippert (1995), S. 100
267. Berghaus, H. (1856): Landbuch der Mark Brandenburg und des Markgrafthums Nieder-Lausitz in der Mitte des 19. Jahrhunderts, 3. Bd., Auszug nachgedruckt in Schmook (1997b), S. 44–46
268. Nippert (1995), Schmook (1997a)
269. Herrmann (2011), S. 13
270. Herrmann und Kaup (1997); Schmook (1997b), S. 13–14
271. Rilke (1903), S. 27
272. vgl. Kulp (2012a)
273. Kulp (2012a); Konukiewitz (2012)
274. Müller-Scheeßel (2012a)
275. Müller-Scheeßel (2012a), S. 47
276. ebd., S. 48–50
277. ebd., S. 49–50
278. ebd., S. 50–52, (2012b), S. 160–161
279. Kulp (2012b)
280. Heinicke (2012)
281. https://www.bfn.de/themen/natura-2000/natura-2000-gebiete/steckbriefe/natura/gebiete/show/ffh/DE2718332.html. Zugegriffen: 2.1.2020; Kulp (2012b)
282. Weidner (1953); Jaskolla (2006); Rohr (2007); Jäger (2011); Sprenger (2011)
283. Jaskolla (2006), S. 4
284. ebd., S. 3–5; Löwisch (1932); siehe auch Pilgram (1788)
285. Sprenger (2011)
286. Jäger (2011); Jaskolla (2006); Löwisch (1932)
287. Jäger (2011); Jaskolla (2006)
288. Landlexikon (1912), 3. Bd., Tafel zwischen Seite 256 und 257
289. Landlexikon (1912), 3. Bd., Tafel zwischen Seite 256 und 257
290. Kronsbein (2008); https://www.seismo.uni-koeln.de/meldung/dueren/index.htm. Zugegriffen: 2.1.2020
291. https://www.seismo.uni-koeln.de/meldung/dueren/index.htm. Zugegriffen: 2.1.2020
292. Kronsbein (2008), S. 220–223; https://www.seismo.uni-koeln.de/meldung/dueren/index.htm. Zugegriffen: 2.1.2020
293. https://www.seismo.uni-koeln.de/meldung/dueren/index.htm. Zugegriffen: 2.1.2020
294. Kronsbein (2008), S. 205
295. ebd., S. 219
296. vgl. https://www.bgr.bund.de/DE/Themen/Erdbeben-Gefaehrdungsanalysen/Seismologie/Downloads/Flyer_Georisiko.pdf?__blob=publicationFile&v=2. Zugegriffen: 2.1.2020
297. Schade und Adam (2013, 3. Aufl.), S. 17–19; Röbbelen (2013)
298. ebd.
299. ebd.
300. Schade und Adam (2013, 3. Aufl.), S. 17–19; vgl. auch Stamp (2013)
301. Heimsoth (2010)
302. https://industriemuseum.lvr.de/de/die_museen/st__antony/st_antony_huette.html#; https://industriemuseum.lvr.de/de/die_museen/st__antony/st__antony_huette_4/st_antony_huette.html. Zugegriffen: 2.1.2020
303. ebd.
304. Spiethoff (2013)
305. Vogt (1953, 1958), Hempel (1954, 1957), vgl. Bork (1988)
306. Hard (1970)
307. https://www.universal_lexikon.deacademic.com/203251/Agrarreformen_in_Europa_zu_Beginn_des_19._Jahrhunderts%3A_Von_Bauernschutz_und_Landflucht. Zugegriffen: 2.1.2020; Abel (1966); Ennen und Janssen (1979)
308. ebd.
309. https://www.universal_lexikon.deacademic.com/203251/Agrarreformen_in_Europa_zu_Beginn_des_19._Jahrhunderts%3A_Von_Bauernschutz_und_Landflucht. Zugegriffen: 2.1.2020; Krünitz, D. J. G. (1773–1858): Stichwort Koppel-Wirthschaft, 44, 256–259. https://www.kruenitz1.uni-trier.de. Zugegriffen: 2.1.2020
310. Baumer (1765)
311. Lühmann-Frester (2008), S. 862
312. von Moser (1790), S. 70–71
313. Grohmann (1903), Kap. 48
314. Bräuer (2011), S. 13–16
315. ebd.
316. ebd., S. 20–24
317. ebd., S. 20–24
318. ebd., S. 20–24
319. Collet (2011)
320. Hünemörder (2007)

321. ebd.
322. ebd.
323. Lang (1977)
324. Drossbach (2014); Kling (1806); https://www.lfu.bayern.de/natur/kulturlandschaft/gliederung/doc/47.pdf. Zugegriffen: 2.1.2020
325. https://www.lfu.bayern.de/natur/kulturlandschaft/gliederung/doc/47.pdf. Zugegriffen: 2.1.2020; Kling (1806)
326. https://www.lfu.bayern.de/natur/kulturlandschaft/gliederung/doc/47.pdf. Zugegriffen: 2.1.2020; Drossbach (2014)
327. Bork (2020)
328. Bachmann (1838); Forßbohm (2009); https://www.kreuzberger-chronik.de/chroniken/2007/juli/Strassen.html. Zugegriffen: 2.1.2020
329. Sprenger (2011), S. 51
330. Bork (2020)
331. Sprenger (2011), S. 51–54
332. Landlexikon (1911), 2. Bd. Tafel zwischen Seite 704 und 705.
333. ebd.
334. Wetzstein (2006), S. 70, Eisel (2020)
335. Glaser (2008, 2. Aufl.), S. 235–236
336. Wetzstein (2006), S. 70–71, Eisel (2020)
337. ebd., S. 70–71
338. Glaser (2008), S. 236–238
339. Jón Steingrímsson, Fires of the earth. The Lakieruption 1783–1784. Übersetzung der handschriftlichen Aufzeichnungen von 1788 und des Erstdrucks in isländischer Sprache von 1909 mit einer Einführung von G. E. Sigvaldson, Reykjavik 1998.
340. Thordarson und Self (2003)
341. Thorarinsson (1969); Schwarzbach (1970)
342. Akademie der Wiss. zu Göttingen und TU Darmstadt (2008), S. 895–896. https://www.lichtenberg.uni-goettingen.de/seiten/view/244445. Zugegriffen: 2.1.2020
343. z. B. Thordarson und Self (2003)
344. Stothers (1996); Witham und Oppenheimer (2007)
345. Glaser (2008), S. 235–236.
346. Pötzsch, C. G. (1786), S. 123.
347. Beseke (1893, Reprint 2012), S. 4–5, 116; Stolz (1989); WSV (2012)
348. Schenk und Kühleis (1992); https://www.cfmot.de/de/geschichte. Zugegriffen: 2.1.2020
349. Schenk und Kühleis (1992)
350. ebd.
351. Schenk und Kühleis (1992)
352. Bayerischer Landtag (1990)
353. Schenk und Kühleis (1992); Bayerischer Landtag (1990)
354. https://www.labo-deutschland.de/documents/Kennzahlen_Altlastenstatistik_2019.pdf. Zugegriffen: 2.1.2020
355. Dahlke (2018), S. 7
356. Im Lehnbuch der magdeburgischen Erzbischöfe Ludwig und Friedrich II. wird bereits für den 3. Februar 1382 eine Kohlengrube bei Lieskau im mitteldeutschen Braunkohlenrevier westlich Halle (Saale) erwähnt, vgl. Oelke und Kirsch (2004)
357. LMBV (2005); Heitmann (2010)
358. LMBV (2005)
359. Heitmann (2010); LMBV (2005)
360. Heitmann (2010)
361. ebd.
362. ebd.
363. LMBV (2005)
364. Landtag Brandenburg (2007), Antwort zu Frage 44
365. https://www.ipcc14.de/berichte-1/ipcc-arbeitsgruppe-3/145-arbeitsgruppe-drei-veroeffentlicht-ergebnisse. Zugegriffen: 2.1.2020
366. Wimmer (2015)
367. ebd.
368. ebd.
369. ebd.
370. https://www.zeno.org/Meyers-1905/A/Hagelversicherung. Zugegriffen: 2.1.2020; Oberholzner (2015)
371. ebd.
372. Alpen und Rickert (1994a); Behrens (2017)
373. Alpen und Rickert (1994a, b); Behrens (2017)
374. Behrens (2017)
375. Radkau (2007), S. 97–98
376. Forster, G. (1790, Reprint 1989): Ansichten vom Niederrhein von Brabant, Flandern, Holland, England und Frankreich im April, Mai und Juni 1790. S. 167. Stuttgart, Wien (Edition Erdmann in K. Thienemanns Verlag)
377. Hölzl (2010), S. 125–127
378. https://www.deutsche-digitale-bibliothek.de/item/OLD2QTNAL77IG7GLHX22ZQ5J66KTR3KD. Zugegriffen: 2.1.2020
379. Müller (2004); https://www.deutsches-museum.de/bibliothek/unsere-schaetze/gewerbegeschichte/achard/achard-als-zuckerruebenpionier/. Zugegriffen: 2.1.2020
380. Landlexikon (1914), 6. Bd., Tafel zwischen Seite 888 und 889
381. Brüggemeier (1996), S. 21
382. ebd., S. 21–22
383. ebd., S. 22
384. ebd., S. 26–28
385. ebd., S. 28–29
386. ebd., S. 32–34

387. ebd., S. 35–37

388. ebd., S. 38–45

389. Jahn, I. und F. G. Lange (1973): Die Jugendbriefe Alexander von Humboldts 1787–1799. Berlin (Akademie-Verlag), S. 657, zitiert in Holl (2009), S. 59

390. Botting (2012, 7. Aufl.), S. 187–189; v. Humboldt (2009, 6. Aufl.)

391. vgl. Blankenstein et al. (2019); https://www.br.de/nachrichten/kultur/ausstellung-wilhelm-und-alexander-von-humboldt-im-deutschen-historischen-museum,RiXdZSV; https://taz.de/250-Jahre-Alexander-von-Humboldt/!5625776/. Zugegriffen: 2.1.2020

392. Die Kunsthistorikerin und Journalistin Andrea Wolf hat 2016 eine spannende, Alexander von Humboldt teilweise stark verklärende Biographie veröffentlicht.

393. Plitt, G. L. (1870; Hrsg.): Aus Schellings Leben. In Briefen. Bd. 2. Leipzig (Hirzel), S. 50, zitiert in Holl (2009), S. 75

394. Meyer (1800)

395. Bork et al. (2004); Dalchow et al. (2006)

396. Meyer (1800), S. 18 f.; Bork et al. (2004); Dalchow et al. (2006)

397. Meyer (1800), S. 106

398. Thaer (1815), S. 53

399. Hetsch (1942)

400. Brönnimann und Krämer (2016); Haeseler (2016); Dannowski, Dalchow und Sell (2009)

401. https://www.zeno.org/Literatur/M/Goethe,+Johann+Wolfgang/Tagebücher/1816/Juni; https://www.zeno.org/Literatur/M/Goethe,+Johann+Wolfgang/Tagebücher/1816/Juli. Zugegriffen: 31.12.2019; Behringer (2015)

402. Wood (2015)

403. ebd.

404. Brönnimann und Krämer (2016); Haeseler (2016); Dannowski, Dalchow und Sell (2009); Wood (2015)

405. Fies (2010), S. 2

406. DAD (2014)

407. unter Verwendung von Anregungen aus Spiethoff (2013); Twyry (2010)

408. unter Verwendung von Anregungen aus Spiethoff (2013)

409. Winiwarter und Bork (2019), S. 152–153; Twyry (2010)

410. Tulla (1812), vgl. Blackbourn (2007), S. 105–131

411. Hölscher (1926); Tümmers (1994); Blackbourn (2007); Winiwarter und Bork (2019)

412. ebd.

413. Winiwarter und Bork (2019)

414. Sprengel (1928), S. 93

415. zur ungefähren aktuellen Zahl der auf der Erde lebenden Menschen vgl. https://www.dsw.org. Zugegriffen: 2.1.2020

416. vgl. https://www.welthungerhilfe.de/hunger/. Zugegriffen: 2.1.2020

417. Blume (2010); v. d. Ploeg, Böhm und Kirkham (1999); Schwenke (2010)

418. Schubert (2017)

419. Böhm (1997)

420. Woesner (2014)

421. ebd.

422. ebd.

423. LBV-SH (2014)

424. ebd.

425. https://de.statista.com/statistik/daten/studie/2972/umfrage/entwicklung-der-gesamtlaenge-des-autobahnnetzes/; https://de.statista.com/statistik/daten/studie/36486/umfrage/strassenlaenge-der-bundesstrassen-seit-1950/; https://de.statista.com/statistik/daten/studie/155648/umfrage/gesamtlaenge-der-landesstrassen-in-deutschland-seit-1995/; https://de.statista.com/statistik/daten/studie/155652/umfrage/gesamtlaenge-der-kreisstrassen-in-deutschland/; https://de.statista.com/statistik/daten/studie/2990/umfrage/gesamtlaenge-der-strassen-des-ueberoertlichen-verkehrs/. Zugegriffen: 2.1.2020

426. Mayer (2010)

427. Reichholf (2007), S. 36–37; Mößnang (2006); Lintzmeyer; vgl. Eppner (1936)

428. https://dlok.dgeg.de/3.htm. Zugegriffen: 2.1.2020

429. Knipping (2013), S. 20–21

430. https://nuernberg-direkt.com/nuernberg/geschichtliches/304-ludwigseisenbahn.html. Zugegriffen: 2.1.2020

431. ebd.

432. ebd.; https://www.dbmuseum.de/museum_de/ausstellungen_fahrzeuge/fahrzeuge/fahrzeughalle_I/adler-2602454. Zugegriffen: 2.1.2020

433. v. Röll (1923), S. 444; https://archiv.nationalatlas.de/?p=6022. Zugegriffen: 2.1.2020

434. https://de.statista.com/statistik/daten/studie/13349/umfrage/laenge-vom-schienennetz-der-db-ag/. Zugegriffen: 26.11.2019

435. Reulecke (1985); Kruse (2018)

436. https://www.content.landesarchiv-berlin.de/php-bestand/arep226-pdf/arep226.pdf. Zugegriffen: 2.1.2020

437. Blackbourn (2007), S. 201

438. Schwarz (2014); Kottrup (2016); https://www.vv-siebengebirge.de/berge/; https://www.sieben-

gebirgsmuseum.de/index.php/publikationen/120-verlinkte-seiten/412-2013-11-landsturm-kpl. Zugegriffen: 2.1.2020

439. Kremer und Günthner (2014), S. 24

440. Kottrup (2016); Schwarz (2014); https://www.vv-siebengebirge.de/berge/; https://www.rheindrache.de/rheinprovinz/. Zugegriffen: 2.1.2020

441. https://www.vv-siebengebirge.de/geschichte-des-vvs/. Zugegriffen: 2.1.2020

442. Kröhnke (1973), S. 11

443. ebd.

444. Hamburger Feuerwehr-Historiker e.V. (2005); Michaelis (1842); Ahrens (1993); Clemens (1844)

445. Michaelis (1842), S 45–46; Hamburger Feuerwehr-Historiker e.V. (2005), S. 1; Museum für Kommunikation (2007)

446. Hamburger Feuerwehr-Historiker e.V. (2005), S. 4

447. Ahrens (1993)

448. vgl. Andrivon (1996), Schöber-Butin, B. (2001) und Turner (2005)

449. Schöber-Butin, B. (2001); Schanbacher (2016)

450. Schanbacher (2016)

451. zitiert in Schanbacher (2016), S. 175

452. Schanbacher (2016)

453. ebd.

454. ebd., Kap. 2

455. ebd., Kap. 2 und 3

456. ebd., Kap.

457. ebd., Kap. 3

458. Landlexikon (1913), 4. Bd., Tafel zwischen Seite 20 und 21

459. https://berliner-wassertisch.info/dokumente/zeitleiste-berliner-wasserbetriebe/; https://www.berlin.de/rbmskzl/regierender-buergermeister/buergermeister-von-berlin/buergermeistergalerie/artikel.4554.php. Zugegriffen: 2.1.2020; Krzywanek (2004)

460. Krzywanek (2004)

461. zitiert in Krzywanek (2004)

462. Krzywanek (2004)

463. ebd.

464. vgl. Renalder (1990)

465. Riedel-Lorjé und Gaumert, 1982, S. 355–356; Renalder (1990)

466. Schulz-Zunkel et al. (2013); Schulz-Zunkel (2014)

467. Schulz-Zunkel (2014)

468. Hielscher und Hücking (2004)

469. ebd.

470. Der Hamburger Paläontologe und Biologe Matthias Glaubrecht berichtet über diesen Auftrag und die Sammlung von Skeletten durch Amalie Dietrich, vgl. https://www.tagesspiegel.de/gesellschaft/als-sammlerin-in-australien-ihre-funde-verschifft-sie-nach-hamburg/8389440-2.html. Zugegriffen: 2.1.2020

471. Hielscher und Hücking (2004); Sumner (2016); vgl. https://www.tagesspiegel.de/gesellschaft/als-sammlerin-in-australien-ihre-funde-verschifft-sie-nach-hamburg/8389440-2.html; das ZDF zeigt in der Reihe Terra X die Dokumentation „Mordakte Museum. Leichen im Museumskeller", vgl. https://www.zdf.de/dokumentation/terra-x/mordakte-museum-leichen-im-museumskeller-knochenfunde-von-100.html. Zugegriffen: 2.1.2020

472. Bischoff (1918)

473. Sumner (2016)

474. Hielscher und Hücking (2004)

475. https://www.nlga.niedersachsen.de/startseite/infektionsschutz/krankheitserreger_krankheiten/pocken/pocken-19309.html. Zugegriffen: 2.1.2020

476. Lindner (2016), S. 23; Bundesgesundheitsamt (1959); https://www.aerzteblatt.de/archiv/36226/Pocken-Wie-man-sie-erkennt-und-wie-man-sich-schuetzen-kann. Zugegriffen: 2.1.2020

477. Lindner (2016), S. 21–22

478. Lindner (2016), S. 22–23; Bundesgesundheitsamt (1959); https://www.aerzteblatt.de/archiv/36226/Pocken-Wie-man-sie-erkennt-und-wie-man-sich-schuetzen-kann. Zugegriffen: 2.1.2020

479. Lindner (2016), S. 23

480. Lindner (2016), S. I, 15, 94–107

481. Lindner (2016), S. 23

482. Lindner (2016), S. 23–24; https://www.nlga.niedersachsen.de/startseite/infektionsschutz/krankheitserreger_krankheiten/pocken/pocken-19309.html. Zugegriffen: 2.1.2020

483. https://www.nlga.niedersachsen.de/startseite/infektionsschutz/krankheitserreger_krankheiten/pocken/pocken-19309.html; https://www.rki.de/DE/Content/Infekt/Biosicherheit/Agenzien/bg_pocken.pdf?__blob=publicationFile. Zugegriffen: 2.1.2020

484. Koch und Hartmann (2011)

485. Hachmann und Koch (2015)

486. Kiecksee (1972); Kreibohm et al. (2018), S. 150–160; Rosenhagen und Bork (2009)

487. vgl. Schäfer (2008)

488. Schäfer (2008)

489. vgl. die Beiträge in Holemans GmbH (2019)

490. Dieberger (2003)

491. ebd.

492. https://www.bfn.de/themen/natura-2000/lebensraumtypen-arten/arten-der-anhaenge/saeugetiere/castor-fiber-linnaeus-1758.html; https://www.bund-naturschutz.de/tiere-in-bayern/biber/verbreitung.html; https://www.bund-nrw.de/themen/tiere-pflanzen/biber/hintergruende-und-publikationen/geschichte-des-bibers/; https://www.cscf.ch/cscf/de/home/biber-fachstelle/informationen-zum-biber/biber-weltweit.html. Zugegriffen: 2.1.2020

493. Raabe (1884), S. 68
494. ebd., S. 119–122
495. ebd., S. 119–122
496. ebd., S. 183
497. Limmer-Kneitz (2018), S. 15–16
498. Bayerl (1989); Herrmann (2008); Limmer-Kneitz (2018)
499. vgl. „Civilproceß-Sachen der Mühlenbesitzer Ernst Müller in Bienrode und Carl Lüderitz in Wendenmühle, Kläger, wider die Actienzuckerfabrik Rautheim, vertreten durch ihre Direction, wegen Beeinträchtigung", Niedersächsisches Landesarchiv Wolfenbüttel 37A Neu Fb 4 Nr. 30
500. Raabe (1884); Bayerl (1989); Herrmann (2008); Limmer-Kneitz (2018)
501. Limmer-Kneitz (2018), S. 14
502. Raabe (1884), S. 76, 151–152
503. https://www.lpb-bw.de/fileadmin/lpb_hauptportal/pdf/faltblaetter/fb_benz.pdf. Zugegriffen: 2.1.2020
504. https://media.daimler.com/marsMediaSite/de/instance/ko/August-1888-Bertha-Benz-unternimmt-die-erste-Fernfahrt-der-Welt-mit-einem-Automobil.xhtml?oid=9361401. Zugegriffen: 2.1.2020
505. https://commons.wikimedia.org/wiki/File:Patentschrift37435BenzPatent-Motorwagen.pdf; https://www.daimler.com/konzern/tradition/gruender-wegbereiter/carl-benz.html. Zugegriffen: 2.1.2020
506. https://www.destatis.de/DE/Themen/Gesellschaft-Umwelt/Verkehrsunfaelle/_inhalt.html. Zugegriffen: 2.1.2020
507. WSA (2014a); Beseke (1893, Reprint 2012), S. 93; WSV (2012); Lassen (2012)
508. WSV (2012); WSA (2014a)
509. Beseke (1893, Reprint 2012), S. 65; Lassen (2012)
510. Beseke (1893, Reprint 2012), S. 65–67
511. Neukamm (2009); WSV (2012)
512. WSA (2014b, c)
513. WSV (2012)
514. https://de.statista.com/statistik/daten/studie/895711/umfrage/zustand-der-bruecken-an-bundesstrassen-in-deutschland/. Zugegriffen: 2.1.2020
515. EPPO (2009)
516. EPPO (2009); Jahodová et al. (2007); Rajmis et al. (2016)
517. Thiele und Otte (2007)
518. Rajmis et al. (2016)
519. ebd.
520. Andres (2014), S. 4–5; Rüger (2017), S. 21–26
521. Andres (2014), S. 8–9; Rüger (2017), S. 136–158
522. Andres (2014), S. 9–13; Rüger (2017), S. 179–215
523. Andres (2014), S. 13–14
524. Andres (2014), S. 26–35; Rüger (2017), S. 306–324; Krieger (2015)
525. Andres (2014), S. 38–41; Rüger (2017), S. 324–329; Krieger (2015)
526. Andres (2014), S. 42–47; Rüger (2017), S. 331–360; Krieger (2015)
527. Jaskolla (2006)
528. ebd.
529. Vaupel (2012 a, b)
530. Jaskolla (2006)
531. ebd.
532. ebd.
533. ebd.
534. Vaupel (2012b); https://dipbt.bundestag.de/doc/btd/11/076/1107671.pdf. Zugegriffen: 2.1.2020
535. Jaskolla (2006)
536. Landlexikon (1911), 2. Bd., Tafel zwischen Seite 704 und 705
537. ebd.
538. Howard-Jones (1973)
539. ebd.
540. ebd.
541. Evans (1990), S. 367–370
542. ebd., S. 369–372
543. ebd.
544. ebd., S. 399–400
545. ebd., S. 388
546. ebd., S. 388–391
547. Fontane (2004), S. 61
548. https://en.wikipedia.org/wiki/File:Cholera.jpg. Zugegriffen: 2.1.2020
549. v. d. Heyden (2007), S. 220–222
550. Jeschke (2012), S. 19
551. Jeschke (2012), S. 19; Wettengel (1993), S. 362; Radkau (2011), S. 70
552. Heim (2003)
553. Schlechter (1900); Wendt (2013), S. 27–29
554. https://www.ub.bildarchiv-dkg.uni-frankfurt.de/Bildprojekt/Lexikon/Standardframeseite.php. Zugegriffen: 2.1.2020
555. Wendt (2013), S. 27–29
556. Schlechter (1900)
557. UBA (2013)
558. Brüggemeier (2018), S. 112
559. Vögele und Koppitz (2006)
560. https://hygiene-institut.de/dokumente/geschichte.php5. Zugegriffen: 2.1.2020
561. Howard-Jones (1973); Vögele und Koppitz (2006)
562. Howard-Jones (1973)
563. ebd.
564. ebd.
565. ebd.; Vögele und Koppitz (2006); siehe auch: Emmerich und Wolter (1906)
566. Beerlage (2017); Koch (2018)
567. ebd.

568. ebd.

569. zur Geschichte des Naturschutzes in Deutschland vgl. Winiwarter und Bork (2019), S. 144–145

570. Conwentz (1904); vgl. dazu: Radkau (2011), S. 70–71

571. Conwentz (1900)

572. ebd.

573. Wettengel (1993), S. 365–367; https://www.umweltunderinnerung.de/index.php/kapitelseiten/geschuetzte-natur/54-das-naturdenkmal. Zugegriffen: 2.1.2020

574. Hambruch (1914)

575. https://thecommonwealth.org/our-member-countries/nauru/history. Zugegriffen: 2.1.2020; Underwood (1989), S. 4–5

576. British and Foreign State Papers, Bd. 77, S. 42

577. International Court of Justice (1990); Pollock (2014); Viviani (1970)

578. ebd.

579. https://thecommonwealth.org/our-member-countries/nauru/history. Zugegriffen: 2.1.2020

580. https://commons.wikimedia.org/wiki/File:Chinese_labourers_phosphate_mine_Nauru.jpg. Zugegriffen: 2.1.2020

581. Elsa Bosshart-Forrer (1929): Bausteine zu Leben und Zeit. Zürich und Leipzig (Grethlein)

582. Johnson (2002)

583. Hermann (1965); Mittasch (1951); Jeffreys (2011); Johnson (2002)

584. Mittasch (1951); Hermann (1965); https://www.basf.com/global/de/who-we-are/organization/locations/europe/german-sites/ludwigshafen/commitment-for-the-region/education/angebote-7-13/unterrichtsmaterialien/Ammoniaksynthese.html. Zugegriffen: 2.1.2020

585. Johnson (2002), S. 158–171

586. Johnson (2002); Jeffreys (2011)

587. Johnson (2002)

588. https://www.basf.com/global/de/who-we-are/organization/locations/europe/german-sites/ludwigshafen/commitment-for-the-region/education/angebote-7-13/unterrichtsmaterialien/Ammoniaksynthese.html. Zugegriffen: 2.1.2020

589. Licht et al. (2014)

590. Wasianski (1804), S. 120–121

591. Bölsche (1901), S. 5–6, zitiert in Payer (2003), S. 173

592. z. B. https://www.aphorismen.de/zitat/183125. Zugegriffen: 2.1.2020

593. Lessing (1908), zitiert in Payer (2003); Morat (2010)

594. Payer (2003); Morat (2010)

595. https://de.statista.com/statistik/daten/studie/152186/umfrage/gesamtlaenge-der-laermschutzwaelle-an-deutschen-strassen/. Zugegriffen: 26.11.2019

596. https://www.umweltbundesamt.de/sites/default/files/medien/376/publikationen/umweltbewusstsein_deutschland_2016_bf.pdf. Zugegriffen: 2.1.2020

597. Lessing (2017), Pos. 536 bis 546 von 14.271

598. Chemisches Zentralblatt vom 13. August 1919 Bd. IV., Nr. 7, S. 218.

599. https://archive.org/stream/arbeitenausdemr04reicgoog/arbeitenausdemr04reicgoogdjvu.txt. Zugegriffen: 2.1.2020

600. https://undine.bafg.de/weser/extremereignisse/wesernw1911.html. Zugegriffen: 2.1.2020

601. ebd.

602. Emons (2001)

603. Eisenbach (1999, 2. Aufl.), S. 198–202; Emons (2001)

604. Eisenbach (1999, 2. Aufl.), S. 198–201

605. ebd., S. 202

606. Herrmann und Röthemeyer (1998), S. 307

607. UBA (2014a), S. 3

608. UBA (2014a); vgl. https://www.wasser-in-not.de/dateien/stellungnahmen-gutachten/stellungnahmen-der-wwa/2017-05-08%20Faktencheck%20Oberweserpipeline.pdf; https://www.landespressedienst.de/weserkonferenz-verzichtet-auf-oberweserpipeline-ein-erfolg-fuer-menschen-und-umwelt-der-region/. Zugegriffen: 2.1.2020

609. Brüggemeier (2009)

610. Graf Kielmansegg (2014); Röhl (2014)

611. Bischoff (1916)

612. ebd.

613. ebd.

614. Güll (2004); Eckart (2013)

615. Haag (2012)

616. Eckart (2013); Rabensteiner (2014); https://www.aerzteblatt.de/archiv/167694/Erster-Weltkrieg-1914-1918-Hunger-und-Mangel-in-der-Heimat; https://www.dhm.de/lemo/kapitel/erster-weltkrieg/alltagsleben/kohlruebenwinter-191617.html. Zugegriffen: 2.1.2020

617. Bader (2011)

618. Stephan (2014)

619. Remarque, E. M. (2014), S. 252

620. https://centenaire.org/de/node/10071. Zugegriffen: 2.1.2020

621. Hubé (2017); Thouin et al. (2016); https://centenaire.org/en/node/10073. Zugegriffen: 2.1.2020

622. https://centenaire.org/en/node/10073. Zugegriffen: 2.1.2020

623. Stephan (2014)

624. George L. Mosse, zitiert in Stephan (2014)
625. https://commons.wikimedia.org/wiki/File:Hier_wütete_die_moderne_Materialschlacht.jpg. Zugegriffen: 2.1.2020
626. Leitner (1994), S. 11
627. Johnson (2002)
628. Baumann (2011), S. 7–8
629. vgl. Groehler (1989); Evison et al. (2002); Wietzker (2006); Fitzgerald, G. J. (2008); Baumann (2011)
630. Leitner (1994)
631. Szöllösi-Janze (1998); Fritz Haber – Facts. NobelPrize.org. Nobel Media AB 2019. https://www.nobelprize.org/prizes/chemistry/1918/haber/facts/. Zugegriffen: 2.1.2020
632. Rex, H. (1926), S. 85, reproduzierte Postkarte, die im Juli 196 versandt wurde
633. https://de.wikipedia.org/wiki/Datei:Clara_Immerwahr.jpg. Zugegriffen: 2.1.2020
634. vgl. Spinney (2018)
635. Michels (2010); Vasold (2009); Witte (2010)
636. Worobey et al. (2014)
637. vgl. Spinney (2018), S. 49
638. Michels (2010); Worobey et al. (2014)
639. Michels (2010)
640. zitiert in Michels (2010), S. 22
641. Michels (2010)
642. ebd., S. 27
643. Worobey et al. (2014)
644. Michels (2010)
645. https://www.geschichtevonunten.de/01_prim-lit/buecher/stickstoffwerke_basf.pdf. Zugegriffen: 2.1.2020
646. Johnson (2002); Sanner (2015); Hörcher (2016)
647. Hörcher (2016)
648. ebd.
649. Johnson (2002), S. 210
650. Lange (1997); https://joomla.autobahngeschichte.de/images/docs/presse/NuBo-10-2009.pdf; https://www.berlinstreet.de/983?print=pdf. Zugegriffen: 2.1.2020
651. Lange (1997); Vahrenkamp (2001)
652. https://afz.lvr.de/de/archiv_des_lvr/dokument_des_monats/dokument_2014_08/2014_08.html. Zugegriffen: 2.1.2020
653. ebd.
654. ebd.
655. Witek (2008)
656. Schwarz und Strobl (2007); Witek (2008)
657. ebd.
658. Hustler (1910), S. 245 und S. 250–251
659. Helmstädter (2005), S. 358–359; Baumgardt (2012)
660. Kütterer (2017), S. 142
661. Steger und Friedmann (2011)
662. Helmstädter (2005), S. 358–359; Baumgardt (2012)
663. Steger und Friedmann (2011)
664. u. a. https://www.aphorismen.de/zitat/88826. Zugegriffen: 2.1.2020
665. Eichinger (2008)
666. Bork (2020)
667. Lehmann (1999), S. 34
668. Fischer (2003), S. 193; Schoenichen (1934)
669. vgl. https://www.zeit.de/zeit-geschichte/2016/01/wald-umwelt-waldsterben-nachhaltigkeit. Zugegriffen: 2.1.2020; Blackbourn (2007), S. 342–344
670. ebd.
671. Fischer et al. (2015); Fischer (2016); Michler (2011)
672. Fischer (2016)
673. https://www.jagdverband.de/jagdstatistik; https://de.statista.com/statistik/daten/studie/413287/umfrage/jahresstrecken-in-deutschland-nach-wildarten/. Zugegriffen: 26.11.2019
674. Tolkmutt (2012)
675. Frohn (2015)
676. Hönes (2015)
677. https://www.umweltunderinnerung.de/index.php/kapitelseiten/geschuetzte-natur/59-das-reichsnaturschutzgesetz. Zugegriffen: 2.1.2020
678. https://www.dhm.de/lemo/kapitel/ns-regime/etablierung/gewerkschaften/. Zugegriffen: 2.1.2020
679. https://www.dhm.de/lemo/kapitel/ns-regime/ns-organisationen/deutsche-arbeitsfront.html; https://www.dhm.de/lemo/kapitel/ns-regime/ns-organisationen/kdf/. Zugegriffen: 2.1.2020; Kaule (2014); Rostock (2010)
680. Kaule (2014)
681. ebd.
682. Rostock (2010); Kaule (2014)
683. Kaule (2014)
684. ebd.; Rostock (2010)
685. Aumann (2015)
686. ebd.; Kaule (2018); Schmidt und Mense (2013)
687. https://www.dhm.de/lemo/biografie/biografie-werher-freiherr-von-braun.html. Zugegriffen: 2.1.2020
688. Koelsch (1937); Teleky (1955), S. 101
689. https://www.bmu.de/themen/gesundheit-chemikalien/chemikaliensicherheit/quecksilber-konvention/. Zugegriffen: 2.1.2020
690. https://www.bayer.de/de/otto-bayer.aspx. Zugegriffen: 2.1.2020; Bayer (1947); Seymour et al. (1989)
691. Dunkelberg und Weiß (2016)
692. Gilch (2009)
693. https://www.uni-frankfurt.de/66995816/interessen-gemeinschaft; https://idw-online.de/de/news687832. Zugegriffen: 2.1.2020

694. https://www.uni-frankfurt.de/66995816/interessengemeinschaft. Zugegriffen: 2.1.2020

695. Gilch (2009); https://www.smithsonianmag.com/arts-culture/stocking-series-part-1-wartime-rationing-and-nylon-riots-25391066/. Zugegriffen: 2.1.2020

696. https://www.mdr.de/zeitreise/chemiekonferenz-leuna-ddr-100.html; https://www.gdch.de/fileadmin/downloads/Netzwerk_und_Strukturen/Fachgruppen/Geschichte_der_Chemie/Mitteilungen_Band_14/1998-14-12.pdf. Zugegriffen: 2.1.2020

697. https://www.mdr.de/zeitreise/chemiekonferenz-leuna-ddr-100.html. Zugegriffen: 2.1.2020

698. Wendt et al. (2019)

699. Wagner (2000); Heim (2003), S. 126–133

700. Heim (2003), S. 126–131

701. ebd., S. 126–134; vgl. Wieland (2002, 2009)

702. H. Picker (1951): Hitlers Tischgespräche im Führerhauptquartier 1941–1942, zitiert in Heim (2003), S. 251–252

703. Heim (2003), S. 126–136

704. ebd., S. 126–139

705. ebd., S. 139–144

706. ebd., S. 140–144

707. ebd., S. 143–198

708. https://books.google.de/books?hl=en&lr=&id=jysuAAAAYAAJ&oi=fnd&pg=PA1&dq=russian+dandelion&ots=X9OxXoYBEH&sig=x2ldx3UDiaO7RC5yX9GLzynsJZ4&redir_esc=y#v=onepage&q&f=false. Zugegriffen: 2.1.2020

709. Hunger (2007), S. 38–39, 52–67, 83; Trunk (2012), S. 37–42

710. Hunger (2007), 13–37

711. vgl. Aly (2014); Cramer (2008); Franz (1991), S. 386; Hayes (2004); Hunger (2007); Kalthoff und Werner (1998); Kepplinger (2012); Klee (1995); Ley (2012); Lilienthal (2012); Mitscherlich und Mielke (2012); Roth (2009); Stöckle (2012); Tietz (2007); Trunk (2012)

712. ebd.

713. Steinweg und Kerth (2013)

714. Bayerischer Landtag (1988)

715. ebd.; Wendt et al. (2019)

716. https://www.gkd-kampfmittelraeumung.de/aktuelles/aktuelles-detail/article/gefahren-durch-16-millionen-tonnen-munition-in-nord-und-ostsee.html?tx_ttnews. Zugegriffen: 2.1.2020

717. https://dubm.de/quecksilbertransporte/. Zugegriffen: 2.1.2020

718. Böttcher et al. (2018)

719. https://www.gkd-kampfmittelraeumung.de/aktuelles/aktuelles-detail/article/gefahren-durch-16-millionen-tonnen-munition-in-nord-und-ostsee.html?tx_ttnews. Zugegriffen: 2.1.2020; Wendt et al. (2019)

720. vgl. Wendt et al. (2019)

721. Proctor (2002), S. 207–208

722. Proctor (2002)

723. ebd., S. 206

724. ebd., S. 19

725. ebd., S. 236–237

726. ebd., S. 240–246

727. ebd., S. 207, 227–228

728. Blackbourn (2007), S. 356–358

729. https://www.dhm.de/lemo/kapitel/der-zweite-weltkrieg/voelkermord/generalplan-ost.html. Zugegriffen: 2.1.2020

730. David Blackbourn hat die verheerenden Naziplanungen eindrücklich beschrieben (Blackbourn, 2007, S. 319–326, 350–368)

731. Blackbourn (2007), S. 352

732. Blackbourn (2007), S. 320–322

733. Ost (1993); Distel und Benz (2014)

734. Ost (1993); s. auch The Holocaust Historiography Project (2014)

735. Ost (1993); Distel und Benz (2014); Geidobler (2004), S. 29–32

736. Reinhardt (2013)

737. Miller (2017), S. 418

738. Harcken-junior (2004), S. 67–70; Kaupa (2013), S. 71–72; s. auch Dalitz (2005)

739. Sievers und Knolle (2010)

740. ebd.

741. ebd.

742. vgl. hierzu Delfs et al. (1958)

743. die Ausführungen zum Hungerwinter 1946/47 basieren auf Häusser und Maugg (2009)

744. Schleswig-Holsteinische Landpost. Amtliches Fach- und Mitteilungsblatt für die Land- und Forstwirtschaft Schleswig-Holsteins. Folge 5. 98 Jg. Kiel, den 20. April 1948

745. Boch und Karlsch (2011), S. 30

746. Karlsch (2007), S. 47

747. Karlsch (2003), S. 141–142

748. ebd., S. 142

749. Boch und Karlsch (2011), S. 32–33

750. Sacharow (2011), S. 40

751. Boch und Karlsch (2011), S. 44–45,

752. Karlsch (2003), S. 155; Karlsch (2007), S. 53; Beleites (1992), S. 32; Beyer (20032), S. 16

753. Karlsch (2003), S. 54

754. Boch und Karlsch (2011), S. 49

755. Schütterle (2010), S. 31

756. Karlsch (2003), S. 150

757. Karlsch (2007), S. 63–64

758. Beyer (2003, 2. Aufl.), S. 10
759. Sacharow (2011), S. 32
760. Schütterle (2010), S. 36–37, 42; Karlsch (2007), S. 112, 117, 150
761. Koppisch et al. (2004)
762. Beleites (1992), S. 76
763. Beleites (1992), S. 88–105; Karlsch (2007), S. 183–184
764. Karlsch (2007), S. 169
765. Karlsch (2007), S. 184–187, 190–191; Schütterle (2010), S. 40
766. ebd.
767. BMWI (2011)
768. Beyer (2003, 2. Aufl.), S. 56
769. BMWI (2011); Bretschneider (2000), S. 26–27; https://www.gesetze-im-internet.de/wismutagabkg/index.html. Zugegriffen: 2.1.2020
770. Paul et al. (2015)
771. BMWI (2011); https://www.gesetze-im-internet.de/wismutagabkg/index.html. Zugegriffen: 2.1.2020
772. Jessen, R. (2013, 2. Aufl.); https://www.bpb.de/apuz/26965/von-menschen-und-uebermenschen?p=all; https://www.dhm.de/archiv/ausstellungen/auftrag/61.htm. Zugegriffen: 2.1.2020
773. Meißner (2004)
774. https://www.2018.waldgebiet-des-jahres.de/index.php/2015-der-grunewald/historisches/geschichte-des-grunewaldes. Zugegriffen: 2.1.2020
775. https://www.berlin.de/ba-charlottenburg-wilmersdorf/ueber-den-bezirk/freiflaechen/artikel.230989.php. Zugegriffen: 2.1.2020
776. https://www.2018.waldgebiet-des-jahres.de/index.php/2015-der-grunewald/historisches/geschichte-des-grunewaldes. Zugegriffen: 2.1.2020
777. Mielke (2016, 2. Aufl.), S. 16; Cocroft und Schofield (2016), S. 41–42
778. https://www.berlin.de/ba-charlottenburg-wilmersdorf/ueber-den-bezirk/freiflaechen/artikel.230857.php. Zugegriffen: 2.1.2020
779. Ohmann (1999); Cocroft und Schofield (2016), S. 42–43
780. Mielke (2016, 2. Aufl.); Cocroft und Schofield (2016)
781. Frisch (2017), S. 426
782. Schlosser (1999), S. 7–20
783. ebd., S. 23–25
784. ebd., S. 25–28, 50–56
785. ebd., S. 50, 57–59; Blackbourn (2007), S. 344–348
786. Bundesgesetzblatt (1953); Weiß (2009), S. 3
787. Deutscher Bundestag (1984b), S. 1
788. Deutscher Bundestag (1984b), S. 4–6
789. Deutscher Bundestag (1984b), S. 8–13
790. Deutscher Bundestag (1984b), S. 13
791. Wieland et al. (1992, 12. Aufl.), S. 42–47
792. Deutscher Bundestag (1984b), S. 11–13
793. BVL (2013, 2017); Jaskolla (2006), S. 13–14; FNL (o. J.)
794. vgl. Schlottau (2009); Stiftung Warentest (2014); Schulz-Zunkel (2014); Schulz-Zunkel et al. (2013)
795. Calice (2005), S. 18–20
796. ebd.
797. Die Schatzkammer (1955): Bundessekretariat und Redaktion „Frau von heute". Demokratischer Frauenbund Deutschlands. Berlin. Zitiert in Calice (2005), S. 33
798. Calice (2005), insbes. S. 8, 27
799. Calice (2005), S. 13, 16
800. Moeller (1999), S. 6
801. Moeller (1999), S. 7–8; Bauerkämper (2009), S. 100–101
802. Moeller (1999), S. 7–11; Bauerkämper (2009), S. 100–102
803. Schöne (2004, 2007); Bauerkämper (2009)
804. Schöne (2004, 2007)
805. ebd.; Bauerkämper (2009)
806. Schöne (2005), S. 58
807. Schöne (2004, 2005)
808. https://lieder-aus-der-ddr.de/auf-unsrer-lpg/. Zugegriffen: 2.1.2020
809. https://www.geschichte-s-h.de/programm-nord/. Zugegriffen: 2.1.2020
810. Domeyer (1979), S. 83–85
811. ebd.; Hassenpflug (1979), S. 38–41
812. ebd.
813. vgl. die Beiträge in Programm-Nord-GmbH (1979)
814. Behrens (2003)
815. Volkskammer der DDR (1955); Jeschke (2012)
816. LUBW (2017)
817. Hofmann (1989)
818. Deutscher Bundestag (1984a), S. 3; https://www.mineralienatlas.de/lexikon/index.php/Deutschland/Baden-Württemberg/Freiburg%2C%20Bezirk/Waldshut%2C%20Landkreis/St.%20Blasien/Menzenschwand/Krunkelbach. Zugegriffen: 2.1.2020
819. https://de.statista.com/statistik/daten/studie/676803/umfrage/strahlendosis-der-bevoelkerung-in-deutschland-durch-natuerliche-strahlenquellen/. Zugegriffen: 2.1.2020
820. https://www.mineralienatlas.de/lexikon/index.php/Deutschland/Baden-Württemberg/Freiburg%2C%20Bezirk/Waldshut%2C%20Landkreis/St.%20Blasien/Menzenschwand/Krunkelbach. Zugegriffen: 2.1.2020
821. Deutscher Bundestag (1984a), S. 1–2
822. ebd., S. 3
823. vgl. https://www.atommuellreport.de/daten/uranbergbau-menzenschwand.html. Zugegriffen: 2.1.2020

824.　Bütow et al. (1995)
825.　Bundesgesetzblatt, Jahrgang 1957, Teil I, Nr. 42 vom 12.08.1957, S. 1110–1118.
826.　ebd.; https://www.wissen.de/lexikon/wasserrecht. Zugegriffen: 2.1.2020
827.　https://www.gesetze-im-internet.de/whg_2009/WHG.pdf. Zugegriffen: 2.1.2020
828.　https://www.baunetzwissen.de/heizung/fachwissen/entwicklung-der-heizung/standard-warmwasser-zentralheizung-161064. Zugegriffen: 2.1.2020
829.　https://www.verivox.de/nachrichten/heizung-oel-und-gas-loesen-die-kohle-im-osten-ab-luft-wird-besser-5655/. Zugegriffen: 2.1.2020
830.　https://de.statista.com/infografik/11385/art-der-heizung-und-zum-heizen-genutzte-energietraeger/. Zugegriffen: 2.1.2020
831.　Kirchner et al. (2018); siehe auch: Zielhofer und Kirchner (2014) sowie Ettel et al. (2014)
832.　https://www.historisches-lexikon-bayerns.de/Lexikon/Rhein-Main-Donau-Kanal; https://www.wsa-donau-mdk.wsv.de/Webs/WSA/Donau-MDK/DE/Donau_MDK/Geschichte/2_Der_MDK/der_MDK_text.html. Zugegriffen: 2.1.2020
833.　https://www.historisches-lexikon-bayerns.de/Lexikon/Rhein-Main-Donau-Kanal. Zugegriffen: 2.1.2020
834.　ebd.
835.　Hecker und Schneider (1991); https://www.historisches-lexikon-bayerns.de/Lexikon/Rhein-Main-Donau-Kanal; https://schifffahrtsverein.de/daten-und-fakten/. Zugegriffen: 2.1.2020
836.　https://schifffahrtsverein.de/daten-und-fakten/; https://www.historisches-lexikon-bayerns.de/Lexikon/Rhein-Main-Donau-Kanal. Zugegriffen: 2.1.2020
837.　Hecker und Schneider (1991), S. 51
838.　https://schifffahrtsverein.de/daten-und-fakten/; https://www.historisches-lexikon-bayerns.de/Lexikon/Rhein-Main-Donau-Kanal. Zugegriffen: 2.1.2020
839.　ebd.; https://www.lebensader-donau.de/download-center/planfeststellungs-verfahren-donauausbau/. Zugegriffen: 2.1.2020
840.　Deutscher Bundestag (2017); Habel et al. (2019)
841.　SRU und WBBGR (2018), S. 7
842.　Hallmann et al. (2017)
843.　vgl. https://www.rwi-essen.de/unstatistik/72/; https://www.spektrum.de/wissen/es-gibt-wenig-daten-aber-das-insektensterben-ist-eindeutig-besorgnis-erregend/1548199. Zugegriffen: 2.1.2020
844.　Habel et al. (2019)
845.　Deutscher Bundestag (2017); Habel et al. (2019); https://www.bfn.de/themen/insektenrueckgang.html. Zugegriffen: 2.1.2020
846.　Leopoldina (2018), S. 2
847.　Brachthäuser (2017)
848.　https://www.umweltunderinnerung.de/index.php/kapitelseiten/aufbrueche/78-blauer-himmel-ueber-der-ruhr. Zugegriffen: 2.1.2020
849.　Brachthäuser (2017)
850.　https://www.derwesten.de/staedte/essen/ministerin-faehrt-durch-rauchschwaden-id11809494.html. Zugegriffen: 2.1.2020
851.　Eismann und Mirach (2002); Mauch (2014); Werner (2018)
852.　ebd.
853.　ebd.
854.　ebd.
855.　Winiwarter und Bork (2019)
856.　https://www.fraport.de/content/fraport/de/misc/binaer/unternehmen/medien/publikationen/unternehmensportraet/portraet-der-fraport-ag/jcr:content.file/portraet-fraport-ag.pdf; https://waldbesetzung.blogsport.de/images/referat1311.pdf. Zugegriffen: 2.1.2020
857.　https://www.fraport.de/content/fraport/de/misc/binaer/unternehmen/medien/publikationen/unternehmensportraet/portraet-der-fraport-ag/jcr:content.file/portraet-fraport-ag.pdf. Zugegriffen: 2.1.2020
858.　https://www.lagis-hessen.de/de/subjects/drec/sn/edb/mode/catchwords/lemma/Startbahn%2BWest/current/0. Zugegriffen: 2.1.2020
859.　ebd.
860.　ebd.; https://www.evangelisch.de/inhalte/96778/04-11-2009/startbahn-west-wer-nicht-kaempft-hat-schon-verloren. Zugegriffen: 2.1.2020
861.　https://www.lagis-hessen.de/de/subjects/drec/sn/edb/mode/catchwords/lemma/Startbahn%2BWest/current/0; https://waldbesetzung.blogsport.de/images/referat1311.pdf. Zugegriffen: 2.1.2020
862.　Kraushaar (1988); Wetzel (2008)
863.　https://www.flughafen-bi.de/ueberuns.htm. Zugegriffen: 2.1.2020
864.　https://www.umweltbundesamt.de/sites/default/files/medien/461/publikationen/3949.pdf. Zugegriffen: 2.1.2020
865.　https://www.umweltbundesamt.de/umwelttipps-fuer-den-alltag/mobilitaet/flugreisen#textpart-2. Zugegriffen: 2.1.2020
866.　https://www.bdl.aero/de/publikation/klimaschutz-report/. Zugegriffen: 2.1.2020

867. https://www.umweltbundesamt.de/sites/default/files/medien/publikation/long/3727.pdf; https://www.bdl.aero/wp-content/uploads/2018/08/bdl-report-energieeffizienz-und-klimaschutz-2014-web.pdf. Zugegriffen: 2.1.2020

868. Winneke (1985)

869. BMG und BMU (1999), S. 92; Winneke (1985)

870. vgl. Franzke et al. (2018); Dornsiepen (2015), S. 99–105

871. Dornsiepen (2015), S. 105–107; BfS (2016), S. 135

872. ebd., S. 106–107; vgl. Tiggemann (2004) und Möller (2009)

873. zum „Kampf gegen Wasser in der Asse" vgl. den aktuellen Länderreport von Alexander Budde im Deutschlandfunk Kultur, https://www.deutschlandfunkkultur.de/atommuell-lager-in-niedersachsen-kampf-gegen-wasser-in-der.1001.de.html?dram:article_id=460790. Zugegriffen: 2.1.2020

874. ebd., S. 107–108; BfS (2016), S. 135

875. Dornsiepen (2015), S. 108–109

876. https://www.atommuellreport.de/daten/asse-ii.html. Zugegriffen: 2.1.2020

877. ebd., S. 109; BfS (2016), Editorial und S. 135

878. Dornsiepen (2015), S. 112

879. ebd., S. 112–113

880. BfS (2016), S. 130

881. vgl. Radkau (1983, 2011); Laufs (2018, 2. Aufl.)

882. Winiwarter und Bork (2014, 2019)

883. Wienhold (2014), S. 238; Hackenholz (2004), S. 343–365.

884. Ant (1970); https://www.spiegel.de/spiegel/print/d-45549291.html; https://www.zeit.de/1971/37/warum-stinkt-es-am-rhein-so-schlimm/komplettansicht. Zugegriffen: 2.1.2020

885. Deutscher Bundestag – 5. Wahlperiode – 244. Sitzung, Bonn, Freitag, den 27. Juni 1969, S. 13.645; https://dipbt.bundestag.de/doc/btp/05/05244.pdf. Zugegriffen: 2.1.2020

886. Deutscher Bundestag – 5. Wahlperiode – 244. Sitzung, Bonn, Freitag, den 27. Juni 1969, S. 13.646; https://dipbt.bundestag.de/doc/btp/05/05244.pdf. Zugegriffen: 2.1.2020

887. Deutscher Bundestag – 5. Wahlperiode – 244. Sitzung, Bonn, Freitag, den 27. Juni 1969, S. 13.645–13.646; https://dipbt.bundestag.de/doc/btp/05/05244.pdf. Zugegriffen: 2.1.2020

888. Römer (1957)

889. Bauberger (1981)

890. Seyfert (1981); vgl. https://www.naturpark-bayer-wald.de/geologie-167.html. Zugegriffen: 2.1.2020

891. Seyfert (1981)

892. Pöhnl (2012)

893. ebd.

894. vgl. Blackbourn (2007), S. 349

895. Pöhnl (2012)

896. ebd.

897. https://www.naturpark-bayer-wald.de/der-verein.html. Zugegriffen: 2.1.2020

898. https://www.nationalpark-bayerischer-wald.bayern.de/ueber_uns/geschichte/index.htm. Zugegriffen: 2.1.2020

899. ebd.; Jeschke (2012), S. 30

900. https://www.woidwejd.de. Zugegriffen: 2.1.2020

901. Pöhnl (2012); vgl. Liebecke et al. (2008)

902. https://www.iucn.org/about. Zugegriffen: 2.1.2020

903. https://www.iucn.org/theme/protected-areas/about/protected-areas-categories/category-ii-national-park. Zugegriffen: 2.1.2020

904. https://www.bfn.de/themen/gebietsschutz-gross-schutzgebiete/nationalparke.html. Zugegriffen: 2.1.2020

905. ebd.

906. Erdmann und Nauber (1996)

907. https://www.unesco.de/kultur-und-natur/biosphaerenreservate/biosphaerenreservate-weltweit; https://www.bfn.de/themen/internationaler-naturschutz/abkommen-und-programme/steckbriefe-internationales/mab.html. Zugegriffen: 2.1.2020

908. https://www.bfn.de/themen/internationaler-naturschutz/abkommen-und-programme/steckbriefe-internationales/mab/mab-komitee.html. Zugegriffen: 2.1.2020

909. https://www.gesetze-im-internet.de/flul_rmg/index.html. Zugegriffen: 2.1.2020

910. ebd.

911. https://dipbt.bundestag.de/doc/btd/19/013/1901384.pdf. Zugegriffen: 2.1.2020

912. https://www.umweltbundesamt.de/sites/default/files/medien/1410/publikationen/2018-05-15_texte_35-2018_rechtliche-regelungen-fluglaerm.pdf. Zugegriffen: 2.1.2020

913. https://www.flughafen-bi.de/PresseBBI/2018/2018-09-06%20BBI-PM%20Novellierung%20des%20Fluglaermgesetzes%20ist%20ueberfaellig!.pdf. Zugegriffen: 2.1.2020

914. https://www.adv.aero/wp-content/uploads/2018/10/ADV-Stellungnahme-zum-BMU-Entwurf-Bericht-der-Bundesregierung-zum-FluLärmG.pdf. Zugegriffen: 2.1.2020

915. Maylein (2006), S. 37–38; Straußberger (2011), S. 192–193

916. Schriewer (2001)

917. ebd.

918. Maylein (2006), S. 37–38; Straußberger (2011), S. 192–193

919. Maylein (2006), S. 37–38; Straußberger (2011), S. 192–193; Schriewer (2001)

920. Maylein (2006)

921. vgl. hierzu https://dipbt.bundestag.de/doc/btd/12/039/1203947.pdf. Zugegriffen: 2.1.2020

922. diese Sondergutachten sind online verfügbar: https://www.umweltrat.de/SiteGlobals/Forms/Suche/DE/Publikationensuche/Publikationensuche_Formular.html?nn=9726460&cl2Categories_Format=sondergutachten. Zugegriffen: 2.1.2020

923. https://www.umweltrat.de/SiteGlobals/Forms/Suche/DE/Publikationensuche/Publikationensuche_Formular.html?nn=9726460&cl2Categories_Format=stellungnahme. Zugegriffen: 2.1.2020

924. SRU (2019), S. 14, 47–49

925. SRU (2019), zusammenfassend auf S. 19–21, präzisiert im gesamten Sondergutachten

926. SRU (2019), S. 179–181

927. https://www.br.de/mediathek/video/gruen-kaputt-landschaft-und-gaerten-der-deutschen-av:5a3c64baef719c0018890cee. Zugegriffen: 2.1.2020

928. https://www.br.de/br-fernsehen/sendungen/unter-unserem-himmel/dieter-wieland-dokumentation-100.html; https://www.br.de/br-fernsehen/sendungen/unter-unserem-himmel/dieter-wieland-hans-well-100.html. Zugegriffen: 2.1.2020

929. Wieland (1992, 12. Aufl.), S. 114–116

930. Jeschke (2012), S. 28–30; Jeschke et al. (2012); Wiesmeth (2003), S. 5–23; https://www.hs-nb.de/iugr/. Zugegriffen: 2.1.2020

931. Dietrich (2018), S. 1222

932. Abfallbeseitigungsgesetz (AbfG), BGBl. I, 49, 1972, S. 873–880

933. Bertram (2012)

934. ebd.

935. https://www.bund-rvso.de/wyhl-chronik.html. Zugegriffen: 2.1.2020

936. Engels (2003b); Löser (2003); https://dipbt.bundestag.de/doc/btd/07/036/0703606.pdf; https://www.bund-rvso.de/wyhl-chronik.html. Zugegriffen: 2.1.2020

937. https://www.bund-rvso.de/wyhl-chronik.html. Zugegriffen: 2.1.2020

938. Engels (2003b)

939. ebd.

940. Flitner (2000a, b); Grzimek (1954)

941. Engels (2003a); https://www.zeit.de/2014/14/gefluegelzucht-massentierhaltung/seite-2; https://www.umweltunderinnerung.de/index.php/kapitelseiten/aufbrueche/81-bernhard-grzimek; https://www.br.de/themen/wissen/grzimek-bernhard-tiere-naturschutz-100.html; https://www.schattenblick.de/infopool/tiere/tischutz/tber-088.html. Zugegriffen: 2.1.2020; von den Berg, B. (2008): Die „Neue Tierpsychologie" und ihre wissenschaftlichen Vertreter (von 1900 bis 1945). 266 S. Berlin (Tenea). https://d-nb.info/997443901/34. Zugegriffen: 2.1.2020

942. vgl. https://www.sueddeutsche.de/wirtschaft/agrarindustrie-auf-der-gruenen-woche-kampfparolen-und-misstrauen-1.1865003. Zugegriffen: 2.1.2020

943. Engels (2003a); https://www.zeit.de/2014/14/gefluegelzucht-massentierhaltung/seite-2. Zugegriffen: 2.1.2020

944. https://de.statista.com/statistik/daten/studie/163423/umfrage/entwicklung-des-rinderbestands-in-deutschland/; https://www.topagrar.com/news/Rind-Rindernews-Strukturwandel-in-der-Rinderhaltung-laesst-Herden-wachsen-1307812.html; https://de.statista.com/statistik/daten/studie/163424/umfrage/entwicklung-des-schweinebestands-in-deutschland/; https://de.statista.com/statistik/daten/studie/163423/umfrage/entwicklung-des-rinderbestands-in-deutschland/. Zugegriffen: 26.11.2019

945. https://www.bmel-statistik.de/ernaehrung-fischerei/versorgungsbilanzen/fleisch/. Zugegriffen: 2.1.2020

946. ebd.

947. Heinrich-Böll-Stiftung, Bund für Umwelt- und Naturschutz und Le Monde diplomatique (2014, 8. Aufl.); WWF (2014, 4. Aufl.)

948. https://www.destatis.de/DE/Themen/Branchen-Unternehmen/Landwirtschaft-Forstwirtschaft-Fischerei/Tiere-Tierische-Erzeugung/Publikationen/Downloads-Tiere-und-tierische-Erzeugung/viehbestand-2030410195314.pdf?__blob=publicationFile. Zugegriffen: 2.1.2020

949. Ministerium für Klimaschutz, Umwelt, Landwirtschaft, Natur- und Verbraucherschutz des Landes Nordrhein-Westfalen, https://www.umwelt.nrw.de/verbraucherschutz/pdf/mastdauerentwicklung.pdf. Zugegriffen: 05.05.2018

950. Albert-Schweizer-Stiftung für unsere Mitwelt (2014)

951. Statista (2014)

952. Wallmann (2013), https://www.bvl.bund.de/SharedDocs/Downloads/10_Veranstaltungen/Symposium 2013/symposium2013_vortrag_wallmann.pdf?__blob=publicationFile&v=3; https://www.bmel.de/SharedDocs/Downloads/Tier/Tiergesundheit/Tierarzneimittel/Lagebild%20Antibiotikaeinsatz%20bei%20Tieren%20Juli%202018.pdf?blob=publicationFile. Zugegriffen: 2.1.2020

953. https://www.umweltbundesamt.de/daten/flaeche-boden-land-oekosysteme/flaeche/struktur-der-flaechennutzung#textpart-3. Zugegriffen: 2.1.2020

954. UBA (2018)

955. WWF (2014, 4. Aufl.)

956. WWF (2016); https://www.agrarheute.com/management/finanzen/92-prozent-futters-stammt-deutschland-459838. Zugegriffen: 2.1.2020

957. UBA (2017a); https://www.epa.gov/lmop/basic-information-about-landfill-gas. Zugegriffen: 2.1.2020

958. de Vries und de Boer (2009)

959. https://de.statista.com/statistik/daten/studie/153528/umfrage/co2-ausstoss-je-einwohner-in-deutschland-seit-1990/; https://de.statista.com/statistik/daten/studie/399048/umfrage/entwicklung-der-co2-emissionen-von-neuwagen-deutschland/; https://de.statista.com/statistik/daten/studie/153528/umfrage/co2-ausstoss-je-einwohner-in-deutschland-seit-1990/. Zugegriffen: 26.11.2019

960. UBA (2017b)

961. ebd.

962. Linsel (2001)

963. https://www.bauernverband.de/12-jahrhundertvergleich; https://www.destatis.de/DE/ZahlenFakten/Wirtschaftsbereiche/LandForstwirtschaftFischerei/TiereundtierischeErzeugung/AktuellSchweine.html; https://de.statista.com/statistik/daten/studie/659012/umfrage/selbstversorgungsgrad-mit-nahrungsmitteln-in-deutschland/. Zugegriffen: 2.1.2020

964. https://www.peta.de/ueberpeta. Zugegriffen: 31.12.2019

965. zur großen Beschleunigung vgl. den bemerkenswerten Beitrag „Wir müssen lernen, die Welt neu zu sehen" von Bernd Scherer in der FAZ vom 4.1.2020. https://edition.faz.net/faz-edition/feuilleton/2020-01-04/1b5080650436bee837e4fac2f65f54ba/?GEPC=s9. Zugegriffen: 6.1.2020

966. Pfister (1995)

967. Köhler (2016), S. 1

968. Meadows et al. (1972, 5. Aufl.)

969. Köhler (2016); Sachverständigenrat zur Begutachtung der gesamtwirtschaftlichen Entwicklung (1973), S. 183–184; https://www.boerse.de/boersenwissen/boersengeschichte/Die-Oelkrise-1973--66-seite,2,anzahl,20. Zugegriffen: 2.1.2020

970. Sachverständigenrat zur Begutachtung der gesamtwirtschaftlichen Entwicklung (1973), S. 183–184

971. Bundesgesetzblatt (1973)

972. ebd.

973. Köhler (2016); Sachverständigenrat zur Begutachtung der gesamtwirtschaftlichen Entwicklung (1973)

974. Köhler (2016); https://www.boerse.de/boersenwissen/boersengeschichte/Die-Oelkrise-1973--66-seite,3,anzahl,20. Zugegriffen: 2.1.2020

975. Karlsch (2007), S. 117–122

976. Hampe (1996); Vater (2013)

977. Vater (2013)

978. ebd.

979. SSK (1995)

980. UBA (2014b)

981. https://www.umweltbundesamt.de/sites/default/files/medien/376/dokumente/gesetz_ueber_die_errichtung_eines_umweltbundesamtes.pdf. Zugegriffen: 2.1.2020

982. ebd.

983. Deutscher Bundestag (1994b), S. 213–214

984. ebd., S. 214

985. ebd., S. 214–215

986. ebd., S. 18

987. ebd., S. 18, 214–220, Zitat von S. 220

988. ebd., S. 217

989. ebd., S. 217–218

990. ebd., S. 219–220

991. https://www.ihlenberg.de/entsorgungsloesungen.html; https://www.ihlenberg.de/die-deponie.html. Zugegriffen: 2.1.2020

992. vgl. https://www.deutschlandfunk.de/mecklenburg-vorpommern-dicke-luft-ueber-der.1769.de.html?dram:article_id=433429. Zugegriffen: 2.1.2020

993. Sticher und Will (2014a), S. 11; Kircher (2014), S. 17–18, Barsuhn und Becker (2014), S. 40–41, Sticher und Will (2014b), S. 51–52; ZS Magazin (1975a, b), S. 5–7, 8–12.

994. ZS Magazin (1975a), S. 5–7

995. ebd.

996. Lawrenz (2014), S. 32–33

997. Bork (1980)

998. Hönes (2005, 2015)

999. ebd.

1000. https://www.bfn.de/themen/planung/eingriffe/eingriffsregelung.html. Zugegriffen: 2.1.2020

1001. Rehbinder, E. (2017)

1002. https://www.bfn.de/themen/recht/rechtsetzung.html; https://www.gesetze-im-internet.de/bnatschg_2009/BJNR254210009.html#BJNR254210009BJNG000100000. Zugegriffen: 2.1.2020; NaturschutzR (1988); Hönes (2005, 2015)

1003. Jeschke (2012), S. 32

1004. Kreibohm et al. (2018), S. 222–223

1005. ebd.; Sethe (2011, 18. Aufl.); Bissolli (2001); Sticher (2014)

1006. Sethe (2011, 18. Aufl.); Sticher (2014)

1007. ebd.

1008. Kreibohm et al. (2018), S. 178–179

1009. ebd.

1010. Bissolli (2001)

1011. Toben (2019); https://www.deutschlandfunk.de/achtung-wir-haben-smog-alarm.871.de.html?dram:article_id=126488. Zugegriffen: 2.1.2020

1012. https://www.gesetze-im-internet.de/bimschg/. Zugegriffen: 2.1.2020

1013. Freyermuth (2016), S. 129–134
1014. https://www.deutschlandfunk.de/achtung-wir-haben-smog-alarm.871.de.html?dram:article_id=126488. Zugegriffen: 2.1.2020
1015. Toben (2019)
1016. Ellenberg et al. (1986)
1017. Bork (2020)
1018. Bemmann (2012)
1019. vgl. Larsen (1986)
1020. Schäfer und Metzger (2009), S. 207–208; Radkau (2011), S. 238–240
1021. https://www.bmel.de/DE/Wald-Fischerei/Waelder/_texte/Waldzustandserhebung.html. Zugegriffen: 2.1.2020
1022. vgl. Radkau (2011), S. 257, 284–291
1023. Krumm (2004), S. 146–154; https://www.lagis-hessen.de/de/subjects/idrec/sn/edb/id/1532. Zugegriffen: 2.1.2020
1024. Langguth (2011); Tautor (2011)
1025. Hartmann (1998), S. 32
1026. NMUEK (2016)
1027. vgl. https://www.umwelt.niedersachsen.de/themen/atomaufsicht/versorgung/zwischenlager/abfalllager_gorleben_alg/abfalllager-gorleben-alg-126391.html; https://www.ndr.de/geschichte/chronologie/8-Oktober-1984-Erster-Atommuelltransport-ins-Wendland,gorleben1702.html; https://www.deutschlandfunk.de/atomkraft-nein-danke.871.de.html?dram:article_id=126750. Zugegriffen: 2.1.2020
1028. ebd.; https://gorleben-archiv.de/wordpress/chronik/1984-2; https://gorleben-archiv.de/wordpress/chronik/. Zugegriffen: 2.1.2020
1029. NMUEK (2016)
1030. ebd.
1031. Niedersächsischer Landtag (2010)
1032. Dézsi, A. (2018)
1033. Deutschlandfunk. Das Feature von Dörte Fiedler. Neuland 2/6. Alles machen ohne nichts. Gesendet am 24.12.2019. Sendezeit 20:50 bis 21:40 min. https://www.youtube.com/watch?v=vqhnNoZR8r8. Zugegriffen: 2.1.2020
1034. Jacobi (1999); Franck und Naendorf (o. J.); https://www.jugendopposition.de/node/150584. Zugegriffen: 2.1.2020
1035. Jacobi (1999); Deutschlandfunk. Das Feature von Dörte Fiedler. Neuland 2/6. Alles machen ohne nichts. Gesendet am 24.12.2019. https://www.youtube.com/watch?v=vqhnNoZR8r8. Zugegriffen: 2.1.2020
1036. Deutscher Bundestag – 8. Wahlperiode. Unterrichtung durch die Bundesregierung. Umweltgutachten 1978. Drucksache 8/1938 vom 19.09.78, 1687. https://dipbt.bundestag.de/doc/btd/08/019/0801938.pdf. Zugegriffen: 2.1.2020
1037. diese Ausführungen beruhen auf einem Bericht von Harald Zindler, der an der Kronos-Blockade in Nordenham beteiligt war, und den Katja Iken aufgezeichnet und auf Spiegel Online veröffentlicht hat: https://www.spiegel.de/einestages/30-jahre-greenpeace-deutschland-a-949174.html. Zugegriffen: 2.1.2020
1038. ebd.
1039. Jänicke (2006), S. 408–409
1040. https://www.umweltbundesamt.de/daten/luft/strategien-zur-emissionsminderung-von/emissionsminderung-bei-grossfeuerungsanlagen; https://www.umweltbundesamt.de/themen/wirtschaft-konsum/industriebranchen/feuerungsanlagen/grossfeuerungsanlagen#textpart-1. Zugegriffen: 2.1.2020
1041. https://www.umweltbundesamt.de/themen/wirtschaft-konsum/industriebranchen/feuerungsanlagen/grossfeuerungsanlagen#textpart-1. Zugegriffen: 2.1.2020
1042. https://www.bgbl.de/xaver/bgbl/start.xav?startbk=Bundesanzeiger_BGBl&jumpTo=bgbl183s0719.pdf#__bgbl__%2F%2F*%5B%40attr_id%3D%27bgbl183s0719.pdf%27%5D__1554228779512. Zugegriffen: 2.1.2020
1043. https://www.umweltbundesamt.de/daten/luft/strategien-zur-emissionsminderung-von/emissionsminderung-bei-grossfeuerungsanlagen. Zugegriffen: 2.1.2020
1044. https://www.umweltbundesamt.de/themen/wirtschaft-konsum/industriebranchen/feuerungsanlagen/grossfeuerungsanlagen#textpart-1. Zugegriffen: 2.1.2020
1045. ebd.
1046. ebd.
1047. Kriener (2012), S. 77
1048. Heymann (1995); https://www.umweltunderinnerung.de/index.php/kapitelseiten/infrastrukturen/93-das-windrad/65-das-windrad. Zugegriffen: 2.1.2020
1049. Die „Welt" vom 28.02.1981, zitiert nach Heymann (1995), S. 373
1050. Puchert (2010), S. 42
1051. Heymann (1995)
1052. https://www.umweltunderinnerung.de/index.php/kapitelseiten/infrastrukturen/93-das-windrad/65-das-windrad. Zugegriffen: 2.1.2020
1053. ebd.; Radkau (2011), S. 498–506, 519–535
1054. https://www.sueddeutsche.de/auto/jubilaeum-in-muenchen-jahre-bleifreies-benzin-1.1809007. Zugegriffen: 2.1.2020
1055. Mosimann et al. (2002)
1056. ebd.
1057. https://www.bgbl.de/xaver/bgbl/start.xav#bgbl%2F%2F*%5B%40attrid%3D%27bgbl171s1234.

pdf%27%5D1539844392652; https://www.gesetze-im-internet.de/bzblg/BJNR012340971.html. Zugegriffen: 2.1.2020

1058. Mosimann et al. (2002)

1059. https://www.umweltbundesamt.de/themen/wasser/gewaesser/grundwasser/nutzung-belastungen/naehr-schadstoffe#textpart-4. Zugegriffen: 2.1.2020

1060. Zimmerli, P. (2005), S. 2

1061. ebd.; vgl. https://www.sueddeutsche.de/muenchen/hagelunwetter-das-dach-hat-ausgeschaut-wie-ein-nudelsieb-1.2038318. Zugegriffen: 2.1.2020

1062. Zimmerli, P. (2005), S. 5

1063. zum Ablauf der Tschernobyl-Katastrophe s. Winiwarter und Bork (2019), S. 134–135

1064. https://www.zeit.de/wissen/umwelt/2016-04/tschernobyl-gau-wolke-1986-deutschland; https://www.spektrum.de/news/30-jahre-nach-tschernobyl-findet-sich-radioaktivitaet-in-deutschen-waeldern/1405630; https://www.bundestag.de/blob/550284/c30281ee12545ab19bdc4af75fbac9f2/wd-5-031-18-pdf-data.pdf; Zugegriffen: 2.1.2020

1065. https://www.zeit.de/wissen/umwelt/2016-04/tschernobyl-gau-wolke-1986-deutschland. Zugegriffen: 2.1.2020

1066. ebd.; https://www.bundestag.de/blob/550284/c30281ee12545ab19bdc4af75fbac9f2/wd-5-031-18-pdf-data.pdf; https://www.bfs.de/DE/themen/ion/umwelt/lebensmittel/pilze-wildbret/pilze-wildbret.html; https://www.umweltinstitut.org/fileadmin/Mediapool/Druckprodukte/Radioaktivität/PDF/umweltinstitut_pilze_und_wild.pdf. Zugegriffen: 2.1.2020

1067. https://www.bpb.de/gesellschaft/umwelt/dossier-umwelt/61136/geschichte?p=all. Zugegriffen: 2.1.2020; vgl. auch: Radkau (2011), S. 469–470

1068. Deutsch-Französisch-Schweizerische Oberrhein-konferenz (2016), S. 3–6; Rudolph und Block (2001), S. 34

1069. Deutsch-Französisch-Schweizerische Oberrhein-konferenz (2016), S. 3–6

1070. Wienhold (2014), S. 237–238

1071. ebd.

1072. https://lha.sachsen-anhalt.de/fileadmin/Biblio-thek/Politik_und_Verwaltung/MI/LHA/externa_alt/89_06/8990_Juni_Umwelt_3.htm. Zugegriffen: 2.1.2020

1073. ebd.

1074. Mitter und Wolle (1990), https://www.ddr89.de/mfs/mfs27.html. Zugegriffen: 2.1.2020; Blackbourn (2007), S. 413–418

1075. ebd.

1076. vgl. https://www.deutschlandfunk.de/giftmuell.3898.de.html. Zugegriffen: 2.1.2020

1077. Mitter und Wolle (1990), S. 17–18

1078. Arnulf Müller-Helmbrecht (2006) berichtet als Zeit-zeuge eindrucksvoll von den außergewöhnlichen Ereignissen

1079. Knapp (1990); Müller-Helmbrecht (2006); Reichhoff (2017); https://www.bmu.de/fileadmin/Daten_BMU/Download_PDF/Naturschutz/national-parkprogramm_25_infopapier_bf.pdf. Zugegriffen: 2.1.2020

1080. https://www.nabu.de/wir-ueber-uns/organisation/geschichte/02527.html. Zugegriffen: 2.1.2020

1081. Müller-Helmbrecht (2006); Reichhoff (2017)

1082. Müller-Helmbrecht (2006)

1083. Fraas (2014), Kap. 1

1084. Hoffmann (2008), S. 38

1085. Samuel (2018)

1086. vgl. Alt (2018)

1087. Kiefer und Hoffmann (1997), S. 588–589

1088. Deutscher Bundestag (1994a), S. 10–11

1089. Staiß (2000)

1090. vgl. Schirmer (2002)

1091. zur Vorgeschichte des Gesetzes vgl. https://www.zeit.de/online/2006/39/EEG/komplettansicht. Zugegriffen: 2.1.2020

1092. Bundesgesetzblatt 1990, Teil 1, S. 2633

1093. https://www.erneuerbare-energien.de/EE/Redaktion/DE/Dossier/eeg.html?cms_docId=72462; https://www.zeit.de/online/2006/39/EEG/komplettansicht. Zugegriffen: 2.1.2020

1094. Stan und Linkerhägner (1992); Stan et al. (1994)

1095. https://www.umweltbundesamt.de/daten/chemikalien/arzneimittel-in-der-umwelt. Zugegriffen: 2.1.2020

1096. Gartiser et al. (2011)

1097. SRU (2007)

1098. https://www.wbgu.de/de/publikationen/publikation/welt-im-wandel-gesellschaftsvertrag-fuer-eine-grosse-transformation. Zugegriffen: 2.1.2020

1099. Roselieb (1998); Cholmakow-Bodechtel et al. (2009)

1100. Roselieb (1998); vgl. https://www.zeit.de/1993/10/preis-des-versagens. Zugegriffen: 2.1.2020

1101. Hien (2015)

1102. https://asbestsachverstaendiger.de/chrysotilasbest/; https://www.test.de/Asbest-Die-versteckte-Gefahr-1269112-0/. Zugegriffen: 2.1.2020

1103. Layer (2006) sowie https://newsroom.interpharma.ch/2018-03-19-asbestfasern-verursachen-krebs. Zugegriffen: 26.11.2019

1104. Hien (2015), S. 93–95; Proctor (2002); BAuA (2015), S. 7; vgl. Horn (2014), S. 285

1105. Hien (2015), S. 93–96

1106. ebd., S. 96

1107. https://www.baua.de/DE/Themen/Arbeits-gestaltung-im-Betrieb/Gefahrstoffe/Arbeiten-mit-Gefahrstoffen/Stoffinformationen/Asbest.html. Zugegriffen: 2.1.2020

1108. zitiert in: https://www.test.de/Asbest-Die-versteckte-Gefahr-1269112-0/. Zugegriffen: 2.1.2020

1109. Hien (2015), S. 96–98

1110. ebd., S. 104–106

1111. Bundesgesetzblatt Jahrgang 1993, Teil I, Nr. 57, Seite 1782. Ausgegeben am 30.10.1993. Inkraftgetreten am 1. November 1993.

1112. BAuA (2015), S. 63

1113. ebd., S. 34

1114. BAuA (2015), S. 33

1115. Bayerisches Staatsministerium für Umwelt und Gesundheit (2012)

1116. Schmude und Berghammer (2015)

1117. https://eur-lex.europa.eu/legal-content/DE/TXT/PDF/?uri=CELEX:31990L0313&from=DE. Zugegriffen: 2.1.2020

1118. ebd.

1119. https://www.ufu.de/wp-content/uploads/2018/03/Das-Umweltinformationsrecht-in-Deutschland-Stand-und-offene-Rechtsfragen-Prof.-Guckelberger.pdf. Zugegriffen: 2.1.2020

1120. https://www.bmu.de/download/bericht-der-bundesrepublik-deutschland-ueber-die-bei-der-anwendung-der-richtlinie-20034eg-ueber-den/. Zugegriffen: 2.1.2020

1121. https://www.bundestag.de/dokumente/textarchiv/2013/47447610kw49grundgesetz20a/213840. Zugegriffen: 2.1.2020

1122. ebd.; https://www.bundestag.de/blob/423608/e5fa07a579bbff97254aa3276922c626/wd-3-202-07-pdf-data.pdf; Zugegriffen: 2.1.2020

1123. https://www.bpb.de/gesellschaft/umwelt/dossier-umwelt/61136/geschichte?p=all. Zugegriffen: 2.1.2020

1124. Flohn (1941, 1973)

1125. https://www.umweltbundesamt.de/themen/klima-energie/internationale-eu-klimapolitik/klimarahmenkonvention-der-vereinten-nationen-unfccc. Zugegriffen: 2.1.2020

1126. https://www.mpg.de/539416/pressemit-teilung200712051. Zugegriffen: 2.1.2020

1127. https://unfccc.int/sites/default/files/kpeng.pdf. Zugegriffen: 2.1.2020

1128. https://idw-online.de/de/news351505; https://www.bmu.de/themen/klima-energie/klimaschutz/internationale-klimapolitik/kyoto-protokoll/; https://www.umweltbundesamt.de/themen/klima-energie/internationale-eu-klimapolitik/kyoto-protokoll#text-part-3. Zugegriffen: 2.1.2020; Uekötter (2009); Winiwarter und Bork (2019), S. 175–176

1129. Winiwarter und Bork (2019), S. 175–176; https://www.bmu.de/pressemitteilung/25-weltklimakonferenz-jetzt-nach-vorne-schauen/. Zugegriffen: 2.1.2020

1130. Eckert (1997)

1131. Bundesgesetzblatt (1996a, b)

1132. Eckert (1997), S. 120

1133. https://www.umweltbundesamt.de/themen/abfall-ressourcen/abfallwirtschaft/abfallrecht; https://dejure.org/gesetze/KrW-AbfG; https://www.jura-forum.de/lexikon/kreislaufwirtschafts-und-abfall-gesetz. Zugegriffen: 2.1.2020

1134. https://www.juraforum.de/lexikon/kreislaufwirt-schafts-und-abfallgesetz; https://dejure.org/gesetze/KrW-AbfG. Zugegriffen: 2.1.2020

1135. https://de.statista.com/statistik/daten/studie/2864/umfrage/abfallaufkommen-in-deutschland-seit-2000/. Zugegriffen: 26.11.2019

1136. Niesche und Krüger (1998), S. 16

1137. ebd.; Sticher und Will (2014a), S. 12–13; Kircher (2014), S. 19–21; Barsuhn und Becker (2014)

1138. Kircher (2014), S. 19–21; Barsuhn und Becker (2014)

1139. Barsuhn und Becker (2014); Sticher und Will (2014b), S. 56–58

1140. Niesche und Krüger (1998), S. 15–22; Kircher (2014), S. 21; Lawrenz (2014), S. 34; Schiersner (2000)

1141. UBA (2014b), S. 128–129

1142. ebd.; https://www.gesetze-im-internet.de/bbodschg/BBodSchG.pdf. Zugegriffen: 2.1.2020

1143. Lübbe-Wolff (2000), S. 29

1144. UBA (2014b), S. 128–130

1145. https://www.bgbl.de/xaver/bgbl/start.xav?startbk=Bundesanzeiger_BGBl&jumpTo=bgbl199s0378.pdf#__bgbl__%2F%2F*%5B%40attr_id%3D%27bgbl199s0378.pdf%27%5D__1556030889303. Zugegriffen: 2.1.2020

1146. Knigge und Görlach (2005), S. 4

1147. ebd.

1148. ebd., S. 5–6

1149. ebd., S. 4–10; https://www.umweltbundesamt.de/daten/umwelt-wirtschaft/umweltbezogene-steuern-gebuehren#textpart-1. Zugegriffen: 2.1.2020

1150. Knigge und Görlach (2005)

1151. https://www.umweltbundesamt.de/daten/umwelt-wirtschaft/umweltbezogene-steuern-gebuehren#textpart-1. Zugegriffen: 2.1.2020

1152. UBA (2014b), S. 107
1153. Ministerium f. Ernährung und Ländlichen Raum Baden-Württemberg (2004)
1154. ebd.
1155. Schmid (2002); BfR (2005); BMEL (2015)
1156. Kirchinger (2019); Schmid (2002)
1157. Schmid (2002); BfR (2005); BMEL (2015, 2017a)
1158. Kirchinger (2019); Schmid (2002)
1159. BfR (2005); BMEL (2015, 2017a)
1160. BfR (2005)
1161. Kirchinger (2019)
1162. https://www.bundesgerichtshof.de/SharedDocs/Downloads/DE/Bibliothek/Gesetzesmaterialien/16_wp/eegaendg1/bgbl100s0305nd.pdf?__blob=publicationFile&v=1. Zugegriffen: 2.1.2020
1163. https://www.bundesnetzagentur.de/SharedDocs/FAQs/DE/Sachgebiete/Energie/Verbraucher/Energielexikon/EEGUmlage.html. Zugegriffen: 2.1.2020
1164. ebd.
1165. BMWi und BAFA (2018), S. 11–15
1166. https://www.gesetze-im-internet.de/eeg_2014/BJNR106610014.html. Zugegriffen: 2.1.2020
1167. https://www.bundesregierung.de/resource/blob/975226/847984/5b8bc23590d4cb2892b31c987ad672b7/2018-03-14-koalitionsvertrag-data.pdf?download=1. Zugegriffen: 2.1.2020
1168. vgl. https://www.euwid-energie.de/zehn-fragen-und-antworten-zum-eeg-2017-2/. Zugegriffen: 2.1.2020
1169. Seuffert (2019)
1170. Landtag von Baden-Württemberg (2014)
1171. Przybyl (2002)
1172. Pautasso et al. (2013); Thomas (2016); Landtag von Baden-Württemberg (2014); Sioen et al. (2017); Erfmeier et al. (2019); https://www.lwf.bayern.de/mam/cms04/service/dateien/mb28_eschentriebsterben_2016_bf.pdf. Zugegriffen: 2.1.2020
1173. Schumacher et al. (2007); NW-FVA (2011); Landtag von Baden-Württemberg (2014)
1174. Landtag von Baden-Württemberg (2014)
1175. Roßnagel (2007), S. 156–157; UBA (2014b), S. 98, 107
1176. Deutscher Bundestag (2012)
1177. ebd.
1178. zur Wetterlage vgl. 19.-25. Juli 1342 sowie 17. Juli 1997
1179. Rudolf und Rapp (2003); Fritzschner und Lux (2002)
1180. AG für die Reinhaltung der Elbe (2003), S. 3–5
1181. Deutscher Bundestag (2002); Hornemann und Rechenberg (2006)
1182. AG für die Reinhaltung der Elbe (2003), S. 9–12
1183. ebd., S. 23–27
1184. ebd., S. 26–27
1185. ebd., S. 28–42
1186. Deutscher Bundestag (2002); Hornemann und Rechenberg (2006)
1187. Blumers und Kaumanns (2017)
1188. vgl. Beiträge in GAiA 2/2019
1189. ebd.
1190. UBA (2010)
1191. ebd.
1192. ebd.
1193. Schönfelder et al. (2002)
1194. UBA (2010)
1195. ebd.; Jalal et al. (2017); vgl. https://dipbt.bundestag.de/doc/btd/16/063/1606324.pdf. Zugegriffen: 2.1.2020
1196. ebd.
1197. Schönwiese et al. (2003)
1198. https://www.dwd.de/DE/leistungen/besondereereignisse/temperatur/20030901_extremewitterungaugust2003.pdf?__blob=publicationFile&v=4; Zugegriffen: 2.1.2020; Koppe et al. (2003); Schönwiese et al. (2003); Luterbacher et al. (2004)
1199. Kahnert et al. (2011)
1200. ebd.
1201. https://de.statista.com/statistik/daten/studie/182391/umfrage/zigarettenkonsum-pro-tag-in-deutschland/; https://www.bzga.de/fileadmin/user_upload/PDF/pressemitteilungen/daten_und_fakten/infoblatt_rauchen_alkoholsurvey_2016--cc747e298f3a09b7e7a77c02d132a34e.pdf. 26.11.2019
1202. vgl. Beiträge unter https://www.rauch-frei.info. Zugegriffen: 2.1.2020
1203. https://www.sueddeutsche.de/gesundheit/welt-tabakbericht-who-kommentar-1.4540752. Zugegriffen: 2.1.2020
1204. Reichholf (2007), S. 13–17; Lintzmeyer (2006); siehe auch: Fohrmann (2006)
1205. Lintzmeyer (2006)
1206. BMEL (2017b), S. 10; https://www.sdw-nrw.de/cms/upload/Bedrohter_Wald/Fakten_zu_Kyrill_in_NRW.pdf. Zugegriffen: 2.1.2020
1207. Mohaupt-Jahr und Küchler-Krischun (2008); BMUB (2015, 4. Aufl.)
1208. https://www.bfn.de/themen/biologische-vielfalt/nationale-strategie.html. Zugegriffen: 2.1.2020; Wittig und Niekisch (2014), S. 410–411
1209. BMUB (2015, 4. Aufl.), S. 28
1210. ebd.
1211. vgl. https://docupedia.de/zg/Arndt_umweltgeschichte_v3_de_2015. Zugegriffen: 2.1.2020
1212. BMUB und BfN (2014)
1213. Beyermann et al. (2009)

1214. ebd.

1215. ebd.

1216. ebd.

1217. Deutscher Bundestag (2012)

1218. Winiwarter und Bork (2019), S. 135

1219. Deutscher Bundestag (2012)

1220. Stein und Malitz (2013), S. 5–11; FGG Elbe (2014), S. 16; Axer et al. (2014)

1221. FGG Elbe (2014), S. 18

1222. ebd., S. 23–25

1223. ebd., S. 29

1224. ebd., S. 34–36

1225. https://www.munichre.com/us-non-life/en/company/media-relations/press-releases/2014/2014-01-07-natcatstats2013.html. Zugegriffen: 2.1.2020

1226. Herrmann (2013)

1227. ebd.

1228. Axer et al. (2014); MunichRe (2014)

1229. vgl. https://www.imk-radar.de/Downloads/Wissenschaftliche-Begleituntersuchung-2017.pdf; https://www.zeit.de/2018/33/cloud-seeding-hagelabwehr-ernte-schutz-gewitterwolken. Zugegriffen: 2.1.2020

1230. Statistik der Kohlenwirtschaft e.V. (2018, unveröffentlicht)

1231. https://www.ingenieur.de/technik/fachbereiche/rohstoffe/tagesbruch-stollen-unter-wohngebiet-risstiefen-krater/; https://www.wattenscheider-hbv.de/stationen/2.htm. Zugegriffen: 2.1.2020

1232. Harnischmacher (2012); Harnischmacher und Zepp (2010)

1233. https://www.fenne-bau.de/referenzen/gregorschule-hebung; https://www.rag.de/verantwortung/handlungsfelder/bergschaeden/; https://www.nrz.de/staedte/bottrop/kirchhellen/bergschaeden-rag-hebt-die-gregorschule-und-den-grundstein-id10394724.html?service=amp. Zugegriffen: 2.1.2020

1234. Harnischmacher (2012); Harnischmacher und Zepp (2010)

1235. https://www.rag.de/verantwortung/handlungsfelder/. Zugegriffen: 2.1.2020; Schurian (2018)

1236. ebd.

1237. Robert Koch Institut (2014)

1238. ebd.

1239. Friedrich Loeffler Institut (2016); vgl. auch https://www.fli.de/de/aktuelles/tierseuchengeschehen/aviaere-influenza-ai-gefluegelpest/; Zugegriffen: 2.1.2020

1240. Robert Koch Institut (2014)

1241. https://www.dwd.de/DE/leistungen/besondereereignisse/temperatur/20151013_bericht_sommer_2015.pdf?__blob=publicationFile&v=5. Zugegriffen: 2.1.2020; FGG Elbe (2016)

1242. https://www.epa.gov/vw/learn-about-volkswagen-violations. Zugegriffen: 2.1.2020

1243. ebd.

1244. https://docs.house.gov/meetings/IF/IF02/20151008/104046/HHRG-114-IF02-20151008-SD002.pdf; https://www.theicct.org/sites/default/files/publications/WVU_LDDV_in-use_ICCT_Report_Final_may2014.pdf. Zugegriffen: 2.1.2020

1245. https://de.statista.com/statistik/daten/studie/155732/umfrage/fahrleistung-auf-autobahnen-in-deutschland/. Zugegriffen: 26.11.2019

1246. https://www.vgh.bayern.de/media/muenchen/presse/pm_2016-06-29_k.pdf. Zugegriffen: 2.1.2020; DUH (2019)

1247. https://www.umweltbundesamt.de/themen/luft/luftschadstoffe/feinstaub. Zugegriffen: 2.1.2020

1248. https://www.umweltbundesamt.de/themen/gesundheit/umwelteinfluesse-auf-den-menschen/innenraumluft/feinstaub-in-innenraeumen. Zugegriffen: 2.1.2020; vgl. auch Doiron et al. (2019)

1249. https://www.umweltbundesamt.de/daten/luft/luftschadstoff-emissionen-in-deutschland/emission-von-feinstaub-der-partikelgroesse-pm25#textpart-1. Zugegriffen: 22.1.2020

1250. https://www.umweltbundesamt.de/themen/luft/luftschadstoffe/feinstaub. Zugegriffen: 2.1.2020

1251. https://www.umweltbundesamt.de/themen/gesundheit/umwelteinfluesse-auf-den-menschen/innenraumluft/feinstaub-in-innenraeumen. Zugegriffen: 2.1.2020

1252. https://www.umweltbundesamt.de/themen/luft/luftschadstoffe/feinstaub/massnahmen-gegen-den-feinstaub. Zugegriffen: 2.1.2020

1253. Lelieveld et al. (2019)

1254. ebd.

1255. https://de.statista.com/statistik/daten/studie/12944/umfrage/entwicklung-des-leergewichts-von-neuwagen/. Zugegriffen: 26.11.2019

1256. https://www.mobilitaet-in-deutschland.de/pdf/infas_Mobilitaet_in_Deutschland_2017_Kurzreport_DS.pdf. Zugegriffen: 2.1.2020

1257. https://de.statista.com/statistik/daten/studie/316498/umfrage/lebensdauer-von-autos-deutschland/. Zugegriffen: 26.11.2019

1258. https://www.kba.de/DE/Statistik/Kraftverkehr/VerkehrKilometer/verkehr_in_kilometern_node.html. Zugegriffen: 2.1.2020

1259. https://de.statista.com/statistik/daten/studie/484054/umfrage/durchschnittsverbrauch-pkw-in-privaten-haushalten-in-deutschland/. Zugegriffen: 26.11.2019

1260. https://www.destatis.de/DE/Presse/Pressemitteilungen/2018/11/PD18_459_85.html. Zugegriffen: 2.1.2020

1261. https://www.deutschlandfunkkultur.de/reifenabrieb-bei-autos-wo-bleibt-eigentlich-das-abgefahrene.976.

de.html?dram:article_id=415183; https://www.umsicht.fraunhofer.de/de/presse-medien/pressemitteilungen/2018/tyrewearmapping.html. Zugegriffen: 2.1.2020

1262. https://www.duh.de/presse/pressemitteilungen/pressemitteilung/dieselabgase-deutsche-umwelthilfe-startet-bisher-groesste-klagewelle-fuer-saubere-luft-in-deutschland/. Zugegriffen: 2.1.2020

1263. https://www.adac.de/rund-ums-fahrzeug/abgas-diesel-fahrverbote/fahrverbote/dieselfahrverbot-faq/. Zugegriffen: 2.1.2020

1264. Bronstert et al. (2017a)

1265. ebd.; Laudan et al. (2017)

1266. Bronstert et al. (2017a); Laudan et al. (2017)

1267. Bronstert et al. (2017a)

1268. Bronstert et al. (2017b); Laudan et al. (2017); Maiwald und Schwarz (2016)

1269. vgl. Bork (1983, 1988, 2006), Bork et al. (1998)

1270. Riedel und Stolz (2018)

1271. Asmussen (2018)

1272. Riedel und Stolz (2018), S. 220

1273. ebd., S. 220–225

1274. https://www.umweltinstitut.org/aktuelle-meldungen/meldungen/umweltinstitut-findet-glyphosat-in-deutschem-bier.html. Zugegriffen: 2.1.2020

1275. https://www.umwelt.nrw.de/presse/pressemitteilung/news/2016-06-22-wichtiger-beitrag-fuer-sichere-lebensmittel-verbraucherschutzminister-remmel-besucht-das-untersuchungsamt-muenster/. Zugegriffen: 2.1.2020

1276. https://www.umweltinstitut.org/mitmach-aktionen/glyphosat-raus-aus-dem-bier.html. Zugegriffen: 2.1.2020

1277. vgl. https://efsa.onlinelibrary.wiley.com/doi/epdf/10.2903/j.efsa.2018.5263; https://www.euractiv.de/section/energie-und-umwelt/news/glyphosat-efsa-bericht-zum-teil-kopie-von-monsanto-papier/; https://www.bfr.bund.de/de/presseinformation/2017/41/europaeischeglyphosatbewertungerfolgtequalitaetsgesichertundunabhaengig-202049.html; https://www.bundesregierung.de/breg-de/suche/aktionsprogramm-insektenschutz-1581358; https://www.bmel.de/SharedDocs/Downloads/Broschueren/AgrarpolitischeStandortbestimmung.pdf?__blob=publicationFile, S. 20; https://www.zeit.de/wissen/gesundheit/2019-12/glyphosat-monsanto-finanzierung-studien-usa-hersteller. Zugegriffen: 2.1.2020

1278. https://www.lanuv.nrw.de/fileadmin/lanuv/gesundheit/pdf/2016/Projektbericht%20KiTa-Studie%20Hauptteil%20Modul%201Endversion_16032016.pdf; https://www.lanuv.nrw.de/fileadmin/lanuv/gesundheit/pdf/2017/Kita-Bericht_Modul_3_online1.pdf. Zugegriffen: 2.1.2020

1279. https://www.deutschebahn.com/de/presse/pressestart_zentrales_uebersicht/DB-halbiert-ab-2020-Einsatz-von-Glyphosat--4405582. Zugegriffen: 2.1.2020

1280. https://www.wiwo.de/unternehmen/dienstleister/unkrautvernichter-deutsche-bahn-will-kuenftig-auf-glyphosat-verzichten-/24456436.html. Zugegriffen: 2.1.2020

1281. vgl. https://www.bfn.de/fileadmin/BfN/landwirtschaft/Dokumente/20180131_BfN-Papier_Glyphosat.pdf; https://www.umweltbundesamt.de/themen/chemikalien/pflanzenschutzmittel/glyphosat. Zugegriffen: 2.1.2020

1282. Taube (2018), S. 4–6, 7–10

1283. https://www.destatis.de/DE/Themen/Branchen-Unternehmen/Landwirtschaft-Forstwirtschaft-Fischerei/Produktionsmethoden/Tabellen/landwirtschaftliche-betriebe-wirtschaftsduenger.html. Zugegriffen: 2.1.2020

1284. https://www.zentrum-der-gesundheit.de/fleisch-diabetes-herzkreislauferkrankungen-ia.html. Zugegriffen: 2.1.2020

1285. Taube (2018)

1286. ebd., S. 4–6, 7–10

1287. https://de.statista.com/statistik/daten/studie/161842/umfrage/verbrauch-ausgewaehlter-duenger-in-der-landwirtschaft-in-deutschland/. Zugegriffen: 27.11.2019

1288. https://www.agrarheute.com/politik/nitrat-eu-kommission-startet-zweites-verfahren-gegen-deutschland-555689. Zugegriffen: 2.1.2020

1289. Der informative Beitrag des Kreises Schleswig-Flensburg (https://www.schleswig-flensburg.de/Aktuelles-Service/Pressedienst/Plastik-in-der-Schlei/) ist leider nicht mehr verfügbar; vgl. stattdessen: https://www.gruene-sl-fl.de/home/home-detail/article/plastik_in_der_schlei/; https://www.ndr.de/nachrichten/schleswig-holstein/Plastik-in-der-Schlei-ein-Jahr-danach,plastik500.html; https://schleswig-holstein.nabu.de/news/2018/24614.html. Zugegriffen: 2.1.2020

1290. ebd.

1291. https://de.statista.com/statistik/daten/studie/226759/umfrage/verwendung-von-kunststoff-in-deutschland-nach-einsatzgebieten/. Zugegriffen: 27.11.2019

1292. vgl. Endnote 1289

1293. https://www.schleswiger-stadtwerke.de/aktion-schlei/downloads/180517_PM_Werkausschusssitzung.pdf?m=1558089118&. Zugegriffen: 2.1.2020

1294. https://www.umsicht.fraunhofer.de/content/dam/umsicht/de/dokumente/publikationen/2018/kunststoffe-id-umwelt-konsortialstudie-mikroplastik.pdf. Zugegriffen: 2.1.2020

1295. https://www.meduniwien.ac.at/web/ueber-uns/news/detailseite/2018/news-im-oktober-2018/erstmals-mikroplastik-im-menschen-nachgewiesen/. Zugegriffen: 2.1.2020

1296. Heß et al. (2018), S. 77–79

1297. ebd., S. 77–78

1298. ebd., S. 78–79

1299. https://de.statista.com/statistik/daten/studie/629156/umfrage/nutztierangriffe-durch-woelfe-in-deutschland-nach-bundeslaendern/. Zugegriffen: 27.11.2019

1300. https://www.bundestag.de/dokumente/textarchiv/2018/kw05-de-wolfspopulation/538094. Zugegriffen: 2.1.2020

1301. ebd.

1302. ebd.

1303. https://www.bundestag.de/dokumente/textarchiv/2018/kw41-pa-landwirtschaft/568422. Zugegriffen: 2.1.2020

1304. https://de.statista.com/statistik/daten/studie/639035/umfrage/getoetete-woelfe-in-deutschland-nach-ursachen-und-bundeslaendern/. Zugegriffen: 27.11.2019

1305. https://www.bundestag.de/#url=L2Rva3VtZW50ZS90ZXh0YXJjaGl2LzIwMTkva3c1MS1kZS1idW5kZXNuYXR1cnNjaHV0emdlc2V0ei02NzM5NTI=&mod=mod493054. Zugegriffen: 2.1.2020

1306. ebd.

1307. https://www.letscleanupeurope.de/home/; https://www.umweltbundesamt.de/themen/abfall-ressourcen/abfallwirtschaft/littering/jetzt-ist-zaehltag-wie-funktionierts; https://www.letscleanupeurope.de/home/. Zugegriffen: 2.1.2020

1308. Imbery et al. (2018)

1309. https://de.statista.com/statistik/daten/studie/897682/umfrage/geschaetzte-duerreschaeden-in-der-landwirtschaft-in-deutschland-nach-bundeslaendern/. Zugegriffen: 27.11.2019

1310. https://www.bmel.de/DE/Landwirtschaft/Nachhaltige-Landnutzung/Klimawandel/_Texte/Extremwetterlagen-Zustaendigkeiten.html; https://www.bmel.de/SharedDocs/Pressemitteilungen/2018/155-Vereinbarung_Duerrehilfsprogramm.html; vgl. https://www.deutschlandfunk.de/lage-der-bauern-duerresommer-koennte-landwirten-die-bilanz.766.de.html?dram:article_id=435863. Zugegriffen: 2.1.2020

1311. https://www.bmel.de/SharedDocs/Pressemitteilungen/2019/190611-Wald.html; https://www.kommunen.nrw/informationen/mitteilungen/datenbank/detailansicht/dokument/stuerme-duerre-borkenkaefer-riesige-waldflaechen-in-aufloesung.html. Zugegriffen: 2.1.2020

1312. https://rp-online.de/wirtschaft/unternehmen/duisburg-rhein-niedrigwasser-drosselt-produktion-von-thyssen-und-basfaid-33920619; https://www.handelsblatt.com/unternehmen/industrie/schifffahrt-rhein-niedrigwasser-das-teure-logistik-problem-von-covestro-thyssen-krupp-und-co-/23671518.html?ticket=ST-1913603-aGW3NIHBuTJeyJmR4cuNap2. https://www.basf.com/de/company/news-and-media/news-releases/2018/11/p-18-388.html. Zugegriffen: 2.1.2020

1313. Bork (2020)

1314. https://www.lwf.bayern.de/mam/cms04/service/dateien/mb15_eichenprozessionsspinner.pdf. Zugegriffen: 2.1.2020; Sobczyk (2014)

1315. https://www.sdw.de/waldwissen/verhalten-im-wald/eichenprozessionsspinner/index.html. Zugegriffen: 2.1.2020

1316. zitiert in Sobczyk (2014), S. 7

1317. ebd.

1318. https://www.bmvg.de/resource/blob/30448/2969ee4b9c465bd80fc8bff991166da9/bericht-des-bmvg-zum-moorbrand-bei-meppen-data.pdf. Zugegriffen: 2.1.2020

1319. ebd.

1320. zitiert in: Radkau (2007), S. 302

1321. https://www.bmwi.de/Redaktion/DE/Pressemitteilungen/2018/20180606-bundeskabinett-setzt-kommission-wachstum-strukturwandel-und-beschaeftigung-ein.html. Zugegriffen: 2.1.2020

1322. Bork (2020)

1323. Guhlemann und Schreiber (2018); https://www.group.rwe/unser-portfolio-leistungen/betriebsstandorte-finden/tagebau-hambach. Zugegriffen: 26.11.2019

1324. https://www.eea.europa.eu/publications/cost-of-air-pollution; https://www.eea.europa.eu/publications/costs-of-air-pollution-2008-2012. Zugegriffen: 2.1.2020

1325. Preiss, Roos und Friedrich (2013); https://www.greenpeace.de/sites/www.greenpeace.de/files/publications/greenpeace-studie-tod-aus-dem-schlots01652.pdf; Zugegriffen: 2.1.2020. Bundesverband Braunkohle (2013): Braunkohlenindustrie warnt vor Einseitigkeit und Desinformation. DEBRIV Informationen und Meinungen 2/2013. 6 S. Köln.

1326. https://hambacherforst.org/besetzung/waldbesetzung/. Zugegriffen: 26.11.2019

1327. Guhlemann und Schreiber (2018); https://www.faz.net/aktuell/gesellschaft/kriminalitaet/polizei-entdeckt-tunnelsysteme-im-hambacher-forst-15777920.html; https://www.zeit.de/2018/37/hambacher-forst-rwe-abholzung-braunkohle-protestcamp/komplettansicht. Zugegriffen: 2.1.2020

1328. https://www.sueddeutsche.de/politik/hambacher-forst-ueber-allen-wipfeln-ist-laerm-1.4128897. Zugegriffen: 2.1.2020

1329. „Hambacher Forst darf vorläufig nicht gerodet werden". Eilbeschluss des OVG NRW vom 05. Oktober 2018. Aktenzeichen: 11 B 1129/18.

1330. Kommission WSB (2019)

1331. Die zitierte deutschsprachige Quelle (https://www.climatenetwork.org/fossil-of-the-day) ist nicht mehr online verfügbar; die englischsprachige Version finden Sie unter https://eco.climatenetwork.org/cop24-eco6-7/. Zugegriffen: 2.1.2020

1332. ebd.

1333. https://gfds.de/wort-des-jahres-2018/. Zugegriffen: 2.1.2020

1334. ebd.

1335. Steffen et al. (2018); https://www.pik-potsdam.de/aktuelles/pressemitteilungen/auf-dem-weg-in-die-heisszeit-planet-koennte-kritische-schwelle-ueberschreiten?searchterm=heißzeit. Zugegriffen: 2.1.2020

1336. Jana Stegemann und Christian Wernicke in dem Beitrag „Der letzte Brocken" in der Süddeutschen Zeitung Nr. 295 vom 22./23.12.2018 auf S. 6

1337. https://www.rag.de/steinkohlenbergbau/prosper-haniel/. Zugegriffen: 2.1.2020

1338. vgl. Schurian (2018)

1339. https://de.statista.com/statistik/daten/studie/156257/umfrage/einfuhr-von-steinkohle-nach-deutschland-gesamt-seit-1991/. Zugegriffen: 26.11.2019

1340. ebd., S. 118–119

1341. Pahle et al. (2019)

1342. Friedrich-Loeffler-Institut (2017, 2018)

1343. https://www.bmel.de/SharedDocs/Pressemitteilungen/2018/117-ASP.html. Zugegriffen: 2.1.2020

1344. https://agriculture.public.lu/de/actualites/dossiers/2019/afrikanische-schweinepest.html. Zugegriffen: 2.1.2020

1345. https://pigresearchcentre.dk/About%20us/Annual%20reports.aspx. Zugegriffen: 2.1.2020

1346. https://www.jagdverband.de/content/wildschwein-zaun-deutsch-dänischer-grenze-kann-gebaut-werden. Zugegriffen: 2.1.2020

1347. https://www.regierung-mv.de/Landesregierung/lm/Aktuell/?id=147014&processor=processor.sa.pressemitteilung; https://www.regierung-mv.de/Landesregierung/lm/Aktuell/?id=146842&processor=processor.sa.pressemitteilung. Zugegriffen: 2.1.2020

1348. https://de.statista.com/statistik/daten/studie/157728/umfrage/jahresstrecken-von-schwarzwild-in-deutschland-seit-1997-98/. Zugegriffen: 26.11.2019

1349. https://msgiv.brandenburg.de/msgiv/de/presse/pressemitteilungen/detail/~03-12-2019-asp-in-west-polen-bestaetigt. Zugegriffen: 2.1.2020

1350. https://msgiv.brandenburg.de/sixcms/media.php/9/183_19_MSGIV_ASP_Einsatz_Wildschutz-zaun_191217.pdf; https://lelf.brandenburg.de/media_fast/4055/Tierzuchtreport_2018.pdf; https://www.bmel.de/DE/Tier/Nutztierhaltung/Schweine/schweine_node.html. Zugegriffen: 2.1.2020

1351. vgl. https://www.ndr.de/nachrichten/schleswig-holstein/Tod-am-Wildschweinzaun,wildschweinzaun176.html. Zugegriffen: 2.1.2020

1352. https://volksbegehren-artenvielfalt.de/wp-content/uploads/2018/06/Antrag-auf-Zulassung-des-Volksbegehrens-Artenvielfalt.pdf. Zugegriffen: 2.1.2020

1353. ebd.

1354. https://volksbegehren-artenvielfalt.de/2019/03/14/jetzt-ist-es-offiziell-rettet-die-bienen-ist-das-erfolgreichste-volksbegehren-in-der-bayerischen-geschichte/. Zugegriffen: 2.1.2020

1355. https://www.statistik.bayern.de/presse/mit-teilungen/2019/pm01/index.html; https://www.statistik.bayern.de/mam/presse/statistisches_jahrbuch_2019_z20001_201900.pdf, S. 169. Zugegriffen: 2.1.2020

1356. https://www.un.org/sg/en/content/sg/press-encounter/2016-11-15/un-secretary-generals-remarks-cop22-press-conference. Zugegriffen: 2.1.2020

1357. Anton, J. und S. Obertreis: Fridays for Future. Die Profis sind da. https://www.faz.net/aktuell/politik/inland/die-profis-sind-da-23-000-wissenschaftler-unterstuetzen-fridays-for-future-16090776.html; https://www.tagesschau.de/ausland/klima-protest-fridaysforfuture-thunberg-101.html. Zugegriffen: 2.1.2020

1358. https://twitter.com/clindner/status/1104683096107114497. Zugegriffen: 2.1.2020

1359. https://www.scientists4future.org. Zugegriffen: 2.1.2020; vgl. Hagedorn et al. (2019)

1360. UBA (2019), S. 7; vgl. https://www.bmu.de/pressemitteilung/klimawandel-in-deutschland-neuer-monitoringbericht-belegt-weitreichende-folgen/. Zugegriffen: 2.1.2020

1361. ; https://public.wmo.int/en/media/press-release/global-climate-2015-2019-climate-change-accelerates. Zugegriffen: 2.1.2020; Hagedorn et al. (2019), S. 82; Lenton et al. (2019)

1362. https://www.regierung-mv.de/Aktuell/?id=148864&processor=processor.sa.pressemitteilung. Zugegriffen: 2.1.2020

1363. https://www.schaalsee.de/inhalte/seiten/landschaft/zahlen_und_fakten.php. Zugegriffen: 2.1.2020; Philipp (2009), S. 9–12

1364. Nehring et al. (2015), S. 84–85; https://www.regierung-mv.de/Aktuell/?id=148864&process

or=processor.sa.pressemitteilung; https://www.ostsee-zeitung.de/Mecklenburg/Grevesmuehlen/Nandus-sorgen-fuer-Vollsperrung-von-Autobahn. Zugegriffen: 2.1.2020

1365. Philipp (2009); https://www.spektrum.de/lexikon/biologie/nandus/45202. Zugegriffen: 2.1.2020

1366. Philipp (2009), S. 7; Nehring et al. (2015), S. 84–85

1367. Philipp (2009), S. 26–28; https://www.regierung-mv.de/Aktuell/?id=148864&processor=processor.sa.pressemitteilung. Zugegriffen: 2.1.2020

1368. ebd.

1369. Nehring et al. (2015), S. 84–85

1370. https://www.konstanz.de/start/service/stadt+konstanz+ruft+klimanotstand+aus.html. Zugegriffen: 2.1.2020

1371. ebd.

1372. ebd.

1373. https://www.kreis-lup.de/nachrichten/aktuelles/?n=15ccb073-9812-11e9-a16a-a1d153b34927. Zugegriffen: 2.1.2020

1374. https://www.regierung-mv.de/serviceassistent/_php/download.php?datei_id=1615069. Zugegriffen: 2.1.2020

1375. https://twitter.com/search?q=dwd%2042%2C6° &src=typd. Zugegriffen: 2.1.2020

1376. https://www.t-online.de/nachrichten/panorama/id_84175994/wetter-in-deutschland-heisser-sommer-die-hitze-und-das-vergessene-gift.html. Zugegriffen: 2.1.2020

1377. Neukom et al. (2019)

1378. https://www.bundesregierung.de/resource/blob/997532/1673502/768b67ba939c098c994b71c0b7d6e636/2019-09-20-klimaschutzprogramm-data.pdf?download=1. Zugegriffen: 2.1.2020

1379. ebd.

1380. ebd.

1381. https://www.youtube.com/watch?v=jgTeeZr9svA. Zugegriffen: 26.11.2019.

1382. https://www.br.de/nachrichten/deutschland-welt/klimaforscher-latif-entsetzt-ueber-klimapaket-der-regierung,RcdMYne. Zugegriffen: 2.1.2020

1383. https://www.gruene.de/artikel/bundesregierung-scheitert-beim-klimaschutz. Zugegriffen: 2.1.2020

1384. https://www.sueddeutsche.de/wissen/klima-fdp-kritisiert-klimapaket-als-heisse-luft-dpa.urn-newsml-dpa-com-20090101-190920-99-965300. Zugegriffen: 2.1.2020

1385. https://twitter.com/alice_weidel/status/117500869802 6078209?lang=de. Zugegriffen: 2.1.2020

1386. https://www.linksfraktion.de/presse/presse-mitteilungen/detail/klimapaket-versagt-beim-klimaschutz-und-vertieft-die-soziale-spaltung/. Zugegriffen: 2.1.2020

1387. https://www.greenpeace.de/presse/presseerk-laerungen/kommentar-zum-klimaschutzprogramm-2030-der-bundesregierung. Zugegriffen: 2.1.2020

1388. https://www.presseportal.de/pm/6347/4381056. Zugegriffen: 2.1.2020

1389. https://www.agrarheute.com/wochenblatt/politik/deutscher-bauernverband-haelt-klimaschutzprogramm-fuer-machbar-558953. Zugegriffen: 2.1.2020

1390. https://www.vci.de/presse/pressemitteilungen/vorwaertsstrategie-fuer-mehr-klimaschutz-vci-zum-massnahmenpaket-des-klimakabinetts.jsp. Zugegriffen: 2.1.2020

1391. https://www.bundesrat.de/SharedDocs/druck-sachen/2019/0601-0700/662-19(B).pdf?__blob=publicationFile&v=2. Zugegriffen: 2.1.2020

1392. https://www.bundesrat.de/DE/plenum/bundesrat-kompakt/19/984/51a.html?nn=4352768#top-51a. Zugegriffen: 2.1.2020

1393. ebd.

1394. Dornsiepen (2015); https://www.posiva.fi/en/final_disposal#.Xd2ucy1oRQI. Zugegriffen: 2.1.2020

1395. AkEnd (2002), Impressum und S. 5–6

1396. ebd., S. 1

1397. ebd., S. 1

1398. ebd., S. 2

1399. ebd., S. 3

1400. ebd., § 2

1401. ebd., § 2

1402. vgl. Winiwarter und Bork (2014)

1403. https://www.bge.de/de/standortsuche/akteure-und-aufgaben/. Zugegriffen: 2.1.2020

1404. https://www.bge.de/de/abfaelle/aktueller-bestand/. Zugegriffen: 2.1.2020

1405. ebd., § 2

1406. AkEnd (2002), S. 32–33

1407. vgl. https://www.nuklearesicherheit.de/kerntechnische-anlagen/kkw-standorte-in-deutschland/muelheim-kaerlich/; https://www.group.rwe/unser-portfolio-leistungen/betriebsstandorte-finden/kernkraftwerk-muelheim-kaerlich; https://www.atommuellreport.de/daten/akw-muelheim-kaerlich.html. Zugegriffen: 2.1.2020

1408. Kommission WSB (2019); https://www.sueddeutsche.de/wirtschaft/kohlekommission-ergebnis-reaktionen-1.4304316; https://www.faz.net/aktuell/wirtschaft/mehr-wirtschaft/kohlekommission-kohleausstieg-spaetestens-bis-2038-16009075.html. Zugegriffen: 2.1.2020

1409. https://www.umweltbundesamt.de/daten/wasser/fliessgewaesser/oekologischer-zustand-der-fliessgewaesser#textpart-. Zugegriffen: 2.1.2020

1410. Steffen et al. (2015)

1411. ebd.

1412. ebd.; Winiwarter und Bork (2019), S. 10–11

1413. https://www.oxfam.de/unsere-arbeit/themen/lieferkettengesetz. Zugegriffen: 2.1.2020

1414. vgl. https://www.spektrum.de/news/fertigprodukte-sind-ungesuender-als-frische-lebensmittel-aber-sie-schenken-uns-freiheiten/1514849. Zugegriffen: 2.1.2020

1415. Hagedorn et al. (2019), S. 82

1416. McAfee (2019)

1417. Die im Rahmen des European Green Deal geplanten Maßnahmen sind nicht mehr als ein erster kleiner Anfang. https://eur-lex.europa.eu/resource.html?uri=cellar:b828d165-1c22-11ea-8c1f-01aa75ed71a1.0021.02/DOC_1&format=PDF; https://eur-lex.europa.eu/resource.html?uri=cellar:b828d165-1c22-11ea-8c1f-01aa75ed71a1.0021.02/DOC_2&format=PDF. Zugegriffen: 2.1.2020

1418. Hagedorn et al. (2019), S. 82

1419. https://www.gesetze-im-internet.de/direktzahldurchfg/BJNR089700014.html. Zugegriffen: 2.1.2020; zur Biodiversität s. Wittig und Niekisch (2014)

1420. https://literatur.thuenen.de/digbib_extern/dn059812.pdf. Zugegriffen: 2.1.2020

1421. vgl. https://ec.europa.eu/info/strategy/priorities-2019-2024/european-green-deal_de; https://eur-lex.europa.eu/resource.html?uri=cellar:b828d165-1c22-11ea-8c1f-01aa75ed71a1.0021.02/DOC_1&format=PDF; https://eur-lex.europa.eu/resource.html?uri=cellar:b828d165-1c22-11ea-8c1f-01aa75ed71a1.0021.02/DOC_2&format=PDF. Zugegriffen: 2.1.2020

1422. Thaler und Sunstein (2017, 7. Aufl.)

1423. vgl. Horn (2014), S. 297–307; Lenton et al. (2019)

1424. zitiert in dem hervorragenden Artikel „Bis sie versinken" von Marcus Jauer in der Wochenzeitung „Die Zeit" Nr. 25/2019 in der Rubrik Dossier (elektronische Ausgabe).

1425. WBGU (2011)

1426. vgl. Beck (2015, 22. Aufl.); Horn (2014), S. 282–284; Winiwarter und Bork (2019), S. 171–180

1427. SRU (2019), S. 179–181

Abel, W. (1966, 2. Auflage): Agrarkrisen und Agrarkonjunktur. Eine Geschichte der Land- und Ernährungswirtschaft Mitteleuropas seit dem hohen Mittelalter. 301 S. Hamburg (Paul Parey).

AG für die Reinhaltung der Elbe (2003): Hochwasser August 2002. Einfluss auf die Gewässergüte der Elbe. 86. S. Hamburg (Arbeitsgemeinschaft für die Reinhaltung der Elbe).

Agricola, G. (1956, Übersetzung des Originalwerkes von 1546 durch Georg Fraustadt): Schriften zur Geologie und Mineralogie I. Die Natur der aus dem Erdinneren hervorquellenden Dinge. Buch I. Berlin (VEB Deutscher Verlag d. Wiss.).

Ahrens, G. (1993): May 1842. Hamburg an der Schwelle zur Moderne. Zeitschrift des Vereins für Hamburgische Geschichte 79. S 89–109.

AkEnd (2002): Auswahlverfahren für Endlagerstandorte. Empfehlungen des AkEnd – Arbeitskreis Auswahlverfahren Endlagerstandorte. 260 S. Köln (W & S Druck). https://www.bundestag.de/endlager-archiv/blob/281906/c1fb3860506631de51b9f1f689b7664c/kmat_01_akend-data.pdf. Zugegriffen: 1.1.2020

Albert-Schweitzer-Stiftung für unsere Mitwelt (2014): Stichwort Masthühner unter Massentierhaltung. https://albert-schweitzer-stiftung.de/massentierhaltung/masthuehner. Zugegriffen: 1.1.2020

Alpen, P. und F. Rickert (1994a): Die Anfänge des schleswig-holsteinischen Baumschulgebietes. In: Alpen, P., E. Beitz, C. Hell, F. Rickert, W. Sievers und H. Wiebicke (Hrsg.): Chronik der Baumschulen in Schleswig-Holstein. S. 14–20. Uetersen (Landesverband Schleswig-Holstein im Bund Deutscher Baumschulen e. V.).

Alpen, P. und F. Rickert (1994b): Von 1945 bis zur Gegenwart. In: Alpen, P., E. Beitz, C. Hell, F. Rickert, W. Sievers und H. Wiebicke (Hrsg.): Chronik der Baumschulen in Schleswig-Holstein. S. 43–49. Uetersen (Landesverband Schleswig-Holstein im Bund Deutscher Baumschulen e. V.).

Alt, F. (2018): Der erfolgreichste Solarpolitiker der Welt. Solarzeitalter 30, 1/2018: 9–12.

Altmann, J. und J. Altmann-Brewe (2012): Dokumentation Massentierhaltung. Schäden für Umwelt, Mensch und Tier. 124 S. Oldenburg (Isensee).

Aly, G. (2014): Die Belasteten. „Euthanasie" 1939–1945. Eine Gesellschaftsgeschichte. 348 S. Frankfurt am Main (Fischer Taschenbuch).

Akademie der Wiss. zu Göttingen und TU Darmstadt (Hrsg.; 2008): Georg Christoph Lichtenberg, Gesammelte Schriften. Historisch-kritische und kommentierte Ausgabe. Vorlesungen zur Naturlehre. Bd. 2, Teil V – Meteorologie. https://www.lichtenberg.uni-goettingen.de/seiten/view/244445. Zugegriffen: 1.1.2020

Anders, U. (2010): Über die Bedeutung der Wollweberei und Schafhaltung im Göttinger Land. In: B. Herrmann und U. Kruse (Hrsg.): Schauplätze und Themen der Umweltgeschichte. 19–28. Göttingen (Universitätsverlag Göttingen).

Andres, J. (2014): Insel Helgoland. Die „Seefestung" und ihr Erbe. 64 S. Berlin (Ch. Links).

Andrivon, D. (1996): The origin of *Phytophthora infestans* populations present in Europe in the 1840s: a critical review of historical and scientific evidence. Plant Pathology 45/6: 1027-1035.

Ant, H. (1970): Wenn das Wasser im Rhein wirklich Wasser wäre. Das Fischsterben von 1969. Gefahren auch für den Menschen. Das Parlament 20 (34): 5.

Archäologisches Landesamt Schleswig-Holstein (2016): The archaeological border landscape of Hedeby and the Danevirke. https://www.google.com/url?sa=t&rct=j&q=&esrc=s&source=web&cd=2&ved=2ahUKEwjDlpit-4XmAhUFU1AKHfUxBxcQFjABegQIAxAC&url=https%3A%2F%2Fwhc.unesco.org%2Fdocument%2F168709&usg=AOvVaw3Cmgzwa1PUIVR35luSP3ID. Zugegriffen: 1.1.2020

Armenat, M. (2014): Bergwerk Rammelsberg, Altstadt von Goslar und Oberharzer Wasserwirtschaft. Weltkulturerbe und Kulturlandschaft. In: M. Jakubowski-Tiessen, P. Masius und J. Sprenger (Hrsg.): Schauplätze der Umweltgeschichte in Niedersachsen 6: 75–101. Göttingen (Universitätsverlag).

Asmussen, B. (2018): Das „Preesterholt" in Gintoft in archivalischen Quellen. Natur- und Landeskunde 125: 213-218.

Aumann, P. (2015): Rüstung auf dem Prüfstand. Kummersdorf, Peenemünde und die totale Mobilmachung. 126 S. Berlin (Ch. Links).

Axboe, M. (2004): Die Goldbrakteaten der Völkerwanderungszeit. Ergänzungsbände zum Reallexikon der Germanischen Altertumskunde 38. 408 S. Berlin, New York (W. de Gruyter).

Axer, T., T. Bistry, M. Klawa, M. Müller und M. Süßer (2014): Sturmdokumentation 2013 Deutschland. 57 S. Düsseldorf (Deutsche Rückversicherung AG). https://www.deutscherueck.de/fileadmin/user_upload/Sturmdokumentation_2013.pdf. Zugegriffen: 1.1.2020

Bachmann, J. F. (1838): Die Luisenstadt: Versuch einer Geschichte derselben und ihrer Kirche. 271 S. Berlin (L. Oehmigke).

Bade, K. (2002; Hrsg.): Migration in der europäischen Geschichte seit dem späten Mittelalter. 176 S. Osnabrück (Institut für Migrationsforschung und Interkulturelle Studien der Universität Osnabrück).

Bader, A. (2011): Wald und Krieg. Wie sich in Kriegs- und Krisenzeiten die Waldbewirtschaftung änderte. Die deutsche Forstwirtschaft im Ersten Weltkrieg. 316 S. Göttingen (Universitätsverlag Göttingen).

Bailly, F. (2007): Die Molkenböden des Reinhardswaldes. Jb. Landkreis Kassel. S. 31–41. Kassel.

Bantelmann, A. (1955): Tofting, eine vorgeschichtliche Warft an der Eidermündung. Offa-Bücher N. F. 12. 134+43 S. Neumünster (Wacholtz).

Barsuhn, H. und A. Becker (2014): Entwicklung der technischen Kommunikation im Krisen- und Katastrophenmanagement in Deutschland nach dem 2. Weltkrieg. In: B. Sticher (Hrsg.): Die Einbindung der Bevölkerung in das Krisen- und Katastrophenmanagement in Deutschland (der BRD) nach dem Zweiten Weltkrieg. Exemplarisch verdeutlicht an fünf Katastrophenereignissen. S. 39–46. Berlin (Forschungsprojekt Kat-Leuchttürme).

© Der/die Herausgeber bzw. der/die Autor(en), exklusiv lizenziert durch Springer-Verlag GmbH, DE, ein Teil von Springer Nature 2020
H.-R. Bork, *Umweltgeschichte Deutschlands,* https://doi.org/10.1007/978-3-662-61132-6

Bartels, M. (2013): Die Wanderdünen auf Sylt – Von der Bekämpfung bis zum Schutz eines Naturphänomens. In: D. Collet und M. Jakubowski-Tiessen (Hrsg.): Schauplätze der Umweltgeschichte in Schleswig-Holstein. 17–28. Göttingen (Universitätsverlag Göttingen).

Bass, H.-H. (2010): Natürliche und sozioökonomische Ursachen der Subsistenzkrise Mitte des 19. Jahrhunderts – eine Diskussion am Beispiel Preußens. In: B. Herrmann (Hrsg.): Beiträge zum Göttinger Umwelthistorischen Kolloquium 2009–2010. 141–156. Göttingen (Universitätsverlag Göttingen).

BAuA (2015): Nationales Asbest-Profil Deutschland. 71 S. Dortmund (Bundesanstalt für Arbeitsschutz und Arbeitsmedizin). https://www.bmas.de/SharedDocs/Downloads/DE/Thema-Arbeitsschutz/Asbestdialog/nationales-asbest-profil-deutschland.pdf?__blob=publicationFile&v=1. Zugegriffen: 1.1.2020

Bauberger, W. (1981): Zur Geologie des Nationalparks Bayerischer Wald. Der Aufschluss, Sonderband 31: 15–32. Heidelberg.

Bauch, M. (2019): Die Magdalenenflut 1342 am Schnittpunkt von Umwelt- und Infrastrukturgeschichte. NTM N. S. 27/3:273-309.

Bauer, H.-D. und G. Stoyke (2005): Die Arsenproblematik in Betrieben er ehemaligen AG/SDAG Wismut. BBG Kompass 5/6: 6-12.

Bauerkämper, A. (2009): „Sozialistischer Frühling auf dem Lande" – Die Kollektivierung der Landwirtschaft. In: D. Schipanski und B. Vogel (Hrsg.): Dreißig Thesen zur deutschen Einheit. S. 99–111. Freiburg i. Br. (Herder).

Bauernverband Schleswig-Holstein (2013): Bauernverband Schleswig-Holstein zu verschärften Knickregelungen. Pressemitteilung vom 27.6.2013. https://www.bauern.sh/fileadmin/download/Presse/Pressemitteilungen/2013_06_27_PM_BV_zu_verschaerften_Knickregelungen.pdf. Zugegriffen: 2.1.2020

Bauernverband Schleswig-Holstein (2014): Knickschutzverordnung: Minister Habeck muss nachbessern. Pressemitteilung vom 20.11.2014. https://www.bauern.sh/fileadmin/download/Presse/Pressemitteilungen/Presseinformation_Knick_Ergebnis_der_Klage_201114.pdf. Zugegriffen: 2.1.2020

Baumann, T. (2011): Giftgas und Salpeter. Chemische Industrie, Naturwissenschaft und Militär von 1906 bis zum ersten Munitionsprogramm 1914/15. 777 S. Düsseldorf (Heinrich-Heine-Universität, Dissertation 2008).

Baumer, J. P. (1765): Beschreibung eines zu Erspahrung des Holtzes eingerichteten Stuben-Ofens, welche den, von dem Königl. Preußischen General=Ober=Finanz=Kriegs=und Domainen Directorio, durch die Königliche Akademie der Wissenschaften ausgesetzten Preis auf das Jahr 1764 gewonnen hat. Nebst noch zwoen andern Abhandlungen, welche ihr den Preis streitig gemacht haben. XXIV, 30 S. mit 7 Kupferstichen. Berlin (Haude und Spener).

Baumgardt, F. (2012): Die Radiumeuphorie bis Mitte des 20. Jahrhunderts. Glückauf 119: 80–82, sowie Philatelia Medica 165: S. 16–18.

Baur, V. (2017): Das römische Industrierevier Mayen. Wirtschaft – Infrastruktur – Bevölkerung. Siedlungsforschung. Archäologie – Geschichte – Geographie 34: 301–316. Bonn (ARKUM).

Bayer, O. (1947): Das Di-Isocyanat-Polyadditionsverfahren (Polyurethane). Angewandte Chemie. A9. S. 257-288.

Bayerischer Landtag (1988): Chemische Rüstungsaltlasten in Bayern aus der Zeit des Nationalsozialismus und ihre Auswirkungen auf Mensch und Umwelt in Gegenwart und Zukunft. Interpellation der Abgeordneten Paulig, Schramm und Fraktion Die Grünen. Drs. 11/7950 vom 30.06.1988. München.

Bayerischer Landtag (1990): Schlußbericht des Untersuchungsausschusses „Chemische Fabrik Marktredwitz". Drs. 11/17677 vom 18.07.1990. München.

Bayerl, G. (1989): Das Umweltproblem und seine Wahrnehmung in der Geschichte. In: J. Calließ, J. Rüsen und M. Striegnitz (Hrsg.): Mensch und Umwelt in der Geschichte. S. 47–96. Pfaffenweiler (Centaurus).

Bayerisches Staatsministerium für Umwelt und Gesundheit (2012): Bayerische Gletscher im Klimawandel – ein Statusbericht. 36 S. München.

Bayerl, G. (1999): Im Schatten der Nützlichkeit. Umweltprobleme im 18. Jahrhundert. In: U. Troitzsch (Hrsg.): Nützliche Künste. Kultur- und Sozialgeschichte der Technik im 18. Jahrhundert. Cottbuser Studien zur Geschichte von Technik, Arbeit und Umwelt 13, S. 119–134. Münster (Waxmann).

Beck, U. (2015, 22. Aufl.): Risikogesellschaft. Auf dem Weg in eine andere Moderne. 391 S. Berlin (Suhrkamp)

Beckenbach, E., U. Niethammer und H. Seyfried (2013): Spätmittelalterliche Starkregenereignisse und ihre geomorphologischen Kleinformen im Schönbuch (Süddeutschland): Erfassung mit hochauflösenden Fernerkundungsmethoden und sedimentologische Interpretation. Jahresberichte Mitteilungen Oberrheinische Geologische Vereinigung N. F. 95, S. 421–438. Stuttgart.

Beckmann, (1788): Beantwortung der, von der Societät der Wissenschaften zu Göttingen aufgeworfenen Preisfrage: Da die Reinlichkeit in den Haushaltungen der Landleute, einen großen Einfluss auf ihre Gesundheit, Munterkeit und Sitten hat: so wünscht man die besten Mittel zu wissen, wodurch auf den Dörfern in Niedersachsen, eine, der Lebensart der Landleute gemäße Reinlichkeit eingeführet werden könne? In: Siegmund Freyherr von Bibra (Hrsg.): Journal von und für Deutschland 1788. 5ter Jahrgang, 5tes Stück. S. 406–411. Fulda.

Beerlage, A. (2017): Wolfsfährten: Alles über die Rückkehr der grauen Jäger. 240 S. Gütersloh (Gütersloher Verlagshaus).

Behre, K.-E. (1976): Beginn und Form der Plaggenwirtschaft in Nordwestdeutschland nach pollenanalytischen Untersuchungen in Ostfriesland. Neue Ausgrabungen und Forschungen in Niedersachsen 10: 197-224.

Behre, K.-E. (2006): Das Außendeichsmoor von Sehestedt. Ein mobiles geologisches Naturdenkmal am Jadebusen. Natur und Museum 136: 107-115.

Behre, K.-E. (2007): Die Auswirkungen der Wintersturmfluten 2006/2007 auf das Sehestedter Außendeichsmoor (SO-Jadebusen). Drosera 1/2007: 17-24.

Behre, K.-E. (2008): Landschaftsgeschichte Norddeutschlands. Umwelt und Siedlung von der Steinzeit bis zur Gegenwart. 308 S. Neumünster (Wachholtz).

Behrens, H. (2003): Naturschutz in der Deutschen Demokratischen Republik. In: W. Konold, R. Böcker und U. Hampicke (Hrsg.): Handbuch Naturschutz und Landschaftspflege. Kap. 02 Grundlagen von Naturschutz und Landschaftspflege. Weinheim (Wiley-VCH).

Behrens, J. (2017): Das Pinneberger Baumschulland. Unveröffentlichte Masterarbeit im Studiengang Education Geographie. 105 S. Kiel (Christian-Albrechts-Universität, Sektion Geographie).

Behringer, W. (2003): Die Krise von 1570. Ein Beitrag zur Krisengeschichte der Neuzeit. In: M. Jakubowski-Tiessen und H. Lehmann (Hrsg.): Um Himmels Willen. Religion in Krisenzeiten. S. 51–156.

Behringer, W. (2015): Tambora und das Jahr ohne Sommer. Wie ein Vulkan die Welt in die Krise stürzte. 398 S. München (C. H. Beck).

Beleites, M. (1992): Altlast Wismut. Ausnahmezustand, Umweltkatastrophe und das Sanierungsproblem im deutschen Uranbergbau. 97 S. Frankfurt a. M. (Brandes & Aspel).

Bemmann, M. (2012): Beschädigte Vegetation und sterbender Wald. Zur Entstehung eines Umweltproblems in Deutschland 1893–1970. Umwelt und Gesellschaft 5. 540 S. Göttingen (Vandenhoeck & Ruprecht).

Benne, I. und W. Schäfer (1999): Bodenlandschaften der westlichen niedersächsischen Altmoränengeest mit besonderer Berücksichtigung der Plaggenesche. Exkursion Z2. Mitt. Deutsche Bodenkundl. Ges. 90: 163-201.

Borchmeyer, D. (2017, 2. Aufl.): Was ist deutsch? Die Suche einer Nation nach sich selbst. 1056 S. Darmstadt (WBG).

Bernard, C. (2017): „Rauch schlürfen und Tabak saufen". Die Geschichte des Tabakkonsums im Licht archäologischer Funde auf Burg Kirkel. Saarpfalz 2017/1: 34–50.

Bernstein, E. (2010; Nachdruck der Originalausgabe von 1910): Das soziale Leben in 100 Jahren. Was können wir von der Zukunft des sozialen Lebens Wissens? 179–199. In: A. Brehmer, (Hrsg.): Die Welt in 100 Jahren. Hildesheim (Georg Olms).

Bertram, H.-U. (2012): Gefährliche Illusion. Eine Vielzahl von Gründen spricht gegen die Vision von einer „Null-Abfall-Wirtschaft". ReSource 25/2: 16–23.

Beyer, K. (2003, 2. Aufl.): Der Westerzgebirgische Gangerzbergbau zu Wismuts Zeiten von 1946 bis 1990. Schriftenreihe der Traditionsstätte des Sächsisch-Thüringischen Uranbergbaues im Kulturhaus „Aktivist" in Bad Schlema, Heft 6. 66 S. Bad Schlema (Museum Uranerzbergbau).

Beyermann, M., T. Bünger, K. Gehrcke und D. Obrikat (2009): Strahlenexposition durch natürliche Radionuklide im Trinkwasser in der Bundesrepublik Deutschland. 125 S. Salzgitter (Bundesamt für Strahlenschutz, FB Strahlenschutz und Umwelt).

BfR (2005): BfR empfiehlt Beibehaltung der Altersgrenze für die Entnahme von BSE-Risikomaterialien bei der Rinderschlachtung. Gesundheitliche Bewertung Nr. 030/2005 des BfR vom 12. Juli 2005. 9 S. https://mobil.bfr.bund.de/cm/343/bfr_empfiehlt_beibehaltung_der_altersgrenze_fuer_die_entnahme_von_bse_risikomaterialien_bei_der_rinderschlachtung.pdf. Zugegriffen: 2.1.2020

BfS (2016): Atlas Asse. Informationen über die Schachtanlage Asse II (2009–2016). Bundesamt für Strahlenschutz (Hrsg.). 144 S. Berlin (Dummy Verl.).

Bilder-Conversations-Lexikon für das deutsche Volk (1837/1994). Ein Handbuch zur Verbreitung gemeinnütziger Kenntnisse und zur Unterhaltung. Erster Band A-E. Leipzig (Brockhaus). 1837. Reprint 1994, Eching am Ammersee (Enzyklopädische Literatur E. Müller).

Bischoff, C. (1918): Amalie Dietrich. 443 S. Berlin (Grote'sche Verlagsbuchhandlung).

Bischoff, K. (1916): Die Kartoffel im Weltkrieg. 23 S. Berlin (Unger). https://digital.staatsbibliothek-berlin.de/werkansicht?PPN=PPN725386843&PHYSID=PHYS_0001&DMDID=DMDLOG_0001. Zugegriffen: 2.1.2020

Bissolli, P., L. Göring und C. Lefebvre (2001): Extreme Wetter- und Witterungsereignisse im 20. Jahrhundert. In: Deutscher Wetterdienst (Hrsg.): Klimastatusbericht 2001. 20–31. Offenbach (DWD).

Blackbourn, D. (2007): Die Eroberung der Natur. Eine Geschichte der deutschen Landschaft. 592 S. München (DVA).

Blankenstein, D., R. Gross, B. Savoy und A. Scriba (2019; Hrsg.): Wilhelm und Alexander von Humboldt. Deutsches Historisches Museum. 296 S. Darmstadt (WBG Theiss).

Bloem, D. und R. von Lemm (2012): Das schwimmende Moor von Sehestedt. Nationalpark Wattenmeer Niedersachsen. 36 S. Wilhelmshaven (Nationalparkverwaltung Niedersächsisches Wattenmeer).

Bluhm, P. (2015): Lebendiges Silber kostete oft Leben. Bergbau-Park von Almadén, Spanien. Ankerpunkt der Europäischen Route der Industriekultur. Industriekultur 4.15: 31.

Blume, H.-P. (2010): Sprengel, Carl. In: Neue Deutsche Biographie 24, S. 751–752 (Online-Version). https://www.deutsche-biographie.de/pnd119057190.html#ndbcontent. Zugegriffen: 2.1.2020

Blume, H.-P. und P. Leinweber (2004): Plaggen soils: Landscape history, properties, and classification. J. of Plant Nutrition and Soil Science 167: 319–327.

Blumers, M. und S. C. Kaumanns (2017): Neuauflage der deutschen Nachhaltigkeitsstrategie. Statistisches Bundesamt. VISTA 1: 96–109. Wiesbaden (Destatis).

BMEL (2014): Besondere Ernteermittlung. Statistik und Berichte des Bundesministeriums für Ernährung und Landwirtschaft. Berlin (Bundesministerium für Ernährung und Landwirtschaft).

BMEL (2015): Tierseuchen. BSE – Bovine spongiforme Enzephalopathie. Stand 22.12.2015. Berlin (Bundesministerium für Ernährung und Landwirtschaft).

BMEL (2017a): Anzahl der bestätigten BSE-Fälle in Deutschland. Stand 16.02.2017. Berlin (Bundesministerium für Ernährung und Landwirtschaft).

BMEL (2017b): Extremwetterlagen in der Land- und Forstwirtschaft. 26 S. Berlin (Bundesministerium für Ernährung und Landwirtschaft). https://www.bmel.de/SharedDocs/Downloads/Broschueren/Extremwetterlagen.pdf;jsessionid=3F69FE53C631324C97CA505B3DE51B60.2cid367?blob=publicationFile. Zugegriffen: 2.1.2020

BMG und BMU (1999; Hrsg.): Dokumentation zum Aktionsprogramm Umwelt und Gesundheit. Sachstand – Problemaufriß – Optionen. 253 S. Bonn (Bundesministerium für Gesundheit und Bundesministerium für Umwelt, Naturschutz und Reaktorsicherheit). https://www.apug.de/archiv/pdf/APUG_Dokumentation%20_Vollversion.pdf. Zugegriffen: 2.1.2020

BMLE (2003; Hrsg.): Statistisches Jahrbuch über Ernährung, Landwirtschaft und Forsten 2003. Münster-Hiltrup (Landwirtschaftsverlag). https://www.bmel-statistik.de/fileadmin/SITE_MASTER/content/Jahrbuch/Agrarstatistisches-Jahrbuch-2003.pdf. Zugegriffen: 2.1.2020

BMUB (2015, 4. Aufl.): Nationale Strategie zur biologischen Vielfalt. Kabinettsbeschluss vom 7. November 2007. 179 S. Berlin (Bundesministerium für Umwelt, Naturschutz, Bau und Reaktorsicherheit). https://www.bfn.de/fileadmin/BfN/biologischevielfalt/Dokumente/broschuere_biolog_vielfalt_strategie_bf.pdf. Zugegriffen: 2.1.2020

BMUB und BfN (2014; Hrsg.): Naturbewusstsein 2013. Bevölkerungsumfrage zu Natur und biologischer Vielfalt. 89 S. Berlin und Bonn (Bundesministerium für Umwelt, Naturschutz, Bau und Reaktorsicherheit und Bundesamt für Naturschutz).

BMWI (2011): 20 Jahre Wismut GmbH. Sanieren für die Zukunft. 60 S. Berlin (BMWI).

BMWi und BAFA (2018): Hintergrundinformationen zur Besonderen Ausgleichsregelung. Antragsverfahren 2017 für Begrenzung der EEG-Umlage 2018. 26 S. Berlin (BMWi, BAFA). https://www.bmwi.de/Redaktion/DE/Publikationen/Energie/hintergrundinformationen-zur-besonderen-ausgleichsregelung-antragsverfahren.pdf?__blob=publicationFile&v=24. Zugegriffen: 2.1.2020

Boch, R. und Karlsch (2011): Uranbergbau im Kalten Krieg. Die Wismut im sowjetischen Atomkomplex. Bd. 2: Dokumente. 387 S. Berlin (Ch. Links).

Bock, H. (1539): New Kreütter Büch von underscheydt/würckung und Namen der Kreütter so in Teütschen Landen wachsen. Auch der selbigen eygentlichem vnd wolgegründtem gebrauch in der Artznei zü behalten und zü fürdern Leibs Gesuntheyt fast nutz und tröstlichen, vorab gemeynem Verstand. Straßburg (Wendel Rihel).

Boehart, W., C. Bornefeld und C. Lopau (1998): Die Geschichte der Stecknitz-Fahrt 1398–1998: Hanse, Salz und Verkehr zwischen Lübeck, Hamburg, Lüneburg und Herzogtum Sachsen-Lauenburg. 176 S. Schwarzenbek (Viebranz).

Böhm, W. (1997): Biographisches Handbuch zur Geschichte des Pflanzenbaus. S. 389–393. München (De Gruyter Saur).

Bölsche, W. (1901): Hinter der Weltstadt. Friedrichshagener Gedanken zur ästhetischen Kultur. Leipzig (Diederichs).

Bönisch, G. (2015): Bartholomäusnacht am Rhein. Spiegel Geschichte 1/2015: 80–83. Hamburg (Spiegel-Verlag).

Bork, H.-R. (1980): Oberflächenabfluss und Infiltration – qualitative und quantitative Analysen von 50 Starkregensimulationen in der Südheide (Ostniedersachsen). Landschaftsgenese und Landschaftsökologie 6: 94 S. Cremlingen-Destedt (Catena).

Bork, H.-R. (1983): Die holozäne Relief- und Bodenentwicklung in Lößgebieten – Beispiele aus dem südöstlichen Niedersachsen, Catena Supplement 3: 1-93.

Bork, H.-R. (1988): Bodenerosion und Umwelt. Verlauf, Ursachen und Folgen der mittelalterlichen und neuzeitlichen Bodenerosion, Bodenerosionsprozesse, Modelle und Simulationen. Landschaftsgenese und Landschaftsökologie 13: 249 S. Braunschweig.

Bork, H.-R. (2006): Landschaften der Erde unter dem Einfluss des Menschen. 207 S. Darmstadt (Wiss. Buchges., Primus).

Bork, H.-R. (2013): Spuren in der Landschaft: Extreme Witterungsereignisse während des Spätmittelalters und ihre Folgen. In: C. Ohlig (Hrsg.): Die Thüringische Sintflut 1613 und ihre Folgen für heute. Schriften der Deutschen Wasserhistorischen Gesellschaft (DWhG) e. V. 22: 107–126. Clausthal-Zellerfeld (DWhG).

Bork, H.-R. (2020): Zur Waldgeschichte Deutschlands. In: Jber. Wett. Ges. ges. Naturkunde. 170. Jg. Themenband Wald. Hanau (Wetterauische Ges. für die gesamte Naturkunde zu Hanau).

Bork, H.-R. und A. Beyer (2010): Die Landschaftsgeschichte des Solling. In: Hans-Georg Stephan (Hrsg.): Der Solling im Mittelalter. S. 566–571. Dormagen (archaeotopos).

Bork, H.-R., H. Bork, C. Dalchow, B. Faust, H.-P. Piorr und T. Schatz (1998): Landschaftsentwicklung in Mitteleuropa. Wirkungen des Menschen auf Landschaften. 328 S. Gotha (Klett-Perthes).

Bork, H.-R., C. Dalchow, M. Frielinghaus und C. Russok (2004): Auf den Spuren Albrecht Daniel Thaers in der Büchnitzaue: Die Schwemmwiesen. Thaer Heute 1: 41–50. Möglin (Fördergesellschaft A. D. Thaer).

Bork, H.-R., G. Schmidtchen und M. Dotterweich (2003): Bodenbildung, Bodenerosion und Reliefentwicklung im Mittel- und Jungholozän Deutschlands. Forschungen zur Deutschen Landeskunde 253: 341 S. Flensburg (Deutsche Akademie für Landeskunde).

Bosau, H. von (2008): Slawenchronik. [Neu übertragen und erläutert von H. Stoob.] Band XIX. Buch II, 97. Von Bischof Konrad. S. 337–340. Ausgewählte Quellen zur Deutschen Geschichte des Mittelalters. Darmstadt (WBG).

Brachthäuser, R. E. (2017): Dr. Clemens Schmeck – Vom Umweltpionier zum Medizinischen Versorgungszentrum des Katholischen Klinikums Essen. Katholisches Klinikum Essen. https://gesundinessen.de/dr-clemens-schmeck/. Zugegriffen: 31.12.2019

Böttcher, C., T. Knobloch, J. Sternheim, I. Weinberg, U. Wichert und J. Wöhler (2018): Munitionsbelastung der deutschen Meeresgewässer – Entwicklungen und Fortschritt (Jahr 2017). 49 S. Kiel (Ministerium für Energiewende, Landwirtschaft, Umwelt, Natur und Digitalisierung des Landes Schleswig-Holstein).

Botting, D. (2012, 7. Aufl.): Alexander von Humboldt. Biographie eines großen Forschungsreisenden. 401 S. München (Prestel).

Bräuer, H. (2011; Hrsg.): „…Capitalisten und Wucherer …", 1772. Eine Schrift aus dem 18. Jahrhundert. Edition und Kommentar. 134 S. Leipzig (Leipziger Universitätsverlag).

Brenneisen, W. (2014): Mit Kehrwisch und Kutterschaufel. Die Wahrheit über die schwäbische Kehrwoche. 149 S. Biberach (Biberacher Verlagsdruckerei).

Bretschneider, G. (2000): Was kostete die Wismut? Versuch einer Gesamtrechnung über Aufwand und Wert der Uranproduktion. Schriftenreihe der Traditionsstätte des Sächsisch-Thüringischen Uranbergbaues im Kulturhaus „Aktivist" in Bad Schlema, Heft 5. 38 S. Bad Schlema (Museum Uranerzbergbau).

Brinner, L (2012): Die deutsche Grönlandfahrt. Nachdruck der Ausgabe von 1912. 568. S. Lindau (Unikum).

Brod, H.-G. (2013): Entwicklung des Mineraldüngerverbrauchs in Deutschland. In: C. Dalchow (Hrsg.): Julius Kühn und andere Pioniere der Agrarforschung in Halle (Saale). Thaer Heute 9: 79–95. Möglin (Fördergesellschaft A. D. Thaer).

Brogiato, H. P. (2007): Leipzig: Hans Meyers Grab. In: U. v. d. Heyden und J. Zeller (Hrsg.): Kolonialismus hierzulande. Eine Spurensuche in Deutschland. S. 113–116. Erfurt (Sutton Verl.).

Brönnimann, S. und D. Krämer (2016): Tambora und das „Jahr ohne Sommer" 1816. Klima, Mensch und Gesellschaft. Geographica Bernensia G90. 48 S. Bern (Geogr. Inst. Universität Bern).

Bronstert, A., A. Agarwal, B. Boessenkool, M. Fischer, M. Heistermann, L. Köhn-Reich, T. Moran und D. Wendi (2017a): Die Sturzflut von Braunsbach am 29. Mai 2016 – Entstehung, Ablauf und Schäden eines „Jahrhundertereignisses". Teil 1: Meteorologische und hydrologische Analyse. Hydrologie und Wasserbewirtschaftung 61/3: 150–162.

Bronstert, A., K. Vogel, A. Agarwal, B. Boessenkool, M. Fischer, M. Heistermann, L. Köhn-Reich, O. Korup, J. Laudan, T. Moran, U. Ozturk, A. Riemer, V. Rözer, T. Sieg, D. Wendi und A. Thieken (2017): Die Sturzflut von Braunsbach am 29. Mai 2016: eine forensische (retrospektive) Ereignisanalyse. Berichte des Lehrstuhls und der Versuchsanstalt für Wasserbau und Wasserwirtschaft 137: 24–37. München (TU München). https://www.bgu.tum.de/fileadmin/w00blj/wb/Publikationen/Berichtshefte/Band137.pdf. Zugegriffen: 2.1.2020

Brüggemeier, F. J. (1996): Das unendliche Meer der Lüfte. Luftverschmutzung, Industrialisierung und Risikodebatten im 19. Jahrhundert. 344 S. Essen (Klartext).

Brüggemeier, F. J. (2009): Fabrikstädte und Sommerfrischen: Kommunen, Umwelt und Industrie - 1800 bis heute. In: Kulturwiss. Inst. Essen (Hrsg.): 200 Jahre kommunale Selbstverwaltung – Quo Vadis? Informationen und Berichte zur Stadtentwicklung 109: 51–60.

Brüggemeier, F. J. (2018): Grubengold. Das Zeitalter der Kohle von 1750 bis heute. 456 S. München (C. H. Beck).

Brunner, G. (2005): Die aktuelle Vegetation des Nürnberger Reichswaldes. Untersuchungen zur Pflanzensoziologie und Phytodiversität als Grundlage für den Naturschutz. 223 S. Diss. Erlangen-Nürnberg (Naturwiss. Fak. Friedrich-Alexander-Univ.).

Bundesamt für Verbraucherschutz und Lebensmittelsicherheit (2017): Absatz an Pflanzenschutzmitteln in der Bundesrepublik Deutschland. Korrigierte Version vom Nov. 2017. 20 S. Braunschweig (Bundesamt für Verbraucherschutz und Lebensmittelsicherheit).

Bundesgesetzblatt (1953): Flurbereinigungsgesetz (FlurbG) vom 14.7.1953. I/37, ausgegeben zu Bonn am 18.7.1953.

Bundesgesetzblatt (1973): Verordnung über Fahrverbote und Geschwindigkeitsbegrenzungen für Motorfahrzeuge. Teil I. Nr. 95, S. 1676–1677. ausgegeben zu Bonn am 20. November 1973.

Bundesgesetzblatt (1996a): Gesetz zur Beschleunigung von Genehmigungsverfahren (GenBeschlG) vom 12.9.1996. I/46, ausgegeben zu Bonn am 18.9.1996.

Bundesgesetzblatt (1996b): Gesetz zur Beschleunigung und Vereinfachung immissionsschutzrechtlicher Genehmigungsverfahren (GenBeschlG) vom 09.10.1996. I/50, ausgegeben zu Bonn am 14.10.2018.

Bundesgesundheitsamt (1959): Gutachten des Bundesgesundheitsamtes über die Durchführung des Impfgesetzes. 180 S. Berlin, Heidelberg (Springer).

Büntgen, U., V. S. Myglan, F. C. Ljungqvist, M. McCormick, N. Di Cosmo, M. Sigl, J. Jungclaus, S. Wagner, P. J. Krusic, J. Esper, J. O. Kaplan, M. A. C. de Vaan, J. Luterbacher, L. Wacker, W. Tegel und A. V. Kirdyanov (2016): Cooling and societal change during the Late Antique Little Ice Age from 536 to around 660 AD. Nature Geoscience 9: 231-236.

Burau, C. (2014): GIS-gestützte Analyse der Verteilungsmuster und Ausbreitungspfade invasiver Pflanzenarten in Schleswig-Holstein am Beispiel von *Solidago gigantea* und *Ambrosia artemisiifolia*.

Bachelorarbeit. Geogr. Institut der Christian-Albrechts-Universität. 52 S. Kiel.

Bütow, E., E. Holzbecher und V. Koß (1995): Modelling of migration of radionuclides from the Ellweiler uranium mill tailings. In: K. Kovar und J. Krásný (Hrsg.): Groundwater Quality: Remediation and Protection. IAHS Publ. 225: 321–328. Wallingford (IAHS).

BVL (2013): Absatz an Pflanzenschutzmitteln in der Bundesrepublik Deutschland. Ergebnisse der Meldungen gemäß § 64 Pflanzenschutzgesetz für das Jahr 2012. Korrigierte Version. 17 S. Braunschweig (Bundesamt für Verbraucherschutz und Lebensmittelsicherheit).

BVL (2017): Absatz an Pflanzenschutzmitteln in der Bundesrepublik Deutschland. Korrigierte Version vom Nov. 2017. 20 S. Braunschweig (Bundesamt für Verbraucherschutz und Lebensmittelsicherheit).

Calice, J. (2005): „Sekundärrohstoffe – eine Quelle, die nie versiegt". Konzeption und Argumentation des Abfallverwertungssystems in der DDR aus umwelthistorischer Perspektive. Diplomarbeit in der Studienrichtung Geschichte. 135 S. Wien (Universität Wien).

Camenisch, C., K. M. Keller, M. Salvisberg, B. Amann, M. Bauch, S. Blumer, R. Brázdil, S. Brönnimann, U. Büntgen, B. M. S. Campbell, L. Fernández-Donado, D. Fleitmann, R. Glaser, F. González-Rouco, M. Grosjean, R. C. Hoffmann, H. Huhtamaa, F. Joos, A. Kiss, O. Kotyza, F. Lehner, J. Luterbacher, N. Maughan, R. Neukom, T. Novy, K. Pribyl, C. C. Raible, D. Riemann, M. Schuh, P. Slavin, J. P. Werner und O. Wetter (2016): The 1940s: a cold period of extraordinary internal climate variability during the early Spörer Minimum with social an economic impacts in northwestern and central Europe. Climate of the Past 12: 2107-2126. https://doi.org/10.5194/cp-12-2107-2016. Zugegriffen: 2.1.2020

Cholmakow-Bodechtel, C., P. Potthoff und T. Bendelack (2009): Abschließende Gesundheitsuntersuchungen zum Störfall Hoechst von 1993. Bericht für das Stadtgesundheitsamt Frankfurt am Main der TNS Healthcare GmbH, München. In: Störfall Hoechst 1993. Vitalstatus und Mortalität 1993–2008. 84 S. Frankfurt am Main (Amt für Gesundheit). https://www.frankfurt.de/sixcms/media.php/738/Stoerfall_1993.pdf. Zugegriffen: 2.1.2020

Clemens, F. (1844): Hamburg's Gedenkbuch, eine Chronik seiner Schicksale und Begebenheiten vom Ursprung der Stadt bis zur letzten Feuersbrunst und Wiedererbauung. 860 S. Hamburg (Berendsohn).

Cloos, H. und E. Cloos (1927): Die Quellkuppe des Drachenfels am Rhein, ihre Tektonik und Bildungsweise. Z. Vulk. XI: 33–40.

Collet, D. (2011): ‚Moral economy' von oben? Getreidesperren als territoriale und soziale Grenzen während der Hungerkrise 1770-1772. Jb. f. Regionalgeschichte 29: 45-61.

Cocroft, W. D und J. Schofield (2016): Der Teufelsberg in Berlin. Eine archäologische Bestandsaufnahme des westlichen Horchpostens im Kalten Krieg. Veröffentlichungen der Stiftung Berliner Mauer. 117 S. Berlin (Ch. Links)

Conwentz, H. (1900): Forstbotanisches Merkbuch. Nachweis der beachtenswerthen und zu schützenden urwüchsigen Sträucher, Bäume und Bestände im Königreich Preußen. I. Provinz Westpreußen. Herausgegeben auf Veranlassung des preußischen Ministers für Landwirtschaft, Domänen und Forsten. Berlin.

Conwentz, H. (1904): Die Gefährdung der Naturdenkmäler und Vorschläge zu ihrer Erhaltung. Denkschrift, dem Herrn Minister der geistlichen, Unterrichts- und Medizinal-Angelegenheiten überreicht. 207 S. Berlin (Borntraeger).

Cramer, J. (2008, 4. Aufl.): Spuren der „Euthanasie"-Morde. Bauarchäologische Untersuchungen in der Gedenkstätte Hadamar. In: Landeswohlfahrtsverband Hessen (Hrsg.): „Verlegt nach Hadamar". Die Geschichte einer NS-„Euthanasie"-Anstalt. S. 199–215. Historische Schriftenreihe des Landeswohlfahrtverbandes Hessen, Kataloge Band 2. Kassel (Thiele & Schwarz).

DAD (2014): Deutsche Auswanderer-Datenbank des Historischen Museums Bremerhaven. https://www.deutsche-auswanderer-datenbank.de/index.php?id=447. Zugegriffen: 2.1.2020

Dahlke, K. M. (2018): Ökologische und soziale Folgen des Braunkohlenbergbaus in der Lausitz. Unveröffentlichte Masterarbeit im Ein-Fach-Masterstudiengang Umweltgeographie und -management. 109 S. Kiel (Christian-Albrechts-Universität, Sektion Geographie).

Dalchow, C., H.-R. Bork, M. Frielinghaus und C. Russok (2006): Die Schwemmwiesen Albrecht Daniel Thaers bei Möglin (Ostbrandenburg). In: H.-R. Bork (Hrsg.): Landschaften der Erde unter dem Einfluss des Menschen. 207 S. Darmstadt (Primus/WBG).

Dalitz, M. K. (2005): Autochthone Malaria im mitteldeutschen Raum. 80 S. Dissertation. Halle (S.) (Medizinische Fakultät der Martin-Luther-Universität Halle-Wittenberg).

Dannowski, R., C. Dalchow und H. Sell (2009): Das „Jahr ohne Sommer" 2016 im Spiegel Möglinscher Publikationen – Lokales Echo einer globalen Witterungsanomalie. Thaer heute 6: 89–104. Möglin (Fördergesellschaft A. D. Thaer).

de Vries, M. und I. J. M. de Boer (2009): Comparing environmental impacts for livestock products: A review of life cycle assessments. Livestock Science 128: 1-11.

Dean, K. R., F. Krauer, L. Walløe, O. C. Lingjærde, B. Bramanti, N. C. Stenseth und B. V. Schmid (2018): Human ectoparasites and the spread of plague in Europe during the Second Pandemic. PNS 115/6): 1304–1309.

Delfs, J., W. Friedrich, H. Kiesekamp und A. Wagenhoff (1958): Der Einfluss des Waldes und des Kahlschlages auf den Abflussvorgang, den Wasserhaushalt und den Bodenabtrag. Aus dem Walde 3. Mitteilungen aus der Niedersächsischen Landesforstverwaltung. 223 S. Hannover (M. & H. Schaper).

Deutsch, M. und K.-H. Pörtge (2003, 2. Aufl.): Die „Thüringische Sintflut" vom 29. Mai 1613. In Deutsch, M. und K.-H. Pörtge (Hrsg.): Hochwasserereignisse in Thüringen. Schriftenreihe der Thüringer Landesanstalt für Umwelt und Geologie (TLUG) 63: 27–33. Jena.

Deutsch, M., K.-H. Pörtge und M. Börngen (2013): Anmerkungen zur Thüringer Sintflut von 1613. In: DWhG (Hrsg.): Die Thüringische Sintflut von 1613 und ihre Folgen für heute. Schriften der Deutschen Wasserhistorischen Gesellschaft 22: 1–39. Clausthal Zellerfeld (Papierfliegerverlag).

Deutsch-Französisch-Schweizerische Oberrheinkonferenz (2016): 30 Jahre nach der Sandoz-Katastrophe. Konsequenzen für die Anlagensicherheit. 34 S. Kehl (Gemeinsames Sekretariat der D-F-CH Oberrheinkonferenz).

Deutscher Bundestag (1984a): Antwort der Bundesregierung auf die Kleine Anfrage der Abgeordneten Sauermilch, Frau Reetz und der Fraktion Die Grünen zur Uranerzförderung in der Bundesrepublik Deutschland. Deutscher Bundestag, 10. Wahlperiode, Drucksache 10/943 vom 31.01.1984. https://dipbt.bundestag.de/doc/btd/10/009/1000943.pdf. Zugegriffen: 2.1.2020

Deutscher Bundestag (1984b): Antwort der Bundesregierung auf die Große Anfrage des Abgeordneten Werner (Diestorf) und der Fraktion die Grünen vom 11.03.1986 zur Reform des Flurbereinigungsrechtes. Deutscher Bundestag, 10. Wahlperiode, Drucksache 10/6053 vom 24.09.1986. https://dipbt.bundestag.de/doc/btd/10/060/1006053.pdf. Zugegriffen: 2.1.2020

Deutscher Bundestag (1994a): Antwort der Bundesregierung auf die Große Anfrage der Abgeordneten Dr. Klaus-Dieter Feige, Werner Schulz (Berlin) und der Gruppe Bündnis 90/Die Grünen vom 05.07.1993. Deutscher Bundestag, 12. Wahlperiode, Drucksache 12/7106 vom 17.03.1994.

Deutscher Bundestag (1994b): Beschlussempfehlung und Bericht des 1. Untersuchungsausschusses nach Artikel 44 des Grundgesetzes. Deutscher Bundestag, 12. Wahlperiode, Drucksache 12/7600 vom 27.05.1994.

Deutscher Bundestag (2002): Antwort der Bundesregierung auf die Kleine Anfrage der Abgeordneten Birgit Homburger, Dr. Christian Eberl, Cornelia Pieper, weiterer Abgeordneter und der Fraktion der FDP zu den Erfahrungen und Konsequenzen aus der Flutkatastrophe im Sommer 2002 vom 03.12.2002. Deutscher Bundestag, 15. Wahlperiode, Drucksache 15/274 vom 23.12.2002. https://dipbt.bundestag.de/doc/btd/15/002/1500274.pdf. Zugegriffen: 2.1.2020

Deutscher Bundestag (2012): Der Einstieg zum Ausstieg aus der Atomenergie. Dokumente. https://www.bundestag.de/dokumente/textarchiv/2012/38640342_kw16_kalender_atomaustieg-208324. Zugegriffen: 2.1.2020

Deutscher Bundestag (2017): Antwort der Bundesregierung auf die Kleine Anfrage der Abgeordneten Steffi Lemke, Harald Ebner, Bärbel Höhn, weiterer Abgeordneter und der Fraktion Bündnis 90/Die Grünen zu Insekten in Deutschland und den Auswirkungen ihres Rückgangs vom 21.06.2017. Deutscher Bundestag, 18. Wahlperiode, Drucksache 18/13142 vom 18.07.2017.

Deutscher Verein von Gas- und Wasserfachmännern (1887; Hrsg.): Kurze Beschreibung der öffentlichen Anlagen für die Beleuchtung, Wasserversorgung und Entwässerung der Stadt Hamburg sowie der seit dem Jahre 1883 in Ausführung begriffenen Bauten für den Anschluss Hamburgs an das deutsche Zollgebiet. Hamburg (Otto Meissner).

Dézsi, A. (2018): Zeitgeschichtliche Archäologie des 20. Jahrhunderts an Orten des Protestes und der „Freien Republik Wendland". In: F. Nikulka, D. Hofmann & R. Schumann (Hrsg.): Menschen – Dinge – Orte. Aktuelle Forschungen des Instituts für Vor- und Frühgeschichtliche Archäologie der Universität Hamburg. S. 195–202. Hamburg (Institut für Vor- und Frühgeschichtliche Archäologie der Universität Hamburg).

Dieberger, J. (2003): Die Bejagung des Bibers (*Castor fiber* L.) von der Steinzeit bis zur Gegenwart. Densia 9 und Kataloge der OÖ. Landesmuseen Neue Serie 2: 21-46.

Dietrich, G. (2018): Kulturgeschichte der DDR. 3 Bde. 2429 S. Göttingen (Vandenhoeck & Ruprecht).

Distel, B. und W. Benz (2014): Das Konzentrationslager Dachau 1933 bis 1945. Geschichte und Bedeutung. Bayerische Landeszentrale für politische Bildungsarbeit. https://d-nb.info/943640970/04. Zugegriffen: 2.1.2020

Dobler, L. (1999): Der Einfluß der Bergbaugeschichte im Ostharz auf die Schwermetalltiefengradienten in historischen Sedimenten und die fluviale Schwermetalldispersion in den Einzugsgebieten von Bode und Selke im Harz. Diss. Math.-Naturwiss.-Techn. Fak. der Martin-Luther-Universität Halle-Wittenberg. 120 S. Halle (S.).

Doiron, D., K. de Hoogh, N. Probst-Hensch, I. Fortier, Y. Cai, S. De Matteis & A. L. Hansell (2019): Air pollution, lung function and COPD: results from the population-based UK Biobank study. European Respiratory Journal. https://doi.org/10.1183/13993003.02140-2018. Zugegriffen: 2.1.2020

Domeyer, H.-C. (1979): 25 Jahre "Programm Nord" in Zahlen. Programm-Nord-GmbH (Hrsg.): 25 Jahre Programm Nord. Gezielte Landentwicklung. S. 83–92. Rendsburg (Heinrich Möller Söhne).

Döring, M. (2011): Wasserräder, Wassersäulenmaschinen und Turbinen – Oberharzer Wasserwirtschaft wurde Weltkulturerbe. Dresdner Wasserbauliche Mitt. 45: 135-147.

Dornsiepen, U. (2015): Atommüll – wohin? 175 S. Darmstadt (Theiss).

Dotterweich, M. (2003): Holozäne Ökosystementwicklung in Franken. Dissertation. Kiel (Mathematisch-Naturwissenschaftliche Fakultät der Universität Kiel).

Dotterweich, M. und H.-R. Bork (2007): Jahrtausendflut 1342. Archäologie in Deutschland 4/2007, S. 38-40.

Dreibrodt, S. (2005): Integrative Analyse von Kolluvien und Seesedimenten zur Rekonstruktion der Bodenerosionsgeschichte im Einzugsgebiet des Belauer Sees (Schleswig- Holstein). Dissertation Mathematisch-Naturwissenschaftliche Fakultät der Universität Kiel. Kiel.

Dreibrodt, S., J. Lomax, O. Nelle, C. Lubos, P. Fischer, A. Mitusov, S. Reiss, U. Radtke, M. Nadeau, P. M. Grootes und H.-R. Bork (2010a): Are mid-latitude slopes sensitive to climatic oscillations? Implications from an Early Holocene sequence of slope deposits and buried soils from eastern Germany. Geomorphology 122: 351-369.

Dreibrodt, S., C. Lubos, B. Terhorst, B. Damm und H.-R. Bork (2010b): Historical soil erosion by water in Germany: Scales and archives, chronology, research perspectives – a review. Quaternary International 222/1-2: 80-95.

Drossbach, G. (2014): Die Freiherren von Weveld und die Kultivierung des Donaumooses. In: P. Fassl und O. Kettemann (Hrsg.): Mensch und Moor. S. 59–68. Kronburg-Illerbeuren.

Dübbel, T. (2016): Die Hanse – Gemeinschaft. Konkurrenz. Profit. In: Katalog des Europäischen Hansemuseums. S. 17–80. Lübeck (edition exspecto).

DUH (2019): Deutsche Umwelthilfe. Klagen für saubere Luft. Hintergrundpapier vom 29.07.2019. 52 S. Radolfzell und Berlin (Deutsche Umwelthilfe e. V.). https://www.duh.de/fileadmin/user_upload/download/Projektinformation/Verkehr/Feinstaub/Right-to-Clean-Air_Hintergrundpapier_D_Juli_2019.pdf. 2.1.2020

Dunkelberg, E. und J. Weiß (2016): Ökologische Bewertung energetischer Sanierungsoptionen, Gebäude-Energiewende. Arbeitspapier 4. X+52 S. Berlin. https://www.gebaeudeenergiewende.de/data/gebEner/user_upload/Dateien/GEW_Arbeitspapier_4_Oekobilanzierung.pdf. Zugegriffen: 2.1.2020

Eckard, W. U. (2013): „Schweinemord" und „Kohlrübenwinter" – Hungererfahrungen und Lebensmitteldiktatur, 1914–1918. In: R. Jütte (Hrsg.): Medizin, Gesellschaft und Geschichte. Jb. Inst. f. Geschichte der Medizin der Robert Bosch Stiftung 31: 9–32. Stuttgart (Franz Steiner).

Eckert, L. (1997): Beschleunigung von Planungs- und Genehmigungsverfahren. Speyerer Forschungsberichte 164. 129 S. Speyer (Forschungsinstitut für Öffentliche Verwaltung, Hochschule f. Verwaltungswiss.).

Ehmig, U. (2012): Auf dem Holzweg. Ancient Society 42: 159-218.

Eichinger, L. M. (2008): Der Wald in der deutschen Sprache. Sprachreport 3/2008: 1–17. Mannheim (Inst. f. Deutsche Sprache).

Eisel, S. (2020): Beethoven in Bonn. 126 S. Bonn (Edition Lempertz).

Eisenbach, U. (1999, 2. Aufl.): Kaliindustrie und Umwelt. In: U. Eisenbach und A. Pualinyi (Hrsg.): Die Kaliindustrie an Werra und Fulda. Geschichte eines landschaftsprägenden Industriezweigs. Studien zur hessischen Wirtschafts- und Unternehmensgeschichte 3: 194–222. Darmstadt (Hessisches Wirtschaftsarchiv).

Eismann, M. und M. Mirach (2002): Wenn die Flut kommt… Erinnerungen an die Katastrophe von 1962 und heutiger Hochwasserschutz. 107 S. Hamburg (Dölling und Galitz).

Ellenberg, H., R. Mayer und J. Schauermann (1986; Hrsg.): Ökosystemforschung. Ergebnisse des Solling-Projektes 1966–1986. 507 S. Stuttgart (Ulmer).

Emmerich, R. und F. Wolter (1906): Die Entstehungsursachen der Gelsenkirchener Typhusepidemie von 1901. 337 S. München (J. F. Lehmann).

Emons, H. H. (2001): Die Kaliindustrie. Geschichte eines deutschen Wirtschaftszweiges? Sitzungsberichte der Leibniz Sozietät 49: 5–73. https://leibnizsozietaet.de/wp-content/uploads/2012/10/Gesamtdatei-SB-049-2001.pdf. Zugegriffen: 2.1.2020

Engels, J. I. (2003a): Von der Sorge um die Tiere zur Sorge um die Umwelt. Tiersendungen als Umweltpolitik in Westdeutschland zwischen 1950 und 1980. Archiv für Sozialgeschichte 43: 297-323.

Engels, J. I. (2003b): Geschichte und Heimat. Der Widerstand gegen das Kernkraftwerk Wyhl. In: K. Kretschmer (Hrsg.): Wahrnehmung, Bewusstsein, Identifikation: Umweltprobleme und

Umweltschutz als Triebfedern regionaler Entwicklung. S. 103–130. Freiberg (TU Bergakademie Freiberg).

Ennen, E. und W. Janssen (1979): Deutsche Agrargeschichte. Vom Neolithikum bis zur Schwelle des Industriezeitalters. 272 S. Wiesbaden (Steiner).

Eppner, K. (1936): Der Bär in den Alpen. Nachrichten des Vereins zum Schutze der Alpenpflanzen und -tiere e. V. München 1: 5–7.

EPPO (European and Mediterranean Plant Protection Organization) (2009): *Heracleum mantegazzianum, Heracleum sosnowskyi* and *Heracleum persicum*. Bulletin OEPP 39: 489-499.

Erdmann, K.-H. und J. Nauber (1996): Das UNESCO-Programm „Der Mensch und die Biosphäre" (MAB). Biologie in unserer Zeit 26/2: 96-103.

Erfmeier, A., K. L. Haldan, L.-M. Beckmann, M. Behrens, J. Rotert und J. Schrautzer (2019): Ash dieback and its impact in near-natural forest remnants – a plant community-based inventory. Frontiers in Plant Science. https://doi.org/10.3389/fpls.2019.00658. Zugegriffen: 2.1.2020

Ettel, P., F. Daim, S. Berg-Hobohm, L. Werther und C. Zielhofer (2014): Großbaustelle 793. Das Kanalprojekt Karls des Großen zwischen Rhein und Donau. Mosaiksteine – Forschungen am Römisch-Germanischen Zentralmuseum 11. 140 S. Mainz (RZGM).

Europäische Kommission (2012): Leitlinien für bewährte Praktiken zur Begrenzung, Milderung und Kompensierung der Bodenversiegelung. 62 S. Luxemburg (Amt für Veröffentlichungen der Europäischen Union).

Evans, R. J. (1990): Tod in Hamburg. Stadt, Gesellschaft und Politik in den Cholera-Jahren 1830–1910. 848 S. Hamburg (Rowohlt).

Eversberg, G. (2008): Storms Dichtung der letzten Jahre im Spiegel seiner Krankheit. Schleswig-Holsteinisches Ärzteblatt 61/12: 54-59.

Evison, D., D. Hinsley und P. Rice (2002): Chemical weapons. RMJ 324: 332-335.

Faltings, J. I. (2011): Föhrer Grönlandfahrt im 18. und 19. Jahrhundert und ihre ökonomische, soziale und kulturelle Bedeutung für die Entwicklung einer spezifisch nordfriesischen Seefahrergesellschaft. 192 S. Amrum (Jens Quedens).

FGG Elbe (2014): Darstellung des Hochwassers 2013 im Einzugsgebiet der Flussgebietsgemeinschaft (FGG) Elbe. 36 S. Magdeburg (FGG Elbe).

FGG Elbe (2016): Wasserbeschaffenheit und Schadstofftransport beim extremen Niedrigwasser der Elbe von Juli bis Oktober 2015. 41 S. Koblenz (BfG).

Fies, A. (2010): Die badische Auswanderung im 19. Jahrhundert nach Nordamerika unter besonderer Berücksichtigung des Amtsbezirks Karlsruhe zwischen 1880 und 1914. 274 S. Dissertation Karlsruher Institut für Technologie. Karlsruhe (KIT).

Fischer, L. (2003): Die „Urlandschaft" und ihr Schutz. In: J. Radkau und F. Uekötter (Hrsg.): Naturschutz und Nationalsozialismus. S. 183–206. Frankfurt a. M. (Campus).

Fischer, M. (2016): Besiedlungsprozesse und Auswirkungen des Waschbären (*Procyon lotor L., 1758*) in Deutschland. Dissertation FB VI Raum- und Umweltwissenschaften der Universität Trier. 152 S. Trier (Univ. Trier).

Fischer, M. L., A. Hochkirch, M. Heddergott C. Schulze, H. E. Anheyer-Behmenburg, J. Lang, F.-U. Michler, U. Hohmann, H. Ansorge, L. Hoffmann, R. Klein und A. C. Frantz (2015): Historical Invasion Records Can Be Misleading: Genetic Evidence for Multiple Introductions of Invasive Raccoons (*Procyon lotor*) in Germany. PLoS ONE 10(5): e0125441. https://doi.org/10.1371/journal.pone.0125441. Zugegriffen: 2.1.2020

Fitzgerald, G. J. (2008): Chemical warfare and medical response during World War I. Public Health Then and Now 98/4: 611-625.

Flitner, M. (2000a): Der Professor und die Tsetsefliege. Vom ‚Platz an der Sonne' zum ‚Platz für Tiere'. Blätter des Informationszentrums 3. Welt, iz3w 248: 40–43.

Flitner, M. (2000b): Vom ‚Platz an der Sonne' zum ‚Platz für Tiere'. In: M. Flitner (Hrsg.): Der deutsche Tropenwald. Bilder, Mythen, Politik. S. 244–262. Frankfurt a. M. (Campus).

Flohn, H. (1941): Die Tätigkeit des Menschen als Klimafaktor. Zeitschrift für Erdkunde 9: 13-22.

Flohn, H. (1973): Geographische Aspekte der anthropogenen Klimamodifikation. Hamburger Geographische Studien 28: 13–30+6.

FNL (o.J.): Chemischer Pflanzenschutz. Fragen & Antworten. Eine Publikation aus den Reihen „Nahrungssicherheit & Ressourceneffizienz". 48 S. Berlin (Fördergemeinschaft Nachhaltige Landwirtschaft e. V.).

Fohrmann, P. (2006): Bruno alias JJ1: Reisetagebuch eines Bären. 136 S. Berlin (Nicolai).

Fontane, T. (1990): Wanderungen durch die Mark Brandenburg. Das Oderland. 455 S. Frankfurt a. M., Berlin (Ullstein).

Fontane, T. (2004): „Wie man in Berlin so lebt". Beobachtungen und Betrachtungen aus der Hauptstadt. 268 S. Berlin (Aufbau Taschenbuch Verlag).

Forßbohm, U. (2009): Kriegs-End-Moränen. Zum Denkmalwert der Trümmerberge in Berlin. Diplomarbeit. Inst. f. Stadt- und Regionalplanung, 96 S. TU Berlin. https://www.boden.tu-berlin.de/fileadmin/fg77/_pdf/Diplomarbeiten/Diplomarbeit_Truemmerberge.pdf. Zugegriffen: 2.1.2020

Forster, G. (1790, Reprint 1989): Ansichten vom Niederrhein von Brabant, Flandern, Holland, England und Frankreich im April, Mai und Juni 1790. S. 167. Stuttgart, Wien (Edition Erdmann in K. Thienemanns Verlag).

Fraas, L. M. (2014): Low-cost solar electric power. 181 S. Cham (Springer).

Franck, H. und E. Naendorf (o.J.): Der Einsatz für die Schöpfung. Kirchliche Umweltbewegung und ihre Wurzeln im christlichen Glaubensverständnis. Dresden (Ökumenisches Informationszentrum Dresden e.V.). https://rcswww.urz.tu-dresden.de/~tuuwi/urv/ss08/protest/Religion_I.pdf. Zugegriffen: 2.1.2020

Frank, G. (2004): Die zögerliche Annäherung des Bürgers an den Citoyen. Einblicke 39: 14–17. Oldenburg (Carl von Ossietzky Universität).

Frank, M. C. (2006): Kulturelle Einflussangst. Inszenierungen der Grenze in der Reiseliteratur des 19. Jahrhunderts. 229 S. Bielefeld (transcript).

Franz, E. G. (1991; Hrsg.): Die Chronik Hessens. 560 S. Dortmund (Chronik-Verl.).

Franzke, H. J., A. Jockel, S. Donndorf, J. F. Führböter und H.-G. Röhling (2018): Geologie der Salzstruktur Asse. Jber. Mitt. oberrhein. geol. Ver. N. F. 100: 93–121. Stuttgart.

Frechen, J. (1976, 3. Aufl.): Siebengebirge am Rhein – Laacher Vulkangebiet – Maargebiet der Westeifel. Sammlung Geologischer Führer 56. 209 S. Berlin, Stuttgart (Bornträger).

Freyermuth, G. S. (2016): Wolfgang Menge: Authentizität und Autorschaft. Fragmente einer bundesdeutschen Medienbiographie. In: G. S. Freyermuth und L. Gotto (Hrsg.): Der Televisionär. Wolfgang Menges transmediales Werk. S. 19–218. Bielefeld (transcript).

Friedrich, J. (2010): Die ostfriesische Fehnkolonisation. In: B. Herrmann und U. Kruse (Hrsg.): Schauplätze und Themen der Umweltgeschichte. 73–84. Göttingen (Universitätsverlag Göttingen).

Friedrich-Loeffler-Institut (2016): Risikoeinschätzung zum Auftreten von HPAIV H5N8 in Deutschland. 8 S. https://www.openagrar.de/servlets/MCRFileNodeServlet/openagrar_derivate_00000631/FLI-Risikoeinschätzung_HPAIV-H5N8_20161109.pdf. Zugegriffen: 2.1.2020

Friedrich-Loeffler-Institut (2017): Qualitative Risikobewertung zur Einschleppung der Afrikanischen Schweinepest aus Verbreitungsgebieten in Europa nach Deutschland. 57 S. https://

www.openagrar.de/servlets/MCRFileNodeServlet/openagrar_derivate_00003303/ASP_Risikobewertung_2017-07-12-K.pdf. Zugegriffen: 2.1.2020

Friedrich-Loeffler-Institut (2018): Merkblatt Schutzmaßnahmen gegen die Afrikanische Schweinepest in Schweinehaltungen. https://www.openagrar.de/servlets/MCRFileNodeServlet/openagrar_derivate_00014696/Merkblatt-ASP_2018-07-20.pdf. Zugegriffen: 2.1.2020

Frisch, M. (2012, 19. Aufl.): Der Mensch erscheint im Holozän. 147 S. Frankfurt a. M. (Suhrkamp).

Frisch, M. (2017): Deutschland in Ruinen. In: R. Wieland (Hrsg.): Das Buch der Deutschlandreisen. Von den alten Römern zu den Weltenbummlern unserer Zeit. Berlin (Propyläen). S. 421–428.

Fritzschner, U. und G. Lux (2002): Starkniederschläge in Sachsen im August 2002. Eine meteorologisch-synoptische und klimatologische Beschreibung des Augusthochwassers im Elbegebiet. 61 S. Offenbach (Deutscher Wetterdienst). https://www.met.fu-berlin.de/~manfred/elbehochwasser.pdf. Zugegriffen: 2.1.2020

Frohn, H.-W. (2015): Naturschutz und Demokratie. Vom Hang zu ‚starken Männern' und lange Zeit bewusst verschwiegenen demokratischen Traditionen 1880 bis 1970. In: G. Heinrich, K.-D. Kaiser und N. Wiersbinski (Hrsg.): Naturschutz und Rechtsradikalismus. Gegenwärtige Entwicklungen, Probleme, Abgrenzungen und Steuerungsmöglichkeiten. BfN-Skripten 394. S. 73–85. Bonn (Bundesamt für Naturschutz).

Gajevic, R. (2013): Das Atomkraftwerk Brokdorf. In: D. Collet und M. Jakubowski-Tiessen (Hrsg.): Schauplätze der Umweltgeschichte in Schleswig-Holstein. 39–54. Göttingen (Universitätsverlag Göttingen).

Gartiser, S., C. Hafner, O. Happel, M. Hassauer, K. Kronenberger-Schäfer, K. Kümmerer, A. Längin, K. Schneider, A. Schuster und A. Thoma (2011): Identifizierung und Bewertung ausgewählter Arzneimittel und ihrer Metaboliten (AB- und Umbauprodukte) im Wasserkreislauf. UBA Texte 46/2011. 195 S. Dessau-Roßlau (UBA). https://www.umweltbundesamt.de/sites/default/files/medien/461/publikationen/4149.pdf. Zugegriffen: 2.1.2020

Gassert, P., G. Kronenbitter, S. Paulus und W. E. J. Weber (2013): Augsburg und Amerika. Aneignungen und globale Verflechtungen einer Stadt. In: Gassert, P., G. Kronenbitter, S. Paulus und W. E. J. Weber (Hrsg.): Augsburg und Amerika. Aneignungen und globale Verflechtungen einer Stadt. S. 7–18. Augsburg (Wißner).

Geidobler, C. (2004): Die Menschenversuche im KZ Dachau. 35 S. Facharbeit aus dem Fach Geschichte. Gymnasium Gars. https://www.iivs.de/~iivs8205/res/facharbeitenarchiv/G-Geidobler%20Carolin-Die%20Menschenversuche%20im%20KZ%20Dachau.pdf. Zugegriffen: 2.1.2020

Gething, P. W., D. L. Smith, A. P. Patil, A. J. Tatem, R. W. Snow und S. I. Hay (2010): Climate change and the global malaria recession. Nature 465: 342-345.

Gilch, H. (2009): Die Erfinder von Nylon und Perlon: Wallace H. Carothers und Paul Schlack. Ges. Deutscher Chemiker/Fachgruppe Geschichte der Chemie. Mitteilungen Bd. 20. S. 98-115.

Glaser, R. (2008, 2. Aufl.): Klimageschichte Mitteleuropas, 1200 Jahre Wetter, Klima, Katastrophen. 264 S. Darmstadt (Primus).

Gluhak, T. M. (2010): Petrologisch-geochemische Charakterisierung quartärer Laven der Eifel als Grundlage zur archäometrischen Herkunftsbestimmung römischer Mühlsteine. Dissertation. Johannes Gutenberg-Universität Mainz. 250 S.

Goedeke, K. (1873): Gedichte von Georg Rodolf Weckherlin. 328 S. Leipzig Brockhaus).

Gottschlich, D. und B. Friedrich (2014): Das Erbe der *Sylvicultura oeconomica*. Eine kritische Reflexion des Nachhaltigkeitsbegriffs. GAIA 23/1: 3-29.

Graf Kielmansegg, P. (2014): Der Erste Weltkrieg. Deutschland ist schuld – oder? Frankfurter Allgemeine Zeitung online am 29.06.2014. https://www.faz.net/-i0t-7r035. Zugegriffen: 2.1.2020

Grober, U. (2010): Die Entdeckung der Nachhaltigkeit. Kulturgeschichte eines Begriffs. 299 S. München (Kunstmann).

Groehler, O. (1989): Der lautlose Tod. Einsatz und Entwicklung deutscher Giftgase von 1914 bis 1945. 316 S. Hamburg (Rowohlt TB).

Grohmann, M. (1903): Das Obererzgebirge und seine Städte in Sage und Geschichte. Annaberg.

Grzimek, B. (1954): Kein Platz für wilde Tiere: Eine Kongo-Expedition. 301 S. München Kindler).

Guha, R. (1999): Environmentalism: A global history. 176 S. New York (Longman).

Guhlemann, L.-S. und M. Schreiber (2018): Potenzielle FFH-Gebiete in Deutschland 2018. Eine Ableitung unter besonderer Berücksichtigung der Bechsteinfledermaus im Hambacher Wald. Naturschutz und Landschaftsplanung 50/5: 147-154.

Güll, R. (2004): Der „Schweinemord" oder die „Professorenschlachtung". Statistisches Monatsheft Baden-Württemberg 6: 55.

Haag, F. (2012): Exponat des Monats Februar 2012. Patent der Soja-Wurst. Stiftung Bundeskanzler-Adenauer-Haus. https://www.adenauerhaus.de/downloads/ExpFeb12.pdf. Zugegriffen: 2.1.2020

Haarnagel, W. (1979): Die Grabung Feddersen Wierde: Methode, Hausbau, Siedlungs- und Wirtschaftsformen sowie Sozialstruktur. 190 S. Wiesbaden (Steiner).

Haas, J. (2006): Die Umweltkrise des 3. Jahrhunderts n. Chr. im Nordwesten des Imperium Romanum. Interdisziplinäre Studien zu einem Aspekt der allgemeinen Reichskrise im Bereich der beiden Germaniae sowie der Belgica und der Raetia. 325 S. Stuttgart (Steiner).

Habel, J. C., W. Ulrich, N. Biburger, S. Seibold und T. Schmitt (2019): Agricultural intensification drives butterfly decline. Insect Conservation and Diversity 12/4: 289-295.

Häberlein, M. (2013): Augsburger Handelshäuser und die Neue Welt: Interessen und Initiativen im atlantischen Raum (16. bis 18. Jahrhundert). In: Gassert, P., G. Kronenbitter, S. Paulus und W. E. J. Weber (Hrsg.): Augsburg und Amerika. Aneignungen und globale Verflechtungen einer Stadt. S. 19–37. Augsburg (Wißner).

Hachmann, G. und R. Koch (2015; Hrsg.): Wider die rationale Bewirthschaftung! Texte und Quellen zur Entstehung des deutschen Naturschutzes. BfN-Skripten 417. Bonn (Bundesamt für Naturschutz). 368 S.

Hackenholz, D. (2004): Die elektrochemischen Werke in Bitterfeld 1914–1945. Ein Standort der IG Farbenindustrie AG. 432 S Münster (Lit).

Haeseler, S. (2016): Der Ausbruch des Vulkans Tambora in Indonesien im Jahr 1815 und seine weltweiten Folgen, insbesondere das „Jahr ohne Sommer" 1816. 18 S. Offenbach (Deutscher Wetterdienst, Abt. Klimaüberwachung). https://www.dwd.de/DE/leistungen/besondereereignisse/verschiedenes/20170727_tambora_1816_global.pdf?__blob=publicationFile&v=5. Zugegriffen: 2.1.2020

Hagedorn, G. T. Loew, S. I. Seneviratne, W. Lucht, M.-L. Beck, J. Hesse, R. Knutti u.a. (2019): The concerns of the young protesters are justified. A statement by *Scientists for Future* concerning the protests for more climate protection. GAiA 28/2: 79–87.

Hallmann, C. A., M. Sorg, E. Jongejans, H. Siepel, N. Hofland, H. Schwan, W. Stenmans, A. Müller, H. Sumser, T. Hörren, D. Goulson und H. de Kroon (2017): More than 75 percent decline over 27 years in total flying insect biomass in protected areas. PLoS ONE 12/10: e0185809. https://doi.org/10.1371/journal.pone.0185809. Zugegriffen: 2.1.2020

Hamberger, J. (2011): Der Tannensäer von Nürnberg. Peter Stromer, Handelsherr und Bergbauunternehmer aus Nürnberg, gilt als Erfinder der Nadelholzsaat. LWF aktuell 82: 50.

Hamberger, J. (2013): Stromer, Peter. In: Neue Deutsche Biographie 25: 575–576. https://www.deutsche-biographie.de/pnd1019760214.html#ndbcontent. Zugegriffen: 2.1.2020

Hambruch, P. (1914): Nauru. In: G. Thilenius (Hrsg.): Ergebnisse der Südsee-Expedition 1908–1910. II. Ethnographie: B. Mikronesien, Bd. 1, 1. Halbband. Hamburg (Friederichsen).

Hamburger Feuerwehr-Historiker e.V. (2005): Der „Große Brand" in Hamburg 1842. 5 S. https://feuerwehrhistoriker.de/download/brand_1842.pdf. Zugegriffen: 2.1.2020

Hampe, E. (1996): Zur Geschichte der Kerntechnik in der DDR von 1955 bis 1962. Die Politik der Staatspartei zur Nutzung der Kernenergie. Berichte und Studien 10. 115 S. Dresden (Hannah-Arendt-Institut für Totalitarismusforschung e.V. an der TU Dresden).

Händel, F. und A. Herrmann (1991; Hrsg.): Das Hausbuch des Apothekers Michael Walburger 1652–1667. Quellenedition zur Kulturgeschichte eines bürgerlichen Hauswesens im 17. Jahrhundert: 1663–1665. 438 S. Hof/Saale (Nordoberfränkischer Verein).

Hannemann, M. (2005): Der Bad Freienwalde-Frankfurter Stauchungszug und die Entstehung der Oderbruchdepression. Brandenburg. geowiss. Beitr. 12/1.2:143–152. Kleinmachnow.

Hanschke, U. (2012): „Ein dapferer Held und Vermesser". Landgraf Moritz der Gelehrte und der Bestand seiner architektonischen Handzeichnungen in der Universitätsbibliothek Kassel. 2° Ms. Hass. 107. 262 S. Kassel (Universitätsbibliothek).

Harbeck, M., L. Seifert, S. Hänsch, D. M. Wagner, D. Birdsell, K. L. Parise, I. Wiechmann, G. Gruppe, A. Thomas, P. Keim, L. Zöller, B. Bramanti, J. M. Riehm und H. C. Scholz (2013): *Yersinia pestis* DNA from skeletal remains from the 6th century AD reveals insights to Justinianic Plague. PLoS Pathog 9(5): e1003349.

Harcken-junior, W. (2004): Marschenfieber. Ein medizin-historischer Beitrag zur Kulturgeschichte der Marschen der südlichen Nordsee. 106 S. Oldenburg (Isensee).

Hard, G. (1970): Exzessive Bodenerosion um und nach 1800. Erdkunde XXIV: 291–308.

Harnischmacher, S. (2012): Bergsenkungen im Ruhrgebiet. Ausmaß und Bilanzierung anthropomorphologischer Reliefveränderungen. Forschungen zur deutschen Landeskunde 261. 176 S. Leipzig (Deutsche Akademie für Landeskunde).

Harnischmacher, S. und H. Zepp (2010): Bergbaubedingte Höhenänderungen im Ruhrgebiet – Eine Analyse auf der Basis digitalisierter historischer Karten. zfv – Zeitschrift für Geodäsie, Geoinformation und Landmanagement 135: 386-397.

Hartmann, B. (1998): Schaden Freude. Aus dem Programm Autosuggestion. Kabarettiche. 152 S. Ratzeburg (Eigenverlag).

Hartung, W. (1977): Vom Weserbergland bis zur Nordsee. Standorte einer geologisch-geographischen Exkursion. Geographische Kommission für Westfalen (Hrsg.): Westfalen und Norddeutschland. Festschrift 40 Jahre Geographische Kommission für Westfalen. Bd. I, Beiträge zur speziellen Landesforschung. S. 391–425. Münster.

Hassenpflug, W. (1979): Wie wirksam ist der Windschutz geworden? Programm-Nord-GmbH (Hrsg.): 25 Jahre Programm Nord. Gezielte Landentwicklung. S. 38–41. Rendsburg (Heinrich Möller Söhne).

Hauck, M. (2015): Die Erdöllagerstätte Wietze bei Celle. Glückauf 128, S. 45-49.

Häusser, A. und G. Maugg (2009): Hungerwinter. Deutschlands humanitäre Katastrophe 1946/47. 216 S. Berlin (Propyläen).

Hayes, P. (2004): From cooperation to complicity: Degussa in the Third Reich. 373 S. New York (Cambridge Univ. Press).

Hecker, H.-G. und R. Schneider (1991): Der Einsatz von Umweltschutzmanagern vor Ort – Ein Erfolgsrezept für ländliche Bürgerinitiativen? Forschungsjournal NSB 4/91: 50–59. https://forschungsjournal.de/sites/default/files/archiv/FJNSB_1991_4.pdf. Zugegriffen: 2.1.2020

Heim, S. (2003): Kalorien, Kautschuk, Karrieren. Pflanzenzüchtung und landwirtschaftliche Forschung in Kaiser-Wilhelm-Instituten 1933–1945. Geschichte der Kaiser-Wilhelm-Gesellschaft im Nationalsozialismus 5. 280 S. Göttingen (Wallstein).

Heimler, A. (2006): Kaffee und Tabak aus kultur- und sozialgeschichtlicher Sicht – gesellschaftliche Integration dieser Drogen im 17./18. Jahrhundert. Überarbeitete Diplomarbeit. https://www.drogenkult.net/index.php/text012.pdf?file=text012&view=pdf. Zugegriffen: 2.1.2020

Heimsoth, A. (2010): Preußische Reformen. In: U. Borsdorf und H. T. Grütter (Hrsg.): Ruhr Museum. Natur. Kultur. Geschichte. S. 276–279. Essen (Klartext).

Heinicke, H. H. (2012): Zur Zukunft der Findorff-Siedlungen – Auswirkungen des gesellschaftlichen Wandels auf die Siedlungsstrukturen. In: Konukiewitz, W. und D. Weiser (Hrsg.): Die Findorff-Siedlungen im Teufelsmoor bei Worpswede. S. 271–287. Bremen (Edition Temmen).

Heinrich-Böll-Stiftung, Bund für Umwelt- und Naturschutz und Le Monde diplomatique (2014, 8. Aufl.): Fleischatlas 2013. Daten und Fakten über Tiere als Nahrungsmittel. 50 S. Berlin.

Heitmann, C. (2010): Entstehung, Entwicklung und Bedeutung der Lausitzer und Mitteldeutschen Braunkohlenindustrie im Spiegel ihrer Überlieferung im Bergarchiv Freiberg. Archiv und Wirtschaft 43: 11-23.

Hellmann, G. (2013): Thüringer Sündflut. Nachdruck von Veröffentlichungen aus den Jahren 1913, 1915 und 1920. In: DWhG (Hrsg.): Die Thüringische Sintflut von 1613 und ihre Folgen für heute. Schriften der Deutschen Wasserhistorischen Gesellschaft 22. Clausthal Zellerfeld (Papierfliegerverlag).

Helmstädter, A. (2005): Die Radiumschwachtherapie: Strahlende Arznei-, Lebens- und Körperpflegemittel in der ersten Hälfte des 20. Jahrhunderts. Medizinhistorisches Journal 40: 347-368.

Hempel, L. (1954): Tilken und Sieke – ein Vergleich. Erdkunde 8: 198-202.

Hempel, L. (1957): Das morphologische Landschaftsbild des Unter-Eichsfeldes unter besonderer Berücksichtigung der Bodenerosion und ihrer Kleinformen. Forsch. z. dtsch. Landeskunde 98: 55 S. Remagen.

Henseling, K. O. (1990): Chlorchemie. Struktur und historische Entwicklung. Schriftenreihe IÖW 42/90: 59 S. Berlin (IÖW).

Herget, J., A. Kapala, M. Krell, E. Rustemeier, C. Simmer und A. Wyss (2015): The millennium flood of July 1342 revisited. Catena 130: 82-94.

Hermann, A. (1965): Haber und Bosch. Brot aus Luft – Die Ammoniaksynthese. Physik Journal 21: 168-171.

Herrmann, A. G. und H. Röthemeyer (1998): Langfristig sichere Deponien. Situation, Grundlagen, Realisierung. 467 S. Berlin, Heidelberg (Springer).

Herrmann, B. (2008): Das Raabe-Haus in Braunschweig. In: B. Herrmann und C. Dahlke (Hrsg.): Schauplätze der Umweltgeschichte: Werkstattbericht. S. 19–21. Göttingen (Universitätsverlag).

Herrmann, B. (2009): Kartoffel, Tod und Teufel. Wie Kartoffel, Kartoffelfäule und Kartoffelkäfer Umweltgeschichte machten. In: B. Herrmann und U. Stobbe (Hrsg.): Schauplätze und Themen der Umweltgeschichte. 71–126. Göttingen (Universitätsverlag Göttingen).

Herrmann, B. (2010): Nach dem Hochwasser ist vor dem Hochwasser. In: B. Herrmann und U. Kruse (Hrsg.): Schauplätze und Themen der Umweltgeschichte. 15–18. Göttingen (Universitätsverlag Göttingen).

Herrmann, B. (2011): Rekonstruktion historischer Biodiversität. S. 7–22. In: B. Herrmann (Hrsg.): „…mein Acker ist die Zeit". Aufsätze zur Umweltgeschichte. 495 S. Göttingen (Universitätsverlag).

Herrmann, B. (2013): Umweltgeschichte: Eine Einführung in Grundbegriffe. 360 S. Berlin, Heidelberg (Springer Spektrum).

Herrmann, B. und M. Kaup (1997): „Nun blüht es von End' zu End' all überall": die Eindeichung des Nieder-Oderbruchs 1747–1753. Materialien zum Wandel eines Naturraums. Cottbuser Studien zur Geschichte von Technik, Arbeit und Umwelt 4. 228 S. Münster (Waxmann).

Herrmann, B. und J. Sprenger (2010): Das landesverderbliche Übel der Sprengsel in den brandenburgischen Gemarkungen – Heuschreckenkalamitäten im 18. Jahrhundert. In: P. Masius, J. Sprenger und E. Mackowiak (Hrsg.): Katastrophen machen Geschichte. Umweltgeschichtliche Prozesse im Spannungsfeld von Ressourcennutzung und Extremereignis. 79–118. Göttingen (Universitätsverlag Göttingen).

Herrmann, H. (2013): Unwetter mit Hagelsturm über Reutlingen. BRANDSchutz. Deutsche Feuerwehr-Zeitung 67: 960–971. Stuttgart (Kohlhammer).

Heß, M., P. Diehl, J. Mayer, H. Rahm, W. Reifenhäuser, J. Stark und J. Schwaiger (2018): Mikroplastik in Binnengewässern Süd- und Westdeutschlands. Bundesländerübergreifende Untersuchungen in Baden-Württemberg, Bayern, Hessen, Nordrhein-Westfalen und Rheinland-Pfalz. Teil 1: Kunststoffpartikel in der oberflächennahen Wasserphase. 84 S. Karlsruhe, Augsburg, Wiesbaden, Recklinghausen, Mainz (LUBW, LfU, HLNUG, LANUV, LfU RLP). https://www.lfu.bayern.de/analytik_stoffe/mikroplastik/laenderbericht_2018/doc/laenderbericht_mikroplastik.pdf. Zugegriffen: 2.1.2020

Hetsch, H. (1942): Flecktyphus in Deutschland im 19. Jahrhundert. Zeitschrift für Hygiene und Infektionskrankheiten 124: 241-249.

Heymann, M. (1995): Die Geschichte der Windenergienutzung 1890–1990. 518 S. Frankfurt am Main, New York (Campus).

Hielscher, K. und R. Hücking (2004): Pflanzenjäger. In fernen Welten auf der Suche nach dem Paradies. 263 S. München (Piper).

Hien, W. (2015): Die Asbestkatastrophe. Geschichte und Gegenwart einer Berufskrankheit. Sozial.Geschichte Online 16. S. 89–128. https://duepublico2.uni-due.de/receive/duepublico_mods_00039056. Zugegriffen: 2.1.2020

Hoffmann, V. U. (2008): Damals war's. Ein Rückblick auf die Entwicklung der Photovoltaik in Deutschland. Sonnenenergie November-Dezember 2008, S. 38-39

Hoffmann von Fallersleben, A. H. (1850): Das Parlament zu Schnappel. 256 S. S. Düsseldorf (Schaub'sche Buchhdlg.).

Hofmann, B. (1989): Genese, Alteration und rezentes Fließ-System der Uranlagerstätte Krunkelbach (Menzenschwand, Südschwarzwald). Techn. Ber. 88–30. 195 S. Bern (Mineralogisch-petrographisches Inst. d. Univ. Bern).

Hofmann, F. (1994): Reichenhaller Salzbibliothek, Bd. I, 105 S. Bad Reichenhall (Stadt Bad Reichenhall).

Hofmann, F. (1995): Reichenhaller Salzbibliothek, Bd. III, 296 S. Bad Reichenhall (Stadt Bad Reichenhall).

Holemans GmbH (2019; Hrsg.): Baggern ist Bio! Wie Rohstoffabbau Lebensräume schafft und Lebensqualität erhält. 170 S. Rees (Holemans).

Holl, F. (2009; Hrsg.): Alexander von Humboldt. Es ist ein Treiben in mir. Entdeckungen und Einsichten. 159 S. München (dtv).

Holm, P. (2010): Fishing down the North Sea. In: B. Herrmann (Hrsg.): Beiträge zum Göttinger Umwelthistorischen Kolloquium 2009–2010. 69–80. Göttingen (Universitätsverlag Göttingen).

Hölscher, G. (1926): Das Buch vom Rhein. 416 S. Köln (Hoursch & Bechstedt).

Hölzl, R. (2010): Umkämpfte Wälder: Die Geschichte einer ökologischen Reform in Deutschland 1760–1860. 551 S. Frankfurt a. M. (Campus).

Hönes, E.-R. (2005): 70 Jahre Reichsnaturschutzgesetz. Denkmalschutz Informationen 29: 76-86.

Hönes, E.-R. (2015): 80 Jahre Reichsnaturschutzgesetz. Natur und Recht 37: 661-669.

Hoops, J. (1999, 2. Aufl.): Reallexikon der Germanischen Altertumskunde. Bd. 13. 659 S. Berlin, New York (W. de Gruyter).

Hörcher, U. (2016): Oppau 1921: Old facts revisited. Chem. Eng. Transactions 48: 745-750.

Horn, E. (2014): Zukunft der Katastrophe.475 S. Frankfurt a. M. (S. Fischer).

Hornemann, C. und J. Rechenberg (2006): Was Sie über vorsorgenden Hochwasserschutz wissen sollten. 46 S. Dessau (Umweltbundesamt). https://docplayer.org/72774797-Was-sie-ueber-vorsorgenden-hochwasserschutz-wissen-sollten.html. Zugegriffen: 2.1.2020

Hoß, S. (2015, 2. Aufl.): Welterbe Bergpark Wilhelmshöhe. Die Wasserkünste. Museumslandschaft Hessen Kassel. Parkbroschüren MHK 2, 111 S. Regensburg (Schnell & Steiner).

Howard-Jones, N. (1973): Gelsenkirchen typhoid epidemic of 1901, Robert Koch, and the dead hand of Max von Pettenkofer. British Medical J. 1973/1: 103-105.

Hubé, D. (2017): Industrial-scale destruction of old chemical ammunition near Verdun: a forgotten chapter of the Great War. First World War Studies 8/2-3: 205-234.

Huber, B. (1962): Kleiner Beitrag zur Geschichte des Maisanbaus in Europa. Veröffentl. d. Geobot. Inst. d. Eidg. Techn. Hochschule, Stiftung Rübel, in Zürich 37: 120-128.

Hünemörder, K. F. (2007): Zwischen ‚abergläubischem Abwehrzauber' und der ‚Inokulation der Hornviehseuche'. Entwicklungslinien der Rinderpestbekämpfung im 18. Jahrhundert. In: Engelken, K., D. Hünniger und S. Windelen (Hrsg.): Beten, Impfen, Sammeln. Zur Viehseuchen- und Schädlingsbekämpfung in der Frühen Neuzeit. S. 21–56. Göttingen (Universitätsverlag).

Hunger, H. (2007): Die Herstellung von Zyklon B in Dessau. In: Forschungsgruppe Zyklon B, Dessau (Hrsg.): Zyklon B – Die Produktion in Dessau und der Missbrauch durch die deutschen Faschisten. S. 11–121. Norderstedt (Books on Demand).

Hunold, A. (2011): Das Erbe des Vulkans. Ein Reise in die Erd- und Technikgeschichte zwischen Eifel und Rhein. 159 S. Regensburg und Mainz (Verlag Schnell und Steiner sowie Verlag des Römisch-Germanischen Zentralmuseums).

Hustler, E. (1910): Das Jahrhundert des Radiums. 245–266. In: A. Brehmer, (Hrsg.): Die Welt in 100 Jahren. Hildesheim (Georg Olms).

Imbery, F., K. Friedrich, S. Haeseler, C. Koppe, W. Janssen und P. Bissoli (03.08.2018): Vorläufiger Rückblick auf den Sommer 2018 – eine Bilanz extremer Witterungsereignisse. Deutscher Wetterdienst. Abteilungen für Klimaüberwachung und Agrarmeteorologie. 8 S. https://www.dwd.de/DE/leistungen/besondere-ereignisse/temperatur/20180803_bericht_sommer2018.pdf?__blob=publicationFile&v=10. Zugegriffen: 2.1.2020

International Court of Justice (1990): Certain Phosphate Lands in Nauru (Nauru v Australia). Memorial of the Republic of Nauru. Bd. 1. VIII+390 S.

Jacobi, F. H. (1807): Ueber gelehrte Gesellschaften, ihren Geist und Zweck eine Abhandlung, vorgelesen bey der feyerlichen Erneuung der Königlichen Akademie der Wissenschaften zu München von dem Präsidenten der Akademie. 77 S. München (E. A. Fleischmann).

Jacobi, M. (1999): Der Ökologische Arbeitskreis der Dresdner Kirchenbezirke in den 80er Jahren. Dresdner Hefte 17/3: 4-10.

Jäger, G. (2011): Schwarzer Himmel – Kalte Erde – Weißer Tod: Wanderheuschrecken, Hagelschläge, Kältewellen und Lawinenkatastrophen im „Land im Gebirge". Eine kleine Agrar- und Klimageschichte von Tirol. 464 S. Innsbruck (Universitätsverlag Wagner).

Jahodová, S., S. Trybush, P. Pysek, M. Wade und A. Karp (2007): Invasive species of Heracleum in Europe: an insight into genetic relationships and invasion history. Diversity and Distributions 13: 99-114.

Jakubowski-Tiessen, M. (1992): Sturmflut 1717. Die Bewältigung einer Naturkatastrophe in der Frühen Neuzeit. 324 S. München (Oldenbourg).

Jakubowski-Tiessen, M. (2009): Naturkatastrophen – Was haben wir aus ihnen gelernt? In: P. Masius, O. Sparenberg und J. Sprenger (Hrsg.): Umweltgeschichte und Umweltzukunft. 173–186. Göttingen (Universitätsverlag Göttingen).

Jalal, N., A. R. Surendranath, J. L. Pathak, S. Yu und C. Y. Chung (2017): Bisphenol A (BPA) the mighty and the mutagenic. Toxicol. Rep. 5: 76-84.

Jänicke, M. (2006): 18. Umweltpolitik – Auf dem Wege zur Querschnittspolitik. In: M. G. Schmidt und R. Zohlnhöfer (Hrsg.): Regieren in der Bundesrepublik Deutschland. Innen- und Außenpolitik seit 1949. S. 404–418. Wiesbaden (VS Verlag für Sozialwissenschaften).

Jaskolla, D. (2006): Der Pflanzenschutz vom Altertum bis zur Gegenwart. Ein Leitfaden zur Geschichte der Phytomedizin und der Organisation des deutschen Pflanzenschutzes. 16 S. Quedlinburg (Julius Kühn-Institut – Bundesforschungsinstitut für Kulturpflanzen). https://www.julius-kuehn.de/media/JKI/Allgemein/PDF/Der_Pflanzenschutz_vom_Altertum_bis_zur_Gegenwart.pdf. Zugegriffen: 2.1.2020

Jeffreys, D. (2011): Weltkonzern und Kriegskartell. Das zerstörerische Werk der IG Farben. 687 S. München (Blessing).

Jeschke, L. (2012): Wurzeln des Naturschutzes. Zwei Jahrhunderte Vorgeschichte. In: M. Succow, H. D. Knapp und L. Jeschke (Hrsg.): Naturschutz in Deutschland. Rückblicke – Einblicke – Ausblicke. S. 16–34. Berlin (C. Links).

Jeschke, L., H. D. Knapp und M. Succow (2012): Der Kulturbund der DDR als Freiraum. In: M. Succow, H. D. Knapp und L. Jeschke (Hrsg.): Naturschutz in Deutschland. Rückblicke – Einblicke – Ausblicke. S. 45–52. Berlin (Ch. Links).

Jessen, R. (2013, 2. Aufl.): Partei, Staat und „Bündnispartner". Die Herrschaftsmechanismen der SED-Diktatur. In: M. Judt (Hrsg.): DDR-Geschichte in Dokumenten. Beschlüsse, Berichte, interne Materialien und Alltagszeugnisse. 600 S. Berlin (Ch. Links).

Johnson, J. A. (2002): Die Macht der Synthese (1900–1925). In: W. Abelshauser (Hrsg.): Die BASF. Eine Unternehmensgeschichte. S. 117–219. München (C. H. Beck).

Kahnert, S., N. K. Schneider, U. Mons, K. Schaller, U. Nair, S. Schunk und M. Pötschke-Langer (2011): Perspektiven für Deutschland: Das Rahmenabkommen der WHO zur Eindämmung des Tabakgebrauchs. WHO Framework Convention on Tobacco Control (FCTC). 133 S. Heidelberg (Deutsches Krebsforschungszentrum).

Kaiser, K. und H. Hartmann (2007): Berlin: Botanischer Garten und Botanisches Museum. In: U. v. d. Heyden und J. Zeller (Hrsg.): Kolonialismus hierzulande. Eine Spurensuche in Deutschland. S. 145–149. Erfurt (Sutton Verl.).

Kaller-Dietrich, M. (2001): Mais – Ernährung und Kolonialismus. In: D. Ingruber und M. Kaller-Dietrich (Hrsg.): MAIS. Geschichte und Nutzung einer Kulturpflanze. Hist. Sozialkunde/Internat. Entwicklung 18: 13–42. Wien, Frankfurt a. M. (Südwind, Brandes & Apsel).

Kalthoff, J. und M. Werner (1998): Die Händler des Zyklon B. Tesch & Stabenow. Eine Firmengeschichte zwischen Hamburg und Auschwitz. Hamburg (VSA).

Karlsch, R. (2003): Urangeheimnisse. Berlin (Ch. Links).

Karlsch, R. (2007): Uran für Moskau. Die Wismut – eine populäre Geschichte. 276 S. Berlin (Ch. Links).

Karlsch, R. und R. G. Stokes (2003): Faktor Öl. Die Mineralölwirtschaft in Deutschland 1859–1974. 460 S. München (C. H. Beck).

Karlsch, R. und Z. Zeman (2007, 3. Aufl.): Urangeheimnisse. Das Erzgebirge im Brennpunkt der Weltpolitik 1933–1960. 320 S. Berlin (Ch. Links).

Katz, C. (1995): Die Murgschifferschaft und die Murgtäler Holz- und Papierindustrie. In: M. Scheifele (Hrsg.): Die Murgschifferschaft. Geschichte des Floßhandels, des Waldes und der Holzindustrie im Murgtal. S. 457–498. Gernsbach (Casimir Katz).

Kaule, M. (2014): Prora. Geschichte und Gegenwart des „KdF-Seebads Rügen". 64 S. Berlin (Ch. Links).

Kaule, M. (2018): Insel Usedom 1933–1945. 65 S. Berlin (Ch. Links).

Kaupa, S. (2013): Malaria in den Marschen Schleswig-Holsteins. In: D. Collet und M. Jakubowski-Tiessen (Hrsg.): Schauplätze der Umweltgeschichte in Schleswig-Holstein. 65–74. Göttingen (Universitätsverlag Göttingen).

Kepplinger, B. (2012, 2. Aufl.): „Vernichtung lebensunwerten Lebens" im Nationalsozialismus: Die „Aktion T4". In: G. Morsch und B. Perz (Hrsg.): Neue Studien zu nationalsozialistischen Massentötungen durch Giftgas. Historische Bedeutung, technische Entwicklung, revisionistische Leugnung. Schriftenreihe der Stiftung Brandenburgische Gedenkstätten 29, S. 77–87. Berlin (Metropol).

Khamnueva, S. (2017): Soil and landscape transformation in the former Viking settlement Hedeby since early medieval period. XII+129+XXVII S. Dissertation Mathem.-Naturwiss. Fakultät. Kiel (Christian-Albrechts-Universität).

Kiecksee, H. (1972): Die Ostsee-Sturmflut 1872. Schriften d. Deutschen Schifffahrtsmuseums Bremerhaven 2. 152 S. Heide (Boyens).

Kiefer, K. und V. U. Hoffmann (1997): Erfahrungen mit 2000 Photovoltaikdächern in Deutschland. e&i Elektrotechnik und Informationstechnik 114/10: 588–590.

Kirchhelle, C. (2011): Ökologische Erinnerungsorte: Das Oderbruch. https://www.umweltunderinnerung.de/index.php/kapitelseiten/vormoderne-umwelten/25-das-oderbruch. Zugegriffen: 2.1.2020

Kircher, F. (2014): Rolle und Erfahrungen der taktisch organisierten Kräfte in den ausgewählten Katastrophenereignissen. In: B. Sticher (Hrsg.): Die Einbindung der Bevölkerung in das Krisen- und Katastrophenmanagement in Deutschland (der BRD) nach dem Zweiten Weltkrieg. Exemplarisch verdeutlicht an fünf Katastrophenereignissen. S. 15–22. Berlin (Forschungsprojekt Kat-Leuchttürme).

Kirchinger, J. (2019): Bovine spongiforme Enzephalopathie (BSE). Historisches Lexikon Bayerns. https://www.historisches-lexikon-bayerns.de/Lexikon/Bovine_spongiforme_Enzephalopathie_(BSE). Zugegriffen: 2.1.2020

Kirchner, A., C. Zielhofer, L. Werther, M. Schneider, S. Linzen, D. Wilken, T. Wunderlich, W. Rabbel, C. Meyer, J. Schmidt, B. Schneider, S. Berg-Hobohm und P. Ettel (2018): A multidisciplinary approach in wetland geoarchaeology: Survey of the missing southern canal connection of the Fossa Carolina (SW Germany). Quaternary International 473: 3-20.

Klee, E. (1993): „Den Hahn aufzudrehen war ja keine große Sache". Vergasungsärzte während des NS-Zeit und danach. In: Medizin im NS-Staat. Täter, Opfer, Handlanger. Dachauer Hefte 4: 1–21. München (dtv).

Klee, E. (1995): „Euthanasie" im NS-Staat. Die „Vernichtung lebensunwerten Lebens". 503 S. Frankfurt a. M. (Fischer TB).

Kleefeld, K.-D. und P. Burggraaff (2007): Länderübergreifende Kulturlandschaftsanalyse Altes Land. Endbericht. 139 S. Köln (Büro für historische Stadt- und Landschaftsforschung). https://www.hamburg.de/contentblob/354872/2a0487861eeee28b675fcbb45e79eb33/data/gutachten-analyse-altes-land.pdf;jsessionid=3A423C8E5EDB8D999D12D480DC465264.liveWorker2. Zugegriffen: 2.1.2020

Kling, J. P. (1806): Beschreibung eines Kulturversuches im Donaumoos. Nebst Nachricht von einigen angelegten Kolonien im Donaumoos, dann im Kolbermoos bei Rosenheim. 129 S. München (Joseph Lindauer).

Kluger, M. (2015): Augsburgs historische Wasserwirtschaft. Der Weg zum UNESCO-Welterbe. 432 S. Augsburg (context).

Knabe, W und D. Noli (2012): Die versunkenen Schätze der Bom Jesus. Sensationsfund eines Indienseglers aus der Frühzeit des Welthandels. 288 S. Berlin (Nicolai).

Knapp, H. D. (1990): Ministerium für Naturschutz, Umweltschutz und Wasserwirtschaft. Nationalparkprogramm der DDR als Baustein für ein europäisches Haus. Konzeptpapier vom 30.03.1990.

10 S. https://deutsche-einheit-1990.de/wp-content/uploads/BArch-DK5-6234.pdf. Zugegriffen: 2.1.2020

Knigge, M. und B. Görlach (2005): Die Ökologische Steuerreform – Auswirkungen auf Umwelt, Beschäftigung und Innovation. Zusammenfassung des Endberichtes des FuE-Vorhabens 20441194 des Umweltbundesamtes. 15 S. Berlin (Ecologic). https://www.ecologic.eu/sites/files/download/projekte/1850-1899/1879/1879_zusammenfassung.pdf. Zugegriffen: 2.1.2020

Knipping, A. (2013): Die große Geschichte der Eisenbahn in Deutschland. 192 S. München (GeraMond).

Knopf, T. (2010): ‚Schleichende Katastrophen' – Bodenübernutzung in vorindustriellen Gesellschaften. In: P. Masius, J. Sprenger und E. Mackowiak (Hrsg.): Katastrophen machen Geschichte. Umweltgeschichtliche Prozesse im Spannungsfeld von Ressourcennutzung und Extremereignis. 31–46. Göttingen (Universitätsverlag Göttingen).

Knottnerus, O. S. (2002): Malaria around the North Sea: A survey. In: G. Wefer, H. Berger, K.-E. Behre und E. Jansen (Hrsg.): Climatic development and history of the North Atlantic realm: Hanse conference report. S. 339–353. Berlin, Heidelberg (Springer).

Koch, A. (2018): Wie kam der angeblich letzte Eifel-Wolf an das Museum Koenig? Koenigiana 12: 29–39. München (Oldenbourg).

Koch, R. und G. Hachmann (2011): „Die absolute Nothwendigkeit eines derartigen Naturschutzes…" Philipp Leopold Martin (1815–1885): vom Vogelschützer zum Vordenker des nationalen und internationalen Natur- und Artenschutzes. Natur und Landschaft 86/11: 473–480.

Koelsch, F. (1937): Gesundheitsschädigungen durch organische Quecksilberverbindungen. Archiv für Gewerbepathologie und Gewerbehygiene 8: 113-116.

Kohl, J. G. (1990): Reisen durch das weite Land. Nordwestdeutsche Skizzen 1864. 376 S. Stuttgart, Wien (K. Thienemanns).

Köhler, I. (2016): Europa im Bann der Ölpreiskrise 1973/74. Energie-, Sicherheits- und Einigungspolitik im Spannungsfeld. Themenportal Europäische Geschichte. 8 S. https://www.europa.clio-online.de/Portals/_Europa/documents/B2016/E_Köhler_Ölkrise.pdf. Zugegriffen: 2.1.2020

Kollo, I. (2014): Nutzungsgeschichte des Reinhardswaldes. In: M. Jakubowski-Tiessen, P. Masius und J. Sprenger (Hrsg.): Schauplätze der Umweltgeschichte in Niedersachsen. S. 139–150. Göttingen (Universitätsdrucke).

Kommission WSB (2019): Abschlussbericht der Kommission „Wachstum, Strukturwandel und Beschäftigung". Beschluss vom 26.01.2019. 274 S. Berlin (Bundesministerium für Wirtschaft und Energie). https://www.bmwi.de/Redaktion/DE/Downloads/A/abschlussbericht-kommission-wachstum-strukturwandel-und-beschaeftigung.pdf?__blob=publicationFile. Zugegriffen: 2.1.2020

Konukiewitz, W. (2012): Torfstechen. In: Konukiewitz, W. und D. Weiser (Hrsg.): Die Findorff-Siedlungen im Teufelsmoor bei Worpswede. S. 171–190. Bremen (Edition Temmen).

Koppe, C., G. Jendritzky und G. Pfaff (2003): Die Auswirkungen der Hitzewelle 2003 auf die Gesundheit. In: Deutscher Wetterdienst (Hrsg.): Klimastatusbericht 2003. S. 152–162. https://www.dwd.de/DE/leistungen/klimastatusbericht/publikationen/ksb2003_pdf/09_2003.pdf?__blob=publicationFile&v=1. Zugegriffen: 2.1.2020

Koppisch, D., O. Hagemeyer, K. Friedrich, M. Butz und H. Otten (2004): Das Berufskrankheitsgeschehen im Uranerzbergbau der „Wismut" von 1946 bis 2000. Arbeitsmed. Sozialmed. Umweltmed. 39: 120-128.

Kottmann, A. und R. Schaal (2001): Funktionen des Waldes einst und heute: Waldgewerbe und Waldnutzung im Schönbuch. Siedlungsforschung. Archäologie – Geschichte – Geographie 19: 163–185

Kottrup, K. (2016): Die Geschichte des Naturschutzes am Beispiel des Drachenfelsens bei Bonn. S. 9–26. In: P. Reinkemeier und A. Schanbacher (Hrsg.): Schauplätze der Umweltgeschichte in Nordrhein-Westfalen.

Kraushaar, W. (1988): Die Polizistenmorde an der Startbahn West. Komitee für Grundrechte und Demokratie (Hrsg.): Jahrbuch 1987: 107–112. Sensbachtal (Komitee für Grundrechte und Demokratie).

Kreibohm, S., K-U. Heußner, T. Schöfbeck und B. Tschochner (2018): Rügens Wetterchronik. 263 S. Putbus (Rügendruck).

Kreye, L. (2009): Der Botanische Garten und das Botanische Museum in Berlin-Dahlem – Ein Schauplatz der kolonialen Umweltgeschichte? In: B. Herrmann und U. Stobbe (Hrsg.): Schauplätze und Themen der Umweltgeschichte. 127–144. Göttingen (Universitätsverlag Göttingen).

Krieger, M. (2015): Die Geschichte Helgolands. 220 S. Neumünster (Wachholtz).

Kriener, M. (2012): Geschichte der Windenergie – die Kraft aus der Luft. In: Stiftung Deutsches Technikmuseum Berlin (Hrsg.): Windstärken. S. 77–80. Berlin (Heenemann).

Kröhnke, F. (1973): Leben, Wesen und Wirken Liebigs. Gießener Universitätsblätter VI/1: 9–12. Gießen (Brühlsche Universitätsdruckerei).

Kronsbein, S. (2008): Katalog der historischen Erdbeben am Linken Niederrhein bis zum Jahr 1846. Natur am Niederrhein (N. F.) 23: 205–242. Krefeld.

Krumm, T. (2004): Politische Vergemeinschaftung durch symbolische Politik: Die Formierung der rot-grünen Zusammenarbeit in Hessen von 1983 bis 1991. 300 S. Wiesbaden (Deutscher Universitäts-Verlag).

Krünitz, D. J. G. (1773–1858): Oeconomische Encyclopädie oder allgemeines System der Staats= Stadt= Haus= und Landwirthschaft. 242 Bände. Vollständige XML/SGML-konforme, recherchierbare elektronische Vollversion: https://www.kruenitz1.uni-trier.de. Zugegriffen: 31.12.2019

Kruse, W. (2018): Industrialisierung und moderne Gesellschaft. In: Bundeszentrale für politische Bildung (Hrsg.): Dossier: Das Deutsche Kaiserreich. S. 42–52. Bonn (bpb). https://www.bpb.de/geschichte/deutsche-geschichte/kaiserreich/. Zugegriffen: 2.1.2020

Krzywanek, O. (2004): Die Entstehung der Berliner Kanalisation. Ein Kraftakt. Wissenschaftsmagazin fundiert: Wasser (02/2004). Berlin (FU). https://www.fu-berlin.de/presse/publikationen/fundiert/archiv/2004_02/04_02_krzywanek/index.html. Zugegriffen: 2.1.2020

Kulp, H.-G. (2012a): Die Natur des Teufelsmoores. In: Konukiewitz, W. und D. Weiser (Hrsg.): Die Findorff-Siedlungen im Teufelsmoor bei Worpswede. S. 11–40. Bremen (Edition Temmen).

Kulp, H.-G. (2012b): Die Zukunft des Teufelsmoores – das Dilemma seiner Nutzung von Findorff bis heute. In: Konukiewitz, W. und D. Weiser (Hrsg.): Die Findorff-Siedlungen im Teufelsmoor bei Worpswede. S. 263–270. Bremen (Edition Temmen).

Künnemann, C. (1963, 5. Aufl.): Meer und Mensch am Jadebusen. 128 S. Oldenburg (Ad. Littmann).

Küster, H. (2013): Geschichte des Waldes. Von der Urzeit bis zur Gegenwart. 267 S. München (C. H. Beck).

Küster, H. (2019): Der Wald: Natur und Geschichte. 128 S. München (C. H. Beck).

Kütterer, G. (2017): Lexikon der röntgenologischen Technik 1895 bis 1925 von Abdeckzunge bis Zylinderblende. 216 S. Norderstedt (Books on Demand).

Landlexikon (1911–1914): Ein Nachschlagewerk des allgemeinen Wissens unter besonderer Berücksichtigung der Landwirtschaft, Forstwirtschaft, Gärtnerei, der ländlichen Industrien und der ländlichen Justiz- und Verwaltungspraxis. 6. Bde. Stuttgart (Deutsche Verlags-Anstalt).

Landtag Brandenburg (2007): Antwort der Landesregierung auf die Große Anfrage Nr. 26 der Fraktion der Linkspartei.PDS. 4. Wahlperiode. Drucksache 4/4162. https://www.parlamentsdokumentation.brandenburg.de/parladoku/w4/drs/ab_4100/4162. pdf. Zugegriffen: 2.1.2020

Landtag von Baden-Württemberg (2014): Antrag der Abg. Hans-Peter Storz u.a. SPD und Stellungnahme des Ministeriums für Ländlichen Raum und Verbraucherschutz zum Eschensterben in Deutschland und Baden-Württemberg. 15. Wahlperiode, Drucksache 15/5503 vom 16.07.2014

Lang, R. (1977): Die Entstehung des Donaumooses. Neuburger Kollektaneenblatt 130: 7–28. Neuburg (Hist. Verein Neuburg a. d. Donau).

Lange, T. (1997): Die „Straßen des Führers". Ein fortwirkender Propagandasieg des „Dritten Reiches". Geschichte lernen 57: 42-47.

Langguth, G. (2011): Spurensuche zur Geschichte der Grünen. In: V. Kronenberg und C. Weckenbrock (Hrsg.): Schwarz-Grün: Die Debatte. S. 27–46. Wiesbaden (VS Springer Fachmedien).

Larsen, J. B. (1986): Das Tannensterben: Eine neue Hypothese zur Klärung des Hintergrundes dieser rätselhaften Komplexkrankheit der Weißtanne (*Abies alba Mill.*). Forstwiss. Centralblatt 105/1: 381–396.

Larsen, L. B., B. M. Vinther, K. R. Briffa, T. M. Melvin, H. B. Clausen, P. D. Jones, M.-L. Siggaard-Andersen, C. U. Hammer, M. Eronen, H. Grudd, B. E: Gunnarson, R. M. Hantemirov, M. M. Naurzbaev und K. Nicolussi (2008): New ice core evidence for a volcanic cause of the 536 dust veil. Geophysical Research Letters 35 (4). https://doi.org/10.1029/2007GL032450. Zugegriffen: 2.1.2020

Lassen, T. (2013): Der Nord-Ostsee-Kanal – Die Verbindung der beiden Meere als Trennung eines Landes. In: D. Collet und M. Jakubowski-Tiessen (Hrsg.): Schauplätze der Umweltgeschichte in Schleswig-Holstein. 115–128. Göttingen (Universitätsverlag Göttingen).

Laudan, J, V. Rözer, T. Sieg, K. Vogel und A. H. Thieken (2017): Damage assessment in Braunsbach 2016: Data collection and analysis for an improved understanding of damaging processes during flash floods. Nat. Hazards Earth Syst. Sci 17: 2163-2179.

Laufs, P. (2018, 2. Aufl.): Reaktorsicherheit für Leistungskernkraftwerke 2. Die Entwicklung im politischen und technischen Umfeld der Bundesrepublik Deutschland. 624 S. Berlin, Heidelberg (Springer Vieweg).

Lawrenz, C. (2014): Erfahrungen der Kommunalbehörden in den ausgewählten Katastrophenereignissen. In: B. Sticher (Hrsg.): Die Einbindung der Bevölkerung in das Krisen- und Katastrophenmanagement in Deutschland (der BRD) nach dem Zweiten Weltkrieg. Exemplarisch verdeutlicht an fünf Katastrophenereignissen. S. 31–38. Berlin (Forschungsprojekt Kat-Leuchttürme).

Layer, G. (2006): Malignes Pleuramesotheliom. Kap. 5. S. 117–128. In: G. Layer, G. van Kaick und S. Delorme (Hrsg.): Radiologische Diagnostik in der Onkologie. Bd. 1: Hals, Thorax, Mamma, Bewegungsapparat, Lymphatisches System. 307 S. Berlin, Heidelberg (Springer).

LBV-SH (2014): Landesbetrieb Straßenbau und Verkehr Schleswig-Holstein. https://www.schleswig-holstein.de/DE/Landesregierung/LBVSH/Aufgaben/Strassenbau/KielAltonaerChaussee/Allee/chausseealsAllee.html. Zugegriffen: 2.1.2020

Lehmann, A. (1999): Von Menschen und Bäumen. Die Deutschen und ihr Wald. 352 S. Reinbek (Rowohlt).

Leitner, G. v. (1994): Der Fall Clara Immerwahr. Leben für eine humane Wissenschaft. 236 S. Frankfurt a. M., Wien (Büchergilde).

Lekhnovitch, V. S. (1961): Introduction of the potato into Western and Central Europe. Nature 191: 518-519.

Lelieveld, J., K. Klingmüller, A. Pozzer, U. Pöschl, M. Fnais, A. Daiber und T. Münzel (2019): Cardiovascular disease burden from ambient air pollution in Europe reassessed using novel hazard ration functions. European Heart Journal 40/20: 1590-1596.

Lenke, W. (1964): Untersuchung der ältesten Temperaturmessungen mit Hilfe des strengen Winters 1708–1709. Ber. d. Deutschen Wetterdienstes 92/13. 49 S.

Lenton, T. M., J. Rockström, O. Gaffney, S. Rahmsdorf, K. Richardson, W. Steffen und H. J. Schellnhuber (2019): Climate tipping points – too risky to bet against. Nature 575: 592–595. https://www.nature.com/articles/d41586-019-03595-0. Zugegriffen: 2.1.2020

Leopoldina (2018): Artenrückgang in der Agrarlandschaft: Was wissen wir und was können wir tun? Stellungnahme 2018 der Nationalen Akademie der Wissenschaften Leopoldina, der acatech – Deutsche Akademie der Technikwissenschaften und der Union der deutschen Akademien der Wissenschaften. 24 S. Halle (Saale) (Leopoldina, acatech und Union der deutschen Akademien der Wissenschaften). https://www.leopoldina.org/uploads/tx_leopublication/2018_3Akad_Stellungnahme_Artenrueckgang_web.pdf. Zugegriffen: 2.1.2020

Lessing, T. (1908): Der Lärm. Eine Kampfschrift gegen die Geräusche unseres Lebens. Grenzfragen des Nerven- und Seelenlebens. Bd. 9, H. 54. Wiesbaden (J. F. Bergmann).

Lessing, T. (2017): Der Lärm. Eine Kampfschrift gegen die Geräusche unseres Lebens. In: T. Lessing: Ausgewählte Werke von Theodor Lessing. Digitale Neuausgabe der Erstauflage von 1908. Kindle Ed. Pos. 12–1795. Musaicum Books. Dachau (ok-publishing).

Lexikon der Chemie (1998), Heidelberg (Spektrum). https://www.spektrum.de/lexikon/chemie/. Zugegriffen: 2.1.2020

Ley, A. (2012, 2. Aufl.): Massentötung durch Kohlenmonoxid. Die „Erfindung" einer Mordmethode, die „Probevergasung" und der Krankenmord in Brandenburg/Havel. In: G. Morsch und B. Perz (Hrsg.): Neue Studien zu nationalsozialistischen Massentötungen durch Giftgas. Historische Bedeutung, technische Entwicklung, revisionistische Leugnung. Schriftenreihe der Stiftung Brandenburgische Gedenkstätten 29, S. 88–99. Berlin (Metropol).

Licht, S. B. Cui, B. Wang, F.-F. Li, J. Lau und S. Liu (2014): Ammonia synthesis by $N_2$ and steam electrolysis in molten hydroxide suspensions of nanoscale $Fe_2O_3$. Science 345: 637-640

Liebecke, R., K. Wagner und M. Suda (2008): Nationalparke im Spannungsfeld zwischen Prozessschutz, traditionellen Werten und Tourismus – Das Beispiel Nationalpark Bayerischer Wald. Jb. des Vereins zum Schutz der Bergwelt 73: 125–138. München.

Lilienthal, G. (2012, 2. Aufl.): Der Gasmord in Hadamar. In: G. Morsch und B. Perz (Hrsg.): Neue Studien zu nationalsozialistischen Massentötungen durch Giftgas. Historische Bedeutung, technische Entwicklung, revisionistische Leugnung. Schriftenreihe der Stiftung Brandenburgische Gedenkstätten 29, S. 140–150. Berlin (Metropol).

Limmer-Kneitz, A. (2018): Wilhelm „Kassandra". Raabes Pfisters Mühle (1883) im Spiegel der Geschichte. IASL 43/1: 1-24.

Lindner, L. M. E. (2016): Ausbruch einer hochinfektiösen, lebensbedrohlichen Erkrankung in Nordrhein-Westfalen. Welche Erfahrungen der Pockenausbrüche in NRW können in die heutige Zeit übertragen werden? Dissertation an der Medizinischen Fakultät der Heinrich-Heine-Universität Düsseldorf. 210 S. Düsseldorf. https://docserv.uni-duesseldorf.de/servlets/DerivateServlet/Derivate-39124/Dissertation%20L.%20Lindner.pdf. Zugegriffen: 2.1.2020

Linne, K. (2007): Witzenhausen: „Mit Gott, für Deutschlands Ehr, Daheim und überm Meer". Die Deutsche Kolonialschule. In: U. v. d. Heyden und J. Zeller (Hrsg.): Kolonialismus hierzulande. Eine Spurensuche in Deutschland. S. 125–130. Erfurt (Sutton Verl.).

Linsel, G. (2001): Bioaerosole. Entstehung und biologische Wirkung. Bundesanstalt für Arbeitsschutz und Arbeitsmedizin. 6 S. Berlin. https://d-nb.info/101049063X/34. Zugegriffen: 2.1.2020

Lintzmeyer, K. (2006): Anmerkungen zum ersten Braunbären in Bayern nach über 170 Jahren. Jb. des Vereins zum Schutz der Bergwelt 71: 147–152. https://www.vzsb.de/media/docs/Jahrbuch2006/Lintzmeyer_VZSB_JB_2006_Anmerkungen_zum_ersten_Braunbaeren.pdf. Zugegriffen: 2.1.2020

LMBV (2005): Braunkohlenbergbau und Sanierung im Raum Lauchhammer. Landschaft im Wandel. 20 S. Senftenberg (Lausitzer und Mitteldeutsche Bergbau-Verwaltungsgesellschaft mbH – Unternehmenskommunikation). https://www.lmbv.de/files/LMBV/Publikationen/Publikationen%20Lausitz/Historische%20Broschueren%20L/Braunkohlenbergbau_und_Sanierung_im_Raum_Lauchhammer_2005.pdf. Zugegriffen: 2.1.2020

Löser, G. (2003): Grenzüberschreitende Kooperation am Oberrhein. Die badisch-elsässischen Bürgerinitiativen. In: K. Hochstuhl (Hrsg.): Deutsche und Franzosen im zusammenwachsenden Europa 1945–2000. Werkheft der staatlichen Archivverwaltung in Baden-Württemberg, Serie A Landesarchivdirektion H. 18: 105–156. Stuttgart (Kohlhammer).

Loveluck, C. P., M. McCormick, N. E. Spaulding, H. Clifford, M. J. Handley, L. Hartman, H. Hoffmann, E. V. Korotkikh, A. V. Kurbatov, A. F. More, S. B. Sneed und P. A. Mayewski (2018): Alpine ice-core evidence for the transformation of the European monetary system, AD 640–670. Antiquity 1–15. https://doi.org/10.15184/aqy.2018.110. Zugegriffen. 2.1.2020

Löwisch, H. (1932): Heuschreckenplagen in Franken. Eine Auslese aus Chroniken und Archivalien. Naturf. Ges. Bamberg 26: 63-68.

Lübbe-Wolff, G. (2000): Erscheinungsformen symbolischen Umweltrechts. In: B. Hansjürgens und G. Lübbe-Wolff (Hrsg.): Symbolische Umweltpolitik. S. 25–62. Frankfurt a. M. (Suhrkamp).

LUBW (2017): Radiologische Kontrollmessungen in Menzenschwand. 21 S. Karlsruhe (LUBW Landesanstalt für Umwelt, Klima und Energiewirtschaft Baden-Württemberg). https://um.baden-wuerttemberg.de/fileadmin/redaktion/m-um/intern/Dateien/Dokumente/3_Umwelt/Kernenergie/Berichte/uebergeordnet/Umweltradioaktivitaet/170719_Bericht_Menzenschwand.pdf. Zugegriffen: 2.1.2020

Lühmann-Frester, H. E. (2008): Deutsch-russisch-schwedische Ofenverwandtschaft? Zum Diskurs über die Gebäudeheizung im 18. und 19. Jahrhundert. In: E. Donnert (Hrsg.): Europa in der Frühen Neuzeit. Bd. 7. S. 851–872. Köln (Böhlau).

Luhmann, N. (1997): Die Gesellschaft der Gesellschaft. 2 Bde., zus. 1164 S. Frankfurt a. M. (Suhrkamp).

Lungershausen, U., A. Larsen, H.-R. Bork und R. Duttmann (2017): Anthropogenic influence on rates of aeolian dune activity within the northern European Sand Belt and socio-economic feedbacks over the last ~2500 years. The Holocene 28/1: 84-103.

Luterbacher, J., D. Dietrich, E. Xoplaki, M. Grosjean und H. Wanner (2004): European seasonal and annual temperature variability, trends and extremes since 1500. Science 303 (5663), S. 1499-1503.

Lütgert, S. A. (2017): Die Vorgeschichte der industriellen Erdölgewinnung in Norddeutschland am Beispiel Wietze. Eine grundlegende Neubewertung anhand bislang unbekannter historischer Quellen. Der Anschnitt 69/1: 10–17.

McAfee, A. (2019): More from less. The surprising story of how we learned to prosper using fewer resources – and what happens next. 304 S. New York (Simon & Schuster).

Maiwald. H. und J. Schwarz (2016): Die Sturzflut von Braunsbach – Ingenieuranalyse der Gebäudeschäden. Bautechnik 93/12: 925-932.

Mangartz, F. (2006): Vorgeschichtliche und mittelalterliche Mühlsteinproduktion in der Osteifel. In: A. Belmont und F. Mangartz (Hrsg.): Mühlsteinbrüche. Erforschung, Schutz und Inwertsetzung eines Kulturerbes europäischer Industrie (Antike–21. Jh.). 25–34. Mainz (Verlag des Römisch-Germanischen Zentralmuseums).

Mangartz, F. (2008): Römischer Basaltlava-Abbau zwischen Eifel und Rhein. Monographien des Römisch-Germanischen Zentralmuseums 75. Vulkanpark-Forschungen 7. Mainz. 335 S. (Verlag des Römisch-Germanischen Zentralmuseums).

Mangartz, F. (2012): Römerzeitliche Mühlsteinproduktion in den Grubenfeldern des Bellerberg-Vulkans bei Mayen (Lkr. Mayen-Koblenz). In: M. Grünewald und S. Wenzel (Hrsg.): Römische Landnutzung in der Eifel. Neue Ausgrabungen und Forschungen. 1–24. Mainz (Verlag des Römisch-Germanischen Zentralmuseums).

Mauch, C. (2014a): The growth of trees. A historical perspective on sustainability. 87 S. München (oekom).

Mauch, C. (2014b): Mensch und Umwelt. Nachhaltigkeit aus historischer Perspektive. 87 S. München (oekom).

Mauch, F. (2014): Die Natur der Katastrophe. Ein umwelthistorischer Rückblick auf die Hamburger Sturmflut. In: M. Heßler und C. Kehrt (Hrsg.): Die Hamburger Sturmflut von 1962. Risikobewusstsein und Katastrophenschutz aus zeit-, technik- und umweltgeschichtlicher Perspektive. Umwelt und Gesellschaft 11: 129–149. Göttingen (Vandenhoeck & Ruprecht).

Mauch, F. (2015): Erinnerungsfluten. Das Sturmhochwasser von 1962 im Gedächtnis der Stadt Hamburg. Forum Zeitgeschichte 25. 302 S. München (Dölling und Galitz).

Maué, C. (1988): Fischbein. In: Reallexikon zur Deutschen Kunstgeschichte. Bd. IX, Sp. 177–186.

Mauelshagen, F. (2016): Ein neues Klima im 18. Jahrhundert. In: E. Horn und P. Schnyder (Hrsg.): Romantische Klimatologie. S. 39–57. Zeitschrift f. Kulturwiss.1/2016.

Mayer, K. H. (2010): Der „Bärenfang" auf dem Großen Waldstein. Betrachtungen über den Bärenfang im oberfränkischen Fichtelgebirge. LWF aktuell 79: 28–29. Freising (Bayerische Landesanstalt für Wald und Forstwirtschaft).

Maylein, K. F. (2006): Die Jagd: Funktion und Raum. Ursachen, Prozesse und Wirkungen funktionalen Wandels der Jagd. Dissertation am FB Geschichte und Soziologie der Universität Konstanz. 698 S. Konstanz (Universität Konstanz).

Meadows, D. H., D. L. Meadows, J. Randers und W. W. Behrens III (1972, 5. Aufl.): Limits to growth. A report for the Club of Rome's Project on the Predicament of Mankind. 205 S. New York (Universe Books).

Meier, D. (2000): Landschaftsgeschichte, Siedlungs- und Wirtschaftsweise der Marsch. In: Verein für Dithmarscher Landeskunde (Hrsg.): Geschichte Dithmarschens. S.71–92. Heide (Boyens).

Meier, D. (2001): Landschaftsentwicklung und Siedlungsgeschichte des Eiderstedter und Dithmarscher Küstengebietes als Teilregionen des Nordseeküstenraumes. Universitätsforschungen zur Prähistorischen Archäologie 79. 462 S. Bonn (Habelt).

Meier, D. (2005): Land unter! Die Geschichte der Flutkatastrophen. 166 S. Ostfildern (Thorbecke).

Meier, D. (2008): The historical geography of the German north-sea coast: a changing landscape. Die Küste 74 ICCE: 18–30.

Meißner, A. (2004): Nicht immer grün. Die Landschaftsgeschichte des Berliner Grunewaldes. Naturmagazin 5/2004: 48-51.

MELUR (2013): Durchführungsbestimmungen zum Knickschutz. 15 S. Kiel (Ministerium für Energiewende, Landwirtschaft, Umwelt und ländliche Räume des Landes Schleswig-Holstein).

Metz, F. (1937): Das Murgtal. Badische Heimat 1937: 103-141.

Metzler, G. (1996): „Welch ein deutscher Sieg!" Die Nobelpreise von 1919 im Spannungsfeld von Wissenschaft, Politik und Gesellschaft. Vierteljahreshefte für Zeitgeschichte 44/2: 173-200.

Meyer, J. F. (1800): Ueber die Anlage der Bewässerungs-Wiesen, sowohl derjenigen, welche durchs Schwemmen hervorgebracht werden, als solcher, deren ebene Fläche von Natur schon vorhanden ist. Eine von der K. Landwirthschafts-Gesellschaft gekrönte Preisschrift vom Herrn Commissär Joh. Friedr. Meyer. Annalen der Nieders. Landwirthschaft 2/3: 1–128.

Michaelis, J. A. (1842): Hamburg's Brand=Unglück des Ausland's unsterblicher Ruhm. Eine ausführliche Beschreibung der schrecklichen Feuersbrunst, welche Hamburg vom 5ten bis 8ten Mai 1842 so schwer heimgesucht, nebst deren Folgen. 68 S. Hamburg.

Michels, E. (2010): Die „Spanische Grippe" 1918/19. Verlauf, Folgen und Deutungen in Deutschland im Kontext des Ersten Weltkrieges. Vierteljahreshefte für Zeitgeschichte 58/1: 1–33.

Michler, F.-U. (2011): Prädatorenmanagement in deutschen Nationalparks? Notwendigkeit und Machbarkeit regulativer Eingriffe am Beispiel des Waschbären (Procyon lotor). In: Europark Deutschland e. V. (Hrsg.): Tagungsbroschüre zur Tagung „Wildbestandsregulierung in deutschen Nationalparks" in Bad Wildungen. S. 16–20.

Mielke, H.-J. (2016, 2. Aufl.): Die unendliche Geschichte des Berliner Teufelsberges. 79 S. Berlin (Pro BUSINESS).

Mieth, A. und H.-R. Bork (2009): Inseln der Erde. Landschaften und Kulturen. 208 S. Darmstadt (Primus und Wiss. Buchges.).

Militzer, S. und R. Glaser (1994): Die Thüringische Sintflut von 1613. Szenarium – Schadensbild – Katastrophenmanagement. Zeitschrift des Vereins für Thüringische Geschichte 48: 69–92. Jena.

Ministerium f. Ernährung und Ländlichen Raum Baden-Württemberg (2004): Orkan „Lothar" – Bewältigung der Sturmschäden in den Wäldern Baden-Württembergs: Dokumentation, Analyse, Konsequenzen. Schriftenreihe der Landesforstverwaltung Baden-Württemberg 83, 443 S. Stuttgart (Selbstverlag der Landesforstverwaltung Baden-Württemberg).

Miller, L. (2017): Der Krieg ist aus. In: R. Wieland (Hrsg.): Das Buch der Deutschlandreisen. Von den alten Römern zu den Weltenbummlern unserer Zeit. Berlin (Propyläen). S. 412–420.

Mitscherlich, A. und F. Mielke (2012, 18. Aufl.; Hrsg.): Medizin ohne Menschlichkeit. Dokumente des Nürnberger Ärzteprozesses. 393 S. Frankfurt am Main (Fischer Taschenbuch).

Mittasch, A. (1951): Geschichte der Ammoniaksynthese. 196 S. Weinheim (Verlag Chemie).

Mitter, A. und S. Wolle (1990, 2. Aufl.; Hrsg.): „Ich liebe euch doch alle…". Befehle und Lageberichte des MfS. Januar – November 1989. 252 S. Berlin (BasisDruck Verlagsges.).

Moeller, T. (1999): Ein Beitrag zur Geschichte der Krankheiten. Wirtschaftliche bedeutsame Erkrankungen des Rindes in der ehemaligen DDR – Ursachen und Bekämpfung. Dissertation im FB Veterinärmedizin der FU Berlin. 250 S. Berlin (FU). https://webdoc.sub.gwdg.de/ebook/diss/2003/fu-berlin/1999/102/. Zugegriffen: 2.1.2020

Mohaupt-Jahr, B. und J. Küchler-Krischun (2008): Die Nationale Strategie zur biologischen Vielfalt. Herausforderung für die gesamte Gesellschaft. Umweltwissenschaften und Schadstoff-Forschung 20/2: 104–111.

Molina, J. A., R. Oyarzun, J. M. Esbrí und P. Higueras (2006): Mercury accumulation in soil sand plants in the Almadén mining district, Spain; one of the most contaminated sites on Earth. Environ. Geochem. Health 28/5: 487-498.

Möller, D. (2009): Endlagerung radioaktiver Abfälle in der Bundesrepublik Deutschland. Administrativ-politische Entscheidungsprozesse zwischen Wirtschaftlichkeit und Sicherheit, zwischen nationaler und internationaler Lösung. 390 S. Frankfurt a. M. (Peter Lang).

Morat, D. (2010): Zwischen Lärmpest und Lustbarkeit. Die Klanglandschaft der Großstadt in umwelt- und kulturhistorischer Perspektive. In: B. Herrmann (Hrsg.): Beiträge zum Göttinger Umwelthistorischen Kolloquium 2009–2010. 173–190. Göttingen (Universitätsverlag Göttingen).

Mosimann, M., M. Breu, T. Vysusil und S. Gerber (2002): Vom Tiger im Tank – Die Geschichte des Bleibenzins. GAIA 11/3: 203-211.

Mößnang, M. (2006): Bären in Bayern. Nach 170 Jahren kehrt Meister Petz nach Bayern zurück – nach 68 Tagen wurde er erlegt. LWF aktuell 54: 54. Freising (Bayerische Landesanstalt für Wald und Forstwirtschaft).

Mückenhausen, E., H. W. Scharpenseel und F. Pietig (1968): Zum Alter des Plaggeneschs. Eiszeitalter und Gegenwart 19: 190-196.

Müller, E. (2009): Innenwelt der Umweltpolitik – Zu Geburt und Aufstieg eines Politikbereichs. In: P. Masius, O. Sparenberg und J. Sprenger (Hrsg.): Umweltgeschichte und Umweltzukunft. 69–86. Göttingen (Universitätsverlag Göttingen).

Müller, H. H. (2004): Franz Carl Achard – Chemiker und Physiker der friderizianischen Akademie der Wissenschaften. Sitzungsberichte der Leibniz-Sozietät 68: 25-46.

Müller, L. und F. Eulenstein (1997): Pflanzen- und Tierwelt des Oderbruchs im Wandel des Naturraumes. In: 250 Jahre Trockenlegung des Oderbruchs. Fakten und Daten einer Landschaft. 19–30. Frankfurt/Oder (Frankfurter Oder Editionen).

Müller-Helmbrecht, A. (2006): Das Nationalparkprogramm der DDR. Impressionen aus einer bewegten Zeit. In: Ministerium für Landwirtschaft, Umwelt und Verbraucherschutz Mecklenburg-Vorpommern (Hrsg.): Redebeiträge der Festveranstaltung: 15 Jahre Großschutzgebiete. https://www.natur-mv.de/?page=http%3A%2F%2F. Zugegriffen: 2.1.2020

Müller-Scheeßel, K. (2012a): Die Geschichte der Moornutzung und die Entstehung der Findorff-Siedlungen. In: Konukiewitz, W. und D. Weiser (Hrsg.): Die Findorff-Siedlungen im Teufelsmoor bei Worpswede. S. 41–66. Bremen (Edition Temmen).

Müller-Scheeßel, K. (2012b): Die wirtschaftlichen Grundlagen der Findorff-Siedlungen im 18. und 19. Jahrhundert: Landwirtschaft und Torfhandel. In: Konukiewitz, W. und D. Weiser (Hrsg.): Die Findorff-Siedlungen im Teufelsmoor bei Worpswede. S. 147–170. Bremen (Edition Temmen).

MunichRe (2014): Naturkatastrophen 2013. Analysen, Bewertungen, Positionen. Topics Geo. https://www.bund-lemgo.de/download/Topics_2013.pdf. Zugegriffen: 2.1.2020

Münter, J. (1846): Die Krankheiten der Kartoffeln. Insbesondere die im Jahre 1845 pandemisch herrschende nasse Fäule. 168 S. Berlin (A. Hirschwald).

Museum für Kommunikation (2007): Kommunikation im Katastrophenfall: Der Große Brand von 1842. Medieninformation Nr. 34b vom 12. September 2007. Hamburg.

NABU (2014a): Wie lang ist unser Knicknetz? https://schleswig-holstein.nabu.de/naturvorort/knicks/geschichte/11546.html. Zugegriffen: 2.1.2020

NABU (2014b): Entstehungsgeschichte unserer Knicks. https://schleswig-holstein.nabu.de/naturvorort/knicks/geschichte/03233.html. Zugegriffen: 2.1.2020

NaturschutzR (1988, 4. Aufl.): NaturschutzR. Naturschutzgesetze des Bundes und der Länder. Bundesartenschutzverordnung. Washingtoner Artenschutzabkommen. 512 S. München (Beck-Texte im dtv).

Nehring, S., W. Rabitsch, I. Kowarik und F. Essl (2015; Hrsg.): Naturschutzfachliche Invasivitätsbewertungen für in Deutschland wild lebende gebietsfremde Wirbeltiere. BfN-Skripten 409. 222 S. Bonn (BfN).

Nenninger, M. (2001): Die Römer und der Wald. Untersuchungen zum Umgang mit einem Naturraum am Beispiel der römischen Nordwestprovinzen. Geographica historica 16: 271 S. Stuttgart (Steiner).

Neukamm, R. (2009): Die Schwarzmundgrundel erobert den Nord-Ostsee-Kanal. Kiel (Landessportfischerverband Schleswig-Holstein e. V.).

Neukom, R., N. Steiger, J. J. Gómez-Navarro, Jianghao Wang und J. P. Werner (2019): No evidence for globally coherent warm and cold periods over the preindustrial Common Era. Natur 571: 550-554.

Niedersächsischer Landtag (2010): Kleine Anfrage mit Antwort. Wortlaut der Kleinen Anfrage des Abgeordneten Jens Nacke (CDU), eingegangen am 02.11.2010, „Republik Freies Wendland – Reaktiviert" – außer Spesen nichts gewesen? 16. Wahlperiode. Drucksache 16/3170. 10 S. Ausgegeben am 20.12.2010.

Niesche, H. und F. Krüger (1998): Das Oderhochwasser 1997 – Verlauf, Deichschäden und Deichverteidigung. Brandenburgische Geowiss. Beiträge 5/1: 15-22.

Nippert, E. (1995): Das Oderbruch. zur Geschichte einer deutschen Landschaft. 222 S. Berlin (Brandenburgisches Verlagshaus).

NMUEK (2016): Chronologie Bergwerk Gorleben – Stand: 29.08.2016. 8 S. Niedersächsisches Ministerium für Umwelt, Energie und Klimaschutz.

NW-FVA (2011): 4. Waldschutz Info 2011. Eschentriebsterben (Info IV). 5 S. Göttingen (Nordwestdeutsche Forstliche Versuchsanstalt).

Oberholzner, F. (2015): Institutionalisierte Sicherheit im Agrarsektor. Die Entwicklung der Hagelversicherung in Deutschland seit der Frühen Neuzeit. Schriften zur Wirtschafts- und Sozialgeschichte 87: 447 S. Berlin (Duncker und Humblot).

Oelke, E. (2005): Über die Wiederbesiedlung des heutigen Sachsen-Anhalt nach dem Dreißigjährigen Krieg (1618-1648). Hercynia N. F. 38: 5-24.

Oelke, E. und W. Kirsch (2004): Braunkohlebergbau schon 1382 bei Lieskau im Saalkreis? Aufschluss 55: 117-120.

Oesau, W. (1954): Hamburg unternahm 6000 Arktisfahrten auf Walfang und Robbenschlag in den Jahren 1643–1861. Polarforschung 24 (1/2): 298–299. Bremerhaven (AWI). https://epic.awi.de/id/eprint/27765/1/Polarforsch1954_1-2_8.pdf. Zugegriffen: 2.1.2020

Oesau, W. (1955): Hamburgs Grönlandfahrt auf Walfischfang und Robbenschlag vom 17.-19. Jahrhundert. 316 S. Glückstadt, Hamburg (Augustin).

Oesterwind, B. C. und S. Wenzel (2012): Die Entwicklung des Siedlungsgefüges der Eisenzeit zwischen Mayen und Mendig. In: M. Schönfelder und S. Sievers (Hrsg.): Die Eisenzeit zwischen Champagne und Rheintal. 337–363. Mainz (Verlag des Römisch-Germanischen Zentralmuseums).

Ohlig, C. (2012): UNESCO-Weltkulturerbe Oberharzer Wasserwirtschaft. Schriften der Deutschen Wasserhistorischen Gesellschaft 19, 159 S. Norderstedt (Books on Demand).

Ohmann, O. (1999): „Die Berliner bauen ihre Berge selber". Der Teufelsberg im nördlichen Grunewald. Berlinische Monatsschrift 6: 32–39. Berlin (Luisenstädtischer Bildungsverein).

Ost, E. (1993): Die Malaria-Versuchsstation im Konzentrationslager Dachau. In: Medizin im NS-Staat. Täter, Opfer, Handlanger. Dachauer Hefte 4: 174–189. München (dtv).

Pahle, M., O. Edenhofer, R. Pietzcker, O. Tietjen, S. Osorio und C. Flachsland (2019): Die unterschätzten Risiken des Kohleausstiegs. Energiewirtschaftliche Tagesfragen 69/6: 1-4.

Parthier, B. (1994): Die Leopoldina. Bestand und Wandel der ältesten deutschen Akademie. 136 S. Halle/Saale (Deutsche Akademie der Naturforscher Leopoldina).

Paul, M., J. Meyer, U. Jenk, A. Kassahun, A. Schramm, D. Baacke, N. Forbring & T. Metschies (2015): Kernaspekte des langfristigen Wassermanagements an den sächsisch-thüringischen Wismut-Standorten. In: Sanierte Bergbaustandorte im Spannungsfeld zwischen Nachsorge und Nachnutzung. Proceedings des Internationalen Bergbausymposium WISSYM2015: 71–85. Chemnitz (Wismut AG).

Pautasso, M., G. Aas, V. Queloz und O. Holdenrieder (2013): European ash (Fraxinus excelsior) – A conservation biology challenge. Biological Conservation 158: 37-49.

Payer, P. (2003): Vom Geräusch zum Lärm. Zur Geschichte des Hörens im 19. und frühen 20. Jahrhundert. In: W. Aichinger, F. X. Eder und C. Leitner (Hrsg.): Sinne und Erfahrung in der Geschichte. S. 173–191. Innsbruck, Wien, München, Bozen (Studien Verlag).

Peters, J. (1994): Nutztiere in den westlichen Rhein-Donau-Provinzen während der Römischen Kaiserzeit. In: H. Bender und H. Wolff (Hrsg.): Ländliche Besiedlung und Landwirtschaft in den Rhein-Donau-Provinzen des Römischen Reiches. Passauer Universitätsschriften zur Archäologie 2: 37–63. Espelkamp (M. L. Leidorf).

Petersen, L. (1943): Daniel Freses „Landtafel" der Grafschaft Holstein (Pinneberg) aus dem Jahre 1588. Zeitschrift der Gesellschaft für Schleswig-Holsteinische Geschichte 70/71: 224-246.

Pfister, C. (1995; Hrsg.): Das 1950er Syndrom. Der Weg in die Konsumgesellschaft. 428 S. Bern (Haupt).

Pfister, C. (2017): When Europe was burning: The multi-seasonal megadrought of 1540 and the arsonist paranoia. In: G. J. Schenk (Hrsg.): Disasters, risks and cultures: A comparative and transcultural survey of historical disaster experiences between Asia and Europe. S. 155–185. Heidelberg (Springer).

Pfister, C. (2018): The „black swan" of 1540: Aspects of a European megadrought. In: C. Leggewie und F. Mauelshagen (Hrsg.): Climate change and cultural transition in Europe. Climate and Culture 4: 156–194. Leiden (Brill).

Philipp, F. (2009): Lebensweise und Raumnutzung des Nandus (*Rhea americana ssp.*) in der Landschaft Nordwestmecklenburgs. Diplomarbeit im FB Landbau/Landespflege der HTW Dresden. 58 S. Dresden (HTW).

Pilgram, A. (1788): Anton Pilgrams Untersuchungen über das Wahrscheinliche der Wetterkunde durch vieljährige Beobachtungen. 613 S. Wien (Joseph Edlen von Kurzbeck).

Poettinger, J. (2012): Vergleichende Studie zur Haltung und zum Verhalten des Wisents und des Heckrindes. 176 S. Diss. München (Tierärztliche Fak. LMU).

Pöhnl, H. (2012): Der halbwilde Wald. Nationalpark Bayerischer Wald: Geschichte und Geschichten. 272 S. München (oekom).

Pölking, H. (2011): Ostpreußen. Biographie einer Provinz. 925 S. Berlin (be.bra).

Pollock, N. J. (2014): Nauru phosphate history and the resource curse narrative. Le Journal de la Société des Océanistes, 138-139: 107-120.

Popken, F.A.L. (1827): Historia epidemiae malignae anno MDCCCXXVI: jeverae observatae. Bremae et Lipsiae in Bibliopolio Guilielmi Kaiseri. 78 S. Braunschweig (F. Vieweg).

Popplow, M. (2010): Die ökonomische Aufklärung als Innovationskultur des 18. Jahrhunderts zur optimierten Nutzung natürlicher Ressourcen. In: M. Popplow (Hrsg.): Landschaften agrarisch-ökonomischen Wissens. Cottbuser Studien zur Geschichte von Technik, Arbeit und Umwelt 30: 2–48. Münster (Waxmann).

Pötzsch, C. G. (1786): Nachtrag und Fortsetzung einer chronologischen Geschichte der großen Wasserfluthen des Elbstromes seit tausend und mehr Jahren. Dresden.

Preiss, P., J. Roos und R. Friedrich (2013): Assessment of health impacts of coal fired power stations in Germany by applying EcoSenseWeb. Stuttgart (Institut für Energiewirtschaft und rationelle Energieanwendung IER). https://www.greenpeace.de/sites/www.greenpeace.de/files/publications/130401_deliverable_ier_to_greenpeace_de.pdf. Zugegriffen: 2.1.2020

Prinz, A. (1998): Pulvis Jesuiticus – Die Geschichte des Chinin. Mitt. Österr. Ges. Tropenmed. Parasitol. 11: 257-269.

Proctor, R. N. (2002): Blitzkrieg gegen den Krebs. Gesundheit und Propaganda im Dritten Reich. 447 S. Stuttgart (Klett-Cotta).

Programm-Nord-GmbH (1979; Hrsg.): Gezielte Landentwicklung. 25 Jahre Programm Nord. 92 S. Rendsburg (Heinrich Möller Söhne). https://www.schleswig-holstein.de/DE/Fachinhalte/L/landwirtschaft/Downloads/25Jahre_Programm_Nord.pdf?__blob=publicationFile&v=1. Zugegriffen: 2.1.2020

Przybyl, K. (2002): Fungi associated with necrotic apical parts of Fraxinus excelsior shoots. Forest Pathology 32: 387-394.

Puchert, F. (2010): Entscheidungsfaktoren in der öffentlichen Verwaltung am Beispiel der Windenergie im Landkreis Aurich. Recht und Rhetorik 4. 240 S. Frankfurt am Main (Lang).

Pusceddu, A., S. Bianchelli, J. Martín, P. Puig, A. Palanques, P. Masqué und R. Danovaro (2014): Chronic and intensive bottom trawling impairs deep-sea biodiversity and ecosystem functioning. PNAS 111/24: 8861-8866. https://doi.org/10.1073/pnas.1405454111. Zugegriffen: 2.1.2020

Quedens, G. (2002): „Fall överall!!". Amrumer Grönlandfahrt auf Walfang und Robbenschlag. 80 S. Amrum (Jens Quedens).

Quedens, G. (2009, 3. Aufl.): Im Hafen der Ewigkeit. Die alten Grabsteine auf dem Amrumer Friedhof. 192 S. Amrum (Jens Quedens).

Quix, C. (1829): Historisch-topographische Beschreibung der Stadt Aachen und ihrer Umgebungen. 198 S. Köln und Aachen (M. DuMont-Schauberg).

Raabe, W. (1884): Pfisters Mühle. Ein Sommerferienheft. 277 S. Leipzig (F. W. Grunow).

Rabensteiner, A. (2014): Der Kampf um das tägliche Brot. Frauen im Ersten Weltkrieg. historia.scribere 6: 541–575. https://webapp.uibk.ac.at/ojs/index.php/historiascribere/article/viewFile/358/219. Zugegriffen: 2.1.2020

Radkau, J. (1983): Aufstieg und Krise der deutschen Atomwirtschaft 1945–1975. Verdrängte Alternativen in der Kerntechnik und der Ursprung der nuklearen Kontroverse. 584 S. Reinbek (rororo).

Radkau, J. (2007): Holz – Wie ein Naturstoff Geschichte schreibt. Wissenschaftszentrum Umwelt der Universität Augsburg, Stoffgeschichten 3. 341 S. München (oekom).

Radkau, J. (2011): Die Ära der Ökologie: Eine Weltgeschichte. 782 S. München (C. H. Beck).

Radkau, J. (2012, 2. Aufl.): Natur und Macht: Eine Weltgeschichte der Umwelt. 469 S. München (C. H. Beck).

Raepsaet, G., D. Demaiffe und M.-T. Raepsaet-Charlier (2015): La production, la diffusion et la consommation du plomb « Germanique » en Gaule du Nord. Apports des isotopes du plomb. Vie Archéologique 74: 65-89.

Ramirez, J. G. und D. R. Bacon (2004): Modern chemical warfare: A history. Bull. Anesthesia History 22/2: 1-7.

Ramjis, R., J. Thiele und R. Marggraf (2016): A cost-benefit analysis of controlling giant hogweed (*Heracleum mantegazzianum*) in Germany using a choice experiment approach. NeoBiota 31: 19-41.

Ray, E. I., K. Renault und M. A. Roache (2009): Fritz Haber: The protean man. Projektnr. 48-JDF-0812. 74 S. Worcester (Worcester Polytechnic Institute).

Rehbinder, E. (2017): 40 Jahre Bundesnaturschutzgesetz: Entwicklung und Perspektiven. Deutscher Rat für Landespflege. Festveranstaltung 40 Jahre BNatSchG. S. 1–4. https://www.landespflege.de/aktuelles/40Jahre_Bundesnat.gesetz/1%20Rehbinder.pdf. Zugegriffen: 2.1.2020

Reichhoff, L. (2017): Das Nationalparkprogramm der DDR im Rückblick. Inst. f. Umweltgeschichte und Regionalentwicklung an der Hochschule Neubrandenburg. Standpunkte 11. 14. S. Neubrandenburg (IUGR).

Reichholf, J. H. (2007): Der Bär ist los: Ein kritischer Lagebericht zu den Überlebenschancen unserer Großtiere. 208 S. München (Herbig).

Reichholf, J. H. (2008): Eine kurze Naturgeschichte des letzten Jahrtausends. 336 S. Frankfurt a.M. (Fischer).

Reichholf, J. H. (2009): Invasive Arten – Freisetzungsexperimente in Vergangenheit und Gegenwart. In: P. Masius, O. Sparenberg und J. Sprenger (Hrsg.): Umweltgeschichte und Umweltzukunft. 187–200. Göttingen (Universitätsverlag Göttingen).

Reinhardt, K. (2013): The Entomological Institute of the Waffen-SS: evidence for offensive biological warfare research in the third Reich. Endeavour 37/4: 220-227.

Reissenweber, C. und A. Stützer (2001): Degradation, Regradation, Podsolierung und Depodsolierung. Nutzungsbedingte Veränderungen der Sandböden im Nürnberger Reichswald. Mitt. Fränkische Geogr. Ges. 48: 221-228.

Reith. R. (2011): Umweltgeschichte der Frühen Neuzeit. 206 S. München (Oldenbourg).

Remarque, E. M. (2014): Im Westen nichts Neues. 464 S. Köln (Kiepenheuer & Witsch).

Renalder, D. (1990): Die Ölverschmutzung im Hamburger Hafen in den 20er und 30er-Jahren. In: A. Andersen (Hrsg.): Umweltgeschichte. Das Beispiel Hamburg. 186–202. Hamburg (Ergebnisse).

Reulecke, J. (1985): Geschichte der Urbanisierung in Deutschland. 232 S. Frankfurt a. M. (Suhrkamp).

Rex, H. (1926): Der Weltkrieg in seiner rauhen Wirklichkeit. Das Frontkämpferwerk. S. 85. Oberammergau (Rutz).

Rheinheimer, M. (2014): Der Kojenmann. Mensch und Natur im Wattenmeer, 1860–1900. In: M. Jakubowski-Tiessen (Hrsg.): Von Amtsgärten und Vogelkojen. 115–132. Göttingen (Universitätsverlag Göttingen).

Riecken, G. (1991, 2. Aufl.): Die Flutkatastrophe am 11. Oktober 1634. Ursachen, Schäden und Auswirkungen auf die Küstengestalt Nordfrieslands. In: B. Hinrichs, A. Panten und G. Rieken (Hrsg.): Flutkatastrophe 1634. Natur – Geschichte – Dichtung. S. 11–63. Neumünster (Wachholtz).

Riedel, W. und C. Stolz (2018): Das Preesterholt. Ein Beitrag zur ökologischen Bedeutung eines kleinen Primärwaldrestes in der Landschaft Angeln und zum Versagen der Instrumente des Naturschutzes. Natur- und Landeskunde 125: 218-228.

Riedel-Lorjé, J. C. und T. Gaumert (1982): 100 Jahre Elbe-Forschung. Hydrobiologische Situation und Fischbestand 1842–1943 unter dem Einfluß von Strombau und Sieleinleitungen. Arch. Hydrobiol. Suppl. 61: 317-367.

Rieseberg, H. J. (1988): Verbrauchte Welt. Die Geschichte der Naturzerstörung und Thesen zur Befreiung vom Fortschritt. 149 S. Frankfurt a. M., Berlin (Ullstein).

Rilke, R. M. (1903): Worpswede: Fritz Mackensen, Otto Modersohn, Fritz Overbeck, Hans am Ende, Heinrich Vogeler. 124 S. Bielefeld, Leipzig (Velhagen und Klasing).

Rinkmeier, P. (2013): Moore in Schleswig-Holstein – Moorkultivierung, Moorkolonisation und Torfabbau. In: D. Collet und M. Jakubowski-Tiessen (Hrsg.): Schauplätze der Umweltgeschichte in Schleswig-Holstein. 165–180. Göttingen (Universitätsverlag Göttingen).

Röbbelen, G. (2013): Der Preußenkönig und die Kartoffel. Nachrichten der Akademie der Wissenschaften zu Göttingen N.F. 002/2013. 15 S. https://rep.adw-goe.de/bitstream/handle/11858/00-001S-0000-0015-9757-A/Röbbelen-Kartoffeldeckblatt.pdf?sequence=4. Zugegriffen: 2.1.2020

Robert Koch Institut (2014): Zum Ausbruch hochpathogener aviärer Influenza A(H5N8) in einem Putenmastbetrieb in Mecklenburg-Vorpommern. Epidemiologisches Bulletin 46 vom 17. November 2014, S. 451. https://www.rki.de/DE/Content/Infekt/EpidBull/Archiv/2014/Ausgaben/46_14.pdf?__blob=publicationFile. Zugegriffen: 2.1.2020

Röckelein, H. (2013): Wissenschaftliche Preisfragen und Nachwuchsförderung. In: C. Starck und K. Schönhammer (Hrsg.): Die Geschichte der Akademie der Wissenschaften zu Göttingen. Teil I. 77–110. Berlin, Boston (W. de Gruyter).

Röhl, J. C. G. (2014): Wie Deutschland 1914 den Krieg plante. Süddeutsche Zeitung vom 5.3.2014. https://www.sueddeutsche.de/politik/ausbruch-des-ersten-weltkriegs-wie-deutschland-den-krieg-plante-1.1903963. Zugegriffen: 2.1.2020

Rohr, C. (2007): Extreme Naturereignisse im Ostalpenraum – Naturerfahrung im Spätmittelalter und am Beginn der Neuzeit. 640 S. Köln (Böhlau).

Römer, D. (1957): Thiodan, ein Fraß- und Kontaktinsektizid. Anzeiger für Schädlingskunde 30/10: 174-176.

Rosa, H. (2014, 3. Aufl.): Beschleunigung und Entfremdung. 156 S. Berlin (Suhrkamp).

Roselieb, F. (1998): Störfall-Serie in den Werken der Hoechst AG im Jahr 1993. Krisennavigator 1/1. https://www.krisenkommunikation.info/Stoerfall-Serie-in-den-Werken-der-Hoechst-AG-im-Fruehjahr-1993.114.0.html. Zugegriffen: 2.1.2020

Rosenhagen, G. und I. Bork (2009): Rekonstruktion der Sturmflutwetterlage vom 13. November 1872. MUSTOK-Workshop 2008. Die Küste 75: 51-70.

Röser, M. (1992): Kulturpflanzen aus Amerika erobern Europa: Die Maispflanze. Kulturgeschichte und Entstehung. Kataloge des OÖ. Landesmuseums N. F. 61: 181-188.

Ross, W. G. (1979): The annual catch of Greenland (Bowhead) whales in waters north of Canada 1719-1915: A preliminary compilation. Arctic 32/2: 91-121.

Roßnagel, A. (2007): Atomausstieg und Restlaufzeiten. In: A. Hänlein und A. Roßnagel (Hrsg.): Wirtschaftsverfassung in Deutschland und Europa. Festschrift für Bernhard Nagel. Kasseler Personalschriften 5, S. 155–169. Kassel (kassel univ. press).

Rostock, J. (2010): Das „Gewaltigste an Gemeinschaft". Das „KdF-Seebad Rügen" in Prora und sein Dokumentationszentrum. Die Politische Meinung 488/489: 119–123.

Roth, K. H. (2009): Die I. G. Farbenindustrie AG im Zweiten Weltkrieg. 76 S. Frankfurt am Main (Fritz Bauer Institut, J. W. Goethe-Universität).

Roth, M. (1906): IV. Die Geschichte des Wechselfiebers im Herzogtum Oldenburg. Jb. für die Geschichte des Herzogtums Oldenburg. Bd. 16: 56–88. Oldenburg.

Roth, S. (2014): Fashionable functions: A Google ngram view of trends in functional differentiation (1800-2000). International Journal of Technology and Human Interaction 10(2): 35-58.

Rothenhöfer, P. (2013): Römische Bleigewinnung in der Nordeifel. In: G. Creemers (Hrsg.): Archaeological Contributions to Materials and Immateriality. Atuatuca 4: 58–67

Rothenhöfer, P. und M. Bode (2015): Wirtschaftliche Auswirkungen der römischen Herrschaft im augusteischen Germanien. In: G. A. Lehmann und R. Wiegels (Hrsg.): Über die Alpen und über den Rhein. Beiträge zu den Anfängen und zum Verlauf der römischen Expansion nach Mitteleuropa. Abh. Akademie d. Wiss. Zu Göttingen N.F. 37: 313–338. Berlin/Boston (W. d. Gruyter).

Rückert, P. (2001): Wald und Siedlung im späteren Mittelalter aus der Perspektive der Herrschaft. Siedlungsforschung. Archäologie – Geschichte – Geographie 19: 121–143.

Ruder, J. (2003): Die historischen Teerkuhlen in Hänigsen bei Hannover. Exkursionsführer und Veröffentlichungen des Arbeitskreises Bergbau der VHS Schaumburg 9. 51 S. Hagenburg.

Ruder, J. (2011): Historisches zu den „Theerkuhlen" in Hänigsen. Exkursionsführer und Veröffentlichungen der Deutschen Gesellschaft für Geowissenschaften (EDGG) 246: 26–37. Hannover (Deutsche Ges. f. Geowissenschaften).

Rudolf, B. und J. Rapp (2003): Das Jahrhunderthochwasser an der Elbe: Synoptische Wetterentwicklung und klimatologische Aspekte. In: Deutscher Wetterdienst (Hrsg.): Klimastatusbericht 2002. Offenbach (DWD). https://www.dwd.de/DE/fachnutzer/wasserwirtschaft/ku42/publikationen/Elbehochwasser.pdf?blob=publicationFile&v=2. Zugegriffen: 2.1.2020

Rudolph, K.-U. und T. Block (2001): Der Wassersektor in Deutschland. Methoden und Erfahrungen. 158 S. Berlin, Bonn, Witten (Bundesministerium für Umwelt, Naturschutz und Reaktorsicherheit und Umweltbundesamt).

Rüger, J. (2017): Helgoland. Deutschland, England und ein Felsen in der Nordsee. 519 S. Berlin (Propyläen).

Sacharow, W. W. (2011): Uran für das strategische Gleichgewicht. In: R. Boch und R. Karlsch (2011): Uranbergbau im Kalten Krieg. Die Wismut im sowjetischen Atomkomplex. Bd. 1: Studien: 37–98. Berlin (Ch. Links).

1973.pdf.Zugegriffen:2.1.2020., 1973 Sachverständigenrat zur Begutachtung der gesamtwirtschaftlichen Entwicklung (1973): Zu den gesamtwirtschaftlichen Auswirkungen der Ölkrise. Sondergutachten vom 17. Dezember 1973. S. 183–198. https://www.

sachverstaendigenrat-wirtschaft.de/fileadmin/dateiablage/download/sondergutachten/sg12-1973.pdf. Zugegriffen: 2.1.2020

Salesch, M. (2011): Klein Texas in der Heide. Exkursionsführer und Veröffentlichungen der Deutschen Gesellschaft für Geowissenschaften (EDGG) 246: 9–15. Hannover (Deutsche Ges. f. Geowissenschaften).

Salesch, M. (2013): Wietze – das deutsche Texas in der Heide. Neuzeitliche Förderung und Verwendung von Erdöl. In: H.-D. Görg (Hrsg.): 100 Jahre Effizienz. Rudolf Diesel und die Landtechnik. S. 55–66. Verl (Agrar-Media).

Samuel, G. (2018): 30 Jahre Eurosolar. Eine kurze Chronologie. Solarzeitalter 30, 1/2018: 38–39.

Sanner, L. (2015): „Als wäre das Ende der Welt da". Die Explosionskatastrophen in der BASF 1921 und 1948. 486 S. Ludwigshafen (Stadtverwaltung Ludwigshafen am Rhein).

Schade, J.-U. und S. Adam (2013, 3. Aufl.): Neues aus der Akte Pommes Fritz. 112 S. Potsdam (Ministerium für Infrastruktur und Landwirtschaft des Landes Brandenburg). https://mluk.brandenburg.de/cms/media.php/lbm1.a.3310.de/Neues-aus-der-Akte-Pommes-Fritz_Teil1-bis-S48.pdf. Zugegriffen: 2.1.2020

Schäfer, I. (2008): Kies und Sand am Niederrhein. Natur am Niederrhein (N.F.) 23: 197–204. Krefeld.

Schallmayer, E. (2007, 2. Aufl.): Der Limes. Geschichte einer Grenze. 136 S. München (C. H. Beck).

Schäfer, R. (2012): „Lamettasyndrom" und Säuresteppe": Das Waldsterben und die Forstwissenschaften 1979–2007. Schriften aus dem Institut für Forstökonomie der Universität Freiburg i. B. 34, 416 S. Freiburg i. B. (Univ. Freiburg, Inst. f. Forstökonomie).

Schäfer, R. und B. Metzger (2009): Was macht eigentlich das Waldsterben? In: P. Masius, O. Sparenberg und J. Sprenger (Hrsg.): Umweltgeschichte und Umweltzukunft. 201–228. Göttingen (Universitätsverlag Göttingen).

Schanbacher, A. (2016): Kartoffelkrankheit und Nahrungskrise in Nordwestdeutschland 1845–1848. Veröffentlichungen der Historischen Kommission für Niedersachsen und Bremen 287. 503 S. Göttingen (Wallstein).

Scheifele, M. (1988): Die Ordnung des gemeinen Holzgewerbes im Murgtal von 1488. Forstwiss. Centralblatt 107/1: 81-94.

Scheifele, M. (1995, 2. Aufl.): Flößerei und Holzhandel im Murgtal unter besonderer Berücksichtigung der Murgschifferschaft. In: M. Scheifele (Hrsg.): Die Murgschifferschaft. Geschichte des Floßhandels, des Waldes und der Holzindustrie im Murgtal. S. 73–456. Gernsbach (Casimir Katz).

Schenk, S. und C. Kühleis (1992): Betriebsschließung. Arbeitspolitische (Selbst-)Blockierungen im Umweltschutz – eine retrospektive Fallstudie. FS II 92–202. 114 S. Berlin (Wissenschaftszentrum Berlin für Sozialforschung).

Schettler, G. und R. L. Romer (1998): Anthropogenic influences on PB/Al and lead isotope signature in annually layered Holocene Maar lake sediments. Applied Geochemistry 13/6: 787-797.

Schiersner, F. (2000): The Oder river flood. In J. Bernstein (Hrsg.): Crisis Manager 1/14 vom 15.08.2000. https://www.bernsteincrisismanagement.com/newsletter/crisismgr000815.html. Zugegriffen: 2.1.2020

Schietzel, K. (2014): Spurensuche Haithabu. Dokumentation und Chronik 1963–2013. 647 S. Neumünster, Hamburg (Wachholtz).

Schirmer, K. (2002): Überschattet. Aufstieg und Niedergang der deutschen Solarindustrie. Südwestrundfunk. SWR2 Wissen. Sendung vom 15.10.2012 um 8:30 Uhr. https://docplayer.org/22154235-Suedwestrundfunk-swr2-wissen-manuskriptdienst-ueberschattet-aufstieg-und-niedergang-der-deutschen-solar-industrie.html. Zugegriffen: 2.1.2020

Schirmer, U. (2013): Die Thüringer Sintflut vom 29. Mai 1613. Eine bisher unbekannte Quelle aus dem Sächsischen Hauptstaatsarchiv Dresden. In: DWhG (Hrsg.): Die Thüringische Sintflut von 1613 und ihre Folgen für heute. Schriften der Deutschen Wasserhistorischen Gesellschaft 22: 41–50. Clausthal Zellerfeld (Papier-fliegerverlag).

Schirmer, W. (1983): Die Talentwicklung an Main und Regnitz seit dem Hochwürm. Geologisches Jahrbuch A71: 11-43.

Schlechter, R. (1900): Westafrikanische Kautschuk-Expedition. 1899/1900. 326 S. Berlin (Verlag des Kolonial-Wirtschaftlichen Komitees).

Schleswig-Holsteinischer Landtag (2011): Knicklänge in Schleswig-Holstein. Kleine Anfrage der Abgeordneten Marlies Fritzen (Bündnis 90/Die Grünen) und Antwort der Landesregierung – Ministerium für Landwirtschaft, Umwelt und ländliche Räume. 17. Wahlperiode. Drucksache 17/1263. 2011–02–16. 4 S. https://www.landtag.ltsh.de/infothek/wahl17/drucks/1200/drucksache-17-1263.pdf. Zugegriffen: 2.1.2020

Schlosser, F. (1999): Ländliche Entwicklung im Wandel der Zeit. Zielsetzungen und Wirkungen. Schriftenreihe Materialien zur Ländlichen Entwicklung 36: 183 S. München (Bayerisches Staats-ministerium für Ernährung, Landwirtschaft und Forsten, Abt. Ländliche Räume).

Schlottau, K. (2009): Umweltgeschichte und Altlasten: zur anhaltenden Relevanz gefährdender Stoffe. In: P. Masius, O. Sparenberg und J. Sprenger (Hrsg.): Umweltgeschichte und Umweltzukunft. 87–160. Göttingen (Universitätsverlag Göttingen).

Schmid, W. (2002): BSE und die variante Creutzfeldt-Jacob-Krankheit (vCJD). Schweiz Med Forum 10: 217-218.

Schmidt, E. (2013): Die Auswirkungen der Thüringischen Sintflut auf die Bevölkerung nördlich des Ettersberges. In: DWhG (Hrsg.): Die Thüringische Sintflut von 1613 und ihre Folgen für heute. Schriften der Deutschen Wasserhistorischen Gesellschaft 22: 51–57. Clausthal-Zellerfeld (Papierfliegerverlag).

Schmidt, G. (1991): Die Frühneuzeitlichen Hungerrevolten. Soziale Konflikte und Wirtschaftspolitik im Alten Reich. Zeitschrift f. Historische Forschung 18/3: 257–280.

Schmidt, L. und U. Mense (2013): Denkmallandschaft Peene-münde: eine wissenschaftliche Bestandsaufnahme – Conservation Management Plan. 208 S. Berlin (Ch. Links).

Schmook, R. (1997a): Zur Geschichte des Oderbruchs als friderizianische Kolonisationslandschaft. In: 250 Jahre Trocken-legung des Oderbruchs. Fakten und Daten einer Landschaft. 31–47. Frankfurt/Oder (Frankfurter Oder Editionen).

Schmook, R. (1997b): „Ich habe eine Provinz gewonnen" – 250 Jahre Trockenlegung des Oderbruchs. 128 S. Frankfurt/Oder (Frank-furter Oder Editionen).

Schmude, J. und A. Berghammer (2015): 7.6 Gletscher und Ski-tourismus: Eine Beziehung vor dem Aus? In: Lozán, J. L., H. Graßl, D. Kasang, D. Notz und H. Escher-Vetter (Hrsg.): Warn-signal Klima: Das Eis der Erde. S. 289–293. Hamburg.

Schnabel, C. (1904): Handbuch der Metallhüttenkunde. Zweiter Band. 912 S. Berlin (Springer).

Schöber-Butin, B. (2001): Die Kraut- und Braunfäule der Kartoffel und ihr Erreger *Phytophthora infestans* (Mont.) de Bary. Mitt. aus der Biologischen Bundesanstalt für Land- und Forstwirtschaft 384. 64 S. Berlin (Parey).

Schöne, J. (2004): Agrarpolitik und Krisenmanagement. Die Kollektivierung der Landwirtschaft in der DDR (1952–1961). FB Geschichts- und Kulturwiss. der FU Berlin. 321 S. Berlin (FU).

Schöne, J. (2005): Die Landwirtschaft der DDR 1945–1990. 80 S. Erfurt (Landeszentrale für politische Bildung Thüringen).

Schöne, J. (2007): Frühling auf dem Lande? Die Kollektivierung der DDR-Landwirtschaft. 336 S. Berlin (Ch. Links).

Schöne, R. (1995): Seefischerei. Zustand und Entwicklung wirtschaft-lich wichtiger Grundfischbestände im Nordost-Atlantik. Inf. Fisch-wirtschaft 42/2: 55–61.

Schönfelder, G., W. Wittfoht, H. Hopp, C. E. Talsness, M. Paul und I. Chahoud (2002): Parent bisphenol A accumulation in the human maternal-fetal-placental unit. Environmental Health Perspectives 110/11: A703-707.

Schoenichen, W. (1934): Urwaldwildnis in deutschen Landen. Bilder vom Kampf der deutschen Menschen mit der Urlandschaft. 64 S. Neudamm (Neumann).

Schönwiese, C.-D., T. Staeger, S. Trömel und M. Jonas (2003): Statistisch-klimatologische Analyse des Hitzesommers 2003 in Deutschland. In: Deutscher Wetterdienst (Hrsg.): Klimastatus-bericht 2003. S. 123–132. https://www.uni-frankfurt.de/45359735/Swetal-Hitzesommer-KSB2003pdf.pdf. Zugegriffen: 2.1.2020

Scholz, T. (2010): Die Tierhandlung L. Ruhe KG in Alfeld (Leine). Zur Geschichte des Tierhandels und des Tierschutzes. In: B. Herr-mann und U. Kruse (Hrsg.): Schauplätze und Themen der Umwelt-geschichte. 215–236. Göttingen (Universitätsverlag Göttingen).

Schott, D. (2014): Naturkatastrophen und städtische Resilienz. Die Hamburger Sturmflut im Kontext städtischer Naturkatastrophen der Neuzeit. In: M. Heßler und C. Kehrt (Hrsg.): Die Hamburger Sturmflut von 1962. Risikobewusstsein und Katastrophenschutz aus zeit-, technik- und umweltgeschichtlicher Perspektive. Umwelt und Gesellschaft 11: 9–35. Göttingen (Vandenhoeck & Ruprecht).

Schriewer, K. (2001): Die Nutzung des Waldes durch Forstwirtschaft, Jagd und Wanderer. Der Deutsche Wald 31/1: 24-29.

Schubert, S. (2017, 3. Aufl.): Pflanzenernährung. 234 S. Stuttgart (UTB).

Schumacher, J., A. Wulf und S. Leonhard (2007): Erster Nachweis von *Chalara fraxinea T. KOWALSKI sp. nov.* in Deutschland – ein Verursacher neuartiger Schäden an Eschen. Nachrichtenblatt Deutscher Pflanzenschutzdienst 59: 121-123.

Schwarz, C. (2014, 2. Aufl.): Die Geschichte der geo-logischen Erforschung des Siebengebirges. https://virtuellesbrueckenhofmuseum.de/vmuseum/historie_data/dokument/Geschichte_geologischen_Erforschung_des_Sieben-gebirges.pdf. Zugegriffen: 2.1.2020

Schwarzbach, M. (1970): Berühmte Stätten geologischer Forschung. 322. S. Stuttgart (Wiss. Verlagsges.).

Schwenke, K. D. (2010): Carl Sprengels Mineralstofflehre, ein Meilenstein in der Geschichte der Agrikulturchemie. Thaer heute, 5, S. 23–50. Möglin (Fördergesellschaft A. D. Thaer)

Schultz, H.-D. (2007): Duisburg-Lomé: Erinnerung an Deutschlands Kolonien im Erdkundeunterricht und Erdkundeschulbuch. In: U. v. d. Heyden und J. Zeller (Hrsg.): Kolonialismus hierzulande. Eine Spurensuche in Deutschland. S. 117–124. Erfurt (Sutton Verl.).

Schulz-Zunkel, C. (2014): Trace metal dynamics in floodplain soils. A case study with the river Elbe in Germany. Dissertation. Mathem.-Naturwiss. Fakultät, Christian-Albrechts-Universität. 111 S. Kiel.

Schulz-Zunkel, C., F. Krüger, H. Rupp, R. Meissner, B. Gruber, M. Gerisch und H.-R. Bork (2013): Spatial and seasonal distribution of trace metals in floodplain soils. A case study with the middle Elbe river, Germany. Geoderma 211-212: 128-137.

Schurian, C. (2018): Umwelt. In: F.-J. Brüggemeier, M. Farren-kopf und H. T. Grütter (Hrsg.): Das Zeitalter der Kohle. Eine europäische Geschichte. S. 251–261. Essen (Klartext).

Schütterle, J. (2010): Kumpel, Kader und Genossen: Arbeiten und Leben im Uranbergbau der DDR. Die Wismut AG. 297 S. Pader-born (F. Schöningh).

Schwarz, P. und T. Strobl (2007): Wasserbaukunst. Oskar von Miller und die bewegte Geschichte des Forschungsinstituts für Wasser-bau und Wasserkraft in Obernach am Walchensee (1926–1951). Berichte des Lehrstuhls und der Versuchsanstalt für Wasserbau und Wasserwirtschaft. Bd. 112. 121 S. München und Obernach (TU München und Versuchsanstalt für Wasserbau und Wasserwirtschaft Oskar v. Miller-Institut).

Seifert, L. (2013): Mikroevolution und Geschichte der Pest: Paläo-genetische Detektion und Charakterisierung von *Yersinia pestis*, gewonnen aus historischem Skelettmaterial. Diss. Fakultät für Biologie der Ludwig-Maximilians-Universität München. 208 S.

München. https://edoc.ub.uni-muenchen.de/16827/. Zugegriffen: 2.1.2020

Seitz, H. M. (2010): „Do der gelb fleck ist …" Dürers Malaria, eine Fehldiagnose. Wiener klinische Wochenschrift 122/3: 10-13.

Sell, J. J. (1831): Ueber den starken Häringsfang an Pommerns und Rügens Küsten im 12ten bis 14ten Jahrhundert. Aus dem Lateinischen übersetzt von D. E. H. Zober. 26 S. Stralsund (Königliche Regierungs=Buchdruckerei).

Sethe, H. (2011, 18. Aufl.): Der große Schnee. Der Katastrophenwinter 1978/79 in Schleswig-Holstein. 65 S. Husum (Husum Druck- und Verlagsges.).

Seuffert, O. (2019): Die Energiewende – Wahn und Wirklichkeit. Geoökotext 2: 181 S. Bensheim (Geo-Öko).

Seyfert, I. (1981): Der Abbau von Erz- und Quarzvorkommen im Bereich des Nationalparks Bayerischer Wald. Der Aufschluss, Sonderband 31: 33–47. Heidelberg.

Seymour, R. B., H. F. Mark, L. Pauling, C. H. Fisher, G. A. Stahl, L. H. Sperling, C. S. Marvel und C. E. Carraher Jr. (1989): Otto Bayer. Father of Polyurethanes. In: R. B. Seymour (Hrsg.): Pioneers in Polymer Science. Chemists and Chemistry. Bd. 10. S. 213–219. Dordrecht (Springer).

Sievers, T. und F. Knolle (2010): Die Reparationshiebe der Engländer in den Wäldern des Westharzes nach 1945. Unser Harz 58: 86-89.

Sioen, G., P. Roskams, B. de Cuyper und M. Steenackers (2017): Ash dieback in Flanders (Belgium): Research on disease development, resistance and management options. In: I. Vasaitis und R. Enderle (Hrsg.): Dieback of European ash (Fraxinus ssp.). Consequences and guidelines for sustainable management. COST (European Cooperation in Science and Technology), Action FP 1103 FRAXBACK: 61–67.

Sirocko, F. (2010; Hrsg.), Wetter, Klima, Menschheitsentwicklung: von der Eiszeit bis ins 21. Jahrhundert. Darmstadt (Wiss. Buchgesellschaft).

Slack (2015): Die Pest. 189 S. Stuttgart (Reclam Sachbuch).

Smith, G. D., S. A. Ströbele und M. Egger (1994): Smoking and health promotion in Nazi Germany. J. of Epidemiology and Community Health 48: 220-223.

Sobczyk, T. (2014): Der Eichenprozessionsspinner in Deutschland. Historie – Biologie – Gefahren – Bekämpfung. BfN-Skripten 365. 171 S. Bonn (BfN).

Spiegelberg-Pettke, K. (2014): Einzigartig. Der Heringszaun von Kappeln. https://www.kappeln.de/PDF/EinzigartigDerHeringszaun vonKappeln.PDF?ObjSvrID=1760&ObjID=301&ObjLa=1&Ext =PDF&WTR=1&ts=1274336140. Zugegriffen: 2.1.2020

Spiethoff, K. (2013): Zuflucht Amerika. Auswanderung, Auswanderungsgesellschaften und die Idee einer deutschen Staatsgründung in der neuen Welt (1816–1834). In: Reisende Sommer-Republik und Stadtarchiv Gießen (Hrsg.): Aufbruch in die Utopie – Auf den Spuren einer deutschen Republik in den USA. 15–84. Bremen (Edition Falkenberg).

Spinney, L. (2018): 1918. Die Welt im Fieber. Wie die Spanische Grippe die Gesellschaft veränderte. 378 S. München (Carl Hanser).

Sprengel, C. (1828): Von den Substanzen der Ackerkrume und des Untergrundes u.s.w. (Fortsetzung). In: O. L. Erdmann (Hrsg.): Journal für technische und ökonomische Chemie. 3. Bd., S. 42–99. Leipzig (J. A. Barth).

Sprenger, J. (2011): „Die Landplage des Raupenfraßes". Wahrnehmung, Schaden und Bekämpfung von Insekten in der Forst- und Agrarwirtschaft des preußischen Brandenburgs (1700–1850). Dissertation an der Biologischen Fakultät der Georg-August Universität Göttingen. Schriftenreihe Dissertationen aus dem Julius Kühn-Institut. Quedlinburg. https://ojs.openagrar.de/index.php/ DissJKI/article/view/1626. Zugegriffen: 2.1.2020

SRU (2007): Arzneimittel in der Umwelt. Stellungnahme des Sachverständigenrates für Umweltfragen 12, 92 S. Berlin (SRU). https:// www.umweltrat.de/SharedDocs/Downloads/DE/04_Stellung-nahmen/2004_2008/2007_Stellung_Arzneimittel_in_der_Umwelt. pdf?__blob=publicationFile&v=6. Zugegriffen: 2.1.2020

SRU (2019): Demokratisch regieren in ökologischen Grenzen – Zur Legitimation von Umweltpolitik. Sondergutachten. 270 S. Berlin (Geschäftsstelle des SRU). https://www.umweltrat.de/SharedDocs/ Downloads/DE/02_Sondergutachten/2016_2020/2019_06_ SG_Legitimation_von_Umweltpolitik.pdf;jsessionid=3 0728F76BDA2AA72C16CC52753716242.2_cid284?__ blob=publicationFile&v=12. Zugegriffen: 2.1.2020

SRU und WBBGR (2018): Für einen flächenwirksamen Artenschutz. Stellungnahme vom Oktober 2018. 51 S. Berlin und Bonn (Sachverständigenrat für Umweltfragen [SRU] und Beirat für Biodiversität und Genetische Ressourcen beim Bundesministerium für Ernährung und Landwirtschaft [WBBGR]). https://www.umweltrat.de/SharedDocs/Downloads/DE/04_ Stellungnahmen/2016_2020/2018_10_AS_Insektenschutz.pdf?__ blob=publicationFile&v=17. Zugegriffen: 2.1.2020

SSK (1995): Kernkraftwerk Greifswald (KKG). Blöcke 1–6. Stilllegung der Anlage mit Abbau von Anlageteilen. Stellungnahme der Reaktor-Sicherheitskommission und der Strahlenschutzkommission. Veröffentlichungen der Strahlenschutzkommission 39. 14 S. Bonn (SSK).

Staiß, F. (2000): Jahrbuch Erneuerbare Energien 2000. 320 S. Radebeul (Bieberstein).

Stamp, H.-P. (2013): …und weiß wie Alabaster. Eine Kulturgeschichte der Kartoffel. 256 S. Neumünster (Wachholtz).

Stan, H.-J., T. Heberer und M. Linkerhägner (1994): Vorkommen von Clofibrinsäure im aquatischen System – Führt die therapeutische Anwendung zu einer Belastung von Oberflächen-, Grund- und Trinkwasser? Vom Wasser 83: 57-68.

Stan, H.-J. und M. Linkerhägner (1992): Identifizierung von 2-(4-Chlorphenoxy)-2-methyl-propionsäure im Grundwasser mittels Kapillar-Gaschromatographie mit Atomemissionsdetektion und Massenspektrometrie. Vom Wasser 79: 75-88.

Statista (2014): Antibiotikaverbrauch in der Tierhaltung in Deutschland im Vergleich der Jahre 2003 und 2010 (in Tonnen). https:// de.statista.com/statistik/daten/studie/223899/umfrage/verbrauch-von-antibiotika-in-der-tierhaltung-in-deutschland/. Zugegriffen: 26.11.2019

Steffen, W., K. Richardson, J. Rockström, S. E. Cornell, I. Fetzer, E. M. Bennett, R. Biggs, S. R. Carpenter, W. de Vries, C. A. de Witt, C. Folke, D. Gerten, J. Heinke, G. M. Mace, L. M. Persson, V. Ramanathan, B. Reyers und S. Sörlin (2015): Planetary boundaries: Guiding human development on a changing planet. Science 347: 736-746.

Steffen, W., J. Rockström, K. Richardson, T. M. Lenton, C. Folke, D. Liverman, C. P. Summerhayes, A. D. Barnosky, S. E. Cornell, M. Crucifix, J. F. Donges, I. Fetzer, S. J. Lade, M. Scheffer, R. Winkelmann und H. J. Schellnhuber (2018): Trajectories of the earth system in Anthropocene. PNAS 115 (33): 8252-8259.

Steger, F. und H. Friedmann (2011): Teil 3: Radium in der Medizin, in Industrieprodukten und im privaten Bereich. Strahlenschutz aktuell 46/1: 7-47.

Stein, C. und G. Malitz (2013): Das Hochwasser an Elbe und Donau im Juni 2013. Wetterentwicklung und Warnmanagement des DWD. Hydrometeorologische Rahmenbedingungen. Berichte des Deutschen Wetterdienstes 242, 36 S. Offenbach (Selbstverlag des DWD). https://www.dwd.de/DE/presse/hintergrundberichte/2013/ Hochwasser_Juni2013_PDF.pdf?__blob=publicationFile&v=3. Zugegriffen: 2.1.2020

Steinweg, B. und M. Kerth (2013): Kriegsbeeinflusste Böden – Böden als Zeugen des Ersten und Zweiten Weltkrieges. Z. Bodenschutz 2/2013: 52-57.

Stephan, C. (2014): Blütenlesen im Ersten Weltkrieg. Landschaft als Schlachtfeld. Essay und Diskurs. Deutschlandfunk. https:// www.deutschlandfunk.de/bluetenlesen-im-ersten-weltkrieglandschaft-als-schlachtfeld.1184.de.html?dram:article_id=276596. Zugegriffen: 2.1.2020

Stephan, H.-G. (1985): Ergebnisse archäologischer Forschung zur mittelalterlichen Besiedlungsgeschichte des Unteren Eichsfeldes. Nachrichten aus Niedersachsens Urgeschichte 54, S. 31-57.

Stephan, H.-G., R. Myszka und D. Wilke (2017): Archäologische und archäometrische Forschungen zu karolingischen und zu hochmittelalterlichen Waldglashütten im Solling. Göttinger Jahrbuch 65: 239-260.

Sticher, B. und A. Will (2014a): Kurze Darstellung der ausgewählten Katastrophenereignisse. In: B. Sticher (Hrsg.): Die Einbindung der Bevölkerung in das Krisen- und Katastrophenmanagement in Deutschland (der BRD) nach dem Zweiten Weltkrieg. Exemplarisch verdeutlicht an fünf Katastrophenereignissen. S. 10–14. Berlin (Forschungsprojekt Kat-Leuchttürme).

Sticher, B. und A. Will (2014b): Hilfebedarfe der Bevölkerung, Hilfeverhalten von BOS und Bevölkerung sowie deren Kooperation bei den ausgewählten Katastrophenereignissen. In: B. Sticher (Hrsg.): Die Einbindung der Bevölkerung in das Krisen- und Katastrophenmanagement in Deutschland (der BRD) nach dem Zweiten Weltkrieg. Exemplarisch verdeutlicht an fünf Katastrophenereignissen. S. 47–62. Berlin (Forschungsprojekt Kat-Leuchttürme).

Stiftung Warentest (2014): Die Reinheit geht baden. Test 8/2014, S. 20–27. Berlin (Stiftung Warentest).

Stobbe, U. (2009): Neophyten im Spannungsfeld von Repräsentation, Nutzen und Patriotismus gegen Ende des 18. Jahrhunderts. In: B. Herrmann und U. Stobbe (Hrsg.): Schauplätze und Themen der Umweltgeschichte. 189–226. Göttingen (Universitätsverlag Göttingen).

Stöckle, T. (2012, 2. Aufl.): Grafeneck. Der Aufbau einer Vernichtungsanstalt. Versuch einer Chronologie. In: G. Morsch und B. Perz (Hrsg.): Neue Studien zu nationalsozialistischen Massentötungen durch Giftgas. Historische Bedeutung, technische Entwicklung, revisionistische Leugnung. Schriftenreihe der Stiftung Brandenburgische Gedenkstätten 29, S. 100–108. Berlin (Metropol).

Stolz, G. (1989, 4. Aufl.): Der alte Eiderkanal. Schleswig-Holsteinischer Kanal. 87 S. Heide (Boyens).

Storm, T. (2013): Der Schimmelreiter. 147 Normseiten. Neuss (Null Papier).

Straußberger, R. (2011): Rückblick 2010: Der Wald steht still und schweiget. Der kritische Agrarbericht. S. 189–196. Hamm (ABL).

Strenger, C. (2019): Diese verdammten liberalen Eliten – Wer sie sind und warum wir sie brauchen. 171 S. Berlin (Suhrkamp).

Struckmeier, S. (2011): Die Textilfärberei vom Spätmittelalter bis zur frühen Neuzeit. Eine naturwissenschaftlich-technische Analyse deutschsprachiger Quellen. Cottbuser Studien zur Geschichte von Technik, Arbeit und Umwelt 35. 356 S. Münster (Waxmann).

Stühring, C. (2010): Wallfahrt und Kreuzgang. Zur Rinderseuchenbewältigung im kurbayerischen Katholizismus des 18. Jahrhunderts. In: P. Masius, J. Sprenger und E. Mackowiak (Hrsg.): Katastrophen machen Geschichte.

Umweltgeschichtliche Prozesse im Spannungsfeld von Ressourcennutzung und Extremereignis. 119–132. Göttingen (Universitätsverlag Göttingen).

Sumner, R. (2016): Combinatorial creativity and the Australian letters of Amalie Dietrich. Yearbook of the Association of Pacific Coast Geographers 78: 192-215.

Suß, C. D: (2104): Karlskirche Kassel – Ein historischer Rückblick. Ev. Kirchengemeinde Kassel-Mitte (Hrsg.): Karlskirche Kassel. vgl. Die Karlskirche und ihre Geschichte in www.ekkw.de/aktuell/7515.htm. Zugegriffen: 26.11.2019.

Szöllösi-Janze, M. (1998): Fritz Haber 1868–1934: Eine Biographie. 928 S. München (C. H. Beck).

Szöllösi-Janze, M. (2000): Losing the war, but gaining the ground: The German chemical industry during World War I. In: J. E. Lesch (Hrsg.): The German chemical industry in the twentieth century, 91–121. Dordrecht (Kluwer)

Szüs, L. (2013): Das Dannewerk – Zur Bau- und Nutzungsgeschichte einer Landwehr. In: D. Collet und M. Jakubowski-Tiessen (Hrsg.): Schauplätze der Umweltgeschichte in Schleswig-Holstein. 211–224. Göttingen (Universitätsverlag Göttingen).

Tangermann, S. (2013): Ökonomische Preisfragen: Die Akademie und die Nützlichkeit. In: C. Starck und K. Schönhammer (Hrsg.): Die Geschichte der Akademie der Wissenschaften zu Göttingen. Teil I. 111–132. Berlin, Boston (W. de Gruyter).

Taube, F. (2018): Expertise zur Bewertung des neuen Düngerechts (DüG, DüV, StoffBilV) von 2017 in Deutschland im Hinblick auf den Gewässerschutz. Studie im Auftrag des Bundesverbandes der Energie- und Wasserwirtschaft e.V. 25 S. Kiel (Grünland- und Futterbau/Ökologischer Landbau, Christian-Albrechts-Universität zu Kiel). https://www.bdew.de/media/documents/Expertise_Bewertung_DüG_DüV_StoffBilV_Taube_11.06.2018_oeffentlich.pdf . Zugegriffen: 2.1.2020

Tautor, A. (2011): Ökologische Erinnerungsorte: Die Grünen. https://www.umweltunderinnerung.de/index.php/kapitelseiten/oekologische-zeiten/87-die-gruenen. Zugegriffen: 2.1.2020

Teleky, L. (1955): Gewerbliche Vergiftungen. 414 S. Berlin, Göttingen, Heidelberg (Springer).

Thaer, A. D. (1815): Geschichte meiner Wirthschaft zu Möglin. Berlin (Realschulbuchhandlung).

Thaler, R. H. und C. R. Sunstein (2017, 7. Aufl.): Nudge: Wie man kluge Entscheidungen anstößt. 400 S. Berlin (Ullstein TB).

The Holocaust Historiography Project (2014): The testimony of Franz Blaha about Dachau. Trial of the major war criminals. Thirty-second day. Friday, 11 January 1946, morning session. Proceedings 5. Nürnberg. https://www.historiography-project.org/1946/01/11/the-testimony-of-franz-blaha-a/. Zugegriffen: 2.1.2020

Thiele, J. und A. Otte (2007): Invasion patterns of *Heracleum mantegazzianum* in Germany on the regional and landscape scales. Journal for Nature Conservation 16: 61-71.

Thomas, P. A. (2016): Biological flora of the British Isles: Fraxinus excelsior. Journal of Ecology 104: 1158-1209.

Thomasius, H. und B. Bendix (2013): Sylvicultura oeconomica. Transkription in das Deutsch der Gegenwart. 368 S. Remagen-Oberwinter (Kessel).

Thouin, H., L. Le Forestier, P. Gautret, D. Hube, V. Laperche, S. Dupraz und F. Battaglia-Brunet (2016): Characterization and mobility of arsenic and heavy metals in soils polluted by the destruction of arsenic-containing shells from the Great War. Science of the Total Environment 550: 658-669.

Thümmel, H.-W. (1986): Carl Benz und die Technische Hochschule Karlsruhe. Fridericiana 38. 47 S.

Tietz, A. (2007): Die Anwendung des Zyklon B in den faschistischen Konzentrationslagern. In: Forschungsgruppe Zyklon B, Dessau (Hrsg.): Zyklon B – Die Produktion in Dessau und der Missbrauch durch die deutschen Faschisten. S. 123–163. Norderstedt (Books on Demand).

Tiggemann, A. (2004): Die „Achillesferse" der Kernenergie in der Bundesrepublik Deutschland. Zur Kernenergiekontroverse und Geschichte der nuklearen Entsorgung von den Anfängen bis Gorleben 1955 bis 1985. 873 S. Lauf a. d. Pegnitz (Europaforum-Verlag).

Toben, H. (2019): Als es zum ersten Mal Smog-Alarm gab. Ärzte-Zeitung online vom 16.01.2019. https://www.aerztezeitung.de/politikgesellschaft/article/979507/smog-ruhrpott-ersten-mal-smog-alarm-gab.html. Zugegriffen: 2.1.2020

Tolkmutt, D., D. Becker, M. Hellmann, E. Günther, F. Weihe, H. Zang und B. Nicolai (2012): Einfluss des Waschbären *Procyon lotor* auf Siedlungsdichte und Bruterfolg von Vogelarten – Fallbeispiele aus dem Harz und seinem nördlichen Vorland. Ornithol. Jber. Mus. Heineanum 30: 17-46.

Trunk, A. (2012, 2. Aufl.): Die todbringenden Gase. In: G. Morsch und B. Perz (Hrsg.): Neue Studien zu nationalsozialistischen Massentötungen durch Giftgas. Historische Bedeutung, technische Entwicklung, revisionistische Leugnung. Schriftenreihe der Stiftung Brandenburgische Gedenkstätten 29, S. 23–49. Berlin (Metropol).

Tulla, J. G. (1812): Die Grundsätze, nach welchen die Rheinbauarbeiten künftig zu führen seyn möchten. Denkschrift vom 1.3.1812. Karlsruhe.

Tümmers, H. J. (1994): Der Rhein. Ein europäischer Fluss und seine Geschichte. 479 S. München (C. H. Beck).

Turner, R. S. (2005): After the famine: Plant pathology, Phytophthora infestans, and the late blight of potatoes, 1845-1960. Hist. Stud. Phys. Biol. Sci. 35/2: 341-370.

Twyry, V. (2010): Die Bewältigung von Naturkatastrophen in mitteleuropäischen Agrargesellschaften seit der Frühen Neuzeit. In: P. Masius, J. Sprenger und E. Mackowiak (Hrsg.): Katastrophen machen Geschichte. Umweltgeschichtliche Prozesse im Spannungsfeld von Ressourcennutzung und Extremereignis. 13–30. Göttingen (Universitätsverlag Göttingen).

UBA (2010): Bisphenol A. Massenchemikalie mit unerwünschten Nebenwirkungen. Dessau-Roßlau (Umweltbundesamt). 18 S. https://www.umweltbundesamt.de/sites/default/files/medien/publikation/long/3782.pdf. Zugegriffen: 2.1.2020

UBA (2013): Bodenversiegelung. Berlin (Umweltbundesamt). https://www.umweltbundesamt.de/daten/flaeche-boden-land-oekosysteme/boden/bodenversiegelung#textpart-1. Zugegriffen: 2.1.2020

UBA (2014a): Versalzung von Werra und Weser. Beseitigung der Abwässer aus der Kaliproduktion mittels „Eindampfungslösung". Stellungnahme Oktober 2014. 9 S. Dessau-Röhlau (Umweltbundesamt). https://www.umweltbundesamt.de/sites/default/files/medien/376/publikationen/versalzung_von_werra_und_weser_-_beseitigung_der_abwaesser_aus_der_kaliproduktion_mittels_eindampfungsloesung_stellungnahme_0.pdf. Zugegriffen: 2.1.2020

UBA (2014b; Hrsg.): 1974–2014: 40 Jahre Umweltbundesamt. 175 S. Dessau-Röhlau (Umweltbundesamt). https://www.umweltbundesamt.de/sites/default/files/medien/376/publikationen/40_jahre_umweltbundesamt.pdf. Zugegriffen: 2.1.2020

UBA (2017a): Beitrag der Landwirtschaft zu den Treibhausgas-Emissionen. https://www.umweltbundesamt.de/daten/land-forstwirtschaft/beitrag-der-landwirtschaft-zu-den-treibhausgas#textpart-1. Zugegriffen: 2.1.2020

UBA (2017b): Stickstoff. https://www.umweltbundesamt.de/themen/boden-landwirtschaft/umweltbelastungen-der-landwirtschaft/stickstoff#textpart-1. Zugegriffen: 2.1.2020

UBA (2018): Umwelt und Landwirtschaft 2018. 12 S. Dessau-Roßlau (Umweltbundesamt). https://www.umweltbundesamt.de/sites/default/files/medien/421/publikationen/20180125_uba_fl_umwelt_und_landwirtschaft_bf_final.pdf. Zugegriffen: 2.1.2020

UBA (2019): Monitoringbericht 2019 zur Deutschen Anpassungsstrategie an den Klimawandel. Bericht der interministeriellen Arbeitsgruppe Anpassungsstrategie der Bundesregierung. 272 S. Dessau-Roßlau (UBA). https://www.umweltbundesamt.de/sites/default/files/medien/1410/publikationen/das_monitoringbericht_2019_barrierefrei.pdf. Zugegriffen: 2.1.2020

Uekötter, F. (2007): Umweltgeschichte im 19. und 20. Jahrhundert. 144 S. München (Oldenbourg).

Uekötter, F. (2009): Das Kyoto-Protokoll, oder: Was lässt sich aus der Geschichte umweltpolitischer Regulierung lernen? In: P. Masius, O. Sparenberg und J. Sprenger (Hrsg.): Umweltgeschichte und Umweltzukunft. 161–172. Göttingen (Universitätsverlag Göttingen).

Uhlemann, H.-J. (2012): Friedrich der Wasserbauer – Zum 300. Geburtstag Friedrichs des Großen. In: C. Ohlig (Hrsg.): Zehn Jahre wasserhistorische Forschungen und Berichte 20/2: 385–430. Norderstedt (Books on Demand).

Underwood, J. H. (1989): Population history of Nauru: A cautionary tale. Micronesica 22: 3-22.

Vahrenkamp, R. (2001): Die Autobahn als Infrastruktur und der Autobahnbau 1933–1945 in Deutschland. Working Paper in the History of Mobility 3. 123 S. Kassel.

van der Heyden, U. (2007): Die geographische Erforschung der Welt – koloniale Wegbereitung? Die geographische Entdeckung Afrikas und der deutsche Kolonialismus. In: U. v. d. Heyden und J. Zeller (Hrsg.): Kolonialismus hierzulande. Eine Spurensuche in Deutschland. S. 99–113. Erfurt (Sutton Verl.).

van der Heyden, U. (2007): Koloniales Denken im Blumentopf: Das Usambara-Veilchen und sein „Entdecker" aus Berlin. In: U. v. d. Heyden und J. Zeller (Hrsg.): Kolonialismus hierzulande. Eine Spurensuche in Deutschland. S. 220–222. Erfurt (Sutton Verl.).

van der Ploeg, R. R., W. Böhm, M. B. Kirkham (1999): On the origin of the theory of mineral nutrition of plants and the law of minimum. Soil Science Society of America Journal 63, S. 1055-1062

Vasold, M. (2009): Die Spanische Grippe: Die Seuche und der Erste Weltkrieg. 199 S. Darmstadt (Primus).

Vater, G. (2013): Schwarzbuch Lubminer Heide. Eine Chronik der Umweltgefährdung und Naturzerstörung an der Ostseeküste. 465 S. München (oekom).

Vaupel, E. (2012a): Die Nonne im Visier. Kultur & Technik. Das Magazin aus dem Deutschen Museum 1/2012, S. 52–57.

Vaupel, E. (2012b): Vom Teerfarbstoff zum Insektizid. Wilhelm von Miller und das Antinonnin. Chemie in unserer Zeit. 46/6, S. 388–400.

Vehkamäki, S. (2005): 2.2. The concept of sustainability in modern times. In: A. Jalkanen und P. Nygren (Hrsg.): Sustainable use of renewable natural resources – from principles to practices. Univ. of Helsinki Department of Forest Ecology Publ. 34: 1–13.

Viehl, K., A. Eisenmenger, K.-M. Müller und T. Wiethege (2005): Organbezogene schadstoffanalytische Untersuchungen an Gewebeproben ehemaliger Beschäftigter im Uranbergbau der SAG/SDAG Wismut. 171 S. Schriftenreihe Reaktorsicherheit und Strahlenschutz, BMU 2005–653.

Viviani, N. (1970): Nauru. Phosphate and political progress. 216 S. Canberra (Australian Nat. Univ. Press).

Vögele, J. und U. Koppitz (2006): Sanitäre Reformen und der epidemiologische Übergang in Deutschland (1840–1920). In: S. Frank und M. Gandy (Hrsg.): Hydropolis. Wasser und die Stadt der Moderne. S. 75–93. Frankfurt a. M., New York (Campus).

von Carlowitz, H. C. (1713): Sylvicultura Oeconomica, Oder Haußwirthliche Nachricht und Naturmäßige Anweisung Zur Wilden Baum-Zucht. 414 S. Leipzig (Braun).

von Humboldt, A. (2009, 6. Aufl.): Amerikanische Reise. Rekonstruiert und kommentiert von Hanno Beck. 352 S. Wiesbaden (Edition Erdmann).

von Röll, V. (1923, 2. Aufl.): Enzyklopädie des Eisenbahnwesens. Bd. 10. 535 S. Berlin und Wien (Urban & Schwarzenberg).

von Schroeder, J. K. (1959): Das Bergrecht des Fürstbistums Münster in seiner Entwicklung und seinen Nachwirkungen. Westfälische Zeitschrift 109: 3-85.

Vogt, J. (1953): Érosion des sols et techniques de culture en climat temperé maritime de transition (France et Allemagne). Revue de Géomorphologie Dynamique 4: 157-183.

Vogt, J. (1958): Zur historischen Bodenerosion in Mitteldeutschland. Peterm. Geogr. Mitt. 102: 199-203.

Völkel, F. (2014): „Aes rarum" – Zur Bedeutung des Silberbergbaus in der Oberharzer Stadt St. Andreasberg. In: M. Jakubowski-Tiessen, P. Masius und J. Sprenger (Hrsg.): Schauplätze der Umweltgeschichte in Niedersachsen 6: 103–117. Göttingen (Universitätsverlag).

Volkskammer der DDR (1955): Gesetz zur Erhaltung und Pflege der heimatlichen Natur (Naturschutzgesetz) vom 4. August 1954. Naturschutz und Landeskultur. Jb. 1955. Leipzig (Urania).

von den Berg, B. (2008): Die „Neue Tierpsychologie" und ihre wissenschaftlichen Vertreter (von 1900 bis 1945). 266 S. Berlin (Tenea). https://d-nb.info/997443901/34. Zugegriffen: 2.1.2020

von Lucke, A. (2011): Blauer Himmel über der Ruhr, strahlende Wolken über Fukushima. Neue Gesellschaft Frankfurter Hefte 4/2011. S. 8-11.

von Moser, W. G. (1790; Hrsg.): Forst=Archiv zur Erweiterung der Forst= und Jagd=Wissenschaft und der Forst= und Jagd=Literatur. 7. Bd. II. Neue Bücher. 8. *Von dem Nutzen der Holzsparöfen. In periodischen Blättern durch die Gesellschaft der Holzsparkunst. Berlin 1787. Siebenzehen Stücke. S. 70–71. Ulm (Stettinische Buchhandlung).

Wagner, B. C. (2000): Darstellungen und Quellen zur Geschichte von Auschwitz. Bd. 3: IG Auschwitz – Zwangsarbeit und Vernichtung von Häftlingen des Lagers Monowitz 1941–1945. 378 S. Berlin (De Gruyter).

Wagner, D. M., J. Klunk, M. Harbeck, A. Devault, N. Waglechner, J. W. Sahl, J. Enk, D. N. Birdsell, M. Kuch, C. Lumibao, D. Poinar, T. Pearson, M. Fourment, B. Golding, J. M. Riehm, D. J. D. Earn, S. DeWitte, J.-M. Rouillard, G. Grupe, I. Wiechmann, J. B. Bliska, P. S. Kein, H. C. Scholz, E. C. Holmes und H. Poinar (2014): *Yersinia pestis* and the plague of Justinian 541-543 AD: a genomic analysis. The Lancet Infectious Diseases 14/4: 319-326.

Wallmann, J. (2013), Antibiotika in der Veterinärmedizin. https://www.bvl.bund.de/SharedDocs/Downloads/10_Veranstaltungen/Symposium2013/symposium2013_vortrag_wallmann.pdf?__blob=publicationFile&v=3. Zugegriffen: 2.1.2020

Warhol, A. (2017): Besuch in der Herta-Wurstfabrik. In: R. Wieland (Hrsg.): Das Buch der Deutschlandreisen. Von den alten Römern zu den Weltenbummlern unserer Zeit. Berlin (Propyläen). S. 461–465.

Wasianski, E. A. C. (1804): Ueber Immanuel Kant. Dritter Band. Immanuel Kant in seinen letzten Lebensjahren. Ein Beitrag zur Kenntniß seines Charakters und seines häuslichen Lebens aus dem täglichen Umgang mit ihm. Königsberg (Friedrich Nicolovius).

WBGU (2011): Welt im Wandel: Gesellschaftsvertrag für eine große Transformation. 420 S. Berlin (WBGU). https://www.bundestag.de/resource/blob/434158/6fbf11d713565fa35d4387383389407d/adrs-18-228-data.pdf. Zugegriffen: 2.1.2020

Wegner, G. (1998): Die Bundesforschungsanstalt für Fischerei: 50 Jahre Forschung, Beratung und internationale Zusammenarbeit für Verbraucher, Wirtschaft und Politik. Inf. Fischwirtschaft 45/1: 3-8.

Wegner, G. (2004): Zur zeitgenössischen und nachwirkenden Bedeutung der aus wirtschaftlichen Interessen Hamburgs von Johann Anderson (1674–1743) zusammengestellten naturwissenschaftlichen Erkenntnisse aus der nordatlantischen Region. XVI+ 401 S. Hamburg (Dissertation Fachbereich Mathematik. Univ. Hamburg) https://ediss.sub.uni-hamburg.de/volltexte/2005/2511/pdf/DissertationWegner.pdf. Zugegriffen: 2.1.2020

Weidner, H. (1953): Die Wanderheuschrecken. Die Neue Brehm-Bücherei 96. 48 S. Leipzig (Geest & Portig).

Weiß, E. (2009): Zur Entwicklung des Flurbereinigungsgesetzes der Bundesrepublik Deutschland in den vergangenen 6 Jahrzehnten. 67 S. Bonn (Rhein. Friedrich-Wilhelms Univ. Bonn). https://www.landentwicklung.de/fileadmin/sites/Landentwicklung/Dateien/Gesetze_Verordnungen/FlurbG_6-Jz_V2_ohne_Anhang.pdf. Zugegriffen: 2.1.2020

Wendt, J., E. Eisbrenner, E. Maser, J. Strehse und U. Wichert (2019): MARELITT Baltic. Ammunition risk assessment study for derelict fishing gear search and retrieval actions at sea. 105 S. Kiel (EGEOS).

Wendt, K. P. und A. Zimmermann (2008): Bevölkerungsdichte und Landnutzung in den germanischen Provinzen des Römischen Reiches im 2. Jahrhundert n. Chr. Germania 86: 191-226.

Wendt, S. E. (2013): Kolonialbotanik und die Verwertung tropischer Nutzpflanzen – Zur Bedeutung des Kautschuk im Kaiserreich, 1880–1914. Masterarbeit. 88 S. Frankfurt (Oder) (Europa-Universität Viadrina).

Werner, D. (2018): Hochwasserschutz in Hamburg. Bachelorarbeit Geographie. Christian-Albrechts-Universität Kiel. 59 S. Kiel (unveröffentlicht).

Wernsdorfer, W. H. (2002): Chemotherapie der Malaria. Denisia 6, N. F. 184, S. 23-228.

Westermann, E. (2013): Die versunkenen Schätze der ‚Bom Jesus' von 1533. Die Bedeutung der Fracht des portugiesischen Indienseglers für die internationale Handelsgeschichte – eine Würdigung und Kritik. Vierteljahresschrift für Sozial- und Wirtschaftsgeschichte100/4: 459–478.

Wettengel, M. (1993): Staat und Naturschutz 1906-1945. Zur Geschichte der Staatlichen Stelle für Naturdenkmalpflege in Preußen und der Reichsstelle für Naturschutz. Historische Zeitschrift 257: 355-399.

Wetter, O. und C. Pfister (2013): An underestimated record breaking event – why summer 1540 was likely warmer than 2003. Clim. Past 9: 41-56.

Wetzel, F. G. (1991): Von Felsstück zu Felsstück rollt die Woge fort. In: Kassel in alten und neuen Reisebeschreibungen. Ausgewählt von K.-J. Ruhl. S. 99–102. Düsseldorf (Droste)

Wetzel, W. (2008): Tödliche Schüsse. 296 S. Münster (Unrast).

Wetzstein, M. (2006): Familie Beethoven im kurfürstlichen Bonn. Neuauflage nach den Aufzeichnungen des Bonner Bäckermeisters Gottfried Fischer. 175 S. Bonn (Verlag Beethoven Haus Bonn).

Wieland, T. (2002): Die politischen Aufgaben der deutschen Pflanzenzüchtung. NS-Ideologie und die Forschungsarbeiten der akademischen Pflanzenzüchter. In: S. Heim (Hrsg.): Autarkie und Ostexpansion: Pflanzenzucht und Agrarforschung S. 35–56. Göttingen (Wallstein).

Wieland, D. (1992, 12. Aufl.): Grün kaputt. In: Wieland, D., P. M. Bode und R. Disko (Hrsg.): Grün kaputt. Landschaft und Gärten der Deutschen. S. 114–118. München (Raben).

Wieland, D., P. M. Bode und R. Disko (1992[12]; Hrsg.): Grün kaputt. Landschaft und Gärten der Deutschen. 216 S. München (Raben).

Wieland, T. (2009): Autarky and Lebensraum. The political agenda of academic plant breeding in Nazi Germany. J. of History of Science and Technology 3. S. 14–34.

Wienhold, L. (2014): Arbeitsschutz in der DDR: Kommunistische Durchdringung fachlicher Konzepte. 896 S. Hamburg (disserta).

Wiesmeth, H. (2003): Umweltökonomie. Theorie und Praxis im Gleichgewicht. 308 S. Berlin, Heidelberg (Springer).

Wietzker, W. (2006): Giftgas im Ersten Weltkrieg. Was konnte die deutsche Öffentlichkeit wissen? Dissertation. Phil. Fak. 332 S. Düsseldorf (Heinrich-Heine-Universität).

Wimmer, A. (2015): Der Gartenkünstler Peter Joseph Lenné: Eine Karriere am preußischen Hof. 224 S. Darmstadt (Lambert Schneider/WBG).

Winiwarter, V. (2013): The 2013 DIAnet International School, its aims and principles against the background of the sustainability challenges of the Danube River Basin. In: S. Brumat und D. Frausin (Hrsg.): DIAnet International School Proceedings. Interdisciplinary Methods for the Sustainable Development of the Danube Region. S. 19–41. Trieste (EUT Edizioni Università di Trieste).

Winiwarter, V. und H.-R. Bork (2014): Umweltgeschichte: Ein Plädoyer für Rücksicht und Weitsicht. Wiener Vorlesungen 174. 72 S. Wien (Picus).

Winiwarter, V. und H.-R. Bork (2019): Geschichte unserer Umwelt. 66 Reisen durch die Zeit. 208 S. Darmstadt (WBG-Theiss).

Winiwarter, V. und M. Knoll (2007): Umweltgeschichte. 368 S. Köln (UTB Böhlau).

Winneke, G. (1985): Blei in der Umwelt: ökopsychologische und psychotoxikologische Aspekte. 200 S. Berlin, Heidelberg (Springer).

Witek, F. (2008): Natur-Technik-Ästhetik. Das Walchenseekraftwerk im Spannungsfeld unterschiedlicher Ästhetikansichten. In: B. Herrmann und C. Dahlke (Hrsg.): Schauplätze der Umweltgeschichte. S. 181–194. Göttingen (Universitätsverlag Göttingen).

Witte, W. (2010): Tollkirschen und Quarantäne – Die Geschichte der Spanischen Grippe. Berlin (Wagenbach).

Wittig, R. und M. Niekisch (2014): Biodiversität: Grundlagen, Gefährdung, Schutz. 585 S. Berlin, Heidelberg (Springer Spektrum).

Woesner, V. (2014): Die Kiel-Altonaer Chaussee von 1832. https://www.schleswig-holstein.de/DE/Landesregierung/LBVSH/Aufgaben/Strassenbau/KielAltonaerChaussee/KielAltonaer.html. Zugegriffen: 2.1.2020

Wolf, A. (2016): Alexander von Humboldt und die Erfindung der Natur. 560 S. München (Bertelsmann).

Wolf, E. (1995): Der Wald der Murgschifferschaft. In: M. Scheifele (Hrsg.): Die Murgschifferschaft. Geschichte des Floßhandels, des Waldes und der Holzindustrie im Murgtal. S. 9–71. Gernsbach (Casimir Katz).

Wolff, A. (2015, 7. Aufl.): Der Dom zu Köln. 64 S. Köln (Greven).

Wood, G. (2015): Vulkanwinter 1816. Die Welt im Schatten des Tambora. 336 S. Darmstadt (Theiss/WBG).

Worobey, M., G.-Z. Han und A. Rambaut (2014): Genesis and pathogenesis of the 1918 pandemic H1N1 influenza A virus. PNAS 111/22: 8107-8112.

WSA (2014a): Der Nord-Ostsee-Kanal. Geschichte des Kanals. Wasser- und Schifffahrtsverwaltung des Bundes. Kiel (Wasser- und Schifffahrtsamt Kiel-Holtenau).

WSA (2014b): Dalben am NOK, Stahl- statt Holzdalben. Kiel (Wasser- und Schifffahrtsamt Kiel-Holtenau).

WSA (2014c): …wir investieren und reparieren: Die Unterhaltung des Nord-Ostsee-Kanals. Kiel (Wasser- und Schifffahrtsamt Kiel-Holtenau).

WSV (2012): Der Nord-Ostsee-Kanal. International und leistungsstark. 24 S. Druckschrift der Wasser- und Schifffahrtsverwaltung des Bundes. Wasser- und Schifffahrtsdirektion Nord, Kiel. Rostock (Bundesamt für Seeschifffahrt und Hydrographie Rostock).

WWF (2014, 4. Aufl.; Hrsg.): Fleisch frisst Land. 72 S. Berlin. https://www.wwf.de/fileadmin/fm-wwf/Publikationen-PDF/WWF_Fleischkonsum_web.pdf. Zugegriffen: 2.1.2020

WWF (2016): Soja: Wunderbohne mit riskanten Nebenwirkungen. https://www.wwf.de/themen-projekte/landwirtschaft/produkte-aus-der-landwirtschaft/soja/soja-wunderbohne-mit-riskanten-neben-wirkungen/. Zugegriffen: 2.1.2020

Zeuske, M. (2007): Der andere Entdecker: Alexander von Humboldt. „Wie unwirthbar macht Europäische Grausamkeit die Welt". In: U. v. d. Heyden und J. Zeller (Hrsg.): Kolonialismus hierzulande. Eine Spurensuche in Deutschland. S. 90–94. Erfurt (Sutton Verl.).

Zielhofer, C. und A. Kirchner (2014): Naturräumliche Gunstlage der Fossa Carolina. In: P. Ettel, F. Daim, S. Berg-Hobohm, L. Werther und C. Zielhofer (Hrsg.): Großbaustelle 793. Das Kanalprojekt Karls des Großen zwischen Rhein und Donau. Mosaiksteine – Forschungen am Römisch-Germanischen Zentralmuseum 11: 5–8. Mainz (RZGM).

Zimmerli, P. (2005): Swiss Re Fokus Report: Hagelstürme in Europa. Neuer Blick auf ein bekanntes Risiko. 8 S. Zürich (Schweizerische Rückversicherungs-Gesellschaft).

ZS Magazin (1975a): Der Jahrhundert-Brand – eine beispiellose Katastrophe. Mit 13.000 Mann, mit Panzern, Flugzeugen, Hubschraubern, Wasserbombern und Spezialgerät gegen lodernde Flammenmeere. Zeitschrift für Zivilschutz, Katastrophenschutz und Selbstschutz 9/75: 5–7.

ZS Magazin (1975b): Es gibt kein Patentrezept für jede vorstellbare Katastrophe. Interview mit dem niedersächsischen Innenminister Rötger Gross. Zeitschrift für Zivilschutz, Katastrophenschutz und Selbstschutz 9/75: 8–12.

# Namensverzeichnis

# Stichwortverzeichnis